KB156388

한국 식물명의 유래

이우철 지음

일조각

머리말

식물의 명칭에는 방언, 보통명(국명), 학명의 세 가지가 있다. 방언(dialect)이란 특정한 좁은 지역에서만 통용되는 전래된 명칭이며, 보통명(common name)이란 한 국가나 같은 언어 계열에서 공통으로 사용되는 말로 그 지역의 표준명(국명)이고, 학명(scientific name)이란 라틴어로 된 세계적으로 통용되는 학술적인 명칭이다.

식물의 학명은 국제식물명명규약(ICBN; International Code of Botanical Nomenclature)에서 정하는 바에 따라 만들어지며, 표준명(국명)은 각 나라의 표준말을 만드는 방식에 준한다. 따라서 우리나라에서 새로운 식물이 발견되었을 때 국명(보통명)은 표준말의 제정원칙에 따라 중부지방에서 사용하는 말로 정해진다. 만일 중부지방에서 사용하는 말 중에 적당한 말이 없으면 각 지역에서 사용하는 방언 중에서 타당성이 있는 것을 선별하며, 적당한 방언도 없을 경우에는 연구자가 식물의 특징(삼지구엽초 등), 습성(떡갈나무 등)에 따라 만들거나 최초로 채집된 지명(금강초롱꽃 등)이나 최초 채집자의 이름(장억새 등)을 붙여서 만들기도 한다.

이런 관계로 우리나라 식물명 중에는 소경불알, 개불알꽃, 며느리밑씻개, 며느리배꼽 같은 것들이 있다. 이들은 우리 조상들이 사용하던 식물 이름으로, 방언에서 유래한 것들이다. 혹자는 이런 이름들은 혐오어라고 다른 이름으로 바꿀 것을 주장하나 이는 부당하다. 식물의 이름은 잘 통용되는 데서 그 효율성을 찾을 수 있기 때문이다. 그리고 식물 이름 중에 개망초, 개아마, 개솔새와 같이 앞에 '개'라는 접두어가 붙어 있는 것이 많은데 여기서 '개'는 '개〔犬〕'라는 뜻이 아니라 '○○와 유사하다'는 뜻으로 붙인 것이다. 다시 말하면 '개망초'라는 식물명은 '망초와 유사한 식물'이라는 뜻에서 붙여진 것이므로 결코 혐오어가 될 수 없다.

식물의 신종을 만들 때는 *Index Kewensis*에 등재된 전 세계에 분포하는 같은 속의 식물을 완전히 검토한 연후에 결정해야 하나, 이것이 철저히 지켜지지 않을 뿐 아니라 종을 정하는 범주가 학자의 견해에 따라 유동적이기 때문에 분류군의 분리나 통폐합이 빈번하게 일어나는 관계로 학명과 국명의 동종이명(同種異名)이 많아지는 것은 불가피한 일이다.

우리나라 식물의 국명이 학문적으로 자리를 잡은 것은 조선박물연구회가 펴낸 『조선식물향명집(朝鮮植物鄕名集)』(정태현 외 3명 공저, 1937)이 그 효시라고 할 수 있다. 이를 주도했던 고(故) 정태현 박사의 말에 의하면, 그때는 조선어학회사건이 일어난 무렵으로 내선일체(內鮮一體)인데 조선말이 따로 무엇에 필요하여 만드느냐는 조선총독부의 제지가 있었다고 한다. 이에 학자들은 시골에 일본어를 잘 모르는 사람들이 많아서 그들을 교육하기 위하여 일본 식물명을 번역하는 것이라고 변명하여 화를 모면하였다고 한다. 물론 실제로 일본 식물명을 직역한 것(처녀치마 등)들도 많다.

우리나라 식물명의 유래를 분석해 보면, ① 전래되는 우리나라 고유의 식물명, ② 학명의 뜻에 따른 것, ③ 외래명의 뜻에 따른 것, ④ 식물의 특징, 습성, 최초 채집지나 채집자명을 따서 제정한 것 등이 있다. 이 중에서도 유래가 미상인 것은 ①이 가장 많고, 식물의 이름은 학명과 일명(일본 식물명)에 의존하여 만들어진 것이 가장 많다. 우리나라 식물명(보통명, 국명)의 계보는 해방 이후 조선생물학회가 펴낸 『조선식물명집』(정태현 외 2명 공저, 1949)과 문교부(박만규, 당시 문교부 편수관)에서 펴낸 『우리나라식물명감』(박만규, 1949)의 두 책 중 어느 쪽을 따르느냐에 따라 차이가 생겼다. 전자는 학회에서 발간된 것이므로 학자들이 주로 이에 준했으며, 후자는 문교 연구 총서 제2집으로 발간되어 초 · 중 · 고등학교 교재에 주로 채용되었으므로 그쪽 계열의 학자들이 많이 사용하였다. 물론 대부분은 공통으로 사용되지만 부분적으로 차이가 많다.

이 밖에 식물명의 이명(異名)이 많아진 원인으로는 ① 한글의 맞춤법에 맞추기 위한 변화나, ② 지명 표기방식(지리산, 지이산 등)의 차이, ③ 외래어 표기방식의 차이, ④ 학자들이 선행 연구물을 인용할 때의 오기(誤記), ⑤ 반 세기 이상 남북의 왕래가 없이 언어가 이질화된 것 등을 들 수 있다.

현재 시중에서 판매되고 있는 식물도감들 속에 학명은 같은데 국명이 다른 것들이 심심치 않게 보이는 것은 이 때문이다. 이 책은 이와 같은 여러 가지 문제점을 해결할 목적으로 집필하였다.

국명의 명명규약은 별도로 없다고 하더라도 유효출판물에 발표된 것은 그 선취권을 인정할 필요가 있다. 식물명도 고유명사이므로 일단 발표된 것을 한글의 문법이나 표기법에 맞추기 위해서 자꾸 바꾸는 데는 문제가 있다. 이런 차원에서 필자는 앵두나무나 벚나무가 한글의 표준말이지만, 식물명은 앵도나무나 벗나무를 사용할 것을 고집하는 것이다. 만일 꼭 바꿀 필요가 있을 때는 새로 만들 것이 아니라 있는 이명들 중에서 타당성이 인정되는 것을 선별해야 할 것이다. 따라서 이번 집필과정에서도 이름을 바꿀 필요가 있는 것들 가운데 부득이 중복되는 것(줄넉줄고사리 등) 이외에는 그대로 두었다. 이는 이후에 필요하다면 대수술을 할 때 통일을 기하기 위해서이다.

이 책의 내용은 한국, 북한, 중국 옌볜의 조선족 자치주에서 사용되는 관속식물의 명칭을 총체적으로 취급하여 집필한 필자의 『한국식물명고(韓國植物名考)』(1996)를 일부 수정한 것에 준하였으며, 식물명들은 출전 원본과 대조하여 잘못된 것은 바로잡아 사용하였으므로 다소 차이가 생겼음을 밝혀 둔다. 이로 인해 집필 당시에는 중국 옌볜 지방(나도마름아재비 등)이나 북한(진펄현호색 등)에서 사용되는 식물명 중에서도 선취권이 인정되는 것은 가능한 한 이를 존중하여 편집하였던 것이 본의 아니게 그 규칙이 깨지는 경우가 생겼다.

그리고 『한국식물분류학회지』 Vol.1-34(1969~2004), 『한국식물연구원보』 Vol.1-3(1: 2000, 2: 2002, 3: 2003), 『원색한국식물도감』 개정증보판(이영노, 2002), 『원색대한식물도감』(이창복, 2003), 국가표준식물목록위원회의 『국가표준식물가목록집』(2003)을 인용하여 추가 · 보완함으로써 학자의 견해 차이에 따라 달리 사용되는 식물명들을 연계지을 수 있게 하였다. 이 중 『국가표준식물가목록집』은 미출판물이므로 『한국식물분류학회지』에서 확인된 것만을 수록했으며, 일부 인정되는 신(新) 명칭은 발표 연도 미상으로 인용하였다. 이들 자료를 바탕으로 추가된 식물군들 가운데 재검토가 필요한 것들도 많을 것이다. 기록된 신(新) 식물 중에서 특히 학명을 재검토할 필요가 인정되는 것은 일단 수록을 유보했다.

대부분의 식물명은 어원이 미상이다. 일부 밝혀진 것은 『우리말어원사전』(김민수 편, 1997)을 기준으로 〔유래〕 다음의 〔어원〕에 수록하였으나 그 수는 극히 일부이다. 한자명(漢字名)은 식물명의 유래를 설명하는 데 참고가 되는 것에 한하여 수록하였으며, 한약명은 『원색한국본초도감』(안덕균, 1998)을 기준으로 수록하였다. 같은 약으로 사용되는 식물이 여러 종일 경우는 같은 약명이 여러 곳에 기재되었음을 밝혀 두었다. 책의 말미에 첨부된 한자명(한약명 포함)의 찾아보기는 한자의 획수에 의하지 않고, 독자의 편의를 위해 한자를 음독하여 가나다순으로 정리하고 한자를 ( ) 속에 넣었으며, 발음이 같아도 한자가 다를 경우는 중복 수록하였다.

바라건대 필자는 이 작은 책자가 학자에 따라 달리 사용되는 우리나라 식물명들을 연결하고, 남북 간의 이질화된 언어를 이해하는 데 좋은 발판 역할을 할 수 있기를 기대한다. 그리고 앞으로 새로이 식물명을 만들 때는 필히 이 책을 참조하여 기존 식물명과 새 식물명이 중복되지 않도록 해주기를 당부한다. 다만, 최선을 다해 교정하였으나 많은 양의 보문(報文)과 단행본에 수록된 식물명을 정리한 것이므로 오식이 있지 않을까 염려된다. 이 점 독자 여러분들의 지도편달을 당부한다.

끝으로 이 연구물이 밝은 빛을 볼 수 있도록 해 주신 일조각 직원 여러분들에게 진심으로 감사한다. 이 책은 내가 정년퇴임 후 죽파쉼터에서 만든 두 번째 저작물이며, 나의 고희(古稀) 즈음에 나오게 되어 더욱 뜻이 깊다.

2005년 12월

이우철

일러두기

이 책을 효과적으로 활용하기 위해서는 다음 각 항을 숙지할 필요가 있다.

1. 수록 항목은 전체를 가나다순으로 배열하였으며, 각 항목은 식물명(발표자, 발표 연도) (과명 학명) 〔이명〕〔유래〕〔어원〕의 순서로 기술하였다.

【예】 **고추**(鄭, 1937) (가지과 *Capsicum annuum*) 〔이명〕 당추, 꼬치, 고초, 긴고추, 남고추. 〔유래〕 고초(苦草・苦椒), 번초(蕃椒). 〔어원〕 苦椒→고쵸→고초→고추로 변화(어원사전).

2. 학명과 이명은 필자의 『한국식물명고』(1996)를 기준으로 정명에 한하여 기재하고 이명들은 과명만을 표시하는 동시에 ○○의 이명임을 밝히고 그 정명을 참고하도록 →를 넣었으며, 지면을 절약하기 위하여 이명은 그 항목에서 취급하지 않았으므로 이를 알고자 할 때는 그 정명을 참고하면 된다.

【예】 **가는갈퀴**(李, 1969) (콩과) 가는살갈퀴의 이명. → 가는살갈퀴.

3. 식물명의 유래는 그 식물명이 만들어질 때에 사용한 학명을 기준으로 풀이한 것이므로 소상한 근거를 알고자 할 때는 그 원전을 찾아 확인해야만 한다. 그 유래는 확실히 인정될 수 있는 근거가 있는 것에 한하여 해설하였으며, 미상일 경우에는 정명에 한하여 미상 표시를 했다. 그러므로 이명에는 유래가 표기되지 않은 것이 많다.

4. 〔유래〕의 설명에서 식물명이 방언에서 유래했을 경우는 그 정명이나 뜻을 ( ) 속에 넣어 이해를 돕도록 하였다. 그리고 일명(일본 식물명)에서 유래한 것 중에 다소 아리송한 것은 일본명을 한글로 표기하는 동시에 ( ) 속에 부분적인 뜻을 넣고 가나를 병기했다. 즉, 【예 1】의 '넓은잎별수염풀'이란 이름은 곡정초의 북한 방언인 별수염풀에 따라 만들어진 것을 의미하고, 【예 2】는 '물바늘골'이라는 이름은 '미즈히키'라는 일본명에서 유래한 것으로, 미즈(ミズ)는 물이라는 뜻임을 설명하는 것이다.

【예 1】 **넓은잎별수염풀**(愚, 1996) (곡정초과) 넓은잎개수염의 북한 방언. 〔유래〕 넓은 잎 별수염풀(곡정초, 개수염). → 넓은잎개수염.

【예 2】 **물바늘골**(鄭, 1949) (사초과) 바늘골의 이명. 〔유래〕 미즈(물)히키(ミズヒキイ)라는 일명. → 바늘골.

5. 같은 이름이 여러 곳에 사용되었을 경우에는 정명으로 쓰여진 것을 중심으로 하고, 다른 것들은 발표 순서대로 〔이명〕 앞에 ○○의 이명으로도 사용함을 표시하고 각각의 정명과 과명, 발표자와 발표 연도가 다른 경우에는 ( ) 속에 병기하였다. 물론 같은 경우에는 병기된 설명이 없다. 이때 ( ) 속의 설명은 백동백나무, 다릅나무, 나도박달의 설명이 아니라 그들의 방언인 개박달나무의 설명이다.

【예】 **개박달나무**(鄭, 1937) (자작나무과 *Betula chinensis*) 백동백나무(녹나무과, 1942, 황해 방언), 다릅나무(콩과, 1942, 경기 방언)와 나도박달(단풍나무과, 1942, 경기 방언)의 이명으로도 사용. 〔이명〕 참박달나무, 짝작이, 물박달, 개박달, 좀박달나무. 〔유래〕 강원 방언. 박달나무와 유사. → 백동백나무, 다릅나무, 나도박달나무.

6. 중복되는 이름들이 모두 정명이 아닐 경우에는 발표 연도가 가장 빠른 이명을 앞에 놓고 순서대로 기재했으며, 기재 요령은 앞의 정명의 경우와 같고 각각의 정명을 → 로 표시하여 참고를 유도했다. 즉, 이때의 ( ) 속의 설명은 개박달나무, 까치박달, 물갬나무, 쪽동백의 설명이 아니라 그들의 이명인 물박달의 설명임에 주의하라.

【예】 **물박달**(鄭, 1942) (자작나무과) 개박달나무(경기 방언)와 까치박달(1942, 평북 방언), 물갬나무(1942, 경북 방언), 쪽동백(때죽나무과, 1942, 경남 방언)의 이명. → 개박달나무, 까치박달, 물갬나무, 쪽동백.

7. 『한국식물명고』에 없는 것이 정명으로 추가될 경우에는 그 식물의 구별점을 말미에 기술하였다. 설명이 없는 다른 종들은 『한국식물명고』(1996)를 참조하라.

【예】 **각시갈퀴나물**(壽, 1997) (콩과 *Vicia dasycarpa*) 〔유래〕 미상. 벳지에 비해 털이 적고 탁엽이 선형이다.

8. 〔유래〕에 대한 설명 중복을 피하기 위하여 이미 기술한 것은 '→'로 참조하도록 유도하였다. 아래의 예에서 정명인 청미래덩굴 뒤에 있는 좀청미래가 이에 해당한다.

【예】 **좀청미래덩굴**(永, 1996) (백합과) 청미래덩굴의 이명. → 청미래덩굴, 좀청미래.

국명의 출전

김 · 김(1989) 김윤식 · 김상호, 「한국산 새우난초속의 분류학적 연구」, 『한국식물분류학회지』 19(4): 273-287.

김 등(1988) 김윤식 등, 『고려대 이학논집』 29: 109.

김무열(1996) 「상사화속의 1신종: 위도상사화」, 『한국식물분류학회지』 26(4): 263-269.

김무열 등(1992) 김무열 · 김태진 · 이상태, 「다변양분석에 의한 한국산 닥나무속의 분류학적 연구」, 『한국식물분류학회지』 22(4): 241-254.

김문홍(1991) 『제주식물도감』, pp.442.

김 · 이(1989) 김무열 · 이상태, 「한국산 느릅나무과의 분류학적 연구」, 『한국식물분류학회지』 19(1): 31-78.

김 · 이(1991) 김무열 · 이상태, 「한국산 상사화속(수선화과)의 분류학적 연구」, 『한국식물분류학회지』 21(2): 123-139.

김 · 이(1994) 김상태 · 이상태, 「한국산 골무꽃의 2신변종」, 『한국식물분류학회지』 24 (1): 73-78.

김 · 이(1995) 김상태 · 이상태, 「한국산 골무꽃속(꿀풀과) 식물의 분류」, 『한국식물분류학회지』 25(2): 71-102.

김종홍(1991) 「*Gardneria nutans* Sieb. et Zucc.(마전과)의 자생지 보고」, 『한국식물분류학회지』 22(1): 51-58.

김진석 등(2004) 김진석 · 이병천 · 정재민 · 박재홍, 「긴뚝갈(마타리과): 국내미기록종」, 『한국식물분류학회지』 34(2): 167-172.

김철환 등(2004) 김철환 · 선병윤 · 김용복, 「한국산 미기록 양치식물: 흰비늘고사리, 남도톱지네고사리, 애기지네고사리(관중과)」, 『한국식물분류학회지』 34(1): 27-35.

류시철(1990) 『태백의 식물』, 태백시교육청, pp.140.

Mori(1922) 森爲三, 『조선식물명휘』, 조선총독부, pp.372.

문명옥 등(2002) 문명옥 · 김찬수 · 강영제 · 김철환 · 선병윤, 「미기록 양치식물: 검은별고사리(처녀고사리과)와 계곡고사리(관중과)」, 『한국식물분류학회지』 32(4): 481-489.

문명옥 등(2004) 문명옥 · 강영제 · 김철환 · 김찬수, 「한국산 미기록 식물: 성널수국(수국과)」, 『한국식물분류학회지』 34(1): 1-7.

민 · 김(2002) 민병갈 · 김무열, 「감탕나무속의 신잡종: 완도호랑가시나무」, 『한국식물분류학회지』 32(3): 293-299.

朴(1949) 박만규, 『우리나라식물명감』, 문교부, pp.340.

朴(1961) 박만규, 『한국양치식물지』, 교학도서주식회사, pp.353.

朴(1974) 박만규, 『한국쌍자엽식물지』 초본편, 정음사, pp.593.

朴(1975) 박만규, 『한국동식물도감』 제16권 식물편(양치식물), 문교부, pp.549.

박 · 김(1997) 박선주 · 김윤수, 「쥐손이풀속의 1신종(쥐손이풀과): 태백이질풀」, 『한국식물분류학회지』 27(2): 189-194.

박 · 김(2002) 박선주 · 김기중, 「쥐손이풀속의 1신변종(쥐손이풀과): 섬참이질풀」, 『한국식물분류학회지』 32(1): 1-6.

박봉현(1976) 「한국신식물자원」, 『한국식물분류학회지』 7: 23-24.

박 · 이(1974) 박만규 · 이은복, 「향노봉 · 도솔산 · 대암산의 식물상」, 『비무장지대인접지역 종합학술조사보고서』, pp.91-111.

박재홍 등(2000) 박재홍 · 이미옥 · 김정선 · 김일선 · 서봉보 · 송승달, 「뽀리뱅이 미기록 아종의 실체」, 『한국식물분류학회지』 30(1): 55-73.

백원기(1993) 『한국산 용담과 식물의 계통분류학적 연구』, 강원대학교 대학원, pp.319.

부종휴(1964) 「제주도산 자생식물목록」, 『약사회지』 5: 55-59.

선병윤 등(1992) 선병윤 · 김철환 · 김태진, 「한국귀화식물 및 신분포」, 『한국식물분류학회지』 22(3): 235-240.

선병윤 등(1993) 선병윤 · 김철환 · 김태진, 「한국산 너도바람꽃속의 1신종: 변산바람꽃」, 『한국식물분류학회지』 23(1): 21-26.

선병윤 등(2001) 선병윤 · 김문홍 · 김철환 · 박종욱, "Mankyua (Ophioglossaceae): a new fern genus from Cheju Island, Korea", *TAXON* 50-November: 1019-1024.

壽(1992-2003) 박수현, 「한국 미기록 귀화식물」 (1)-(18), 『한국식물분류학회지』 (1) 22(1): 59-68(1992); (2) 23(1): 27-33(1993); (3) 23(2): 97-104(1993); (4) 23(4): 269-276(1993); (5) 24(2): 125-132(1994); (6) 25(1): 51-59(1995); (7) 25(2): 123-130(1995); (8) 26(2): 155-163(1996); (9) 26(4): 329-338(1996); (10) 27(3): 369-377(1997); (11) 27(4): 501-508(1997); (12) 28(3): 331-341(1998); (13) 28(4): 415-425(1998); (14) 29(1): 91-109(1999); (15) 29(2): 193-199(1999); (16) 29(3): 285-294(1999); (17) 31(4): 375-382(2001); (18) 33(1): 79-90(2003).

壽(1995) 박수현, 『한국귀화식물원색도감』, 일조각, pp.371.

壽(2001) 박수현, 『한국귀화식물원색도감』 보유편, 일조각, pp.178.
심정기(1988) 『한국산 붓꽃과의 분류학적 연구』, 고려대학교 대학원, pp.235.
심현보 등(2001) 심현보 · 정주영 · 최병희, 「나문재속 한반도 미기록식물 1종」, 『한국식물분류학회지』 31(4): 383-387.
安(1963) 안학수 · 이춘영 · 박수현, 『한국식물명감』, 일조각.
安(1982) 안학수 · 이춘영 · 박수현, 『한국농식물자원명감』, 일조각, pp.569.
안덕균(1998) 『원색한국본초도감』, 교학사, pp.855.
楊(1963) 양인석, 『경북식물조사연구』, 경북대학교, pp.141.
楊(1966) 양인석, 「한국산 국화과의 연구(II)」, 『경북대학교 논문집』 10: 37-52.
永(1966) 이영노, *Manual of the Korean Grasses*, 이화여자대학교 출판부, pp.300.
永(1974) 이영노, 「한국 미기록식물 만주바람꽃」, 『이대한국생활과학연구원 논총』 13: 83-86.
永(1976) 이영노, 『한국동식물도감 제18권 식물편(계절식물)』, 문교부, pp.893.
永(1981-1998) 이영노, 「한국의 신분류군식물(신종, 신변종, 신품종)」 (3)-(6), (3) 『한국식물학회지』 24: 27-30(1981); (4) 22(1): 7-11(1992); (5) 23(4): 263-268(1993); (6) 28(1): 25-39(1998).
永(1991) 이영노 등, 『백두산의 꽃』, 한길사, pp.317.
永(1996) 이영노, 『원색한국식물도감』, 교학사, pp.1237.
永(2000) 이영노, 『한국의 고산식물』, 교학사, pp.557.
永(2000-2003) 이영노, 『한국식물연구원보』 1-3호, 한국식물연구원.
永(2002) 이영노, 『원색한국식물도감』 개정증보판, 교학사, pp.1265.
吳(1977) 오수영, 「한국산 *Pterophyta*의 분포에 관한 연구」, 『경북대학교 논문집』 23: 205-216.
吳(1979) 오수영, 「한국산 석송속」, 『경북대학교 논문집』 27: 387-404.
吳(1981) 오수영, 「한국산 초롱꽃과」, 『경북대학교 논문집』 31: 311-386.
吳(1985) 오수영, 「한국산 돌나물과 식물에 관한 식물분류, 지리학적 연구」, 『경북대학교 논문집』 39: 123-159.
吳(1986) 오수영, 「한국산 양귀비과 식물에 관한 식물분류 · 지리학적 연구」, 『경북대학교 논문집』 40: 99-133.
오 · 김(1996) 오병운 · 김재길, 「닭의덩굴속의 1신종: 삼도하수오」, 『한국식물분류학회지』 26(4):257-262.
오 · 박(1997) 오용자 · 박주미, 「한국산 하늘지기속 식물의 수과와 잎 표피형에 관한 연구」, 『한국식물분류학회지』 27(4): 429-455.
오병운(1986) 『한국산 현호색속의 분류학적 연구』, 고려대학교 대학원, pp.142.
오병운 등(1997) 오병운 · 남옥현 · 김재길, 「족도리풀속 족도리풀절의 1신종: 각시족도리풀」, 『한국식물분류학회지』 27(4): 491-499.

오용자 등(2000) 오용자 · 이창숙 · 이수연, 「한국산 사초과 파대가리속 식물의 분류학적 연구」, 『한국식물분류학회지』 30(3): 177-199.

오 · 함(1998) 오용자 · 함은주, 「한국산 올챙이골속 식물의 분류학적 연구」, 『한국식물분류학회지』 28(3): 217-247.

오 · 허(2002) 오용자 · 허정수, 「한국산 곡정초과 곡정초속 식물의 형태학적 연구」, 『한국식물분류학회지』 32(2): 109-141.

愚(1985) 이우철, 「일본소장 북한산 유관속식물 자료의 조사연구」, 『한국식물분류학회지』 15(3): 175-185.

愚(1986) 이우철, 「의암호의 중도 및 우명도의 식물상」, 『강원대학교 논문집』 9: 35-51.

愚(1996) 이우철, 『한국식물명고』, 아카데미서적, pp.1688.

Uyeki(1946) 植木秀幹, 「한국산 수목의 종류 및 그의 분포」, 『수원고농(水原高農) 특별보고』 제1호, pp.106.

劉 등(1981) 유성오 · 이상태 · 이우철, 「한국산 *Allium*속 식물의 분류학적 연구」, 『한국식물분류학회지』 11: 21-41.

유 · 이(1989) 유기억 · 이우철, 「한국산 더덕속 식물의 분류학적 연구」, 『한국식물분류학회지』 19: 81-102.

육창수 등(1979) *Kor. Jour. Phar.* 10(2): 89.

尹(1989) 윤평섭, 『한국원예식물도감』, 지식산업사, pp.1123.

李(1947) 이창복, 「조선수목」, 『서울대농대특별연구보고』 제1호, pp.372.

李(1966) 이창복, 『한국수목도감』, 산림청 임업시험장, pp.348.

李(1967) 이창복, "Pteridophyta Korean", *Bull. Seoul Nat. Univ. For.* 4: 57-101.

李(1969) 이창복, 「우리나라 식물자원」, 『서울대학교 논문집』 (농생계) 20: 89-228.

李(1976) 이창복, "Vascular Plants and Their Uses in Korea", *Bull. Kwanak Arb.* 1: 1-137.

李(1980) 이창복, 『대한식물도감』, 향문사, pp.990.

李(1986) 이창복, 「밝혀지는 식물자원」(7), 『서울대 농학연구』 11: 1-6.

李(2003) 이창복, 『원색대한식물도감』 상 · 하, 향문사, pp.914+910.

이 · 김(1984) 이정석 · 김승영, 「거문도인접도서의 관속식물상」, 『자연실태종합조사보고서』 4: 55-95.

이덕봉(1957) 「제주도의 식물상」, 『고려대학 학보』 4: 339-412.

이덕봉(1958) "A New Species of Genus Sedum", *Kor. Jour. Bot.* 1: 5-6.

이덕봉(1959) 「속리산식물지」, 『문리논집』 제4집, 고려대학교.

이 · 백(1984) 이우철 · 백원기, 「대성산의 식물상」, 『한국식물분류학회지』 14: 109-

132.

이 · 백(1990) 이우철 · 백원기, 「속리산의 식물상」, 『한국자연보존협회 조사보고서』 29: 39-64.

이상태(1997) 『한국식물검색집』, 아카데미서적, pp.446.

이상태 등(1990) 이상태 · 정영재 · 이중구, 「모시대의 신변종: 그늘모시대」, 『한국식물분류학회지』 20(3): 191-194.

이상태 등(1997) 이상태 · 이준구 · 김상태, "A New Species of Adenophora (Cam-panulaceae) from Korea", *J. Plant Res.* 110: 77-80.

이상태 등(2000) 이상태 · 이정희 · 정영재 · 서영배 · 여성희 · 이남숙, 「한국산 복수초속(미나리아재비과)의 생식형질에 대한 주성분분석」, 『한국식물분류학회지』 30(4): 303-313.

이 · 심(1991) 이우철 · 심상득, 「오대산의 식물상」, 『강원도의 자연』(식물편), pp.79-87.

이 · 양(1981) 이우철 · 양인석, 「울릉도와 독도의 식물상」, 『한국자연보존협회 조사보고서』 19: 61-95.

이웅빈(1989) 『한국산 나리속의 계통분류학적 연구』, 고려대학교 대학원, pp.126.

이 · 유(1987) 이우철 · 유기억, 「강원도 민통선북방지역의 식물상」, 『민통선북방지역자원조사보고서』(강원도), pp.341-383.

이 · 이(1964) 이휘재 · 이원호, 『붓꽃과 식물의 1신품종에 대하여』, pp.1-4.

이 · 이(1990) 이중구 · 이상태, 「한국산 잔대속의 1신종: 외대잔대」, 『한국식물분류학회지』 20(2): 121-126.

이 · 임(1978) 이우철 · 임양재, 「한반도 관속식물의 분포에 관한 연구」, 『한국식물분류학회지』 8(부록): 1-33.

이 · 임(1994) 이정석 · 임형탁, 「조도만두나무, 만두나무속의 1신종」, 『한국식물분류학회지』 24(1): 13-16.

이재선(1981) 「제주산 보춘화속의 연구」, 『제주대학 학보』 19: 61-71.

이재선(1984) 「한국산 야생난과 그 지리적 분포에 관한 연구」, 『제주대학 학보』 22: 31-54.

이 · 전(1975) 이우철 · 전상근, 「대룡산의 식생」, 『강원대학교 논문집』 9: 309-324.

임 · 이(2001) 임형탁 · 이승아, 「백운취(국화과): 우리나라 미기록식물」, 『한국식물분류학회지』 31(1): 69-74.

임 · 전(1980) 임양재 · 전의식, 「한반도의 귀화식물 분포」, 『한국식물학회지』 23(3-4): 69-83.

임형탁 등(1997) 임형탁 · 홍행화 · 최천일, 「자병취(국화과): 자병산에 나는 1신종」, 『한국식물학회지』 40(4): 288-290.

임형탁 등(1998) 임형탁 · 홍행화 · 홍성각, 「넓은잎김의털: 우리나라 신귀화식물」, 『한국식물분류학회지』 28(4): 427-431.

張(1938) 장형두, *Seikyu* n.80.

장근정 등(1995) 장근정 · 백원기 · 이우철, 「한국산 참나물속(산형과)의 1신변종: 한라참나물」, 『한국식물분류학회지』 25(1): 7-12.

장창기(2002) 「한국산 둥굴레속의 분류학적 재검토」, 『한국식물분류학회지』 32(4): 417-447.

장창기 등(1998) 장창기 · 오병운 · 김윤식, 「둥굴레속(백합과)의 1신종: 선둥굴레」, 『한국식물분류학회지』 28(1): 41-47.

장창기 등(1998) 장창기 · 오병운 · 김윤식, 「둥굴레속(백합과)의 1신종: 늦둥굴레」, 『한국식물분류학회지』 28(2): 209-215.

전의식(1991-1992) *Ama. Bot. Cl. Kor.* 22: 9(1991); 24: 8(1992).

전의식 등(1987) 『서울선정능의 식생』, 자연보존 60: 37.

鄭(1937) 정태현 · 도봉섭 · 이덕봉 · 이휘재, 『조선식물향명집』, 조선박물연구회, pp.169.

鄭(1942) 정태현(河本台鉉), 『조선삼림식물도설』, 조선박물연구회, pp.683.

鄭(1949) 정태현 · 도봉섭 · 심학진, 『조선식물명집』 I-II, 조선생물학회, pp.235+119.

鄭(1952) 정태현, 「외국산 삼림식물의 국명에 대하여」, 『대지』(창간호), 전남대학교 농과대학, pp.29-34.

鄭(1956-1957) 정태현, 『한국식물도감』 상 · 하, 신지사, pp.1025+507.

鄭(1965) 정태현, 『한국동식물도감』 제5권 식물편(목 · 초본류), 문교부, pp.1824.

鄭(1970) 정태현, 『한국동식물도감』 제5권 식물편(목 · 초본류) 보유편, 문교부, pp.232.

정규영(1991) 『한국산 개미취속 및 근연분류군의 분류학적 연구』, 고려대학교 대학원, pp.236.

정 · 김(1989) 정영호 · 김현, 「한국산 작살나무속의 1신종: 제주새비나무」, 『한국식물분류학회지』 19(1): 21-30.

정 · 신(1991) 정영호 · 신현철, 「서울고광나무, 한국산 고광나무속의 1신종」, 『한국식물분류학회지』 21(3): 211-216.

정영재(1992) 『한국산 명아주과 식물의 분류학적 연구』, 성균관대학교 대학원.

정영철(1985) 『한국산 비비추속 식물의 분류학적 연구』, 서울대학교 대학원, pp.155.

정영호 등(1987) 정영호 · 최홍근 · 서규홍 · 신현철, 「한국산 마름속 열매의 수리분류학적 연구」, 『한국식물분류학회지』 17(1): 45-54.

정 · 이(1961) 정태현 · 이우철, 「충북식물조사연구」, 『성균관대학교 논문집』 6: 229-

289.

정 · 이(1962) 정태현 · 이우철, 「의성산 개나리에 대하여」, 『한국식물학회지』 5: 37-38.

정 · 이(1996) 정영재 · 이상태, 「과실 및 종자형태에 의한 한국산 명아주속 식물의 분류」, 『한국식물분류학회지』 26(2): 105-123.

정 · 임(2000) 정정채 · 임형탁, 「나도고사리삼속 4종의 국명과 자루나도고사리삼의 생육지」, 『한국식물분류학회지』 30(2): 155-162.

조 · 김(1997) 조영호 · 김원, 「한국산 신귀화식물」 (I), 『한국식물분류학회지』 27(2): 277-280.

최 · 오(2003) 최혁재 · 오병운, 「부추속 부추절의 1신종: 선부추」, 『한국식물분류학회지』 33(1): 71-78.

최 · 오(2003) 최혁재 · 오병운, 「부추속(부추과) 미기록식물: 강부추」, 『한국식물분류학회지』 33(3): 295-301.

최 · 오(2003) 최혁재 · 오병운, 「한국산 부추속 산부추절의 분류: 형태적 형질을 중심으로」, 『한국식물분류학회지』 33(4): 339-357.

최혁재 등(2004) 최혁재 · 장창기 · 고성철 · 오병운, 「부추속(부추과)의 두 신분류군: 돌부추, 둥근산부추」, 『한국식물분류학회지』 34(2): 75-85.

최홍근(1985) 『한국산 수생관속식물지』, 서울대학교 대학원, pp.272.

태경환 등(1997) 태경환 · 이은혜 · 고성철, 「한국산 사철란속의 형태학적 및 세포학적 형질에 의한 계통분류학적 연구」, 『한국식물분류학회지』 27(1): 89-116.

태 · 고(1993) 태경환 · 고성철, 「상사화속의 신분류군」, 『한국식물분류학회지』 23(4): 233-241.

홍 · 임(2003) 홍행화 · 임형탁, 「푸른가막살(인동과): 우리나라 미기록종」, 『한국식물분류학회지』 33(3): 271-277.

황성수(2002) 「한국산 제비꽃속 노랑제비꽃절의 분류학적 연구—형태학적 형질을 중심으로」, 『한국식물분류학회지』 32(4): 397-416.

차례

ㄱ

가나무(鄭, 1942) (참나무과) 떡갈나무의 황해 방언. → 떡갈나무.

가냘픈말발도리(李, 1980) (범의귀과) 애기말발도리의 이명. → 애기말발도리.

가녀정(鄭, 1942) (목서과) 둥근잎광나무의 이명. 〔유래〕 가녀정(假女貞). → 둥근잎광나무.

가는가래(鄭, 1937) (가래과 *Potamogeton cristatus*) 〔이명〕 좀가래. 〔유래〕 가래에 비해 잎이 좁다는 뜻의 일명.

가는가시말(愚, 1996) (나자스말과) 나자스말의 북한 방언. → 나자스말.

가는각시취(李, 1969) (국화과) 각시취의 이명. 〔유래〕 잎이 우상으로 잘게 갈라진다는 뜻의 학명. → 각시취.

가는갈퀴(李, 1969) (콩과) 가는살갈퀴의 이명. → 가는살갈퀴.

가는갈퀴나물(鄭, 1949) (콩과 *Vicia anguste-pinnata*) 가는살갈퀴의 이명으로도 사용. 〔이명〕 가는말굴레, 가는잎갈퀴, 덤불갈퀴나물. 〔유래〕 잎이 우상으로 좁게 갈라진다는 뜻의 학명. → 가는살갈퀴.

가는개관중(朴, 1961) (면마과) 좀나도히초미의 이명. → 좀나도히초미.

가는개밀(鄭, 1949) (벼과 *Agropyron ciliare* f. *hackelianum*) 〔이명〕 가는잎개밀, 가는잎털개밀. 〔유래〕 잎이 개밀에 비해 좁다는 뜻의 일명.

가는개박달나무(鄭, 1942) (자작나무과 *Betula chinensis* v. *angusticarpa*) 〔이명〕 가는열매좀박달나무, 좀박달나무, 남포개박달. 〔유래〕 열매가 세장(細長)하다는 뜻의 학명.

가는개발나물(鄭, 1937) (산형과) 개발나물의 이명. 〔유래〕 개발나물에 비해 잎이 좁다는 뜻의 학명. → 개발나물.

가는개별꽃(朴, 1974) (석죽과) 가는잎개별꽃의 이명. → 가는잎개별꽃.

가는개수염(鄭, 1949) (곡정초과) 개수염의 이명. 〔유래〕 개수염에 비해 잎이 가늘다. → 개수염.

가는개여뀌(朴, 1974) (여뀌과 *Persicaria trigonocarpa*). 〔이명〕 가는잎개여뀌, 붉은대동여뀌, 가는잎여뀌. 〔유래〕 개여뀌에 비해 잎이 가늘다.

가는개율무(愚, 1996) (사초과) 애기덕산풀의 중국 옌볜 방언. → 애기덕산풀.

ㄱ

가는갯는장이(永, 1996) (명아주과) 가는갯는쟁이의 이명. → 가는갯는쟁이.

가는갯는쟁이(鄭, 1949) (명아주과 *Atriplex gmelinii*) 〔이명〕 가는갯능쟁이, 가는갯는장이, 좁은잎갯는쟁이. 〔유래〕 갯는쟁이에 비해 잎이 좁다는 뜻의 일명.

가는갯능쟁이(朴, 1949) (명아주과) 가는갯는쟁이의 이명. → 가는갯는쟁이.

가는거머리말(安, 1982) (거머리말과) 포기거머리말의 이명. → 포기거머리말.

가는고비(鄭, 1937) (고비과) 고비의 이명. 〔유래〕 고비에 비해 잎이 가늘다는 뜻의 일명. → 고비.

가는곡정초(鄭, 1937) (곡정초과) 개수염, 좀개수염(朴, 1949)의 이명. → 개수염, 좀개수염.

가는골무꽃(鄭, 1949) (꿀풀과 *Scutellaria regeliana*) 〔이명〕 레게리골무꽃, 가는잎골무꽃, 레겔리골무꽃. 〔유래〕 골무꽃에 비해 잎이 가늘다는 뜻의 일명.

가는괴불주머니(鄭, 1937) (양귀비과 *Corydalis ochotensis* f. *raddeana*) 〔이명〕 긴괴불주머니, 눈뿔꽃, 가는눈괴불주머니. 〔유래〕 열매가 가늘다.

가는그늘사초(永, 1996) (사초과) 산거울의 이명. → 산거울.

가는금불초(鄭, 1937) (국화과 *Inula britannica* v. *linariaefolia*) 〔이명〕 가는잎금불초, 좁은잎금불초. 〔유래〕 금불초에 비해 잎이 가늘다는 뜻의 학명 및 일명.

가는기름나물(鄭, 1937) (산형과 *Peucedanum elegans*) 〔이명〕 가는잎기름나물. 〔유래〕 기름나물에 비해 잎이 가늘다는 뜻의 일명.

가는기린초(鄭, 1949) (돌나물과 *Sedum aizoon*) 〔이명〕 가는꿩의비름, 가는잎기린초. 〔유래〕 기린초에 비해 잎이 가늘다는 뜻의 일명.

가는꽃여뀌(鄭, 1949) (여뀌과) 흰꽃여뀌의 이명. 〔유래〕 꽃여뀌에 비해 잎이 가늘다는 뜻의 일명. → 흰꽃여뀌.

가는꽃장대(愚, 1996) (십자화과) 가는장대의 북한 방언. → 가는장대.

가는꾸렘이풀(朴, 1949) (벼과) 가는포아풀의 이명. → 가는포아풀.

가는꿩의비름(鄭, 1937) (돌나물과) 가는기린초의 이명. → 가는기린초.

가는나래새(愚, 1996) (벼과) 털나래새의 중국 옌볜 방언. → 털나래새.

가는나문재(朴, 1974) (명아주과) 좁은해홍나물의 이명. → 좁은해홍나물.

가는나문재나물(朴, 1949) (명아주과) 좁은해홍나물의 이명. → 좁은해홍나물.

가는네잎갈퀴(李, 1980) (꼭두선이과 *Galium trifidum* v. *brevipedunculatum*) 〔이명〕 가는넷잎갈키덩굴, 가는네잎갈키, 가는잎갈퀴. 〔유래〕 가는 잎이 4엽 윤생이다.

가는네잎갈키(鄭, 1949) (꼭두선이과) 가는네잎갈퀴의 이명. → 가는네잎갈퀴.

가는넷잎갈키덩굴(鄭, 1937) (꼭두선이과) 가는네잎갈퀴의 이명. → 가는네잎갈퀴.

가는눈괴불주머니(愚, 1996) (양귀비과) 가는괴불주머니의 중국 옌볜 방언. → 가는괴불주머니.

가는능쟁이(愚, 1996) (명아주과) 가는명아주의 중국 옌볜 방언.→ 가는명아주.

가는다리장구채(鄭, 1937) (석죽과 *Silene jenisseensis*) 〔이명〕 짤룩장구채, 짤룩대나물. 〔유래〕 아시보소만테마(アシボソマンテマ)라는 일명.

가는닭의밑씻개(鄭, 1937) (닭의장풀과) 좀닭의장풀의 이명. → 좀닭의장풀.

가는대나물(鄭, 1937) (석죽과 *Gypsophila pacifica*) 〔이명〕 가는잎대나물, 두메마디나물. 〔유래〕 대나물에 비해 잎이 가늘다.

가는도깨비바늘(鄭, 1937) (국화과) 까치발의 이명. 〔유래〕 도깨비바늘에 비해 잎이 가늘다는 뜻의 일명. → 까치발.

가는도깨비바늘까치발(愚, 1996) (국화과) 까치발의 중국 옌볜 방언. → 까치발.

가는독개비바눌(朴, 1949) (국화과) 까치발의 이명. → 까치발.

가는돌꽃(鄭, 1937) (돌나물과) 좁은잎돌꽃의 이명. → 좁은잎돌꽃.

가는돌쩌귀(李, 1980) (미나리아재비과) 가는잎바꽃과 가는돌쩌기(永, 1996)의 이명. → 가는잎바꽃, 가는돌쩌기.

가는돌쩌기(鄭, 1949) (미나리아재비과 *Aconitum villosum*) 〔이명〕 참줄바꽃, 개초오, 가는돌쩌귀, 덩굴바꽃, 가는잎선바꽃. 〔유래〕 잎이 가늘게 갈라지고 열편은 세장(細長)하다.

가는동자꽃(鄭, 1949) (석죽과 *Lychnis kiusiana*) 〔이명〕 왜동자꽃. 〔유래〕 잎이 선상피침형으로 가늘다.

가는등갈퀴(鄭, 1937) (콩과 *Vicia tenuifolia*) 〔유래〕 등갈퀴나물에 비해 잎이 가늘다는 뜻의 일명.

가는마디꽃(鄭, 1937) (부처꽃과) 물솔잎의 이명. → 물솔잎.

가는마디말(朴, 1949) (나자스말과) 나자스말의 이명. → 나자스말.

가는마디풀(朴, 1974) (부처꽃과) 물솔잎의 이명. → 물솔잎.

가는말굴레(愚, 1996) (콩과) 가는갈퀴나물의 중국 옌볜 방언.→ 가는갈퀴나물.

가는메꽃(安, 1982) (메꽃과) 메꽃의 이명. 〔유래〕 메꽃에 비해 잎이 좁다는 뜻의 학명 및 일명. → 메꽃.

가는멧미나리(朴, 1974) (산형과) 가는바디의 이명. → 가는바디.

가는명아주(鄭, 1949) (명아주과 *Cenopodium virgatum*) 〔이명〕 가는잎명아주, 들명아주, 가는능쟁이. 〔유래〕 명아주에 비해 잎이 가늘다는 뜻의 일명.

가는물개암나무(鄭, 1937) (자작나무과) 참개암나무의 이명. → 참개암나무.

가는미국외풀(壽, 1995) (현삼과 *Lindernia anagallidea*) 〔유래〕 가는(애기) 미국외풀이라는 뜻의 일명. 미국외풀에 비해 엽병이 없이 줄기를 싸며 화경이 길다.

가는미꾸리(愚, 1996) (여뀌과) 좁은잎미꾸리낚시의 중국 옌볜 방언. → 좁은잎미꾸리낚시.

가는미나리아재비(李, 1969) (미나리아재비과 *Ranunculus repens*) 〔이명〕 벋은미나리아재비, 기는미나리아재비, 덩굴미나리아재비, 누운바구지, 벋는미나리아재비.

ㄱ

〔유래〕 미상.

가는바디(鄭, 1937) (산형과 *Ostericum maximowiczii*) 〔이명〕 가는잎마디나물, 가는멧미나리, 신감채. 〔유래〕 바디나물에 비해 잎의 열편이 가늘다는 뜻의 일명.

가는범꼬리(鄭, 1949) (여뀌과 *Bistorta alopecuroides*) 〔이명〕 가는범의꼬리, 긴잎범의꼬리, 둑새풀범꼬리. 〔유래〕 범꼬리에 비해 잎이 좁고 길다는 뜻의 학명 및 일명.

가는범의꼬리(鄭, 1937) (여뀌과) 가는범꼬리의 이명. → 가는범꼬리.

가는벗풀(鄭, 1949) (택사과) 벗풀의 이명. 〔유래〕 벗풀에 비해 잎이 가늘고 길다는 뜻의 학명 및 일명. → 벗풀.

가는보리풀(鄭, 1970) (벼과 *Lolium perenne*) 〔이명〕 호밀풀, 흑맥풀. 〔유래〕 일명. 유럽 원산의 귀화식물.

가는보풀(永, 1996) (택사과) 벗풀의 이명. 〔유래〕 잎이 가는 벗풀이라는 뜻의 일명. → 벗풀.

가는부들말(朴, 1949) (거머리말과) 포기거머리말의 이명. → 포기거머리말.

가는붓꽃(朴, 1949) (붓꽃과) 솔붓꽃의 이명. → 솔붓꽃.

가는비늘사초(李, 1969) (사초과 *Carex maximowiczii* v. *suifunensis*) 〔이명〕 쇠풍경사초. 〔유래〕 왕비늘사초에 비해 이삭이 길다는 뜻의 일명.

가는사초(鄭, 1949) (사초과 *Carex disperma*) 쌀사초의 중국 옌볜 방언으로도 사용. 〔유래〕 미상. → 쌀사초.

가는산꼬리풀(鄭, 1949) (현삼과) 긴산꼬리풀의 이명. → 긴산꼬리풀.

가는산부추(愚, 1996) (백합과) 돌부추의 중국 옌볜 방언. → 돌부추.

가는살갈퀴(鄭, 1949) (콩과 *Vicia angustifolia*) 〔이명〕 가는갈퀴나물, 산갈퀴, 살말굴레풀, 좀산갈퀴, 가는갈퀴, 살갈퀴, 가는살말굴레풀. 〔유래〕 살갈퀴에 비해 잎이 가늘다는 뜻의 학명 및 일명.

가는살말굴레풀(愚, 1996) (콩과) 가는살갈퀴의 북한 방언. → 가는살갈퀴.

가는쇠고비(朴, 1961) (면마과) 가는쇠고사리의 이명. → 가는쇠고사리.

가는쇠고사리(鄭, 1949) (면마과 *Arachniodes aristata*) 〔이명〕 애기가새고사리, 좀바위고사리, 가는쇠고비. 〔유래〕 쇠고사리에 비해 잎이 가늘다는 뜻의 일명.

가는시호(鄭, 1937) (산형과) 참시호의 이명. 〔유래〕 시호에 비해 잎이 가늘다는 뜻의 일명. → 참시호.

가는실골(朴, 1949) (골풀과) 대택비녀골풀의 이명. → 대택비녀골풀.

가는실골풀(愚, 1996) (골풀과) 대택비녀골풀의 중국 옌볜 방언. → 대택비녀골풀.

가는쐐기풀(朴, 1949) (쐐기풀과) 가는잎쐐기풀의 이명. → 가는잎쐐기풀.

가는쑥부장이(鄭, 1937) (국화과) 가는쑥부쟁이의 이명. → 가는쑥부쟁이.

가는쑥부쟁이(李, 1980) (국화과 *Kalimeris integrifolia*) 〔이명〕 가는쑥부장이, 가는잎쑥부쟁이, 가는잎쑥부장이. 〔유래〕 쑥부쟁이에 비해 잎이 가늘다는 뜻의 일명.

가는엉겅퀴(安, 1982) (국화과) 좁은잎엉겅퀴의 이명. → 좁은잎엉겅퀴.

가는여뀌(李, 1969) (여뀌과 *Persicaria hydropiper* v. *fastigiatum*) 〔유래〕 잎이 가늘고 소형이며 꽃과 과실이 작은 재배품. 신미료(辛味料).

가는열매좀박달나무(愚, 1996) (자작나무과) 가는개박달나무의 중국 옌볜 방언. → 가는개박달나무.

가는예자풀(朴, 1949) (사초과) 참황새풀의 이명. → 참황새풀.

가는오이풀(鄭, 1937) (장미과 *Sanguisorba tenuifolia* v. *parviflora*) 흰오이풀의 이명(1949)으로도 사용. 〔이명〕 애기오이풀, 붉은오이풀, 좁은잎오이풀. 〔유래〕 오이풀에 비해 잎이 가늘다. 수지유(水地楡). → 흰오이풀.

가는운란초(愚, 1996) (현삼과) 좁은잎해란초의 중국 옌볜 방언. → 좁은잎해란초.

가는잎가막사리(愚, 1996) (국화과 *Bidens cernua*) 〔이명〕 좁은잎가막사리, 가는잎가막살, 긴잎가막사리, 가는잎가막살이. 〔유래〕 가막사리에 비해 잎이 좁다.

가는잎가막살(朴, 1949) (국화과) 가는잎가막사리의 이명. → 가는잎가막사리.

가는잎가막살이(愚, 1996) (국화과) 가는잎가막사리의 중국 옌볜 방언. → 가는잎가막사리.

가는잎갈퀴(朴, 1974) (콩과) 가는갈퀴나물과 가는네잎갈퀴(꼭두선이과, 1974)의 이명. → 가는갈퀴나물, 가는네잎갈퀴.

가는잎감국(朴, 1949) (국화과 *Chrysanthemum indicum* v. *acutum*) 〔이명〕 조선산국. 〔유래〕 감국에 비해 잎이 가늘다는 뜻의 일명.

가는잎개고사리(鄭, 1937) (면마과 *Athyrium iseanum*) 〔이명〕 좀새고사리, 가는잎뱀고사리, 좀개고사리. 〔유래〕 개고사리에 비해 잎이 가늘다는 뜻의 일명.

가는잎개구리낚시(朴, 1974) (여뀌과) 대동여뀌의 이명. → 대동여뀌.

가는잎개밀(安, 1982) (벼과) 가는개밀의 이명. → 가는개밀.

가는잎개별꽃(鄭, 1949) (석죽과 *Pseudostellaria sylvatica*) 〔이명〕 가는잎미치광이, 가는개별꽃, 가는잎들별꽃. 〔유래〕 개별꽃에 비해 잎이 가늘다는 뜻의 일명.

가는잎개여뀌(朴, 1949) (여뀌과) 가는개여뀌의 이명. → 가는개여뀌.

가는잎개피(朴, 1949) (벼과) 나도개피의 이명. → 나도개피.

가는잎계뇨등(安, 1982) (꼭두선이과) 좁은잎계요등의 이명. → 좁은잎계요등.

가는잎고사리(朴, 1949) (면마과) 가는잎처녀고사리의 이명. → 가는잎처녀고사리.

가는잎고위까람(愚, 1996) (곡정초과) 개수염의 중국 옌볜 방언. → 개수염.

가는잎고추나물(朴, 1949) (물레나물과) 물고추나물의 이명. 〔유래〕 물고추나물에 비해 잎이 좁다는 뜻의 일명. → 물고추나물.

가는잎곡정초(鄭, 1970) (곡정초과 *Eriocaulon cauliferum*) 개수염의 이명으로도 사용. 〔이명〕 가지곡정초. 〔유래〕 곡정초에 비해 잎이 가늘다. → 개수염.

가는잎골무꽃(朴, 1974) (꿀풀과) 가는골무꽃의 이명. → 가는골무꽃.

ㄱ

가는잎구절초(朴, 1949) (국화과 *Chrysanthemum zawadskii* v. *tenuisectum)* 〔이명〕 포천구절초, 포천가는잎구절초. 〔유래〕 구절초에 비해 잎의 열편이 극히 가늘게 갈라진다는 뜻의 학명. 구절초(九折草).

가는잎그늘사초(朴, 1949) (사초과) 산거울의 이명. 〔유래〕 그늘사초에 비해 잎이 보다 좁다. → 산거울.

가는잎금계국(永, 1996) (국화과) 기생초의 이명. → 기생초.

가는잎금불초(朴, 1949) (국화과) 가는금불초의 이명. → 가는금불초.

가는잎기름나물(朴, 1949) (산형과) 가는기름나물의 이명. → 가는기름나물.

가는잎기린초(朴, 1974) (돌나물과) 가는기린초의 이명. → 가는기린초.

가는잎깨풀(朴, 1949) (꿀풀과) 가는잎산들깨의 이명. → 가는잎산들깨.

가는잎꼬들빼기(朴, 1949) (국화과) 가는잎왕고들빼기의 이명. → 가는잎왕고들빼기.

가는잎꼬리풀(朴, 1949) (현삼과) 긴산꼬리풀과 꼬리풀(1974)의 이명. → 긴산꼬리풀, 꼬리풀.

가는잎꽁지초(朴, 1949) (현삼과) 좁은잎해란초의 이명. → 좁은잎해란초.

가는잎꽃버들(鄭, 1949) (버드나무과 *Salix viminalis* v. *angustifolia*) 〔이명〕 큰잎꽃버들, 좁은잎육지꽃버들, 긴잎꽃버들. 〔유래〕 육지꽃버들에 비해 잎이 가늘다는 뜻의 학명.

가는잎나래새(永, 1996) (벼과) 털나래새의 이명. 〔유래〕 잎이 가는 나래새라는 뜻의 일명. → 털나래새.

가는잎남천(愚, 1996) (매자나무과) 중국남천의 중국 옌볜 방언. → 중국남천.

가는잎다정큼나무(愚, 1996) (장미과) 긴잎다정큼나무의 중국 옌볜 방언. → 긴잎다정큼나무.

가는잎달개비(朴, 1949) (닭의장풀과) 좀닭의장풀의 이명. → 좀닭의장풀.

가는잎대나물(朴, 1949) (석죽과) 가는대나물의 이명. → 가는대나물.

가는잎댕댕이나무(安, 1982) (인동과) 개들쭉의 이명. → 개들쭉.

가는잎덩굴룡담(愚, 1996) (용담과) 좁은잎덩굴용담의 중국 옌볜 방언. → 좁은잎덩굴용담.

가는잎덩굴용담(朴, 1974) (용담과) 좁은잎덩굴용담의 이명. → 좁은잎덩굴용담.

가는잎독미나리(愚, 1996) (산형과 *Cicuta virosa* var. *stricta*) 〔유래〕 독미나리에 비해 잎이 좁다는 뜻의 중국 옌볜 방언.

가는잎돌꽃(朴, 1974) (돌나물과) 돌꽃의 이명. 〔유래〕 돌꽃에 비해 잎이 가늘다. → 돌꽃.

가는잎두메무릇(愚, 1996) (백합과) 나도개감채의 북한 방언. → 나도개감채.

가는잎들별꽃(愚, 1996) (석죽과) 가는잎개별꽃의 북한 방언. → 가는잎개별꽃.

가는잎딱주(朴, 1949) (초롱꽃과) 잔대의 이명. 〔유래〕 딱주(잔대)에 비해 잎이 가늘다. → 잔대.

가는잎마디나물(朴, 1949) (산형과) 가는바디의 이명. → 가는바디.

가는잎매자나무(鄭, 1942) (매자나무과 *Berberis koreana* v. *ellipsoidea* f. *angustifolia*) 당매자나무의 이명(愚, 1996, 북한 방언)으로도 사용. 〔이명〕 좀매자나무, 좁은잎매자, 좁은잎매자나무. 〔유래〕 매자나무에 비해 잎이 가늘다는 뜻의 학명 및 일명. → 당매자나무.

가는잎메꽃(安, 1982) (메꽃과) 메꽃의 이명. → 메꽃.

가는잎며느리밥풀(朴, 1974) (현삼과) 애기며느리밥풀의 이명. → 애기며느리밥풀.

가는잎명아주(朴, 1949) (명아주과) 가는명아주의 이명. → 가는명아주.

가는잎모란풀(愚, 1996) (미나리아재비과) 가는잎사위질빵의 북한 방언. → 가는잎사위질빵.

가는잎모새달(李, 1969) (벼과 *Phacelurus latifolius* f. *angustifolius*) 〔이명〕 좁은모새달. 〔유래〕 모새달에 비해 잎이 가늘다는 뜻의 학명.

가는잎목단풀(朴, 1949) (미나리아재비과) 가는잎사위질빵의 이명. → 가는잎사위질빵.

가는잎물쑥(朴, 1949) (국화과) 외잎물쑥의 이명. → 외잎물쑥.

가는잎물억새(永, 1966) (벼과 *Miscanthus sacchariflorus* v. *gracilis*) 〔유래〕 물억새에 비해 잎이 세장하다는 뜻의 학명.

가는잎물질경이(愚, 1996) (자라풀과 *Ottelia alismoides* f. *oryzetorum*) 〔유래〕 물질경이에 비해 잎이 좁다.

가는잎미선콩(壽, 1999) (콩과 *Lupinus angustifolius*) 〔유래〕 잎이 좁은 루피너스라는 뜻의 학명. 전체에 털이 있고 잎이 장상복엽이다.

가는잎미치광이(鄭, 1937) (석죽과) 가는잎개별꽃의 이명. 〔유래〕 미치광이풀(개별꽃)에 비해 잎이 좁다는 뜻의 일명. → 가는잎개별꽃.

가는잎바꽃(李, 1996) (미나리아재비과 *Aconitum macrorhynchum*) 〔이명〕 가는돌쩌귀. 〔유래〕 중국 옌볜 방언.

가는잎바디(朴, 1974) (산형과) 잔잎바디의 이명. → 잔잎바디.

가는잎방풍(朴, 1949) (산형과 *Libanotis seseloides*) 〔이명〕 털기름나물. 〔유래〕 잎이 가늘다는 뜻의 일명.

가는잎백산차(鄭, 1937) (철쭉과 *Ledum palustre* v. *decumbens*) 〔이명〕 좁은백산차, 애기백산차. 〔유래〕 잎이 좁아진다는 뜻의 학명 및 일명.

가는잎뱀고사리(安, 1982) (면마과) 가는잎개고사리의 이명. → 가는잎개고사리.

가는잎벚나무(鄭, 1942) (장미과 *Prunus jamasakura* f. *densifolia*) 〔이명〕 복숭아잎벚나무, 긴잎벚나무, 가는잎벚나무, 복사잎벚나무. 〔유래〕 벚나무에 비해 잎이 도피침형으로 좁다는 뜻의 일명.

ㄱ

가는잎벚나무(李, 1966) (장미과) 가는잎벗나무의 이명. → 가는잎벗나무.

가는잎별수염풀(愚, 1996) (곡정초과) 개수염의 북한 방언. → 개수염.

가는잎보리사초(愚, 1996) (사초과) 장성사초의 중국 옌볜 방언. → 장성사초.

가는잎보리장(朴, 1949) (수나무과) 가는잎보리장나무의 이명. → 가는잎보리장나무.

가는잎보리장나무(鄭, 1949) (수나무과 *Elaeagnus glabra* f. *oxyphylla*) 〔이명〕 가는잎보리장, 좁은잎보리장나무. 〔유래〕 보리장나무에 비해 잎이 좁다는 뜻의 일명.

가는잎사위질빵(鄭, 1949) (미나리아재비과 *Clematis hexapetala*) 〔이명〕 좀사위질빵, 가는잎목단풀, 좁은잎사위질빵, 가는잎모란풀. 〔유래〕 사위질빵에 비해 잎이 좁다는 뜻의 학명 및 일명.

가는잎산꼬리풀(朴, 1974) (현삼과) 긴산꼬리풀의 이명. → 긴산꼬리풀.

가는잎산들깨(鄭, 1937) (꿀풀과 *Mosla chinensis*) 〔이명〕 가는잎깨풀, 신산들깨. 〔유래〕 산들깨에 비해 잎이 좁다는 뜻의 학명 및 일명.

가는잎새박(朴, 1974) (박주가리과) 양반풀의 이명. 〔유래〕 잎이 선모양으로 가늘다. → 양반풀.

가는잎새발고사리(朴, 1961) (면마과) 가는잎처녀고사리의 이명. → 가는잎처녀고사리.

가는잎선바꽃(朴, 1974) (미나리아재비과) 가는돌쩌기의 이명. → 가는돌쩌기.

가는잎소나무(愚, 1996) (소나무과) 스트로브잣나무의 북한 방언. → 스트로브잣나무.

가는잎소루쟁이(鄭, 1937) (여뀌과) 가는잎소리쟁이의 이명. → 가는잎소리쟁이.

가는잎소리쟁이(鄭, 1949) (여뀌과 *Rumex stenopyllus* v. *ussuriensis*) 〔이명〕 가는잎소루쟁이, 가는잎송구지. 〔유래〕 소리쟁이에 비해 잎이 가늘다는 뜻의 일명.

가는잎손잎풀(愚, 1996) (쥐손이풀과) 삼쥐손이의 북한 방언. → 삼쥐손이.

가는잎솜죽대(朴, 1949) (백합과) 민솜때의 이명. 〔유래〕 솜죽대(솜때)에 비해 잎이 좁다. → 민솜때.

가는잎송구지(愚, 1996) (여뀌과) 가는잎소리쟁이의 북한 방언. → 가는잎소리쟁이.

가는잎쇠스랑개비(安, 1982) (장미과) 가락지나물의 이명. → 가락지나물.

가는잎수염패랭이꽃(愚, 1996) (석죽과) 수염패랭이꽃의 중국 옌볜 방언. → 수염패랭이꽃.

가는잎쐐기풀(鄭, 1937) (쐐기풀과 *Urtica angustifolia*) 〔이명〕 가는쐐기풀, 꼬리쐐기풀. 〔유래〕 쐐기풀에 비해 잎이 좁다는 뜻의 학명 및 일명.

가는잎쑥(鄭, 1949) (국화과 *Artemisia integrifolia* f. *subulata*) 〔유래〕 잎이 좁다는 뜻의 학명.

가는잎쑥방맹이(朴, 1949) (국화과) 쑥방망이의 이명. 〔유래〕 쑥방맹이(쑥방망이)에 비해 잎이 가늘다는 뜻의 일명. → 쑥방망이.

가는잎쑥부장이(愚, 1996) (국화과) 가는쑥부쟁이의 북한 방언.→ 가는쑥부쟁이.

가는잎쑥부쟁이(朴, 1949) (국화과) 가는쑥부쟁이의 이명. → 가는쑥부쟁이.

가는잎억새(永, 1966) (벼과 *Miscanthus sinensis* f. *gracillimus*) 〔이명〕 털억새. 〔유래〕 잎이 좁다.

가는잎엄나무(安, 1982) (두릅나무과) 가는잎음나무의 이명. → 가는잎음나무.

가는잎엉겅퀴(愚, 1996) (국화과) 제주엉겅퀴의 중국 옌볜 방언. → 제주엉겅퀴.

가는잎여뀌(愚, 1996) (여뀌과) 가는개여뀌의 중국 옌볜 방언. → 가는개여뀌.

가는잎왕고들빼기(李, 1969) (국화과 *Lactuca indica* v. *laciniata* f. *indivisa*) 〔이명〕 가는잎꼬들빼기. 〔유래〕 왕고들빼기에 비해 잎이 우상으로 갈라지지 않고 넓은 선형으로 가늘다.

가는잎음나무(鄭, 1965) (두릅나무과 *Kalopanax pictus* f. *maximowiczii*) 〔이명〕 간은닢음나무, 가는잎엄나무. 〔유래〕 음나무에 비해 잎이 깊게 갈라져 열편이 좁다. 정동피(丁桐皮).

가는잎잔대(愚, 1996) (초롱꽃과 *Adenophora triphylla* f. *linearis*) 나리잔대의 이명(鄭, 1949)으로도 사용. 〔이명〕 금강모싯대, 금강잔대. 〔유래〕 잔대에 비해 잎이 좁다는 뜻의 학명. → 나리잔대.

가는잎젓꼭지나무(安, 1982) (뽕나무과) 젓꼭지나무의 이명. → 젓꼭지나무.

가는잎정영엉겅퀴(李, 1969) (국화과 *Cirsium chanroenicum* v. *lanceolata*) 〔유래〕 잎이 피침형으로 좁다는 뜻의 학명.

가는잎정향나무(鄭, 1942) (물푸레나무과) 털개회나무의 이명. 〔유래〕 정향나무에 비해 잎이 길다는 뜻의 학명 및 일명. → 털개회나무.

가는잎조팝나무(李, 1966) (장미과 *Spiraea thunbergii*) 〔이명〕 틈벌구조팝나무, 능수조팝나무, 분설화. 〔유래〕 잎이 선상피침형으로 좁다.

가는잎족제비고사리(朴, 1961) (면마과 *Dryopteris chinensis*) 〔이명〕 화엄고사리, 누른털고사리, 애기족제비고사리. 〔유래〕 족제비고사리에 비해 잎의 열편이 좁다.

가는잎종덩굴(朴, 1949) (미나리아재비과) 고려종덩굴의 이명. 〔유래〕 고려종덩굴에 비해 잎이 좁다는 뜻의 일명. → 고려종덩굴.

가는잎줄기말(愚, 1996) (나자스말과) 나자스말의 중국 옌볜 방언. → 나자스말.

가는잎쥐소니(安, 1982) (쥐손이풀과) 삼쥐손이의 이명. → 삼쥐손이.

가는잎쥐손이(愚, 1996) (쥐손이풀과) 삼쥐손이의 중국 옌볜 방언. → 삼쥐손이.

가는잎처녀고사리(鄭, 1937) (면마과 *Thelypteris beddomei*) 〔이명〕 가는잎고사리, 가는잎새발고사리. 〔유래〕 처녀고사리에 비해 잎이 좁다는 뜻의 일명.

가는잎천선과(鄭, 1942) (뽕나무과) 젓꼭지나무의 이명. 〔유래〕 젓꼭지나무의 전남 방언. → 젓꼭지나무.

가는잎체꽃(永, 1996) (산토끼꽃과) 체꽃의 이명. → 체꽃.

가는잎털개밀(朴, 1949) (벼과) 가는개밀의 이명. → 가는개밀.

ㄱ

가는잎털냉이(壽, 1998) (십자화과 *Sisymbrium altissimum*) 〔유래〕 잎의 우상열편이 가늘고 털이 있는 냉이.

가는잎할미꽃(朴, 1949) (국화과) 가는할미꽃의 이명. → 가는할미꽃.

가는잎해란초(安, 1982) (현삼과) 좁은잎해란초의 이명. → 좁은잎해란초.

가는잎향유(朴, 1949) (꿀풀과 *Elsholtzia angustifolia*) 〔이명〕 가는향유, 애기향유. 〔유래〕 향유에 비해 잎이 가늘다는 뜻의 학명 및 일명.

가는잎현호색(鄭, 1937) (양귀비과) 댓잎현호색의 이명. 〔유래〕 현호색에 비해 소엽이 선형으로 가늘다는 뜻의 학명 및 일명. → 댓잎현호색.

가는잎흰달개비(朴, 1949) (닭의장풀과) 흰꽃좀닭의장풀의 이명. → 흰꽃좀닭의장풀.

가는장구채(鄭, 1937) (석죽과 *Melandryum yanoei*) 〔이명〕 동굴장구채, 가지가는장구채, 수양장구채. 〔유래〕 장구채에 비해 줄기가 가늘다.

가는장대(鄭, 1937) (십자화과 *Dontostemon dentatus*) 〔이명〕 꽃장대, 가는꽃장대. 〔유래〕 잎이 피침형으로 좁다.

가는제비쑥(朴, 1949) (국화과) 제비쑥의 이명. 〔유래〕 제비쑥에 비해 잎이 좁다. → 제비쑥.

가는좁쌀풀(朴, 1949) (앵초과) 큰좁쌀풀의 이명. → 큰좁쌀풀.

가는줄기주름사초(愚, 1996) (사초과) 서수라사초와 주름사초(1996)의 중국 옌볜 방언. → 서수라사초, 주름사초.

가는줄돌쩌귀(李, 1969) (미나리아재비과 *Aconitum volubile*) 〔유래〕 가는 잎 돌쩌귀(돌쩌기)라는 뜻의 일명.

가는참나물(鄭, 1937) (산형과) 참나물의 이명. 〔유래〕 잎이 가늘게 갈라진다. → 참나물.

가는택사(鄭, 1937) (택사과) 벗풀의 이명. 〔유래〕 택사에 비해 잎이 가늘다는 뜻의 학명 및 일명. → 벗풀.

가는털비름(壽, 1995) (비름과 *Amaranthus patulus*) 〔유래〕 가는 털비름이라는 뜻의 일명.

가는포아풀(李, 1969) (벼과 *Poa matsumurae*) 〔이명〕 가는꾸렘이풀. 〔유래〕 실같이 가늘다.

가는하늘지기(李, 1969) (사초과 *Fimbristylis dichotoma* f. *depauperata*) 〔유래〕 하늘지기에 비해 잎이 바늘 모양으로 가늘다.

가는할미꽃(鄭, 1937) (미나리아재비과 *Pulsatilla cernua*) 할미꽃의 이명(愚, 1996, 중국 옌볜 방언)으로도 사용. 〔이명〕 가는잎할미꽃, 일본할미꽃, 남할미꽃. 〔유래〕 미상. 조선백두옹(朝鮮白頭翁). → 할미꽃.

가는향유(李, 1969) (꿀풀과) 가는잎향유의 이명. → 가는잎향유.

가는황새풀(愚, 1996) (사초과) 큰황새풀의 중국 옌볜 방언. → 큰황새풀.

가두배추(愚, 1996) (십자화과) 양배추의 북한 방언. → 양배추.

가둑나무(鄭, 1937) (참나무과) 졸참나무의 평북 방언. → 졸참나무.

가라목(鄭, 1949) (주목과) 눈주목의 이명. 〔유래〕 가라목(伽羅木). → 눈주목.

가라지(愚, 1996) (벼과) 가라지조의 중국 옌볜 방언. → 가라지조.

가라지조(鄭, 1965) (벼과 *Setaria viridis* v. *major*) 〔이명〕 왕강아지풀, 수강아지풀, 가락지조, 가라지. 〔유래〕 미상.

가락잎풀(愚, 1996) (산형과) 개발나물의 북한 방언. → 개발나물.

가락지꽃(朴, 1974) (제비꽃과) 제비꽃의 이명. 〔유래〕 옛날에 아이들이 이 꽃으로 가락지를 만들어 놀이에 사용한 데서 유래. → 제비꽃.

가락지나물(鄭, 1949) (장미과 *Potentilla anemonefolia*) 〔이명〕 쇠스랑개비, 소스랑개비, 큰잎가락지나물, 가는잎쇠스랑개비, 작은잎가락지나물, 아기쇠스랑개비. 〔유래〕 아이들이 꽃을 따서 가락지를 만들어 놀이에 사용했다.

가락지조(鄭, 1957) (벼과) 가라지조의 이명. → 가라지조.

가락풀(愚, 1996) (미나리아재비과) 꿩의다리의 북한 방언. → 꿩의다리.

가랑잎나무(鄭, 1942) (참나무과) 떡갈나무(전북 방언)와 북가시나무(愚, 1996, 북한 방언)의 이명. → 떡갈나무, 북가시나무.

가래(鄭, 1949) (가래과 *Potamogeton distinctus*) 〔이명〕 긴잎가래. 〔어원〕 ᄀᆞ래(어원사전). 안자채(眼子菜).

가래고사리(鄭, 1937) (면마과 *Thelypteris phegopteris*) 〔유래〕 미상.

가래나무(鄭, 1937) (가래나무과 *Juglans mandshurica*) 〔이명〕 산추자나무. 〔유래〕 추목(楸木), 핵도추과(核桃楸果).

가래바람꽃(朴, 1949) (미나리아재비과 *Anemone dichotoma*) 〔이명〕 갈내바람꽃, 가지바람꽃. 〔유래〕 바람꽃에 비해 줄기가 차상분지하여 가래와 같이 넓다. 토황금(土黃芩).

가령참나물(李, 1969) (산형과) 노루참나물의 이명. 〔유래〕 최가령(崔哥嶺, 채집지). → 노루참나물.

가름나무(朴, 1949) (대극과) 조구나무의 이명. → 조구나무.

가마귀마개(鄭, 1942) (갈매나무과) 가마귀베개의 전남 방언. → 가마귀베개.

가마귀마늘(鄭, 1937) (수선화과) 개상사화의 이명. → 개상사화.

가마귀머루(鄭, 1937) (포도과 *Vitis ficifolia* v. *sinuata*) 〔이명〕 모래나무, 새멀구, 참멀구, 돌머루, 가새머루, 까마귀머루, 참밀구. 〔유래〕 제주 방언.

가마귀무릇(朴, 1949) (수선화과) 개상사화의 이명. → 개상사화.

가마귀밥(朴, 1949) (범의귀과) 가막바늘까치밥나무의 이명. → 가막바늘까치밥나무.

가마귀밥나무(鄭, 1942) (장미과) 생열귀나무의 이명. → 생열귀나무.

가마귀밥여름나무(鄭, 1942) (범의귀과 *Ribes fasciculatum* v. *chinensis*) 개당주나

무의 이명으로도 사용. 〔이명〕 호가마귀밥여름나무, 꼬리까치밥나무, 북가마귀밥여름나무. 〔유래〕 미상. → 개당주나무.

가마귀베개(鄭, 1937) (갈매나무과 *Rhamnella franguloides*) 〔이명〕 푸대추나무, 가마귀마개, 망개나무, 까마귀베개, 까마귀마게, 헛갈매나무. 〔유래〕 제주 방언. 난엽묘유(卵葉猫乳).

가마귀쪽나무(鄭, 1937) (녹나무과 *Litsea japonica*) 〔이명〕 까마귀쪽나무, 구롬비, 구름비낭. 〔유래〕 제주 방언.

가마중(鄭, 1956) (가지과 *Solanum nigrum*) 〔이명〕 까마중, 강태, 깜뚜라지, 먹딸, 까마종이, 먹때꽐. 〔유래〕 열매가 검게 익는다. 용규(龍葵).

가막까치밥나무(鄭, 1937) (범의귀과 *Ribes ussuriense*) 〔이명〕 우수리까치밥나무, 까막까치밥나무. 〔유래〕 종자가 검게 익는다는 뜻의 일명.

가막바늘까치밥나무(鄭, 1937) (범의귀과 *Ribes horridum*) 〔이명〕 가마귀밥, 까막바늘까치밥나무. 〔유래〕 과실이 검게 익고 잎에 바늘 모양의 가시가 밀생한다는 뜻의 일명.

가막사리(鄭, 1937) (국화과 *Bidens tripartita*) 〔이명〕 가막살, 제주가막사리, 털가막살이. 〔유래〕 미상. 낭파초(狼把草).

가막살(朴, 1949) (국화과) 가막사리의 이명. → 가막사리.

가막살나무(鄭, 1937) (인동과 *Viburnum dilatatum*) 분꽃나무의 전남 방언으로도 사용. 〔이명〕 털가막살나무. 〔유래〕 미상. 협미(莢迷). → 분꽃나무.

가문비(鄭, 1937) (소나무과 *Picea jezoensis*) 〔이명〕 가문비나무, 감비. 〔유래〕 북한 방언.

가문비나무(鄭, 1942) (소나무과) 가문비, 종비나무(Uyeki, 1940)와 풍산종비(Uyeki, 1940)의 이명. → 가문비, 종비나무, 풍산종비.

가물고사리(朴, 1961) (면마과) 우드풀의 이명. → 우드풀.

가물고사리아재비(朴, 1961) (면마과) 참우드풀의 이명. 〔유래〕 가물고사리와 유사. → 참우드풀.

가삼자리(鄭, 1949) (꼭두선이과) 꼭두선이의 이명. → 꼭두선이.

가새가막살(朴, 1949) (국화과) 구와가막사리의 이명. → 구와가막사리.

가새고사리(朴, 1949) (꼬리고사리과) 개차고사리의 이명. → 개차고사리.

가새곰취(朴, 1974) (국화과 *Ligularia japonica*) 〔이명〕 무산곰취, 왕가새곰취, 큰단풍잎곰취, 새곰취. 〔유래〕 곰취에 비해 잎이 손바닥 모양으로 깊게 갈라졌다.

가새꼬리풀(朴, 1949) (현삼과) 구와꼬리풀의 이명. → 구와꼬리풀.

가새나무가랑잎(鄭, 1942) (참나무과) 북가시나무의 이명. 〔유래〕 북가시나무의 전북 방언. → 북가시나무.

가새덜꿩나무(鄭, 1949) (인동과 *Viburnum erosum* v. *taquetii*) 〔이명〕 가새백당나

무. 〔유래〕 덜꿩나무에 비해 잎 가장자리에 결각이 있다.

가새등골나물(安, 1982) (국화과) 갈래등골나물의 이명. → 갈래등골나물.

가새마(安, 1982) (마과) 단풍마의 이명. → 단풍마.

가새머루(朴, 1949) (포도과) 가마귀머루의 이명. → 가마귀머루.

가새목(鄭, 1942) (차나무과) 사스레피나무의 이명. 〔유래〕 사스레피나무의 전북 어청도 방언. → 사스레피나무.

가새백당나무(鄭, 1942) (인동과) 가새덜꿩나무와 덜꿩나무(愚, 1996, 중국 옌볜 방언)의 이명. → 가새덜꿩나무, 덜꿩나무.

가새벌씀바귀(李, 1969) (국화과 *Ixeris polycephala* f. *dissecta*) 〔이명〕 가새씀바귀. 〔유래〕 잎이 전열(全裂)한다는 뜻의 학명.

가새뽕(鄭, 1942) (뽕나무과) 가새뽕나무의 이명. → 가새뽕나무.

가새뽕나무(鄭, 1949) (뽕나무과 *Morus bombysis* f. *dissecta*) 〔이명〕 가새뽕, 좀가지뽕나무, 좁은잎뽕나무, 좁은잎뽕. 〔유래〕 잎이 전열(全裂)한다는 뜻의 학명. 상백피(桑白皮).

가새사스래(李, 1966) (자작나무과) 사스래나무의 이명. → 사스래나무.

가새사스레나무(鄭, 1942) (자작나무과) 사스래나무의 이명. 〔유래〕 예리하게 갈라진다는 뜻의 학명. → 사스래나무.

가새수리취(朴, 1949) (국화과 *Synurus deltoides* v. *inciso-lobata*) 〔유래〕 잎이 예리하게 천열(淺裂)한다는 뜻의 학명.

가새쑥부장이(鄭, 1949) (국화과) 가새쑥부쟁이의 이명. → 가새쑥부쟁이.

가새쑥부쟁이(朴, 1974) (국화과 *Kalimeris incisa*) 〔이명〕 쑥부장이, 가새쑥부장이, 큰쑥부쟁이, 고려쑥부쟁이, 버드생이나물. 〔유래〕 잎이 전열(全裂)한다는 뜻의 학명.

가새씀바귀(朴, 1949) (국화과 *Ixeris chinensis* v. *versicolor*) 가새벌씀바귀의 이명(1974)으로도 사용. 〔이명〕 모새씀바귀, 잡씀바귀, 한라고들빼기, 알락씀바귀. 〔유래〕 미상. → 가새벌씀바귀.

가새잎개갓냉이(壽, 2003) (십자화과 *Rorippa sylvestris*) 〔유래〕 잎이 가늘게 갈라진다. 속속이풀에 비해 열매는 가는 원통형으로 길이 10~15mm이다.

가새잎개머루(鄭, 1942) (포도과 *Ampelopsis brevipedunculata* f. *citrulloides*) 〔유래〕 잎이 깊게 갈라진다는 뜻의 일명.

가새잎꼬리풀(朴, 1949) (현삼과 *Veronica pyrethrina*) 〔이명〕 큰구와꼬리풀. 〔유래〕 잎이 갈라진다는 뜻의 학명.

가새잎딸기(愚, 1996) (장미과) 가새함경딸기의 이명. 〔유래〕 가새함경딸기의 중국 옌볜 방언. → 가새함경딸기.

가새잎사스레피나무(朴, 1949) (자작나무과) 사스래나무의 이명. → 사스래나무.

ㄱ

가새잎산사(李, 1966) (장미과) 가새잎산사나무의 이명. → 가새잎산사나무.

가새잎산사나무(鄭, 1942) (장미과 *Crataegus pinnatifida* v. *partita*) 〔이명〕 가새잎산사, 가위나무, 가새잎찔광나무. 〔유래〕 잎이 깊게 갈라진다는 뜻의 학명 및 일명.

가새잎찔광나무(愚, 1996) (장미과) 가새잎산사나무의 이명. 〔유래〕 가새잎산사나무의 북한 방언. → 가새잎산사나무.

가새천남성(朴, 1972) (천남성과) 천남성의 이명. → 천남성.

가새팟배나무(朴, 1949) (장미과) 벌배나무의 이명. 〔유래〕 잎이 갈라진다는 뜻의 학명 및 일명. → 벌배나무.

가새풀(鄭, 1937) (국화과) 톱풀과 매듭풀(콩과, 安, 1982)의 이명. → 톱풀, 매듭풀.

가새함경딸기(李, 1966) (장미과 *Rubus arcticus* f. *dentipetala*) 〔이명〕 차일봉벌딸기, 가새잎딸기. 〔유래〕 꽃잎에 얕은 톱니가 있다는 뜻의 학명 및 일명.

가솔송(鄭, 1942) (철쭉과 *Phyllodoce caerulea*) 〔유래〕 미상.

가시가지(조 · 김, 1997) (가지과 *Solanum rostratum*) 〔이명〕 노랑바늘가지. 〔유래〕 전주가 성상모와 황색 송곳 모양의 가시로 덮여 있고 꽃이 황색이다.

가시감초(愚, 1996) (콩과) 개감초의 이명. 〔유래〕 개감초의 북한 방언. → 개감초.

가시고들빼기(李, 2003) (국화과) 가시상치의 이명. → 가시상치.

가시까치밥나무(鄭, 1937) (범의귀과 *Ribes diacantha*) 〔유래〕 까치밥나무에 비해 가시가 있다.

가시꼬아리(朴, 1949) (가지과) 가시꽈리의 이명. → 가시꽈리.

가시꽃갈퀴(朴, 1974) (꼭두선이과) 큰잎갈퀴의 이명. → 큰잎갈퀴.

가시꽈리(鄭, 1937) (가지과 *Physaliastrum echinatum*) 〔이명〕 가시꼬아리. 〔유래〕 가시가 있다는 뜻의 학명 및 일명.

가시나무(鄭, 1937) (참나무과 *Quercus myrsinaefolia*) 종가시나무(1942)와 찔레나무(1942)의 이명으로도 사용. 〔이명〕 정가시나무, 참가시나무. 〔유래〕 미상. 저자(櫧子). → 종가시나무, 찔레나무.

가시나물(鄭, 1949) (국화과) 엉겅퀴와 나도깨풀(현삼과, 愚, 1996, 중국 옌볜 방언)의 이명. → 엉겅퀴, 나도깨풀.

가시다릅나무(安, 1982) (콩과) 아까시나무의 이명. → 아까시나무.

가시덕이(鄭, 1942) (장미과) 명자나무의 이명. 〔유래〕 명자나무의 황해 방언. → 명자나무.

가시덩굴여뀌(愚, 1996) (여뀌과) 며느리밑씻개의 북한 방언. → 며느리밑씻개.

가시덱이(朴, 1949) (장미과) 산당화의 이명. → 산당화.

가시도꼬마리(壽, 1995) (국화과 *Xanthium italicum*) 〔유래〕 가시 도꼬마리라는 뜻의 일명. 부리 모양의 돌기와 가시에 인편상의 털이 있다.

가시독말풀(朴, 1949) (가지과) 흰독말풀의 이명. → 흰독말풀.

가시돌나물(朴, 1947) (돌나물과) 대구돌나물의 이명. → 대구돌나물.

가시딸(朴, 1949) (장미과) 가시딸기의 이명. → 가시딸기.

가시딸기(鄭, 1937) (장미과 *Rubus hongnoensis*) 〔이명〕 가시딸, 섬가시딸기. 〔유래〕 줄기와 엽축에 가시가 있다.

가시랑쿠(鄭, 1949) (꼭두선이과) 갈퀴덩굴의 이명. → 갈퀴덩굴.

가시련(愚, 1996) (수련과) 가시연꽃의 북한 방언. → 가시연꽃.

가시말(愚, 1996) (나자스말과) 민나자스말의 북한 방언. → 민나자스말.

가시명아주(朴, 1974) (명아주과) 바늘명아주의 이명. → 바늘명아주.

가시모밀(朴, 1949) (여뀌과) 며느리밑씻개의 이명. → 며느리밑씻개.

가시목(鄭, 1942) (붓순나무과) 붓순나무의 이명. → 붓순나무.

가시박(壽, 1995; 李, 2003) (박과 *Sicyos angulatus*) 〔유래〕 열매에 가시가 있다.

가시복분자(李, 1966) (장미과) 가시복분자딸기의 이명. → 가시복분자딸기.

가시복분자딸(朴, 1949) (장미과) 가시복분자딸기의 이명. → 가시복분자딸기.

가시복분자딸기(鄭, 1937) (장미과 *Rubus schizostylus*) 〔이명〕 가시복분자딸, 가시복분자. 〔유래〕 가시가 있다는 뜻의 일명. 복분자(覆盆子).

가시비름(李, 1969) (비름과 *Amaranthus spinosus*) 〔유래〕 가시가 있다는 뜻의 학명.

가시상치(임 · 전, 1980) (국화과 *Lactuca scariola*) 〔이명〕 가시고들빼기. 〔유래〕 가시상치라는 뜻의 일명. 잎의 주맥 위에 가시가 줄지어 나 있다.

가시솔나물(朴, 1949) (명아주과) 수송나물의 이명. → 수송나물.

가시쓴감초(愚, 1996) (콩과) 개감초의 북한 방언. → 개감초.

가시아욱(永, 1996) (아욱과) 공단풀의 이명. 〔유래〕 잎자루 기부에 작은 가시 모양의 돌기가 있다. → 공단풀.

가시엉겅퀴(鄭, 1949) (국화과 *Cirsium japonicum* v. *spinosissimum*) 〔유래〕 가시가 많다는 뜻의 학명 및 일명.

가시여뀌(鄭, 1949) (여뀌과 *Persicaria dissitiflora*) 바늘여뀌의 이명(朴, 1974)으로도 사용. 〔이명〕 좁쌀역귀, 별여뀌. 〔유래〕 줄기 상부와 화관에 적색 선모(腺毛)가 밀생한다. → 바늘여뀌.

가시연(朴, 1974) (수련과) 가시연꽃의 이명. 〔어원〕 가싀〔棘〕+蓮(어원사전). → 가시연꽃.

가시연꽃(鄭, 1937) (수련과 *Euryale ferox*) 〔이명〕 개연, 가시연, 철남성, 가시련. 〔유래〕 가시가 많다는 뜻의 학명. 검인(芡仁).

가시오갈피(鄭, 1949) (두릅나무과) 가시오갈피나무의 이명. → 가시오갈피나무.

가시오갈피나무(鄭, 1942) (두릅나무과 *Acanthopanax senticosus*) 〔이명〕 가시오갈피. 〔유래〕 가시가 바늘 모양이다. 자오가(刺五加).

가시잎돌단풍(愚, 1996) (범의귀과) 돌부채손의 북한 방언. → 돌부채손.

ㄱ

가시찔레(朴, 1949) (장미과) 털용가시나무의 이명. → 털용가시나무.

가시칠엽수(李, 2003) (칠엽수과 *Aesculus hippocastanum*) 〔유래〕 열매에 가시가 있는 칠엽수.

가시파대가리(오용자 등, 2000) (사초과 *Kyllinga brevifolia*) 비늘조각의 중륵(中肋)에 가시 모양의 돌기가 있는 파대가리.

가야개별꽃(李, 1969) (석죽과) 덩이뿌리개별꽃의 이명. 〔유래〕 가야산에서 채집되어 명명. → 덩이뿌리개별꽃.

가야꼬리풀(朴, 1949) (현삼과) 둥근산꼬리풀의 이명. 〔유래〕 가야산에서 채집되어 명명. → 둥근산꼬리풀.

가야단풍취(李, 1980) (국화과) 단풍취의 이명. 〔유래〕 경남 가야산에 나는 단풍취. → 단풍취.

가야물봉선(朴, 1949) (봉선화과 *Impatiens textori* f. *atrosanguinea*) 〔이명〕 검정물봉선, 검물봉숭, 물봉숭아. 〔유래〕 가야산에서 채집되어 명명.

가야산들별꽃(愚, 1996) (석죽과) 덩이뿌리개별꽃의 중국 옌볜 방언. → 덩이뿌리개별꽃.

가야산모시나물(朴, 1949) (초롱꽃과) 가야산잔대의 이명. → 가야산잔대.

가야산은분취(李, 1969) (국화과 *Saussurea pseudo-gracilis*) 〔이명〕 은분취. 〔유래〕 가야산에서 최초로 채집되어 명명.

가야산잔대(李, 1969) (초롱꽃과 *Adenophora kayasanensis*) 〔이명〕 가야산모시나물, 가야잔대. 〔유래〕 가야산에 난다는 뜻의 학명.

가야잔대(朴, 1974) (초롱꽃과) 가야산잔대의 이명. → 가야산잔대.

가얌취(鄭, 1956) (마타리과) 마타리의 이명. → 마타리.

가양취(鄭, 1949) (마타리과) 마타리의 이명. → 마타리.

가위고사리(朴, 1961) (면마과) 좀쇠고사리의 이명. → 좀쇠고사리.

가위나무(安, 1982) (장미과) 가새잎산사나무의 이명. → 가새잎산사나무.

가위톱(鄭, 1937) (포도과) 가회톱의 이명. → 가회톱.

가위풀(安, 1982) (콩과) 매듭풀의 이명. 〔유래〕 잎이 가위같이 떨어진다. → 매듭풀.

가을가재무릇(朴, 1949) (수선화과) 석산의 이명. → 석산.

가을강아지(愚, 1996) (벼과) 가을강아지풀의 이명. → 가을강아지풀.

가을강아지풀(朴, 1949) (벼과 *Setaria faberii*) 〔이명〕 가을강아지. 〔유래〕 일명.

가을개나리(朴, 1949) (물푸레나무과) 개나리의 이명. 〔유래〕 가을에 개화한다는 뜻의 학명 및 일명. → 개나리.

가을마디풀(愚, 1996) (여뀌과) 갯마디풀의 중국 옌볜 방언. → 갯마디풀.

가을모란(安, 1982) (미나리아재비과) 대상화의 이명. → 대상화.

가을푸솜나물(朴, 1949) (국화과) 금떡쑥의 이명. 〔유래〕 일명. → 금떡쑥.

가일라르디아(愚, 1996) (국화과) 천인국의 중국 옌볜 방언. → 천인국.

가재무릇(鄭, 1937) (백합과) 얼레지와 백양꽃(수선화과, 朴, 1949)의 이명. → 얼레지, 백양꽃.

가죽나무(朴, 1949) (소태나무과) 가중나무의 이명. → 가중나무.

가중나무(鄭, 1937) (소태나무과 *Ailanthus altissima*) 〔이명〕 가죽나무, 개죽나무, 까중나무. 〔유래〕 가승목(假僧木). 참중나무의 순은 절의 스님들이 튀김을 만들어 먹는 데 비해 이 나무의 순은 먹을 수 없다는 데서 가짜 중나무라는 뜻. 저백피(樗白皮).

가지(鄭, 1937) (가지과 *Solanum melongena*) 〔이명〕 까지. 〔유래〕 가자(茄子).

가지가는꿩의기린초(吳, 1985) (돌나물과) 가지꿩의비름의 이명. → 가지꿩의비름.

가지가는장구채(李, 1969) (석죽과) 가는장구채의 이명. → 가는장구채.

가지가래꽃(永, 1996) (꿀풀과) 꿀풀의 이명. → 꿀풀.

가지개곽향(鄭, 1949) (꿀풀과) 개곽향의 이명. 〔유래〕 화서가 가지 친다는 뜻의 학명 및 일명. → 개곽향.

가지고비(朴, 1961) (고사리과) 가지고비고사리의 이명. → 가지고비고사리.

가지고비고사리(鄭, 1937) (고사리과 *Coniogramme japonica*) 〔이명〕 가지고사리, 가지고비. 〔유래〕 고비고사리에 비해 잎의 세맥이 가지를 쳐서 그물눈 모양으로 유합한다. 산혈련(散血蓮).

가지고사리(朴, 1949) (고사리과) 가지고비고사리의 이명. → 가지고비고사리.

가지곡정초(李, 1969) (곡정초과) 가는잎곡정초의 이명. → 가는잎곡정초.

가지골나물(鄭, 1949) (꿀풀과) 꿀풀의 이명. → 꿀풀.

가지괭이눈(鄭, 1937) (범의귀과 *Chrysosplenium ramosum*) 〔이명〕 털괭이눈, 검정괭이눈. 〔유래〕 가지가 갈라진다는 뜻의 학명.

가지금불초(李, 1969) (국화과) 금불초의 이명. 〔유래〕 가지 치는 금불초라는 뜻의 일명. → 금불초.

가지기린초(愚, 1996) (돌나물과) 가지꿩의비름의 중국 옌볜 방언. → 가지꿩의비름.

가지꼭두서니(李, 1980) (꼭두선이과) 가지꼭두선이의 이명. → 가지꼭두선이.

가지꼭두선이(愚, 1996) (꼭두선이과 *Rubia hexaphylla*) 〔이명〕 여섯잎갈키, 네잎꼭두선이, 가지꼭두서니, 여섯잎꼭두서니, 왕꼭두서니. 〔유래〕 가지꼭두서니를 -선이로 어미 통일.

가지꽃고비(鄭, 1949) (꽃고비과 *Polemonium racemosum* v. *laxiflorum*) 〔유래〕 꽃고비에 비해 가지를 친다.

가지꿩의비름(朴, 1949) (돌나물과 *Sedum aizoon* v. *ramosum*) 〔이명〕 가지가는꿩의기린초, 가지기린초. 〔유래〕 가지를 많이 친다는 뜻의 학명 및 일명.

가지나비나물(朴, 1949) (콩과) 나비나물의 이명. 〔유래〕 나비나물에 비해 가지를 많

ㄱ

이 친다는 뜻의 일명. → 나비나물.

가지대극(安, 1982) (대극과 *Euphorbia octoradiata*) 〔유래〕 미상.

가지대나물(愚, 1996) (석죽과) 오랑캐장구채의 북한 방언. → 오랑캐장구채.

가지더부사리(朴, 1949) (열당과) 가지더부살이의 이명. → 가지더부살이.

가지더부살이(李, 1980) (열당과 *Phacellanthus tubiflorus*) 〔이명〕 가지더부사리, 노랑더부살이, 황통화. 〔유래〕 줄기 끝에 극히 짧은 소화경을 가진 꽃이 5~6개 속생(束生)하여 가지 친 것같이 보인다.

가지돌꽃(李, 1966) (돌나물과) 좁은잎돌꽃의 이명. → 좁은잎돌꽃.

가지떡쑥(安, 1982) (국화과) 금떡쑥의 이명. → 금떡쑥.

가지민박쥐(李, 1969) (국화과 *Cacalia hastata* v. *ramosa*) 〔유래〕 가지 친다는 뜻의 학명.

가지바늘꽃(朴, 1949) (바늘꽃과) 회령바늘꽃의 이명. 〔유래〕 가지 친다는 뜻의 학명 및 일명. → 회령바늘꽃.

가지바람꽃(愚, 1996) (미나리아재비과) 가래바람꽃의 중국 옌볜 방언. → 가래바람꽃.

가지바랭이(朴, 1949) (벼과) 잔디바랭이의 이명. → 잔디바랭이.

가지바위솔(永, 1996) (돌나물과 *Orostachys ramosus*) 〔유래〕 줄기의 밑둥에서 가지가 갈라지는 바위솔이라는 뜻의 학명.

가지별꽃(朴, 1949) (석죽과) 애기가지별꽃의 이명. → 애기가지별꽃.

가지복수초(鄭, 1949) (미나리아재비과) 복수초의 이명. 〔유래〕 가지 친다는 뜻의 학명 및 일명. → 복수초.

가지산꽃다지(李, 1969) (십자화과) 구름꽃다지의 이명. 〔유래〕 가지 친다는 뜻의 학명. → 구름꽃다지.

가지산새풀(安, 1982) (벼과) 산새풀의 이명. 〔유래〕 가지 친다는 뜻의 학명 및 일명. → 산새풀.

가지삿갓사초(安, 1982) (사초과) 그늘흰사초의 이명. 〔유래〕 가지 친다는 뜻의 일명. → 그늘흰사초.

가지애기나리(安, 1982) (백합과) 애기나리의 이명. 〔유래〕 가지 친다는 뜻의 학명 및 일명. → 애기나리.

가시예사풀(朴, 1949) (사초과) 큰황새풀의 이명. → 큰황새풀.

가지왕질경이(安, 1982) (질경이과) 가지질경이의 이명. → 가지질경이.

가지원추리(鄭, 1937) (백합과) 왕원추리와 각시원추리(朴, 1949)의 이명. → 왕원추리, 각시원추리.

가지조개나물(愚, 1996) (꿀풀과) 금창초의 북한 방언. → 금창초.

가지주름새(朴, 1949) (벼과) 가지주름조개풀의 이명. → 가지주름조개풀.

가지주름조개풀(鄭, 1949) (벼과 *Oplismenus compositus*) 〔이명〕 가지주름새. 〔유래〕 가지 치는 주름조개풀이라는 뜻의 일명.

가지쥐보리(壽, 1995) (벼과 *Lolium multiflorum* f. *ramosum*) 〔유래〕 화서가 가지를 치는 쥐보리라는 뜻의 학명.

가지진범(李, 1969) (미나리아재비과) 진범의 이명. → 진범.

가지질경이(李, 1969) (질경이과 *Plantago asiatica* f. *polystachya*) 〔이명〕 가지왕질경이. 〔유래〕 화서가 가지를 친다.

가지창고사리(朴, 1949) (고란초과) 손고비의 이명. → 손고비.

가지청사초(鄭, 1949) (사초과 *Carex polyschoena*) 〔이명〕 양지흰꼬리사초, 흰꼬리청사초, 뭇꼬리사초. 〔유래〕 가지 치는 청사초라는 뜻의 일명.

가지해송(朴, 1949) (소나무과) 해송의 이명. → 해송.

가침박달(鄭, 1942) (장미과 *Exochorda serratifolia*) 〔이명〕 까침박달. 〔유래〕 함남 맹산 방언.

가회톱(鄭, 1942) (포도과 *Ampelopsis japonica*) 〔이명〕 가위톱, 매염, 백염, 백렴. 〔유래〕 미상. 백렴(白蘞).

각들쭉(愚, 1996) (철쭉과 *Vaccinium uliginosum* f. *angulatum*) 〔유래〕 열매가 능각이 있는 원형이라는 뜻의 학명.

각시갈퀴나물(壽, 1997) (콩과 *Vicia dasycarpa*) 〔유래〕 미상. 벳지에 비해 털이 적고 탁엽이 선형이다.

각시고광나무(鄭, 1942) (범의귀과 *Philadelphus pekinensis*) 〔이명〕 당고광나무, 애기고광나무. 〔유래〕 작고 예쁜 고광나무라는 뜻의 일명.

각시고사리(鄭, 1937) (면마과 *Thelypteris torresiana* v. *calvata*) 〔이명〕 토끼고사리, 긴각시고사리. 〔유래〕 작고 예쁜 고사리라는 뜻의 일명.

각시공작고사리(安, 1982) (꼬리고사리과) 지느러미고사리의 이명. 〔유래〕 작고 예쁜 공작고사리라는 뜻의 일명. → 지느러미고사리.

각시괴불(李, 1980) (인동과) 각시괴불나무의 이명. 〔유래〕 각시괴불나무의 축소형. → 각시괴불나무.

각시괴불나무(鄭, 1949) (인동과 *Lonicera chrysantha*) 〔이명〕 산괴불나무, 절초나무, 산괴불, 각시괴불, 산아귀꽃나무. 〔유래〕 작고 예쁜 괴불나무라는 뜻의 일명. 금은인동(金銀忍冬).

각시그령(愚, 1996) (벼과) 각씨그령의 중국 옌볜 방언. → 각씨그령.

각시기린초(鄭, 1937) (돌나물과) 애기기린초와 기린초(1970)의 이명. 〔유래〕 작고 예쁜 기린초라는 뜻의 일명. → 애기기린초, 기린초.

각시꽃(愚, 1996) (국화과) 금계국의 중국 옌볜 방언. → 금계국.

각시돌나물(吳, 1985) (돌나물과) 대구돌나물의 이명. → 대구돌나물.

각시둥굴레(鄭, 1949) (백합과 *Polygonatum humile*) 〔이명〕 둥굴레아재비, 좀각씨둥굴레, 한라각시둥굴레, 애기둥굴레, 각씨둥굴레. 〔유래〕 작다는 뜻의 학명 및 일명. 소옥죽(小玉竹).

각시마(李, 1976) (마과 *Dioscorea tenuipes*) 〔이명〕 애기마. 〔유래〕 작고 예쁜 마라는 뜻의 일명. 산약(山藥).

각시마디꽃(鄭, 1970) (부처꽃과) 좀부처꽃의 이명. 〔유래〕 작고 예쁜 마디꽃이라는 뜻의 일명. → 좀부처꽃.

각시미꾸리광이(李, 1980) (벼과) 각씨미꾸리꽝이의 이명. → 각씨미꾸리꽝이.

각시미꾸리꽝이(永, 1996) (벼과) 각씨미꾸리꽝이의 이명. → 각씨미꾸리꽝이.

각시바위돈꽃(愚, 1996) (돌나물과) 좁은잎돌꽃의 중국 옌볜 방언. → 좁은잎돌꽃.

각시바위돌꽃(愚, 1996) (돌나물과) 좁은잎돌꽃의 북한 방언. → 좁은잎돌꽃.

각시버들분취(楊, 1966) (국화과) 한라분취의 이명. → 한라분취.

각시분취(愚, 1996) (국화과) 큰각시취의 중국 옌볜 방언. → 큰각시취.

각시붓꽃(鄭, 1949) (붓꽃과 *Iris rossii*) 〔이명〕 붓꽃, 산난초, 애기붓꽃. 〔유래〕 각시(예쁜) 붓꽃이라는 뜻의 일명. 마린자(馬藺子).

각시비름(壽, 1997) (비름과 *Amaranthus arenicola*) 〔유래〕 각시(애기) 털비름이라는 뜻의 일명. 자웅이주이며 소포엽이 화피보다 짧고 잎이 타원형 또는 피침형이다.

각시사방오리나무(安, 1982) (자작나무과) 좀사방오리의 이명. 〔유래〕 작고 예쁜 사방오리나무라는 뜻의 일명. → 좀사방오리.

각시서덜취(鄭, 1949) (국화과 *Saussurea macrolepis*) 구와취의 이명(愚, 1996, 북한 방언)으로도 사용. 〔이명〕 톱날분취, 화살서덜취. 〔유래〕 작고 예쁜 서덜취라는 뜻의 일명. → 구와취.

각시석남(鄭, 1942) (철쭉과 *Andromeda polifolia*) 〔이명〕 애기진달래, 애기석남. 〔유래〕 작고 예쁜 석남이라는 뜻의 일명.

각시수련(鄭, 1949) (수련과 *Nymphaea tetragona* v. *minima*) 〔이명〕 개수련, 애기수련. 〔유래〕 극히 작은 수련이라는 뜻의 학명 및 일명.

각시우드풀(鄭, 1949) (면마과) 산우드풀의 이명. 〔유래〕 작고 예쁜 우드풀이라는 뜻의 일명. → 산우드풀.

각시원추리(鄭, 1937) (백합과 *Hemerocallis dumortieri*) 〔이명〕 가지원추리, 꽃대원추리, 각씨넘나물. 〔유래〕 작고 예쁜 원추리라는 뜻의 일명. 훤초근(萱草根).

각시제비꽃(李, 1969) (제비꽃과) 각씨제비꽃의 이명. → 각씨제비꽃.

각시족도리풀(오병운 등, 1997) (쥐방울과 *Asarum misandrum*) 〔유래〕 꽃이 작고 열편이 뒤로 밀착해 있다.

각시취(鄭, 1949) (국화과 *Saussurea pulchella*) 〔이명〕 나래취, 참솜나물, 고려솜나물, 나래솜나물, 큰잎솜나물, 가는각시취, 흰각시취, 민각시취. 〔유래〕 작고 예쁜 절구대라는 뜻의 일명. 그러나 절구대와는 전혀 무관. 미화풍모국(美花風毛菊).

각시톱풀(鄭, 1949) (국화과) 붉은톱풀의 이명. → 붉은톱풀.

각시통점나도나물(鄭, 1956) (석죽과 *Cerastium pauciflorum* v. *amurense*) 〔이명〕 통점나도나물, 털점나도나물, 산점나도나물, 홑꽃잎나도나물. 〔유래〕 꽃잎이 분열하지 않는다.

각시투구꽃(李, 1969) (미나리아재비과) 각씨투구꽃의 이명. → 각씨투구꽃.

각시하늘지기(鄭, 1970) (사초과) 애기하늘지기와 제주하늘지기(愚, 1996)의 이명. 〔유래〕 작고 예쁜 하늘지기라는 뜻의 일명. → 애기하늘지기, 제주하늘지기.

각씨골무꽃(鄭, 1949) (꿀풀과) 산골무꽃의 이명. → 산골무꽃.

각씨귀리(愚, 1996) (벼과) 호오리새의 중국 옌볜 방언. → 호오리새.

각씨그령(鄭, 1949) (벼과 *Eragrostis japonica*) 〔이명〕 자주암크령, 각시그령. 〔유래〕 작은 그령이라는 뜻의 일명.

각씨꽃(愚, 1996) (국화과) 기생초의 중국 옌볜 방언. → 기생초.

각씨넘나물(愚, 1996) (백합과) 각시원추리의 중국 옌볜 방언. 〔유래〕 각씨 넘나물(원추리). → 각시원추리.

각씨둥굴레(愚, 1996) (백합과) 각시둥굴레의 중국 옌볜 방언. → 각시둥굴레.

각씨면모고사리(愚, 1996) (면마과) 산우드풀의 중국 옌볜 방언. → 산우드풀.

각씨미꾸리광이(李, 1969) (벼과) 각씨미꾸리꽝이의 이명. → 각씨미꾸리꽝이.

각씨미꾸리꽝이(鄭, 1949) (벼과 *Puccinellia chinampoensis*) 〔이명〕 진남포꾸렘이풀, 각씨미꾸리광이, 각시미꾸리꽝이, 각시미꾸리광이, 남포미꾸리꿰미. 〔유래〕 미상.

각씨제비꽃(鄭, 1949) (제비꽃과 *Viola boissieuana*) 〔이명〕 묏오랑캐, 각시제비꽃. 〔유래〕 작고 예쁜 뫼제비꽃이라는 뜻의 일명.

각씨투구꽃(鄭, 1949) (미나리아재비과 *Aconitum monanthum*) 〔이명〕 꼬마돌쩌귀, 각시투구꽃. 〔유래〕 작고 예쁜 투구꽃이라는 뜻의 일명.

각씨향유(鄭, 1949) (꿀풀과 *Elsholtzia pseudo-cristata* f. *minima*) 〔이명〕 좀향유, 애기향유, 한라꽃향유. 〔유래〕 작다는 뜻의 학명 및 일명.

간도쥐오줌풀(李, 1969) (마타리과 *Valeriana pulchra*) 〔유래〕 간도에 나는 쥐오줌풀. 전체에 털이 많으나 선모(腺毛)는 없다.

간은닢음나무(鄭, 1942) (두릅나무과) 가는잎음나무의 이명. → 가는잎음나무.

간자목(鄭, 1942) (녹나무과) 백동백나무(황해 방언)와 뇌성목(朴, 1949)의 이명. → 백동백나무, 뇌성목.

간장풀(鄭, 1949) (꿀풀과 *Nepeta stewartiana*) 〔이명〕 쥐깨풀. 〔유래〕 미상.

갈(愚, 1996) (벼과) 갈대의 북한 방언. 〔유래〕 갈대의 준말. → 갈대.

갈고리네잎갈퀴(朴, 1974) (꼭두선이과 *Galium pseudo-asprellum*) 〔유래〕 가는네

ㄱ

잎갈퀴에 비해 분과(分果)에 짧은 가시가 있다.

갈구리층층둥굴레(永, 2002) (백합과) 층층갈고리둥굴레의 이명. → 층층갈고리둥굴레.

갈구리풀(愚, 1996) (콩과) 도둑놈의갈구리의 북한 방언. → 도둑놈의갈구리.

갈기조팝나무(鄭, 1937) (장미과 *Spiraea trichocarpa*) 〔이명〕 갈키조팝나무, 갈퀴조팝나무. 〔유래〕 꽃이 달리는 어린 가지가 갈기와 같이 한쪽으로 나는 조팝나무. 소엽화(笑靨花).

갈내바람꽃(鄭, 1937) (미나리아재비과) 가래바람꽃의 이명. → 가래바람꽃.

갈대(鄭, 1949) (벼과 *Phragmites commuuis*) 〔이명〕 갈때, 달, 북달, 갈. 〔어원〕 골〔蘆〕+ㅅ(사잇소리)+대〔竹〕(어원사전). 노근(蘆根).

갈때(鄭, 1937) (벼과) 갈대의 이명. → 갈대.

갈라(李, 1969) (천남성과 *Zantedescia aethiopica*) 〔이명〕 꽃토란, 카라아, 큰살진꽃대. 〔유래〕 Calla.

갈래두메양귀비(永, 2003) (양귀비과 *Papaver radicatum* v. *dissectipetalum*) 〔유래〕 꽃잎이 많이 갈라지는 두메양귀비라는 뜻의 학명.

갈래등골나물(朴, 1974) (국화과 *Eupatorium chinense* v. *dissectum*) 〔이명〕 가새등골나물. 〔유래〕 잎이 국화잎과 같이 갈라진다는 뜻의 일명.

갈래손잎풀(愚, 1996) (쥐손이풀과) 국화쥐손이의 북한 방언. → 국화쥐손이.

갈레세잎종덩굴(鄭, 1970) (미나리아재비과) 왕세잎종덩굴의 이명. 〔유래〕 세잎종덩굴에 비해 소엽이 세 번 깊게 갈라진다. → 왕세잎종덩굴.

갈매기난초(朴, 1949) (난초과 *Platanthera japonica*) 〔이명〕 갈매기란, 제비란. 〔유래〕 꽃이 갈매기와 유사하다는 뜻의 일명.

갈매기란(永, 1996) (난초과) 갈매기난초의 이명. → 갈매기난초.

갈매나무(鄭, 1937) (갈매나무과 *Rhamnus davurica*) 짝자래나무의 이명(1942)으로도 사용. 〔이명〕 참갈매나무. 〔유래〕 서리(鼠李). → 짝자래나무.

갈미꾸렘이풀(朴, 1949) (벼과) 관모포아풀의 이명. 〔유래〕 함남 단천의 관모산 갈미봉에 나는 꾸렘이풀(포아풀). → 관모포아풀.

갈미꿩의다리(朴, 1949) (미나리아재비과) 묏꿩의다리의 이명. 〔유래〕 함남 단천의 관모산 갈미봉에 나는 꿩의다리. → 묏꿩의다리.

갈미꿰미풀(愚, 1996) (벼과) 관모포아풀의 중국 옌볜 방언. 〔유래〕 함남 단천의 관모산 갈미봉에 나는 꿰미풀(포아풀). → 관모포아풀.

갈미바위솔(朴, 1949) (돌나물과 *Orostachys kanboensis*) 〔유래〕 함남 단천의 관모산 갈미봉에 난다는 뜻의 학명.

갈미범의꼬리(朴, 1974) (여뀌과) 둥근범꼬리의 이명. 〔유래〕 함남 단천의 관모산 갈미봉에 나는 범의꼬리. → 둥근범꼬리.

갈미봉장미(安, 1982) (장미과) 인가목의 이명. 〔유래〕 갈미봉에 나는 장미라는 뜻의 일명. → 인가목.

갈미사초(朴, 1949) (사초과 *Carex concolor*) 〔유래〕 함남 단천의 관모산 갈미봉에 나는 사초.

갈미석죽(朴, 1949) (석죽과) 장백패랭이꽃의 이명. 〔유래〕 함남 단천의 관모산 갈미봉에 나는 석죽(패랭이꽃). → 장백패랭이꽃.

갈미쥐손이(朴, 1949) (쥐손이풀과 *Geranium lasiocaulon*) 〔유래〕 관모봉에 난다는 뜻의 일명.

갈범의꼬리(朴, 1949) (여뀌과) 씨범꼬리의 이명. → 씨범꼬리.

갈비고사리(愚, 1996) (새깃아재비과) 새깃아재비의 중국 옌볜 방언. → 새깃아재비.

갈사초(鄭, 1949) (사초과 *Carex ligulata* v. *austro-koreensis*) 〔이명〕 백양사초, 이삼사초, 남사초. 〔유래〕 갈사초(褐莎草).

갈색사초(李, 1969) (사초과 *Carex caryophyllea* v. *microtricha*) 〔유래〕 암꽃의 인편이 흑갈색 또는 적갈색이다.

갈잎떨기나무(안덕균, 1998) (콩과 *Sophora subprostrata*) 〔유래〕 미상. 산두근(山豆根), 광두근(廣豆根).

갈졸참나무(鄭, 1942) (참나무과) 졸참나무의 이명. 〔유래〕 갈참나무와 졸참나무의 잡종. → 졸참나무.

갈참나무(鄭, 1937) (참나무과 *Quercus aliena*) 〔이명〕 재잘나무, 톱날갈참나무, 큰갈참나무, 홍갈참나무. 〔유래〕 상자(橡子). 갈(갈나무)+참나무.

갈쿠리풀(愚, 1996) (콩과) 도둑놈의갈구리의 중국 옌볜 방언. → 도둑놈의갈구리.

갈퀴꼭두서니(李, 1980) (꼭두선이과) 갈퀴꼭두선이의 이명. → 갈퀴꼭두선이.

갈퀴꼭두선이(愚, 1996) (꼭두선이과 *Rubia cordifolia* v. *pratensis*) 〔이명〕 갈키꼭두선이, 큰갈키꼭두선이, 갈퀴꼭두서니. 〔유래〕 잎이 4~10개씩 윤생한다. 천초근(茜草根).

갈퀴나물(鄭, 1949) (콩과 *Vicia amoena*) 〔이명〕 갈키나물, 녹두두미, 큰갈키나물, 참갈키, 갈퀴덩굴, 말굴레풀. 〔유래〕 갈퀴손〔卷鬚〕이 있는 나물. 산야완두(山野豌豆).

갈퀴덩굴(朴, 1974) (꼭두선이과 *Galium spurium* v. *echinospermon*) 갈퀴나물(콩과, 安, 1982)의 이명으로도 사용. 〔이명〕 갈키덩굴, 가시랑쿠, 수레갈키. 〔유래〕 과실에 갈고리 같은 가시가 있는 덩굴성 식물. → 갈퀴나물.

갈퀴망종화(李, 1980) (물레나물과 *Hypericum galioides*) 〔유래〕 망종화와 유사하나 소관목이고 잎이 갈퀴덩굴과 비슷하다.

갈퀴방울(愚, 1996) (꼭두선이과) 개꼭두선이의 중국 옌볜 방언. → 개꼭두선이.

갈퀴아재비(朴, 1949) (꼭두선이과 *Asperula lasiantha*) 개갈퀴의 이명으로도 사용. 〔이명〕 조선갈퀴아재비. 〔유래〕 개갈퀴와 유사. → 개갈퀴.

ㄱ

갈퀴완두(安, 1982) (콩과) 연리초의 이명. → 연리초.

갈퀴조팝나무(安, 1982) (콩과) 갈기조팝나무의 이명. → 갈기조팝나무.

갈퀴현호색(오병운, 1986) (양귀비과 *Corydalis grandicalyx*) 〔유래〕 꽃받침의 끝이 갈퀴 모양으로 갈라진다.

갈키꼭두선이(鄭, 1937) (꼭두선이과) 갈퀴꼭두선이와 덤불꼭두선이(朴, 1949)의 이명. → 갈퀴꼭두선이, 덤불꼭두선이.

갈키나물(鄭, 1937) (꼭두선이과) 갈퀴나물의 이명. → 갈퀴나물.

갈키덩굴(鄭, 1937) (꼭두선이과) 갈퀴덩굴의 이명. → 갈퀴덩굴.

갈키조팝나무(鄭, 1949) (콩과) 갈기조팝나무의 이명. → 갈기조팝나무.

갈포령서덜취(李, 1969) (국화과 *Saussurea grandifolia* v. *microcephala*) 〔유래〕 함북 갈포령에서 최초로 채집하여 명명.

갈풀(鄭, 1949) (벼과 *Phalaris arundinacea*) 〔이명〕 달. 〔유래〕 모를 낼 논에 거름을 주기 위하여 베어 넣는 풀이라는 뜻.

감국(鄭, 1937) (국화과 *Chrysanthemum indicum*) 산국의 이명(朴, 1949)으로도 사용. 〔이명〕 섬감국, 국화, 황국, 들국화. 〔유래〕 감국(甘菊), 야국화(野菊花). → 산국.

감귤나무(安, 1982) (운향과) 당귤나무의 이명. → 당귤나무.

감나무(鄭, 1937) (감나무과 *Diospyros kaki*) 〔이명〕 돌감나무, 산감나무, 똘감나무. 〔어원〕 감(甘)〔=柹〕+나무〔樹〕(어원사전). 시체(柹蔕).

감둥사초(鄭, 1949) (사초과 *Carex atrata*) 〔이명〕 백산흑사초, 검정사초, 검둥사초. 〔유래〕 화수(花穗)가 검다는 뜻의 학명.

감보풍(鄭, 1952) (가래나무과) 중국굴피나무의 이명. → 중국굴피나무.

감복사(李, 1966) (장미과 *Prunus persica* f. *compressa*) 〔유래〕 과실이 감과 같이 편평하다는 뜻의 학명.

감비(鄭, 1942) (소나무과) 가문비의 이명. 〔유래〕 가문비의 함남 방언. → 가문비.

감수(鄭, 1937) (대극과) 개감수의 이명. 〔유래〕 감수(甘遂). → 개감수.

감응초(朴, 1949) (콩과) 미모사의 이명. 〔유래〕 감응초(感應草). → 미모사.

감자(鄭, 1937) (가지과 *Solanum tuberosum*) 〔이명〕 하지감자. 〔유래〕 발음은 감저(甘藷)에서 유래했으나 이는 고구마를 지칭하며, 감자는 마령서(馬鈴薯)이다. 양우(洋芋).

감자가락잎풀(愚, 1996) (산형과) 감자개발나물의 북한 방언. → 감자개발나물.

감자개발나물(鄭, 1937) (산형과 *Sium sisarum*) 〔이명〕 무강개발나물, 알개발나물, 섬가락잎풀, 감자가락잎풀. 〔유래〕 개발나물에 비해 감자와 같은 지하경이 있다. 산고본(山藁本).

감자난(李, 1969) (난초과) 감자난초의 이명. → 감자난초.

감자난초(鄭, 1937) (난초과 *Oreorchis patens*) 〔이명〕 잠자리난초, 감자난, 댓잎새우

난초, 감자란. 〔유래〕 감자와 같은 지하경이 생기는 난초. 산란(山蘭).

감자란(愚, 1996) (난초과) 감자난초의 북한 방언. → 감자난초.

감절대(永, 1996) (여뀌과) 호장근의 이명. → 호장근.

감제풀(愚, 1996) (여뀌과) 호장근의 북한 방언. → 호장근.

감초(李, 1980) (콩과 *Glycyrrhiza uralensis*) 〔유래〕 감초(甘草). 뿌리가 달다.

감탕나무(鄭, 1937) (감탕나무과 *Ilex integra*) 〔이명〕 떡가지나무, 끈제기나무. 〔유래〕 제주 방언.

감태나무(鄭, 1942) (녹나무과) 백동백나무의 거제도 방언. → 백동백나무.

갑산오랑캐(朴, 1949) (제비꽃과) 갑산제비꽃의 이명. 〔유래〕 함남 갑산에 나는 오랑캐(제비꽃). → 갑산제비꽃.

갑산제비꽃(鄭, 1949) (제비꽃과 *Viola kapsanensis*) 〔이명〕 갑산오랑캐. 〔유래〕 함남 갑산에 난다는 뜻의 학명.

갑산포아풀(李, 1969) (벼과 *Poa ussuriensis*) 〔유래〕 함남 갑산에서 최초로 기록.

갓(李, 1969) (십자화과 *Brassica juncea* v. *integrifolia*) 계자의 이명(鄭, 1937)으로도 사용. 〔유래〕 개채(芥菜), 겨자와 갓의 총칭. → 계자.

갓냉이(朴, 1974) (십자화과) 개갓냉이의 이명. → 개갓냉이.

갓대(鄭, 1942) (벼과) 조릿대의 전남 방언. 〔유래〕 죽세공용, 특히 갓을 제조. → 조릿대.

갓쑥(愚, 1996) (국화과) 마가렛트의 중국 옌볜 방언. → 마가렛트.

갓황새냉이(愚, 1996) (십자화과) 왜갓냉이의 북한 방언. → 왜갓냉이.

강계버드나무(安, 1982) (버드나무과) 강계버들의 이명. → 강계버들.

강계버들(鄭, 1937) (버드나무과 *Salix kangensis*) 〔이명〕 강계버드나무. 〔유래〕 평북 강계에 난다는 뜻의 학명.

강계분취(朴, 1949) (국화과) 담배취의 이명. 〔유래〕 평북 강계에 나는 분취. → 담배취.

강계큰물통이(李, 1969) (쐐기풀과 *Pilea oligantha*) 〔이명〕 적은꽃물통이. 〔유래〕 평북 강계에 난다.

강계터리풀(李, 1980) (장미과) 단풍터리풀의 이명. 〔유래〕 평북 강계에 나는 터리풀. → 단풍터리풀.

강남차(朴, 1949) (콩과) 석결명의 이명. 〔유래〕 망강남(望江南). → 석결명.

강남콩(李, 1980) (콩과 *Phaseolus vulgaris* v. *humilis*) 〔유래〕 → 강낭콩. 모종에 비해 덩굴성이 아니다.

강냉이(鄭, 1937) (벼과) 옥수수의 이명. → 옥수수.

강낭콩(李, 1969) (콩과 *Phaseolus vulgaris*) 〔이명〕 덩굴강남콩, 당콩. 〔어원〕 강남(江南)+콩→강낭콩. 강남(지금의 중국 남경)에서 전래된 콩(어원사전).

강냉이(朴, 1949) (벼과) 옥수수의 이명. 〔어원〕 강남(江南)+이(접사)→강냉이. 강남(지금의 중국 남경)에서 전래(어원사전). → 옥수수.

강댑싸리(朴, 1949) (명아주과) 긴잎장다리풀의 이명. → 긴잎장다리풀.

강부추(최 · 오, 2003) (백합과 *Allium longistylum*) 〔유래〕 우리나라에서는 중부지방의 강가에 난다. 암술 기부에 덮개 모양의 돌출부로 싸여 있는 오목한 밀선이 있다.

강선뽀뿌라(愚, 1996) (버드나무과) 미류의 북한 방언. → 미류.

강송(永, 1996) (소나무과) 금강소나무의 이명. → 금강소나무.

강아지별수염풀(오 · 허, 2002) (곡정초과) 좀개수염의 이명. → 좀개수염.

강아지수염(鄭, 1937) (곡정초과) 좀개수염과 개수염(安, 1982)의 이명. → 좀개수염, 개수염.

강아지풀(鄭, 1939) (벼과 *Setaria viridis*) 갯강아지풀의 이명(愚, 1996, 중국 옌벤 방언)으로도 사용. 〔이명〕 개꼬리풀, 자주강아지풀, 제주개피. 〔유래〕 구미초(狗尾草). 화수(花穗)를 손바닥 위에 놓고 손을 오므렸다 펴는 운동을 반복하면 강아지와 같이 앞으로 기어간다. → 갯강아지풀.

강원고사리(李, 1980) (면마과 *Athyrium nakai*) 〔이명〕 금강고사리. 〔유래〕 강원도 특산 고사리(강원도 금강산).

강작약(鄭, 1949) (작약과) 털백작약의 이명. → 털백작약.

강죽(愚, 1996) (벼과) 왕대의 중국 옌벤 방언. → 왕대.

강참(鄭, 1942) (참나무과) 상수리나무의 경기 방언. → 상수리나무.

강태(鄭, 1937) (가지과) 가마중의 이명. → 가마중.

강호리(鄭, 1949) (산형과) 강활의 이명. 〔유래〕 강활(羌活). → 강활.

강화산닥나무(鄭, 1949) (팥꽃나무과) 산닥나무의 이명. 〔유래〕 강화도에 나는 산닥나무. → 산닥나무.

강화이고들빼기(李, 1969) (국화과 *Youngia denticulata* f. *pinnatipartita*) 〔이명〕 깃고들빼기, 꽃고들빼기. 〔유래〕 강화도에 나는 이고들빼기.

강활(鄭, 1937) (산형과 *Ostericum praeteritum*) 신감채의 이명(愚, 1996, 중국 옌벤 방언)으로도 사용. 〔이명〕 강호리. 〔유래〕 강활(羌活). → 신감채.

개가새고사리(朴, 1949) (면마과) 쇠고사리의 이명. → 쇠고사리.

개가시나무(李, 1966) (참나무과) 돌가시나무의 이명. 〔유래〕 가시나무와 유사. → 돌가시나무.

개가지고비(李, 1980) (고사리과) 개가지고비고사리의 이명. → 개가지고비고사리.

개가지고비고사리(朴, 1975) (고사리과 *Coniogramme japonica* f. *fauriei*) 〔이명〕 개가지고사리, 개가지고비. 〔유래〕 가지고비고사리와 유사.

개가지고사리(朴, 1961) (고사리과) 개가지고비고사리의 이명. 〔유래〕 가지고사리와 유사. → 개가지고비고사리.

개갈퀴(鄭, 1949) (꼭두선이과 *Asperula maximowiczii*) 산개갈퀴의 이명(愚, 1996, 중국 옌볜 방언)으로도 사용. 〔이명〕 개갈퀴아재비, 갈퀴아재비, 수레갈퀴아재비. 〔유래〕 갈퀴아재비와 유사. → 산개갈퀴.

개갈퀴아재비(朴, 1949) (꼭두선이과) 개갈퀴의 이명. 〔유래〕 갈퀴아재비와 유사. → 개갈퀴.

개갈키(朴, 1949) (꼭두선이과) 참갈퀴덩굴과 개꼭두선이(1949)의 이명. → 참갈퀴덩굴, 개꼭두선이.

개감수(鄭, 1949) (대극과 *Euphorbia sieboldiana*) 〔이명〕 감수, 능수버들, 산감수, 산개감수, 참대극, 좀개감수, 산참대극. 〔유래〕 감수와 유사. 감수(甘遂).

개감채(鄭, 1949) (백합과 *Lloydia serotina*) 〔이명〕 산무릇, 두메무릇. 〔유래〕 미상.

개감초(李, 1980) (콩과 *Glycyrrhiza pallidiflora*) 〔이명〕 가시감초, 가시쓴감초. 〔유래〕 감초와 유사.

개갓냉이(鄭, 1949) (십자화과 *Rorippa indica*) 〔이명〕 쇠냉이, 갓냉이, 줄속속이풀, 선속속이풀. 〔유래〕 갓냉이와 유사. 한채(蔊菜).

개강활(鄭, 1949) (산형과 *Angelica polymorpha* v. *fallax*) 〔이명〕 제주사약채. 〔유래〕 강활과 유사.

개개미나물(愚, 1996) (석죽과) 수개미자리의 중국 옌볜 방언. → 수개미자리.

개개미취(愚, 1996) (국화과) 갯개미취의 중국 옌볜 방언. 〔유래〕 개미취와 유사. → 갯개미취.

개개회나무(鄭, 1937) (노박덩굴과) 회목나무의 이명. 〔유래〕 개회나무와 유사. → 회목나무.

개겨이삭(朴, 1949) (벼과) 긴겨이삭의 이명. 〔유래〕 겨이삭과 유사하다는 뜻의 일명. → 긴겨이삭.

개겨풀(安, 1982) (벼과) 겨풀의 이명. 〔유래〕 겨풀과 유사하다는 뜻의 일명. → 겨풀.

개고로쇠나무(安, 1982) (단풍나무과) 고로쇠나무의 이명. 〔유래〕 고로쇠나무와 유사하다는 뜻의 일명. → 고로쇠나무.

개고리버들(安, 1982) (버드나무과) 개키버들의 이명. 〔유래〕 고리버들과 유사하다는 뜻의 일명. → 개키버들.

개고리실나무(朴, 1949) (단풍나무과) 고로쇠나무의 이명. 〔유래〕 고리실나무(고로쇠나무)와 유사. → 고로쇠나무.

개고비(朴, 1949) (고비과) 음양고비의 이명. 〔유래〕 고비와 유사. → 음양고비.

개고사리(鄭, 1937) (면마과 *Athyrium niponicum*) 〔이명〕 광릉개고사리, 새고비, 털새고사리, 물개고사리. 〔유래〕 고사리와 유사하다는 뜻의 일명.

개고추냉이(朴, 1974) (십자화과) 참고추냉이의 이명. 〔유래〕 고추냉이와 유사. → 참고추냉이.

ㄱ

개고추풀(朴, 1949) (현삼과) 밭뚝외풀의 이명. → 밭뚝외풀.

개골무꽃(朴, 1949) (꿀풀과) 호골무꽃의 이명. → 호골무꽃.

개골풀(朴, 1949) (골풀과) 물골풀(鄭, 1949, 북한 방언)과 갯골풀(愚, 1996, 중국 옌볜 방언)의 이명. 〔유래〕 골풀과 유사. → 물골풀, 갯골풀.

개골풀아재비(愚, 1996) (사초과) 한라골풀아재비(중국 옌볜 방언)와 개수염사초의 이명. → 한라골풀아재비, 개수염사초.

개곽향(鄭, 1937) (꿀풀과 *Teucrium japonicum*) 〔이명〕 가지개곽향, 좀곽향. 〔유래〕 곽향과 유사.

개관중(朴, 1949) (면마과) 새발고사리와 개면마, 나도히초미의 이명. → 새발고사리, 개면마, 나도히초미.

개괴불주머니(朴, 1974) (양귀비과) 염주괴불주머니의 이명. → 염주괴불주머니.

개괴쑥(朴, 1949) (국화과) 산떡쑥(朴, 1949)과 다북떡쑥(安, 1982)의 이명. → 산떡쑥, 다북떡쑥.

개구름나무(鄭, 1942) (물푸레나무과) 개회나무의 이명. 〔유래〕 개회나무의 함북 방언. → 개회나무.

개구리갓(鄭, 1937) (미나리아재비과 *Ranunculus ternatus*) 〔이명〕 좀미나리아재비. 〔유래〕 미상. 제주 방언. 묘조초(貓爪草).

개구리낚시(朴, 1974) (여뀌과) 물여뀌의 이명. → 물여뀌.

개구리망(鄭, 1937) (미나리아재비과) 개구리발톱의 이명. → 개구리발톱.

개구리미나리(鄭, 1937) (미나리아재비과 *Ranunculus tachiroei*) 〔이명〕 개구리자리, 미나리바구지. 〔유래〕 개구리가 많은 습지에 나는 미나리.

개구리발톱(鄭, 1949) (미나리아재비과 *Semiaquilegia adoxoides*) 〔이명〕 개구리망, 섬개구리망, 섬향수풀, 섬향수꽃. 〔유래〕 미상.

개구리밥(鄭, 1937) (개구리밥과 *Spirodela polyrhiza*) 좀개구리밥의 이명(愚, 1996, 북한 방언)으로도 사용. 〔이명〕 부평초, 머구리밥. 〔유래〕 부평초(浮萍草), 부평(浮萍). 개구리가 많이 사는 논이나 못에 떠서 산다. → 좀개구리밥.

개구리사초(朴, 1949) (사초과) 진퍼리사초의 이명. → 진퍼리사초.

개구리연(朴, 1949) (수련과) 개연꽃의 이명. → 개연꽃.

개구리자리(鄭, 1937) (미나리아재비과 *Ranunculus sceleratus*) 개구리미나리의 이명(朴, 1974)으로도 사용. 〔이명〕 놋동이풀, 늪바구지. 〔유래〕 석용예(石龍芮). → 개구리미나리.

개구리자리풀(朴, 1949) (별이끼과) 별이끼의 이명. → 별이끼.

개구릿대(鄭, 1937) (산형과 *Angelica anomala*) 〔이명〕 구릿대, 좁은잎구릿대. 〔유래〕 구릿대와 유사. 고혈백지(庫頁白芷).

개국수나무(鄭, 1942) (장미과 *Stephanandra incisa* v. *quadrifissa*) 〔이명〕 호접국수

나무, 나비국수나무. 〔유래〕 국수나무와 유사.

개국화(鄭, 1949) (국화과) 산국의 이명. 〔유래〕 국화와 유사. → 산국.

개굴피나무(永, 1996) (가래나무과 *Pterocarya rhoifolia*) 〔유래〕 굴피나무와 유사.

개귀타리나무(鄭, 1942) (장미과) 털야광나무의 이명. 〔유래〕 털야광나무의 함남 방언. → 털야광나무.

개그늘새(朴, 1949) (벼과) 털조릿대풀의 이명. 〔유래〕 그늘새(조릿대풀)와 유사. → 털조릿대풀.

개그령(愚, 1996) (벼과) 갯그령의 중국 옌볜 방언. → 갯그령.

개금불초(愚, 1996) (국화과) 긴갯금불초의 중국 옌볜 방언. → 긴갯금불초.

개기름나물(愚, 1996) (산형과) 갯기름나물의 중국 옌볜 방언. → 갯기름나물.

개기장(鄭, 1949) (벼과 *Panicum bisulcatum*) 〔이명〕 들기장, 돌기장. 〔유래〕 기장과 유사.

개깃반쪽고사리(朴, 1975) (고사리과) 탐라반쪽고사리의 이명. → 탐라반쪽고사리.

개껍질새(朴, 1949) (벼과) 참쌀새의 이명. 〔유래〕 껍질새(쌀새)와 유사. → 참쌀새.

개꼬들빼기(愚, 1996) (국화과) 갯고들빼기의 중국 옌볜 방언. → 갯고들빼기.

개꼬리풀(鄭, 1949) (벼과) 강아지풀의 이명. 〔유래〕 화수(花穗)가 개의 꼬리와 유사. → 강아지풀.

개꼭두선이(鄭, 1970) (꼭두선이과 *Hedyotis lindleyana* v. *hirsuta*) 〔이명〕 개갈키, 쥐방울꽃, 탐나풀, 쥐방울풀, 탐라풀, 갈퀴방울. 〔유래〕 꼭두선이와 유사.

개꽃(鄭, 1956) (국화과 *Matricaria limosa*) 족제비쑥의 이명(李, 1969)으로도 사용. 〔이명〕 개족제비쑥, 참꽃, 삼수국화, 사슴국화. 〔유래〕 미상. → 족제비쑥.

개꽃갈퀴(朴, 1949) (꼭두선이과) 긴잎갈퀴의 이명. → 긴잎갈퀴.

개꽃나무(鄭, 1942) (철쭉과) 철쭉나무(강원 방언)와 산철쭉(朴, 1949)의 이명. → 철쭉나무, 산철쭉.

개꽃다지(朴, 1949) (십자화과) 민꽃다지의 이명. 〔유래〕 꽃다지와 유사. → 민꽃다지.

개꽃마리(朴, 1949) (지치과 *Myosotis laxa*) 〔이명〕 꽃마리아재비. 〔유래〕 꽃마리와 유사.

개꽃아재비(임 · 전, 1980) (국화과 *Anthemis cotula*) 〔유래〕 식물체의 모습이 개꽃과 유사.

개꾸렘이풀(朴, 1949) (벼과) 새포아풀의 이명. → 새포아풀.

개나래새(鄭, 1949) (벼과) 제주나래새와 쇠미기풀(李, 1969)의 이명. → 제주나래새, 쇠미기풀.

개나리(鄭, 1937) (물푸레나무과 *Forsythia koreana*) 〔이명〕 개나리나무, 신리화, 가을개나리, 어사리, 서리개나리, 개나리꽃나무. 〔유래〕 연교(連翹), 신이화(辛夷花).

개나리꽃나무(愚, 1996) (물푸레나무과) 개나리의 북한 방언. → 개나리.

ㄱ

개나리나무(鄭, 1942) (물푸레나무과) 개나리의 이명. 〔유래〕 개나리가 목본식물임을 강조. → 개나리.

개나리새(愚, 1996) (벼과) 제주나래새의 중국 옌볜 방언. → 제주나래새.

개나무(鄭, 1942) (마편초과) 누리장나무의 이명. 〔유래〕 누리장나무의 전남 방언. → 누리장나무.

개난초(朴, 1949) (난초과) 유령란의 이명. → 유령란.

개남천(愚, 1996) (매자나무과) 뿔남천의 중국 옌볜 방언. 〔유래〕 남천과 유사. → 뿔남천.

개너삼(鄭, 1949) (콩과) 개느삼의 이명. 〔유래〕 너삼(고삼)과 유사. → 개느삼.

개노나무(朴, 1949) (마편초과) 섬누리장나무의 이명. 〔유래〕 노나무(누리장나무)와 유사. → 섬누리장나무.

개노박덩굴(李, 1980) (노박덩굴과 *Celastrus orbiculatus* v. *strigillosus*) 〔이명〕 거친잎노방덩굴. 〔유래〕 노박덩굴과 유사하다는 뜻의 일명.

개녹곽(安, 1982) (콩과) 여우콩의 이명. → 여우콩.

개느릅(鄭, 1942) (느릅나무과) 비술나무의 이명. 〔유래〕 비술나무의 함남 방언. → 비술나무.

개느삼(鄭, 1937) (콩과 *Echinosophora koreensis*) 〔이명〕 개능함, 개미풀, 개너삼, 느삼나무. 〔유래〕 느삼(고삼)과 유사하다는 뜻의 일명. 고삼(苦蔘).

개능함(朴, 1949) (콩과) 개느삼의 이명. → 개느삼.

개다래(鄭, 1949) (다래나무과) 개다래나무의 이명. → 개다래나무.

개다래나무(鄭, 1937) (다래나무과 *Actinidia polygama*) 〔이명〕 말다래, 못좇다래나무, 쥐다래나무, 묵다래나무, 개다래, 쉬젓가래, 말다래나무. 〔유래〕 강원 방언. 다래나무와 유사. 목천료(木天蓼).

개담배(鄭, 1949) (국화과 *Ligularia schmidtii*) 〔이명〕 산담배풀, 쇠곰취, 청취. 〔유래〕 담배와 유사. 한국의 산에 나는 담배라는 뜻의 일명.

개당귀(愚, 1996) (산형과) 기름당귀의 중국 옌볜 방언. → 기름당귀.

개당주나무(鄭, 1942) (범의귀과 *Ribes fasciculatum*) 〔이명〕 가마귀밥여름나무, 좀꼬리까치밥나무, 까마귀밥여름나무. 〔유래〕 황해 방언. 등롱과(燈籠果).

개대추나무(愚, 1996) (갈매나무과) 갯대추나무의 중국 옌볜 방언. → 갯대추나무.

개대황(朴, 1949) (여뀌과 *Rumex longifolius*) 〔이명〕 들대황. 〔유래〕 대황과 유사. 대황(大黃).

개더부사리(愚, 1996) (열당과) 초종용의 중국 옌볜 방언. → 초종용.

개덜꿩나무(鄭, 1949) (인동과 *Viburnum erosum* v. *vegetum*) 〔이명〕 개백당나무. 〔유래〕 덜꿩나무와 유사.

개덧나무(愚, 1996) (인동과) 덧나무의 중국 옌볜 방언. → 덧나무.

개도둑놈의갈고리(永, 1996) (콩과) 개도둑놈의갈구리의 이명. → 개도둑놈의갈구리.

개도둑놈의갈구리(朴, 1949) (콩과 *Desmodium podocarpum*) 〔이명〕 좀도독놈갈쿠리, 털도독놈의갈구리, 민둥도독놈의갈구리, 개도둑놈의갈고리, 털도둑놈의갈고리, 둥근잎갈구리풀, 민둥갈쿠리풀. 〔유래〕 도둑놈의갈구리와 유사.

개독활(朴, 1949) (산형과) 어수리의 이명. → 어수리.

개돌나물(朴, 1949) (돌나물과) 바위채송화와 갯돌나물(愚, 1996, 중국 옌볜 방언)의 이명. 〔유래〕 돌나물과 유사. → 바위채송화, 갯돌나물.

개동굴나무(鄭, 1942) (노박덩굴과) 사철나무의 이명. 〔유래〕 사철나무의 경남 방언. → 사철나무.

개동백나무(鄭, 1942) (때죽나무과) 쪽동백과 생강나무(1949)의 이명. → 쪽동백, 생강나무.

개두릅나무(鄭, 1942) (두릅나무과) 음나무의 이명. 〔유래〕 음나무의 강원 방언. → 음나무.

개두사초(愚, 1996) (사초과) 산뚝사초의 중국 옌볜 방언. → 산뚝사초.

개들쭉(鄭, 1937) (인동과 *Lonicera caerulea* v. *emphyllocalyx*) 〔이명〕 수염댕댕이, 넓은잎댕댕이, 둥글잎댕댕이, 가는잎댕댕이나무, 넓은잎댕댕이나무, 마저지나무. 〔유래〕 함북 풍산 방언. 들쭉과 유사.

개딱주(朴, 1949) (초롱꽃과) 섬잔대의 이명. 〔유래〕 딱주(잔대)와 유사. → 섬잔대.

개땅쑥(朴, 1974) (국화과) 개똥쑥의 이명. → 개똥쑥.

개떡갈나무(鄭, 1937) (참나무과) 떡갈참나무의 이명. 〔유래〕 떡갈나무와 유사하다는 뜻의 일명. → 떡갈참나무.

개똥나무(鄭, 1937) (마편초과) 누리장나무와 수수꽃다리(물푸레나무과, 1942, 황해 방언), 딱총나무(인동과, 1942)의 이명. → 누리장나무, 수수꽃다리, 딱총나무.

개똥쑥(鄭, 1937) (국화과 *Artemisia annua*) 〔이명〕 개땅쑥, 잔잎쑥, 비쑥. 〔유래〕 식물체를 비비면 개똥 같은 냄새가 나는 쑥. 청호(菁蒿).

개뚜껑덩굴(愚, 1996) (박과) 뚜껑덩굴의 중국 옌볜 방언. → 뚜껑덩굴.

개련꽃(永, 1996) (수련과) 개연꽃의 이명. → 개연꽃.

개마디꽃(朴, 1949) (부처꽃과) 마디꽃과 물마디꽃(安, 1982)의 이명. 〔유래〕 마디꽃과 유사. → 마디꽃, 물마디꽃.

개마디풀(李, 1969) (여뀌과 *Polygonum equisetiforme*) 〔유래〕 미상. 큰옥매듭풀에 비해 잎자루가 없고 잎이 더 적게 달린다.

개말나리(永, 1996) (백합과) 말나리의 이명. 〔유래〕 말나리와 유사. 잎이 좁고 비늘줄기에 관절이 있다. → 말나리.

개말발도리(朴, 1949) (범의귀과) 매화말발도리의 이명. → 매화말발도리.

개망초(鄭, 1937) (국화과 *Erigeron annuus*) 민망초의 이명(朴, 1949)으로도 사용.

ㄱ

〔이명〕 왜풀, 버들개망초, 망국초, 넓은잎잔꽃풀, 개망풀. 〔유래〕 망초와 유사. 일년봉(一年蓬). → 민망초.

개망풀(愚, 1996) (국화과) 개망초의 중국 옌볜 방언. → 개망초.

개매미꽃(朴, 1974) (양귀비과) 매미꽃의 이명. → 매미꽃.

개맥문동(鄭, 1937) (백합과 *Liriope spicata*) 〔이명〕 좀맥문동, 맥문동. 〔유래〕 맥문동과 유사. 맥문동(麥門冬).

개맨도램이(朴, 1949) (비름과) 개맨드라미의 이명. → 개맨드라미.

개맨드라미(鄭, 1949) (비름과 *Celosia argentea*) 〔이명〕 개맨드래미, 개맨도램이, 들맨드라미, 들맨드래미. 〔유래〕 맨드라미와 유사.

개맨드래미(鄭, 1937) (비름과) 개맨드라미의 이명. → 개맨드라미.

개머루(鄭, 1937) (포도과 *Ampelopsis brevipedunculata*) 〔이명〕 돌머루. 〔유래〕 머루와 유사. 사포도(蛇葡萄).

개머위(鄭, 1937) (국화과 *Petasites saxatilis*) 멸가치의 이명(朴, 1949)으로도 사용. 〔이명〕 산머위. 〔유래〕 머위와 유사. → 멸가치.

개메꽃(鄭, 1949) (메꽃과) 갯메꽃의 이명. → 갯메꽃.

개면마(鄭, 1937) (면마과 *Matteuccia orientalis*) 왕고사리의 이명(朴, 1949)으로도 사용. 〔이명〕 개관중. 〔유래〕 면마(관중)와 유사. 모관중(毛貫衆). → 왕고사리.

개면모고사리(愚, 1996) (면마과) 좀가물고사리의 중국 옌볜 방언. → 좀가물고사리.

개모시(安, 1982) (쐐기풀과) 왜모시풀의 이명. → 왜모시풀.

개모시풀(鄭, 1949) (쐐기풀과 *Boehmeria platanifolia*) 왜모시풀의 이명(朴, 1974)으로도 사용. 〔이명〕 좀모시풀, 흰개모시풀. 〔유래〕 모시풀과 유사. → 왜모시풀.

개모싯대(朴, 1949) (초롱꽃과) 수원잔대의 이명. → 수원잔대.

개무강바꽃(朴, 1949) (미나리아재비과) 투구꽃의 이명. → 투구꽃.

개묵새(李, 1969) (벼과 *Festuca takedana*) 〔이명〕 큰산묵새. 〔유래〕 묵새(왕김의털아재비)와 유사.

개물감싸리(安, 1982) (콩과) 낭아초의 이명. → 낭아초.

개물별꽃(愚, 1996) (물별과) 물벼룩이자리의 중국 옌볜 방언. → 물벼룩이자리.

개물쇠뜨기(朴, 1961) (속새과) 물속새의 이명. 〔유래〕 물쇠뜨기와 유사. → 물속새.

개물통이(鄭, 1949) (쐐기풀과 *Parietaria micrantha*) 〔이명〕 음달화점초, 응달물통이, 애기물통이, 좀물통이. 〔유래〕 물통이와 유사.

개물푸레나무(鄭, 1942) (콩과 *Maackia amurensis* v. *buergeri*) 다릅나무의 이명(1942, 경기 방언)으로도 사용. 〔이명〕 털코뜨래나무, 잔털다릅나무, 털다릅나무. 〔유래〕 경기 방언. → 다릅나무.

개물풀(朴, 1949) (바늘꽃과) 눈여뀌바늘의 이명. → 눈여뀌바늘.

개미꾸리꿰미풀(愚, 1996) (벼과) 갯꾸러미풀의 중국 옌볜 방언. → 갯꾸러미풀.

개미나리(鄭, 1937) (산형과 *Oenanthe javanica* v. *japonica*) 왜방풍의 이명(朴, 1949)으로도 사용. 〔유래〕 미나리와 유사. → 왜방풍.

개미나물(愚, 1996) (석죽과) 개미자리의 북한 방언. → 개미자리.

개미난초(朴, 1949) (난초과 *Myrmechis japonica*) 〔이명〕 개미란. 〔유래〕 개미무리의 난초라는 뜻의 일명.

개미란(愚, 1996) (난초과) 개미난초의 북한 방언. → 개미난초.

개미바늘(鄭, 1949) (석죽과) 갯개미자리의 이명. → 갯개미자리.

개미밥(朴, 1949) (국화과) 개중대가리의 이명. → 개중대가리.

개미자리(鄭, 1937) (석죽과 *Sagina japonica*) 〔이명〕 수캐자리, 개미나물. 〔유래〕 밭이나 길가의 개미가 많은 곳에 난다. 칠고초(漆姑草).

개미취(鄭, 1949) (국화과 *Aster tataricus*) 〔이명〕 자원, 들개미취, 애기개미취. 〔유래〕 미상. 자원(紫菀).

개미탑(鄭, 1937) (개미탑과 *Haloragis micrantha*) 〔이명〕 개미탑풀. 〔유래〕 개미의 탑 풀이라는 뜻의 일명.

개미탑풀(朴, 1974) (개미탑과) 개미탑의 이명. → 개미탑.

개미풀(鄭, 1942) (콩과) 개느삼의 이명. 〔유래〕 개느삼의 강원 방언. → 개느삼.

개미피(朴, 1949) (벼과) 육절보리풀의 이명. → 육절보리풀.

개밀(鄭, 1937) (벼과 *Agropyron tsukusiense* v. *transiens*) 〔이명〕 수염개밀, 들밀. 〔유래〕 밀〔小麥〕과 유사.

개밀아재비(李, 1969) (벼과 *Agropyron chinense*) 〔이명〕 개보리풀. 〔유래〕 개밀과 유사.

개바늘사초(朴, 1949) (사초과 *Carex uda*) 〔유래〕 바늘사초와 유사.

개박달(李, 1966) (자작나무과) 개박달나무의 이명. → 개박달나무.

개박달나무(鄭, 1937) (자작나무과 *Betula chinensis*) 백동백나무(녹나무과, 1942, 황해 방언), 다릅나무(콩과, 1942, 경기 방언)와 나도박달(단풍나무과, 1942, 경기 방언)의 이명으로도 사용. 〔이명〕 참박달나무, 짝작이, 물박달, 개박달, 좀박달나무. 〔유래〕 강원 방언. 박달나무와 유사. → 백동백나무, 다릅나무, 나도박달.

개박쥐나무(愚, 1996) (박쥐나무과) 단풍박쥐나무의 중국 옌볜 방언. → 단풍박쥐나무.

개박쥐나물(朴, 1949) (국화과) 게박쥐나물의 이명. → 게박쥐나물.

개박하(鄭, 1937) (꿀풀과 *Nepeta cataria*) 〔이명〕 돌박하, 말들깨. 〔유래〕 박하와 유사하다는 뜻의 일명. 박하 같은 향은 없다. 가형개(假荊芥).

개반디(朴, 1949) (산형과) 왜우산풀의 이명. → 왜우산풀.

개발나물(鄭, 1937) (산형과 *Sium suave*) 〔이명〕 가는개발나물, 당개발나물, 개발풀, 가락잎풀. 〔유래〕 미상. 산고본(山藁本).

ㄱ

개발나물아재비(安, 1982) (산형과) 독미나리의 이명. → 독미나리.

개발초(朴, 1949) (쥐손이풀과) 이질풀의 이명. → 이질풀.

개발풀(永, 1996) (산형과) 개발나물의 이명. → 개발나물.

개방가지똥(朴, 1949) (국화과) 큰방가지똥의 이명. 〔유래〕 방가지똥과 유사. → 큰방가지똥.

개방동사니(安, 1982) (사초과) 방동사니아재비의 이명. → 방동사니아재비.

개방아(愚, 1996) (꿀풀과) 익모초의 중국 옌볜 방언. → 익모초.

개방앳잎(鄭, 1937) (꿀풀과) 송장풀의 이명. → 송장풀.

개방풍(朴, 1949) (산형과) 방풍과 왜방풍(1949)의 이명. 〔유래〕 방풍과 유사. → 방풍, 왜방풍.

개배암배추(朴, 1949) (꿀풀과) 둥근잎배암차즈기와 털석잠풀(1949)의 이명. → 둥근잎배암차즈기, 털석잠풀.

개백당나무(鄭, 1942) (인동과) 개덜꿩나무의 이명. → 개덜꿩나무.

개백미(朴, 1949) (박주가리과) 민백미꽃의 이명. 〔유래〕 백미꽃과 유사. → 민백미꽃.

개뱀배추(朴, 1974) (꿀풀과) 둥근잎배암차즈기의 이명. → 둥근잎배암차즈기.

개버머리(鄭, 1937) (미나리아재비과) 개버무리의 이명. → 개버무리.

개버무리(鄭, 1942) (미나리아재비과 *Clematis serratifolia*) 〔이명〕 개버머리, 으아리꽃, 꽃버무리. 〔유래〕 함북 방언.

개버찌나무(永, 1996) (장미과) 개벚지나무의 이명. → 개벚지나무.

개벚나무(鄭, 1937) (장미과 *Prunus verecunda*) 개벚지나무(1942, 북부 방언)의 이명으로도 사용. 〔이명〕 털벚나무, 분홍벚나무, 좀벚나무, 산벚나무, 개벚나무, 분홍벚나무, 털벚나무, 좀벚나무. 〔유래〕 산벚나무와 유사. 조선산앵(朝鮮山櫻). → 개벚지나무.

개벚지나무(鄭, 1937) (장미과 *Prunus maackii*) 〔이명〕 개벚나무, 개벚지나무, 개버찌나무, 개벚나무, 별벚나무, 별벚지나무. 〔유래〕 벚지나무(벚나무)와 유사.

개벚나무(李, 1966) (장미과) 개벚나무와 개벚지나무(永, 1966)의 이명. → 개벚나무, 개벚지나무.

개벚지나무(李, 1966) (장미과) 개벚지나무의 이명. → 개벚지나무.

개벼룩(鄭, 1949) (석죽과 *Moehringia lateriflora*) 〔이명〕 큰장구채, 개벼룩이자리, 홀별꽃. 〔유래〕 비상.

개벼룩이자리(朴, 1974) (석죽과) 개벼룩의 이명. → 개벼룩.

개별꽃(鄭, 1949) (석죽과 *Pseudostellaria heterophylla*) 〔이명〕 미치광이풀, 좀미치광이, 들별꽃. 〔유래〕 별꽃과 유사. 태자삼(太子參).

개병풍(鄭, 1937) (범의귀과 *Astilboides tabularis*) 〔이명〕 골평풍, 개평풍. 〔유래〕 잎의 모양이 병풍과 유사.

개보리(朴, 1949) (벼과 *Elymus sibiricus*) 서양보리의 이명(壽, 1995)으로도 사용. 〔이명〕 나도개밀, 갯보리. 〔유래〕 보리와 유사하다는 뜻의 일명. → 서양보리.

개보리뱅이(朴, 1974) (국화과) 개보리뺑이의 이명. → 개보리뺑이.

개보리뺑이(鄭, 1949) (국화과 *Lapsana apogonoides*) 〔이명〕 뚝갈나물, 개보리뱅이, 애기보리뱅이, 보리뺑풀. 〔유래〕 뽀리뱅이와 유사(작다).

개보리사초(愚, 1996) (사초과) 갯보리사초의 중국 옌벤 방언. → 갯보리사초.

개보리풀(愚, 1996) (벼과) 개밀아재비의 중국 옌벤 방언. → 개밀아재비.

개복수초(이상태 등, 2000) (미나리아재비과 *Adonis pseudoamurensis*) 〔이명〕 연노랑복수초, 큰복수초. 〔유래〕 복수초와 유사.

개봄마지(朴, 1949) (앵초과) 별봄맞이꽃의 이명. 〔유래〕 봄마지(봄맞이꽃)와 유사. → 별봄맞이꽃.

개봄맞이(愚, 1996) (앵초과) 별봄맞이꽃의 중국 옌벤 방언. → 별봄맞이꽃.

개봄맞이꽃(鄭, 1970) (앵초과) 별봄맞이꽃의 이명. 〔유래〕 봄맞이꽃과 유사. → 별봄맞이꽃.

개부들(朴, 1949) (부들과) 참부들의 이명. 〔유래〕 부들과 유사. → 참부들.

개부싯깃고사리(朴, 1961) (고사리과 *Cheilanthes chusana*) 〔유래〕 부싯깃고사리와 유사.

개부지깽이(愚, 1996) (십자화과) 꽃무의 중국 옌벤 방언. → 꽃무.

개부처손(鄭, 1949) (부처손과 *Selaginella stauntoniana*) 〔이명〕 바위부처손. 〔유래〕 부처손과 유사. 조생권백(早生卷柏).

개북가시나무(李, 1947) (참나무과 *Quercus acuta* f. *subserra*) 〔유래〕 북가시나무와 유사.

개분취(朴, 1949) (국화과) 버들분취의 이명. 〔유래〕 분취와 유사. → 버들분취.

개불꽃(安, 1982) (현삼과) 개불알풀의 이명. → 개불알풀.

개불두화(朴, 1949) (인동과) 백당나무의 이명. 〔유래〕 불두화와 유사. → 백당나무.

개불알꽃(鄭, 1937) (난초과 *Cypripedium macranthum*) 선개불알풀의 이명(朴, 1974)으로도 사용. 〔이명〕 요강꽃, 복주머니란, 주머니꽃, 작란화, 포대작란화. 〔유래〕 꽃의 모양이 여름에 축 처진 개의 불알과 유사. 오공칠(蜈蚣七). → 선개불알풀.

개불알풀(鄭, 1949) (현삼과 *Veronica didyma* v. *lilacina*) 〔이명〕 봄까지꽃, 지금, 개불꽃. 〔유래〕 과실의 모양이 개의 불알과 같다는 뜻의 일명. 파파납(婆婆納).

개비녀골(朴, 1949) (골풀과) 참비녀골풀의 이명. 〔유래〕 비녀골풀과 유사. → 참비녀골풀.

개비녀골풀(安, 1982) (골풀과) 참비녀골풀의 이명. 〔유래〕 비녀골풀과 유사. → 참비녀골풀.

개비늘고사리(朴, 1949) (면마과) 좀나도히초미의 이명. 〔유래〕 비눌고사리(비늘고사리)와 유사. → 좀나도히초미.

개비름(朴, 1949) (비름과 *Amaranthus mangostanus*) 비름의 이명(鄭, 1949)으로도 사용. 〔이명〕 비름, 참비름. 〔유래〕 비름과 유사. 종전에는 일명(日名)에 기준하여 이를 비름이라 하고, 우리나라에서 예로부터 비름나물로 하는 야생식물은 개비름이라고 불렀으나, 이는 잘못이므로 바로잡았다. 현(莧). → 비름.

개비머리(朴, 1949) (미나리아재비과) 큰꽃으아리의 이명. → 큰꽃으아리.

개비수리(朴, 1949) (콩과) 땅비수리의 이명. 〔유래〕 비수리와 유사하다는 뜻의 일명. → 땅비수리.

개비자나무(鄭, 1937) (주목과 *Cephalotaxus koreana*) 〔이명〕 눈개비자나무, 누은개비자나무, 좀비자나무, 좀개비자나무. 〔유래〕 비자나무와 유사. 전남 방언. 토향비(土香榧).

개빕새귀리(永, 1996) (벼과) 빕새귀리의 이명. 〔유래〕 빕새귀리와 유사. → 빕새귀리.

개빕새피(朴, 1949) (벼과) 좀겨풀의 이명. 〔유래〕 빕새피(겨풀)와 유사하다는 뜻의 일명. → 좀겨풀.

개사상자(鄭, 1949) (산형과 *Torilis scabra*) 별사상자와 긴사상자(朴, 1949), 갯사상자(愚, 1996)의 이명으로도 사용. 〔유래〕 사상자와 유사(크다)하다는 뜻의 일명. 파자초(破子草). → 별사상자, 긴사상자, 갯사상자.

개사스레피나무(愚, 1996) (차나무과) 우묵사스레피의 중국 옌벤 방언. → 우묵사스레피.

개사철쑥(鄭, 1937) (국화과 *Artemisia apiacea*) 〔이명〕 갯사철쑥. 〔유래〕 사철쑥과 유사. 향호(香蒿).

개사탕수수(永, 2003) (벼과 *Saccharum spontaneum*) 〔유래〕 사탕수수와 유사. 야생 사탕수수라는 뜻의 학명.

개산꿩의다리(安, 1982) (미나리아재비과) 산꿩의다리의 이명. → 산꿩의다리.

개산초(鄭, 1937) (운향과) 개산초나무의 이명. → 개산초나무.

개산초나무(鄭, 1942) (운향과 *Zanthoxylum armatum* v. *subtrifoliatum*) 〔이명〕 개산초, 겨울사리좀피나무, 사철초피나무. 〔유래〕 산초나무와 유사. 화초(花椒).

개살구(朴, 1949) (장미과) 시베리아살구와 개살구나무(李, 1966)의 이명. 〔유래〕 살구나무와 유사. → 시베리아살구, 개살구나무.

개살구나무(鄭, 1937) (장미과 *Prunus mandshurica*) 살구나무의 이명(愚, 1996, 중국 옌벤 방언)으로도 사용. 〔이명〕 개살구, 산살구나무. 〔유래〕 살구나무와 유사. 고행인(苦杏仁). → 살구나무.

개삼지구엽초(朴, 1949) (미나리아재비과) 산꿩의다리의 이명. → 산꿩의다리.

개상사화(鄭, 1949) (수선화과 *Lycoris chinensis*) 흰꽃나도사프란(朴, 1949)과 나도사프란(尹, 1989)의 이명으로도 사용. 〔이명〕 가마귀마늘, 가마귀무릇, 노랑꽃무릇,

노랑상사화, 금나비상사화. 〔유래〕 상사화와 유사. 녹총(鹿葱). → 흰꽃나도사프란, 나도사프란.

개새비나무(朴, 1949) (마편초과 *Callicarpa shirasawana*) 〔이명〕 새새비나무. 〔유래〕 새비나무와 유사. 작살나무와 새비나무의 잡종.

개서나무(李, 2003) (자작나무과) 개서어나무의 이명. → 개서어나무.

개서어나무(鄭, 1937) (자작나무과 *Carpinus tschonoskii*) 〔이명〕 섬개서어나무, 개서나무, 좀서어나무. 〔유래〕 서어나무와 유사하다는 뜻의 일명.

개서향나무(安, 1982) (팥꽃나무과) 백서향나무의 이명. 〔유래〕 서향나무와 유사. → 백서향나무.

개석송(鄭, 1949) (석송과 *Lycopodium annotinum*) 〔이명〕 참삼잎석송, 삼잎석송, 묏삼잎석송, 큰삼잎석송. 〔유래〕 석송과 유사.

개석잠(李, 1969) (꿀풀과) 개석잠풀의 이명. → 개석잠풀.

개석잠풀(李, 1980) (꿀풀과 *Stachys japonica* v. *intermedia*) 〔이명〕 개석잠. 〔유래〕 석잠풀과 유사. 원줄기의 능선과 잎 뒤 중륵에 밑을 향한 털이 있다.

개선갈퀴(李, 1980) (꼭두선이과 *Galium trifloriforme*) 검은개선갈퀴의 이명(安, 1982)으로도 사용. 〔이명〕 개선갈키, 조선갈키, 산갈퀴, 달구지갈퀴, 삼화갈퀴, 조선수레갈퀴. 〔유래〕 선갈퀴와 유사. → 검은개선갈퀴.

개선갈키(鄭, 1949) (꼭두선이과) 개선갈퀴의 이명. → 개선갈퀴.

개소리나무(朴, 1949) (참나무과) 떡갈참나무의 이명. → 떡갈참나무.

개소시랑개비(鄭, 1949) (장미과 *Potentilla supina*) 〔이명〕 큰양지꽃, 수소시랑개비, 깃쇠스랑개비, 개쇠스랑개비. 〔유래〕 소시랑개비(양지꽃)와 유사. 치자연(雉子筵).

개속단(鄭, 1937) (꿀풀과) 송장풀의 이명. 〔유래〕 속단과 유사(잎이 작다)하다는 뜻의 일명. → 송장풀.

개속새(鄭, 1937) (속새과 *Equisetum ramosissimum* v. *japonicum*) 〔이명〕 메속새. 〔유래〕 속새와 유사하다는 뜻의 일명. 절절초(節節草).

개솔나물(鄭, 1949) (꼭두선이과 *Galium verum* v. *trachycarpum* f. *intermedium*) 〔이명〕 어리솔나물. 〔유래〕 솔나물(털솔나물)과 유사.

개솔새(鄭, 1949) (벼과 *Cymbopogon tortilis* v. *goeringii*) 〔이명〕 향솔새. 〔유래〕 솔새와 유사. 구엽운향초(韮葉芸香草).

개쇠돌피(愚, 1996) (벼과) 갯쇠돌피의 중국 옌볜 방언. 〔유래〕 쇠돌피와 유사. → 갯쇠돌피.

개쇠뜨기(鄭, 1937) (속새과 *Equisetum palustre*) 〔이명〕 늪쇠뜨기. 〔유래〕 쇠뜨기와 유사하다는 뜻의 일명. 골절초(骨節草).

개쇠보리(愚, 1996) (벼과) 갯쇠보리의 중국 옌볜 방언. → 갯쇠보리.

개쇠스랑개비(愚, 1996) (장미과) 개소시랑개비의 중국 옌볜 방언. → 개소시랑개비.

개쉽싸리(鄭, 1937) (꿀풀과) 개쉽싸리의 이명. 〔유래〕 쉽싸리(쉽싸리)와 유사. → 개쉽싸리.

개수련(朴, 1949) (수련과) 각시수련의 이명. 〔유래〕 수련과 유사(작다)하다는 뜻의 일명. → 각시수련.

개수리취(鄭, 1937) (국화과) 절굿대의 이명. 〔유래〕 수리취와 유사. → 절굿대.

개수양버들(鄭, 1942) (버드나무과 *Salix dependens*) 〔이명〕 민수양버들. 〔유래〕 수양버들과 유사하다는 뜻의 일명.

개수염(鄭, 1937) (곡정초과 *Eriocaulon tenuissimum*) 〔이명〕 가는곡정초, 가는개수염, 가는잎곡정초, 강아지수염, 가는잎별수염풀, 가는잎고위까람. 〔유래〕 미상.

개수염사초(鄭, 1970) (사초과 *Rhynchospora chinensis*) 〔이명〕 고양이수염, 괭이수염, 개골풀아재비, 왜골풀아재비. 〔유래〕 일명.

개쉬땅나무(鄭, 1937) (장미과) 쉬땅나무의 이명. 〔유래〕 종래는 쉬땅나무를 개쉬땅나무라고 하였으나, 별도로 쉬땅나무가 없어 이를 쉬땅나무로 한다. → 쉬땅나무.

개쉽사리(李, 1969) (꿀풀과) 좀개쉽싸리의 이명. → 좀개쉽싸리.

개쉽싸리(鄭, 1956) (꿀풀과 *Lycopus ramosissimus* v. *japonicus*) 좀개쉽싸리(1949)와 잔디갈고리(朴, 1974)의 이명으로도 사용. 〔이명〕 개쉽싸리, 개택란, 조선쉽싸리. 〔유래〕 쉽싸리와 유사. → 좀개쉽싸리, 잔디갈고리.

개승마(鄭, 1937) (미나리아재비과 *Cimicifuga acerina*) 〔이명〕 큰개승마, 황새승마, 왕승마, 큰산승마. 〔유래〕 승마와 유사.

개승애(朴, 1974) (여뀌과) 개싱아와 참개싱아(安, 1982)의 이명. 〔유래〕 승애(싱아)와 유사. → 개싱아, 참개싱아.

개시닥나무(鄭, 1942) (단풍나무과 *Acer barbinerve* f. *glabrescens*) 〔이명〕 민시닥나무. 〔유래〕 시닥나무와 유사.

개시호(鄭, 1949) (산형과 *Bupleurum longeradiatum*) 〔이명〕 큰시호. 〔유래〕 시호와 유사. 시호(柴胡).

개실사리(朴, 1961) (부처손과) 실사리의 이명. 〔유래〕 실사리와 유사. → 실사리.

개싱아(鄭, 1949) (여뀌과 *Aconogonum micranthum*) 〔이명〕 개승애, 큰산승애. 〔유래〕 싱아와 유사.

개싸리(鄭, 1937) (콩과 *Lespepeza tomentosa*) 해변싸리의 이명(愚, 1996, 중국 옌볜 방언)으로도 사용. 〔이명〕 덤불싸리, 개풀싸리, 들싸리. 〔유래〕 싸리와 유사하다는 뜻의 일명. → 해변싸리.

개싸리냉이(朴, 1949) (십자화과) 털싸리냉이의 이명. 〔유래〕 싸리냉이와 유사(털이 있다)하다는 뜻의 일명. → 털싸리냉이.

개싹눈바꽃(鄭, 1957) (미나리아재비과) 투구꽃의 이명. 〔유래〕 싹눈바꽃(투구꽃)과 유사. → 투구꽃.

개쑥(安, 1982) (국화과) 맑은대쑥의 이명. → 맑은대쑥.

개쑥갓(鄭, 1937) (국화과 *Senecio vulgaris*) 〔이명〕 들쑥갓. 〔유래〕 쑥갓과 유사. 구주천리광(歐洲千里光).

개쑥부장이(鄭, 1937) (국화과) 눈개쑥부쟁이와 갯쑥부쟁이(永, 1996)의 이명. 〔유래〕 쑥부장이(쑥부쟁이)와 유사. → 눈개쑥부쟁이, 갯쑥부쟁이.

개쑥부쟁이(朴, 1949) (국화과) 눈개쑥부쟁이와 갯쑥부쟁이(1974)의 이명. 〔유래〕 쑥부쟁이와 유사. → 눈개쑥부쟁이, 갯쑥부쟁이.

개쓴풀(鄭, 1937) (용담과 *Swertia diluta* v. *tosaensis*) 〔이명〕 나도쓴풀, 좀쓴풀. 〔유래〕 쓴풀과 유사하다는 뜻의 일명.

개씀바귀(愚, 1996) (국화과) 갯씀바귀의 중국 옌볜 방언. → 갯씀바귀.

개씀배(鄭, 1949) (국화과 *Prenanthes tatarinowii*) 〔이명〕 쇠씀배기, 나도씀배, 씀배아재비. 〔유래〕 씀배(씸배, 씀바귀)와 유사.

개아구장나무(朴, 1949) (장미과) 초평조팝나무의 이명. 〔유래〕 아구장나무와 유사. → 초평조팝나무.

개아그배(李, 1966) (장미과) 개아그배나무의 이명. → 개아그배나무.

개아그배나무(鄭, 1942) (장미과 *Malus micromalus*) 〔이명〕 장기아그배나무, 제주아그배, 개아그배, 좀아그배나무. 〔유래〕 아그배나무와 유사.

개아까시나무(朴, 1949) (콩과) 아까시나무의 이명. 〔유래〕 아까시나무(아까시아나무)와 유사. 열대에 나는 아까시아나무와 다르다는 뜻. → 아까시나무.

개아마(鄭, 1937) (아마과 *Linum stellerioides*) 아마풀의 이명(朴, 1949)으로도 사용. 〔이명〕 들아마. 〔유래〕 아마와 유사. → 아마풀.

개아왜나무(愚, 1996) (인동과) 아왜나무의 중국 옌볜 방언. → 아왜나무.

개암나무(鄭, 1937) (자작나무과 *Corylus heterophylla* v. *thunbergii*) 난티잎개암나무(1942)와 참개암나무(1942, 황해 방언)의 이명으로도 사용. 〔이명〕 쇠개암나무. 〔유래〕 진수(榛樹), 진자(榛子). 〔어원〕 개(접사)+밤〔栗〕+나무. 개밤→개얌, 개옴→개욤→개암(나무)으로 변화(어원사전). → 난티잎개암나무, 참개암나무.

개앵도나무(鄭, 1942) (범의귀과 *Ribes mandshuricum* f. *subglabrum*) 〔이명〕 산까치밥나무. 〔유래〕 강원 방언. 소모산마자(疏毛山麻子).

개야광나무(鄭, 1937) (장미과 *Cotoneaster integrrima*) 〔이명〕 조선야광나무, 북선야광나무, 둥근잎개야광, 둥근잎개야광나무, 조선섬야광나무. 〔유래〕 야광나무와 유사.

개양귀비(鄭, 1937) (양귀비과 *Papaver rhoeas*) 〔이명〕 꽃양귀비, 애기아편꽃. 〔유래〕 양귀비와 유사. 여춘화(麗春花).

개양하(朴, 1949) (닭의장풀과) 나도생강의 이명. 〔유래〕 양하와 유사. → 나도생강.

개억새(李, 1989) (벼과 *Eulalia speciosa*) 〔이명〕 유드기. 〔유래〕 억새와 유사.

개여뀌(鄭, 1949) (여뀌과 *Persicaria longiseta*) 명아자여뀌의 이명(朴, 1974)으로도 사용. 〔이명〕 역귀, 여뀌. 〔유래〕 여뀌와 유사하다는 뜻의 일명. → 명아자여뀌.

개여뀌덩굴(朴, 1974) (여뀌과) 애기닭의덩굴의 이명. → 애기닭의덩굴.

개연(鄭, 1949) (수련과) 가시연꽃과 개연꽃(朴, 1974)의 이명. → 가시연꽃, 개연꽃.

개연꽃(鄭, 1937) (수련과 *Nuphar japonicum*) 〔이명〕 개구리연, 개연, 개련꽃, 긴잎좀련꽃, 긴잎련꽃. 〔유래〕 연꽃과 유사. 평봉초자(萍蓬草子).

개염주나무(鄭, 1937) (피나무과 *Tilia semicostata*) 〔유래〕 염주나무와 유사.

개오동(鄭, 1937) (능소화과) 개오동나무의 이명. 〔유래〕 오동나무와 유사. → 개오동나무.

개오동나무(鄭, 1942) (능소화과 *Cetalpa ovata*) 〔이명〕 개오동, 향오동. 〔유래〕 평북 방언. 오동나무와 유사. 재백피(梓白皮).

개오미자(鄭, 1949) (목련과) 오미자의 이명. 〔유래〕 오미자와 유사하다는 뜻의 일명. → 오미자.

개옥잠화(鄭, 1937) (백합과) 큰비비추의 이명. 〔유래〕 옥잠화와 유사. → 큰비비추.

개옷나무(鄭, 1937) (옻나무과) 개옻나무의 이명. 〔유래〕 옷나무(옻나무)와 유사. → 개옻나무.

개옻나무(李, 1966) (옻나무과 *Rhus tricocarpa*) 안개나무의 이명(愚, 1996, 중국 옌볜 방언)으로도 사용. 〔이명〕 개옷나무, 새옷나무, 털옻나무, 털옷나무. 〔유래〕 옻나무와 유사. 건칠(乾漆). → 안개나무.

개완두(朴, 1949) (콩과) 털연리초와 갯완두(愚, 1996, 중국 옌볜 방언)의 이명. → 털연리초, 갯완두.

개왕굴(朴, 1949) (사초과) 방울고랭이의 이명. 〔유래〕 왕굴(왕골)과 유사. → 방울고랭이.

개왕버들(安, 1982) (버드나무과) 버드나무의 이명. → 버드나무.

개우산풀(鄭, 1965) (산형과) 왜우산풀의 이명. → 왜우산풀.

개위봉배나무(李, 1966) (장미과 *Pyrus pseudo-uipongensis*) 〔유래〕 위봉배나무와 유사. 소화경이 짧고 열매가 도란형이다.

개율미(朴, 1949) (벼과) 용수염풀의 이명. → 용수염풀.

개으름(朴, 1949) (으름덩굴과) 여덜잎으름의 이명. 〔유래〕 으름덩굴과 유사. → 여덜잎으름.

개음달고사리(朴, 1949) (면마과) 큰산고사리의 이명. 〔유래〕 음달고사리(응달고사리)와 유사. → 큰산고사리.

개음양각(朴, 1974) (매자나무과) 꿩의다리아재비의 이명. 〔유래〕 음양각(삼지구엽초)과 유사. → 꿩의다리아재비.

개응달고사리(朴, 1949) (면마과) 큰산고사리의 이명. 〔유래〕 응달고사리(큰산고사리)

와 유사. → 큰산고사리.

개잎갈나무(李, 1966) (소나무과 *Cedrus deodara*) 〔이명〕 히마라야시다, 히말라야시다, 설송. 〔유래〕 잎갈나무와 유사.

개자리(鄭, 1937) (콩과 *Medicago polymorpha*) 〔이명〕 고여독, 꽃자리풀. 〔유래〕 미상. 목숙(苜蓿).

개자리사초(朴, 1949) (사초과) 그늘흰사초의 이명. → 그늘흰사초.

개잔대(安, 1982) (초롱꽃과) 수원잔대의 이명. → 수원잔대.

개잔디(鄭, 1956) (벼과 *Zoysia sinica*) 〔이명〕 갯잔디. 〔유래〕 잔디와 유사.

개잠자리난초(愚, 1996) (난초과 *Habenaria cruciformis*) 〔유래〕 잠자리난초와 유사.

개장구채(鄭, 1937) (석죽과) 말뱅이나물의 이명. 〔유래〕 장구채와 유사. → 말뱅이나물.

개전동싸리(愚, 1996) (콩과) 노랑개자리의 중국 옌볜 방언. → 노랑개자리.

개정향나무(愚, 1996) (물푸레나무과) 개회나무의 중국 옌볜 방언. 〔유래〕 정향나무와 유사. → 개회나무.

개정향풀(鄭, 1949) (협죽도과 *Trachomitum lancifolium*) 〔이명〕 다엽꽃, 갯정향풀. 〔유래〕 정향풀과 유사.

개제비난(李, 1969) (난초과 *Coeloglossum viride* v. *bracteatum*) 〔이명〕 몽울난초, 개제비란, 큰몽울란, 큰용울란, 몽울란초. 〔유래〕 제비난과 유사.

개제비란(永, 1996) (난초과) 개제비난의 이명. → 개제비난.

개제비쑥(鄭, 1937) (국화과) 맑은대쑥과 갯제비쑥(愚, 1996, 중국 옌볜 방언)의 이명. → 맑은대쑥, 갯제비쑥.

개조리골(朴, 1949) (사초과) 황새고랭이의 이명. → 황새고랭이.

개조릿대풀(愚, 1996) (벼과) 털조릿대풀의 중국 옌볜 방언. 〔유래〕 조릿대풀과 유사. → 털조릿대풀.

개조박이(鄭, 1949) (꿀풀과) 쉽싸리의 이명. → 쉽싸리.

개조팝나무(朴, 1949) (장미과) 산조팝나무의 이명. → 산조팝나무.

개조풀(永, 1996) (벼과) 겨풀의 이명. → 겨풀.

개족도리(李, 1969) (쥐방울과) 개족도리풀의 이명. → 개족도리풀.

개족도리풀(鄭, 1949) (쥐방울과 *Asarum maculatum*) 〔이명〕 섬세신, 개족도리, 알룩세신, 섬족도리풀. 〔유래〕 족도리풀과 유사. 세신(細辛).

개족제비쑥(朴, 1949) (국화과) 개꽃의 이명. 〔유래〕 족제비쑥과 유사. → 개꽃.

개졸참나무(鄭, 1937) (참나무과) 떡갈참나무의 이명. → 떡갈참나무.

개좃방망이(安, 1982) (바늘꽃과) 여뀌바늘의 이명. → 여뀌바늘.

개종용(鄭, 1949) (현삼과 *Lathraea japonica*) 〔이명〕 산더부사리, 산더부살이. 〔유래〕 미상. 종용(蓯蓉).

ㄱ

개주엽나무(愚, 1996) (콩과) 조각자나무의 중국 옌벤 방언. 〔유래〕 주엽나무와 유사. → 조각자나무.

개죽나무(朴, 1949) (소태나무과) 가중나무의 이명. 〔유래〕 죽나무(참죽나무)와 유사. → 가중나무.

개중대가리(李, 1969) (국화과 *Symphyllocarpus exilis*) 〔이명〕 개미밥. 〔유래〕 중대가리풀과 유사.

개쥐땅나무(朴, 1949) (장미과) 꼬리조팝나무의 이명. → 꼬리조팝나무.

개쥐똥나무(朴, 1949) (물푸레나무과) 쥐똥나무의 이명. 〔유래〕 쥐똥나무와 유사하다는 뜻의 일명. → 쥐똥나무.

개지치(鄭, 1937) (지치과 *Lithospermum arvense*) 갯지치의 이명(愚, 1996, 중국 옌벤 방언)으로도 사용. 〔이명〕 들지치. 〔유래〕 지치와 유사하다는 뜻의 일명. → 갯지치.

개지칭개(朴, 1974) (국화과) 큰조뱅이의 이명. 〔유래〕 지칭개와 유사하다는 뜻의 일명. → 큰조뱅이.

개질경이(鄭, 1937) (질경이과 *Plantago camtschatica*) 〔이명〕 갯질경이. 〔유래〕 질경이와 유사하다는 뜻의 일명. 차전자(車前子).

개찌버리사초(鄭, 1937) (사초과 *Carex japonica*) 〔유래〕 미상.

개차고사리(李, 1966) (꼬리고사리과 *Asplenium oligophlebium*) 〔이명〕 가새고사리. 〔유래〕 미상.

개차꼬리고사리(安, 1982) (꼬리고사리과 *Asplenium tripteropus*) 〔유래〕 개 차꼬리고사리라는 뜻의 일명. 차꼬리고사리와 유사.

개차랍(愚, 1996) (국화과) 구와가막사리의 중국 옌벤 방언. → 구와가막사리.

개차조기(安, 1982) (꿀풀과) 개차즈기의 이명. → 개차즈기.

개차주기(安, 1982) (꿀풀과) 개차즈기의 이명. → 개차즈기.

개차즈개(朴, 1974) (꿀풀과) 개차즈기의 이명. → 개차즈기.

개차즈기(鄭, 1937) (꿀풀과 *Amethystea caerulea*) 〔이명〕 개차즈개, 개차조기, 개차주기, 보랏빛차즈기. 〔유래〕 차즈기와 유사.

개천남성(朴, 1949) (천남성과) 두루미천남성의 이명. 〔유래〕 천남성과 유사. → 두루미천남성.

개천마(朴, 1949) (난초과) 으름난초의 이명. 〔유래〕 천마와 유사. → 으름난초.

개철초나무(鄭, 1942) (고추나무과) 고추나무의 이명. 〔유래〕 고추나무의 평북 방언. → 고추나무.

개초오(朴, 1949) (미나리아재비과) 가는돌쩌기의 이명. → 가는돌쩌기.

개취(鄭, 1956) (국화과) 은분취와 수리취(1956)의 이명. → 은분취, 수리취.

개층꽃(朴, 1949) (꿀풀과) 산층층이의 이명. 〔유래〕 층꽃(층층이꽃)과 유사. → 산층층이.

개키버들(鄭, 1937) (버드나무과 *Salix integra*) 〔이명〕 개고리버들, 앉은잎키버들. 〔유래〕 키버들과 유사하다는 뜻의 일명.

개탑꽃(朴, 1949) (꿀풀과) 두메층층이의 이명. 〔유래〕 탑꽃과 유사. → 두메층층이.

개탑풀(朴, 1949) (꿀풀과) 두메층층이의 이명. 〔유래〕 탑풀(애기탑꽃)과 유사하다는 뜻의 일명. → 두메층층이.

개택란(鄭, 1937) (꿀풀과) 개쉽싸리의 이명. 〔유래〕 택란(쉽싸리)과 유사. → 개쉽싸리.

개털이슬(安, 1982) (바늘꽃과 *Circaea alpina* f. *pilosula*) 〔이명〕 털이슬, 말털이슬. 〔유래〕 털이슬과 유사.

개톱날고사리(朴, 1961) (면마과 *Athyrium sheareri*) 〔이명〕 톱날고사리아재비. 〔유래〕 톱날고사리(주름고사리)와 유사.

개통말(朴, 1974) (통발과) 개통발의 이명. → 개통발.

개통발(朴, 1949) (통발과 *Utricularia intermedia*) 〔이명〕 깨통발, 개통말, 애기통발, 북통발. 〔유래〕 통발과 유사(작다)하다는 뜻의 일명.

개투구꽃(鄭, 1965) (현삼과 *Veronica tenella*) 〔이명〕 투구풀, 누은꼬리풀, 투구꽃, 누운꼬리풀, 방패꽃, 눈꼬리풀, 지금아재비, 투구꼬리풀. 〔유래〕 투구꽃과 유사.

개파리채(李, 1969) (콩과) 땅비수리의 이명. 〔유래〕 파리채(땅비수리)와 유사. → 땅비수리.

개평풍(愚, 1996) (범의귀과) 개병풍의 중국 옌볜 방언. → 개병풍.

개풀(安, 1982) (벼과) 뚝새풀의 이명. → 뚝새풀.

개풀싸리(安, 1982) (콩과) 개싸리의 이명. → 개싸리.

개피(鄭, 1937) (벼과 *Beckmannia syzigachne*) 나도개피의 이명(朴, 1949)으로도 사용. 〔이명〕 늪피, 물피. 〔유래〕 피와 유사하다는 뜻이나 피와는 전혀 다른 식물이다. → 나도개피.

개피막이(愚, 1996) (산형과) 선피막이의 중국 옌볜 방언. 〔유래〕 피막이풀과 유사. → 선피막이.

개하늘지기(愚, 1996) (사초과) 갯하늘지기의 중국 옌볜 방언. 〔유래〕 하늘지기와 유사. → 갯하늘지기.

개하수오(朴, 1949) (여뀌과) 나도하수오의 이명. 〔유래〕 하수오와 유사. → 나도하수오.

개함박꽃나무(鄭, 1942) (장미과) 병아리꽃나무의 이명. 〔유래〕 경기 대청도 방언. → 병아리꽃나무.

개해당화(李, 1966) (장미과 *Rosa rugosa* v. *kamtschatica*) 〔유래〕 해당화와 유사. 줄기에 자모가 없거나 작으며, 잎은 얇고 주름살이 적고, 꽃과 열매가 작다.

개향유(朴, 1949) (꿀풀과) 들깨풀의 이명. 〔유래〕 향유와 유사. → 들깨풀.

개현삼(鄭, 1949) (현삼과 *Scrophularia alata* v. *boreali-koreana*) 〔이명〕 구레이현삼, 개현삼아재비, 설령개현삼. 〔유래〕 현삼과 유사.

개현삼아재비(朴, 1949) (현삼과) 개현삼의 이명. → 개현삼.

개현호색(朴, 1949) (양귀비과) 눈괴불주머니와 염주괴불주머니(愚, 1996, 중국 옌볜 방언)의 이명. 〔유래〕 현호색과 유사. → 눈괴불주머니, 염주괴불주머니.

개형개(李, 1969) (꿀풀과) 말들깨의 이명. 〔유래〕 형개와 유사. → 말들깨.

개호장(朴, 1949) (여뀌과) 왕호장근의 이명. 〔유래〕 호장근과 유사(크다)하다는 뜻의 일명. → 왕호장근.

개황기(鄭, 1949) (콩과 *Astragalus uliginosus*) 〔이명〕 애기황기, 좀황기. 〔유래〕 황기와 유사. 습지황기(濕地黃芪).

개회나무(鄭, 1937) (물푸레나무과 *Syringa reticulata* v. *mandshurica*) 회목나무의 이명(노박덩굴과, 1937, 강원 방언)으로도 사용. 〔이명〕 시계나무, 개구름나무, 개정향나무. 〔유래〕 평북 방언. 폭마자(暴馬子). → 회목나무.

개회향(鄭, 1949) (산형과 *Tilingia tachiroei*) 〔이명〕 돌회향, 산회향. 〔유래〕 회향과 유사.

개후초(朴, 1949) (팥꽃나무과) 백서향나무의 이명. → 백서향나무.

갯갓(安, 1982) (십자화과) 대청의 이명. 〔유래〕 바닷가에 나는 갓. → 대청.

갯갓사초(朴, 1949) (사초과) 천일사초의 이명. 〔유래〕 바닷가에 나는 사초. → 천일사초.

갯강아지풀(鄭, 1949) (벼과 *Setaria viridis* v. *pachystachys*) 〔이명〕 좀강아지풀, 강아지풀. 〔유래〕 바닷가에 나는 강아지풀이라는 뜻의 일명.

갯강활(鄭, 1949) (산형과 *Angelica japonica*) 〔이명〕 왜당귀. 〔유래〕 바닷가에 나는 강활이라는 뜻의 일명. 강활(羌活).

갯개미자리(李, 1969) (석죽과 *Sperularia marina*) 〔이명〕 개미바늘, 나도별꽃, 바늘별꽃. 〔유래〕 바닷가에 나는 개미자리.

갯개미취(鄭, 1949) (국화과 *Aster tripolium*) 〔이명〕 갯자원, 개개미취. 〔유래〕 바닷가에 나는 개미취라는 뜻의 일명.

갯겨이삭(李, 1969) (벼과 *Puccinellia coreensis*) 〔이명〕 고려꾸렘이풀, 남꾸레미풀, 참겨이삭, 조선미꾸리꿰미. 〔유래〕 바닷가에 나는 겨이삭.

갯고들빼기(李, 1969) (국화과 *Crepidiastrum lancrolatum*) 절영풀(朴, 1974)과 홍도고들빼기(安, 1982)의 이명으로도 사용. 〔이명〕 갯꼬들백이, 긴갯고들빼기, 개꼬들빼기. 〔유래〕 바닷가에 나는 고들빼기. → 절영풀, 홍도고들빼기.

갯골(朴, 1949) (골풀과) 갯골풀의 이명. 〔유래〕 바닷가에 나는 골(골풀)이라는 뜻의 일명. → 갯골풀.

갯골풀(李, 1976) (골풀과 *Juncus haenkei*) 〔이명〕 갯골, 갯변골, 개골풀. 〔유래〕 바닷가에 나는 골풀이라는 뜻의 일명.

갯곰취(朴, 1974) (국화과) 갯취의 이명. → 갯취.

갯괴불주머니(鄭, 1949) (양귀비과 *Corydalis heterocarpa* v. *japonica*) 염주괴불주머니의 이명(李, 1969)으로도 사용. 〔이명〕 갯담초. 〔유래〕 바닷가에 나는 괴불주머니. → 염주괴불주머니.

갯그령(鄭, 1949) (벼과 *Elymus mollis*) 〔이명〕 애기개보리, 조선개보리, 갯보리, 조선갯보리, 개그령. 〔유래〕 바닷가에 나는 그령.

갯금불초(朴, 1949) (국화과 *Wedelia prostrata*) 〔이명〕 모래덮쟁이, 털개금불초. 〔유래〕 바닷가에 나는 금불초.

갯기름나물(鄭, 1937) (산형과 *Peucedanum japonicum*) 〔이명〕 미역방풍, 목단방풍, 보안기름나물, 개기름나물. 〔유래〕 바닷가에 나는 기름나물. 식방풍(植防風).

갯길경(鄭, 1949) (갯길경과 *Limonium tetragonum*) 〔이명〕 갯길경이, 갯질겡이, 갯질경, 갯질갱이, 갯질경이, 근대아재비. 〔유래〕 비닷가에 나는 길경.

갯길경이(鄭, 1937) (갯길경과) 갯길경의 이명. → 갯길경.

갯까치수염(鄭, 1949) (앵초과 *Lysimachia mauritiana*) 〔이명〕 갯좁쌀풀, 갯까치수영. 〔유래〕 바닷가에 나는 까치수염이라는 뜻의 일명.

갯까치수영(李, 1980) (앵초과) 갯까치수염의 이명. → 갯까치수염.

갯꼬들백이(朴, 1949) (국화과) 갯고들빼기의 이명. → 갯고들빼기.

갯꾸러미풀(李, 1969) (벼과 *Puccinellia nippoica*) 〔이명〕 갯꾸렘이풀, 개미꾸리꿰미풀. 〔유래〕 바닷가에 나는 꾸레미풀(실포아풀).

갯꾸렘이풀(朴, 1949) (벼과) 갯꾸러미풀의 이명. → 갯꾸러미풀.

갯나문재(鄭, 1965) (명아주과) 해홍나물의 이명. 〔유래〕 바닷가에 나는 나문재. → 해홍나물.

갯노가지(鄭, 1949) (측백나무과) 해변노간주의 이명. 〔유래〕 바닷가에 나는 노가지나무(노간주나무)라는 뜻의 일명. → 해변노간주.

갯노가지나무(愚, 1996) (측백나무과) 해변노간주의 북한 방언. → 해변노간주.

갯는장이(永, 1996) (명아주과) 갯는쟁이의 이명. → 갯는쟁이.

갯는쟁이(鄭, 1937) (명아주과 *Atriplex subcordata*) 〔이명〕 갯능쟁이, 갯는장이. 〔유래〕 바닷가에 나는 명아주라는 뜻의 일명.

갯능쟁이(朴, 1949) (명아주과) 갯는쟁이의 이명. → 갯는쟁이.

갯담초(朴, 1949) (양귀비과) 갯괴불주머니의 이명. → 갯괴불주머니.

갯당귀(鄭, 1949) (산형과) 기름당귀의 이명. 〔유래〕 바닷가에 나는 당귀. → 기름당귀.

갯당근(鄭, 1949) (산형과 *Daucus littoralis*) 〔유래〕 바닷가에 나는 당근이라는 뜻의

일명.

갯대극(朴, 1974) (대극과) 암대극의 이명. 〔유래〕 바닷가에 나는 대극. → 암대극.

갯대싸리(愚, 1996) (명아주과) 갯댑싸리의 중국 옌볜 방언. → 갯댑싸리.

갯대추(李, 1966) (갈매나무과) 갯대추나무의 이명. → 갯대추나무.

갯대추나무(鄭, 1937) (갈매나무과 *Paliurus ramosissimus*) 〔이명〕 갯대추, 개대추나무. 〔유래〕 바닷가에 나는 대추나무라는 뜻의 일명. 마갑자근(馬甲子根).

갯댑싸리(鄭, 1949) (명아주과 *Kochia scoparia* f. *littorea*) 〔이명〕 갯대싸리. 〔유래〕 바닷가에 나는 댑싸리라는 뜻의 일명.

갯더부사리(愚, 1996) (열당과) 초종용의 이명. → 초종용.

갯더부살이(安, 1982) (열당과) 초종용의 이명. → 초종용.

갯덩굴백미(朴, 1974) (박주가리과) 참새백미꽃의 이명. → 참새백미꽃.

갯덩굴백미꽃(愚, 1996) (박주가리과) 참새백미꽃의 북한 방언. → 참새백미꽃.

갯돌나물(朴, 1949) (돌나물과 *Sedum lepidodium*) 〔이명〕 개돌나물. 〔유래〕 바닷가에 나는 돌나물.

갯돌피(安, 1982) (벼과) 갯쇠돌피의 이명. → 갯쇠돌피.

갯드렁새(壽, 1995) (벼과 *Diplachne fusca*) 〔유래〕 바닷가에 나는 드렁새라는 뜻의 일명.

갯딱지(鄭, 1937) (장미과) 딱지꽃의 이명. 〔유래〕 바닷가에 나는 딱지라는 뜻의 일명. → 딱지꽃.

갯똥나무(安, 1982) (돈나무과) 돈나무의 이명. → 돈나무.

갯뚝사초(愚, 1996) (사초과) 산뚝사초의 이명. → 산뚝사초.

갯마디풀(鄭, 1949) (여뀌과 *Polygonum polyneuron*) 〔이명〕 이삭마디풀, 가을마디풀. 〔유래〕 바닷가에 나는 마디풀.

갯머위(朴, 1974) (국화과) 털머위의 이명. 〔유래〕 바닷가에 나는 머위. → 털머위.

갯메꽃(朴, 1949) (메꽃과 *Calystegia soldanella*) 〔이명〕 해안메꽃, 개메꽃. 〔유래〕 바닷가에 나는 메꽃이라는 뜻의 일명. 노편초근(老扁草根).

갯모래지치(安, 1982) (지치과) 갯지치와 모래지치(1982)의 이명. → 갯지치, 모래지치.

갯무(朴, 1974) (십자화과) 무우아재비의 이명. 〔유래〕 바닷가에 나는 무(무우). → 무우아재비.

갯미나리(朴, 1949) (산형과) 갯사상자의 이명. 〔유래〕 바닷가에 나는 미나리라는 뜻의 일명. → 갯사상자.

갯밀(朴, 1949) (벼과) 상원초의 이명. → 상원초.

갯바랭이(朴, 1949) (벼과 *Dimeria ornithopoda* v. *subrobusta*) 〔유래〕 바닷가에 나는 바랭이.

갯바위대극(安, 1982) (대극과) 암대극의 이명. → 암대극.

갯방동사니(李, 1980) (사초과) 밤송이방동사니의 이명. → 밤송이방동사니.

갯방동산이(李, 1976) (사초과) 밤송이방동사니의 이명. → 밤송이방동사니.

갯방풍(鄭, 1937) (산형과 *Glehnia littoralis*) 〔이명〕 갯향미나리, 방풍나물. 〔유래〕 바닷가에 나는 방풍이라는 뜻의 일명. 북사삼(北沙蔘).

갯버들(鄭, 1937) (버드나무과 *Salix gracilistyla*) 〔이명〕 솜털버들. 〔유래〕 물가에 나는 버들. 조유근(皁柳根).

갯변골(安, 1982) (골풀과) 갯골풀의 이명. → 갯골풀.

갯별꽃(李, 1969) (석죽과 *Honkenya peploides* v. *major*) 〔유래〕 바닷가에 나는 별꽃이라는 뜻의 일명.

갯보리(鄭, 1949) (벼과 *Elymus dahuricus*) 갯그령(永, 1966)과 개보리(愚, 1996, 중국 옌볜 방언)의 이명으로도 사용. 〔이명〕 애기갯보리, 좀갯보리, 큰갯보리. 〔유래〕 바닷가에 나는 보리라는 뜻의 일명. → 갯그령, 개보리.

갯보리사초(朴, 1949) (사초과 *Carex laticeps*) 〔이명〕 겉보리사초, 껏보리사초, 개보리사초. 〔유래〕 바닷가에 나는 보리사초.

갯봄마지(朴, 1949) (앵초과) 갯봄맞이의 이명. → 갯봄맞이.

갯봄맞이(李, 1969) (앵초과 *Glaux maritima*) 〔이명〕 갯봄마지, 갯봄맞이꽃, 바다솔잎. 〔유래〕 바닷가에 나는 봄맞이꽃.

갯봄맞이꽃(朴, 1974) (앵초과) 갯봄맞이의 이명. → 갯봄맞이.

갯부용(安, 1982) (아욱과) 황근의 이명. → 황근.

갯비쑥(朴, 1949) (국화과) 털비쑥의 이명. → 털비쑥.

갯뿌리방동사니(安, 1982) (사초과) 향부자의 이명. → 향부자.

갯사상자(鄭, 1937) (산형과 *Cnidium japonicum*) 〔이명〕 갯미나리, 개사상자. 〔유래〕 바닷가에 나는 사상자.

갯사철쑥(愚, 1996) (국화과) 개사철쑥의 북한 방언. → 개사철쑥.

갯사초(朴, 1949) (사초과) 밀사초의 이명. → 밀사초.

갯산싸리(安, 1982) (콩과) 해변싸리의 이명. → 해변싸리.

갯새삼(朴, 1949) (메꽃과) 갯실새삼의 이명. 〔유래〕 바닷가에 나는 새삼이라는 뜻의 일명. → 갯실새삼.

갯솔나물(朴, 1949) (명아주과) 나문재의 이명. → 나문재.

갯쇠돌피(李, 1969) (벼과 *Polypogon monspeliensis*) 〔이명〕 갯피아재비, 갯돌피, 개쇠돌피. 〔유래〕 바닷가에 나는 쇠돌피라는 뜻의 일명.

갯쇠보리(鄭, 1937) (벼과 *Ischaemum anthephoroides*) 〔이명〕 털쇠보리, 개쇠보리. 〔유래〕 바닷가에 나는 쇠보리.

갯실새삼(李, 1969) (메꽃과 *Cuscuta chinensis*) 〔이명〕 갯새삼, 실새삼. 〔유래〕 바닷

가에 나는 실새삼.

갯싸리(安, 1982) (콩과) 해변싸리의 이명. → 해변싸리.

갯쑥(安, 1982) (국화과) 큰비쑥의 이명. 〔유래〕 바닷가에 나는 쑥이라는 뜻의 일명. → 큰비쑥.

갯쑥부장이(永, 1996) (국화과) 섬갯쑥부쟁이의 이명. → 섬갯쑥부쟁이.

갯쑥부쟁이(鄭, 1956) (국화과 *Heteropappus hispidus*) 섬갯쑥부쟁이의 이명(永, 1996)으로도 사용. 〔이명〕 구계쑥부장이, 들쑥부쟁이, 묵국화, 개쑥부쟁이, 개쑥부장이, 큰털쑥부장이. 〔유래〕 바닷가에 나는 쑥부쟁이. 구와화(狗哇花). → 섬갯쑥부쟁이.

갯씀바귀(鄭, 1937) (국화과 *Ixeris repens*) 〔이명〕 갯씀바기, 개씀바귀. 〔유래〕 바닷가에 나는 씀바귀라는 뜻의 일명.

갯씀바기(朴, 1949) (국화과) 갯씀바귀의 이명. → 갯씀바귀.

갯아욱(朴, 1949) (아욱과) 황근의 이명. → 황근.

갯완두(鄭, 1937) (콩과 *Lathyrus japonicus*) 〔이명〕 반들갯완두, 개완두. 〔유래〕 바닷가에 나는 완두라는 뜻의 일명.

갯율무(李, 1969) (벼과 *Crypsis aculeata*) 〔이명〕 은화풀. 〔유래〕 바닷가 근처에 나는 율무.

갯자원(朴, 1949) (국화과) 갯개미취의 이명. 〔유래〕 바닷가에 나는 자원(개미취)이라는 뜻의 일명. → 갯개미취.

갯잔디(鄭, 1949) (벼과) 개잔디의 이명. 〔유래〕 바닷가에 나는 잔디. → 개잔디.

갯잠자리피(李, 1969) (벼과 *Tripogon chinensis*) 〔이명〕 좀쥐잔디. 〔유래〕 물가에 나는 잠자리피.

갯장구채(鄭, 1949) (석죽과 *Melandryum oldhamianum*) 애기장구채의 이명(朴, 1974)으로도 사용. 〔이명〕 해안장구채, 흰갯장구채, 자주빛장구채. 〔유래〕 바닷가에 나는 장구채라는 뜻의 일명. → 애기장구채.

갯장대(鄭, 1949) (십자화과 *Arabis stelleri* v. *japonica*) 〔이명〕 섬갯장대, 섬장대. 〔유래〕 바닷가에 나는 장대나물이라는 뜻의 일명.

갯장포(朴, 1949) (지채과) 지채의 이명. → 지채.

갯정향풀(愚, 1996) (협죽도과) 개정향풀의 북한 방언. → 개정향풀.

갯제비쑥(朴, 1949) (국화과 *Artemisia japonica* v. *littoricola*) 〔이명〕 섬제비쑥, 개제비쑥. 〔유래〕 바닷가에 나는 제비쑥.

갯조풀(李, 1969) (벼과 *Calamagrostis pseudo-phragmites*) 〔이명〕 땅개비피, 다북산새풀. 〔유래〕 물가에 나는 산조풀.

갯좁쌀풀(朴, 1949) (앵초과) 갯까치수염의 이명. → 갯까치수염.

갯줄고사리(安, 1982) (고사리삼과) 좀나도고사리삼의 이명. → 좀나도고사리삼.

갯쥐똥나무(鄭, 1965) (차나무과) 우묵사스레피나무의 이명. → 우묵사스레피나무.

갯지치(鄭, 1949) (지치과 *Mertensia maritima*) 〔이명〕 갯모래지치, 개지치. 〔유래〕 바닷가에 난다는 뜻의 학명.

갯질갱이(朴, 1974) (갯길경과) 갯길경의 이명. → 갯길경.

갯질겡이(朴, 1949) (갯길경과) 갯길경의 이명. → 갯길경.

갯질경(李, 1980) (갯길경과) 갯길경의 이명. 〔유래〕 갯길경의 오기. → 갯길경.

갯질경이(李, 1969) (질경이과 *Plantago major* v. *japonica* f. *yezomaritima*) 개질경이(愚, 1996, 북한 방언)와 갯길경(갯길경과, 安, 1982)의 이명으로도 사용. 〔이명〕 벌질경이, 반짝잎개질경이. 〔유래〕 바닷가에 나는 질경이. → 개질경이, 갯길경.

갯채송화(朴, 1974) (돌나물과) 땅채송화의 이명. 〔유래〕 바닷가에 나는 채송화. → 땅채송화.

갯천문동(朴, 1949) (백합과 *Asparagus brachyphyllus*) 〔유래〕 바닷가에 나는 천문동이라는 뜻의 일명.

갯청사초(李, 1969) (사초과 *Carex breviculmis* v. *fibrillosa*) 〔이명〕 갯풀사초. 〔유래〕 바닷가에 나는 청사초라는 뜻의 일명.

갯취(鄭, 1949) (국화과 *Ligularia taquetii*) 〔이명〕 섬곰취, 갯곰취. 〔유래〕 바닷가에 나는 취라는 뜻의 일명이나 취는 아니다.

갯치자풀(朴, 1949) (꼭두선이과) 낚시돌꽃의 이명. → 낚시돌꽃.

갯패랭이꽃(鄭, 1949) (석죽과 *Dianthus japonicus*) 〔유래〕 바닷가에 나는 패랭이꽃.

갯풀사초(朴, 1949) (사초과) 갯청사초의 이명. → 갯청사초.

갯피마기(朴, 1949) (산형과) 선피막이의 이명. 〔유래〕 바닷가에 나는 피막이풀이라는 뜻의 일명. → 선피막이.

갯피아재비(朴, 1949) (벼과) 갯쇠돌피의 이명. → 갯쇠돌피.

갯하늘지기(李, 1980) (사초과 *Fimbristylis ferruginea* v. *sieboldii*) 〔이명〕 갯하늘직이, 개하늘지기. 〔유래〕 바닷가에 나는 하늘지기.

갯하늘직이(朴, 1949) (사초과) 갯하늘지기의 이명. → 갯하늘지기.

갯향미나리(安, 1982) (산형과) 갯방풍의 이명. → 갯방풍.

갯현호색(朴, 1949) (양귀비과) 염주괴불주머니의 이명. → 염주괴불주머니.

갯활량나물(李, 1969) (콩과 *Thermopsis lupinoides*) 〔이명〕 청진싸리, 세잎완두, 천대싸리, 잠두싸리. 〔유래〕 바닷가에 나는 활량나물.

거꾸리개고사리(朴, 1961) (면마과 *Athyrium reflexipinnatum*) 〔이명〕 탐라뱀고사리. 〔유래〕 미상.

거렁방이나무(鄭, 1942) (장미과) 국수나무의 황해 방언. → 국수나무.

거머리란(安, 1982) (난초과) 거미난의 이명. → 거미난.

거머리말(鄭, 1949) (거머리말과 *Zostera marina*) 〔이명〕 애기부들말, 단말. 〔유래〕

미상.

거문겨이삭(鄭, 1949) (벼과) 검은겨이삭의 이명. → 검은겨이삭.

거문누리장나무(李, 1966) (마편초과) 섬누리장나무의 이명. 〔유래〕 전남 거문도에 나는 누리장나무. → 섬누리장나무.

거문도닥나무(이 · 김, 1984) (팥꽃나무과 *Wikstroemia ganpi*) 〔이명〕 거문산닥나무. 〔유래〕 전남 거문도에 나는 닥나무.

거문도딸(朴, 1949) (장미과) 거제딸기의 이명. 〔유래〕 전남 거문도에 나는 딸기. → 거제딸기.

거문딸기(安, 1982) (장미과) 꾸지딸기의 이명. 〔유래〕 전남 거문도에 나는 딸기. → 꾸지딸기.

거문산닥나무(李, 2003) (팥꽃나무과) 거문도닥나무의 이명. → 거문도닥나무.

거문억새(永, 1996) (벼과 *Miscanthus sinensis* v. *keumunensis*) 〔유래〕 전남 거문도에 나는 억새라는 뜻의 학명.

거미고사리(鄭, 1937) (꼬리고사리과) 거미일엽초의 이명. → 거미일엽초.

거미난(李, 1969) (난초과 *Taeniopyllum glandulosum*) 〔이명〕 구름난초, 거머리란, 거미란, 거미란초, 구름란초. 〔유래〕 거미난초라는 뜻의 일명.

거미란(永, 1996) (난초과) 거미난의 이명. → 거미난.

거미란초(愚, 1996) (난초과) 거미난의 이명. → 거미난.

거미일엽초(鄭, 1949) (꼬리고사리과 *Asplenium ruprechtii*) 〔이명〕 거미고사리. 〔유래〕 거미같이 기어서 증식하는 일엽초. 마등초(馬蹬草).

거미줄풀(朴, 1974) (현삼과) 등포풀의 이명. 〔유래〕 줄기가 땅 위를 거미줄같이 뻗는다. → 등포풀.

거북꼬리(鄭, 1949) (쐐기풀과 *Boehmeria tricuspis*) 〔이명〕 큰거북꼬리. 〔유래〕 잎끝이 3열한 것을 거북의 꼬리에 비유. 장백저마(長白苧麻).

거센잎소나무(愚, 1996) (소나무과) 풍겐스소나무의 북한 방언. → 풍겐스소나무.

거센털꽃마리(朴, 1974) (지치과 *Trigonotis radicans*) 〔이명〕 거신털개지치, 거센털지치, 털개지치. 〔유래〕 거센 털이 있는 꽃마리.

거센털석잠풀(朴, 1974) (꿀풀과) 털석잠풀의 이명. 〔유래〕 줄기, 잎, 꽃받침에 강모가 있다. → 털석잠풀.

거센털지치(李, 1980) (지치과) 거센털꽃마리의 이명. → 거센털꽃마리.

거신털개지치(鄭, 1957) (지치과) 거센털꽃마리의 이명. → 거센털꽃마리.

거신털사초(朴, 1949) (사초과) 난사초의 이명. → 난사초.

거신털피(朴, 1949) (벼과) 나도겨풀의 이명. → 나도겨풀.

거십초(朴, 1949) (쥐손이풀과) 이질풀의 이명. → 이질풀.

거제딸기(鄭, 1942) (장미과 *Rubus longisepalus* v. *tozawai*) 〔이명〕 거문도딸, 거제

문딸기. 〔유래〕 경남 거제도에 나는 딸기.

거제문딸기(安, 1982) (장미과) 거제딸기의 이명. → 거제딸기.

거제물봉선(永, 1998) (봉선화과 *Impatiens kogeensis*) 〔유래〕 경남 거제도에 나는 물봉선화라는 뜻의 학명. 순판의 끝이 둘로 갈라지고, 밝은 분홍색을 띤 흰색이다.

거제수나무(鄭, 1942) (자작나무과 *Betula costata*) 〔이명〕 물자작나무, 자작나무, 무재작이. 〔유래〕 경남 방언.

거지덩굴(鄭, 1949) (포도과 *Cayratia japonica*) 〔이명〕 풀덩굴, 울타리덩굴, 새발덩굴, 새받침덩굴, 풀머루덩굴. 〔유래〕 미상. 오렴매(烏蘞莓), 오룡초(五龍草), 오엽매(五葉莓).

거지딸(朴, 1949) (장미과) 거지딸기의 이명. → 거지딸기.

거지딸기(鄭, 1937) (장미과 *Rubus sumatranus*) 〔이명〕 거지딸, 복딸기. 〔유래〕 걸식매(乞食莓), 복분자(覆盆子).

거친엉겅퀴(愚, 1996) (국화과) 도깨비엉겅퀴의 북한 방언. 〔유래〕 거친 엉겅퀴. → 도깨비엉겅퀴.

거친잎노방덩굴(安, 1982) (노박덩굴과) 개노박덩굴의 이명. → 개노박덩굴.

거친털제비꽃(安, 1982) (제비꽃과) 민둥뫼제비꽃의 이명. → 민둥뫼제비꽃.

검나리(安, 1982) (백합과) 패모의 이명. 〔유래〕 잎 끝의 덩굴손을 검에 비유. → 패모.

검나무싸리(鄭, 1942) (콩과 *Lespedeza bicolor* v. *higoensis*) 〔이명〕 쇠싸리, 자주싸리, 홍싸리, 빨강싸리, 빨강흑싸리, 흑싸리. 〔유래〕 꽃이 농자흑색이다.

검노린재(李, 1980) (노린재나무과) 검노린재나무의 이명. → 검노린재나무.

검노린재나무(鄭, 1937) (노린재나무과 *Symplocos tanakana*) 〔이명〕 검노린재. 〔유래〕 흑실단(黑實檀).

검둥사초(安, 1982) (사초과) 감둥사초의 이명. → 감둥사초.

검물봉숭(安, 1982) (봉선화과) 가야물봉선의 이명. 〔유래〕 물봉선에 비해 꽃이 흑자색이다. → 가야물봉선.

검바늘골(鄭, 1970) (사초과 *Eleoch aris kamtschatica*) 〔이명〕 석낭골, 올방개아재비, 골풀아재비. 〔유래〕 바늘골에 비해 검다는 뜻의 일명.

검산(愚, 1996) (백합과) 알로에의 중국 옌볜 방언. → 알로에.

검산초롱(鄭, 1937) (초롱꽃과) 검산초롱꽃의 이명. → 검산초롱꽃.

검산초롱꽃(李, 1980) (초롱꽃과 *Hanabusaya asiatica* v. *latisepala*) 〔이명〕 검산초롱. 〔유래〕 함남 검산령에 나는 초롱꽃.

검섬딸기(安, 1982) (장미과) 검은딸기의 이명. → 검은딸기.

검솔잎나리(朴, 1949) (백합과) 솔나리의 이명. 〔유래〕 검은 솔잎나리(솔나리)라는 뜻의 일명. → 솔나리.

검양옷나무(鄭, 1937) (옻나무과) 검양옻나무의 이명. → 검양옻나무.

ㄱ

검양옻나무(李, 1966) (옻나무과 *Rhus succedanea*) 〔이명〕 검양옷나무. 〔유래〕 전남 방언. 임배자(林背子).

검오미자(安, 1982) (목련과) 흑오미자의 이명. → 흑오미자.

검은개선갈퀴(李, 1969) (꼭두선이과 *Galium japonicum*) 〔이명〕 참갈퀴, 민둥산갈퀴, 개선갈퀴, 민줄기갈퀴, 민둥갈퀴. 〔유래〕 화관이 마르면 흑색으로 변한다.

검은개수염(鄭, 1949) (곡정초과 *Eriocaulon parvum*) 〔이명〕 검은곡정초. 〔유래〕 검은 곡정초라는 뜻의 일명.

검은겨이삭(李, 1976) (벼과 *Agrostis canina*) 검정겨이삭의 이명(安, 1982)으로도 사용. 〔이명〕 거문겨이삭, 겨이삭. 〔유래〕 소수(小穗)가 암적갈색이다. → 검정겨이삭.

검은곡정초(鄭, 1937) (곡정초과) 검은개수염과 검정곡정초(1965)의 이명. 〔유래〕 검은 곡정초라는 뜻의 일명. → 검은개수염, 검정곡정초.

검은구상(李, 1969) (소나무과 *Abies koreana* f. *nigrocarpa*) 〔유래〕 과실이 흑색인 구상나무라는 뜻의 학명 및 일명.

검은깃사초(愚, 1996) (사초과) 해산사초의 중국 옌볜 방언. → 해산사초.

검은꽃낭아초(鄭, 1949) (장미과 *Potentilla palustris*) 〔이명〕 검은낭아초, 자주쇠스랑개비. 〔유래〕 꽃이 흑자색이다.

검은꽃창포(李, 1969) (백합과 *Tofieldia coccinea* v. *fusca*) 〔이명〕 검정바위장포, 숙은꽃창포, 애기바위창포, 붉은꽃장포. 〔유래〕 화피편이 짙은 적갈색이다.

검은낭아초(李, 1969) (장미과) 검은꽃낭아초의 이명. → 검은꽃낭아초.

검은도루박이(李, 1969) (사초과 *Scirpus sylvaticus* v. *maximowiczii*) 〔이명〕 검정골. 〔유래〕 검은 도루박이라는 뜻의 일명.

검은딸기(鄭, 1937) (장미과 *Rubus croceacanthus*) 〔이명〕 섬딸, 검섬딸기. 〔유래〕 제주 방언.

검은별고사리(문명옥 등, 2002) (면마과 *Thelypteris interrupta*) 〔유래〕 별고사리에 비해 땅속줄기와 엽병기부 및 포자가 흑색이고, 잎 이면에 둥근 황적색 선모가 있다.

검은산오리나무(愚, 1996) (자작나무과) 두메오리나무의 이명. → 두메오리나무.

검은삿갓나물(永, 1996) (백합과 *Paris verticillata* v. *nigra*) 〔유래〕 꽃받침, 잎, 줄기, 수술이 검붉은 자주색인 삿갓나물(삿갓풀)이라는 뜻의 학명.

검은솔나리(李, 1980) (백합과) 솔나리의 이명. 〔유래〕 검은빛이 도는 홍자색의 꽃이 핀다. → 솔나리.

검은솜아마존(李, 1980) (박주가리과 *Cynanchum amplexicaule* f. *castaneum*) 〔유래〕 갈자색(검은색)의 꽃이 피는 솜아마존.

검은송이물앵도나무(愚, 1996) (범의귀과) 양가막까치밥나무의 북한 방언. 〔유래〕 과실이 검게 익는다. → 양가막까치밥나무.

검은송이수구리(愚, 1996) (범의귀과) 양가막까치밥나무의 중국 옌볜 방언. → 양가막까치밥나무.

검은아귀꽃나무(愚, 1996) (인동과) 암괴불나무의 북한 방언. 〔유래〕 아귀꽃나무(괴불나무)에 비해 과실이 검게 익는다. → 암괴불나무.

검은오미자(愚, 1996) (목련과) 흑오미자의 북한 방언. → 흑오미자.

검은재나무(鄭, 1942) (노린재나무과 *Symplocos prunifolia*) 〔유래〕 제주 방언.

검은종덩굴(鄭, 1937) (미나리아재비과 *Clematis fusca*) 〔이명〕 무궁화종덩굴, 흰종덩굴, 검종덩굴, 힌털종덩굴. 〔유래〕 꽃의 외면에 암갈색 털이 밀생한다.

검잎사철란풀(愚, 1996) (백합과) 접란의 중국 옌볜 방언. → 접란.

검정개관중(朴, 1961) (면마과 *Polystichum tsus-simense*) 〔이명〕 나도쇠고사리, 섬봉의꼬리, 마주나도희미초. 〔유래〕 엽병과 중축 위의 인편이 흑갈색이다.

검정개수염(安, 1982) (곡정초과) 검정곡정초의 이명. → 검정곡정초.

검정겨이삭(朴, 1949) (벼과 *Agrostis trinii*) 〔이명〕 검은겨이삭, 두메겨이삭. 〔유래〕 검은 겨이삭이라는 뜻의 일명.

검정고위까람(愚, 1996) (곡정초과) 검정곡정초의 중국 옌볜 방언. → 검정곡정초.

검정곡정초(朴, 1949) (곡정초과 *Eriocaulon atrum*) 〔이명〕 검은곡정초, 검정개수염, 검정별수염풀, 검정고위까람. 〔유래〕 검은 곡정초라는 뜻의 일명. 총포 끝이 흑남색이다.

검정골(朴, 1949) (사초과) 검은도루박이의 이명. → 검은도루박이.

검정괭이눈(朴, 1949) (범의귀과) 가지괭이눈의 이명. → 가지괭이눈.

검정나리(朴, 1949) (백합과) 패모의 이명. → 패모.

검정대(愚, 1996) (벼과) 오죽의 북한 방언. 〔유래〕 줄기가 검은 대나무. → 오죽.

검정말(鄭, 1937) (자라풀과 *Hydrilla verticillata*) 〔유래〕 검은 말이라는 뜻의 일명.

검정물봉선(朴, 1974) (봉선화과) 가야물봉선의 이명. 〔유래〕 꽃이 흑자색이다. → 가야물봉선.

검정바위장포(朴, 1949) (백합과) 검은꽃창포의 이명. → 검은꽃창포.

검정박주가리(朴, 1949) (박주가리과) 흑박주가리의 이명. 〔유래〕 검은 박주가리라는 뜻의 일명. → 흑박주가리.

검정방동사니(愚, 1996) (사초과 *Fuirena ciliaris*) 〔이명〕 검정방동산이. 〔유래〕 검은 알방동사니라는 뜻의 일명.

검정방동산이(朴, 1949) (사초과) 방동사니와 검정방동사니(1949)의 이명. → 방동사니, 검정방동사니.

검정별수염풀(오 · 허, 2002) (곡정초과) 검정곡정초의 북한 방언. → 검정곡정초.

검정비녀골(朴, 1949) (골풀과) 설령골풀의 이명. 〔유래〕 검은 비녀골(비녀골풀)이라는 뜻의 일명. → 설령골풀.

검정비녀골풀(安, 1982) (골풀과) 설령골풀의 이명. 〔유래〕 검은 비녀골풀이라는 뜻의 일명. → 설령골풀.

검정비늘고사리(朴, 1961) (면마과 *Diplazium virescens*) 〔이명〕 제주새고사리. 〔유래〕 엽병 기부의 인편이 거의 흑색이다.

검정사초(朴, 1949) (사초과) 감둥사초와 애기감둥사초(1949)의 이명. → 감둥사초, 애기감둥사초.

검정설령사초(李, 2003) (사초과 *Carex lahmanni*) 〔유래〕 함북 설령에 나는 자화영(雌花穎)이 거무스레한 사초.

검정송이풀(朴, 1949) (현삼과) 바위송이풀의 이명. → 바위송이풀.

검정알나무(愚, 1996) (물푸레나무과) 쥐똥나무의 북한 방언. 〔유래〕 과실이 구형으로 검게 성숙한다. → 쥐똥나무.

검정여로(朴, 1949) (백합과) 참여로의 이명. 〔유래〕 꽃이 암자색이다. → 참여로.

검정진들피(朴, 1949) (벼과 *Glyceria debilior*) 〔유래〕 검은 진들피라는 뜻의 일명.

검정타래사초(朴, 1949) (사초과 *Carex norvegica*) 〔이명〕 큰산사초. 〔유래〕 미상.

검정털고사리(朴, 1949) (면마과) 족제비고사리의 이명. → 족제비고사리.

검정풀매화(朴, 1949) (장미과) 좀낭아초의 이명. → 좀낭아초.

검정하늘지기(李, 1980) (사초과 *Fimbristylis diphylloides*) 〔이명〕 검정하늘직이. 〔유래〕 검은 하늘지기라는 뜻의 일명.

검정하늘직이(朴, 1949) (사초과) 검정하늘지기의 이명. → 검정하늘지기.

검종덩굴(朴, 1949) (미나리아재비과) 검은종덩굴의 이명. → 검은종덩굴.

검팽나무(鄭, 1942) (느릅나무과 *Celtis choseniana*) 〔유래〕 과실이 검게 익는 팽나무라는 뜻의 일명.

검피사초(安, 1982) (사초과) 해산사초의 이명. → 해산사초.

검화(愚, 1996) (운향과) 백선의 북한 방언. → 백선.

겻보리(朴, 1949) (벼과) 보리의 이명. → 보리.

겉보리(永, 1996) (벼과) 보리의 이명. → 보리.

겉보리사초(安, 1982) (사초과) 갯보리사초의 이명. → 갯보리사초.

게바다말(鄭, 1970) (거머리말과 *Phyllospadix japonica*) 〔유래〕 게 바다말이라는 뜻의 일명. 새우말에 비해 잎 선단이 미요두이고 3맥이며, 근경에 남아 있는 엽초가 흑색이다.

게박쥐나물(鄭, 1937) (국화과 *Cacalia adenostyloides*) 〔이명〕 개박쥐나물, 계박쥐나물. 〔유래〕 잎의 모양을 박쥐가 날개를 편 모습에 비유한 일명.

게팽나무(朴, 1949) (느릅나무과) 팽나무의 이명. → 팽나무.

겨사초(朴, 1949) (사초과 *Carex mitrata*) 〔이명〕 겨이삭사초, 풀사초. 〔유래〕 겨(쌀겨)와 같은 사초라는 뜻의 일명.

겨여뀌(鄭, 1949) (여뀌과 *Persicaria taquetii*) 〔이명〕 애기역귀, 겨이삭역귀, 겨이삭

여뀌, 좀겨이삭, 겨이삭. 〔유래〕 미상.

겨우사리(鄭, 1937) (겨우사리과 *Viscum album*) 〔이명〕 겨우살이, 붉은열매겨우사리. 〔유래〕 경기 방언. 기생하여 겨우 산다. 기생목(寄生木), 곡기생(槲寄生).

겨우사리나무(鄭, 1942) (노박덩굴과) 사철나무의 이명. 〔유래〕 서울 방언. → 사철나무.

겨우사리덩굴(朴, 1949) (협죽도과) 마삭줄의 이명. → 마삭줄.

겨우사리맥문동(朴, 1949) (백합과) 소엽맥문동의 이명. → 소엽맥문동.

겨우사리범의귀(朴, 1949) (범의귀과) 바위취의 이명. → 바위취.

겨우사리참꽃(朴, 1949) (철쭉과) 참꽃나무겨우사리의 이명. → 참꽃나무겨우사리.

겨우사리참꽃나무(安, 1982) (철쭉과) 참꽃나무겨우사리의 이명. → 참꽃나무겨우사리.

겨우살이(鄭, 1949) (겨우사리과) 겨우사리의 이명. → 겨우사리.

겨울딸(朴, 1949) (장미과) 겨울딸기의 이명. → 겨울딸기.

겨울딸기(鄭, 1937) (장미과 *Rubus buergeri*) 〔이명〕 겨울딸, 땅줄딸기, 왕딸, 늘푸른줄딸, 땅딸기. 〔유래〕 겨울 딸기라는 뜻의 일명. 한매(寒莓).

겨울사리좀피나무(朴, 1949) (운향과) 개산초나무의 이명. → 개산초나무.

겨울아욱(永, 1996) (아욱과) 아욱의 이명. → 아욱.

겨이삭(鄭, 1937) (벼과 *Agrostis clavata* v. *nukabo*) 산겨이삭(1949)과 검은겨이삭(愚, 1996, 중국 옌볜 방언), 겨여뀌(朴, 1974)의 이명으로도 사용. 〔유래〕 겨 이삭이라는 뜻의 일명. → 산겨이삭, 검은겨이삭, 겨여뀌.

겨이삭사초(安, 1982) (사초과) 겨사초의 이명. → 겨사초.

겨이삭아재비(朴, 1974) (여뀌과) 겨이삭여뀌의 이명. → 겨이삭여뀌.

겨이삭여뀌(鄭, 1949) (여뀌과 *Persicaria foliosa* v. *paludicola*) 겨여뀌의 이명(李, 1969)으로도 사용. 〔이명〕 만주역귀, 겨이삭아재비, 만주겨이삭여뀌, 만주여뀌. 〔유래〕 겨 이삭 여뀌라는 뜻의 일명. → 겨여뀌.

겨이삭역귀(朴, 1949) (여뀌과) 겨여뀌의 이명. → 겨여뀌.

겨자냉이(이 · 양, 1981) (십자화과 *Wasabia japonica*) 〔유래〕 와사비(겨자)를 만드는 냉이. 신엽(辛葉). 고추냉이(*Wasabia koreana*)는 본품의 오용이므로 *W. japonica*에 고추냉이라는 국명의 적용은 부당하다.

겨자무(李, 1980) (십자화과 *Armoracia lapathifolia Gilib*) 〔유래〕 뿌리를 겨자와 같이 향신료(香辛料)로 사용한다.

겨자복주머니란(永, 2002) (난초과 *Cypripedium sinapoides*) 〔유래〕 꽃잎이 황자색이며 순판주머니는 겨자색인 복주머니란(개불알꽃).

겨풀(鄭, 1956) (벼과 *Leersia oryzoides* v. *japonica*) 나도겨풀(鄭, 1949)과 좀겨풀(永, 1966)의 이명으로도 사용. 〔이명〕 빕새피, 개겨풀, 개조풀, 벼겨풀. 〔유래〕 겨

풀이라는 뜻의 일명. → 나도겨풀, 좀겨풀.

결명자(永, 1996) (콩과) 결명차의 이명. → 결명차.

결명차(鄭, 1956) (콩과 *Cassia tora*) 〔이명〕 긴강남차, 결명자, 초결명. 〔유래〕 결명(決明), 결명차(決明茶), 초결명(草決明), 결명자(決明子).

겹개구리사초(朴, 1949) (사초과) 함북사초의 이명. → 함북사초.

겹개벚나무(永, 1996) (장미과) 만첩개벚의 이명. → 만첩개벚.

겹금매화(朴, 1949) (미나리아재비과) 큰금매화의 이명. → 큰금매화.

겹꽃삼잎국화(尹, 1989) (국화과) 겹삼잎국화의 이명. 〔유래〕 꽃이 겹꽃이다. → 겹삼잎국화.

겹넘나물(愚, 1996) (백합과) 큰원추리의 중국 옌볜 방언. 〔유래〕 넘나물(원추리)의 겹꽃. → 큰원추리.

겹달맞이꽃(朴, 1949) (바늘꽃과 *Oenothera biennis*) 〔유래〕 겹꽃인 달맞이꽃. 키가 크고 잎자루가 길다.

겹도라지(李, 1969) (초롱꽃과 *Platycodon grandiflorum* v. *duplex*) 〔유래〕 꽃잎이 2중이라는 뜻의 학명 및 일명.

겹돌잔고사리(朴, 1961) (고사리과 *Microlepia pseudo-strigosa*) 〔유래〕 미상.

겹백옥매(安, 1982) (장미과) 백매의 이명. 〔유래〕 백색 겹꽃의 옥매. → 백매.

겹산종덩굴(安, 1982) (미나리아재비과) 만첩산종덩굴의 이명. 〔유래〕 산종덩굴의 겹꽃. → 만첩산종덩굴.

겹산철쭉(鄭, 1942) (철쭉과 *Rhododendron yedoense*) 〔이명〕 겹철쭉, 만첩산철쭉, 두봉화. 〔유래〕 산철쭉의 겹꽃.

겹삼잎국화(李, 1969) (국화과 *Rudbeckia laciniata* v. *hortensis*) 〔이명〕 겹꽃삼잎국화, 키다리노랑꽃, 만첩삼잎국화. 〔유래〕 삼잎국화의 겹꽃.

겹왜미나리아재비(永, 1996) (미나리아재비과 *Ranunculus franchetii* f. *duplopetalus*) 〔유래〕 꽃이 겹으로 피는 왜미나리아재비라는 뜻의 학명.

겹원추리(朴, 1949) (백합과) 큰원추리와 왕원추리(安, 1982)의 이명. → 큰원추리, 왕원추리.

겹조팝나무(安, 1982) (장미과) 만첩조팝나무의 이명. 〔유래〕 조팝나무의 겹꽃. → 만첩조팝나무.

겹종덩굴(朴, 1949) (미나리아재비과) 만첩산종덩굴의 이명. → 만첩산종덩굴.

겹죽도화(朴, 1949) (장미과) 죽도화의 이명. 〔유래〕 죽도화(황매화)의 겹꽃. → 죽도화.

겹참나물(朴, 1974) (산형과) 참나물의 이명. → 참나물.

겹철쭉(朴, 1949) (철쭉과) 겹산철쭉의 이명. → 겹산철쭉.

겹첩넘나물(愚, 1996) (백합과) 원추리의 중국 옌볜 방언. → 원추리.

겹첩수선화(愚, 1996) (수선화과) 수선화의 중국 옌볜 방언. → 수선화.

겹치자나무(安, 1982) (꼭두선이과) 치자나무의 이명. → 치자나무.

겹함박꽃나무(李, 1980) (목련과 *Magnolia sieboldii* f. *semiplena*) 〔유래〕 꽃잎이 12개 이상이다.

겹해당화(鄭, 1942) (장미과 *Rosa rugosa* f. *plena*) 〔이명〕 만첩해당화, 많첩해당화, 매괴화. 〔유래〕 겹꽃이라는 뜻의 학명 및 일명.

겹홍매화(愚, 1996) (장미과) 홍매의 이명. 〔유래〕 홍색 겹꽃의 매화. → 홍매.

겹홍옥매(安, 1982) (장미과) 홍매의 이명. 〔유래〕 홍색 겹꽃의 옥매. → 홍매.

겹황매화(安, 1982) (장미과) 죽도화의 이명. 〔유래〕 황매화의 겹꽃. → 죽도화.

경복(鄭, 1942) (주목과) 주목의 경기 방언. → 주목.

경성사초(李, 1969) (사초과 *Carex pallida*) 〔이명〕 까락사초, 연한빛사초. 〔유래〕 함북 경성에서 최초로 채집.

경성서덜취(李, 1969) (국화과 *Saussurea koidzumiana*) 〔이명〕 도정당분취. 〔유래〕 함북 경성에서 최초로 채집.

경성제비꽃(愚, 1996) (제비꽃과 *Viola yamatsutai*) 〔유래〕 함북 경성에서 최초로 채집.

계곡고사리(문명옥 등, 2002) (면마과 *Dryopteris subexaltata*) 〔유래〕 제주 남원읍 수악계곡 돌 틈에 나는 고사리.

계뇨동(安, 1982) (꼭두선이과) 계요등의 이명. → 계요등.

계룡쇠물푸레(李, 1966) (물푸레나무과) 쇠물푸레나무의 이명. 〔유래〕 충남 계룡산에서 최초로 채집. → 쇠물푸레나무.

계박쥐나물(永, 1996) (국화과) 게박쥐나물의 이명. → 게박쥐나물.

계방나비나물(永, 1996) (콩과 *Vicia linearifolia*) 〔유래〕 강원 계방산에 나는 나비나물.

계수나무(李, 1969) (계수나무과 *Cercidiphyllum japonicum*) 잎갈나무(소나무과, 鄭, 1942, 강원 방언)와 월계수(녹나무과, 朴, 1949)의 이명으로도 사용. 〔이명〕 런향나무. 〔유래〕 달 속의 계수나무라는 민요에서 유래. 계수(桂樹), 계피(桂皮). → 잎갈나무, 월계수.

계요등(鄭, 1937) (꼭두선이과 *Paederia scandens*) 〔이명〕 계뇨동, 구렁내덩굴. 〔유래〕 계뇨등(鷄尿藤), 계시등(鷄屎藤).

계자(李, 1969) (십자화과 *Brassica juncea*) 〔이명〕 갓, 상갓. 〔유래〕 미상.

고광나무(鄭, 1937) (범의귀과 *Philadelphus schrenkii*) 국수나무(장미과, 1942)와 중국고광(愚, 1996, 중국 옌볜 방언)의 이명으로도 사용. 〔이명〕 오이순, 쇠영꽃나무, 털고광나무. 〔유래〕 미상. 동북산매화(東北山梅花). → 국수나무, 중국고광.

고구마(鄭, 1937) (메꽃과 *Ipomoea batatas*) 〔이명〕 누른살고구마, 단고구마. 〔어원〕

일본어로 부모를 봉양하는 '효행의 감자'라는 뜻의 효행저(孝行藷, kôkôimo)가 고금아→고구마로 변화(어원사전). 번서(番薯).

고깔오랑캐(鄭, 1937) (제비꽃과) 고깔제비꽃의 이명. → 고깔제비꽃.

고깔제비꽃(鄭, 1949) (제비꽃과 *Viola rossii*) 〔이명〕 고깔오랑캐. 〔유래〕 꽃의 거(距)의 모양이 고깔과 유사. 자화지정(紫花地丁).

고들빼기(鄭, 1937) (국화과 *Youngia sonchifolia*) 이고들빼기의 이명(愚, 1996, 중국 옌볜 방언)으로도 사용. 〔이명〕 씬나물, 참꼬들빽이, 애기벋줄씀바귀, 좀고들빼기, 좀두메고들빼기, 빗치개씀바귀. 〔유래〕 고채(苦菜), 약사초(藥師草). → 이고들빼기.

고란초(鄭, 1937) (고란초과 *Crypsinus hastaus*) 〔유래〕 고란초(皐蘭草), 아장금성초(鵝掌金星草).

고랭이(愚, 1996) (사초과) 큰고랭이의 중국 옌볜 방언. → 큰고랭이.

고려개보리(永, 1996) (벼과) 상원초의 이명. 〔유래〕 고려(특산) 갯보리라는 뜻의 학명. → 상원초.

고려겨이삭(朴, 1949) (벼과) 흰겨이삭의 이명. 〔유래〕 고려(한국)에 난다는 뜻의 학명. → 흰겨이삭.

고려고사리(朴, 1961) (면마과) 바위틈고사리의 이명. 〔유래〕 고려(한국)에 나는 고사리. → 바위틈고사리.

고려공작고사리(朴, 1949) (고사리과 *Adiantum coreanum*) 〔이명〕 조선공작고사리. 〔유래〕 고려(한국)에 나는 공작고사리라는 뜻의 학명.

고려김의털(朴, 1949) (벼과) 참김의털의 이명. 〔유래〕 고려(한국)에 나는 김의털이라는 뜻의 학명. → 참김의털.

고려까치수염(朴, 1949) (앵초과) 참좁쌀풀의 이명. 〔유래〕 고려(한국)에 나는 까치수염이라는 뜻의 학명 및 일명. → 참좁쌀풀.

고려깨풀(朴, 1949) (현삼과) 애기좁쌀풀의 이명. 〔유래〕 고려(한국) 고산에 난다는 뜻의 학명. → 애기좁쌀풀.

고려꾸렘이풀(朴, 1949) (벼과) 갯겨이삭의 이명. 〔유래〕 고려(한국)에 난다는 뜻의 학명. → 갯겨이삭.

고려꿩의비름(吳, 1985) (돌나물과) 큰기린초의 이명. → 큰기린초.

고려당비사리(朴, 1949) (콩과) 땅비싸리의 이명. 〔유래〕 고려(한국)에 나는 땅비싸리라는 뜻의 학명. → 땅비싸리.

고려땅비싸리(永, 1996) (콩과) 큰땅비싸리의 이명. 〔유래〕 고려(특산) 땅비싸리라는 뜻의 학명. → 큰땅비싸리.

고려명아주(朴, 1949) (명아주과) 참명아주의 이명. 〔유래〕 고려(한국)에 나는 명아주라는 뜻의 학명. → 참명아주.

고려뱀고사리(朴, 1961) (면마과) 곱새고사리의 이명. → 곱새고사리.

고려사다리고사리(朴, 1975) (면마과) 사다리고사리의 이명. 〔유래〕 고려(한국)에 나는 사다리고사리라는 뜻의 학명. → 사다리고사리.

고려산죽(朴, 1949) (벼과) 고려조릿대의 이명. 〔유래〕 고려(한국)에 나는 산죽(조릿대)이라는 뜻의 학명. → 고려조릿대.

고려새발고사리(朴, 1961) (면마과) 사다리고사리의 이명. 〔유래〕 고려(한국)에 나는 새발고사리. → 사다리고사리.

고려솜나물(朴, 1949) (국화과) 각시취의 이명. → 각시취.

고려쇠고비(朴, 1961) (면마과) 참쇠고비의 이명. → 참쇠고비.

고려쑥방맹이(朴, 1949) (국화과) 국화방망이의 이명. 〔유래〕 고려(한국)에 나는 쑥방망이라는 뜻의 학명. → 국화방망이.

고려쑥부쟁이(朴, 1949) (국화과) 벌개미취와 가새쑥부쟁이(1949)의 이명. → 벌개미취, 가새쑥부쟁이.

고려억새(朴, 1949) (벼과) 참억새의 이명. 〔유래〕 고려(한국)에 나는 억새라는 뜻의 학명. → 참억새.

고려엉겅퀴(鄭, 1937) (국화과 *Cirsium setidens*) 〔이명〕 독깨비엉겅퀴, 도깨비엉겅퀴, 구멍이, 곤드래. 〔유래〕 고려(한국)에 나는 엉겅퀴라는 뜻의 학명.

고려점나도나물(朴, 1949) (석죽과) 북선점나도나물의 이명. 〔유래〕 고려(한국)에 나는 점나도나물이라는 뜻의 학명. → 북선점나도나물.

고려조릿대(鄭, 1942) (벼과 *Sasa coreana*) 〔이명〕 신의대, 고려산죽. 〔유래〕 고려(한국)에 나는 조릿대라는 뜻의 학명 및 일명. 죽엽(竹葉).

고려조밥나물(鄭, 1937) (국화과) 껄껄이풀의 이명. 〔유래〕 고려(한국)에 나는 조밥나물이라는 뜻의 학명. → 껄껄이풀.

고려조팝나무(朴, 1949) (장미과) 참조팝나무의 이명. → 참조팝나무.

고려조팝나물(朴, 1949) (국화과) 껄껄이풀의 이명. → 껄껄이풀.

고려종덩굴(鄭, 1949) (미나리아재비과 *Clematis subtriternata*) 〔이명〕 가는잎종덩굴, 함북종덩굴, 좁은잎종덩굴, 참종덩굴, 좁은잎함북종덩굴. 〔유래〕 고려(한국)에 나는 종덩굴.

고려하늘직이(朴, 1949) (사초과) 하늘지기의 이명. → 하늘지기.

고려호리깨나무(朴, 1949) (갈매나무과) 헛개나무의 이명. 〔유래〕 고려(한국)에 나는 호리깨나무(헛개나무)라는 뜻의 학명 및 일명. → 헛개나무.

고로쇠나무(鄭, 1937) (단풍나무과 *Acer mono*) 당단풍나무의 이명(1942, 함남 방언)으로도 사용. 〔이명〕 신나무, 단풍나무, 참고리실나무, 개고리실나무, 개고로쇠나무. 〔유래〕 평북 방언. → 당단풍나무.

고로쇠생강나무(李, 1966) (녹나무과) 오열생강나무의 이명. → 오열생강나무.

고로실나무(鄭, 1942) (단풍나무과) 당단풍나무의 이명. 〔유래〕 강원 방언. → 당단풍나무.

고리버들(鄭, 1937) (버드나무과) 키버들의 이명. 〔유래〕 고리 버들(고리를 만드는)이라는 뜻의 일명. → 키버들.

고리비아리(鄭, 1942) (대극과) 광대싸리의 이명. 〔유래〕 경남 방언. → 광대싸리.

고마리(鄭, 1937) (여뀌과 *Persicaria thunbergii*) 〔이명〕 꼬마리, 조선꼬마리, 큰꼬마리, 고만이, 줄고만이, 고만잇대. 〔유래〕 미상. 고교맥(苦蕎麥).

고만이(愚, 1996) (여뀌과) 고마리의 이명. 〔유래〕 충북 방언. → 고마리.

고만잇대(永, 1996) (여뀌과) 고마리의 이명. → 고마리.

고번(朴, 1949) (산형과) 고본의 이명. 〔유래〕 고본(古本). → 고본.

고본(鄭, 1937) (산형과 *Ligusticum tenuissimum*) 〔이명〕 고번. 〔유래〕 고본(藁本 · 古本).

고비(鄭, 1937) (고비과 *Osmunda japonica*) 〔이명〕 가는고비. 〔유래〕 미(薇), 자기(紫萁).

고비고사리(鄭, 1937) (고사리과 *Coniogramme intermedia*) 〔이명〕 참고비고사리. 〔유래〕 미상. 보통봉아궐(普通鳳丫蕨).

고사리(鄭, 1937) (고사리과 *Pteridium aquilinum* v. *latiusculum*) 〔이명〕 층층고사리, 참고사리, 북고사리. 〔유래〕 궐(蕨), 궐채(蕨菜).

고사리삼(鄭, 1937) (고사리삼과 *Botrychium ternatum*) 백두산고사리삼의 이명(朴, 1961)으로도 사용. 〔이명〕 꽃고사리. 〔유래〕 미상. 음지궐(陰地蕨). → 백두산고사리삼.

고사리새(壽, 1995) (벼과 *Catapodium rigidum*) 〔유래〕 미상.

고산구슬붕이(백원기, 1993) (용담과 *Gentiana wootchuliana*) 〔유래〕 고산에 나는 구슬붕이. 꽃이 연한 하늘색 또는 흰색이며, 화관은 선상 무늬가 짙은 자색이고, 종자가 난상타원형이다.

고산달래(永, 1996) (백합과) 돌부추의 이명. 〔유래〕 고산에 나는 달래. → 돌부추.

고산바디(愚, 1996) (산형과 *Coelopleurum saxatile*) 〔유래〕 고산의 삼림한계선 부근에 분포.

고산봄맞이(鄭, 1949) (앵초과 *Androsace lehmanniana*) 〔이명〕 백두산봄마지, 큰산봄맞이꽃. 〔유래〕 고산에 나는 봄맞이꽃.

고산송이풀(朴, 1949) (현삼과) 구름송이풀의 이명. 〔유래〕 높은 산봉우리에 나는 송이풀이라는 뜻의 일명. → 구름송이풀.

고산자작나무(朴, 1949) (자작나무과) 백두산자작나무의 이명. 〔유래〕 고산에 나는 자작나무. → 백두산자작나무.

고산잔대(永, 1996) (초롱꽃과 *Adenophora triphylla* v. *hakusanensis*) 〔유래〕 고산(백두산)에 나는 잔대.

고삼(鄭, 1937) (콩과 *Sophora flavescens*) 〔이명〕 도둑놈의지팡이, 너삼, 뱀의정자나무, 느삼, 도둑놈의지팡이, 능암, 넓은잎능암. 〔유래〕 고삼(苦蔘). 뿌리가 쓰다.

고성골(오 · 함, 1998) (사초과 *Scirpus juncoides* x *Scirpus wallichii*) 〔유래〕 미상. 올챙이고랭이와 수원고랭이의 중간형이며, 올챙이고랭이(3개)에 비해 암술머리가 2개이다.

고수(李, 1969) (산형과 *Coriandrum sativum*) 〔이명〕 고수나물. 〔유래〕 호유(胡荽), 향유(香荽).

고수나물(安, 1982) (산형과) 고수의 이명. → 고수.

고수버들(愚, 1996) (버드나무과) 운용버들의 북한 방언. → 운용버들.

고수부루(愚, 1996) (국화과) 꽃상치의 중국 옌벤 방언. → 꽃상치.

고슴도치풀(鄭, 1949) (피나무과 *Triumfetta japonica*) 〔이명〕 피나무풀. 〔유래〕 과실이 구형으로, 갈고리 모양의 가시털이 있는 모양을 고슴도치에 비유.

고양나무(鄭, 1942) (감나무과) 고욤나무(울릉도 방언)와 회양목(회양목과, 愚, 1996, 중국 옌벤 방언)의 이명. → 고욤나무, 회양목.

고양싸리(鄭, 1942) (콩과 *Lespedeza robusta*) 〔유래〕 경기 고양에 나는 싸리. 고양추(高陽萩).

고양이수염(朴, 1949) (사초과) 개수염사초의 이명. → 개수염사초.

고여독(鄭, 1956) (콩과) 개자리의 이명. → 개자리.

고욤나무(鄭, 1937) (감나무과 *Diospyros lotus*) 〔이명〕 고양나무, 민고욤나무. 〔유래〕 군천(桾櫏), 군천자(君遷子), 군천자목(桾櫏子木).

고운비늘고사리(愚, 1996) (면마과) 바위틈고사리의 중국 옌벤 방언. → 바위틈고사리.

고위깃몸(鄭, 1937) (곡정초과) 곡정초의 이명. → 곡정초.

고위까람(愚, 1996) (곡정초과) 곡정초의 중국 옌벤 방언. → 곡정초.

고채목(鄭, 1937) (자작나무과 *Betula ermanii* v. *sucordata*) 사스래나무의 이명(1942, 전남 방언)으로도 사용. 〔유래〕 전남 방언. → 사스래나무.

고초(安, 1982) (가지과) 고추의 이명. → 고추.

고초냉이(鄭, 1956) (십자화과) 왜갓냉이의 이명. 〔유래〕 고초냉이의 기준표본의 채집지는 울릉도가 아니라 경기도 광릉이고, 울릉도의 것은 재배한 일본종(겨자냉이)임. → 왜갓냉이.

고초풀(鄭, 1937) (현삼과) 주름잎의 이명. → 주름잎.

고추(鄭, 1937) (가지과 *Capsicum annuum*) 〔이명〕 당추, 꼬치, 고초, 긴고추, 남고추. 〔유래〕 고초(苦草 · 苦椒), 번초(蕃椒). 〔어원〕 苦椒→고쵸→고초→고추로 변화(어원사전).

고추나무(鄭, 1937) (고추나무과 *Staphylea bumalda*) 〔이명〕 개철초나무, 미영다래

나무, 매대나무, 고치때나무, 까자귀나무, 미영꽃나무, 쇠열나무, 철쭉잎, 반들잎고추나무, 민고추나무, 넓은잎고추나무, 둥근잎고추나무. 〔유래〕 경상 방언. 잎의 모양이 고추와 유사한 목본. 성고유(省沽油).

고추나물(鄭, 1937) (물레나물과 *Hypericum erectum*) 〔유래〕 미상. 소연교(小連翹).

고추냉이(李, 2003) (십자화과 *Wasabia tenuicaulis*) 〔유래〕 이창복은 정태현의 의견에 따라 *W. koreana*에 고추냉이라는 이름을 쓰다가 2003년에 *W. koreana*와 *W. japonica*를 통합하여 새로운 이름으로 처리하였으나 이는 부당하다. 그리고 이영노의 *W. japonica* v. *koreana*도 *W. koreana*의 기준표본의 정체를 망각한 명명으로 잘못이다. → 고추냉이, 왜갓냉이.

고추풀(朴, 1974) (현삼과) 논뚝외풀의 이명. → 논뚝외풀.

고치댓꽃(鄭, 1949) (미나리아재비과) 외대으아리의 이명. → 외대으아리.

고치때나무(鄭, 1942) (고추나무과) 고추나무의 이명. 〔유래〕 강원 영월 방언. → 고추나무.

고칫대꽃(鄭, 1942) (미나리아재비과) 외대으아리의 이명. 〔유래〕 강원 방언. → 외대으아리.

곡정초(鄭, 1937) (곡정초과 *Eriocaulon cinereum*) 〔이명〕 고위깃몸, 별수염풀, 고위까람. 〔유래〕 곡정초(穀精草).

곤냐꾸(安, 1982) (천남성과) 곤약의 이명. → 곤약.

곤달비(鄭, 1949) (국화과 *Ligularia stenocephala*) 〔이명〕 곰취, 곰달유. 〔유래〕 미상.

곤드래(愚, 1996) (국화과) 고려엉겅퀴의 이명. 〔유래〕 강원 정선 방언. → 고려엉겅퀴.

곤사초(永, 1996) (사초과) 잔솔잎사초의 이명. → 잔솔잎사초.

곤약(李, 1980) (천남성과 *Amorphophallus rivieri*) 〔이명〕 곤냐꾸, 구약, 구약풀. 〔유래〕 곤약(崑蒻), 구약(蒟蒻). 〔어원〕 崑蒻(konnyaku)→곤냐꾸로 변화(어원사전).

곧은까치수염(安, 1982) (앵초과) 두메까치수염의 이명. → 두메까치수염.

곧은담배풀(朴, 1974) (현삼과) 선주름잎의 이명. → 선주름잎.

곧은잎석송(朴, 1949) (석송과) 긴다람쥐꼬리의 이명. → 긴다람쥐꼬리.

곧은잎솔석송(朴, 1961) (석송과) 긴다람쥐꼬리의 이명. → 긴다람쥐꼬리.

골개고사리(朴, 1961) (면마과 *Athyrium otophorum*) 〔이명〕 물개고사리. 〔유래〕 산골짜기에 나는 개고사리라는 뜻의 일명.

골고사리(朴, 1961) (꼬리고사리과) 나도파초일엽의 이명. → 나도파초일엽.

골담초(鄭, 1937) (콩과 *Caragana sinica*) 〔유래〕 골담초(骨擔草), 금작근(金雀根).

골도라지(愚, 1996) (초롱꽃과) 홍노도라지의 중국 옌벤 방언. → 홍노도라지.

골등골나물(鄭, 1949) (국화과 *Eupatorium lindleyanum*) 향등골나물의 이명(愚,

1996, 중국 옌볜 방언)으로도 사용. 〔이명〕 띄등골나물, 벌등골나물, 샘등골나물, 세골등골나물, 세벌등골나물. 〔유래〕 골짜기에 나는 등골나물이라는 뜻의 일명. 패란(佩蘭). → 향등골나물.

골매발톱꽃(朴, 1949) (미나리아재비과) 산매발톱꽃의 이명. 〔유래〕 깊은 산에 나는 매발톱꽃. → 산매발톱꽃.

골무꽃(鄭, 1937) (꿀풀과 *Scutellaria indica*) 황금의 이명(愚, 1996, 중국 옌볜 방언)으로도 사용. 〔유래〕 꽃의 모양이 골무와 유사. 한신초(韓信草). → 황금.

골뱅이(鄭, 1949) (마름과) 마름의 이명. → 마름.

골병꽃(李, 1980) (인동과) 골병꽃나무의 이명. 〔유래〕 골병꽃나무의 축소형. → 골병꽃나무.

골병꽃나무(鄭, 1942) (인동과 *Weigela hortensis*) 〔이명〕 골병꽃. 〔유래〕 산골짜기에 나는 병꽃나무라는 뜻의 일명.

골분취(朴, 1949) (국화과) 산각시취의 이명. → 산각시취.

골붓꽃(安, 1982) (붓꽃과) 등심붓꽃의 이명. → 등심붓꽃.

골사초(鄭, 1949) (사초과 *Carex aphanolepis*) 〔이명〕 조리사초. 〔유래〕 저습지에 나는 사초라는 뜻의 일명.

골여뀌(愚, 1996) (여뀌과) 산여뀌의 이명. → 산여뀌.

골잎넘나물(愚, 1996) (백합과) 골잎원추리의 이명. → 골잎원추리.

골잎원추리(鄭, 1937) (백합과 *Hemerocallis coreana*) 〔이명〕 골잎넘나물. 〔유래〕 잎의 표면에 깊은 골이 생긴다. 북황화채(北黃花菜).

골좀도라지(朴, 1949) (초롱꽃과) 홍노도라지의 이명. 〔유래〕 골짜기에 나는 도라지라는 뜻의 일명. → 홍노도라지.

골평풍(愚, 1996) (범의귀과) 개병풍의 북한 방언. → 개병풍.

골풀(鄭, 1937) (골풀과 *Juncus effusus* v. *decipiens*) 〔이명〕 등심초. 〔유래〕 골짜기에 나는 풀. 등심초(燈心草).

골풀아재비(鄭, 1949) (사초과 *Rhynchospora faberi*) 검바늘골의 이명(朴, 1949)으로도 사용. 〔이명〕 수고양이수염, 도독고양이수염, 원산괭이수염, 원산고양이수염. 〔유래〕 골풀과 유사. → 검바늘골.

골하늘직이(朴, 1949) (사초과) 꽐하늘지기의 이명. → 꽐하늘지기.

곰고사리(朴, 1949) (면마과) 곰비늘고사리와 비늘고사리(1961)의 이명. → 곰비늘고사리, 비늘고사리.

곰달유(朴, 1974) (국화과) 곤달비의 이명. → 곤달비.

곰딸(鄭, 1942) (장미과) 복분자딸기와 산딸기나무(朴, 1949)의 이명. 〔유래〕 전남 방언. → 복분자딸기, 산딸기나무.

곰딸기(朴, 1949) (장미과) 붉은가시딸기의 이명. → 붉은가시딸기.

곰말채나무(朴, 1949) (층층나무과) 곰의말채나무의 이명. → 곰의말채나무.

곰반송(李, 1947) (소나무과) 해송과 흑반송(永, 1996)의 이명. → 해송, 흑반송.

곰병나무(鄭, 1942) (느릅나무과) 푸조나무의 이명. 〔유래〕 푸조나무의 충남 방언. → 푸조나무.

곰비늘고사리(鄭, 1949) (면마과 *Dryopteris uniformis*) 산비늘고사리의 이명(朴, 1961)으로도 사용. 〔이명〕 곰고사리, 숫곰고사리. 〔유래〕 미상. → 산비늘고사리.

곰솔(鄭, 1937) (소나무과) 해송의 이명. 〔유래〕 해송의 전남 방언. → 해송.

곰의국화(鄭, 1970) (국화과) 긴갯금불초의 이명. 〔유래〕 곰의 국화라는 뜻의 일명. → 긴갯금불초.

곰의꼬아리(朴, 1949) (가지과) 산꽈리의 이명. 〔유래〕 곰의 꼬아리(꽈리). → 산꽈리.

곰의꽈리(朴, 1974) (가지과) 산꽈리의 이명. 〔유래〕 곰의 꽈리. → 산꽈리.

곰의딸(鄭, 1942) (장미과) 나무딸기(강원 방언), 덩굴딸기(1942, 강원 방언)와 복분자딸기(1942, 경남 방언)의 이명. → 나무딸기, 덩굴딸기, 복분자딸기.

곰의말채(李, 1966) (층층나무과) 곰의말채나무의 이명. 〔유래〕 곰의말채나무의 축소형. → 곰의말채나무.

곰의말채나무(鄭, 1937) (층층나무과 *Cornus marcophylla*) 〔이명〕 곰말채나무, 곰의말채. 〔유래〕 곰의 말채나무라는 뜻의 일명. 내목(梾木).

곰의수해(鄭, 1949) (국화과) 까실쑥부쟁이의 이명. → 까실쑥부쟁이.

곰취(鄭, 1937) (국화과 *Ligularia fischeri*) 곤달비의 이명(朴, 1949)으로도 사용. 〔이명〕 큰곰취, 왕곰취. 〔유래〕 곰이 사는 심산에 나는 취. 호로칠(胡蘆七). 〔어원〕 곰츄→곰취로 변화(어원사전). → 곤달비.

곱새고사리(鄭, 1937) (면마과 *Athyrium henryi*) 〔이명〕 배암꼬리개고사리, 뱀꼬리고사리, 고려뱀고사리. 〔유래〕 미상.

곱슬사초(鄭, 1956) (사초과) 모래사초와 숲이삭사초(安, 1982)의 이명. → 모래사초, 숲이삭사초.

곱향나무(鄭, 1942) (측백나무과 *Juniperus sibirica*) 〔유래〕 미상.

공겡이대(朴, 1949) (콩과) 비수리의 이명. → 비수리.

공단풀(임 · 전, 1980) (아욱과 *Sida spinosa*) 〔이명〕 가시아욱. 〔유래〕 공단 지역에서 자란다. 순애초와 유사.

공작고사리(鄭, 1937) (고사리과 *Adiantum pedatum*) 봉작고사리의 이명(愚, 1996, 중국 옌볜 방언)으로도 사용. 〔유래〕 잎의 모양이 공작이 날개를 편 것과 같다는 뜻의 일명. 철사칠(鐵絲七). → 봉작고사리.

공작국화(永, 1996) (국화과) 기생초의 이명. → 기생초.

공작이국화(朴, 1949) (국화과) 금계국의 이명. → 금계국.

공쟁이(鄭, 1937) (명아주과) 댑싸리의 이명. 〔유래〕 대싸리. → 댑싸리.

공정싸리(鄭, 1942) (대극과) 광대싸리의 이명. 〔유래〕 광대싸리의 강원 방언. → 광대싸리.

공조팝나무(李, 1976) (장미과 *Spiraea cantoniensis*) 〔이명〕 깨잎조팝나무. 〔유래〕 화서가 공과 같이 둥글다.

과꽃(鄭, 1937) (국화과 *Callistephus chinensis*) 〔이명〕 벽남국. 〔유래〕 미상. 남국(藍菊), 고의(苦薏), 당국화(唐菊花), 추금(秋錦), 추모란(秋牧丹), 취국(翠菊).

과나무(朴, 1949) (콩과) 회화나무의 이명. → 회화나무.

과남풀(鄭, 1949) (용담과 *Gentiana triflora*) 용담의 이명(朴, 1949)으로도 사용. 〔이명〕 초룡담, 룡담, 관음풀. 〔유래〕 관음초(觀音草), 초용담(草龍膽). 〔어원〕 관음초가 과남풀로 변화(어원사전). → 용담.

곽지신나무(愚, 1996) (단풍나무과) 광이신나무의 중국 옌볜 방언. → 광이신나무.

곽향(朴, 1949) (꿀풀과 *Teucrium veronicoides*) 〔이명〕 털개곽향, 좀개곽향. 〔유래〕 곽향(藿香).

관모개미자리(李, 1969) (석죽과) 좀벼룩이자리의 이명. 〔유래〕 함북 관모봉에 나는 개미자리. → 좀벼룩이자리.

관모개보리(李, 1969) (벼과) 상원초의 이명. 〔유래〕 함북 관모봉에 나는 개보리. → 상원초.

관모두메자운(永, 2002) (콩과 *Oxytropis caerulea*) 〔유래〕 북부 고원(관모봉)에 나는 두메자운.

관모박새(李, 1969) (백합과 *Veratrum alpestre*) 〔이명〕 산박새, 두메박새. 〔유래〕 함북 관모봉에 나는 박새.

관모역귀(朴, 1949) (여뀌과) 산여뀌의 이명. 〔유래〕 함북 관모봉에 나는 여뀌. → 산여뀌.

관모인가목(李, 1966) (장미과) 인가목의 이명. 〔유래〕 함북 관모봉에 나는 인가목. → 인가목.

관모포아풀(李, 1976) (벼과 *Poa kamboensis*) 〔이명〕 갈미꾸렘이풀, 갈미꿰미풀. 〔유래〕 함북 관모봉에 나는 포아풀이라는 뜻의 학명.

관악잔대(朴, 1974) (초롱꽃과 *Adenophora obovata*) 〔이명〕 지리모시나물, 지리산잔대. 〔유래〕 경기 관악산에 나는 잔대.

관암죽(李, 1980) (벼과 *Phyllostachys compressa*) 〔유래〕 미상.

관음왕벚나무(李, 2003) (장미과 *Prunus hallasanensis* v. *angustipetala*) 〔유래〕 제주 관음사 주변에 나는 왕벚나무. 꽃잎이 너비 5mm, 길이 10mm로 좁다.

관음풀(안덕균, 1998) (용담과) 과남풀의 이명. 〔유래〕 관음초(觀音草). → 과남풀.

관중(鄭, 1937) (면마과 *Dryopteris crassirhizoma*) 〔이명〕 면마, 희초미, 호랑고비. 〔유래〕 관중(貫衆), 면마(綿馬).

광귤(李, 1966) (운향과) 광귤나무의 이명. 〔유래〕 광귤나무의 축소형. → 광귤나무.

광귤나무(鄭, 1942) (운향과 *Citrus aurantium*) 〔이명〕 광귤. 〔유래〕 광귤(廣橘).

광나무(鄭, 1937) (물푸레나무과 *Ligustrum japonicum*) 당광나무의 이명(1942)으로도 사용. 〔유래〕 제주 방언. 여정목(女貞木), 여정실(女貞實), 서재목(鼠梓木). → 당광나무.

광능갈퀴(鄭, 1949) (콩과 *Vicia venosa* v. *cuspidata*) 〔이명〕 광능갈키, 선등갈키, 광릉갈퀴, 광릉갈퀴나물, 선등갈퀴, 선등말굴레풀, 광능말굴레풀, 광릉말굴레풀. 〔유래〕 경기 광릉에 나는 갈퀴나물. 산야완두(山野豌豆).

광능갈키(鄭, 1937) (콩과) 광능갈퀴의 이명. → 광능갈퀴.

광능개밀(李, 1969) (벼과 *Agropyron yezoense* v. *koryoense*) 〔이명〕 광릉개밀, 자주개밀, 금강개밀. 〔유래〕 경기 광릉에 나는 개밀이라는 뜻의 학명.

광능골(李, 1969) (사초과 *Scirpus komarovii*) 〔이명〕 수원골, 광릉골, 좀쌀올챙이골. 〔유래〕 경기 광릉에 난다.

광능골무꽃(鄭, 1937) (꿀풀과 *Scutellaria insignis*) 〔이명〕 광릉골무꽃, 숲골무꽃. 〔유래〕 경기 광릉에 나는 골무꽃이라는 뜻의 일명. 한신초(韓信草).

광능말굴레풀(愚, 1996) (콩과) 광능갈퀴의 북한 방언. → 광능갈퀴.

광능말털이슬(李, 1969) (바늘꽃과) 푸른말털이슬의 이명. → 푸른말털이슬.

광능물푸레나무(鄭, 1942) (물푸레나무과) 물푸레나무의 이명. 〔유래〕 경기 광릉에 나는 물푸레나무라는 뜻의 일명. → 물푸레나무.

광능오랑캐(朴, 1949) (제비꽃과) 흰털제비꽃의 이명. 〔유래〕 경기 광릉에 나는 오랑캐꽃(제비꽃)이라는 뜻의 일명. → 흰털제비꽃.

광능요강꽃(李, 1969) (난초과) 치마난초의 이명. 〔유래〕 경기 광릉에 나는 요강꽃(개불알꽃). → 치마난초.

광능용수염풀(李, 1969) (벼과 *Diarrhena fauriei*) 〔이명〕 광릉용수염, 광릉개율미, 광릉나비염풀, 광릉용수염풀, 넓은잎진퍼리새. 〔유래〕 경기 광릉에 나는 용수염풀이라는 뜻의 일명.

광능쥐오줌풀(李, 1969) (마타리과 *Valeriana fauriei* v. *dasycarpa*) 〔이명〕 광릉쥐오줌풀. 〔유래〕 경기 광릉에 나는 쥐오줌풀. 힐초(纈草).

광대꽃(李, 2003) (꿀풀과) 자주광대나물의 이명. → 자주광대나물.

광대나물(鄭, 1937) (꿀풀과 *Lamium amplexicaule*) 〔이명〕 코딱지풀, 코딱지나물, 작은잎꽃수염풀. 〔유래〕 미상. 보개초(寶蓋草).

광대나물아재비(朴, 1974) (쥐꼬리망초과) 방울꽃의 이명. → 방울꽃.

광대수염(鄭, 1937) (꿀풀과 *Lamium album* v. *barbatum*) 왜광대수염의 이명(朴, 1974)으로도 사용. 〔이명〕 산광대, 꽃수염풀. 〔유래〕 미상. 야지마(野芝麻). → 왜광대수염.

광대싸리(鄭, 1937) (대극과 *Securinega suffruticosa*) 〔이명〕 구럭싸리, 맵쌀, 고리비아리, 공정싸리, 굴싸리, 멥쌀, 싸리버들옻. 〔유래〕 전남 방언. 이 식물은 싸리와는 무관하나 외잎 싸리라는 뜻의 일명으로 인해 오인. 일엽추(一葉萩).

광대쑥(安, 1982) (국화과) 참쑥의 이명. → 참쑥.

광대작약(鄭, 1949) (가지과) 미치광이의 이명. → 미치광이.

광릉갈퀴(鄭, 1949) (콩과) 광능갈퀴의 이명. → 광능갈퀴.

광릉갈퀴나물(永, 1996) (콩과) 광능갈퀴의 이명. → 광능갈퀴.

광릉개고사리(鄭, 1949) (면마과) 개고사리의 이명. 〔유래〕 경기 광릉에 나는 개고사리라는 뜻의 일명. → 개고사리.

광릉개밀(朴, 1949) (벼과) 광능개밀의 이명. → 광능개밀.

광릉개율미(朴, 1949) (벼과) 광능용수염풀의 이명. → 광능용수염풀.

광릉개회나무(愚, 1996) (물푸레나무과) 수개회나무의 중국 옌볜 방언. → 수개회나무.

광릉골(李, 1980) (사초과) 광능골의 이명. → 광능골.

광릉골무꽃(鄭, 1949) (꿀풀과) 광능골무꽃과 산골무꽃의 이명. → 광능골무꽃, 산골무꽃.

광릉나비염풀(安, 1982) (벼과) 광능용수염풀의 이명. → 광능용수염풀.

광릉말굴레풀(永, 1996) (콩과) 광능갈퀴의 이명. → 광능갈퀴.

광릉말털이슬(李, 1980) (바늘꽃과) 푸른말털이슬의 이명. → 푸른말털이슬.

광릉물푸레(永, 1996) (물푸레나무과) 물푸레나무의 이명. → 물푸레나무, 광능물푸레나무.

광릉복주머니란(永, 1996) (난초과) 치마난초의 이명. 〔유래〕 경기 광릉에 나는 복주머니란. → 치마난초.

광릉사철고사리(愚, 1996) (면마과) 그늘개고사리의 중국 옌볜 방언. → 그늘개고사리.

광릉요강꽃(李, 1980) (난초과) 치마난초의 이명. → 치마난초.

광릉용수염(鄭, 1949) (벼과) 광능용수염풀의 이명. → 광능용수염풀.

광릉용수염풀(永, 1996) (벼과) 광능용수염풀의 이명. → 광능용수염풀.

광릉제비꽃(鄭, 1949) (제비꽃과) 흰털제비꽃의 이명. 〔유래〕 경기 광릉에 나는 제비꽃이라는 뜻의 일명. → 흰털제비꽃.

광릉족제비고사리(朴, 1961) (면마과) 바위족제비고사리의 이명. → 바위족제비고사리.

광릉쥐오줌풀(李, 1980) (마타리과) 광능쥐오줌풀의 이명. → 광능쥐오줌풀.

광릉털중나리(이웅빈, 1989) (백합과 *Lilium amabile* v. *kwangnugensis*) 〔이명〕 칠갑나리. 〔유래〕 경기 광릉에 나는 털중나리라는 뜻의 학명.

광양나비나물(朴, 1949) (콩과) 긴잎나비나물의 이명. 〔유래〕 전남 광양에 나는 나비나물이라는 뜻의 일명. → 긴잎나비나물.

광이신나무(鄭, 1942) (단풍나무과 *Acer ginnala* f. *divaricatum*) 〔이명〕 괭이신나무, 곽지신나무. 〔유래〕 과실이 괭이 모양이며 넓은 각으로 벌어진 신나무라는 뜻의 학명 및 일명.

광정이(永, 1996) (콩과) 동부의 이명. 〔유래〕 동부의 북한 방언. → 동부.

괭이귀(李, 2003) (괭이귀과 *Boea hygrometrica*) 〔유래〕 미상.

괭이눈(鄭, 1937) (범의귀과 *Chrysosplenium grayanum*) 산괭이눈의 이명(朴, 1974)으로도 사용. 〔이명〕 괭이눈풀. 〔유래〕 괭이(고양이)의 눈 풀이라는 뜻의 일명. 금전고엽초(金錢苦葉草). → 산괭이눈.

괭이눈풀(愚, 1996) (범의귀과) 괭이눈의 북한 방언. → 괭이눈.

괭이밥(鄭, 1937) (괭이밥과 *Oxalis corniculata*) 〔이명〕 시금초, 외풀, 선시금초, 괴싱아, 눈괭이밥, 붉은괭이밥, 자주괭이밥, 괭이밥풀. 〔유래〕 미상. 산거초(酸車草), 초장초(酢漿草).

괭이밥풀(愚, 1996) (괭이밥과) 괭이밥의 북한 방언. → 괭이밥.

괭이사초(鄭, 1937) (사초과 *Carex neurocarpa*) 〔이명〕 참보리사초, 수염사초. 〔유래〕 미상.

괭이수염(愚, 1996) (사초과) 개수염사초의 이명. → 개수염사초.

괭이신나무(李, 1969) (단풍나무과) 광이신나무의 이명. → 광이신나무.

괭이싸리(鄭, 1949) (콩과 *Lespedeza pilosa*) 〔이명〕 털풀싸리. 〔유래〕 괭이(고양이) 싸리라는 뜻의 일명.

괴목(鄭, 1942) (느릅나무과) 느티나무의 이명. 〔유래〕 괴목(槐木). 시골 마을 입구에 있는 느티나무의 고목은 마을의 평안과 풍년을 비는 신목(神木)으로 사용되는 데서 귀신 붙은 나무라는 뜻. → 느티나무.

괴발딱지(朴, 1949) (국화과) 단풍취의 이명. 〔유래〕 잎이 갈라진 모양이 괴발개발 같다. → 단풍취.

괴발딱취(鄭, 1949) (국화과) 단풍취의 이명. 〔유래〕 잎이 괴발개발과 같이 갈라진 취. → 단풍취.

괴불꽃(鄭, 1949) (백합과) 둥굴레의 이명. 〔유래〕 꽃이 괴불과 유사. → 둥굴레.

괴불나무(鄭, 1937) (인동과 *Lonicera maackii*) 흰괴불나무의 이명(愚, 1996, 중국 옌볜 방언)으로도 사용. 〔이명〕 절초나무, 아귀꽃나무. 〔유래〕 경기 방언. 꽃이 괴불과 유사. 금은인동(金銀忍冬). → 흰괴불나무.

괴불딱취(永, 1996) (국화과) 단풍취의 이명. → 단풍취.

괴불이끼(鄭, 1937) (처녀이끼과 *Crepidomanes insigne*) 〔이명〕 청괴불이끼. 〔유래〕 포자낭군(胞子囊群)의 모양이 괴불과 유사.

괴불주머니(鄭, 1937) (양귀비과 *Corydalis pallida*) 〔이명〕 산해주머니, 뿔꽃. 〔유래〕 꽃이 괴불주머니와 유사.

괴승애(朴, 1949) (여뀌과) 수영의 이명. → 수영.

괴싱아(鄭, 1937) (여뀌과) 수영과 괭이밥(괭이밥과, 1956)의 이명. → 수영, 괭이밥.

괴쑥(朴, 1949) (국화과) 백두산떡쑥과 떡쑥(1949)의 이명. → 백두산떡쑥, 떡쑥.

괴쑥부쟁이(朴, 1949) (국화과) 좀개미취의 이명. → 좀개미취.

교래잠자리피(李, 1966) (벼과 *Tripogon longe-aristatus*) 〔이명〕 긴수염쥐잔디. 〔유래〕 미상.

구계쑥부장이(鄭, 1949) (국화과) 갯쑥부쟁이의 이명. → 갯쑥부쟁이.

구골나무(李, 1980) (물푸레나무과 *Osmanthus heterophyllus*) 〔이명〕 참가시은계목, 털구골나무. 〔유래〕 구골(枸骨), 향목균계(香木菌桂).

구기자(鄭, 1937) (가지과) 구기자나무의 이명. → 구기자나무.

구기자나무(鄭, 1942) (가지과 *Lycium chinense*) 〔이명〕 구기자. 〔유래〕 구기자(枸杞子).

구내풀(李, 1976) (벼과 *Poa hisauchii*) 〔이명〕 꾸렘이풀, 히사우찌포아풀, 히사우지풀, 도랑꿰미풀. 〔유래〕 구내(溝內)에 나는 풀.

구도토리나무(鄭, 1942) (참나무과) 굴참나무의 이명. 〔유래〕 과실이 구형인 도토리나무. → 굴참나무.

구라파방울나무(愚, 1996) (버즘나무과) 단풍버즘나무의 중국 옌벤 방언. 〔유래〕 유럽에 나는 방울나무(버즘나무). → 단풍버즘나무.

구라파소나무(愚, 1996) (소나무과) 구주소나무의 중국 옌벤 방언. 〔유래〕 유럽에 나는 소나무. → 구주소나무.

구라파종추리(愚, 1996) (장미과) 서양자두의 중국 옌벤 방언. 〔유래〕 유럽에 나는 추리나무(자도나무). → 서양자두.

구럭싸리(鄭, 1942) (대극과) 광대싸리의 이명. 〔유래〕 광대싸리의 평남 방언. → 광대싸리.

구렁내덩굴(安, 1982) (꼭두선이과) 계요등의 이명. 〔유래〕 구린내가 나는 덩굴식물. → 계요등.

구렁내풀(安, 1982) (마편초과) 누린내풀의 이명. 〔유래〕 구렁내(구린내) 나는 풀. → 누린내풀.

구레이현삼(朴, 1949) (현삼과) 개현삼의 이명. 〔유래〕 미국의 분류학자 A. Gray(1810~1888)의 현삼이라는 뜻의 학명. → 개현삼.

구례종덩굴(永, 1996) (미나리아재비과 *Clematis mankiuensis*) 〔유래〕 전남 구례 지리산 차일봉에 나는 종덩굴.

구름비(李, 2003) (녹나무과) 가마귀쪽나무의 이명. 〔유래〕 가마귀쪽나무의 제주 방언. → 가마귀쪽나무.

구룡지기(李, 2003) (사초과) 암하늘지기의 이명. → 암하늘지기.

구름골풀(鄭, 1949) (골풀과 *Juncus triglumis*) 〔이명〕 바늘비녀골. 〔유래〕 높은 봉우리(높은 산)에 나는 골풀이라는 뜻의 일명.

구름국화(鄭, 1949) (국화과 *Erigeron thunbergii* v. *glabratus*) 〔이명〕 산망초, 큰산금잔화, 구름금잔화. 〔유래〕 고산(초본대)에 나는 국화라는 뜻의 학명.

구름금잔화(朴, 1974) (국화과) 구름국화의 이명. → 구름국화.

구름꽃다지(鄭, 1949) (십자화과 *Draba daurica* v. *ramosa*) 〔이명〕 가지산꽃다지. 〔유래〕 깊은 산에 나는 꽃다지라는 뜻의 일명.

구름꿩의다리(安, 1982) (골풀과) 구름꿩의밥의 이명. → 구름꿩의밥.

구름꿩의밥(鄭, 1949) (골풀과 *Luzula oligantha*) 좀꿩의밥의 이명(朴, 1949)으로도 사용. 〔이명〕 두메꿩의밥, 암꿩밥, 산새밥, 좀산새밥, 구름꿩의다리, 수꿩밥, 높은산꿩의밥풀, 높은산꿩의밥. 〔유래〕 높은 산봉우리에 나는 꿩의밥이라는 뜻의 일명. → 좀꿩의밥.

구름꿰미풀(朴, 1949) (벼과) 자주포아풀의 이명. 〔유래〕 높은 산에 나는 꿰미풀(포아풀). → 자주포아풀.

구름나리란(愚, 1996) (난초과 *Liparis auriculata*) 옥잠난초의 이명(愚, 1996, 북한 방언)으로도 사용. 〔이명〕 제주옥잠난초, 구름난초. 〔유래〕 고산에 나는 나리난초. → 옥잠난초.

구름나무(愚, 1996) (장미과) 귀룽나무의 북한 방언. → 귀룽나무.

구름난초(朴, 1949) (난초과) 거미난과 구름나리란의 이명. 〔유래〕 구름 난초라는 뜻의 일명. → 거미난, 구름나리란.

구름노랑제비꽃(朴, 1974) (제비꽃과) 구름제비꽃의 이명. 〔유래〕 고산에 나는 노랑꽃이 피는 제비꽃. → 구름제비꽃.

구름떡쑥(鄭, 1949) (국화과 *Anaphalis sinica* v. *morii*) 다북떡쑥의 이명(朴, 1974)으로도 사용. 〔이명〕 두메떡쑥, 한라떡쑥, 구름산괴쑥. 〔유래〕 고산에 나는 떡쑥이라는 뜻의 일명. → 다북떡쑥.

구름란초(愚, 1996) (난초과) 거미난의 이명. → 거미난, 구름난초.

구름며느리밥풀(鄭, 1949) (현삼과) 애기며느리밥풀의 이명. → 애기며느리밥풀.

구름미나리아재비(鄭, 1949) (미나리아재비과) 바위미나리아재비의 이명. 〔유래〕 깊은 산에 나는 미나리아재비라는 뜻의 일명. → 바위미나리아재비.

구름바구지(愚, 1996) (미나리아재비과) 바위미나리아재비의 북한 방언. 〔유래〕 고산에 나는 바구지(미나리아재비). → 바위미나리아재비.

구름바늘꽃(鄭, 1956) (바늘꽃과) 버들바늘꽃의 이명. 〔유래〕 고산에 나는 바늘꽃. → 버들바늘꽃.

구름범의귀(鄭, 1937) (범의귀과 *Saxifraga laciniata*) 〔이명〕 구름범의귀풀. 〔유래〕 고산에 나는 범의귀. 구름 사이에 나는 바위취라는 뜻의 일명.

구름범의귀풀(愚, 1996) (범의귀과) 구름범의귀의 북한 방언. → 구름범의귀.

구름병아리난초(李, 1976) (난초과) 구름병아리란의 이명. → 구름병아리란.

구름병아리란(鄭, 1949) (난초과 *Gymnadenia cucullata*) 〔이명〕 산나사난초, 구름병아리난초, 타래난초. 〔유래〕 산지에 나는 병아리난초.

구름비낭(永, 1996) (녹나무과) 가마귀쪽나무의 이명. → 가마귀쪽나무.

구름사초(朴, 1949) (사초과) 설령사초의 이명. 〔유래〕 심산에 나는 사초라는 뜻의 일명. → 설령사초.

구름산괴쑥(愚, 1996) (국화과) 구름떡쑥의 중국 옌벤 방언. 〔유래〕 심산에 나는 괴쑥(떡쑥). → 구름떡쑥.

구름송이풀(鄭, 1949) (현삼과 *Pedicularis verticillata*) 〔이명〕 고산송이풀, 올송이풀. 〔유래〕 높은 산에 나는 송이풀이라는 뜻의 일명. 윤엽마선호(輪葉馬先蒿).

구름술패랭이꽃(愚, 1996) (석죽과) 구름패랭이꽃의 중국 옌벤 방언. 〔유래〕 고산에 나는 술패랭이꽃. → 구름패랭이꽃.

구름오이풀(鄭, 1949) (장미과 *Sanguisorba argutidens*) 큰오이풀의 이명(1949)으로도 사용. 〔이명〕 묏오이풀, 큰흰오이풀. 〔유래〕 고산에 나는 오이풀이라는 뜻의 일명. → 큰오이풀.

구름제비꽃(鄭, 1949) (제비꽃과 *Viola crassa*) 구름제비란의 이명(李, 1969)으로도 사용. 〔이명〕 큰장백오랑캐, 구름노랑제비꽃, 구름털제비꽃. 〔유래〕 고산에 나는 제비꽃이라는 뜻의 일명. → 구름제비란.

구름제비난(李, 1976) (난초과) 구름제비란의 이명. → 구름제비란.

구름제비란(鄭, 1949) (난초과 *Platanthera ophrydioides*) 〔이명〕 구름제비꽃, 구름제비난. 〔유래〕 심산(고산)에 나는 제비난초.

구름체꽃(鄭, 1937) (산토끼꽃과 *Scabiosa tschiliensis* f. *alpina*) 〔유래〕 고산에 나는 체꽃이라는 뜻의 학명 및 일명.

구름측백나무(愚, 1996) (측백나무과) 나한백의 중국 옌벤 방언. → 나한백.

구름털제비꽃(李, 1969) (제비꽃) 구름제비꽃의 이명. 〔유래〕 심산에 나는 털제비꽃. → 구름제비꽃.

구름패랭이꽃(鄭, 1949) (석죽과 *Dianthus superbus* v. *speciosus*) 〔이명〕 산패랭이꽃, 멧술패랭이꽃, 구름술패랭이꽃. 〔유래〕 고산에 나는 패랭이꽃이라는 뜻의 일명. 고산구맥(高山瞿麥).

구리대(愚, 1996) (산형과) 구릿대의 중국 옌벤 방언. → 구릿대.

구리때(朴, 1949) (산형과) 구릿대의 이명. → 구릿대.

구린내나무(安, 1982) (마편초과) 누리장나무의 이명. 〔유래〕 누린내가 나는 나무. →

누리장나무.

구릿대(鄭, 1937) (산형과 *Angelica dahurica*) 개구릿대의 이명으로도 사용. 〔이명〕 구리때, 구릿때, 백지, 구리대. 〔유래〕 미상. 백지(白芷). → 개구릿대.

구릿대나무(鄭, 1942) (마편초과) 누리장나무의 이명. 〔유래〕 누리장나무의 강원 방언. → 누리장나무.

구릿때(鄭, 1956) (산형과) 구릿대의 이명. → 구릿대.

구멍이(安, 1982) (국화과) 고려엉겅퀴의 이명. → 고려엉겅퀴.

구메리나물(朴, 1949) (국화과) 섬쑥부쟁이의 이명. → 섬쑥부쟁이.

구메리미나리아재비(朴, 1949) (미나리아재비과) 물미나리아재비의 이명. 〔유래〕 식물학자 Gmelin의 미나리아재비라는 뜻의 학명. → 물미나리아재비.

구메린사초(朴, 1949) (사초과) 덕진사초의 이명. 〔유래〕 식물학자 Gmelin의 사초라는 뜻의 학명. → 덕진사초.

구상나무(鄭, 1937) (소나무과 *Abies koreana*) 〔유래〕 제주 방언. 박송실(朴松實).

구상난풀(李, 1976) (노루발과 *Monotropa hypopithys*) 〔이명〕 수정초, 대홍란, 나도수정초, 석장화, 석장풀, 구상란풀. 〔유래〕 제주 한라산 구상나무 숲 속에 난다.

구상란풀(永, 1996) (노루발과) 구상난풀의 이명. → 구상난풀.

구설초(安, 1982) (국화과) 솜방망이의 이명. → 솜방망이.

구스베리(永, 1996) (범의귀과) 구우즈베리의 이명. → 구우즈베리.

구-스베리(朴, 1949) (범의귀과) 구우즈베리의 이명. → 구우즈베리.

구슬갓냉이(鄭, 1956) (십자화과) 구슬개갓냉이의 이명. → 구슬개갓냉이.

구슬개갓냉이(愚, 1996) (십자화과 *Rorippa globosa*) 〔이명〕 구슬갓냉이, 참구슬냉이, 구실냉이, 구슬속속이풀, 참속속이풀. 〔유래〕 과실이 구슬 같은 개갓냉이.

구슬개고사리(朴, 1961) (면마과 *Athyrium deltoidofrons*) 〔이명〕 구슬고사리. 〔유래〕 미상.

구슬개별꽃(李, 2003) (석죽과 *Pseudostellaria coreana* f. *plena*) 〔유래〕 미상. 참개별꽃에 비해 꽃이 만첩이라는 뜻의 학명.

구슬고사리(安, 1982) (면마과) 구슬개고사리의 이명. → 구슬개고사리.

구슬골무꽃(鄭, 1949) (꿀풀과 *Scutellaria moniliorrhiza*) 〔유래〕 구슬 골무꽃이라는 뜻의 일명. 근경이 백색의 염주 모양이다.

구슬꽃나무(愚, 1996) (콩과) 박태기나무의 북한 방언 및 중대가리나무의 이명(안덕균, 1998). → 박태기나무, 중대가리나무.

구슬꽃대나물(朴, 1949) (석죽과) 분홍장구채의 이명. → 분홍장구채.

구슬난초(朴, 1949) (난초과) 씨눈난초의 이명. 〔유래〕 구슬같이 둥근 주아(살눈). → 씨눈난초.

구슬냉이(鄭, 1949) (십자화과 *Cardamine bellidifolia*) 〔이명〕 애기냉이, 구슬황새냉

이. 〔유래〕 미상.

구슬다닥냉이(壽, 2001) (십자화과 *Neslia paniculata*) 〔유래〕 다마(구슬)가라시(タマガラシ)라는 일명. 다닥냉이에 비해 잎의 기부가 화살 모양으로 줄기를 싼다.

구슬댕댕이(李, 1966) (인동과) 구슬댕댕이나무의 이명. → 구슬댕댕이나무.

구슬댕댕이나무(鄭, 1937) (인동과 *Lonicera vesicaria*) 〔이명〕 구슬댕댕이, 단간목. 〔유래〕 댕댕이나무에 비해 과실이 구형이다. 파엽인동(波葉忍冬).

구슬바위취(安, 1982) (범의귀과) 구실바위취의 이명. → 구실바위취.

구슬범의귀(朴, 1974) (범의귀과) 구실바위취의 이명. → 구실바위취.

구슬봉이(愚, 1996) (용담과) 구슬붕이의 중국 옌볜 방언. → 구슬붕이.

구슬붕이(鄭, 1949) (용담과 *Gentiana squarrosa*) 〔이명〕 구실붕이, 구실봉이, 민구슬봉이, 구슬봉이. 〔유래〕 미상. 키가 작고 가지가 많은 전체의 모양을 둥근 구슬에 비유. 석용담(石龍膽).

구슬사리(安, 1982) (부처손과) 구실사리의 이명. → 구실사리.

구슬사초(李, 1969) (사초과 *Carex tegulata*) 〔이명〕 좁쌀사초, 비늘구슬사초. 〔유래〕 둥그스름한 사초라는 뜻의 일명.

구슬속속이풀(愚, 1996) (십자화과) 구슬개갓냉이의 북한 방언. → 구슬개갓냉이.

구슬송이풀(安, 1982) (현삼과) 그늘송이풀의 이명. → 그늘송이풀.

구슬수선(永, 1996) (수선화과) 흰꽃나도사프란의 이명. 〔유래〕 흰꽃나도사프란의 북한 방언. → 흰꽃나도사프란.

구슬수선화(愚, 1996) (수선화과) 흰꽃나도사프란의 북한 방언. → 흰꽃나도사프란.

구슬오이풀(鄭, 1949) (장미과 *Sanguisorba officinalis* v. *globularis*) 〔유래〕 오이풀에 비해 화수가 작은 구형이라는 뜻의 학명 및 일명.

구슬율무골(安, 1982) (사초과) 너도고랭이의 이명. → 너도고랭이.

구슬잣밤나무(鄭, 1949) (참나무과) 구실잣밤나무의 이명. → 구실잣밤나무.

구슬피나무(愚, 1996) (피나무과) 염주나무의 북한 방언. 〔유래〕 과실이 구슬같이 둥글다. → 염주나무.

구슬황새냉이(愚, 1996) (십자화과) 구슬냉이의 이명. → 구슬냉이.

구슬회양목(安, 1982) (회양목과) 좀회양목의 이명. → 좀회양목.

구실냉이(朴, 1949) (십자화과) 구슬개갓냉이의 이명. → 구슬개갓냉이.

구실냉이아재비(朴, 1949) (십자화과) 양구슬냉이의 이명. 〔유래〕 구실냉이와 유사. → 양구슬냉이.

구실바위취(鄭, 1949) (범의귀과 *Saxifraga octopetala*) 〔이명〕 팔편바위귀, 구슬범의귀, 구슬바위취. 〔유래〕 꽃이 원추화서로 달려 화서 전체가 거의 둥글다.

구실범의꼬리(朴, 1949) (여뀌과) 둥근범꼬리의 이명. 〔유래〕 꽃이 둥글게 모여 핀다는 뜻의 일명. → 둥근범꼬리.

ㄱ

구실봉이(朴, 1949) (용담과) 구슬붕이의 이명. → 구슬붕이.

구실붕이(鄭, 1937) (용담과) 구슬붕이의 이명. → 구슬붕이.

구실사리(鄭, 1937) (부처손과 *Selaginella rossii*) 〔이명〕 바위비늘이끼, 구슬사리. 〔유래〕 뻗는 줄기에 작은 잎이 4열로 배열한 모양이 구슬을 꿴 사리와 유사. 지백(地柏).

구실쑥(朴, 1949) (국화과) 율무쑥의 이명. 〔유래〕 염주와 같은 쑥이라는 뜻의 일명. → 율무쑥.

구실잣밤나무(鄭, 1937) (참나무과 *Castanopsis cuspidata* v. *sieboldii*) 〔이명〕 새불잣밤나무, 구슬잣밤나무. 〔유래〕 열매가 난형인 잣밤나무.

구약(愚, 1996) (천남성과) 곤약의 북한 방언. → 곤약.

구약풀(愚, 1996) (천남성과) 곤약의 중국 옌볜 방언. → 곤약.

구와가막사리(鄭, 1949) (국화과 *Bidens radiata* v. *pinnatifida*) 〔이명〕 가새가막살, 구와가막살, 국화잎가막사리, 개차랍. 〔유래〕 미상.

구와가막살(安, 1982) (국화과) 구와가막사리의 이명. → 구와가막사리.

구와각시취(楊, 1966) (국화과) 빗살서덜취의 이명. → 빗살서덜취.

구와갈퀴(愚, 1996) (꼭두선이과) 국화갈퀴의 중국 옌볜 방언. → 국화갈퀴.

구와꼬리풀(鄭, 1949) (현삼과 *Veronica dahurica*) 〔이명〕 가새꼬리풀, 난퇴꼬리풀, 털구와꼬리풀, 난티꼬리풀. 〔유래〕 국화 꼬리풀이라는 뜻의 일명.

구와말(鄭, 1949) (현삼과 *Limnophila sessiliflora*) 〔이명〕 논말. 〔유래〕 국화 말이라는 뜻의 일명.

구와바람꽃(愚, 1996) (미나리아재비과) 국화바람꽃의 북한 방언. → 국화바람꽃.

구와수리취(鄭, 1949) (국화과) 국화수리취의 이명. → 국화수리취.

구와쑥(鄭, 1949) (국화과 *Artemisia laciniata*) 넓은잎쑥의 이명(愚, 1996)으로도 사용. 〔이명〕 은쑥, 오랑캐쑥, 국화쑥. 〔유래〕 국화 쑥이라는 뜻의 일명. → 넓은잎쑥.

구와아까시나무(愚, 1996) (콩과) 민둥아까시나무의 중국 옌볜 방언. → 민둥아까시나무.

구와으아리(愚, 1996) (미나리아재비과) 국화으아리의 중국 옌볜 방언. → 국화으아리.

구와잎각시취(鄭, 1949) (국화과) 빗살서덜취의 이명. → 빗살서덜취.

구와쥐손이(鄭, 1949) (쥐손이풀과) 국화쥐손이의 이명. → 국화쥐손이.

구와취(鄭, 1040) (국화과 *Saussurea ussuriensis*) 〔이명〕 참수리취, 쇠수리취, 북서덜취, 각시서덜취. 〔유래〕 국화 엉겅퀴(취)라는 뜻의 일명.

구우즈베리(李, 1966) (범의귀과 *Ribes grossularia*) 〔이명〕 구-스베리, 서양까치밥나무, 양까치밥나무, 아물앵두나무, 구스베리, 구즈베리, 알물앵도나무, 물알까치밥나무. 〔유래〕 Gooseberry.

구절창포(愚, 1996) (미나리아재비과) 국화바람꽃의 중국 옌볜 방언. → 국화바람꽃.

구절초(鄭, 1937) (국화과 *Chrysanthemum zawadskii* v. *latilobum*) 산구절초의 이명(1937)으로도 사용. 〔이명〕 산구절초, 서흥구절초, 큰구절초, 산선모초, 낙동구절초, 넓은잎구절초, 서흥넓은잎구절초, 한라구절초. 〔유래〕 구절초(九折草 · 九節草). 9월 9일에 꺾어 말려서 약으로 사용하는 데서 유래. → 산구절초.

구주갈퀴덩굴(鄭, 1970) (콩과 *Vicia sepium*) 〔이명〕 등갈퀴. 〔유래〕 유럽(구라파주)에 나는 갈퀴덩굴.

구주개밀(壽, 1995) (벼과 *Elymus repens*) 〔유래〕 유럽(구주) 원산의 개밀이라는 뜻이나 개밀과는 다르다.

구주김의털(鄭, 1970) (벼과 *Festuca myuros*) 〔이명〕 들묵새, 꼬리새. 〔유래〕 유럽에 나는 김의털.

구주나무(朴, 1949) (멀구슬나무과) 멀구슬나무의 이명. → 멀구슬나무.

구주목(鄭, 1942) (멀구슬나무과) 멀구슬나무의 이명. 〔유래〕 멀구슬나무의 전남 방언. → 멀구슬나무.

구주물푸레(鄭, 1942) (물푸레나무과 *Fraxinus excelsior*) 〔이명〕 구주물푸레나무. 〔유래〕 구주침(歐洲梣). 유럽에 나는 물푸레. 진피(秦皮).

구주물푸레나무(李, 1966) (물푸레나무과) 구주물푸레의 이명. → 구주물푸레.

구주소나무(愚, 1996) (소나무과 *Pinus sylvestris*) 〔이명〕 구라파소나무. 〔유래〕 유럽에 나는 소나무.

구주피나무(李, 1966) (피나무과) 좀피나무의 이명. 〔유래〕 유럽에 나는 피나무. → 좀피나무.

구즈베리(李, 2003) (범의귀과) 구우즈베리의 이명. → 구우즈베리.

구지뽕나무(鄭, 1937) (뽕나무과 *Cudrania tricuspidata*) 〔이명〕 굿가시나무, 활뽕나무, 꾸지뽕나무. 〔유래〕 전남 방언. 자목(柘木).

구척고사리(鄭, 1970) (새깃아재비과) 새깃아재비의 이명. 〔유래〕 구척(狗脊). → 새깃아재비.

구화바람꽃(鄭, 1957) (미나리아재비과) 국화바람꽃의 이명. → 국화바람꽃.

국경찔레(李, 1980) (장미과) 국경찔레나무의 이명. 〔유래〕 국경찔레나무의 축소형. → 국경찔레나무.

국경찔레나무(李, 1966) (장미과 *Rosa jaluana*) 〔이명〕 국경찔레. 〔유래〕 국경 근방(압록강 연안과 장지)에 나는 찔레나무. 꽃이 적색이고 탁엽에 톱니가 있다.

국수나무(鄭, 1937) (장미과 *Stephanandra incisa*) 〔이명〕 고광나무, 뱁새더울, 거렁방이나무. 〔유래〕 강원 방언. 옛날 아이들이 이 나무의 줄기에서 속(피스)을 뽑아 소꿉놀이를 할 때 국수라고 하며 놀았던 데서 유래.

국화(鄭, 1937) (국화과 *Chrysanthemum morifolium*) 감국의 이명(1956)으로도 사

ㄱ

용. 〔유래〕 국화(菊花). → 감국.

국화갈퀴(鄭, 1970) (꼭두선이과 *Galium kikumugura*) 〔이명〕 덩굴갈키, 둥글잎갈퀴, 둥근네잎갈퀴, 구와갈퀴. 〔유래〕 국화 갈퀴라는 뜻의 학명 및 일명.

국화마(鄭, 1937) (마과 *Dioscorea quinqueloba*) 단풍마의 이명(李, 1969)으로도 사용. 〔이명〕 단풍마. 〔유래〕 잎이 국화잎과 유사한 마. 천산룡(穿山龍). → 단풍마.

국화바람꽃(鄭, 1937) (미나리아재비과 *Anemone pseudo-altaica*) 〔이명〕 구화바람꽃, 구와바람꽃, 구절창포. 〔유래〕 잎이 국화와 유사한 바람꽃.

국화방망이(鄭, 1956) (국화과 *Senecio koreanus*) 〔이명〕 파방망이, 고려쑥방맹이. 〔유래〕 국화와 같은 금방망이라는 뜻의 일명.

국화수리취(鄭, 1956) (국화과 *Synurus plamatopinnatifidus*) 민국화수리취의 이명(李, 1969)으로도 사용. 〔이명〕 구와수리취, 난퇴잎수리취, 난퇴수리취. 〔유래〕 국화와 같은 수리취라는 뜻의 일명. → 민국화수리취.

국화쑥(朴, 1974) (국화과) 구와쑥의 이명. → 구와쑥.

국화으아리(鄭, 1942) (미나리아재비과 *Clematis terniflora* f. *denticulata*) 〔이명〕 주름잎으아리, 구와으아리. 〔유래〕 국화잎과 같은 참으아리라는 뜻의 일명. 국엽위령선(菊葉葳靈仙).

국화잎가막사리(愚, 1996) (국화과) 구와가막사리의 북한 방언. → 구와가막사리.

국화잎각시분취(愚, 1996) (국화과) 빗살서덜취의 중국 옌볜 방언. 〔유래〕 국화잎과 같은 각시분취(큰각시취). → 빗살서덜취.

국화잎마(安, 1982) (마과) 단풍마의 이명. → 단풍마.

국화잎쑥(安, 1982) (국화과 *Artemisia stolonifera* f. *dissecta*) 맑은대쑥의 이명(1982)으로도 사용. 〔유래〕 국화잎 같은 쑥이라는 뜻의 일명. → 맑은대쑥.

국화잎아욱(壽, 1998) (아욱과 *Modiola caroliniana*) 〔유래〕 잎이 국화잎과 같은 아욱이라는 뜻의 일명.

국화쥐손이(鄭, 1956) (쥐손이풀과 *Erodium stephanianum*) 〔이명〕 구와쥐손이, 쥐손이아재비, 갈래손잎풀. 〔유래〕 국화잎 같은 쥐손이라는 뜻의 일명.

군자란(李, 1969) (수선화과 *Clivia miniata*) 〔이명〕 큰군자란. 〔유래〕 군자란(君子蘭).

굳은산딸나무(安, 1982) (층층나무과) 산딸나무의 이명. → 산딸나무.

굴개미취(永, 1996) (국화과) 좀개미취의 이명. 〔유래〕 좀개미취의 북한 방언. → 좀개미취.

굴거리(李, 1966) (대극과) 굴거리나무의 이명. → 굴거리나무.

굴거리나무(鄭, 1937) (대극과 *Daphniphyllum macropodum*) 〔이명〕 만병초, 청대동, 굴거리. 〔유래〕 제주 방언. 우이풍(牛耳楓).

굴군밤(李, 1966) (참나무과 *Castanea crenata* v. *kusakuri* f. *kurkun-bam*) 산밤나

무의 품종명. 〔유래〕 밤알이 굵은 밤.

굴나무(鄭, 1942) (옻나무과) 붉나무의 이명. 〔유래〕 붉나무의 경상 방언. → 붉나무.

굴밤나무(鄭, 1937) (참나무과) 졸참나무의 이명. 〔유래〕 졸참나무의 전남 방언. → 졸참나무.

굴싸리(鄭, 1942) (대극과) 광대싸리의 이명. → 광대싸리.

굴참나무(鄭, 1937) (참나무과 *Quercus variabilis*) 〔이명〕 물갈참나무, 구도토리나무, 부업나무. 〔유래〕 미상. 역(櫟).

굴태나무(鄭, 1937) (가래나무과) 굴피나무의 이명. 〔유래〕 굴피나무의 경남 방언. → 굴피나무.

굴피나무(鄭, 1937) (가래나무과 *Platycarya strobilacea*) 〔이명〕 굴태나무, 꾸정나무, 산가죽나무. 〔유래〕 남한 방언. 화향수(化香樹), 화향수엽(化香樹葉).

굵실사초(安, 1982) (사초과) 큰뚝사초의 이명. → 큰뚝사초.

굵은가래(愚, 1996) (가래과) 선가래의 중국 옌볜 방언. → 선가래.

굵은들쭉(李, 1966) (철쭉과) 굵은들쭉나무의 이명. 〔유래〕 굵은들쭉나무의 축소형. → 굵은들쭉나무.

굵은들쭉나무(李, 1966) (철쭉과 *Vaccinium uliginosum* f. *depressum*) 〔이명〕 큰들쭉나무, 굵은들쭉. 〔유래〕 열매가 굵고(지름이 14mm) 편구형이라는 뜻의 학명.

굵은파(安, 1982) (백합과) 파의 이명. 〔유래〕 굵은 파. → 파.

굽은노란장대(愚, 1996) (십자화과 *Sisymbrium heteromallum*) 〔유래〕 중국 옌볜 방언.

굿가시나무(鄭, 1942) (뽕나무과) 구지뽕나무의 이명. 〔유래〕 구지뽕나무의 남한 방언. → 구지뽕나무.

궁궁이(鄭, 1937) (산형과 *Angelica polymorpha*) 천궁의 이명(愚, 1996, 북한 방언)으로도 사용. 〔이명〕 천궁, 토천궁, 심산천궁, 백봉천궁. 〔유래〕 궁궁(芎藭), 천궁(川芎), 산궁궁(山芎藭). → 천궁.

권영초(鄭, 1949) (국화과) 쑥부쟁이의 이명. → 쑥부쟁이.

귀갑죽(愚, 1996) (벼과) 죽순대의 중국 옌볜 방언. → 죽순대.

귀똥나무(愚, 1996) (물푸레나무과) 쥐똥나무의 중국 옌볜 방언. → 쥐똥나무.

귀롱나무(朴, 1949) (장미과) 귀룽나무의 이명. → 귀룽나무.

귀롱목(安, 1982) (장미과) 귀룽나무의 이명. → 귀룽나무.

귀룽나무(鄭, 1937) (장미과 *Prunus padus*) 〔이명〕 귀롱나무, 귀롱목, 구름나무. 〔유래〕 구룡목(九龍木), 앵액(櫻額).

귀룽목(鄭, 1942) (대극과) 사람주나무의 이명. 〔유래〕 사람주나무의 충남 방언. → 사람주나무.

귀리(鄭, 1937) (벼과 *Avena sativa*) 〔이명〕 귀밀. 〔유래〕 연맥(燕麥), 광맥(穬麥), 이

맥(耳麥), 작맥(雀麥).

귀밀(愚, 1996) (벼과) 귀리의 북한 방언. → 귀리.

귀박쥐나물(朴, 1949) (국화과 *Cacalia auriculata* v. *kamtschatica*) 좀귀박쥐나물의 이명(鄭, 1937)으로도 사용. 〔이명〕 자주박쥐, 참박쥐나물, 자주박쥐나물, 지느러미박쥐나물. 〔유래〕 잎자루 기부에 귀가 있다는 뜻의 일명. 각향(角香). → 좀귀박쥐나물.

귀보리(朴, 1949) (벼과) 메귀리의 이명. → 메귀리.

귀신나무(李, 1980) (목련과) 초령목의 이명. → 초령목.

규슈피나무(永, 1996) (피나무과) 좀피나무의 이명. → 좀피나무.

귤(李, 1966) (운향과) 귤나무의 이명. → 귤나무.

귤나무(鄭, 1937) (운향과 *Citrus unshiu*) 〔이명〕 귤, 참귤나무, 옹진귤나무. 〔유래〕 감자목(柑子木), 밀감(蜜柑), 귤피(橘皮).

그늘개고사리(朴, 1961) (면마과 *Athyrium koryoense*) 〔이명〕 광릉사철고사리. 〔유래〕 그늘에 나는 개고사리.

그늘고사리(鄭, 1949) (면마과 *Cystopteris sudetica*) 〔이명〕 바람고사리, 그늘한들고사리. 〔유래〕 응달에 나는 고사리라는 뜻의 일명.

그늘골무꽃(鄭, 1949) (꿀풀과) 산골무꽃의 이명. 〔유래〕 응달에 나는 골무꽃이라는 뜻의 일명. → 산골무꽃.

그늘꿩의다리(朴, 1949) (미나리아재비과) 음지꿩의다리의 이명. → 음지꿩의다리.

그늘돌쩌귀(李, 1980) (미나리아재비과) 투구꽃의 이명. → 투구꽃.

그늘돌쩌기(鄭, 1949) (미나리아재비과) 투구꽃과 선투구꽃(愚, 1996, 중국 옌볜 방언)의 이명. 〔유래〕 숲에 나는 돌쩌기라는 뜻의 일명. → 투구꽃, 선투구꽃.

그늘돌쩌기풀(朴, 1949) (미나리아재비과) 투구꽃의 이명. → 투구꽃, 그늘돌쩌기.

그늘모시대(이상태 등, 1990) (초롱꽃과) 모시대의 이명. 〔유래〕 지리산 뱀사골 숲 속 그늘진 곳에 난다. → 모시대.

그늘바람꽃(鄭, 1937) (미나리아재비과) 숲바람꽃의 이명. → 숲바람꽃.

그늘백량금(愚, 1996) (자금우과) 백량금의 이명. → 백량금.

그늘보리뺑이(李, 1969) (국화과 *Lapsana humilis*) 〔이명〕 된장뚝갈, 남개보리뱅이, 숲보리뱅이, 숲보리뺑풀. 〔유래〕 응달에 나는 보리뱅이(뽀리뱅이).

그늘분취(朴, 1974) (국화과) 그늘취의 이명. → 그늘취.

그늘사초(鄭, 1949) (사초과 *Carex lanceolata*) 〔이명〕 실사초. 〔유래〕 응달에 나는 사초라는 뜻의 일명.

그늘새(朴, 1949) (벼과) 조릿대풀의 이명. → 조릿대풀.

그늘송이풀(鄭, 1956) (현삼과 *Pedicularis resupinata* v. *umbrosa*) 송이풀의 이명(李, 1969)으로도 사용. 〔이명〕 구슬송이풀, 멍울송이풀. 〔유래〕 음지성의 식물이라는 뜻의 학명 및 응달에 나는 송이풀이라는 뜻의 일명. → 송이풀.

그늘실사초(李, 1976) (사초과 *Carex tenuiformis* v. *neo-filipes*) 〔이명〕 실사초, 시골색시사초. 〔유래〕 심산에 나는 실사초라는 뜻의 일명.

그늘쑥(鄭, 1937) (국화과 *Artemisia sylvatica*) 〔유래〕 숲 속에 난다는 뜻의 학명 및 일명.

그늘암고사리(朴, 1961) (면마과) 암고사리의 이명. → 암고사리.

그늘참나물(朴, 1949) (산형과 *Pimpinella brachycarpa* v. *uchiyamana*) 〔유래〕 그늘에 나는 참나물.

그늘취(鄭, 1949) (국화과 *Saussurea uchiyamana*) 〔이명〕 산수리취, 그늘분취. 〔유래〕 그늘에 나는 취.

그늘한들고사리(朴, 1961) (면마과) 그늘고사리의 이명. → 그늘고사리.

그늘흰사초(鄭, 1949) (사초과 *Carex planiculmis*) 〔이명〕 개자리사초, 가지삿갓사초. 〔유래〕 응달에 나는 흰사초라는 뜻의 일명.

그라디오라스(朴, 1949) (붓꽃과) 글라디올러스의 이명. → 글라디올러스.

그령(鄭, 1949) (벼과 *Eragrostis ferruginea*) 〔이명〕 암크령, 꾸부령, 암그령. 〔유래〕 미상. 지풍초(知風草).

그물나도황기(愚, 1996) (콩과) 나도황기의 중국 옌볜 방언. → 나도황기.

그물사초(愚, 1996) (사초과) 망사초의 중국 옌볜 방언. → 망사초.

근대(鄭, 1937) (명아주과 *Beta vulgaris* v. *cicla*) 〔유래〕 다채(茶菜), 군달(莙薘), 첨채(菾菜).

근대아재비(安, 1982) (갯길경과) 갯길경의 이명. → 갯길경.

근잎분취(朴, 1949) (국화과) 서덜취의 이명. → 서덜취.

글라디올러스(李, 1980) (붓꽃과 *Gladiolus grandavensis*) 〔이명〕 그라디오라스, 층층붓꽃, 좀나비꽃. 〔유래〕 Gladiolus.

글록시니아(尹, 1989) (제스네리아과) 크록시니아의 이명. → 크록시니아.

금가라지풀(愚, 1996) (벼과) 금강아지풀의 중국 옌볜 방언. → 금강아지풀.

금가락풀(愚, 1996) (미나리아재비과) 금꿩의다리의 북한 방언. 〔유래〕 꽃밥이 황금색인 가락지풀(꿩의다리). → 금꿩의다리.

금감(李, 1966) (운향과 *Fortunella japonica* v. *marginata*) 〔이명〕 금귤. 〔유래〕 금감(金柑), 금귤(金橘).

금강개나리(朴, 1949) (물푸레나무과) 만리화의 이명. 〔유래〕 금강산에 나는 개나리. → 만리화.

금강개미피(朴, 1949) (벼과) 들새풀의 이명. → 들새풀.

금강개밀(李, 1980) (벼과) 광능개밀의 이명. → 광능개밀.

금강개박달(李, 1966) (자작나무과 *Betula chinensis* v. *lancifolia*) 〔이명〕 긴잎박달,

긴잎개박달나무, 긴잎좀박달나무. 〔유래〕 금강산에 나는 개박달.

금강고사리(鄭, 1949) (면마과 *Dryopteris expansa* v. *subopposita*) 강원고사리(李, 1969)와 큰일엽초(고란초과, 朴, 1949)의 이명으로도 사용. 〔이명〕 금강퍼진고사리. 〔유래〕 금강산에 난다는 뜻의 일명. → 강원고사리, 큰일엽초.

금강국수나무(鄭, 1942) (장미과) 금강인가목의 이명. → 금강인가목.

금강금매화(愚, 1996) (장미과) 나도양지꽃의 북한 방언. → 나도양지꽃.

금강꾸렘이풀(朴, 1949) (벼과) 금강포아풀의 이명. → 금강포아풀.

금강꿰미풀(愚, 1996) (벼과) 금강포아풀의 중국 옌볜 방언. 〔유래〕 금강산에 나는 꿰미풀(포아풀). → 금강포아풀.

금강모싯대(朴, 1949) (초롱꽃과) 가는잎잔대의 이명. 〔유래〕 금강산에 나는 모싯대(모시대). → 가는잎잔대.

금강바늘꽃(朴, 1949) (바늘꽃과) 돌바늘꽃의 이명. 〔유래〕 금강산에 나는 바늘꽃. → 돌바늘꽃.

금강박주가리(朴, 1949) (박주가리과) 선백미꽃의 이명. 〔유래〕 금강산에 나는 박주가리. → 선백미꽃.

금강봄마지(朴, 1949) (앵초과) 금강봄맞이의 이명. → 금강봄맞이.

금강봄맞이(鄭, 1937) (앵초과 *Androsace cortusaefolia*) 〔이명〕 금강봄마지, 금강봄맞이꽃. 〔유래〕 금강산에 나는 봄맞이.

금강봄맞이꽃(朴, 1974) (앵초과) 금강봄맞이의 이명. → 금강봄맞이.

금강분취(鄭, 1937) (국화과 *Saussurea diamantica*) 〔유래〕 금강산에 나는 분취라는 뜻의 학명.

금강산돌배(李, 1966) (장미과 *Pyrus ussuriensis* v. *diamantica*) 〔유래〕 금강산에 나는 산돌배나무라는 뜻의 학명.

금강산뚝사초(李, 1969) (사초과 *Carex forficula* v. *scabrida*) 〔이명〕 산뚝사초. 〔유래〕 금강산에 나는 사초(산뚝사초)라는 뜻의 학명.

금강산애기며느리밥풀(李, 1969) (현삼과) 애기며느리밥풀의 이명. 〔유래〕 금강산에 나는 애기며느리밥풀. → 애기며느리밥풀.

금강산제비꽃(安, 1982) (제비꽃과) 금강제비꽃의 이명. → 금강제비꽃.

금강산처녀이끼(吳, 1977) (처녀이끼과) 처녀이끼의 이명. 〔유래〕 금강산에 나는 처녀이끼. → 처녀이끼.

금강소나무(李, 1966) (소나무과 *Pinus densiflora* f. *erecta*) 〔이명〕 강송, 춘양목. 〔유래〕 금강산에 나는 소나무. 심산에 나는 소나무로 줄기가 붉고 곧다. 금강송(金剛松).

금강솜방망이(朴, 1974) (국화과 *Senecio birubonensis*) 〔이명〕 비로쑥방맹이, 바위솜나물. 〔유래〕 금강산에 나는 솜방망이.

금강쑥(朴, 1974) (국화과) 비로봉쑥의 이명. 〔유래〕 금강산에 나는 쑥. → 비로봉쑥.

금강아지풀(鄭, 1937) (벼과 *Setaria glauca*) 〔이명〕 금가라지풀. 〔유래〕 까락이 금빛인 강아지풀이라는 뜻의 일명.

금강애기나리(朴, 1949) (백합과 *Disporum ovale*) 〔이명〕 진부애기나리. 〔유래〕 금강산에 나는 풀(애기나리)이라는 뜻의 일명. 보주초(寶珠草).

금강오랑캐(鄭, 1937) (제비꽃과) 금강제비꽃의 이명. 〔유래〕 금강산에 나는 오랑캐꽃(제비꽃). → 금강제비꽃.

금강용둥굴레(朴, 1949) (백합과 *Polygonatum desoulavyi*) 〔이명〕 조선용둥굴레, 양덕용둥굴레, 안민용둥굴레, 안면용둥굴레. 〔유래〕 금강산에 나는 용둥굴레라는 뜻의 일명. 포가 피침형으로 소화경의 중부나 상부에 부착한다.

금강인가목(鄭, 1942) (장미과 *Pentactina rupicola*) 〔이명〕 금강국수나무. 〔유래〕 금강산에 나는 인가목.

금강일엽초(朴, 1961) (고란초과) 큰일엽초의 이명. 〔유래〕 금강산에 나는 일엽초. → 큰일엽초.

금강잔대(安, 1982) (초롱꽃과) 가는잎잔대의 이명. → 가는잎잔대.

금강제비꽃(鄭, 1949) (제비꽃과 *Viola diamantiaca*) 〔이명〕 금강오랑캐, 금강산제비꽃. 〔유래〕 금강산에 나는 제비꽃이라는 뜻의 학명. 자화지정(紫花地丁).

금강찔레(李, 1966) (장미과) 인가목의 이명. → 인가목.

금강초롱(鄭, 1937) (초롱꽃과) 금강초롱꽃의 이명. → 금강초롱꽃.

금강초롱꽃(李, 1980) (초롱꽃과 *Hanabusaya asiatica*) 〔이명〕 금강초롱, 화방초. 〔유래〕 금강산에 나는 초롱꽃. 자반풍령초(紫斑風鈴草).

금강퍼진고사리(安, 1982) (면마과) 금강고사리의 이명. → 금강고사리.

금강포아풀(李, 1969) (벼과 *Poa kumkangsani*) 〔이명〕 금강꾸렘이풀, 금강꿰미풀. 〔유래〕 금강산에 나는 포아풀이라는 뜻의 학명.

금계국(李, 1969) (국화과 *Coreopsis drummondii*) 〔이명〕 공작이국화, 각시꽃. 〔유래〕 금계국(金鷄菊), 전엽금계국(錢葉金鷄菊).

금괭이눈(朴, 1974) (범의귀과 *Chrysosplenium pilosum* v. *sphaerospermum*) 〔이명〕 알괭이눈. 〔유래〕 금(황금) 괭이눈이라는 뜻의 일명.

금귤(愚, 1996) (운향과) 금감과 둥근금감의 중국 옌벤 방언. → 금감, 둥근금감.

금귤나무(愚, 1996) (운향과) 둥근금감의 북한 방언. → 둥근금감.

금꿩의다리(鄭, 1937) (미나리아재비과 *Thalictrum rochebrunianum* v. *grandisepalum*) 〔이명〕 금가락풀. 〔유래〕 수술대가 황색의 실 모양이다. 마미련(馬尾連).

금나리(朴, 1949) (백합과 *Lilium tenuifolium* v. *chrysanthum*) 〔이명〕 노란솔잎나리. 〔유래〕 꽃이 황색이라는 뜻의 학명.

금나비상사화(愚, 1996) (수선화과) 개상사화의 중국 옌벤 방언. → 개상사화.

금난초(鄭, 1937) (난초과 *Cephalanthera falcata*) 〔이명〕 금란, 금란초. 〔유래〕 금(꽃이 황색) 난초라는 뜻의 일명.

금낭화(鄭, 1937) (양귀비과 *Lemprocapnos spectabilis*) 〔이명〕 며누리주머니, 며느리주머니, 등모란. 〔유래〕 금낭화(錦囊花), 하포목단근(荷包牧丹根). 꽃이 금빛 비단주머니 모양이다.

금달맞이꽃(鄭, 1937) (바늘꽃과) 달맞이꽃의 이명. → 달맞이꽃.

금대고깔(李, 2003) (미나리아재비과 *Delphinium maackianum* f. *albescens*) 〔유래〕 미상. 꽃이 회백색이다.

금대기린초(李, 2003) (돌나물과 *Sedum ellacombianum* v. *ovatifolium*) 〔유래〕 금대산에 나는 기린초. 본품은 모종을 기린초에 통합하자는 의견이 있는 관계로 재검토를 요함.

금대산자고(李, 2003) (백합과 *Tulipa heterophylla*) 〔유래〕 금대산에 나는 산자고.

금등화(鄭, 1937) (능소화과) 능소화나무의 이명. 〔유래〕 꽃의 모양이 금빛 등과 유사. → 능소화나무.

금떡쑥(鄭, 1949) (국화과 *Gnaphalium hypoleucum*) 〔이명〕 가을푸솜나물, 푸른떡쑥, 가지떡쑥, 불떡쑥. 〔유래〕 꽃이 황색이다.

금란(愚, 1996) (난초과) 금난초의 북한 방언. → 금난초.

금란초(愚, 1996) (난초과) 금난초와 금창초(鄭, 1949)의 이명. → 금난초, 금창초.

금련화(永, 1996) (할련과) 할련의 이명. 〔유래〕 할련의 북한 방언. → 할련.

금마타리(鄭, 1937) (마타리과 *Patrinia saniculaefolia*) 〔이명〕 향마타리. 〔유래〕 꽃이 황금색이다.

금매화(鄭, 1949) (미나리아재비과 *Trollius hondoensis*) 〔유래〕 금매화(金梅花).

금매화아재비(朴, 1949) (미나리아재비과) 모데미풀의 이명. 〔유래〕 금매화와 유사. → 모데미풀.

금목서(李, 1969) (물푸레나무과 *Osmanthus fragrans* v. *aurantiacus*) 〔이명〕 단계목. 〔유래〕 꽃이 황금색이라는 뜻의 학명 및 황금색의 목서라는 뜻의 일명. 단계(丹桂).

금방동사니(李, 1980) (사초과 *Cyperus microiria*) 〔이명〕 금방동산이, 방동산이. 〔유래〕 인편이 황색인 방동산이라는 뜻의 일명.

금방동산이(鄭, 1949) (사초과) 금방동사니의 이명. → 금방동사니.

금방망이(鄭, 1949) (국화과 *Senecio nemorensis*) 〔이명〕 산쑥방맹이, 대륙금망이. 〔유래〕 꽃이 선황색이다.

금불초(鄭, 1937) (국화과 *Inula britannica* v. *japonica*) 〔이명〕 들국화, 옷풀, 하국, 가지금불초. 〔유래〕 금불초(金佛草), 선복화(旋覆花).

금붓꽃(鄭, 1937) (붓꽃과 *Iris minutiaurea*) 〔이명〕 누른붓꽃, 애기노랑붓꽃. 〔유래〕

꽃이 황금색이다. 마린자(馬藺子).

금붕어마름(安, 1982) (개미탑과) 이삭물수세미의 이명. → 이삭물수세미.

금붕어초(安, 1982) (현삼과) 금어초의 이명. → 금어초.

금붕어풀(安, 1982) (개미탑과) 물수세미와 금어초(현삼과, 愚, 1996, 북한 방언)의 이명. → 물수세미, 금어초.

금빛고사리(朴, 1975) (면마과) 금털고사리의 이명. → 금털고사리.

금사매(尹, 1989) (물레나물과) 망종화의 이명. 〔유래〕 금사매(金絲梅). → 망종화.

금사철(李, 1966) (노박덩굴과) 금사철나무의 이명. → 금사철나무.

금사철나무(李, 1969) (노박덩굴과 *Euonymus japonicus* f. *aureo-variegata*) 〔이명〕 금사철. 〔유래〕 잎에 황색 반점이 있다.

금산비비추(정영철, 1985) (백합과) 산옥잠화의 이명. → 산옥잠화.

금산자주난초(鄭, 1970) (난초과) 금자난의 이명. 〔유래〕 경남 남해도 금산에 난다. → 금자난.

금산자주란초(愚, 1996) (난초과) 금자난의 중국 옌볜 방언. → 금자난.

금새우난(李, 1969) (난초과) 금새우난초의 이명. → 금새우난초.

금새우난초(鄭, 1949) (난초과 *Calanthe discolor* f. *sieboldii*) 〔이명〕 노랑새우난초, 금새우난, 금새우란. 〔유래〕 꽃이 황색인 새우난초라는 뜻의 일명.

금새우란(愚, 1996) (난초과) 금새우난초의 이명. → 금새우난초.

금소루장이(愚, 1996) (여뀌과) 금소리쟁이의 중국 옌볜 방언. → 금소리쟁이.

금소루쟁이(朴, 1949) (여뀌과) 금소리쟁이의 이명. → 금소리쟁이.

금소리쟁이(李, 1969) (여뀌과 *Rumex maritimus*) 〔이명〕 금소루쟁이, 금소루장이. 〔유래〕 황금의 소리쟁이라는 뜻의 일명.

금송(李, 1976) (낙우송과 *Sciadopitys verticillata*) 황금잎소나무의 이명(소나무과, 愚, 1996, 중국 옌볜 방언)으로도 사용. 〔유래〕 금송(金松). 이는 일본에서 잘못 사용한 한자명(漢字名). → 황금잎소나무.

금송화(鄭, 1956) (국화과) 금잔화의 이명. 〔유래〕 금송화(金松花). → 금잔화.

금수란(安, 1982) (백합과) 히아신스의 이명. → 히아신스.

금수목(鄭, 1942) (차나무과) 노각나무의 이명. 〔유래〕 금수목(錦繡木). 평남 양덕 방언. → 노각나무.

금수엽(安, 1982) (천남성과) 칼라디움의 이명. → 칼라디움.

금식나무(李, 1966) (층층나무과 *Aucuba japonica* f. *variegata*) 〔유래〕 잎에 황색 반점이 있다.

금쑥(鄭, 1949) (국화과 *Artemisia aurata*) 〔이명〕 힌쑥, 흰쑥. 〔유래〕 황금색이라는 뜻의 학명 및 금쑥이라는 뜻의 일명.

금어초(李, 1969) (현삼과 *Antirrhinum majus*) 〔이명〕 참깨풀, 비오초, 금붕어초, 금

붕어풀. 〔유래〕 금어초(金魚草).

금억새(永, 1996) (벼과 *Miscanthus sinensis* v. *chejuensis*) 〔유래〕 황금색 꽃이 피는 억새.

금연화(鄭, 1937) (할련과) 할련의 이명. → 할련.

금영화(李, 1969) (양귀비과 *Eschscholzia californica*) 〔이명〕 캘리포니아포피, 화연초, 캘리포니아양귀비, 화릉초. 〔유래〕 금영화(金英花).

금오돌또기(永, 1996) (미나리아재비과) 미색바꽃의 이명. → 미색바꽃.

금오돌쩌기(鄭, 1970) (미나리아재비과) 미색바꽃의 이명. 〔유래〕 경북 대구 금오산에서 채집(양인석). → 미색바꽃.

금오오돌또기(李, 1980) (미나리아재비과) 미색바꽃의 이명. → 미색바꽃.

금오족도리풀(永, 2002) (쥐방울과 *Asarum patens*) 〔유래〕 경북 금오산에 나는 족도리풀.

금오치자(김종홍, 1992) (마전과) 등덩굴의 이명. 〔유래〕 금오열도에 나는 영주치자속 식물. 영주치자에 비해 화관과 악편에 털이 있고 장과가 구형이다. → 등덩굴.

금원추리(安, 1982) (백합과) 큰원추리의 이명. → 큰원추리.

금윤판나물(安, 1982) (백합과) 윤판나물의 이명. → 윤판나물.

금은연(朴, 1949) (조름나물과) 어리연꽃의 이명. 〔유래〕 금은련화(金銀蓮花). → 어리연꽃.

금은초(朴, 1949) (국화과) 금혼초의 이명. 〔유래〕 금은초(金銀草). → 금혼초.

금은화(鄭, 1937) (인동과) 인동덩굴의 이명. 〔유래〕 금은화(金銀花). 꽃이 백색으로 피어 황색으로 변색된다. → 인동덩굴.

금자난(李, 1969) (난초과 *Saccolabium matsuran*) 〔이명〕 금산자주난초, 금자란, 금산자주란초. 〔유래〕 잎에 자주색 반점이 있다.

금자란(永, 1996) (난초과) 금자난의 이명. → 금자난.

금잔디(朴, 1949) (벼과 *Zoysia tenuifolia*) 〔유래〕 잎이 섬세하고 보드라워 좋다.

금잔화(鄭, 1937) (국화과 *Calendula arvensis*) 〔이명〕 금송화. 〔유래〕 금잔화(金盞花).

금정향나무(愚, 1996) (측백나무과) 청금향나무의 중국 옌벤 방언. → 청금향나무.

금족제비고사리(朴, 1949) (면마과 *Dryopteris gymnophylla*) 〔유래〕 미상.

금좁쌀풀(朴, 1974) (앵초과) 좀가지풀의 이명. → 좀가지풀.

금창초(李, 1980) (꿀풀과 *Ajuga decumbens*) 〔이명〕 금란초, 섬자란초, 가지조개나물. 〔유래〕 금창소초(金瘡小草), 백모하고초(白毛夏枯草).

금털고사리(鄭, 1956) (면마과 *Hypodematium granduloso-pilosum*) 〔이명〕 털금빛고사리, 금빛고사리. 〔유래〕 엽병 기부에 밝은 황갈색 털이 밀생한다.

금털미나리아재비(安, 1982) (미나리아재비과) 바위미나리아재비의 이명. → 바위미나리아재비.

금테사철(李, 1966) (노박덩굴과) 금테사철나무의 이명. → 금테사철나무.

금테사철나무(李, 1969) (노박덩굴과 *Euonymus japonicus* f. *aureo-marginata*) 〔이명〕 금테사철. 〔유래〕 잎 가장자리가 황색인 사철나무라는 뜻의 학명.

금혼초(鄭, 1937) (국화과 *Hypochoeris ciliata*) 〔이명〕 금은초. 〔유래〕 황금초(黃金草), 금은초(金銀草).

긔주조릿대(鄭, 1942) (벼과) 조릿대의 이명. → 조릿대.

기는미나리아재비(李, 1969) (미나리아재비과) 가는미나리아재비의 이명. → 가는미나리아재비.

기름나물(鄭, 1937) (산형과 *Peucedanum terebinthaceum*) 〔이명〕 두메기름나물, 참기름나물, 두메방풍, 산기름나물. 〔유래〕 기름을 바른 것같이 식물체에 광택이 있는 나물. 석방풍(石防風).

기름냉이(愚, 1996) (십자화과) 양구슬냉이의 북한 방언. → 양구슬냉이.

기름당귀(李, 1969) (산형과 *Ligusticum hultenii*) 〔이명〕 갯당귀, 개당귀. 〔유래〕 광택이 있는 당귀.

기름새(鄭, 1949) (벼과 *Eccoilopus cotulifer*) 〔유래〕 기름새라는 뜻의 일명. 잎에 광택이 있다.

기름오동(朴, 1949) (대극과) 일본유동의 이명. 〔유래〕 기름오동이라는 뜻의 일명. 과실로 기름을 짠다. → 일본유동.

기름오동나무(愚, 1996) (대극과) 일본유동의 이명. → 일본유동, 기름오동.

기린초(鄭, 1937) (돌나물과 *Sedum kamtschaticum*) 〔이명〕 넓은잎기린초, 각시기린초. 〔유래〕 기린초(麒麟草)라는 뜻의 일명. 비채(費菜).

기생깨풀(朴, 1949) (현삼과) 좁쌀풀의 이명. → 좁쌀풀.

기생꽃(鄭, 1937) (앵초과 *Trientalis europaea* v. *arctica*) 참기생꽃의 이명(愚, 1996, 중국 옌볜 방언)으로도 사용. 〔이명〕 기생초, 좀기생초. 〔유래〕 식물체가 작고 꽃이 예쁘다는 것을 기생에 비유. → 참기생꽃.

기생여뀌(鄭, 1937) (여뀌과 *Persicaria viscosa*) 〔이명〕 향여뀌. 〔유래〕 향료로 쓰는 예쁜 식물.

기생초(鄭, 1937) (국화과 *Coreopsis tinctoria*) 기생꽃(朴, 1949)과 참기생꽃(朴, 1974)의 이명으로도 사용. 〔이명〕 춘차국, 황금빈대꽃, 가는잎금계국, 공작국화, 애기금계국, 각씨꽃. 〔유래〕 화려한 색의 꽃이 핀다. 전엽금계국(錢葉金鷄菊). → 기생꽃, 참기생꽃.

기수초(심현보 등, 2001) (명아주과 *Suaeda malacosperma*) 〔유래〕 나문재에 비해 염분농도가 높은 염습지(기수 지역)에 분포한다.

기슬박달(鄭, 1942) (단풍나무과) 나도박달의 이명. 〔유래〕 나도박달의 강원 방언. →

ㄱ

나도박달.

기슭고사리(鄭, 1937) (고사리과) 털돌잔고사리의 이명. 〔유래〕 산기슭에 나는 고사리라는 뜻의 일명. → 털돌잔고사리.

기장(鄭, 1937) (벼과 *Panicum miliaceum*) 〔유래〕 서(黍), 서미(黍米), 나서(糯黍).

기장대풀(鄭, 1949) (벼과 *Isachne globosa*) 〔이명〕 애기울미. 〔유래〕 미상.

기장사초(安, 1982) (사초과) 대구사초의 이명. → 대구사초.

기장새(朴, 1949) (벼과) 수수새의 이명. 〔유래〕 수수새라는 뜻의 일명. → 수수새.

기장조팝나무(朴, 1949) (장미과) 인가목조팝나무와 떡잎조팝나무(愚, 1996, 중국 옌볜 방언)의 이명. → 인가목조팝나무, 떡잎조팝나무.

기주조릿대(安, 1982) (벼과) 조릿대의 이명. → 조릿대, 긔주조릿대.

긴가래(李, 1966) (가래나무과) 긴가래나무의 이명. → 긴가래나무.

긴가래나무(鄭, 1942) (가래나무과 *Juglans mandshurica* f. *stenocarpa*) 〔이명〕 긴가래, 긴씨가래나무. 〔유래〕 종자의 폭이 좁은(긴) 가래나무라는 뜻의 학명.

긴각시고사리(朴, 1975) (면마과) 각시고사리의 이명. → 각시고사리.

긴갓냉이(전의식, 1992) (십자화과 *Sisymbrium orientale*) 〔유래〕 미상.

긴강남차(朴, 1949) (콩과) 결명차의 이명. 〔유래〕 과실이 긴 강남차(석결명). → 결명차.

긴개별꽃(李, 1976) (석죽과 *Pseudostellaria japonica*) 〔유래〕 개별꽃에 비해 높이 자란다.

긴개사상자(朴, 1974) (산형과) 짧은사상자의 이명. 〔유래〕 과실이 긴 개사상자(긴사상자). → 짧은사상자.

긴개승애(朴, 1974) (여뀌과) 긴개싱아의 이명. 〔유래〕 잎이 긴 개승애(개싱아). → 긴개싱아.

긴개싱아(鄭, 1949) (여뀌과 *Aconogonum ajanense*) 〔이명〕 긴개승애, 애기싱아. 〔유래〕 잎이 긴 개싱아.

긴갯고들빼기(朴, 1974) (국화과) 갯고들빼기의 이명. → 갯고들빼기.

긴갯금불초(李, 1980) (국화과 *Wedelia chinensis*) 〔이명〕 곰의국화, 개금불초. 〔유래〕 두화의 자루와 총포가 긴 갯금불초.

긴겨이삭(鄭, 1949) (벼과 *Agrostis scabra*) 〔이명〕 개겨이삭. 〔유래〕 화수의 가지가 긴 겨이삭.

긴고려고사리(朴, 1961) (면마과) 바위틈고사리의 이명. → 바위틈고사리.

긴고로쇠(李, 1966) (단풍나무과 *Acer mono* f. *dissectum*) 〔유래〕 고로쇠에 비해 엽병이 매우 길다.

긴고채목(李, 1966) (자작나무과) 사스래나무의 이명. → 사스래나무.

긴고추(安, 1982) (가지과) 고추의 이명. → 고추.

긴괭이싸리(李, 1966) (콩과 *Lespedeza pilosa* v. *pedunculata*) 〔유래〕 꽃대의 자루가 긴 괭이싸리라는 뜻의 학명 및 일명.

긴괴불주머니(朴, 1974) (양귀비과) 가는괴불주머니의 이명. → 가는괴불주머니.

긴구실봉이(鄭, 1937) (용담과) 봄구슬붕이의 이명. → 봄구슬붕이.

긴까락보리풀(壽, 2001) (벼과 *Hordeum jubatum*) 〔유래〕 수상화서의 까락이 길다(5~12cm).

긴까락빕새귀리(壽, 1996) (벼과 *Bromus rigidus*) 〔유래〕 까락이 긴 빕새귀리라는 뜻의 일명.

긴께묵(李, 1969) (국화과) 께묵의 이명. → 께묵.

긴꼬리쐐기풀(朴, 1974) (쐐기풀과 *Urtica angustifolia* v. *sikokiana*) 〔이명〕 긴쐐기풀. 〔유래〕 전체가 가늘고 잎이 좁다.

긴꼭지꿩의다리(鄭, 1949) (미나리아재비과) 긴꼭지좀꿩의다리의 이명. → 긴꼭지좀꿩의다리.

긴꼭지좀꿩의다리(愚, 1996) (미나리아재비과 *Thalictrum kemense*) 〔이명〕 큰꿩의다리, 긴꼭지꿩의다리, 성긴좀꿩의다리. 〔유래〕 소화경(小花梗)이 긴 좀꿩의다리.

긴꼭지천선과(鄭, 1949) (뽕나무과) 천선과나무의 이명. 〔유래〕 꼭지가 긴 천선과나무라는 뜻의 학명 및 일명. → 천선과나무.

긴꽃고사리(鄭, 1949) (고사리삼과) 긴꽃고사리삼의 이명. → 긴꽃고사리삼.

긴꽃고사리삼(鄭, 1937) (고사리삼과 *Botrychium strictum*) 〔이명〕 긴꽃고사리, 긴여름꽃고사리, 긴이삭고사리삼. 〔유래〕 포자낭(胞子囊) 이삭이 긴 고사리삼이라는 뜻의 일명.

긴꽃대황기(愚, 1996) (콩과 *Astragalus schelichovii*) 〔유래〕 꽃대가 긴 황기.

긴꽃뽀리뱅이(박재홍 등, 2000) (국화과 *Youngia japonica* ssp. *longiflora*) 〔유래〕 꽃이 긴 뽀리뱅이라는 뜻의 학명.

긴나무딸기(鄭, 1956) (장미과) 긴잎산딸기의 이명. 〔유래〕 잎이 긴 나무딸기(산딸기나무). → 긴잎산딸기.

긴네잎갈키(朴, 1949) (콩과) 큰네잎갈퀴의 이명. → 큰네잎갈퀴.

긴노가지(愚, 1996) (측백나무과) 좀노간주의 중국 옌볜 방언. → 좀노간주.

긴다람쥐꼬리(鄭, 1949) (석송과 *Lycopodium integrifolium*) 〔이명〕 곧은잎석송, 곧은잎솔석송. 〔유래〕 잎이 좁고 긴 왕다람쥐꼬리라는 뜻의 일명.

긴담배풀(鄭, 1937) (국화과 *Carpesium divaricatum*) 〔이명〕 천일초. 〔유래〕 잎자루가 길다. 금알이(金挖耳).

긴돌가시나무(鄭, 1942) (장미과) 반들가시나무의 이명. 〔유래〕 과실이 길다. → 반들가시나무.

긴돌장미(安, 1982) (장미과) 반들가시나무의 이명. → 반들가시나무.

ㄱ

긴두잎갈퀴(朴, 1974) (꼭두선이과 *Hedyotis diffusa* v. *longipes*) 〔이명〕 긴잎백운풀, 긴실낚시돌풀. 〔유래〕 과실의 자루가 긴 두잎갈퀴라는 뜻의 학명.

긴들쭉(李, 1966) (철쭉과) 긴들쭉나무의 이명. 〔유래〕 긴들쭉나무의 축소형. → 긴들쭉나무.

긴들쭉나무(李, 1966) (철쭉과 *Vaccinium uliginosum* f. *ellipticum*) 〔이명〕 긴들쭉, 진들들쭉나무. 〔유래〕 과실이 긴 들쭉나무.

긴뚝갈(김진석 등, 2004) (마타리과 *Patrinia monandra*) 〔유래〕 뚝갈에 비해 열매의 날개가 길다. 꽃은 담황색이며, 수술은 1~3개이고, 열매의 날개는 길이가 5~7.2mm이다.

긴매자잎버들(鄭, 1942) (버드나무과 *Salix berberifolia* v. *brayi*) 〔이명〕 긴잎매자버들. 〔유래〕 잎이 긴 매자잎버들이라는 뜻의 일명.

긴멍울풀(朴, 1974) (쐐기풀과) 자주몽울풀의 이명. 〔유래〕 잎 끝이 꼬리처럼 긴 몽울풀. → 자주몽울풀.

긴목포사초(李, 1969) (사초과 *Carex formosensis*) 〔이명〕 대만사초. 〔유래〕 수과(瘦果)가 긴 타원형이다.

긴물레나물(朴, 1974) (물레나물과) 물레나물의 이명. 〔유래〕 꽃대가 긴 물레나물. → 물레나물.

긴미꾸리(鄭, 1949) (여뀌과) 긴미꾸리낚시의 이명. → 긴미꾸리낚시.

긴미꾸리낚시(鄭, 1937) (여뀌과 *Persicaria hastato-sagittata*) 좁은잎미꾸리낚시의 이명(朴, 1974)으로도 사용. 〔이명〕 긴미꾸리, 긴잎미꾸리낚시. 〔유래〕 잎이 긴 미꾸리낚시라는 뜻의 일명. → 좁은잎미꾸리낚시.

긴방울가문비(愚, 1996) (소나무과) 독일가문비의 북한 방언. → 독일가문비.

긴방울소나무(李, 1966) (소나무과 *Pinus densiflora* f. *longistrobilis*) 〔유래〕 솔방울이 긴 소나무라는 뜻의 학명 및 일명.

긴병꽃풀(鄭, 1937) (꿀풀과 *Glecoma grandis* v. *longituba*) 〔이명〕 조선광대수염, 덩굴광대수염, 참덩굴광대수염, 장군덩이. 〔유래〕 화관(花冠)의 통이 길다는 뜻의 학명. 금전초(金錢草).

긴보리수(李, 1966) (보리수나무과 *Elaeagnus umbellata* v. *longicarpa*) 〔유래〕 과실이 긴 보리수나무라는 뜻의 학명.

긴분취(李, 1976) (국화과 *Saussurea elongata* v. *recurvata*) 〔이명〕 백두산분취, 백두산서덜취, 긴잎버들분취. 〔유래〕 잎이 긴 분취라는 뜻의 일명.

긴비늘사초(李, 1969) (사초과) 비늘사초의 이명. → 비늘사초.

긴뿌리사초(愚, 1996) (사초과) 대암사초의 중국 옌볜 방언. → 대암사초.

긴사상자(鄭, 1949) (산형과 *Osmorhiza aristata*) 개사상자의 이명(朴, 1949)으로도 사용. 〔이명〕 개사상자, 진득미나리. 〔유래〕 과실이 세장한 사상자. 향근근(香根芹).

→ 개사상자.

긴산개나리(이상태 등, ?) (물푸레나무과 *Forsythia saxatilis* v. *lanceolata*) 〔유래〕 잎이 긴(피침형) 산개나리.

긴산꼬리풀(鄭, 1949) (현삼과 *Veronica longifolia*) 〔이명〕 가는산꼬리풀, 가는잎꼬리풀, 좀꼬리풀, 산꼬리풀, 가는잎산꼬리풀. 〔유래〕 잎이 긴 산꼬리풀이라는 뜻의 학명. 마미파파납(馬尾婆婆納).

긴산취(李, 1969) (국화과 *Saussurea umbrosa* v. *herbicola*) 〔이명〕 돌분취, 산각시취, 들분취. 〔유래〕 잎이 선상타원형으로 좁다.

긴새발고사리(朴, 1961) (면마과) 새발고사리의 이명. → 새발고사리.

긴생열귀(李, 1966) (장미과) 긴생열귀나무의 이명. → 긴생열귀나무.

긴생열귀나무(鄭, 1949) (장미과 *Rosa davurica* v. *ellipsoidea*) 〔이명〕 긴여름해당화, 긴열매해당화, 긴생열귀, 긴생열귀장미. 〔유래〕 과실이 장타원형인 생열귀나무라는 뜻의 학명. 자매과(刺莓果).

긴생열귀장미(安, 1982) (장미과) 긴생열귀나무의 이명. → 긴생열귀나무.

긴서나무(李, 2003) (자작나무과) 긴서어나무의 이명. → 긴서어나무.

긴서어나무(李, 1966) (자작나무과 *Carpinus laxiflora* v. *longispica*) 〔이명〕 긴잎서나무, 긴서나무, 긴이삭서어나무. 〔유래〕 화서가 긴 서어나무라는 뜻의 학명 및 일명.

긴소루장이지(愚, 1996) (여뀌과) 소리쟁이의 중국 옌볜 방언. → 소리쟁이.

긴쇠털골(朴, 1949) (사초과) 쇠털골의 이명. 〔유래〕 긴 자모(刺毛)가 있는 쇠털골이라는 뜻의 학명. → 쇠털골.

긴수염쥐잔디(愚, 1996) (벼과) 교래잠자리피의 중국 옌볜 방언. → 교래잠자리피.

긴실낚시돌풀(安, 1982) (꼭두선이과) 긴두잎갈퀴의 이명. 〔유래〕 과병(果柄)이 긴 실낚시돌풀(두잎갈퀴)이라는 뜻의 학명. → 긴두잎갈퀴.

긴쐐기풀(愚, 1996) (쐐기풀과) 긴꼬리쐐기풀의 중국 옌볜 방언. → 긴꼬리쐐기풀.

긴씨가래나무(愚, 1996) (가래나무과) 긴가래나무의 중국 옌볜 방언. 〔유래〕 종자가 긴 가래나무. → 긴가래나무.

긴아욱메풀(鄭, 1970) (메꽃과) 아욱메풀의 이명. 〔유래〕 엽병이 긴 아욱메풀. → 아욱메풀.

긴양지꽃(鄭, 1937) (장미과) 좀양지꽃의 이명. → 좀양지꽃.

긴여름꽃고사리(朴, 1961) (고사리삼과) 긴꽃고사리삼의 이명. 〔유래〕 여름에 긴 포자낭이삭이 나는 꽃고사리(고사리삼). → 긴꽃고사리삼.

긴여름해당화(鄭, 1942) (장미과) 긴생열귀나무의 이명. → 긴생열귀나무.

긴여주(朴, 1949) (박과) 여주의 이명. 〔유래〕 긴 여주라는 뜻의 일명. → 여주.

긴열매해당화(朴, 1949) (장미과) 긴생열귀나무의 이명. 〔유래〕 과실이 긴 해당화. →

긴생열귀나무.

긴오이풀(鄭, 1949) (장미과 *Sanguisorba rectispica*) 〔이명〕 이삭지우초, 이삭오이풀, 긴잎오이풀. 〔유래〕 소엽이 좁고 길며 화수(花穗)가 가늘게 신장한 오이풀. 지유(地楡).

긴옥잠화(李, 1980) (백합과) 긴잎옥잠화의 이명. → 긴잎옥잠화.

긴윤노리나무(李, 1966) (장미과) 윤노리나무의 이명. 〔유래〕 꼭지가 긴 윤노리나무라는 뜻의 학명. → 윤노리나무.

긴이삭고사리삼(愚, 1996) (고사리삼과) 긴꽃고사리삼의 중국 옌볜 방언. → 긴꽃고사리삼.

긴이삭비름(壽, 1997) (비름과 *Amaranthus palmeri*) 〔유래〕 이삭이 긴(큰) 털비름이라는 뜻의 일명.

긴이삭서어나무(愚, 1996) (자작나무과) 긴서어나무의 중국 옌볜 방언. 〔유래〕 화서의 이삭이 긴 서어나무. → 긴서어나무.

긴이질풀(鄭, 1937) (쥐손이풀과) 참이질풀과 둥근이질풀(朴, 1949)의 이명. → 참이질풀, 둥근이질풀.

긴이팝나무(朴, 1949) (물푸레나무과) 긴잎이팝나무의 이명. → 긴잎이팝나무.

긴잎가락풀(愚, 1996) (미나리아재비과) 긴잎꿩의다리의 북한 방언. 〔유래〕 잎이 긴 가락풀(꿩의다리). → 긴잎꿩의다리.

긴잎가래(鄭, 1937) (가래과) 가래의 이명. 〔유래〕 잎자루가 긴 가래라는 뜻의 학명 및 일명. → 가래.

긴잎가막사리(安, 1982) (국화과) 가는잎가막사리의 이명. → 가는잎가막사리.

긴잎가막살나무(安, 1982) (인동과) 덜꿩나무의 이명. 〔유래〕 잎이 긴 가막살나무. → 덜꿩나무.

긴잎갈퀴(李, 1976) (꼭두선이과 *Galium boreale*) 넓은긴잎갈퀴의 이명(鄭, 1949)으로도 사용. 〔이명〕 꽃갈퀴, 개꽃갈퀴, 부전꽃갈퀴, 대홍긴잎갈퀴. 〔유래〕 미상. 북납납등(北拉拉藤). → 넓은긴잎갈퀴.

긴잎개관중(安, 1982) (면마과) 새발고사리의 이명. → 새발고사리.

긴잎개박달나무(安, 1982) (자작나무과) 금강개박달의 이명. 〔유래〕 잎이 긴 개박달. → 금강개박달.

긴잎개회나무(李, 1966) (물푸레나무과 *Syringa reticulata* v. *mandshurica* f. *longifolia*) 〔유래〕 잎이 긴 개회나무라는 뜻의 학명. 폭마자(暴馬子).

긴잎갯노가지(鄭, 1949) (측백나무과) 해변노간주의 이명. 〔유래〕 잎이 긴 갯노가지(해변노간주). → 해변노간주.

긴잎고사리(愚, 1996) (고란초과) 밤일엽의 중국 옌볜 방언. 〔유래〕 잎이 긴 고사리. → 밤일엽.

긴잎고양나무(愚, 1996) (회양목과) 긴잎회양목의 중국 옌볜 방언. 〔유래〕 잎이 긴 고양나무(회양목). → 긴잎회양목.

긴잎고추풀(朴, 1949) (현삼과) 진땅고추풀의 이명. 〔유래〕 잎이 선상 피침형인 고추풀. → 진땅고추풀.

긴잎곰취(鄭, 1949) (국화과 *Ligularia jaluensis*) 〔이명〕 세뿔곰취, 조선곰취. 〔유래〕 잎이 긴 곰취라는 뜻의 일명.

긴잎광대수염(安, 1982) (꿀풀과) 호광대수염의 이명. 〔유래〕 잎이 장난형 또는 난상 피침형이다. → 호광대수염.

긴잎금강분취(朴, 1949) (국화과 *Saussurea diamantica* v. *longifolia*) 〔유래〕 잎이 긴 금강분취라는 뜻의 학명 및 일명.

긴잎꽃버들(安, 1982) (버드나무과) 가는잎꽃버들의 이명. → 가는잎꽃버들.

긴잎꿩의다리(鄭, 1937) (미나리아재비과 *Thalictrum simlex* v. *brevipes*) 〔이명〕 긴잎가락풀. 〔유래〕 소엽이 장타원형이다. 잎이 긴 꿩의다리.

긴잎끈끈이주걱(朴, 1949) (끈끈이주걱과 *Drosera anglica*) 〔유래〕 잎이 긴 끈끈이주걱이라는 뜻의 학명 및 일명.

긴잎나무딸기(鄭, 1942) (장미과) 긴잎산딸기의 이명. 〔유래〕 잎이 긴 나무딸기라는 뜻의 일명. → 긴잎산딸기.

긴잎나비나물(朴, 1949) (콩과 *Vicia unijuga* f. *angustifolia*) 〔이명〕 광양나비나물, 백운나비나물, 좁은잎나비나물. 〔유래〕 잎이 좁은 나비나물이라는 뜻의 학명 및 일명.

긴잎노가주(朴, 1949) (측백나무과) 해변노간주의 이명. → 해변노간주.

긴잎느티나무(鄭, 1942) (느릅나무과) 느티나무의 이명. 〔유래〕 잎이 긴 느티나무라는 뜻의 학명 및 일명. → 느티나무.

긴잎다정큼(李, 1980) (장미과) 긴잎다정큼나무의 이명. 〔유래〕 긴잎다정큼나무의 축소형. → 긴잎다정큼나무.

긴잎다정큼나무(鄭, 1937) (장미과 *Rhaphiolepis indica* v. *liukiuensis*) 〔이명〕 긴잎다정큼, 가는잎다정큼나무. 〔유래〕 잎이 긴 다정큼나무라는 뜻의 일명.

긴잎당근(永, 1996) (산형과) 서울개발나물의 이명. → 서울개발나물.

긴잎덜꿩나무(朴, 1949) (인동과) 덜꿩나무의 이명. 〔유래〕 잎이 긴 덜꿩나무라는 뜻의 일명. → 덜꿩나무.

긴잎도깨비고비(朴, 1975) (면마과) 도깨비쇠고비의 이명. 〔유래〕 잎이 긴 도깨비고비. → 도깨비쇠고비.

긴잎떡버들(鄭, 1942) (버드나무과 *Salix hallaisanensis* f. *longifolia*) 〔유래〕 잎이 긴 떡버들이라는 뜻의 학명 및 일명.

긴잎련꽃(愚, 1996) (수련과) 개연꽃의 중국 옌볜 방언. 〔유래〕 잎이 긴 연꽃. → 개연꽃.

긴잎매자버들(鄭, 1957) (버드나무과) 긴매자잎버들의 이명. → 긴매자잎버들.

긴잎맥문동(愚, 1996) (백합과) 소엽맥문동의 중국 옌볜 방언. → 소엽맥문동.

긴잎멍덕딸기(安, 1982) (장미과) 멍덕딸기의 이명. → 멍덕딸기.

긴잎모시풀(鄭, 1937) (쐐기풀과 *Boehmeria sieboldiana*) 〔이명〕 시볼드모시풀, 큰섬거북꼬리. 〔유래〕 잎이 긴 모시풀이라는 뜻의 일명.

긴잎물푸레들메나무(鄭, 1942) (물푸레나무과) 물푸레들메나무의 이명. 〔유래〕 잎이 좁다는 뜻의 학명 및 잎이 긴 물푸레들메나무라는 뜻의 일명. → 물푸레들메나무.

긴잎미꾸리낚시(朴, 1974) (여뀌과) 긴미꾸리낚시의 이명. → 긴미꾸리낚시.

긴잎박달(朴, 1949) (자작나무과) 금강개박달의 이명. 〔유래〕 잎이 긴 자작나무라는 뜻의 일명. → 금강개박달.

긴잎백운풀(李, 1969) (꼭두선이과) 긴두잎갈퀴의 이명. → 긴두잎갈퀴.

긴잎버들분취(愚, 1996) (국화과) 긴분취의 중국 옌볜 방언. → 긴분취.

긴잎범의꼬리(朴, 1974) (국화과) 가는범꼬리의 이명. 〔유래〕 잎이 긴 범의꼬리(범꼬리). → 가는범꼬리.

긴잎벗나무(朴, 1949) (장미과) 가는잎벗나무의 이명. → 가는잎벗나무.

긴잎별꽃(鄭, 1937) (석죽과 *Stellaia longifolia*) 〔이명〕 긴잎병꽃. 〔유래〕 잎이 긴 별꽃이라는 뜻의 학명.

긴잎별이끼(愚, 1996) (별이끼과) 물별이끼의 중국 옌볜 방언. 〔유래〕 잎이 긴 별이끼. → 물별이끼.

긴잎병꽃(愚, 1996) (석죽과) 긴잎별꽃의 중국 옌볜 방언. → 긴잎별꽃.

긴잎사시나무(鄭, 1942) (버드나무과 *Populus davidiana* f. *laticuneata*) 〔유래〕 잎이 긴 사시나무라는 뜻의 일명.

긴잎사철(李, 1980) (노박덩굴과) 사철나무의 이명. 〔유래〕 잎이 긴 사철나무라는 뜻의 학명 및 일명. → 사철나무.

긴잎산딸기(李, 1966) (장미과 *Rubus crataegifolius* f. *subcuneatus*) 〔이명〕 긴잎나무딸기, 긴나무딸기. 〔유래〕 잎이 긴 산딸기(산딸기나무).

긴잎산박하(李, 1969) (꿀풀과 *Plectranthus inflexus* v. *transticus*) 〔이명〕 쇠산박하. 〔유래〕 잎이 긴 산박하라는 뜻의 일명.

긴잎산수국(李, 1966) (범의귀과 *Hydrangea macrophylla* v. *acuminata* f. *elongata*) 〔유래〕 잎이 긴 산수국이라는 뜻의 학명.

긴잎산조팝나무(鄭, 1937) (장미과) 산조팝나무의 이명. 〔유래〕 잎이 긴 산조팝나무라는 뜻의 일명. → 산조팝나무.

긴잎새완두(朴, 1949) (콩과) 나래완두의 이명. → 나래완두.

긴잎서나무(朴, 1949) (자작나무과) 긴서어나무의 이명. 〔유래〕 잎이 긴 서나무(서어나무)라는 뜻의 일명. → 긴서어나무.

긴잎선백미꽃(安, 1982) (박주가리과) 양반풀의 이명. → 양반풀.

긴잎소루쟁이(朴, 1949) (여뀌과) 소리쟁이의 이명. 〔유래〕 잎이 긴 소리쟁이라는 뜻의 일명. → 소리쟁이.

긴잎여로(李, 1969) (백합과 *Veratrum maackii*) 〔이명〕 여로, 큰박새, 큰꽃긴잎여로, 털여로. 〔유래〕 잎이 긴 여로라는 뜻의 일명.

긴잎여우버들(鄭, 1949) (버드나무과 *Salix xerophila* f. *manshurica*) 〔이명〕 긴잎여호버들. 〔유래〕 잎이 좁고 긴 여우버들이라는 뜻의 일명.

긴잎여호버들(鄭, 1942) (버드나무과) 긴잎여우버들의 이명. → 긴잎여우버들.

긴잎오이풀(愚, 1996) (장미과) 긴오이풀의 북한 방언. 〔유래〕 소엽이 좁고 길다. → 긴오이풀.

긴잎옥잠화(愚, 1996) (백합과 *Hosta plantaginea* v. *japonica*) 〔이명〕 긴옥잠화. 〔유래〕 잎이 긴 옥잠화.

긴잎용담(李, 1969) (용담과) 큰용담의 이명. → 큰용담.

긴잎으아리(李, 1969) (미나리아재비과) 좀으아리의 이명. → 좀으아리.

긴잎이팝나무(鄭, 1942) (물푸레나무과 *Chionanthus retusus* v. *coreana*) 〔이명〕 긴이팝나무. 〔유래〕 잎이 긴 이팝나무라는 뜻의 일명.

긴잎장다리풀(朴, 1974) (명아주과 *Corispermum elongatum*) 〔이명〕 강댑싸리. 〔유래〕 잎이 긴 장다리풀(장다리나물).

긴잎장대(鄭, 1949) (십자화과) 주걱장대의 이명. 〔유래〕 잎이 긴 장대(장대나물)라는 뜻의 학명 및 일명. → 주걱장대.

긴잎제비꽃(鄭, 1949) (제비꽃과 *Viola ovato-oblonga*) 〔이명〕 제주오랑캐. 〔유래〕 잎이 난상장타원형의 제비꽃이라는 뜻의 학명 및 잎이 긴 낚시제비꽃이라는 뜻의 일명. 자화지정(紫花地丁).

긴잎제비꿀(安, 1982) (단향과) 긴제비꿀의 이명. 〔유래〕 잎이 긴 제비꿀. → 긴제비꿀.

긴잎조팝나무(鄭, 1937) (장미과 *Spiraea media*) 〔이명〕 정화조팝나무, 긴조팝나무. 〔유래〕 잎이 긴 조팝나무라는 뜻의 학명 및 일명.

긴잎좀련꽃(永, 1996) (수련과) 개연꽃의 이명. 〔유래〕 개연꽃의 북한 방언. → 개연꽃.

긴잎좀박달나무(愚, 1996) (자작나무과) 금강개박달의 중국 옌볜 방언. → 금강개박달.

긴잎쥐오줌(鄭, 1937) (마타리과) 넓은잎쥐오줌풀과 쥐오줌풀(1937)의 이명. → 넓은잎쥐오줌풀, 쥐오줌풀.

긴잎쥐오줌풀(朴, 1974) (마타리과) 넓은잎쥐오줌풀의 이명. → 넓은잎쥐오줌풀.

ㄱ

긴잎지이물푸레(朴, 1949) (물푸레나무과) 물푸레들메나무의 이명. 〔유래〕 잎이 좁은 지이산물푸레나무라는 뜻의 학명 및 잎이 긴 물푸레들메나무라는 뜻의 일명. → 물푸레들메나무.

긴잎질경이(朴, 1974) (질경이과) 털질경이의 이명. → 털질경이.

긴잎참싸리(李, 1966) (콩과) 참싸리의 이명. 〔유래〕 잎이 긴 참싸리라는 뜻의 학명 및 일명. → 참싸리.

긴잎치자풀(朴, 1949) (꼭두선이과) 두잎갈퀴의 이명. 〔유래〕 잎이 긴 치자풀(두잎갈퀴)이라는 뜻의 일명. → 두잎갈퀴.

긴잎큰개미자리(鄭, 1970) (석죽과 *Sagina maxima* f. *longifolia*) 〔유래〕 잎이 긴 큰개미자리라는 뜻의 학명.

긴잎털광대수염(安, 1982) (꿀풀과) 왜광대수염의 이명. → 왜광대수염.

긴잎팟배(李, 1966) (장미과) 긴잎팥배나무의 이명. 〔유래〕 잎이 긴 팟배(팥배나무). → 긴잎팥배나무.

긴잎팥배(李, 1980) (장미과) 긴잎팥배나무의 이명. → 긴잎팥배나무.

긴잎팥배나무(鄭, 1942) (장미과 *Sorbus alnifolia* f. *oblongifolia*) 〔이명〕 긴잎팟배, 긴잎팥배. 〔유래〕 잎이 긴 팥배나무라는 뜻의 일명.

긴잎풀싸리(安, 1982) (콩과) 풀싸리의 이명. 〔유래〕 잎이 좁은 풀싸리라는 뜻의 학명 및 일명. → 풀싸리.

긴잎풍게나무(鄭, 1942) (느릅나무과 *Celtis jessoensis* f. *angustifolia*) 〔이명〕 좁은잎풍게나무. 〔유래〕 잎이 좁은 풍게나무라는 뜻의 학명 및 일명.

긴잎하고초(朴, 1949) (단향과) 긴제비꿀의 이명. 〔유래〕 잎이 긴 하고초(제비꿀)라는 뜻의 학명 및 일명. → 긴제비꿀.

긴잎해변노간주(鄭, 1942) (측백나무과) 해변노간주의 이명. 〔유래〕 잎이 긴 해변노간주라는 뜻의 일명. → 해변노간주.

긴잎호랑버들(愚, 1996) (버드나무과) 좀호랑버들의 중국 옌볜 방언. 〔유래〕 잎이 세장한 호랑버들. → 좀호랑버들.

긴잎화살여뀌(朴, 1974) (여뀌과) 긴화살여뀌의 이명. → 긴화살여뀌.

긴잎황새냉이(鄭, 1970) (십자화과) 싸리냉이의 이명. 〔유래〕 잎이 긴 황새냉이라는 뜻의 학명. → 싸리냉이.

긴잎회양목(鄭, 1942) (회양목과 *Buxus microphylla* v. *insularis* f. *elongata*) 〔이명〕 긴회양나무, 긴잎고양나무. 〔유래〕 잎이 긴 회양목이라는 뜻의 일명. 황양목(黃楊木).

긴자루사초(永, 1996) (사초과) 애기천일사초의 이명. → 애기천일사초.

긴잔솔잎사초(李, 1969) (사초과 *Carex caespitosa* v. *sachalinensis*) 〔이명〕 노끈사초. 〔유래〕 과포(果胞)가 긴 잔솔잎사초.

긴제비꿀(鄭, 1949) (단향과 *Thesium refractum*) 〔이명〕 긴잎하고초, 큰제비꿀풀, 긴잎제비꿀. 〔유래〕 잎이 긴 제비꿀이라는 뜻의 학명 및 일명.

긴조팝나무(永, 1996) (장미과) 긴잎조팝나무의 이명. → 긴잎조팝나무.

긴지리산물푸레나무(安, 1982) (물푸레나무과) 물푸레들메나무의 이명. → 물푸레들메나무.

긴진돌피(永, 1996) (벼과 *Glyceria effusa*) 〔이명〕 만주광이. 〔유래〕 곡식알이 긴 타원형이다.

긴질경이(朴, 1949) (질경이과) 털질경이의 이명. → 털질경이, 긴잎질경이.

긴털갯쑥부쟁이(安, 1982) (국화과) 섬갯쑥부쟁이의 이명. → 섬갯쑥부쟁이.

긴팟배(李, 1966) (장미과) 팥배나무의 이명. → 팥배나무, 긴잎팟배.

긴팥배(李, 1980) (장미과) 팥배나무의 이명. → 팥배나무, 긴팟배.

긴팥배나무(永, 1996) (장미과 *Sorbus alnifolia* v. *lasiocarpa*) 〔유래〕 열매에 긴 연모가 있는 팥배나무라는 뜻의 학명.

긴퍼진고사리(鄭, 1949) (면마과) 퍼진고사리의 이명. 〔이명〕 잎이 긴 퍼진고사리라는 뜻의 일명. → 퍼진고사리.

긴화살여뀌(朴, 1949) (여뀌과 *Persicaria brevi-ochreata*) 〔이명〕 긴잎화살여뀌. 〔유래〕 잎이 긴 화살여뀌라는 뜻의 일명.

긴회양나무(朴, 1949) (회양목과) 긴잎회양목의 이명. → 긴잎회양목.

긴흑삼능(李, 1969) (흑삼능과 *Sparganium japonicum*) 〔이명〕 긴흑삼릉. 〔유래〕 열매가 길다는 뜻의 일명.

긴흑삼릉(李, 1980) (흑삼능과) 긴흑삼능의 이명. → 긴흑삼능.

길갱이(鄭, 1949) (벼과) 수크령의 이명. → 수크령.

길경(鄭, 1937) (초롱꽃과) 도라지의 이명. 〔유래〕 길경(桔梗). → 도라지.

길골풀(李, 1980) (골풀과) 풀골의 이명. → 풀골.

길뚝개꽃(壽, 1995) (국화과 *Anthemis arvensis*) 〔유래〕 길뚝에 나는 개꽃.

길뚝사초(鄭, 1937) (사초과 *Carex bostrychostigma*) 〔유래〕 산길 사초라는 뜻의 일명. 산의 길 둑에 나는 사초.

길뚝아욱(鄭, 1970) (벽오동과 *Melochia corchorifolia*) 〔이명〕 불암초, 들아욱. 〔유래〕 길가의 아욱이라는 뜻의 일명.

길마가지나무(鄭, 1937) (인동과 *Lonicera harai*) 〔이명〕 숫명다래나무, 길마기나무. 〔유래〕 황해 방언.

길마기나무(安, 1982) (인동과) 길마가지나무의 이명. → 길마가지나무.

길잡이풀(安, 1982) (벼과) 왕바랭이의 이명. → 왕바랭이.

길장구(鄭, 1937) (질경이과) 질경이의 이명. → 질경이.

길초(鄭, 1937) (쥐오줌풀과) 쥐오줌풀의 이명. 〔유래〕 길초(吉草). → 쥐오줌풀.

김의털(鄭, 1937) (벼과 *Festuca ovina*) 산거울의 이명(사초과, 1956)으로도 사용. 〔유래〕 잎이 보드라운 것을 임의 음부에 나는 털에 비유. → 산거울.

김의털아재비(鄭, 1949) (벼과 *Festuca parvigluma*) 왕김의털아재비의 이명(愚, 1996, 중국 옌벤 방언)으로도 사용. 〔이명〕 쇠묵새. 〔유래〕 김의털과 유사. → 왕김의털아재비.

깃고들빼기(朴, 1974) (국화과) 강화이고들빼기의 이명. → 강화이고들빼기.

깃고사리(朴, 1949) (꼬리고사리과 *Asplenium nomale*) 〔유래〕 미상.

깃꼬들빼기(愚, 1996) (국화과) 좁은잎고들빼기의 중국 옌벤 방언. → 좁은잎고들빼기.

깃대나물(愚, 1996) (십자화과) 장대나물의 북한 방언. 〔유래〕 줄기가 곧게 서는 것을 깃대에 비유. → 장대나물.

깃덤불취(李, 1969) (국화과 *Saussurea triangulata* ssp. *manshurica* v. *pinnatifida*) 〔유래〕 잎이 우상(깃 모양)으로 중렬(中裂)한 덤불취라는 뜻의 학명 및 국화잎과 같은 덤불취라는 뜻의 일명.

깃떡갈(李, 2003) (참나무과 *Quercus dentata* v. *pinnatifida*) 〔유래〕 잎이 거의 주맥까지 갈라져 깃 같은 떡갈나무라는 뜻의 학명.

깃멍석딸기(愚, 1996) (장미과) 오엽멍석딸기의 중국 옌벤 방언. → 오엽멍석딸기.

깃반쪽고사리(朴, 1961) (고사리과) 큰반쪽고사리의 이명. → 큰반쪽고사리.

깃쇠스랑개비(愚, 1996) (장미과) 개소시랑개비의 북한 방언. → 개소시랑개비.

깃신갈나무(鄭, 1949) (참나무과) 깃옷신갈의 이명. → 깃옷신갈.

깃잎엉겅퀴(永, 2002) (국화과) 흰잎엉겅퀴의 이명. 〔유래〕 잎이 우상(깃 모양)으로 갈라진다. → 흰잎엉겅퀴.

깃옷신갈(鄭, 1942) (참나무과 *Quercus mongolica* v. *liaotungensis*) 〔이명〕 깃신갈나무, 깃참나무, 깃옷신갈나무, 산떡속소리나무. 〔유래〕 깃옷 신갈나무라는 뜻의 일명.

깃옷신갈나무(安, 1982) (참나무과) 깃옷신갈의 이명. → 깃옷신갈.

깃참나무(李, 1966) (참나무과) 깃옷신갈의 이명. 〔유래〕 깃옷 참나무라는 뜻의 일명. → 깃옷신갈.

까락겨사초(愚, 1996) (사초과 *Carex mitrata* v. *aristata*) 〔유래〕 까락이 있는 겨사초라는 뜻의 학명 및 일명.

까락골(朴, 1949) (사초과 *Eleocharis equisetiformis*) 〔유래〕 까락이 있다는 뜻의 일명.

까락빕새귀리(壽, 2001) (벼과 *Bromus sterilis*) 〔유래〕 미상. 원추화서는 아주 느슨하고 가지가 사상으로 늘어진다.

까락사초(朴, 1949) (사초과) 경성사초의 이명. → 경성사초.

까락쇠보리(朴, 1949) (벼과) 쇠보리의 이명. 〔유래〕 까락이 있는 쇠보리라는 뜻의 학명 및 일명. → 쇠보리.

까락향기풀(李, 1969) (벼과 *Anthoxanthum odoratum* v. *aristata*) 〔유래〕 완성화(完成花)의 호영(護穎)에 까락이 있다.

까마귀마게(永, 1996) (갈매나무과) 가마귀베개의 이명. → 가마귀베개.

까마귀머루(安, 1982) (포도과) 가마귀머루의 이명. → 가마귀머루.

까마귀밥나무(鄭, 1937) (인동과) 백당나무의 이명. → 백당나무.

까마귀밥여름나무(愚, 1996) (범의귀과) 개당주나무의 중국 옌볜 방언. → 개당주나무.

까마귀베개(李, 1980) (갈매나무과) 가마귀베개의 이명. → 가마귀베개.

까마귀쪽나무(李, 1980) (녹나무과) 가마귀쪽나무의 이명. → 가마귀쪽나무.

까마종이(李, 2003) (가지과) 가마중의 이명. → 가마중.

까마중(鄭, 1937) (가지과) 가마중의 이명. → 가마중.

까막까치밥나무(李, 1980) (범의귀과) 가막까치밥나무의 이명. → 가막까치밥나무.

까막바늘까치밥나무(李, 1980) (범의귀과) 가막바늘까치밥나무의 이명. → 가막바늘까치밥나무.

까시나무(鄭, 1942) (백합과) 청가시나무의 이명. 〔유래〕 청가시나무의 전북 어청도 방언. → 청가시나무.

까실쑥부장이(鄭, 1937) (국화과) 까실쑥부쟁이의 이명. → 까실쑥부쟁이.

까실쑥부쟁이(鄭, 1956) (국화과 *Aster ageratoides*) 〔이명〕 까실쑥부장이, 곰의수해, 산쑥부쟁이, 껄큼취. 〔유래〕 잎이 까칠까칠한 쑥부쟁이. 산백국(山白菊).

까자귀나무(鄭, 1942) (고추나무과) 고추나무의 이명. 〔유래〕 고추나무의 강원 방언. → 고추나무.

까중나무(安, 1982) (소태나무과) 가중나무의 이명. → 가중나무.

까지(朴, 1949) (가지과) 가지의 이명. → 가지.

까지꽃나무(朴, 1949) (목련과) 자목련의 이명. → 자목련.

까치고들빼기(鄭, 1937) (국화과 *Youngia chelidoniifolia*) 〔이명〕 까치꼬들빽이. 〔유래〕 미상.

까치깨(鄭, 1937) (피나무과 *Corchoropsis psilocarpa*) 〔유래〕 까치 깨라는 뜻의 일명. 전마(田麻).

까치꼬들빽이(朴, 1949) (국화과) 까치고들빼기의 이명. → 까치고들빼기.

까치다리(鄭, 1937) (양귀비과) 애기똥풀의 이명. → 애기똥풀.

까치무릇(愚, 1996) (백합과) 산자고의 북한 방언. → 산자고.

까치박달(鄭, 1937) (자작나무과 *Carpinus cordata*) 복장나무(단풍나무과, 鄭, 1942, 평북 방언)와 나도박달(단풍나무과, 鄭, 1942, 강원 방언)의 이명으로도 사용. 〔이명〕 나도밤나무, 물박달, 박달서어나무. 〔유래〕 평북 방언. 소과천금유(小果千金楡). → 복장나무, 나도박달.

까치발(鄭, 1949) (국화과 *Bidens parviflora*) 〔이명〕 가는도깨비바늘, 가는독개비바늘, 두가래도깨비바늘, 잔잎가막사리, 가는도깨비바늘까치발. 〔유래〕 과실의 모양이 까치발과 유사.

까치밥(安, 1982) (사초과) 너도방동사니의 이명. 〔유래〕 열매를 까치가 즐겨 먹는다. → 너도방동사니.

까치밥나무(鄭, 1937) (범의귀과 *Ribes mandshuricum*) 〔유래〕 장과를 까치가 잘 먹는다.

까치방동사니(安, 1982) (사초과) 너도방동사니의 이명. → 너도방동사니.

까치수염(鄭, 1937) (앵초과 *Lysimachia barystachys*) 〔이명〕 까치수영, 꽃꼬리풀. 〔유래〕 미상. 낭미파화(狼尾巴花).

까치수염꽃나무(安, 1982) (매화오리나무과) 매화오리의 이명. → 매화오리.

까치수영(鄭, 1949) (여뀌과) 호장근과 까치수염(앵초과, 李, 1980)의 이명. → 호장근, 까치수염.

까치오줌요강(愚, 1996) (쥐방울과) 쥐방울의 이명. 〔유래〕 까치가 많이 모이는 더부살이에 성숙하여 터져 달려 있는 과실의 모습을 풍자적으로 표현. → 쥐방울.

까치취(鄭, 1949) (국화과) 솜나물의 이명. → 솜나물.

까치콩(鄭, 1937) (콩과) 편두의 이명. → 편두.

까침박달(朴, 1949) (장미과) 가침박달의 이명. → 가침박달.

깔깔이풀(安, 1982) (지치과) 반디지치의 이명. 〔유래〕 잎에 굵은 강모가 있어 깔깔하다. → 반디지치.

깔끔잔대(安, 1982) (초롱꽃과) 수원잔대의 이명. → 수원잔대.

깔끔좁살풀(李, 1969) (현삼과) 깔끔좁쌀풀의 이명. → 깔끔좁쌀풀.

깔끔좁쌀풀(李, 1980) (현삼과 *Euphrasia coreana*) 〔이명〕 깔큼깨풀, 깔끔좁살풀. 〔유래〕 잎의 톱니 끝이 까락 같다.

깔큼깨풀(朴, 1949) (현삼과) 깔끔좁쌀풀의 이명. → 깔끔좁쌀풀.

깜뚜라지(鄭, 1937) (가지과) 가마중의 이명. → 가마중.

깨금나무(鄭, 1942) (자작나무과) 난티잎개암나무의 이명. 〔유래〕 난티잎개암나무의 평북 방언. → 난티잎개암나무.

깨꽃(李, 1980) (꿀풀과 *Salvia splendens*) 〔이명〕 홍교두초, 사르비아, 불꽃, 붉은살비아. 〔유래〕 겉모양이 깨와 유사하고 꽃이 아름답다. 일관홍(一串紅).

깨나물(鄭, 1949) (꿀풀과 *Plectranthus inflexus* f. *macrophyllus*) 〔이명〕 큰산박하. 〔유래〕 외형이 깨와 유사한 나물.

깨묵(永, 1996) (국화과) 께묵의 이명. → 께묵.

깨잎나물(愚, 1996) (꿀풀과) 산박하의 중국 옌볜 방언. → 산박하.

깨잎오리방풀(愚, 1996) (꿀풀과) 산박하의 북한 방언. → 산박하.

깨잎조팝나무(愚, 1996) (장미과) 공조팝나무의 중국 옌볜 방언. → 공조팝나무.

깨타리(鄭, 1942) (마편초과) 누리장나무의 이명. → 누리장나무.

깨통발(鄭, 1937) (통발과) 개통발의 이명. 〔유래〕 작은 통발이라는 뜻의 일명. → 개통발.

깨풀(鄭, 1937) (대극과 *Acalypha australis*) 앵초의 이명(앵초과, 朴, 1949)으로도 사용. 〔이명〕 들깨풀. 〔유래〕 깨와 유사한 풀. → 앵초.

깻묵(朴, 1974) (국화과) 께묵의 이명. → 께묵.

깻잎나물(鄭, 1949) (꿀풀과) 산박하의 이명. → 산박하, 깨나물.

깽깽이냉이(朴, 1949) (십자화과) 왜갓냉이의 이명. → 왜갓냉이.

깽깽이풀(鄭, 1937) (매자나무과 *Jeffersonia dubia*) 〔이명〕 조황련, 황련, 산련풀. 〔유래〕 미상. 조황련(朝黃蓮), 선황련(鮮黃連).

꺼그렁나무(鄭, 1942) (층층나무과) 층층나무의 이명. 〔유래〕 층층나무의 강원 방언. → 층층나무.

껄껄이풀(鄭, 1949) (국화과 *Hieracium coreanum*) 〔이명〕 고려조밥나물, 고려조팝나물. 〔유래〕 미상. 함경 방언.

껄끔방동사니(愚, 1996) (사초과 *Cyperus diaphanus*) 〔이명〕 껄큼방동산이, 선방동사니, 껄끔방동산이. 〔유래〕 미상. 접두사 껄큼을 껄끔으로 통일.

껄끔방동산이(朴, 1949) (사초과) 껄끔방동사니의 이명. → 껄끔방동사니.

껄큼모싯대(朴, 1949) (초롱꽃과) 수원잔대의 이명. → 수원잔대.

껄큼방동산이(朴, 1949) (사초과) 껄끔방동사니의 이명. → 껄끔방동사니.

껄큼취(朴, 1974) (국화과) 까실쑥부쟁이의 이명. 〔유래〕 잎이 껄끔껄끔한 취. → 까실쑥부쟁이.

껍질새(朴, 1949) (벼과) 쌀새의 이명. → 쌀새.

껍질용수염(李, 1976) (벼과 *Diarrhena mandshurica*) 〔이명〕 만주용수염풀. 〔유래〕 용수염풀에 비해 영과가 밖으로 나타나지 않는다.

껫보리사초(永, 1996) (사초과) 갯보리사초의 이명. 〔유래〕 갯보리사초의 북한 방언. → 갯보리사초.

께묵(鄭, 1937) (국화과 *Hololeion maximowiczii*) 좀께묵의 이명(朴, 1949)으로도 사용. 〔이명〕 긴께묵, 깻묵, 실쇄채나물, 깨묵. 〔유래〕 회숙(茴蓿), 전광국(全光菊). → 좀께묵.

꼬들빽이(朴, 1949) (국화과) 이고들빼기의 이명. → 이고들빼기.

꼬랑사초(朴, 1949) (사초과 *Carex mira*) 〔유래〕 산 고랑에 나는 사초.

꼬리겨우사리(鄭, 1937) (겨우사리과 *Hyphear tanakae*) 〔이명〕 꼬리겨우살이. 〔유

래〕 이삭(꼬리) 같은 화서의 겨우사리라는 뜻의 일명.

꼬리겨우살이(鄭, 1949) (겨우사리과) 꼬리겨우사리의 이명. → 꼬리겨우사리.

꼬리고사리(鄭, 1937) (꼬리고사리과 *Asplenium incisum*) 〔유래〕 범의 꼬리고사리라는 뜻의 일명.

꼬리까치밥나무(鄭, 1937) (범의귀과 *Ribes komarovi*) 가마귀밥여름나무의 이명(朴, 1949)으로도 사용. 〔이명〕 이삭까치밥. 〔유래〕 꼬리와 같은 화서를 가진 가마귀밥여름나무라는 뜻의 일명. → 가마귀밥여름나무.

꼬리난초(朴, 1949) (난초과) 풍란의 이명. 〔유래〕 꽃에서 가늘고 긴 거(距)가 밑으로 처지는 것을 꼬리에 비유. → 풍란.

꼬리말발도리(鄭, 1937) (범의귀과 *Deutzia paniculata*) 〔이명〕 이삭말발도리. 〔유래〕 화서가 꼬리같이 긴 말발도리라는 뜻의 일명.

꼬리뽕(李, 1980) (뽕나무과) 꼬리뽕나무의 이명. 〔유래〕 꼬리뽕나무의 축소형. → 꼬리뽕나무.

꼬리뽕나무(鄭, 1942) (뽕나무과 *Morus bombysis* v. *caudatifolia*) 〔이명〕 새뽕나무, 꼬리뽕. 〔유래〕 꼬리와 같이 긴 잎을 가진 뽕나무라는 뜻의 학명 및 일명.

꼬리사초(朴, 1949) (사초과) 참삿갓사초의 이명. 〔유래〕 측소수가 길면서 처지는 것을 꼬리에 비유. → 참삿갓사초.

꼬리새(鄭, 1949) (벼과 *Bromus pauciflorus*) 쥐꼬리새풀(朴, 1949)과 구주김의털(愚, 1996, 중국 옌벤 방언)의 이명으로도 사용. 〔이명〕 이삭참새귀리, 새귀리, 두메귀리. 〔유래〕 소수가 가늘고 긴 것을 꼬리에 비유. → 쥐꼬리새풀, 구주김의털.

꼬리서덜취(李, 1969) (국화과 *Saussurea grandifolia* v. *caudata*) 〔유래〕 꼬리가 있는 서덜취라는 뜻의 학명. 총포의 외편 끝이 길게 뾰족해진다.

꼬리솔나물(安, 1982) (꼭두선이과) 흰솔나물의 이명. → 흰솔나물.

꼬리쐐기풀(朴, 1974) (쐐기풀과) 가는잎쐐기풀의 이명. 〔유래〕 잎이 가늘고 긴 것을 꼬리에 비유. → 가는잎쐐기풀.

꼬리조팝나무(鄭, 1937) (장미과 *Spiraea salicifolia*) 〔이명〕 개쥐땅나무, 붉은조록싸리. 〔유래〕 꼬리같이 긴 화서가 있다는 뜻의 일명.

꼬리진달내(鄭, 1937) (철쭉과) 참꽃나무겨우사리의 이명. → 참꽃나무겨우사리.

꼬리진달래(鄭, 1942) (철쭉과) 참꽃나무겨우사리의 이명. 〔유래〕 꼬리 진달래라는 뜻의 일명. → 참꽃나무겨우사리.

꼬리창풀(安, 1982) (파리풀과) 파리풀의 이명. → 파리풀.

꼬리취란화(安, 1982) (앵초과) 이삭봄맞이의 이명. 〔유래〕 꼬리 취란화(앵초)라는 뜻의 일명. → 이삭봄맞이.

꼬리풀(鄭, 1937) (현삼과 *Veronica linariifolia*) 산꼬리풀(朴, 1949), 큰산꼬리풀(朴, 1974), 전주물꼬리풀(꿀풀과, 1949)과 해란초(1974)의 이명으로도 사용. 〔이명〕 자

주꼬리풀, 가는잎꼬리풀. 〔유래〕 잎이 가는 꼬리풀이라는 뜻의 학명 및 일명. 화서가 가늘고 길다. 세엽파파납(細葉婆婆納). → 산꼬리풀, 큰산꼬리풀, 전주물꼬리풀, 해란초.

꼬마돌쩌귀(朴, 1949) (미나리아재비과) 각씨투구꽃의 이명. 〔유래〕 작은(꼬마) 돌쩌귀(투구꽃)라는 뜻의 일명. → 각씨투구꽃.

꼬마리(朴, 1949) (여뀌과) 고마리의 이명. → 고마리.

꼬마은난초(永, 1996) (난초과 *Cephalanthera erecta* v. *subaphylla*) 〔유래〕 잎이 거의 없는 은난초라는 뜻의 학명.

꼬아리(朴, 1949) (가지과) 꽈리의 이명. → 꽈리.

꼬치(安, 1982) (가지과) 고추의 이명. → 고추.

꼭두서니(李, 1980) (꼭두선이과) 꼭두선이의 이명. 〔유래〕 천초(茜草), 모수(茅蒐). 〔어원〕 곱도송→곡도송, 곧도송→곡도손이→꼭두서니로 변화(어원사전). → 꼭두선이.

꼭두선이(鄭, 1937) (꼭두선이과 *Rubia argyi*) 〔이명〕 가삼자리, 꼭두서니. 〔유래〕 천초(茜草), 천초근(茜草根). → 꼭두서니.

꼭지고광나무(鄭, 1942) (범의귀과 *Philadelphus schrenkii* v. *mandshuricus*) 〔이명〕 왕고광나무, 큰오이순. 〔유래〕 자루가 긴 고광나무라는 뜻의 일명.

꼭지돌배나무(鄭, 1942) (장미과) 돌배나무의 이명. 〔유래〕 자루가 긴 돌배나무라는 뜻의 일명. → 돌배나무.

꼭지송이풀(朴, 1949) (현삼과) 이삭송이풀의 이명. → 이삭송이풀.

꼭지연잎꿩의다리(李, 1969) (미나리아재비과 *Thalictrum ichangense*) 〔이명〕 물꿩의다리. 〔유래〕 열매에 소화경이 있는 연잎꿩의다리.

꼭지윤노리(鄭, 1937) (장미과) 윤노리나무의 이명. 〔유래〕 자루가 긴 윤노리나무라는 뜻의 학명 및 일명. → 윤노리나무.

꼭지윤노리나무(鄭, 1942) (장미과) 윤노리나무의 이명. → 윤노리나무, 꼭지윤노리.

꼭지윤여리(朴, 1949) (장미과) 윤노리나무의 이명. 〔유래〕 꼭지 윤여리(윤노리나무). → 윤노리나무.

꼭지윤여리나무(安, 1982) (장미과) 윤노리나무의 이명. → 윤노리나무, 꼭지윤여리.

꼭지천선과(鄭, 1942) (뽕나무과) 천선과나무의 이명. 〔유래〕 꽃대가 긴 천선과나무라는 뜻의 학명 및 일명. → 천선과나무.

꼴하늘지기(李, 1980) (사초과 *Fimbristylis subbispicata*) 〔이명〕 꼴하늘직이, 골하늘직이. 〔유래〕 하늘직이와 유사한 모양(꼴).

꼴하늘직이(鄭, 1937) (사초과) 꼴하늘지기의 이명. → 꼴하늘지기.

꽁지기름새(朴, 1949) (벼과) 수염풀의 이명. → 수염풀.

꽁지꽃(朴, 1949) (현삼과) 해란초의 이명. → 해란초.

꽃갈퀴(朴, 1949) (꼭두선이과) 긴잎갈퀴와 흰갈퀴(朴, 1974)의 이명. → 긴잎갈퀴, 흰갈퀴.

꽃개감채(安, 1982) (백합과) 나도개감채의 이명. → 나도개감채.

꽃개오동(李, 1969) (능소화과 *Catalpa speciosa*) 〔이명〕 양개오동, 꽃향오동. 〔유래〕 아름다운 개오동. 재백피(梓白皮).

꽃개회나무(鄭, 1937) (물푸레나무과 *Syringa wolfii*) 〔이명〕 꽃정향나무. 〔유래〕 꽃(아름다운) 개회나무라는 뜻의 일명.

꽃고들빼기(安, 1982) (국화과) 홍도고들빼기와 강화이고들빼기(1982)의 이명. → 홍도고들빼기, 강화이고들빼기.

꽃고비(鄭, 1937) (꽃고비과 *Polemonium caeruleum* ssp. *kiushianum*) 〔이명〕 함영꽃고비. 〔유래〕 화총(花葱).

꽃고사리(朴, 1961) (고사리삼과) 고사리삼의 이명. 〔유래〕 아름다운 고사리. → 고사리삼.

꽃괭이밥(鄭, 1970) (괭이밥과 *Oxalis bowieana*) 〔이명〕 희망봉괭이밥. 〔유래〕 꽃이 짙은 홍자색으로, 꽃과 같이 아름답다.

꽃금매화(朴, 1949) (미나리아재비과) 애기금매화의 이명. 〔유래〕 아름다운 금매화. → 애기금매화.

꽃꼬리풀(愚, 1996) (앵초과) 까치수염의 북한 방언. → 까치수염.

꽃꿩의다리(鄭, 1949) (미나리아재비과 *Thalictrum petaloideum*) 〔유래〕 꽃(아름다운) 꿩의다리라는 뜻의 일명.

꽃나물(朴, 1949) (양귀비과) 들현호색의 이명. → 들현호색.

꽃나비나물(鄭, 1949) (콩과) 나비나물의 이명. → 나비나물.

꽃냉이(永, 1996) (십자화과 *Cardamine pratensis*) 〔이명〕 매운황새냉이. 〔유래〕 꽃황새냉이라는 뜻의 일명.

꽃다지(鄭, 1937) (십자화과 *Draba nemorosa*) 〔이명〕 꽃따지. 〔유래〕 미상. 정력자(葶藶子).

꽃단풍(李, 1980) (단풍나무과 *Acer pycnanthum*) 〔유래〕 꽃받침과 꽃잎의 형태가 거의 비슷하며 적색으로 특이하다.

꽃담배(李, 1976) (가지과 *Nicotiana sanderae*) 〔유래〕 꽃을 보기 위해 재배하는 인공잡종.

꽃대(朴, 1949) (홀아비꽃대과) 쌍꽃대의 이명. → 쌍꽃대.

꽃대냉이(朴, 1974) (십자화과) 장대냉이의 이명. → 장대냉이.

꽃대원추리(安, 1982) (백합과) 각시원추리의 이명. → 각시원추리.

꽃댕강나무(李, 2003) (인동과 *Abelia grandiflora*) 〔유래〕 관상용인 댕강나무. 중국댕강나무의 한 잡종.

꽃따지(鄭, 1937) (십자화과) 꽃다지와 꽃마리(지치과, 1937)의 이명. → 꽃다지, 꽃마리.

꽃마리(朴, 1949) (지치과 *Trigonotis peduncularis*) 꽃받이의 이명(朴, 1974)으로도 사용. 〔이명〕 꽃말이, 꽃따지, 잣냉이. 〔유래〕 태엽처럼 말려 있는 화서가 펴지면서 총상화서가 만들어진다. 부지채(附地菜). → 꽃받이.

꽃마리아재비(愚, 1996) (지치과) 개꽃마리의 중국 옌벤 방언. → 개꽃마리.

꽃말발도리(안덕균, 1998) (범의귀과) 둥근잎말발도리의 이명. → 둥근잎말발도리.

꽃말이(鄭, 1937) (지치과) 꽃마리의 이명. → 꽃마리.

꽃망초(朴, 1974) (쥐꼬리망초과) 물잎풀의 이명. → 물잎풀.

꽃며느리바풀(鄭, 1937) (현삼과) 꽃며느리밥풀의 이명. → 꽃며느리밥풀.

꽃며느리밥풀(鄭, 1949) (현삼과 *Melampyrum roseum*) 〔이명〕 꽃며느리바풀, 꽃새애기풀. 〔유래〕 미상. 꽃의 아름다움을 예쁜 며느리에 비유. 산라화(山羅花).

꽃모시나물(朴, 1949) (초롱꽃과) 꽃잔대의 이명. → 꽃잔대.

꽃무(朴, 1949) (십자화과 *Ceiranthus cheiri*) 〔이명〕 향꽃무, 개부지깽이. 〔유래〕 관상으로 재배하는 아름다운 무.

꽃무릇(安, 1982) (수선화과) 석산의 이명. → 석산.

꽃바위장포(朴, 1949) (백합과) 꽃장포의 이명. → 꽃장포.

꽃바지(李, 1980) (지치과) 꽃받이의 이명. → 꽃받이.

꽃박새(安, 1982) (백합과) 박새의 이명. → 박새.

꽃받이(鄭, 1937) (지치과 *Bothriospermum tenellum*) 〔이명〕 나도꽃마리, 꽃마리, 꽃바지. 〔유래〕 미상.

꽃방동산이(朴, 1949) (사초과) 너도방동사니의 이명. → 너도방동사니.

꽃방망이(愚, 1996) (초롱꽃과) 자주꽃방망이의 북한 방언. → 자주꽃방망이.

꽃방맹이(朴, 1949) (초롱꽃과) 자주꽃방망이의 이명. → 자주꽃방망이.

꽃방울골(朴, 1949) (사초과) 솔방울고랭이의 이명. 〔유래〕 꽃(아름다운) 방울골(방울고랭이). → 솔방울고랭이.

꽃버들(鄭, 1942) (버드나무과 *Salix stipularis*) 〔이명〕 솜버들, 털잎버들. 〔유래〕 미상.

꽃버무리(愚, 1996) (미나리아재비과) 개버무리의 북한 방언. → 개버무리.

꽃벚나무(鄭, 1937) (장미과 *Prunus verecunda* v. *sontagiae*) 〔이명〕 꽃벚나무. 〔유래〕 아름다운 산벚나무라는 뜻의 일명.

꽃벚나무(李, 1966) (장미과) 꽃벗나무의 이명. → 꽃벗나무.

꽃비비추(朴, 1949) (백합과) 참비비추의 이명. → 참비비추.

꽃비수리(永, 2002) (콩과 *Lespedeza roesa*) 〔유래〕 꽃이 붉은 자주색이며 기판 안쪽은 흰색이다. 비수리와 참싸리의 자연잡종.

꽃산수국(李, 1966) (범의귀과 *Hydrangea macrophylla* v. *acuminata* f. *buergeri*) 〔유래〕 무성화 꽃받침에 톱니가 있다.

꽃상추(李, 2003) (국화과) 꽃상치의 이명. → 꽃상치.

꽃상치(鄭, 1970) (국화과 *Cichorium endivia*) 〔이명〕 뚝갈, 호상치, 화란상치, 풀상치, 풀상추, 꽃상추, 고수부루. 〔유래〕 아름다운 상치.

꽃새애기풀(愚, 1996) (현삼과) 꽃며느리밥풀의 북한 방언. 〔유래〕 예쁜 새애기(새며느리) 풀. → 꽃며느리밥풀.

꽃생강(永, 1996) (생강과 *Hedychium coronarium*) 〔유래〕 꽃에 향기가 있고 줄기 끝에 수상화서(穗狀花序)로 달린다.

꽃수염풀(愚, 1996) (꿀풀과) 광대수염의 북한 방언. 〔유래〕 화관 하순의 선상 부속물을 예쁜 수염에 비유. → 광대수염.

꽃싸리(鄭, 1942) (콩과 *Campylotropis macrocarpa*) 〔이명〕 붉은꽃싸리. 〔유래〕 꽃싸리라는 뜻의 일명. 화추(花萩).

꽃씀바귀(李, 1969) (국화과 *Ixeris dentata* v. *amplifolia*) 〔유래〕 미상. 황색 꽃이 핀다.

꽃아까시나무(李, 1969) (콩과 *Robinia hispida*) 〔이명〕 꽃아카시아, 꽃아카시아나무, 장미색아카시아나무, 털아카시아나무. 〔유래〕 꽃이 아름다운 아까시아나무.

꽃아욱(愚, 1996) (쥐손이풀과) 제라늄의 이명. 〔유래〕 예쁜 아욱. → 제라늄.

꽃아카시아(尹, 1989) (콩과) 꽃아까시나무의 이명. → 꽃아까시나무.

꽃아카시아나무(永, 1996) (콩과) 꽃아까시나무의 이명. → 꽃아까시나무.

꽃양귀비(安, 1962) (양귀비과) 개양귀비의 이명. 〔유래〕 관상용 양귀비. → 개양귀비.

꽃양배추(愚, 1996) (십자화과) 자주양배추의 중국 옌볜 방언. 〔유래〕 관상용 양배추. → 자주양배추.

꽃양하(永, 1996) (생강과 *Alpinia japonica*) 〔유래〕 열매가 붉게 익는다.

꽃여뀌(鄭, 1949) (여뀌과 *Persicaria conspicua*) 장대여뀌의 이명(朴, 1974)으로도 사용. 〔이명〕 꽃역귀. 〔유래〕 사쿠라(꽃)다데(サクラタデ)라는 뜻의 일명. 요(蓼). → 장대여뀌.

꽃역귀(鄭, 1937) (여뀌과) 꽃여뀌의 이명. → 꽃여뀌.

꽃으아리(愚, 1996) (미나리아재비과) 위령선의 북한 방언. 〔유래〕 예쁜 으아리. → 위령선.

꽃이질풀(朴, 1949) (쥐손이풀과) 삼쥐손이의 이명. → 삼쥐손이.

꽃자리풀(愚, 1996) (콩과) 개자리의 북한 방언. → 개자리.

꽃잔대(李, 1969) (초롱꽃과 *Adenophora koreana*) 수원잔대의 이명(朴, 1974)으로도 사용. 〔이명〕 꽃모시나물, 큰잔대. 〔유래〕 꽃이 아름다운 잔대. → 수원잔대.

꽃잔디(李, 1980) (꽃고비과) 지면패랭이꽃의 이명. 〔유래〕 멀리서 보기에는 잔디 같지만 아름다운 꽃이 핀다. → 지면패랭이꽃.

꽃장대(朴, 1949) (십자화과) 장대냉이와 가는장대(1949)의 이명. → 장대냉이, 가는장대.

꽃장포(鄭, 1949) (백합과 *Tofieldia nuda*) 꽃창포의 이명(1937)으로도 사용. 〔이명〕 꽃바위장포, 꽃창포, 돌창포, 꽃장포풀. 〔유래〕 꽃 장포라는 뜻의 일명. → 꽃창포.

꽃장포풀(愚, 1996) (백합과) 꽃장포의 중국 옌볜 방언. → 꽃장포.

꽃정향나무(愚, 1996) (물푸레나무과) 꽃개회나무의 북한 방언. 〔유래〕 꽃이 아름다운 정향나무. → 꽃개회나무.

꽃조팝나무(安, 1982) (장미과) 만첩조팝나무의 이명. 〔유래〕 관상용 조팝나무. → 만첩조팝나무.

꽃족제비쑥(壽, 1995) (국화과 *Matricaria inodora*) 〔유래〕 족제비쑥에 비해 잎의 최종 열편이 사상이며 설상화가 길이 2cm이다.

꽃쥐손이(鄭, 1937) (쥐손이풀과 *Geranium dahuricum* v. *megalanthum*) 〔유래〕 꽃 쥐손이풀이라는 뜻의 일명. 노관초(老鸛草).

꽃참싸리(李, 1976) (콩과 *Lespedeza* x *nakai*) 〔유래〕 미상. 참싸리와 싸리의 잡종.

꽃창포(鄭, 1949) (붓꽃과 *Iris ensata* v. *spontanea*) 꽃장포의 이명(李, 1976)으로도 사용. 〔이명〕 꽃장포, 들꽃장포, 들꽃창포. 〔유래〕 아름다운 창포. 옥선화(玉蟬花). → 꽃장포.

꽃층층이꽃(安, 1982) (꿀풀과 *Clinopodium chinense* v. *grandiflora*) 〔이명〕 자주층꽃, 층층이꽃. 〔유래〕 꽃이 큰(아름다운) 층층이꽃이라는 뜻의 학명.

꽃치자(李, 1980) (꼭두선이과 *Gardenia jasminoides* v. *radicans*) 〔이명〕 천엽치자, 좀치자나무. 〔유래〕 꽃이 아름다운 치자. 수치(水梔).

꽃칸나(永, 1996) (홍초과) 홍초의 이명. → 홍초.

꽃콩(永, 1996) (콩과) 스위트피의 이명. → 스위트피.

꽃토란(朴, 1949) (천남성과) 갈라의 이명. 〔유래〕 관상용 토란. → 갈라.

꽃파대가리(오용자 등, 2000) (사초과 *Kyllinga diflola*) 〔유래〕 소수(小穗)가 2개의 수과를 가지는 파대가리라는 뜻의 학명.

꽃패랭이(永, 1996) (석죽과 *Dianthus superbus-chinensis*) 〔유래〕 꽃잎이 갈라진 상태가 패랭이꽃과 술패랭이꽃의 중간형이다.

꽃패랭이꽃(愚, 1996) (석죽과) 패랭이꽃의 북한 방언. → 패랭이꽃.

꽃피나무(朴, 1949) (피나무과 *Tilia amurensis* f. *polyantha*) 〔유래〕 꽃 피나무라는 뜻의 일명. 꽃이 1화경에 30~294개로 많아 아름답다는 데서 유래.

꽃하늘지기(鄭, 1956) (사초과 *Bulbostylis densa*) 〔이명〕 실하눌직이, 실하늘지기. 〔유래〕 꽃 하늘지기라는 뜻의 일명.

꽃향오동(愚, 1996) (능소화과) 꽃개오동의 중국 옌볜 방언. → 꽃개오동.

ㄱ

꽃향유(鄭, 1949) (꿀풀과 *Elsholtzia pseudo-cristata* v. *splendens*) 〔이명〕 붉은향유. 〔유래〕 꽃(아름다운) 향유라는 뜻의 일명. 향유(香薷).

꽃홍초(愚, 1996) (생강과) 홍초의 북한 방언. → 홍초.

꽃황새냉이(鄭, 1949) (십자화과 *Cardamine amaraeformis*) 〔이명〕 털냉이. 〔유래〕 꽃 황새냉이라는 뜻의 일명.

꽈리(鄭, 1937) (가지과 *Physalis alkekengi* v. *franchetii*) 〔이명〕 꼬아리, 때꽐. 〔유래〕 산장(酸漿), 산장초(酸漿草), 등롱초(燈籠草).

꽝꽝나무(鄭, 1937) (감탕나무과 *Ilex crenata* f. *microphylla*) 〔이명〕 좀꽝꽝나무. 〔유래〕 제주 방언. 파연동청(波緣冬青).

꽤잎나무(鄭, 1942) (대극과) 예덕나무의 이명. 〔유래〕 예덕나무의 전남 어청도 방언. → 예덕나무.

꽹나무(鄭, 1937) (철쭉과) 산앵도나무의 이명. 〔유래〕 산앵도나무의 강원 방언. → 산앵도나무.

꾸레미풀(朴, 1949) (벼과) 실포아풀(鄭, 1949)의 이명. → 실포아풀.

꾸렘이풀(朴, 1949) (벼과) 구내풀의 이명. → 구내풀.

꾸부령(安, 1982) (벼과) 그령의 이명. → 그령.

꾸정나무(鄭, 1942) (가래나무과) 굴피나무의 이명. 〔유래〕 굴피나무의 황해 방언. → 굴피나무.

꾸지나무(鄭, 1937) (뽕나무과 *Broussonetia papyrifera*) 〔이명〕 닥나무. 〔유래〕 전남 방언. 저실(楮實).

꾸지닥나무(김무열 등, 1992) (뽕나무과 *Broussonetia kazinoki* x *papyrifera*) 〔유래〕 꾸지나무와 닥나무의 잡종으로 형질이 중간이다.

꾸지딸기(鄭, 1970) (장미과 *Rubus trifidus*) 〔이명〕 거문딸기. 〔유래〕 꾸지 딸기라는 뜻의 일명.

꾸지뽕나무(鄭, 1949) (뽕나무과) 구지뽕나무의 이명. → 구지뽕나무.

꿀방망이(鄭, 1949) (꿀풀과) 꿀풀의 이명. 〔유래〕 꿀이 들어 있는 꽃이 모인 화서를 꿀방망이에 비유. → 꿀풀.

꿀풀(鄭, 1937) (꿀풀과 *Prunella vulgaris* v. *lilacina*) 〔이명〕 꿀방망이, 가지골나물, 붉은꿀풀, 가지가래꽃. 〔유래〕 꿀을 가지고 있는 풀. 화하고초(花夏枯草), 서주하고초(徐州夏枯草), 하고초(夏枯草).

꿀풀싸리(朴, 1949) (콩과) 흰전동싸리의 이명. → 흰전동싸리.

꿩고비(鄭, 1937) (고비과 *Osmunda cinnamomea* v. *fokiensis*) 〔유래〕 꿩(일본 종) 고비라는 뜻의 일명. 자기관중(紫萁貫衆).

꿩고사리(朴, 1949) (꿩고사리과 *Plagiogyria euphlebia*) 〔이명〕 버들잎쥐꼬리, 버들잎고사리. 〔유래〕 큰 꿩의 꼬리라는 뜻의 일명.

ㄱ

꿩밥(朴, 1949) (골풀과) 꿩의밥의 이명. → 꿩의밥.

꿩의다리(鄭, 1937) (미나리아재비과 *Thalictrum aquilegifolium* v. *sibiricum*) 〔이명〕 아시아꿩의다리, 한라꿩의다리, 가락풀. 〔유래〕 미상. 마미련(馬尾連).

꿩의다리아재비(鄭, 1937) (매자나무과 *Caulophyllum robustum*) 〔이명〕 개음양각, 줄기잎나물. 〔유래〕 꿩의다리와 유사. 홍모칠(紅毛七).

꿩의바람꽃(鄭, 1937) (미나리아재비과 *Anemone raddeana*) 〔유래〕 미상. 죽절향부(竹節香附).

꿩의밥(鄭, 1937) (골풀과 *Luzula capitata*) 〔이명〕 꿩밥, 꿩의밥풀. 〔유래〕 열매가 꿩의 먹이이다. 지양매(地楊梅).

꿩의밥풀(永, 1996) (골풀과) 꿩의밥의 이명. 〔유래〕 꿩의밥의 북한 방언. → 꿩의밥.

꿩의비름(鄭, 1937) (돌나물과 *Sedum erythrostictum*) 〔이명〕 큰꿩의비름. 〔유래〕 경천(景天).

꿰미풀(愚, 1996) (벼과) 포아풀의 북한 방언. → 포아풀.

끈끈이귀개(鄭, 1937) (끈끈이주걱과 *Drosera peltata* v. *nipponica*) 〔이명〕 끈끈이귀이개. 〔유래〕 점액을 분비하는 선모가 있는 잎의 모양이 귀개와 유사.

끈끈이귀이개(永, 1996) (끈끈이주걱과) 끈끈이귀개의 이명. → 끈끈이귀개.

끈끈이대나물(鄭, 1937) (석죽과 *Silene armeria*) 끈끈이장구채의 이명(朴, 1949)으로도 사용. 〔이명〕 세레네. 〔유래〕 점액을 분비하여 벌레를 잡는 대나물이라는 뜻의 일명. → 끈끈이장구채.

끈끈이딱지(鄭, 1949) (장미과 *Potentilla viscosa*) 〔이명〕 끈끈이딱지꽃. 〔유래〕 끈적끈적한 점액을 분비하는 딱지꽃이라는 뜻의 학명 및 일명.

끈끈이딱지꽃(愚, 1996) (장미과) 끈끈이딱지의 북한 방언. → 끈끈이딱지.

끈끈이여뀌(鄭, 1937) (여뀌과 *Persicaria viscofera*) 〔이명〕 큰끈끈이역뀌, 큰끈끈이역귀, 털끈끈이여뀌. 〔유래〕 끈적끈적한 점액을 분비하는 여뀌라는 뜻의 학명 및 일명.

끈끈이역귀(朴, 1949) (여뀌과) 큰끈끈이여뀌의 이명. → 큰끈끈이여뀌, 끈끈이여뀌.

끈끈이장구채(鄭, 1937) (석죽과 *Silene koreana*) 〔이명〕 끈끈이대나물. 〔유래〕 끈적끈적한 점액을 분비하는 장구채라는 뜻의 일명.

끈끈이점나도나물(愚, 1996) (석죽과) 양점나도나물의 중국 옌볜 방언. 〔유래〕 끈적끈적한 점액을 분비하는 점나도나물이라는 뜻의 학명. → 양점나도나물.

끈끈이주걱(鄭, 1937) (끈끈이주걱과 *Drosera rotundifolia*) 〔유래〕 모전태(毛氈苔), 모고채(茅膏菜), 원엽모고채(圓葉茅藁菜). 점액을 분비하는 잎의 형태가 주걱 모양이다.

끈사초(朴, 1949) (사초과) 잔솔잎사초의 이명. 〔유래〕 끈(철사) 같은 사초라는 뜻의 일명. → 잔솔잎사초.

끈적쥐꼬리풀(永, 1996) (백합과 *Aletris foliata*) 〔유래〕 화축 꽃줄기, 화피의 바깥쪽에

끈적거리는 선모가 있는 쥐꼬리풀.

끈제기나무(鄭, 1942) (감탕나무과) 감탕나무의 이명. 〔유래〕 감탕나무의 전북 어청도 방언. → 감탕나무.

끗비돗초(鄭, 1942) (새모래덩굴과) 댕댕이덩굴의 이명. → 댕댕이덩굴.

끼멸가리(鄭, 1937) (미나리아재비과) 승마의 이명. → 승마.

끼무릇(鄭, 1937) (천남성과) 반하의 이명. → 반하.

ㄴ

나까이쑥(朴, 1949) (국화과) 애기비쑥의 이명. 〔유래〕 나카이(中井)의 쑥이라는 뜻의 학명. → 애기비쑥.

나나니난초(鄭, 1949) (난초과 *Liparis krameri*) 〔이명〕 나난이난초, 나나벌이난초, 애기벌난초, 나나리란. 〔유래〕 미상.

나나리란(愚, 1996) (난초과) 나나니난초의 북한 방언. → 나나니난초.

나나벌이난초(鄭, 1956) (난초과) 나나니난초의 이명. → 나나니난초.

나난이난초(鄭, 1937) (난초과) 나나니난초의 이명. → 나나니난초.

나는개국화(愚, 1996) (국화과) 산국의 중국 옌볜 방언. → 산국.

나도갈쿠리풀(愚, 1996) (콩과) 잔디갈고리의 중국 옌볜 방언. → 잔디갈고리.

나도감자가락잎(愚, 1996) (산형과) 서울개발나물의 북한 방언. 〔유래〕 감자가락잎풀(감자개발나물)과 유사. → 서울개발나물.

나도감자개발나물(愚, 1996) (산형과) 서울개발나물의 중국 옌볜 방언. → 서울개발나물, 나도감자가락잎.

나도개감채(鄭, 1949) (백합과 *Lloydia triflora*) 〔이명〕 산무릇, 꽃개감채, 가는잎두메무릇. 〔유래〕 개감채와 유사.

나도개미자리(鄭, 1949) (석죽과 *Minuartia arctica*) 〔이명〕 큰산개미자리, 털산개미자리, 산솔자리풀, 두메개미자리. 〔유래〕 개미자리와 유사.

나도개밀(安, 1982) (벼과) 개보리의 이명. 〔유래〕 개밀과 유사. → 개보리.

나도개피(鄭, 1949) (벼과 *Eriochloa villosa*) 〔이명〕 개피, 가는잎개피, 새피, 나도늪피. 〔유래〕 개피와 유사.

나도겨이삭(鄭, 1949) (벼과 *Milium effusum*) 〔이명〕 빕새율미, 빕새율무, 조풀. 〔유래〕 겨이삭과 유사.

나도겨풀(鄭, 1956) (벼과 *Leersia japonica*) 〔이명〕 겨풀, 거신털피, 물겨풀. 〔유래〕 겨풀과 유사. 가도(假稻).

나도고랭이(鄭, 1949) (사초과) 솔방울고랭이의 이명. → 솔방울고랭이.

나도고사리삼(鄭, 1949) (고사리삼과 *Ophioglossum vulgatum*) 줄고사리의 이명(李, 1969)으로도 사용. 〔이명〕 줄고사리삼, 메고사리삼. 〔유래〕 고사리삼과 유사. → 줄고사리.

나도고추풀(朴, 1974) (현삼과) 외풀의 이명. 〔유래〕 고추풀(논뚝외풀)과 유사. → 외풀.

ㄴ

나도공단풀(임 · 전, 1980) (아욱과 *Sida rhombifolia*) 〔이명〕 순애초. 〔유래〕 공단풀과 유사. 공단풀에 비해 목질성(木質性) 다년초로 잎 뒤에 성상모가 밀생하여 회백색을 띤다.

나도광대나물(愚, 1996) (꿀풀과) 흰꽃광대나물의 중국 옌볜 방언. 〔유래〕 광대나물과 유사. → 흰꽃광대나물.

나도국수나무(鄭, 1949) (장미과 *Neillia uekii*) 〔이명〕 나두국수나무, 조팝나무아재비. 〔유래〕 국수나무와 유사.

나도그늘사초(李, 1969) (사초과 *Carex tenuiformis*) 〔이명〕 색시사초. 〔유래〕 그늘사초와 유사.

나도기름새(鄭, 1949) (벼과 *Bothriochloa parviflora*) 〔이명〕 수염새, 소염새. 〔유래〕 작은 기름새라는 뜻의 일명. 즉 기름새와 유사.

나도깨풀(朴, 1974) (현삼과 *Centranthera cochinchinensis* v. *lutea*) 종다리꽃의 이명(앵초과, 安, 1982)으로도 사용. 〔이명〕 성주풀, 가시나물. 〔유래〕 참깨풀이라는 뜻의 일명. 그러나 참깨와 깨풀과는 거리가 멀다. → 종다리꽃.

나도꽃마리(朴, 1949) (지치과) 꽃받이의 이명. 〔유래〕 꽃마리와 유사. → 꽃받이.

나도냉이(鄭, 1949) (십자화과 *Barbarea orthoceras*) 〔이명〕 시베리아장대, 산냉이. 〔유래〕 냉이와 유사. 제채(薺菜).

나도넉줄고사리(安, 1982) (면마과) 털쇠고사리의 이명. → 털쇠고사리.

나도노각나무(愚, 1996) (차나무과) 노각나무의 중국 옌볜 방언. → 노각나무.

나도늪피(永, 1996) (벼과) 나도개피의 이명. → 나도개피.

나도닭의덩굴(鄭, 1949) (여뀌과 *Fallopia convolvulus*) 〔이명〕 모밀덩굴, 닭모밀덩굴, 메밀덩굴, 덩굴메밀, 덩굴모밀. 〔유래〕 닭의덩굴과 유사.

나도담배풀(安, 1982) (국화과) 추분취의 이명. → 추분취.

나도대싸리(愚, 1996) (명아주과) 나도댑사리의 중국 옌볜 방언. → 나도댑사리.

나도댑사리(鄭, 1949) (명아주과 *Axyris amaranthoides*) 〔이명〕 나도대싸리. 〔유래〕 댑사리와 유사.

나도독미나리(壽, 2000) (산형과 *Conium maculatum*) 〔유래〕 식물체에 독이 있고 상처를 주면 불쾌한 냄새가 난다.

나도딱총나무(愚, 1996) (고추나무과) 말오줌때의 중국 옌볜 방언. → 말오줌때.

나도딸기광이(李, 1969) (벼과) 나도딸기꽝이의 이명. → 나도딸기꽝이.

나도딸기괭이(鄭, 1949) (벼과) 나도딸기꽝이의 이명. → 나도딸기꽝이.

나도딸기꽝이(鄭, 1956) (벼과 *Cinna latifolia*) 〔이명〕 나도딸기괭이, 이삭조, 나도딸기광이, 이삭새. 〔유래〕 미상.

나도마름아재비(愚, 1996) (미나리아재비과 *Ranunculus sarmentosus*) 〔유래〕 중국 옌볜 방언.

나도물통이(鄭, 1949) (쐐기풀과 *Nanocnide japonica*) 〔이명〕 화점초, 애기물통이. 〔유래〕 물통이와 유사.

나도미꾸리(鄭, 1949) (여뀌과 *Persicaria maackiana*) 〔이명〕 역귀아재비, 나도미꾸리낚시, 좀나도미꾸리. 〔유래〕 미꾸리낚시와 유사.

나도미꾸리낚시(李, 1980) (여뀌과) 나도미꾸리의 이명. → 나도미꾸리.

나도바다말(安, 1982) (가래과) 줄말의 이명. → 줄말.

나도바람꽃(鄭, 1949) (미나리아재비과 *Isopyrum raddeanum*) 〔이명〕 향수꽃. 〔유래〕 바람꽃과 유사.

나도바랑이(愚, 1996) (벼과) 나도바랭이의 중국 옌볜 방언. 〔유래〕 바랑이(바랭이)와 유사. → 나도바랭이.

나도바랭이(李, 1969) (벼과 *Chloris virgata*) 큰듬성이삭새의 이명(愚, 1996, 중국 옌볜 방언)으로도 사용. 〔이명〕 묵바래기, 나도바랑이. 〔유래〕 바랭이와 유사. → 큰듬성이삭새.

나도바랭이새(鄭, 1956) (벼과 *Microstegium vimineum*) 큰듬성이삭새의 이명(鄭, 1949)으로도 사용. 〔이명〕 듬성이삭새, 애기나도바랭이새. 〔유래〕 바랭이새와 유사. → 큰듬성이삭새.

나도박달(鄭, 1942) (단풍나무과 *Acer triflorum*) 〔이명〕 복자기, 기슬박달, 산참대, 개박달나무, 까치박달, 젓털복자기, 젖털복자기, 복자기나무. 〔유래〕 강원 방언. 삼화축(三花槭).

나도박주가리(愚, 1996) (박주가리과) 왜박주가리의 북한 방언. 〔유래〕 박주가리와 유사. → 왜박주가리.

나도밤나무(鄭, 1937) (나도밤나무과 *Meliosma myriantha*) 까치박달의 이명(鄭, 1942)으로도 사용. 〔이명〕 나도합다리나무. 〔유래〕 전남 방언. → 까치박달.

나도방동사니(李, 1980) (사초과 *Cyperus nipponicus*) 〔이명〕 나도방동산이, 푸른방동산이. 〔유래〕 방동사니와 유사.

나도방동산이(鄭, 1949) (사초과) 나도방동사니의 이명. → 나도방동사니.

나도벌사초(鄭, 1949) (사초과) 나도별사초의 이명. → 나도별사초.

나도범의귀(鄭, 1956) (범의귀과 *Mitella nuda*) 눈여뀌바늘의 이명(安, 1982)으로도 사용. 〔이명〕 덩굴풀매화, 새납풀. 〔유래〕 범의귀와 유사. 실물은 헐덕이약풀과 유사. → 눈여뀌바늘.

나도별꽃(李, 1980) (석죽과) 갯개미자리의 이명. → 갯개미자리.

나도별사초(李, 1969) (사초과 *Carex gibba*) 〔이명〕 나도벌사초, 쇠메기사초. 〔유래〕

미상.

나도사프란(鄭, 1949) (수선화과 *Zephyranthes carinata*) 〔이명〕 사프란아재비, 개상사화, 나도제비란. 〔유래〕 사프란과 유사하다는 뜻의 일명.

나도새양(愚, 1996) (닭의장풀과) 나도생강의 북한 방언. 〔유래〕 새양(생강)과 유사. → 나도생강.

나도새양버들(愚, 1996) (버드나무과 *Chosenia arbutifolia* f. *adenantha*) 〔유래〕 새양버들과 유사.

나도생강(鄭, 1949) (닭의장풀과 *Pollia japonica*) 〔이명〕 개양하, 나도새양. 〔유래〕 생강과 유사.

나도송이풀(鄭, 1937) (현삼과 *Phtheirospermun japonicum*) 〔유래〕 송이풀과 유사(작은)하다는 뜻의 일명. 송호(松蒿).

나도쇠고사리(鄭, 1949) (면마과) 털쇠고사리와 검정개관중(鄭, 1970)의 이명. → 털쇠고사리, 검정개관중.

나도수국꽈리(愚, 1996) (가지과) 페루꽈리의 중국 옌볜 방언. → 페루꽈리.

나도수영(鄭, 1949) (여뀌과 *Oxyria digyna*) 〔이명〕 큰산승애, 큰산수영, 큰산싱아. 〔유래〕 수영과 유사하다는 뜻의 일명.

나도수정란풀(永, 2002) (노루발과) 나도수정초의 이명. → 나도수정초.

나도수정초(朴, 1974) (노루발과 *Monstropastrum humile*) 구상난풀의 이명(安, 1982)으로도 사용. 〔이명〕 수정란풀, 수정난풀, 나도수정란풀. 〔유래〕 수정초(수정란풀)와 유사. → 구상난풀.

나도승마(鄭, 1949) (범의귀과 *Kigengeshoma koreana*) 〔이명〕 왜승마, 노랑승마, 백운승마. 〔유래〕 승마와 유사.

나도쓴풀(朴, 1974) (용담과) 개쓴풀의 이명. 〔유래〕 쓴풀과 유사하나 뿌리에 쓴맛이 없다. → 개쓴풀.

나도씀배(安, 1982) (국화과) 개씀배의 이명. → 개씀배.

나도씨눈난(李, 1969) (난초과) 나도씨눈란의 이명. → 나도씨눈란.

나도씨눈란(鄭, 1949) (난초과 *Herminium monorchis*) 〔이명〕 진들난초, 나도씨눈난. 〔유래〕 씨눈란(씨눈난초)과 유사.

나도애기무엽란(愚, 1996) (난초과 *Corallorhiza trifida*) 〔이명〕 산호란. 〔유래〕 애기무엽란과 유사.

나도양지꽃(鄭, 1949) (장미과 *Waldsteinia ternata*) 〔이명〕 딸기아재비, 금강금매화. 〔유래〕 양지꽃과 유사.

나도억새(鄭, 1949) (벼과 *Miscanthus oligostachyus* v. *intermedius*) 〔이명〕 억새아재비. 〔유래〕 억새와 유사.

나도여로(鄭, 1949) (백합과 *Zygadenus sibiricus*) 〔이명〕 시베리아바위풀. 〔유래〕 여

로와 유사.

나도여우콩(朴, 1974) (콩과) 큰여우콩의 이명. 〔유래〕 여우콩과 유사. → 큰여우콩.

나도옥잠화(鄭, 1949) (백합과 *Clintonia udensis*) 〔이명〕 제비옥잠, 당나귀나물, 제비옥잠화, 두메옥잠화. 〔유래〕 옥잠화와 유사. 뇌공칠(雷公七).

나도우드풀(鄭, 1949) (고란초과 *Polypodium fauriei*) 〔이명〕 나사고사리, 나사미역고사리. 〔유래〕 우드풀과 유사.

나도은조롱(鄭, 1949) (박주가리과 *Marsdenia tomentosa*) 〔이명〕 영주치자아재비, 소젖덩굴. 〔유래〕 은조롱과 유사.

나도잔디(鄭, 1949) (벼과 *Sporobolus japonicus*) 〔이명〕 털잔디, 잔디쥐꼬리풀. 〔유래〕 잔디와 유사.

나도잠자리난(李, 1969) (난초과) 넓은잎나도잠자리란의 이명. → 넓은잎나도잠자리란.

나도잠자리난초(永, 1996) (난초과) 나도잠자리란의 이명. → 나도잠자리란.

나도잠자리란(鄭, 1949) (난초과 *Tulotis ussuriensis*) 〔이명〕 색기잠자리난초, 나도제비난, 제비잠자리난, 잠자리난초, 나도잠자리난초, 잠자리란. 〔유래〕 잠자리란(잠자리난초)과 유사.

나도재쑥(壽, 2001) (십자화과 *Descurainia pinnata*) 〔유래〕 재쑥과 유사. 줄기 위쪽에 선모가 있고, 꽃은 담황색에서 백색에 가깝다.

나도제비난(李, 1969) (난초과 *Oberonia japonica*) 나도잠자리란의 이명(1969)으로도 사용. 〔이명〕 차걸이란, 차걸이난, 이삭란초. 〔유래〕 제비난과 유사. 실물은 유사하지 않다. → 나도잠자리란.

나도제비란(鄭, 1949) (난초과) 차일봉무엽란과 나도사프란(수선화과, 愚, 1996, 중국 옌볜 방언)의 이명. → 차일봉무엽란, 나도사프란.

나도진퍼리고사리(李, 1969) (면마과 *Thelypteris omeiensis*) 〔유래〕 미상.

나도파초일엽(鄭, 1949) (꼬리고사리과 *Asplenium scolopendrium*) 〔이명〕 변산일엽, 골고사리. 〔유래〕 파초일엽과 유사.

나도풍란(鄭, 1949) (난초과 *Aerides japonicum*) 〔이명〕 노란나비난초, 대풍란, 대엽풍란. 〔유래〕 풍란과 유사.

나도하수오(鄭, 1949) (여뀌과 *Pleuropterus ciliinervis*) 〔이명〕 개하수오, 하수오. 〔유래〕 하수오와 유사. 홍약자(紅藥子).

나도합다리나무(愚, 1996) (나도밤나무과) 나도밤나무의 북한 방언. → 나도밤나무.

나도황기(鄭, 1956) (콩과 *Hedysarum vicioides*) 〔이명〕 두메나도황기, 두메황기, 그물나도황기. 〔유래〕 황기와 유사.

나도히초미(鄭, 1949) (면마과 *Polystichum polyblepharum*) 〔이명〕 섬봉의꼬리, 개관중. 〔유래〕 희초미(관중)와 유사. 대엽금계미파초(大葉金鷄尾巴草).

ㄴ

나두국수나무(鄭, 1937) (장미과) 나도국수나무의 이명. → 나도국수나무.

나락(鄭, 1937) (벼과) 벼의 이명. 〔유래〕 벼의 경상, 전라, 충청, 강원 방언. → 벼.

나래가막살이(전의식, 1991) (국화과 *Coreopsis alternifolia*) 〔유래〕 줄기에 좁은 날개가 있다.

나래고사리(朴, 1949) (고사리과) 탐라반쪽고사리의 이명. → 탐라반쪽고사리.

나래미역취(鄭, 1949) (국화과 *Solidago virgaurea* v. *coreana*) 〔이명〕 미역취. 〔유래〕 잎자루에 나래가 있다.

나래박쥐(鄭, 1949) (국화과 *Cacalia praetermissa*) 〔이명〕 묏박쥐나물, 나래박쥐나물, 참나래박쥐, 참나래박쥐나물. 〔유래〕 잎자루에 나래가 있고 기부에 귀가 있다. 각향(角香).

나래박쥐나물(李, 1976) (국화과) 나래박쥐의 이명. → 나래박쥐.

나래반쪽고사리(鄭, 1937) (고사리과) 반쪽고사리와 탐라반쪽고사리(愚, 1996, 중국 옌볜 방언)의 이명. → 반쪽고사리, 탐라반쪽고사리.

나래새(鄭, 1949) (벼과 *Stipa pekinensis*) 〔이명〕 수염새아재비. 〔유래〕 나래새라는 뜻의 일명.

나래솜나물(朴, 1949) (국화과) 각시취의 이명. → 각시취.

나래수송나물(愚, 1996) (명아주과 *Salsola ruthenica*) 〔이명〕 날개수송나물. 〔유래〕 화피는 과실일 때에 옆으로 분명히 넓은 날개가 있다.

나래완두(鄭, 1949) (콩과 *Vicia anguste-pinnata* v. *hirticalycina*) 〔이명〕 긴잎새완두. 〔유래〕 일명에서 유래한 것이나, 나래는 없다.

나래제비풀(愚, 1996) (미나리아재비과) 비연초의 중국 옌볜 방언. → 비연초.

나래쪽동백(李, 1980) (때죽나무과 *Pterostyrax hispida*) 〔유래〕 미상. 백신수(白辛樹).

나래취(鄭, 1949) (국화과) 각시취의 이명. 〔유래〕 나래 각시취라는 뜻의 일명. → 각시취.

나래회나무(鄭, 1937) (노박덩굴과 *Euonymus macropterus*) 회나무의 이명(朴, 1949)으로도 사용. 〔이명〕 회나무, 회뚝이나무. 〔유래〕 과실에 날개가 있는 회나무. 귀전우(鬼箭羽). → 회나무.

나래회목나무(愚, 1996) (노박덩굴과 *Euonymus oligospermus*) 〔유래〕 회목나무에 비해 잎자루의 상부가 날개 모양으로 넓어진다.

나리(安, 1982) (백합과) 참나리의 이명. → 참나리.

나리난초(1937) (난초과 *Liparis makinoana*) 〔이명〕 풍경벌레난초, 나리란, 제주나리난초. 〔유래〕 백합과 잎을 가진 난초라는 뜻의 학명. 이 학명은 이 식물에 잘못 사용된 것이다.

나리란(愚, 1996) (난초과) 키다리난초(중국 옌볜 방언)와 나리난초(1996, 북한 방언)

의 이명. → 키다리난초, 나리난초.

나리잔대(李, 1980) (초롱꽃과 *Adenophora liliifolia*) 〔이명〕 가는잎잔대, 산모싯대. 〔유래〕 나리(백합)의 잎이라는 뜻의 학명.

나무딸기(鄭, 1937) (장미과 *Rubus matsumuranus* v. *concolor*) 산딸기나무의 이명(鄭, 1942)으로도 사용. 〔이명〕 곰의딸, 복금자딸, 참나무딸기. 〔유래〕 조선 나무 딸기라는 뜻의 일명. 복분자(覆盆子). → 산딸기나무.

나무수국(李, 1966) (범의귀과 *Hydrangea paniculata*) 〔이명〕 풀수국. 〔유래〕 목본성 수국.

나무쑥갓(安, 1982) (국화과) 마가렛트의 이명. 〔유래〕 잎이 쑥갓과 유사. → 마가렛트.

나문재(鄭, 1949) (명아주과 *Suaeda glauca*) 〔이명〕 갯솔나물. 〔유래〕 미상. 함봉(鹹蓬), 염봉(鹽蓬).

나물승마(安, 1982) (미나리아재비과) 촛대승마의 이명. → 촛대승마.

나물취(鄭, 1949) (국화과) 참취의 이명. 〔유래〕 취나물로 사용하는 취(참취). → 참취.

나물콩(愚, 1996) (콩과) 편두의 중국 옌볜 방언. 〔유래〕 어린 꼬투리를 식용한다. → 편두.

나비국수나무(李, 1966) (장미과) 개국수나무의 이명. 〔유래〕 잎이 5개로 깊이 갈라져 나비와 같이 보인다. → 개국수나무.

나비나물(鄭, 1937) (콩과 *Vicia unijuga*) 〔이명〕 큰나비나물, 꽃나비나물, 봉올나비나물, 가지나비나물, 민나비나물, 참나비나물. 〔유래〕 대생하는 2개의 소엽이 나비 모양이다. 삼령자(三鈴子).

나비난초(鄭, 1949) (난초과 *Orchis graminifolia*) 〔이명〕 나비란초, 나비란. 〔유래〕 석란(石蘭).

나비란(愚, 1996) (난초과) 나비난초의 중국 옌볜 방언. → 나비난초.

나비란초(愚, 1996) (난초과) 나비난초의 북한 방언. → 나비난초.

나비염풀(安, 1982) (벼과) 용수염풀의 이명. → 용수염풀.

나사고사리(朴, 1949) (고란초과) 나도우드풀의 이명. → 나도우드풀.

나사말(鄭, 1937) (자라풀과 *Vallisneria natans*) 〔유래〕 꽃대가 나선상으로 말린다는 뜻의 학명.

나사미역고사리(朴, 1961) (고란초과) 나도우드풀의 이명. → 나도우드풀.

나사줄말(李, 1969) (가래과 *Ruppia cirrhosa*) 〔유래〕 과경이 나선상으로 꼬이는 줄말이라는 뜻의 일명.

나생이(鄭, 1937) (십자화과) 냉이의 이명. 〔유래〕 나생이, 나상이는 냉이의 충청, 경상 방언. → 냉이.

나승게(安, 1982) (십자화과) 냉이의 이명. 〔유래〕 냉이의 충청, 경상, 전라 방언. → 냉이.

나자스말(鄭, 1949) (나자스말과 *Najas graminea*) 〔이명〕 가는마디말, 가는가시말, 가는잎줄기말. 〔유래〕 나자스라는 속명.

나팔꽃(鄭, 1937) (메꽃과 *Pharbitis nil*) 〔이명〕 털잎나팔꽃. 〔유래〕 꽃의 모양이 나팔과 유사. 견우(牽牛), 분증초(盆甑草), 천가(天茄).

나팔나리(安, 1982) (백합과) 백합의 이명. 〔유래〕 꽃의 모양을 나팔에 비유. → 백합.

나팔아재비(愚, 1996) (메꽃과) 밤메꽃의 중국 옌벤 방언. → 밤메꽃.

나한백(鄭, 1970) (측백나무과 *Thujopsis dolabrata*) 〔이명〕 구름측백나무. 〔유래〕 나한백(羅漢柏).

나한송(李, 1980) (나한송과 *Podocarpus macrophyllus* v. *maki*) 〔이명〕 토송. 〔유래〕 나한송(羅漢松).

낙동구절초(永, 1996) (국화과) 구절초의 이명. 〔유래〕 경상도 낙동강변에 나는 구절초라는 뜻의 학명. → 구절초.

낙상홍(李, 1976) (감탕나무과 *Ilex serrata*) 〔유래〕 낙상홍(落霜紅).

낙시사초(朴, 1949) (사초과) 장성사초의 이명. → 장성사초.

낙시오랑캐(朴, 1949) (제비꽃과) 낚시제비꽃의 이명. → 낚시제비꽃.

낙시제비꽃(鄭, 1949) (제비꽃과) 낚시제비꽃의 이명. → 낚시제비꽃.

낙엽송(鄭, 1937) (소나무과 *Larix leptolepis*) 〔이명〕 일본잎갈나무, 창성이깔나무, 청성이깔나무, 락엽송. 〔유래〕 낙엽송(落葉松).

낙우송(李, 1966) (낙우송과 *Taxodium distichum*) 〔이명〕 아메리카수송. 〔유래〕 낙우송(落羽松).

낙지다리(鄭, 1937) (돌나물과 *Penthorum chinense*) 〔이명〕 낙지다리풀. 〔유래〕 낙지 다리라는 뜻의 일명. 돌나물과의 식물은 대체로 다육식물인데, 이것은 다육식물이 아니라는 데서 유래. 수택란(水澤蘭).

낙지다리풀(愚, 1996) (돌나물과) 낙지다리의 북한 방언. → 낙지다리.

낙화생(鄭, 1937) (콩과) 땅콩의 이명. 〔유래〕 낙화생(落花生). 꽃이 지면 밑으로 드리워 땅속으로 들어가서 성숙한다는 뜻의 학명에서 유래. → 땅콩.

낚시고사리(鄭, 1937) (면마과 *Polystichum craspedosorum*) 〔유래〕 잎의 끝부분이 길게 자라서 땅에 닿으면 새로운 개체를 만드는 것을 낚시에 비유.

낚시돌꽃(愚, 1996) (꼭두선이과 *Hedyotis biflora* v. *parvifolia*) 〔이명〕 낚시돌풀, 갯치자풀. 〔유래〕 미상. 낚시돌풀의 오기.

낚시돌풀(鄭, 1949) (꼭두선이과) 낚시돌꽃의 이명. → 낚시돌꽃.

낚시둥굴레(永, 2002) (백합과) 층층갈고리둥굴레의 이명. → 층층갈고리둥굴레.

낚시사초(鄭, 1949) (사초과 *Carex filipes* v. *oligostachys*) 〔이명〕 큰초롱사초, 보리알사초, 드문사초, 초롱사초, 작은구슬사초. 〔유래〕 방울낚시 사초라는 뜻의 일명.

낚시여뀌(朴, 1949) (여뀌과) 미꾸리낚시의 이명. → 미꾸리낚시.

낚시오랑캐(鄭, 1937) (제비꽃과) 낚시제비꽃의 이명. → 낚시제비꽃.

낚시제비꽃(李, 1969) (제비꽃과 *Viola grypoceras*) 〔이명〕 낚시오랑캐, 낙시제비꽃, 낙시오랑캐. 〔유래〕 미상. 지황과(地黃瓜).

낚시향나무(李, 1969) (측백나무과 *Juniperus chinensis* v. *sargentii* f. *pfitzeriana*) 〔유래〕 미상.

난나풀(朴, 1974) (현삼과) 등포풀의 이명. → 등포풀.

난사초(鄭, 1949) (사초과 *Carex holotricha*) 〔이명〕 거신털사초, 털부싱이사초. 〔유래〕 미상.

난장이바위솔(李, 1980) (돌나물과) 난쟁이바위솔의 이명. → 난쟁이바위솔.

난장이버들(鄭, 1942) (버드나무과) 난쟁이버들의 이명. → 난쟁이버들.

난장이붓꽃(鄭, 1949) (붓꽃과 *Iris uniflora* v. *caricina*) 〔이명〕 난쟁이붓꽃. 〔유래〕 미상. 단화연미(單花鳶尾).

난장이이끼(李, 1980) (처녀이끼과) 난쟁이이끼의 이명. → 난쟁이이끼.

난장이패랭이꽃(安, 1982) (석죽과) 난쟁이패랭이꽃의 이명. → 난쟁이패랭이꽃.

난장이현호색(오병운, 1986) (양귀비과 *Corydalis humilis*) 〔유래〕 키가 작은 현호색이라는 뜻의 학명.

난쟁이고사리삼(朴, 1961) (고사리삼과 *Botrychium ramosum* v. *manshuricum*) 〔이명〕 묏고사리삼, 좀고사리삼, 애기고사리삼. 〔유래〕 미상.

난쟁이마디풀(愚, 1996) (여뀌과) 부산마디풀의 중국 옌볜 방언. → 부산마디풀.

난쟁이바위솔(鄭, 1937) (돌나물과 *Orostachys sikokianus*) 〔이명〕 난장이바위솔. 〔유래〕 작은 바위솔이라는 뜻의 일명.

난쟁이버들(鄭, 1937) (버드나무과 *Salix divaricata* v. *orthostemma*) 〔이명〕 난장이버들. 〔유래〕 고산에 나는 소관목.

난쟁이붓꽃(鄭, 1937) (붓꽃과) 난장이붓꽃의 이명. → 난장이붓꽃.

난쟁이사초(朴, 1949) (사초과 *Carex sedakovii*) 〔유래〕 작은 사초라는 뜻의 일명.

난쟁이아욱(壽, 1995) (아욱과 *Malva neglecta*) 〔유래〕 줄기가 땅 위를 포복하고 잎이 작은 것을 난쟁이에 비유.

난쟁이이끼(朴, 1949) (처녀이끼과 *Lacosteopsis orientalis* v. *abbreviata*) 〔이명〕 난장이이끼. 〔유래〕 미상.

난쟁이패랭이꽃(鄭, 1937) (석죽과 *Dianthus chinensis* v. *morii*) 〔이명〕 난장이패랭이꽃. 〔유래〕 작다는 뜻의 일명. 고산성으로 왜소하다.

난치나무(鄭, 1942) (느릅나무과) 난티나무의 이명. 〔유래〕 난티나무의 평북 방언. → 난티나무.

난퇴꼬리풀(朴, 1949) (현삼과) 구와꼬리풀의 이명. → 구와꼬리풀.

난퇴느릅나무(朴, 1949) (느릅나무과) 난티나무의 이명. → 난티나무.

난퇴물개암나무(朴, 1949) (자작나무과) 난티잎개암나무의 이명. → 난티잎개암나무.

난퇴수리취(朴, 1974) (국화과) 국화수리취의 이명. → 국화수리취.

난퇴잎개암나무(鄭, 1942) (자작나무과) 난티잎개암나무의 이명. → 난티잎개암나무.

난퇴잎수리취(朴, 1949) (국화과) 국화수리취의 이명. 〔유래〕 국화잎 수리취라는 뜻의 일명. → 국화수리취.

난티꼬리풀(安, 1982) (현삼과) 구와꼬리풀의 이명. → 구와꼬리풀.

난티나무(鄭, 1937) (느릅나무과 *Ulmus laciniata*) 〔이명〕 난치나무, 둥근난티나무, 난퇴느릅나무, 둥근난퇴느릅, 난티느릅나무. 〔유래〕 강원 방언. 청유(青楡).

난티느릅나무(愚, 1996) (느릅나무과) 난티나무의 중국 옌볜 방언. → 난티나무.

난티잎개암나무(鄭, 1937) (자작나무과 *Corylus heterophylla*) 〔이명〕 난퇴잎개암나무, 개암나무, 물개암나무, 깨금나무, 난퇴물개암나무. 〔유래〕 미상.

난향초(朴, 1949) (마편초과) 층꽃풀의 이명. 〔유래〕 난향초(蘭香草). → 층꽃풀.

날개골(鄭, 1937) (골풀과) 날개골풀의 이명. → 날개골풀.

날개골풀(鄭, 1949) (골풀과 *Juncus alatus*) 〔이명〕 날개골. 〔유래〕 줄기에 날개가 있는 골풀이라는 뜻의 학명. 수등심(水燈心).

날개반쪽고사리(李, 1967) (고사리과) 반쪽고사리의 이명. → 반쪽고사리.

날개수송나물(愚, 1996) (명아주과) 나래수송나물의 중국 옌볜 방언. → 나래수송나물.

날개진범(李, 1969) (미나리아재비과 *Aconitum pteropus*) 〔이명〕 지느러미진교. 〔유래〕 가지와 잎자루에 날개가 있다는 뜻의 학명.

날개하늘나리(鄭, 1937) (백합과 *Lilium dauricum*) 〔유래〕 줄기에 좁은 날개가 있다.

날칼잎오리나무(安, 1982) (자작나무과) 뾰족잎오리나무의 이명. → 뾰족잎오리나무.

남가새(鄭, 1937) (남가새과 *Tribulus terrestris*) 〔이명〕 백질려. 〔유래〕 질려(蒺藜), 자질려(刺蒺藜).

남개보리뱅이(朴, 1974) (국화과) 그늘보리뺑이의 이명. → 그늘보리뺑이.

남개연(최홍근, 1985) (수련과) 오제왜개연꽃의 이명. → 오제왜개연꽃.

남개연꽃(永, 1996) (수련과) 오제왜개연꽃의 이명. → 오제왜개연꽃.

남고추(愚, 1996) (가지과) 고추의 중국 옌볜 방언. → 고추.

남곰솔(李, 2003) (소나무과 *Pinus thunbergii* f. *congesta*) 〔유래〕 수꽃이 성전환에 의해 열매가 된 것.

남괴불나무(愚, 1996) (인동과) 횐둥괴불나무의 중국 옌볜 방언. → 횐둥괴불나무.

남구절초(永, 1996) (국화과 *Chrysanthemum zawadskii* ssp. *yezoense*) 〔유래〕 남쪽 섬과 해안 지방에 나는 구절초.

남꾸레미풀(安, 1982) (벼과) 갯겨이삭의 이명. → 갯겨이삭.

남도톱지네고사리(김철환 등, 2004) (면마과 *Dryopteris lunanensis*) 〔유래〕 남도(남부) 지방에 나며 톱지네고사리와 유사하다. 엽신의 중 · 상부 우편(羽片)에만 포자낭군이 붙는다.

남돌피(愚, 1996) (벼과) 피의 중국 옌볜 방언. → 피.

남모시풀(朴, 1974) (쐐기풀과) 모시풀과 왕모시풀(朴, 1974)의 이명. → 모시풀, 왕모시풀.

남방개(李, 1976) (사초과 *Eleocharis dulcis*) 〔유래〕 남방(남부지방)에 나는 올방개.

남방고사리(朴, 1949) (고사리과) 좀고사리의 이명. → 좀고사리.

남방별꽃(朴, 1974) (석죽과) 덩굴별꽃의 이명. → 덩굴별꽃.

남복송(李, 1966) (소나무과 *Pinus densiflora* f. *aggregata*) 〔이명〕 다닥방울소나무. 〔유래〕 미상.

남분취(鄭, 1949) (국화과) 은분취의 이명. → 은분취.

남사초(愚, 1996) (사초과) 갈사초의 중국 옌볜 방언. → 갈사초.

남산둥근잎천남성(李, 1976) (천남성과 *Arisaema amurense* f. *violaceum*) 〔이명〕 남산천남성, 자주아물천남성. 〔유래〕 서울 남산에 나는 둥근잎천남성.

남산오랑캐(鄭, 1937) (제비꽃과) 남산제비꽃의 이명. → 남산제비꽃.

남산제비꽃(鄭, 1949) (제비꽃과 *Viola albida* v. *chaerophylloides*) 〔이명〕 남산오랑캐. 〔유래〕 남산(南山)에 나는 제비꽃. 어디 남산인지는 미상. 정독초(疔毒草).

남산천남성(李, 1980) (천남성과) 남산둥근잎천남성의 이명. → 남산둥근잎천남성.

남선고광나무(鄭, 1942) (범의귀과) 섬고광나무의 이명. 〔유래〕 남선 고광나무라는 뜻의 일명. → 섬고광나무.

남선괴불(朴, 1949) (인동과) 흰등괴불나무의 이명. 〔유래〕 남선 괴불나무라는 뜻의 일명. → 흰등괴불나무.

남선괴불나무(安, 1982) (인동과) 흰등괴불나무의 이명. → 흰등괴불나무, 남선괴불.

남신진(朴, 1974) (쐐기풀과) 왕모시풀의 이명. → 왕모시풀.

남양골(永, 1996) (사초과) 수원고랭이의 이명. 〔유래〕 중부 이남의 저지 습지에 난다. → 수원고랭이.

남오미자(鄭, 1937) (목련과 *Kadsura japonica*) 〔유래〕 남오미자(南五味子), 오미자(五味子).

남왕꽃말이(安, 1982) (지치과) 제주꽃마리의 이명. 〔유래〕 남쪽(제주)에 나는 왕꽃말이(왕꽃마리). → 제주꽃마리.

남은재나물(朴, 1949) (명아주과) 해홍나물의 이명. → 해홍나물.

남정실(安, 1982) (물푸레나무과) 쥐똥나무의 이명. → 쥐똥나무.

남천(朴, 1949) (매자나무과 *Nandina domestica*) 〔이명〕 남천죽. 〔유래〕 남천(南天), 남천죽자(南天竹子).

남천죽(愚, 1996) (매자나무과) 남천의 중국 옌볜 방언. → 남천.

남포개박달(李, 1966) (자작나무과) 가는개박달나무의 이명. 〔유래〕 함남 진남포에 나는 개박달. → 가는개박달나무.

남포미꾸리꿰미(愚, 1996) (벼과) 각씨미꾸리꽝이의 중국 옌볜 방언. 〔유래〕 평남 진남포에 나는 미꾸리꿰미(미꾸리꽝이). → 각씨미꾸리꽝이.

남포분취(李, 1969) (국화과 *Saussurea chinnampoensis*) 〔이명〕 진남취, 진남포분취, 남포취. 〔유래〕 함남 진남포에 나는 분취라는 뜻의 학명.

남포취(愚, 1996) (국화과) 남포분취의 중국 옌볜 방언. → 남포분취.

남하늘지기(愚, 1996) (사초과) 털하늘지기의 중국 옌볜 방언. → 털하늘지기.

남할미꽃(朴, 1974) (미나리아재비과) 가는할미꽃의 이명. 〔유래〕 남쪽(제주)에 나는 할미꽃. → 가는할미꽃.

남해배(李, 1980) (장미과) 남해배나무의 이명. 〔유래〕 남해배나무의 축소형. → 남해배나무.

남해배나무(李, 1966) (장미과 *Pyrus ussuriensis* v. *nankaiensis*) 〔이명〕 남해배. 〔유래〕 경남 남해에 나는 배나무라는 뜻의 학명.

남해조팝나무(愚, 1996) (장미과 *Spiraea nankaiensis*) 〔유래〕 경남 남해에 나는 조팝나무라는 뜻의 학명. 중국 옌볜 방언.

납작털피(安, 1982) (벼과) 참새피의 이명. → 참새피.

납작피(安, 1982) (벼과) 참새피의 이명. → 참새피.

납판나무(鄭, 1949) (조록나무과) 히어리의 이명. → 히어리.

납판화(愚, 1996) (조록나무과) 히어리의 북한 방언. → 히어리.

낭독(鄭, 1949) (대극과 *Euphorbia pallasii*) 〔이명〕 랑독, 큰대극, 민대극, 팔라시대극, 오독도기. 〔유래〕 낭독(狼毒).

낭림산분취(安, 1982) (국화과) 털분취의 이명. 〔유래〕 평북 낭림산에 나는 분취라는 뜻의 학명. → 털분취.

낭림새풀(李, 1969) (벼과 *Calamagrostis subacrochaeta*) 〔이명〕 낭임메뛰기피, 랑림산새풀. 〔유래〕 평북 낭림산에 나는 새풀(실새풀).

낭림쥐소니(安, 1982) (쥐손이풀과) 털쥐손이의 이명. → 털쥐손이.

낭림취(鄭, 1949) (국화과) 털분취의 이명. 〔유래〕 평북 낭림산에 나는 취(분취)라는 뜻의 학명. → 털분취.

낭아비싸리(愚, 1996) (콩과) 낭아초의 중국 옌볜 방언. → 낭아초.

낭아초(鄭, 1949) (콩과 *Indigofera pseudo-tinctoria*) 〔이명〕 랑아초, 물깜싸리, 개물감싸리, 낭아비싸리. 〔유래〕 낭아초(狼牙草), 일미약(一味藥).

낭임메뛰기피(朴, 1949) (벼과) 낭림새풀의 이명. 〔유래〕 평북 낭림산에 나는 산메뛰기피(산새풀)라는 뜻의 일명. → 낭림새풀.

낭탕(安, 1982) (가지과) 미치광이의 이명. 〔유래〕 낭탕(莨菪). → 미치광이.

내버들(鄭, 1937) (버드나무과 *Salix gilgiana*) 〔이명〕 시내버들, 냇버들. 〔유래〕 냇가에 나는 버들이라는 뜻의 일명.

내장고사리(李, 1980) (면마과) 민개고사리의 이명. → 민개고사리.

내장금란초(永, 1996) (꿀풀과 *Ajuga decumbens* v. *rosa*) 〔유래〕 내장산에 나는 금란초(금창초). 꽃이 분홍색인 금창초라는 뜻의 학명.

내장단풍(李, 1966) (단풍나무과) 단풍나무의 이명. 〔유래〕 전북 내장산에 나는 단풍이라는 뜻의 일명. → 단풍나무.

냄새냉이(전의식, 1991) (십자화과 *Coronopus didymus*) 〔이명〕 빈대냉이. 〔유래〕 식물체에서 강한 냄새가 난다.

냄새명아주(전의식, 1992) (명아주과 *Chenopodium pumilio*) 〔이명〕 호주명아주. 〔유래〕 식물체에 선모(腺毛)가 있고 강한 냄새가 난다.

냇버들(安, 1982) (버드나무과) 내버들의 이명. → 내버들.

냇씀바귀(李, 1980) (국화과 *Ixeris tamagawaensis*) 〔이명〕 사지씀바귀, 모래땅씀바귀, 모새씀바귀. 〔유래〕 냇가 모래밭에 나는 씀바귀라는 뜻의 일명.

냉이(鄭, 1937) (십자화과 *Capsella bursa-pastoris*) 〔이명〕 나생이, 나숭게. 〔유래〕 제채(薺菜). 〔어원〕 나이(那耳)→나이→낭이→냉이로 변화(어원사전).

냉초(鄭, 1937) (현삼과 *Veronicastrum sibiricum*) 〔이명〕 숨위나물, 털냉초, 시베리아냉초, 민냉초, 좁은잎냉초, 민들냉초. 〔유래〕 냉초(冷草), 초본위령선(草本威靈仙), 참룡검(斬龍劍).

너도개미자리(鄭, 1949) (석죽과 *Minuartia laricina*) 〔이명〕 큰개미자리, 산개미자리, 큰솔자리풀. 〔유래〕 개미자리(나도개미자리)와 유사.

너도고랭이(鄭, 1949) (사초과 *Scleria parvula*) 〔이명〕 문채개올미, 구슬율무골, 율무골, 율무꽃. 〔유래〕 고랭이(큰고랭이)와 유사. 실물은 거리가 멀다.

너도바람꽃(鄭, 1949) (미나리아재비과 *Eranthis stellata*) 〔이명〕 절분초. 〔유래〕 바람꽃과 유사.

너도밤나무(鄭, 1937) (참나무과 *Fagus japonica* v. *multinervis*) 〔이명〕 도밤나무. 〔유래〕 밤나무와 유사.

너도방동사니(李, 1980) (사초과 *Cyperus serotinus*) 〔이명〕 너도방동산이, 꽃방동산이, 까치방동사니, 까치밥. 〔유래〕 방동사니와 유사.

너도방동산이(鄭, 1949) (사초과) 너도방동사니의 이명. → 너도방동사니.

너도수정초(安, 1982) (노루발과 *Monotropa hypopithys* v. *glaberrima*) 〔이명〕 민수정초, 민석장화. 〔유래〕 수정초(수정란풀)와 유사.

너도양지꽃(鄭, 1949) (장미과 *Sibbaldia procumbens*) 〔이명〕 바위딸기, 백두금매화. 〔유래〕 양지꽃(나도양지꽃)과 유사.

너도제비난(李, 1976) (난초과) 너도제비란의 이명. → 너도제비란.

너도제비란(鄭, 1949) (난초과 *Orchis joo-iokiana*) 〔이명〕 이삭난초, 향이삭난초, 너도제비난, 호접란. 〔유래〕 제비난(제비난초)과 유사.

ㄴ

너른외잎쑥(鄭, 1937) (국화과) 넓은외잎쑥의 이명. → 넓은외잎쑥.

너른잎갈퀴(鄭, 1937) (콩과) 넓은잎갈퀴와 숲갈퀴나물(愚, 1996, 중국 옌볜 방언)의 이명. → 넓은잎갈퀴, 숲갈퀴나물.

너른잎딱총나무(鄭, 1942) (인동과) 넓은잎딱총나무의 이명. → 넓은잎딱총나무.

너른잎잔털오리나무(鄭, 1942) (자작나무과) 털오리나무의 이명. 〔유래〕 털오리나무에 비해 잎이 넓고 털이 작다는 뜻의 일명. → 털오리나무.

너른잎천남성(鄭, 1937) (천남성과) 둥근잎천남성의 이명. 〔유래〕 잎이 넓은 천남성이라는 뜻의 일명. → 둥근잎천남성.

너른잎털오리나무(鄭, 1942) (자작나무과) 털오리나무의 이명. 〔유래〕 잎이 넓은 털오리나무라는 뜻의 일명. → 털오리나무.

너삼(朴, 1949) (콩과) 고삼의 이명. 〔유래〕 쓴너삼, 단너삼의 총칭(어원사전). → 고삼, 단너삼.

너울겨이삭(朴, 1949) (벼과) 버들겨이삭의 이명. → 버들겨이삭.

너울취(鄭, 1949) (국화과 *Saussurea nomurae*) 〔이명〕 숲솜나물. 〔유래〕 미상.

넉줄고사리(鄭, 1937) (넉줄고사리과 *Davallia mariesii*) 〔유래〕 바위 위로 뻗은 줄기를 넉줄(생명선)에 비유. 골쇄보(骨碎補).

넉줄장미(愚, 1996) (장미과) 덩굴장미의 북한 방언. → 덩굴장미.

넌출비수리(李, 1966) (콩과 *Lespedeza intermixta*) 〔이명〕 덩굴비수리. 〔유래〕 덩굴비수리라는 뜻의 일명.

넌출수국(鄭, 1937) (범의귀과 *Hydrangea petiolaris*) 〔이명〕 등수국, 덩굴수국, 섬수국. 〔유래〕 넌출지는 수국이라는 뜻의 일명.

넌출월귤(鄭, 1942) (철쭉과 *Vaccinium oxycoccus*) 〔이명〕 덤불월귤, 덩굴월귤. 〔유래〕 덩굴지는 월귤이라는 뜻의 일명.

넓은가는기린초(愚, 1996) (돌나물과) 큰기린초의 중국 옌볜 방언. → 큰기린초.

넓은고로실나무(李, 1966) (단풍나무과) 넓은당단풍의 이명. 〔유래〕 넓은 고로실나무(당단풍나무). → 넓은당단풍.

넓은긴잎갈퀴(李, 1976) (꼭두선이과 *Galium boreale* v. *amurense*) 〔이명〕 긴잎갈퀴, 넓은잎갈퀴, 넓은잎꽃갈퀴. 〔유래〕 모종에 비해 잎이 넓다.

넓은김의털(임형탁 등, 1998) (벼과 *Festuca pratensis*) 〔유래〕 넓은 김의털이라는 뜻의 일명. 큰김의털에 비해 엽이(葉耳)에 털이 없고 잎 윗면이 거의 평활하다.

넓은꽃잎개수염(오용자 등, 2000) (곡정초과 *Eriocaulon latipetalum*) 〔유래〕 꽃잎이 넓은 개수염이라는 뜻의 학명.

넓은당단풍(愚, 1996) (단풍나무과 *Acer pseudo-sieboldianum* v. *ambiguum*) 〔이명〕 넓은고로실나무. 〔유래〕 과실의 날개가 도란형으로 넓게 벌어진다.

넓은도둑갈구리(朴, 1974) (콩과) 애기도둑놈의갈구리의 이명. → 애기도둑놈의갈구리.

넓은딱지(鄭, 1949) (장미과 *Potentilla nipponica*) 〔이명〕 원산딱지꽃, 넓은잎딱지, 넓은잎딱지꽃. 〔유래〕 잎이 넓은 딱지꽃이라는 뜻의 일명.

넓은말즘(安, 1982) (가래과) 넓은잎말의 이명. → 넓은잎말.

넓은묏황기(李, 1969) (콩과 *Hedysarum hedysaroides*) 〔유래〕 미상. 잎 표면에 검은 선점이 있다.

넓은버들잎엉겅퀴(李, 1969) (국화과) 솔엉겅퀴의 이명. → 솔엉겅퀴.

넓은비녀골(鄭, 1937) (골풀과) 별날개골풀의 이명. 〔유래〕 잎이 넓은 비녀골이라는 뜻의 일명. → 별날개골풀.

넓은산꼬리풀(李, 1969) (현삼과) 탐나꼬리풀의 이명. 〔유래〕 잎이 넓은 산꼬리풀이라는 뜻의 일명. → 탐나꼬리풀.

넓은상동잎쥐똥나무(愚, 1996) (물푸레나무과) 상동잎쥐똥나무의 중국 옌볜 방언. → 상동잎쥐똥나무.

넓은외잎쑥(鄭, 1949) (국화과 *Artemisia stolonifera*) 〔이명〕 너른외잎쑥, 넓은잎외대쑥, 넓은잎외잎쑥. 〔유래〕 잎이 넓은 외잎쑥이라는 뜻의 일명. 산애(山艾).

넓은이팝나무(朴, 1949) (팥꽃나무과) 팥꽃나무의 이명. 〔유래〕 잎이 넓은 이팝나무라는 뜻의 일명. → 팥꽃나무.

넓은잎가는기린초(吳, 1985) (돌나물과) 큰기린초의 이명. → 큰기린초.

넓은잎가막사리(愚, 1996) (국화과) 털도깨비바늘의 북한 방언. → 털도깨비바늘.

넓은잎각시붓꽃(심정기, 1988) (붓꽃과 *Iris rossii* v. *latifolia*) 〔유래〕 잎이 넓은 각시붓꽃이라는 뜻의 학명.

넓은잎갈퀴(鄭, 1949) (콩과 *Vicia japonica*) 넓은긴잎갈퀴의 이명(朴, 1949)으로도 사용. 〔이명〕 너른잎갈퀴, 넓은잎갈퀴덩굴, 넓은잎등갈퀴, 넓은잎말굴레풀. 〔유래〕 잎이 넓은 등갈퀴나물이라는 뜻의 일명. → 넓은긴잎갈퀴.

넓은잎갈퀴덩굴(李, 1966) (콩과) 넓은잎갈퀴의 이명. → 넓은잎갈퀴.

넓은잎개갈퀴(李, 1969) (꼭두선이과 *Asperula maximowiczii* f. *latifolia*) 〔이명〕 큰갈키아재비. 〔유래〕 잎이 넓은 개갈퀴라는 뜻의 학명.

넓은잎개고사리(鄭, 1949) (면마과 *Athyrium wardii*) 〔이명〕 넓은잎뱀고사리, 암뱀고사리. 〔유래〕 잎이 넓은 개고사리라는 뜻의 일명.

넓은잎개발나물(朴, 1974) (산형과) 물개발나물의 이명. 〔유래〕 개발나물에 비해 잎이 넓다. → 물개발나물.

넓은잎개수염(鄭, 1949) (곡정초과 *Eriocaulon robustius*) 〔이명〕 넓은잎곡정초, 넓은

잎고위까람, 넓은잎별수염풀. 〔유래〕 잎이 넓은 개수염이라는 뜻의 일명.

넓은잎고광나무(朴, 1949) (범의귀과) 엷은잎고광나무의 이명. → 엷은잎고광나무.

넓은잎고위까람(永, 1996) (곡정초과) 넓은잎개수염의 이명. 〔유래〕 넓은 잎 고위까람(곡정초). → 넓은잎개수염.

넓은잎고추나무(安, 1982) (고추나무과) 고추나무의 이명. 〔유래〕 넓은 잎 고추나무라는 뜻의 학명. → 고추나무.

넓은잎곡정초(朴, 1949) (곡정초과) 넓은잎개수염의 이명. → 넓은잎개수염.

넓은잎괭이밥(愚, 1996) (괭이밥과) 자주괭이밥의 중국 옌볜 방언. → 자주괭이밥.

넓은잎구절초(永, 1996) (국화과) 구절초의 이명. 〔유래〕 잎이 넓은 산구절초라는 뜻의 학명. → 구절초.

넓은잎그늘사초(朴, 1949) (사초과 *Carex pediformis*) 〔유래〕 잎이 넓은 그늘사초라는 뜻의 일명.

넓은잎기린초(鄭, 1949) (돌나물과) 기린초와 돌채송화(李, 1976)의 이명. 〔유래〕 잎이 넓은 기린초라는 뜻의 일명. → 기린초, 돌채송화.

넓은잎김의털(李, 2003) (벼과 *Festuca heterophylla*) 〔유래〕 미상. 줄기 위쪽의 잎이 너비 2~4mm이다.

넓은잎까치밥(朴, 1949) (범의귀과) 넓은잎까치밥나무의 이명. → 넓은잎까치밥나무.

넓은잎까치밥나무(李, 1966) (범의귀과 *Ribes latifolium*) 〔이명〕 넓은잎까치밥. 〔유래〕 잎이 넓은 까치밥나무라는 뜻의 학명.

넓은잎깨풀(朴, 1949) (앵초과) 털큰앵초의 이명. → 털큰앵초.

넓은잎꼬리풀(李, 1980) (현삼과) 여호꼬리풀과 지리산꼬리풀(愚, 1996, 중국 옌볜 방언)의 이명. → 여호꼬리풀, 지리산꼬리풀.

넓은잎꽃갈퀴(愚, 1996) (꼭두선이과) 넓은긴잎갈퀴의 북한 방언. → 넓은긴잎갈퀴.

넓은잎나도잠자리란(愚, 1996) (난초과 *Tulotis asiatica*) 〔이명〕 나도잠자리난, 넓은잎잠자리란, 제비잠자리란, 잠자리란. 〔유래〕 잎이 넓은 나도잠자리란이라는 뜻의 일명.

넓은잎능암(愚, 1996) (콩과) 고삼의 중국 옌볜 방언. → 고삼.

넓은잎다래나무(愚, 1996) (다래나무과) 쥐다래나무의 중국 옌볜 방언. → 쥐다래나무.

넓은잎단풍나무(愚, 1996) (단풍나무과) 당단풍나무의 북한 방언. → 당단풍나무.

넓은잎당마가목(朴, 1949) (장미과 *Sorbus amurensis* f. *latifoliolata*) 〔유래〕 소엽이 넓은 당마가목이라는 뜻의 학명 및 일명.

넓은잎대새풀(愚, 1996) (벼과) 수염대새풀의 중국 옌볜 방언. → 수염대새풀.

넓은잎댕댕이(朴, 1949) (인동과) 개들쭉의 이명. → 개들쭉.

넓은잎댕댕이나무(永, 1996) (인동과) 개들쭉의 이명. → 개들쭉.

넓은잎도독놈의갈구리(愚, 1996) (콩과) 애기도둑놈의갈구리의 중국 옌볜 방언. → 애기도둑놈의갈구리.

넓은잎돌쩌기(安, 1982) (미나리아재비과) 넓은잎초오의 이명. → 넓은잎초오.

넓은잎두루미피(安, 1982) (벼과) 수염대새풀의 이명. → 수염대새풀.

넓은잎등갈퀴(朴, 1974) (콩과) 넓은잎갈퀴의 이명. → 넓은잎갈퀴.

넓은잎딱지(朴, 1974) (장미과) 넓은딱지의 이명. → 넓은딱지.

넓은잎딱지꽃(愚, 1996) (장미과) 넓은딱지의 북한 방언. → 넓은딱지.

넓은잎딱총(朴, 1949) (인동과) 넓은잎딱총나무의 이명. → 넓은잎딱총나무.

넓은잎딱총나무(鄭, 1942) (인동과 *Sambucus latipinna*) 〔이명〕 너른잎딱총나무, 말오좀나무, 오른재나무, 자반나물, 넓은잎딱총. 〔유래〕 잎의 우편이 넓은 딱총나무라는 뜻의 학명 및 일명.

넓은잎마름(朴, 1949) (가래과) 넓은잎말의 이명. → 넓은잎말.

넓은잎말(李, 1969) (가래과 *Potamogeton perfoliatus*) 〔이명〕 넓은잎마름, 넓은말즘, 넓은잎말즘, 말즘. 〔유래〕 잎이 넓은 말즘이라는 뜻의 일명.

넓은잎말곰취(愚, 1996) (국화과) 털머위의 중국 옌볜 방언. → 털머위.

넓은잎말굴레풀(愚, 1996) (콩과) 넓은잎갈퀴의 북한 방언. 〔유래〕 잎이 넓은 말굴레풀(갈퀴나물). → 넓은잎갈퀴.

넓은잎말즘(愚, 1996) (가래과) 넓은잎말의 북한 방언. → 넓은잎말.

넓은잎맥문동(安, 1982) (백합과) 맥문동의 이명. → 맥문동.

넓은잎메꽃(朴, 1974) (메꽃과) 큰메꽃의 이명. → 큰메꽃.

넓은잎물억새(永, 1966) (벼과 *Miscanthus sacchariflorus* f. *latifolius*) 〔유래〕 잎이 넓은 물억새라는 뜻의 학명.

넓은잎미꾸리낚시(鄭, 1937) (여뀌과 *Persicaria nipponensis*) 〔이명〕 화살여뀌, 화살미꾸리낚시. 〔유래〕 잎이 넓은 미꾸리낚시라는 뜻의 일명.

넓은잎바구니나물(愚, 1996) (마타리과) 넓은잎쥐오줌풀의 북한 방언. 〔유래〕 잎이 넓은 바구니나물(쥐오줌풀). → 넓은잎쥐오줌풀.

넓은잎바늘꽃(鄭, 1937) (바늘꽃과 *Epilobium cephalostigma* v. *nudicarpum*) 〔이명〕 산바늘꽃, 민돌바늘꽃, 넓은잎버들꽃. 〔유래〕 잎이 넓은 바늘꽃(돌바늘꽃)이라는 뜻의 일명.

넓은잎바위말발도리(鄭, 1942) (범의귀과 *Deutzia hamata* v. *latifolia*) 〔유래〕 잎이 넓은 바위말발도리라는 뜻의 학명 및 일명.

넓은잎바위솔(愚, 1996) (돌나물과) 바위솔의 북한 방언. → 바위솔.

넓은잎박새(朴, 1949) (백합과) 박새의 이명. 〔유래〕 잎이 넓은 박새. → 박새.

넓은잎뱀고사리(朴, 1975) (면마과) 넓은잎개고사리의 이명. → 넓은잎개고사리.

넓은잎뱀톱(吳, 1979) (석송과) 뱀톱의 이명. 〔유래〕 잎이 넓은 뱀톱. → 뱀톱.

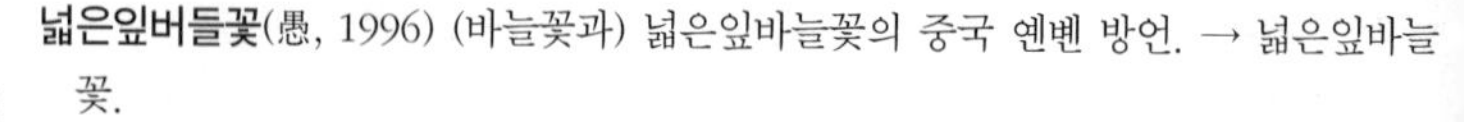

넓은잎버들꽃(愚, 1996) (바늘꽃과) 넓은잎바늘꽃의 중국 옌볜 방언. → 넓은잎바늘꽃.

넓은잎별수염풀(愚, 1996) (곡정초과) 넓은잎개수염의 북한 방언. 〔유래〕 잎이 넓은 별수염풀(곡정초, 개수염). → 넓은잎개수염.

넓은잎보리사초(李, 2003) (사초과 *Carex parciflora*) 〔유래〕 보리사초에 비해 잎이 넓고(5~10mm) 백녹색이다.

넓은잎보리수(朴, 1949) (보리수나무과) 왕보리수나무의 이명. 〔유래〕 잎이 넓은 보리수나무라는 뜻의 일명. → 왕보리수나무.

넓은잎부들(愚, 1996) (부들과) 참부들의 중국 옌볜 방언. → 참부들.

넓은잎비녀골(朴, 1949) (골풀과) 별날개골풀의 이명. 〔유래〕 잎이 넓은 비녀골이라는 뜻의 일명. → 별날개골풀.

넓은잎비녀골풀(愚, 1996) (골풀과) 별날개골풀의 북한 방언. → 별날개골풀.

넓은잎비수리(安, 1982) (콩과) 땅비수리의 이명. → 땅비수리.

넓은잎사두초(安, 1982) (천남성과) 둥근잎천남성의 이명. → 둥근잎천남성.

넓은잎사철나무(鄭, 1942) (노박덩굴과) 사철나무의 이명. 〔유래〕 잎이 넓은 사철나무라는 뜻의 학명 및 일명. → 사철나무.

넓은잎사초(朴, 1949) (사초과) 털잎사초의 이명. → 털잎사초.

넓은잎산괴불(李, 1980) (인동과) 넓은잎산괴불나무의 이명. → 넓은잎산괴불나무.

넓은잎산괴불나무(李, 1966) (인동과 *Lonicera chrysantha* v. *latifolia*) 〔이명〕 넓은잎산괴불. 〔유래〕 잎이 넓은 각시괴불나무라는 뜻의 학명 및 일명.

넓은잎산사(李, 1969) (장미과) 넓은잎산사나무의 이명. 〔유래〕 넓은잎산사나무의 축소형. → 넓은잎산사나무.

넓은잎산사나무(鄭, 1942) (장미과 *Crataegus pinnatifida* f. *major*) 〔이명〕 큰아가위나무, 넓은잎산사, 참찔광나무. 〔유래〕 광엽산사목(廣葉山査木). 잎이 넓은 산사나무. 산사(山楂).

넓은잎산조팝나무(鄭, 1970) (장미과) 산조팝나무의 이명. 〔유래〕 잎이 넓은 산조팝나무. → 산조팝나무.

넓은잎삼나무(李, 1976) (낙우송과 *Cunninghamia lanceolata*) 〔이명〕 삼나무. 〔유래〕 잎이 넓은 삼나무.

넓은잎속심풀(愚, 1996) (백합과) 여우꼬리풀의 북한 방언. → 여우꼬리풀.

넓은잎송구지(愚, 1996) (여뀌과) 호대황의 북한 방언. 〔유래〕 잎이 넓은 송구지(소리쟁이). → 호대황.

넓은잎수염새(朴, 1949) (벼과) 제주나래새의 이명. → 제주나래새.

넓은잎싱아(愚, 1996) (여뀌과) 싱아의 북한 방언. → 싱아.

넓은잎쑥(朴, 1949) (국화과 *Artemisia latifolia*) 〔이명〕 넓은잎오랑캐쑥, 구와쑥. 〔유

래〕 잎이 넓은 쑥이라는 뜻의 학명.

넓은잎앵초(愚, 1996) (앵초과) 털큰앵초의 중국 옌볜 방언. → 털큰앵초.

넓은잎오독도기(愚, 1996) (미나리아재비과) 넓은잎초오의 이명. → 넓은잎초오.

넓은잎오돌도기(朴, 1949) (미나리아재비과) 넓은잎초오의 중국 옌볜 방언. → 넓은잎초오.

넓은잎오랑캐(鄭, 1937) (제비꽃과) 넓은잎제비꽃의 이명. → 넓은잎제비꽃.

넓은잎오랑캐쑥(安, 1982) (국화과) 넓은잎쑥의 이명. → 넓은잎쑥.

넓은잎외대쑥(朴, 1949) (국화과) 넓은외잎쑥의 이명. → 넓은외잎쑥.

넓은잎외잎쑥(李, 1969) (국화과) 넓은외잎쑥과 민쑥부쟁이(1969)의 이명. → 넓은외잎쑥, 민쑥부쟁이.

넓은잎이팝나무(鄭, 1956) (팥꽃나무과) 팥꽃나무의 이명. 〔유래〕 잎이 넓은 이팝나무. → 팥꽃나무.

넓은잎잔꽃풀(愚, 1996) (국화과) 개망초의 북한 방언. 〔유래〕 잎이 넓은 잔꽃풀(망초). → 개망초.

넓은잎잔대(鄭, 1965) (초롱꽃과) 넓은잔대의 이명. → 넓은잔대.

넓은잎잠자리란(永, 1996) (난초과) 넓은잎나도잠자리란의 이명. → 넓은잎나도잠자리란.

넓은잎정향나무(愚, 1996) (물푸레나무과) 수수꽃다리의 북한 방언. 〔유래〕 잎이 넓은 정향나무라는 뜻의 일명. → 수수꽃다리.

넓은잎제비꽃(鄭, 1949) (제비꽃과 *Viola mirabilis*) 〔이명〕 넓은잎오랑캐, 넓은제비꽃, 참넓은잎제비꽃. 〔유래〕 잎이 넓은 제비꽃.

넓은잎조록나무(李, 1966) (조록나무과 *Distylium racemosum* f. *latifolia*) 〔유래〕 잎이 넓은 조록나무라는 뜻의 학명 및 일명.

넓은잎쥐오줌(鄭, 1937) (마타리과) 넓은잎쥐오줌풀의 이명. → 넓은잎쥐오줌풀.

넓은잎쥐오줌풀(李, 1969) (마타리과 *Valeriana dageletiana*) 〔이명〕 긴잎쥐오줌, 넓은잎쥐오줌, 섬오줌풀, 긴잎쥐오줌풀, 섬쥐오줌풀, 넓은잎바구니나물. 〔유래〕 잎이 넓은 쥐오줌풀이라는 뜻의 학명 및 일명. 힐초(纈草).

넓은잎지붕지기(朴, 1974) (돌나물과) 바위솔의 이명. → 바위솔.

넓은잎진들피(朴, 1949) (벼과) 왕미꾸리꽝이의 이명. 〔유래〕 잎이 넓은 진들피라는 뜻의 일명. → 왕미꾸리꽝이.

넓은잎진퍼리새(愚, 1996) (벼과) 광능용수염풀의 중국 옌볜 방언. → 광능용수염풀.

넓은잎참가시나무(李, 1966) (참나무과) 넓은참가시나무의 이명. → 넓은참가시나무.

넓은잎천남성(鄭, 1949) (천남성과) 둥근잎천남성의 이명. 〔유래〕 잎이 넓은 천남성이라는 뜻의 일명. → 둥근잎천남성.

ㄴ

넓은잎초오(李, 1969) (미나리아재비과 *Aconitum sczukinii*) 〔이명〕 넓은잎오돌도기, 민덩굴바꽃, 넓은잎돌쩌기, 넓은잎오독도기. 〔유래〕 잎이 넓은 초오.

넓은잎탐나꼬리풀(朴, 1974) (현삼과) 탐나꼬리풀의 이명. 〔유래〕 잎이 넓은 탐나꼬리풀. → 탐나꼬리풀.

넓은잎털오리나무(愚, 1996) (자작나무과) 털오리나무의 중국 옌볜 방언. → 털오리나무.

넓은잎팟꽃나무(李, 1966) (팥꽃나무과) 팥꽃나무의 이명. → 팥꽃나무, 넓은잎팥꽃나무.

넓은잎팥꽃나무(李, 1980) (팥꽃나무과) 팥꽃나무의 이명. 〔유래〕 잎이 넓은 팥꽃나무라는 뜻의 일명. → 팥꽃나무.

넓은잎피사초(朴, 1949) (사초과) 민곱슬사초의 이명. 〔유래〕 잎이 넓은 피사초라는 뜻의 일명. → 민곱슬사초.

넓은잎할미꽃(永, 2002) (미나리아재비과) 중국할미꽃의 이명. → 중국할미꽃.

넓은잎황경피나무(鄭, 1949) (운향과) 화태황벽나무의 이명. 〔유래〕 잎이 넓은 황경피나무(황벽나무)라는 뜻의 학명 및 일명. → 화태황벽나무.

넓은잎황벽(李, 1980) (운향과) 화태황벽나무의 이명. → 화태황벽나무.

넓은잎황벽나무(李, 1966) (운향과) 화태황벽나무의 이명. → 화태황벽나무, 넓은잎황경피나무.

넓은잔대(鄭, 1949) (초롱꽃과 *Adenophora divaricata*) 〔이명〕 큰모시나물, 넓은잎잔대, 북잔대, 넙적잔대, 덩굴잔대, 넓적잔대. 〔유래〕 잎이 넓은 잔대라는 뜻의 일명. 사삼(沙蔘).

넓은제비꽃(李, 1969) (제비꽃과) 넓은잎제비꽃의 이명. → 넓은잎제비꽃.

넓은참가시나무(鄭, 1942) (참나무과 *Quercus salicina* f. *latifolia*) 〔이명〕 쇠가시나무, 넓은잎참가시나무. 〔유래〕 잎이 넓은 참가시나무라는 뜻의 학명 및 일명.

넓은황벽나무(鄭, 1942) (운향과) 화태황벽나무의 이명. → 화태황벽나무, 넓은잎황피나무.

넓적나무(安, 1982) (층층나무과) 식나무의 이명. → 식나무.

넓적잎괴불나무(安, 1982) (인동과) 흰등괴불나무의 이명. → 흰등괴불나무.

넓적잎사초(朴, 1949) (사초과) 털잎사초의 이명. → 털잎사초.

넓적잎피사초(永, 1996) (사초과) 민곱슬사초의 이명. 〔유래〕 민곱슬사초의 북한 방언. → 민곱슬사초.

넓적잔대(安, 1982) (초롱꽃과) 넓은잔대의 이명. → 넓은잔대.

넘나물(鄭, 1937) (백합과) 원추리의 이명. → 원추리.

넙적나무(永, 1996) (층층나무과) 식나무의 이명. 〔유래〕 식나무의 북한 방언. → 식나무.

넙적잔대(朴, 1974) (초롱꽃과) 넓은잔대의 이명. → 넓은잔대.

넙쭉약밤(李, 1966) (참나무과 *Castanea bungeana* f. *ompressa*) 〔유래〕 납작한 약밤.

네가래(鄭, 1937) (네가래과 *Marsilea quadrifolia*) 〔유래〕 잎이 넷으로 갈라진다는 뜻의 학명. 평(苹).

네군도단풍(鄭, 1942) (단풍나무과 *Acer negundo*) 〔이명〕 네군도단풍나무. 〔유래〕 네군도(*negundo*)라는 학명(소종명). 축림과(槭林果).

네군도단풍나무(安, 1982) (단풍나무과) 네군도단풍의 이명. → 네군도단풍.

네귀쓴풀(鄭, 1937) (용담과 *Swertia tetrapetala*) 〔유래〕 꽃이 4수성인 쓴풀이라는 뜻의 학명.

네마름(정영호 등, 1987) (마름과 *Trapa natans*) 〔유래〕 미상. 포평마름에 비해 뿔이 두껍게 비후하고 하부의 뿔은 위쪽으로 굽는다.

네모골(鄭, 1949) (사초과 *Eleocharis tetraquetra*) 좀네모골의 이명(朴, 1949)으로도 사용. 〔유래〕 줄기가 네모지는 골(바늘골)이라는 뜻의 학명. → 좀네모골.

네이불(安, 1982) (운향과) 당귤나무의 이명. 〔유래〕 네이블(navel)이라는 영명. → 당귤나무.

네잎갈퀴(鄭, 1949) (콩과 *Vicia nipponica*) 네잎갈키덩굴(꼭두선이과, 朴, 1974)과 연리갈퀴(愚, 1996, 중국 옌볜 방언)의 이명으로도 사용. 〔이명〕 네잎갈키, 네잎갈퀴덩굴, 네잎꽃갈퀴, 네잎갈퀴나물, 네잎말굴레풀. 〔유래〕 잎이 네 장인 싸리(갈퀴나물)라는 뜻의 일명. → 네잎갈키덩굴, 연리갈퀴.

네잎갈퀴나물(李, 2003) (콩과) 네잎갈퀴의 이명. → 네잎갈퀴.

네잎갈퀴덩굴(李, 1969) (콩과) 네잎갈퀴의 이명. → 네잎갈퀴.

네잎갈키(鄭, 1937) (콩과) 네잎갈퀴와 네잎갈키덩굴(꼭두선이과, 朴, 1974)의 이명. → 네잎갈퀴, 네잎갈키덩굴.

네잎갈키덩굴(朴, 1974) (꼭두선이과 *Galium trachyspermum*) 〔이명〕 네잎갈퀴, 넷잎갈키덩굴, 네잎갈키, 애기네잎갈퀴. 〔유래〕 잎이 네 장인 갈퀴덩굴.

네잎꼭두선이(朴, 1974) (꼭두선이과) 가지꼭두선이의 이명. → 가지꼭두선이.

네잎꽃갈퀴(永, 1996) (콩과) 네잎갈퀴의 이명. → 네잎갈퀴.

네잎말굴레풀(愚, 1996) (콩과) 네잎갈퀴의 북한 방언. 〔유래〕 잎이 네 장인 말굴레풀(갈퀴나물). → 네잎갈퀴.

네조각돌말풀(安, 1982) (가지과) 독말풀의 이명. → 독말풀.

네펜데스(安, 1982) (벌레잡이풀과) 벌레잡이풀의 이명. 〔유래〕 네펜테스(*Nepenthes*)라는 속명. → 벌레잡이풀.

네펜테스(愚, 1996) (벌레잡이풀과) 벌레잡이풀의 중국 옌볜 방언. → 벌레잡이풀, 네펜데스.

넷잎갈키덩굴(鄭, 1937) (꼭두선이과) 네잎갈키덩굴의 이명. → 네잎갈키덩굴.

녀초(鄭, 1942) (갈매나무과) 대추나무의 이명. 〔유래〕 대추나무의 경기 방언. → 대추나무.

노가리나무(鄭, 1942) (주목과) 주목의 이명. 〔유래〕 주목의 제주 방언. → 주목.

노가주나무(鄭, 1937) (측백나무과) 노간주나무의 이명. → 노간주나무.

노가지나무(鄭, 1942) (측백나무과) 노간주나무와 노각나무(차나무과, 鄭, 1942, 황해 방언)의 이명. → 노간주나무, 노각나무.

노가지향나무(李, 1966) (측백나무과 *Juniperus chinensis* v. *sargentii* f. *pyramidalis*) 〔유래〕 미상.

노각나무(鄭, 1937) (차나무과 *Stewartia pseudo-camellina*) 때죽나무의 이명(때죽나무과, 鄭, 1942, 경남 방언)으로도 사용. 〔이명〕 노가지나무, 비단나무, 금수목, 나도노각나무. 〔유래〕 전남 방언. 모란(帽蘭). → 때죽나무.

노간주나무(鄭, 1942) (측백나무과 *Juniperus rigida*) 〔이명〕 노가주나무, 노가지나무, 노간주향. 〔유래〕 강원 방언. 노가자목(老柯子木), 두송(杜松), 두송실(杜松實).

노간주비짜루(鄭, 1956) (백합과) 비짜루의 이명. → 비짜루.

노간주빗자루(鄭, 1949) (백합과) 비짜루의 이명. → 비짜루.

노간주향(鄭, 1942) (측백나무과) 노간주나무의 이명. 〔유래〕 노간주나무의 강원 방언. → 노간주나무.

노고초(鄭, 1937) (미나리아재비과) 할미꽃의 이명. 〔유래〕 노고초(老姑草). → 할미꽃.

노끈사초(朴, 1949) (사초과) 긴잔솔잎사초의 이명. → 긴잔솔잎사초.

노나무(鄭, 1942) (마편초과) 누리장나무의 이명. 〔유래〕 누리장나무의 경기 방언. → 누리장나무.

노란꽃땅꽈리(壽, 1999) (가지과 *Physalis wrightii*) 〔유래〕 화관이 담황색 또는 백색이다. 잎에 결각상 톱니가 있고 꽃받침에 농자색의 맥이 뚜렷하다.

노란나비난초(朴, 1949) (난초과) 나도풍란의 이명. → 나도풍란.

노란노박덩굴(李, 1966) (노박덩굴과 *Celastrus orbiculatus* f. *aureo-arillata*) 〔이명〕 노랑노박덩굴. 〔유래〕 종자가 황색 종의로 싸여 있다.

노란돌쩌귀풀(永, 1996) (미나리아재비과) 백부자의 이명. 〔유래〕 백부자의 북한 방언. → 백부자.

노란버들(永, 1996) (버드나무과) 새양버들의 이명. → 새양버들.

노란솔잎나리(安, 1982) (백합과) 금나리의 이명. 〔유래〕 꽃이 황색인 큰솔나리라는 뜻의 일명. → 금나리.

노란옻나무(永, 1996) (두릅나무과) 황칠나무의 이명. 〔유래〕 황칠나무의 북한 방언. → 황칠나무.

노란장대(鄭, 1949) (십자화과 *Sisymbrium luteum*) 〔이명〕 향화초, 노랑장대. 〔유래〕 노란 꽃이 피는 장대나물이라는 뜻의 학명 및 일명.

노란장딸기(鄭, 1942) (장미과 *Rubus hirsutus* v. *xanthocarpus*) 〔이명〕 노랑장딸기. 〔유래〕 노란색의 열매가 달리는 장딸기라는 뜻의 학명 및 일명.

노란칼라(愚, 1996) (천남성과) 노랑꽃칼라의 중국 옌벤 방언. → 노랑꽃칼라.

노란팽나무(永, 1996) (느릅나무과) 노랑팽나무의 이명. → 노랑팽나무.

노란해당화(愚, 1996) (장미과) 노랑해당화의 중국 옌벤 방언. → 노랑해당화.

노란호랑가시나무(永, 1996) (감탕나무과 *Ilex aquifolium*) 〔유래〕 호랑가시나무와 유사하나 열매가 황색으로 익는다. 구골엽(枸骨葉).

노랑갈퀴(鄭, 1949) (콩과 *Vicia venosissima*) 〔이명〕 조선갈키나물, 노랑갈키, 참갈퀴덩굴, 노랑말굴레풀. 〔유래〕 노란 꽃이 피는 네잎갈퀴라는 뜻의 일명.

노랑갈키(鄭, 1956) (콩과) 노랑갈퀴의 이명. → 노랑갈퀴.

노랑개더부사리(愚, 1996) (열당과) 황종용의 중국 옌벤 방언. 〔유래〕 꽃이 연한 황색 또는 백색이다. → 황종용.

노랑개불알꽃(李, 1969) (난초과) 큰개불알꽃의 이명. 〔유래〕 꽃이 황색인 개불알꽃이라는 뜻의 일명. → 큰개불알꽃.

노랑개자리(鄭, 1949) (콩과 *Medicago ruthenica*) 〔이명〕 노랑꽃개자리, 개전동싸리. 〔유래〕 노란 꽃이 피는 개자리라는 뜻의 일명.

노랑괭이눈(朴, 1974) (범의귀과) 오대산괭이눈의 이명. 〔유래〕 꽃이 선황색이다. → 오대산괭이눈.

노랑까마중(壽, 1995) (가지과 *Solanum nigrum* v. *humile*) 〔유래〕 과실이 익으면 녹황색으로 된다.

노랑꽃개자리(朴, 1949) (콩과) 노랑개자리의 이명. → 노랑개자리.

노랑꽃꼬리풀(愚, 1996) (앵초과) 큰좁쌀풀의 북한 방언. 〔유래〕 꽃이 황색이나 꼬리풀과는 전혀 다르다. → 큰좁쌀풀.

노랑꽃나무(鄭, 1942) (노박덩굴과) 노박덩굴의 이명. 〔유래〕 노박덩굴의 경북 방언. → 노박덩굴.

노랑꽃만병초(朴, 1949) (철쭉과) 노랑만병초의 이명. → 노랑만병초.

노랑꽃무릇(安, 1982) (수선화과) 개상사화의 이명. 〔유래〕 꽃이 황색이다. → 개상사화.

노랑꽃창포(李, 1969) (붓꽃과 *Iris pseudoacorus*) 〔이명〕 노랑장포. 〔유래〕 노란 꽃이 피는 꽃창포. 옥선화(玉蟬花).

노랑꽃칼라(李, 1969) (천남성과 *Zantedeschia elliottiana*) 〔이명〕 노란칼라. 〔유래〕 꽃이 황색인 칼라.

노랑난초(朴, 1949) (난초과) 주름제비란의 이명. → 주름제비란.

노랑노박덩굴(李, 1980) (노박덩굴과) 노란노박덩굴의 이명. → 노란노박덩굴.

노랑달래(安, 1982) (백합과) 노랑부추의 이명. → 노랑부추.

ㄴ

노랑대극(朴, 1949) (대극과 *Euphorbia lunulata* v. *obtusifolia*) 〔이명〕 노랑등대풀, 노랑버들옻. 〔유래〕 미상.

노랑더부살이(朴, 1974) (열당과) 가지더부살이의 이명. → 가지더부살이.

노랑돌쩌귀(鄭, 1937) (미나리아재비과) 백부자의 이명. 〔유래〕 노란 꽃이 피는 돌쩌귀풀이라는 뜻의 일명. → 백부자.

노랑돌쩌귀풀(愚, 1996) (미나리아재비과) 백부자의 이명. → 백부자, 노랑돌쩌귀.

노랑돌콩(朴, 1974) (콩과) 벌노랑이의 이명. 〔유래〕 꽃이 황색이다. → 벌노랑이.

노랑들콩(朴, 1949) (콩과) 벌노랑이의 이명. → 벌노랑이, 노랑돌콩.

노랑등대풀(安, 1982) (대극과) 노랑대극의 이명. → 노랑대극.

노랑땅나리(永, 2002) (백합과 *Lilium callosum* v. *flavum*) 〔유래〕 선황색의 꽃이 피는 땅나리라는 뜻의 학명.

노랑뚝갈나무(愚, 1996) (철쭉과) 노랑만병초의 중국 옌볜 방언. 〔유래〕 노란 꽃이 피는 뚝갈나무(만병초). → 노랑만병초.

노랑만병초(鄭, 1937) (철쭉과 *Rhododendron aureum*) 〔이명〕 노랑꽃만병초, 만병초, 들쭉나무, 노랑뚝갈나무. 〔유래〕 황금색의 꽃이 피는 만병초라는 뜻의 학명 및 일명. 우피두견(牛皮杜鵑).

노랑말굴레풀(愚, 1996) (콩과) 노랑갈퀴의 북한 방언. 〔유래〕 노란 꽃이 피는 말굴레풀(갈퀴나물). → 노랑갈퀴.

노랑말오줌나무(李, 2003) (인동과 *Sambucus sieboldiana* v. *pendula* f. *xanthocarpa*) 〔유래〕 열매가 황색인 말오줌나무라는 뜻의 학명.

노랑매미꽃(鄭, 1937) (양귀비과) 피나물의 이명. → 피나물.

노랑매발톱(鄭, 1949) (미나리아재비과 *Aquilegia buergeriana* v. *oxysepala* f. *pallidiflora*) 〔이명〕 노랑매발톱꽃, 노랑매발톱풀. 〔유래〕 황색의 꽃이 피는 매발톱꽃이라는 뜻의 일명.

노랑매발톱꽃(朴, 1949) (미나리아재비과) 노랑매발톱의 이명. → 노랑매발톱.

노랑매발톱풀(愚, 1996) (미나리아재비과) 노랑매발톱의 이명. → 노랑매발톱.

노랑무늬붓꽃(永, 1974) (붓꽃과 *Iris odaesanensis*) 〔이명〕 흰노랑붓꽃, 흰노랑무늬붓꽃, 태백붓꽃. 〔유래〕 꽃에 노랑무늬가 있는 붓꽃.

노랑물봉선(鄭, 1937) (봉선화과 *Impatiens noli-tangere*) 〔이명〕 노랑물봉선화, 노랑물봉숭, 노랑물봉숭아. 〔유래〕 노란 꽃이 피는 물봉선화라는 뜻의 일명. 야봉선화(野鳳仙花).

노랑물봉선화(李, 1969) (봉선화과) 노랑물봉선의 이명. → 노랑물봉선.

노랑물봉숭(安, 1982) (봉선화과) 노랑물봉선의 이명. → 노랑물봉선.

노랑물봉숭아(愚, 1996) (봉선화과) 노랑물봉선의 이명. → 노랑물봉선.

노랑미치광이풀(永, 1993) (가지과 *Scopolia lutescens*) 〔유래〕 노란 꽃이 피는 미치광이라는 뜻의 학명.

노랑민들레(安, 1982) (국화과) 산민들레의 이명. → 산민들레.

노랑바꽃(朴, 1974) (미나리아재비과) 백부자의 이명. → 백부자, 노랑돌쩌귀.

노랑바늘가지(李, 2003) (가지과) 가시가지의 이명. → 가시가지.

노랑버들(鄭, 1937) (버드나무과) 새양버들과 호랑버들(愚, 1996)의 이명. → 새양버들, 호랑버들.

노랑버들옻(愚, 1996) (대극과) 노랑대극의 북한 방언. 〔유래〕 노란 버들옻(대극). → 노랑대극.

노랑복주머니란(永, 1996) (난초과) 큰개불알꽃의 이명. → 큰개불알꽃.

노랑부추(鄭, 1949) (백합과 *Allium condensatum*) 〔이명〕 누른꽃염, 묏염, 압녹강부추, 노랑달래. 〔유래〕 노란 꽃이 피는 부추라는 뜻의 일명.

노랑붓꽃(鄭, 1937) (붓꽃과 *Iris koreana*) 〔유래〕 노란 꽃이 피는 제비붓꽃이라는 뜻의 일명. 마린자(馬藺子).

노랑상사화(愚, 1996) (수선화과) 개상사화의 북한 방언. 〔유래〕 노란 꽃이 피는 상사화. → 개상사화.

노랑새우난초(朴, 1949) (난초과) 금새우난초의 이명. 〔유래〕 노란 꽃이 피는 새우난초라는 뜻의 일명. → 금새우난초.

노랑선씀바귀(李, 2003) (국화과 *Ixeris chinensis*) 〔유래〕 꽃이 황색이다.

노랑승마(朴, 1974) (범의귀과) 나도승마의 이명. 〔유래〕 꽃이 황색이다. → 나도승마.

노랑쑥더부사리(朴, 1949) (열당과) 황종용의 이명. → 황종용.

노랑쑥더부살이(朴, 1974) (열당과) 황종용의 이명. → 황종용.

노랑어리연꽃(鄭, 1937) (조름나물과 *Nymphoides peltata*) 〔유래〕 노란 꽃이 피는 어리연꽃. 행채(莕菜).

노랑오랑캐(鄭, 1937) (제비꽃과) 노랑제비꽃의 이명. → 노랑제비꽃.

노랑오랑캐꽃(朴, 1949) (제비꽃과) 노랑제비꽃의 이명. → 노랑제비꽃.

노랑요강꽃(安, 1982) (난초과) 큰개불알꽃의 이명. 〔유래〕 노란 꽃이 피는 요강꽃(개불알꽃). → 큰개불알꽃.

노랑원추리(李, 1976) (백합과 *Hemerocallis vespertina*) 〔이명〕 저역원추리, 애기원추리, 저녁원추리, 저녁넘나물. 〔유래〕 꽃이 연한 황색이다. 훤초근(萱草根).

노랑장대(李, 2003) (십자화과) 노란장대의 이명. → 노란장대.

노랑장딸기(愚, 1996) (장미과) 노란장딸기의 중국 옌볜 방언. → 노란장딸기.

노랑장포(愚, 1996) (붓꽃과) 노랑꽃창포의 이명. → 노랑꽃창포.

노랑제비꽃(鄭, 1949) (제비꽃과 *Viola orientalis*) 〔이명〕 노랑오랑캐, 노랑오랑캐꽃.

〔유래〕 노란 꽃이 핀다는 뜻의 일명. 자화지정(紫花地丁).

ㄴ

노랑주머니꽃(李, 2003) (난초과) 큰개불알꽃의 이명. → 큰개불알꽃, 노랑개불알꽃.

노랑코스모스(壽, 1995) (국화과 *Cosmos sulphureus*) 〔유래〕 Yellow cosmos.

노랑털중나리(永, 2002) (백합과 *Lilium amabile* v. *flavum*) 〔유래〕 황색 꽃이 피는 털중나리라는 뜻의 학명.

노랑토끼풀(壽, 1998) (콩과 *Trifolium campestre*) 〔유래〕 꽃이 황색이다. 소엽은 도란형으로 끝 쪽에 톱니가 있다.

노랑투구꽃(鄭, 1937) (미나리아재비과 *Aconitum sibiricum*) 〔이명〕 바꽃, 오돌또기. 〔유래〕 꽃이 황색인 투구꽃.

노랑팽나무(鄭, 1942) (느릅나무과 *Celtis edulis*) 〔이명〕 노란팽나무. 〔유래〕 과실이 황색으로 익는 팽나무라는 뜻의 일명. 박수피(朴樹皮).

노랑풀싸리(朴, 1949) (콩과) 전동싸리의 이명. → 전동싸리.

노랑하눌타리(鄭, 1937) (박과) 노랑하늘타리의 이명. → 노랑하늘타리.

노랑하늘말나리(李, 1976) (백합과) 누른하늘말나리의 이명. → 누른하늘말나리.

노랑하늘타리(李, 1969) (박과 *Trichosanthes kirilowii* v. *japonica*) 산외의 이명(朴, 1949)으로도 사용. 〔이명〕 노랑하눌타리, 쥐참외, 섬하늘타리, 흰꽃하눌수박. 〔유래〕 노란 꽃이 피는 하늘타리라는 뜻의 일명. → 산외.

노랑할미꽃(永, 1967) (미나리아재비과 *Pulsatilla koreana* f. *flava*) 〔유래〕 선황색의 꽃이 피는 할미꽃이라는 뜻의 학명.

노랑해당화(鄭, 1937) (장미과 *Rosa xanthina*) 〔이명〕 노란해당화. 〔유래〕 꽃이 황색으로 피는 해당화라는 뜻의 학명 및 일명.

노랑협죽도(李, 2003) (협죽도과 *Nerium indicum* f. *lutescens*) 〔유래〕 꽃이 연한 황색인 협죽도라는 뜻의 학명.

노랑황기(朴, 1949) (콩과) 황기의 이명. 〔유래〕 황색 꽃이 핀다는 뜻의 일명. → 황기.

노랑회나무(安, 1982) (노박덩굴과) 뿔회나무의 이명. → 뿔회나무.

노루귀(鄭, 1937) (미나리아재비과 *Hepatica asiatica*) 〔이명〕 뾰족노루귀. 〔유래〕 장이세신(獐耳細辛).

노루목등갈퀴(李, 1969) (콩과 *Vicia cracca* f. *leucantha*) 〔이명〕 흰꽃말굴레. 〔유래〕 함북 노루목에 나는 등갈퀴나물.

노루발(朴, 1949) (노루발과) 노루발풀의 이명. 〔유래〕 노루발풀의 준말. → 노루발풀.

노루발풀(鄭, 1937) (노루발과 *Pyrola japonica*) 〔이명〕 애기노루발, 노루발, 애기노루발풀. 〔유래〕 녹제초(鹿蹄草), 녹수초(鹿壽草).

노루삼(鄭, 1937) (미나리아재비과 *Actaea asiatica*) 〔유래〕 미상. 녹두승마(綠豆升麻).

노루오줌(鄭, 1937) (범의귀과 *Astilbe rubra*) 〔이명〕 큰노루오줌, 왕노루오줌, 노루풀. 〔유래〕 미상. 낙신부(落新婦).

노루참나물(鄭, 1937) (산형과 *Pimpinella komarovii*) 대마참나물의 이명(朴, 1974)으로도 사용. 〔이명〕 가령참나물. 〔유래〕 미상. 참나물과 유사. → 대마참나물.

노루풀(愚, 1996) (범의귀과) 노루오줌의 북한 방언. → 노루오줌.

노린재나무(鄭, 1937) (노린재나무과 *Symplocos chinensis* v. *leucocarpa* f. *pilosa*) 〔유래〕 나무를 태운 재가 노란색이다. 화산반(華山礬).

노린재풀(朴, 1974) (마편초과) 누린내풀의 이명. 〔유래〕 식물에서 나는 냄새를 노린재에서 나는 냄새에 비유. → 누린내풀.

노박덩굴(鄭, 1937) (노박덩굴과 *Celastrus orbiculatus*) 〔이명〕 놉방구덩굴, 노방패너울, 노랑꽃나무, 노파위나무, 노박따위나무, 노팡개더울, 노방덩굴. 〔유래〕 경기 방언. 남사등(南蛇藤).

노박따위나무(鄭, 1942) (노박덩굴과) 노박덩굴의 이명. 〔유래〕 노박덩굴의 황해 방언. → 노박덩굴.

노방구덤불(鄭, 1942) (노박덩굴과) 메역순나무의 이명. 〔유래〕 메역순나무의 강원 방언. → 메역순나무.

노방덩굴(朴, 1949) (노박덩굴과) 노박덩굴의 이명. → 노박덩굴.

노방패너울(鄭, 1942) (노박덩굴과) 노박덩굴의 이명. 〔유래〕 노박덩굴의 평북 방언. → 노박덩굴.

노봉백산차(李, 1966) (철쭉과) 산백산차의 이명. → 산백산차.

노송나무(鄭, 1942) (측백나무과) 향나무의 이명. → 향나무.

노야기(鄭, 1949) (꿀풀과) 향유의 이명. → 향유.

노인장대(鄭, 1949) (여뀌과) 털여뀌의 이명. → 털여뀌.

노파위나무(鄭, 1942) (노박덩굴과) 노박덩굴의 이명. 〔유래〕 노박덩굴의 강원 방언. → 노박덩굴.

노팡개더울(鄭, 1942) (노박덩굴과) 노박덩굴의 이명. 〔유래〕 노박덩굴의 경남 방언. → 노박덩굴.

노회(安, 1982) (백합과) 알로에의 이명. → 알로에.

녹각(朴, 1949) (콩과) 여우콩의 이명. 〔유래〕 녹곽(鹿藿). → 여우콩.

녹나무(鄭, 1937) (녹나무과 *Cinnamomum camphora*) 〔유래〕 제주 방언. 장뇌목(樟腦木), 장목(樟木), 장수(樟樹), 장뇌(樟腦).

녹다래(李, 1966) (다래나무과) 녹다래나무의 이명. → 녹다래나무.

녹다래나무(朴, 1949) (다래나무과 *Actinidia arguta* v. *rufinervis*) 〔이명〕 녹다래덤불, 녹다래. 〔유래〕 녹갈색(녹빛)의 털(맥)이 있다는 뜻의 학명 및 일명.

녹다래덤불(鄭, 1942) (다래나무과) 녹다래나무의 이명. → 녹다래나무.

녹두(鄭, 1937) (콩과 *Vigna radiata*) 〔이명〕 돔부, 록두. 〔유래〕 녹두(綠豆).

녹두두미(鄭, 1956) (콩과) 갈퀴나물의 이명. → 갈퀴나물.

녹마가목(李, 1966) (장미과) 왕털마가목의 이명. → 왕털마가목, 녹빛마가목.

녹모사초(安, 1982) (사초과) 화산곱슬사초의 이명. → 화산곱슬사초.

녹보리똥나무(鄭, 1942) (보리수나무과 *Elaeagnus maritima*) 〔이명〕 녹보리수나무, 록보리수나무. 〔유래〕 녹색(반상록)인 보리똥나무(보리수나무).

녹보리수나무(朴, 1949) (보리수나무과) 녹보리똥나무의 이명. 〔유래〕 녹보제수(綠菩堤樹). → 녹보리똥나무.

녹비늘보리수나무(愚, 1996) (보리수나무과) 뜰보리수의 중국 옌볜 방언. → 뜰보리수.

녹빛마가목(朴, 1949) (장미과) 왕털마가목의 이명. 〔유래〕 녹빛의 털이 있다는 뜻의 학명 및 일명. → 왕털마가목.

녹빛사초(朴, 1949) (사초과 *Carex quadriflora*) 〔유래〕 포(苞)의 색이 녹빛(적갈색)이다.

녹빛실사초(朴, 1949) (사초과 *Carex sachalinensis* v. *sikokiana*) 〔유래〕 기부의 엽초(葉鞘)가 녹빛(적갈색)이다.

녹빛털귀룽나무(愚, 1996) (장미과) 녹털귀룽나무의 중국 옌볜 방언. → 녹털귀룽나무.

녹색꿩의비름(愚, 1996) (돌나물과) 섬꿩의비름의 이명. 〔유래〕 꽃이 연한 녹색의 꿩의비름이라는 뜻의 학명. → 섬꿩의비름.

녹털귀롱목(安, 1982) (장미과) 녹털귀룽나무의 이명. → 녹털귀룽나무.

녹털귀룽나무(鄭, 1937) (장미과 *Prunus padus* f. *rufo-ferruginea*) 〔이명〕 차빛귀룽, 녹털귀롱목, 녹빛털귀룽나무. 〔유래〕 잎 뒤의 맥에 갈색(녹빛) 털이 있는 귀룽나무라는 뜻의 학명 및 일명.

녹화죽백란(永, 1996) (난초과 *Cymbidium javanicum* v. *aspidistrifolium*) 〔유래〕 녹화죽백란(綠花竹柏蘭). 죽백란과 유사한 잎 가장자리에 톱니가 없고 꽃이 담록색이다.

논냉이(鄭, 1937) (십자화과 *Cardamine lyrata*) 〔이명〕 논황새냉이. 〔유래〕 냇가나 논밭 근처 도랑에 나는 냉이. 수전쇄미제(水田碎米薺).

논두렁방동사니(愚, 1996) (사초과) 논뚝방동사니의 북한 방언. → 논뚝방동사니.

논두렁사초(永, 1996) (사초과 *Carex autumnalis*) 〔유래〕 미상.

논둑외풀(永, 1996) (현삼과) 논뚝외풀의 이명. → 논뚝외풀.

논드렁사초(朴, 1949) (사초과) 뚝사초의 이명. → 뚝사초.

논뚝방동사니(鄭, 1970) (사초과 *Cyperus flavidus*) 〔이명〕 드렁방동산이, 드렁방동사니, 논두렁방동사니, 뚝방동산이. 〔유래〕 논두렁에 나는 방동사니라는 뜻의 일명.

논뚝외풀(鄭, 1949) (현삼과 *Lindernia micrantha*) 〔이명〕 드렁고추, 고추풀, 논둑외풀. 〔유래〕 논뚝에 나는 외풀이라는 뜻의 일명. 맥상채(陌上菜).

논뚝하늘지기(愚, 1996) (사초과) 뚝하늘지기의 북한 방언. → 뚝하늘지기.

논뜨기(鄭, 1937) (사초과) 뚝하늘지기의 이명. → 뚝하늘지기.

논말(朴, 1949) (현삼과) 구와말의 이명. 〔유래〕 석룡미(石龍尾). → 구와말.

논싸리(朴, 1949) (콩과) 땅비싸리의 이명. → 땅비싸리.

논현호색(朴, 1974) (양귀비과) 들현호색의 이명. → 들현호색.

논황새냉이(愚, 1996) (십자화과) 논냉이의 북한 방언. → 논냉이.

놉방구덩굴(鄭, 1937) (노박덩굴과) 노박덩굴의 이명. → 노박덩굴.

놋동이(鄭, 1949) (미나리아재비과) 미나리아재비의 이명. → 미나리아재비.

놋동이풀(鄭, 1949) (미나리아재비과) 개구리자리의 이명. → 개구리자리.

놋젓가락나물(鄭, 1937) (미나리아재비과 *Aconitum ciliare*) 〔이명〕 초오, 선덩굴바꽃, 좀바꽃, 덩굴지리바꽃, 털덩굴바꽃. 〔유래〕 푸른 덩굴을 놋(쇠)젓가락에 비유. 초오(草烏).

높산분취(安, 1982) (국화과) 좀두메취의 이명. 〔유래〕 높은 산(고산)에 나는 취라는 뜻의 학명. → 좀두메취.

높은산꿩의밥(愚, 1996) (골풀과) 구름꿩의밥의 북한 방언. 〔유래〕 높은 산에 나는 꿩의밥. → 구름꿩의밥.

높은산꿩의밥풀(永, 1996) (골풀과) 구름꿩의밥의 이명. 〔유래〕 구름꿩의밥의 북한 방언. → 구름꿩의밥, 높은산꿩의밥.

높은산냉이(朴, 1949) (십자화과) 두메냉이의 이명. 〔유래〕 높은 산(깊은 산중)에 나는 냉이라는 뜻의 일명. → 두메냉이.

높은산장대(朴, 1949) (십자화과) 바위장대의 이명. 〔유래〕 높은 산(후지산)에 나는 장대나물이라는 뜻의 일명. → 바위장대.

뇌성나무(愚, 1996) (녹나무과) 뇌성목의 북한 방언. → 뇌성목.

뇌성목(鄭, 1949) (녹나무과 *Lindera glauca* v. *salicifolium*) 〔이명〕 간자목, 뢰성나무, 잔자목, 뇌성나무. 〔유래〕 뇌성목(雷聲木).

누룩치(李, 1969) (산형과) 왜우산풀의 이명. 〔유래〕 왜우산풀의 강원 설악산 지역 방언. → 왜우산풀.

누룬나무(鄭, 1942) (마편초과) 누리장나무의 이명. 〔유래〕 누리장나무의 경남 방언. → 누리장나무.

누르나무(安, 1982) (마편초과) 누리장나무의 이명. → 누리장나무.

누른괭이눈(朴, 1949) (범의귀과 *Chrysosplenium flaviflorum*) 〔이명〕 북괭이눈. 〔유래〕 누른빛이 도는 꽃의 괭이눈이라는 뜻의 학명.

ㄴ

누른꽃바위솔(愚, 1996) (돌나물과) 잎새바위솔의 중국 옌볜 방언. 〔유래〕 황색 꽃이 피는 바위솔. → 잎새바위솔.

누른꽃염(朴, 1949) (백합과) 노랑부추의 이명. → 노랑부추.

누른꽃오랑캐(朴, 1949) (제비꽃과) 털노랑제비꽃의 이명. → 털노랑제비꽃.

누른대나무(鄭, 1942) (박쥐나무과) 박쥐나무의 이명. → 박쥐나무.

누른도깨비바늘(愚, 1996) (국화과) 털도깨비바늘의 중국 옌볜 방언. → 털도깨비바늘.

누른붓꽃(朴, 1949) (붓꽃과) 금붓꽃의 이명. → 금붓꽃.

누른살고구마(安, 1982) (메꽃과) 고구마의 이명. 〔유래〕 괴근의 살이 누른빛인 고구마. → 고구마.

누른시베리아쑥(安, 1982) (국화과) 시베리아쑥의 이명. → 시베리아쑥.

누른요강꽃(朴, 1949) (난초과) 큰개불알꽃의 이명. → 큰개불알꽃.

누른용둥굴레(朴, 1949) (백합과) 목포용둥굴레의 이명. → 목포용둥굴레.

누른종덩굴(鄭, 1937) (미나리아재비과 *Clematis chiisanensis*) 〔유래〕 노란 꽃이 피는 종덩굴이라는 뜻의 일명.

누른털고사리(朴, 1949) (면마과) 가는잎족제비고사리의 이명. → 가는잎족제비고사리.

누른하늘말나리(李, 1980) (백합과 *Lilium tsingtauense* v. *flavum*) 〔이명〕 노랑하늘말나리. 〔유래〕 꽃이 짙은 황색인 하늘말나리라는 뜻의 학명.

누리개나무(鄭, 1942) (마편초과) 누리장나무의 이명. 〔유래〕 누리장나무의 전북 어청도 방언. → 누리장나무.

누리대(愚, 1996) (산형과) 왜우산풀의 이명. 〔유래〕 왜우산풀의 강원 대관령 지대의 방언. 이 지역에서 여름에 즐겨 먹는 산채. 어린잎은 독성이 있어 예로부터 염세하는 과부들이 사용하기도 했다고 한다. → 왜우산풀.

누리장나무(鄭, 1937) (마편초과 *Clerodendron trichotomum*) 〔이명〕 개똥나무, 노나무, 개나무, 구릿대나무, 누리개나무, 이라리나무, 누룬나무, 깨타리, 구린내나무, 누르나무. 〔유래〕 강한 취기(누린내)가 나는 나무라는 뜻의 일명. 취오동(臭梧桐).

누린내풀(鄭, 1937) (마편초과 *Caryopteris divaricata*) 〔이명〕 노린재풀, 구렁내풀. 〔유래〕 누린내가 나는 풀. 차지획(叉枝獲).

누운갯버들(鄭, 1937) (버드나무과) 눈갯버들의 이명. → 눈갯버들.

누운겨이삭(愚, 1996) (벼과) 버들겨이삭의 중국 옌볜 방언. → 버들겨이삭.

누운괴불이끼(李, 1969) (처녀이끼과 *Lacosteopsis orientalis*) 〔이명〕 누은괴불이끼, 좀난쟁이이끼, 털담쟁이이끼. 〔유래〕 일명.

누운괴불주머니(愚, 1996) (양귀비과) 눈괴불주머니의 이명. → 눈괴불주머니.

누운기장대풀(李, 1969) (벼과 *Isachne nipponensis*) 〔이명〕 누운애기울미. 〔유래〕

줄기가 누워 기는 기장대풀이라는 뜻의 일명.

누운까치밥나무(愚, 1996) (범의귀과) 눈까치밥나무의 북한 방언. → 눈까치밥나무.

누운꼬리풀(朴, 1974) (현삼과) 개투구꽃의 이명. → 개투구꽃.

누운딱지꽃(愚, 1996) (장미과) 누운양지꽃의 중국 옌볜 방언. → 누운양지꽃.

누운멧버들(安, 1982) (버드나무과) 눈산버들의 이명. → 눈산버들.

누운바구지(愚, 1996) (미나리아재비과) 가는미나리아재비의 북한 방언. 〔유래〕 누운 바구지(미나리아재비). → 가는미나리아재비.

누운비녀골풀(愚, 1996) (골풀과) 눈비녀골풀의 북한 방언. → 눈비녀골풀.

누운산버들(愚, 1996) (버드나무과) 눈산버들의 중국 옌볜 방언. → 눈산버들.

누운애기울미(朴, 1949) (벼과) 누운기장대풀의 이명. 〔유래〕 누운 애기울미(기장대풀). → 누운기장대풀.

누운양지꽃(鄭, 1937) (장미과 *Potentilla egedei* v. *groenlandica*) 〔이명〕 눈양지꽃, 누운딱지꽃. 〔유래〕 누운 양지꽃.

누운오랑캐(鄭, 1937) (제비꽃과) 누운제비꽃의 이명. 〔유래〕 누운 오랑캐꽃(제비꽃). → 누운제비꽃.

누운잣나무(鄭, 1937) (소나무과) 눈잣나무의 이명. → 눈잣나무.

누운제비꽃(李, 1969) (제비꽃과 *Viola epipsila*) 〔이명〕 누운오랑캐, 누은제비꽃, 누은오랑캐, 보흥제비꽃. 〔유래〕 줄기가 기는(포복) 제비꽃.

누운주름잎(李, 1976) (현삼과) 〔이명〕 누은담배풀, 누은주름풀, 퍼진고추풀. 〔유래〕 줄기의 기부에서 긴 지상으로 가는 줄기를 낸다.

누운측백(鄭, 1937) (측백나무과) 찝빵나무의 이명. 〔유래〕 줄기가 눕는 측백나무. → 찝빵나무.

누운측백나무(愚, 1996) (측백나무과) 찝빵나무의 북한 방언. → 찝빵나무.

누운털질경이(李, 1969) (질경이과) 털질경이의 이명. → 털질경이.

누운향나무(鄭, 1937) (측백나무과) 눈향나무의 이명. → 눈향나무.

누은개미자리(朴, 1949) (석죽과) 차일봉개미자리의 이명. 〔유래〕 누운 개미자리라는 뜻의 일명. → 차일봉개미자리.

누은개비자나무(朴, 1949) (주목과) 개비자나무의 이명. 〔유래〕 누운(줄기) 개비자나무라는 뜻의 일명. → 개비자나무.

누은겨이삭(愚, 1996) (벼과) 애기겨이삭의 중국 옌볜 방언. → 애기겨이삭.

누은괴불이끼(鄭, 1937) (처녀이끼과) 누운괴불이끼의 이명. 〔유래〕 누운 괴불이끼라는 뜻의 일명. → 누운괴불이끼.

누은까치밥나무(朴, 1949) (범의귀과) 눈까치밥나무의 이명. → 눈까치밥나무.

누은꼬리풀(朴, 1949) (현삼과) 개투구꽃의 이명. 〔유래〕 줄기가 기다가 곧추선다. → 개투구꽃.

ㄴ

누은담배풀(朴, 1974) (현삼과) 누운주름잎의 이명. 〔유래〕 누운 담배풀(주름잎). → 누운주름잎.

누은동의나물(朴, 1974) (미나리아재비과) 동의나물의 이명. 〔유래〕 누운 동의나물. → 동의나물.

누은별꽃(朴, 1974) (석죽과) 애기가지별꽃의 이명. 〔유래〕 누운 별꽃. → 애기가지별꽃.

누은비녀골풀(安, 1982) (골풀과) 눈비녀골풀의 이명. 〔유래〕 누운 비녀골풀. → 눈비녀골풀.

누은산버들(鄭, 1937) (버드나무과) 눈산버들의 이명. 〔유래〕 누운 산버들. → 눈산버들.

누은쇠채(朴, 1949) (국화과) 멱쇠채의 이명. 〔유래〕 누운 쇠채. → 멱쇠채.

누은오랑캐(鄭, 1937) (제비꽃과) 누운제비꽃의 이명. 〔유래〕 누운 오랑캐꽃(제비꽃). → 누운제비꽃.

누은제비꽃(鄭, 1949) (제비꽃과) 누운제비꽃의 이명. → 누운제비꽃.

누은주름풀(朴, 1974) (현삼과) 누운주름잎의 이명. → 누운주름잎.

눈가막사리(李, 1969) (국화과 *Bidens tripartita* v. *repens*) 〔이명〕 좀가막사리, 애기가막살, 애기가막사리. 〔유래〕 누워서 기어가는 가막사리라는 뜻의 학명.

눈개불알꽃(김 등, 1988) (현삼과 *Veronica hederaefolia*) 〔유래〕 줄기가 포복하면서 사방으로 퍼지는 개불알꽃.

눈개비자나무(鄭, 1942) (주목과) 개비자나무의 이명. 〔유래〕 누운 개비자나무. → 개비자나무.

눈개승마(鄭, 1949) (장미과 *Aruncus dioicus* v. *kamtschaticus*) 〔이명〕 삼나물, 죽토자, 눈산승마. 〔유래〕 미상.

눈개싸리(愚, 1996) (콩과) 눈해변싸리의 중국 옌볜 방언. → 눈해변싸리.

눈개쑥부장이(李, 1969) (국화과) 눈개쑥부쟁이의 이명. → 눈개쑥부쟁이.

눈개쑥부쟁이(李, 1980) (국화과 *Aster hayatae*) 〔이명〕 개쑥부장이, 산개쑥부장이, 개쑥부쟁이, 눈개쑥부장이. 〔유래〕 가지가 땅 위로 누워 퍼진다. 산백국(山白菊).

눈갯버들(鄭, 1942) (버드나무과 *Salix graciliglans*) 〔이명〕 누운갯버들. 〔유래〕 누운(포복) 갯버들.

눈괭이밥(李, 1969) (괭이밥과) 괭이밥의 이명. 〔유래〕 눕는(기어가는) 괭이밥이라는 뜻의 학명. → 괭이밥.

눈괴불주머니(鄭, 1949) (양귀비과 *Corydalis ochotensis*) 〔이명〕 개현호색, 덩굴괴불주머니, 누운괴불주머니. 〔유래〕 누운(넌출지는) 괴불주머니. 황자근(黃紫堇).

눈까치밥나무(鄭, 1942) (범의귀과 *Ribes triste*) 〔이명〕 누은까치밥나무, 누운까치밥나무. 〔유래〕 누운(포복성) 까치밥나무라는 뜻의 일명. 언작탁목(偃鵲啄木), 왜다표

(矮茶藨).

눈깨풀(朴, 1949) (앵초과) 설앵초의 이명. 〔유래〕 잎 뒤가 눈같이 흰 깨풀(앵초). → 설앵초.

눈꼬리풀(安, 1982) (현삼과) 개투구꽃의 이명. → 개투구꽃, 누은꼬리풀.

눈동의나물(鄭, 1949) (미나리아재비과) 동의나물의 이명. → 동의나물, 누은동의나물.

눈범꼬리(鄭, 1949) (여뀌과 *Bistorta suffulta*) 〔이명〕 제주범의꼬리. 〔유래〕 미상.

눈분취(朴, 1949) (국화과) 백설취의 이명. → 백설취, 백설분취.

눈비녀골풀(鄭, 1949) (골풀과 *Juncus wallichianus*) 〔이명〕 산비녀골, 누은비녀골풀, 누운비녀골풀. 〔유래〕 누운 비녀골풀이라는 뜻의 일명.

눈비름(李, 1969) (비름과 *Amaranthus deflexus*) 〔유래〕 줄기가 젖혀진다는(눕는다는) 뜻의 학명 및 일명.

눈빛승마(鄭, 1937) (미나리아재비과 *Cimicifuga dahurica*) 〔유래〕 꽃이 눈보라같이 흰 승마라는 뜻의 일명.

눈빛쑥(朴, 1949) (국화과) 흰쑥의 이명. 〔유래〕 눈빛같이 흰 쑥. → 흰쑥.

눈뽈꽃(愚, 1996) (양귀비과) 가는괴불주머니의 북한 방언. → 가는괴불주머니.

눈사초(朴, 1949) (사초과 *Carex rupestris*) 〔유래〕 미상.

눈산버들(鄭, 1942) (버드나무과 *Salix divaricata* v. *meta-formosa*) 〔이명〕 누은산버들, 새버들, 누운멧버들, 누운산버들. 〔유래〕 가지가 눕는 산버들.

눈산승마(永, 1996) (장미과) 눈개승마의 이명. → 눈개승마.

눈상나무(鄭, 1942) (측백나무과) 눈향나무의 이명. → 눈향나무.

눈색이꽃(朴, 1949) (미나리아재비과) 복수초의 이명. → 복수초.

눈섭고사리(鄭, 1937) (고란초과 *Asplenium wrightii*) 〔이명〕 외대고사리, 눈썹고사리, 달구지고사리. 〔유래〕 미상.

눈송이풀(朴, 1949) (현삼과) 쌀파도풀의 이명. → 쌀파도풀.

눈쇄채(安, 1982) (국화과) 멱쇠채의 이명. → 멱쇠채.

눈썹고사리(李, 1980) (고란초과) 눈섭고사리의 이명. → 눈섭고사리.

눈쑥(朴, 1949) (국화과) 큰비쑥의 이명. → 큰비쑥.

눈양지꽃(鄭, 1949) (장미과) 누운양지꽃과 만주딱지꽃(朴, 1949)의 이명. → 누운양지꽃, 만주딱지꽃.

눈여뀌바늘(李, 1969) (바늘꽃과 *Ludwigia ovalis*) 〔이명〕 개물풀, 물별꽃, 물별꽃아재비, 나도범의귀. 〔유래〕 누운(줄기의 밑 부분이 기면서 뿌리를 낸다) 여뀌바늘.

눈잣나무(鄭, 1942) (소나무과 *Pinus pumila*) 〔이명〕 누운잣나무, 천리송. 〔유래〕 평북 방언. 줄기가 눕는 잣나무. 파지송(爬地松).

눈주목(鄭, 1942) (주목과 *Taxus caespitosa*) 〔이명〕 가라목, 설악산주목, 설악눈주

ㄴ

목, 설악가라목. 〔유래〕 줄기가 눕는 주목. 자삼(紫蔘).

눈차풀(李, 1969) (콩과) 차풀의 이명. 〔유래〕 줄기가 눕는다는 뜻의 학명. → 차풀.

눈측백(李, 1966) (측백나무과) 찝빵나무의 이명. 〔유래〕 누운측백의 준말. → 찝빵나무, 누은측백.

눈포아풀(李, 1969) (벼과 *Poa palustris*) 〔이명〕 똘꾸렘이풀, 똘포아풀, 물포아풀, 진퍼리꿰미풀. 〔유래〕 미상.

눈해변싸리(鄭, 1942) (콩과 *Lespedeza macro-virgata*) 〔이명〕 왕좀싸리, 눈개싸리. 〔유래〕 줄기가 눕는 해변싸리라는 뜻의 일명.

눈향나무(鄭, 1942) (측백나무과 *Juniperus chinensis* v. *sargentii*) 〔이명〕 누운향나무, 참향나무, 눈상나무. 〔유래〕 줄기가 눕는 향나무. 회엽(檜葉).

눌메기고사리(朴, 1949) (면마과) 느리미고사리의 이명. → 느리미고사리.

눌메기천남성(朴, 1949) (천남성과 *Arisaema peninsulae* f. *convolutum*) 〔이명〕 북한산천남성, 독사천남성. 〔유래〕 미상.

눙박나무(鄭, 1942) (인동과) 인동덩굴의 이명. → 인동덩굴.

뉴욕아스터(尹, 1989) (국화과) 우선국의 이명. 〔유래〕 New York aster. → 우선국.

느러진장대(鄭, 1937) (십자화과 *Arabis pendula*) 〔유래〕 과실이 밑으로 처진다는 뜻의 학명.

느릅나무(鄭, 1937) (느릅나무과 *Ulmus davidiana* v. *japonica*) 왕느릅(1937)과 비술나무(1942)의 이명으로도 사용. 〔이명〕 떡느릅나무, 뚝나무, 봄느릅나무. 〔유래〕 유(楡), 유백피(楡白皮). → 왕느릅, 비술나무.

느리미고사리(鄭, 1937) (면마과 *Dryopteris tokyoensis*) 〔이명〕 눌메기고사리. 〔유래〕 미상.

느삼(朴, 1974) (콩과) 고삼의 이명. → 고삼.

느삼나무(愚, 1996) (콩과) 개느삼의 북한 방언. → 개느삼.

느티나무(鄭, 1937) (느릅나무과 *Zelkova serrata*) 〔이명〕 괴목, 동굴느틔나무, 둥근느티나무, 긴잎느티나무, 둥근잎느티나무, 정자나무. 〔유래〕 괴목(槐木, 귀신 붙은 나무). 마을 입구에 신목(神木)으로 되어 있어, 예로부터 우리 민족과 끈끈한 관계가 있다고 하여 밀레니엄 나무로 선정되었다. 계유(鷄油). 〔어원〕 눌-/눋-〔黃〕+홰/회〔槐〕+나무〔木〕. 누튀나모→느틔나모→느티나무로 변화(어원사전).

는쟁이(鄭, 1937) (명아주과) 명아주의 이명. → 명아주.

는쟁이냉이(鄭, 1937) (십자화과 *Cardamine komarovi*) 〔이명〕 주걱냉이, 숟가락냉이, 숟가락황새냉이. 〔유래〕 미상.

늘어진소나무(愚, 1996) (소나무과) 처진소나무의 중국 옌볜 방언. → 처진소나무.

늘푸른줄딸(安, 1982) (장미과) 겨울딸기의 이명. 〔유래〕 상록성인 줄딸(덩굴딸기). → 겨울딸기.

능금(鄭, 1937) (장미과) 능금나무의 이명. 〔유래〕 능금나무의 축소형. → 능금나무.

능금나무(鄭, 1942) (장미과 *Malus asiatica*) 사과나무의 이명(朴, 1949)으로도 사용. 〔이명〕 능금, 사과. 〔유래〕 임금(林檎). → 사과나무.

능소화(鄭, 1937) (능소화과) 능소화나무의 이명. 〔유래〕 능소화(凌霄花). → 능소화나무.

능소화나무(鄭, 1942) (능소화과 *Campsis grandiflora*) 〔이명〕 능소화, 금등화, 릉소화. 〔유래〕 능소화(凌霄花), 자위(紫葳).

능수버들(鄭, 1937) (버드나무과 *Salix pseudo-lasiogyne*) 대극(朴, 1949)과 개감수(1949)의 이명으로도 사용. 〔이명〕 수양버들. 〔유래〕 충남 방언. 수사류(垂絲柳), 삼춘류(三春柳), 유지(柳枝). → 대극, 개감수.

능수쇠뜨기(鄭, 1949) (속새과 *Equisetum sylvaticum*) 〔이명〕 솔속새, 솔쇠뜨기. 〔유래〕 술 모양(능수버들의 가지 모양)의 쇠뜨기라는 뜻의 일명.

능수싸리(愚, 1996) (콩과) 풀싸리의 북한 방언. → 풀싸리.

능수조팝나무(安, 1982) (장미과) 가는잎조팝나무의 이명. → 가는잎조팝나무.

능수참새그령(壽, 1995) (벼과 *Eragrostis curvula*) 〔이명〕 희망새그령. 〔유래〕 좁은 잎이 건조하면 윗면으로 말린 것이 활모양으로 휘어져 늘어지는 참새그령이라는 뜻의 일명.

능암(愚, 1996) (콩과) 고삼의 북한 방언. → 고삼.

능쟁이(愚, 1996) (명아주과) 명아주의 북한 방언. → 명아주.

늦고사리삼(鄭, 1949) (고사리삼과 *Botrychium virginianum*) 〔이명〕 여름고사리삼, 여름꽃고사리. 〔유래〕 늦은(여름) 고사리삼이라는 뜻의 일명.

늦둥굴레(장창기 등, 1998) (백합과 *Polygonatum infundiflorum*) 〔유래〕 미상. 줄기 끝이 늘어지고 화피는 중앙부가 잘룩한 깔때기 모양으로 연한 황색이다.

늦미꾸리낚시(朴, 1974) (여뀌과) 미꾸리낚시의 이명. → 미꾸리낚시.

늦밤(李, 1966) (참나무과 *Castanea crenata* v. *kusakuri* f. *nujin-bam*) 〔유래〕 과실이 늦게 성숙하는 밤이라는 뜻의 학명.

늦싸리(鄭, 1949) (콩과) 풀싸리의 이명. → 풀싸리.

늪바구지(愚, 1996) (미나리아재비과) 개구리자리의 북한 방언. → 개구리자리.

늪버들(愚, 1996) (버드나무과) 닥장버들의 북한 방언. → 닥장버들.

늪산사초(安, 1982) (사초과) 백두사초의 이명. → 백두사초.

늪쇠뜨기(愚, 1996) (속새과) 개쇠뜨기의 중국 옌볜 방언. → 개쇠뜨기.

늪피(愚, 1996) (벼과) 개피의 북한 방언. → 개피.

니고들빼기(鄭, 1937) (국화과) 이고들빼기의 이명. → 이고들빼기.

니그라포플라나무(愚, 1996) (버드나무과) 양버들의 중국 옌볜 방언. 〔유래〕 니그라(*nigra*)라는 학명. → 양버들.

니암나무(鄭, 1942) (물푸레나무과) 이팝나무의 이명. 〔유래〕 이팝나무의 전북 방언. → 이팝나무.

니팝나무(鄭, 1942) (팥꽃나무과) 팥꽃나무의 이명. → 팥꽃나무.

닢갈나무(鄭, 1942) (소나무과) 잎갈나무의 이명. 〔유래〕 북한 방언. → 잎갈나무.

다닥냉이(鄭, 1937) (십자화과 *Lepidium apetalum*) 〔유래〕 과실이 다닥다닥 많이 달린 냉이라는 뜻.

다닥방울소나무(愚, 1996) (소나무과) 여복송의 중국 옌볜 방언. 〔유래〕 솔방울이 다닥다닥 많이 달리는 소나무. → 여복송.

다닥잎톱풀(愚, 1996) (국화과) 서양톱풀의 중국 옌볜 방언. → 서양톱풀.

다닥좀꿩의다리(安, 1982) (미나리아재비과) 좀꿩의다리의 이명. → 좀꿩의다리.

다람쥐꼬리(鄭, 1937) (석송과 *Lycopodium chinense*) 〔이명〕 북솔석송. 〔유래〕 가느다란 식물체의 모양을 다람쥐의 꼬리에 비유. 소접근초(小接筋草).

다람쥐꼬리새풀(愚, 1996) (벼과) 실새풀의 북한 방언. → 실새풀.

다래(李, 1969) (다래나무과) 다래나무의 이명. 〔유래〕 다래나무의 축소형. → 다래나무.

다래나무(鄭, 1937) (다래나무과 *Actinidia arguta*) 〔이명〕 참다래나무, 다래넌출, 다래, 다래덩굴, 청다래나무. 〔유래〕 경기 방언. 미후도(獼猴桃), 등천료(藤天蓼), 등리(藤梨), 미후리(獼猴梨).

다래넌출(鄭, 1942) (다래나무과) 다래나무의 이명. 〔유래〕 다래나무의 황해 방언. → 다래나무.

다래덩굴(安, 1982) (다래나무과) 다래나무의 이명. → 다래나무.

다릅나무(鄭, 1937) (콩과 *Maackia amurensis*) 〔이명〕 개물푸레나무, 쇠코둘개나무, 개박달나무, 소터래나무, 쇠코뜨래나무, 좀실다릅나무. 〔유래〕 황해 방언. 조선괴(朝鮮槐), 양괴(懷槐).

다리아(朴, 1949) (국화과) 다알리아의 이명. → 다알리아.

다발골무꽃(李, 1969) (꿀풀과 *Scutellaria asperiflora*) 〔이명〕 무데기골무꽃. 〔유래〕 6~7개의 식물이 모여 나서 다발을 이룬다.

다부돌담고사리(朴, 1949) (꼬리고사리과) 수수고사리의 이명. → 수수고사리.

다북개미자리(壽, 2001) (석죽과 *Scleranthus annuus*) 〔유래〕 줄기가 많은 가지를 쳐 옆으로 펼쳐지는 모습을 보고 다북하게 나는 개미자리라는 뜻으로 붙인 이름이나 개미자리와는 별개의 속이다.

ㄷ

다북고추나물(鄭, 1949) (물레나물과 *Hypericum erectum* v. *caespitosum*) 〔이명〕 지이고추나물, 산고추나물. 〔유래〕 줄기가 총생(다북 모여남)하는 고추나물이라는 뜻의 학명.

다북떡쑥(鄭, 1949) (국화과 *Anaphalis sinica*) 〔이명〕 구름떡쑥, 개괴쑥, 다북산괴쑥. 〔유래〕 줄기가 다북 모여나는 떡쑥.

다북산괴쑥(愚, 1996) (국화과) 다북떡쑥의 중국 옌볜 방언. 〔유래〕 다북 모여나는 산괴쑥(산떡쑥). → 다북떡쑥.

다북산새풀(愚, 1996) (벼과) 갯조풀의 중국 옌볜 방언. → 갯조풀.

다시마고사리(朴, 1961) (고사리과 *Ophioglossum pendulum*) 〔이명〕 다시마고사리삼. 〔유래〕 잎이 리본 모양으로 신장하여 나무에 착생하여 드리우는(처지는) 모양이 다시마와 유사하다는 뜻의 학명.

다시마고사리삼(李, 1980) (고사리과) 다시마고사리의 이명. → 다시마고사리.

다시마일엽초(李, 1969) (고란초과) 큰일엽초의 이명. → 큰일엽초.

다알리아(李, 1969) (국화과 *Dahlia pinnata*) 〔이명〕 다리아, 달리아. 〔유래〕 달리아(*Dahlia*)라는 속명.

다엽꽃(朴, 1949) (협죽도과) 개정향풀의 이명. 〔유래〕 다엽화(茶葉花). → 개정향풀.

다우리아미나리(朴, 1949) (산형과) 상동미나리의 이명. 〔유래〕 다후리아 지방에 나는 미나리라는 뜻의 학명. → 상동미나리.

다우리아향나무(鄭, 1949) (측백나무과) 단천향나무의 이명. 〔유래〕 다후리아 지방에 나는 향나무라는 뜻의 학명. → 단천향나무.

다정큼나무(鄭, 1942) (장미과 *Rhaphiolepis indica* v. *umbellata*) 〔이명〕 동근잎다정큼나무, 둥근잎다정큼나무, 쪽나무, 둥근잎다정큼. 〔유래〕 전남 방언. 차륜매(車輪梅).

다지나무(鄭, 1942) (운향과) 쉬나무의 이명. → 쉬나무.

다화개별꽃(永, 1996) (석죽과 *Pseudostellaria multiflora*) 〔유래〕 꽃이 많이(3~5개) 나오는 개별꽃이라는 뜻의 학명. 태자삼(太子蔘).

다후리비수리(愚, 1996) (콩과) 호비수리의 중국 옌볜 방언. 〔유래〕 다후리아 지방에 나는 비수리라는 뜻의 학명. → 호비수리.

다후리아갈퀴(安, 1982) (꼭두선이과) 큰잎갈퀴의 이명. 〔유래〕 다후리아 지방에 나는 갈퀴나물이라는 뜻의 학명. → 큰잎갈퀴.

다후리아벌사상자(愚, 1996) (산형과) 상동미나리의 중국 옌볜 방언. 〔유래〕 다후리아 지방에 나는 별사상자라는 뜻의 학명. → 상동미나리.

다후리아비짜루(安, 1982) (백합과) 망적천문동의 이명. 〔유래〕 다후리아 지방에 나는 비짜루라는 뜻의 학명. → 망적천문동.

다후리아수리취(安, 1982) (국화과) 수리취의 이명. 〔유래〕 다후리아 지방에 나는 수리취라는 뜻의 일명. → 수리취.

다후리아쥐손이(愚, 1996) (쥐손이풀과) 산쥐손이의 중국 옌볜 방언. 〔유래〕 다후리아 지방에 나는 쥐손이풀이라는 뜻의 학명. → 산쥐손이.

닥나무(鄭, 1937) (뽕나무과 *Broussonetia kazinoki*) 꾸지나무의 이명(鄭, 1942)으로도 사용. 〔이명〕 딱나무. 〔유래〕 저(楮), 구피마(構皮麻). → 꾸지나무.

닥장버들(鄭, 1937) (버드나무과 *Salix brachypoda*) 〔이명〕 늪버들. 〔유래〕 함경 방언. 소견류(沼絹柳).

닥풀(鄭, 1937) (아욱과) 황촉규의 이명. 〔유래〕 한지 제조용 호료(糊料)로서 닥나무의 섬유를 닥(딱) 붙게 하는 풀〔草〕. → 황촉규.

단간목(安, 1982) (인동과) 구슬댕댕이나무의 이명. → 구슬댕댕이나무.

단감나무(永, 1996) (느릅나무과) 풍게나무의 이명. → 풍게나무.

단감주나무(鄭, 1942) (느릅나무과) 풍게나무의 이명. 〔유래〕 풍게나무의 경북 울릉도 방언. → 풍게나무.

단계목(愚, 1996) (물푸레나무과) 금목서의 이명. 〔유래〕 금목서의 북한 방언. → 금목서.

단고구마(永, 1996) (메꽃과) 고구마의 이명. 〔유래〕 고구마의 북한 방언. → 고구마.

단기맨드래미(愚, 1996) (비름과) 맨드라미의 중국 옌볜 방언. → 맨드라미.

단나리(安, 1982) (백합과) 중나리의 이명. → 중나리.

단너삼(鄭, 1937) (콩과) 황기의 이명. 〔어원〕 돌-〔甘〕+ㄴ(어미)+너삼〔苦蔘〕(어원사전). → 황기.

단말(安, 1982) (거머리말과) 거머리말의 이명. → 거머리말.

단벗나무(愚, 1996) (장미과) 양벗나무의 북한 방언. 〔유래〕 과실의 맛이 달다. → 양벗나무.

단삼(鄭, 1949) (꿀풀과 *Salvia miltiorrhiza*) 〔유래〕 단삼(丹蔘).

단선(愚, 1996) (선인장과) 선인장의 중국 옌볜 방언. → 선인장.

단수수(李, 1980) (벼과 *Sorghum bicolor* v. *dulciusculum*) 〔유래〕 단 수수라는 뜻의 학명 및 일명.

단심무궁화(李, 2003) (아욱과) 무궁화의 품종. → 무궁화.

단양쑥부장이(永, 1996) (국화과) 단양쑥부쟁이의 이명. → 단양쑥부쟁이.

단양쑥부쟁이(李, 1969) (국화과 *Aster altaicus* v. *uchiyamae*) 〔이명〕 솔잎국화, 단양쑥부장이. 〔유래〕 충북 단양에 나는 쑥부쟁이.

단천향나무(鄭, 1942) (측백나무과 *Juniperus davuricus*) 〔이명〕 다우리아향나무. 〔유래〕 함남 단천에 나는 향나무.

단포새(愚, 1996) (벼과) 담상이삭풀의 중국 옌볜 방언. → 담상이삭풀.

단풍나무(鄭, 1937) (단풍나무과 *Acer palmatum*) 고로쇠나무(1942, 함북 방언)와 당

단풍나무(1949)의 이명으로도 사용. 〔이명〕 산단풍나무, 내장단풍, 붉은단풍나무, 색단풍나무, 모미지나무. 〔유래〕 남한 방언. 단풍(丹楓), 계조축(鷄爪槭). → 고로쇠나무, 당단풍나무.

단풍딸기(李, 1980) (장미과 *Rubus palmatus* v. *coptophyllus*) 〔유래〕 단풍(긴 잎) 딸기라는 뜻의 일명.

단풍마(鄭, 1937) (마과 *Dioscorea septemloba*) 국화마의 이명(李, 1969)으로도 사용. 〔이명〕 산약, 국화마, 국화잎마, 가새마, 단풍화. 〔유래〕 잎이 단풍잎같이 갈라진 마라는 뜻의 일명. 천산룡(穿山龍). → 국화마.

단풍박쥐나무(鄭, 1942) (박쥐나무과 *Alangium platanifolium*) 〔이명〕 단풍잎박쥐나무, 개박쥐나무. 〔유래〕 잎이 단풍나무와 같은 박쥐나무라는 뜻의 일명.

단풍버즘나무(李, 1966) (버즘나무과 *Platanus acerifolia*) 〔이명〕 단풍잎쥐방울나무, 단풍플라타너스, 구라파방울나무. 〔유래〕 잎이 단풍나무와 같은 버즘나무라는 뜻의 학명 및 일명.

단풍씨름꽃(朴, 1949) (제비꽃과) 단풍제비꽃의 이명. 〔유래〕 잎이 단풍잎 같은 씨름꽃(제비꽃). → 단풍제비꽃.

단풍오랑캐(鄭, 1937) (제비꽃과) 단풍제비꽃의 이명. 〔유래〕 잎이 단풍잎 같은 오랑캐꽃(제비꽃). → 단풍제비꽃.

단풍잎돼지풀(李, 1980) (국화과 *Ambrosia trifida*) 〔이명〕 세잎돼지풀. 〔유래〕 잎이 단풍잎 같은 돼지풀.

단풍잎뚝껑덩굴(安, 1982) (박과) 뚜껑덩굴의 이명. 〔유래〕 잎이 단풍잎 같은 뚜껑덩굴이라는 뜻의 일명. → 뚜껑덩굴.

단풍잎마(朴, 1949) (마과) 부채마의 이명. → 부채마.

단풍잎박쥐나무(安, 1982) (박쥐나무과) 단풍박쥐나무의 이명. → 단풍박쥐나무.

단풍잎쥐방울나무(朴, 1949) (버즘나무과) 단풍버즘나무의 이명. → 단풍버즘나무.

단풍잎피막이풀(安, 1982) (산형과) 큰피막이풀의 이명. → 큰피막이풀.

단풍자래(鄭, 1942) (단풍나무과) 시닥나무의 이명. 〔유래〕 시닥나무의 강원 방언. → 시닥나무.

단풍제비꽃(鄭, 1949) (제비꽃과 *Viola albida* f. *takahashii*) 〔이명〕 단풍오랑캐, 단풍씨름꽃. 〔유래〕 잎이 단풍잎같이 갈라진 제비꽃.

단풍취(鄭, 1937) (국화과 *Ainsliaea acerifolia* v. *subapoda*) 〔이명〕 괴발딱취, 장이나물, 괴발딱지, 좀단풍취, 가야단풍취, 괴불딱취. 〔유래〕 잎이 단풍잎과 같은 취라는 뜻의 학명 및 일명.

단풍터리(鄭, 1937) (장미과) 단풍터리풀의 이명. → 단풍터리풀.

단풍터리풀(朴, 1949) (장미과 *Filipendula palmata*) 〔이명〕 단풍터리, 흰털이풀, 강계터리풀. 〔유래〕 잎이 단풍잎(손바닥 모양) 같다는 뜻의 학명.

단풍플라타너스(永, 1996) (버즘나무과) 단풍버즘나무의 이명. → 단풍버즘나무.

단풍화(愚, 1996) (마과) 단풍마의 중국 옌볜 방언. → 단풍마.

달(鄭, 1937) (벼과) 달뿌리풀과 갈대(1949), 갈풀(朴, 1949)의 이명. → 달뿌리풀, 갈대, 갈풀.

달구지갈퀴(安, 1982) (꼭두선이과) 개선갈퀴의 이명. → 개선갈퀴.

달구지고사리(安, 1982) (꼬리고사리과) 눈섭고사리의 이명. → 눈섭고사리.

달구지풀(鄭, 1937) (콩과 *Trifolium lupinaster*) 〔유래〕 잎이 차축(車軸, 달구지의 굴대)과 같은 풀이라는 뜻의 일명.

달래(鄭, 1937) (백합과 *Allium monanthum*) 산달래의 이명(安, 1982)으로도 사용. 〔이명〕 들댈래, 들달래, 애기달래. 〔유래〕 야산(野蒜), 소산(小蒜). 〔어원〕 월을로(月乙老)→돌외→돌뢰→돌릐→달래로 변화(어원사전). → 산달래.

달래꽃무릇(安, 1982) (수선화과) 흰꽃나도사프란의 이명. → 흰꽃나도사프란.

달룽게(安, 1982) (백합과) 산달래의 이명. → 산달래.

달리아(李, 2003) (국화과) 다알리아의 이명. → 다알리아.

달맞이꽃(鄭, 1956) (바늘꽃과 *Oenothera odorata*) 큰달맞이꽃의 이명(1937)으로도 사용. 〔이명〕 금달맞이꽃. 〔유래〕 꽃이 밤에 달을 맞이하며 핀다는 뜻. 월견초(月見草). → 큰달맞이꽃.

달맞이장구채(壽, 2001) (석죽과 *Silene alba*) 〔유래〕 달맞이 장구채라는 뜻의 일명.

달뿌리갈(永, 1996) (벼과) 달뿌리풀의 북한 방언. → 달뿌리풀.

달뿌리풀(鄭, 1949) (벼과 *Phragmites japonica*) 〔이명〕 달, 덩굴달, 달뿌리갈. 〔유래〕 덩굴(지상으로 기는 줄기)이 뻗는 달(갈대).

달주나무(鄭, 1937) (느릅나무과) 팽나무의 이명. 〔유래〕 팽나무의 전남 방언. → 팽나무.

달피(李, 1966) (피나무과) 피나무의 이명. 〔유래〕 달피나무의 축소형. → 피나무.

달피나무(鄭, 1937) (피나무과) 피나무의 이명. → 피나무.

달피팥배나무(安, 1982) (장미과) 팥배나무의 이명. → 팥배나무.

닭개비(鄭, 1937) (닭의장풀과) 닭의장풀의 이명. → 닭의장풀.

닭기씻개비(鄭, 1937) (닭의장풀과) 닭의장풀의 이명. → 닭의장풀.

닭모밀덩굴(鄭, 1937) (여뀌과) 나도닭의덩굴의 이명. → 나도닭의덩굴.

닭의꼬꼬(鄭, 1937) (닭의장풀과) 닭의장풀의 이명. → 닭의장풀.

닭의난초(鄭, 1937) (난초과 *Epipactis thunbergii*) 〔이명〕 닭의란. 〔유래〕 미상.

닭의덩굴(鄭, 1947) (여뀌과 *Fallopia dumetorum*) 〔이명〕 산덩굴역귀, 여뀌덩굴, 산덩굴모밀. 〔유래〕 미상.

닭의란(愚, 1996) (난초과) 닭의난초의 북한 방언. → 닭의난초.

닭의밑씻개(鄭, 1949) (닭의장풀과) 닭의장풀의 이명. → 닭의장풀.

ㄷ

닭의밑씿개(鄭, 1937) (닭의장풀과) 닭의장풀의 이명. → 닭의장풀.
닭의발씻개(安, 1982) (닭의장풀과) 닭의장풀의 이명. → 닭의장풀.
닭의발톱(安, 1982) (장미과) 솜양지꽃의 이명. → 솜양지꽃.
닭의비짜루(鄭, 1937) (백합과) 비짜루의 이명. → 비짜루.
닭의장풀(鄭, 1949) (닭의장풀과 *Commelina communis*) 〔이명〕 닭의밑씿개, 닭기씻개비, 닭의밑씻개, 닭의꼬꼬, 닭개비, 닭의발씻개. 〔유래〕 압척초(鴨跖草), 계거초(鷄距草), 계장초(鷄腸草), 번루(蘩蔞).
담배(鄭, 1937) (가지과 *Nicotiana tabacum*) 〔이명〕 연초. 〔유래〕 일본어 다바코(담배)(タバコ) 〔煙草(tabako)〕에서 차용된 것. 〔어원〕 연초(煙草, tabako)→담파고(淡婆姑)→담박괴(淡泊塊)/담파귀→담ᄇᆡ→담배로 변화(어원사전).
담배깡탱이(朴, 1949) (현삼과) 주름잎의 이명. → 주름잎.
담배나물(朴, 1949) (국화과) 담배풀의 이명. → 담배풀.
담배대더부살이(愚, 1996) (열당과 *Aeginetia indica*) 〔이명〕 야고, 사탕수수겨우사리. 〔유래〕 식물체의 모양이 담뱃대와 유사한 기생식물.
담배분취(朴, 1974) (국화과) 담배취의 이명. → 담배취.
담배취(鄭, 1949) (국화과 *Saussurea conandrifolia*) 〔이명〕 강계분취, 담배분취. 〔유래〕 미상.
담배풀(鄭, 1937) (국화과 *Carpesium abrotanoides*) 주름잎의 이명(현삼과, 朴, 1974)으로도 사용. 〔이명〕 학슬, 담배나물. 〔유래〕 담배 대용. 학슬(鶴蝨). → 주름잎.
담상이삭풀(朴, 1949) (벼과 *Brachyelytrum erectum* v. *japonicum*) 〔이명〕 단포새. 〔유래〕 소화수(小花穗)가 화서에 담상담상(성글게) 난다.
담색바꽃(愚, 1996) (미나리아재비과) 미색바꽃의 중국 옌볜 방언. → 미색바꽃.
담색조희풀(安, 1982) (미나리아재비과) 만사조의 이명. → 만사조.
담자리꽃(李, 1966) (장미과) 담자리꽃나무의 이명. → 담자리꽃나무.
담자리꽃나무(鄭, 1937) (장미과 *Dryas octopetala* v. *asiatica*) 담자리참꽃의 이명(愚, 1996, 북한 방언)으로도 사용. 〔이명〕 담자리꽃. 〔유래〕 미상. → 담자리참꽃.
담자리참꽃(鄭, 1937) (철쭉과 *Rhododendron parviflorum* v. *alpinum*) 〔이명〕 담자리참꽃나무, 담자리꽃나무, 애기황산참꽃. 〔유래〕 미상.
담자리참꽃나무(永, 1996) (철쭉과) 담자리참꽃의 이명. → 담자리참꽃.
담자인가목(安, 1982) (장미과) 인가목의 이명. → 인가목.
담장나무(鄭, 1942) (두릅나무과) 송악의 이명. 〔유래〕 송악의 전북 어청도 방언. → 송악.
담장나팔꽃(永, 1996) (메꽃과) 미국나팔꽃의 이명. → 미국나팔꽃.
담장넝쿨(鄭, 1942) (포도과) 담쟁이덩굴의 이명. → 담쟁이덩굴.
담장이덩쿨(愚, 1996) (포도과) 담쟁이덩굴의 북한 방언. → 담쟁이덩굴.

담쟁이덩굴(鄭, 1937) (포도과 *Parthenocissus tricuspidata*) 〔이명〕 돌담장이, 담장넝쿨, 담장이덩쿨. 〔유래〕 담쟁이. 담장에 붙는 넌출식물. 지금(地錦). 〔어원〕 담〔牆〕+쟝이(접사). 담쟝이→담쟁이로 변화(어원사전).

담죽(安, 1982) (벼과) 솜대의 이명. → 솜대.

담팔수(鄭, 1942) (담팔수과 *Elaeocarpus sylvestris* v. *ellipticus*) 〔유래〕 담팔수(膽八樹), 산두영(山杜英).

담화물봉숭아(愚, 1996) (봉선화과) 미색물봉선의 중국 옌볜 방언. → 미색물봉선.

답싸리(永, 1996) (명아주과) 댑싸리의 북한 방언. → 댑싸리.

닻꽃(鄭, 1937) (용담과 *Halenia corniculata*) 〔이명〕 닻꽃용담, 닻꽃, 닻꽃풀. 〔유래〕 꽃이 배의 닻과 유사하다는 뜻의 일명.

당가새풀(朴, 1949) (국화과) 큰톱풀의 이명. → 큰톱풀.

당개나리(鄭, 1937) (백합과) 당나리의 이명. → 당나리.

당개발나물(朴, 1949) (산형과) 개발나물의 이명. → 개발나물.

당개서나무(李, 2003) (자작나무과) 당개서어나무의 이명. → 당개서어나무.

당개서어나무(鄭, 1937) (자작나무과 *Carpinus tschonoskii* v. *brevicalycina*) 〔이명〕 서어나무, 당개서나무, 당좀서어나무. 〔유래〕 당(唐) 개서어나무라는 뜻의 일명. 당구서목(唐狗西木).

당개지치(鄭, 1949) (지치과 *Brachybotrys paridiformis*) 〔이명〕 당꽃마리. 〔유래〕 당(唐) 개지치라는 뜻의 일명.

당고광나무(鄭, 1937) (범의귀과) 각시고광나무의 이명. → 각시고광나무.

당고리버들(安, 1982) (버드나무과) 당키버들의 이명. → 당키버들.

당광나무(鄭, 1937) (물푸레나무과 *Ligustrum lucidum*) 〔이명〕 광나무, 제주광나무, 참여정실. 〔유래〕 당여정(唐女貞), 여정실(女貞實).

당굴피나무(安, 1982) (가래나무과) 중국굴피나무의 이명. → 중국굴피나무.

당귀(朴, 1949) (산형과) 왜당귀의 이명. 〔유래〕 당귀(當歸). → 왜당귀.

당귀버들(愚, 1996) (버드나무과) 당키버들의 이명. → 당키버들.

당귤(愚, 1996) (운향과) 당귤나무의 중국 옌볜 방언. 〔유래〕 당귤나무의 축소형. → 당귤나무.

당귤나무(鄭, 1942) (운향과 *Citrus sinensis*) 〔이명〕 감귤나무, 네이불, 당귤. 〔유래〕 당귤(唐橘). 중국산 귤나무라는 뜻의 학명.

당근(鄭, 1937) (산형과 *Daucus carota*) 〔이명〕 홍당무. 〔유래〕 당근(唐根), 학슬풍(鶴虱風).

당근냉이(朴, 1949) (십자화과) 재쑥의 이명. → 재쑥.

당꽃마리(朴, 1949) (지치과) 당개지치의 이명. → 당개지치.

당나귀나물(朴, 1949) (백합과) 나도옥잠화의 이명. → 나도옥잠화.

당나리(李, 1969) (백합과 *Lilium brownii*) 〔이명〕 당개나리, 어우스트레일백합, 좀산나리. 〔유래〕 당(唐, 중국) 나리.

당누리장나무(愚, 1996) (마편초과) 당오동의 중국 옌볜 방언. → 당오동.

당느릅나무(鄭, 1942) (느릅나무과 *Ulmus davidiana*) 〔유래〕 당유(唐楡), 이유(里楡).

ㄷ

당단풍(李, 1966) (단풍나무과) 당단풍나무의 이명. 〔유래〕 당단풍나무의 축소형. → 당단풍나무.

당단풍나무(鄭, 1949) (단풍나무과 *Acer pseudo-sieboldianum*) 중국단풍의 이명(1970)으로도 사용. 〔이명〕 고로실나무, 박달나무, 고로쇠나무, 좁은단풍, 단풍나무, 왕단풍나무, 당단풍, 왕단풍, 왕실단풍나무, 넓은잎단풍나무. 〔유래〕 당단풍(唐丹楓). → 중국단풍.

당딱지꽃(鄭, 1956) (장미과) 딱지꽃의 이명. 〔유래〕 중국에 나는 딱지꽃이라는 뜻의 학명 및 일명. → 딱지꽃.

당마(安, 1982) (마과) 마의 이명. → 마.

당마가목(鄭, 1937) (장미과 *Sorbus amurensis*) 〔이명〕 털눈마가목, 털순마가목. 〔유래〕 당마아목(唐馬牙木), 천산화추(天山花楸).

당매자나무(鄭, 1937) (매자나무과 *Berberis poiretii*) 〔이명〕 가는잎매자나무. 〔유래〕 당소얼(唐小蘗), 삼과침(三顆針).

당명자나무(安, 1982) (장미과) 산당화의 이명. → 산당화.

당모싯대(朴, 1974) (초롱꽃과) 당잔대의 이명. → 당잔대.

당무(朴, 1949) (명아주과) 사탕무의 이명. → 사탕무.

당버들(鄭, 1937) (버드나무과 *Populus simonii*) 〔이명〕 백양목, 백양, 좁은잎황철나무. 〔유래〕 경기 방언.

당병꽃나무(朴, 1949) (인동과) 붉은병꽃나무의 이명. 〔유래〕 당(唐) 병꽃나무라는 뜻의 일명. → 붉은병꽃나무.

당보리수나무(朴, 1949) (보리수나무과) 왕보리수나무의 이명. → 왕보리수나무.

당분취(鄭, 1949) (국화과 *Saussurea tanakae*) 〔이명〕 큰꽃수리취, 키다리분취, 숙은분취. 〔유래〕 당(唐) 분취.

당삽주(鄭, 1949) (국화과 *Atractylis koreana*) 〔이명〕 창출, 용원삽주, 참삽추, 조선삽주, 큰삽주. 〔유래〕 당(唐, 중국) 삽주라는 뜻의 학명 및 일명.

당수유(安, 1982) (운향과) 오수유의 이명. → 오수유.

당아그배나무(安, 1982) (장미과) 야광나무의 이명. → 야광나무.

당아옥(鄭, 1937) (아욱과) 당아욱의 이명. → 당아욱.

당아욱(鄭, 1949) (아욱과 *Malva sylvestris* v. *mauritiana*) 〔이명〕 당아옥. 〔유래〕 당(唐) 아욱. 금규(錦葵), 전규(錢葵).

당약(安, 1982) (용담과) 쓴풀의 이명. 〔유래〕 당약(唐藥). → 쓴풀.

당약용담(朴, 1949) (용담과) 산용담의 이명. 〔유래〕 당약 용담이라는 뜻의 일명. → 산용담.

당양지꽃(鄭, 1949) (장미과 *Potentilla rugulosa*) 〔이명〕 바위뱀딸, 바위뱀무, 바위양지꽃. 〔유래〕 당(唐) 돌양지꽃이라는 뜻의 일명.

당엄나무(安, 1982) (두릅나무과) 음나무의 이명. 〔유래〕 당(唐, 중국)에 나는 음나무라는 뜻의 학명. → 음나무.

당오갈피나무(安, 1982) (두릅나무과) 오가나무의 이명. → 오가나무.

당오동(鄭, 1942) (마편초과 *Clerodendron japonicum*) 〔이명〕 당오동나무, 당누리장나무. 〔유래〕 당오동나무의 축소형. 당오동(唐梧桐), 당동(唐桐).

당오동나무(李, 1966) (마편초과) 당오동의 이명. → 당오동.

당음나무(鄭, 1942) (두릅나무과) 음나무의 이명. → 음나무, 당엄나무.

당잔대(鄭, 1949) (초롱꽃과 *Adenophora stricta*) 〔이명〕 털모싯대, 당모싯대, 살구잔대, 둥근잎잔대. 〔유래〕 당(唐) 잔대라는 뜻의 일명.

당재잘나무(鄭, 1942) (참나무과) 졸참나무의 이명. → 졸참나무.

당조팝나무(鄭, 1942) (장미과 *Spiraea nervosa*) 〔유래〕 중국에 나는 조팝나무라는 뜻의 학명 및 일명. 당수선국(唐繡線菊).

당좀서어나무(愚, 1996) (자작나무과) 당개서어나무의 이명. → 당개서어나무.

당촉규화(朴, 1949) (아욱과) 황촉규의 이명. → 황촉규.

당추(鄭, 1937) (가지과) 고추의 이명. 〔유래〕 고추의 경기, 황해, 평남 방언. → 고추.

당콩(愚, 1996) (콩과) 강낭콩의 북한 방언. → 강낭콩.

당키버들(鄭, 1942) (버드나무과 *Salix purpurea* v. *smithiana*) 〔이명〕 스미쓰키버들, 당고리버들, 당귀버들. 〔유래〕 당기류(唐杞柳).

당호박(愚, 1996) (박과) 호박의 이명. → 호박.

당회잎나무(鄭, 1942) (노박덩굴과 *Euonymus alatus* f. *apterus*) 〔유래〕 당위모(唐衛矛).

닻꽃(李, 1969) (용담과) 닷꽃의 이명. → 닷꽃.

닻꽃용담(朴, 1974) (용담과) 닷꽃의 이명. → 닷꽃.

닻꽃풀(愚, 1996) (용담과) 닷꽃의 북한 방언. → 닷꽃.

대가래(鄭, 1949) (가래과 *Potamogeton malaianus*) 〔이명〕 새우말, 대잎가래, 실가래. 〔유래〕 잎이 크다(길다).

대구돌나물(李, 1966) (돌나물과 *Tillaea aquatica*) 〔이명〕 바눌돌나물, 바늘돌나물, 가시돌나물, 비늘돌나물, 각시돌나물. 〔유래〕 경북 대구에 나는 돌나물.

대구망초(壽, 2001) (국화과) 봄망초의 이명. 〔유래〕 대구에 나는 망초. → 봄망초.

대구사초(李, 1969) (사초과 *Carex paxii*) 〔이명〕 팍시사초, 기장사초. 〔유래〕 경북 대구에 나는 사초.

대구으아리(永, 1996) (미나리아재비과 *Clematis taeguensis*) 〔유래〕 대구 보문동에서 발견된 으아리. 암술대에 갈색 털이 깃털 모양으로 붙는다.

대극(鄭, 1937) (대극과 *Euphorbia pekinensis*) 〔이명〕 우독초, 능수버들, 버들옻. 〔유래〕 대극(大戟).

대나물(鄭, 1937) (석죽과 *Gypsophila oldhamiana*) 〔이명〕 은시호, 마디나물. 〔유래〕 잎이 평행맥으로 대나무의 잎과 유사. 은시호(銀柴胡).

대대추나무(鄭, 1942) (장미과) 병아리꽃나무의 이명. 〔유래〕 병아리꽃나무의 경기 수원 방언. → 병아리꽃나무.

대도가시나무(鄭, 1937) (장미과) 반들가시나무의 이명. 〔유래〕 대도(대마도)야장미(對島野薔薇)라는 뜻의 일명. → 반들가시나무.

대동가래(李, 1980) (가래과) 큰가래의 이명. 〔유래〕 대동강 유역에 나는 가래. → 큰가래.

대동강뽀뿌라(愚, 1996) (버드나무과) 양버들의 북한 방언. → 양버들.

대동여뀌(李, 1969) (여뀌 *Persicaria koreensis*) 〔이명〕 똘역귀, 가는잎개구리낚시. 〔유래〕 대동강 연안의 습지에 나는 여뀌.

대두(鄭, 1949) (콩과) 콩의 이명. 〔유래〕 대두(大豆). → 콩.

대둔산오랑캐(朴, 1949) (제비꽃과) 민둥제비꽃의 이명. 〔유래〕 전남 대둔산에 나는 오랑캐꽃(제비꽃). → 민둥제비꽃.

대둔천남성(朴, 1972) (천남성과) 무늬천남성의 이명. 〔유래〕 전남 대둔산에 나는 천남성. → 무늬천남성.

대룡국화(이 · 전, 1975) (국화과 *Erechtites hieracifolia*) 〔이명〕 붉은서나물, 물쑥갓, 민머위나물. 〔유래〕 강원 춘천 대룡산에서 최초로 채집된 귀화식물.

대륙금망이(安, 1982) (국화과) 금방망이의 이명. 〔유래〕 대륙에 나는 금방망이라는 뜻의 일명. → 금방망이.

대륙꽃버들(安, 1982) (버드나무과) 육지꽃버들의 이명. → 육지꽃버들.

대륙솜버들(安, 1982) (버드나무과) 육지꽃버들의 이명. → 육지꽃버들.

대륜란(安, 1963) (난초과) 대흥란의 이명. 〔유래〕 전남 대륜산에 나는 난초. → 대흥란.

대마(永, 1996) (뽕나무과) 삼의 북한 방언. → 삼.

대마늘(永, 1996) (백합과) 마늘의 이명. → 마늘.

대마도가시나무(朴, 1949) (장미과) 반들가시나무의 이명. 〔유래〕 대마도에 나는 가시나무라는 뜻의 학명 및 일명. → 반들가시나무.

대마도장미(安, 1982) (장미과) 반들가시나무의 이명. → 반들가시나무, 대마도가시나.

대마참나물(愚, 1996) (산형과 *Tilingia tsusimensis*) 〔이명〕 노루참나물. 〔유래〕 대마

도에 나는 참나물이라는 뜻의 학명.

대마채송화(吳, 1985) (돌나물과) 바위채송화의 이명. → 바위채송화.

대마초(愚, 1996) (뽕나무과) 삼의 이명. 〔유래〕 대마초(大麻草). → 삼.

대만사초(朴, 1949) (사초과) 긴목포사초의 이명. 〔유래〕 대만에 나는 사초라는 뜻의 학명 및 일명. → 긴목포사초.

ㄷ

대맥(鄭, 1937) (벼과) 보리의 이명. 〔유래〕 대맥(大麥). → 보리.

대문자꽃잎풀(安, 1982) (범의귀과) 바위떡풀의 이명. 〔유래〕 꽃잎의 형태가 큰대자(大) 모양인 풀. → 바위떡풀.

대반하(永, 1996) (천남성과 *Pinellia tripartita*) 〔이명〕 큰반하. 〔유래〕 큰 반하라는 뜻의 일명. 식물체가 크고 잎이 셋으로 깊게 갈라지며 자루에 육아가 없다. 반하(半夏).

대부도냉이(李, 1969) (십자화과) 도랭이냉이의 이명. 〔유래〕 경기 인천 대부도 해안에 나는 냉이. → 도랭이냉이.

대부루(愚, 1996) (국화과) 상추의 중국 옌볜 방언. → 상추.

대사초(鄭, 1937) (사초과 *Carex siderosticta*) 〔유래〕 잎이 평행맥으로 대나무와 유사. 애종근(崖棕根).

대상화(朴, 1949) (미나리아재비과 *Anemone hupehensis* v. *japonica*) 〔이명〕 가을모란, 추목단, 추명국. 〔유래〕 대상화(待霜花).

대새풀(鄭, 1949) (벼과 *Cleistogenes hackelii*) 〔이명〕 두루미피. 〔유래〕 미상.

대생꾸지나무(鄭, 1942) (뽕나무과 *Broussonetia papyrifera* f. *oppositifolia*) 〔이명〕 마주잎꾸지나무, 쌍닥나무. 〔유래〕 잎이 대생하는 꾸지나무라는 뜻의 학명.

대성쓴풀(이 · 백, 1984) (용담과 *Anagallidium dichotomum*) 〔유래〕 강원 태백 대성산(금대봉)에 나는 쓴풀.

대송이풀(鄭, 1949) (현삼과 *Pedicularis sceptrum-carolinum*) 〔이명〕 민송이풀. 〔유래〕 미상.

대승마(愚, 1996) (미나리아재비과) 촛대승마의 중국 옌볜 방언. → 촛대승마.

대싸리(鄭, 1937) (명아주과) 댑싸리의 북한 방언. → 댑싸리.

대암개발나물(永, 1993) (산형과 *Sium heterophyllum*) 〔유래〕 강원 대암산에 나는 개발나물. 감자개발나물과 유사하나 잎이 이엽성(異葉性)이고, 가을철에 주아가 생기지 않으며, 누운 줄기의 마디에서 방추형의 뿌리가 생긴다.

대암사초(李, 1980) (사초과 *Carex chordorrhiza*) 〔이명〕 바늘사초, 긴뿌리사초. 〔유래〕 강원 양구 대암산 용늪에 나는 사초.

대암풀(愚, 1996) (난초과) 자란의 북한 방언. → 자란.

대애기나리(鄭, 1937) (백합과) 윤판나물의 이명. → 윤판나물.

대엽풍란(永, 1996) (난초과) 나도풍란의 이명. → 나도풍란.

대왕풀(愚, 1996) (난초과) 자란의 이명. → 자란.

대잎가래(愚, 1996) (가래과) 대가래의 북한 방언. → 대가래.

대잎둥굴레(愚, 1996) (백합과) 진황정의 중국 옌볜 방언. → 진황정, 댓잎둥굴레.

대잎바랑이새(愚, 1996) (벼과) 민바랭이새의 중국 옌볜 방언. → 민바랭이새.

대잎현호색(愚, 1996) (양귀비과) 댓잎현호색의 중국 옌볜 방언. → 댓잎현호색.

대청(鄭, 1937) (십자화과 *Isatis tinctoria* v. *yezoensis*) 〔이명〕 갯갓, 좀대청. 〔유래〕 대청(大靑), 대청엽(大靑葉).

대청가시나무(愚, 1996) (장미과 *Rosa taisensis*) 〔이명〕 대청장미, 태천찔레나무. 〔유래〕 황해 대청도에 나는 가시나무.

대청가시풀(李, 2003) (벼과 *Cenchrus longispinus*) 〔유래〕 대청도에서 확인된 식물로 열매에 예리한 가시가 있는 풀.

대청부채(李, 1983) (붓꽃과) 얼이범부채의 이명. 〔유래〕 경기 대청도에 나는 범부채. → 얼이범부채.

대청붓꽃(永, 1996) (붓꽃과) 얼이범부채의 이명. 〔유래〕 황해 대청도와 백령도에 나는 붓꽃. → 얼이범부채.

대청삿갓나물(安, 1982) (국화과) 대청우산나물의 이명. 〔유래〕 황해 대청도에 나는 삿갓나물(우산나물). → 대청우산나물.

대청우산나물(李, 1969) (국화과 *Syneilesis palmata* v. *subconcolor*) 〔이명〕 섬우산나물, 대청삿갓나물. 〔유래〕 황해 대청도에 나는 우산나물.

대청장미(安, 1982) (장미과) 대청가시나무의 이명. → 대청가시나무.

대추(鄭, 1937) (갈매나무과) 대추나무의 이명. 〔어원〕 대조(大棗). 대조→대초→대추로 변화(어원사전). → 대추나무.

대추나무(鄭, 1942) (갈매나무과 *Zizyphus jujuba* v. *inermis*) 〔이명〕 대추, 녀초. 〔유래〕 조목(棗木), 대조(大棗). → 대추.

대택고사리(朴, 1949) (면마과) 촘촘처녀고사리의 이명. → 촘촘처녀고사리.

대택광이(李, 1966) (벼과 *Glyceria spiculosa*) 〔이명〕 쇠진들피. 〔유래〕 함북 길주 대택에 나는 광이.

대택비녀골풀(李, 1969) (골풀과 *Juncus stygius*) 〔이명〕 가는실골, 가는실골풀. 〔유래〕 함북 길주 대택에 나는 비녀골풀.

대택사초(李, 1969) (사초과 *Carex limosa*) 〔이명〕 진펄이사초, 사칼린사초, 싸할사초. 〔유래〕 함북 길주 대택에 나는 사초.

대택석남(愚, 1996) (철쭉과) 화태석남의 북한 방언. 〔유래〕 함북 길주 대택에 나는 석남. → 화태석남.

대택쇠귀나물(安, 1982) (택사과 *Sagittaria natans*) 〔이명〕 대택자고. 〔유래〕 함북 길주 대택에 나는 쇠귀나물.

대택자고(朴, 1949) (택사과) 대택쇠귀나물의 이명. → 대택쇠귀나물.

대택자작나무(朴, 1949) (자작나무과) 대택자작이의 이명. 〔유래〕 함북 길주 대택에 나는 자작나무. → 대택자작이.

대택자작이(鄭, 1942) (자작나무과 *Betula cyclophylla*) 〔이명〕 대택자작나무, 민좀자작나무. 〔유래〕 대택화(大澤樺). → 대택자작나무.

대패집나무(朴, 1949) (감탕나무과) 대팻집나무의 이명. → 대팻집나무.

대팻집나무(鄭, 1937) (감탕나무과 *Ilex macropoda*) 〔이명〕 물안포기나무, 대패집나무. 〔유래〕 전남 방언.

대풍란(安, 1982) (난초과) 나도풍란의 이명. → 나도풍란.

대황(鄭, 1949) (여뀌과 *Rheum undulatum*) 〔유래〕 대황(大黃).

대흥긴잎갈퀴(李, 1969) (꼭두선이과) 긴잎갈퀴의 이명. → 긴잎갈퀴.

대흥란(安, 1963) (난초과 *Cymbidium nipponicum*) 구상난풀의 이명(安, 1963)으로도 사용. 〔이명〕 대륜란. 〔유래〕 전남 대둔산 대흥사 부근에 나는 난. → 구상난풀.

댑사리솔(李, 1969) (소나무과 *Pinus densiflora* f. *angustata*) 〔유래〕 미상.

댑싸리(鄭, 1937) (명아주과 *Kochia scoparia*) 〔이명〕 비싸리, 공쟁이, 답싸리, 대싸리. 〔유래〕 대싸리의 방언. 지부자(地膚子).

댓잎둥굴레(鄭, 1937) (백합과) 진황정의 이명. 〔유래〕 잎이 대나무와 유사한 둥굴레. → 진황정.

댓잎새(安, 1982) (벼과) 민바랭이새의 이명. → 민바랭이새.

댓잎새우난초(安, 1982) (난초과) 감자난초의 이명. → 감자난초.

댓잎은난초(朴, 1949) (난초과) 은대난초의 이명. 〔유래〕 잎이 대나무와 유사한 은난초(은대난초). → 은대난초.

댓잎현호색(鄭, 1949) (양귀비과 *Corydalis turtschaninovii* f. *linearis*) 〔이명〕 가는잎현호색, 대잎현호색. 〔유래〕 잎이 대나무와 유사한 현호색이라는 뜻의 일명. 현호색(玄胡索).

댕강나무(鄭, 1937) (인동과 *Abelia mosanensis*) 댕댕이나무의 이명(朴, 1949)으로도 사용. 〔이명〕 맹산댕강나무. 〔유래〕 평남 맹산 방언. 맹산육조목(孟山六條木). → 댕댕이나무.

댕강덩굴(鄭, 1942) (새모래덩굴과) 댕댕이덩굴의 이명. 〔유래〕 댕댕이덩굴의 경남 방언. → 댕댕이덩굴.

댕강말발도리(鄭, 1937) (범의귀과) 물참대의 이명. → 물참대.

댕강목(鄭, 1942) (범의귀과) 매화말발도리와 물참대(朴, 1949)의 이명. → 매화말발도리, 물참대.

댕기머리새(安, 1982) (벼과) 조아재비의 이명. → 조아재비.

댕댕이나무(鄭, 1937) (인동과 *Lonicera caerulea* v. *edulis*) 〔이명〕 댕강나무. 〔유래〕

ㄷ

함남 방언.

댕댕이덩굴(鄭, 1937) (새모래덩굴과 *Cocculus trilobus*) 〔이명〕 끗비돗초, 댕강덩굴. 〔유래〕 목방기(木防已), 상춘등(常春藤), 용린(龍鱗), 토고등(土鼓藤).

댕명화(鄭, 1937) (쇠비름과) 채송화의 이명. → 채송화.

더덕(鄭, 1937) (초롱꽃과 *Codonopsis lanceolata*) 〔이명〕 참더덕. 〔유래〕 미상. 사삼(沙蔘), 양유근(羊乳根), 산해라(山海螺).

더부사리(愚, 1996) (열당과) 압록더부사리의 이명. → 압록더부사리.

더부사리고사리(鄭, 1937) (면마과 *Polystichum lepidocaulon*) 〔이명〕 싹고사리, 더부살이고사리, 새끼줄고사리. 〔유래〕 더부살이(기생) 고사리.

더부살이고사리(李, 1980) (면마과) 더부사리고사리의 이명. → 더부사리고사리.

더위지기(鄭, 1937) (국화과 *Artemisia gmelini*) 〔이명〕 인진고, 산쑥, 사철쑥, 부덕쑥, 흰더위지기, 애기바위쑥, 생당쑥. 〔유래〕 인진고(茵蔯蒿), 한인진(韓茵蔯).

덕산개올미(朴, 1949) (사초과) 덕산풀의 이명. → 덕산풀.

덕산개율무(愚, 1996) (사초과) 덕산풀의 중국 옌볜 방언. → 덕산풀.

덕산풀(李, 1969) (사초과 *Scleria rugosa* v. *glabrescens*) 〔이명〕 덕산개올미, 덕산개율무. 〔유래〕 경남 덕산에 나는 풀.

덕우기름나물(愚, 1996) (산형과 *Peucedanum insolens*) 〔유래〕 강원 강릉 덕우산에 나는 기름나물.

덕진사초(李, 1969) (사초과 *Carex gmelini*) 〔이명〕 구메린사초. 〔유래〕 함북 덕진에 나는 사초.

덜꿩나무(鄭, 1937) (인동과 *Viburnum erosum*) 〔이명〕 털덜꿩나무, 긴잎덜꿩나무, 긴잎가막살나무, 가새백당나무. 〔유래〕 강원 방언. 소엽탐춘화(小葉探春花), 선창협미(宣昌莢迷).

덤불갈퀴나물(朴, 1949) (콩과) 가는갈퀴나물의 이명. → 가는갈퀴나물.

덤불꼭두서니(李, 1980) (꼭두선이과) 덤불꼭두선이의 이명. → 덤불꼭두선이.

덤불꼭두선이(鄭, 1949) (꼭두선이과 *Rubia cordifolia* v. *sylvatica*) 〔이명〕 갈키꼭두선이, 덤불꼭두서니, 숲안꼭두서니. 〔유래〕 숲(덤불) 속에 나는 꼭두선이라는 뜻의 학명 및 일명.

덤불노박덩굴(鄭, 1942) (노박덩굴과 *Celastrus orbiculatus* v. *sylvestris*) 〔이명〕 엷은잎노박덩굴, 얇은잎노박덩굴, 둥근잎노박덩굴. 〔유래〕 숲(덤불) 속에 나는 노박덩굴이라는 뜻의 학명.

덤불딸기(鄭, 1942) (장미과) 덩굴딸기의 이명. 〔유래〕 덩굴딸기의 경북 방언. → 덩굴딸기.

덤불싸리(朴, 1942) (콩과) 개싸리의 이명. 〔유래〕 덤불이 지는 싸리. → 개싸리.

덤불쑥(鄭, 1949) (국화과 *Artemisia rubripes*) 〔이명〕 털쑥, 큰몽고쑥, 왕참쑥. 〔유

래〕 숲(덤불) 속에 나는 쑥이라는 뜻의 일명.

덤불오리(李, 1966) (자작나무과) 덤불오리나무의 이명. 〔유래〕 덤불오리나무의 축소형. → 덤불오리나무.

덤불오리나무(鄭, 1937) (자작나무과 *Alnus mandshurica*) 〔이명〕 덤불오리, 만주오리목, 만주덤불오리나무. 〔유래〕 숲 속에 나는 오리나무. 만주적양(滿洲赤楊).

덤불월귤(朴, 1949) (철쭉과) 넌출월귤의 이명. 〔유래〕 덤불(넌출)지는 월귤이라는 뜻의 일명. → 넌출월귤.

덤불자작나무(鄭, 1937) (자작나무과 *Betula paishanensis*) 〔이명〕 덤불재작이, 숲자작나무. 〔유래〕 숲(덤불) 속에 나는 자작나무라는 뜻의 일명.

덤불재작이(鄭, 1942) (자작나무과) 덤불자작나무의 이명. → 덤불자작나무.

덤불조팝나무(鄭, 1937) (장미과 *Spiraea miyabei*) 〔유래〕 숲에 나는 조팝나무라는 뜻의 일명. 삼수선국(森繡線菊).

덤불취(鄭, 1949) (국화과 *Saussurea triangulata* ssp. *manshurica*) 〔이명〕 만주솜나물, 민서덜취. 〔유래〕 숲(덤불) 속에 나는 취라는 뜻의 일명.

덤풀딸기(鄭, 1942) (장미과) 멍석딸기의 이명. 〔유래〕 멍석딸기의 황해 방언. → 멍석딸기.

덧나무(鄭, 1942) (인동과 *Sambucus sieboldiana*) 〔이명〕 일본딱총나무, 민들딱총, 개덧나무. 〔유래〕 제주 방언. 탐라접골목(耽羅接骨木), 접골목(接骨木).

덧닢가막살나무(鄭, 1942) (인동과) 덧잎가막살나무의 이명. → 덧잎가막살나무.

덧잎가막살나무(李, 1966) (인동과 *Viburnum wrightii* v. *stipellatum*) 〔이명〕 덧닢가막살나무, 조선가막살나무, 턱잎가막살나무. 〔유래〕 모든 잎에 소탁엽이 있다는 뜻의 학명.

덩굴갈키(朴, 1949) (꼭두선이과) 국화갈퀴의 이명. → 국화갈퀴.

덩굴강남콩(李, 1980) (콩과) 강낭콩의 이명. → 강낭콩.

덩굴개곽향(朴, 1949) (꿀풀과) 덩굴곽향과 섬곽향(愚, 1996, 중국 옌볜 방언)의 이명. → 덩굴곽향, 섬곽향.

덩굴개별꽃(鄭, 1949) (석죽과 *Pseudostellaria davidi*) 〔이명〕 덩굴미치광이, 둥근잎미치광이풀, 덩굴들별꽃. 〔유래〕 덩굴지는 개별꽃이라는 뜻의 일명.

덩굴곽향(李, 1969) (꿀풀과 *Teucrium viscidum* v. *miquelianum*) 〔이명〕 덩굴개곽향, 샘털개곽향, 털굴개곽향. 〔유래〕 덩굴지는 개곽향이라는 뜻의 일명.

덩굴광대수염(朴, 1974) (꿀풀과) 긴병꽃풀의 이명. → 긴병꽃풀.

덩굴괭이눈(朴, 1949) (범의귀과) 애기괭이눈의 이명. → 애기괭이눈.

덩굴괴불주머니(朴, 1974) (양귀비과) 눈괴불주머니의 이명. → 눈괴불주머니.

덩굴구름범의귀(愚, 1996) (범의귀과) 백두산바위취의 중국 옌볜 방언. → 백두산바위취.

덩굴꼬리풀(朴, 1949) (현삼과) 두메투구풀의 이명. → 두메투구풀.

덩굴꼬아리(朴, 1949) (가지과) 땅꽈리의 이명. → 땅꽈리.

덩굴꽃마리(朴, 1949) (지치과 *Trigonotis icumae*) 〔이명〕 덩굴꽃말이. 〔유래〕 덩굴지는 꽃마리라는 뜻의 일명.

덩굴꽃말이(鄭, 1937) (지치과) 덩굴꽃마리의 이명. → 덩굴꽃마리.

덩굴꽈리(朴, 1974) (가지과) 땅꽈리의 이명. → 땅꽈리.

덩굴난초(朴, 1949) (난초과) 콩짜개란의 이명. 〔유래〕 덩굴지는 난초. → 콩짜개란.

덩굴달(朴, 1949) (벼과) 달뿌리풀의 이명. 〔유래〕 덩굴이 뻗는 달(갈대). → 달뿌리풀.

덩굴달개비(安, 1982) (닭의장풀과) 덩굴닭의장풀의 이명. 〔유래〕 덩굴지는 달개비(닭의장풀). → 덩굴닭의장풀.

덩굴닭의밑씻개(鄭, 1937) (닭의장풀과) 덩굴닭의장풀의 이명. → 덩굴닭의장풀.

덩굴닭의장풀(鄭, 1949) (닭의장풀과 *Streptolirion volubile*) 〔이명〕 덩굴닭의밑씻개, 덩굴달개비. 〔유래〕 덩굴지는 닭의장풀이라는 뜻의 일명. 순각채(笋殼菜).

덩굴돌콩(永, 1996) (콩과) 여우콩의 이북 방언. → 여우콩.

덩굴돌팥(愚, 1996) (콩과) 여우팥의 북한 방언. → 여우팥.

덩굴들별꽃(愚, 1996) (석죽과) 덩굴개별꽃의 중국 옌볜 방언. → 덩굴개별꽃.

덩굴들축(朴, 1949) (노박덩굴과) 줄사철나무의 이명. 〔유래〕 덩굴지는 들축나무(사철나무). → 줄사철나무.

덩굴들콩(愚, 1996) (콩과) 여우콩의 북한 방언. → 여우콩.

덩굴딸기(鄭, 1937) (장미과 *Rubus oldhamii*) 〔이명〕 줄딸기, 곰의딸, 동꿀딸기, 덤불딸기, 애기오엽딸기. 〔유래〕 덩굴지는 딸기. 복분자(覆盆子).

덩굴룡담(愚, 1996) (용담과) 덩굴용담의 중국 옌볜 방언. → 덩굴용담.

덩굴망사초(愚, 1996) (사초과) 부리실청사초의 중국 옌볜 방언. → 부리실청사초.

덩굴메밀(愚, 1996) (여뀌과) 나도닭의덩굴의 북한 방언. → 나도닭의덩굴.

덩굴며느리주머니(鄭, 1937) (양귀비과) 줄꽃주머니의 이명. → 줄꽃주머니.

덩굴모밀(朴, 1974) (여뀌과 *Persicaria chinensis*) 나도닭의덩굴의 이명(愚, 1996, 북한 방언)으로도 사용. 〔이명〕 별마디풀. 〔유래〕 덩굴지는 메밀. → 나도닭의덩굴.

덩굴미나리아재비(朴, 1974) (미나리아재비과) 가는미나리아재비의 이명. 〔유래〕 덩굴지는 미나리아재비. → 가는미나리아재비.

덩굴미치광이(鄭, 1937) (석죽과) 덩굴개별꽃의 이명. → 덩굴개별꽃.

덩굴민백미꽃(李, 1976) (박주가리과) 참새백미꽃의 이명. 〔유래〕 넌출지는 백미꽃. → 참새백미꽃.

덩굴바꽃(朴, 1974) (미나리아재비과) 가는돌쩌기의 이명. → 가는돌쩌기.

덩굴박주가리(鄭, 1949) (박주가리과 *Cynanchum nipponicum*) 〔유래〕 넌출지는 박주가리라는 뜻의 일명이나, 박주가리도 넌출성이다.

ㄷ

덩굴백미(朴, 1974) (박주가리과) 참새백미꽃의 이명. → 참새백미꽃.

덩굴뱀딸기(朴, 1949) (장미과 *Potentilla flagellaris*) 〔이명〕 줄뱀양지꽃. 〔유래〕 넌출지는 뱀딸기라는 뜻의 일명.

덩굴범의귀(朴, 1949) (범의귀과) 백두산바위취의 이명. 〔유래〕 넌출성인 범의귀(산범의귀)라는 뜻의 일명. → 백두산바위취.

덩굴별꽃(鄭, 1937) (석죽과 *Cucubalus baccifer* v. *japonicus*) 민큰별꽃의 이명(鄭, 1970)으로도 사용. 〔이명〕 둥굴별꽃, 남방별꽃. 〔유래〕 덩굴지는 별꽃. → 민큰별꽃.

덩굴보리수나무(安, 1982) (보리수나무과) 보리장나무의 이명. 〔유래〕 덩굴지는 보리수나무라는 뜻의 일명. → 보리장나무.

덩굴볼레나무(鄭, 1937) (보리수나무과) 보리장나무의 이명. 〔유래〕 덩굴지는 볼레나무(보리수나무). → 보리장나무.

덩굴부리사초(朴, 1949) (사초과) 부리실청사초의 이명. 〔유래〕 덩굴지는 부리사초라는 뜻의 일명. → 부리실청사초.

덩굴비수리(朴, 1949) (콩과) 넌출비수리의 이명. → 넌출비수리.

덩굴비짜루(朴, 1949) (백합과) 비짜루의 이명. → 비짜루.

덩굴사철나무(朴, 1949) (노박덩굴과) 줄사철나무의 이명. 〔유래〕 덩굴지는 사철나무. → 줄사철나무.

덩굴사초(朴, 1949) (사초과 *Carex pseudo-curaica*) 〔유래〕 덩굴지는 사초라는 뜻의 일명.

덩굴수국(朴, 1949) (범의귀과) 넌출수국의 이명. → 넌출수국.

덩굴씀바귀(朴, 1974) (국화과) 벋음씀바귀의 이명. → 벋음씀바귀.

덩굴연리(朴, 1974) (콩과) 연리초의 이명. → 연리초.

덩굴오독도기(鄭, 1937) (미나리아재비과) 진범의 이명. 〔유래〕 넌출지는 진범이라는 뜻의 일명. → 진범.

덩굴옻나무(李, 1966) (옻나무과 *Rhus ambigua*) 〔유래〕 넌출성인 옻나무.

덩굴용담(鄭, 1949) (용담과 *Tripterospermum japonicum*) 좁은잎덩굴용담의 이명(朴, 1949)으로도 사용. 〔이명〕 덩굴룡담. 〔유래〕 덩굴지는 용담이라는 뜻의 일명. → 좁은잎덩굴용담.

덩굴월귤(安, 1982) (철쭉과) 넌출월귤의 이명. → 넌출월귤.

덩굴인가목(安, 1982) (장미과) 둥근인가목의 이명. → 둥근인가목.

덩굴잔대(安, 1982) (초롱꽃과) 넓은잔대의 이명. → 넓은잔대.

덩굴장미(李, 1966) (장미과 *Rosa banksiae*) 〔이명〕 목향장미, 덩굴찔레, 넉줄장미, 목향. 〔유래〕 덩굴지는 장미. 장미화(薔薇花).

덩굴제비꽃(朴, 1974) (제비꽃과) 아욱제비꽃의 이명. → 아욱제비꽃.

덩굴좀물통이(愚, 1996) (쐐기풀과) 칠보개물통이의 중국 옌볜 방언. → 칠보개물통이.

덩굴지리바꽃(李, 1969) (미나리아재비과) 놋젓가락나물의 이명. → 놋젓가락나물.

덩굴진범(朴, 1949) (미나리아재비과) 진범의 이명. 〔유래〕 덩굴지는 진범이라는 뜻의 일명이나, 진범도 넌출성이다. → 진범.

ㄷ

덩굴찔레(李, 1980) (장미과) 덩굴장미의 이명. → 덩굴장미.

덩굴차(朴, 1949) (박과) 돌외의 이명. → 돌외.

덩굴팥(李, 1969) (콩과 *Vigna umbellata*) 〔이명〕 자주팥. 〔유래〕 덩굴지는 팥이라는 뜻의 일명. 적소두(赤小豆).

덩굴풀매화(朴, 1949) (범의귀과) 나도범의귀의 이명. → 나도범의귀.

덩굴호자나무(朴, 1949) (꼭두선이과) 호자덩굴의 이명. 〔유래〕 덩굴지는 호자나무라는 뜻의 일명. → 호자덩굴.

덩굴화점초응달(朴, 1949) (쐐기풀과) 칠보개물통이의 이명. → 칠보개물통이.

덩이괭이밥(壽, 1995) (괭이밥과 *Oxalis articulata*) 〔유래〕 덩이줄기를 만들어 증식하는 괭이밥.

덩이냉이(愚, 1996) (십자화과) 좁은잎미나리냉이의 중국 옌볜 방언. → 좁은잎미나리냉이.

덩이뿌리개별꽃(鄭, 1970) (석죽과 *Pseudostellaria bulbosa*) 〔이명〕 가야개별꽃, 가야산들별꽃. 〔유래〕 비늘줄기 모양의 개별꽃이라는 뜻의 학명 및 알뿌리의 개별꽃이라는 뜻의 일명.

데이지(朴, 1949) (국화과 *Bellis perennis*) 〔이명〕 영국데이지, 애기국화, 벨리스. 〔유래〕 데이지(daisy).

델토이데스포플라나무(愚, 1996) (버드나무과) 미류의 중국 옌볜 방언. 〔유래〕 델토이데스(*deltoides*)라는 소종명. → 미류.

도고로마(鄭, 1949) (마과 *Dioscorea tokoro*) 〔이명〕 도꼬로마, 왕마, 큰마, 쓴마. 〔유래〕 토코로(*tokoro*)라는 소종명. 비해(萆薢).

도깨비가지(이 · 임, 1978) (가지과 *Solanum carolinense*) 〔유래〕 식물체에 가시가 많은 것을 도깨비에 비유.

도깨비고비(朴, 1949) (면마과) 도깨비쇠고비의 이명. → 도깨비쇠고비.

도깨비바눌(鄭, 1937) (국화과) 도깨비바늘의 이명. → 도깨비바늘.

도깨비바늘(鄭, 1949) (국화과 *Bidens bipinnata*) 털도깨비바늘의 이명(1949)으로도 사용. 〔이명〕 도깨비바눌, 좀독개비바늘, 좀도깨비바늘. 〔유래〕 귀침채(鬼針菜), 귀침초(鬼針草). → 털도깨비바늘.

도깨비부채(鄭, 1949) (범의귀과 *Rodgersia podophylla*) 〔이명〕 독개비부채, 수레부채. 〔유래〕 귀두경(鬼頭檠), 반룡칠(盤龍七).

도깨비사초(鄭, 1937) (사초과 *Carex dickinsii*) 〔이명〕 독개비사초, 뿔사초. 〔유래〕

도깨비 사초라는 뜻의 일명.

도깨비쇠고비(鄭, 1937) (면마과 *Cyrtomium falcatum*) 〔이명〕 도깨비고비, 긴잎도깨비고비. 〔유래〕 도깨비 쇠고비라는 뜻의 일명. 전연관중(全緣貫衆).

도깨비엉겅퀴(鄭, 1937) (국화과 *Cirsium schantarense*) 고려엉겅퀴의 이명(安, 1982)으로도 사용. 〔이명〕 큰엉겅퀴, 부전엉겅퀴, 수그린엉겅퀴, 거친엉겅퀴. 〔유래〕 식물체에 가시가 많은 것을 도깨비에 비유. → 고려엉겅퀴.

ㄷ

도꼬로마(鄭, 1937) (마과) 도고로마의 이명. → 도고로마.

도꼬마리(鄭, 1937) (국화과 *Xanthium strumarium*) 〔이명〕 창이자. 〔유래〕 창이(蒼耳), 창이자(蒼耳子), 갈기래(喝起來), 권이(卷耳), 시이(葈耳). 〔어원〕 도고체이(刀古体伊)→됫귀마리→돗고마리→도꼬마리로 변화(어원사전).

도내가문비(朴, 1949) (소나무과) 털종비의 이명. 〔유래〕 도나이(トウナイ) 가문비라는 뜻의 일명. → 털종비.

도독고양이수염(朴, 1949) (사초과) 골풀아재비의 이명. → 골풀아재비.

도독놈갈쿠리(朴, 1949) (콩과) 도둑놈의갈구리의 이명. → 도둑놈의갈구리.

도독놈의갈구리(鄭, 1937) (콩과) 도둑놈의갈구리의 이명. → 도둑놈의갈구리.

도둑놈의갈고리(李, 1980) (콩과) 도둑놈의갈구리의 이명. → 도둑놈의갈구리.

도둑놈의갈구리(鄭, 1949) (콩과 *Desmodium polyocarpum* ssp. *oxyphyllum*) 〔이명〕 도독놈의갈구리, 도독놈갈쿠리, 도둑놈의갈고리, 갈구리풀, 갈쿠리풀. 〔유래〕 미상. 첨엽산마황(尖葉山螞蟥).

도둑놈의지팡이(永, 1996) (콩과) 고삼의 이명. → 고삼.

도둑놈의지팽이(鄭, 1937) (콩과) 고삼의 이명. → 고삼.

도라지(鄭, 1937) (초롱꽃과 *Platycodon grandiflorum*) 〔이명〕 길경, 약도라지. 〔유래〕 길경(桔梗). 〔어원〕 도라차(道羅次)→도랒→도라지로 변화(어원사전).

도라지괭이밥(安, 1982) (괭이밥과) 자주괭이밥의 이명. → 자주괭이밥.

도라지모시나물(朴, 1949) (초롱꽃과) 도라지모시대의 이명. → 도라지모시대.

도라지모시대(李, 1969) (초롱꽃과 *Adenophora grandiflora*) 〔이명〕 큰잔대, 도라지모시나물, 도라지잔대, 도라지모싯대. 〔유래〕 도라지 모시대라는 뜻의 일명.

도라지모싯대(永, 1996) (초롱꽃과) 도라지모시대의 이명. → 도라지모시대.

도라지잔대(朴, 1974) (초롱꽃과) 도라지모시대의 이명. → 도라지모시대.

도랑꿰미풀(愚, 1996) (벼과) 구내풀의 이명. → 구내풀.

도랑이피(永, 1966) (벼과) 도랭이피의 이명. → 도랭이피.

도랭이냉이(愚, 1996) (십자화과 *Lepidium perfoliatum*) 〔이명〕 대부도냉이, 도렁이냉이, 흰꽃다닥냉이. 〔유래〕 포의 모양이 도랭이와 유사.

도랭이사초(永, 1996) (사초과 *Carex albata*) 〔유래〕 미상.

도랭이피(鄭, 1937) (벼과 *Koeleria cristata*) 〔이명〕 도랑이피. 〔유래〕 미상.

도렁이냉이(鄭, 1970) (십자화과) 도랭이냉이의 이명. 〔유래〕 진탕 근처에 난다. → 도랭이냉이.

도루박이(李, 1969) (사초과 *Scirpus radicans*) 〔이명〕 먼검정골, 줄검정골, 민검정골. 〔유래〕 줄기의 끝이 땅에 닿으면 뿌리가 내려 새순이 난다는 뜻의 학명.

ㄷ

도마도(鄭, 1937) (가지과) 토마토의 이명. → 토마토.

도미황기(鄭, 1970) (콩과) 황기의 이명. 〔유래〕 다이쓰리오기(タイツリオウギ)(鯛釣黃耆)라는 일명의 조(鯛=도미 조)에서 유래. → 황기.

도밤나무(愚, 1996) (참나무과) 너도밤나무의 북한 방언. → 너도밤나무.

도시락나물(朴, 1949) (현삼과) 송이풀의 이명. → 송이풀.

도장나무(安, 1982) (회양목과) 회양목의 이명. 〔유래〕 도장을 파는 나무. → 회양목.

도정당분취(鄭, 1949) (국화과) 경성서덜취의 이명. 〔유래〕 함북 경성 도정산에 나는 당분취라는 뜻의 일명. → 경성서덜취.

도토리나무(鄭, 1937) (참나무과) 상수리나무의 이명. 〔유래〕 도토리가 달리는 나무의 총칭. → 상수리나무.

독개비바늘(朴, 1949) (국화과) 털도깨비바늘의 이명. → 털도깨비바늘.

독개비부채(鄭, 1937) (범의귀과) 도깨비부채의 이명. → 도깨비부채.

독개비사초(鄭, 1937) (사초과) 도깨비사초의 이명. → 도깨비사초.

독개풀(鄭, 1937) (벼과) 뚝새풀의 이명. → 뚝새풀.

독깨비엉겅퀴(朴, 1949) (국화과) 고려엉겅퀴의 이명. → 고려엉겅퀴.

독말풀(鄭, 1937) (가지과 *Datura stramonium*) 〔이명〕 흰독말풀, 휜독말풀, 네조각돌말풀, 양독말풀. 〔유래〕 독이 많은 풀. 즉, 종자와 잎이 맹독성이다. 만다라(曼陀羅).

독미나리(鄭, 1937) (산형과 *Cicuta virosa*) 〔이명〕 개발나물아재비. 〔유래〕 독이 있는 미나리라는 뜻의 학명 및 일명. 독근근(毒芹根).

독바늘사초(朴, 1949) (사초과) 중삿갓사초의 이명. → 중삿갓사초.

독보리(鄭, 1970) (벼과 *Lolium temulentum*) 〔유래〕 독 보리라는 뜻의 일명.

독뿌리풀(愚, 1996) (가지과) 미치광이의 북한 방언. 〔유래〕 뿌리에 독이 있는 풀. → 미치광이.

독사천남성(愚, 1996) (천남성과) 눌메기천남성의 중국 옌볜 방언. → 눌메기천남성.

독새(安, 1982) (벼과) 뚝새풀의 이명. → 뚝새풀.

독새기(安, 1982) (벼과) 뚝새풀의 이명. → 뚝새풀.

독새풀(朴, 1949) (벼과) 뚝새풀의 이명. → 뚝새풀.

독요나무(愚, 1996) (장미과) 채진목의 북한 방언. → 채진목.

독일가문비(鄭, 1942) (소나무과 *Picea abies*) 〔이명〕 긴방울가문비, 독일가문비나무. 〔유래〕 독일 가문비라는 뜻의 일명.

독일가문비나무(愚, 1996) (소나무과) 독일가문비의 중국 옌볜 방언. → 독일가문비.

독활(鄭, 1937) (두릅나무과 *Aralia cordata*) 〔이명〕 토당귀, 땃두릅, 땅두릅, 뫼두릅나무. 〔유래〕 독활(獨活), 총목(楤木).

돈나무(鄭, 1942) (돈나무과 *Pittosporum tobira*) 〔이명〕 섬음나무, 음나무, 갯똥나무, 해동, 섬엄나무. 〔유래〕 제주 방언. 소년약(小年藥).

ㄷ

돈나물(安, 1982) (돌나물과) 돌나물의 이명. 〔유래〕 잎이 돈과 같이 납작납작하다. → 돌나물.

돈란(이재선, 1984) (난초과) 죽백란의 이명. → 죽백란.

돈잎꿩의다리(鄭, 1937) (미나리아재비과) 연잎꿩의다리의 이명. 〔유래〕 잎이 돈(동전)과 유사. → 연잎꿩의다리.

돌가시나무(鄭, 1942) (참나무과 *Quercus gilva*) 반들가시나무의 이명(鄭, 1937)으로도 사용. 〔이명〕 돌종가시나무, 힌가시나무, 개가시나무. 〔유래〕 석저(石櫧), 노저(櫓櫧). → 반들가시나무.

돌갈매나무(鄭, 1942) (갈매나무과 *Rhamnus parvifolia*) 〔이명〕 털갈매나무, 멧갈매나무. 〔유래〕 돌(바위) 갈매나무라는 뜻의 일명.

돌감나무(朴, 1949) (감나무과) 감나무의 이명. 〔유래〕 야생의 감나무라는 뜻의 학명. → 감나무.

돌개회나무(李, 1966) (물푸레나무과) 들정향나무의 이명. → 들정향나무.

돌기네모골(오용자 등, 2000) (사초과 *Eleocharis changchaensis*) 〔유래〕 돌기가 있는 네모골.

돌기장(愚, 1996) (벼과) 개기장의 북한 방언. → 개기장.

돌꽃(鄭, 1937) (돌나물과 *Rhodiola elongata*) 〔이명〕 가는잎돌꽃. 〔유래〕 바위 꿩의비름이라는 뜻의 일명.

돌꽃며느리바풀(安, 1982) (현삼과) 털며느리밥풀의 이명. → 털며느리밥풀.

돌나리(李, 1980) (범의귀과) 돌단풍의 이명. → 돌단풍.

돌나물(鄭, 1937) (돌나물과 *Sedum sarmentosum*) 〔이명〕 돈나물. 〔유래〕 돌 위에 나는 나물. 불갑초(佛甲草), 수분초(垂盆草).

돌단풍(鄭, 1937) (범의귀과 *Mukdenia rossii*) 〔이명〕 장장포, 부처손, 돌나리. 〔유래〕 돌에 나는 단풍. 암홍엽(岩紅葉).

돌달래(朴, 1949) (백합과) 돌부추와 산달래(1949)의 이명. → 돌부추, 산달래.

돌담고사리(鄭, 1937) (꼬리고사리과 *Asplenium sarelii*) 〔유래〕 인가의 돌담에 나는 고사리.

돌담장이(鄭, 1942) (포도과) 담쟁이덩굴의 이명. 〔유래〕 담쟁이덩굴의 강원 방언. → 담쟁이덩굴.

돌동부(李, 1966) (콩과 *Vigna vexillata* v. *tsushimensis*) 〔유래〕 야생 동부. 산마두근(山馬豆根).

돌마타리(鄭, 1937) (마타리과 *Patrinia rupestris*) 〔이명〕 들마타리. 〔유래〕 바위 곁에 자라는 마타리라는 뜻의 학명 및 일명.

돌매화나무(李, 1966) (암매과) 암매의 이명. 〔유래〕 돌 위에 나는 매화나무. → 암매.

돌머루(朴, 1949) (포도과) 가마귀머루와 개머루(愚, 1996, 북한 방언)의 이명. → 가마귀머루, 개머루.

돌바늘꽃(鄭, 1937) (바늘꽃과 *Epilobium cephalostigma*) 〔이명〕 참바늘꽃, 금강바늘꽃, 흰털바늘꽃. 〔유래〕 돌(바위) 바늘꽃이라는 뜻의 일명.

돌바람꽃(朴, 1974) (미나리아재비과) 바이칼바람꽃의 이명. → 바이칼바람꽃.

돌박하(愚, 1996) (꿀풀과) 개박하의 북한 방언. 〔유래〕 야생 박하. → 개박하.

돌방동사니(安, 1982) (사초과) 방동사니대가리의 이명. → 방동사니대가리.

돌방동산이(朴, 1949) (사초과) 방동사니대가리의 이명. → 방동사니대가리.

돌방풍(朴, 1949) (산형과 *Carlesia sinensis*) 〔이명〕 바위방풍, 복숭미나리. 〔유래〕 야생 방풍.

돌배(鄭, 1942) (장미과) 산돌배나무와 돌배나무(李, 1966)의 이명. → 산돌배나무, 돌배나무.

돌배나무(鄭, 1942) (장미과 *Pyrus pyrifolia*) 콩배나무의 이명(鄭, 1937)으로도 사용. 〔이명〕 꼭지돌배나무, 돌배, 산배나무. 〔유래〕 야생 배나무. 산리(山梨). → 콩배나무.

돌부채(鄭, 1949) (범의귀과 *Bergenia coreana*) 〔이명〕 바위부채. 〔유래〕 조선 바위부채라는 뜻의 일명.

돌부채손(鄭, 1956) (범의귀과 *Mukdenia acanthifolia*) 〔이명〕 가시잎돌단풍. 〔유래〕 석회암 동굴의 암벽에 나는 부처손(돌단풍).

돌부추(劉 등, 1981) (백합과 *Allium splendens*) 〔이명〕 돌달래, 고산달래, 가는산부추. 〔유래〕 야생 부추. 이를 오동정으로 보고 한반도 남부에 나는 것을 *Allium koreanum*으로 다시 명명한 것은 앞으로 검토할 여지가 있다.

돌분취(朴, 1949) (국화과) 긴산취의 이명. → 긴산취.

돌뽕나무(鄭, 1942) (뽕나무과 *Morus cathayana*) 〔이명〕 털뽕나무, 들뽕나무, 참털뽕나무, 털참뽕나무, 메뽕나무. 〔유래〕 전남 방언.

돌사상자(朴, 1974) (산형과) 별사상자의 이명. → 별사상자.

돌산비비추(정영철, 1985) (백합과 *Hosta longipes* v. *gracillima*) 〔유래〕 전남 돌산도에 나는 비비추.

돌서숙(朴, 1949) (벼과) 산조풀의 이명. → 산조풀.

돌소루쟁이(朴, 1974) (여뀌과) 돌소리쟁이의 이명. → 돌소리쟁이.

돌소리쟁이(愚, 1996) (여뀌과 *Rumex obtusifolius*) 〔이명〕 둥근소리쟁이, 돌소루쟁이, 세포송구지. 〔유래〕 소리쟁이와 유사.

돌앵초(鄭, 1949) (앵초과 *Primula saxatilis*) 〔이명〕 바위깨풀, 바위취란화. 〔유래〕 바위 곁에 자라는 앵초라는 뜻의 학명 및 돌(바위) 앵초라는 뜻의 일명.

돌양지꽃(鄭, 1937) (장미과 *Potentilla dickinsii*) 〔이명〕 바위양지꽃. 〔유래〕 돌(바위에 착생) 양지꽃이라는 뜻의 일명. 치자연(雉子筵).

돌외(鄭, 1949) (박과 *Gynostemma pentaphyllum*) 〔이명〕 덩굴차, 물외. 〔유래〕 미상. 칠엽담(七葉膽).

돌잔고사리(鄭, 1949) (고사리과 *Microlepia strigosa*) 털돌잔고사리의 이명(朴, 1961)으로도 사용. 〔이명〕 돌토끼고사리, 민돌잔고사리. 〔유래〕 돌 잔고사리라는 뜻의 일명. → 털돌잔고사리.

돌잔대(愚, 1996) (초롱꽃과) 수원잔대의 중국 옌볜 방언. → 수원잔대.

돌장미(安, 1982) (장미과) 용가시나무의 이명. 〔유래〕 야생 장미. → 용가시나무.

돌조풀(安, 1982) (벼과) 산조풀의 이명. → 산조풀.

돌좁쌀풀(朴, 1949) (앵초과) 좀가지풀의 이명. → 좀가지풀.

돌종가시나무(鄭, 1949) (참나무과) 돌가시나무의 이명. → 돌가시나무.

돌지치(朴, 1949) (지치과) 산지치의 이명. → 산지치.

돌쩌귀풀(朴, 1949) (미나리아재비과) 투구꽃의 이명. → 투구꽃.

돌참나무(鄭, 1942) (참나무과) 신갈나무의 이명. 〔유래〕 신갈나무의 경남 방언. → 신갈나무.

돌창포(李, 1976) (백합과) 꽃장포의 이명. 〔유래〕 이름의 혼동을 피하기 위하여 통일. → 꽃장포.

돌채송화(朴, 1974) (돌나물과 *Sedum japonicum*) 〔이명〕 넓은잎기린초, 암채송화. 〔유래〕 저지(低地)의 돌 위에 난다.

돌콩(鄭, 1937) (콩과 *Glycine soja*) 〔유래〕 야생 콩. 야대두등(野大豆藤), 야료두(野料豆).

돌토끼고사리(鄭, 1937) (고사리과) 돌잔고사리의 이명. → 돌잔고사리.

돌팥(朴, 1974) (콩과) 새팥과 여우팥(1974)의 이명. 〔유래〕 야생 팥. → 새팥, 여우팥.

돌피(鄭, 1937) (벼과 *Echinochloa crus-galli*) 〔유래〕 야생 피라는 뜻의 일명.

돌회향(朴, 1949) (산형과) 개회향의 이명. 〔유래〕 돌 회향이라는 뜻의 일명. → 개회향.

돔부(朴, 1949) (콩과) 녹두의 이명. → 녹두.

돗자리골(朴, 1949) (사초과) 큰고랭이의 이명. → 큰고랭이.

동강할미꽃(永, 2002) (미나리아재비과 *Pulsatilla dahurica* v. *tongkangensis*) 〔유래〕 강원도 동강 유역에 나는 할미꽃. 잎이 3~7개로 갈라지며 꽃이 연분홍색이다.

동과(李, 1969) (박과) 동아의 이명. 〔유래〕 동과(冬瓜). → 동아.

동굴귤(朴, 1949) (운향과) 둥근금감의 이명. → 둥근금감.

동굴느티나무(鄭, 1942) (느티나무과) 느티나무의 이명. 〔유래〕 잎이 둥근 느티나무라는 뜻의 일명. → 느티나무.

동굴왕팽나무(鄭, 1942) (느릅나무과) 둥근왕팽나무의 이명. → 둥근왕팽나무.

동굴인가목(鄭, 1937) (장미과) 둥근인가목의 이명. → 둥근인가목.

동굴잎씀바귀(朴, 1949) (국화과) 좀씀바귀의 이명. → 좀씀바귀, 둥근잎씀바귀.

동굴장구채(朴, 1949) (석죽과) 가는장구채의 이명. 〔유래〕 장구채에 비해 잎이 둥글다(난형). → 가는장구채.

동근매듭풀(鄭, 1937) (콩과) 둥근매듭풀의 이명. → 둥근매듭풀.

동근애기고추나물(鄭, 1937) (물레나물과) 좀고추나물의 이명. → 좀고추나물, 둥근애기고추나물.

동근잎다정큼나무(鄭, 1937) (장미과) 다정큼나무의 이명. → 다정큼나무, 둥근잎다정큼나무.

동근잎배암차즈기(鄭, 1937) (꿀풀과) 둥근잎배암차즈기의 이명. → 둥근잎배암차즈기.

동글인가목(鄭, 1937) (장미과) 둥근인가목의 이명. → 둥근인가목.

동글잎매듭풀(朴, 1974) (콩과) 둥근매듭풀의 이명. → 둥근매듭풀.

동글팽나무(鄭, 1942) (느릅나무과) 팽나무의 이명. 〔유래〕 잎이 둥근 팽나무라는 뜻의 일명. → 팽나무.

동꿀딸기(鄭, 1942) (장미과) 덩굴딸기의 이명. 〔유래〕 덩굴딸기의 제주 방언. → 덩굴딸기.

동내엉겅퀴(朴, 1949) (국화과) 동래엉겅퀴의 이명. → 동래엉겅퀴.

동래엉겅퀴(李, 1980) (국화과 *Cirsium toraiense*) 〔이명〕 동내엉겅퀴. 〔유래〕 경남 동래에 나는 엉겅퀴라는 뜻의 학명 및 일명.

동박(愚, 1996) (박과) 동아의 중국 옌볜 방언. → 동아.

동방진득찰(愚, 1996) (국화과) 제주진득찰의 중국 옌볜 방언. → 제주진득찰.

동배나무(鄭, 1942) (장미과) 산사나무(강원 방언), 털야광나무(황해 방언)와 야광나무(1942, 황해 방언)의 이명. → 산사나무, 털야광나무, 야광나무.

동백(鄭, 1949) (차나무과) 동백나무와 박태기나무(콩과, 1942)의 이명. → 동백나무, 박태기나무.

동백겨우사리(朴, 1949) (겨우사리과) 동백나무겨우사리의 이명. → 동백나무겨우사리.

동백나무(鄭, 1937) (차나무과 *Camellia japonica*) 생강나무의 이명(녹나무과, 1942, 강원 방언)으로도 사용. 〔이명〕 동백, 뜰동백나무, 뜰동백. 〔유래〕 동백(冬柏), 산다(山茶), 산다화(山茶花). → 생강나무.

동백나무겨우사리(鄭, 1937) (겨우사리과 *Korthalsella japonica*) 〔이명〕 동백나무겨

우살이, 동백겨우사리. 〔유래〕 동백나무에 붙는 겨우사리. 곡기생(槲寄生).

동백나무겨우살이(鄭, 1949) (겨우사리과) 동백나무겨우사리의 이명. → 동백나무겨우사리.

동백사초(李, 1969) (사초과 *Carex livida*) 〔이명〕 밀사초. 〔유래〕 미상.

동부(李, 1969) (콩과 *Vigna sinensis*) 〔이명〕 광정이. 〔유래〕 미상.

동아(鄭, 1937) (박과 *Benincasa cerifera*) 〔이명〕 동과, 동박. 〔유래〕 동과(冬瓜), 동과피(冬瓜皮). 〔어원〕 동과(冬瓜)→동화→동하→동아로 변화(어원사전).

동의나물(鄭, 1937) (미나리아재비과 *Caltha palustris* v. *membranacea*) 〔이명〕 참동의나물, 원숭이동의나물, 눈동의나물, 동이나물, 산동이나물, 누은동의나물, 좀동의나물. 〔유래〕 동의(물) 나물이라는 뜻의 일명. 마제초(馬蹄草).

동이나물(朴, 1949) (미나리아재비과) 동의나물의 이명. → 동의나물.

동이목단풀(朴, 1949) (미나리아재비과) 조희풀의 이명. → 조희풀.

동이조이풀(安, 1982) (미나리아재비과) 조희풀의 이명. → 조희풀.

동자꽃(鄭, 1937) (석죽과 *Lychins cognata*) 〔이명〕 참동자. 〔유래〕 동자승(童子僧)과 같이 예쁜 꽃. 전하라(剪夏羅).

동지(朴, 1949) (산형과) 전호의 이명. → 전호.

동청목(鄭, 1942) (노박덩굴과) 사철나무의 이명. 〔유래〕 사철나무의 경기 방언. 동청목(冬青木). → 사철나무.

돼지감자(安, 1982) (국화과) 뚱딴지의 이명. 〔유래〕 돼지 사료용 감자. → 뚱딴지.

돼지나물(鄭, 1949) (국화과) 미역취의 이명. → 미역취.

돼지천궁(朴, 1974) (산형과) 왜천궁의 이명. → 왜천궁.

돼지풀(李, 1969) (국화과 *Ambrosia artemisiaefolia* v. *elatior*) 마디풀(여뀌과, 鄭, 1937)과 섬바디(산형과, 愚, 1996), 쇠비름(쇠비름과, 愚, 1996, 북한 방언)의 이명으로도 사용. 〔이명〕 두드러기풀, 두드러기쑥, 쑥잎풀. 〔유래〕 부타쿠사(돼지풀)(ブタクサ)(豚草)라는 뜻의 일명〔(豚草)는 Hogweed에 기초함〕. → 마디풀, 섬바디, 쇠비름.

돼지풀아재비(壽, 1996) (국화과 *Parthenium hysterophorus*) 〔유래〕 돼지풀과 유사하다는 뜻이나 전혀 별개의 것이다.

되얏마늘(永, 1996) (백합과) 마늘의 이명. → 마늘.

된장뚝갈(朴, 1949) (국화과) 그늘보리뺑이의 이명. → 그늘보리뺑이.

된장풀(鄭, 1942) (콩과 *Desmodium caudatum*) 〔이명〕 쉬풀, 쉽싸리풀, 털도둑놈의갈구리. 〔유래〕 미증(된장)초(味噌草), 소괴화(小槐花).

두가래도깨비바늘(朴, 1974) (국화과) 까치발의 이명. → 까치발.

두건일엽(鄭, 1949) (고란초과) 주걱일엽의 이명. → 주걱일엽.

두꺼운골무꽃(安, 1982) (꿀풀과) 떡잎골무꽃의 이명. 〔유래〕 잎이 두꺼운 골무꽃이라는 뜻의 일명. → 떡잎골무꽃.

두꺼운회나무(安, 1982) (노박덩굴과) 좁은잎참빗살나무의 이명. → 좁은잎참빗살나무.

ㄷ

두더지밤(李, 1966) (참나무과 *Castanea crenata* v. *kusakuri* f. *tdoji-bam*) 〔유래〕 두더지밤이라는 뜻의 학명.

두드러기쑥(壽, 1995) (국화과) 돼지풀의 이명. → 돼지풀, 두드러기풀.

두드러기풀(朴, 1974) (국화과) 돼지풀의 이명. 〔유래〕 두드러기(꽃가루 알레르기)를 일으키는 풀. → 돼지풀.

두렁꽃(愚, 1996) (부처꽃과) 부처꽃의 북한 방언. → 부처꽃.

두루미꽃(鄭, 1937) (백합과 *Majanthemum bifolium*) 〔유래〕 두루미 꽃이라는 뜻의 일명. 무학초(舞鶴草).

두루미천남성(鄭, 1949) (천남성과 *Arisaema heterophyllum*) 〔이명〕 개천남성, 새깃사두초. 〔유래〕 두루미(잎이 날개를 편 학과 유사) 천남성이라는 뜻의 일명. 천남성(天南星).

두루미피(朴, 1949) (벼과) 대새풀의 이명. → 대새풀.

두릅나무(鄭, 1942) (두릅나무과 *Aralia elata*) 〔이명〕 드릅나무, 참두릅, 참드릅. 〔유래〕 송목(楤木), 목두채(木頭菜), 자로아(刺老鴉).

두메가새풀(安, 1982) (국화과) 큰톱풀의 이명. → 큰톱풀.

두메갈퀴(朴, 1974) (꼭두선이과 *Galium paradoxum*) 〔이명〕 두메갈키, 산갈키, 산갈퀴덩굴. 〔유래〕 두메(깊은 산)에 나는 갈퀴덩굴이라는 뜻의 일명.

두메갈퀴아재비(安, 1982) (꼭두선이과) 산개갈퀴의 이명. 〔유래〕 두메갈퀴와 유사. → 산개갈퀴.

두메갈키(鄭, 1949) (꼭두선이과) 두메갈퀴의 이명. → 두메갈퀴.

두메개고사리(鄭, 1949) (면마과 *Athyrium spinulosum*) 〔이명〕 뫼개고사리, 메개고사리. 〔유래〕 두메(심산)에 나는 개고사리라는 뜻의 일명.

두메개미자리(愚, 1996) (석죽과) 나도개미자리의 중국 옌볜 방언. → 나도개미자리.

두메겨이삭(安, 1982) (벼과) 검정겨이삭과 민메겨이삭(愚, 1996, 중국 옌볜 방언)의 이명. → 검정겨이삭, 민메겨이삭.

두메고들빼기(鄭, 1949) (국화과 *Lactuca triangulata*) 〔이명〕 산씀바귀, 두메왕고들빼기. 〔유래〕 두메(심산)에 나는 고들빼기(왕고들빼기)라는 뜻의 일명. 익병산와거(翼柄山萵苣).

두메고란(鄭, 1949) (고란초과) 층층고란초의 이명. 〔유래〕 두메(심산)에 나는 고란초라는 뜻의 일명. → 층층고란초.

두메고사리(鄭, 1949) (면마과 *Athyrium crenatum*) 〔이명〕 민새고사리, 털새발고사리, 털뫼고사리. 〔유래〕 두메(심산)에 나는 고사리라는 뜻의 일명.

두메고추나물(愚, 1996) (국화과) 별꽃아재비의 중국 옌볜 방언. → 별꽃아재비.

두메괴불나무(永, 1996) (인동과) 두메홍괴불나무의 이명. → 두메홍괴불나무.

두메귀리(安, 1982) (벼과) 꼬리새의 이명. → 꼬리새.

두메기름나물(鄭, 1949) (산형과) 기름나물과 섬바디(1949)의 이명. → 기름나물, 섬바디.

두메김의털(鄭, 1949) (벼과 *Festuca ovina* v. *koreano-alpina*) 〔이명〕 산김의털, 큰산김의털. 〔유래〕 두메(심산)에 나는 김의털이라는 뜻의 일명.

두메까치수염(鄭, 1970) (앵초과 *Lysimachia acroadenia*) 〔이명〕 섬까치수염, 점백이까치수염, 섬까치수영, 곧은까치수염. 〔유래〕 두메(심산)에 나는 까치수염이라는 뜻의 일명.

두메꿀풀(鄭, 1949) (꿀풀과 *Prunella vulgaris* v. *aleutica*) 〔유래〕 두메(심산)에 나는 꿀풀이라는 뜻의 일명. 하고초(夏枯草).

두메꿩의밥(鄭, 1949) (골풀과) 구름꿩의밥의 이명. 〔유래〕 두메(심산)에 나는 꿩의밥이라는 뜻의 일명. → 구름꿩의밥.

두메꿰미풀(愚, 1996) (벼과) 두메포아풀의 중국 옌볜 방언. 〔유래〕 두메 꿰미풀(포아풀). → 두메포아풀.

두메나도황기(永, 1996) (콩과) 나도황기의 북한 방언. → 나도황기.

두메냉이(鄭, 1949) (십자화과 *Cardamine resedifolia* v. *morii*) 〔이명〕 높은산냉이, 두메황새냉이. 〔유래〕 두메(깊은 산중)에 나는 냉이라는 뜻의 일명.

두메닥나무(鄭, 1942) (팥꽃나무과 *Daphne pseudo-mezereum* v. *koreana*) 〔이명〕 화태닥나무, 조선닥나무, 백서향나무. 〔유래〕 두메에 나는 닥나무(섬유식물).

두메달래(安, 1982) (백합과) 두메부추의 이명. → 두메부추.

두메담배풀(鄭, 1949) (국화과 *Carpesium triste* v. *manshuricum*) 〔이명〕 산담배풀, 왕담배풀. 〔유래〕 두메(심산)에 나는 담배풀이라는 뜻의 일명.

두메당근(鄭, 1970) (산형과 *Ostericum florentii*) 〔유래〕 두메(심산)에 나는 당근이라는 뜻의 일명.

두메대극(鄭, 1949) (대극과 *Euphorbia pekinensis* v. *fauriei*) 〔이명〕 제주대극. 〔유래〕 두메(심산)에 나는 대극이라는 뜻의 일명.

두메돔부(朴, 1974) (콩과) 두메자운의 이명. → 두메자운.

두메딸기(李, 1966) (장미과) 멍덕딸기와 천도딸기(愚, 1996, 북한 방언)의 이명. → 멍덕딸기, 천도딸기.

두메땅비수리(愚, 1996) (콩과) 제주황기의 중국 옌볜 방언. → 제주황기.

두메떡쑥(朴, 1974) (국화과) 구름떡쑥과 백두산떡쑥의 이명. 〔유래〕 두메에 나는 떡쑥. → 구름떡쑥, 백두산떡쑥.

두메마가목(安, 1982) (장미과) 산마가목의 이명. 〔유래〕 두메(심산)에 나는 마가목이라는 뜻의 일명. → 산마가목.

두메마디나물(愚, 1996) (석죽과) 가는대나물의 북한 방언. 〔유래〕 두메에 나는 마디나물(대나물). → 가는대나물.

두메무릇(愚, 1996) (백합과) 개감채의 북한 방언. → 개감채.

두메미꾸리꽝이(鄭, 1949) (벼과 *Glyceria alnasteretum*) 〔이명〕 산진들피, 두메미꾸리꿰미. 〔유래〕 두메(심산)에 나는 미꾸리꿰미(진들피)라는 뜻의 일명.

두메미꾸리꿰미(安, 1982) (벼과) 두메미꾸리꽝이의 이명. → 두메미꾸리꽝이.

두메미역취(愚, 1996) (국화과) 산미역취의 중국 옌볜 방언. → 산미역취.

두메바늘꽃(鄭, 1956) (바늘꽃과) 호바늘꽃의 이명. 〔유래〕 두메(심산)에 나는 바늘꽃이라는 뜻의 일명. → 호바늘꽃.

두메박새(安, 1982) (백합과) 관모박새의 이명. 〔유래〕 두메(심산)에 나는 박새라는 뜻의 일명. → 관모박새.

두메방풍(鄭, 1957) (산형과) 기름나물의 이명. 〔유래〕 두메(심산)에 나는 방풍이라는 뜻의 일명. → 기름나물.

두메별꽃(愚, 1996) (꼭두선이과) 백정화의 중국 옌볜 방언. → 백정화.

두메부추(鄭, 1949) (백합과 *Allium senescens*) 〔이명〕 설령파, 두메달래, 메부추. 〔유래〕 두메에 나는 부추. 산구(山韮)

두메분취(鄭, 1956) (국화과 *Saussurea alpicola*) 〔이명〕 두메솜분취, 묏분취, 멧분취, 묏솜분취. 〔유래〕 두메(심산)에 나는 분취(은분취)라는 뜻의 일명.

두메사초(愚, 1996) (사초과) 청사초의 중국 옌볜 방언. → 청사초.

두메산조아재비(愚, 1996) (벼과) 산조아재비의 북한 방언. → 산조아재비.

두메소영도리나무(愚, 1996) (인동과) 산소영도리나무의 중국 옌볜 방언. → 산소영도리나무.

두메속단(安, 1982) (꿀풀과) 산속단의 이명. 〔유래〕 두메(심산)에 나는 속단이라는 뜻의 일명. → 산속단.

두메솜나물(愚, 1996) (국화과) 바위솜나물의 중국 옌볜 방언. → 바위솜나물.

두메솜방망이(朴, 1974) (국화과) 산솜방망이의 이명. → 산솜방망이.

두메솜분취(鄭, 1949) (국화과) 두메분취의 이명. 〔유래〕 두메(심산)에 나는 솜분취라는 뜻의 일명. → 두메분취.

두메쑥방망이(鄭, 1949) (국화과) 산솜방망이의 이명. 〔유래〕 두메(높은 산)에 나는 쑥방망이라는 뜻의 일명. → 산솜방망이.

두메아편꽃(愚, 1996) (양귀비과) 두메양귀비의 북한 방언. → 두메양귀비.

두메애기풀(鄭, 1949) (원지과 *Polygala sibirica*) 〔이명〕 조선영신초, 두메영신초. 〔유래〕 두메(심산)에 나는 애기풀.

두메양귀비(鄭, 1949) (양귀비과 *Papaver radicatum* v. *pseudo-radicatum*) 〔이명〕

산양귀비, 두메아편꽃. 〔유래〕 두메(심산)에 나는 양귀비(개양귀비)라는 뜻의 일명.

두메양지꽃(愚, 1996) (장미과) 좀양지꽃의 북한 방언. → 좀양지꽃.

두메영신초(朴, 1974) (원지과) 두메애기풀의 이명. 〔유래〕 두메(심산)에 나는 영신초(애기풀). → 두메애기풀.

두메예자풀(安, 1982) (사초과) 참황새풀의 이명. → 참황새풀.

두메오리나무(鄭, 1937) (자작나무과 *Alnus maximowiczii*) 〔이명〕 검은산오리나무. 〔유래〕 두메(심산)에 나는 오리나무라는 뜻의 일명. 심산적양(深山赤楊), 적양(赤楊).

두메오이풀(安, 1982) (장미과 *Sanguisorba obtusa*) 〔이명〕 큰산오이풀. 〔유래〕 두메(고산 초원)에 나는 오이풀.

두메옥잠화(愚, 1996) (백합과) 나도옥잠화의 북한 방언. → 나도옥잠화.

두메왕고들빼기(愚, 1996) (국화과) 두메고들빼기의 중국 옌볜 방언. → 두메고들빼기.

두메우드풀(鄭, 1949) (면마과 *Woodsia ilvensis*) 〔이명〕 솜털고사리, 솜털가물고사리. 〔유래〕 두메(심산)에 나는 우드풀이라는 뜻의 일명.

두메자운(鄭, 1949) (콩과 *Oxytropis arnertii*) 〔이명〕 묏돔부, 두메돔부. 〔유래〕 두메(심산)에 나는 자운(자운영)이라는 뜻의 일명. 장백극두(長白棘豆).

두메잔대(鄭, 1949) (초롱꽃과 *Adenophora nikoensis* v. *stenophylla*) 〔유래〕 두메(심산)에 나는 잔대라는 뜻의 일명.

두메잔새(愚, 1996) (벼과) 좀새풀의 중국 옌볜 방언. 〔유래〕 두메에 나는 잔새(좀새풀). → 좀새풀.

두메잠자리피(安, 1982) (벼과) 산잠자리피의 이명. → 산잠자리피.

두메제비난초(安, 1982) (난초과) 애기제비란의 이명. → 애기제비란.

두메참꽃나무(安, 1982) (철쭉과) 좀참꽃나무의 이명. → 좀참꽃나무.

두메천궁(鄭, 1970) (산형과 *Conioselinum filicinum*) 〔이명〕 산천궁. 〔유래〕 두메(심산)에 나는 천궁이라는 뜻의 일명.

두메천남성(愚, 1996) (천남성과) 무늬천남성의 중국 옌볜 방언. → 무늬천남성.

두메취(鄭, 1949) (국화과 *Saussurea triangulata*) 〔이명〕 큰분취, 큰산분취, 뾜끝분취. 〔유래〕 두메에 나는 취.

두메층층꽃(朴, 1974) (꿀풀과) 두메층층이의 이명. → 두메층층이.

두메층층이(鄭, 1949) (꿀풀과 *Clinopodium micranthum*) 〔이명〕 개탑풀, 개탑꽃, 두메층층꽃, 두메층층이꽃. 〔유래〕 두메(심산)에 나는 층층이꽃이라는 뜻의 일명.

두메층층이꽃(愚, 1996) (꿀풀과) 두메층층이의 북한 방언. → 두메층층이.

두메탑꽃(永, 1996) (꿀풀과) 두메탑풀의 이명. → 두메탑풀.

두메탑풀(永, 1996) (꿀풀과 *Clinopodium gracile* v. *sachalinense*) 〔이명〕 두메탑

꽃. 〔유래〕 꽃이 층층이 피는 것을 탑에 비유한 것.

두메털이슬(愚, 1996) (바늘꽃과) 쥐털이슬의 북한 방언. → 쥐털이슬.

두메투구꽃(李, 1969) (현삼과) 두메투구풀의 이명. → 두메투구풀.

두메투구풀(鄭, 1949) (현삼과 *Veronica stelleri* v. *longistyla*) 〔이명〕 덩굴꼬리풀, 두메투구꽃. 〔유래〕 두메(심산)에 나는 투구풀(개투구꽃)이라는 뜻의 일명.

두메포아풀(李, 1976) (벼과 *Poa malacantha* v. *shinanoana*) 묏꾸러미풀의 이명(安, 1982)으로도 사용. 〔이명〕 산꾸렘이풀, 산포아풀, 두메꿰미풀. 〔유래〕 두메(심산)에 나는 포아풀이라는 뜻의 일명. → 묏꾸러미풀.

두메피막이풀(鄭, 1970) (산형과 *Hydrocotyle yabei*) 〔이명〕 제주피막이, 산피막이풀, 좀피막이, 피막이풀, 큰피막이. 〔유래〕 두메(심산)에 나는 피막이풀이라는 뜻의 일명.

두메홍괴불나무(鄭, 1942) (인동과 *Lonicera maximowiczii*) 〔이명〕 좁은잎홍괴불나무, 만주괴불, 묏홍괴불, 산홍괴불, 좁은잎홍괴불, 산홍괴불나무, 좁은잎괴불나무, 멧홍개불, 두메괴불나무. 〔유래〕 두메(심산)에 나는 홍괴불나무라는 뜻의 일명.

두메황기(愚, 1996) (콩과) 나도황기의 북한 방언. → 나도황기.

두메황새냉이(愚, 1996) (십자화과) 두메냉이의 중국 옌볜 방언. → 두메냉이.

두메황새풀(永, 1996) (사초과) 황새고랭이의 이명. → 황새고랭이.

두봉화(愚, 1996) (철쭉과) 겹산철쭉의 중국 옌볜 방언. → 겹산철쭉.

두사람꽃대(安, 1982) (홀아비꽃대과) 쌍꽃대의 이명. → 쌍꽃대.

두송(李, 1966) (측백나무과 *Juniperus communis*) 〔유래〕 미상. 열매가 잎보다 짧다.

두잎갈퀴(朴, 1974) (꼭두선이과 *Hedyotis diffusa*) 〔이명〕 치자풀, 긴잎치자풀, 백운풀, 실낚시돌풀, 쌍낚시풀. 〔유래〕 두 잎 갈퀴라는 뜻의 일명. 백화사설초(白花蛇舌草).

두잎갈퀴나물(愚, 1996) (콩과) 잔나비나물의 중국 옌볜 방언. → 잔나비나물.

두잎감자난초(李, 1969) (난초과 *Diplolabellum coreanum*) 〔이명〕 한라감자난초, 잠자리란아재비. 〔유래〕 잎이 두 장인 감자난초.

두잎난초(朴, 1949) (난초과) 쌍잎난초의 이명. 〔유래〕 조선 두 잎 난초라는 뜻의 일명. → 쌍잎난초.

두잎란(愚, 1996) (난초과) 쌍잎난초의 북한 방언. → 쌍잎난초.

두잎약난초(李, 1976) (난초과 *Cremastra unguiculata*) 〔이명〕 종덕이난초. 〔유래〕 잎이 두 장인 약난초.

두충(李, 1980) (두충과 *Eucommia ulmoides*) 〔유래〕 두충(杜冲).

두턴부처손(朴, 1949) (부처손과) 바위손의 이명. → 바위손.

둑사초(永, 1996) (사초과) 뚝사초의 이명. → 뚝사초.

둑새풀(鄭, 1937) (벼과) 뚝새풀의 이명. → 뚝새풀.

둑새풀범꼬리(愚, 1996) (여뀌과) 가는범꼬리의 중국 옌벤 방언. → 가는범꼬리.

둑지치(永, 1996) (지치과) 뚝지치의 이명. → 뚝지치.

둥군잎바풀(朴, 1949) (현삼과) 알며느리밥풀의 이명. → 알며느리밥풀.

둥굴네(Mori, 1922) (백합과) 둥굴레의 이명. → 둥굴레.

둥굴레(鄭, 1937) (백합과 *Polygonatum odoratum* v. *pluriflorum*) 〔이명〕 둥굴네, 괴불꽃. 〔유래〕 황정(黃精), 편황정(片黃精), 선인반(仙人飯), 위유(萎蕤), 토죽(菟竹), 옥죽(玉竹). 〔어원〕 두응구라(豆應仇羅)→동구레→둥굴레로 변화(어원사전).

둥굴레아재비(鄭, 1937) (백합과) 각시둥굴레의 이명. 〔유래〕 둥굴레와 유사. → 각시둥굴레.

둥굴별꽃(朴, 1949) (석죽과) 덩굴별꽃의 이명. → 덩굴별꽃.

둥굴인가목(朴, 1949) (장미과) 둥근인가목의 이명. → 둥근인가목.

둥굴파(永, 1996) (백합과) 양파의 북한 방언. → 양파.

둥근가시가지(壽, 1999) (가지과 *Solanum sysymbriifolium*) 〔유래〕 과실이 둥근(구형) 가시가지.

둥근갈퀴(伊, 1980) (꼭두선이과 *Galium kamtschaticum*) 〔이명〕 큰넷잎갈키덩굴, 둥근잎갈키, 둥근갈키, 큰산꽃갈퀴, 털둥근갈퀴, 심산갈퀴, 민심산갈퀴, 큰네잎갈퀴, 털네잎갈퀴. 〔유래〕 미상.

둥근갈키(鄭, 1957) (꼭두선이과) 둥근갈퀴의 이명. → 둥근갈퀴.

둥근검바늘골(愚, 1996) (사초과 *Eleocharis ovata*) 〔유래〕 검바늘골에 비해 소수(小穗)가 난형이다.

둥근고추풀(鄭, 1949) (현삼과 *Deinostema adenocaula*) 〔이명〕 둥근잎고추풀, 둥글잎둥에풀. 〔유래〕 둥근 잎 진땅고추풀이라는 뜻의 일명.

둥근금감(李, 1966) (운향과 *Fortunella japonica*) 〔이명〕 동굴귤, 금귤나무, 금귤. 〔유래〕 과실이 둥근 금감이라는 뜻의 일명.

둥근꼬리풀(安, 1982) (현삼과) 둥근산꼬리풀의 이명. → 둥근산꼬리풀.

둥근난퇴느릅(朴, 1949) (느릅나무과) 난티나무의 이명. 〔유래〕 잎이 둥근 난퇴느릅나무(난티나무)라는 뜻의 일명. → 난티나무.

둥근난티나무(鄭, 1942) (느릅나무과) 난티나무의 이명. 〔유래〕 잎이 둥근 난티나무라는 뜻의 일명. → 난티나무.

둥근네잎갈퀴(安, 1982) (꼭두선이과) 국화갈퀴의 이명. 〔유래〕 잎이 둥근 네잎갈퀴라는 뜻의 일명. → 국화갈퀴.

둥근느티나무(鄭, 1949) (느릅나무과) 느티나무의 이명. → 느티나무.

둥근두메자운(李, 2003) (콩과) 시루산돔부의 이명. → 시루산돔부.

둥근마(李, 1969) (마과 *Dioscorea bulbifera*) 〔유래〕 잎이 원심형으로 둥글며 인경도 둥글다.

둥근매듭풀(鄭, 1937) (콩과 *Kummerowia stipulacea*) 〔이명〕 동근매듭풀, 둥근잎매듭풀, 동글잎매듭풀, 둥근잎가새풀. 〔유래〕 잎이 둥근 매듭풀이라는 뜻의 일명. 계안초(鷄眼草).

ㄷ

둥근미선(李, 1980) (물푸레나무과) 미선나무의 이명. → 미선나무, 둥근미선나무.

둥근미선나무(李, 1976) (물푸레나무과) 미선나무의 이명. 〔유래〕 시과(翅果)가 둔두(鈍頭) 또는 평두(平頭)이다. → 미선나무.

둥근민둥인가목(李, 1966) (장미과) 인가목의 이명. → 인가목.

둥근바위솔(鄭, 1937) (돌나물과 *Orostachys malacophyllus*) 〔이명〕 음달바우솔. 〔유래〕 미상. 와송(瓦松).

둥근배암차즈기(鄭, 1956) (꿀풀과) 둥근잎배암차즈기의 이명. → 둥근잎배암차즈기.

둥근범꼬리(李, 1969) (여뀌과 *Bistorta globispica*) 〔이명〕 구실범의꼬리, 갈미범의꼬리. 〔유래〕 이삭이 둥근(구형) 범꼬리라는 뜻의 학명 및 일명.

둥근사초(永, 1996) (사초과) 애기사초의 이명. → 애기사초.

둥근산꼬리풀(李, 1969) (현삼과 *Veronica rotunda*) 〔이명〕 둥근잎꼬리풀, 가야꼬리풀, 둥근꼬리풀. 〔유래〕 잎이 둥근 산꼬리풀.

둥근산부추(최혁재 등, 2004) (백합과 *Allium thunbergii* v. *teretifolium*) 〔유래〕 엽신이 원통형으로 속이 비었다.

둥근생강나무(鄭, 1949) (녹나무과 *Lindera obtusiloba* f. *ovata*) 〔이명〕 둥근잎생강나무. 〔유래〕 잎이 전혀 갈라지지 않는다.

둥근소리쟁이(李, 1969) (여뀌과) 돌소리쟁이의 이명. → 돌소리쟁이.

둥근손잎풀(愚, 1996) (쥐손이풀과) 둥근이질풀의 북한 방언. 〔유래〕 둥근 손잎풀(쥐손이풀). → 둥근이질풀.

둥근숫곰고사리(朴, 1975) (면마과) 참곰비늘고사리의 이명. 〔유래〕 둥근 숫곰고사리(곰비늘고사리). → 참곰비늘고사리.

둥근애기고추나물(鄭, 1949) (물레나물과) 좀고추나물의 이명. 〔유래〕 잎이 둥근 애기고추나물. → 좀고추나물.

둥근오리방풀(李, 1969) (꿀풀과) 오리방풀의 이명. 〔유래〕 잎이 둥근 오리방풀이라는 뜻의 일명. → 오리방풀.

둥근옥잠화(安, 1982) (백합과) 옥잠화의 이명. → 옥잠화.

둥근왕팽나무(鄭, 1949) (느릅나무과 *Celtis koraiensis* v. *arguta*) 〔이명〕 동굴왕팽나무, 둥근잎팽나무, 둥근잎왕팽나무. 〔유래〕 잎이 둥근 왕팽나무라는 뜻의 일명.

둥근이질풀(鄭, 1937) (쥐손이풀과 *Geranium koreanum*) 〔이명〕 긴이질풀, 산이질풀, 왕이질풀, 둥근손잎풀, 둥근쥐손이. 〔유래〕 미상. 노관초(老鸛草).

둥근인가목(李, 1969) (장미과 *Rosa pimpinellifolia*) 〔이명〕 동글인가목, 둥굴인가목, 덩굴인가목, 동굴인가목. 〔유래〕 과실이 구형인 인가목.

둥근잎가새풀(安, 1982) (콩과) 둥근매듭풀의 이명. 〔유래〕 잎이 둥근 가새풀(매듭풀). → 둥근매듭풀.

둥근잎갈구리풀(愚, 1996) (콩과) 개도둑놈의갈구리의 북한 방언. → 개도둑놈의갈구리.

둥근잎갈키(鄭, 1949) (꼭두선이과) 둥근갈퀴의 이명. → 둥근갈퀴.

둥근잎개야광(李, 1966) (장미과) 개야광나무의 이명. 〔유래〕 잎이 둥근 개야광나무라는 뜻의 일명. → 개야광나무.

둥근잎개야광나무(永, 1996) (장미과) 개야광나무의 이명. → 개야광나무, 둥근잎개야광.

둥근잎고추나무(安, 1982) (고추나무과) 고추나무의 이명. 〔유래〕 잎이 둥근 고추나무라는 뜻의 학명 및 일명. → 고추나무.

둥근잎고추풀(朴, 1949) (현삼과) 둥근고추풀의 이명. → 둥근고추풀.

둥근잎곰고사리(朴, 1961) (면마과) 참곰비늘고사리의 이명. 〔유래〕 잎이 둥근 곰고사리(곰비늘고사리). → 참곰비늘고사리.

둥근잎광나무(鄭, 1942) (물푸레나무과 *Ligustrum japonicum* v. *rotundifolium*) 〔이명〕 가녀정, 여광나무. 〔유래〕 잎이 둥근 광나무라는 뜻의 학명.

둥근잎구실잣밤나무(李, 1966) (참나무과 *Castanopsis cuspidata* v. *sieboldii* f. *latifolia*) 〔유래〕 잎이 둥근(넓은) 구실잣밤나무라는 뜻의 학명 및 일명.

둥근잎깨풀(朴, 1949) (현삼과) 애기좁쌀풀의 이명. → 애기좁쌀풀.

둥근잎꼬리풀(朴, 1949) (현삼과) 둥근산꼬리풀의 이명. → 둥근산꼬리풀.

둥근잎꿩의비름(이덕봉, 1958) (돌나물과 *Sedum ussuriense*) 〔유래〕 잎이 둥근 꿩의비름이라는 뜻의 학명. 경천(景天).

둥근잎나팔꽃(壽, 1995) (메꽃과 *Pharbitis purpurea*) 〔유래〕 잎이 둥근 나팔꽃.

둥근잎노박덩굴(安, 1982) (노박덩굴과) 덤불노박덩굴의 이명. → 덤불노박덩굴.

둥근잎녹나무(愚, 1996) (녹나무과 *Cinnamomum camphora* v. *cyclophyllum*) 〔유래〕 잎이 둥근 녹나무라는 뜻의 학명 및 일명.

둥근잎느티나무(李, 1966) (느릅나무과) 느티나무의 이명. 〔유래〕 잎이 둥근 느티나무라는 뜻의 학명 및 일명. → 느티나무.

둥근잎다정큼(李, 1980) (장미과) 다정큼나무의 이명. → 다정큼나무.

둥근잎다정큼나무(鄭, 1949) (장미과) 다정큼나무의 이명. 〔유래〕 잎이 둥근 다정큼나무라는 뜻의 일명. → 다정큼나무.

둥근잎댕댕이나무(鄭, 1942) (인동과 *Lonicera caerulea* v. *venulosa*) 〔이명〕 애기댕댕이, 둥근잎마저지나무. 〔유래〕 잎이 둥근 댕댕이나무라는 뜻의 일명.

둥근잎돼지풀(李, 1980) (국화과 *Ambrosia trifida*) 〔유래〕 잎이 둥근 돼지풀.

둥근잎두릅(李, 1966) (두릅나무과) 둥근잎두릅나무의 이명. → 둥근잎두릅나무.

ㄷ

둥근잎두릅나무(鄭, 1942) (두릅나무과 *Aralia elata* f. *rotundata*) 〔이명〕 둥근잎두릅. 〔유래〕 잎이 둥근 두릅나무라는 뜻의 학명 및 일명.

둥근잎마저지나무(愚, 1996) (인동과) 둥근잎댕댕이나무의 중국 옌볜 방언. → 둥근잎댕댕이나무.

둥근잎말발도리(李, 1980) (범의귀과 *Deutzia scabra*) 〔이명〕 말발도리, 꽃말발도리. 〔유래〕 잎이 말발도리에 비해 둥글다. 수소(溲疏).

둥근잎매듭풀(朴, 1949) (콩과) 둥근매듭풀의 이명. → 둥근매듭풀.

둥근잎며느리밥풀(安, 1982) (현삼과) 알며느리밥풀의 이명. 〔유래〕 잎이 둥근 수염며느리밥풀이라는 뜻의 일명. → 알며느리밥풀.

둥근잎미치광이풀(朴, 1949) (석죽과) 덩굴개별꽃의 이명. → 덩굴개별꽃.

둥근잎배암차즈기(愚, 1996) (꿀풀과 *Salvia japonica*) 〔이명〕 동근잎배암차즈기, 개배암배추, 여름배암배추, 둥근배암차즈기, 개뱀배추, 둥근잎뱀차조기. 〔유래〕 잎이 둥근(난형) 배암차즈기.

둥근잎뱀차조기(鄭, 1949) (꿀풀과) 둥근잎배암차즈기의 이명. → 둥근잎배암차즈기.

둥근잎새애기풀(愚, 1996) (현삼과) 알며느리밥풀의 중국 옌볜 방언. 〔유래〕 잎이 둥근 새애기풀(수염며느리밥풀). → 알며느리밥풀.

둥근잎생강나무(李, 1966) (녹나무과) 둥근생강나무의 이명. → 둥근생강나무.

둥근잎섬쥐똥나무(李, 1966) (물푸레나무과 *Ligustrum foliosum* f. *ovale*) 〔유래〕 잎이 둥근 섬쥐똥나무라는 뜻의 일명.

둥근잎쓴바귀(安, 1982) (국화과) 좀씀바귀의 이명. → 좀씀바귀.

둥근잎아욱(壽, 1996) (아욱과 *Malva pusilla*) 〔유래〕 잎이 둥근 아욱.

둥근잎염주나무(朴, 1949) (피나무과) 염주나무의 이명. 〔유래〕 잎이 둥근 염주나무라는 뜻의 일명. → 염주나무.

둥근잎왕팽나무(李, 1966) (느릅나무과) 둥근왕팽나무의 이명. → 둥근왕팽나무.

둥근잎유홍초(鄭, 1949) (메꽃과 *Quamoclit angulata*) 〔유래〕 잎이 둥근 유홍초라는 뜻의 일명.

둥근잎잔대(愚, 1996) (초롱꽃과) 당잔대의 북한 방언. → 당잔대.

둥근잎장대(朴, 1949) (십자화과) 자주장대나물의 이명. 〔유래〕 잎이 둥근 장대(장대나물)라는 뜻의 일명. → 자주장대나물.

둥근잎장대나물(愚, 1996) (십자화과) 자주장대나물의 북한 방언. → 자주장대나물, 둥근잎장대.

둥근잎정향나무(愚, 1996) (물푸레나무과) 정향나무의 중국 옌볜 방언. → 정향나무.

둥근잎제비꽃(愚, 1996) (제비꽃과) 잔털제비꽃의 북한 방언. → 잔털제비꽃.

둥근잎조팝나무(鄭, 1949) (장미과 *Spiraea fritschiana* v. *obtusifolia*) 〔이명〕 둥근조팝나무. 〔유래〕 잎이 둥근 조팝나무(일본조팝나무)라는 뜻의 일명.

둥근잎참빗살나무(鄭, 1942) (노박덩굴과 *Euonymus quelpaertensis*) 〔이명〕 섬회나무, 둥근잎회나무. 〔유래〕 잎이 둥근 참빗살나무라는 뜻의 일명.

둥근잎천남성(鄭, 1956) (천남성과 *Arisaema amurense*) 〔이명〕 너른잎천남성, 넓은잎천남성, 아물천남성, 사두초, 넓은잎사두초. 〔유래〕 잎이 둥근 천남성이라는 뜻의 일명. 천남성(天南星).

둥근잎택사(永, 2002) (택사과 *Caldesia parnassifolia*) 〔유래〕 잎이 둥글고 잎 밑이 심장형이다.

둥근잎팥배나무(安, 1982) (장미과) 팥배나무의 이명. 〔유래〕 잎이 둥근 팥배나무라는 뜻의 일명. → 팥배나무.

둥근잎팽나무(朴, 1949) (느릅나무과) 둥근왕팽나무의 이명. → 둥근왕팽나무.

둥근잎현호색(吳, 1986) (양귀비과 *Corydalis turtschaninovii* f. *rotundiloba*) 〔유래〕 현호색에 비해 소엽이 둥글다는 뜻의 학명.

둥근잎호랑가시(李, 1966) (감탕나무과) 호랑가시나무의 이명. → 호랑가시나무.

둥근잎회나무(安, 1982) (노박덩굴과) 둥근잎참빗살나무의 이명. → 둥근잎참빗살나무.

둥근잔대(鄭, 1949) (초롱꽃과 *Adenophora coronopifolia*) 〔이명〕 버들잎잔대. 〔유래〕 잎이 둥근 잔대라는 뜻의 일명. 사삼(沙蔘).

둥근잔털제비꽃(安, 1982) (제비꽃과) 잔털제비꽃의 이명. 〔유래〕 잎이 둥근 잔털제비꽃이라는 뜻의 일명. → 잔털제비꽃.

둥근정향나무(鄭, 1937) (물푸레나무과) 정향나무의 이명. 〔유래〕 잎이 둥근 정향나무라는 뜻의 일명. → 정향나무.

둥근조팝나무(鄭, 1942) (장미과) 둥근잎조팝나무의 이명. → 둥근잎조팝나무.

둥근쥐손이(愚, 1996) (쥐손이풀과) 둥근이질풀의 중국 옌볜 방언. → 둥근이질풀.

둥근지네고사리(愚, 1996) (면마과) 큰지네고사리의 중국 옌볜 방언. → 큰지네고사리.

둥근참느릅(李, 1966) (느릅나무과) 참느릅나무의 이명. → 참느릅나무, 둥근참느릅나무.

둥근참느릅나무(鄭, 1942) (느릅나무과) 참느릅나무의 이명. 〔유래〕 시과(翅果)가 둥근 참느릅나무라는 뜻의 일명. → 참느릅나무.

둥근털오랑캐(鄭, 1937) (제비꽃과) 둥근털제비꽃의 이명. 〔유래〕 둥근털 오랑캐꽃(제비꽃)이라는 뜻의 일명. → 둥근털제비꽃.

둥근털제비꽃(鄭, 1949) (제비꽃과 *Viola collina*) 〔이명〕 둥근털오랑캐, 둥글제비꽃. 〔유래〕 잎이 둥근 털제비꽃이라는 뜻의 일명.

둥근팟배나무(朴, 1949) (장미과) 팥배나무의 이명. 〔유래〕 잎이 둥근 팟배나무(팥배나무)라는 뜻의 일명. → 팥배나무.

둥근팽나무(鄭, 1949) (느릅나무과) 팽나무의 이명. 〔유래〕 잎이 둥근 팽나무라는 뜻의 학명 및 일명. → 팽나무.

둥근하늘지기(李, 1976) (사초과 *Fimbristylis globosa* v. *austro-japonica*) 〔유래〕 미상.

둥글레사초(愚, 1996) (사초과) 새방울사초의 이명. → 새방울사초.

둥글사초(朴, 1949) (사초과) 애기사초의 이명. → 애기사초.

둥글잎갈퀴(朴, 1974) (꼭두선이과) 국화갈퀴의 이명. → 국화갈퀴.

둥글잎댕댕이(朴, 1949) (인동과) 개들쭉의 이명. → 개들쭉.

둥글잎등에풀(朴, 1974) (현삼과) 둥근고추풀의 이명. → 둥근고추풀.

둥글제비꽃(朴, 1974) (제비꽃과) 둥근털제비꽃의 이명. → 둥근털제비꽃.

둥글파(愚, 1996) (백합과) 양파의 북한 방언. 〔유래〕 인경이 둥근 파. → 양파.

둥둥방망이(鄭, 1949) (국화과) 절굿대의 이명. 〔유래〕 과실의 둥근 모양을 북을 치는 방망이에 비유. → 절굿대.

드람불꽃(李, 1980) (꽃고비과 *Phlox drummondii*) 〔유래〕 종명에서 드럼을 취하고 속명의 뜻을 따서 만들었다.

드럼꾸레미풀(安, 1982) (벼과) 왕포아풀의 이명. → 왕포아풀.

드렁고추(朴, 1949) (현삼과) 논뚝외풀의 이명. 〔유래〕 두렁 고추라고 하는 뜻의 일명. → 논뚝외풀.

드렁꾸렘이풀(朴, 1949) (벼과) 왕포아풀의 이명. → 왕포아풀.

드렁방동사니(李, 1980) (사초과) 논뚝방동사니의 이명. 〔유래〕 두렁에 나는 방동사니라는 뜻의 일명. → 논뚝방동사니.

드렁방동산이(朴, 1949) (사초과) 논뚝방동사니의 이명. → 논뚝방동사니, 드렁방동사니.

드렁새(朴, 1949) (벼과 *Leptochloa chinensis*) 〔유래〕 드렁(두렁)에 나는 새.

드릅나무(鄭, 1937) (두릅나무과) 두릅나무의 이명. → 두릅나무.

드문고사리(鄭, 1937) (면마과 *Thelypteris laxa*) 〔유래〕 우편(羽片)이 드문드문 나는 고사리라는 뜻의 학명.

드문사초(安, 1982) (사초과) 낚시사초의 이명. 〔유래〕 소수(小數)의 이삭이 달리는 사초라는 뜻의 학명. → 낚시사초.

드문솔방울(鄭, 1937) (사초과) 좀솔방울고랭이의 이명. 〔유래〕 소수(小數)의 구형 화서가 드문드문 달린 솔방울에 비유. → 좀솔방울고랭이.

들갓(壽, 1999) (십자화과 *Sinapis arvensis*) 〔유래〕 야생 갓.

들개미자리(李, 1976) (석죽과 *Spergula arvensis*) 〔유래〕 들(야생) 개미자리라는 뜻의 학명 및 일명.

들개미취(安, 1982) (국화과) 개미취의 이명. 〔유래〕 들 개미취라는 뜻의 일명. → 개미취.

들고추나물(朴, 1974) (물레나물과) 진주고추나물의 이명. → 진주고추나물.

들괴쑥(朴, 1949) (국화과) 들떡쑥의 이명. → 들떡쑥.

들국(安, 1982) (국화과) 산국의 이명. 〔유래〕 들국화의 준말. 들에 나는(야생) 국화. → 산국.

들국화(鄭, 1949) (국화과) 금불초와 감국(愚, 1996, 북한 방언)의 이명. → 금불초, 감국.

들기장(永, 1996) (벼과) 개기장의 북한 방언. 〔유래〕 야생 기장. → 개기장.

들깨(鄭, 1937) (꿀풀과 *Perilla frutesens* v. *japonica*) 들깨풀의 이명(愚, 1996, 중국 옌볜 방언)으로도 사용. 〔유래〕 임(荏), 임자(荏子), 백소(白蘇), 수임(水荏), 야임(野荏). → 들깨풀.

들깨풀(鄭, 1937) (꿀풀과 *Mosla scabra*) 깨풀의 이명(朴, 1949)으로도 사용. 〔이명〕 개향유, 들깨. 〔유래〕 미상. 석제정(石薺葶). → 깨풀.

들꽃다지(愚, 1996) (십자화과) 산꽃다지의 중국 옌볜 방언. → 산꽃다지.

들꽃장포(朴, 1949) (붓꽃과) 꽃창포의 이명. 〔유래〕 들에 나는 꽃장포라는 뜻의 일명. → 꽃창포.

들꽃창포(愚, 1996) (붓꽃과) 꽃창포의 중국 옌볜 방언. → 꽃창포.

들다닥냉이(壽, 1999) (십자화과 *Lepidium campestre*) 〔유래〕 들(야생) 다닥냉이라는 뜻의 학명.

들달래(安, 1982) (백합과) 달래의 이명. → 달래.

들대황(愚, 1996) (여뀌과) 개대황의 북한 방언. → 개대황.

들댈래(朴, 1949) (백합과) 달래의 이명. → 달래, 들달래.

들등갈퀴덩굴(安, 1982) (콩과) 별완두의 이명. 〔유래〕 들판에 나는 등갈퀴덩굴(등갈퀴나물)이라는 뜻의 일명. → 별완두.

들떡쑥(鄭, 1949) (국화과 *Leontopodium leontopodioides*) 〔이명〕 들괴쑥, 들솜다리. 〔유래〕 들 왜솜다리라는 뜻의 일명.

들마타리(永, 1996) (마타리과) 돌마타리의 북한 방언. → 돌마타리.

들말굴레(愚, 1996) (콩과) 별완두의 중국 옌볜 방언. → 별완두.

들말굴레풀(永, 1996) (콩과) 별완두의 북한 방언. → 별완두.

들매나무(鄭, 1942) (층층나무과) 산딸나무(경기 방언)와 들메나무(물푸레나무과, 1942, 경기 방언)의 이명. → 산딸나무, 들메나무.

들맨드라미(安, 1982) (비름과) 개맨드라미의 이명. 〔유래〕 들 맨드라미라는 뜻의 일명. → 개맨드라미.

들맨드래미(愚, 1996) (비름과) 개맨드라미의 중국 옌볜 방언. → 개맨드라미, 들맨드라미.

ㄷ

들메나무(鄭, 1937) (물푸레나무과 *Fraxinus mandshurica*) 〔이명〕 들매나무, 떡물푸레. 〔유래〕 경기 방언. 수곡유피(水曲柳皮).

들명아주(朴, 1974) (명아주과) 가는명아주의 이명. → 가는명아주.

들묵새(朴, 1949) (벼과) 구주김의털의 이명. → 구주김의털.

들밀(愚, 1996) (벼과) 개밀의 북한 방언. 〔유래〕 야생하는 밀. → 개밀.

들바람꽃(鄭, 1937) (미나리아재비과 *Anemone amurensis*) 〔유래〕 숲 속 습지에 나는 바람꽃이라는 뜻의 일명.

들배(李, 1966) (장미과) 들배나무의 이명. 〔유래〕 들배나무의 축소형. → 들배나무.

들배나무(鄭, 1942) (장미과 *Pyrus uyematsuana*) 야광나무의 이명(1942)으로도 사용. 〔이명〕 들배. 〔유래〕 야리목(野梨木). → 야광나무.

들버들(鄭, 1942) (버드나무과 *Salix subopposita*) 〔유래〕 들에 나는 버드나무라는 뜻의 일명.

들벌노랑이(壽, 1995) (콩과 *Lotus uliginosus*) 〔유래〕 미상. 기는 줄기를 내서 증식하고, 3출엽인데 탁엽이 잎 같아 우상복엽같이 보인다.

들별꽃(朴, 1974) (석죽과) 벼룩나물과 개별꽃(愚, 1996, 북한 방언)의 이명. → 벼룩나물, 개별꽃.

들분취(安, 1982) (국화과) 긴산취의 이명. → 긴산취.

들뽕나무(朴, 1949) (뽕나무과) 돌뽕나무의 이명. → 돌뽕나무.

들사초(李, 1969) (사초과 *Carex duriuscula*) 진남포사초의 이명(朴, 1949)으로도 사용. 〔유래〕 미상. → 진남포사초.

들새풀(鄭, 1949) (벼과 *Calamagrostis heterogluma*) 〔이명〕 금강개미피. 〔유래〕 미상.

들솜다리(朴, 1949) (국화과) 들떡쑥의 이명. 〔유래〕 들에 나는 솜다리라는 뜻의 일명. → 들떡쑥.

들솜쟁이(朴, 1949) (국화과) 솜방망이의 이명. → 솜방망이.

들싸리(愚, 1996) (콩과) 개싸리의 북한 방언. → 개싸리.

들쑥갓(愚, 1996) (국화과) 개쑥갓의 북한 방언. 〔유래〕 야생 쑥갓. → 개쑥갓.

들쑥부생(朴, 1949) (국화과) 버드생이나물의 이명. → 버드생이나물.

들쑥부쟁이(朴, 1949) (국화과) 갯쑥부쟁이의 이명. → 갯쑥부쟁이.

들씀바귀(朴, 1974) (국화과) 벌씀바귀의 이명. → 벌씀바귀.

들아마(愚, 1996) (아마과) 개아마의 북한 방언. 〔유래〕 야생 아마. → 개아마.

들아욱(朴, 1974) (아욱과) 길뚝아욱(鄭, 1970)과 아욱(愚, 1996, 중국 옌볜 방언)의 이명. → 길뚝아욱, 아욱.

들여뀌(愚, 1996) (여뀌과) 봄여뀌의 중국 옌볜 방언. → 봄여뀌.

들오랑캐(朴, 1949) (제비꽃과) 호제비꽃의 이명. → 호제비꽃.

들완두(鄭, 1937) (콩과 *Vicia bungei*) 〔유래〕 들에 나는(야생) 완두라는 뜻의 일명.

들원추리(朴, 1949) (백합과) 원추리의 이명. → 원추리.

들으아리(朴, 1949) (미나리아재비과) 큰위령선의 이명. → 큰위령선.

들장구채(朴, 1949) (석죽과) 말뱅이나물의 이명. → 말뱅이나물.

들장미(安, 1982) (장미과) 찔레나무의 이명. 〔유래〕 들에 나는(야생) 장미. → 찔레나무.

들정향나무(鄭, 1942) (물푸레나무과 *Syringa reticulata*) 〔이명〕 돌개회나무, 정향나무, 참산회나무, 참개회나무. 〔유래〕 야정향(野丁香), 정향수(丁香樹).

들제비꽃(安, 1982) (제비꽃과) 호제비꽃의 이명. → 호제비꽃.

들지치(鄭, 1949) (지치과 *Lappula echinata*) 개지치의 이명(愚, 1996, 북한 방언)으로도 사용. 〔이명〕 털개지치, 뚝지치. 〔유래〕 들에 나는 지치라는 뜻의 일명. → 개지치.

들쭉나무(鄭, 1937) (철쭉과 *Vaccinium uliginosum*) 노랑만병초(1942, 강원 방언)와 만병초(1942, 강원 방언), 산들쭉나무(愚, 1996, 중국 옌볜 방언)의 이명으로도 사용. 〔유래〕 함남 방언. 흑두목(黑豆木), 수홍화(水紅花). → 노랑만병초, 만병초, 산들쭉나무.

들축나무(朴, 1949) (노박덩굴과) 사철나무의 이명. → 사철나무.

들통말(朴, 1974) (통발과) 들통발의 이명. → 들통발.

들통발(朴, 1949) (통발과 *Utricularia aurea*) 〔이명〕 들통말. 〔유래〕 들에 나는 통발이라는 뜻의 일명.

들피막이(朴, 1974) (산형과) 선피막이의 이명. → 선피막이.

들피막이풀(安, 1982) (산형과) 선피막이의 이명. → 선피막이.

들하늘지기(李, 1980) (사초과 *Fimbristylis pierotii*) 어른지기의 이명(鄭, 1949)으로도 사용. 〔이명〕 해남하늘직이, 들하늘직이, 벌하늘지기. 〔유래〕 들판에 나는 하늘지기라는 뜻의 일명. → 어른지기.

들하늘직이(李, 1976) (사초과) 어른지기(鄭, 1949)와 들하늘지기의 이명. → 어른지기, 들하늘지기.

들현호색(鄭, 1937) (양귀비과 *Corydalis ternata*) 〔이명〕 꽃나물, 세잎현호색, 에게잎, 외잎현호색, 논현호색, 홀세잎현호색. 〔유래〕 들에 나는 현호색이라는 뜻의 일명. 현호색(玄胡索).

들협두(安, 1982) (박주가리과) 솜아마존의 이명. 〔유래〕 합장소(合掌消). → 솜아마존.

듬성이삭새(朴, 1949) (벼과) 나도바랭이새의 이명. → 나도바랭이새.

등(鄭, 1937) (콩과) 등나무와 애기등(1937)의 이명. 〔유래〕 등(藤). → 등나무, 애기등.

등갈퀴(愚, 1996) (콩과) 구주갈퀴덩굴의 중국 옌볜 방언. → 구주갈퀴덩굴.

등갈퀴나물(鄭, 1949) (콩과 *Vicia cracca*) 〔이명〕 등갈키나물, 등갈퀴덩굴, 등말굴레풀, 등말굴레. 〔유래〕 미상.

등갈퀴덩굴(安, 1982) (콩과) 등갈퀴나물의 이명. → 등갈퀴나물.

등갈키나물(鄭, 1937) (콩과) 등갈퀴나물의 이명. → 등갈퀴나물.

등골나물(鄭, 1937) (국화과 *Eupatorium chinense* v. *simplicifolium*) 〔유래〕 산란(山蘭), 패란(佩蘭).

등골나물아재비(壽, 1995) (국화과 *Ageratum conyzoides*) 〔유래〕 식물의 외형이 등골나물과 유사.

등골짚신나물(鄭, 1937) (장미과) 짚신나물의 이명. → 짚신나물.

등나무(愚, 1996) (콩과 *Wisteria floribunda*) 〔이명〕 등, 참등, 참등나무, 조선등나무, 왕등나무, 연한붉은참등덩굴. 〔유래〕 등(藤), 다화자등(多花紫藤).

등대꽃(李, 1980) (철쭉과 *Enkianthus campanulatus*) 〔유래〕 도단(등대)쓰쓰지(トウダンツツジ)라는 일명.

등대꽃송이풀(安, 1982) (현삼과) 큰산송이풀의 이명. → 큰산송이풀.

등대대극(朴, 1974) (대극과) 등대풀의 이명. → 등대풀.

등대시호(鄭, 1937) (산형과 *Bupleurum euphorbioides*) 〔유래〕 미상. 시호(柴胡).

등대초(朴, 1974) (대극과) 등대풀의 이명. → 등대풀.

등대풀(鄭, 1937) (대극과 *Euphorbia helioscopia*) 〔이명〕 등대대극, 등대초. 〔유래〕 등경〔燈檠〕(=등경걸이)와 유사한 풀이라는 뜻의 일명. 택칠(澤漆).

등덩굴(永, 1996) (마전과 *Gardneria nutans*) 〔이명〕 금오치자. 〔유래〕 꽃이 등과 같이 밑으로 처지는 덩굴성 식물.

등말굴레(愚, 1996) (콩과) 등갈퀴나물의 중국 옌볜 방언. → 등갈퀴나물.

등말굴레풀(愚, 1996) (콩과) 등갈퀴나물의 북한 방언. → 등갈퀴나물.

등모란(安, 1982) (양귀비과) 금낭화의 이명. → 금낭화.

등목(愚, 1996) (콩과) 애기등의 중국 옌볜 방언. → 애기등.

등수국(鄭, 1949) (범의귀과) 넌출수국의 이명. 〔유래〕 등수구(藤繡毬). → 넌출수국.

등심붓꽃(鄭, 1949) (붓꽃과 *Sisyrinchium angustifolium*) 〔이명〕 골붓꽃. 〔유래〕 미상.

등심초(鄭, 1937) (골풀과) 골풀의 이명. 〔유래〕 등심초(燈心草). → 골풀.

등애풀(永, 1996) (현삼과) 등에풀의 이명. → 등에풀.

등에고추풀(愚, 1996) (현삼과) 큰고추풀의 북한 방언. → 큰고추풀.

등에풀(鄭, 1949) (현삼과 *Dopatrium junceum*) 〔이명〕 방울조풀, 등애풀. 〔유래〕 미상.

등칙(鄭, 1937) (쥐방울과) 등칡의 이명. 〔유래〕 등칡의 강원 방언. → 등칡.

등칡(鄭, 1937) (쥐방울과 *Aristolochia manchuriensis*) 통탈목의 이명(愚, 1996, 중

국 옌벤 방언)으로도 사용. 〔이명〕 등칙, 큰쥐방울. 〔유래〕 통탈목(通脫木), 관목통(關木通). → 통탈목.

등포잎가래(李, 1969) (가래과 *Potamogeton octandrus* v. *mizuhikimo*) 〔이명〕 란나잎가래. 〔유래〕 수과(瘦果)의 중앙능선에 톱니가 없다.

등포풀(李, 1969) (현삼과 *Limosella aquatica*) 〔이명〕 난나풀, 거미줄풀, 란나풀. 〔유래〕 서울 영등포에서 처음 발견.

디기다리스(李, 1969) (현삼과) 디기탈리스의 이명. → 디기탈리스.

디기달리스(愚, 1996) (현삼과) 디기탈리스의 중국 옌벤 방언. → 디기탈리스.

디기타리스(朴, 1949) (현삼과) 디기탈리스의 이명. → 디기탈리스.

디기타리스풀(鄭, 1956) (현삼과) 디기탈리스의 이명. → 디기탈리스.

디기탈리스(鄭, 1937) (현삼과 *Digitalis purpurea*) 〔이명〕 디기타리스, 디기타리스풀, 디기다리스, 심장풀, 심장병풀, 디기달리스. 〔유래〕 디기탈리스(*Digitalis*)라는 속명. 양지황(洋地黃).

따꽃(鄭, 1937) (쇠비름과) 채송화의 이명. → 채송화.

따두릅나무(朴, 1949) (두릅나무과) 땃두릅나무의 이명. → 땃두릅나무.

따드릅나무(鄭, 1937) (두릅나무과) 땃두릅나무의 이명. → 땃두릅나무.

딱나무(朴, 1949) (뽕나무과) 닥나무의 이명. → 닥나무.

딱지(朴, 1949) (장미과) 딱지꽃의 이명. → 딱지꽃.

딱지꽃(鄭, 1937) (장미과 *Potentilla chinensis*) 〔이명〕 갯딱지, 딱지, 당딱지꽃. 〔유래〕 미상. 위릉채(萎陵菜).

딱총나무(鄭, 1937) (인동과 *Sambucus sieboldiana* v. *miquelii*) 〔이명〕 지렁쿠나무, 개똥나무. 〔유래〕 경기 방언. 고려접골목(高麗接骨木), 접골목(接骨木).

딸기(李, 1969) (장미과 *Fragaria ananassa*) 흰땃딸기의 이명(愚, 1996, 북한 방언)으로도 사용. 〔이명〕 양딸기, 재배종딸기. 〔유래〕 미상. 초매(草莓). 〔어원〕 빨기→딸기→딸기로 변화(어원사전). → 흰땃딸기.

딸기아재비(朴, 1949) (장미과) 나도양지꽃의 이명. → 나도양지꽃.

땃두릅(鄭, 1949) (두릅나무과) 독활의 이명. → 독활.

땃두릅나무(鄭, 1942) (두릅나무과 *Oplopanax elatus*) 〔이명〕 따드릅나무, 따두릅나무, 땅두릅나무, 바늘두릅나무. 〔유래〕 강원 방언. 자인삼(刺人蔘).

땃들죽(鄭, 1957) (철쭉과) 월귤의 이명. → 월귤.

땃딸기(鄭, 1937) (장미과 *Fragaria nipponica* v. *yezoensis*) 장딸기의 이명(鄭, 1942)으로도 사용. 〔유래〕 미상. → 장딸기.

땅가시나무(朴, 1949) (장미과) 용가시나무의 이명. → 용가시나무.

땅감(朴, 1949) (가지과) 토마토의 이명. → 토마토.

땅개비피(朴, 1949) (벼과) 갯조풀의 이명. → 갯조풀.

땅과리(朴, 1949) (국화과) 중대가리풀의 이명. → 중대가리풀.

땅괭이싸리(李, 1980) (콩과 *Lespedeza patentihirta*) 〔유래〕 땅비수리와 괭이싸리의 중간형.

땅귀개(鄭, 1937) (통발과 *Utricularia bifida*) 〔이명〕 땅귀이개. 〔유래〕 미상.

땅귀이개(朴, 1949) (통발과) 땅귀개의 이명. → 땅귀개.

땅까치수염(朴, 1974) (앵초과) 버들까치수염의 이명. → 버들까치수염.

땅꽈리(鄭, 1937) (가지과 *Physalis angulata*) 〔이명〕 때꽈리, 애기땅꽈리, 좀꼬아리, 덩굴꼬아리, 덩굴꽈리. 〔유래〕 미상. 고직(苦蘵).

땅나리(鄭, 1949) (백합과 *Lilium callosum*) 〔이명〕 작은중나리, 애기중나리. 〔유래〕 미상.

땅두릅(朴, 1974) (두릅나무과) 독활의 이명. → 독활.

땅두릅나무(安, 1982) (두릅나무과) 땃두릅나무의 이명. → 땃두릅나무.

땅들쭉(愚, 1996) (철쭉과) 월귤의 북한 방언. → 월귤.

땅들쭉나무(安, 1982) (철쭉과) 월귤의 이명. → 월귤.

땅딸기(安, 1982) (장미과) 장딸기와 겨울딸기(愚, 1996, 중국 옌볜 방언)의 이명. → 장딸기, 겨울딸기.

땅물여뀌(愚, 1996) (여뀌과) 물여뀌의 중국 옌볜 방언. → 물여뀌.

땅복수초(이상태, 1997) (미나리아재비과) 복수초의 이명. → 복수초.

땅비수리(鄭, 1949) (콩과 *Lespedeza juncea*) 땅비싸리의 이명(朴, 1974)으로도 사용. 〔이명〕 참비수리, 개비수리, 숲비수리, 청비수리, 넓은잎비수리, 파리채, 개파리채, 털파리채. 〔유래〕 미상. → 땅비싸리.

땅비싸리(鄭, 1937) (콩과 *Indigofera kirilowii*) 〔이명〕 젓밤나무, 논싸리, 고려당비사리, 완도땅비사리, 좀땅비싸리, 민땅비싸리, 땅비수리, 민땅비수리. 〔유래〕 경기 방언. 토두근(土豆根).

땅빈대(鄭, 1937) (대극과 *Euphorbia pseudo-chamaesyce*) 〔이명〕 점박이풀. 〔유래〕 식물체가 땅에 짝 깔리며 잎이 작아서 빈대에 비유. 지금(地錦), 지금초(地錦草), 지짐(地朕), 초혈갈(草血竭), 혈견수(血見愁), 혈풍초(血風草).

땅석송(愚, 1996) (석송과) 물석송의 중국 옌볜 방언. → 물석송.

땅줄딸기(安, 1982) (장미과) 겨울딸기의 이명. → 겨울딸기.

땅채송화(鄭, 1949) (돌나물과 *Sedum oryzifolium*) 〔이명〕 제주기린초, 갯채송화. 〔유래〕 땅에 나는 채송화라는 뜻이나 해안의 바위 위에 난다. 반지련(半枝蓮).

땅콩(朴, 1949) (콩과 *Arachis hypogaea*) 〔이명〕 낙화생, 호콩, 락화생. 〔유래〕 과실이 땅속에 생긴다는 뜻의 학명. 낙화생(落花生), 남경두(南京豆). 〔어원〕 ᄯᅡᇂ〔地〕+콩〔豆〕(어원사전).

땅패랭이꽃(安, 1982) (꽃고비과) 지면패랭이꽃의 이명. → 지면패랭이꽃.

때꽈리(朴, 1949) (가지과) 땅꽈리의 이명. → 땅꽈리.

때꽐(安, 1982) (가지과) 꽈리의 이명. → 꽈리.

때죽나무(鄭, 1937) (때죽나무과 *Styrax japonica*) 쪽동백의 이명(永, 1996)으로도 사용. 〔이명〕 노각나무, 족나무, 왕때죽나무, 때쭉나무. 〔유래〕 전남 방언. 제돈과(齊墩果), 매마등(買麻藤). → 쪽동백.

때쪽나무(鄭, 1942) (때죽나무과) 쪽동백의 이명. 〔유래〕 쪽동백의 강원 방언. → 쪽동백.

때쭉나무(鄭, 1949) (때죽나무과) 때죽나무의 이명. → 때죽나무.

떡가지나무(鄭, 1942) (감탕나무과) 감탕나무의 이명. 〔유래〕 감탕나무의 전북 방언. → 감탕나무.

떡갈나무(鄭, 1937) (참나무과 *Quercus dentata*) 〔이명〕 선떡갈나무, 왕떡갈, 가나무, 참풀나무, 가랑잎나무. 〔유래〕 떡을 찔 때 시루에 깐다는 뜻. 일본에서는 모찌(찹쌀떡)를 싸서 먹는 습관이 있는데, 이렇게 하면 잎파랑치의 향긋한 냄새와 잎에 묻은 진딧물 오줌의 달착지근한 맛이 배서 떡 맛이 좋다고 한다. 견목(樫木), 곡목(槲木), 곡해(槲檞), 박속(樸樕), 역목(櫟木), 작목(柞木), 착자목(鑿子木), 포목(枹木), 곡피(槲皮). 〔어원〕 덥갈〔櫟〕+나무〔木〕. 가읍가을목(加邑可乙木)→덥갈나모→떡갈나무로 변화(어원사전).

떡갈졸참나무(李, 1966) (참나무과 *Quercus* x *mccormicko-serrata*) 〔유래〕 떡갈나무, 갈참나무, 졸참나무의 특질이 섞여 있는 삼원잡종.

떡갈참나무(鄭, 1942) (참나무과 *Quercus mccormickii*) 〔이명〕 졸참나무, 떡졸참나무, 개졸참나무, 개소리나무, 개떡갈나무. 〔유래〕 갈참나무와 떡갈나무의 잡종.

떡갈후박(安, 1982) (목련과) 일본목련의 이명. → 일본목련.

떡느릅나무(鄭, 1937) (느릅나무과) 느릅나무와 비술나무(朴, 1949)의 이명. → 느릅나무, 비술나무.

떡두화(永, 1996) (아욱과) 접시꽃의 북한 방언. → 접시꽃.

떡모시풀(李, 2003) (쐐기풀과 *Boehmeria biloba*) 〔유래〕 잎은 난형에 가까우며 매우 두껍고 잔주름이 많아서 거칠게 보인다.

떡물푸레(鄭, 1942) (물푸레나무과) 들메나무의 이명. 〔유래〕 들메나무의 경북 방언. → 들메나무.

떡물푸레나무(鄭, 1942) (물푸레나무과) 물푸레나무의 이명. 〔유래〕 물푸레나무의 경남 방언. → 물푸레나무.

떡버들(鄭, 1937) (버드나무과 *Salix hallaisanensis*) 〔유래〕 탐라류(耽羅柳), 유지(柳枝).

떡사스레피(李, 1980) (차나무과) 떡사스레피나무의 이명. 〔유래〕 떡사스레피나무의 축소형. → 떡사스레피나무.

떡사스레피나무(鄭, 1942) (차나무과 *Eurya japonica* v. *aurescens*) 〔이명〕 떡사스레피. 〔유래〕 모종에 비해 잎이 두껍다. 후엽야다(厚葉野茶).

떡속소리나무(鄭, 1937) (참나무과 *Quercus fabri*) 〔유래〕 떡갈나무와 속소리나무(졸참나무)의 잡종.

ㄷ

떡신갈나무(鄭, 1942) (참나무과 *Quercus* x *dentato-mongolica*) 〔이명〕 신떡갈나무. 〔유래〕 떡갈나무와 신갈나무의 잡종.

떡신갈참나무(李, 1966) (참나무과 *Quercus* x *mccormicko-mongolica*) 〔유래〕 떡갈나무, 신갈나무, 갈참나무의 삼원잡종.

떡신졸참나무(李, 1966) (참나무과 *Quercus* x *dentato-serratoides*) 〔유래〕 떡갈나무, 신갈나무, 졸참나무의 삼원잡종.

떡쑥(鄭, 1937) (국화과 *Gnaphalium affine*) 〔이명〕 괴쑥, 솜쑥, 흰떡쑥. 〔유래〕 서국초(鼠麴草), 불이초(佛耳草).

떡오리(李, 1966) (자작나무과) 떡오리나무의 이명. 〔유래〕 떡오리나무의 준말. → 떡오리나무.

떡오리나무(鄭, 1937) (자작나무과 *Alnus borealis*) 〔이명〕 떡오리. 〔유래〕 광엽적양(廣葉赤楊), 적양(赤楊).

떡윤노리(李, 1980) (장미과) 떡잎윤노리나무의 이명. 〔유래〕 떡잎윤노리나무의 축소형. → 떡잎윤노리나무.

떡윤여리나무(朴, 1949) (장미과) 떡잎윤노리나무의 이명. → 떡잎윤노리나무.

떡잎골무꽃(李, 1969) (꿀풀과 *Scutellaria indica* v. *tsusimensis*) 〔이명〕 좀골무꽃, 수골무꽃, 두꺼운골무꽃. 〔유래〕 잎이 두꺼운 골무꽃이라는 뜻의 일명. 잎이 도톰한 것을 시루떡에 비유.

떡잎산수국(李, 1966) (범의귀과 *Hydrangea macrophylla* v. *acuminata* f. *coreana*) 〔유래〕 잎이 특히 두껍다.

떡잎윤노리(鄭, 1937) (장미과) 떡잎윤노리나무의 이명. → 떡잎윤노리나무.

떡잎윤노리나무(鄭, 1942) (장미과 *Pourthiaea villosa* v. *brunnea*) 〔이명〕 떡잎윤노리, 떡윤여리나무, 털윤여리나무, 떡윤노리. 〔유래〕 잎이 두꺼운 윤노리나무라는 뜻의 일명. 후엽우비목(厚葉牛鼻木), 모엽석남근(毛葉石楠根).

떡잎조팝나무(鄭, 1942) (장미과 *Spiraea chartacea*) 〔이명〕 떡조팝나무, 기장조팝나무. 〔유래〕 잎이 두꺼운 조팝나무라는 뜻의 일명. 후엽수선국(厚葉繡線菊).

떡조팝나무(李, 1966) (장미과) 떡잎조팝나무의 이명. → 떡잎조팝나무.

떡졸참나무(鄭, 1937) (참나무과) 떡갈참나무의 이명. → 떡갈참나무.

똘감나무(安, 1982) (감나무과) 감나무의 이명. → 감나무.

똘꾸렘이풀(朴, 1949) (벼과) 눈포아풀의 이명. → 눈포아풀.

똘역귀(朴, 1949) (여뀌과) 대동여뀌의 이명. → 대동여뀌.

똘포아풀(安, 1982) (벼과) 눈포아풀의 이명. → 눈포아풀.

뚜깔(鄭, 1937) (마타리과) 뚝갈의 이명. → 뚝갈.

뚜껑덩굴(鄭, 1937) (박과 *Actinostemma lobatum*) 〔이명〕 뚝껑덩굴, 단풍잎뚜껑덩굴, 합자초, 개뚜껑덩굴. 〔유래〕 과실이 성숙하면 상반부가 뚜껑모양으로 떨어지고 종자가 산포한다.

뚜껑별꽃(李, 1969) (앵초과) 별봄맞이꽃의 이명. 〔유래〕 삭과(蒴果)가 익으면 중앙부에서 옆으로 갈라져 뚜껑처럼 열리고 종자가 산포한다. → 별봄맞이꽃.

뚝갈(李, 1969) (마타리과 *Patrinia villosa*) 꽃상치의 이명(국화과, 朴, 1949)으로도 사용. 〔이명〕 뚝깔, 뚜깔, 흰미역취. 〔유래〕 연지마(煙脂麻), 패장(敗醬). → 꽃상치.

뚝갈나무(鄭, 1942) (철쭉과) 만병초의 이명. 〔유래〕 만병초의 함남 방언. → 만병초.

뚝갈나물(朴, 1949) (국화과) 개보리뺑이의 이명. → 개보리뺑이.

뚝감자(朴, 1949) (국화과) 뚱딴지의 이명. → 뚱딴지.

뚝개박달나무(鄭, 1942) (자작나무과) 웅기개박달의 이명. → 웅기개박달.

뚝깔(鄭, 1949) (마타리과) 뚝갈의 이명. → 뚝갈.

뚝껑덩굴(鄭, 1957) (박과) 뚜껑덩굴의 이명. → 뚜껑덩굴.

뚝나무(鄭, 1942) (느릅나무과) 느릅나무의 이명. 〔유래〕 느릅나무의 함남 방언. → 느릅나무.

뚝돌지치(愚, 1996) (지치과) 뚝지치의 중국 옌볜 방언. → 뚝지치.

뚝마타리(李, 2003) (마타리과 *Patrinia hybrida*) 〔유래〕 뚝갈과 마타리의 잡종. 뚝갈에 가까우나 꽃이 담황색이다.

뚝방동산이(愚, 1996) (사초과) 논뚝방동사니의 중국 옌볜 방언. → 논뚝방동사니.

뚝버들(鄭, 1942) (버드나무과) 버드나무의 이명. 〔유래〕 경기 광릉 방언. → 버드나무.

뚝사초(鄭, 1937) (사초과 *Carex thunbergii* v. *appendiculata*) 〔이명〕 논드렁사초, 둑사초, 복지사초, 좀별사초. 〔유래〕 두렁(뚝)에 나는 사초라는 뜻의 일명.

뚝새풀(李, 1980) (벼과 *Alopecurus aequalis*) 〔이명〕 둑새풀, 독개풀, 독새풀, 산독새풀, 독새, 독새기, 개풀. 〔유래〕 미상. 간맥랑(看麥娘).

뚝지치(鄭, 1949) (지치과 *Hackelia deflexa*) 들지치의 이명(朴, 1974)으로도 사용. 〔이명〕 산개지치, 산들지치, 북개지치, 둑지치, 뚝돌지치. 〔유래〕 언덕(뚝)에 나는 지치라는 뜻의 일명. → 들지치.

뚝하늘지기(鄭, 1970) (사초과 *Fimbristylis squarrosa*) 〔이명〕 논뜨기, 민하늘직이, 민하늘지기, 논뚝하늘지기. 〔유래〕 두렁(뚝)에 나는 하늘지기라는 뜻의 일명.

뚝향나무(鄭, 1949) (측백나무과 *Juniperus chinensis* v. *horizontalis*) 〔이명〕 앉은향나무. 〔유래〕 호반(湖畔, 뚝)에 나는 향나무라는 뜻의 일명.

뚱딴지(鄭, 1937) (국화과 *Helianthus tuberosus*) 〔이명〕 뚝감자, 돼지감자. 〔유래〕

미상. 국우(菊芋).

뜰단풍(李, 1966) (단풍나무과 *Acer palmatum* v. *matsumurae*) 〔이명〕 모미지나무, 왜단풍나무. 〔유래〕 정원(뜰)에 재배하는 단풍.

뜰동백(李, 1980) (차나무과) 동백나무의 이명. → 동백나무, 뜰동백나무.

뜰동백나무(李, 1966) (차나무과) 동백나무의 이명. 〔유래〕 정원(뜰)에 나는 동백나무라는 뜻의 학명. → 동백나무.

뜰보리수(李, 1966) (보리수나무과 *Elaeagnus multilora*) 〔이명〕 뜰보리수나무, 녹비늘보리수나무. 〔유래〕 정원(뜰)에 재배하는 보리수나무. 목반하(木半夏).

뜰보리수나무(永, 1996) (보리수나무과) 뜰보리수의 이명. → 뜰보리수.

뜰홍초(李, 1969) (홍초과) 홍초의 이명. → 홍초.

뜸쑥(安, 1982) (국화과) 산쑥의 이명. 〔유래〕 뜸을 뜨는 데 사용하는 쑥. → 산쑥.

띄(鄭, 1937) (벼과) 띠의 이명. → 띠.

띄거리가시(鄭, 1942) (콩과) 실거리나무의 이명. 〔유래〕 실거리나무의 전북 어청도 방언. → 실거리나무.

띄등골나물(鄭, 1937) (국화과) 골등골나물의 이명. → 골등골나물.

띠(鄭, 1949) (벼과 *Imperata cylindrica* v. *koenigii*) 〔이명〕 띄, 삘기, 삐비. 〔유래〕 백모(白茅), 백모근(白茅根), 모초(茅草).

띠거리나무(安, 1982) (콩과) 실거리나무의 이명. → 실거리나무.

라떼사초(朴, 1949) (사초과) 화산곱슬사초의 이명. 〔유래〕 라데(G. Radde)의 사초라는 뜻의 학명(소종명). → 화산곱슬사초.
라이락크(朴, 1949) (물푸레나무과) 라일락의 이명. → 라일락.
라이맥(安, 1982) (벼과) 호밀의 이명. → 호밀.
라이보리(安, 1982) (벼과) 호밀의 이명. → 호밀.
라일락(尹, 1989) (물푸레나무과 *Syringa vulgaris*) 〔이명〕 라이락크. 〔유래〕 라일락(lilac)이라는 영명.
라프랜드새풀(永, 1996) (벼과) 털야자피의 이명. 〔유래〕 라플란드(Lapland)에서 발견된 새풀. → 털야자피.
락엽송(愚, 1996) (소나무과) 낙엽송의 중국 옌볜 방언. → 낙엽송.
락화생(永, 1996) (콩과) 땅콩의 북한 방언. → 땅콩, 낙화생.
란나잎가래(愚, 1996) (가래과) 등포잎가래의 북한 방언. → 등포잎가래.
란나풀(安, 1982) (현삼과) 등포풀의 이명. → 등포풀.
란초(永, 1996) (붓꽃과) 붓꽃의 북한 방언. → 붓꽃.
랑독(鄭, 1937) (대극과) 낭독의 이명. → 낭독.
랑림산새풀(愚, 1996) (벼과) 낭림새풀의 중국 옌볜 방언. → 낭림새풀.
랑림취(愚, 1996) (국화과) 털분취의 중국 옌볜 방언. → 털분취, 낭림취.
랑아초(朴, 1949) (콩과) 낭아초의 이명. → 낭아초.
런향나무(愚, 1996) (계수나무과) 계수나무의 중국 옌볜 방언. → 계수나무.
레게리골무꽃(朴, 1949) (꿀풀과) 가는골무꽃의 이명. 〔유래〕 레겔(E. Regel)의 골무꽃이라는 뜻의 학명. → 가는골무꽃.
레만사초(朴, 1949) (사초과 *Carex lehmanni*) 〔이명〕 설령사초. 〔유래〕 레만(J. Lehmann)의 사초라는 뜻의 학명.
레몬(愚, 1996) (운향과 *Citrus limonia*) 〔유래〕 레몬(lemon)이라는 영명.
레켈리골무꽃(安, 1982) (꿀풀과) 가는골무꽃의 이명. → 가는골무꽃, 레게리골무꽃.
련(愚, 1996) (수련과) 연꽃의 중국 옌볜 방언. → 연꽃.
련꽃(永, 1996) (수련과) 연꽃의 북한 방언. → 연꽃.

련복초(愚, 1996) (연복초과) 연복초의 북한 방언. → 연복초.

련잎가락풀(愚, 1996) (미나리아재비과) 연잎꿩의다리의 북한 방언. 〔유래〕 련잎(연잎) 가락풀(꿩의다리). → 연잎꿩의다리.

련잎꿩의다리(愚, 1996) (미나리아재비과) 연잎꿩의다리의 중국 옌볜 방언. → 연잎꿩의다리.

령신초(永, 1996) (원지과) 애기풀의 북한 방언. → 애기풀.

록두(愚, 1996) (콩과) 녹두의 북한 방언. → 녹두.

록보리수나무(愚, 1996) (보리수나무과) 녹보리똥나무의 중국 옌볜 방언. → 녹보리똥나무.

록실분비나무(愚, 1996) (소나무과) 청분비나무의 중국 옌볜 방언. → 청분비나무.

록실이깔나무(愚, 1996) (소나무과) 청잎갈나무의 중국 옌볜 방언. → 청잎갈나무.

뢰성나무(朴, 1949) (녹나무과) 뇌성목의 이명. → 뇌성목.

룡뇌국화(永, 1996) (국화과) 마키노국화의 이명. 〔유래〕 용뇌국화(龍腦菊花). → 마키노국화.

룡담(愚, 1996) (용담과) 용담과 과남풀(1996)의 이명. → 용담, 과남풀.

룡설란(愚, 1996) (용설란과) 용설란의 중국 옌볜 방언. → 용설란.

루드베키아(安, 1982) (국화과) 삼잎국화의 이명. 〔유래〕 루드베키아(*Rudbekia*)라는 속명. → 삼잎국화.

루피너스(永, 1996) (콩과 *Lupinus perennis*) 〔유래〕 루피너스(*Lupinus*)라는 속명.

류선화(愚, 1996) (협죽도과) 협죽도의 북한 방언. → 협죽도.

륙송(鄭, 1937) (소나무과) 소나무의 이명. 〔유래〕 소나무의 경남 방언. 육송(陸松). → 소나무.

륙지꽃버들(愚, 1996) (버드나무과) 육지꽃버들의 중국 옌볜 방언. → 육지꽃버들.

릉소화(愚, 1996) (능소화과) 능소화나무의 중국 옌볜 방언. → 능소화나무.

리기다소나무(鄭, 1942) (소나무과 *Pinus rigida*) 〔이명〕 세잎소나무, 삼엽송. 〔유래〕 리기다(*rigida*)라는 학명(소종명). 강엽송(剛葉松), 송절(松節).

린기베사초(朴, 1949) (사초과) 산이삭사초의 이명. 〔유래〕 링베(Lyngbye)의 사초라는 뜻의 학명. → 산이삭사초.

린네덩굴(朴, 1949) (인동과) 린네풀의 이명. → 린네풀.

린네풀(鄭, 1937) (인동과 *Linnaea borealis*) 〔이명〕 린네덩굴. 〔유래〕 린네(C. Linnaeus)의 풀이라는 뜻의 속명 및 일명.

ㅁ

ㅁ

마(鄭, 1949) (마과 *Dioscorea batatas*) 참마의 이명(鄭, 1937)으로도 사용. 〔이명〕 참마, 당마. 〔유래〕 미상. 산약(山藥), 서여(薯蕷), 산우(山芋). 〔어원〕 마ㅎ→마로 변화(어원사전). → 참마.

마가렛트(尹, 1989) (국화과 *Chrysanthemum frutescens*) 〔이명〕 마아거리트, 나무쑥갓, 갓쑥. 〔유래〕 마거리트(marguerite)라는 영명.

마가목(鄭, 1937) (장미과 *Sorbus commixta*) 쉬땅나무의 이명(鄭, 1942)으로도 사용. 〔이명〕 은빛마가목. 〔유래〕 마아목(馬牙木), 남등(南藤), 석남등(石南藤), 정공등(丁公藤), 천산화추(天山花楸). → 쉬땅나무.

마눌(鄭, 1937) (백합과) 마늘의 이명. 〔유래〕 마늘의 경상 방언. → 마늘.

마늘(鄭, 1949) (백합과 *Allium sativum*) 〔이명〕 마눌, 호마늘, 육지마늘, 대마늘, 왕마늘, 호대선, 조선마늘, 쪽마늘, 종마늘, 되앗마늘, 쉰쪽마늘. 〔유래〕 미상. 산(蒜), 대산(大蒜), 호산(胡蒜). 마늘과 조선마늘을 구별하기도 한다. 〔어원〕 마놀→마늘로 변화(어원사전).

마당자리풀(朴, 1974) (별이끼과) 별이끼의 이명. → 별이끼.

마도령(鄭, 1937) (쥐방울과) 쥐방울의 이명. 〔유래〕 마두령(馬兜鈴). → 쥐방울.

마디꽃(鄭, 1937) (부처꽃과 *Rotala indica* v. *uliginosa*) 〔이명〕 새마디꽃, 개마디꽃, 참마디꽃, 마디풀, 새마디풀. 〔유래〕 꽃이 마디에 모여 착생한다.

마디나물(愚, 1996) (석죽과) 대나물의 북한 방언. → 대나물.

마디말(朴, 1949) (나자스말과) 톱니나자스말의 이명. → 톱니나자스말.

마디여뀌(愚, 1996) (여뀌과) 명아자여뀌의 북한 방언. → 명아자여뀌.

마디쥐소니(安, 1982) (쥐손이풀과) 세잎쥐손이의 이명. → 세잎쥐손이.

마디털새(安, 1982) (벼과) 수수새의 이명. → 수수새.

마디포아풀(李, 1969) (벼과 *Poa acroleuca* v. *submoniliformis*) 〔이명〕 섬꾸렘이풀. 〔유래〕 밑부분의 1~2마디가 염주 모양으로 굵어진다는 뜻의 학명.

마디풀(鄭, 1937) (여뀌과 *Polygonum aviculare*) 마디꽃의 이명(부처꽃과, 朴, 1974)으로도 사용. 〔이명〕 돼지풀, 옥매듭, 편축. 〔유래〕 미상. 편축(萹蓄), 편죽(扁竹). → 마디꽃.

마른잎버들(愚, 1996) (버드나무과) 여우버들의 북한 방언. → 여우버들.

마름(鄭, 1937) (마름과 *Trapa bispinosa* v. *inumai*) 말즘의 이명(가래과, 朴, 1949)으로도 사용. 〔이명〕 골뱅이. 〔유래〕 기(芰), 능실(菱實), 능인(菱仁). → 말즘.

마삭나무(鄭, 1942) (협죽도과) 마삭줄의 이명. 〔유래〕 마삭줄의 전북 어청도 방언. → 마삭줄.

마삭덩굴(安, 1982) (협죽도과) 마삭줄의 이명. → 마삭줄.

마삭줄(鄭, 1937) (협죽도과 *Trachelospermum asiaticum* v. *majus*) 〔이명〕 마삭나무, 조선마삭나무, 백화등, 왕마삭줄, 백화마삭줄, 민마삭나무, 겨우사리덩굴, 쇄화등, 왕마삭나무, 민마삭줄, 마삭덩굴, 마삭풀. 〔유래〕 낙석(絡石), 낙석등(絡石藤).

마삭풀(愚, 1996) (협죽도과) 마삭줄의 중국 옌볜 방언. → 마삭줄.

마아거리트(安, 1982) (국화과) 마가렛트의 이명. → 마가렛트.

마양초(愚, 1996) (벼과) 상원초의 중국 옌볜 방언. → 상원초.

마저지나무(愚, 1996) (인동과) 개들쭉의 북한 방언. → 개들쭉.

마제금(朴, 1949) (메꽃과) 아욱메풀의 이명. 〔유래〕 마제금(馬蹄金). → 아욱메풀.

마주나도희미초(愚, 1996) (면마과) 검정개관중의 중국 옌볜 방언. → 검정개관중.

마주송이풀(鄭, 1937) (현삼과) 송이풀의 이명. 〔유래〕 송이풀에 비해 잎이 대생(對生)한다. → 송이풀.

마주잎꾸지나무(李, 1966) (뽕나무과) 대생꾸지나무의 이명. → 대생꾸지나무.

마주잎송이풀(朴, 1949) (현삼과) 송이풀의 이명. → 송이풀, 마주송이풀.

마키노국화(永, 1996) (국화과 *Chrysanthemum makinoi*) 〔유래〕 마키노(牧野)의 국화라는 뜻의 학명 및 일명.

마타리(鄭, 1937) (마타리과 *Patrinia scabiosaefolia*) 〔이명〕 가양취, 미역취, 가얌취. 〔유래〕 패장(敗醬), 여랑화(女郎花).

마편초(鄭, 1937) (마편초과 *Verbena officinalis*) 〔이명〕 말초리풀. 〔유래〕 마편초(馬鞭草).

만강홍(李, 1980) (물개구리밥과) 물개구리밥의 이명. 〔유래〕 만강홍(滿江紅). 잎의 색이 붉다. → 물개구리밥.

만년석송(鄭, 1949) (석송과 *Lycopodium obscurum*) 〔이명〕 비늘석송. 〔유래〕 만년삼나무라는 뜻의 일명. 상록성인 석송을 상록침엽수인 삼나무에 비유.

만년청(朴, 1949) (백합과 *Rohdea japonica*) 〔유래〕 만년청(萬年青).

만년청아재비(安, 1982) (닭의장풀과) 자주만년청의 이명. → 자주만년청.

만년콩(李, 1969) (콩과 *Euchresta japonica*) 〔이명〕 산두근. 〔유래〕 상록성인 콩.

만리화(鄭, 1937) (물푸레나무과 *Forsythia ovata*) 〔이명〕 금강개나리. 〔유래〕 강원 방언. 만리화(萬里花), 광엽연교(廣葉連翹), 연교(連翹).

만병초(鄭, 1937) (철쭉과 *Rhododendron brachycarpum*) 노랑만병초(1942, 북부

방언)와 굴거리나무(대극과, 1942, 전북 방언)의 이명으로도 사용. 〔이명〕 들쪽나무, 뚝갈나무, 홍만병초, 붉은꽃만병초, 흰만병초, 큰만병초, 홍뚜깔나무. 〔유래〕 만병초(萬病草), 우피두견(牛皮杜鵑). → 노랑만병초, 굴거리나무.

만사조(鄭, 1949) (미나리아재비과 *Clematis heracleifolia* f. *rosea*) 〔이명〕 어리목단풀, 어리조희풀, 담색조희풀, 만사초. 〔유래〕 만사초의 오기. → 만사초.

만사초(鄭, 1949) (미나리아재비과) 만사조의 이명. 〔유래〕 만사조의 강원 방언. → 만사조.

만삼(鄭, 1937) (초롱꽃과 *Codonopsis pilosula*) 〔유래〕 만삼(蔓蔘).

만삼아재비(愚, 1996) (초롱꽃과) 소경불알의 북한 방언. → 소경불알.

만수국(李, 1969) (국화과 *Tagetes patula*) 천수국의 이명(永, 1996)으로도 사용. 〔이명〕 홍황초, 후랜치메리골드, 불란서금잔화. 〔유래〕 만수국(萬壽菊), 홍황초(紅黃草). → 천수국.

만수국아재비(임 · 전, 1980) (국화과 *Tagetes minuta*) 〔이명〕 쓰레기풀, 청하향초. 〔유래〕 만수국과 유사.

만월초(安, 1982) (메꽃과) 밤메꽃의 이명. → 밤메꽃.

만작(李, 2003) (조록나무과) 풍년화의 이명. 〔유래〕 잎보다 먼저 황색 꽃이 만발한다. → 풍년화.

만주가물고사리(安, 1982) (면마과) 만주우드풀의 이명. → 만주우드풀.

만주갈매나무(朴, 1949) (갈매나무과) 짝자래나무의 이명. 〔이명〕 만주에 나는 갈매나무라는 뜻의 학명 및 일명. → 짝자래나무.

만주겨이삭여뀌(安, 1982) (여뀌과) 겨이삭여뀌의 이명. 〔유래〕 만주에 나는 겨이삭여뀌라는 뜻의 일명. → 겨이삭여뀌.

만주고로쇠(鄭, 1942) (단풍나무과 *Acer truncatum*) 〔이명〕 만주고리실, 북고로쇠나무, 메고로쇠나무. 〔유래〕 만주에 나는 고로쇠나무라는 뜻의 일명. 만주산축(滿洲山槭), 원보축(元寶槭).

만주고리실(朴, 1949) (단풍나무과) 만주고로쇠의 이명. → 만주고로쇠.

만주고사리(鄭, 1937) (면마과) 만주우드풀의 이명. 〔유래〕 만주에 나는 고사리(우드풀)라는 뜻의 학명. → 만주우드풀.

만주곰솔(李, 1966) (소나무과) 만주흑송의 이명. 〔유래〕 만주에 나는 곰솔(흑송). → 만주흑송.

만주괴불(朴, 1949) (인동과) 두메홍괴불나무의 이명. 〔유래〕 만주에 나는 괴불나무라는 뜻의 일명. → 두메홍괴불나무.

만주광이(李, 2003) (벼과) 긴진돌피의 이명. 〔유래〕 만주에 나는 광이(왕미꾸리꽝이). → 긴진돌피.

만주깨묵(朴, 1949) (국화과) 좀께묵의 이명. → 좀께묵.

만주꼬리풀(朴, 1949) (현삼과) 큰산꼬리풀의 이명. 〔유래〕 만주에 나는 꼬리풀이라는 뜻의 일명. → 큰산꼬리풀.

만주꿩의비름(朴, 1949) (돌나물과) 큰기린초의 이명. 〔유래〕 남만주에 나는 꿩의비름이라는 뜻의 학명. → 큰기린초.

만주덤불오리나무(愚, 1996) (자작나무과) 덤불오리나무의 이명. 〔유래〕 만주에 나는 오리나무(덤불오리나무)라는 뜻의 학명. → 덤불오리나무.

만주독활(朴, 1949) (산형과) 좁은어수리의 이명. → 좁은어수리.

만주돌쩌기풀(朴, 1949) (미나리아재비과) 투구꽃의 이명. 〔유래〕 만주에 나는 돌쩌기풀(투구꽃)이라는 뜻의 학명. → 투구꽃.

만주딱지꽃(李, 1969) (장미과 *Potentilla multifida*) 〔이명〕 눈양지꽃, 좁은잎딱지, 좁은잎딱지꽃. 〔유래〕 만주에 나는 딱지꽃.

만주뚜껑덩굴(愚, 1996) (박과 *Actinostemma lobatum* f. *subintegrum*) 〔유래〕 만주에 나는 뚜껑덩굴.

만주망초(朴, 1949) (국화과) 민망초의 이명. 〔유래〕 만주에 나는 망초라는 뜻의 학명 및 일명. → 민망초.

만주모시나물(朴, 1949) (초롱꽃과) 왕잔대의 이명. 〔유래〕 만주에 나는 모시나물(잔대)이라는 뜻의 일명. → 왕잔대.

만주바람꽃(永, 1974) (미나리아재비과 *Isopyrum manshuricum*) 〔유래〕 만주에 나는 (나도)바람꽃이라는 뜻의 학명.

만주범의꼬리(朴, 1974) (여뀌과) 범꼬리의 이명. 〔유래〕 만주에 나는 범꼬리라는 뜻의 학명. → 범꼬리.

만주붓꽃(朴, 1949) (붓꽃과 *Iris mandshurica*) 〔유래〕 만주에 나는 붓꽃이라는 뜻의 학명.

만주사초(李, 1969) (사초과 *Carex mandshurica*) 〔유래〕 만주에 나는 사초라는 뜻의 학명.

만주산비장이(愚, 1996) (국화과) 한라산비장이의 중국 옌벤 방언. → 한라산비장이.

만주삿갓나물(永, 1996) (백합과) 삿갓풀의 이명. 〔유래〕 만주에 나는 삿갓나물(삿갓풀)이라는 뜻의 학명. 외화피의 내면과 꽃실이 자주색이다. → 삿갓풀.

만주솜나물(朴, 1949) (국화과) 덤불취의 이명. → 덤불취.

만주송이풀(鄭, 1937) (현삼과 *Pedicularis mandshurica*) 〔유래〕 만주에 나는 송이풀이라는 뜻의 학명 및 일명.

만주신갈나무(朴, 1949) (참나무과) 신갈나무의 이명. 〔유래〕 만주에 나는 신갈나무라는 뜻의 학명. → 신갈나무.

만주아그배나무(朴, 1949) (장미과) 털야광나무의 이명. 〔유래〕 만주에 나는 아그배나무(야광나무)라는 뜻의 학명. → 털야광나무.

만주어수리(安, 1982) (산형과) 좁은어수리의 이명. → 좁은어수리.

만주여뀌(愚, 1996) (여뀌과) 겨이삭여뀌의 중국 옌벤 방언. → 겨이삭여뀌.

만주역귀(朴, 1949) (여뀌과) 겨이삭여뀌의 이명. 〔유래〕 만주에 나는 (겨이삭)여뀌라는 뜻의 일명. → 겨이삭여뀌.

만주오리목(安, 1982) (자작나무과) 덤불오리나무의 이명. → 덤불오리나무.

만주용수염풀(愚, 1996) (벼과) 껍질용수염의 중국 옌벤 방언. 〔유래〕 만주에 나는 용수염풀이라는 뜻의 학명. → 껍질용수염.

만주우드풀(鄭, 1949) (면마과 *Woodsia manchuriensis*) 〔이명〕 만주고사리, 절벽고사리, 만주가물고사리. 〔유래〕 만주에 나는 우드풀이라는 뜻의 학명.

만주잎갈나무(朴, 1949) (소나무과 *Larix olgensis* v. *amurensis*) 〔이명〕 좀이깔나무. 〔유래〕 만주에 나는 잎갈나무(낙엽송)라는 뜻의 일명.

만주자작나무(鄭, 1937) (자작나무과 *Betula platyphylla*) 〔이명〕 만주재작이, 자작나무, 봇나무. 〔유래〕 만주에 나는 자작나무라는 뜻의 학명 및 일명. 화목피(樺木皮).

만주잔대(永, 1996) (초롱꽃과) 왕잔대의 이명. 〔유래〕 만주 잔대라는 뜻의 일명. → 왕잔대.

만주재작이(鄭, 1942) (자작나무과) 만주자작나무의 이명. → 만주자작나무.

만주족도리풀(오병운 등, 1997) (쥐방울과) 족도리풀의 이명. 〔유래〕 만주에 나는 족도리풀이라는 뜻의 학명. → 족도리풀.

만주짝자래나무(李, 1966) (갈매나무과) 짝자래나무의 이명. 〔유래〕 만주에 나는 짝자래나무라는 뜻의 학명. → 짝자래나무.

만주흑송(鄭, 1937) (소나무과 *Pinus tabulaeformis*) 〔이명〕 솔나무, 만주곰솔, 맹산검은소나무. 〔유래〕 만주흑송(滿洲黑松).

만천성(李, 1980) (꼭두선이과) 백정화의 이명. 〔유래〕 만천성(滿天星). → 백정화.

만첩개벚(李, 1966) (장미과 *Prunus verecunda* f. *semiplena*) 〔이명〕 많첩개벚나무, 많첩개벚, 겹개벚나무. 〔유래〕 개벚나무에 비해 꽃이 거의 겹꽃(만첩)이라는 뜻의 학명 및 일명.

만첩백도(李, 1966) (장미과 *Prunus persica* f. *albo-plena*) 〔이명〕 많첩백도. 〔유래〕 백색 겹꽃이 피는 복숭아나무라는 뜻의 학명.

만첩빈도리(李, 2003) (범의귀과 *Deutzia crenata* f. *plena*) 〔유래〕 겹꽃이 피는 빈도리(일본말발도리)라는 뜻의 학명.

만첩산종덩굴(李, 1969) (미나리아재비과 *Clematis nobilis* f. *plena*) 〔이명〕 겹종덩굴, 겹산종덩굴, 많첩산종덩굴. 〔유래〕 산종덩굴에 비해 꽃이 겹꽃(만첩)이라는 뜻의 학명 및 일명.

만첩산철쭉(李, 1966) (철쭉과) 겹산철쭉의 이명. → 겹산철쭉.

만첩삼잎국화(李, 2003) (국화과) 겹삼잎국화의 이명. → 겹삼잎국화.

만첩옥매(李, 1966) (장미과) 백매의 이명. → 백매.

만첩조팝나무(李, 1966) (장미과 *Spiraea prunifolia*) 〔이명〕 겹조팝나무, 꽃조팝나무, 조팝나무. 〔유래〕 겹꽃(만첩)인 조팝나무. 소엽화(笑靨花).

만첩해당화(李, 1966) (장미과) 겹해당화의 이명. → 겹해당화.

만첩협죽도(愚, 1996) (협죽도과 *Nerium indicum* f. *plenum*) 〔이명〕 많첩협죽도. 〔유래〕 겹꽃이 피는 협죽도라는 뜻의 학명.

만첩홍도(李, 1966) (장미과 *Prunus persica* f. *rubro-plena*) 〔이명〕 많첩홍도. 〔유래〕 홍색 겹꽃이 피는 복숭아나무라는 뜻의 학명.

ㅁ

만첩홍매실(李, 2003) (장미과 *Prunus mume* f. *alphandii*) 〔이명〕 많첩홍매실. 〔유래〕 붉은빛이 도는 겹꽃이 피는 매실나무.

만첩흰매실(李, 2003) (장미과 *Prunus mume* f. *alba-plena*) 〔이명〕 많첩흰매실. 〔유래〕 백색 겹꽃이 피는 매실나무라는 뜻의 학명.

만형(安, 1982) (마편초과) 순비기나무의 이명. 〔유래〕 만형(蔓荊). → 순비기나무.

만형자(鄭, 1937) (마편초과) 순비기나무의 이명. 〔유래〕 만형자(蔓荊子). → 순비기나무.

만형자나무(鄭, 1942) (마편초과) 순비기나무의 이명. → 순비기나무, 만형자.

많첩개벚(李, 1980) (장미과) 만첩개벚의 이명. → 만첩개벚.

많첩개벚나무(李, 1966) (장미과) 만첩개벚의 이명. → 만첩개벚.

많첩백도(李, 1980) (장미과) 만첩백도의 이명. → 만첩백도.

많첩빈도리(李, 1980) (범의귀과) 만첩빈도리의 이명. → 만첩빈도리.

많첩산종덩굴(永, 1996) (미나리아재비과) 만첩산종덩굴의 이명. → 만첩산종덩굴.

많첩해당화(李, 1980) (장미과) 겹해당화의 이명. → 겹해당화.

많첩협죽도(李, 1980) (협죽도과) 만첩협죽도의 이명. → 만첩협죽도.

많첩홍도(李, 1980) (장미과) 만첩홍도의 이명. → 만첩홍도.

많첩홍매실(李, 1966) (장미과) 만첩홍매실의 이명. → 만첩홍매실.

많첩흰매실(李, 1966) (장미과) 만첩흰매실의 이명. → 만첩흰매실.

말(鄭, 1949) (가래과 *Potamogeton oxyphyllus*) 〔이명〕 버들말즘, 버들잎가래. 〔유래〕 미상.

말갈구(朴, 1949) (붓순나무과) 붓순나무의 이명. → 붓순나무.

말곰취(朴, 1949) (국화과) 털머위의 이명. → 털머위.

말광대나물(朴, 1949) (꿀풀과) 왜광대수염의 이명. → 왜광대수염.

말구슬나무(安, 1982) (멀구슬나무과) 멀구슬나무의 이명. → 멀구슬나무.

말굴레풀(愚, 1996) (콩과) 갈퀴나물의 북한 방언. → 갈퀴나물.

말굽풀(朴, 1974) (산형과) 병풀의 이명. → 병풀.

말귀리(鄭, 1970) (벼과 *Bromus tectorum*) 〔이명〕 털빕새귀리. 〔유래〕 우마(말)노자

히키(ウマノチャヒキ)라는 일명.

말나리(鄭, 1937) (백합과 *Lilium medeoloides*) 〔이명〕 왜말나리. 〔유래〕 꽃이 큰(말) 나리. 동북백합(東北百合).

말냉이(鄭, 1937) (십자화과 *Thlaspi arvense*) 애기황새냉이의 이명(朴, 1949)으로도 사용. 〔유래〕 과실이 큰(말) 냉이. 석명(菥蓂). → 애기황새냉이.

말냉이장구채(鄭, 1957) (석죽과 *Melandryum noctiflorum*) 〔이명〕 보리장구채, 발장구채. 〔유래〕 애기장구채에 비해 꽃과 꽃받침이 크다.

말다래(鄭, 1942) (다래나무과) 개다래나무의 이명. 〔유래〕 개다래나무의 경기 방언. → 개다래나무.

말다래나무(愚, 1996) (다래나무과) 개다래나무의 북한 방언. → 개다래나무.

말들깨(朴, 1949) (꿀풀과 *Schizonepeta multifida*) 개박하의 이명(愚, 1996, 중국 옌볜 방언)으로도 사용. 〔이명〕 개형개. 〔유래〕 미상. → 개박하.

말똥비름(鄭, 1949) (돌나물과 *Sedum bulbiferum*) 민말똥비름의 이명(鄭, 1937)으로도 사용. 〔이명〕 알돌나물아재비, 싹눈돌나물, 알돌나물. 〔유래〕 미상. 석판채(石板菜), 소전초(小箭草). → 민말똥비름.

말발도리(朴, 1949) (범의귀과 *Deutzia parviflora* v. *amurensis*) 말발도리나무와 둥근잎말발도리(愚, 1996, 중국 옌볜 방언)의 이명으로도 사용. 〔이명〕 북말발도리. 〔유래〕 미상. 수소(溲疏). → 말발도리나무, 둥근잎말발도리.

말발도리나무(鄭, 1937) (범의귀과 *Deutzia parviflora*) 〔이명〕 말발도리. 〔유래〕 강원 방언. 당매수소(唐梅溲疏).

말뱅이나물(鄭, 1949) (석죽과 *Vaccaria pyramidata*) 〔이명〕 개장구채, 들장구채, 쇠나물. 〔유래〕 미상.

말여뀌(愚, 1996) (여뀌과) 털여뀌의 이명. 〔유래〕 털여뀌의 중국 옌볜 방언. → 털여뀌.

말오좀나무(鄭, 1942) (인동과) 넓은잎딱총나무의 이명. 〔유래〕 넓은잎딱총나무의 함남 방언. → 넓은잎딱총나무.

말오좀때(鄭, 1942) (고추나무과) 말오줌때(전남 방언)와 말오줌나무(인동과, 李, 1966)의 이명. → 말오줌때, 말오줌나무.

말오줌나무(朴, 1949) (인동과 *Sambucus sieboldiana* v. *pendula*) 말오줌때의 이명(李, 1966)으로도 사용. 〔이명〕 말오좀때, 울릉말오줌때, 말오줌때, 울릉말오줌대, 울릉딱총나무. 〔유래〕 미상. → 말오줌때.

말오줌대(鄭, 1949) (고추나무과) 말오줌때의 이명. → 말오줌때.

말오줌때(李, 1966) (고추나무과 *Euscaphis japonica*) 말오줌나무의 이명(인동과, 鄭, 1937)으로도 사용. 〔이명〕 말오좀때, 말오줌대, 말오줌나무, 칠선주나무, 나도딱총나무. 〔유래〕 말오좀때(전남 방언). 야아춘자(野鴉椿子). → 말오줌나무.

말즘(鄭, 1937) (가래과 *Potamogeton crispus*) 넓은잎말의 이명(愚, 1996, 중국 옌볜 방언)으로도 사용. 〔이명〕 마름, 말즘말. 〔유래〕 미상. → 넓은잎말.

말즘말(安, 1982) (가래과) 말즘의 이명. → 말즘.

말채나무(鄭, 1937) (층층나무과 *Cornus walteri*) 층층나무의 이명(1942)으로도 사용. 〔이명〕 말채목. 〔유래〕 경기 방언. 조선송양(朝鮮松楊), 모래지엽(毛株枝葉). → 층층나무.

말채목(安, 1982) (층층나무과) 말채나무의 이명. → 말채나무.

말초리풀(愚, 1996) (마편초과) 마편초의 북한 방언. → 마편초.

ㅁ

말털이슬(鄭, 1937) (바늘꽃과 *Circaea quadrisulcata*) 털이슬(愚, 1996, 북한 방언)과 개털이슬(愚, 1996, 중국 옌볜 방언)의 이명으로도 사용. 〔이명〕 산털이슬, 털이슬. 〔유래〕 미상. → 털이슬, 개털이슬.

말황새냉이(愚, 1996) (십자화과) 애기황새냉이의 중국 옌볜 방언. → 애기황새냉이.

맑은대쑥(鄭, 1949) (국화과 *Artemisia keiskeana*) 〔이명〕 개제비쑥, 국화잎쑥, 개쑥. 〔유래〕 미상. 회호(茴蒿), 암려(菴藺).

맛며누리바풀(朴, 1949) (현삼과) 애기며느리밥풀의 이명. → 애기며느리밥풀.

망개(李, 2003) (백합과) 청미래덩굴의 이명. → 청미래덩굴.

망개나무(鄭, 1942) (갈매나무과 *Berchemia berchemiaefolia*) 가마귀베개(1942, 전남 방언)와 청미래덩굴(백합과, 1942)의 이명으로도 사용. 〔이명〕 살배나무, 메답싸리, 멥대싸리, 모이대싸리. 〔유래〕 충북 방언. 조선구아다(朝鮮勾兒茶). → 가마귀베개, 청미래덩굴.

망국초(安, 1982) (국화과) 개망초의 이명. 〔유래〕 망국초(亡國草). → 개망초, 망초.

망부추(安, 1982) (백합과) 산마늘의 이명. → 산마늘.

망사초(朴, 1949) (사초과 *Carex vanheurckii*) 〔이명〕 그물사초. 〔유래〕 미상.

망적천문동(李, 1969) (백합과 *Asparagus davuricus*) 〔이명〕 북선천문동, 다후리아비짜루, 북천문동. 〔유래〕 함남 덕원 망적산에 나는 천문동.

망종화(李, 1969) (물레나물과 *Hypericum patulum*) 〔이명〕 금사매, 참물레나물. 〔유래〕 미상. 금사매(金絲梅).

망초(鄭, 1937) (국화과 *Erigeron canadensis*) 실망초(朴, 1974)와 물잎풀(쥐꼬리망초과, 朴, 1949)의 이명으로도 사용. 〔이명〕 큰망초, 지붕초, 잔꽃풀, 망풀. 〔유래〕 망초(亡草), 기주일지호(祁州一枝蒿). 구한국 말 쇄국정책을 완화하자 서세(西勢)의 문물이 들어오는 과정에서 유리그릇과 같이 파손되기 쉬운 물체 사이사이에 보첨으로 끼워서 들여온 북미 원산인 귀화식물로, 이 식물이 들어온 뒤에 나라가 망하였다고 하여 붙여진 이름. → 실망초, 물잎풀.

망풀(愚, 1996) (국화과) 망초의 중국 옌볜 방언. → 망초.

매가꼬들백이(朴, 1949) (국화과) 홍도고들빼기의 이명. → 홍도고들빼기.

매가도분취(安, 1982) (국화과) 홍도서덜취의 이명. 〔유래〕 매가도(홍도)에 나는 분취. → 홍도서덜취.

매가도취(鄭, 1949) (국화과) 홍도서덜취의 이명. → 홍도서덜취, 매가도분취.

매괴화(安, 1982) (장미과) 겹해당화의 이명. → 겹해당화.

매대나무(鄭, 1942) (고추나무과) 고추나무의 이명. 〔유래〕 강원 금강산 지방 방언. → 고추나무.

매대채(鄭, 1956) (물레나물과) 물레나물의 방언. → 물레나물.

매돕풀(朴, 1949) (콩과) 매듭풀의 이명. → 매듭풀.

매듭삼지닥나무(愚, 1996) (팥꽃나무과) 삼지닥나무의 중국 옌볜 방언. → 삼지닥나무.

매듭풀(鄭, 1937) (콩과 *Kummerowia striata*) 〔이명〕 매돕풀, 가위풀, 가새풀. 〔유래〕 잎이 매듭과 같이 뜯어지는 데서 유래. 계안초(鷄眼草).

매물(朴, 1949) (여뀌과) 모밀의 이명. → 모밀.

매미꽃(鄭, 1949) (양귀비과 *Coreanomecon hylomeconoides*) 피나물의 이명(朴, 1974)으로도 사용. 〔이명〕 여름매미꽃, 개매미꽃. 〔유래〕 미상. → 피나물.

매발톱가시(鄭, 1942) (백합과) 청미래덩굴의 이명. 〔유래〕 청미래덩굴의 황해 방언. → 청미래덩굴.

매발톱꽃(鄭, 1937) (미나리아재비과 *Aquilegia buergeriana* v. *oxysepala*) 〔유래〕 꽃의 모양을 매발톱에 비유. 누두채(漏斗菜).

매발톱나무(鄭, 1937) (매자나무과 *Berberis amurensis*) 〔유래〕 잎의 예리한 가시를 매발톱에 비유. 대엽소얼(大葉小蘗), 소벽(小檗).

매실나무(鄭, 1942) (장미과 *Prunus mume*) 〔이명〕 매화나무. 〔유래〕 제주 방언. 매화수(梅花樹), 오매(烏梅).

매염(朴, 1949) (포도과) 가회톱의 이명. → 가회톱.

매오동나무(朴, 1949) (운향과) 머귀나무의 이명. → 머귀나무.

매운여뀌(永, 1996) (여뀌과) 여뀌의 이명. 〔유래〕 식물체를 씹으면 맵다. → 여뀌.

매운황새냉이(永, 1996) (십자화과) 꽃냉이의 이명. → 꽃냉이.

매일초(安, 1982) (협죽도과) 일일초의 이명. → 일일초.

매자기(鄭, 1937) (사초과 *Scirpus fluviatilis*) 〔이명〕 매재기. 〔유래〕 삼릉초(三稜草), 형삼릉(荊三稜).

매자나무(鄭, 1937) (매자나무과 *Berberis koreana*) 〔이명〕 산딸나무, 상동나무. 〔유래〕 황염목(黃染木), 소얼(小蘗), 소벽(小檗).

매자잎버드나무(安, 1982) (버드나무과) 매자잎버들의 이명. → 매자잎버들.

매자잎버들(鄭, 1937) (버드나무과 *Salix berberifolia*) 〔이명〕 매자잎버드나무. 〔유래〕 매자나무와 같은 잎을 가진 버드나무라는 뜻의 학명 및 일명. 소얼류(小蘗柳).

매재기(安, 1982) (사초과) 매자기의 이명. → 매자기.

매지나무(永, 1996) (장미과) 야광나무의 이명. → 야광나무.

매태나무(鄭, 1942) (느릅나무과) 팽나무의 이명. 〔유래〕 팽나무의 함남 방언. → 팽나무.

매화나무(鄭, 1937) (장미과) 매실나무의 이명. 〔유래〕 매(梅), 매화목(梅花木). → 매실나무.

매화노루발(鄭, 1949) (노루발과 *Chimaphila japonica*) 〔이명〕 풀차, 매화노루발풀. 〔유래〕 우메가사소(ウメガサソウ)라는 일명.

매화노루발풀(永, 1996) (노루발과) 매화노루발의 북한 방언. → 매화노루발.

매화마름(鄭, 1957) (미나리아재비과 *Ranunculus kazusensis*) 〔이명〕 미나리마름, 미나리말. 〔유래〕 바이카모(バイカモ, 梅花藻)라는 일명.

매화말발도리(鄭, 1937) (범의귀과 *Deutzia uniflora*) 〔이명〕 삼지말발도리, 해남말발도리, 댕강목, 좁은잎댕강목, 좁은잎말발도리, 개말발도리, 지이말발도리, 지리말발도리, 세가지털말발도리. 〔유래〕 우메우쓰기(ウメウツギ, 溲疏)라는 일명. 수소(溲疏).

매화바람꽃(朴, 1949) (미나리아재비과 *Callianthemum insigne*) 〔유래〕 우메자키이치게(ウメザキイチゲ)라는 일명.

매화오리(李, 1969) (매화오리나무과 *Clethra barbinervis*) 〔이명〕 까치수염꽃나무, 매화오리나무, 수염꽃나무. 〔유래〕 매화오리나무의 축소형.

매화오리나무(永, 1996) (매화오리나무과) 매화오리의 이명. → 매화오리.

맥도둥굴레(李, 1969) (백합과 *Polygonatum koreanum*) 〔유래〕 맥도에 나는 둥굴레. 꽃이 4개씩 달린다.

맥도딸기(鄭, 1937) (장미과 *Rubus longisepalus*) 〔유래〕 경남 맥도(麥島)에 나는 딸기.

맥문동(鄭, 1937) (백합과 *Liriope platyphylla*) 개맥문동의 이명으로도 사용. 〔이명〕 알꽃맥문동, 넓은잎맥문동. 〔유래〕 맥문동(麥門冬). → 개맥문동.

맥문동아재비(安, 1982) (백합과) 맥문아재비의 이명. → 맥문아재비.

맥문아재비(鄭, 1949) (백합과 *Ophiopogon jaburan*) 〔이명〕 왕맥문동, 맥문동아재비. 〔유래〕 맥문동과 유사.

맨드라미(鄭, 1949) (비름과 *Celosia cristata*) 〔이명〕 맨드래미, 단기맨드래미. 〔유래〕 계관(鷄冠), 계관화(鷄冠花), 청상자(青箱子).

맨드래미(鄭, 1937) (비름과) 맨드라미의 이명. → 맨드라미.

맵쌀(鄭, 1942) (대극과) 광대싸리의 이명. 〔유래〕 광대싸리의 경남 방언. → 광대싸리.

맹산검은소나무(李, 2003) (소나무과) 만주흑송의 이명. 〔유래〕 평남 맹산에 나는 검은소나무(흑송). → 만주흑송.

맹산댕강나무(朴, 1949) (인동과) 댕강나무의 이명. 〔유래〕 평남 맹산에 나는 댕강나무라는 뜻의 학명 및 일명. → 댕강나무.

맹산부추(李, 1969) (백합과) 산부추의 이명. → 산부추.

맹이풀(朴, 1949) (백합과) 산마늘의 이명. → 산마늘.

맹종죽(永, 1996) (벼과) 죽순대의 이명. → 죽순대.

머구(朴, 1949) (국화과) 머위의 이명. → 머위.

머구리밥(鄭, 1949) (개구리밥과) 개구리밥의 이명. → 개구리밥.

머귀나무(鄭, 1937) (운향과 *Zanthoxylum ailanthoides*) 〔이명〕 민머귀나무, 매오동나무. 〔유래〕 제주 방언. 식수유(食茱萸), 야초(野椒).

머래순(鄭, 1942) (포도과) 왕머루의 이명. 〔유래〕 왕머루의 황해 방언. → 왕머루.

머루(鄭, 1937) (포도과 *Vitis coignetiae*) 왕머루의 이명(朴, 1949)으로도 사용. 〔이명〕 산포도, 산머루. 〔유래〕 미상. 머루류의 총칭명. 산포도(山葡萄), 산등등앙(山藤藤秧). → 왕머루.

머리꽃나무(愚, 1996) (꼭두선이과) 중대가리나무의 북한 방언. → 중대가리나무.

머우(安, 1982) (국화과) 머위의 이명. → 머위.

머위(鄭, 1937) (국화과 *Petasites japonicus*) 〔이명〕 머구, 머우. 〔유래〕 관동(款冬), 관동화(款冬花), 호로포엽(胡蘆苞葉). 〔어원〕 미상. 머휘→머회→머위로 변화(어원사전).

머위제비꽃(安, 1982) (제비꽃과) 아욱제비꽃의 이명. → 아욱제비꽃.

먹넌출(鄭, 1942) (갈매나무과 *Berchemia racemosa* v. *magna*) 〔이명〕 왕곰버들. 〔유래〕 충남 안면도 방언.

먹딸(朴, 1949) (가지과) 가마중의 이명. → 가마중.

먹때꽐(安, 1982) (가지과) 가마중의 이명. → 가마중.

먹이개자리(愚, 1996) (콩과 *Medicago minima*) 〔이명〕 털꽃자리풀, 좀개자리. 〔유래〕 중국 옌볜 방언.

먼검정골(朴, 1949) (사초과) 도루박이의 이명. → 도루박이.

먼나무(鄭, 1942) (감탕나무과 *Ilex rotunda*) 〔이명〕 좀감탕나무. 〔유래〕 전남 방언. 구필응(救必應).

멀구넝굴(鄭, 1942) (포도과) 왕머루의 이명. 〔유래〕 왕머루의 경남 방언. → 왕머루.

멀구슬나무(鄭, 1937) (멀구슬나무과 *Melia azedarach*) 〔이명〕 구주목, 구주나무, 말구슬나무. 〔유래〕 제주 방언. 동(楝), 전단(栴檀), 천련자(川楝子).

멀굴(安, 1982) (으름덩굴과) 멀꿀의 이명. → 멀꿀.

멀꿀(鄭, 1937) (으름덩굴과 *Stauntonia hexaphylla*) 〔이명〕 멀굴, 멀꿀나무. 〔유래〕 제주 방언. 야목과(野木瓜).

멀꿀나무(愚, 1996) (으름덩굴과) 멀꿀의 중국 옌볜 방언. → 멀꿀.

멍구나무(鄭, 1942) (두릅나무과) 음나무의 이명. 〔유래〕 음나무의 전북 어청도 방언. → 음나무.

멍덕딸기(鄭, 1937) (장미과 *Rubus matsumuranus*) 〔이명〕 산멍덕딸기, 두메딸기, 긴잎멍덕딸기, 멧딸기, 화태나무딸기. 〔유래〕 강원 방언.

멍두딸(鄭, 1942) (장미과) 멍석딸기의 이명. 〔유래〕 멍석딸기의 강원 방언. → 멍석딸기.

멍딸기(鄭, 1942) (장미과) 멍석딸기의 이명. 〔유래〕 멍석딸기의 황해 방언. → 멍석딸기.

멍석딸(朴, 1949) (장미과) 멍석딸기의 이명. → 멍석딸기.

멍석딸기(鄭, 1937) (장미과 *Rubus parvifolius*) 〔이명〕 번둥딸나무, 멍두딸, 수리딸나무, 멍딸기, 덤풀딸기, 사슨딸기, 멍석딸, 제주멍석딸, 사슴딸기. 〔유래〕 경기 방언. 홍매초(紅梅梢), 모매(茅莓), 호전표(薅田藨).

멍울곽향(安, 1982) (꿀풀과) 우단석잠풀의 이명. → 우단석잠풀.

멍울물통이(安, 1982) (쐐기풀과) 몽울풀의 이명. → 몽울풀.

멍울바늘꽃(朴, 1974) (바늘꽃과) 줄바늘꽃의 이명. → 줄바늘꽃.

멍울송이풀(安, 1982) (현삼과) 그늘송이풀의 이명. → 그늘송이풀.

멍울풀(朴, 1974) (쐐기풀과) 몽울풀의 이명. → 몽울풀.

멍이(永, 1996) (백합과) 산마늘의 이명. → 산마늘.

메(鄭, 1949) (메꽃과) 메꽃의 이명. → 메꽃.

메가물고사리(朴, 1961) (면마과 *Woodsia pseudo-ilvensis*) 〔이명〕 메우드풀. 〔유래〕 미상.

메감자(愚, 1996) (매자나무과) 한계령풀의 북한 방언. → 한계령풀.

메개고사리(朴, 1961) (면마과) 두메개고사리의 이명. → 두메개고사리.

메겨이삭(安, 1982) (벼과) 산겨이삭의 이명. → 산겨이삭.

메고로쇠나무(愚, 1996) (단풍나무과) 만주고로쇠의 이명. → 만주고로쇠.

메고사리삼(朴, 1961) (고사리삼과 *Botrychium boreale*) 나도고사리삼의 이명(愚, 1996, 중국 옌볜 방언)으로도 사용. 〔이명〕 북고사리삼. 〔유래〕 높은 산에 나는 고사리삼이라는 뜻의 일명. → 나도고사리삼.

메귀리(鄭, 1937) (벼과 *Avena fatua*) 〔이명〕 귀보리. 〔유래〕 미상. 작맥(雀麥).

메꽃(鄭, 1937) (메꽃과 *Calystegia japonica*) 〔이명〕 메, 좁은잎메꽃, 가는잎메꽃, 가는메꽃. 〔유래〕 미상. 선화(旋花), 선복(旋葍), 미화(美花), 구구앙(狗狗秧).

메꽃고사리(朴, 1961) (고사리삼과) 산고사리삼의 이명. → 산고사리삼.

메꿰미풀(愚, 1996) (벼과) 묏꾸러미풀의 중국 옌볜 방언. → 묏꾸러미풀.

메답싸리(정 · 이, 1961) (갈매나무과) 망개나무의 이명. 〔유래〕 망개나무의 충북 속리산 일원의 방언. → 망개나무, 모이대싸리.

메대추나무(愚, 1996) (갈매나무과) 묏대추의 중국 옌볜 방언. → 묏대추.

메뛰기피(朴, 1949) (벼과) 실새풀의 이명. → 실새풀.

메미나리(愚, 1996) (산형과) 묏미나리의 중국 옌볜 방언. → 묏미나리.

메밀(安, 1982) (여뀌과) 모밀의 이명. → 모밀.

메밀덩굴(永, 1996) (여뀌과) 나도닭의덩굴의 이명. → 나도닭의덩굴.

메밤송이방동사니(愚, 1996) (사초과) 밤송이방동사니의 중국 옌볜 방언. → 밤송이방동사니.

메부추(愚, 1996) (백합과) 두메부추의 중국 옌볜 방언. → 두메부추.

메뽕나무(愚, 1996) (뽕나무과) 돌뽕나무의 중국 옌볜 방언. → 돌뽕나무.

메석송(朴, 1961) (석송과) 산석송의 이명. → 산석송.

메속새(愚, 1996) (속새과) 개속새의 중국 옌볜 방언. → 개속새.

메시닥나무(愚, 1996) (단풍나무과) 중국단풍의 중국 옌볜 방언. → 중국단풍.

메역순나무(鄭, 1937) (노박덩굴과 *Tripterygium regelii*) 〔이명〕 한삼덤불, 미역줄나무, 노방구덤불, 미역순나무. 〔유래〕 강원 방언. 동북뇌공등(東北雷公藤).

메오랑캐(安, 1982) (제비꽃과) 뫼제비꽃의 이명. → 뫼제비꽃.

메우드풀(安, 1982) (면마과) 메가물고사리의 이명. 〔유래〕 한국의 두메에 나는 우드풀이라는 뜻의 일명. → 메가물고사리.

메제비꽃(安, 1982) (제비꽃과) 뫼제비꽃의 이명. → 뫼제비꽃.

메추리밥(朴, 1949) (골풀과) 산새밥의 이명. → 산새밥.

메타세쿼이아(李, 1976) (낙우송과 *Metasequoia glyptostroboides*) 〔이명〕 수송, 수삼나무. 〔유래〕 메타세쿼이아라는 속명. 수삼엽(水杉葉).

메풀사초(安, 1982) (사초과) 묏풀사초의 이명. → 묏풀사초.

멕시코돌나물(壽, 2001) (돌나물과 *Sedum mexicanum*) 〔유래〕 멕시코 원산의 돌나물이라는 뜻의 학명 및 일명.

멕시코불꽃풀(永, 1996) (대극과) 포인세티아의 이명. → 포인세티아.

멕시코엉겅퀴(李, 1980) (국화과) 불로화의 이명. 〔유래〕 꽃의 모양이 엉겅퀴와 유사하다고 하여 붙여진 것이나 엉겅퀴와는 전혀 다르다. → 불로화.

멕시코해바라기(李, 1969) (국화과 *Tithonia rotundifolia*) 〔유래〕 멕시코산 해바라기.

멥대싸리(정·이, 1961) (갈매나무과) 망개나무의 이명. 〔유래〕 망개나무의 충북 속리산 일원의 방언. → 망개나무, 모이대싸리.

멥쌀(永, 1996) (대극과) 광대싸리의 이명. → 광대싸리.

멧갈매나무(安, 1982) (갈매나무과) 돌갈매나무의 이명. → 돌갈매나무.

멧꿩의다리(安, 1982) (미나리아재비과) 묏꿩의다리의 이명. → 묏꿩의다리.

멧노루발(朴, 1974) (노루발과) 홀꽃노루발의 이명. → 홀꽃노루발.

멧돼지새(鄭, 1970) (사초과) 층층고랭이의 이명. → 층층고랭이.

멧들쭉나무(安, 1982) (철쭉과) 산들쭉나무의 이명. → 산들쭉나무.

멧딸기(安, 1982) (장미과) 멍덕딸기의 이명. → 멍덕딸기.

멧땅비수리(安, 1982) (콩과) 제주황기의 이명. → 제주황기.

멧미나리(朴, 1974) (산형과) 묏미나리의 이명. → 묏미나리.

멧바위취(朴, 1974) (범의귀과) 톱바위취의 이명. → 톱바위취.

멧밤나무(安, 1982) (참나무과) 산밤나무의 이명. → 산밤나무.

멧분취(朴, 1974) (국화과) 두메분취의 이명. → 두메분취.

멧속단(安, 1982) (꿀풀과) 산속단의 이명. → 산속단.

멧술패랭이꽃(朴, 1974) (석죽과) 구름패랭이꽃의 이명. → 구름패랭이꽃.

멧용담(朴, 1949) (용담과 *Gentiana nipponica*) 〔이명〕 산비로용담. 〔유래〕 심산에 나는 용담이라는 뜻의 일명.

멧장대(朴, 1974) (십자화과) 묏장대의 이명. → 묏장대.

멧제비꽃(朴, 1974) (제비꽃과) 뫼제비꽃의 이명. → 뫼제비꽃.

멧참꽃나무(安, 1982) (철쭉과) 좀참꽃나무의 이명. → 좀참꽃나무.

멧홍개불(安, 1982) (인동과) 두메홍괴불나무의 이명. → 두메홍괴불나무.

멧황기(朴, 1974) (콩과) 묏황기의 이명. → 묏황기.

멩(李, 2003) (백합과) 산마늘의 이명. 〔유래〕 산마늘의 울릉도 방언. → 산마늘.

며누리감나물(鄭, 1949) (콩과) 차풀의 이명. → 차풀.

며누리밑싣개(鄭, 1937) (여뀌과) 며느리밑씻개의 이명. → 며느리밑씻개.

며누리밑씻개(鄭, 1949) (여뀌과) 며느리밑씻개의 이명. → 며느리밑씻개.

며누리배꼽(鄭, 1937) (여뀌과) 며느리배꼽의 이명. → 며느리배꼽.

며누리주머니(鄭, 1949) (양귀비과) 금낭화의 이명. → 금낭화.

며느리감나무(永, 1996) (콩과) 차풀의 이명. → 차풀.

며느리밑씻개(李, 1980) (여뀌과 *Persicaria senticosa*) 〔이명〕 며누리밑싣개, 며누리밑씻개, 가시모밀, 가시덩굴여뀌, 사광이아재비. 〔유래〕 며느리 밑씻개라는 뜻의 일명. 고부간의 갈등을 나타내는 옛이야기에서 유래. 낭인(廊茵).

며느리바풀(鄭, 1937) (현삼과) 수염며느리밥풀의 이명. 〔유래〕 마마코나(ママコナ)라는 일명. → 수염며느리밥풀.

며느리배꼽(李, 1980) (여뀌과 *Persicaria perfoliata*) 〔이명〕 며누리배꼽, 사광이풀, 참가시덩굴여뀌. 〔유래〕 며느리밑씻개의 잎자루가 잎의 기부에 붙는 데 반하여 이 식물의 잎자루는 뒤쪽의 조금 안쪽(배꼽의 위치)에 붙는다. 강판귀(扛板歸).

며느리주머니(愚, 1996) (양귀비과) 금낭화의 이명. → 금낭화.

멱쇠채(鄭, 1949) (국화과 *Scorzonera ruprechtiana*) 〔이명〕 좀쇠채, 누은쇠채, 미역

쇠채, 눈쇄채, 애기쇠채. 〔유래〕 미상. 필관초(筆管草).

면마(鄭, 1937) (면마과) 관중의 이명. 〔유래〕 면마(綿馬). → 관중.

면모고사리(鄭, 1937) (면마과) 우드풀의 이명. → 우드풀.

면산양지꽃(李, 2003) (장미과 *Potentilla yokusaiana* v. *multijuga*) 〔유래〕 강원 삼척 면산과 가리왕산에 나는 양지꽃(민눈양지꽃). 소엽이 3~7개이며 꽃가지의 소엽은 3~5개이다.

면화(鄭, 1937) (아욱과) 목화의 이명. 〔유래〕 면화(棉花). → 목화.

멸가치(鄭, 1937) (국화과 *Adenocaulon himalaicum*) 〔이명〕 홍취, 개머위, 명가지, 옹취. 〔유래〕 미상. 호로채(葫蘆菜), 야로(野蕗).

멸대(愚, 1996) (백합과) 아스파라가스의 북한 방언. → 아스파라가스.

명가지(鄭, 1956) (국화과) 멸가치의 이명. → 멸가치.

명감(朴, 1949) (백합과) 청미래덩굴의 이명. → 청미래덩굴.

명감나무(鄭, 1942) (백합과) 청미래덩굴의 이명. 〔유래〕 청미래덩굴의 남한 방언. → 청미래덩굴.

명들내(鄭, 1937) (벼과) 주름조개풀의 이명. → 주름조개풀.

명들래(朴, 1949) (벼과) 민주름조개풀의 이명. → 민주름조개풀.

명아자여뀌(鄭, 1937) (여뀌과 *Persicaria nodosa*) 〔이명〕 힌개역귀, 수캐여뀌, 개여뀌, 큰개여뀌, 왕개여뀌, 마디여뀌. 〔유래〕 미상.

명아주(鄭, 1937) (명아주과 *Chenopodium album* v. *centrorubrum*) 〔이명〕 는쟁이, 능쟁이, 붉은잎능쟁이. 〔유래〕 여(藜).

명아주여뀌(永, 1996) (여뀌과) 흰여뀌의 이명. → 흰여뀌.

명자꽃(李, 1966) (장미과) 산당화의 이명. → 산당화.

명자나무(鄭, 1937) (장미과 *Chaenomeles japonica*) 〔이명〕 애기씨꽃나무, 풀명자나무, 청자, 가시덕이, 풀명자. 〔유래〕 경기 방언. 백해당(白海棠), 일본목과(日本木瓜).

명자순(鄭, 1942) (범의귀과 *Ribes maximowiczianum*) 〔이명〕 조선까치밥나무, 일본까치밥나무, 참까치밥나무, 좀까치밥나무. 〔유래〕 미상.

명천바늘꽃(鄭, 1949) (바늘꽃과 *Epilobium cylindrostigma*) 〔이명〕 칠보산바늘꽃. 〔유래〕 함북 명천에 나는 바늘꽃.

명천봄마지(朴, 1949) (앵초과) 명천봄맞이의 이명. → 명천봄맞이.

명천봄맞이(李, 1969) (앵초과 *Androsace septentrionalis*) 〔이명〕 명천봄마지, 북봄맞이. 〔유래〕 함북 명천에 나는 봄맞이꽃.

명천송이풀(安, 1982) (현삼과) 송이풀의 이명. 〔유래〕 함북 명천에 나는 송이풀. → 송이풀.

명천쑥(鄭, 1949) (국화과 *Artemisia leucophylla*) 〔유래〕 함북 명천에 나는 쑥.

명천장구채(朴, 1949) (석죽과 *Melandryum umbellatum*) 〔이명〕 분홍꽃장구채. 〔유래〕 함북 명천에 나는 장구채.

명천황기(李, 1969) (콩과) 염주황기의 이명. 〔유래〕 함북 명천에 나는 황기. → 염주황기.

모감주나무(鄭, 1937) (무환자나무과 *Koelreuteria paniculata*) 무환자나무의 이명(鄭, 1942)으로도 사용. 〔이명〕 염주나무. 〔유래〕 전남 방언. 난수(欒樹), 보제수(菩堤樹), 난화(欒華). → 무환자나무.

모개사초(朴, 1949) (사초과) 인제사초의 이명. → 인제사초.

모과(鄭, 1937) (장미과) 모과나무의 이명. → 모과나무.

모과나무(鄭, 1942) (장미과 *Chaenomeles sinensis*) 〔이명〕 모과. 〔유래〕 목과(木瓜), 화리목(花梨木).

모기골(鄭, 1937) (사초과 *Bulbostylis barbata*) 〔이명〕 모기풀. 〔유래〕 식물체가 작은 것을 모기에 비유.

모기방동사니(李, 1980) (사초과 *Cyperus haspan*) 〔이명〕 모기방동산이, 연줄방동사니, 애기방동사니. 〔유래〕 작은(모기같이) 드렁방동산이라는 뜻의 일명.

모기방동산이(鄭, 1937) (사초과) 모기방동사니의 이명. → 모기방동사니.

모기쑥(朴, 1974) (국화과) 황해쑥의 이명. → 황해쑥.

모기풀(朴, 1949) (사초과) 모기골의 이명. → 모기골.

모니리백양(朴, 1949) (버드나무과) 미류의 이명. 〔유래〕 모닐리페라(*monilifera*)라는 학명(소종명). → 미류.

모니리페라포풀라(鄭, 1937) (버드나무과) 미류의 이명. 〔유래〕 모닐리페라(*monilifera*)라는 학명(소종명). → 미류.

모데미풀(李, 1969) (미나리아재비과 *Megaleranthis saniculifolia*) 〔이명〕 운봉금매화, 금매화아재비. 〔유래〕 기준표본이 채집된 경남 운봉 모데미(지리산)에 나는 풀.

모란(鄭, 1937) (작약과) 목단의 이명. 〔유래〕 목단(牧丹). 〔어원〕 목단→모란으로 변화(어원사전). → 목단.

모란바위솔(朴, 1949) (돌나물과 *Orostachys saxatilis*) 〔유래〕 평남 평양 모란대에 나는 바위솔.

모람(鄭, 1937) (뽕나무과 *Ficus oxyphylla*) 〔유래〕 제주 방언. 애파등(崖爬藤), 목만두(木饅頭).

모래나무(鄭, 1942) (포도과) 가마귀머루의 이명. 〔유래〕 가마귀머루의 경상 방언. → 가마귀머루.

모래냉이(壽, 1998) (십자화과 *Diplotaxis muralis*) 〔유래〕 모래땅에 나는 냉이.

모래덮쟁이(安, 1982) (국화과) 갯금불초의 이명. → 갯금불초.

모래땅씀바귀(安, 1982) (국화과) 냇씀바귀의 이명. 〔유래〕 모래땅에 나는 씀바귀. →

냇씀바귀.

모래별꽃(愚, 1996) (석죽과) 벼룩이자리의 이명. → 벼룩이자리.

모래사초(朴, 1949) (사초과 *Carex drymophila* v. *pilifera*) 좀보리사초의 이명(1949)으로도 사용. 〔이명〕 곱슬사초, 털잎사초. 〔유래〕 모래땅에 나는 사초. → 좀보리사초.

모래지치(鄭, 1937) (지치과 *Argusia sibirica*) 〔이명〕 갯모래지치. 〔유래〕 해안 모래밭에 나는 지치. 사인초(砂引草).

모련채(鄭, 1937) (국화과) 쇠서나물의 이명. → 쇠서나물.

모미지나무(鄭, 1942) (단풍나무과) 뜰단풍과 단풍나무(愚, 1996, 중국 옌벤 방언)의 이명. 〔유래〕 모미지 단풍이라는 뜻의 일명. → 뜰단풍, 단풍나무.

모밀(鄭, 1937) (여뀌과 *Fagopyrum esculentum*) 〔이명〕 뫼밀, 매물, 메밀. 〔유래〕 황해, 경북, 전북 방언. 교맥(蕎麥). 〔어원〕 뫼〔山〕+밀〔小麥〕. 뫼밀→메밀로 변화(어원사전).

모밀덩굴(朴, 1949) (여뀌과) 나도닭의덩굴의 이명. 〔유래〕 메밀 덩굴이라는 뜻의 일명. → 나도닭의덩굴.

모밀잣밤나무(鄭, 1937) (참나무과 *Castanopsis cuspidata*) 〔유래〕 제주 방언. 적가(赤柯), 가수(柯樹).

모새나무(鄭, 1937) (철쭉과 *Vaccinium bracteatum*) 〔유래〕 제주 방언. 다선목(茶仙木).

모새달(朴, 1949) (벼과 *Phacelurus latifolius*) 〔유래〕 모래(모새, 細沙)땅에 나는 달.

모새대싸리(愚, 1996) (명아주과) 장다리나물의 중국 옌벤 방언. → 장다리나물.

모새댑싸리(朴, 1949) (명아주과) 장다리나물의 이명. 〔유래〕 모새(세사)땅에 나는 댑싸리. → 장다리나물.

모새씀바귀(朴, 1949) (국화과) 가새씀바귀와 냇씀바귀(安, 1982)의 이명. → 가새씀바귀, 냇씀바귀.

모시(朴, 1949) (쐐기풀과) 모시풀의 이명. 〔유래〕 저마(苧麻). → 모시풀.

모시대(李, 1969) (초롱꽃과 *Adenophora remotiflora*) 〔이명〕 모시때, 모싯대, 그늘모시대, 모시잔대. 〔유래〕 미상. 제니(薺苨).

모시때(鄭, 1937) (초롱꽃과) 모시대의 이명. 〔유래〕 제니(薺苨). → 모시대.

모시물통이(鄭, 1937) (쐐기풀과 *Pilea mongolica*) 〔이명〕 푸른물풍뎅이, 푸른물퉁이. 〔유래〕 모시풀과 유사한 물통이. 투경냉수화(透莖冷水花).

모시잔대(永, 1996) (초롱꽃과) 모시대의 이명. → 모시대.

모시풀(鄭, 1937) (쐐기풀과 *Boehmeria nivea*) 왜모시풀(朴, 1949)과 섬모시풀(愚, 1996)의 이명으로도 사용. 〔이명〕 모시, 남모시풀. 〔유래〕 저마(苧麻), 저마근(苧麻根). → 왜모시풀, 섬모시풀.

모싯대(朴, 1949) (초롱꽃과) 모시대와 어저귀(아욱과, 鄭, 1949)의 이명. → 모시대, 어저귀.

모이대싸리(정 · 이, 1961) (갈매나무과) 망개나무의 이명. 〔유래〕 모이(산)에 나는 싸리라는 뜻의 충북 속리산 일원의 방언이나, 싸리와는 전혀 다른 식물이며, 싸리와 같이 잘 탄다는 데서 유래. → 망개나무.

목근(永, 1996) (아욱과) 무궁화의 이명. → 무궁화.

목근화(安, 1982) (아욱과) 무궁화의 이명. → 무궁화.

ㅁ

목단(鄭, 1937) (작약과 *Paeonia suffruticosa*) 〔이명〕 모란, 부귀화. 〔유래〕 목단(牧丹), 목단피(牧丹皮).

목단방풍(安, 1982) (산형과) 갯기름나물의 이명. → 갯기름나물.

목단풀(朴, 1949) (미나리아재비과) 조희풀의 이명. → 조희풀.

목란(愚, 1996) (목련과) 함박꽃나무의 북한 방언. → 함박꽃나무.

목련(鄭, 1937) (목련과 *Magnolia kobus*) 〔유래〕 목련(木蓮), 목란(木蘭), 신이(辛夷).

목백합(愚, 1996) (목련과) 튜울립나무의 이명. 〔유래〕 목백합(木百合). 이는 꽃의 모양에서 유래한 것이나 백합과는 전혀 다른 식물. → 튜울립나무.

목서(李, 1969) (물푸레나무과 *Osmanthus fragrans*) 〔이명〕 은목서, 목서나무. 〔유래〕 목서(木犀), 계화(桂花).

목서나무(愚, 1996) (물푸레나무과) 목서와 박달목서(1996)의 이명. → 목서, 박달목서.

목적(Mori, 1922) (속새과) 속새의 이명. 〔유래〕 목적(木賊). → 속새.

목적마황(안덕균, 1998) (마황과 *Ephedra equisetina*) 〔유래〕 쇠뜨기와 유사한 마황이라는 뜻의 학명. 목적마황(木賊麻黃), 마황(麻黃).

목통(鄭, 1937) (으름덩굴과) 으름덩굴의 이명. 〔유래〕 목통(木通). → 으름덩굴.

목포대극(朴, 1949) (대극과 *Euphorbia pekinensis* v. *subulatifolius*) 〔이명〕 목포버들옻. 〔유래〕 전남 목포(유달산)에 나는 대극.

목포버들옻(愚, 1996) (대극과) 목포대극의 중국 옌벤 방언. 〔유래〕 전남 목포에 나는 버들옻(대극). → 목포대극.

목포사초(朴, 1949) (사초과 *Carex genkaiensis*) 〔유래〕 전남 목포에 나는 사초.

목포용둥굴레(李, 1969) (백합과 *Polygonatum cryptanthum*) 〔이명〕 누른용둥굴레, 황용둥굴레. 〔유래〕 전남 목포(유달산)에 나는 용둥굴레.

목향(鄭, 1937) (국화과 *Inula helenium*) 목형(마편초과, 朴, 1949)과 덩굴장미(장미과, 愚, 1996, 중국 옌벤 방언)의 이명으로도 사용. 〔유래〕 목향(木香). → 목형, 덩굴장미.

목향장미(朴, 1949) (장미과) 덩굴장미의 이명. 〔유래〕 목향(木香) 장미라는 뜻의 일명. → 덩굴장미.

목형(李, 1966) (마편초과 *Vitex negundo* v. *cannabifolia*) 〔이명〕 목향, 애기순비기나무. 〔유래〕 모형(牡荊).

목화(鄭, 1937) (아욱과 *Gossypium arboreum* v. *indium*) 〔이명〕 면화, 미영, 재래면. 〔유래〕 목화(木花), 면화(棉花), 면화자(棉花子).

몬스테라(李, 1966) (천남성과 *Monstera deliciosa*) 〔유래〕 몬스테라(*Monstera*)라는 속명.

몬트부레치아(安, 1982) (붓꽃과 *Tritonia crocosmaeflora*) 〔유래〕 Montbretia.

못좇다래나무(鄭, 1942) (다래나무과) 개다래나무의 이명. 〔유래〕 개다래나무의 전남 방언. → 개다래나무.

몽고뽕나무(鄭, 1937) (뽕나무과 *Morus mongolica*) 〔이명〕 왕뽕나무, 큰몽고뽕나무, 몽골뽕나무. 〔유래〕 몽골에 나는 뽕나무라는 뜻의 학명 및 일명.

몽고쑥(朴, 1949) (국화과) 참쑥의 이명. 〔유래〕 몽골에 나는 쑥이라는 뜻의 학명. → 참쑥.

몽골뽕나무(愚, 1996) (뽕나무과) 몽고뽕나무의 북한 방언. → 몽고뽕나무.

몽올바늘꽃(朴, 1949) (바늘꽃과) 줄바늘꽃의 이명. → 줄바늘꽃.

몽울개현삼(朴, 1949) (현삼과) 몽울토현삼의 이명. → 몽울토현삼.

몽울난초(朴, 1949) (난초과) 개제비난의 이명. → 개제비난.

몽울란초(愚, 1996) (난초과) 개제비난의 중국 옌볜 방언. → 개제비난.

몽울토현삼(朴, 1974) (현삼과 *Scrophularia cephalantha*) 〔이명〕 몽울개현삼, 미륵개현삼, 통영현삼. 〔유래〕 화서가 짧아 몽울몽울한 두상(頭狀)을 하며 잎자루에 날개가 없다.

몽울풀(朴, 1949) (쐐기풀과 *Elatostema densiflora*) 〔이명〕 북천물통이, 복천물통이, 멍울풀, 멍울물통이. 〔유래〕 잎짬에 많은 작은 꽃이 구형으로 모여서 몽울이를 형성한다.

뫼가락풀(愚, 1996) (미나리아재비과) 묏꿩의다리의 북한 방언. 〔유래〕 뫼(산)에 나는 가락풀(꿩의다리). → 묏꿩의다리.

뫼꼬리풀(鄭, 1937) (현삼과) 지리산꼬리풀의 이명. 〔유래〕 뫼(산)에 나는 꼬리풀이라는 뜻의 일명. → 지리산꼬리풀.

뫼두릅나무(永, 1996) (두릅나무과) 독활의 북한 방언. → 독활.

뫼밀(鄭, 1949) (여뀌과) 모밀의 이명. → 모밀.

뫼밤나무(鄭, 1942) (참나무과) 산밤나무의 이명. → 산밤나무.

뫼산사나무(鄭, 1937) (장미과) 아광나무의 이명. 〔유래〕 심산에 나는 산사나무라는 뜻의 일명. → 아광나무.

뫼석송(朴, 1975) (석송과) 산석송의 이명. → 산석송.

뫼오랑캐(鄭, 1937) (제비꽃과) 뫼제비꽃의 이명. 〔유래〕 산에 나는 오랑캐꽃(제비꽃)

이라는 뜻의 일명. → 뫼제비꽃.

뫼제비꽃(鄭, 1949) (제비꽃과 *Viola selkirkii*) 〔이명〕 뫼오랑캐, 묏오랑캐, 멧제비꽃, 알록뫼제비꽃, 메제비꽃, 메오랑캐, 알룩메제비꽃, 산제비꽃. 〔유래〕 심산에 나는 제비꽃이라는 뜻의 일명. 자화지정(紫花地丁).

뫼찔광나무(愚, 1996) (장미과) 아광나무의 북한 방언. → 아광나무.

뫼풀사초(愚, 1996) (사초과) 묏풀사초의 중국 옌볜 방언. → 묏풀사초.

묏가락풀(永, 1996) (미나리아재비과) 묏꿩의다리의 북한 방언. 〔유래〕 묏(산) 가락풀(꿩의다리). → 묏꿩의다리.

ㅁ

묏가막살나무(朴, 1949) (인동과) 산가막살나무의 이명. → 산가막살나무.

묏개고사리(朴, 1949) (면마과) 두메개고사리의 이명. → 두메개고사리.

묏거자수(朴, 1949) (자작나무과) 좀고채목의 이명. → 좀고채목.

묏겨이삭(朴, 1949) (벼과) 산겨이삭의 이명. → 산겨이삭.

묏고사리삼(朴, 1949) (고사리삼과) 난쟁이고사리삼의 이명. → 난쟁이고사리삼.

묏꾸러미풀(愚, 1996) (벼과 *Poa deschampsioides*) 〔이명〕 묏꾸렘이풀, 두메포아풀, 좀새포아풀, 메꿰미풀. 〔유래〕 산에 나는 꾸러미풀.

묏꾸렘이풀(朴, 1949) (벼과) 묏꾸러미풀의 이명. → 묏꾸러미풀.

묏꿩의다리(鄭, 1949) (미나리아재비과 *Thalictrum sachalinense*) 〔이명〕 갈미꿩의다리, 산꿩의다리, 멧꿩의다리, 묏가락풀, 뫼가락풀. 〔유래〕 숲 속에 나는 꿩의다리라는 뜻의 일명.

묏꿩의비름(朴, 1949) (돌나물과) 큰기린초의 이명 → 큰기린초.

묏대추(鄭, 1937) (갈매나무과 *Zizyphus jujuba*) 〔이명〕 묏대추나무, 산대추나무, 살매나무, 메대추나무. 〔유래〕 야생 대추나무. 산조(酸棗), 산조인(酸棗仁).

묏대추나무(鄭, 1942) (갈매나무과) 묏대추의 이명. 〔유래〕 묏대추의 경기 방언. → 묏대추.

묏돔부(朴, 1949) (콩과) 두메자운의 이명. → 두메자운.

묏들쭉나무(朴, 1949) (철쭉과) 산들쭉나무의 이명. → 산들쭉나무.

묏물오리(朴, 1949) (자작나무과) 설령오리나무의 이명. 〔유래〕 심산에 나는 오리나무라는 뜻의 일명. → 설령오리나무.

묏미나리(鄭, 1937) (산형과 *Ostericum sieboldii*) 〔이명〕 멧미나리, 메미나리. 〔유래〕 산에 나는 미나리라는 뜻의 일명.

묏미역취(朴, 1949) (국화과) 큰미역취의 이명. → 큰미역취.

묏박달나무(朴, 1949) (자작나무과) 박달나무의 이명. → 박달나무.

묏박새(朴, 1949) (백합과) 박새의 이명. → 박새.

묏박쥐나물(朴, 1949) (국화과) 나래박쥐의 이명. 〔유래〕 귀 박쥐나물이라는 뜻의 일명. → 나래박쥐.

묏뱀고사리(朴, 1975) (면마과) 민개고사리의 이명. → 민개고사리.

묏범의꼬리(朴, 1949) (여뀌과) 참범꼬리의 이명. → 참범꼬리.

묏분취(朴, 1949) (국화과) 두메분취의 이명. 〔유래〕 심산에 나는 솜분취라는 뜻의 일명. → 두메분취.

묏삼잎석송(朴, 1949) (석송과) 개석송의 이명. → 개석송.

묏석송(朴, 1949) (석송과) 산석송의 이명. → 산석송.

묏속단(朴, 1949) (꿀풀과) 산속단의 이명. → 산속단.

묏속새(朴, 1949) (속새과) 물쇠뜨기의 이명. → 물쇠뜨기.

묏솜분취(愚, 1996) (국화과) 두메분취의 이명. → 두메분취.

묏억새(永, 1996) (벼과 *Miscanthus sinensis* v. *ionandros*) 〔유래〕 미상. 마디에 긴 연모가 있다.

묏염(朴, 1949) (백합과) 노랑부추의 이명. → 노랑부추.

묏오랑캐(朴, 1949) (제비꽃과) 뫼제비꽃과 각씨제비꽃(1949)의 이명. → 뫼제비꽃, 각씨제비꽃.

묏오이풀(朴, 1949) (장미과) 구름오이풀의 이명. → 구름오이풀.

묏장대(朴, 1949) (십자화과 *Arabis lyrata* v. *kamtschatica*) 〔이명〕 멧장대. 〔유래〕 산에 나는 장대라는 뜻의 일명.

묏참꽃나무(朴, 1949) (철쭉과) 좀참꽃나무의 이명. → 좀참꽃나무.

묏파(朴, 1949) (백합과) 산파의 이명. → 산파.

묏풀사초(朴, 1949) (사초과 *Carex capillaris*) 〔이명〕 메풀사초, 뫼풀사초. 〔유래〕 높은 산에 나는 풀사초라는 뜻의 일명.

묏할미꽃(朴, 1949) (미나리아재비과) 산할미꽃의 이명. 〔유래〕 심산에 나는 할미꽃이라는 뜻의 일명. → 산할미꽃.

묏홍괴불(朴, 1949) (인동과) 두메홍괴불나무의 이명. 〔유래〕 심산에 나는 홍괴불나무라는 뜻의 일명. → 두메홍괴불나무.

묏황기(朴, 1949) (콩과 *Hedysarum alpinum*) 〔이명〕 멧황기, 시베리아황기, 자주나도황기. 〔유래〕 고산에 나는 황기라는 뜻의 학명.

묘아자(鄭, 1942) (감탕나무과) 호랑가시나무의 이명. 〔유래〕 묘아자(猫兒刺). → 호랑가시나무.

묘아자나무(鄭, 1937) (감탕나무과) 호랑가시나무의 이명. → 호랑가시나무, 묘아자.

묘향분취(朴, 1949) (국화과 *Saussurea myokoensis*) 〔유래〕 평북 묘향산에 나는 분취라는 뜻의 학명 및 일명.

무(鄭, 1937) (십자화과) 무우의 이명. → 무우.

무강개발나물(朴, 1949) (산형과) 감자개발나물의 이명. → 감자개발나물.

무강바꽃(朴, 1949) (미나리아재비과) 투구꽃의 이명. → 투구꽃.

무강범의꼬리(朴, 1949) (여뀌과) 털씨범꼬리와 씨범꼬리(1974)의 이명. → 털씨범꼬리, 씨범꼬리.

무궁화(鄭, 1937) (아욱과 *Hibiscus syriacus*) 〔이명〕 무궁화나무, 목근화, 목근, 흰무궁화, 단심무궁화. 〔유래〕 무궁화(無窮花), 목근(木槿), 근화(槿花), 목근피(木槿皮), 순화(舜花).

무궁화나무(鄭, 1942) (아욱과) 무궁화의 이명. → 무궁화.

무궁화종덩굴(鄭, 1942) (미나리아재비과) 검은종덩굴의 이명. 〔유래〕 무궁화 종덩굴이라는 뜻의 일명. → 검은종덩굴.

ㅁ

무늬꽃아욱(愚, 1996) (쥐손이풀과) 무늬제라늄의 북한 방언. 〔유래〕 무늬가 있는 꽃아욱(제라늄). → 무늬제라늄.

무늬둥굴레(永, 1996) (백합과 *Polygonatum odoratum* v. *pluriflorum* f. *variegatum*) 〔유래〕 잎 가장자리에 흰 무늬가 있는 둥굴레라는 뜻의 학명. 옥죽(玉竹).

무늬사철사초(李, 2003) (사초과 *Carex morrowii* f. *expallida*) 〔유래〕 잎에 무늬가 있는 사철사초.

무늬사초(朴, 1949) (사초과 *Carex maculata*) 〔이명〕 문이사초, 얼룩사초. 〔유래〕 잎에 반점이 있는 사초라는 뜻의 학명.

무늬점박이천남성(安, 1982) (천남성과) 점백이천남성의 이명. → 점백이천남성.

무늬제라늄(李, 1969) (쥐손이풀과 *Pelargonium zonale*) 〔이명〕 문이제라니움, 문이양아욱, 무늬꽃아욱, 제라니움. 〔유래〕 잎에 무늬(반문)가 있는 제라늄이라는 뜻의 학명.

무늬족도리풀(永, 1996) (쥐방울과 *Asarum versicolor*) 〔이명〕 진동족도리풀. 〔유래〕 잎에 무늬가 있는 족도리풀이라는 뜻의 학명.

무늬좀꿩의다리(安, 1982) (미나리아재비과) 좀꿩의다리의 이명. 〔유래〕 무늬가 있는 좀꿩의다리라는 뜻의 학명. → 좀꿩의다리.

무늬지리대사초(永, 1996) (사초과 *Carex okamotoi* f. *variegata*) 〔유래〕 잎에 무늬가 있는 지리대사초라는 뜻의 학명.

무늬천남성(李, 1969) (천남성과 *Arisaema thunbergii*) 〔이명〕 대둔천남성, 두메천남성. 〔유래〕 무늬가 있는 천남성.

무데기골무꽃(愚, 1996) (꿀풀과) 다발골무꽃의 중국 옌볜 방언. 〔유래〕 무더기(무데기)로 모여나는 골무꽃. → 다발골무꽃.

무등고랭이(永, 1996) (사초과) 무등풀의 이명. → 무등풀.

무등율무꽃(安, 1982) (사초과) 무등풀의 이명. 〔유래〕 전남 무등산에 나는 율무꽃(너도고랭이)이라는 뜻의 학명 및 일명. → 무등풀.

무등풀(李, 1969) (사초과 *Scleria mutoensis*) 〔이명〕 무등율무꽃, 무등고랭이. 〔유래〕 무등산에 나는 풀이라는 뜻의 학명 및 일명.

무룬나무(鄭, 1942) (노박덩굴과) 사철나무의 이명. 〔유래〕 사철나무의 전북 어청도 방언. → 사철나무.

무른나무(安, 1982) (노박덩굴과) 사철나무의 이명. → 사철나무.

무른사철나무(安, 1982) (노박덩굴과) 사철나무의 이명. → 사철나무.

무릅꼬리풀(愚, 1996) (쥐꼬리망초과) 쥐꼬리망초의 북한 방언. → 쥐꼬리망초.

무릇(鄭, 1937) (백합과 *Scilla sinensis*) 〔이명〕 물구, 물굿, 물구지. 〔어원〕 물웃→무릇으로 변화(어원사전). 면조아(綿棗兒).

무산곰취(李, 1969) (국화과) 가새곰취의 이명. 〔유래〕 함북 무산에 나는 곰취. → 가새곰취.

무산사상자(永, 1996) (산형과) 무산상자의 이명. → 무산상자.

무산사초(李, 1969) (사초과 *Carex arnellii*) 해산사초의 이명(1969)으로도 사용. 〔이명〕 풍경사초. 〔유래〕 함북 무산에 나는 사초. → 해산사초.

무산상자(李, 1980) (산형과 *Sphallerocarpus gracilis*) 〔이명〕 무산사상자, 북물생치. 〔유래〕 함북 무산에 나고 별사상자와 유사.

무수해(永, 1996) (국화과) 산골취의 북한 방언. → 산골취.

무시(朴, 1949) (십자화과) 무우의 이명. 〔유래〕 무우의 전라, 경상 방언. → 무우.

무아재비(永, 1996) (십자화과) 무우아재비의 이명. → 무우아재비.

무엽난초(朴, 1949) (난초과) 애기무엽란의 이명. → 애기무엽란.

무엽란(李, 1969) (난초과 *Lecanorchis japonica*) 〔유래〕 잎이 없는 난초라는 뜻의 일명.

무엽란초(愚, 1996) (난초과) 애기무엽란의 중국 옌볜 방언. → 애기무엽란.

무우(鄭, 1937) (십자화과 *Raphanus sativus*) 〔이명〕 무, 무시. 〔유래〕 나복(蘿菖), 나복자(蘿蔔子), 내복(萊菔), 노복(蘆菔), 청근(菁根).

무우아재비(鄭, 1937) (십자화과 *Raphanus sativus* f. *raphanistroides*) 〔이명〕 갯무, 무아재비. 〔유래〕 무우의 야생종.

무재작이(鄭, 1942) (자작나무과) 거제수나무의 이명. 〔유래〕 거제수나무의 강원 방언. → 거제수나무.

무점가막살나무(李, 1966) (인동과) 산가막살나무의 이명. 〔유래〕 산가막살나무에 비해 잎 뒤에 선점이 없다. → 산가막살나무.

무주나무(李, 2003) (꼭두선이과 *Lasianthus japonicus*) 〔유래〕 수정목과 유사하나 단지가 없고 뿌리가 염주같이 굵어지지 않는다.

무치러기나무(鄭, 1942) (차나무과) 사스레피나무의 이명. 〔유래〕 사스레피나무의 전남 방언. → 사스레피나무.

무화과(李, 1966) (뽕나무과) 무화과나무의 이명. 〔유래〕 무화과(無花果). → 무화과나무.

무화과나무(鄭, 1937) (뽕나무과 *Ficus carica*) 〔이명〕 무화과. 〔유래〕 무화과(無花果)라는 뜻의 학명. 꽃이 없는 것이 아니라, 꽃이 씨방 속에 있어 보이지 않는 것이다.

무환자나무(鄭, 1937) (무환자나무과 *Sapindus mukorossi*) 〔이명〕 모감주나무. 〔유래〕 무환자(無患子).

묵개대황(朴, 1974) (여뀌과) 토대황의 이명. → 토대황.

묵국화(朴, 1949) (국화과) 갯쑥부쟁이의 이명. → 갯쑥부쟁이.

묵다래나무(朴, 1949) (다래나무과) 개다래나무의 이명. → 개다래나무.

묵바래기(朴, 1949) (벼과) 나도바랭이의 이명. → 나도바랭이.

묵밭소루쟁이(鄭, 1937) (여뀌과) 묵밭소리쟁이의 이명. 〔유래〕 묵밭에 나는 소루쟁이(소리쟁이). → 묵밭소리쟁이.

묵밭소리장이(永, 1996) (여뀌과) 묵밭소리쟁이의 이명. → 묵밭소리쟁이.

묵밭소리쟁이(鄭, 1949) (여뀌과 *Rumex conglomeratus*) 〔이명〕 묵밭소루쟁이, 묵밭소리장이, 묵밭송구지. 〔유래〕 묵밭에 나는 소리쟁이.

묵밭송구지(愚, 1996) (여뀌과) 묵밭소리쟁이의 이명. 〔유래〕 묵밭에 나는 송구지(소리쟁이). → 묵밭소리쟁이.

묵새(朴, 1949) (벼과) 왕김의털아재비의 이명. → 왕김의털아재비.

문모초(朴, 1949) (현삼과 *Veronica peregrina*) 〔이명〕 벌레풀, 털문모초. 〔유래〕 문모초(蚊母草).

문배(朴, 1949) (장미과) 콩배나무와 문배나무(永, 1996)의 이명. → 콩배나무, 문배나무.

문배나무(李, 1966) (장미과 *Pyrus ussuriensis* v. *seoulensis*) 〔이명〕 문배. 〔유래〕 미상. 산리(山梨).

문수조릿대(永, 1998) (벼과 *Arundinaria munsuensis*) 〔유래〕 지리산 문수골에서 발견된 조릿대. 줄기가 가늘고 절간이 길며 엽이(葉耳)에 곧은 강모가 있다.

문이사초(朴, 1949) (사초과) 무늬사초의 이명. → 무늬사초.

문이양아욱(朴, 1949) (쥐손이풀과) 무늬제라늄의 이명. 〔유래〕 무늬가 있는 양아욱(제라늄). → 무늬제라늄.

문이제라니움(朴, 1949) (쥐손이풀과) 무늬제라늄의 이명. → 무늬제라늄.

문주란(朴, 1949) (수선화과 *Crinum asiaticum* v. *japonicum*) 〔이명〕 문주화. 〔유래〕 문주란(文珠蘭), 나군대(羅裙帶).

문주화(鄭, 1949) (수선화과) 문주란의 이명. → 문주란.

문채개올미(朴, 1949) (사초과) 너도고랭이의 이명. → 너도고랭이.

물가래(朴, 1949) (흑삼능과) 좁은잎흑삼능의 이명. → 좁은잎흑삼능.

물가리(鄭, 1942) (참나무과) 물참나무의 이명. 〔유래〕 물참나무의 제주 방언. → 물참나무.

물가리나무(鄭, 1942) (참나무과) 신갈나무(강원 방언)와 물참나무(朴, 1949)의 이명. → 신갈나무, 물참나무.

물간두(鄭, 1942) (철쭉과) 산매자나무의 이명. → 산매자나무.

물갈나무(鄭, 1937) (참나무과) 신갈나무의 이명. → 신갈나무.

물갈참나무(鄭, 1942) (참나무과) 굴참나무의 이명. → 굴참나무.

물개고사리(朴, 1949) (면마과) 골개고사리와 개고사리(朴, 1961)의 이명. → 골개고사리, 개고사리.

물개구리밥(朴, 1949) (물개구리밥과 *Azolla imbricata*) 〔이명〕 만강홍. 〔유래〕 만강홍(滿江紅).

물개구리연(朴, 1949) (수련과) 왜개연꽃의 이명. → 왜개연꽃.

물개발나물(朴, 1949) (산형과 *Sium suave* v. *nipponicum*) 〔이명〕 넓은잎개발나물. 〔유래〕 물이 있는 저습지에 나는 개발나물이라는 뜻의 일명.

물개암나무(鄭, 1937) (자작나무과 *Corylus sieboldiana* v. *mandshurica*) 난티잎개암나무의 이명(1942, 황해 방언)으로도 사용. 〔이명〕 물깨금나무, 물갬달나무. 〔유래〕 호진자(胡榛子). → 난티잎개암나무.

물갬나무(鄭, 1942) (자작나무과 *Alnus hirsuta* v. *sibirica*) 〔이명〕 물오리나무, 물박달. 〔유래〕 경기 방언. 색적양(色赤楊), 각진(角榛).

물갬달나무(鄭, 1942) (자작나무과) 물개암나무의 이명. → 물개암나무.

물겨풀(安, 1982) (벼과) 나도겨풀의 이명. → 나도겨풀.

물고랭이(鄭, 1949) (사초과 *Scirpus nipponicus*) 〔이명〕 물돗자리골. 〔유래〕 미즈이(물골풀)(ミズイ)라는 일명.

물고사리(朴, 1949) (물고사리과 *Ceratopteris thalictroides*) 〔유래〕 물에 나는 고사리라는 뜻의 일명.

물고추나물(朴, 1949) (물레나물과 *Triadenum japonicum*) 〔이명〕 가는잎고추나물, 물레나물아재비, 물레나물. 〔유래〕 한국에 나는 물 고추나물이라는 뜻의 일명.

물골취(鄭, 1949) (국화과 *Saussurea stenolepis*) 〔이명〕 쇠분취. 〔유래〕 다니(골짜기)히고타이(タニヒゴタイ)라는 일명.

물골풀(鄭, 1949) (골풀과 *Juncus gracillimus*) 〔이명〕 개골풀. 〔유래〕 흙탕물에 나는 골풀이라는 뜻의 일명.

물괴불나무(愚, 1996) (인동과) 물앵도나무의 중국 옌볜 방언. → 물앵도나무.

물구(朴, 1949) (백합과) 산자고와 무릇(安, 1982)의 이명. → 산자고, 무릇.

물구지(愚, 1996) (백합과) 무릇의 북한 방언. → 무릇.

물굿(安, 1982) (백합과) 산자고와 무릇(1982)의 이명. → 산자고, 무릇.

물까지꽃(朴, 1949) (현삼과) 큰물칭개나물의 이명. 〔유래〕 수파채(水婆菜). → 큰물칭개나물.

물까치수염(鄭, 1949) (앵초과 *Lysimachia leucantha*) 〔이명〕 불까치수염, 물까치수영, 좁은잎물까치수염. 〔유래〕 물이나 저습지에 나는 까치수염이라는 뜻의 일명.

물까치수영(李, 1969) (앵초과) 물까치수염의 이명. → 물까치수염.

물깜싸리(朴, 1974) (콩과) 낭아초의 이명. → 낭아초.

물깨금나무(鄭, 1942) (자작나무과) 물개암나무(평북, 강원 방언)와 층층나무(층층나무과, 1942, 평북 방언)의 이명. → 물개암나무, 층층나무.

물꼬리아재비(朴, 1949) (현삼과) 물꽈리아재비의 이명. 〔유래〕 물꽈리아재비의 오기(誤記). → 물꽈리아재비.

물꼬리풀(李, 1969) (꿀풀과 *Eusteralis stellata*) 전주물꼬리풀(朴, 1974)과 물칭개나물(현삼과, 1974)의 이명으로도 사용. 〔이명〕 왕꼬리풀. 〔유래〕 물에 자라는 꼬리풀이라는 뜻. → 전주물꼬리풀, 물칭개나물.

물꼬챙이(鄭, 1937) (사초과) 물꼬챙이골의 이명. 〔유래〕 늪에 나는 바늘골이라는 뜻의 일명. → 물꼬챙이골.

물꼬챙이골(鄭, 1949) (사초과 *Eleocharis mamillata* v. *cyclocarpa*) 〔이명〕 물꼬챙이, 큰바늘골. 〔유래〕 물(늪)에 나는 바늘골이라는 뜻의 일명.

물꽈리아재비(鄭, 1937) (현삼과 *Mimulus nepalensis*) 〔이명〕 물꼬리아재비. 〔유래〕 미조(물가)호즈키(ミゾホオズキ)라는 일명.

물꿩의다리(愚, 1996) (미나리아재비과) 꼭지연잎꿩의다리의 중국 옌볜 방언. → 꼭지연잎꿩의다리.

물냉이(朴, 1949) (십자화과 *Nasturtium officinale*) 〔유래〕 물이나 습지에 나는 냉이.

물냉이아재비(安, 1982) (현삼과) 큰물칭개나물의 이명. → 큰물칭개나물.

물네나물(鄭, 1937) (물레나물과) 물레나물의 이명. → 물레나물.

물달개비(鄭, 1937) (물옥잠과 *Monochoria vaginalis* v. *plantaginea*) 〔이명〕 물닭개비. 〔유래〕 미즈(물)나기(ミズナギ)라는 일명. 곡초(蔛草).

물닭개비(李, 1969) (물옥잠과) 물달개비의 이명. → 물달개비.

물대(朴, 1949) (벼과 *Arundo donax*) 〔이명〕 시내대, 왕갈대, 옹진갈. 〔유래〕 바닷가 모래땅에 나는 갈대.

물돗자리골(朴, 1949) (사초과) 물고랭이의 이명. → 물고랭이.

물들메나무(李, 1966) (물푸레나무과) 물푸레들메나무의 이명. 〔유래〕 물푸레들메나무의 축소형. → 물푸레들메나무.

물뚝새(永, 1966) (벼과 *Sacciolepis indica* v. *oryzetorum*) 〔이명〕 물뚝새풀, 큰이삭피. 〔유래〕 물뚝(논뚝)에 난다.

물뚝새풀(鄭, 1949) (벼과) 물뚝새의 이명. → 물뚝새.

물레나물(鄭, 1949) (물레나물과 *Hypericum ascyron*) 물고추나물(愚, 1996, 중국 옌볜 방언)과 북점나도나물(석죽과, 朴, 1949)의 이명으로도 사용. 〔이명〕 물네나물,

애기물네나물, 애기물레나물, 큰물네나물, 큰물레나물, 매대채, 좀물레나물, 긴물레나물. 〔유래〕 꽃의 모양을 물레에 비유. 금사도(金絲桃), 조선장주금사도(朝鮮長柱金絲桃), 홍한련(紅旱蓮). → 물고추나물, 북점나도나물.

물레나물아재비(朴, 1974) (물레나물과) 물고추나물의 이명. 〔유래〕 물레나물과 유사. → 물고추나물.

물마디꽃(鄭, 1937) (부처꽃과 *Rotala littorea*) 〔이명〕 물마디풀, 개마디꽃. 〔유래〕 물에 나는 마디꽃이라는 뜻의 일명.

물마디풀(朴, 1974) (부처꽃과) 물마디꽃의 이명. 〔유래〕 물에 나는 마디풀(마디꽃). → 물마디꽃.

물마름(朴, 1949) (마름과) 전주마름의 이명. → 전주마름

물망초(朴, 1974) (지치과 *Myosotis alpestris*) 〔유래〕 물망초(勿忘草).

물망풀(愚, 1996) (쥐꼬리망초과) 물잎풀의 중국 옌볜 방언. → 물잎풀.

물매화(朴, 1974) (범의귀과) 물매화풀의 이명. → 물매화풀.

물매화풀(鄭, 1937) (범의귀과 *Parnassia palustris*) 〔이명〕 물매화, 풀매화. 〔유래〕 우메바치소(ウメバチソウ, 梅鉢草)라는 일명. 매화초(梅花草).

물머위(朴, 1949) (국화과) 진득찰아재비의 이명. → 진득찰아재비.

물명꽃나무(朴, 1949) (인동과) 붉은병꽃나무의 이명. 〔유래〕 물병꽃나무의 오기. → 붉은병꽃나무.

물미나리아재비(愚, 1996) (미나리아재비과 *Ranunculus gmelini*) 〔이명〕 구메리미나리아재비. 〔유래〕 물에 나며 미나리아재비와 유사.

물바늘골(鄭, 1949) (사초과) 바늘골의 이명. 〔유래〕 미즈(물)히키(ミズヒキイ)라는 일명. → 바늘골.

물박달(鄭, 1942) (자작나무과) 개박달나무(경기 방언)와 까치박달(1942, 평북 방언), 물갬나무(1942, 경북 방언), 쪽동백(때죽나무과, 1942, 경남 방언)의 이명. → 개박달나무, 까치박달, 물갬나무, 쪽동백.

물박달나무(鄭, 1937) (자작나무과 *Betula davurica*) 쪽동백의 이명(때죽나무과, 安, 1982)으로도 사용. 〔이명〕 째작나무, 사스래나무. 〔유래〕 황해 방언. 소단목(小檀木), 흑화(黑樺). → 쪽동백.

물밤송이(朴, 1949) (사초과) 한라골풀아재비의 이명. 〔유래〕 과실 이삭의 모습을 밤송이에 비유. → 한라골풀아재비.

물방동사니(李, 1980) (사초과 *Cyperus glomeratus*) 〔이명〕 물방동산이, 진들방동산이, 흐리방동사니. 〔유래〕 물(늪)에 나는 방동사니라는 뜻의 일명.

물방동산이(鄭, 1949) (사초과) 물방동사니의 이명. → 물방동사니.

물방망이(愚, 1996) (국화과) 솜쑥방망이의 북한 방언. → 솜쑥방망이.

물방치나무(鄭, 1942) (장미과) 팥배나무의 이명. 〔유래〕 팥배나무의 황해 방언. → 팥

배나무.

물배추(朴, 1949) (자라풀과) 물질경이의 이명. 〔유래〕 물속에 나는 형체를 배추에 비유. → 물질경이.

물뱀고사리(李, 1976) (면마과 *Athyrium fallaciosum*) 〔이명〕 북도뱀고사리, 산뱀고사리. 〔유래〕 물(계곡 습지)에 나는 뱀고사리.

물버들풀(愚, 1996) (쥐꼬리망초과) 물잎풀의 북한 방언. → 물잎풀.

물벼룩알(安, 1982) (현삼과) 진땅고추풀의 이명. → 진땅고추풀.

물벼룩이자리(朴, 1949) (물별과 *Elatine triandra*) 〔이명〕 물별, 개물별꽃. 〔유래〕 미조(개천)하코베(ミゾハコベ)라는 일명.

물별(鄭, 1949) (물별과 *Elatine triandra* v. *pedicellata*) 물벼룩이자리의 이명(李, 1969)으로도 사용. 〔유래〕 미상. → 물벼룩이자리.

물별꽃(朴, 1974) (바늘꽃과) 눈여뀌바늘의 이명. → 눈여뀌바늘.

물별꽃아재비(安, 1982) (바늘꽃과) 눈여뀌바늘의 이명. → 눈여뀌바늘.

물별이끼(鄭, 1949) (별이끼과 *Callitriche palustris*) 〔이명〕 물자리풀, 긴잎별이끼. 〔유래〕 미즈(물)하코베(ミズハコベ)라는 일명.

물병개암나무(朴, 1949) (자작나무과) 참개암나무의 이명. 〔유래〕 총포가 길게 자라서 물병같이 된 개암나무. → 참개암나무.

물병꽃나무(朴, 1949) (인동과) 붉은병꽃나무의 이명. 〔유래〕 긴 화통(花筒)을 물병에 비유. → 붉은병꽃나무.

물봉선(鄭, 1937) (봉선화과 *Impatiens textori*) 〔이명〕 물봉숭, 물봉숭아. 〔유래〕 물가(산간 습지)에 나는 봉선화. 야봉선화(野鳳仙花).

물봉숭(安, 1982) (봉선화과) 물봉선의 이명. → 물봉선.

물봉숭아(愚, 1996) (봉선화과) 물봉선(북한 방언)과 가야물봉선(중국 옌볜 방언)의 이명. → 물봉선, 가야물봉선.

물부추(李, 1969) (물부추과 *Isoetes japonica*) 〔이명〕 물솔. 〔유래〕 물속에 나는 부추라는 뜻의 일명에서 유래했으나, 본품의 외형은 부추와 유사하지만 부추와는 전혀 다른 양치식물.

물비비추(愚, 1996) (백합과) 산옥잠화의 북한 방언. → 산옥잠화.

물뿌리나무(鄭, 1942) (노박덩굴과) 참빗살나무의 이명. 〔유래〕 참빗살나무의 전북 어청도 방언. → 참빗살나무.

물사갓사초(李, 1969) (사초과 *Carex rostrata* v. *borealis*) 〔유래〕 물(습지나 늪)에 나는 사초라는 뜻의 일명.

물사초(朴, 1949) (사초과 *Carex rotundata*) 〔유래〕 작은 물(늪)에 나는 사초라는 뜻의 일명.

물삭갓사초(朴, 1949) (사초과) 큰물사갓사초의 이명. → 큰물사갓사초.

물석송(朴, 1961) (석송과 *Lycopodium cernuum*) 〔이명〕 땅석송. 〔유래〕 미즈(물이 나는 저습지)스기(ミズスギ)라는 일명.

물속새(鄭, 1949) (속새과 *Equisetum fluviatile*) 〔이명〕 개물쇠뜨기, 쇠물속새. 〔유래〕 물에 나는 속새라는 뜻의 학명 및 일명.

물솔(朴, 1949) (물부추과) 물부추의 이명. → 물부추.

물솔잎(鄭, 1970) (부처꽃과 *Rotala pusilla*) 〔이명〕 가는마디꽃, 가는마디풀. 〔유래〕 물(습지)에 나는 솔잎이라는 뜻의 일명.

물솜방망이(李, 1969) (국화과) 솜쑥방망이의 이명. 〔유래〕 물(습지)에 나는 솜방망이. → 솜쑥방망이.

물송구지(愚, 1996) (여뀌과) 토대황의 북한 방언. → 토대황.

물쇠뜨기(鄭, 1949) (속새과 *Equisetum pratense*) 〔이명〕 뫼속새. 〔유래〕 물가(늪의 습지)에 나는 쇠뜨기라는 뜻의 일명.

물수세미(鄭, 1937) (개미탑과 *Myriophyllum verticillatum*) 〔이명〕 붕어풀, 금붕어풀. 〔유래〕 식물체가 물속에 있는 모습이 수세미와 유사.

물신갈나무(鄭, 1949) (참나무과) 신갈나무의 이명. → 신갈나무.

물싸리(鄭, 1937) (장미과 *Potentilla fruticosa* v. *rigida*) 〔유래〕 함남 방언. 금랍매(金蠟梅).

물싸리풀(鄭, 1949) (장미과 *Potentilla bifurca* v. *glabrata*) 〔이명〕 풀매화, 풀물싸리. 〔유래〕 초본성 물싸리라는 뜻의 일명.

물쑥(鄭, 1937) (국화과 *Artemisia selengensis*) 〔이명〕 뿔쑥. 〔유래〕 물가에 나는 쑥. 누호(蔞蒿).

물쑥갓(永, 1996) (국화과) 대룡국화의 이명. → 대룡국화.

물안포기나무(鄭, 1942) (감탕나무과) 대팻집나무의 이명. 〔유래〕 대팻집나무의 중부 이남 방언. → 대팻집나무.

물알까치밥나무(愚, 1996) (범의귀과) 구우즈베리의 중국 옌볜 방언. → 구우즈베리.

물앵도나무(鄭, 1937) (인동과 *Lonicera ruprechtiana*) 섬괴불나무(1942)와 산앵도나무(철쭉과, 1942, 강원 방언), 팥배나무(장미과, 1942, 전남 방언)의 이명으로도 사용. 〔이명〕 털괴불, 털괴불나무, 물괴불나무. 〔유래〕 미상. 융모표단목(絨毛瓢簞木). → 섬괴불나무, 산앵도나무, 팥배나무.

물앵두(朴, 1949) (장미과) 이스라지나무의 이명. → 이스라지나무.

물앵두나무(愚, 1996) (철쭉과) 산앵도나무의 중국 옌볜 방언. → 산앵도나무.

물양지꽃(鄭, 1949) (장미과 *Potentilla cryptotaeniae*) 〔이명〕 세잎딱지, 세잎물양지꽃. 〔유래〕 물(습지)에 나는 양지꽃. 지봉자(地蜂子).

물억새(鄭, 1937) (벼과 *Miscanthus sacchariflorus*) 〔이명〕 큰억새. 〔유래〕 물가에 나는 억새. 적(荻), 파모근(巴茅根).

물엉겅퀴(李, 1969) (국화과 *Cirsium nipponicum*) 〔이명〕 섬엉겅퀴, 울릉엉겅퀴. 〔유래〕 미상. 대계(大薊).

물여뀌(鄭, 1949) (여뀌과 *Persicaria amphibia*) 〔이명〕 개구리낚시, 땅물여뀌. 〔유래〕 물에 나는 여뀌라는 뜻의 일명.

물오리나무(李, 1966) (자작나무과 *Alnus hirsuta*) 물갬나무의 이명(鄭, 1937, 함북 방언)으로도 사용. 〔이명〕 털물오리나무, 산오리나무, 산오리, 민물오리나무, 참오리나무. 〔유래〕 미상. 鄭(1937)의 물오리나무는 학명 적용에 문제가 있다. → 물갬나무.

물옥잠(鄭, 1937) (물옥잠과 *Monochoria korsakowii*) 〔유래〕 미즈(물)아오이(ミズアオイ)라는 일명. 우구화(雨久花), 우구(雨韭).

물외(鄭, 1937) (박과) 오이와 돌외(李, 1969)의 이명. → 오이, 돌외.

물이삭새(朴, 1949) (벼과) 진퍼리새의 이명. 〔유래〕 누마(늪)가야(ヌマガヤ)라는 일명. → 진퍼리새.

물잎풀(李, 1969) (쥐꼬리망초과 *Hygrophila salicifolia*) 〔이명〕 망초, 꽃망초, 물버들풀, 물망풀. 〔유래〕 미상.

물자리풀(朴, 1949) (별이끼과) 물별이끼의 이명. → 물별이끼.

물자작나무(鄭, 1937) (자작나무과) 거제수나무의 이명. → 거제수나무.

물잔디(朴, 1949) (벼과 *Pseudoraphis ukishiba*) 〔이명〕 선물잔디. 〔유래〕 우키시바(ウキシバ)라는 일명.

물조팝나무(朴, 1949) (장미과) 참조팝나무의 이명. → 참조팝나무.

물지채(鄭, 1949) (지채과 *Triglochin palustre*) 〔이명〕 솔장포. 〔유래〕 물(소택지)에 나는 지채라는 뜻의 학명.

물질경이(鄭, 1937) (자라풀과 *Ottelia alismoides*) 〔이명〕 물배추. 〔유래〕 물속에 나는 질경이라는 뜻의 일명이나, 질경이와는 전혀 다른 식물. 용설초(龍舌草).

물참나무(鄭, 1937) (참나무과 *Quercus mongolica* v. *crispula*) 〔이명〕 물가리, 소리나무, 물가리나무, 털깃옷신갈. 〔유래〕 미즈(물)나라(ミズナラ)라는 일명. 상자(橡子).

물참대(鄭, 1942) (범의귀과 *Deutzia glabrata*) 아구장나무의 이명(1942, 강원 방언)으로도 사용. 〔이명〕 댕강말발도리, 댕강목. 〔유래〕 강원 방언. 조선매수소(朝鮮梅溲疏). → 아구장나무.

물참새피(壽, 1995) (벼과 *Paspalum distichum*) 〔유래〕 습지에 나는 참새피.

물챙이자리(愚, 1996) (자라풀과) 올챙이자리의 북한 방언. → 올챙이자리.

물철쭉(愚, 1996) (철쭉과) 산철쭉의 이명. 〔유래〕 강원 춘천 지역 방언. 물가에 많이 나는 철쭉. → 산철쭉.

물칭개꼬리풀(愚, 1996) (현삼과) 큰물칭개나물의 북한 방언. → 큰물칭개나물.

물칭개나물(鄭, 1937) (현삼과 *Veronica undulata*) 큰물칭개나물의 이명(愚, 1996, 중국 옌벤 방언)으로도 사용. 〔이명〕 물꼬리풀. 〔유래〕 미상. → 큰물칭개나물.

물택사(朴, 1949) (택사과) 택사의 이명. → 택사.

물통이(鄭, 1949) (쐐기풀과 *Pilea peploides*) 〔이명〕 물퉁이, 물풍뎅이. 〔유래〕 미상.

물퉁이(鄭, 1937) (쐐기풀과) 물통이의 이명. → 물통이.

물포아풀(安, 1982) (벼과) 눈포아풀의 이명. → 눈포아풀.

물푸레나무(鄭, 1937) (물푸레나무과 *Fraxinus rhynchophylla*) 〔이명〕 쉬청나무, 떡물푸레나무, 광능물푸레나무, 민물푸레나무, 광릉물푸레. 〔유래〕 침목(梣木), 수창목(水倉木), 진피(秦皮).

ㅁ

물푸레들메나무(鄭, 1942) (물푸레나무과 *Fraxinus chiisanensis*) 〔이명〕 긴잎물푸레들메나무, 지이산물푸레, 긴잎지이물푸레, 물들메나무, 지리산물푸레나무, 긴지리산물푸레나무. 〔유래〕 물푸레나무와 들메나무의 잡종.

물풀(朴, 1949) (바늘꽃과) 여뀌바늘의 이명. → 여뀌바늘.

물풍뎅이(朴, 1949) (쐐기풀과) 물통이의 이명. → 물통이.

물피(愚, 1996) (벼과) 개피의 중국 옌벤 방언. → 개피.

물황철(鄭, 1937) (버드나무과 *Populus koreana*) 황철나무의 이명(1942, 함남 방언)으로도 사용. 〔이명〕 황철나무, 향황털나무, 물황철나무, 향털나무. 〔유래〕 강원 방언. → 황철나무.

물황철나무(李, 1966) (버드나무과) 물황철의 이명. → 물황철.

뭇꼬리사초(愚, 1996) (사초과) 가지청사초의 중국 옌벤 방언. → 가지청사초.

뭉치쉽싸리(安, 1982) (꿀풀과) 혹쉽싸리의 이명. → 혹쉽싸리.

미국가막사리(李, 1969) (국화과 *Bidens frondosa*) 〔이명〕 미국가막살이. 〔유래〕 미국 원산의 가막사리.

미국가막살이(壽, 1995) (국화과) 미국가막사리의 이명. → 미국가막사리.

미국개기장(李, 1969) (벼과 *Panicum dichotomiflorum*) 〔유래〕 미국 원산의 개기장.

미국개나리(永, 1996) (물푸레나무과 *Forsythia intermedia*) 〔유래〕 미국 산 개나리. 중국산 의성개나리와 *Forsythia suspensa*의 원예 교잡종.

미국개오동(朴, 1949) (능소화과 *Catalpa bignonioides*) 〔유래〕 미국 원산인 개오동.

미국까마중(壽, 1995) (가지과 *Solanum americanum*) 〔유래〕 American black 및 미국 까마중(가마중)이라는 뜻의 일명. 가마중에 비해 잎이 자루로 흘러내리지 않는다.

미국꽃말이(壽, 1999) (지치과 *Amsinckia lycopsoides*) 〔유래〕 미국 원산의 꽃말이.

미국나팔꽃(임 · 전, 1980) (메꽃과 *Ipomoea hederacea*) 〔이명〕 담장나팔꽃. 〔유래〕 미국에 나는 나팔꽃이라는 뜻의 일명. 잎이 장상심열하고 전주에 털이 많다.

미국담쟁이덩굴(李, 1980) (포도과 *Parthenocissus quinquefolia*) 〔이명〕 양담쟁이,

양담쟁이덩굴. 〔유래〕 미국 원산의 담쟁이덩굴이라는 뜻의 일명.

미국등골나물(永, 1996) (국화과 *Eupatorium aromaticum*) 〔유래〕 미국 원산의 등골나물.

미국물푸레(鄭, 1942) (물푸레나무과 *Fraxinus americana*) 〔이명〕 미국물푸레나무, 뾰족잎물푸레나무, 외물푸레. 〔유래〕 미국산 물푸레나무라는 뜻의 학명 및 일명.

미국물푸레나무(朴, 1949) (물푸레나무과) 미국물푸레의 이명. → 미국물푸레.

미국미역취(李, 1969) (국화과 *Solidago serotina*) 〔유래〕 캐나다 미역취라는 뜻의 일명. 여기에서의 미국은 북미를 말한다.

미국부용(永, 1996) (아욱과 *Hibiscus oculiroseus*) 〔유래〕 미국 원산의 부용. 목부용화(木芙蓉花).

미국비름(이 · 임, 1978) (비름과 *Amaranthus albus*) 〔유래〕 미국 원산의 비름.

미국산사(李, 1966) (장미과 *Crataegus scabrida*) 〔유래〕 북미 원산의 산사나무.

미국수국(李, 1980) (범의귀과 *Hydrangea arborescens*) 〔유래〕 북미산 수국이라는 뜻의 일명.

미국싸리(朴, 1949) (콩과) 족제비싸리의 이명. 〔유래〕 북미 원산의 싸리라는 뜻이나 싸리와는 다르다. → 족제비싸리.

미국쑥부쟁이(愚, 1986) (국화과 *Aster pilosus*) 〔이명〕 중도국화. 〔유래〕 북미 원산의 쑥부쟁이.

미국외풀(壽, 1995) (현삼과 *Lindernia attenuata*) 〔유래〕 미국 원산의 외풀. 밭뚝외풀에 비해 잎에 톱니가 있고 꽃자루가 잎보다 짧다.

미국자리공(李, 1976) (자리공과 *Phytolacca americana*) 〔이명〕 빨간자리공. 〔유래〕 북미에 나는 자리공이라는 뜻의 학명 및 일명. 미상륙(美商陸).

미국제비꽃(선병윤 등, 1992) (제비꽃과) 종지나물의 이명. → 종지나물.

미국좀부처꽃(壽, 2001) (부처꽃과 *Ammannia coccinea*) 〔유래〕 미국 원산의 좀부처꽃. 선상피침형의 잎 기부가 양쪽으로 둥글게 팽창하여 줄기를 감싼다.

미국쥐손이(壽, 2001) (쥐손이풀과 *Geranium carolinianum*) 〔유래〕 미국 원산의 쥐손이풀. 전주에 연모가 있고 꽃받침에 까락이 있다.

미국질경이(壽, 1995) (질경이과 *Plantago virginica*) 〔유래〕 미국 원산의 질경이. 개질경이에 비해 화관 열편이 직립한 채로 열리지 않으며, 수술이 화관 밖으로 돌출하지 않고 씨가 2개이다.

미꾸리꽝이(安, 1982) (벼과) 진들피의 이명. → 진들피.

미꾸리꿰미(安, 1982) (벼과) 진들피의 이명. → 진들피.

미꾸리낚시(鄭, 1937) (여뀌과 *Persicaria sieboldii*) 민미꾸리낚시의 이명(朴, 1974)으로도 사용. 〔이명〕 여뀟대, 낚시여뀌, 늦미꾸리낚시, 여뀌대, 미꾸리덤불. 〔유래〕 미상. 작교(雀翹). → 민미꾸리낚시.

미꾸리덤불(永, 1996) (여뀌과) 미꾸리낚시의 북한 방언. → 미꾸리낚시.

미나리(鄭, 1937) (산형과 *Oenanthe javanica*) 〔이명〕 잔잎미나리. 〔유래〕 근(芹), 근채(芹菜), 수근(水芹). 〔어원〕 믈〔水〕+나리〔百合〕. 믈나리→미나리→미ᄂᆞ리→미나리로 변화(어원사전).

미나리냉이(鄭, 1937) (십자화과 *Cardamine leucantha*) 〔이명〕 승마냉이, 미나리황새냉이. 〔유래〕 미나리와 유사한 냉이. 채자칠(菜子七).

미나리마름(鄭, 1949) (미나리아재비과) 매화마름의 이명. → 매화마름.

미나리말(朴, 1949) (미나리아재비과) 매화마름의 이명. → 매화마름.

미나리바구지(愚, 1996) (미나리아재비과) 개구리미나리의 북한 방언. → 개구리미나리.

미나리아재비(鄭, 1937) (미나리아재비과 *Ranunculus japonicus*) 〔이명〕 놋동이, 자래초, 참바구지, 바구지. 〔유래〕 미나리와 유사하다는 뜻이나 미나리와는 거리가 멀다. 모간(毛茛), 자구(自灸).

미나리황새냉이(愚, 1996) (십자화과) 미나리냉이의 북한 방언. → 미나리냉이.

미루나무(李, 2003) (버드나무과) 미류의 이명. → 미류.

미류(鄭, 1942) (버드나무과 *Populus deltoides*) 〔이명〕 모니리페라포풀라, 모니리백양, 미루나무, 미류나무, 강선뽀뿌라, 델토이데스포플라나무. 〔유래〕 북미 원산의 버들. 미류(美柳).

미류나무(李, 1966) (버드나무과) 미류의 이명. → 미류.

미륵개현삼(李, 1969) (현삼과) 몽울토현삼의 이명. → 몽울토현삼.

미륵냉이(李, 1969) (십자화과 *Lepidium rudeale*) 〔이명〕 좀다닥냉이. 〔유래〕 미상.

미모사(朴, 1949) (콩과 *Mimosa pudica*) 〔이명〕 감응초, 잠풀, 함수초, 신경초, 민감풀. 〔유래〕 미모사라는 속명. 함수초(含羞草).

미색노랑매미꽃(永, 2003) (양귀비과 *Hylomecon vernalis* f. *albilutescens*) 〔유래〕 꽃잎이 미색(흰색을 띠는 황색)인 노랑매미꽃(피나물)이라는 뜻의 학명.

미색물봉선(朴, 1949) (봉선화과 *Impatiens noli-tangere* f. *pallida*) 〔이명〕 미색물봉숭, 담화물봉숭아. 〔유래〕 꽃이 미색(연한 황색)인 물봉선이란 뜻의 학명.

미색물봉숭(安, 1982) (봉선화과) 미색물봉선의 이명. → 미색물봉선.

미색바꽃(朴, 1949) (미나리아재비과 *Aconitum austro-koreense*) 〔이명〕 세뿔투구꽃, 금오돌쩌기, 금오돌또기, 금오오돌또기, 담색바꽃. 〔유래〕 꽃이 미색(황자색)인 투구꽃이라는 뜻의 일명. 초오(草烏).

미색복주머니란(永, 2002) (난초과 *Cypripedium neoparviflorum*) 〔유래〕 꽃이 미색인 복주머니란(개불알꽃).

미선나무(鄭, 1937) (물푸레나무과 *Abeliophyllum distichum*) 〔이명〕 푸른미선나무, 상아미선나무, 둥근미선나무, 푸른미선, 둥근미선, 상아미선. 〔유래〕 과실이 미선과 같은 나무라는 뜻의 일명. 단선목(團扇木), 연교(連翹).

미선이끼(愚, 1996) (처녀이끼과) 부채괴불이끼의 중국 옌볜 방언. → 부채괴불이끼.

미역가물고사리(朴, 1961) (면마과) 큰솜털고사리의 이명. → 큰솜털고사리.

미역고사리(朴, 1949) (고란초과) 큰나도우드풀의 이명. → 큰나도우드풀.

미역꽃(鄭, 1949) (국화과) 쇠채의 이명. → 쇠채.

미역방풍(朴, 1949) (산형과) 갯기름나물의 이명. → 갯기름나물.

미역쇠채(安, 1982) (국화과) 멱쇠채의 이명. → 멱쇠채.

ㅁ

미역순나무(安, 1982) (노박덩굴과) 메역순나무의 이명. → 메역순나무.

미역줄나무(鄭, 1942) (노박덩굴과) 메역순나무의 이명. 〔유래〕 메역순나무의 경북 방언. → 메역순나무.

미역취(鄭, 1937) (국화과 *Solidago virgaurea*) 나래미역취(1949)와 마타리(1949)의 이명으로도 사용. 〔이명〕 돼지나물. 〔유래〕 미상. 지황화(枝黃花), 일지황화(一枝黃花). → 나래미역취, 마타리.

미영(朴, 1949) (아욱과) 목화의 이명. 〔유래〕 목화의 방언. → 목화.

미영꽃나무(鄭, 1942) (고추나무과) 고추나무(강원 방언)와 산딸나무(층층나무과, 1949, 강원 방언)의 이명. → 고추나무, 산딸나무.

미영다래나무(鄭, 1942) (고추나무과) 고추나무의 이명. 〔유래〕 고추나무의 전남 방언. → 고추나무.

미치광이(鄭, 1937) (가지과 *Scopolia japonica*) 〔이명〕 미친풀, 광대작약, 미치광이풀, 초우성, 낭탕, 독뿌리풀, 안질풀. 〔유래〕 광증(미친병)에 약용. 낭탕(莨菪), 동낭탕(東莨菪).

미치광이풀(朴, 1949) (가지과) 미치광이와 개별꽃(석죽과, 鄭, 1937)의 이명. → 미치광이, 개별꽃.

미친풀(鄭, 1949) (가지과) 미치광이의 이명. → 미치광이.

민가시오갈피(朴, 1949) (두릅나무과) 왕가시오갈피나무의 이명. → 왕가시오갈피나무.

민각시취(愚, 1996) (국화과) 각시취의 북한 방언. → 각시취.

민갈참나무(朴, 1949) (참나무과) 졸갈참나무의 이명. → 졸갈참나무.

민감풀(永, 1996) (콩과) 미모사의 이명. 〔유래〕 자극에 민감한 풀. → 미모사.

민개고사리(朴, 1961) (면마과 *Athyrium squamigerum*) 〔이명〕 뫼뱀고사리, 내장고사리. 〔유래〕 미상.

민개구리미나리(李, 1969) (미나리아재비과 *Ranunculus tachiroei* f. *glabrescens*) 〔유래〕 모종인 개구리미나리에 비해 털이 적다는 뜻의 학명.

민개별꽃(朴, 1974) (석죽과) 큰개별꽃의 이명. 〔유래〕 개별꽃에 비해 꽃대에 털이 없다. → 큰개별꽃.

민개족도리(永, 2002) (쥐방울과 *Asarum maculatum* v. *non-maculatum*) 〔유래〕 잎에 무늬가 없는 개족도리풀이라는 뜻의 학명.

민검정골(愚, 1996) (사초과) 도루박이의 중국 옌볜 방언. → 도루박이.

민고욤나무(朴, 1949) (감나무과) 고욤나무의 이명. 〔유래〕 털이 없는 고욤나무라는 뜻의 학명 및 일명. → 고욤나무.

민고추나무(安, 1982) (고추나무과) 고추나무의 이명. 〔유래〕 털이 없는 고추나무라는 뜻의 학명 및 일명. → 고추나무.

민골무꽃(鄭, 1949) (꿀풀과) 참골무꽃의 이명. 〔유래〕 털이 거의 없는 골무꽃이라는 뜻의 학명 및 일명. → 참골무꽃.

민곱슬사초(鄭, 1956) (사초과 *Carex xiphium*) 〔이명〕 넓은잎피사초, 넓적잎피사초. 〔유래〕 삭과의 과낭(果囊)에 털이 없다.

민구슬봉이(安, 1982) (용담과) 구슬붕이의 이명. 〔유래〕 털이 없는 구슬봉이(구슬붕이)라는 뜻의 학명 및 일명. → 구슬붕이.

민구와말(李, 1969) (현삼과 *Limnophila indica*) 〔이명〕 좀마름, 민논말, 애기구와말. 〔유래〕 구와말에 비해 원줄기에 털이 없다.

민국화수리취(愚, 1996) (국화과 *Synurus plamatopinnatifidus* v. *indivisus*) 〔이명〕 수리취, 국화수리취, 분취. 〔유래〕 잎이 갈라지지 않는다는 뜻의 학명.

민금강제비꽃(愚, 1996) (제비꽃과 *Viola diamantiaca* f. *glabrior*) 〔유래〕 모종인 금강제비꽃에 비해 잎에 털이 없다는 뜻의 학명.

민긴잎갈퀴(李, 1980) (꼭두선이과 *Galium boreale* v. *leiocarpum*) 〔이명〕 북선꽃갈키, 북녁갈퀴, 북선갈퀴, 북꽃갈퀴. 〔유래〕 과실과 자방벽에 털이 없는 긴잎갈퀴라는 뜻의 학명.

민까치깨(朴, 1974) (피나무과) 수까치깨의 이명. 〔유래〕 수까치깨에 비해 털이 적다는 뜻의 학명. → 수까치깨.

민까치수염(朴, 1974) (앵초과) 큰까치수염의 이명. 〔유래〕 까치수염에 비해 전체에 털이 거의 없다. → 큰까치수염.

민꼬아리(朴, 1949) (가지과) 알꽈리의 이명. 〔유래〕 털이 없는(알몸) 꽈리라는 뜻의 일명. → 알꽈리.

민꼭두선이(朴, 1974) (꼭두선이과) 민큰꼭두선이의 이명. → 민큰꼭두선이.

민꽃다지(李, 1980) (십자화과 *Draba nemorosa* f. *leiocarpa*) 〔이명〕 개꽃다지. 〔유래〕 꽃다지에 비해 과실에 털이 없다는 뜻의 학명.

민꽃마리(愚, 1996) (지치과) 제주꽃마리의 중국 옌볜 방언. 〔유래〕 모종(왕꽃마리)에 비해 잎에 털이 적다. → 제주꽃마리.

민꽈리(安, 1982) (가지과) 알꽈리의 이명. → 알꽈리, 민꼬아리.

민꾸지나무(李, 1966) (뽕나무과 *Broussonetia papyrifera* f. *lucida*) 〔유래〕 모종인

꾸지나무에 비해 잎에 털이 없다.

민나도국수나무(鄭, 1942) (장미과 *Neillia uekii* f. *papilosa*) 〔이명〕 민조팝나무아재비, 민둥나도국수나무. 〔유래〕 나도국수나무에 비해 잎에 털이 거의 없다.

민나비나물(李, 1969) (콩과) 나비나물의 이명. → 나비나물.

민나자스말(李, 1969) (나자스말과 *Najas marina*) 〔이명〕 큰마디말, 가시말. 〔유래〕 잎집〔葉鞘〕에 톱니가 없다.

민냉초(朴, 1949) (현삼과) 냉초의 이명. 〔유래〕 털이 없는 냉초라는 뜻의 학명. → 냉초.

민논말(朴, 1974) (현삼과) 민구와말의 이명. 〔유래〕 꽃받침과 소화경에 털이 없는 논말(구와말). → 민구와말.

민눈양지꽃(鄭, 1949) (장미과 *Potentilla yokusaiana*) 〔이명〕 섬양지꽃, 큰세잎양지꽃. 〔유래〕 미상.

민느릅나무(李, 1966) (느릅나무과) 반들느릅나무의 이명. 〔유래〕 가지에 털이 없고 잎 표면에 윤채가 있는 느릅나무. → 반들느릅나무.

민대극(永, 1996) (대극과) 풍도대극과 낭독의 이명. 〔유래〕 자방과 삭과 표면에 유두상 돌기가 없다. → 풍도대극, 낭독.

민대팻집나무(李, 1966) (감탕나무과) 청대팻집나무의 이명. 〔유래〕 대팻집나무에 비해 잎에 털이 없다. → 청대팻집나무.

민더덕(朴, 1974) (초롱꽃과) 푸른더덕의 이명. 〔유래〕 더덕에 비해 화관 안쪽에 점이 없다. → 푸른더덕.

민덩굴바꽃(朴, 1974) (미나리아재비과) 넓은잎초오의 이명. → 넓은잎초오.

민돌바늘꽃(朴, 1974) (바늘꽃과) 넓은잎바늘꽃의 이명. 〔유래〕 돌바늘꽃에 비해 전주에 털이 없다. → 넓은잎바늘꽃.

민돌잔고사리(朴, 1961) (고사리과) 돌잔고사리의 이명. → 돌잔고사리.

민동자꽃(愚, 1996) (석죽과) 흰털동자꽃의 북한 방언. 〔유래〕 털동자꽃에 비해 털이 없다. → 흰털동자꽃.

민두메고사리(李, 1961) (면마과 *Athyrium crenatum* v. *glabrum*) 〔이명〕 민새발고사리, 민새고사리, 민뫼고사리. 〔유래〕 두메고사리에 비해 잎에 털이 거의 없다는 뜻의 학명.

민둥갈쿠리풀(愚, 1996) (콩과) 개도둑놈의갈구리의 중국 옌볜 방언. → 개도둑놈의갈구리.

민둥갈퀴(李, 1980) (꼭두선이과 *Galium kinuta*) 검은개선갈퀴의 이명(愚, 1996, 중국 옌볜 방언)으로도 사용. 〔이명〕 민둥갈키덩굴, 민둥갈키, 민등갈퀴. 〔유래〕 열매에 갈구리 같은 털이 없고 전체가 평활하다. → 검은개선갈퀴.

민둥갈키(鄭, 1949) (꼭두선이과) 민둥갈퀴의 이명. → 민둥갈퀴.

민둥갈키덩굴(鄭, 1937) (꼭두선이과) 민둥갈퀴의 이명. → 민둥갈퀴.

민둥나도국수나무(愚, 1996) (장미과) 민나도국수나무의 중국 옌볜 방언. → 민나도국수나무.

민둥도독놈의갈구리(鄭, 1956) (콩과) 개도둑놈의갈구리의 이명. → 개도둑놈의갈구리.

민둥메제비꽃(愚, 1996) (제비꽃과) 민둥뫼제비꽃의 중국 옌볜 방언. → 민둥뫼제비꽃.

민둥뫼제비꽃(鄭, 1949) (제비꽃과 *Viola tokubuchiana* v. *takedana*) 〔이명〕 성긴털제비꽃, 조선씨름꽃, 양지오랑캐, 양지제비꽃, 거친털제비꽃, 민둥메제비꽃. 〔유래〕 뫼제비꽃에 비해 잎에 털이 없다.

민둥빕새귀리(壽, 2001) (벼과 *Bromus tectorum* v. *glabratus*) 〔유래〕 털빕새귀리에 비해 소수(小穗)에 털이 없다는 뜻의 학명.

민둥산갈퀴(朴, 1974) (꼭두선이과) 검은개선갈퀴의 이명. → 검은개선갈퀴.

민둥산제비꽃(愚, 1996) (제비꽃과) 민둥제비꽃의 북한 방언. → 민둥제비꽃.

민둥솔체꽃(朴, 1974) (산토끼꽃과) 민둥체꽃의 이명. → 민둥체꽃.

민둥아까시나무(李, 1969) (콩과 *Robinia pseudo-acacia* v. *umbraculifera*) 〔이명〕 구와아까시나무. 〔유래〕 가시가 없는 아까시나무라는 뜻의 일명.

민둥인가목(鄭, 1942) (장미과) 인가목의 이명. → 인가목.

민둥제비꽃(鄭, 1949) (제비꽃과 *Viola phalacrocarpa* f. *glaberrima*) 털제비꽃의 이명(愚, 1996)으로도 사용. 〔이명〕 대둔산오랑캐, 털제비꽃, 민둥산제비꽃. 〔유래〕 모종인 털제비꽃에 비해 전체에 털이 없다는 뜻의 학명. → 털제비꽃.

민둥청가시(鄭, 1937) (백합과 *Smilax sieboldii* f. *inermis*) 〔이명〕 민청가시덩굴, 민둥청가시나무. 〔유래〕 청가시나무에 비해 가시가 없다는 뜻의 학명 및 일명.

민둥청가시나무(鄭, 1942) (백합과) 민둥청가시의 이명. → 민둥청가시.

민둥체꽃(鄭, 1949) (산토끼꽃과 *Scabiosa tschiliensis* f. *zuikoensis*) 〔이명〕 서흥체꽃, 민둥솔체꽃, 민들체꽃. 〔유래〕 솔체꽃에 비해 털이 없다는 뜻의 학명 및 일명.

민들꼬리풀(安, 1982) (현삼과) 큰산꼬리풀의 이명. 〔유래〕 잎에 털이 없는 꼬리풀이라는 뜻의 학명. → 큰산꼬리풀.

민들냉초(安, 1982) (현삼과) 냉초의 이명. 〔유래〕 털이 없는 냉초라는 뜻의 학명. → 냉초.

민들딱총(安, 1982) (인동과) 덧나무의 이명. 〔유래〕 딱총나무에 비해 털이 없다는 뜻의 학명 및 일명. → 덧나무.

민들레(鄭, 1937) (국화과 *Taraxacum platycarpum*) 털민들레의 이명(愚, 1996, 중국 옌볜 방언)으로도 사용. 〔이명〕 안질방이. 〔유래〕 포공영(蒲公英), 포공초(蒲公草),

지정(地丁), 금잠초(金簪草). 〔어원〕 미상. 므은드레→므음드레→무임둘뢰→뮈움들에→민들레로 변화(어원사전). → 털민들레.

민들레아재비(壽, 1995) (국화과) 서양금혼초의 이명. 〔유래〕 민들레와 유사. → 서양금혼초.

민들망초(安, 1982) (국화과) 민망초의 이명. → 민망초.

민들아구장나무(安, 1982) (장미과) 설악조팝나무의 이명. → 설악조팝나무.

민들이질풀(安, 1982) (쥐손이풀과) 이질풀의 이명. 〔유래〕 털이 탈락하는 이질풀이라는 뜻의 학명. → 이질풀.

민들체꽃(安, 1982) (산토끼꽃과) 민둥체꽃의 이명. → 민둥체꽃.

민등갈퀴(永, 1996) (꼭두선이과) 민둥갈퀴의 북한 방언. → 민둥갈퀴.

민등골나물(朴, 1974) (국화과 *Eupatorium chinense* v. *angustatum*) 〔이명〕 향등골나물. 〔유래〕 등골나물에 비해 잎에 선점이 없다.

민땅비수리(朴, 1974) (콩과) 땅비싸리의 이명. 〔유래〕 잎 뒷면에 털이 거의 없다. → 땅비싸리.

민땅비싸리(李, 1966) (콩과) 땅비싸리의 이명. 〔유래〕 땅비싸리에 비해 잎 뒤에 털이 전혀 없다. → 땅비싸리.

민마삭나무(朴, 1949) (협죽도과) 마삭줄의 이명. 〔유래〕 털이 없는 마삭줄이라는 뜻의 학명 및 일명. → 마삭줄.

민마삭줄(李, 1966) (협죽도과) 마삭줄의 이명. 〔유래〕 줄기와 잎에 털이 없는 마삭줄이라는 뜻의 학명. → 마삭줄.

민말똥비름(愚, 1996) (돌나물과 *Sedum alfredii*) 〔이명〕 말똥비름, 알돌나물. 〔유래〕 말똥비름에 비해 살눈〔肉芽〕이 생기지 않는다.

민망초(鄭, 1949) (국화과 *Erigeron acer* v. *kamtschaticus*) 〔이명〕 개망초, 만주망초, 민들망초, 버들망초, 민잔꽃풀, 민망풀. 〔유래〕 모종에 비해 총포편(總苞片)에 흰털이 없다.

민망풀(愚, 1996) (국화과) 민망초의 중국 옌볜 방언. → 민망초.

민매화마름(朴, 1974) (미나리아재비과 *Ranunculus yezoensis*) 〔유래〕 매화마름에 비해 화상, 탁엽 및 수과에 털이 없다.

민머귀나무(鄭, 1937) (운향과) 머귀나무의 이명. 〔유래〕 가시가 없는 머귀나무라는 뜻의 학명 및 일명. → 머귀나무.

민머위나물(愚, 1996) (국화과) 대룡국화의 중국 옌볜 방언. → 대룡국화.

민메겨이삭(李, 1969) (벼과 *Agrostis canina* f. *mutica*) 〔이명〕 민메기이삭, 두메겨이삭. 〔유래〕 모종인 검은겨이삭에 비해 까락이 호영(護穎)보다 짧아 자침(刺針)이 없다는 뜻의 학명.

민메기이삭(永, 1996) (벼과) 민메겨이삭의 이명. → 민메겨이삭.

민묏고사리(安, 1963) (면마과) 민두메고사리의 이명. → 민두메고사리.

민무늬족도리풀(永, 2002) (쥐방울과 *Asarum versicolor* v. *non-versicolor*) 〔유래〕 잎에 무늬가 없는 무늬족도리풀이라는 뜻의 학명.

민물오리나무(李, 1966) (자작나무과) 물오리나무의 이명. → 물오리나무.

민물푸레나무(李, 1966) (물푸레나무과) 물푸레나무의 이명. 〔유래〕 물푸레나무에 비해 다소 털이 적다. → 물푸레나무.

민미꾸리낚시(鄭, 1949) (여뀌과 *Persicaria sieboldii* v. *aestiva*) 〔이명〕 화살낙시역귀, 미꾸리낚시, 여름미꾸리낚시. 〔유래〕 모종인 미꾸리낚시에 비해 역자(逆刺)가 적다.

민바꽃(鄭, 1949) (미나리아재비과 *Aconitum ambiguum*) 〔이명〕 안성바꽃, 투구꽃. 〔유래〕 미상.

민바랑이(鄭, 1949) (벼과) 민바랭이의 이명.〕 → 민바랭이.

민바랭이(鄭, 1937) (벼과 *Digitaria violascens*) 민바랭이새의 이명(李, 1969)으로도 사용. 〔이명〕 민바랑이. 〔유래〕 잎집〔葉鞘〕에 털이 없다. → 민바랭이새.

민바랭이새(李, 1980) (벼과 *Microstegium japonicum*) 〔이명〕 민바랭이, 댓잎새, 대잎바랑이새. 〔유래〕 미상.

민바위미나리아재비(李, 1969) (미나리아재비과) 바위미나리아재비의 이명. 〔유래〕 털이 탈락하는 바위미나리아재비라는 뜻의 학명. → 바위미나리아재비.

민박쥐나물(鄭, 1949) (국화과) 박쥐나물의 이명. → 박쥐나물.

민백당나무(李, 1966) (인동과) 백당나무의 이명. 〔유래〕 어린 가지와 잎에 털이 없는 백당나무라는 뜻의 학명 및 일명. → 백당나무.

민백미(朴, 1974) (박주가리과) 민백미꽃의 이명. → 민백미꽃.

민백미꽃(鄭, 1949) (박주가리과 *Cynanchum ascyrifolium*) 〔이명〕 힌백미, 개백미, 민백미, 흰백미꽃. 〔유래〕 백미꽃에 비해 전체에 털이 없다. 백전(白前).

민벗나무(朴, 1949) (장미과) 왕벚나무의 이명. → 왕벚나무.

민보리수(李, 1966) (보리수나무과) 왕보리수나무의 이명. → 왕보리수나무.

민보리수나무(安, 1982) (보리수나무과) 왕보리수나무의 이명. → 왕보리수나무.

민부리사초(朴, 1949) (사초과) 지리실청사초의 이명. 〔유래〕 종자에 털이 없는 사초라는 뜻의 학명. → 지리실청사초.

민부지깽이(李, 1969) (십자화과) 쑥부지깽이의 이명. 〔유래〕 부지깽이나물에 비해 털이 없다. → 쑥부지깽이.

민분지나무(鄭, 1937) (운향과) 민산초나무의 이명. 〔유래〕 가시가 없는 분지나무(산초나무)라는 뜻의 학명 및 일명. → 민산초나무.

민산갈퀴(安, 1982) (꼭두선이과 *Galium pogonanthum* f. *nudiflorum*) 〔이명〕 민산갈키. 〔유래〕 꽃에 화피가 없는 산갈퀴덩굴이라는 뜻의 학명 및 털이 없는 산갈퀴덩굴이라는 뜻의 일명.

민산갈키(鄭, 1949) (꼭두선이과) 민산갈퀴의 이명. → 민산갈퀴.

민산솜방망이(李, 1969) (국화과 *Senecio flammeus* v. *glabrifolius*) 〔이명〕 민솜방맹이, 민솜방망이, 홍륜화. 〔유래〕 잎에 털이 없는 산솜방망이라는 뜻의 학명.

민산승애(朴, 1974) (여뀌과) 왜개싱아의 이명. 〔유래〕 잎에 털이 없다는 뜻의 학명. → 왜개싱아.

민산작약(朴, 1949) (작약과) 산작약의 이명. 〔유래〕 털이 없는 산작약이라는 뜻의 학명 및 일명. → 산작약.

ㅁ

민산초(李, 1966) (운향과) 민산초나무의 이명. → 민산초나무.

민산초나무(鄭, 1949) (운향과 *Zanthoxylum schinifolium* v. *inermis*) 〔이명〕 민분지나무, 전주산초나무, 민산초, 전주산초. 〔유래〕 가시가 없는 산초나무라는 뜻의 학명.

민새고사리(朴, 1949) (면마과) 두메고사리와 민두메고사리(1961)의 이명. → 두메고사리, 민두메고사리.

민새발고사리(朴, 1961) (면마과) 민두메고사리의 이명. → 민두메고사리.

민생열귀(李, 1980) (장미과) 민생열귀나무의 이명. 〔유래〕 민생열귀나무의 축소형. → 민생열귀나무.

민생열귀나무(李, 1966) (장미과 *Rosa silendiflora*) 〔이명〕 민생열귀. 〔유래〕 잎 뒷면에 선점(腺点)이 거의 없다.

민서덜취(朴, 1974) (국화과) 덤불취의 이명. → 덤불취.

민석잠화(安, 1982) (꿀풀과) 석잠풀의 이명. → 석잠풀.

민석장화(安, 1982) (노루발과) 너도수정초의 이명. → 너도수정초.

민섬말나리(永, 2002) (백합과 *Lilium hansonii* f. *mutatum*) 〔이명〕 새섬말나리. 〔유래〕 화피 안쪽에 검붉은 색의 반점이 없는 섬말나리.

민솔나물(朴, 1974) (꼭두선이과) 흰솔나물의 이명. 〔유래〕 잎 상면에 짧은 털이 없다. → 흰솔나물.

민솜대(鄭, 1949) (백합과) 민솜때의 이명. → 민솜때.

민솜때(愚, 1996) (백합과 *Smilacina davurica*) 〔이명〕 민솜대, 가는잎솜죽대, 민지장보살. 〔유래〕 솜때와 통일.

민솜방망이(朴, 1974) (국화과) 민산솜방망이의 이명. → 민산솜방망이.

민솜방맹이(朴, 1949) (국화과) 민산솜방망이의 이명. → 민산솜방망이.

민송이풀(朴, 1949) (현삼과) 대송이풀의 이명. → 대송이풀.

민수리딸(安, 1982) (장미과) 수리딸기의 이명. 〔유래〕 털이 없는 수리딸기라는 뜻의 학명. → 수리딸기.

민수양버들(愚, 1996) (버드나무과) 개수양버들의 중국 옌볜 방언. 〔유래〕 잎에 털이 없다. → 개수양버들.

민수정초(安, 1982) (노루발과) 너도수정초의 이명. 〔유래〕 모종인 구상난풀에 비해 거의 털이 없다는 뜻의 학명 및 일명. → 너도수정초.

민숲개밀(李, 1969) (벼과) 숲개밀의 이명. 〔유래〕 숲개밀에 비해 포영(苞穎)과 호영에 털이 없다. → 숲개밀.

민숲이삭사초(朴, 1949) (사초과 *Carex drymophila* v. *abbreviata*) 〔유래〕 털이 없는 숲이삭사초라는 뜻의 학명.

민시닥나무(安, 1982) (단풍나무과) 개시닥나무의 이명. 〔유래〕 모종인 청시닥나무에 비해 잎에 거의 털이 없다는 뜻의 학명 및 일명. → 개시닥나무.

민심산갈퀴(安, 1982) (꼭두선이과) 둥근갈퀴의 이명. 〔유래〕 심산갈퀴(둥근갈퀴)에 비해 털이 없다는 뜻의 일명. → 둥근갈퀴.

민쑥방망이(朴, 1974) (국화과 *Senecio ambraceus* v. *glaber*) 〔유래〕 모종에 비해 수과(瘦果)에 털이 없다는 뜻의 학명.

민쑥부장이(永, 1996) (국화과) 민쑥부쟁이의 이명. → 민쑥부쟁이.

민쑥부쟁이(李, 1980) (국화과 *Kalimeris associata*) 〔이명〕 넓은잎외잎쑥, 민쑥부장이. 〔유래〕 미상.

민암술바꽃(朴, 1949) (미나리아재비과) 투구꽃의 이명. → 투구꽃.

민야광(李, 1966) (장미과) 민야광나무의 이명. 〔유래〕 민야광나무의 축소형. → 민야광나무.

민야광나무(李, 1980) (장미과 *Malus baccata* v. *mandshurica* f. *jackii*) 〔이명〕 민야광. 〔유래〕 잎 뒤에 털이 없다.

민양지꽃(安, 1982) (장미과) 섬양지꽃의 이명. 〔유래〕 모종인 돌양지꽃에 비해 털이 적다는 뜻의 학명. → 섬양지꽃.

민연밥갈매(朴, 1949) (갈매나무과) 짝자래나무의 이명. 〔유래〕 연밥갈매나무에 비해 털이 없다는 뜻의 학명 및 일명. → 짝자래나무.

민오랑캐(朴, 1949) (제비꽃과) 제비꽃의 이명. → 제비꽃.

민용가시나무(朴, 1949) (장미과) 왕가시나무의 이명. → 왕가시나무.

민유럽장대(壽, 2001) (십자화과 *Sisymbrium officinale* v. *leiocarpum*) 〔유래〕 과실에 털이 없는 유럽장대.

민윤노리(李, 1980) (장미과) 민윤노리나무의 이명. 〔유래〕 민윤노리나무의 축소형. → 민윤노리나무.

민윤노리나무(鄭, 1942) (장미과 *Pourthiaea villosa* v. *laevis*) 털윤노리나무의 이명(1937)으로도 사용. 〔이명〕 잔털윤노리, 윤노리나무, 윤여리나무, 민윤여리나무, 잔털윤노리나무, 민윤노리, 좀윤노리, 쇠코뚜레나무. 〔유래〕 모종인 윤노리나무에 비해 화서에 털이 없거나 거의 없다. → 털윤노리나무.

민윤여리나무(朴, 1949) (장미과) 민윤노리나무의 이명. → 민윤노리나무.

민응달고사리(安, 1963) (면마과) 큰산고사리의 이명. → 큰산고사리.

민인가목(朴, 1949) (장미과) 인가목의 이명. 〔유래〕 털이 없는 인가목이라는 뜻의 학명. → 인가목.

민작살(李, 1966) (마편초과 *Callicarpa japonica* v. *glabra*) 〔유래〕 전체에 털이 없는 작살나무라는 뜻의 학명.

민잔꽃풀(愚, 1996) (국화과) 민망초의 북한 방언. 〔유래〕 털이 없는 잔꽃풀(망초). → 민망초.

민잠자리난초(愚, 1996) (난초과 *Habenaria lineariolia* f. *integriloba*) 〔유래〕 모종인 잠자리난초에 비해 순판 측열편에 톱니가 전혀 없고 밋밋하다는 뜻의 학명.

민조팝나무아재비(安, 1982) (장미과) 민나도국수나무의 이명. → 민나도국수나무.

민족도리풀(鄭, 1937) (쥐방울과) 족도리풀의 이명. 〔유래〕 털이 적은 족도리풀이라는 뜻의 일명. → 족도리풀.

민졸방제비꽃(李, 1980) (제비꽃과 *Viola acuminata* f. *glaberrima*) 〔유래〕 모종인 졸방제비꽃에 비해 털이 전혀 없다는 뜻의 학명 및 일명.

민좀자작나무(李, 1966) (자작나무과) 대택자작이의 이명. → 대택자작이.

민좁쌀냉이(李, 1969) (십자화과) 좁쌀냉이의 이명. 〔유래〕 털이 없는 좁쌀냉이라는 뜻의 학명. → 좁쌀냉이.

민종가시나무(李, 1947) (참나무과 *Quercus glauca* v. *nudata*) 〔이명〕 흰민종가시. 〔유래〕 모종인 종가시나무에 비해 잎 뒷면에 털이 없어 나출(裸出)이라는 뜻의 학명.

민주름조개풀(鄭, 1949) (벼과 *Oplismenus undulatifolius* f. *japonicus*) 〔이명〕 주름풀, 명들래. 〔유래〕 줄기와 잎에 털이 적다.

민주염나무(安, 1982) (콩과) 민주엽나무의 이명. → 민주엽나무.

민주엽나무(李, 1966) (콩과 *Gleditsia japonica* v. *koraiensis* f. *inarmata*) 〔이명〕 민주염나무, 주염나무. 〔유래〕 가시가 없는 주엽나무라는 뜻의 학명 및 일명. 산조각(山皁角).

민줄기갈퀴(安, 1982) (꼭두선이과) 검은개선갈퀴의 이명. → 검은개선갈퀴.

민줄들장미(安, 1982) (장미과) 용가시나무의 이명. 〔유래〕 꽃받침에 털이 없는 줄들장미(용가시나무)라는 뜻의 학명. → 용가시나무.

민지네고사리(朴, 1975) (면마과) 참지네고사리의 이명. 〔유래〕 털이 없는 지네고사리라는 뜻의 학명. → 참지네고사리.

민지장보살(永, 1996) (백합과) 민솜때의 이명. → 민솜때.

민진득찰(安, 1982) (국화과) 진득찰의 이명. 〔유래〕 털이 거의 없다는 뜻의 학명. → 진득찰.

민참대극(李, 1969) (대극과 *Euphorbia lucorum* f. *glabrata*) 〔유래〕 참대극에 비해 털이 없다는 뜻의 학명.

민참작약(愚, 1996) (작약과 *Paeonia lactiflora* v. *trichocarpa* f. *nuda*) 〔유래〕 다른 품종인 호작약에 비해 잎 뒤에 털이 없다.

민청가시덩굴(李, 1969) (백합과) 민둥청가시의 이명. → 민둥청가시.

민층층(朴, 1974) (꿀풀과) 산층층이의 이명. → 산층층이.

민큰꼭두서니(愚, 1996) (꼭두선이과) 민큰꼭두선이의 중국 옌볜 방언. → 민큰꼭두선이.

민큰꼭두선이(愚, 1996) (꼭두선이과 *Rubia chinensis* f. *glabrescens*) 〔이명〕 쇠꼭두선이, 큰꼭두선이, 민꼭두선이, 쇠꼭두서니, 민큰꼭두서니. 〔유래〕 모종인 큰꼭두선이에 비해 줄기와 잎에 털이 거의 없다는 뜻의 학명.

민큰별꽃(愚, 1996) (석죽과 *Stellaria diversiflora*) 〔이명〕 덩굴별꽃. 〔유래〕 큰별꽃에 비해 줄기와 화경에 털이 없다.

민탐라풀(李, 1969) (꼭두선이과 *Hydyotis lindleyana* v. *glabra*) 〔유래〕 꽃받침통에 털이 없다는 뜻의 학명.

민털이풀(安, 1982) (장미과) 터리풀의 이명. 〔유래〕 모종인 단풍터리풀에 비해 잎 뒤에 털이 거의 없다는 뜻의 학명. → 터리풀.

민하늘지기(李, 1980) (사초과) 뚝하늘지기의 이명. 〔유래〕 수과(瘦果)의 표면이 밋밋하다. → 뚝하늘지기.

민하늘직이(朴, 1949) (사초과) 뚝하늘지기의 이명. → 뚝하늘지기, 민하늘지기.

민해당화(永, 1996) (장미과 *Rosa rugosa* v. *chamissoniana*) 〔유래〕 가지에 가시가 거의 없고, 잎이 작으며 주름이 적다.

민향기풀(朴, 1949) (벼과) 포태향기풀의 이명. 〔유래〕 향기풀에 비해 호영(護穎)에 거의 털이 없다. → 포태향기풀.

민헛개나무(安, 1982) (갈매나무과) 헛개나무의 이명. 〔유래〕 털이 없는 헛개나무라는 뜻의 학명. → 헛개나무.

민흰잎엉겅퀴(李, 1969) (국화과 *Cirsium vlassovianum* v. *album*) 〔이명〕 흰꽃잎엉겅퀴. 〔유래〕 모종인 흰잎엉겅퀴에 비해 잎 뒤에 털이 없다는 뜻의 학명.

민흰제비꽃(李, 1969) (제비꽃과) 흰제비꽃의 이명. 〔유래〕 흰제비꽃에 비해 털이 없다는 뜻의 학명. → 흰제비꽃.

밀(鄭, 1937) (벼과 *Triticum aestivum*) 〔유래〕 소맥(小麥).

밀나물(鄭, 1937) (백합과 *Smilax riparia* v. *ussuriensis*) 〔유래〕 미상. 주미채(朱尾菜), 우미채(牛尾菜).

밀대싸리(鄭, 1942) (콩과) 풀싸리의 이명. → 풀싸리.

밀사초(鄭, 1949) (사초과 *Carex wahuensis* v. *robusta*) 동백사초의 이명(朴, 1949)

으로도 사용. 〔이명〕 갯사초. 〔유래〕 미상. → 동백사초.

밀짚꽃(李, 1976) (국화과 *Helichrysum bracteatum*) 〔이명〕 영구화. 〔유래〕 마른 꽃잎처럼 바삭바삭하다.

밑물봉숭아(愚, 1996) (봉선화과) 털물봉선의 이명. → 털물봉선.

바가지(朴, 1949) (박과) 박의 이명. → 박.

바가지박(安, 1982) (박과) 박의 이명. → 박.

바구니나물(愚, 1996) (마타리과) 쥐오줌풀의 북한 방언. → 쥐오줌풀.

바구지(愚, 1996) (미나리아재비과) 미나리아재비의 북한 방언. → 미나리아재비.

바꽃(朴, 1949) (미나리아재비과) 노랑투구꽃의 이명. → 노랑투구꽃.

바나나(愚, 1996) (파초과 *Musa paradisiaca*) 〔이명〕 빠나나. 〔유래〕 바나나(banana).

바눌골(鄭, 1937) (사초과) 바늘골의 이명. → 바늘골.

바눌까치밥나무(鄭, 1957) (범의귀과) 바늘까치밥나무의 이명. → 바늘까치밥나무.

바눌돌나물(朴, 1949) (돌나물과) 대구돌나물의 이명. → 대구돌나물.

바눌비녀골(朴, 1949) (골풀과) 구름골풀의 이명. → 구름골풀.

바눌사초(朴, 1949) (사초과) 대암사초의 이명. 〔유래〕 줄기가 가늘어 바늘에 비유. → 대암사초.

바늘가문비(永, 1996) (소나무과) 종비나무의 이명. → 종비나무.

바늘골(鄭, 1949) (사초과 *Eleocharis congesta*) 〔이명〕 바눌골, 물바늘골. 〔유래〕 바늘같이 가늘다는 뜻의 일명.

바늘까치밥나무(鄭, 1937) (범의귀과 *Ribes burejense*) 〔이명〕 바눌까치밥나무. 〔유래〕 바늘 까치밥나무라는 뜻의 일명. 침산정자(針山定子).

바늘꽃(鄭, 1937) (바늘꽃과 *Epilobium pyrricholophum*) 〔유래〕 미상. 심담초(心膽草), 유엽채(柳葉菜).

바늘능쟁이(愚, 1996) (명아주과) 바늘명아주의 이명. 〔유래〕 바늘 능쟁이(명아주). → 바늘명아주.

바늘돌나물(永, 1996) (돌나물과) 대구돌나물의 북한 방언. → 대구돌나물.

바늘두릅나무(安, 1982) (두릅나무과) 땃두릅나무의 이명. 〔유래〕 줄기와 잎에 가시가 밀생한다. → 땃두릅나무.

바늘명아주(鄭, 1949) (명아주과 *Chenopodium aristatum*) 〔이명〕 애기명아주, 가시명아주, 바늘능쟁이. 〔유래〕 하리(바늘)센본(ハリセンボン)이라는 일명.

바늘별꽃(愚, 1996) (석죽과) 갯개미자리의 북한 방언. → 갯개미자리.

바늘분취(李, 1980) (국화과 *Saussurea amurensis*) 〔이명〕 버들취, 아물분취, 버들분취, 버들잎분취. 〔유래〕 꽃의 포편(苞片) 끝이 바늘과 같이 뾰죽하다.

바늘사초(鄭, 1937) (사초과 *Carex onoei*) 〔이명〕 음알바늘사초, 좀바늘사초. 〔유래〕 바늘과 같이 가는 사초라는 뜻의 일명.

바늘아재비사초(朴, 1949) (사초과) 좀바늘사초의 이명. → 좀바늘사초.

바늘엉겅퀴(鄭, 1937) (국화과 *Cirsium rhinoceros*) 〔이명〕 탐라엉겅퀴. 〔유래〕 바늘엉겅퀴라는 뜻의 일명. 대계(大薊).

바늘여뀌(鄭, 1949) (여뀌과 *Persicaria bungeana*) 〔이명〕 붕게역귀, 가시여뀌. 〔유래〕 바늘 여뀌라는 뜻의 일명.

ㅂ

바다가쑥(愚, 1996) (국화과) 큰비쑥의 북한 방언. 〔유래〕 바닷가에 나는 쑥. → 큰비쑥.

바다말(朴, 1949) (가래과) 줄말의 이명. → 줄말.

바다솔잎(鄭, 1970) (앵초과) 갯봄맞이의 이명. 〔유래〕 바다(소금) 솔잎이라는 뜻의 일명. → 갯봄맞이.

바다줄말(愚, 1996) (가래과) 줄말의 북한 방언. → 줄말.

바다지기(李, 1980) (사초과 *Fimbristylis cymosa*) 〔이명〕 바다직이. 〔유래〕 바닷가에 총생(叢生)한다.

바다직이(李, 1976) (사초과) 바다지기의 이명. → 바다지기.

바디고사리(朴, 1949) (꼬리고사리과) 지느러미고사리의 이명. → 지느러미고사리.

바디나물(鄭, 1937) (산형과 *Angelica decursiva*) 〔이명〕 사약채. 〔유래〕 미상. 전호(前胡).

바디미나리(朴, 1974) (산형과) 반디미나리의 이명. → 반디미나리.

바디풀(朴, 1949) (미나리아재비과 *Leptopyrum fumarioides*) 〔유래〕 미상.

바람고사리(朴, 1949) (면마과) 그늘고사리의 이명. → 그늘고사리.

바람꽃(鄭, 1937) (미나리아재비과 *Anemone narcissiflora*) 〔이명〕 조선바람꽃. 〔유래〕 그리스 신화. 죽절향부(竹節香附).

바람등칡(鄭, 1942) (후추과 *Piper kadsura*) 〔이명〕 호초등, 풍등덩굴, 후추등. 〔유래〕 풍등갈(風藤葛), 해풍등(海風藤).

바람하늘지기(李, 1980) (사초과 *Fimbristylis miliacea*) 〔이명〕 바람하늘직이. 〔유래〕 미상.

바람하늘직이(鄭, 1937) (사초과) 바람하늘지기의 이명. → 바람하늘지기.

바랑이(鄭, 1949) (벼과) 바랭이의 이명. → 바랭이.

바랑이사초(鄭, 1949) (사초과) 바랭이사초의 이명. → 바랭이사초.

바랑이새(鄭, 1949) (벼과) 바랭이새의 이명. → 바랭이새.

바래복사(李, 1966) (장미과 *Prunus persica* f. *albescens*) 〔유래〕 미상. 꽃에 붉은빛

이 돌지만 흰빛에 가깝다는 뜻의 학명.

바랭이(鄭, 1937) (벼과 *Digitaria ciliaris*) 〔이명〕 바랑이, 털바랑이. 〔유래〕 미상. 마당(馬唐).

바랭이사초(鄭, 1937) (사초과 *Carex incisa*) 〔이명〕 바랑이사초, 시내사초. 〔유래〕 바랭이와 유사한 사초.

바랭이새(李, 1969) (벼과 *Bothriochloa ischaemum*) 〔이명〕 바랑이새, 부리풀, 부들수염새. 〔유래〕 바랭이와 유사한 새.

바로쑥(安, 1982) (국화과) 쑥의 이명. → 쑥.

바보여뀌(鄭, 1949) (여뀌과 *Persicaria pubescens*) 〔이명〕 점박이여뀌. 〔유래〕 미상.

바위갈키(朴, 1949) (꼭두선이과) 애기솔나물의 이명. 〔유래〕 바위 갈키라는 뜻의 일명. → 애기솔나물.

바위고사리(鄭, 1949) (고사리과 *Sphenomeris chinensis*) 톱지네고사리의 이명(면마과, 朴, 1949)으로도 사용. 〔이명〕 이끼고사리. 〔유래〕 미상. 금화초(金花草). → 톱지네고사리.

바위공작고사리(愚, 1996) (고사리과) 암공작고사리의 중국 옌볜 방언. → 암공작고사리.

바위괭이눈(鄭, 1949) (범의귀과 *Chrysosplenium macrostemon*) 〔이명〕 바위괭이눈풀. 〔유래〕 이와(바위)보탄(イワボタン)이라는 일명.

바위괭이눈풀(愚, 1996) (범의귀과) 바위괭이눈의 북한 방언. → 바위괭이눈.

바위구절초(鄭, 1937) (국화과 *Chrysanthemum zawadskii* v. *alpinum*) 〔이명〕 산구절초. 〔유래〕 조선 바위국화라는 뜻의 일명. 구절초(九折草).

바위귀(朴, 1949) (범의귀과) 참바위취의 이명. → 참바위취.

바위기린초(朴, 1949) (돌나물과) 속리기린초의 이명. 〔유래〕 바위 기린초라는 뜻의 일명. → 속리기린초.

바위까치밥나무(愚, 1996) (범의귀과 *Ribes pauciflorum*) 〔유래〕 미상.

바위깨풀(朴, 1949) (앵초과) 돌앵초의 이명. 〔유래〕 바위 깨풀(앵초)이라는 뜻의 일명. → 돌앵초.

바위꼬리고사리(安, 1982) (꼬리고사리과) 애기꼬리고사리의 이명. 〔유래〕 바위 꼬리고사리라는 뜻의 일명. → 애기꼬리고사리.

바위난초(朴, 1949) (난초과) 병아리난초의 이명. → 병아리난초.

바위대극(愚, 1996) (대극과) 암대극의 중국 옌볜 방언. → 암대극.

바위댕강나무(鄭, 1970) (인동과 *Abelia integrifolia*) 〔유래〕 바위 댕강나무라는 뜻의 일명.

바위돌꽃(鄭, 1949) (돌나물과 *Rhodiola rosea*) 〔이명〕 큰돌꽃, 참돌꽃. 〔유래〕 이와(바위)벤케이소(イワベンケイソウ)라는 일명.

바위딸기(朴, 1949) (장미과) 너도양지꽃의 이명. → 너도양지꽃.

바위떡풀(鄭, 1937) (범의귀과 *Saxifraga fortunei* v. *incisolobata*) 〔이명〕 지이산바위떡풀, 지이산떡풀, 털바위떡풀, 지리산바위떡풀, 대문자꽃잎풀, 섬바위떡풀. 〔유래〕 바위 떡풀이라는 뜻의 일명. 화중호이초(華中虎耳草).

바위말발도리(鄭, 1937) (범의귀과 *Deutzia hamata*) 〔이명〕 파삭다리. 〔유래〕 바위 말발도리라는 뜻의 일명.

바위면모고사리(朴, 1949) (면마과) 우드풀의 이명. → 우드풀.

바위모시(永, 1996) (쐐기풀과 *Oreocnide fruticosa*) 〔이명〕 비양나무. 〔유래〕 이와(바위)가네(イワカネ)라는 일명.

ㅂ

바위미나리(朴, 1949) (산형과) 반디미나리의 이명. 〔유래〕 이와(바위)센토소(イワセントウソウ)라는 일명. → 반디미나리.

바위미나리아재비(鄭, 1949) (미나리아재비과 *Ranunculus crucilobus*) 〔이명〕 구름미나리아재비, 산젓가락나물, 왕젓가락나물, 바위젓가락나물, 민바위미나리아재비, 금털미나리아재비, 구름바구지. 〔유래〕 바위 미나리아재비라는 뜻의 일명.

바위방풍(安, 1982) (산형과) 돌방풍의 이명. → 돌방풍.

바위뱀딸(朴, 1949) (장미과) 당양지꽃의 이명. → 당양지꽃.

바위뱀무(安, 1982) (장미과) 당양지꽃의 이명. → 당양지꽃.

바위버들옻(愚, 1996) (대극과) 암대극의 북한 방언. 〔유래〕 바위 버들옻(대극). → 암대극.

바위범의귀(朴, 1949) (범의귀과) 바위수국의 이명. 〔유래〕 이와(바위)가라미(イワガラミ)라는 일명. → 바위수국.

바위부시깃고사리(朴, 1949) (고사리과) 부싯깃꼬리고사리의 이명. → 부싯깃꼬리고사리.

바위부채(朴, 1949) (범의귀과) 돌부채의 이명. → 돌부채.

바위부처손(朴, 1949) (부처손과) 개부처손의 이명. → 개부처손.

바위비늘이끼(朴, 1949) (부처손과) 구실사리의 이명. → 구실사리.

바위비비추(永, 1996) (백합과) 비비추의 북한 방언. → 비비추.

바위사초(朴, 1949) (사초과 *Carex lithophila*) 〔유래〕 바위(돌)를 좋아하는 사초라는 뜻의 학명.

바위석창포(安, 1982) (천남성과) 석창포의 이명. → 석창포.

바위손(鄭, 1965) (부처손과 *Selaginella involvens*) 부처손의 이명(1949)으로도 사용. 〔이명〕 부처손, 두턴부처손. 〔유래〕 권백(卷柏). → 부처손.

바위솔(鄭, 1937) (돌나물과 *Orostachys japonicus*) 애기바위솔의 이명(愚, 1996)으로도 사용. 〔이명〕 지붕지기, 집웅지기, 와송, 넓은잎지붕지기, 오송, 넓은잎바위솔. 〔유래〕 미상. 와송(瓦松). → 애기바위솔.

바위솜나물(鄭, 1937) (국화과 *Senecio phaeanthus*) 금강솜방망이의 이명(愚, 1996, 중국 옌볜 방언)으로도 사용. 〔이명〕 백두산솜나물, 두메솜나물. 〔유래〕 이와(바위) 오구루마(イワオグルマ)라는 일명. → 금강솜방망이.

바위송이풀(鄭, 1949) (현삼과 *Pedicularis nigrescens*) 〔이명〕 검정송이풀. 〔유래〕 바위 송이풀이라는 뜻의 일명.

바위수국(鄭, 1942) (범의귀과 *Schizophragma hydrangeoides*) 〔이명〕 바위범의귀. 〔유래〕 이와(바위)가라미(イワガラミ)라는 일명. 찬지풍(鑽地風).

바위쑥아재비(安, 1982) (국화과) 솔인진의 이명. 〔유래〕 이와(바위)인친(イワインチン)이라는 일명. → 솔인진.

바위양지꽃(朴, 1949) (장미과) 돌양지꽃과 당양지꽃(愚, 1996, 북한 방언)의 이명. → 돌양지꽃, 당양지꽃.

바위연꽃(永, 1996) (돌나물과) 연화바위솔의 이명. 〔유래〕 바위에 잎이 퍼져 붙은 상태가 연꽃과 유사. → 연화바위솔.

바위용머리(愚, 1996) (꿀풀과) 벌깨풀의 북한 방언. → 벌깨풀.

바위장대(鄭, 1949) (십자화과 *Arabis serrata* v. *hallaisanensis*) 〔이명〕 섬바위장대, 할라산장대, 높은산장대, 섬장대. 〔유래〕 바위 장대나물이라는 뜻의 일명.

바위젓가락나물(朴, 1949) (미나리아재비과) 바위미나리아재비의 이명. 〔유래〕 털 바위 미나리아재비라는 뜻의 일명. → 바위미나리아재비.

바위족제비고사리(朴, 1961) (면마과 *Dryopteris varia* v. *saxifraga*) 〔이명〕 털지네고사리, 광릉족제비고사리. 〔유래〕 바위 족제비고사리라는 뜻의 일명.

바위좀고사리(朴, 1949) (꼬리고사리과) 애기좀고사리의 이명. → 애기좀고사리.

바위좀조팝나무(鄭, 1942) (장미과) 참조팝나무의 이명. 〔유래〕 바위 좀조팝나무라는 뜻의 일명. → 참조팝나무.

바위채송화(鄭, 1937) (돌나물과 *Sedum polytrichoides*) 새끼꿩의비름의 이명(朴, 1949)으로도 사용. 〔이명〕 개돌나물, 대마채송화. 〔유래〕 바위에 나는 채송화. 유엽경천(柳葉景天). → 새끼꿩의비름.

바위취(鄭, 1949) (범의귀과 *Saxifraga stolonifera*) 참바위취(1937)와 톱바위취(朴, 1949)의 이명으로도 사용. 〔이명〕 겨우사리범의귀, 범의귀. 〔유래〕 미상. → 참바위취, 톱바위취.

바위취란화(安, 1982) (앵초과) 돌앵초의 이명. → 돌앵초.

바위틈고사리(朴, 1949) (면마과 *Dryopteris laeta*) 톱지네고사리의 이명(1961)으로도 사용. 〔이명〕 애기바위틈고사리, 고려고사리, 긴고려고사리, 고운비늘고사리. 〔유래〕 바위틈에 나는 고사리. → 톱지네고사리.

바위포기사초(朴, 1949) (사초과 *Carex makinoensis*) 〔유래〕 바위 포기 사초라는 뜻의 일명.

바위향유(朴, 1949) (꿀풀과) 애기향유의 이명. 〔유래〕 바위 향유라는 뜻의 일명. → 애기향유.

바이칼꿩의다리(鄭, 1937) (미나리아재비과 *Thalictrum baicalense*) 〔이명〕 북가락풀, 북꿩의다리. 〔유래〕 바이칼에 나는 꿩의다리라는 뜻의 학명.

바이칼바람꽃(鄭, 1937) (미나리아재비과 *Anemone glabrata*) 〔이명〕 돌바람꽃, 은빛바람꽃. 〔유래〕 바이칼에 나는 바람꽃이라는 뜻의 학명 및 일명.

바퀴잎상사화(愚, 1996) (수선화과) 석산의 중국 옌볜 방언. → 석산.

박(鄭, 1937) (박과 *Lagenaria siceraria* v. *depressa*) 〔이명〕 바가지, 바가지박. 〔유래〕 미상. 호로(葫蘆), 고호로(苦壺盧), 포로(匏蘆).

박달(李, 1966) (자작나무과) 박달나무의 이명. 〔유래〕 박달나무의 축소형. → 박달나무.

박달나무(鄭, 1937) (자작나무과 *Betula schmidtii*) 당단풍나무(단풍나무과, 1942, 강원 방언)와 산딸나무(층층나무과, 1942, 경기 광릉 방언)의 이명으로도 사용. 〔이명〕 참박달나무, 묏박달나무, 박달. 〔유래〕 단목(檀木), 박달목(朴達木), 흑화(黑樺). 〔어원〕 박〔頂〕/밝〔明〕+달〔高, 山〕(어원사전). → 당단풍나무, 산딸나무.

박달목서(鄭, 1942) (물푸레나무과 *Osmanthus insularis*) 〔이명〕 살마묵세, 박달암계목, 목서나무. 〔유래〕 융마목서(薩摩木犀).

박달서어나무(安, 1982) (자작나무과) 까치박달의 이명. → 까치박달.

박달암계목(安, 1982) (물푸레나무과) 박달목서의 이명. → 박달목서.

박새(鄭, 1937) (백합과 *Veratrum oxysepalum*) 〔이명〕 묏박새, 넓은잎박새, 꽃박새. 〔유래〕 미상. 여로(藜蘆).

박조가리나물(朴, 1949) (국화과) 뽀리뱅이의 이명. → 뽀리뱅이.

박주가리(鄭, 1937) (박주가리과 *Metaplexis japonica*) 〔유래〕 미상. 나마(蘿摩), 교등(交藤), 구진등(九眞藤).

박주가리나물(鄭, 1949) (국화과) 뽀리뱅이의 이명. → 뽀리뱅이.

박쥐나무(鄭, 1937) (박쥐나무과 *Alangium platanifolium* v. *trilobum*) 〔이명〕 누른대나무, 털박쥐나무. 〔유래〕 강원 방언. 잎의 외형이 박쥐와 유사. 과목(瓜木), 백룡수(白龍須).

박쥐나물(鄭, 1937) (국화과 *Cacalia hastata* v. *orientalis*) 산귀박쥐나물의 이명(1956)으로도 사용. 〔이명〕 민박쥐나물, 큰박쥐나물. 〔유래〕 잎이 박쥐와 유사하다는 뜻의 일명. 각향(角香). → 산귀박쥐나물.

박추마(安, 1982) (마과) 부채마의 이명. → 부채마.

박태기나무(鄭, 1937) (콩과 *Cercis chinensis*) 〔이명〕 동백, 소방목, 밥태기꽃나무, 구슬꽃나무. 〔유래〕 전북 방언. 자형목(紫荊木), 자형피(剌荊皮), 소방목(蘇方木).

박하(鄭, 1937) (꿀풀과 *Mentha arvensis* v. *piperascens*) 〔이명〕 털박하, 재배종박

하. 〔유래〕 박하(薄荷).

반달콩제비꽃(愚, 1996) (제비꽃과 *Viola verecunda* v. *semilunaris*) 〔유래〕 잎이 반달 모양이다.

반도중무릇(安, 1982) (백합과) 중의무릇의 이명. → 중의무릇.

반들가시나무(鄭, 1965) (장미과 *Rosa wichuraiana*) 〔이명〕 돌가시나무, 대도가시나무, 붉은돌가시나무, 대마도가시나무, 긴돌가시나무, 홍돌가시나무, 대마도장미, 긴돌장미, 홍돌장미. 〔유래〕 잎에 광택이 있어 반들반들한 가시나무라는 뜻의 일명.

반들갯완두(鄭, 1949) (콩과) 갯완두의 이명. 〔유래〕 잎에 광택이 있는 갯완두라는 뜻의 일명. → 갯완두.

반들고사리(鄭, 1949) (면마과) 홍지네고사리의 이명. 〔유래〕 잎에 광택이 있는 홍지네고사리라는 뜻의 일명. → 홍지네고사리.

반들느릅나무(鄭, 1942) (느릅나무과 *Ulmus davidiana* v. *japonica* f. *levigiata*) 〔이명〕 민느릅나무, 빛느릅나무. 〔유래〕 잎에 광택이 있는 느릅나무라는 뜻의 일명.

반들사초(鄭, 1949) (사초과 *Carex tristachya*) 〔이명〕 세가래사초. 〔유래〕 미상.

반들잎고추나무(安, 1982) (고추나무과) 고추나무의 이명. → 고추나무, 민고추나무.

반들전호(朴, 1974) (산형과) 전호의 이명. → 전호.

반들진달래(李, 1966) (철쭉과) 반들진달래나무의 이명. 〔유래〕 반들진달래나무의 축소형. → 반들진달래나무.

반들진달래나무(鄭, 1942) (철쭉과 *Rhododendron mucronulatum* v. *lucidum*) 〔이명〕 진달래, 반들진달래, 흰진달래. 〔유래〕 잎에 강한 윤채가 있는 진달래나무라는 뜻의 학명 및 일명.

반디나물(鄭, 1949) (산형과 *Cryptotaenia japonica*) 〔이명〕 파드득나물, 참나물. 〔유래〕 미상.

반디미나리(鄭, 1949) (산형과 *Pternopetalum tanakae*) 〔이명〕 바위미나리, 산바디, 산바디미나리, 바디미나리, 실반디미나리. 〔유래〕 미상.

반디지치(鄭, 1949) (지치과 *Lithospermum zollingeri*) 〔이명〕 억센털개지치, 깔깔이풀. 〔유래〕 미상. 지선도(地仙桃).

반송(李, 1966) (소나무과 *Pinus densiflora* f. *multicaulis*) 〔유래〕 반송(盤松), 송절(松節).

반용골담초(李, 1966) (콩과 *Caragana sinica* v. *megalantha*) 〔유래〕 미상.

반잎사두초(安, 1982) (천남성과) 점백이천남성의 이명. 〔유래〕 반(무늬)잎 사두초(천남성). → 점백이천남성.

반죽(李, 1966) (벼과 *Phyllostachys nigra* v. *henonis* f. *punctata*) 〔유래〕 반죽(斑竹). 황색 줄기에 흑색 반점이 있는 솜대라는 뜻의 학명.

반짝버들(鄭, 1937) (버드나무과 *Salix pentandra* v. *intermedia*) 〔유래〕 잎이 반짝

(광택)이는 버들이라는 뜻의 일명. 조엽류(照葉柳).

반짝잎개질경이(愚, 1996) (질경이과) 갯질경이의 중국 옌볜 방언. → 갯질경이.

반쪽고사리(鄭, 1937) (고사리과 *Pteris dispar*) 〔이명〕 나래반쪽고사리, 날개반쪽고사리, 비늘봉의고사리. 〔유래〕 반쪽(반우상) 고사리라는 뜻의 학명.

반하(鄭, 1937) (천남성과 *Pinellia ternata*) 〔이명〕 끼무릇. 〔유래〕 반하(半夏).

받동자꽃(朴, 1949) (석죽과) 선옹초의 이명. → 선옹초.

발각고사리(鄭, 1937) (풀고사리과) 발풀고사리의 이명. → 발풀고사리.

발갓구(鄭, 1942) (붓순나무과) 붓순나무의 이명. 〔유래〕 붓순나무의 제주 방언. → 붓순나무.

ㅂ

발강올벗나무(鄭, 1942) (장미과) 올벗나무의 이명. → 올벗나무.

발래나무(鄭, 1942) (버드나무과) 사시나무의 이명. 〔유래〕 사시나무의 강원 방언. → 사시나무.

발장구채(朴, 1974) (석죽과) 말냉이장구채의 이명. → 말냉이장구채.

발톱가락풀(愚, 1996) (미나리아재비과) 발톱꿩의다리의 이명. 〔유래〕 발톱 가락풀(꿩의다리). → 발톱꿩의다리.

발톱꿩의다리(鄭, 1937) (미나리아재비과 *Thalictrum sparsiflorum*) 〔이명〕 발톱가락풀. 〔유래〕 과병(果柄)의 끝이 꼬부라져 수과는 작은 배〔舟〕를 매어놓은 것같이 보인다. 꼬부라진 수과의 부리를 발톱에 비유.

발풀고사리(鄭, 1949) (풀고사리과 *Dicranopteris pedatum*) 〔이명〕 발각고사리. 〔유래〕 식물의 모습이 발(새 발)과 같이 생긴 풀이라는 뜻의 학명.

밤나무(鄭, 1937) (참나무과 *Castanea crenata*) 약밤나무의 이명(愚, 1996, 중국 옌볜 방언)으로도 사용. 〔이명〕 참밤나무. 〔유래〕 율목(栗木), 율자(栗子). → 약밤나무.

밤나팔꽃(安, 1982) (메꽃과) 밤메꽃의 이명. 〔유래〕 꽃이 밤에 피는 나팔꽃. → 밤메꽃.

밤메꽃(朴, 1949) (메꽃과 *Calonyction aculeatum*) 〔이명〕 밤나팔꽃, 야회풀, 만월초, 나팔아재비. 〔유래〕 밤에 꽃이 피는 메꽃이라는 뜻의 일명.

밤송이방동사니(鄭, 1970) (사초과 *Cyperus polystachyos*) 〔이명〕 갯방동산이, 갯방동사니, 중방동사니, 메밤송이방동사니. 〔유래〕 적갈색의 작은 이삭이 많이 모여 만들어진 화서의 형태를 밤송이에 비유.

밤일엽(鄭, 1949) (고란초과 *Neocheiropteris ensata*) 〔이명〕 밤잎고사리, 밤잎일엽, 긴잎고사리. 〔유래〕 구리(밤)하란(クリハラン)이라는 일명.

밤잎고사리(李, 1965) (고란초과 *Colysis wrightii*) 밤일엽의 이명(鄭, 1937)으로도 사용. 〔이명〕 창밤잎고사리, 창고사리, 창끝고사리, 창밤일엽. 〔유래〕 밤나무 잎과 유사한 고사리. → 밤일엽.

밤잎일엽(朴, 1961) (고란초과) 밤일엽의 이명. → 밤일엽.

밥쉬나무(永, 1996) (장미과) 쉬땅나무의 이명. → 쉬땅나무.

밥태기꽃나무(朴, 1949) (콩과) 박태기나무의 이명. → 박태기나무.

방가지똥(鄭, 1937) (국화과 *Sonchus oleraceus*) 〔이명〕 방가지풀. 〔유래〕 미상. 속단국(續斷菊).

방가지풀(永, 1996) (국화과) 방가지똥의 북한 방언. → 방가지똥.

방구스소나무(鄭, 1942) (소나무과) 방크스소나무의 이명. → 방크스소나무.

방기(鄭, 1937) (새모래덩굴과 *Sinomenium acutum*) 〔이명〕 청등. 〔유래〕 방기(防己), 한방기(漢防己).

방동사니(李, 1980) (사초과 *Cyperus amuricus*) 〔이명〕 방동산이, 검정방동산이, 차방동산이, 큰차방동산이. 〔유래〕 미상.

방동사니대가리(李, 1969) (사초과 *Cyperus sanguinolentus*) 〔이명〕 돌방동산이, 방동산이대가리, 돌방동사니. 〔유래〕 화서에 대가 짧은 3~10개의 소수(小穗)가 산형(傘形)으로 모여 머리 모양을 형성.

방동사니아재비(李, 1980) (사초과 *Cyperus cyperoides*) 〔이명〕 개방동사니, 방동산이아재비. 〔유래〕 방동사니속과 유사하다는 뜻의 학명.

방동산이(鄭, 1937) (사초과) 방동사니와 금방동사니(朴, 1949)의 이명. → 방동사니, 금방동사니.

방동산이대가리(鄭, 1949) (사초과) 방동사니대가리의 이명. → 방동사니대가리.

방동산이아재비(鄭, 1949) (사초과) 방동사니아재비의 이명. → 방동사니아재비.

방석나물(정영재, 1992) (명아주과) 해홍나물의 이명. → 해홍나물.

방아오리방풀(永, 1996) (꿀풀과) 방아풀의 북한 방언. → 방아풀.

방아잎(朴, 1949) (꿀풀과) 배초향의 이명. → 배초향.

방아풀(鄭, 1949) (꿀풀과 *Plectranthus japonicus*) 배초향의 이명(愚, 1996, 북한 방언)으로도 사용. 〔이명〕 회채화, 방아오리방풀. 〔유래〕 미상. 연명초(延命草). → 배초향.

방애잎(鄭, 1957) (꿀풀과) 배초향의 이명. → 배초향.

방앳잎(鄭, 1937) (꿀풀과) 배초향의 이명. → 배초향.

방울개나리(愚, 1996) (물푸레나무과) 의성개나리의 중국 옌볜 방언. → 의성개나리.

방울고랭이(鄭, 1949) (사초과 *Scirpus wichurae* v. *asiaticus*) 〔이명〕 개왕굴, 왕굴아재비, 방울골. 〔유래〕 화서에 소수(小穗)가 2~5개씩 모여 달리는 모양을 방울에 비유.

방울골(朴, 1949) (사초과) 좀솔방울고랭이와 방울고랭이(愚, 1996, 북한 방언)의 이명. → 좀솔방울고랭이, 방울고랭이.

방울괭이눈(愚, 1996) (범의귀과) 선괭이눈의 중국 옌볜 방언. → 선괭이눈.

방울꽃(李, 1969) (쥐꼬리망초과 *Strobilanthes oligantha*) 〔이명〕 자운채, 광대나물

아재비, 자주구름꽃. 〔유래〕 미상.

방울나무(愚, 1996) (버즘나무과) 버즘나무의 북한 방언. 〔유래〕 구형의 과실이 긴 자루에 달리는 모습을 방울에 비유. → 버즘나무.

방울난초(朴, 1949) (난초과 *Habenaria flagellifera*) 차일봉무엽란의 이명(1949)으로도 사용. 〔이명〕 흑십자란. 〔유래〕 무카고(살눈)톤보(ムカゴトンボ)라는 일명. → 차일봉무엽란.

방울내풀(安, 1982) (벼과) 방울새풀의 이명. → 방울새풀.

방울비비추(安, 1982) (백합과) 일월비비추의 이명. → 일월비비추.

방울비자루(愚, 1996) (백합과) 방울비짜루의 이명. → 방울비짜루.

ㅂ

방울비짜루(鄭, 1937) (백합과 *Asparagus oligoclonos*) 〔이명〕 참빗자루, 새방울비짜루, 방울비자루. 〔유래〕 구형의 장과가 자루에 달리는 모양을 방울에 비유. 남옥대(南玉帶).

방울사초(安, 1982) (사초과) 이삭사초와 진들사초(愚, 1996, 중국 옌볜 방언)의 이명. → 이삭사초, 진들사초.

방울새(愚, 1996) (벼과) 방울새풀의 북한 방언. → 방울새풀.

방울새난(李, 1969) (난초과) 방울새란의 이명. → 방울새란.

방울새난초(鄭, 1937) (난초과) 방울새란의 이명. → 방울새란.

방울새란(安, 1982) (난초과 *Pogonia minor*) 〔이명〕 방울새난초, 방울새난. 〔유래〕 미상.

방울새풀(鄭, 1949) (벼과 *Briza minor*) 〔이명〕 타래피, 방울내풀, 방울피, 방울새. 〔유래〕 3~6개의 꽃으로 구성된 소수(小穗)의 모양이 방울과 유사.

방울양배추(李, 1969) (십자화과 *Brassica oleracea* v. *gemmifera*) 〔이명〕 애기양배추. 〔유래〕 잎짬에 생기는 싹이 만드는 작은 결구(結球)를 방울에 비유.

방울조풀(朴, 1949) (현삼과) 등에풀의 이명. → 등에풀.

방울초롱아재비(愚, 1996) (무환자나무과) 풍선덩굴의 중국 옌볜 방언. → 풍선덩굴.

방울풀(永, 1996) (쥐방울과) 쥐방울의 북한 방언. → 쥐방울.

방울피(安, 1982) (벼과) 방울새풀의 이명. → 방울새풀.

방크스소나무(李, 1966) (소나무과 *Pinus banksiana*) 〔이명〕 방구스소나무, 짧은잎소나무. 〔유래〕 방크시아나라는 학명.

방패꽃(李, 1980) (현삼과) 개투구꽃의 이명. → 개투구꽃.

방풍(鄭, 1937) (산형과 *Saposhnikovia seseloides*) 〔이명〕 개방풍, 중국방풍, 신방풍. 〔유래〕 방풍(防風).

방풍나물(永, 1996) (산형과) 갯방풍의 북한 방언. → 갯방풍.

밭둑외풀(愚, 1996) (현삼과) 밭뚝외풀의 중국 옌볜 방언. → 밭뚝외풀.

밭뚝외풀(鄭, 1949) (현삼과 *Lindernia procumbens*) 〔이명〕 개고추풀, 밭둑외풀.

〔유래〕 외풀과 유사하나 뚝 근처의 습지에 난다.

밭벼(安, 1982) (벼과 *Oryza sativa* v. *terrestris*) 〔이명〕 산두. 〔유래〕 육지(밭)에 나는 벼라는 뜻의 학명.

밭하늘지기(李, 1980) (사초과 *Fimbristylis stauntonii*) 〔이명〕 밭하늘직이. 〔유래〕 밭에 나는 하늘지기라는 뜻의 일명.

밭하늘직이(朴, 1949) (사초과) 밭하늘지기의 이명. → 밭하늘지기.

배(愚, 1996) (장미과) 배나무의 이명. → 배나무.

배꼽풀(安, 1982) (현삼과) 쌀파도풀의 이명. → 쌀파도풀.

배나무(鄭, 1937) (장미과 *Pyrus pyrifolia* v. *culta*) 〔이명〕 일본배, 일본배나무, 배. 〔유래〕 이(梨).

ㅂ

배롱나무(鄭, 1937) (부처꽃과 *Lagerstroemia indica*) 〔이명〕 백일홍, 백일홍나무. 〔유래〕 백일홍(百日紅), 자미화(刺微花).

배부장이(鄭, 1949) (질경이과) 질경이의 이명. → 질경이.

배암고사리(鄭, 1937) (면마과) 뱀고사리의 이명. → 뱀고사리.

배암꼬리개고사리(鄭, 1937) (면마과) 곱새고사리의 이명. → 곱새고사리.

배암나무(鄭, 1937) (인동과 *Viburnum koreanum*) 〔유래〕 평북 방언.

배암딸기(鄭, 1937) (장미과) 뱀딸기의 이명. → 뱀딸기.

배암무(鄭, 1937) (장미과) 뱀무의 이명. → 뱀무.

배암배추(朴, 1949) (꿀풀과) 배암차즈기와 석잠풀(1949)의 이명. → 배암차즈기, 석잠풀.

배암세(鄭, 1937) (국화과) 톱풀의 이명. → 톱풀.

배암차즈기(鄭, 1937) (꿀풀과 *Salvia plebeia*) 〔이명〕 뱀차조기, 배암배추, 뱀배추. 〔유래〕 미상.

배암채(安, 1982) (국화과) 톱풀의 이명. → 톱풀.

배암톱(鄭, 1937) (석송과) 뱀톱의 이명. → 뱀톱.

배얌세(永, 1996) (국화과) 톱풀의 이명. → 톱풀.

배옥잠(朴, 1949) (물옥잠과) 부레옥잠의 이명. → 부레옥잠.

배채(朴, 1949) (십자화과) 배추의 이명. 〔유래〕 배추의 평안, 함경 방언.→ 배추.

배초향(鄭, 1937) (꿀풀과 *Agastache rugosa*) 〔이명〕 방앳잎, 방아잎, 중개풀, 방애잎, 방아풀. 〔유래〕 배초향(排草香), 곽향(藿香).

배추(鄭, 1937) (십자화과 *Brassica campestris* ssp. *napus* v. *pekinensis*) 〔이명〕 배채. 〔유래〕 백채(白菜). 〔어원〕 백채(白菜). 白菜→빅치→빈추→배추로 변화(어원사전).

배풍등(鄭, 1937) (가지과 *Solanum lyratum*) 〔이명〕 배풍등나무. 〔유래〕 배풍등(排風藤), 백모등(白毛藤).

배풍등나무(愚, 1996) (가지과) 배풍등의 중국 옌볜 방언. → 배풍등.

배합조개(鄭, 1937) (질경이과) 질경이의 이명. → 질경이.

백가시나무(鄭, 1942) (참나무과) 참가시나무의 이명. → 참가시나무.

백골송(李, 1980) (소나무과) 백송의 이명. 〔유래〕 백골송(白骨松). → 백송.

백과(李, 1980) (은행나무과) 은행나무의 이명. 〔유래〕 백과(白果). → 은행나무.

백급(愚, 1996) (난초과) 자란의 이명. → 자란.

백길경(安, 1982) (초롱꽃과) 백도라지의 이명. → 백도라지.

백당나무(鄭, 1942) (인동과 *Viburnum opulus* v. *calvescens*) 쥐똥나무의 이명(1942, 경기 광릉 방언)으로도 사용. 〔이명〕 불두화, 청백당나무, 까마귀밥나무, 개불두화, 민백당나무, 접시꽃나무. 〔유래〕 경기 방언. 불두화(佛頭花), 계수조(鷄樹條). → 쥐똥나무.

ㅂ

백도(李, 1966) (장미과 *Prunus persica* f. *alba*) 〔이명〕 흰복숭아나무. 〔유래〕 백도(白桃). 백색 꽃이 피는 복숭아나무라는 뜻의 학명 및 일명.

백도라지(鄭, 1956) (초롱꽃과 *Platycodon grandiflorum* f. *albiflorum*) 〔이명〕 백길경. 〔유래〕 백색 꽃이 피는 도라지라는 뜻의 학명.

백동백(李, 1966) (녹나무과) 백동백나무의 이명. 〔유래〕 백동백나무의 축소형. → 백동백나무.

백동백나무(鄭, 1937) (녹나무과 *Lindera glauca*) 〔이명〕 간자목, 개박달나무, 감태나무, 백동백, 흰동백나무. 〔유래〕 제주 방언. 백동백(白冬柏), 산호초(山胡椒).

백두금매화(愚, 1996) (장미과) 너도양지꽃의 북한 방언. 〔유래〕 백두산에 나는 금매화라는 뜻이나, 금매화와는 전혀 무관하다. → 너도양지꽃.

백두떡쑥(朴, 1974) (국화과) 백두산떡쑥의 이명. → 백두산떡쑥.

백두사초(鄭, 1949) (사초과 *Carex peiktusani*) 〔이명〕 백두산사초, 늪산사초. 〔유래〕 백두산에 나는 사초라는 뜻의 학명 및 일명.

백두산고사리삼(朴, 1949) (고사리삼과 *Botrychium lunaria*) 〔이명〕 고사리삼. 〔유래〕 백두산에 나는 고사리삼.

백두산꽃며느리밥풀(李, 1969) (현삼과) 애기며느리밥풀의 이명. 〔유래〕 백두산에 나는 꽃며느리밥풀. → 애기며느리밥풀.

백두산노루발(朴, 1949) (노루발과) 홀꽃노루발의 이명. 〔유래〕 백두산에 나는 노루발. → 홀꽃노루발.

백두산대극(朴, 1949) (대극과 *Euphorbia hakutosanensis*) 〔이명〕 백두산버들옻. 〔유래〕 백두산에 나는 대극이라는 뜻의 학명 및 일명.

백두산돌피(朴, 1949) (벼과) 백산새풀의 이명. 〔유래〕 하쿠토(백두산)이와카랴스(ハクトウイワカリヤス)라는 일명. → 백산새풀.

백두산떡쑥(李, 1969) (국화과 *Antennaria dioica*) 〔이명〕 화태떡쑥, 괴쑥, 백두떡쑥,

두메떡쑥. 〔유래〕 백두산에 나는 떡쑥.

백두산바위취(李, 1969) (범의귀과 *Saxifraga laciniata* v. *takedana*) 〔이명〕 덩굴범의귀, 덩굴구름범의귀. 〔유래〕 백두산에 나는 바위취.

백두산바풀(朴, 1949) (현삼과) 애기며느리밥풀의 이명. 〔유래〕 백두산에 나는 며느리밥풀이라는 뜻의 일명. → 애기며느리밥풀.

백두산버들옻(愚, 1996) (대극과) 백두산대극의 북한 방언. 〔유래〕 백두산에 나는 버들옻(대극). → 백두산대극.

백두산봄마지(朴, 1949) (앵초과) 고산봄맞이의 이명. 〔유래〕 백두산에 나는 봄맞이꽃. → 고산봄맞이.

백두산분취(朴, 1949) (국화과) 긴분취의 이명. 〔유래〕 백두산에 나는 분취. → 긴분취.

백두산사초(朴, 1949) (사초과) 백두사초의 이명. → 백두사초.

백두산새풀(愚, 1996) (벼과) 백산새풀의 중국 옌볜 방언. → 백산새풀.

백두산서덜취(朴, 1974) (국화과) 긴분취의 이명. 〔유래〕 백두산에 나는 서덜취. → 긴분취.

백두산솜나물(安, 1982) (국화과) 바위솜나물의 이명. 〔유래〕 백두산에 나는 솜나물. → 바위솜나물.

백두산쑥(朴, 1949) (국화과) 율무쑥의 이명. 〔유래〕 백두산에 나는 쑥. → 율무쑥.

백두산자작나무(鄭, 1937) (자작나무과 *Betula microphylla* v. *coreana*) 〔이명〕 백두산재작이, 고산자작나무. 〔유래〕 백두산에 나는 자작나무.

백두산재작이(鄭, 1957) (자작나무과) 백두산자작나무의 이명. → 백두산자작나무.

백두실골풀(李, 1980) (골풀과 *Juncus potaninii*) 〔이명〕 왜실골풀. 〔유래〕 백두산 지역에 나는 실골풀.

백두오이풀(朴, 1949) (장미과) 큰오이풀의 이명. 〔유래〕 백두산에 나는 오이풀. → 큰오이풀.

백딸나무(安, 1982) (장미과) 복딸나무의 이명. → 복딸나무.

백량금(鄭, 1942) (자금우과 *Ardisia crenata*) 〔이명〕 왕백량금, 탱자아재비, 큰백량금, 선꽃나무, 그늘백량금. 〔유래〕 백량금(百兩金), 주사근(朱砂根).

백렴(永, 1996) (포도과) 가회톱의 북한 방언. → 가회톱.

백령풀(李, 1980) (꼭두선이과 *Diodia teres*) 〔이명〕 수염치자풀. 〔유래〕 황해(경기) 백령도에서 최초로 귀화식물로 채집.

백리향(鄭, 1937) (꿀풀과 *Thymus quinquecostatus*) 〔이명〕 섬백리향, 산백리향, 일본백리향. 〔유래〕 백리향(百里香).

백마골(朴, 1949) (꼭두선이과) 백정화의 이명. → 백정화.

백매(鄭, 1942) (장미과 *Prunus glandulosa* f. *albi-plena*) 〔이명〕 흰옥매, 만첩옥매,

옥매, 겹백옥매. 〔유래〕 모종인 산옥매에 비해 꽃이 백색이라는 뜻의 학명.

백목련(鄭, 1937) (목련과 *Magnolia denudata*) 자주목련의 이명(愚, 1996, 중국 옌볜 방언)으로도 사용. 〔이명〕 흰가지꽃나무. 〔유래〕 백목련(白木蓮), 신이(辛夷). → 자주목련.

백미(朴, 1974) (박주가리과) 백미꽃의 이명. → 백미꽃.

백미꽃(鄭, 1937) (박주가리과 *Cynanchum atratum*) 〔이명〕 아마존, 백미, 털백미, 털개백미. 〔유래〕 백미(白薇), 미초(薇草).

백봉천궁(愚, 1996) (산형과) 궁궁이의 북한 방언. → 궁궁이.

백부자(鄭, 1937) (미나리아재비과 *Aconitum koreanum*) 〔이명〕 노랑돌쩌귀, 노랑바꽃, 노란돌쩌귀풀, 노랑돌쩌귀풀. 〔유래〕 백부자(白附子).

ㅂ

백사과(鄭, 1937) (박과) 참외의 이명. 〔유래〕 과실이 백색인 것을 사과에 비유. → 참외.

백산버들(鄭, 1942) (버드나무과 *Salix xerophila* v. *fuscenscens*) 〔유래〕 평남 소백산에 나는 버들.

백산새풀(李, 1969) (벼과 *Calamagrostis angustifolia*) 〔이명〕 백두산돌피, 백두산새풀. 〔유래〕 백산(白山) 새풀이라는 뜻의 일명.

백산차(鄭, 1937) (철쭉과 *Ledum palustre* v. *diversipilosum*) 〔이명〕 털백산차, 북백산차. 〔유래〕 백산차(白山茶).

백산흑사초(鄭, 1949) (사초과) 감둥사초의 이명. 〔유래〕 백산 흑사초라는 뜻의 일명. → 감둥사초.

백서향(李, 1966) (팥꽃나무과) 백서향나무의 이명. 〔유래〕 백서향나무의 축소형. → 백서향나무.

백서향나무(鄭, 1942) (팥꽃나무과 *Daphne kiusiana*) 두메닥나무의 이명(愚, 1996, 중국 옌볜 방언)으로도 사용. 〔이명〕 개후초, 백서향, 개서향나무, 흰서향나무. 〔유래〕 백서향(白瑞香). → 두메닥나무.

백선(鄭, 1937) (운향과 *Dictamnus dasycarpus*) 〔이명〕 자래초, 검화. 〔유래〕 백선(白鮮), 백선피(白鮮皮), 백양선(白羊鮮).

백설노린재나무(安, 1982) (노린재나무과) 흰노린재나무의 이명. → 흰노린재나무.

백설분취(楊, 1966) (국화과) 백설취의 이명. → 백설취.

백설취(鄭, 1949) (국화과 *Saussurea rectinervis*) 〔이명〕 눈분취, 백설분취. 〔유래〕 백설(白雪) 분취라는 뜻의 일명.

백송(鄭, 1937) (소나무과 *Pinus bungeana*) 〔이명〕 백골송, 흰소나무. 〔유래〕 백송(白松). 줄기가 창백색인 데서 유래.

백양(鄭, 1942) (버드나무과) 사시나무와 황철나무(1942), 당버들(朴, 1949)의 이명. 〔유래〕 백양(白楊). → 사시나무, 황철나무, 당버들.

백양꽃(李, 1969) (수선화과 *Lycoris koreana*) 〔이명〕 가재무릇, 타래꽃무릇, 조선상사화. 〔유래〕 전남 백양산에 나는 꽃.

백양나무(永, 1996) (버드나무과) 사시나무의 북한 방언. → 사시나무.

백양더부사리(李, 1969) (열당과 *Orobanche filicicola*) 〔이명〕 쑥더부사리. 〔유래〕 백양산에 나는 더부사리(기생식물).

백양목(鄭, 1942) (버드나무과) 당버들의 이명. 〔유래〕 백양목(白楊木). → 당버들.

백양사초(朴, 1949) (사초과) 갈사초의 이명. 〔유래〕 전남 백양산에 나는 사초. → 갈사초.

백여로(永, 1996) (백합과) 흰여로의 이명. → 흰여로.

백염(安, 1982) (포도과) 가회톱의 이명. → 가회톱.

백운기름나물(李, 1969) (산형과) 섬바디의 이명. 〔유래〕 백운산에 나는 기름나물이라는 뜻의 일명. → 섬바디.

백운나비나물(朴, 1949) (콩과) 긴잎나비나물의 이명. 〔유래〕 전남 백운산에 나는 나비나물. → 긴잎나비나물.

백운난초(朴, 1949) (난초과) 백운란의 이명. → 백운란.

백운란(李, 1980) (난초과 *Vexillabium yakushimense*) 〔이명〕 백운난초, 백운산난초, 백운란초. 〔유래〕 백운산에 나는 난초라는 뜻의 일명.

백운란초(愚, 1996) (난초과) 백운란의 중국 옌볜 방언. → 백운란.

백운물푸레(朴, 1949) (물푸레나무과) 백운쇠물푸레의 이명. → 백운쇠물푸레.

백운배나무(李, 1980) (장미과 *Pyrus ussuriensis* v. *hakunensis*) 〔유래〕 백운산에 나는 배나무라는 뜻의 학명.

백운산난초(安, 1982) (난초과) 백운란의 이명. → 백운란.

백운산방풍(安, 1982) (산형과) 섬바디의 이명. → 섬바디.

백운쇠물푸레(李, 1980) (물푸레나무과 *Fraxinus sieboldiana* v. *quadrijuga*) 〔이명〕 백운물푸레. 〔유래〕 전남 백운산에 나는 쇠물푸레나무라는 뜻의 일명.

백운승마(愚, 1996) (범의귀과) 나도승마의 이명. 〔유래〕 전남 백운산 지역에 나는 승마. → 나도승마.

백운원추리(李, 1969) (백합과 *Hemerocallis hakuunensis*) 〔이명〕 함양원추리. 〔유래〕 전남 백운산에 나는 원추리라는 뜻의 학명 및 일명.

백운취(임 · 이, 2001) (국화과 *Saussurea insularis*) 〔유래〕 전남 백운산에 나는 분취. 은분취와 유사하나 백회색의 거미줄 털이 가을에는 거의 떨어진다.

백운풀(李, 1969) (꼭두선이과) 두잎갈퀴의 이명. 〔유래〕 백운산에 나는 풀. → 두잎갈퀴.

백일초(鄭, 1937) (국화과) 백일홍의 이명. 〔유래〕 백일초(百日草). → 백일홍.

백일홍(鄭, 1937) (국화과 *Zinnia elegans*) 배롱나무의 이명(1937)으로도 사용. 〔이

명〕 백일초. 〔유래〕 백일홍(百日紅). 꽃이 오랫동안 피는 데서 유래. → 배롱나무.

백일홍나무(永, 1996) (부처꽃과) 배롱나무의 이명. → 배롱나무, 백일홍.

백작약(李, 1969) (작약과 *Paeonia japonica*) 털백작약(鄭, 1949)과 호작약(朴, 1949)의 이명으로도 사용. 〔이명〕 산작약. 〔유래〕 백색의 꽃이 피는 작약. 초작약(草芍藥). → 털백작약, 호작약.

백정꽃(安, 1982) (꼭두선이과) 백정화의 이명. → 백정화.

백정화(李, 1969) (꼭두선이과 *Serissa japonica*) 〔이명〕 백마골, 만천성, 백정꽃, 두메별꽃. 〔유래〕 백정화(白丁花), 만천성(滿天星).

백지(鄭, 1956) (산형과) 구릿대의 이명. 〔유래〕 백지(白芷). → 구릿대.

ㅂ

백질려(鄭, 1949) (남가새과) 남가새의 이명. 〔유래〕 백질려(白蒺藜). → 남가새.

백출(鄭, 1937) (국화과) 삽주의 이명. 〔유래〕 백출(白朮). → 삽주.

백합(李, 1969) (백합과 *Lilium longiflorum*) 참나리의 이명(鄭, 1949)으로도 사용. 〔이명〕 나팔나리, 백향나리, 왕나리. 〔유래〕 백합(百合). → 참나리.

백합나무(永, 1996) (목련과) 튜울립나무의 이명. → 튜울립나무.

백향나리(安, 1982) (백합과) 백합의 이명. → 백합.

백화등(鄭, 1942) (협죽도과) 마삭줄의 이명. 〔유래〕 백화등(白花藤). → 마삭줄.

백화마삭줄(鄭, 1949) (협죽도과) 마삭줄의 이명. → 마삭줄.

백화채(愚, 1996) (풍접초과) 풍접초의 중국 옌볜 방언. → 풍접초.

뱀고사리(鄭, 1949) (면마과 *Athyrium yokoscense*) 〔이명〕 배암고사리, 새고비, 풀고비. 〔유래〕 뱀이 깔고 자는 돗자리라는 뜻의 일명.

뱀꼬리고사리(鄭, 1949) (면마과) 곱새고사리의 이명. → 곱새고사리.

뱀도랏(愚, 1996) (산형과) 사상자의 중국 옌볜 방언. → 사상자.

뱀딸기(鄭, 1949) (장미과 *Duchesnea chrysantha*) 〔이명〕 배암딸기, 큰배암딸기, 홍실뱀딸기, 산뱀딸기. 〔유래〕 뱀〔蛇〕 딸기라는 뜻의 일명. 사매(蛇莓), 잠매(蠶莓), 지매(地莓).

뱀무(鄭, 1949) (장미과 *Geum japonicum*) 〔이명〕 배암무. 〔유래〕 미상. 수양매(水楊梅).

뱀밥(Mori, 1922) (속새과) 쇠뜨기의 이명. 〔유래〕 토필(土筆). → 쇠뜨기.

뱀배추(朴, 1974) (꿀풀과) 배암차즈기와 석잠풀(1974)의 이명. → 배암차즈기, 석잠풀.

뱀솔(李, 1966) (소나무과 *Pinus densiflora* f. *anguina*) 〔유래〕 미상.

뱀의정자나무(鄭, 1956) (콩과) 고삼의 이명. 〔유래〕 고삼의 방언. 고삼이 있는 곳에 뱀이 많다는 뜻. → 고삼.

뱀의찔네(鄭, 1942) (장미과) 생열귀나무의 이명. 〔유래〕 생열귀나무의 황해 방언. → 생열귀나무.

뱀의찔레(永, 1996) (장미과) 생열귀나무의 이명. → 생열귀나무.

뱀찔네(朴, 1949) (장미과) 생열귀나무의 이명. 〔유래〕 뱀의찔레의 오기. → 생열귀나무.

뱀차조기(鄭, 1949) (꿀풀과) 배암차즈기의 이명. → 배암차즈기.

뱀톱(朴, 1949) (석송과 *Lycopodium serratum*) 〔이명〕 배암톱, 틈벨구뱀톱, 넓은잎뱀톱. 〔유래〕 사족초(蛇足草).

뱀풀(愚, 1996) (벼과) 흰줄갈풀의 이명. 〔유래〕 흰줄갈풀의 충북 방언. → 흰줄갈풀.

뱁새더울(鄭, 1942) (장미과) 국수나무의 이명. 〔유래〕 국수나무의 경남 방언. → 국수나무.

버드나무(鄭, 1937) (버드나무과 *Salix koreensis*) 왕버들의 이명(1942, 남부 방언)으로도 사용. 〔이명〕 버들, 뚝버들, 버들나무, 개왕버들. 〔유래〕 유(柳). 〔어원〕 버들〔柳〕+나무〔木〕. 버들나무→버드나무로 변화(어원사전). → 왕버들.

ㅂ

버드생이나물(鄭, 1937) (국화과 *Kalimeris pinnatifida*) 가새쑥부쟁이의 이명(安, 1982)으로도 사용. 〔이명〕 들쑥부생, 버드쟁이나물. 〔유래〕 미상. → 가새쑥부쟁이.

버드쟁이나물(李, 1969) (국화과) 버드생이나물의 이명. → 버드생이나물.

버들(鄭, 1937) (버드나무과) 버드나무의 이명. 〔유래〕 버드나무류의 총칭. 〔어원〕 미상. 벋〔柳〕+을(접사)(어원사전). → 버드나무.

버들개꼬리풀(愚, 1996) (앵초과) 버들까치수염의 중국 옌볜 방언. → 버들까치수염.

버들개망초(安, 1982) (국화과) 개망초의 이명. 〔유래〕 잎이 버드나무와 유사한 개망초라는 뜻의 일명. → 개망초.

버들개회나무(鄭, 1942) (물푸레나무과 *Syringa fauriei*) 〔유래〕 미상. 세엽야정향(細葉野丁香).

버들겨이삭(李, 1969) (벼과 *Agrostis divaricatissima*) 〔이명〕 너울겨이삭, 엉성겨이삭, 누운겨이삭. 〔유래〕 버들 겨이삭이라는 뜻의 일명.

버들금불초(鄭, 1937) (국화과 *Inula salicina* v. *asiatica*) 〔이명〕 버들잎금불초. 〔유래〕 버드나무속과 유사한 금불초라는 뜻의 학명(소종명). 선복화(旋覆花).

버들기린초(安, 1982) (돌나물과) 애기기린초의 이명. 〔유래〕 버들잎 기린초라는 뜻의 일명. → 애기기린초.

버들까치수염(鄭, 1949) (앵초과 *Lysimachia thyrsiflora*) 〔이명〕 버들잎꼬리풀, 버들잎까치수염, 땅까치수염, 버들까치수영, 버들꽃꼬리풀, 버들개꼬리풀. 〔유래〕 야나기(버들)도라노(ヤナギトラノオ)라는 일명.

버들까치수영(李, 1980) (앵초과) 버들까치수염의 이명. → 버들까치수염.

버들꽃꼬리풀(永, 1996) (앵초과) 버들까치수염의 북한 방언. → 버들까치수염.

버들나무(朴, 1949) (버드나무과) 버드나무의 이명. → 버드나무.

버들나물(安, 1982) (국화과) 조밥나물의 이명. 〔유래〕 야나기(버들)단보보(ヤナギタ

ソボボ)라는 일명. → 조밥나물.

버들능쟁이(愚, 1996) (명아주과) 버들명아주의 중국 옌볜 방언. → 버들명아주.

버들마편초(壽, 2001) (마편초과 *Verbena borariensis*) 〔유래〕 잎의 모양이 버들과 유사. 포엽은 꽃받침보다 짧고, 꽃받침 열편은 삼각형이며, 화관은 홍자색이고, 화관 통부는 꽃받침보다 2~3배 길다.

버들말즘(鄭, 1937) (가래과) 말의 이명. 〔유래〕 버들 말이라는 뜻의 일명. → 말.

버들망초(安, 1982) (국화과) 민망초의 이명. 〔유래〕 버들 쑥이라는 뜻의 일명. → 민망초.

버들명아주(鄭, 1937) (명아주과 *Chenopodium acuminatum*) 〔이명〕 버들잎능쟁이, 애기능쟁이, 버들능쟁이. 〔유래〕 버들 명아주라는 뜻의 일명.

ㅂ

버들바늘꽃(鄭, 1937) (바늘꽃과 *Epilobium palustre*) 〔이명〕 구름바늘꽃, 좀버들바늘꽃. 〔유래〕 버들 바늘꽃이라는 뜻의 일명.

버들박주가리(愚, 1996) (박주가리과) 양반풀의 북한 방언. → 양반풀.

버들분취(鄭, 1937) (국화과 *Saussurea maximowiczii*) 바늘분취의 이명(李, 1969)으로도 사용. 〔이명〕 개분취. 〔유래〕 미상. → 바늘분취.

버들여뀌(鄭, 1949) (여뀌과) 여뀌의 이명. 〔유래〕 버들 여뀌라는 뜻의 일명. → 여뀌.

버들역귀(鄭, 1937) (여뀌과) 여뀌의 이명. → 여뀌, 버들여뀌.

버들옻(愚, 1996) (대극과) 대극의 북한 방언. → 대극.

버들일엽(鄭, 1949) (고란초과 *Loxogramme salicifolia*) 〔이명〕 버들잎고사리, 수깔고사리, 버들일엽초. 〔유래〕 잎이 버들잎과 유사한 고사리라는 뜻의 학명.

버들일엽초(愚, 1996) (고란초과) 버들일엽의 중국 옌볜 방언. → 버들일엽.

버들잎가래(朴, 1949) (가래과) 말의 이명. 〔유래〕 버들잎 말이라는 뜻의 일명. → 말.

버들잎고사리(朴, 1949) (고란초과) 버들일엽과 버들참빗(면마과, 1949), 꿩고사리(꿩고사리과, 李, 1967)의 이명. → 버들일엽, 버들참빗, 꿩고사리.

버들잎금불초(朴, 1949) (국화과) 버들금불초의 이명. → 버들금불초.

버들잎기린초(朴, 1949) (돌나물과) 애기기린초의 이명. → 애기기린초, 버들기린초.

버들잎까치수염(朴, 1974) (앵초과) 버들까치수염의 이명. → 버들까치수염.

버들잎꼬리풀(朴, 1949) (현삼과 *Veronica tubiflora*) 버들까치수염의 이명(1949)으로도 사용. 〔유래〕 버들잎 꼬리풀이라는 뜻의 일명. → 버들까치수염.

버들잎꽃역귀(朴, 1949) (여뀌과) 흰꽃여뀌의 이명. 〔유래〕 잎이 버들잎과 유사한 여뀌라는 뜻의 학명 및 일명. → 흰꽃여뀌.

버들잎능쟁이(朴, 1949) (명아주과) 버들명아주의 이명. 〔유래〕 잎이 버들과 유사한 능쟁이(명아주). → 버들명아주.

버들잎바늘꽃(朴, 1974) (바늘꽃과) 회령바늘꽃과 분홍바늘꽃(安, 1982)의 이명. → 회령바늘꽃, 분홍바늘꽃.

버들잎분취(安, 1982) (국화과) 바늘분취의 이명. 〔유래〕 버들 분취라는 뜻의 일명. → 바늘분취.

버들잎엉겅퀴(朴, 1949) (국화과) 솔엉겅퀴의 이명. 〔유래〕 버들 엉겅퀴라는 뜻의 일명. → 솔엉겅퀴.

버들잎역귀(朴, 1949) (여뀌과) 여뀌의 이명. → 여뀌, 버들여뀌.

버들잎인동덩굴(愚, 1996) (인동과) 잔털인동덩굴의 이명. → 잔털인동덩굴.

버들잎잔대(愚, 1996) (초롱꽃과) 둥근잔대의 이명. → 둥근잔대.

버들잎쥐꼬리(鄭, 1937) (꿩고사리과) 꿩고사리의 이명. → 꿩고사리.

버들잎쥐똥나무(愚, 1996) (물푸레나무과) 버들쥐똥나무의 이명. → 버들쥐똥나무.

버들쥐똥나무(鄭, 1937) (물푸레나무과 *Ligustrum salicinum*) 〔이명〕 버들잎쥐똥나무. 〔유래〕 버드나무속과 유사한 쥐똥나무라는 뜻의 학명 및 일명. 수랍과(水蠟果).

버들참빗(鄭, 1937) (면마과 *Diplazium subsinuatum*) 〔이명〕 참빗고사리, 버들잎고사리, 버들참빗고사리. 〔유래〕 미상.

버들참빗고사리(愚, 1996) (면마과) 버들참빗의 중국 옌볜 방언. → 버들참빗.

버들취(鄭, 1949) (국화과) 바늘분취의 이명. 〔유래〕 야나기(버들)히고타이(ヤナギヒゴタイ)라는 일명. → 바늘분취.

버들회나무(鄭, 1942) (노박덩굴과 *Euonymus trapococca*) 〔유래〕 유엽위모(柳葉衛矛), 귀전우(鬼箭羽).

버어날그라스(安, 1982) (벼과) 향기풀의 이명. 〔유래〕 Vernal-grass. → 향기풀.

버어먼초(永, 1996) (버어먼초과 *Burmannia cryptopetala*) 〔유래〕 *Burmannia*라는 속명.

버즘나무(李, 1966) (버즘나무과 *Platanus orientalis*) 〔이명〕 풀라탄나스, 푸라타나스, 버짐나무, 플라타너스, 플라타누스, 방울나무. 〔유래〕 수피의 큰 조각이 떨어진 부분이 암회색 또는 회백색을 띠므로 피부에 버즘이 생긴 것같이 보인다. 법국오동(法國梧桐).

버짐나무(安, 1982) (버즘나무과) 버즘나무의 이명. → 버즘나무.

번가지소나무(李, 1966) (소나무과 *Pinus densiflora* f. *divaricata*) 〔유래〕 가지가 넓게 벌어지는 소나무라는 뜻의 학명 및 일명.

번대국화(永, 1996) (국화과) 카밀레의 북한 방언. → 카밀레.

번둥딸나무(鄭, 1942) (장미과) 멍석딸기의 이명. 〔유래〕 멍석딸기의 전남 방언. → 멍석딸기.

번행초(鄭, 1949) (석류풀과 *Tetragonia tetragonoides*) 〔이명〕 번향. 〔유래〕 번행(番杏), 번행초(蕃杏草).

번향(朴, 1949) (석류풀과) 번행초의 이명. 〔유래〕 번행(蕃杏). → 번행초.

벋는미나리아재비(愚, 1996) (미나리아재비과) 가는미나리아재비의 중국 옌볜 방언.

→ 가는미나리아재비.

벋은미나리아재비(鄭, 1937) (미나리아재비과) 가는미나리아재비의 이명. 〔유래〕 벋는 미나리아재비라는 뜻의 일명. → 가는미나리아재비.

벋은씀바귀(鄭, 1937) (국화과) 벋음씀바귀의 이명. → 벋음씀바귀.

벋음씀바귀(鄭, 1956) (국화과 *Ixeris japonica*) 〔이명〕 벋은씀바귀, 큰덩굴씀바귀, 뻗을씀바귀, 덩굴씀바귀, 벋줄씀바귀, 뻗음씀바귀, 뻗은씀바귀. 〔유래〕 줄기가 벋는 씀바귀.

벋줄씀바귀(安, 1982) (국화과) 벋음씀바귀의 이명. → 벋음씀바귀.

벌개덩굴(愚, 1996) (꿀풀과) 벌깨덩굴의 중국 옌볜 방언. → 벌깨덩굴.

벌개미취(鄭, 1949) (국화과 *Gymnaster koraiensis*) 〔이명〕 고려쑥부쟁이, 별개미취. 〔유래〕 미상. 자원(紫菀).

벌깨냉이(李, 1969) (십자화과 *Cardamine glechomifolia*) 〔이명〕 제주황새냉이. 〔유래〕 근생엽(根生葉)의 형태가 벌깨덩굴과 유사한 냉이.

벌깨덩굴(鄭, 1937) (꿀풀과 *Meehania urticifolia*) 〔이명〕 벌개덩굴. 〔유래〕 뻗어 퍼지는 덩굴성인 깨라는 뜻이나 깨와는 무관하다. 미한화(美漢花).

벌깨풀(李, 1969) (꿀풀과 *Dracocephalum rupestre*) 〔이명〕 바위용머리. 〔유래〕 미상.

벌노랑이(鄭, 1937) (콩과 *Lotus corniculatus* v. *japonicus*) 〔이명〕 노랑들콩, 노랑돌콩, 털벌노랑이, 잔털벌노랑이. 〔유래〕 벌(들판)에 나는 노란 꽃이 피는 풀. 백맥근(百脈根).

벌등골나물(鄭, 1937) (국화과 *Eupatorium fortunei*) 향등골나물(1956)과 골등골나물(朴, 1949)의 이명으로도 사용. 〔이명〕 새등골나물, 향등골나물. 〔유래〕 미상. 근경이 옆으로 뻗는다. → 향등골나물, 골등골나물.

벌딸기(朴, 1949) (장미과) 천도딸기의 이명. → 천도딸기.

벌레먹이너구리말(安, 1982) (끈끈이주걱과) 벌레먹이말의 이명. 〔유래〕 너구리 말이라는 뜻의 일명. → 벌레먹이말.

벌레먹이말(朴, 1949) (끈끈이주걱과 *Aldrovanda vesiculosa*) 〔이명〕 벌레먹이너구리말. 〔유래〕 벌레를 잡아먹는 말.

벌레오랑캐(朴, 1949) (통발과) 털잡이제비꽃과 벌레잡이제비꽃(安, 1982)의 이명. → 털잡이제비꽃, 벌레잡이제비꽃, 벌레잡이오랑캐.

벌레잡이덩굴(安, 1982) (벌레잡이풀과) 벌레잡이풀의 이명. → 벌레잡이풀.

벌레잡이오랑캐(朴, 1974) (통발과) 벌레잡이제비꽃의 이명. 〔유래〕 벌레를 잡아먹는 오랑캐(제비꽃)라는 뜻의 일명. → 벌레잡이제비꽃.

벌레잡이제비꽃(李, 1969) (통발과 *Pinguicula vulgaris* v. *macroceras*) 〔이명〕 벌레잡이오랑캐, 벌레오랑캐. 〔유래〕 벌레를 잡아먹는 제비꽃이라는 뜻의 일명.

벌레잡이통풀(朴, 1949) (벌레잡이풀과) 벌레잡이풀의 이명. 〔유래〕 벌레잡이 통으로 벌레를 잡는 풀. → 벌레잡이풀.

벌레잡이풀(李, 1969) (벌레잡이풀과 *Nepenthes rafflesiana*) 〔이명〕 벌레잡이통풀, 벌레잡이덩굴, 네펜데스, 네펜테스. 〔유래〕 벌레를 잡아먹는 풀.

벌레풀(鄭, 1970) (현삼과) 문모초의 이명. 〔유래〕 벌레 풀이라는 뜻의 일명. 이는 씨방 속에 가끔 갑충이 알을 낳아 벌레집(충영)으로 되어 과실처럼 커지는 데서 유래. → 문모초.

벌배(李, 1966) (장미과) 벌배나무의 이명. 〔유래〕 벌배나무의 축소형. → 벌배나무.

벌배나무(鄭, 1942) (장미과 *Sorbus alnifolia* v. *lobulata*) 팥배나무의 이명(1942, 강원 방언)으로도 사용. 〔이명〕 가새팟배나무, 벌배. 〔유래〕 경기 방언. → 팥배나무.

ㅂ

벌벗나무(愚, 1996) (장미과) 별벗나무의 중국 옌볜 방언. → 별벗나무.

벌사상자(李, 1969) (산형과) 별사상자의 이명. → 별사상자.

벌사초(李, 1976) (사초과) 털별사초의 이명. → 털별사초.

벌솜죽대(朴, 1949) (백합과) 세잎솜때의 이명. → 세잎솜때.

벌씀바귀(鄭, 1937) (국화과 *Ixeris polycephala*) 〔이명〕 들씀바귀. 〔유래〕 벌(들판)에 나는 씀바귀라는 뜻의 일명.

벌완두(李, 1969) (콩과) 별완두의 이명. 〔유래〕 벌판에 나는 완두. → 별완두.

벌질경이(安, 1982) (질경이과) 갯질경이의 이명. 〔유래〕 벌(뻘, 해변가)에 나는 질경이라는 뜻의 일명. → 갯질경이.

벌하늘지기(愚, 1996) (사초과) 들하늘지기의 중국 옌볜 방언. → 들하늘지기.

범꼬리(鄭, 1949) (여뀌과 *Bistorta manshuriensis*) 흰범꼬리의 이명(愚, 1996, 중국 옌볜 방언)으로도 사용. 〔이명〕 범의꼬리, 만주범의꼬리, 범꼬리풀. 〔유래〕 이부키토라노(범꼬리)(イブキトラノオ)라는 일명. 권삼(拳蔘). → 흰범꼬리.

범꼬리풀(愚, 1996) (여뀌과) 범꼬리의 북한 방언. → 범꼬리.

범부채(鄭, 1937) (붓꽃과 *Belamcanda chinensis*) 〔이명〕 사간. 〔유래〕 미상. 사간(射干).

범상덩굴(鄭, 1937) (뽕나무과) 한삼덩굴의 이명. → 한삼덩굴.

범의귀(鄭, 1937) (범의귀과 *Saxifraga furumii*) 바위취의 이명(安, 1982)으로도 사용. 〔이명〕 주걱잎범의귀, 범의귀풀. 〔유래〕 호이초(虎耳草). → 바위취.

범의귀풀(愚, 1996) (범의귀과) 범의귀의 북한 방언. → 범의귀.

범의꼬리(鄭, 1937) (여뀌과) 범꼬리의 이명. → 범꼬리.

범의발나무(愚, 1996) (감탕나무과) 호랑가시나무의 중국 옌볜 방언. → 호랑가시나무.

범의찔네(鄭, 1942) (장미과) 생열귀나무의 이명. 〔유래〕 생열귀나무의 황해 방언. → 생열귀나무.

벗나무(鄭, 1937) (장미과 *Prunus jamasakura*) 〔이명〕 산벗나무, 벚나무, 참벚나무, 산벚나무. 〔유래〕 미상. 화목(樺木), 산앵(山櫻), 야앵화(野櫻花).

벗풀(鄭, 1949) (택사과 *Sagittaria trifolia*) 쇠귀나물의 이명(愚, 1996, 중국 옌볜 방언)으로도 사용. 〔이명〕 가는택사, 가는벗풀, 택사, 가는보풀, 쇠귀나물. 〔유래〕 미상. → 쇠귀나물.

벚나무(李, 1966) (장미과) 벗나무의 이명. 〔유래〕 표준말. → 벗나무.

베고니아(愚, 1996) (베고니아과 *Begonia evansiana*) 〔이명〕 베꼬니아, 에반스베고니아. 〔유래〕 베고니아라는 속명.

베꼬니아(朴, 1949) (베고니아과) 베고니아의 이명. → 베고니아.

베치(李, 2003) (콩과) 벳지의 이명. → 벳지.

벨리스(愚, 1996) (국화과) 데이지의 중국 옌볜 방언. 〔유래〕 벨리스(*Bellis*)라는 속명. → 데이지.

벨찌(李, 1969) (콩과) 벳지의 이명. → 벳지

벳지(李, 1980) (콩과 *Vicia villosa*) 〔이명〕 벨찌, 털갈퀴덩굴, 헤어리베치, 베치, 헤아리벳치. 〔유래〕 베치(vetch).

벼(鄭, 1937) (벼과 *Oryza sativa*) 〔이명〕 나락. 〔유래〕 미상. 도(稻), 곡아(穀芽).

벼겨풀(愚, 1996) (벼과) 겨풀의 중국 옌볜 방언. → 겨풀.

벼룩나물(鄭, 1937) (석죽과 *Stellaria alsine* v. *undulata*) 〔이명〕 보리뱅이, 들별꽃, 벼룩별꽃. 〔유래〕 벼룩같이 작은 나물. 천봉초(天蓬草).

벼룩별꽃(愚, 1996) (석죽과) 벼룩나물의 북한 방언. → 벼룩나물.

벼룩아재비(鄭, 1937) (마전과 *Mitrasacme alsinoides*) 〔이명〕 애기벼룩아재비, 실좀풀꽃, 벼룩풀. 〔유래〕 미상.

벼룩이울타리(鄭, 1937) (석죽과 *Arenaria juncea*) 〔유래〕 미상.

벼룩이자리(鄭, 1937) (석죽과 *Arenaria serpyllifolia*) 〔이명〕 좁쌀뱅이, 모래별꽃. 〔유래〕 미상. 소무심채(小無心菜).

벼룩풀(愚, 1996) (마전과) 벼룩아재비의 중국 옌볜 방언. → 벼룩아재비.

벽남국(安, 1982) (국화과) 과꽃의 이명. → 과꽃.

벽오동(鄭, 1942) (벽오동과 *Firmiana simplex*) 〔이명〕 벽오동나무, 청오동나무. 〔유래〕 벽오동(碧梧桐), 청동(青桐), 오동자(梧桐子).

벽오동나무(鄭, 1937) (벽오동과) 벽오동의 이명. → 벽오동.

변산바람꽃(선병윤 등, 1993) (미나리아재비과 *Eranthis pinnatifida*) 〔유래〕 전북 변산반도에 나는 바람꽃. 너도바람꽃에 비해 총포엽(總苞葉)이 깃처럼 갈라지지 않고 선형이다.

변산일엽(朴, 1949) (꼬리고사리과) 나도파초일엽의 이명. 〔유래〕 전북 변산에 나는 일엽초. → 나도파초일엽.

별개미취(永, 1996) (국화과) 벌개미취의 북한 방언. → 벌개미취.
별고사리(鄭, 1937) (면마과) 이삭고사리의 이명. → 이삭고사리.
별꽃(鄭, 1937) (석죽과 *Stellaria media*) 〔유래〕 미상. 번루(繁縷).
별꽃쓴풀(朴, 1974) (용담과) 별꽃풀의 이명. → 별꽃풀.
별꽃아재비(壽, 1995) (국화과 *Galinsoga parviflora*) 〔이명〕 쓰레기꽃, 두메고추나물. 〔유래〕 별꽃과 유사.
별꽃풀(鄭, 1949) (용담과 *Swertia veratroides*) 〔이명〕 큰별쓴풀, 별꽃쓴풀, 별풀. 〔유래〕 미상.
별꿩의밥(鄭, 1949) (골풀과 *Luzula plumosa* v. *macrocarpa*) 〔이명〕 제주꿩밥. 〔유래〕 미상.

별나팔꽃(壽, 2001) (메꽃과 *Ipomoea triloba*) 〔유래〕 별 나팔꽃이라는 뜻의 일명. 꽃이 취산화서로 달린다.
별날개골풀(李, 1969) (골풀과 *Juncus diastrophanthus*) 〔이명〕 넓은비녀골, 넓은잎비녀골, 넓은잎비녀골풀. 〔유래〕 미상.
별마디풀(愚, 1996) (여뀌과) 덩굴모밀의 중국 옌볜 방언. → 덩굴모밀.
별벗나무(朴, 1949) (장미과 *Prunus meyeri*) 개벚지나무의 이명(愚, 1996, 북한 방언)으로도 사용. 〔이명〕 북개벚지나무, 벌벗나무. 〔유래〕 미상. → 개벚지나무.
별벗지나무(愚, 1996) (장미과) 개벚지나무의 중국 옌볜 방언. → 개벚지나무.
별벚꽃나무(永, 1996) (장미과 *Prunus linearipetalus*) 〔유래〕 미상. 개벚나무에 비해 꽃잎이 좁고 소수의 꽃이 화서를 형성한다.
별봄맞이(永, 1996) (앵초과) 별봄맞이꽃의 북한 방언. → 별봄맞이꽃.
별봄맞이꽃(鄭, 1970) (앵초과 *Anagallis arvensis* f. *coerulea*) 〔이명〕 개봄마지, 뚜껑별꽃, 개봄맞이꽃, 보라별꽃, 별봄맞이, 개봄맞이. 〔유래〕 미상.
별사상자(鄭, 1949) (산형과 *Cnidium monnieri*) 〔이명〕 개사상자, 벌사상자, 산미나리, 돌사상자. 〔유래〕 미상.
별사초(鄭, 1949) (사초과 *Carex tenuiflora*) 〔이명〕 외대사초. 〔유래〕 미상.
별수염풀(愚, 1996) (곡정초과) 곡정초의 북한 방언. → 곡정초.
별쓴풀(朴, 1949) (용담과) 점박이별꽃풀의 이명. → 점박이별꽃풀.
별여뀌(愚, 1996) (여뀌과) 가시여뀌의 북한 방언. → 가시여뀌.
별완두(鄭, 1949) (콩과 *Vicia amurensis*) 〔이명〕 섬갈키, 벌완두, 들등갈퀴덩굴, 들말굴레풀, 들말굴레. 〔유래〕 미상.
별이끼(鄭, 1949) (별이끼과 *Callitriche japonica*) 〔이명〕 개구리자리풀, 마당자리풀. 〔유래〕 미상.
별종비(鄭, 1949) (소나무과) 털풍산종비의 이명. → 털풍산종비.
별풀(愚, 1996) (용담과) 별꽃풀의 중국 옌볜 방언. → 별꽃풀.

별풍경사초(永, 1996) (사초과 *Carex maximowiczii* v. *levisaccus*) 〔유래〕 별 풍경사초(왕비늘사초)라는 뜻의 일명.

볏짚두릅(安, 1982) (백합과) 아스파라가스의 이명. → 아스파라가스.

병개암나무(鄭, 1937) (자작나무과 *Corylus hallaisanensis*) 〔유래〕 포(苞)가 서로 접하여 열매를 둘러싸서 단지 모양을 하는 것이 병과 같이 보인다. 진자(榛子).

병꽃나무(鄭, 1937) (인동과 *Weigela subsessilis*) 붉은병꽃나무의 이명(1942)으로도 사용. 〔유래〕 함북 방언. 화통이 길어 병에 비유. → 붉은병꽃나무.

병모란풀(愚, 1996) (미나리아재비과) 조희풀의 북한 방언. → 조희풀.

병물개암나무(鄭, 1942) (자작나무과 *Corylus sieboldiana* v. *brevirostis*) 〔이명〕 좀개암나무, 좀물개암나무. 〔유래〕 병(호리병) 개암나무라는 뜻의 일명. 과실 숙존총포(宿存總苞)의 통부(筒部)가 짧아서 외형이 호리병과 유사한 데서 유래.

ㅂ

병밤(李, 1966) (참나무과 *Castanea crenata* v. *kusakuri* f. *phyong-bam*) 〔유래〕 병밤이라는 뜻의 학명.

병배나무(愚, 1996) (장미과) 서양배의 북한 방언. → 서양배.

병아리꽃(鄭, 1957) (제비꽃과) 제비꽃의 이명. → 제비꽃.

병아리꽃나무(鄭, 1937) (장미과 *Rhodotypos scandens*) 〔이명〕 죽도화, 자마꽃, 이리화, 개함박꽃나무, 대대추나무. 〔유래〕 황해 방언. 계마(鷄麻).

병아리난초(鄭, 1937) (난초과 *Amitostigma gracile*) 자주사철란의 이명(朴, 1949)으로도 사용. 〔이명〕 바위난초, 병아리란. 〔유래〕 병아리 난초라는 뜻의 일명. → 자주사철란.

병아리다리(鄭, 1937) (원지과 *Salomonia oblongifolia*) 〔이명〕 원지. 〔유래〕 히나(병아리)노간자시(ヒナノカンザシ)라는 일명.

병아리란(愚, 1996) (난초과) 병아리난초의 북한 방언. → 병아리난초.

병아리방동사니(李, 1980) (사초과 *Cyperus flaccidus*) 〔이명〕 병아리방동산이, 졸방동산이. 〔유래〕 병아리 방동사니라는 뜻의 일명. 식물체가 소형이라는 데서 유래.

병아리방동산이(鄭, 1937) (사초과) 병아리방동사니의 이명. → 병아리방동사니.

병아리풀(鄭, 1937) (원지과 *Polygala tatarinowii*) 〔이명〕 좀영신초. 〔유래〕 히나(병아리)노킨차쿠(ヒナノキンチャク)라는 일명.

병조희풀(鄭, 1949) (미나리아재비과) 조희풀의 이명. 〔유래〕 병(항아리) 조희풀이라는 뜻의 일명. → 조희풀.

병풀(鄭, 1949) (산형과 *Centella asiatica*) 〔이명〕 조개풀, 말굽풀. 〔유래〕 병(항아리) 풀이라는 뜻의 일명.

병풍(愚, 1996) (국화과) 병풍쌈의 북한 방언. → 병풍쌈.

병풍쌈(鄭, 1949) (국화과 *Cacalia firma*) 어리병풍의 이명(1949)으로도 사용. 〔이명〕 큰병풍, 병풍. 〔유래〕 미상. → 어리병풍.

보고나무(朴, 1949) (느릅나무과) 좀풍게나무의 이명. → 좀풍게나무.

보라노랑무늬붓꽃(永, 2002) (붓꽃과 *Iris odaesanensis* f. *purpurascens*) 〔유래〕 꽃이 보라색인 노랑무늬붓꽃이라는 뜻의 학명.

보라별꽃(永, 1996) (앵초과) 별봄맞이꽃의 이명. 〔유래〕 꽃이 청자색(보라)이다. → 별봄맞이꽃.

보랏빛차즈기(愚, 1996) (꿀풀과) 개차즈기의 북한 방언. → 개차즈기.

보리(鄭, 1937) (벼과 *Hordeum vulgare* v. *hexasticon*) 쌀보리의 이명(安, 1982)으로도 사용. 〔이명〕 겻보리, 겉보리, 대맥. 〔유래〕 대맥(大麥), 맥아(麥芽). → 쌀보리.

보리난초(鄭, 1937) (난초과) 혹난초의 이명. 〔유래〕 보리 난초라는 뜻의 일명. → 혹난초.

ㅂ

보리똥나무(鄭, 1942) (보리수나무과) 보리밥나무(전북 어청도 방언)와 보리수나무(1942, 경상 방언)의 이명. → 보리밥나무, 보리수나무.

보리란초(永, 1996) (난초과) 혹난초의 북한 방언. → 혹난초.

보리밥나무(鄭, 1942) (보리수나무과 *Elaeagnus macrophylla*) 〔이명〕 봄보리수나무, 봄보리똥나무, 보리수나무, 보리똥나무. 〔유래〕 경남 동래 방언. 동조(冬棗).

보리뱅이(朴, 1949) (석죽과) 벼룩나물과 뽀리뱅이(국화과, 朴, 1974)의 이명. → 벼룩나물, 뽀리뱅이.

보리뺑풀(愚, 1996) (국화과) 개보리뺑이의 북한 방언. → 개보리뺑이.

보리사초(鄭, 1949) (사초과 *Carex kobomugi*) 애기보리사초의 이명(李, 1969)으로도 사용. 〔이명〕 큰보리대가리, 통보리사초. 〔유래〕 일명 홍법맥(弘法麥)이라는 뜻의 학명. → 애기보리사초.

보리수나무(鄭, 1937) (보리수나무과 *Elaeagnus umbellata*) 보리밥나무(1942)와 보리자나무(피나무과, 李, 1980)의 이명으로도 사용. 〔이명〕 볼네나무, 보리장나무, 보리화주나무, 보리똥나무, 산보리수나무. 〔유래〕 미상. 우내자(牛奶子), 목우내(木牛奶). → 보리밥나무, 보리자나무.

보리알사초(安, 1982) (사초과) 낚시사초의 이명. → 낚시사초.

보리자나무(李, 1966) (피나무과 *Tilia miqueliana*) 〔이명〕 보리수나무, 흰보리수. 〔유래〕 사찰에서는 보리수나무라고도 하나 다른 나무와의 혼동을 피하기 위하여 사용.

보리장구채(朴, 1949) (석죽과) 말냉이장구채의 이명. → 말냉이장구채.

보리장나무(鄭, 1942) (보리수나무과 *Elaeagnus glabra*) 보리수나무의 이명(1942, 전남 방언)으로도 사용. 〔이명〕 덩굴볼레나무, 볼네나무, 덩굴보리수나무, 볼레나무. 〔유래〕 전남 방언. 삼월황자(三月黃子), 만호퇴자(蔓胡頹子). → 보리수나무.

보리풀(壽, 1996) (벼과 *Hordeum murinum*) 〔유래〕 보리 풀이라는 뜻의 일명. 엽초가 잎보다 길다.

보리화주나무(鄭, 1942) (보리수나무과) 보리수나무의 이명. 〔유래〕 보리수나무의 강원 방언. → 보리수나무.

보릿잎동자꽃(安, 1982) (석죽과) 선옹초의 이명. 〔유래〕 무기(보리)나데시코(ムギナデシコ)라는 일명. → 선옹초.

보안기름나물(安, 1982) (산형과) 갯기름나물의 이명. → 갯기름나물.

보얀목(鄭, 1942) (녹나무과) 비목나무의 이명. → 비목나무.

보은대추(李, 1966) (갈매나무과) 보은대추나무의 이명. 〔유래〕 보은대추나무의 축소형. → 보은대추나무.

보은대추나무(鄭, 1942) (갈매나무과 *Zizyphus jujuba* v. *hoonensis*) 〔이명〕 보은대추. 〔유래〕 충북 보은에 나는 대추나무라는 뜻의 학명.

보춘란(安, 1982) (난초과) 보춘화의 이명. → 보춘화.

보춘화(鄭, 1937) (난초과 *Cymbidium goeringii*) 〔이명〕 보춘란, 춘란. 〔유래〕 보춘화(報春花).

보춤나무(鄭, 1942) (참나무과) 상수리나무의 이명. → 상수리나무.

보태기(朴, 1949) (여뀌과) 흰여뀌의 이명. → 흰여뀌.

보태면마(李, 1969) (면마과) 북관중의 이명. 〔유래〕 함북 보태동(寶泰洞)에 나는 면마. → 북관중.

보풀(鄭, 1937) (택사과 *Sagittaria aginashi*) 〔유래〕 미상. 야자고(野慈姑).

보흥제비꽃(李, 1969) (제비꽃과) 누운제비꽃의 이명. 〔유래〕 함남 보흥에 나는 제비꽃. → 누운제비꽃.

복곰솔(李, 2003) (소나무과 *Pinus thunbergii* f. *aggregata*) 〔유래〕 미상. 수꽃이 구과로 자란다.

복금자딸(鄭, 1942) (장미과) 나무딸기의 이명. 〔유래〕 나무딸기의 강원 방언. → 나무딸기.

복딸(李, 1966) (장미과) 복딸나무의 이명. → 복딸나무.

복딸기(愚, 1996) (장미과) 거지딸기의 중국 옌볜 방언. → 거지딸기.

복딸나무(鄭, 1937) (장미과 *Rubus sumatranus* v. *myriadenus*) 〔이명〕 복딸, 백딸나무. 〔유래〕 제주 방언.

복박나무(朴, 1949) (단풍나무과) 복장나무의 이명. → 복장나무.

복분자(李, 1966) (장미과) 복분자딸기의 이명. 〔유래〕 복분자(覆盆子). → 복분자딸기.

복분자딸(朴, 1949) (장미과) 복분자딸기의 이명. → 복분자딸기.

복분자딸기(鄭, 1937) (장미과 *Rubus coreanus*) 〔이명〕 곰딸, 곰의딸, 복분자딸, 복분자. 〔유래〕 남부 방언. 복분자(覆盆子).

복사(李, 1966) (장미과) 복숭아나무의 이명. → 복숭아나무.

복사나무(鄭, 1942) (장미과) 복숭아나무의 이명. → 복숭아나무.

복사앵도(李, 1966) (장미과) 복사앵도나무의 이명. 〔유래〕 복사앵도나무의 축소형. → 복사앵도나무.

복사앵도나무(鄭, 1942) (장미과 *Prunus choreiana*) 〔이명〕 복사앵도. 〔유래〕 복숭아나무와 앵도나무의 잡종. 도앵(桃櫻).

복사잎벚나무(愚, 1996) (장미과) 가는잎벚나무의 중국 옌볜 방언. → 가는잎벚나무.

복상나무(安, 1982) (장미과) 복숭아나무의 이명. → 복숭아나무.

복성아나무(朴, 1949) (장미과) 복숭아나무의 이명. → 복숭아나무.

복송나무(安, 1982) (장미과) 복숭아나무의 이명. → 복숭아나무.

복수선화(愚, 1996) (백합과) 히아신스의 북한 방언. → 히아신스.

복수초(鄭, 1937) (미나리아재비과 *Adonis amurensis*) 〔이명〕 가지복수초, 눈색이꽃, 애기복수초, 땅복수초, 측금잔화, 복풀. 〔유래〕 복수초(福壽草).

ㅂ

복숭미나리(愚, 1996) (산형과) 돌방풍의 북한 방언. → 돌방풍.

복숭아나무(鄭, 1937) (장미과 *Prunus persica*) 〔이명〕 복사나무, 복성아나무, 복사, 복상나무, 복송나무. 〔유래〕 도(桃), 도인(桃仁).

복숭아잎벚나무(鄭, 1937) (장미과) 가는잎벚나무의 이명. → 가는잎벚나무.

복자기(鄭, 1937) (단풍나무과) 나도박달의 이명. 〔유래〕 나도박달의 평북 방언. → 나도박달.

복자기나무(愚, 1996) (단풍나무과) 나도박달의 북한 방언. → 나도박달.

복작나무(愚, 1996) (단풍나무과) 복장나무의 중국 옌볜 방언. → 복장나무.

복장나무(鄭, 1937) (단풍나무과 *Acer mandshuricum*) 〔이명〕 까치박달, 복박나무, 복작나무. 〔유래〕 강원 방언.

복주머니란(永, 1996) (난초과) 개불알꽃의 이명. 〔유래〕 꽃의 모양을 복주머니에 비유. 이 이름은 개불알꽃이 혐오어라는 뜻에서 바꾼 것이나, 방언에서 온 것으로 우리에게 익숙한 이름을 이런 이유로 바꾸는 것은 온당치 않다. → 개불알꽃.

복지사초(愚, 1996) (사초과) 뚝사초의 북한 방언. → 뚝사초.

복천물통이(李, 1980) (쐐기풀과) 몽울풀의 이명. 〔유래〕 충북 속리산 복천암 지역에 나는 물통이. → 몽울풀.

복풀(愚, 1996) (미나리아재비과) 복수초의 중국 옌볜 방언. → 복수초.

볼게나무(鄭, 1942) (갈매나무과) 헛개나무의 이명. 〔유래〕 헛개나무의 경북 울릉도 방언. → 헛개나무.

볼네괴불(朴, 1949) (인동과) 털괴불나무의 이명. → 털괴불나무.

볼네괴불나무(鄭, 1956) (인동과) 털괴불나무의 이명. → 털괴불나무.

볼네나무(鄭, 1942) (보리수나무과) 보리수나무(제주 방언)와 보리장나무(1942, 제주 방언)의 이명. → 보리수나무, 보리장나무.

볼레괴불나무(鄭, 1937) (인동과) 털괴불나무의 이명. → 털괴불나무.

볼레나무(永, 1996) (보리수나무과) 보리장나무의 이명. → 보리장나무.

봄구슬붕이(李, 1969) (용담과 *Gentiana thunbergii*) 〔이명〕 긴구실봉이, 봄구실봉이, 키다리구슬봉이. 〔유래〕 봄에 꽃이 피는 용담이라는 뜻의 일명.

봄구실봉이(朴, 1949) (용담과) 봄구슬붕이의 이명. → 봄구슬붕이.

봄까지꽃(朴, 1949) (현삼과) 개불알풀의 이명. → 개불알풀.

봄느릅나무(朴, 1949) (느릅나무과) 느릅나무의 이명. → 느릅나무.

봄마지꽃(朴, 1949) (앵초과) 봄맞이꽃의 이명. → 봄맞이꽃.

봄망초(壽, 2001) (국화과 *Erigeron philadelphicus*) 〔이명〕 대구망초. 〔유래〕 봄 망초라는 뜻의 일명.

봄맞이(李, 1969) (앵초과) 봄맞이꽃의 이명. → 봄맞이꽃.

봄맞이꽃(鄭, 1937) (앵초과 *Androsace umbellata*) 〔이명〕 봄마지꽃, 봄맞이. 〔유래〕 봄에 일찍이 꽃을 피워 봄을 맞이하는 꽃. 보춘화(報春花), 후롱초(喉嚨草).

봄맞이꽃나무(愚, 1996) (물푸레나무과) 향쥐똥나무의 북한 방언. → 향쥐똥나무.

봄매미꽃(安, 1982) (양귀비과) 피나물의 이명. → 피나물.

봄범꼬리(安, 1982) (여뀌과) 이른범꼬리의 이명. → 이른범꼬리.

봄범의꼬리(朴, 1949) (여뀌과) 이른범꼬리의 이명. → 이른범꼬리.

봄보리똥나무(鄭, 1942) (보리수나무과) 보리밥나무의 이명. 〔유래〕 보리밥나무의 경남 방언. → 보리밥나무.

봄보리수나무(鄭, 1942) (보리수나무과) 보리밥나무의 이명. → 보리밥나무.

봄쇠미기풀(安, 1982) (벼과) 향기풀의 이명. → 향기풀.

봄여뀌(朴, 1949) (여뀌과 *Persicaria vulgaris*) 〔이명〕 들여뀌. 〔유래〕 봄부터 꽃이 피는 여뀌. 여뀌과의 식물로는 일찍 꽃이 피는 식물이다.

봇나무(鄭, 1942) (자작나무과) 자작나무와 만주자작나무(愚, 1996, 중국 옌볜 방언)의 이명. 〔유래〕 자작나무의 함북 방언. → 자작나무, 만주자작나무.

봉동참나무(李, 1966) (참나무과 *Quercus* x *pontungensis*) 〔유래〕 미상. 갈참나무와 신갈나무의 잡종.

봉래꼬리풀(鄭, 1937) (현삼과 *Veronica kiusiana* v. *diamantiaca*) 〔이명〕 좀꼬리풀. 〔유래〕 금강산(봉래산)에 나는 꼬리풀이라는 뜻의 학명.

봉선화(鄭, 1937) (봉선화과 *Impatiens balsamina*) 〔이명〕 봉숭아. 〔유래〕 봉선(鳳仙), 봉선화(鳳仙花), 금봉화(金鳳花).

봉숭아(朴, 1974) (봉선화과) 봉선화의 이명. → 봉선화.

봉안련(愚, 1996) (물옥잠과) 부레옥잠의 중국 옌볜 방언. → 부레옥잠.

봉올나비나물(朴, 1949) (콩과) 나비나물의 이명. → 나비나물.

봉의꼬리(鄭, 1937) (고사리과 *Pteris multifida*) 〔유래〕 봉미초(鳳尾草), 백두초(白頭草).

봉작고사리(李, 1980) (고사리과 *Adiantum capillus-veneris*) 〔이명〕 공작고사리. 〔유래〕 봉래양치(蓬萊羊齒)라는 뜻의 일명.

봉화비비추(정영철, 1985) (백합과) 산옥잠화의 이명. → 산옥잠화.

부갸근나무(鄭, 1942) (단풍나무과) 부게꽃나무의 이명. → 부게꽃나무.

부게꽃나무(鄭, 1937) (단풍나무과 *Acer ukurunduense*) 〔이명〕 산겨릅나무, 부갸근나무, 털부갸근나무. 〔유래〕 전남 방언.

부귀화(安, 1982) (작약과) 목단의 이명. 〔유래〕 부귀화(富貴花). 부귀한 기상이 있다는 뜻. → 목단.

부대물옥잠(鄭, 1970) (물옥잠과) 부레옥잠의 이명. 〔유래〕 호테이(布袋)아오이(ホテイアオイ)라는 일명. → 부레옥잠.

부덕쑥(鄭, 1942) (국화과) 더위지기의 이명. 〔유래〕 더위지기의 함북 방언. → 더위지기.

부들(鄭, 1937) (부들과 *Typha orientalis*) 참부들의 이명(안덕균, 1998)으로도 사용. 〔이명〕 좀부들. 〔유래〕 미상. 포황(蒲黃). → 참부들.

부들말(朴, 1949) (거머리말과) 왕거머리말의 이명. → 왕거머리말.

부들수염새(愚, 1996) (벼과) 바랭이새의 중국 옌볜 방언. → 바랭이새.

부레옥잠(李, 1969) (물옥잠과 *Eichhornia crassipes*) 〔이명〕 배옥잠, 부대물옥잠, 혹옥잠, 부평초, 풍옥란, 봉안련. 〔유래〕 잎자루의 중앙이 부풀어 물고기의 뱃속에 있는 부레와 같이 식물체를 뜨게 하는 옥잠화. 봉안란(鳳眼蘭).

부루(鄭, 1937) (국화과) 상추의 이명. 〔유래〕 상추의 옛말로 방언. → 상추.

부리사초(朴, 1949) (사초과) 실청사초의 이명. → 실청사초.

부리새(朴, 1949) (벼과) 오리새의 이명. → 오리새.

부리실청사초(李, 1969) (사초과 *Carex sabynensis* v. *rostrata*) 〔이명〕 덩굴부리사초, 덩굴망사초. 〔유래〕 부리 모양의 실청사초라는 뜻의 학명 및 일명.

부리풀(朴, 1949) (벼과) 바랭이새의 이명. → 바랭이새.

부산마디풀(李, 1969) (여뀌과 *Polygonum humifusum*) 〔이명〕 난쟁이마디풀. 〔유래〕 부산에 나는 마디풀.

부산사초(朴, 1949) (사초과) 애기감둥사초의 이명. 〔유래〕 부산에 나는 사초라는 뜻의 학명. → 애기감둥사초.

부산창포(安, 1982) (붓꽃과) 진보라붓꽃의 이명. → 진보라붓꽃.

부시깃고사리(朴, 1949) (고사리과) 부싯깃고사리의 이명. → 부싯깃고사리.

부시깃나물(朴, 1949) (국화과) 솜나물의 이명. → 솜나물.

부시낏고사리(鄭, 1937) (고사리과) 부싯깃고사리의 이명. → 부싯깃고사리.

부시낏꼬리고사리(鄭, 1949) (고사리과) 부싯깃꼬리고사리의 이명. → 부싯깃꼬리고사리.

부싯깃고사리(李, 1980) (고사리과 *Cheilanthes argentea*) 〔이명〕 부시깃고사리, 부시깃고사리. 〔유래〕 잎 뒷면의 백색이 부싯깃의 색과 같다.

부싯깃꼬리고사리(愚, 1996) (고사리과 *Cheilanthes kuhnii*) 〔이명〕 부시깃꼬리고사리, 산부시깃고사리, 바위부시깃고사리. 〔유래〕 미상.

부업나무(鄭, 1942) (참나무과) 굴참나무의 이명. 〔유래〕 굴참나무의 황해 방언. → 굴참나무.

부엉다리쑥(鄭, 1949) (국화과) 참쑥의 이명. → 참쑥.

부용(朴, 1949) (아욱과) 부용화의 이명. → 부용화.

부용화(鄭, 1937) (아욱과 *Hibiscus mutabilis*) 〔이명〕 부용. 〔유래〕 부용(芙蓉), 목부용화(木芙蓉花).

부자나무(李, 2003) (옻나무과 *Pistacia chinensis*) 〔이명〕 황련목. 〔유래〕 중국 공자묘 앞에 심은 것이 있다는 데서 유래.

부전곰취(安, 1982) (국화과) 한대리곰취의 이명. 〔유래〕 함남 부전고원 한대리에 나는 곰취. → 한대리곰취.

부전꽃갈퀴(朴, 1949) (꼭두선이과) 긴잎갈퀴의 이명. → 긴잎갈퀴.

부전란(鄭, 1956) (난초과 *Epipactis puzenensis*) 〔유래〕 함남 부전고원에 나는 난초라는 뜻의 학명.

부전바디(鄭, 1949) (산형과 *Coelopleurum nakaianum*) 〔이명〕 북수백산백지, 부전반디. 〔유래〕 함남 부전고원에서 최초로 채집.

부전반디(永, 1996) (산형과) 부전바디의 이명. → 부전바디.

부전송이풀(李, 1976) (현삼과 *Pedicularis adunca*) 〔이명〕 싸할송이풀. 〔유래〕 함남 부전고원에 나는 송이풀.

부전엉겅퀴(朴, 1949) (국화과) 도깨비엉겅퀴의 이명. 〔유래〕 함남 부전고원에 나는 엉겅퀴라는 뜻의 학명 및 일명. → 도깨비엉겅퀴.

부전자작나무(鄭, 1949) (자작나무과 *Betula fusenensis*) 〔이명〕 부전재작이. 〔유래〕 함남 부전고원에 나는 자작나무라는 뜻의 학명 및 일명.

부전재작이(鄭, 1942) (자작나무과) 부전자작나무의 이명. → 부전자작나무.

부전제비고깔(李, 1969) (미나리아재비과) 털제비고깔의 이명. → 털제비고깔.

부전쥐손이(鄭, 1949) (쥐손이풀과 *Geranium eriostemon* v. *glabrescens*) 〔유래〕 함남 부전고원에 나는 쥐손이풀이라는 뜻의 일명. 노관초(老鸛草).

부지깽나물(鄭, 1949) (백합과) 천문동의 이명. → 천문동.

부지깽이나물(鄭, 1937) (십자화과 *Erysimum amurense* v. *bungei*) 〔이명〕 좀부지깽이, 큰쑥왕부지깽이. 〔유래〕 미상.

부채괴불이끼(鄭, 1937) (처녀이끼과 *Gonocormus minutus*) 〔이명〕 부채이끼, 미선이끼. 〔유래〕 부채 이끼라는 뜻의 일명.

부채마(鄭, 1937) (마과 *Dioscorea nipponica*) 〔이명〕 털부채마, 단풍잎마, 털단풍잎마, 박추마. 〔유래〕 잎이 부채와 같은 마라는 뜻의 일명. 천산룡(穿山龍).

부채붓꽃(鄭, 1937) (붓꽃과 *Iris setosa*) 얼이범부채의 이명(李, 1969)으로도 사용. 〔유래〕 범부채와 같이 식물체가 편평한 붓꽃. → 얼이범부채.

부채이끼(朴, 1949) (처녀이끼과) 부채괴불이끼의 이명. → 부채괴불이끼.

부채잎작란화(愚, 1996) (난초과) 치마난초의 북한 방언. → 치마난초.

부처꽃(鄭, 1937) (부처꽃과 *Lythrum anceps*) 〔이명〕 두렁꽃. 〔유래〕 미상. 천굴채(千屈菜).

부처손(朴, 1949) (부처손과 *Selaginella tamariscina*) 바위손(Mori, 1922)과 돌단풍(범의귀과, 鄭, 1956)의 이명으로도 사용. 〔이명〕 바위손. 〔유래〕 미상. 권백(卷柏). → 바위손, 돌단풍.

ㅂ

부추(鄭, 1937) (백합과 *Allium tuberosum*) 〔이명〕 정구지, 솔. 〔유래〕 구(韮), 구자(韭子), 구채(韮菜), 난총(蘭葱).

부평초(鄭, 1937) (개구리밥과) 개구리밥과 부레옥잠(몰옥잠과, 尹, 1989)의 이명. → 개구리밥, 부레옥잠.

북가락풀(愚, 1996) (미나리아재비과) 바이칼꿩의다리의 북한 방언. → 바이칼꿩의다리.

북가마귀밥여름나무(愚, 1996) (범의귀과) 가마귀밥여름나무의 중국 옌볜 방언. 〔유래〕 북부에 나는 가마귀밥여름나무. → 가마귀밥여름나무.

북가시나무(鄭, 1937) (참나무과 *Quercus acuta*) 〔이명〕 가새나무가랑잎, 붉가시나무, 가랑잎나무. 〔유래〕 제주 방언.

북갈퀴완두(安, 1982) (콩과) 털연리초의 이명. 〔유래〕 북녘에 나는 갈퀴완두(연리초). → 털연리초.

북개구리사초(愚, 1996) (사초과) 함북사초의 중국 옌볜 방언. → 함북사초.

북개밀(愚, 1996) (벼과) 털개밀의 중국 옌볜 방언. 〔유래〕 북부에 나는 개밀. → 털개밀.

북개벚지나무(李, 1966) (장미과) 별벚나무의 이명. 〔유래〕 북부에 나는 개벚지나무라는 뜻으로 개벚지나무와 산개벚지나무의 잡종. → 별벚나무.

북개살구(愚, 1996) (장미과) 시베리아살구의 중국 옌볜 방언. 〔유래〕 북부에 나는 개살구. → 시베리아살구.

북개연(朴, 1974) (수련과) 왜개연꽃의 이명. 〔유래〕 북부의 연못에 난다. → 왜개연꽃.

북개지치(安, 1982) (지치과) 뚝지치의 이명. 〔유래〕 북부에 나는 개지치. → 뚝지치.

북고로쇠나무(愚, 1996) (단풍나무과) 만주고로쇠의 북한 방언. → 만주고로쇠.

북고사리(安, 1982) (고사리과) 고사리의 이명. → 고사리.

북고사리삼(愚, 1996) (고사리삼과) 메고사리삼의 중국 옌볜 방언. 〔유래〕 북부(함북 백두산)에 나는 고사리삼. → 메고사리삼.

북과남풀(愚, 1996) (용담과) 큰용담의 북한 방언. 〔유래〕 북부에 나는 과남풀. → 큰용담.

북관중(朴, 1961) (면마과 *Dryopteris coreano-montana*) 〔이명〕 포태면마, 보태면마. 〔유래〕 북부에 나는 관중.

북괭이눈(朴, 1974) (범의귀과) 누른괭이눈의 이명. 〔유래〕 북부에 나는 괭이눈. → 누른괭이눈.

북꼬리풀(朴, 1974) (현삼과) 산꼬리풀의 이명. 〔유래〕 중 · 북부에 나는 꼬리풀. → 산꼬리풀.

북꽃갈퀴(愚, 1996) (꼭두선이과) 민긴잎갈퀴의 중국 옌볜 방언. → 민긴잎갈퀴.

북꿩의다리(愚, 1996) (미나리아재비과) 바이칼꿩의다리의 중국 옌볜 방언. → 바이칼꿩의다리.

북녁갈퀴(安, 1982) (꼭두선이과) 민긴잎갈퀴의 이명. → 민긴잎갈퀴.

북녁민들레(安, 1982) (국화과) 흰털민들레의 이명. 〔유래〕 북부에 나는 민들레. → 흰털민들레.

북녁사초(安, 1982) (사초과) 진들사초의 이명. 〔유래〕 북부에 나는 사초. → 진들사초.

북녁쑥부쟁이(安, 1982) (국화과) 섬쑥부쟁이의 이명. → 섬쑥부쟁이.

북노루발(朴, 1974) (노루발과) 호노루발의 이명. 〔유래〕 북부에 나는 노루발풀. → 호노루발.

북노루발풀(安, 1982) (노루발과) 호노루발의 이명 → 호노루발, 북노루발.

북달(朴, 1949) (벼과) 갈대의 이명. 〔유래〕 북에 나는 달이라는 뜻의 일명.→ 갈대.

북도뱀고사리(朴, 1949) (면마과) 물뱀고사리의 이명. 〔유래〕 북부에 나는 뱀고사리. → 물뱀고사리.

북도실사리(朴, 1949) (부처손과) 실사리의 이명. 〔유래〕 북부에 나는 실사리. → 실사리.

북돌쩌귀(朴, 1974) (미나리아재비과) 투구꽃의 이명. → 투구꽃.

북동자꽃(朴, 1974) (석죽과) 제비동자꽃의 이명. 〔유래〕 북부에 나는 동자꽃. → 제비동자꽃.

북말발도리(愚, 1996) (범의귀과) 말발도리의 중국 옌볜 방언. → 말발도리.

북메뚜기풀(安, 1982) (벼과) 북선메뛰기피의 이명. → 북선메뛰기피.

북모시나물(朴, 1949) (초롱꽃과) 톱잔대의 이명. → 톱잔대.

북물생치(永, 1996) (산형과) 무산상자의 이명. → 무산상자.

북미나리아재비(朴, 1974) (미나리아재비과 *Ranunculus grandis* v. *austrokurilen-*

sis) 〔이명〕 큰미나리아재비. 〔유래〕 북부에 나는 미나리아재비.

북바늘꽃(朴, 1949) (바늘꽃과) 호바늘꽃의 이명. 〔유래〕 북부에 나는 바늘꽃. → 호바늘꽃.

북바위사초(愚, 1996) (사초과) 지리사초의 중국 옌볜 방언. → 지리사초.

북방민들레(朴, 1974) (국화과) 흰털민들레의 이명. 〔유래〕 북부에 나는 민들레. → 흰털민들레.

북방풍(愚, 1996) (산형과) 왜방풍의 북한 방언. 〔유래〕 북부에 나는 방풍. → 왜방풍.

북백산차(安, 1982) (철쭉과) 백산차의 이명. 〔유래〕 북부에 나는 백산차. → 백산차.

북범의꼬리(朴, 1974) (여뀌과) 호범꼬리의 이명. 〔유래〕 북부에 나는 범의꼬리. → 호범꼬리.

ㅂ

북봄맞이(愚, 1996) (앵초과) 명천봄맞이의 중국 옌볜 방언. 〔유래〕 북부에 나는 봄맞이꽃. → 명천봄맞이.

북부싯깃고사리(李, 1969) (고사리과 *Cheilanthes kuhnii* f. *gracilis*) 〔유래〕 북부지방에서부터 만주에 걸쳐 나는 부싯깃고사리.

북분취(鄭, 1949) (국화과 *Saussurea mongolica*) 〔유래〕 북부에 나는 분취.

북사초(朴, 1949) (사초과 *Carex loliacea*) 지리사초의 이명(1949)으로도 사용. 〔이명〕 한호사초, 호밀사초. 〔유래〕 북부에 나는 사초. → 지리사초.

북산살구나무(永, 1996) (장미과) 시베리아살구의 북한 방언. → 시베리아살구.

북산새풀(安, 1982) (벼과) 야자피의 이명. 〔유래〕 북부에 나는 산새풀. → 야자피.

북살구나무(愚, 1996) (장미과) 시베리아살구의 북한 방언. 〔유래〕 북부에 나는 살구나무. → 시베리아살구.

북새완두(朴, 1974) (콩과) 연리초의 이명. → 연리초.

북새풀(愚, 1996) (벼과) 북선메뛰기피의 중국 옌볜 방언. → 북선메뛰기피.

북서덜취(朴, 1974) (국화과) 구와취의 이명. 〔유래〕 북부에 나는 서덜취. → 구와취.

북선갈퀴(安, 1982) (꼭두선이과) 민긴잎갈퀴의 이명. 〔유래〕 북부에 나는 갈퀴덩굴. → 민긴잎갈퀴.

북선꽃갈키(朴, 1949) (꼭두선이과) 민긴잎갈퀴의 이명. 〔유래〕 북한에 나는 민둥갈퀴라는 뜻의 일명. → 민긴잎갈퀴.

북선메뛰기피(朴, 1949) (벼과 *Calamagrostis hymenoglossa*) 〔이명〕 북메뚜기풀, 북새풀. 〔유래〕 북한에 나는 메뛰기피(실새풀).

북선시내사초(安, 1982) (사초과) 함북사초의 이명. 〔유래〕 북한에 나는 시내사초(바랭이사초). → 함북사초.

북선야광나무(朴, 1949) (장미과) 개야광나무의 이명. 〔유래〕 북한에 나는 야광나무. → 개야광나무.

북선오리나무(朴, 1949) (자작나무과) 함북오리나무의 이명. 〔유래〕 북한에 나는 오리나무라는 뜻의 일명. → 함북오리나무.

북선점나도나물(鄭, 1949) (석죽과 *Cerastium rubescens* v. *ovatum*) 〔이명〕 고려점나도나물, 지이산점나도나물, 참점나도나물. 〔유래〕 북한에 나는 점나도나물이라는 뜻의 일명.

북선천문동(朴, 1949) (백합과) 망적천문동의 이명. 〔유래〕 북한에 나는 천문동. → 망적천문동.

북솔석송(朴, 1961) (석송과) 다람쥐꼬리의 이명. → 다람쥐꼬리.

북솜다리(愚, 1996) (국화과) 왜솜다리의 북한 방언. → 왜솜다리.

북쇠뜨기(朴, 1961) (속새과 *Equisetum arvense* v. *boreale*) 〔이명〕 쇠뜨기. 〔유래〕 북부에 나는 쇠뜨기라는 뜻의 학명.

ㅂ

북수백산백지(朴, 1949) (산형과) 부전바디의 이명. 〔유래〕 함남 북수백산에 나는 백지. → 부전바디.

북수백산파(朴, 1949) (백합과 *Allium cyaneum* f. *stenodon*) 〔유래〕 함남 북수백산에 나는 파.

북스바우미사초(永, 1996) (사초과 *Carex buxbaumii*) 〔유래〕 북스바움의 사초라는 뜻의 학명.

북오미자(朴, 1949) (목련과) 흑오미자의 이명. 〔유래〕 북오미자(北五味子). → 흑오미자.

북잔대(朴, 1974) (초롱꽃과) 넓은잔대의 이명. 〔유래〕 중부 이북에 나는 잔대. → 넓은잔대.

북장구채(朴, 1974) (석죽과) 오랑캐장구채의 이명. 〔유래〕 북부에 나는 장구채. → 오랑캐장구채.

북점나도나물(李, 1969) (석죽과 *Cerastium holosteoides*) 큰점나도나물의 이명(朴, 1974)으로도 사용. 〔이명〕 점나도나물, 물레나물. 〔유래〕 북부에 나는 점나도나물. → 큰점나도나물.

북졸방제비꽃(朴, 1974) (제비꽃과) 왜졸방제비꽃의 이명. 〔유래〕 북부에 나는 졸방제비꽃. → 왜졸방제비꽃.

북쥐오줌풀(愚, 1996) (마타리과) 좀쥐오줌의 중국 옌볜 방언. → 좀쥐오줌.

북짚신나물(安, 1982) (장미과) 짚신나물의 이명. → 짚신나물.

북참으아리(朴, 1949) (미나리아재비과) 으아리의 이명. → 으아리.

북천문동(愚, 1996) (백합과) 망적천문동의 중국 옌볜 방언. → 망적천문동.

북천물통이(李, 1969) (쐐기풀과) 몽울풀의 이명. → 몽울풀.

북통발(박 · 이, 1974) (통발과) 개통발의 이명. → 개통발.

북한산개나리(朴, 1949) (물푸레나무과) 산개나리의 이명. 〔유래〕 서울 북한산에 나는 개나리. → 산개나리.

북한산바꽃(朴, 1949) (미나리아재비과) 투구꽃의 이명. → 투구꽃.

북한산천남성(李, 1969) (천남성과) 눌메기천남성의 이명. 〔유래〕 북한산에 나는 천남성. → 눌메기천남성.

북해골무꽃(愚, 1996) (꿀풀과) 호골무꽃의 중국 옌볜 방언. → 호골무꽃.

북흑삼릉(李, 2003) (흑삼능과) 좁은잎흑삼능의 이명. 〔유래〕 북부 고산 지방의 물속에 나는 흑삼능. → 좁은잎흑삼능.

분개구리밥(朴, 1949) (개구리밥과 *Wolffia arrhiza*) 〔이명〕 좀분개구리밥. 〔유래〕 분가루와 같이 작다.

분검정대(愚, 1996) (벼과) 솜대의 북한 방언. → 솜대.

분꽃(鄭, 1937) (분꽃과 *Mirabilis jalapa*) 〔이명〕 여자화. 〔유래〕 분화(粉花), 연지화(臙脂花), 자말리엽(刺茉莉葉).

분꽃나무(鄭, 1942) (인동과 *Viburnum carlesii*) 〔이명〕 붓꽃나무, 가막살나무, 섬분꽃나무. 〔유래〕 강원 방언. 분화목(粉花木).

분단(朴, 1949) (인동과) 분단나무의 이명. → 분단나무.

분단나무(鄭, 1937) (인동과 *Viburnum furcatum*) 〔이명〕 분단. 〔유래〕 분단(粉團).

분명아주(朴, 1974) (명아주과) 쥐명아주의 이명. 〔유래〕 잎 뒤가 분백(粉白)인 명아주. → 쥐명아주.

분버들(鄭, 1937) (버드나무과 *Salix rorida*) 〔이명〕 쪽버들. 〔유래〕 잎 뒷면이 분백(粉白)이다.

분비나무(鄭, 1937) (소나무과 *Abies nephrolepis*) 〔이명〕 전나무. 〔유래〕 미상. 백회(白檜).

분설화(安, 1982) (장미과) 가는잎조팝나무의 이명. → 가는잎조팝나무.

분수국(尹, 1989) (범의귀과) 수국의 이명. → 수국.

분쑥(朴, 1949) (국화과) 참쑥의 이명. → 참쑥.

분좌난(朴, 1949) (백합과) 쥐꼬리풀의 이명. → 쥐꼬리풀.

분죽(朴, 1949) (벼과) 솜대의 이명. 〔유래〕 분죽(粉竹), 담죽(淡竹). → 솜대.

분지나무(鄭, 1937) (운향과) 산초나무(황해 방언)와 푼지나무(노박덩굴과, 朴, 1949)의 이명. → 산초나무, 푼지나무.

분취(鄭, 1937) (국화과 *Saussurea seoulensis*) 민국화수리취의 이명(朴, 1974)으로도 사용. 〔이명〕 서울분취. 〔유래〕 잎 뒤에 거미줄 같은 흰 털이 밀생하여 분백(粉白)인 취. → 민국화수리취.

분취란화(朴, 1974) (앵초과) 설앵초의 이명. 〔유래〕 잎 뒤가 분같이 흰 취란화(앵초). → 설앵초.

분취아재비(朴, 1949) (국화과) 절굿대의 이명. → 절굿대.

분홍갯개미자리(李, 2003) (석죽과) 유럽개미자리의 이명. 〔유래〕 갯개미자리에 비해 꽃이 분홍색이다. → 유럽개미자리.

분홍괴불나무(李, 1980) (인동과 *Lonicera tatarica*) 〔유래〕 화관이 분홍색인 괴불나무. 외래 관상용 낙엽관목.

분홍꽃장구채(鄭, 1949) (석죽과) 명천장구채의 이명. 〔유래〕 장구채에 비해 꽃이 보라색이다. → 명천장구채.

분홍노루발(鄭, 1937) (노루발과 *Pyrola incarnata*) 〔이명〕 분홍노루발풀. 〔유래〕 노루발풀에 비해 꽃이 살색(분홍색)이라는 뜻의 학명 및 일명.

분홍노루발풀(安, 1982) (노루발과) 분홍노루발의 이명. → 분홍노루발.

분홍미선(李, 1980) (물푸레나무과) 분홍미선나무의 이명. → 분홍미선나무.

분홍미선나무(李, 1966) (물푸레나무과 *Abeliophyllum distichum* f. *lilacinum*) 〔이명〕 분홍미선. 〔유래〕 미선나무에 비해 꽃이 분홍색이다.

분홍바늘꽃(鄭, 1937) (바늘꽃과 *Epilobium angustifolium*) 〔이명〕 큰바늘꽃, 버들잎바늘꽃. 〔유래〕 분홍색 꽃이 피는 바늘꽃.

분홍벗나무(鄭, 1937) (장미과) 개벚나무의 이명. 〔유래〕 분홍색 꽃이 피는 벗나무. → 개벗나무.

분홍벚나무(李, 1966) (장미과) 개벗나무의 이명. → 개벗나무, 분홍벗나무.

분홍손잎풀(愚, 1996) (쥐손이풀과) 분홍쥐손이의 북한 방언. → 분홍쥐손이.

분홍애기송이풀(李, 2003) (현삼과 *Pedicularis ishidoyana* f. *albescence*) 〔유래〕 꽃에 흰빛이 도는(모종에 비해 꽃 색이 연하다) 애기송이풀이라는 뜻의 학명.

분홍이질풀(安, 1982) (쥐손이풀과) 이질풀의 이명. 〔유래〕 장미(분홍)색 꽃이 피는 이질풀이라는 뜻의 학명 및 일명. → 이질풀.

분홍장구채(鄭, 1937) (석죽과 *Silene capitata*) 〔이명〕 구슬꽃대나물, 애기대나물. 〔유래〕 분홍색 꽃이 피는 장구채.

분홍쥐손이(鄭, 1937) (쥐손이풀과 *Geranium maximowiczii*) 〔이명〕 분홍쥐손이풀, 분홍손잎풀. 〔유래〕 복숭아빛(분홍)의 꽃이 피는 쥐손이풀이라는 뜻의 일명.

분홍쥐손이풀(朴, 1949) (쥐손이풀과) 분홍쥐손이의 이명. → 분홍쥐손이.

분홍큰좁쌀풀(愚, 1996) (앵초과 *Lysimachia vulgaris* v. *davurica* f. *koreana*) 〔유래〕 큰좁쌀풀에 비해 꽃이 적황색(赤黃色)이다.

분홍할미꽃(鄭, 1937) (미나리아재비과 *Pulsatilla dahurica*) 〔이명〕 산할미꽃. 〔유래〕 분홍색 꽃이 피는 할미꽃이라는 뜻의 일명.

불까치수염(朴, 1974) (앵초과) 물까치수염의 이명. → 물까치수염.

불꽃(愚, 1996) (꿀풀과) 깨꽃의 이명. 〔유래〕 꽃색이 불과 같이 붉다. → 깨꽃.

불꽃쓤바귀(李, 1976) (국화과 *Emilia flammea*) 〔유래〕 씀바귀와 유사하나 적색 꽃이 핀다. 수과(瘦果)가 5각상 원주형이다.

불나무(鄭, 1942) (옻나무과) 붉나무의 이명. 〔유래〕 붉나무의 전남 방언. → 붉나무.

불네괴불(朴, 1949) (인동과) 털괴불나무의 이명. → 털괴불나무.

불두화(鄭, 1942) (인동과 *Viburnum opulus* v. *calvescens* f. *hydrangeoides*) 백당나무의 이명(鄭, 1937)으로도 사용. 〔이명〕 수국백당나무, 큰접시꽃나무. 〔유래〕 불두화(佛頭花). → 백당나무.

불떡쑥(愚, 1996) (국화과) 금떡쑥의 중국 옌볜 방언. → 금떡쑥.

불란서금잔화(永, 1996) (국화과) 만수국의 이명. → 만수국.

불로화(李, 1976) (국화과 *Ageratum houstonianum*) 〔이명〕 멕시코엉겅퀴. 〔유래〕 불로화(不老花). 항상 싱싱한 꽃이 계속 핀다는 뜻의 속명에서 유래.

불밤(李, 1966) (참나무과 *Castanea crenata* v. *kusakuri* f. *pulbam*) 〔유래〕 불밤이라는 뜻의 학명.

불암초(李, 1969) (벽오동과) 길뚝아욱의 이명. 〔유래〕 경기 불암산에서 최초로 발견. → 길뚝아욱.

붉가시나무(李, 1966) (참나무과) 북가시나무의 이명. 〔유래〕 목재에 붉은빛이 돈다. → 북가시나무.

붉나무(鄭, 1937) (옻나무과 *Rhus javanica*) 〔이명〕 오배자나무, 굴나무, 뿔나무, 불나무. 〔유래〕 잎이 불과 같이 붉게 단풍이 든다. 오배자수(五倍子樹), 염부목(鹽膚木), 천금목(千金木).

붉노랑상사화(김 · 이, 1991) (수선화과 *Lycoris flavescens*) 〔유래〕 꽃이 연한 녹색이지만 양지 쪽에서 자라는 개체는 붉은빛이 도는 노랑색으로 변한다.

붉신나무(李, 1966) (단풍나무과 *Acer ginnala* f. *coccineum*) 〔유래〕 시과(翅果)가 진홍색인 신나무라는 뜻의 학명.

붉오리나무(安, 1982) (자작나무과) 오리나무의 이명. → 오리나무.

붉은가문비(李, 1947) (소나무과 *Picea jezoensis* f. *rubrilepis*) 〔유래〕 구과의 인편이 적색인 가문비나무라는 뜻의 학명.

붉은가시딸기(鄭, 1937) (장미과 *Rubus phoenicolasius*) 〔이명〕 곰딸기, 수리딸나무, 섬가시딸나무. 〔유래〕 줄기에 붉은 가시가 있는 딸기. 복분자(覆盆子).

붉은가중나무(李, 1966) (소태나무과 *Ailanthus altissima* f. *erythrocarpa*) 〔유래〕 열매가 붉은 가중나무라는 뜻의 학명 및 일명.

붉은강낭콩(李, 1969) (콩과 *Phaseolus multiflorus*) 〔유래〕 적색 꽃이 피는 강낭콩.

붉은겨우사리(李, 1966) (겨우사리과 *Viscum album* v. *coloratum* f. *rubroaurantium*) 〔유래〕 과실이 붉은색을 띠는 황금색으로 익는 겨우사리라는 뜻의 학명 및 일명.

붉은고로쇠(李, 1966) (단풍나무과 *Acer mono* v. *horizontale* f. *rubripes*) 〔유래〕 엽병이 붉은 산고로쇠나무라는 뜻의 학명 및 일명.

붉은골풀아재비(李, 1969) (사초과 *Rhynchospora rubra*) 〔이명〕 송이방동산이, 송이

골풀아재비. 〔유래〕 붉은 골풀아재비라는 뜻의 학명.

붉은괭이밥(李, 1969) (괭이밥과) 괭이밥의 이명. 〔유래〕 암자색(붉은)의 괭이밥이라는 뜻의 학명. → 괭이밥.

붉은꽃만병초(朴, 1949) (철쭉과) 만병초의 이명. 〔유래〕 장밋빛(붉은) 꽃이 피는 만병초라는 뜻의 학명 및 일명. → 만병초.

붉은꽃싸리(李, 1966) (콩과) 꽃싸리의 이명. 〔유래〕 장밋빛의 꽃이 피는 꽃싸리라는 뜻의 학명 및 일명. → 꽃싸리.

붉은꽃장포(愚, 1996) (백합과) 검은꽃창포의 중국 옌볜 방언. 〔유래〕 꽃이 짙은 적자색으로 피는 꽃장포. → 검은꽃창포.

ㅂ

붉은구상(李, 1976) (소나무과 *Abies koreana* f. *rubrocarpa*) 〔이명〕 붉은구상나무. 〔유래〕 구과(毬果)가 붉은 구상나무라는 뜻의 학명.

붉은구상나무(愚, 1996) (소나무과) 붉은구상의 이명. → 붉은구상.

붉은꿀풀(李, 1969) (꿀풀과) 꿀풀의 이명. 〔유래〕 적색 꽃이 피는 꿀풀. → 꿀풀.

붉은노루삼(朴, 1949) (미나리아재비과 *Actaea erythrocarpa*) 〔유래〕 열매가 붉게 익는 노루삼이라는 뜻의 학명 및 일명.

붉은눈고사리(朴, 1949) (면마과) 큰십자고사리의 이명. → 큰십자고사리.

붉은단풍나무(永, 1996) (단풍나무과) 단풍나무의 북한 방언. → 단풍나무.

붉은대극(李, 1969) (대극과) 풍도대극의 이명. 〔유래〕 어린 식물이 붉은빛을 띤다. → 풍도대극.

붉은대동여뀌(李, 1976) (여뀌과) 가는개여뀌의 이명. 〔유래〕 대동여뀌에 비해 마르면 적갈색을 띤다. → 가는개여뀌.

붉은대산뽕(李, 1966) (뽕나무과 *Morus bombysis* v. *rubricaulis*) 〔유래〕 1년생 줄기가 붉은 산뽕나무라는 뜻의 학명.

붉은돌가시나무(朴, 1949) (장미과) 반들가시나무의 이명. 〔유래〕 장밋빛(붉은)의 꽃이 피는 돌가시나무라는 뜻의 학명 및 일명. → 반들가시나무.

붉은말채(朴, 1949) (층층나무과) 흰말채나무의 이명. → 흰말채나무.

붉은물푸레(李, 1980) (물푸레나무과) 붉은물푸레나무의 이명. → 붉은물푸레나무.

붉은물푸레나무(李, 1966) (물푸레나무과 *Fraxinus pennsylvanica*) 〔이명〕 붉은물푸레. 〔유래〕 미상.

붉은벌깨덩굴(李, 1966) (꿀풀과 *Meehania urticifolia* f. *rubra*) 〔유래〕 적색의 꽃이 피는 벌깨덩굴이라는 뜻의 학명 및 일명.

붉은별쓴풀(朴, 1974) (용담과) 점박이별꽃풀의 이명. 〔유래〕 꽃잎에 적색 반점이 있다. → 점박이별꽃풀.

붉은병꽃나무(鄭, 1937) (인동과 *Weigela florida*) 〔이명〕 팟꽃나무, 병꽃나무, 좀병꽃나무, 통영병꽃나무, 물명꽃나무, 물병꽃나무, 당병꽃나무, 조선병꽃나무, 좀병꽃,

참병꽃나무. 〔유래〕 꽃이 붉은색의 병과 같은 꽃나무. 당양로(唐楊櫨).

붉은사철란(李, 1976) (난초과 *Goodyera macrantha*) 〔유래〕 붉은 사철란이라는 뜻의 일명. 잎이 진녹색이다.

붉은살비아(愚, 1996) (꿀풀과) 깨꽃의 중국 옌볜 방언. → 깨꽃.

붉은서나물(李, 1976) (국화과) 대룡국화의 이명. 〔유래〕 줄기가 붉은빛을 띠고 잎이 쇠서나물과 유사. → 대룡국화.

붉은수크령(李, 1980) (벼과 *Pennisetum alopecuroides* f. *erythrochaetum*) 〔유래〕 총포모(總苞毛)의 색이 짙은 적색인 수크령.

붉은순나무(安, 1982) (장미과) 홍가시나무의 이명. 〔유래〕 아카메(붉은눈)모치(アカメモチ)라는 일명. → 홍가시나무.

ㅂ

붉은씨서양민들레(전의식 등, 1987) (국화과 *Taraxacum laevigatum*) 〔유래〕 Red-seeded dandelion이라는 영명 및 붉은 씨 민들레라는 뜻의 일명. 수과(瘦果)가 적색 또는 적갈색이다.

붉은아귀꽃나무(愚, 1996) (인동과) 홍괴불나무의 북한 방언. 〔유래〕 꽃이 짙은 홍색인 아귀꽃나무(괴불나무). → 홍괴불나무.

붉은여로(李, 1969) (백합과 *Veratrum versicolor* f. *brunneum*) 〔유래〕 붉은 꽃이 피는 여로라는 뜻의 학명.

붉은열매겨우사리(朴, 1949) (겨우사리과) 겨우사리의 이명. 〔유래〕 열매가 붉은 겨우사리라는 뜻의 일명. → 겨우사리.

붉은오리나무(朴, 1949) (자작나무과) 털만주오리나무의 이명. 〔유래〕 잎에 적색의 맥이 있는 오리나무라는 뜻의 학명 및 붉은 털이 있는 만주오리나무라는 뜻의 일명. → 털만주오리나무.

붉은오이풀(朴, 1974) (장미과) 가는오이풀의 이명. 〔유래〕 붉은색 꽃이 피는 오이풀. → 가는오이풀.

붉은올벗나무(安, 1982) (장미과) 올벗나무의 이명. 〔유래〕 붉은색(미홍색)의 꽃이 피는 벗나무. → 올벗나무.

붉은완두(李, 1969) (콩과 *Pisum sativum* v. *arvense*) 〔유래〕 붉은색의 꽃이 피는 완두라는 뜻의 일명.

붉은이삭여뀌(朴, 1974) (여뀌과) 새이삭여뀌의 이명. 〔유래〕 꽃이삭이 붉은 여뀌. → 새이삭여뀌.

붉은이삭역귀(朴, 1949) (여뀌과) 새이삭여뀌의 이명. → 새이삭여뀌, 붉은이삭여뀌.

붉은이질풀(李, 1969) (쥐손이풀과) 이질풀의 이명. 〔유래〕 붉은색 꽃이 피는 이질풀이라는 뜻의 학명. → 이질풀.

붉은인가목(鄭, 1942) (장미과) 생열귀나무와 인가목(安, 1982)의 이명. → 생열귀나무, 인가목.

붉은인동(안덕균, 1998) (인동과 *Lonicera sempervirens*) 〔유래〕 꽃이 붉은 인동덩굴. 금은화(金銀花).

붉은잎능쟁이(愚, 1996) (명아주과) 명아주의 중국 옌볜 방언. → 명아주.

붉은조개나물(李, 1974) (꿀풀과 *Ajuga multiflora* f. *rosea*) 〔유래〕 장밋빛(적자색)의 꽃이 피는 조개나물이라는 뜻의 학명. 다화근골초(多花筋骨草).

붉은조록싸리(鄭, 1942) (장미과) 꼬리조팝나무의 이명. 〔유래〕 꽃이 엷은 홍색이다. → 꼬리조팝나무.

붉은참바디(朴, 1974) (산형과) 붉은참반디의 이명. → 붉은참반디.

붉은참반듸(鄭, 1957) (산형과) 붉은참반디의 이명. → 붉은참반디.

붉은참반디(鄭, 1937) (산형과 *Sanicula rubriflora*) 〔이명〕 붉은참반듸, 붉은참바디. 〔유래〕 적색의 꽃이 피는 참반디라는 뜻의 학명.

붉은칼라(愚, 1996) (천남성과) 장미색칼라의 중국 옌볜 방언. → 장미색칼라.

붉은키버들(李, 1966) (버드나무과 *Salix koriyanagi* f. *rubra*) 〔이명〕 키버들. 〔유래〕 어린줄기와 잎이 붉은빛을 띠는 키버들이라는 뜻의 학명 및 일명.

붉은터리(鄭, 1937) (장미과) 붉은터리풀의 이명. → 붉은터리풀.

붉은터리풀(李, 1969) (장미과 *Filipendula purpurea*) 〔이명〕 붉은터리. 〔유래〕 꽃이 붉게 피는 터리풀.

붉은털만주오리(李, 1966) (자작나무과) 털만주오리나무의 이명. 〔유래〕 붉은 털이 있는 털만주오리나무라는 뜻의 일명. → 털만주오리나무.

붉은털만주오리나무(李, 1980) (자작나무과) 털만주오리나무의 이명. → 털만주오리나무.

붉은털여뀌(鄭, 1937) (여뀌과) 털여뀌의 이명. 〔유래〕 붉은 꽃이 피는 털여뀌라는 뜻의 일명. → 털여뀌.

붉은털오리나무(愚, 1996) (자작나무과) 함북오리나무의 중국 옌볜 방언. → 함북오리나무.

붉은토끼풀(鄭, 1937) (콩과 *Trifolium pratense*) 〔유래〕 붉은색의 꽃이 피는 토끼풀이라는 뜻의 일명. 홍차축초(紅車軸草).

붉은톱풀(李, 1969) (국화과 *Achillea alpina* v. *rhodo-ptarmica*) 〔이명〕 각시톱풀, 좀가새풀, 좀톱풀. 〔유래〕 붉은(장미)색의 꽃이 피는 톱풀.

붉은포기사초(李, 2003) (사초과) 포기사초의 이명. → 포기사초.

붉은향유(朴, 1949) (꿀풀과) 꽃향유의 이명. 〔유래〕 붉은 꽃이 피는 향유. → 꽃향유.

붉은호장근(永, 1996) (여뀌과 *Reynoutria japonica* f. *elata*) 〔유래〕 과실이 붉은 고산형 호장근.

붓꽃(鄭, 1937) (붓꽃과 *Iris sanguinea*) 각시붓꽃의 이명(Mori, 1922)으로도 사용. 〔이명〕 란초. 〔유래〕 꽃몽우리의 모습이 붓과 유사. 계손(溪蓀), 수창포(水菖蒲), 마린자(馬藺子). → 각시붓꽃.

붓꽃나무(鄭, 1937) (인동과) 분꽃나무의 이명. → 분꽃나무.

붓꽃난초(愚, 1996) (붓꽃과) 연미붓꽃의 북한 방언. → 연미붓꽃.

붓순(鄭, 1937) (붓순나무과) 붓순나무의 이명. → 붓순나무.

붓순나무(鄭, 1957) (붓순나무과 *Illicium anisatum*) 〔이명〕 붓순, 가시목, 발갓구, 말갈구. 〔유래〕 제주 방언. 망초(莽草), 진과(蓁瓜), 동독회(東毒茴).

붕게역귀(朴, 1949) (여뀌과) 바늘여뀌의 이명. 〔유래〕 Bunge의 여뀌라는 뜻의 학명. → 바늘여뀌.

붕겐새풀(永, 1996) (벼과 *Calamagrostis bungeana*) 〔유래〕 Bunge의 새풀이라는 뜻의 학명.

붕어마름(鄭, 1937) (붕어마름과 *Ceratophyllum demersum*) 이삭물수세미의 이명(安, 1982)으로도 사용. 〔이명〕 솔잎말. 〔유래〕 붕어가 서식하는 수초라는 뜻. 금어조(金魚藻). → 이삭물수세미.

붕어풀(安, 1982) (개미탑과) 물수세미의 이명. 〔유래〕 붕어의 서식지를 만드는 풀. → 물수세미.

브라질마편초(壽, 1998) (마편초과 *Verbena brasiliensis*) 〔유래〕 브라질 원산의 마편초.

비고사리(鄭, 1937) (고사리과 *Lindsaea odorata*) 〔이명〕 새깃고사리, 좀새깃고사리. 〔유래〕 미상.

비녀골(鄭, 1937) (골풀과) 비녀골풀의 이명. → 비녀골풀.

비녀골풀(鄭, 1949) (골풀과 *Juncus krameri*) 〔이명〕 비녀골. 〔유래〕 줄기에 나래가 없이 둥근 모습을 비녀에 비유. 수등심(水燈心).

비녀비비추(安, 1982) (백합과) 일월비비추의 이명. 〔유래〕 비녀 비비추라는 뜻의 일명. 긴 화축 끝에 꽃이 모여난 모양을 비녀에 비유. → 일월비비추.

비녀옥잠화(朴, 1949) (백합과) 옥잠화의 이명. 〔유래〕 둥근 비녀라는 뜻의 일명. → 옥잠화.

비노리(鄭, 1937) (벼과 *Eragrostis multicaulis*) 〔유래〕 미상. 화미초(畵眉草).

비누풀(永, 1996) (석죽과 *Saponaria officinalis*) 〔유래〕 미상. 석함화(石鹹花).

비눌가문비(鄭, 1937) (소나무과) 종비나무의 이명. 〔유래〕 종비나무의 함남 방언. → 종비나무.

비눌고사리(鄭, 1937) (면마과) 비늘고사리의 이명. → 비늘고사리.

비눌관중(朴, 1949) (면마과) 산나도히초미의 이명. → 산나도히초미.

비눌사초(朴, 1949) (사초과) 산비늘사초의 이명. → 산비늘사초.

비늘개관중(安, 1982) (면마과) 산나도히초미의 이명. → 산나도히초미.

비늘고사리(鄭, 1949) (면마과 *Dryopteris lacera*) 〔이명〕 비눌고사리, 곰고사리. 〔유

래] 중축에 바늘 같은 인편이 밀생한다.

비늘구슬사초(愚, 1996) (사초과) 구슬사초의 이명. → 구슬사초.

비늘돌나물(吳, 1985) (돌나물과) 대구돌나물의 이명. → 대구돌나물.

비늘봉의고사리(愚, 1996) (고사리과) 반쪽고사리의 중국 옌볜 방언. → 반쪽고사리.

비늘사초(李, 1980) (사초과 *Carex phacota*) 〔이명〕 쥐방울사초, 긴비늘사초. 〔유래〕 미상.

비늘석송(鄭, 1949) (석송과 *Lycopodium complanatum*) 만년석송의 이명(1937)으로도 사용. 〔이명〕 솔석송, 편백석송. 〔유래〕 잎이 미세하여 가지에 압착하는 비늘 모양의 점으로 된다. → 만년석송.

비닥나무(鄭, 1937) (대극과) 예덕나무의 이명. → 예덕나무.

비단꽃(愚, 1996) (제스네리아과) 크록시니아의 북한 방언. → 크록시니아.

비단나무(鄭, 1942) (차나무과) 노각나무의 이명. → 노각나무.

비단돔부(朴, 1949) (콩과) 털두메자운의 이명. → 털두메자운.

비단분취(鄭, 1949) (국화과 *Saussurea komaroviana*) 〔유래〕 비단 분취라는 뜻의 일명.

비단쑥(鄭, 1937) (국화과 *Artemisia lagocephala* f. *triloba*) 증산쑥의 이명(愚, 1996)으로도 사용. 〔이명〕 산비단쑥. 〔유래〕 비단 쑥이라는 뜻의 일명. → 증산쑥.

비로과남풀(愚, 1996) (용담과) 비로용담의 이명. → 비로용담.

비로도누리장나무(安, 1982) (마편초과) 털누리장나무의 이명. → 털누리장나무.

비로룡담(永, 1996) (용담과) 비로용담의 북한 방언. → 비로용담.

비로봉쑥(朴, 1949) (국화과 *Artemisia brachyphylla*) 〔이명〕 금강쑥. 〔유래〕 강원 금강산 비로봉에 나는 쑥.

비로봉용담(朴, 1949) (용담과) 비로용담의 이명. → 비로용담.

비로쑥방맹이(朴, 1949) (국화과) 금강솜방망이의 이명. → 금강솜방망이.

비로용담(鄭, 1937) (용담과 *Gentiana jamesii*) 〔이명〕 비로봉용담, 비로룡담, 비로과남풀. 〔유래〕 강원 금강산 비로봉에 나는 용담. 초용담(草龍膽).

비름(朴, 1949) (비름과 *Amaranthus lividus*) 청비름(鄭, 1937), 개비름(鄭, 1949)과 색비름(愚, 1996, 중국 옌볜 방언)의 이명으로도 사용. 〔이명〕 개비름. 〔유래〕 미상. 이 식물은 일명을 직역하면 개비름이나, 우리나라에서 비름나물로 사용하는 것은 이것이다. 야현채(野莧菜). → 청비름, 개비름, 색비름.

비목나무(鄭, 1937) (녹나무과 *Lindera erythrocarpa*) 〔이명〕 보얀목, 윤여리나무. 〔유래〕 미상. 첨당과(詹糖果).

비바리골무꽃(김 · 이, 1994) (꿀풀과 *Scutellaria indica* v. *alba*) 〔유래〕 제주(비바리)에 나는 골무꽃. 연지골무꽃에 비해 꽃이 백색이고 화순에 무늬도 없다.

비비추(鄭, 1937) (백합과 *Hosta longipes*) 은방울꽃의 이명(朴, 1949)으로도 사용.

〔이명〕 바위비비추. 〔유래〕 미상. 옥잠화(玉簪花). → 은방울꽃.

비비추난초(李, 1980) (난초과 *Tipularia japonica*) 〔이명〕 비비취난초, 외대난초, 실난초, 비비추란, 비비취란. 〔유래〕 잎이 비비추와 유사한 난초.

비비추란(愚, 1996) (난초과) 비비추난초의 북한 방언. → 비비추난초.

비비취난초(鄭, 1949) (난초과) 비비추난초의 이명. → 비비추난초.

비비취란(愚, 1996) (난초과) 비비추난초의 중국 옌볜 방언. → 비비추난초.

비수리(鄭, 1937) (콩과 *Lespedeza cuneata*) 〔이명〕 공겡이대. 〔유래〕 미상. 야관문(夜關門).

비수수(李, 1980) (벼과 *Sorghum bicolor* v. *hoki*) 〔유래〕 이삭이 밑으로 처지고, 빗자루를 만드는 수수라는 뜻의 학명 및 일명.

ㅂ

비술나무(鄭, 1937) (느릅나무과 *Ulmus pumila*) 〔이명〕 개느릅, 느릅나무, 떡느릅나무, 비슬나무. 〔유래〕 함북 방언. 유백피(楡白皮).

비슬나무(愚, 1996) (느릅나무과) 비술나무의 중국 옌볜 방언. → 비술나무.

비싸리(鄭, 1937) (명아주과) 댑싸리의 이명. 〔유래〕 대싸리(댑싸리)의 방언. → 댑싸리.

비쌀현호색(永, 1996) (양귀비과) 빗살현호색의 이명. → 빗살현호색.

비쑥(鄭, 1937) (국화과 *Artemisia scoparia*) 개똥쑥의 이명(愚, 1996, 중국 옌볜 방언)으로도 사용. 〔유래〕 빗자루 같은 쑥이라는 뜻의 학명. → 개똥쑥.

비양나무(李, 2003) (쐐기풀과) 바위모시의 이명. 〔유래〕 제주도 비양도에 나는 나무. → 바위모시.

비연초(安, 1982) (미나리아재비과 *Delphinium ajacis*) 〔이명〕 참제비꽃, 나래제비풀. 〔유래〕 비연초(飛燕草).

비오초(安, 1982) (현삼과) 금어초의 이명. 〔유래〕 비오초(鼻五草). → 금어초.

비자나무(鄭, 1937) (주목과 *Torreya nucifera*) 〔유래〕 전라 방언. 비자(榧子), 비자목(榧子木), 비자목(枇子木), 비(榧).

비자란(永, 1996) (난초과 *Sarcochilus japonicus*) 〔유래〕 비자나무에 기생하는 난초라는 뜻의 일명.

비자루(愚, 1996) (백합과) 비짜루의 북한 방언. → 비짜루.

비자루국화(임 · 전, 1980) (국화과 *Aster subulatus*) 〔이명〕 빗자루국화, 샛강사리. 〔유래〕 빗자루 국화라는 뜻의 일명.

비전회나무(朴, 1949) (노박덩굴과) 섬회나무의 이명. 〔유래〕 히젠(肥前, 일본 지명) 회나무라는 뜻의 일명. → 섬회나무.

비진도콩(李, 1980) (콩과 *Dumasia truncata*) 〔이명〕 산흑두. 〔유래〕 1978년 김삼식이 경남 비진도에서 처음 채집.

비짜루(鄭, 1956) (백합과 *Asparagus schoberioides*) 〔이명〕 닭의비짜루, 빗자루, 노

간주비짜루, 노간주빗자루, 덩굴비짜루, 비자루. 〔유래〕 미상. 용수채(龍鬚菜).

비쭈기나무(鄭, 1937) (차나무과) 빗죽이나무의 이명. → 빗죽이나무.

비쭉이나무(鄭, 1949) (차나무과) 빗죽이나무의 이명. → 빗죽이나무.

비파나무(李, 1966) (장미과 *Eriobotrya japonica*) 〔이명〕 피파나무. 〔유래〕 비파(枇杷)라는 일명. 비파엽(枇杷葉).

빈대냉이(永, 1966) (십자화과) 냄새냉이의 이명. 〔유래〕 식물체가 땅에 깔려서 난다. → 냄새냉이.

빈도리(李, 1980) (범의귀과) 일본말발도리의 이명. 〔유래〕 꽃이 말발도리와 유사. → 일본말발도리.

빈추나무(鄭, 1937) (장미과 *Prinsepia sinensis*) 〔유래〕 평남 방언.

빈카(永, 1996) (협죽도과 *Vinca minor*) 〔이명〕 장춘화. 〔유래〕 빈카(*Vinca*)라는 속명. 장춘화(長春花).

빕새귀리(李, 1969) (벼과 *Bromus richardsonii*) 〔이명〕 개빕새귀리, 산재귀리. 〔유래〕 미상.

빕새율무(安, 1982) (벼과) 나도겨이삭의 이명. → 나도겨이삭.

빕새율미(朴, 1949) (벼과) 나도겨이삭의 이명. → 나도겨이삭.

빕새피(朴, 1949) (벼과) 겨풀의 이명. → 겨풀.

빕쉬나무(鄭, 1942) (장미과) 쉬땅나무의 이명. 〔유래〕 쉬땅나무의 함북 방언. → 쉬땅나무.

빗살서덜취(李, 1969) (국화과 *Saussurea odontolepis*) 〔이명〕 구와잎각시취, 왕분취, 구와각시취, 국화잎각시분취. 〔유래〕 치아(빗살) 모양의 톱니를 가진 인편이 있다는 뜻의 학명 및 잎이 빗살처럼 갈라진다는 뜻의 일명.

빗살현호색(鄭, 1949) (양귀비과 *Corydalis turtschaninovii* f. *pectinata*) 〔이명〕 비쌀현호색. 〔유래〕 잎이 빗살같이 갈라진 현호색이라는 뜻의 학명 및 일명.

빗쌀말(愚, 1996) (가래과) 솔잎가래의 중국 옌볜 방언. → 솔잎가래.

빗자루(鄭, 1949) (백합과) 비짜루의 이명. → 비짜루.

빗자루국화(永, 1996) (국화과) 비자루국화의 이명. → 비자루국화.

빗죽나무(朴, 1949) (차나무과) 빗죽이나무의 이명. → 빗죽이나무.

빗죽이나무(鄭, 1942) (차나무과 *Cleyera japonica*) 〔이명〕 비쭈기나무, 비쭉이나무, 빗죽나무. 〔유래〕 제주 방언.

빗치개씀바귀(愚, 1996) (국화과) 고들빼기의 중국 옌볜 방언. → 고들빼기.

빛느릅나무(愚, 1996) (느릅나무과) 반들느릅나무의 중국 옌볜 방언. → 반들느릅나무.

빠나나(愚, 1996) (파초과) 바나나의 중국 옌볜 방언. → 바나나.

빠부쟁이(朴, 1949) (질경이과) 질경이의 이명. → 질경이.

빠뿌쟁이(朴, 1974) (질경이과) 질경이의 이명. → 질경이.
빨간자리공(愚, 1996) (자리공과) 미국자리공의 중국 옌볜 방언. → 미국자리공.
빨강싸리(安, 1982) (콩과) 검나무싸리의 이명. → 검나무싸리, 빨강흑싸리.
빨강흑싸리(安, 1982) (콩과) 검나무싸리의 이명. 〔유래〕 빨강흑색 싸리라는 뜻의 일명. → 검나무싸리.
빼부장(鄭, 1937) (질경이과) 질경이의 이명. → 질경이.
뺑대쑥(安, 1982) (국화과) 뺑쑥의 이명. → 뺑쑥.
뺑쑥(鄭, 1937) (국화과 *Artemisia feddei*) 〔이명〕 뺑대쑥. 〔유래〕 미상.
뻐꾹나리(鄭, 1949) (백합과 *Tricyrtis macropoda*) 〔이명〕 뻑국나리, 뻑꾹나리. 〔유래〕 미상.
뻐꾹채(鄭, 1949) (국화과 *Rhaponticum uniflorum*) 〔이명〕 뻑국채. 〔유래〕 미상. 누로(漏蘆).
뻑국나리(鄭, 1937) (백합과) 뻐꾹나리의 이명. → 뻐꾹나리.
뻑국채(鄭, 1937) (국화과) 뻐꾹채의 이명. → 뻐꾹채.
뻑꾹나리(鄭, 1956) (백합과) 뻐꾹나리의 이명. → 뻐꾹나리.
뻗은씀바귀(愚, 1996) (국화과) 벋음씀바귀의 중국 옌볜 방언. → 벋음씀바귀.
뻗을씀바귀(鄭, 1949) (국화과) 벋음씀바귀의 이명. → 벋음씀바귀.
뻗음씀바귀(愚, 1996) (국화과) 벋음씀바귀의 북한 방언. → 벋음씀바귀.
뻿나무(鄭, 1942) (물푸레나무과) 이팝나무의 이명. 〔유래〕 전북 어청도 방언. → 이팝나무.
뽀리뱅이(鄭, 1937) (국화과 *Youngia japonica*) 〔이명〕 박주가리나물, 박조가리나물, 보리뱅이. 〔유래〕 미상. 황과채(黃瓜菜), 황암채(黃鵪菜).
뽕나무(鄭, 1937) (뽕나무과 *Morus alba*) 산뽕나무의 이명(1942)으로도 사용. 〔이명〕 오듸나무, 새뽕나무, 오디나무. 〔유래〕 상(桑), 상수(桑樹), 상백피(桑白皮). → 산뽕나무.
뽕모시풀(鄭, 1949) (뽕나무과 *Fatoua villosa*) 〔이명〕 뽕잎풀. 〔유래〕 뽕풀이라는 뜻의 일명. 수사마(水蛇麻).
뽕잎풀(朴, 1949) (뽕나무과) 뽕모시풀의 이명. → 뽕모시풀.
뽕잎피나무(朴, 1949) (피나무과) 뽕피나무의 이명. → 뽕피나무.
뽕피나무(鄭, 1937) (피나무과 *Tilia taquetii*) 〔이명〕 뽕잎피나무. 〔유래〕 잎이 뽕나무와 유사한 피나무라는 뜻의 일명. 자단(紫椴).
뾰족노루귀(朴, 1949) (미나리아재비과) 노루귀의 이명. 〔유래〕 뾰죽한 열편이 있는 노루귀라는 뜻의 학명 및 일명. → 노루귀.
뾰족덩굴돌콩(永, 1996) (콩과) 큰여우콩의 북한 방언. → 큰여우콩.
뾰족여우콩(愚, 1996) (콩과) 큰여우콩의 중국 옌볜 방언. → 큰여우콩.

뾰족잎물푸레나무(愚, 1996) (물푸레나무과) 미국물푸레의 북한 방언. → 미국물푸레.

뾰족잎오리나무(鄭, 1942) (자작나무과 *Alnus japonica* v. *arguta*) 〔이명〕 날칼잎오리나무. 〔유래〕 잎 끝이 뾰죽한 오리나무라는 뜻의 학명 및 일명.

뾰죽덩굴들콩(愚, 1996) (콩과) 큰여우콩의 북한 방언. → 큰여우콩.

뾰죽약밤(李, 1966) (참나무과 *Castanea bungeana* f. *angusta*) 〔유래〕 밤의 끝이 뾰죽한 약밤.

뿌리꽃말이(鄭, 1937) (지치과) 참꽃마리의 이명. → 참꽃마리.

뿌리난초(朴, 1949) (난초과) 손바닥난초의 이명. → 손바닥난초.

뿌리대사초(李, 1976) (사초과 *Carex rhizopoda*) 〔유래〕 근두(根頭)에 대가 있는 사초라는 뜻의 학명.

ㅂ

뿔개암나무(愚, 1996) (자작나무과) 참개암나무의 북한 방언. → 참개암나무.

뿔고사리(李, 1969) (면마과) 뿔왜고사리와 잔눈섭고사리(꼬리고사리과, 鄭, 1970)의 이명. → 뿔왜고사리, 잔눈섭고사리.

뿔꽃(愚, 1996) (양귀비과) 괴불주머니의 북한 방언. → 괴불주머니.

뿔끝분취(安, 1982) (국화과) 두메취의 이명. → 두메취.

뿔나무(鄭, 1942) (옻나무과) 붉나무의 이명. 〔유래〕 붉나무의 강원 방언. → 붉나무.

뿔남천(李, 1976) (매자나무과 *Mahonia japonica*) 〔이명〕 개남천. 〔유래〕 잎의 날카로운 톱니를 뿔에 비유. 당남천(唐南天).

뿔냉이(壽, 1992) (십자화과 *Chorispora tenella*) 〔이명〕 이자초. 〔유래〕 열매는 반달모양으로 휘어지고 끝이 긴 뿔처럼 된다.

뿔말(李, 1980) (가래과 *Zannichellia pedunculata*) 〔유래〕 수과(瘦果) 뒷면에 있는 돌기를 뿔에 비유.

뿔분취(朴, 1949) (국화과) 좀두메취의 이명. → 좀두메취.

뿔사초(愚, 1996) (사초과) 도깨비사초의 북한 방언. → 도깨비사초.

뿔쑥(安, 1982) (국화과) 물쑥의 이명. → 물쑥.

뿔왜고사리(鄭, 1949) (면마과 *Cornopteris decurrenti-alata*) 〔이명〕 숲고사리, 뿔고사리. 〔유래〕 미상.

뿔이삭풀(壽, 1995) (벼과 *Parapholis incurva*) 〔이명〕 회초리잔디. 〔유래〕 수상화서가 뿔 모양이다. 쇠치기풀과 유사하나 화서가 활처럼 굽어 있다.

뿔족도리풀(永, 2002) (쥐방울과 *Asarum sieboldii* v. *cornutum*) 〔유래〕 족도리풀에 비해 꽃받침 열편이 뿔 모양이다.

뿔회나무(朴, 1949) (노박덩굴과 *Euonymus flavescens*) 〔이명〕 노랑회나무. 〔유래〕 미상.

삐비(朴, 1949) (벼과) 띠의 이명. → 띠.

삘기(鄭, 1937) (벼과) 띠의 이명. → 띠.

사간(鄭, 1949) (붓꽃과) 범부채의 이명. 〔유래〕 사간(射干). → 범부채.

사과(李, 1966) (장미과) 사과나무와 능금나무(1980)의 이명. → 사과나무, 능금나무.

사과나무(朴, 1949) (장미과 *Malus pumila*) 〔이명〕 능금나무, 사과. 〔유래〕 미상. 평과(苹果).

사광이아재비(愚, 1996) (여뀌과) 며느리밑씻개의 중국 옌볜 방언. 〔유래〕 사광이풀(며느리배꼽)과 유사. → 며느리밑씻개.

사광이풀(鄭, 1937) (여뀌과) 며느리배꼽의 이명. → 며느리배꼽.

사구라나무(鄭, 1942) (장미과) 왕벚나무의 이명. → 왕벚나무, 사꾸라.

사국이질풀(永, 1996) (쥐손이풀과 *Geranium shikokianum*) 〔유래〕 일본 시코쿠(四國)에 나는 쥐손이풀이라는 뜻의 학명 및 일명. 꽃잎의 끝이 셋으로 갈라진다.

사근초(李, 2003) (국화과) 서양등골나물의 이명. 〔유래〕 사근초(蛇根草). → 서양등골나물.

사꾸라(鄭, 1937) (장미과) 왕벚나무의 이명. 〔유래〕 소메이요시노자쿠라(ソメイヨシノザクラ, 일본 국화)라는 일명. → 왕벚나무.

사다기나무(鄭, 1942) (단풍나무과) 신나무의 이명. 〔유래〕 신나무의 황해 방언. → 신나무.

사다리고사리(鄭, 1937) (면마과 *Thelypteris glanduligera*) 〔이명〕 참사다리고사리, 새닥달고사리, 좀새닥달고사리, 고려새발고사리, 고려사다리고사리. 〔유래〕 사닥다리 고사리라는 뜻의 일명. 즉 잎이 규칙적으로 우상심열(羽狀深裂)한 모습을 사다리에 비유.

사데나물(朴, 1949) (국화과) 사데풀의 이명. → 사데풀.

사데풀(鄭, 1937) (국화과 *Sonchus brachyotus*) 〔이명〕 사데나물, 삼비물, 석쿠리, 시투리, 서덜채. 〔유래〕 미상.

사동미나리(李, 1969) (산형과) 상동미나리의 이명. 〔유래〕 백두산 지역의 농사동에 나는 미나리. → 상동미나리.

사두초(安, 1982) (천남성과) 둥근잎천남성의 이명. → 둥근잎천남성.

사람주나무(鄭, 1942) (대극과 *Sapium japonicum*) 〔이명〕 신방나무, 쇠동백나무, 아

구사리, 귀룽목. 〔유래〕 경남 방언.

사르비아(尹, 1989) (꿀풀과) 깨꽃의 이명. 〔유래〕 *Salvia*라는 속명. → 깨꽃.

사리풀(鄭, 1937) (가지과 *Hyoscyamus niger*) 〔이명〕 싸리풀. 〔유래〕 미상. 낭탕자(莨菪子).

사마귀풀(鄭, 1949) (닭의장풀과 *Aneilema keisak*) 〔이명〕 애기닭의밑씿개, 애기닭의밑씻개, 애기달개비. 〔유래〕 사마귀 풀이라는 뜻의 일명. 수죽채(水竹菜).

사방오리(李, 1966) (자작나무과 *Alnus firma*) 〔이명〕 사방오리나무. 〔유래〕 사방공사에 사용하는 오리나무.

사방오리나무(安, 1982) (자작나무과) 사방오리의 이명. → 사방오리.

사상자(鄭, 1937) (산형과 *Torilis japonica*) 〔이명〕 진들개미나리, 뱀도랏. 〔유래〕 사상자(蛇床子), 파자초(破子草).

ㅅ

사스래나무(鄭, 1937) (자작나무과 *Betula ermanii*) 물박달나무의 이명(Mori, 1922)으로도 사용. 〔이명〕 왕사스래, 왕사스래나무, 가새사스레나무, 고채목, 새수리나무, 큰사스래피나무, 가새잎사스레피나무, 쇠고채목, 긴고채목, 가새사스래. 〔유래〕 평북 방언. → 물박달나무.

사스레피나무(鄭, 1937) (차나무과 *Eurya japonica*) 〔이명〕 무치러기나무, 세푸랑나무, 가새목, 섬사스레피나무. 〔유래〕 제주 방언. 인목(獜木).

사슨딸기(鄭, 1942) (장미과) 멍석딸기의 이명. 〔유래〕 멍석딸기의 제주 방언. → 멍석딸기.

사슴국화(愚, 1996) (국화과) 개꽃의 중국 옌볜 방언. → 개꽃.

사슴딸기(永, 1996) (장미과) 멍석딸기의 이명. → 멍석딸기.

사시나무(鄭, 1937) (버드나무과 *Populus davidiana*) 〔이명〕 파드득나무, 백양, 사실황철, 발래나무, 사실버들, 왜사시나무, 산사시나무, 왕사시나무, 백양나무. 〔유래〕 경기 방언. 백양(白楊), 백양수피(白楊樹皮).

사실버들(鄭, 1942) (버드나무과) 사시나무의 강원 방언. → 사시나무.

사실황철(鄭, 1942) (버드나무과) 사시나무의 평북 방언. → 사시나무.

사약채(鄭, 1949) (산형과) 바디나물의 이명. 〔유래〕 바디나물의 방언. → 바디나물.

사양채(朴, 1949) (산형과) 전호의 이명. → 전호.

사옥(鄭, 1937) (장미과) 잔털벚나무의 이명. 〔유래〕 잔털벚나무의 제주 방언. → 잔털벚나무.

사위질빵(鄭, 1937) (미나리아재비과 *Clematis apiifolia*) 〔이명〕 질빵풀. 〔유래〕 강원 방언. 여위(女萎).

사자란(鄭, 1970) (일엽아재비과) 일엽아재비의 이명. 〔유래〕 사자 란이라는 뜻의 일명. → 일엽아재비.

사재발쑥(鄭, 1949) (국화과) 쑥의 이명. → 쑥.

사젠트벗나무(朴, 1949) (장미과) 산벗나무의 이명. 〔유래〕 *sargentii*라는 학명. → 산벗나무.

사지씀바귀(朴, 1974) (국화과) 냇씀바귀의 이명. 〔유래〕 모래땅〔沙地〕에 나는 씀바귀. → 냇씀바귀.

사창분취(李, 1969) (국화과 *Saussurea calcicola*) 〔이명〕 사창취, 큰비단분취. 〔유래〕 강원도 사창리에 나는 분취.

사창취(鄭, 1949) (국화과) 사창분취의 이명. → 사창분취.

사철검은재나무(安, 1982) (노린재나무과 *Symplocos kuroki*) 〔유래〕 상록성인 검은재나무.

사철고사리(朴, 1949) (꼬리고사리과 *Asplenium sarelii* v. *pekinense*) 〔유래〕 미상.

사철나무(鄭, 1937) (노박덩굴과 *Euonymus japonicus*) 〔이명〕 겨우사리나무, 무룬나무, 개동굴나무, 동청목, 넓은잎사철나무, 들축나무, 긴잎사철, 무른사철나무, 무른나무, 푸른나무. 〔유래〕 사철 늘푸른 나무. 동청(冬青), 두충(杜沖), 조경초(調經草), 대엽황양(大葉黃楊).

사철란(鄭, 1949) (난초과 *Goodyera schlechtendaliana*) 〔이명〕 알룩난초. 〔유래〕 상록성인 난초.

사철베고니아(李, 1969) (베고니아과 *Begonia semperflorens*) 〔유래〕 꽃이 사철 피는 베고니아라는 뜻의 학명 및 일명.

사철사초(李, 2003) (사초과 *Carex morrowii*) 〔유래〕 일본산 상록성인 사초.

사철쑥(鄭, 1937) (국화과 *Artemisia capillaris*) 더위지기의 이명(1942)으로도 사용. 〔이명〕 애땅쑥, 애탕쑥. 〔유래〕 미상. 일본인진고(日本茵蔯篙), 인진호(茵蔯蒿). → 더위지기.

사철쑥더부살이(安, 1982) (열당과) 초종용의 이명. 〔유래〕 사철쑥의 뿌리에 기생(더부살이). → 초종용.

사철앵초(愚, 1996) (앵초과) 푸리물라의 중국 옌벤 방언. → 푸리물라.

사철초피나무(愚, 1996) (운향과) 개산초나무의 북한 방언. 〔유래〕 상록성인 초피나무. → 개산초나무.

사초나리(永, 1996) (백합과) 큰솔나리의 북한 방언. → 큰솔나리.

사카린오랑캐(朴, 1949) (제비꽃과) 왜졸방제비꽃의 이명. 〔유래〕 사할린에 나는 오랑캐꽃(제비꽃)이라는 뜻의 학명. → 왜졸방제비꽃.

사칼린민들레(安, 1982) (국화과) 흰털민들레의 이명. 〔유래〕 사칼린(사할린)에 나는 민들레라는 뜻의 일명. → 흰털민들레.

사칼린사초(安, 1982) (사초과) 대택사초의 이명. 〔유래〕 사할린에 나는 대택사초라는 뜻의 일명. → 대택사초.

사탕단풍나무(安, 1982) (단풍나무과) 은단풍의 이명. 〔유래〕 설탕단풍과 유사하다는 뜻의 학명. → 은단풍.

사탕무(鄭, 1937) (명아주과 *Beta vulgaris* v. *saccharifera*) 〔이명〕 당무. 〔유래〕 설탕무라는 뜻의 일명.

사탕수수(愚, 1996) (벼과 *Saccharum officinarum*) 〔유래〕 사탕 수수라는 뜻의 일명.

사탕수수겨우사리(愚, 1996) (열당과) 담배대더부살이의 중국 옌볜 방언. → 댐배대더부살이.

사프란(李, 1969) (붓꽃과 *Crocus sativus*) 〔이명〕 크로카스, 크로커스, 사후란. 〔유래〕 Saffraan이라는 영명. 장홍화(藏紅花).

사프란아재비(安, 1982) (수선화과) 나도사프란과 흰꽃나도사프란(愚, 1996)의 이명. 〔유래〕 사프란과 유사하다는 뜻의 일명. → 나도사프란, 흰꽃나도사프란.

사할린새풀(永, 1996) (벼과 *Calamagrostis sachalinensis*) 〔유래〕 사할린에 나는 새풀이라는 뜻의 학명.

사할석남(愚, 1996) (철쭉과) 화태석남의 중국 옌볜 방언. → 화태석남.

사할진들피(愚, 1996) (벼과) 총전광이의 중국 옌볜 방언. → 총전광이.

사향씨름꽃(朴, 1949) (제비꽃과) 태백제비꽃의 이명. 〔유래〕 향기가 좋은(사향같이) 씨름꽃(제비꽃)이라는 뜻의 일명. → 태백제비꽃.

사향제비꽃(永, 1996) (제비꽃과 *Viola obtusa*) 〔유래〕 냄새(사향) 낚시제비꽃이라는 뜻의 일명.

사후란(愚, 1996) (붓꽃과) 사프란의 중국 옌볜 방언. → 사프란.

삭갓사초(朴, 1949) (사초과) 삿갓사초의 이명. → 삿갓사초.

산가락풀(愚, 1996) (미나리아재비과) 산꿩의다리의 북한 방언. 〔유래〕 산에 나는 가락풀(꿩의다리). → 산꿩의다리.

산가막살나무(鄭, 1937) (인동과 *Viburnum wrightii*) 〔이명〕 뫼가막살나무, 무점가막살나무. 〔유래〕 심산에 나는 가막살나무라는 뜻의 일명. 협미(莢迷).

산가새톱(安, 1982) (국화과) 산톱풀의 이명. → 산톱풀.

산가새풀(朴, 1949) (국화과) 산톱풀의 이명. 〔유래〕 산에 나는 가새풀(톱풀)이라는 뜻의 일명. → 산톱풀.

산가죽나무(鄭, 1942) (가래나무과) 굴피나무의 이명. 〔유래〕 굴피나무의 경남 방언. → 굴피나무.

산각시취(鄭, 1949) (국화과 *Saussurea umbrosa*) 〔이명〕 골분취, 긴산취. 〔유래〕 산골짜기에 나는 각시취라는 뜻의 일명.

산갈매나무(鄭, 1942) (갈매나무과 *Rhamnus diamantiaca*) 〔유래〕 산에 나는 갈매나무라는 뜻의 일명.

산갈퀴(朴, 1974) (꼭두선이과) 개선갈퀴, 산갈퀴덩굴(李, 1980)과 가는살갈퀴(콩과, 朴, 1974)의 이명. → 개선갈퀴, 산갈퀴덩굴, 가는살갈퀴.

산갈퀴덩굴(朴, 1974) (꼭두선이과 *Galium pogonanthum*) 두메갈퀴의 이명(朴, 1949)으로도 사용. 〔이명〕 산갈키덩굴, 산갈키, 산갈퀴, 살갈퀴덩굴. 〔유래〕 산에 나는 갈퀴덩굴. → 두메갈퀴.

산갈키(李, 1969) (꼭두선이과) 산갈퀴덩굴의 이명. → 산갈퀴덩굴.

산갈키덩굴(鄭, 1937) (꼭두선이과) 산갈퀴덩굴의 이명. → 산갈퀴덩굴.

산감나무(李, 1966) (감나무과) 감나무의 이명. 〔유래〕 감나무의 야생형. → 감나무.

산감수(朴, 1949) (대극과) 개감수의 이명. 〔유래〕 산지성의 감수라는 뜻의 학명. → 개감수.

산개갈퀴(李, 1969) (꼭두선이과 *Asperula platygalium*) 〔이명〕 두메갈퀴아재비, 개갈퀴. 〔유래〕 산에 나는 개갈퀴.

산개감수(李, 1969) (대극과) 개감수의 이명. 〔유래〕 산지생의 개감수라는 뜻의 학명. → 개감수.

산개고사리(鄭, 1937) (면마과 *Athyrium vidalii*) 산고사리의 이명(朴, 1961)으로도 사용. 〔이명〕 산골개고사리, 산골뱀고사리. 〔유래〕 산 개고사리라는 뜻의 일명. → 산고사리.

산개나리(鄭, 1937) (물푸레나무과 *Forsythia saxatilis*) 〔이명〕 북한산개나리. 〔유래〕 바위 곁에 자라는 개나리라는 뜻의 학명 및 일명. 연교(連翹).

산개미자리(朴, 1974) (석죽과) 너도개미자리의 이명. → 너도개미자리.

산개밀(朴, 1949) (벼과) 숲개밀의 이명. 〔유래〕 산 개밀이라는 뜻의 일명. → 숲개밀.

산개버찌나무(永, 1996) (장미과) 산개벚지나무의 이명. → 산개벚지나무.

산개벗나무(朴, 1949) (장미과) 산개벚지나무의 이명. 〔유래〕 산에 나는 벗나무라는 뜻의 일명. → 산개벚지나무.

산개벗지(愚, 1996) (장미과) 산개벚지나무의 중국 옌볜 방언. → 산개벚지나무.

산개벗지나무(鄭, 1937) (장미과 *Prunus maximowiczii*) 〔이명〕 산개벗나무, 산개벚지나무, 산개버찌나무, 산개벗지. 〔유래〕 심산에 나는 벗나무라는 뜻의 일명.

산개벚지나무(李, 1966) (장미과) 산개벚지나무의 이명. → 산개벚지나무.

산개별꽃(李, 1969) (석죽과 *Pseudostellaria monantha*) 〔이명〕 외토리미치광이풀, 홀개별꽃, 홀들별꽃. 〔유래〕 심산에 나는 개별꽃.

산개서나무(朴, 1949) (자작나무과) 산서어나무의 이명. → 산서어나무.

산개쑥(朴, 1949) (국화과 *Artemisia orthobotrys*) 〔유래〕 심산에 나는 쑥이라는 뜻의 일명.

산개쑥부장이(鄭, 1949) (국화과) 눈개쑥부쟁이의 이명. → 눈개쑥부쟁이.

산개지치(朴, 1949) (지치과) 뚝지치의 이명. 〔유래〕 언덕(산) 지치라는 뜻의 일명. → 뚝지치.

산갯보리(永, 1996) (벼과 *Elymus dahuricus* v. *villosulus*) 〔유래〕 미상. 잎과 잎집

ㅅ

에 털이 많고 마디에 밑을 향한 털이 있다.

산거울(鄭, 1949) (사초과 *Carex humilis* v. *nana*) 김의털의 이명(1949)으로도 사용. 〔이명〕 가는그늘사초, 가는잎그늘사초, 김의털, 좀그늘사초. 〔유래〕 미상. → 김의털.

산검양옻나무(鄭, 1937) (옻나무과) 산검양옻나무의 이명. → 산검양옻나무.

산검양옻나무(李, 1966) (옻나무과 *Rhus sylvestris*) 〔이명〕 산검양옷나무. 〔유래〕 산검양옻나무라는 뜻의 일명. 야칠수(野漆樹).

산겨릅나무(鄭, 1937) (단풍나무과 *Acer tegmentosum*) 청시닥나무(1937, 강원 방언)와 부게꽃나무(1942, 강원 방언)의 이명으로도 사용. 〔이명〕 산저릅, 참겨릅나무. 〔유래〕 평북 방언. 청해축(青楷槭). → 청시닥나무, 부게꽃나무.

산겨이삭(鄭, 1937) (벼과 *Agrostis clavata*) 〔이명〕 겨이삭, 묏겨이삭, 메겨이삭. 〔유래〕 산 겨이삭이라는 뜻의 일명.

산고들빼기(朴, 1974) (국화과) 산씀바귀의 이명. → 산씀바귀.

산고란초(朴, 1961) (고란초과) 층층고란초의 이명. 〔유래〕 심산에 나는 고란초라는 뜻의 일명. → 층층고란초.

산고로쇠(李, 1966) (단풍나무과) 산고로쇠나무의 이명. → 산고로쇠나무.

산고로쇠나무(鄭, 1942) (단풍나무과 *Acer mono* v. *horizontale*) 〔이명〕 산고리실나무, 산고로쇠. 〔유래〕 심산에 나는 고로쇠나무라는 뜻의 일명. 심산축수(深山槭樹).

산고리실나무(朴, 1949) (단풍나무과) 산고로쇠나무의 이명. → 산고로쇠나무.

산고사리(鄭, 1949) (면마과 *Athyrium alpestre*) 촘촘처녀고사리(朴, 1961)와 점고사리(고사리과, 朴, 1949)의 이명으로도 사용. 〔이명〕 산개고사리. 〔유래〕 아고산(亞高山)에 나는 고사리라는 뜻의 학명 및 깊은 산중에 나는 고사리라는 뜻의 일명. → 촘촘처녀고사리, 점고사리.

산고사리삼(鄭, 1949) (고사리삼과 *Botrychium robustum*) 큰고사리삼의 이명(朴, 1949)으로도 사용. 〔이명〕 큰산고사리삼, 메꽃고사리, 털꽃고사리. 〔유래〕 산 고사리삼이라는 뜻의 일명. → 큰고사리삼.

산고추나물(朴, 1974) (물레나물과) 다북고추나물의 이명. → 다북고추나물.

산고추냉이(朴, 1974) (십자화과) 왜갓냉이의 이명. → 왜갓냉이.

산골개고사리(朴, 1961) (면마과) 산개고사리의 이명. → 산개고사리.

산골무꽃(鄭, 1949) (꿀풀과 *Scutellaria pekinensis* v. *transitra*) 호골무꽃의 이명(1937)으로도 사용. 〔이명〕 그늘골무꽃, 광릉골무꽃, 각씨골무꽃. 〔유래〕 산 골무꽃이라는 뜻의 일명. → 호골무꽃.

산골뱀고사리(朴, 1975) (면마과) 산개고사리의 이명. → 산개고사리.

산골분취(朴, 1974) (국화과) 산골취의 이명. → 산골취.

산골취(鄭, 1949) (국화과 *Saussurea neo-serrata*) 〔이명〕 실버들분취, 산골분취, 무

수해. 〔유래〕 산골에 나는 취.

산광대(朴, 1974) (꿀풀과) 광대수염의 이명. → 광대수염.

산괭이눈(李, 1969) (범의귀과 *Chrysosplenium japonicum*) 〔이명〕 괭이눈. 〔유래〕 산 괭이눈이라는 뜻의 일명.

산괭이밥(朴, 1974) (괭이밥과) 애기괭이밥의 이명. 〔유래〕 작은 심산 괭이밥이라는 뜻의 일명. → 애기괭이밥.

산괭이사초(鄭, 1949) (사초과 *Carex leiorhyncha*) 〔이명〕 살괭이사초. 〔유래〕 산 괭이사초라는 뜻의 일명.

산괴불(李, 1980) (인동과) 각시괴불나무의 이명. → 각시괴불나무, 산괴불나무.

산괴불나무(鄭, 1937) (인동과) 각시괴불나무의 이명. 〔유래〕 산표단목(山瓢簞木). → 각시괴불나무.

산괴불이끼(朴, 1975) (처녀이끼과) 처녀이끼의 이명. → 처녀이끼.

산괴불주머니(鄭, 1949) (양귀비과 *Corydalis speciosa*) 〔이명〕 암괴불주머니, 조선괴불주머니, 염주괴불주머니, 산불꽃, 산뿔꽃. 〔유래〕 산에 나는 괴불주머니. 황근(黃槿).

산구슬봉이(安, 1982) (용담과) 흰그늘용담의 이명. 〔유래〕 심산에 나는 구슬붕이라는 뜻의 일명. → 흰그늘용담.

산구절초(鄭, 1937) (국화과 *Chrysanthemum zawadskii*) 구절초(朴, 1949)와 바위구절초(朴, 1974)의 이명으로도 사용. 〔이명〕 구절초, 한라구절초, 선모초. 〔유래〕 산구절초(山九折草), 구절초(九折草). → 구절초, 바위구절초.

산국(鄭, 1937) (국화과 *Chrysanthemum boreale*) 〔이명〕 감국, 개국화, 들국, 나는개국화. 〔유래〕 산국(山菊), 야국화(野菊花).

산국수나무(鄭, 1937) (장미과 *Physocarpus amurensis*) 〔이명〕 타래조팝나무, 산수국나무. 〔유래〕 미상.

산귀박쥐나물(朴, 1949) (국화과 *Cacalia auriculata* v. *matsumurana*) 〔이명〕 산박쥐나물, 박쥐나물. 〔유래〕 산 박쥐나물이라는 뜻의 일명.

산금매화(朴, 1974) (미나리아재비과) 애기금매화의 이명. → 애기금매화.

산기름나물(李, 1969) (산형과) 기름나물의 이명. → 기름나물.

산기름새(朴, 1949) (벼과) 산향모의 이명. 〔유래〕 심산에 나는 참기름새(향모)라는 뜻의 일명. → 산향모.

산기장(鄭, 1949) (벼과 *Phaenosperma globosa*) 〔이명〕 황새피, 산기장풀. 〔유래〕 많이 갈라지는 기장이라는 뜻의 일명.

산기장풀(永, 1966) (벼과) 산기장의 이명. → 산기장.

산김의털(朴, 1949) (벼과) 두메김의털의 이명. 〔유래〕 한국 고산에 나는 김의털이라는 뜻의 학명. → 두메김의털.

산김의털아재비(安, 1982) (벼과) 산묵새의 이명. → 산묵새.

산까치밥나무(愚, 1996) (범의귀과) 개앵도나무의 중국 옌볜 방언. → 개앵도나무.

산꼬들백이(朴, 1949) (국화과) 산씀바귀의 이명. → 산씀바귀.

산꼬랑사초(朴, 1949) (사초과) 산뚝사초의 이명. → 산뚝사초.

산꼬리사초(鄭, 1949) (사초과 *Carex shimidzensis*) 〔이명〕 산이삭사초, 성인봉사초, 섬방울사초. 〔유래〕 심산에 나는 꼬리사초라는 뜻의 일명.

산꼬리풀(鄭, 1949) (현삼과 *Veronica rotunda* v. *subintegra*) 긴산꼬리풀의 이명(朴, 1974)으로도 사용. 〔이명〕 꼬리풀, 북꼬리풀. 〔유래〕 산 꼬리풀이라는 뜻의 일명. → 긴산꼬리풀.

산꽃고사리(朴, 1961) (고사리삼과) 큰고사리삼의 이명. → 큰고사리삼.

산꽃고사리삼(李, 1969) (고사리삼과) 큰고사리삼의 이명. → 큰고사리삼.

ㅅ

산꽃다지(李, 1969) (십자화과 *Draba daurica* v. *meyeri*) 〔이명〕 들꽃다지. 〔유래〕 고산에 나는 꽃다지.

산꽃여뀌(朴, 1949) (여뀌과) 세뿔산여뀌의 이명. 〔유래〕 심산에 나는 산모밀(산여뀌)이라는 뜻의 일명. → 세뿔산여뀌.

산꽈리(鄭, 1949) (가지과 *Solanum japonense*) 알꽈리의 이명(安, 1982)으로도 사용. 〔이명〕 곰의꼬아리, 좁은잎배풍등, 곰의꽈리. 〔유래〕 야마(산)호로시(ヤマホロシ)라는 일명. → 알꽈리.

산꾸렘이풀(朴, 1949) (벼과) 두메포아풀의 이명. → 두메포아풀.

산꿩밥(朴, 1949) (골풀과) 산꿩의밥의 이명. → 산꿩의밥.

산꿩의다리(鄭, 1937) (미나리아재비과 *Thalictrum filamentosum* v. *tenerum*) 큰산꿩의다리(朴, 1949)와 묏꿩의다리(朴, 1974)의 이명으로도 사용. 〔이명〕 개삼지구엽초, 개산꿩의다리, 산가락풀. 〔유래〕 심산에 나는 꿩의다리라는 뜻의 일명. 마미련(馬尾連). → 큰산꿩의다리, 묏꿩의다리.

산꿩의밥(鄭, 1949) (골풀과 *Luzula multiflora*) 〔이명〕 산꿩밥, 산꿩의밥풀. 〔유래〕 산 꿩의밥이라는 뜻의 일명.

산꿩의밥풀(永, 1996) (골풀과) 산꿩의밥의 북한 방언. → 산꿩의밥.

산끈끈이난초(朴, 1949) (백합과) 여우꼬리풀의 이명. → 여우꼬리풀.

산나도히초미(鄭, 1949) (면마과 *Polystichum retroso-paleaceum*) 〔이명〕 비늘관중, 비늘개관중. 〔유래〕 산 나도히초미라는 뜻의 일명.

산나사난초(朴, 1949) (난초과) 구름병아리란의 이명. → 구름병아리란.

산난초(Mori, 1922) (붓꽃과) 각시붓꽃의 이명. 〔유래〕 산에 나는 난초. → 각시붓꽃.

산냉이(朴, 1949) (십자화과) 큰싸리냉이와 나도냉이(1974)의 이명. → 큰싸리냉이, 나도냉이.

산넓은잎단풍(愚, 1996) (단풍나무과) 산단풍나무의 북한 방언. → 산단풍나무.

산넓은잎단풍나무(永, 1996) (단풍나무과) 산단풍나무의 북한 방언. → 산단풍나무.

산노루참나물(朴, 1949) (산형과) 참나물의 이명. 〔유래〕 산 노루참나물이라는 뜻의 일명. → 참나물.

산닥나무(鄭, 1937) (팥꽃나무과 *Wikstroemia trichotoma*) 〔이명〕 강화산닥나무. 〔유래〕 산에 나는 닥나무. 제지식물(製紙植物).

산단풍(李, 1966) (단풍나무과) 산단풍나무의 이명. 〔유래〕 산단풍나무의 축소형. → 산단풍나무.

산단풍나무(鄭, 1942) (단풍나무과 *Acer pseudo-sieboldianum* v. *ishidoyanum*) 단풍나무의 이명(朴, 1949)으로도 사용. 〔이명〕 산단풍, 산넓은잎단풍나무, 산넓은잎단풍. 〔유래〕 심산성 단풍나무라는 뜻의 일명. → 단풍나무.

산달구지풀(朴, 1949) (콩과) 제주달구지풀의 이명. 〔유래〕 산(고산)에 나는 달구지풀이라는 뜻의 학명. → 제주달구지풀.

산달래(鄭, 1937) (백합과 *Allium macrostemon*) 〔이명〕 돌달래, 원산부추, 큰달래, 달래, 달룽게. 〔유래〕 산산(山蒜).

산닭개비(安, 1982) (닭의장풀과) 좀닭의장풀의 이명. → 좀닭의장풀.

산닭의난초(朴, 1949) (난초과) 섬사철란의 이명. → 섬사철란.

산담배풀(朴, 1949) (국화과) 두메담배풀과 개담배(1949)의 이명. → 두메담배풀, 개담배.

산당화(鄭, 1942) (장미과 *Chaenomeles speciosa*) 〔이명〕 가시덱이, 명자꽃, 당명자나무, 잔털명자나무, 자주해당. 〔유래〕 산당화(山棠花), 목과(木瓜).

산대(鄭, 1942) (벼과) 조릿대의 이명. 〔유래〕 조릿대의 전남 방언. → 조릿대.

산대추나무(鄭, 1942) (갈매나무과) 묏대추의 이명. 〔유래〕 묏대추의 평북 방언. → 묏대추.

산더부사리(朴, 1949) (현삼과) 개종용의 이명. → 개종용.

산더부살이(朴, 1974) (현삼과) 개종용의 이명. → 개종용.

산덩굴모밀(愚, 1996) (여뀌과) 닭의덩굴의 중국 옌볜 방언. → 닭의덩굴.

산덩굴역귀(朴, 1949) (여뀌과) 닭의덩굴의 이명. → 닭의덩굴.

산독새풀(朴, 1949) (벼과) 뚝새풀의 이명. 〔유래〕 산 독새풀(뚝새풀)이라는 뜻의 일명. → 뚝새풀.

산돌배(鄭, 1937) (장미과) 산돌배나무(경기 방언)와 콩배나무(朴, 1949)의 이명. → 산돌배나무, 콩배나무.

산돌배나무(鄭, 1942) (장미과 *Pyrus ussuriensis*) 〔이명〕 산돌배, 돌배. 〔유래〕 조선의 산리(山梨)라는 뜻의 일명. 산리(山梨).

산돌조(朴, 1949) (벼과) 산조아재비의 이명. 〔유래〕 심산(고산)에 나는 돌조라는 뜻의 학명 및 일명. → 산조아재비.

산동이나물(朴, 1949) (미나리아재비과) 동의나물의 이명. → 동의나물.

산동쥐똥나무(鄭, 1942) (물푸레나무과 *Ligustrum acutissimum*) 〔이명〕 산쥐똥나무. 〔유래〕 중국 산동성에 나는 쥐똥나무라는 뜻의 일명. 산동납수(山東蠟樹).

산두(朴, 1949) (벼과) 밭벼의 이명. → 밭벼.

산두근(愚, 1996) (콩과) 만년콩의 중국 옌벤 방언. → 만년콩.

산둑사초(鄭, 1949) (사초과) 산뚝사초의 이명. → 산뚝사초.

산둥굴레(鄭, 1949) (백합과 *Polygonatum odoratum* v. *thunbergii*) 〔이명〕 산퉁둥굴레. 〔유래〕 산 진황정이라는 뜻의 일명.

산들깨(鄭, 1937) (꿀풀과 *Mosla japonica*) 〔유래〕 산 차즈기라는 뜻의 일명. 산자소(山紫蘇).

산들지치(朴, 1974) (지치과) 뚝지치의 이명. → 뚝지치.

산들쭉(李, 1966) (철쭉과) 산들쭉나무의 이명. 〔유래〕 산들쭉나무의 축소형. → 산들쭉나무.

산들쭉나무(李, 1969) (철쭉과 *Vaccinium uliginosum* v. *alpinum*) 〔이명〕 뫼들쭉나무, 산들쭉, 멧들쭉나무, 애기들쭉나무, 들쭉나무. 〔유래〕 산(높은 산)에 나는 들쭉나무라는 뜻의 학명 및 일명.

산딸기(李, 1966) (장미과) 산딸기나무의 이명. 〔유래〕 산딸기나무의 축소형. → 산딸기나무.

산딸기나무(鄭, 1937) (장미과 *Rubus crataegifolius*) 〔이명〕 나무딸기, 흰딸, 함박딸, 참딸, 곰딸, 산딸기. 〔유래〕 산에 나는 딸기나무. 우질두(牛迭肚).

산딸나무(鄭, 1937) (층층나무과 *Cornus kousa*) 매자나무의 이명(1942, 경기 방언)으로도 사용. 〔이명〕 들매나무, 박달나무, 쇠박달나무, 미영꽃나무, 준딸나무, 소리딸나무, 애기산딸나무, 굳은산딸나무. 〔유래〕 제주 방언. 사조화(四照花), 야여지(野荔枝). → 매자나무.

산땃딸기(朴, 1949) (장미과) 흰땃딸기의 이명. → 흰땃딸기.

산떡속소리나무(愚, 1996) (참나무과) 깃옷신갈의 중국 옌벤 방언. → 깃옷신갈.

산떡쑥(鄭, 1949) (국화과 *Anaphalis margaritacea*) 〔이명〕 개괴쑥. 〔유래〕 산 떡쑥이라는 뜻의 일명.

산뚝사초(鄭, 1937) (사초과 *Carex forficula*) 금강산뚝사초의 이명(愚, 1996, 중국 옌벤 방언)으로도 사용. 〔이명〕 산둑사초, 산꼬랑사초, 갯뚝사초, 개두사초. 〔유래〕 다니(산골짜기)가와스게(タニガワスゲ)라는 일명. → 금강산뚝사초.

산련풀(愚, 1996) (매자나무과) 깽깽이풀의 북한 방언. → 깽깽이풀.

산룡담(愚, 1996) (용담과) 산용담의 중국 옌벤 방언. → 산용담.

산마가목(鄭, 1937) (장미과 *Sorbus sambucifolia* v. *pseudo-gracilis*) 〔이명〕 두메마가목. 〔유래〕 심산에 나는 마가목이라는 뜻의 일명.

산마눌(鄭, 1956) (백합과) 산마늘의 이명. → 산마늘.

산마늘(鄭, 1949) (백합과 *Allium victorialis* v. *platyphyllum*) 〔이명〕 맹이풀, 산마눌, 망부추, 멍이, 멩, 서수레. 〔유래〕 산에 나는(야생) 마늘. 산총(山葱), 각총(茖葱).

산망초(朴, 1949) (국화과) 구름국화의 이명. 〔유래〕 심산에 나는 망초라는 뜻의 일명. → 구름국화.

산매(李, 1969) (장미과) 산옥매의 이명. → 산옥매.

산매발톱(永, 1996) (미나리아재비과) 산매발톱꽃의 이명. → 산매발톱꽃.

산매발톱꽃(鄭, 1937) (미나리아재비과 *Aquilegia flabellata* v. *pumila*) 〔이명〕 하늘매발톱, 골매발톱꽃, 시베리아매발톱꽃, 산매발톱, 하늘매발톱꽃. 〔유래〕 심산에 나는 매발톱꽃이라는 뜻의 일명. 누두채(漏斗菜).

산매자나무(鄭, 1937) (철쭉과 *Vaccinium japonicum*) 팥배나무의 이명(1942, 강원방언)으로도 사용. 〔이명〕 물간두. 〔유래〕 제주 방언. → 팥배나무.

산머루(朴, 1949) (포도과) 머루의 이명. 〔유래〕 산 머루라는 뜻의 일명. → 머루.

산머위(愚, 1996) (국화과) 개머위의 북한 방언. → 개머위.

산멍덕딸기(朴, 1949) (장미과) 멍덕딸기의 이명. 〔유래〕 깊은 산중에 나는 딸기라는 뜻의 일명. → 멍덕딸기.

산메뚜기풀(安, 1982) (벼과) 산새풀의 이명. → 산새풀.

산메뛰기피(朴, 1949) (벼과) 산새풀의 이명. 〔유래〕 산(바위) 메뛰기피(실새풀)라는 뜻의 일명. → 산새풀.

산모밀(朴, 1949) (여뀌과) 산여뀌의 이명. 〔유래〕 산골짜기 모밀이라는 뜻의 일명. → 산여뀌.

산모싯대(朴, 1949) (초롱꽃과) 나리잔대의 이명. → 나리잔대.

산목란(永, 1996) (목련과) 함박꽃나무의 북한 방언. → 함박꽃나무.

산목련(愚, 1996) (목련과) 함박꽃나무의 이명. 〔유래〕 산에 나는 목련. → 함박꽃나무.

산무릇(朴, 1949) (백합과) 개감채와 나도개감채(1949)의 이명. → 개감채, 나도개감채.

산묵새(朴, 1949) (벼과 *Festuca japonica*) 〔이명〕 산김의털아재비. 〔유래〕 산 묵새라는 뜻의 일명.

산물봉선(鄭, 1937) (봉선화과 *Impatiens furcillata*) 〔이명〕 산물봉숭아. 〔유래〕 산 물봉선이라는 뜻의 일명.

산물봉숭아(安, 1982) (봉선화과) 산물봉선의 이명. → 산물봉선.

산물통이(鄭, 1949) (쐐기풀과 *Pilea japonica*) 〔이명〕 산비름, 산물퉁이. 〔유래〕 야마(산)미즈(ヤマミズ)라는 일명.

산물퉁이(愚, 1996) (쐐기풀과) 산물통이의 이명. → 산물통이.

ㅅ

산미나리(朴, 1949) (산형과 *Aegopodium podagraria*) 별사상자의 이명(1974)으로도 사용. 〔이명〕 왜방풍. 〔유래〕 미상. → 별사상자.

산미나리아재비(鄭, 1937) (미나리아재비과 *Ranunculus acris* v. *monticola*) 애기미나리아재비의 이명(朴, 1949)으로도 사용. 〔유래〕 심산에 나는 미나리아재비라는 뜻의 일명. → 애기미나리아재비.

산미역취(朴, 1974) (국화과 *Solidago virgaurea* v. *leiocarpa*) 〔이명〕 애기미역취, 두메미역취. 〔유래〕 심산에 나는 미역취라는 뜻의 일명.

산민들레(朴, 1949) (국화과 *Taraxacum ohwianum*) 〔이명〕 노랑민들레. 〔유래〕 산에 나는 민들레. 포공영(蒲公英).

산바눌사초(朴, 1949) (사초과) 산바늘사초의 이명. → 산바늘사초.

산바늘꽃(朴, 1949) (바늘꽃과) 넓은잎바늘꽃과 큰바늘꽃(1974)의 이명. → 넓은잎바늘꽃, 큰바늘꽃.

ㅅ

산바늘사초(李, 1969) (사초과 *Carex pauciflora*) 〔이명〕 산바눌사초. 〔유래〕 높은 산봉우리에 나는 바늘사초라는 뜻의 일명.

산바디(朴, 1974) (산형과) 반디미나리의 이명. → 반디미나리.

산바디미나리(朴, 1974) (산형과) 반디미나리의 이명. → 반디미나리.

산바위귀(朴, 1949) (범의귀과) 헐덕이약풀의 이명. → 헐덕이약풀.

산바위승애(朴, 1949) (여뀌과 *Aconogonum limosum*) 〔유래〕 미상.

산박새(朴, 1949) (백합과) 관모박새의 이명. 〔유래〕 심산에 나는 박새라는 뜻의 일명. → 관모박새.

산박쥐나물(鄭, 1937) (국화과) 산귀박쥐나물의 이명. 〔유래〕 산 박쥐나물이라는 뜻의 일명. → 산귀박쥐나물.

산박하(鄭, 1937) (꿀풀과 *Plectranthus inflexus*) 〔이명〕 깨잎나물, 깨잎오리방풀, 깻잎나물. 〔유래〕 산 박하라는 뜻의 일명에서 유래하나 박하냄새는 나지 않는다. 산박하(山薄荷).

산밤나무(鄭, 1942) (참나무과 *Castanea crenata* v. *kusakuri*) 〔이명〕 뫼밤나무, 멧밤나무. 〔유래〕 산률(山栗).

산방망이(鄭, 1949) (국화과) 솜방망이의 이명. 〔유래〕 산(언덕) 금불초라는 뜻의 일명. → 솜방망이.

산배나무(愚, 1996) (장미과) 돌배나무의 북한 방언. → 돌배나무.

산백리향(朴, 1949) (꿀풀과) 백리향의 이명. → 백리향.

산백산차(鄭, 1942) (철쭉과 *Ledum palustre* v. *latifolium*) 〔이명〕 천도백산차, 노봉백산차. 〔유래〕 천도백산차(千島白山茶)라는 뜻의 일명.

산뱀고사리(朴, 1961) (면마과 *Athyrium yokoscense* v. *fauriei*) 물뱀고사리의 이명(李, 1969)으로도 사용. 〔이명〕 제주새발고사리. 〔유래〕 산(바위) 뱀고사리라는 뜻의 일명. → 물뱀고사리.

산뱀딸기(愚, 1996) (장미과) 뱀딸기의 중국 옌볜 방언. → 뱀딸기.

산뱀배추(朴, 1949) (꿀풀과) 참배암차즈기의 이명. → 참배암차즈기.

산버들(鄭, 1942) (버드나무과) 키버들(경남 방언)과 유가래나무(1942, 강원 방언)의 이명. → 키버들, 유가래나무.

산범의꼬리(鄭, 1937) (여뀌과) 씨범꼬리의 이명. → 씨범꼬리.

산벗나무(鄭, 1942) (장미과 *Prunus sargentii*) 벗나무(朴, 1949)와 개벗나무(朴, 1949)의 이명으로도 사용. 〔이명〕 산벚나무, 사젠트벗나무, 왕산벚나무, 홍산벚나무, 큰산벗나무. 〔유래〕 미상. 대산앵(大山櫻)이라는 뜻의 일명. 야앵화(野櫻花). → 벗나무, 개벗나무.

산벚나무(李, 1966) (장미과) 산벗나무와 벗나무(安, 1982)의 이명. → 산벗나무, 벗나무.

산별꽃(朴, 1974) (석죽과) 큰별꽃의 이명. → 큰별꽃.

산보리수나무(愚, 1996) (보리수나무과) 보리수나무의 중국 옌볜 방언. → 보리수나무.

산복사(李, 1966) (장미과 *Prunus davidiana*) 〔이명〕 산복성, 산복숭아나무. 〔유래〕 산에 나는(야생) 복숭아나무. 도인(桃仁).

산복성(朴, 1949) (장미과) 산복사의 이명. → 산복사.

산복숭아나무(愚, 1996) (장미과) 산복사의 중국 옌볜 방언. → 산복사.

산부시깃고사리(朴, 1949) (고사리과) 부싯깃꼬리고사리의 이명. → 부싯깃꼬리고사리.

산부채(鄭, 1957) (천남성과 *Calla palustris*) 〔이명〕 진펄앉은부채. 〔유래〕 작은 앉은부채라는 뜻의 일명.

산부채풀(愚, 1996) (천남성과) 앉은부채의 북한 방언. → 앉은부채.

산부추(鄭, 1949) (백합과 *Allium thunbergii*) 참산부추의 이명(1937)으로도 사용. 〔이명〕 정구지, 맹산부추, 큰산부추, 참산부추. 〔유래〕 산 염부추라는 뜻의 일명. 산구(山韮). → 참산부추.

산부치(朴, 1949) (백합과) 참산부추의 이명. → 참산부추.

산분꽃나무(鄭, 1942) (인동과 *Viburnum burejaeticum*) 〔이명〕 산붓꽃나무, 순북꽃나무, 순분꽃나무. 〔유래〕 심산에 나는 분꽃나무.

산분쑥(朴, 1974) (국화과) 참쑥의 이명. → 참쑥.

산불꽃(永, 1996) (양귀비과) 산괴불주머니의 북한 방언. → 산괴불주머니.

산붉은인가목(朴, 1949) (장미과) 생열귀나무의 이명. → 생열귀나무.

산붓꽃나무(鄭, 1937) (인동과) 산분꽃나무의 이명. → 산분꽃나무.

산비녀골(朴, 1949) (골풀과) 눈비녀골풀의 이명. → 눈비녀골풀.

산비늘고사리(朴, 1961) (면마과 *Dryopteris polylepis*) 〔이명〕 곰비늘고사리. 〔유래〕 심산에 나는 비늘고사리라는 뜻의 일명.

산비늘사초(李, 1976) (사초과 *Carex heterolepis*) 〔이명〕 비눌사초, 산시내사초. 〔유래〕 야마(산)아제스게(ヤマアゼスゲ)라는 일명.

산비단쑥(朴, 1974) (국화과) 비단쑥의 이명. → 비단쑥.

산비로용담(愚, 1996) (용담과) 멧용담의 이명. 〔유래〕 산지에 나는 비로용담. → 멧용담.

산비름(朴, 1949) (쐐기풀과) 산물통이의 이명. → 산물통이.

산비장이(鄭, 1949) (국화과 *Serratula coronata*) 〔이명〕 큰산나물, 산비쟁이. 〔유래〕 미상.

산비쟁이(朴, 1974) (국화과) 산비장이의 이명. → 산비장이.

ㅅ

산뽕나무(鄭, 1937) (뽕나무과 *Morus bombysis*) 〔이명〕 뽕나무. 〔유래〕 산 뽕나무라는 뜻의 일명. 산상(山桑), 상백피(桑白皮).

산뿔꽃(愚, 1996) (양귀비과) 산괴불주머니의 북한 방언. 〔유래〕 산에 나는 뿔꽃(괴불주머니). → 산괴불주머니.

산사(朴, 1949) (장미과) 산사나무의 이명. 〔유래〕 산사나무의 축소형. → 산사나무.

산사나무(鄭, 1937) (장미과 *Crataegus pinnatifida*) 〔이명〕 아가위나무, 아그배나무, 찔구배나무, 질배나무, 동배나무, 애광나무, 산사, 찔광나무. 〔유래〕 산사(山査), 산사(山楂), 산사목(山査木).

산사시나무(鄭, 1949) (버드나무과) 사시나무의 이명. → 사시나무.

산사초(鄭, 1949) (사초과 *Carex cruta*) 〔이명〕 회색사초. 〔유래〕 산(白山) 사초라는 뜻의 일명.

산산사나무(朴, 1949) (장미과) 아광나무의 이명. → 아광나무.

산살구나무(愚, 1996) (장미과) 개살구나무의 북한 방언. → 개살구나무.

산삼(鄭, 1937) (두릅나무과) 인삼의 이명. 〔유래〕 산삼(山蔘). → 인삼.

산새박(朴, 1949) (박주가리과) 산해박의 이명. → 산해박.

산새밥(李, 1976) (골풀과 *Luzula pallescens*) 구름꿩의밥의 이명(朴, 1949)으로도 사용. 〔이명〕 메추리밥. 〔유래〕 이 식물의 종자는 고산에서 산새의 밥(먹이)이 된다. → 구름꿩의밥.

산새콩(朴, 1949) (콩과 *Lathyrus vaniotii*) 〔이명〕 좀활량나물, 선갯완두, 산완두. 〔유래〕 조선 산 완두라는 뜻의 일명.

산새풀(鄭, 1949) (벼과 *Calamagrostis langsdorffii*) 〔이명〕 산메뛰기피, 큰산새풀, 산메뚜기풀, 가지산새풀. 〔유래〕 산에 나는 새풀(실새풀).

산서나무(李, 2003) (자작나무과) 산서어나무의 이명. → 산서어나무.

산서숙(安, 1982) (벼과) 산조풀의 이명. → 산조풀.

산서어나무(鄭, 1942) (자작나무과 *Carpinus turczaninowii*) 〔이명〕 산개서나무, 왕소사나무, 큰잎소사나무, 산서나무. 〔유래〕 산 서어나무라는 뜻의 일명.

산석송(鄭, 1937) (석송과 *Lycopodium alpinum*) 〔이명〕 묏석송, 메석송, 뫼석송. 〔유래〕 심산에 나는 석송이라는 뜻의 일명.

산선모초(安, 1982) (국화과) 구절초의 이명. 〔유래〕 산에 나는 선모초(구절초). → 구절초.

산소영도리나무(鄭, 1942) (인동과 *Weigela praecox* v. *pilosa*) 〔이명〕 털병꽃나무, 두메소영도리나무. 〔유래〕 심산에 나는 소영도리나무라는 뜻의 일명.

산속단(鄭, 1937) (꿀풀과 *Phlomis koraiensis*) 〔이명〕 묏속단, 멧속단, 두메속단. 〔유래〕 심산에 나는 속단이라는 뜻의 일명. 조소(糙蘇).

산손잎풀(愚, 1996) (쥐손이풀과) 산쥐손이의 북한 방언. 〔유래〕 산에 나는 손잎풀(쥐손이풀). → 산쥐손이.

산솔자리풀(愚, 1996) (석죽과) 나도개미자리의 북한 방언. → 나도개미자리.

산솜다리(鄭, 1949) (국화과 *Leontopodium leiolepis*) 〔이명〕 참솜다리. 〔유래〕 심산에 나는 솜다리.

산솜방망이(李, 1969) (국화과 *Senecio flammeus*) 〔이명〕 두메쑥방망이, 산솜방맹이, 두메솜방망이. 〔유래〕 산봉우리에 나는 쑥방망이라는 뜻의 일명. 홍륜천리광(紅輪千里光).

산솜방맹이(朴, 1949) (국화과) 산솜방망이의 이명. → 산솜방망이.

산수국(鄭, 1937) (범의귀과 *Hydrangea macrophylla* v. *acuminata*) 〔이명〕 털수국, 털산수국. 〔유래〕 산수국(山水菊), 토상산(土常山).

산수국나무(愚, 1996) (장미과) 산국수나무의 오타(誤打). → 산국수나무.

산수리취(朴, 1949) (국화과) 그늘취와 큰수리취(愚, 1996, 북한 방언)의 이명. → 그늘취, 큰수리취.

산수유(鄭, 1942) (층층나무과) 산수유나무의 이명. 〔유래〕 산수유나무의 축소형. → 산수유나무.

산수유나무(鄭, 1937) (층층나무과 *Cornus officinalis*) 〔이명〕 산시유나무, 산수유. 〔유래〕 산수유(山茱萸), 석조(石棗).

산수유자나무(永, 1996) (산유자나무과) 산유자나무의 북한 방언. → 산유자나무.

산승마(愚, 1996) (미나리아재비과) 왜승마의 중국 옌볜 방언. → 왜승마.

산시내사초(愚, 1996) (사초과) 산비늘사초의 중국 옌볜 방언. → 산비늘사초.

산시유나무(朴, 1949) (층층나무과) 산수유나무의 이명. → 산수유나무.

산쐐기풀(이 · 백, 1990) (쐐기풀과 *Laportea macrostachya*) 〔이명〕 산혹쐐기풀. 〔유래〕 심산에 나는 쐐기풀이라는 뜻의 일명.

산쑥(鄭, 1949) (국화과 *Artemisia montana*) 더위지기(1942)와 큰비쑥(朴, 1974)의

이명으로도 사용. 〔이명〕 뜸쑥, 왕쑥. 〔유래〕 산 쑥이라는 뜻의 일명. 애엽(艾葉). → 더위지기, 큰비쑥.

산쑥방맹이(朴, 1949) (국화과) 금방망이의 이명. → 금방망이.

산쑥부장이(愚, 1996) (국화과) 산쑥부쟁이의 중국 옌볜 방언. → 산쑥부쟁이.

산쑥부쟁이(朴, 1949) (국화과 *Kalimeris lautureana*) 까실쑥부쟁이의 이명(1949)으로도 사용. 〔이명〕 산쑥부장이. 〔유래〕 산 쑥부쟁이라는 뜻의 일명. → 까실쑥부쟁이.

산쓴풀(朴, 1949) (용담과) 큰잎쓴풀의 이명. → 큰잎쓴풀.

산씀바귀(鄭, 1937) (국화과 *Lactuca raddeana*) 두메고들빼기의 이명(朴, 1949)으로도 사용. 〔이명〕 산꼬들백이, 산고들빼기, 산왕고들빼기. 〔유래〕 산 씀바귀라는 뜻의 일명. 수자원(水紫苑). → 두메고들빼기.

ㅅ

산아귀꽃나무(愚, 1996) (인동과) 각시괴불나무의 북한 방언. 〔유래〕 심산에 나는 아귀꽃나무(괴불나무). → 각시괴불나무.

산아주까리나무(李, 1996) (때죽나무과) 쪽동백의 이명. → 쪽동백.

산아즈까리나무(鄭, 1942) (때죽나무과) 쪽동백의 이명. 〔유래〕 쪽동백의 황해 방언. → 쪽동백.

산알룩난초(朴, 1949) (난초과) 애기사철란의 이명. → 애기사철란.

산앵도(鄭, 1937) (장미과) 이스라지나무의 이명. 〔유래〕 산앵도나무의 축소형. → 이스라지나무.

산앵도나무(鄭, 1942) (철쭉과 *Vaccinium hirtum* v. *koreanum*) 이스라지나무의 이명(장미과, 1942, 경기 방언)으로도 사용. 〔이명〕 괭나무, 물앵도나무, 물앵두나무. 〔유래〕 전남 방언. 산앵도(山櫻桃). → 이스라지나무.

산앵두나무(朴, 1949) (장미과) 산이스라지나무와 이스라지나무(愚, 1996, 중국 옌볜 방언)의 이명. → 산이스라지나무, 이스라지나무.

산약(朴, 1949) (마과) 단풍마의 이명. 〔유래〕 산약(山藥). → 단풍마.

산양귀비(朴, 1949) (양귀비과) 두메양귀비의 이명. 〔유래〕 심산에 나는 개양귀비라는 뜻의 일명. → 두메양귀비.

산양사초(朴, 1949) (사초과) 양뿔사초의 이명. → 양뿔사초.

산양지사초(朴, 1949) (사초과 *Carex ulobasis*) 〔유래〕 미상.

산얼룩난초(安, 1982) (난초과) 애기사철란의 이명. → 애기사철란.

산여뀌(鄭, 1949) (여뀌과 *Persicaria nepalensis*) 〔이명〕 산모밀, 애기개뫼밀, 관모역귀, 골여뀌. 〔유래〕 다니(산골짜기)소바(タニソバ)라는 일명.

산오리(李, 1969) (자작나무과) 물오리나무의 이명. → 물오리나무, 산오리나무.

산오리나무(鄭, 1942) (자작나무과) 물오리나무의 이명. 〔유래〕 산 오리나무라는 뜻의 일명. → 물오리나무.

산오이풀(鄭, 1937) (장미과 *Sanguisorba hakusanensis* v. *coreana*) 〔유래〕 산(白山)에 나는 오이풀이라는 뜻의 학명. 지유(地楡).

산옥매(李, 1980) (장미과 *Prunus glandulosa*) 〔이명〕 옥매, 옥매화, 산매. 〔유래〕 미상. 산매자(山梅子).

산옥잠화(鄭, 1937) (백합과 *Hosta longisima*) 〔이명〕 금산비비추, 봉화비비추, 물비비추. 〔유래〕 산에 나는(야생) 옥잠화.

산완두(朴, 1949) (콩과) 애기완두와 산새콩(愚, 1996, 중국 옌볜 방언)의 이명. → 애기완두, 산새콩.

산왕고들빼기(愚, 1996) (국화과) 산씀바귀의 중국 옌볜 방언. → 산씀바귀.

산외(鄭, 1949) (박과 *Schizopepon bryoniaefolius*) 〔이명〕 노랑하늘타리. 〔유래〕 심산에 나는 외라는 뜻의 일명.

산용담(鄭, 1949) (용담과 *Gentiana algida*) 〔이명〕 당약용담, 산룡담. 〔유래〕 심산에 나는 용담.

ㅅ

산우드풀(鄭, 1949) (면마과 *Woodsia subcordata*) 〔이명〕 큰면모고사리, 좀면모고사리, 각시우드풀, 각씨면모고사리. 〔유래〕 심산에 나는 우드풀이라는 뜻의 일명.

산우산대잔디(朴, 1949) (벼과) 좀새풀의 이명. → 좀새풀.

산유자나무(鄭, 1937) (산유자나무과 *Xylosma congestum*) 유자나무의 이명(1937)으로도 사용. 〔이명〕 산수유자나무. 〔유래〕 제주 방언. 산유자(山柚子), 작목피(柞木皮). → 유자나무.

산이삭사초(李, 1969) (사초과 *Carex lyngbyei*) 산꼬리사초의 이명(朴, 1949)으로도 사용. 〔이명〕 린기베사초, 서수라사초. 〔유래〕 미상. → 산꼬리사초.

산이스라지(李, 1966) (장미과) 산이스라지나무의 이명. 〔유래〕 산이스라지나무의 축소형. → 산이스라지나무.

산이스라지나무(鄭, 1937) (장미과 *Prunus ishidoyana*) 〔이명〕 산앵두나무, 산이스라지. 〔유래〕 심산에 나는 이스라지나무라는 뜻의 일명. 욱리인(郁李仁).

산이질풀(朴, 1974) (쥐손이풀과) 둥근이질풀의 이명. → 둥근이질풀.

산익모초(愚, 1996) (꿀풀과) 송장풀의 북한 방언. → 송장풀.

산일엽초(鄭, 1937) (고란초과 *Lepisorus ussuriensis*) 〔유래〕 심산에 나는 일엽초라는 뜻의 일명. 오소리와위(烏蘇里瓦韋).

산자고(鄭, 1937) (백합과 *Tulipa edulis*) 흰꽃나도사프란의 이명(尹, 1989)으로도 사용. 〔이명〕 물구, 물굿, 까치무릇. 〔유래〕 산자고(山慈姑), 광자고(光慈姑). → 흰꽃나도사프란.

산작약(鄭, 1937) (작약과 *Paeonia obovata*) 백작약의 이명(鄭, 1949)으로도 사용. 〔이명〕 민산작약, 적작약, 산함박꽃. 〔유래〕 붉은 꽃의 산 작약이라는 뜻의 일명. 산작약(山芍藥). → 백작약.

산잠자리피(鄭, 1949) (벼과 *Trisetum spicatum*) 〔이명〕 이삭잠자리피, 두메잠자리피. 〔유래〕 고산에 나는 잠자리피.

산장대(鄭, 1937) (십자화과 *Arabis gemmifera*) 〔이명〕 큰산장대. 〔유래〕 소백산(小白山) 장대나물이라는 뜻의 일명.

산재귀리(愚, 1996) (벼과) 빕새귀리의 중국 옌볜 방언. → 빕새귀리.

산저릅(鄭, 1942) (단풍나무과) 산겨릅나무의 이명. 〔유래〕 산겨릅나무의 강원 방언. → 산겨릅나무.

산점나도나물(朴, 1974) (석죽과) 각시통점나도나물의 이명. → 각시통점나도나물.

산젓가락나물(朴, 1949) (미나리아재비과) 바위미나리아재비의 이명. 〔유래〕 심산에 나는 미나리아재비라는 뜻의 일명. → 바위미나리아재비.

산제비고깔(朴, 1949) (미나리아재비과) 큰제비고깔(1949)과 흰제비고깔(安, 1982)의 이명. 〔유래〕 심산에 나는 제비고깔. → 큰제비고깔, 흰제비고깔.

산제비꽃(愚, 1996) (제비꽃과) 뫼제비꽃의 북한 방언. → 뫼제비꽃.

산제비난(李, 1969) (난초과) 산제비란의 이명. → 산제비란.

산제비난초(朴, 1949) (난초과) 산제비란의 이명. → 산제비란.

산제비란(鄭, 1949) (난초과 *Platanthera mandarinorum* v. *brachycentron*) 〔이명〕 산제비난초, 짧은산제비난, 산제비난. 〔유래〕 산 해오라비난초라는 뜻의 일명.

산조아재비(鄭, 1949) (벼과 *Phleum alpinum*) 큰조아재비의 이명(愚, 1996, 북한 방언)으로도 사용. 〔이명〕 산돌조, 두메산조아재비. 〔유래〕 심산(고산)에 나는 조아재비(산조아재비)라는 뜻의 학명 및 일명. → 큰조아재비.

산조팝나무(鄭, 1937) (장미과 *Spiraea blumei*) 〔이명〕 긴잎산조팝나무, 찰조팝나무, 개조팝나무, 넓은잎산조팝나무. 〔유래〕 야마(산)시모쓰케(ヤマシモツケ)라는 일명. 마엽투구(麻葉綉球).

산조풀(鄭, 1949) (벼과 *Calamagrostis epigeios*) 〔이명〕 돌서숙, 산서숙, 돌조풀. 〔유래〕 산(야생) 조라는 뜻의 일명.

산족제비고사리(朴, 1961) (면마과 *Dryopteris varia* v. *setosa*) 〔이명〕 큰검정털고사리, 족제비고사리. 〔유래〕 미상.

산좁쌀풀(鄭, 1949) (현삼과) 애기좁쌀풀의 이명. → 애기좁쌀풀.

산종덩굴(鄭, 1942) (미나리아재비과 *Clematis nobilis*) 〔유래〕 심산에 나는 종덩굴.

산죽(鄭, 1937) (벼과) 제주조릿대, 조릿대(1942)와 이대(1942, 전남 방언)의 이명. → 제주조릿대, 조릿대, 이대.

산쥐똥나무(愚, 1996) (물푸레나무과) 산동쥐똥나무의 중국 옌볜 방언. → 산동쥐똥나무.

산쥐손이(鄭, 1937) (쥐손이풀과 *Geranium dahuricum*) 〔이명〕 산손잎풀, 다후리아쥐손이. 〔유래〕 고산 정상 부근에 나는 쥐손이.

산지보(朴, 1949) (백합과) 일월비비추의 이명. → 일월비비추.

산지치(鄭, 1949) (지치과 *Eritrichium sichotense*) 〔이명〕 돌지치. 〔유래〕 심산에 나는 지치라는 뜻의 일명.

산진달내(鄭, 1937) (철쭉과) 산진달래나무의 이명. → 산진달래나무.

산진달래(李, 1966) (철쭉과) 산진달래나무의 이명. 〔유래〕 산진달래나무의 축소형. → 산진달래나무.

산진달래나무(鄭, 1942) (철쭉과 *Rhododendron dauricum*) 〔이명〕 산진달내, 산진달래. 〔유래〕 야두견화(野杜鵑花).

산진들피(朴, 1949) (벼과) 두메미꾸리꽝이의 이명. 〔유래〕 심산에 나는 진들피. → 두메미꾸리꽝이.

산집신나물(朴, 1949) (장미과) 산짚신나물과 짚신나물(朴, 1949)의 이명. → 산짚신나물, 짚신나물.

산짚신나물(鄭, 1949) (장미과 *Agrimonia coreana*) 〔이명〕 큰짚신나물, 큰집신나물, 산집신나물. 〔유래〕 산에 나는 짚신나물이라는 뜻이나 짚신나물과 같이 섞여 난다.

산쪽(朴, 1949) (대극과) 산쪽풀의 이명. → 산쪽풀.

산쪽풀(鄭, 1949) (대극과 *Mercurialis leiocarpa*) 〔이명〕 싼쪽. 〔유래〕 산(야생) 쪽이라는 뜻의 일명.

산참대(鄭, 1942) (단풍나무과) 나도박달의 이명. 〔유래〕 나도박달의 황해 방언. → 나도박달.

산참대극(安, 1982) (대극과) 개감수의 이명. 〔유래〕 산지성의 참대극(개감수)이라는 뜻의 학명. → 개감수.

산천궁(愚, 1996) (산형과) 두메천궁의 중국 옌볜 방언. → 두메천궁.

산철쭉(鄭, 1937) (철쭉과 *Rhododendron yedoense* v. *poukhanense*) 〔이명〕 개꽃나무, 물철쭉. 〔유래〕 조선 산 철쭉이라는 뜻의 일명.

산초나무(鄭, 1942) (운향과 *Zanthoxylum schinifolium*) 초피나무의 이명(1937)으로도 사용. 〔이명〕 분지나무, 산추나무, 상초나무, 상초. 〔유래〕 산초(山椒), 야초(野椒). → 초피나무.

산초풀(愚, 1996) (쇄기풀과) 펠리온나무의 중국 옌볜 방언. → 펠리온나무.

산촛대승마(朴, 1949) (미나리아재비과) 촛대승마의 이명. → 촛대승마.

산추나무(朴, 1949) (운향과) 산초나무의 이명. → 산초나무.

산추자나무(鄭, 1942) (가래나무과) 가래나무의 이명. 〔유래〕 가래나무의 강원 방언. → 가래나무.

산층층꽃(朴, 1974) (꿀풀과) 산층층이의 이명. → 산층층이.

산층층이(鄭, 1949) (꿀풀과 *Clinopodium chinense* v. *shibetchense*) 〔이명〕 개층꽃, 민층층, 산층층꽃. 〔유래〕 산 층층이꽃이라는 뜻의 일명.

산타래사초(朴, 1949) (사초과 *Carex bipartita*) 〔유래〕 높은 산봉우리에 나는 타래사초라는 뜻의 일명.

산탑꽃(朴, 1974) (꿀풀과) 탑꽃의 이명. → 탑꽃.

산탑풀(愚, 1996) (꿀풀과) 탑꽃의 중국 옌볜 방언. → 탑꽃.

산털이슬(朴, 1974) (바늘꽃과) 말털이슬의 이명. → 말털이슬.

산토끼고사리(朴, 1949) (면마과 *Gymnocarpium jessoensis*) 〔유래〕 만주 토끼고사리라는 뜻의 일명.

산토끼꽃(鄭, 1937) (산토끼꽃과 *Dipsacus japonicus*) 〔이명〕 산토끼풀. 〔유래〕 미상.

산토끼풀(愚, 1996) (산토끼꽃과) 산토끼꽃의 북한 방언. → 산토끼꽃.

산톱풀(鄭, 1949) (국화과 *Achillea alpina* v. *discoidea*) 〔이명〕 산가새풀, 자주톱풀, 자루가새풀, 산가새톱. 〔유래〕 산 톱풀이라는 뜻의 일명.

산퉁둥굴레(李, 1976) (백합과) 산둥굴레의 이명. → 산둥굴레.

산파(鄭, 1949) (백합과 *Allium maximowiczii*) 〔이명〕 묏파. 〔유래〕 산에 나는(야생) 파.

산패랭이꽃(朴, 1949) (석죽과) 구름패랭이꽃의 이명. 〔유래〕 높은 산봉우리에 나는 패랭이꽃이라는 뜻의 일명. → 구름패랭이꽃.

산팽나무(鄭, 1942) (느릅나무과 *Celtis koraiensis* v. *aurantiaca*) 〔유래〕 산팽목(山彭木), 박수피(朴樹皮).

산포도(鄭, 1942) (포도과) 머루와 새머루(1942)의 이명. → 머루, 새머루.

산포아풀(李, 1969) (벼과) 두메포아풀의 이명. → 두메포아풀.

산풀고사리(朴, 1961) (면마과) 푸른개고사리의 이명. → 푸른개고사리.

산피막이풀(鄭, 1970) (산형과 *Hydrocotyle ramiflora*) 두메피막이풀의 이명(朴, 1974)으로도 사용. 〔이명〕 큰피막이, 큰산피막이풀, 선피막이. 〔유래〕 산 피막이풀이라는 뜻의 일명. → 두메피막이풀.

산할미꽃(鄭, 1937) (미나리아재비과 *Pulsatilla nivalis*) 분홍할미꽃의 이명(朴, 1949)으로도 사용. 〔이명〕 묏할미꽃, 애기할미꽃. 〔유래〕 심산에 나는 할미꽃이라는 뜻의 일명. → 분홍할미꽃.

산함박꽃(愚, 1996) (작약과) 산작약의 북한 방언. → 산작약.

산해박(鄭, 1937) (박주가리과 *Cynanchum paniculatum*) 〔이명〕 산새박, 신해박. 〔유래〕 미상. 죽엽세신(竹葉細辛), 백미(白薇), 서장경(徐長卿).

산해주머니(李, 1969) (양귀비과) 괴불주머니의 이명. → 괴불주머니.

산향모(鄭, 1949) (벼과 *Hierochloe alpina*) 〔이명〕 산기름새. 〔유래〕 고산에 나는 향모라는 뜻의 학명 및 심산에 나는 향모라는 뜻의 일명.

산현호색(朴, 1949) (양귀비과) 왜현호색의 이명. 〔유래〕 산 현호색이라는 뜻의 일명.

→ 왜현호색.

산형쇠방동사니(오 · 이, ?) (사초과 *Cyperus orthostachyus* v. *umbellat*) 〔유래〕 화수가 산형인 쇠방동사니라는 뜻의 학명.

산호란(永, 1996) (난초과) 나도애기무엽란의 이명. 〔유래〕 줄기가 산호처럼 갈라진다. → 나도애기무엽란.

산호수(鄭, 1942) (자금우과 *Ardisia pusilla*) 〔이명〕 털자금우. 〔유래〕 산호수(珊瑚樹), 모청강(毛青杠).

산혹쐐기풀(愚, 1996) (쐐기풀과) 산쐐기풀의 중국 옌볜 방언. → 산쐐기풀.

산홍괴불(李, 1980) (인동과) 두메홍괴불나무의 이명. 〔유래〕 산홍괴불나무의 축소형. → 두메홍괴불나무, 산홍괴불나무.

산홍괴불나무(李, 1969) (인동과) 두메홍괴불나무의 이명. 〔유래〕 심산에 나는 홍괴불나무라는 뜻의 일명. → 두메홍괴불나무.

산황나무(鄭, 1942) (갈매나무과 *Rhamnus crenata*) 〔유래〕 산황(山黃).

산황새냉이(愚, 1996) (십자화과) 큰싸리냉이의 중국 옌볜 방언. → 큰싸리냉이.

산회향(朴, 1949) (산형과) 개회향의 이명. 〔유래〕 심산에 나는 회향이라는 뜻의 일명. → 개회향.

산흑두(愚, 1996) (콩과) 비진도콩의 중국 옌볜 방언. → 비진도콩.

산흰쑥(李, 1980) (국화과 *Artemisia sieversiana*) 흰쑥의 이명(鄭, 1937)으로도 사용. 〔이명〕 힌쑥, 흰쑥, 흰개쑥. 〔유래〕 가라후토(흰 쑥)시로요모기(カラフトシロヨモギ)이라는 뜻의 일명. → 흰쑥.

산흰참꽃나무(朴, 1949) (철쭉과) 흰참꽃나무의 이명. → 흰참꽃나무.

살갈퀴(李, 1969) (콩과) 가는살갈퀴의 이명. → 가는살갈퀴.

살갈퀴덩굴(永, 1996) (꼭두선이과) 산갈퀴덩굴의 이명. → 산갈퀴덩굴.

살구(李, 1966) (장미과) 살구나무의 이명. 〔유래〕 살구나무의 축소형. → 살구나무.

살구나무(鄭, 1937) (장미과 *Prunus armeniaca* v. *ansu*) 〔이명〕 살구, 회령백살구나무, 개살구나무. 〔유래〕 살구라는 뜻의 학명(일명을 학명에 사용). 행(杏), 행수(杏樹), 행인(杏仁).

살구잔대(安, 1982) (초롱꽃과) 당잔대의 이명. → 당잔대.

살눈포아풀(李, 2003) (벼과) 이삭포아풀의 이명. 〔유래〕 살눈으로 증식하는 포아풀. → 이삭포아풀.

살릭스글라우카(愚, 1996) (버드나무과) 왕버들의 중국 옌볜 방언. → 왕버들.

살마묵세(朴, 1949) (물푸레나무과) 박달목서의 이명. → 박달목서.

살말굴레풀(永, 1996) (콩과) 가는살갈퀴의 북한 방언. → 가는살갈퀴

살매나무(愚, 1996) (갈매나무과) 묏대추의 북한 방언. → 묏대추.

살배나무(이덕봉, 1959) (갈매나무과) 망개나무의 이명. 〔유래〕 망개나무의 경북 주왕

산 지역 방언. → 망개나무.

살비아(李, 1969) (꿀풀과) 살비야의 이명. → 살비야.

살비야(朴, 1949) (꿀풀과 *Salvia officinalis*) 〔이명〕 살비아, 삼색약사르비아, 샐비어, 약불꽃, 약용살비아. 〔유래〕 살비아(*Salvia*)라는 속명.

살쾡이사초(朴, 1949) (사초과) 산괭이사초의 이명. → 산괭이사초.

삼(鄭, 1937) (뽕나무과 *Cannabis sativa*) 〔이명〕 대마초, 대마, 역삼. 〔유래〕 마(麻), 대마(大麻), 화마인(火麻仁).

삼각흑양(朴, 1949) (버드나무과) 양버들의 이명. → 양버들.

삼나무(鄭, 1949) (낙우송과 *Cryptomeria japonica*) 넓은잎삼나무의 이명(愚, 1996, 중국 옌볜 방언)으로도 사용. 〔이명〕 숙대나무. 〔유래〕 삼(杉), 유삼(柳杉). → 넓은잎삼나무.

삼나물(朴, 1949) (장미과) 눈개승마의 이명. → 눈개승마.

삼도일엽(安, 1982) (꼬리고사리과) 파초일엽의 이명. → 파초일엽.

삼도하수오(오 · 김, 1996) (여뀌과 *Fallopia koreana*) 〔유래〕 충북, 전북, 경북의 3도 경계에 있는 민주지산 삼도봉에 나는 하수오. 하수오에 비해 줄기가 왼쪽으로 감긴다.

삼방홋잎나무(朴, 1949) (노박덩굴과) 삼방회잎나무의 이명. → 삼방회잎나무.

삼방화살나무(安, 1982) (노박덩굴과) 삼방회잎나무의 이명. → 삼방회잎나무.

삼방회잎나무(鄭, 1942) (노박덩굴과 *Euonymus alatus* v. *uncinatus*) 〔이명〕 삼방홋잎나무, 삼방화살나무. 〔유래〕 함남 삼방에 나는 회잎나무.

삼백초(朴, 1949) (삼백초과 *Saururus chinensis*) 약모밀의 이명(鄭, 1949)으로도 사용. 〔유래〕 삼백초(三白草). → 약모밀.

삼비물(朴, 1949) (국화과) 사데풀의 이명. → 사데풀.

삼색병꽃(李, 1980) (인동과 *Weigela florida* f. *subtricola*) 〔이명〕 삼색병꽃나무. 〔유래〕 꽃이 다소 3색인 병꽃나무라는 뜻의 학명.

삼색병꽃나무(李, 1966) (인동과) 삼색병꽃의 이명. → 삼색병꽃.

삼색비름(鄭, 1937) (비름과) 색비름의 이명. 〔유래〕 삼색 맨드라미라는 뜻의 일명. → 색비름.

삼색싸리(鄭, 1942) (콩과 *Lespedeza maximowiczii* v. *tricolor*) 〔이명〕 삼색조록싸리. 〔유래〕 삼색 싸리(조록싸리)라는 뜻의 학명 및 일명.

삼색약사르비아(尹, 1989) (꿀풀과) 살비야의 이명. → 살비야.

삼색제비꽃(李, 1976) (제비꽃과 *Viola tricolor*) 〔이명〕 팬지, 호접제비꽃. 〔유래〕 삼색 제비꽃이라는 뜻의 학명 및 일명.

삼색조록싸리(朴, 1949) (콩과) 삼색싸리의 이명. → 삼색싸리.

삼수개미자리(李, 1969) (석죽과 *Arenaria uliginosa*) 〔이명〕 좀산개미자리. 〔유래〕

함남 삼수에 나는 개미자리.

삼수구릿대(李, 1969) (산형과 *Angelica jaluana*) 〔이명〕 토당귀, 흰바디. 〔유래〕 함남 삼수에 나는 구릿대.

삼수국화(愚, 1996) (국화과) 개꽃의 북한 방언. → 개꽃.

삼수여로(李, 1969) (백합과 *Veratrum bohnhofii* v. *latifolium*) 〔유래〕 함남 삼수 지역에 나는 여로.

삼아나무(鄭, 1937) (팥꽃나무과) 삼지닥나무의 이명. 〔유래〕 삼아(三椏). → 삼지닥나무.

삼엽매지나무(愚, 1996) (장미과) 아그배나무의 중국 옌볜 방언. → 아그배나무.

삼엽송(愚, 1996) (소나무과) 리기다소나무의 중국 옌볜 방언. 〔유래〕 잎이 3엽속생이다. 삼엽송(三葉松). → 리기다소나무.

삼잎국화(朴, 1949) (국화과 *Rudbeckia laciniata*) 〔이명〕 양노랭이, 루드베키아, 세잎국화, 원추천인국. 〔유래〕 잎의 외형이 삼과 유사.

삼잎나물(朴, 1949) (국화과) 삼잎방망이의 이명. → 삼잎방망이.

삼잎방망이(鄭, 1949) (국화과 *Senecio cannabifolius*) 〔이명〕 삼잎나물. 〔유래〕 미상.

삼잎석송(朴, 1949) (석송과) 개석송의 이명. → 개석송.

삼쥐손이(鄭, 1949) (쥐손이풀과 *Geranium soboliferum*) 〔이명〕 꽃이질풀, 가는잎쥐소니, 가는잎손잎풀, 가는잎쥐손이. 〔유래〕 삼잎 쥐손이라는 뜻의 일명.

삼지구엽초(鄭, 1937) (매자나무과 *Epimedium koreanum*) 〔이명〕 음양각, 음양곽. 〔유래〕 가지가 셋이고 각 가지에 3개의 잎이 달려 잎이 총 9매라는 뜻. 삼지구엽초(三枝九葉草), 음양곽(淫羊藿).

삼지닥나무(鄭, 1942) (팥꽃나무과 *Edgeworthia chrysantha*) 〔이명〕 삼아나무, 황서향나무, 매듭삼지닥나무. 〔유래〕 삼아목(三椏木), 삼지목(三枝木), 구피마(構皮麻).

삼지말발도리(鄭, 1937) (범의귀과) 매화말발도리의 이명. 〔유래〕 셋으로 갈라진 성상모(星狀毛)가 있는 말발도리라는 뜻의 학명. → 매화말발도리.

삼화갈퀴(安, 1982) (꼭두선이과) 개선갈퀴의 이명. → 개선갈퀴.

삽주(鄭, 1937) (국화과 *Atractylis japonica*) 〔이명〕 창출, 백출. 〔유래〕 창출(蒼朮), 백출(白朮). 〔어원〕 미상. 삽됴→삽듀→삽쥬→삽주로 변화(어원사전).

삿갓나물(鄭, 1937) (백합과) 삿갓풀과 우산나물(국화과, 1949)의 이명. → 삿갓풀, 우산나물.

삿갓사초(鄭, 1937) (사초과 *Carex dispalata*) 〔이명〕 삭갓사초. 〔유래〕 삿갓(우비) 사초라는 뜻의 일명.

삿갓솔(李, 1966) (소나무과 *Pinus densiflora f. umbeliformis*) 〔유래〕 삿갓(우산) 모양의 솔(소나무)이라는 뜻의 학명.

삿갓풀(鄭, 1949) (백합과 *Paris verticillata*) 〔이명〕 삿갓나물, 자주삿갓나물, 자주삿갓풀, 만주삿갓나물. 〔유래〕 잎이 윤생하여 삿갓과 유사. 조휴(蚤休).

삿부채(愚, 1996) (천남성과) 앉은부채의 중국 옌볜 방언. → 앉은부채.

삿부채풀(永, 1996) (천남성과) 앉은부채의 북한 방언. → 앉은부채.

상갓(愚, 1996) (십자화과) 계자의 중국 옌볜 방언. → 계자.

상동나무(鄭, 1937) (갈매나무과 *Sageretia theezans*) 매자나무의 이명(매자나무과, 1942)으로도 사용. 〔유래〕 제주 방언. 생동목(生冬木). → 매자나무.

상동미나리(李, 1969) (산형과 *Cnidium dahuricum*) 〔이명〕 다우리아미나리, 사동미나리, 다후리아벌사상자. 〔유래〕 미상.

상동잎쥐똥나무(鄭, 1937) (물푸레나무과 *Ligustrum quihoui* v. *latifolium*) 〔이명〕 넓은상동잎쥐똥나무. 〔유래〕 생동수랍수(生冬水蠟樹).

상두밤나무(李, 1966) (참나무과 *Castanea bungeana* f. *multicarpa*) 〔유래〕 미상.

상륙(鄭, 1937) (자리공과) 자리공의 이명. 〔유래〕 상륙(商陸). → 자리공.

상사화(鄭, 1937) (수선화과 *Lycoris squamigera*) 〔유래〕 상사화(相思花), 녹총(鹿葱).

상산(鄭, 1942) (운향과 *Orixa japonica*) 〔이명〕 송장나무, 상산나무, 일본상산. 〔유래〕 상산(常山), 취산양(臭山羊).

상산나무(愚, 1996) (운향과) 상산의 북한 방언. → 상산.

상수리나무(鄭, 1937) (참나무과 *Quercus acutissima*) 〔이명〕 참나무, 도토리나무, 보춤나무, 강참. 〔유래〕 경기 방언. 〔유래〕 상목(橡木), 상실(橡實).

상아미선(李, 1980) (물푸레나무과) 미선나무의 이명. → 미선나무, 상아미선나무.

상아미선나무(李, 1967) (물푸레나무과) 미선나무의 이명. 〔유래〕 꽃이 상아빛인 미선나무. → 미선나무.

상원초(愚, 1996) (벼과 *Elymus coreanus*) 〔이명〕 애기개밀, 갯밀, 관모개보리, 고려개보리, 마양초. 〔유래〕 미상.

상초(永, 1996) (운향과) 산초나무의 이명. → 산초나무.

상초나무(鄭, 1942) (운향과) 초피나무와 산초나무(安, 1982)의 이명. 〔유래〕 전북 어청도 방언. → 초피나무, 산초나무.

상추(朴, 1949) (국화과 *Lactuca sativa*) 〔이명〕 생치, 부루, 생추, 상치, 대부루. 〔유래〕 미상. 와거(萵苣), 생채(生菜).

상치(李, 1980) (국화과) 상추의 이명. → 상추.

상치아재비(壽, 2003) (마타리과 *Valerianella olitoria*) 〔유래〕 상치(상추)처럼 샐러드용으로 식용이 가능하다. 쥐오줌풀속에 비해 열매는 3실이며 그중 1실에서만 종자가 익는다.

새(鄭, 1949) (벼과 *Arundinella hirta*) 〔이명〕 야고초, 털새, 털야고초, 참털새, 애기

새. 〔유래〕 미상.

새갈퀴(安, 1982) (콩과) 얼치기완두의 이명. → 얼치기완두.

새고비(鄭, 1949) (면마과) 뱀고사리와 개고사리(朴, 1949)의 이명. → 뱀고사리, 개고사리.

새고추(朴, 1949) (현삼과) 진흙풀의 이명. 〔유래〕 스즈메(새)노하코베(スズメノハコベ)라는 일명. → 진흙풀.

새골풀아재비(愚, 1996) (사초과) 좀고양이수염의 이명. → 좀고양이수염.

새곰취(愚, 1996) (국화과) 가새곰취의 이명. → 가새곰취.

새귀리(朴, 1949) (벼과) 꼬리새의 이명. → 꼬리새.

새깃고사리(朴, 1949) (고사리과) 비고사리의 이명. → 비고사리.

새깃사두초(安, 1982) (천남성과) 두루미천남성의 이명. → 두루미천남성.

새깃아재비(朴, 1961) (새깃아재비과 *Woodwardia japonica*) 〔이명〕 구척고사리, 갈비고사리. 〔유래〕 미상.

새꿰미풀(愚, 1996) (벼과) 새포아풀의 북한 방언. 〔유래〕 새 꿰미풀(포아풀). → 새포아풀.

새끼거북꼬리(鄭, 1937) (쐐기풀과) 좀깨잎나무의 이명. → 좀깨잎나무.

새끼고양이수염(安, 1982) (사초과) 좀고양이수염의 이명. → 좀고양이수염.

새끼꿩의비름(鄭, 1937) (돌나물과 *Sedum viviparum*) 〔이명〕 바위채송화, 싹눈꿩의비름. 〔유래〕 새끼(胎生) 꿩의비름이라는 뜻의 학명 및 일명.

새끼노루귀(李, 1969) (미나리아재비과 *Hepatica insularis*) 〔이명〕 섬노루귀, 애기노루귀. 〔유래〕 노루귀에 비해 전체가 소형이다.

새끼노루발(鄭, 1937) (노루발과 *Pyrola secunda*) 〔이명〕 좀노루발. 〔유래〕 새끼(작은 잎) 노루발풀이라는 뜻의 일명.

새끼줄고사리(安, 1982) (면마과) 더부사리고사리의 이명. → 더부사리고사리.

새납풀(愚, 1996) (범의귀과) 나도범의귀의 이명. → 나도범의귀.

새닥달고사리(朴, 1949) (면마과) 사다리고사리의 이명. → 사다리고사리.

새덕이(李, 1969) (녹나무과) 흰새덕이의 이명. → 흰새덕이.

새돔부(朴, 1949) (콩과) 여우팥의 이명. → 여우팥.

새둥지란(愚, 1996) (난초과) 홍산무엽란의 북한 방언. → 홍산무엽란.

새들깨(永, 2003) (꿀풀과 *Perilla frutescens* v. *citrodara*) 〔유래〕 새로 발견된 들깨.

새등골나물(朴, 1949) (국화과) 벌등골나물의 이명. → 벌등골나물.

새마디꽃(鄭, 1937) (부처꽃과) 마디꽃의 이명. → 마디꽃.

새마디풀(朴, 1974) (부처꽃과) 마디꽃의 이명. → 마디꽃.

새머루(鄭, 1937) (포도과 *Vitis flexuosa*) 〔이명〕 산포도. 〔유래〕 조왜자(鳥娃子), 갈류(葛藟).

새멀구(鄭, 1942) (포도과) 가마귀머루의 이명. 〔유래〕 가마귀머루의 경기 방언. → 가마귀머루.

새며누리바풀(朴, 1949) (현삼과) 새며느리밥풀의 이명. → 새며느리밥풀.

새며느리바풀(鄭, 1937) (현삼과) 새며느리밥풀의 이명. → 새며느리밥풀.

새며느리밥풀(鄭, 1949) (현삼과 *Melampyrum setaceum* v. *nakaianum*) 〔이명〕 새며느리바풀, 새며누리바풀. 〔유래〕 미상.

새모래덩굴(鄭, 1937) (새모래덩굴과 *Menispermum dauricum*) 〔유래〕 황해 방언. 편복등(蝙蝠藤), 편복갈근(蝙蝠葛根).

새밀(朴, 1949) (백합과) 선밀나물의 이명. → 선밀나물.

새박(朴, 1949) (박과 *Melothria japonica*) 은조롱의 이명(박주가리과, 1949)으로도 사용. 〔유래〕 새 박이라는 뜻의 일명. 토백렴(土白蘞). → 은조롱.

새박풀(鄭, 1949) (박주가리과) 은조롱의 이명. → 은조롱.

새받침덩굴(朴, 1974) (포도과) 거지덩굴의 이명. → 거지덩굴.

새발고사리(鄭, 1937) (면마과 *Athyrium brevifrons*) 처녀고사리의 이명(朴, 1949)으로도 사용. 〔이명〕 참새발고사리, 개관중, 긴새발고사리, 긴잎개관중. 〔유래〕 미상. → 처녀고사리.

새발노랑매미꽃(永, 2002) (양귀비과 *Hylomecon vernalis* v. *sasundaeensis*) 〔유래〕 잎이 갈라진 모습을 새 발에 비유.

새발덩굴(朴, 1974) (포도과) 거지덩굴의 이명. → 거지덩굴.

새밥(朴, 1949) (골풀과 *Luzula rufescens*) 〔유래〕 열매가 산새의 좋은 밥이 된다.

새방울비짜루(朴, 1949) (백합과) 방울비짜루의 이명. → 방울비짜루.

새방울사초(鄭, 1937) (사초과 *Carex vesicaria*) 〔이명〕 큰방울사초, 둥글레사초. 〔유래〕 미상.

새버들(朴, 1949) (버드나무과) 눈산버들의 이명. → 눈산버들.

새불잣밤나무(鄭, 1942) (참나무과) 구실잣밤나무의 이명. 〔유래〕 구실잣밤나무의 제주 방언. → 구실잣밤나무.

새비나무(鄭, 1937) (마편초과 *Callicarpa mollis*) 찔레나무의 이명(1942, 제주 방언)으로도 사용. 〔이명〕 털작살나무. 〔유래〕 제주 방언. 백당자수(白棠子樹). → 찔레나무.

새뽕나무(朴, 1949) (뽕나무과) 꼬리뽕나무와 뽕나무(安, 1982)의 이명. → 꼬리뽕나무, 뽕나무.

새사초(朴, 1949) (사초과) 실사초의 이명. → 실사초.

새삼(鄭, 1937) (메꽃과 *Cuscuta japonica*) 〔유래〕 미상. 토사(菟絲), 토사자(菟絲子).

새새비나무(安, 1982) (마편초과) 개새비나무의 이명. → 개새비나무.

새섬말나리(李, 2003) (백합과) 민섬말나리의 이명. 〔유래〕 화피(花被)에 암홍색 점이 없는 섬말나리. → 민섬말나리.

새섬매자기(李, 1969) (사초과 *Scirpus planiculmis*) 〔이명〕 좀매재기, 졸매재기, 작은매자기. 〔유래〕 매자기와 유사.

새수리나무(鄭, 1942) (자작나무과) 사스래나무의 이명. 〔유래〕 사스래나무의 강원 방언. → 사스래나무.

새수염가래꽃(永, 2002) (초롱꽃과 *Lobelia chinensis* f. *tetrapetala*) 〔유래〕 새로운 수염가래꽃. 꽃부리가 3~6개로 갈라진다.

새애기풀(愚, 1996) (현삼과) 수염며느리밥풀의 북한 방언. → 수염며느리밥풀.

새양(朴, 1949) (생강과) 생강의 이명. → 생강.

새양버들(鄭, 1937) (버드나무과 *Chosenia arbutifolia*) 〔이명〕 채양버들, 노란버들, 노랑버들. 〔유래〕 평북 방언. 홍류(紅柳).

새옷나무(朴, 1949) (옻나무과) 개옻나무의 이명. → 개옻나무.

ㅅ

새완두(鄭, 1937) (콩과 *Vicia hirsuta*) 선연리초의 이명(朴, 1974)으로도 사용. 〔이명〕 털새완두. 〔유래〕 새〔鳥〕 완두라는 뜻의 일명. → 선연리초.

새우가래(朴, 1949) (가래과 *Potamogeton maackianus*) 〔유래〕 미상.

새우나무(鄭, 1937) (자작나무과 *Ostrya japonica*) 〔이명〕 좀새우나무. 〔유래〕 전남 방언. 서목(西木).

새우난초(鄭, 1937) (난초과 *Calanthe coreana*) 〔이명〕 새우란. 〔유래〕 에비(새우)네(エビネ)라는 일명.

새우란(愚, 1996) (난초과) 새우난초의 북한 방언. → 새우난초.

새우말(李, 1980) (거머리말과 *Phyllospadix iwatensis*) 대가래의 이명(朴, 1949)으로도 사용. 〔유래〕 화서를 옆에서 보았을 때 새우와 유사. 게바다말에 비해 잎의 선단이 원형이고 5맥이며 근경에 남아 있는 엽초가 갈색이다. → 대가래.

새이삭여뀌(鄭, 1949) (여뀌과 *Persicaria filiformis* v. *neo-filiforme*) 〔이명〕 붉은이삭역귀, 붉은이삭여뀌, 홍이삭여뀌. 〔유래〕 새 이삭여뀌라는 뜻의 학명 및 일명.

새캐미수염(朴, 1949) (사초과) 좀고양이수염의 이명. → 좀고양이수염.

새콩(鄭, 1937) (콩과 *Amphicarpaea trisperma*) 여우팥의 이명(朴, 1949)으로도 사용. 〔유래〕 야부마메(덤불콩)(ヤブマメ)라는 일명. 양형두(兩型豆). → 여우팥.

새팥(鄭, 1937) (콩과 *Vigna angularis* v. *nipponensis*) 〔이명〕 돌팥. 〔유래〕 야부쓰루아즈키(덩굴넌출팥)(ヤブツルアズキ)라는 일명.

새포아풀(鄭, 1949) (벼과 *Poa annua*) 〔이명〕 개꾸렘이풀, 새꿰미풀. 〔유래〕 미상.

새풀(李, 1969) (벼과) 실새풀의 이명. → 실새풀.

새피(安, 1982) (벼과) 나도개피의 이명. → 나도개피.

색기곰고사리(朴, 1949) (면마과) 참곰비늘고사리의 이명. 〔유래〕 둥근잎 곰고사리(곰비늘고사리)라는 뜻의 일명. → 참곰비늘고사리.

색기노루귀(朴, 1949) (미나리아재비과) 새끼노루귀의 이명. → 새끼노루귀.

색기잠자리난초(朴, 1949) (난초과) 나도잠자리란의 이명. → 나도잠자리란.

색기제비고깔(朴, 1949) (미나리아재비과) 털제비고깔의 이명. → 털제비고깔.

색단풍나무(愚, 1996) (단풍나무과) 단풍나무의 북한 방언. → 단풍나무.

색맨드라미(安, 1982) (비름과) 색비름의 이명. → 색비름.

색병꽃(李, 1980) (인동과 *Weigela florida* f. *alba*) 〔이명〕 색병꽃나무. 〔유래〕 꽃이 처음에는 백색이고 통부가 적색이던 것이 전체가 적색으로 된다.

색병꽃나무(李, 1966) (인동과) 색병꽃의 이명. → 색병꽃.

색비름(鄭, 1937) (비름과 *Amaranthus tricolor*) 〔이명〕 삼색비름, 색맨드라미, 비름. 〔유래〕 삼색 비름이라는 뜻의 학명.

색시사초(朴, 1949) (사초과) 나도그늘사초의 이명. → 나도그늘사초.

색줄잎소나무(愚, 1996) (소나무과) 은송의 중국 옌볜 방언. → 은송.

샐비어(李, 2003) (꿀풀과) 살비아의 이명. → 살비아.

샘등골나물(安, 1982) (국화과) 골등골나물의 이명. → 골등골나물.

샘털개곽향(朴, 1974) (꿀풀과) 덩굴곽향의 이명. 〔유래〕 꽃받침에 선모(샘털)가 밀생한다. → 덩굴곽향.

샘털들장미(安, 1982) (장미과) 축자가시나무의 이명. 〔유래〕 화서에 선모(샘털)가 있다. → 축자가시나무.

샘털찔레나무(愚, 1996) (장미과) 축자가시나무의 중국 옌볜 방언. 〔유래〕 화서에 선모(샘털)가 있다. → 축자가시나무.

샛강사리(李, 2003) (국화과) 비자루국화의 이명. 〔유래〕 서울 여의도 샛강가에 난다는 뜻. → 비자루국화.

생강(鄭, 1937) (생강과 *Zingiber officinale*) 〔이명〕 새양. 〔유래〕 생강(生薑), 건강(乾薑).

생강나무(鄭, 1937) (녹나무과 *Lindera obtusiloba*) 〔이명〕 아귀나무, 동백나무, 아구사리, 개동백나무. 〔유래〕 미상. 황매목(黃梅木), 삼첩풍(三鉆風).

생달나무(鄭, 1937) (녹나무과 *Cinnamomum japonicum*) 〔이명〕 신신무. 〔유래〕 전남 방언. 천립계(天笠桂), 토육계(土肉桂), 천축계(天竺桂).

생당쑥(愚, 1996) (국화과) 더위지기의 북한 방언. → 더위지기.

생열귀나무(鄭, 1937) (장미과 *Rosa davurica*) 〔이명〕 뱀의찔네, 해당화, 범의찔네, 가마귀밥나무, 붉은인가목, 좀붉은인가목, 뱀찔네, 산붉은인가목, 생열귀장미, 뱀의찔레. 〔유래〕 함남 방언. 산민괴(山玫瑰), 자매과(刺莓果).

생열귀장미(安, 1982) (장미과) 생열귀나무의 이명. → 생열귀나무.

생이가래(鄭, 1937) (생이가래과 *Salvinia natans*) 〔유래〕 미상. 괴엽빈(塊葉蘋).

생추(朴, 1949) (국화과) 상추의 이명. → 상추.

생치(鄭, 1937) (국화과) 상추의 이명. 〔유래〕 상추(상치)의 방언. → 상추.

생치나물(愚, 1996) (산형과) 전호의 북한 방언. → 전호.

서나무(安, 1982) (자작나무과) 서어나무의 이명. → 서어나무.

서덜채(朴, 1974) (국화과) 사데풀의 이명. → 사데풀.

서덜취(鄭, 1956) (국화과 *Saussurea grandifolia*) 〔이명〕 큰서덜취, 근잎분취. 〔유래〕 미상.

서리개나리(李, 1966) (물푸레나무과) 개나리의 이명. 〔유래〕 서리가 오는 가을에 꽃이 피는 개나리라는 뜻의 학명. 기후의 이변으로 다음 해 봄에 필 꽃이 미리 피는 것. → 개나리.

서리밤(李, 1966) (참나무과 *Castanea crenata* v. *kusakuri* f. *sori-bam*) 〔유래〕 가을 서리가 올 때 익는 산밤나무라는 뜻의 학명.

서수라사초(朴, 1949) (사초과 *Carex kirganica*) 산이삭사초의 이명(愚, 1996, 중국 옌볜 방언)으로도 사용. 〔이명〕 가는줄기주름사초. 〔유래〕 함북 경흥 서수라에 나는 사초. → 산이삭사초.

ㅅ

서수레(愚, 1996) (백합과) 산마늘의 북한 방언. → 산마늘.

서양가시엉겅퀴(壽, 1998) (국화과 *Cirsium vulgare*) 〔유래〕 서양 가시엉겅퀴라는 뜻의 일명. 잎의 열편 끝에 황백색의 가시가 있다.

서양개보리뺑이(壽, 1999) (국화과 *Lapsana communis*) 〔유래〕 서양(유럽) 원산의 개보리뺑이.

서양고추나물(壽, 1999) (물레나물과 *Hypericum perforatum*) 〔유래〕 서양(유럽) 원산의 고추나물. 잎에는 다수의 명점(明點)이 있고 꽃잎의 가장자리와 뒷면에 흑점(黑點)이 있다.

서양금혼초(전의식 등, 1987) (국화과 *Hypochoeris radicata*) 〔이명〕 민들레아재비. 〔유래〕 서양(유럽) 원산의 금혼초.

서양까치밥나무(李, 1976) (범의귀과) 구우즈베리의 이명. 〔유래〕 서양 까치밥나무라는 뜻의 일명. → 구우즈베리.

서양누운측백나무(愚, 1996) (측백나무과) 서양측백의 중국 옌볜 방언. → 서양측백.

서양등골나물(이 · 임, 1978) (국화과 *Eupatorium rugosum*) 〔이명〕 사근초. 〔유래〕 서양에 나는(원산) 등골나물. 근경이 마디지며 굵다. 패란(佩蘭).

서양말냉이(李, 1976) (십자화과 *Iberis amara*) 〔이명〕 이베리스. 〔유래〕 서양에 나는(원산) 말냉이.

서양메꽃(임 · 전, 1980) (메꽃과 *Convolvulus arvensis*) 〔유래〕 서양(유럽) 원산의 메꽃이라는 뜻이나 속이 다르다.

서양무우아재비(壽, 1995) (십자화과 *Raphanus raphanistrum*) 〔유래〕 서양 무우아재비라는 뜻의 일명. 꽃이 담황색 또는 백색이며 열매는 건조하면 몹시 잘록잘록하다.

서양민들레(李, 1969) (국화과 *Taraxacum officinale*) 〔이명〕 양민들레, 포공영. 〔유래〕 서양 민들레라는 뜻의 일명. 포공영(蒲公英).

서양배(李, 1966) (장미과 *Pyrus communis*) 〔이명〕 병배나무. 〔유래〕 서양에서 들어온 배나무.

서양벌노랑이(壽, 1995) (콩과 *Lotus corniculatus*) 〔유래〕 유럽(서양) 원산의 벌노랑이.

서양보리(벼과 *Bromus unioloides*) 〔이명〕 개보리. 〔유래〕 아메리카(서양) 원산의 보리. 국명이 *Elymus sibiricus*와 중복되므로 변경.

서양오엽딸기(永, 2002) (장미과 *Rubus fruticosus*) 〔유래〕 서양 오엽딸기라는 뜻의 일명.

서양자두(李, 1966) (장미과 *Prunus domestica*) 〔이명〕 구라파종추리. 〔유래〕 서양 자두나무라는 뜻의 일명.

서양장미(永, 1996) (장미과) 장미의 이명. → 장미.

서양측백(鄭, 1970) (측백나무과 *Thuja occidentalis*) 〔이명〕 서양누운측백나무. 〔유래〕 서양 측백나무라는 뜻의 일명. 측백엽(側柏葉).

서양톱풀(李, 1969) (국화과 *Achillea millefolium*) 〔이명〕 다닥잎톱풀. 〔유래〕 서양 톱풀이라는 뜻의 일명.

서양플라타누스(永, 1996) (버즘나무과) 양버즘나무의 북한 방언. → 양버즘나무.

서어나무(鄭, 1937) (자작나무과 *Carpinus laxiflora*) 당개서어나무(1942, 남부 방언)와 왕개서어나무(1942, 남부 방언)의 이명으로도 사용. 〔이명〕 서나무. 〔유래〕 미상. 견풍건(見風乾). → 당개서어나무, 왕개서어나무.

서울개발나물(李, 1969) (산형과 *Pterygopleurum neurophyllum*) 〔이명〕 긴잎당근, 지촌인삼, 실바디, 털분지, 나도감자가락잎, 나도감자개발나물. 〔유래〕 서울 지역에 나는 개발나물.

서울갯쇠보리(永, 1996) (벼과) 참쇠보리의 이명. → 참쇠보리.

서울고광나무(정 · 신, 1991) (범의귀과 *Philadelphus seoulensis*) 〔유래〕 서울에 나는 고광나무라는 뜻의 학명. 잎의 앞뒤에 단모가 많고 소화경에 단모가 밀생한다.

서울구름나무(愚, 1996) (장미과) 서울귀룽나무의 중국 옌볜 방언. 〔유래〕 서울에 나는 구름나무(귀룽나무). → 서울귀룽나무.

서울귀롱목(安, 1982) (장미과) 서울귀룽나무의 이명. → 서울귀룽나무.

서울귀룽(李, 1966) (장미과) 서울귀룽나무의 이명. 〔유래〕 서울귀룽나무의 축소형. → 서울귀룽나무.

서울귀룽나무(鄭, 1937) (장미과 *Prunus padus* f. *seoulensis*) 〔이명〕 서울귀룽, 서울귀롱목, 서울구름나무. 〔유래〕 서울에 나는 귀룽나무라는 뜻의 학명 및 일명. 앵액

(櫻額).

서울김의털(李, 1980) (벼과) 이삭김의털의 이명. 〔유래〕 서울과 거문도에 나는 김의털. → 이삭김의털.

서울노간주나무(李, 1966) (측백나무과 *Juniperus rigida* v. *seoulensis*) 〔이명〕 짧은잎노가지나무. 〔유래〕 서울에 나는 노간주나무라는 뜻의 학명.

서울단풍(鄭, 1942) (단풍나무과 *Acer pseudo-sieboldianum* v. *nudicarpum*) 〔이명〕 서울섬달나무, 서울단풍나무. 〔유래〕 경성(서울) 단풍나무라는 뜻의 일명.

서울단풍나무(愚, 1996) (단풍나무과) 서울단풍의 중국 옌볜 방언. → 서울단풍.

서울방동사니(李, 1980) (사초과 *Cyperus pacificus*) 〔이명〕 서울방동산이, 흰방동사니. 〔유래〕 서울 근처에 나는 방동사니.

서울방동산이(李, 1969) (사초과) 서울방동사니의 이명. → 서울방동사니.

서울분취(朴, 1974) (국화과) 분취의 이명. 〔유래〕 서울에 나는 분취라는 뜻의 학명. → 분취.

서울섬달나무(朴, 1949) (단풍나무과) 서울단풍의 이명. → 서울단풍.

서울오갈피(鄭, 1949) (두릅나무과) 서울오갈피나무의 이명. 〔유래〕 서울오갈피나무의 축소형. → 서울오갈피나무.

서울오갈피나무(鄭, 1942) (두릅나무과 *Acanthopanax seoulense*) 〔이명〕 서울오갈피. 〔유래〕 서울에 나는 오갈피나무라는 뜻의 학명 및 일명. 오가피(五加皮).

서울오랑캐(鄭, 1937) (제비꽃과) 서울제비꽃의 이명. 〔유래〕 서울에 나는 오랑캐꽃(제비꽃). → 서울제비꽃.

서울제비꽃(鄭, 1949) (제비꽃과 *Viola seoulensis*) 〔이명〕 서울오랑캐. 〔유래〕 서울에 나는 제비꽃이라는 뜻의 학명 및 일명. 자화지정(紫花地丁).

서울족도리풀(오병운 등, 1997) (쥐방울과) 족도리풀의 이명. 〔유래〕 서울에 나는 족도리풀이라는 뜻의 학명. → 족도리풀.

서울투구꽃(朴, 1974) (미나리아재비과) 투구꽃의 이명. 〔유래〕 서울에 나는 투구꽃이라는 뜻의 학명. → 투구꽃.

서향(李, 1966) (팥꽃나무과) 서향나무의 이명. 〔유래〕 서향나무의 축소형. → 서향나무.

서향나무(朴, 1949) (팥꽃나무과 *Daphne odora*) 〔이명〕 서향, 천리향. 〔유래〕 서향(瑞香).

서흥구절초(李, 1969) (국화과) 구절초의 이명. 〔유래〕 황해 서흥 근처에 나는 구절초. → 구절초.

서흥넓은잎구절초(永, 1996) (국화과) 구절초의 이명. → 구절초.

서흥닥나무(朴, 1949) (팥꽃나무과) 피뿌리꽃의 이명. 〔유래〕 황해 서흥에 나는 닥나무. → 피뿌리꽃.

서흥체꽃(朴, 1949) (산토끼꽃과) 민둥체꽃의 이명. 〔유래〕 황해 서흥에 나는 체꽃. → 민둥체꽃.

석결명(鄭, 1956) (콩과 *Cassia occidentalis*) 〔이명〕 강남차, 석결명풀. 〔유래〕 석결명(石決明).

석결명풀(愚, 1996) (콩과) 석결명의 북한 방언. → 석결명.

석고나물(朴, 1949) (택사과) 쇠귀나물의 이명. → 쇠귀나물.

석곡(鄭, 1937) (난초과 *Dendrobium moniliforme*) 〔이명〕 석곡란. 〔유래〕 석곡(石斛).

석곡란(安, 1982) (난초과) 석곡의 이명. → 석곡.

석낭골(鄭, 1937) (사초과) 검바늘골의 이명. → 검바늘골.

석누나무(朴, 1949) (석류나무과) 석류나무의 이명. → 석류나무.

석도벗나무(鄭, 1956) (장미과 *Prunus koraiensis*) 〔이명〕 장산벗나무, 장산벚, 석섬벗나무, 장상벗나무. 〔유래〕 황해 석도(席島)에 나는 벗나무.

석류(愚, 1996) (석류나무과) 석류나무의 이명. 〔유래〕 석류나무의 축소형. → 석류나무.

석류나무(鄭, 1937) (석류나무과 *Punica granatum*) 〔이명〕 석누나무, 석류. 〔유래〕 석류목(石榴木), 석류피(石榴皮), 안석류(安石榴), 해류(海榴).

석류풀(鄭, 1937) (석류풀과 *Mallugo pentaphylla*) 〔유래〕 미상.

석산(李, 1969) (수선화과 *Lycoris radiata*) 〔이명〕 가을가재무릇, 꽃무릇, 바퀴잎상사화. 〔유래〕 석산(石蒜).

석섬벚나무(安, 1982) (장미과) 석도벗나무의 이명. → 석도벗나무.

석소리(鄭, 1942) (참나무과) 종가시나무의 이명. 〔유래〕 종가시나무의 제주 방언. → 종가시나무.

석송(Mori, 1922) (석송과 *Lycopodium clavatum* v. *nipponicum*) 〔이명〕 애기석송. 〔유래〕 석송(石松), 석송자(石松子).

석위(鄭, 1937) (고란초과 *Pyrrosia lingua*) 〔유래〕 석위(石葦), 석위(石韋).

석잠풀(鄭, 1949) (꿀풀과 *Stachys japonica*) 〔이명〕 배암배추, 뱀배추, 민석잠화. 〔유래〕 석잠(石蠶), 초석잠(草石蠶).

석장초(愚, 1996) (노루발과) 수정란풀의 중국 옌볜 방언. → 수정란풀.

석장포(鄭, 1937) (천남성과) 석창포의 이명. → 석창포.

석장풀(安, 1982) (노루발과) 구상난풀의 이명. → 구상난풀.

석장화(安, 1982) (노루발과) 구상난풀의 이명. → 구상난풀.

석죽(鄭, 1937) (석죽과) 패랭이꽃의 이명. 〔유래〕 석죽(石竹). → 패랭이꽃.

석창포(鄭, 1937) (천남성과 *Acorus gramineus*) 〔이명〕 석장포, 석향포, 창포, 애기석창포, 바위석창포. 〔유래〕 석창포(石菖蒲).

석쿠리(鄭, 1956) (국화과) 사데풀의 이명. → 사데풀.

석향포(安, 1982) (천남성과) 석창포의 이명. → 석창포.

선가래(李, 1969) (가래과 *Potamogeton fryeri*) 〔이명〕 큰가래, 굵은가래. 〔유래〕 미상.

선갈퀴(李, 1980) (꼭두선이과 *Asperula odorata*) 〔이명〕 선갈키, 수레갈퀴아재비, 수레갈키아재비, 선갈퀴아재비. 〔유래〕 미상. 육엽률(六葉葎).

선갈퀴아재비(朴, 1974) (꼭두선이과) 선갈퀴의 이명. → 선갈퀴.

선갈퀴완두(安, 1982) (콩과) 선연리초의 이명. → 선연리초.

선갈키(鄭, 1949) (꼭두선이과) 선갈퀴의 이명. → 선갈퀴.

선개불알꽃(壽, 1995) (현삼과) 선개불알풀의 이명. → 선개불알풀.

선개불알풀(鄭, 1949) (현삼과 *Veronica arvensis*) 〔이명〕 선봄까지꽃, 선지금, 개불알꽃, 선개불알꽃, 선조롱박풀. 〔유래〕 선 개불알풀이라는 뜻의 일명.

선갯완두(李, 1969) (콩과) 산새콩의 이명. → 산새콩.

선고초풀(鄭, 1937) (현삼과) 선주름잎의 이명. 〔유래〕 선 고초풀(주름잎). → 선주름잎.

선괭이눈(鄭, 1937) (범의귀과 *Chrysosplenium sinicum*) 〔이명〕 큰옹예괭이눈, 큰수술괭이눈, 선괭이눈풀, 방울괭이눈. 〔유래〕 선 괭이눈이라는 뜻의 일명.

선괭이눈풀(愚, 1996) (범의귀과) 선괭이눈의 북한 방언. → 선괭이눈.

선괭이밥(鄭, 1937) (괭이밥과 *Oxalis stricta*) 〔이명〕 왕시금초, 왕괭이밥, 왕괭이밥풀, 왜선괭이밥. 〔유래〕 선 괭이밥이라는 뜻의 일명.

선구슬살이(安, 1963) (부처손과) 선비늘이끼의 이명. → 선비늘이끼.

선꽃나무(愚, 1996) (자금우과) 백량금의 북한 방언. → 백량금.

선꾸렘이풀(朴, 1949) (벼과) 선포아풀과 포아풀(1949)의 이명. → 선포아풀, 포아풀.

선꿰미풀(愚, 1996) (벼과) 선포아풀의 중국 옌볜 방언. 〔유래〕 선 꿰미풀(포아풀). → 선포아풀.

선나래갈퀴(安, 1982) (콩과) 연리갈퀴의 이명. → 연리갈퀴.

선나팔꽃(壽, 1993) (메꽃과 *Jacquemontia taminifolia*) 〔유래〕 줄기가 곧추 서거나 덩굴성이고 전주에 털이 많다.

선녀고사리(鄭, 1937) (꼬리고사리과 *Asplenium tenerum*) 〔유래〕 처녀(소녀) 고사리라는 뜻의 일명.

선녀싸리(李, 1980) (콩과 *Lespedeza cyrtobotrya* f. *alba*) 〔유래〕 꽃이 순백색인 참싸리라는 뜻의 학명.

선노랑투구꽃(鄭, 1937) (미나리아재비과) 선투구꽃의 이명. 〔유래〕 선 노랑투구꽃이라는 뜻의 일명. → 선투구꽃.

선담배풀(朴, 1949) (현삼과) 선주름잎과 주름잎(安, 1982)의 이명. → 선주름잎, 주름잎.

선덩굴바꽃(鄭, 1937) (미나리아재비과) 선줄바꽃과 놋젓가락나물(朴, 1949)의 이명. → 선줄바꽃, 놋젓가락나물,

선덩굴오돌도기(朴, 1949) (미나리아재비과) 선줄바꽃의 이명. → 선줄바꽃.

선돌바꽃(安, 1982) (미나리아재비과) 선줄바꽃의 이명. → 선줄바꽃.

선둥굴레(장창기 등, 1998) (백합과 *Polygonatum grandicaule*) 〔유래〕 줄기가 직립하는 둥굴레. 안쪽의 화피열편은 요(凹)두이고 백색이며, 수술대는 화피의 중부에 부착하고, 암술머리는 삼각형으로 높이가 꽃밥과 같다.

선등갈퀴(永, 1996) (콩과) 광능갈퀴의 이명. → 광능갈퀴.

선등갈키(鄭, 1937) (콩과) 광능갈퀴의 이명. → 광능갈퀴.

선등말굴레풀(愚, 1996) (콩과) 광능갈퀴의 이명. → 광능갈퀴.

선떡갈나무(鄭, 1937) (참나무과) 떡갈나무의 이명. 〔유래〕 선 떡갈나무라는 뜻의 일명. → 떡갈나무.

선매미꽃(朴, 1949) (양귀비과) 피나물의 이명. → 피나물.

선메꽃(鄭, 1937) (메꽃과 *Calystegia dahurica*) 〔이명〕 털메꽃. 〔유래〕 선 메꽃이라는 뜻의 일명.

선모고사리(朴, 1961) (면마과) 제비꼬리고사리의 이명. → 제비꼬리고사리.

선모란풀(愚, 1996) (미나리아재비과) 조희풀의 북한 방언. → 조희풀.

선모시나물(朴, 1949) (초롱꽃과) 진퍼리잔대의 이명. → 진퍼리잔대.

선모시대(이상태 등, 1997) (초롱꽃과 *Adenophora erecta*) 〔유래〕 직립하는 모시대라는 뜻의 학명.

선모초(安, 1982) (국화과) 산구절초의 이명. → 산구절초.

선목단풀(鄭, 1937) (미나리아재비과) 조희풀의 이명. → 조희풀.

선물수세미(鄭, 1949) (개미탑과 *Myriophyllum ussuriense*) 〔유래〕 미상.

선물잔디(安, 1982) (벼과) 물잔디의 이명. → 물잔디.

선미나리아재비(鄭, 1949) (미나리아재비과) 애기미나리아재비의 이명. → 애기미나리아재비.

선미치광이풀(朴, 1949) (석죽과) 큰개별꽃의 이명. → 큰개별꽃.

선밀나물(鄭, 1937) (백합과 *Smilax nipponica* v. *manshurica*) 〔이명〕 새밀. 〔유래〕 선 밀나물이라는 뜻의 일명.

선바꽃(朴, 1949) (미나리아재비과) 선투구꽃과 선줄바꽃(安, 1982)의 이명. → 선투구꽃, 선줄바꽃.

선바디나물(朴, 1949) (산형과) 잔잎바디의 이명. → 잔잎바디.

선바위고사리(鄭, 1937) (고사리과 *Onychium japonicum*) 〔유래〕 다치(선)시노부(넉줄고사리)(タチシノブ)라는 일명.

선방동사니(愚, 1996) (사초과) 껄끔방동사니의 중국 옌볜 방언. → 껄끔방동사니.

선백미꽃(鄭, 1949) (박주가리과 *Cynanchum inamoenum*) 〔이명〕 금강박주가리. 〔유래〕 줄기가 직립하는 백미꽃.

선버드나무(安, 1982) (버드나무과) 선버들의 이명. → 선버들.

선버들(鄭, 1937) (버드나무과 *Salix subfragilis*) 〔이명〕 선버드나무. 〔유래〕 선 버드나무라는 뜻의 일명.

선봄까지꽃(朴, 1949) (현삼과) 선개불알풀의 이명. → 선개불알풀.

선봉피나무(永, 1996) (피나무과) 웅기피나무의 북한 방언. → 웅기피나무.

선부들말(朴, 1949) (거머리말과) 수거머리말의 이명. → 수거머리말.

선부추(최 · 오, 2003) (백합과 *Allium linearifolium*) 〔유래〕 단면이 둥글고 속이 비었으며, 잎이 길고 곧게 벋는다.

선비눌이끼(朴, 1949) (부처손과) 선비늘이끼의 이명. → 선비늘이끼.

선비늘이끼(愚, 1966) (부처손과 *Selaginella nipponica*) 〔이명〕 선비눌이끼, 선구슬살이. 〔유래〕 선 비늘이끼라는 뜻의 일명.

선뽕피나무(愚, 1996) (피나무과) 웅기피나무의 북한 방언. → 웅기피나무.

선사초(李, 1969) (사초과 *Carex alterniflora*) 〔유래〕 미상.

선속속이풀(愚, 1996) (십자화과) 개갓냉이의 중국 옌볜 방언. → 개갓냉이.

선손잎풀(愚, 1996) (쥐손이풀과) 선이질풀의 북한 방언. 〔유래〕 선 손잎풀(쥐손이풀). → 선이질풀.

선시금초(朴, 1949) (괭이밥과) 괭이밥의 이명. 〔유래〕 선 시금초(괭이밥)라는 뜻의 일명. → 괭이밥.

선씀바귀(鄭, 1937) (국화과 *Ixeris chinensis* v. *strigosa*) 〔이명〕 자주씀바귀, 쓴씀바귀. 〔유래〕 미상.

선씨름꽃(朴, 1949) (제비꽃과) 선제비꽃의 이명. 〔유래〕 선 씨름꽃(제비꽃)이라는 뜻의 일명. → 선제비꽃.

선애기진달래(朴, 1949) (철쭉과) 화태석남의 이명. → 화태석남.

선연리초(鄭, 1956) (콩과 *Lathyrus komarovii*) 〔이명〕 선완두, 새완두, 선갈퀴완두. 〔유래〕 선 연리초라는 뜻의 일명.

선오돌또기(朴, 1974) (미나리아재비과) 선투구꽃의 이명. → 선투구꽃.

선오랑캐(鄭, 1937) (제비꽃과) 선제비꽃의 이명. 〔유래〕 선 오랑캐꽃(제비꽃)이라는 뜻의 일명. → 선제비꽃.

선옹초(鄭, 1956) (석죽과 *Agrostemma githago*) 〔이명〕 선웅초, 받동자꽃, 선홍초, 보릿잎동자꽃. 〔유래〕 선옹초(仙翁草).

선완두(朴, 1949) (콩과) 선연리초의 이명. → 선연리초.

선요강나물(安, 1982) (미나리아재비과) 요강나물의 이명. → 요강나물.

선용담(安, 1982) (용담과) 용담의 이명. → 용담.

선웅초(鄭, 1949) (석죽과) 선옹초의 이명. → 선옹초.

선이질풀(鄭, 1937) (쥐손이풀과 *Geranium krameri*) 〔이명〕 선손잎풀, 세잎쥐손이. 〔유래〕 선 이질풀이라는 뜻의 일명. 노관초(老鸛草).

선인장(朴, 1949) (선인장과 *Opuntia ficus-indica* v. *saboten*) 〔이명〕 신선장, 단선. 〔유래〕 사보텐(선인장)(サボテン)이라는 뜻의 학명 및 일명. 선인장(仙人掌).

선제비꽃(鄭, 1949) (제비꽃과 *Viola raddeana*) 〔이명〕 선오랑캐, 선씨름꽃. 〔유래〕 선 제비꽃이라는 뜻의 일명.

선조롱박풀(愚, 1996) (현삼과) 선개불알풀의 중국 옌볜 방언. → 선개불알풀.

선좁쌀풀(鄭, 1949) (현삼과) 좁쌀풀의 이명. 〔유래〕 선 좁쌀풀이라는 뜻의 일명. → 좁쌀풀.

선종덩굴(鄭, 1937) (미나리아재비과) 요강나물의 이명. → 요강나물.

선주름잎(鄭, 1949) (현삼과 *Mazus stachydifolius*) 〔이명〕 선고초풀, 선담배풀, 곧은담배풀. 〔유래〕 선(직립) 주름잎.

선줄바꽃(鄭, 1949) (미나리아재비과 *Aconitum raddeanum*) 〔이명〕 선덩굴바꽃, 선덩굴오돌도기, 선바꽃, 선돌바꽃. 〔유래〕 직립하는 줄바꽃.

선쥐꼬리새(鄭, 1949) (벼과 *Muhlenbergia hakonensis*) 〔이명〕 선쥐꼬리풀. 〔유래〕 선 쥐꼬리새라는 뜻의 일명.

선쥐꼬리풀(朴, 1949) (벼과) 선쥐꼬리새의 이명. → 선쥐꼬리새.

선지금(朴, 1974) (현삼과) 선개불알풀의 이명. → 선개불알풀.

선측백(李, 1966) (측백나무과 *Thuja orientalis* f. *stricta*) 〔이명〕 선측백나무. 〔유래〕 직립하는 측백나무라는 뜻의 학명 및 일명.

선측백나무(鄭, 1942) (측백나무과) 선측백의 이명. → 선측백.

선털황새냉이(安, 1982) (십자화과) 좁쌀냉이의 이명. → 좁쌀냉이.

선토끼풀(壽, 1993) (콩과 *Trifolium hybridum*) 〔유래〕 줄기가 직립하고 꽃이 담홍색이다. 붉은토끼풀에 비해서는 긴 화축이 있다.

선투구꽃(鄭, 1949) (미나리아재비과 *Aconitum paisanense*) 투구꽃의 이명(朴, 1974)으로도 사용. 〔이명〕 선노랑투구꽃, 선바꽃, 선오돌또기, 그늘돌쩌기. 〔유래〕 선 노랑투구꽃이라는 뜻의 일명. → 투구꽃.

선포아풀(鄭, 1949) (벼과 *Poa nemoralis*) 〔이명〕 선꾸렘이풀, 선꿰미풀. 〔유래〕 선 포아풀이라는 뜻의 일명.

선풀솜나물(김문홍, 1991) (국화과 *Gnaphalium calviceps*) 〔유래〕 선 풀솜나물이라는 뜻의 일명. 총포가 황갈색 또는 적갈색이고 수과에 사마귀 모양의 돌기가 있다.

선피막이(鄭, 1937) (산형과 *Hydrocotyle maritima*) 산피막이풀의 이명(愚, 1996, 중국 옌볜 방언)으로도 사용. 〔이명〕 갯피마기, 들피막이, 선피막이풀, 장밧대, 들피막이풀, 개피막이. 〔유래〕 미상. 천호유(天胡荽). → 산피막이풀.

선피막이풀(安, 1982) (산형과) 선피막이의 이명. → 선피막이.

선향기풀(安, 1982) (벼과) 포태향기풀의 이명. → 포태향기풀.

선현호색(오병운, 1986) (양귀비과 *Corydalis lineariloba*) 〔이명〕 탐라현호색. 〔유래〕 잎이 선상인 현호색이라는 뜻의 학명.

선홍초(李, 1969) (석죽과) 선옹초의 이명. → 선옹초.

선황새냉이(朴, 1949) (십자화과) 좁쌀냉이의 이명. 〔유래〕 선 황새냉이라는 뜻의 일명. → 좁쌀냉이.

선흘밤일엽(李, 2003) (고란초과 *Microsorium brachylepis*) 〔유래〕 미상. 밤일엽에 비해 포자낭군 사이에 인편이 없다.

설널네나무(鄭, 1942) (장미과) 찔레나무의 이명. 〔유래〕 찔레나무의 평북 방언. → 찔레나무.

설령개현삼(李, 1969) (현삼과) 개현삼의 이명. 〔유래〕 함북 무산 설령에 나는 개현삼. → 개현삼.

설령골풀(李, 1969) (골풀과 *Juncus triceps*) 〔이명〕 검정비녀골, 신홍골풀, 검정비녀골풀. 〔유래〕 함북 설령에 나는 골풀.

설령사초(李, 1969) (사초과 *Carex subumbellata* v. *koreana*) 레만사초의 이명(1969)으로도 사용. 〔이명〕 구름사초, 조선구름사초. 〔유래〕 함북 설령에 나는 사초. → 레만사초.

설령야자피(李, 2003) (벼과) 털야자피의 이명. 〔유래〕 함북 설령에 나는 야자피. → 털야자피.

설령오리나무(鄭, 1937) (자작나무과 *Alnus vermicularis*) 〔이명〕 묏물오리. 〔유래〕 함북 설령에 나는 오리나무.

설령쥐오줌풀(李, 1969) (마타리과 *Valeriana amurensis*) 〔이명〕 털쥐오줌, 털쥐오줌풀. 〔유래〕 함북 설령에 나는 쥐오줌풀.

설령파(朴, 1949) (백합과) 두메부추의 이명. → 두메부추.

설령황기(鄭, 1949) (콩과 *Astragalus setsureianus*) 〔유래〕 함북 설령에 나는 황기라는 뜻의 학명 및 일명.

설령황새풀(李, 1969) (사초과 *Eriophorum brachyantherum*) 〔유래〕 함북 설령에 나는 황새풀.

설설고사리(鄭, 1937) (면마과 *Thelypteris decursive-pinnata*) 〔이명〕 설설이고사리. 〔유래〕 양쪽으로 갈라진 우편이 설설이 같다. 금계미파초근(金鷄尾芭蕉根).

설설이고사리(朴, 1949) (면마과) 설설고사리의 이명. → 설설고사리.

설송(愚, 1996) (소나무과) 개잎갈나무의 북한 방언. 〔유래〕 설송(雪松). → 개잎갈나무.

설악가라목(愚, 1996) (주목과) 눈주목의 중국 옌볜 방언. → 눈주목.

설악눈주목(李, 1966) (주목과) 눈주목의 이명. 〔유래〕 설악산에 나는 눈주목. → 눈주목.

설악대극(永, 1998) (대극과 *Euphorbia ebracteolata* f. *magna*) 〔유래〕 설악산에 나는 대극. 줄기와 잎이 크다.

설악보리수(安, 1982) (피나무과 *Tilia mandshurica* f. *villicarpa*) 〔유래〕 설악산에 나는 보리수나무.

설악산주목(朴, 1949) (주목과) 눈주목의 이명. 〔유래〕 설악산에 나는 주목. → 눈주목.

설악아구장나무(朴, 1949) (장미과) 설악조팝나무의 이명. 〔유래〕 설악산에 나는 아구장나무. → 설악조팝나무.

설악조팝나무(鄭, 1942) (장미과 *Spiraea pubescens* v. *lasiocarpa*) 〔이명〕 설악아구장나무, 민들아구장나무. 〔유래〕 설악 조팝나무라는 뜻의 일명. 소엽화(笑靨花), 토장화(土莊花).

설앵초(鄭, 1937) (앵초과 *Primula modesta* v. *fauriae*) 〔이명〕 눈깨풀, 분취란화, 좀분취란화, 좀설앵초, 애기눈깨풀. 〔유래〕 설앵초(雪櫻草), 앵초근(櫻草根).

설탕단풍(李, 1966) (단풍나무과 *Acer saccharum*) 〔유래〕 설탕 단풍이라는 뜻의 학명 및 일명.

섬가락잎풀(永, 1996) (산형과) 감자개발나물의 북한 방언. → 감자개발나물.

섬가시딸기(安, 1982) (장미과) 가시딸기의 이명. → 가시딸기.

섬가시딸나무(安, 1982) (장미과) 붉은가시딸기의 이명. → 붉은가시딸기.

섬갈매나무(安, 1982) (갈매나무과) 좀갈매나무의 이명. → 좀갈매나무.

섬갈키(朴, 1949) (콩과) 별완두의 이명. → 별완두.

섬감국(朴, 1949) (국화과) 감국의 이명. 〔유래〕 해안(섬) 감국이라는 뜻의 일명.

섬강아지수염(朴, 1949) (곡정초과) 좀개수염의 이명. 〔유래〕 제주(섬) 강아지수염이라는 뜻의 일명. → 좀개수염.

섬개구리망(朴, 1949) (미나리아재비과) 개구리발톱의 이명. 〔유래〕 제주(섬) 개구리망(개구리발톱). → 개구리발톱.

섬개모시풀(安, 1982) (쐐기풀과) 제주모시풀의 이명. → 제주모시풀.

섬개미자리(朴, 1949) (석죽과) 수개미자리의 이명. → 수개미자리.

섬개벚나무(鄭, 1937) (장미과 *Prunus buergeriana*) 〔이명〕 섬개벚나무. 〔유래〕 섬(제주)에 나는 개벚나무. 초독앵도(稍禿櫻桃).

섬개벚나무(李, 1966) (장미과) 섬개벚나무의 이명. → 섬개벚나무.

섬개별꽃(朴, 1974) (석죽과) 참개별꽃의 이명. → 참개별꽃.

섬개서어나무(鄭, 1942) (자작나무과) 개서어나무의 이명. 〔유래〕 제주(섬)에 나는 개서어나무라는 뜻의 일명. → 개서어나무.

섬개쑥부쟁이(朴, 1974) (국화과) 섬갯쑥부쟁이의 이명. → 섬갯쑥부쟁이.

섬개야광(李, 1966) (장미과) 섬개야광나무의 이명. 〔유래〕 섬개야광나무의 축소형. → 섬개야광나무.

섬개야광나무(鄭, 1937) (장미과 *Cotoneaster wilsonii*) 〔이명〕 섬개야광, 섬야광나무. 〔유래〕 섬(울릉도) 개야광나무라는 뜻의 일명. 임금(林檎).

섬개회나무(鄭, 1937) (물푸레나무과 *Syringa velutina* v. *venosa*) 〔이명〕 섬정향나무. 〔유래〕 섬(울릉도) 나무라는 뜻의 일명.

섬갯쑥부쟁이(愚, 1996) (국화과 *Heteropappus hispidus* v. *arenarius*) 〔이명〕 섬국화, 제주쑥부장이, 섬개쑥부쟁이, 긴털갯쑥부쟁이, 주걱쑥부쟁이, 갯쑥부장이, 갯쑥부쟁이. 〔유래〕 남부 섬(도서 지방)에 나는 갯쑥부쟁이.

섬갯장대(鄭, 1949) (십자화과) 갯장대의 이명. 〔유래〕 섬(울릉도)에 나는 갯장대라는 뜻의 일명. → 갯장대.

섬거북꼬리(鄭, 1937) (쐐기풀과 *Boehmeria taquetii*) 〔유래〕 섬(제주도) 거북꼬리라는 뜻의 일명.

섬고광나무(鄭, 1942) (범의귀과 *Philadelphus scaber*) 〔이명〕 남선고광나무. 〔유래〕 섬(진도) 고광나무라는 뜻의 일명. 동북산매화(東北山梅花).

섬고로쇠(鄭, 1970) (단풍나무과) 우산고로쇠의 이명. 〔유래〕 섬(울릉도) 고로쇠. → 우산고로쇠.

섬고사리(鄭, 1949) (면모과 *Athyrium acutipinulum*) 〔이명〕 울릉고사리. 〔유래〕 섬(울릉도) 고사리라는 뜻의 일명.

섬곰취(朴, 1949) (국화과) 갯취의 이명. → 갯취.

섬공작고사리(鄭, 1937) (고사리과 *Adiantum monochlamys*) 〔이명〕 큰공작고사리, 큰섬공작고사리. 〔유래〕 섬(제주도와 울릉도)에 나는 공작고사리.

섬곽향(李, 1969) (꿀풀과 *Teucrium viscidum*) 〔이명〕 좀덩굴개곽향, 덩굴개곽향. 〔유래〕 섬(도서)에 나는 곽향.

섬광대나물(朴, 1949) (꿀풀과) 섬광대수염의 이명. → 섬광대수염.

섬광대수염(鄭, 1949) (꿀풀과 *Lamium album* v. *takesimense*) 〔이명〕 섬광대나물, 큰광대수염, 울릉광대수염. 〔유래〕 섬(울릉도)에 나는 광대수염이라는 뜻의 학명 및 일명.

섬괴불나무(鄭, 1937) (인동과 *Lonicera morrowii*) 〔이명〕 물앵도나무, 우단괴불나무. 〔유래〕 섬(울릉도) 괴불나무라는 뜻의 일명. 금은인동(金銀忍冬).

섬국수나무(鄭, 1937) (장미과 *Physocarpus insularis*) 〔이명〕 섬조팝나무. 〔유래〕 섬(울릉도)에 나는 산국수나무라는 뜻의 학명 및 울릉 조팝나무라는 뜻의 일명.

섬국화(朴, 1949) (국화과) 섬갯쑥부쟁이의 이명. → 섬갯쑥부쟁이.

섬기린초(鄭, 1949) (돌나물과 *Sedum kamtschaticum* v. *takesimense*) 〔이명〕 울릉기린초. 〔유래〕 섬(경북 울릉도)에 나는 기린초라는 뜻의 학명 및 일명. 비채(費菜).

섬까치수염(李, 1969) (앵초과) 두메까치수염의 이명. → 두메까치수염.

섬까치수영(李, 1980) (앵초과) 두메까치수염의 이명. → 두메까치수염.

섬꼬리풀(鄭, 1937) (현삼과 *Veronica insularis*) 〔유래〕 섬(울릉도)에 나는 꼬리풀이라는 뜻의 학명 및 일명.

섬꽃마리(朴, 1949) (지치과) 큰꽃마리와 왕꽃마리(李, 1969)의 이명. → 큰꽃마리, 왕꽃마리.

섬꾸렘이풀(朴, 1949) (벼과) 마디포아풀의 이명. → 마디포아풀.

섬꿩고사리(朴, 1961) (꿩고사리과 *Plagiogyria japonica*) 〔이명〕 암꿩고사리. 〔유래〕 섬(제주도)에 나는 꿩고사리.

섬꿩의비름(朴, 1949) (돌나물과 *Sedum viridescens*) 〔이명〕 녹색꿩의비름. 〔유래〕 섬(제주도)에 나는 꿩의비름.

섬나리(朴, 1949) (백합과) 섬말나리의 이명. → 섬말나리.

섬나무딸기(鄭, 1937) (장미과 *Rubus takesimensis*) 〔이명〕 섬산딸기, 왕곰딸기. 〔유래〕 섬(울릉도)에 나는 산나무딸기라는 뜻의 학명 및 일명.

섬남성(朴, 1949) (천남성과 *Arisaema takesimense*) 〔이명〕 우산천남성, 성인봉천남성, 섬사두초, 섬천남성. 〔유래〕 섬(울릉도)에 나는 남성(천남성)이라는 뜻의 학명 및 일명.

섬노간주(李, 2003) (측백나무과 *Juniperus conferta*) 〔유래〕 모래밭에서 포복성을 보인다.

섬노루귀(朴, 1949) (미나리아재비과) 큰노루귀의 이명. 〔유래〕 섬(울릉도)에 나는 노루귀. → 큰노루귀.

섬노루오줌(朴, 1949) (범의귀과) 한라노루오줌의 이명. 〔유래〕 섬(제주도)에 나는 노루오줌. → 한라노루오줌.

섬노린재(李, 1980) (노린재나무과) 섬노린재나무의 이명. 〔유래〕 섬노린재나무의 축소형. → 섬노린재나무.

섬노린재나무(鄭, 1937) (노린재나무과 *Symplocos coreana*) 〔이명〕 섬노린재. 〔유래〕 섬(탐라) 노린재나무라는 뜻의 일명.

섬누리장나무(鄭, 1942) (마편초과 *Clerodendron trichotomum* v. *esculentum*) 〔이명〕 개노나무, 거문누리장나무, 좀누리장나무, 털누리장나무. 〔유래〕 섬(전남 거문도)에 나는 누리장나무.

섬다래(李, 1980) (다래나무과) 섬다래나무의 이명. 〔유래〕 섬다래나무의 축소형. → 섬다래나무.

섬다래나무(鄭, 1942) (다래나무과 *Actinidia rufa*) 〔이명〕 섬다래. 〔유래〕 섬(전남 거

문도)에 나는 다래나무. 미후리(獼猴梨).

섬단풍나무(鄭, 1937) (단풍나무과 *Acer takesimense*) 〔유래〕 섬(울릉도)에 나는 단풍나무라는 뜻의 학명 및 일명.

섬닭의난초(이덕봉, 1957) (난초과) 섬사철란의 이명. → 섬사철란.

섬대(鄭, 1937) (벼과) 섬조릿대와 조릿대(李, 1966)의 이명. → 섬조릿대, 조릿대.

섬대문자꽃잎풀(安, 1982) (범의귀과) 털바위떡풀의 이명. 〔유래〕 섬(제주도와 울릉도)에 나는 대문자꽃잎풀(바위떡풀). → 털바위떡풀.

섬댕강나무(鄭, 1937) (인동과 *Abelia coreana* v. *insularis*) 〔유래〕 섬(울릉도)에 나는 댕강나무라는 뜻의 학명 및 일명.

섬더덕(朴, 1949) (초롱꽃과) 애기더덕의 이명. 〔유래〕 섬(제주도)에 나는 더덕. → 애기더덕.

섬돌담고사리(朴, 1961) (꼬리고사리과 *Asplenium curtidens*) 〔유래〕 섬(제주도)에 나는 돌담고사리.

ㅅ

섬돌양지꽃(愚, 1996) (장미과) 섬양지꽃의 중국 옌볜 방언. → 섬양지꽃.

섬들국화(朴, 1949) (국화과) 울릉국화의 이명. 〔유래〕 섬(울릉도) 들국화라는 뜻의 일명. → 울릉국화.

섬들깨(朴, 1949) (꿀풀과) 털쥐깨의 이명. 〔유래〕 섬(제주도)에 나는 들깨. → 털쥐깨.

섬딸(朴, 1949) (장미과) 검은딸기의 이명. 〔유래〕 섬(제주도)에 나는 산딸기나무. → 검은딸기.

섬딸기(李, 1966) (장미과 *Rubus ribisoideus*) 〔이명〕 팔장도딸기. 〔유래〕 섬(전남 거문도)에 나는 딸기. 복분자(覆盆子).

섬말나리(鄭, 1937) (백합과 *Lilium hansonii*) 〔이명〕 섬나리, 성인봉나리. 〔유래〕 섬(울릉도) 말나리라는 뜻의 일명. 동북백합(東北百合).

섬매발톱나무(朴, 1949) (매자나무과) 섬매자나무의 이명. 〔유래〕 섬(제주도) 매발톱나무라는 뜻의 일명. → 섬매자나무.

섬매자나무(鄭, 1937) (매자나무과 *Berberis amurensis* v. *quelpaertensis*) 〔이명〕 섬매발톱나무. 〔유래〕 섬(제주도)에 나는 매발톱나무라는 뜻의 학명 및 일명. 소벽(小檗).

섬머루(朴, 1949) (포도과 *Vitis coignetiae* f. *glabrescens*) 〔이명〕 섬왕머루. 〔유래〕 섬(울릉도)에 나는 머루라는 뜻의 일명.

섬명감나무(安, 1982) (백합과) 청미래덩굴의 이명. → 청미래덩굴.

섬모시풀(李, 1969) (쐐기풀과 *Boehmeria niponenivea*) 제주긴잎모시풀(朴, 1974)과 왕모시풀(愚, 1996, 중국 옌볜 방언)의 이명으로도 사용. 〔이명〕 모시풀. 〔유래〕 섬(전남 대흑산도, 홍도)에 나는 모시풀. 저마근(苧麻根). → 제주긴잎모시풀, 왕모시풀.

섬물통이(朴, 1974) (쐐기풀과) 제주큰물통이의 이명. 〔유래〕 섬(제주도)에 나는 물통이. → 제주큰물통이.

섬바꽃(安, 1982) (미나리아재비과) 한라바꽃의 이명. → 한라바꽃.

섬바디(鄭, 1949) (산형과 *Dystaenia takesimana*) 〔이명〕 두메기름나물, 울릉강활, 백운기름나물, 백운산방풍, 돼지풀. 〔유래〕 섬(울릉도)에 나는 섬바디라는 뜻의 학명 및 일명. 울근(鬱根).

섬바위떡풀(朴, 1949) (범의귀과) 털바위떡풀과 바위떡풀(李, 1969)의 이명. → 털바위떡풀, 바위떡풀.

섬바위장대(鄭, 1949) (십자화과) 바위장대의 이명. 〔유래〕 섬(제주도)에 나는 장대나물(바위장대)이라는 뜻의 학명 및 일명. → 바위장대.

섬방울사초(愚, 1996) (사초과) 산꼬리사초의 중국 옌볜 방언. → 산꼬리사초.

ㅅ

섬백리향(鄭, 1937) (꿀풀과) 백리향의 이명. 〔유래〕 섬(울릉도)에 나는 백리향이라는 뜻의 일명. → 백리향.

섬버들(鄭, 1937) (버드나무과 *Salix ishidoyana*) 〔이명〕 울릉버들. 〔유래〕 섬(울릉도) 버들이라는 뜻의 일명.

섬벚나무(鄭, 1937) (장미과 *Prunus takesimensis*) 〔이명〕 섬벚, 섬벚나무. 〔유래〕 섬(울릉도)에 나는 벚나무라는 뜻의 학명 및 일명.

섬벚(李, 1966) (장미과) 섬벚나무의 이명. 〔유래〕 섬벚나무의 축소형. → 섬벚나무.

섬벚나무(李, 1966) (장미과) 섬벚나무의 이명. → 섬벚나무.

섬봉의꼬리(朴, 1949) (면마과) 나도히초미와 검정개관중(1961)의 이명. → 나도히초미, 검정개관중.

섬분꽃나무(鄭, 1942) (인동과) 분꽃나무의 이명. → 분꽃나무.

섬분홍참꽃나무(安, 1982) (철쭉과) 참꽃나무의 이명. 〔유래〕 섬(탐라) 분홍참꽃나무라는 뜻의 일명. → 참꽃나무.

섬비노리(朴, 1949) (벼과) 좀새그령의 이명. → 좀새그령.

섬뽕(李, 1966) (뽕나무과) 섬뽕나무의 이명. 〔유래〕 섬뽕나무의 축소형. → 섬뽕나무.

섬뽕나무(鄭, 1942) (뽕나무과 *Morus bombysis* v. *maritima*) 〔이명〕 섬뽕. 〔유래〕 바닷가 모래밭(섬)에 나는 뽕나무라는 뜻의 학명 및 일명.

섬사두초(安, 1982) (천남성과) 섬남성의 이명. 〔유래〕 섬(울릉도)에 나는 사두초(천남성). → 섬남성.

섬사스레피(李, 1980) (차나무과) 섬사스레피나무의 이명. 〔유래〕 섬사스레피나무의 축소형. → 섬사스레피나무.

섬사스레피나무(鄭, 1942) (차나무과 *Eurya japonica* f. *integra*) 사스레피나무의 이명(愚, 1996, 중국 옌볜 방언)으로도 사용. 〔이명〕 섬사스레피. 〔유래〕 섬(경남 거제도) 사스레피나무라는 뜻의 일명. → 사스레피나무.

섬사철란(鄭, 1949) (난초과 *Goodyera maximowicziana*) 〔이명〕 산닭의난초, 섬닭의난초, 줄사철란. 〔유래〕 섬(제주도와 울릉도)에 나는 사철란.

섬사초(朴, 1949) (사초과) 여우꼬리사초와 왕밀사초(安, 1982)의 이명. → 여우꼬리사초, 왕밀사초.

섬산딸기(李, 1966) (장미과) 섬나무딸기의 이명. → 섬나무딸기.

섬산장구채(朴, 1974) (석죽과) 한라장구채의 이명. → 한라장구채.

섬산파(朴, 1949) (백합과) 한라부추의 이명. 〔유래〕 섬(제주) 산부추라는 뜻의 일명. → 한라부추.

섬상륙(朴, 1974) (자리공과) 섬자리공의 이명. 〔유래〕 섬(울릉도) 상륙(자리공). → 섬자리공.

섬새우난(李, 1969) (난초과) 섬새우난초의 이명. → 섬새우난초.

섬새우난초(朴, 1949) (난초과 *Calanthe coreana*) 〔이명〕 섬새우난, 참새우란. 〔유래〕 섬(제주) 새우난초라는 뜻의 일명.

섬세신(朴, 1949) (쥐방울과) 개족도리풀의 이명. 〔유래〕 섬 지방에 나는 세신(족도리풀). → 개족도리풀.

섬소루쟁이(鄭, 1937) (여뀌과) 참소리쟁이의 이명. → 참소리쟁이.

섬속소리나무(鄭, 1937) (참나무과) 졸참나무의 이명. → 졸참나무.

섬솔석송(朴, 1975) (석송과) 왕다람쥐꼬리의 이명. → 왕다람쥐꼬리.

섬송이풀(朴, 1949) (현삼과 *Pedicularis hallaisanensis*) 〔이명〕 한라송이풀, 제주송이풀. 〔유래〕 섬(제주 한라산)에 나는 송이풀이라는 뜻의 학명.

섬쇠고비(安, 1982) (면마과) 참쇠고비의 이명. → 참쇠고비.

섬쉽싸리(朴, 1949) (꿀풀과) 좀개쉽싸리의 이명. → 좀개쉽싸리.

섬수국(朴, 1949) (범의귀과) 넌출수국의 이명. 〔유래〕 섬(제주도와 울릉도)에 나는 수국. → 넌출수국.

섬승마(安, 1982) (미나리아재비과) 촛대승마의 이명. 〔유래〕 섬(제주)에 나는 승마. → 촛대승마.

섬시호(鄭, 1937) (산형과 *Bupleurum latissimum*) 〔유래〕 섬(울릉도) 시호라는 뜻의 일명. 시호(柴胡).

섬신진(愚, 1996) (쐐기풀과) 제주모시풀의 중국 옌볜 방언. → 제주모시풀.

섬싸리(朴, 1949) (콩과) 해변싸리의 이명. 〔유래〕 해안(섬) 싸리라는 뜻의 일명. → 해변싸리.

섬싸리냉이(朴, 1949) (십자화과 *Careamine impatiens* v. *obtusifolia*) 〔유래〕 섬(울릉도) 싸리냉이라는 뜻의 일명.

섬쐐기풀(李, 1969) (쐐기풀과 *Urtica laetevirens* v. *robusta*) 〔유래〕 섬(울릉도)에 나는 쐐기풀이라는 뜻의 일명.

섬쑥(鄭, 1937) (국화과 *Artemisia japonica* v. *hallaisanensis*) 〔이명〕 한라산쑥, 섬제비쑥, 한라쑥, 할라산쑥. 〔유래〕 섬(제주 한라산)에 나는 쑥이라는 뜻의 학명 및 일명.

섬쑥부장이(鄭, 1949) (국화과) 섬쑥부쟁이의 이명. → 섬쑥부쟁이.

섬쑥부쟁이(李, 1980) (국화과 *Aster glehni*) 〔이명〕 섬쑥부장이, 구메리나물, 털부지깽이나물, 북녘쑥부쟁이. 〔유래〕 섬(울릉도)에 나는 쑥부쟁이. 산백국(山白菊).

섬야광나무(愚, 1996) (장미과) 섬개야광나무의 중국 옌볜 방언. → 섬개야광나무.

섬양지꽃(鄭, 1937) (장미과 *Potentilla dickinsii* v. *glabrata*) 민눈양지꽃의 이명(朴, 1949)으로도 사용. 〔이명〕 울릉양지꽃, 민양지꽃, 섬돌양지꽃. 〔유래〕 섬(울릉도)에 나는 돌양지꽃이라는 뜻의 일명. → 민눈양지꽃.

섬억새(朴, 1949) (벼과) 알룩억새의 이명. 〔유래〕 섬(전남 거문도) 억새라는 뜻의 일명. → 알룩억새.

섬엄나무(愚, 1996) (돈나무과) 돈나무의 중국 옌볜 방언. → 돈나무.

섬엉겅퀴(朴, 1974) (국화과) 물엉겅퀴의 이명. 〔유래〕 섬(울릉도)에 나는 엉겅퀴. → 물엉겅퀴.

섬여로(朴, 1949) (백합과) 파란여로의 이명. 〔유래〕 섬(제주) 푸른여로(파란여로)라는 뜻의 일명. → 파란여로.

섬오갈피(鄭, 1937) (두릅나무과) 섬오갈피나무의 이명. 〔유래〕 섬오갈피나무의 축소형. → 섬오갈피나무.

섬오갈피나무(鄭, 1942) (두릅나무과 *Acanthopanax koreanum*) 〔이명〕 섬오갈피. 〔유래〕 섬(탐라) 오갈피나무라는 뜻의 일명. 오가피(五加皮).

섬오돌도기(朴, 1949) (미나리아재비과) 한라투구꽃의 이명. → 한라투구꽃.

섬오랑캐(鄭, 1937) (제비꽃과) 큰졸방제비꽃의 이명. 〔유래〕 섬(울릉도) 오랑캐꽃(제비꽃)이라는 뜻의 일명. → 큰졸방제비꽃.

섬오리나무(鄭, 1942) (자작나무과 *Alnus japonica* v. *serrata*) 〔유래〕 섬(전남 거문도) 오리나무라는 뜻의 일명. 적양(赤楊).

섬오줌풀(朴, 1949) (마타리과) 넓은잎쥐오줌풀의 이명. 〔유래〕 섬(울릉도) 쥐오줌풀이라는 뜻의 일명. → 넓은잎쥐오줌풀.

섬왕머루(愚, 1996) (포도과) 섬머루의 중국 옌볜 방언. → 섬머루.

섬용담(朴, 1949) (용담과) 용담의 이명. → 용담.

섬우산나물(朴, 1949) (국화과) 대청우산나물의 이명. 〔유래〕 섬(황해 대청도) 우산나물이라는 뜻의 일명. → 대청우산나물.

섬음나무(鄭, 1937) (돈나무과) 돈나무의 이명. → 돈나무.

섬인동(朴, 1949) (인동과) 인동덩굴과 잔털인동덩굴(李, 1969)의 이명. → 인동덩굴, 잔털인동덩굴.

섬자란초(朴, 1949) (꿀풀과) 금창초의 이명. 〔유래〕 섬에 나는 자란초. → 금창초.

섬자리공(鄭, 1937) (자리공과 *Phytolacca insularis*) 〔이명〕 섬장녹, 섬상륙. 〔유래〕 섬(울릉도) 자리공이라는 뜻의 학명 및 일명. 상륙(商陸).

섬잔고사리(鄭, 1949) (면마과 *Diplazium hachijoense*) 〔이명〕 탐라고사리, 제주암고사리, 제주진고사리. 〔유래〕 섬(제주)에 나는 잔고사리.

섬잔대(鄭, 1949) (초롱꽃과 *Adenophora tashiroi*) 〔이명〕 개딱주. 〔유래〕 섬(제주) 잔대라는 뜻의 일명.

섬잠자리피(鄭, 1937) (벼과) 잠자리피의 이명. 〔유래〕 섬(제주) 잠자리피라는 뜻의 일명. → 잠자리피.

섬잣나무(鄭, 1937) (소나무과 *Pinus parviflora*) 〔이명〕 잣나무. 〔유래〕 섬(울릉도)에 나는 잣나무.

섬장구채(朴, 1949) (석죽과) 한라장구채와 흰갯장구채(1949)의 이명. → 한라장구채, 흰갯장구채.

섬장녹(朴, 1949) (자리공과) 섬자리공의 이명. → 섬자리공.

섬장대(鄭, 1949) (십자화과 *Arabis takesimana*) 갯장대(朴, 1949)와 바위장대(朴, 1974)의 이명으로도 사용. 〔유래〕 섬(울릉도)에 나는 장대나물이라는 뜻의 학명 및 일명. → 갯장대, 바위장대.

섬점나도나물(朴, 1949) (석죽과) 점나도나물의 이명. 〔유래〕 섬(제주) 점나도나물이라는 뜻의 일명. → 점나도나물.

섬젓가락나물(朴, 1974) (미나리아재비과) 왜젓가락풀의 이명. 〔유래〕 섬 지방에 나는 젓가락나물. → 왜젓가락풀.

섬정향나무(愚, 1996) (물푸레나무과) 섬개회나무의 중국 옌볜 방언. → 섬개회나무.

섬제비꽃(鄭, 1957) (제비꽃과 *Viola takesimana*) 큰졸방제비꽃(1949)과 아욱제비꽃(朴, 1974)의 이명으로도 사용. 〔이명〕 섬졸방제비꽃, 울릉제비꽃. 〔유래〕 섬(울릉도)에 나는 제비꽃이라는 뜻의 학명 및 일명. 자화지정(紫花地丁). → 큰졸방제비꽃, 아욱제비꽃.

섬제비쑥(李, 1980) (국화과) 섬쑥과 갯제비쑥(安, 1982)의 이명. → 섬쑥, 갯제비쑥.

섬조릿대(李, 1966) (벼과 *Sasa kurilensis*) 〔이명〕 섬대, 성인죽. 〔유래〕 섬(울릉도)에 나는 조릿대. 죽엽(竹葉).

섬조팝나무(朴, 1949) (장미과) 섬국수나무의 이명. → 섬국수나무.

섬족도리풀(安, 1982) (쥐방울과) 개족도리풀의 이명. → 개족도리풀.

섬졸방제비꽃(朴, 1974) (제비꽃과) 섬제비꽃의 이명. → 섬제비꽃.

섬좀나도나물(鄭, 1949) (석죽과) 점나도나물의 이명. → 점나도나물.

섬쥐깨풀(李, 1980) (꿀풀과 *Masla japonica* f. *thymolifera*) 〔이명〕 한라산들깨. 〔유래〕 섬(제주도와 추자도)에 나는 쥐깨풀.

섬쥐똥나무(鄭, 1942) (물푸레나무과 *Ligustrum foliosum*) 우묵사스레피의 이명(1937)으로도 사용. 〔유래〕 섬(울릉도) 쥐똥나무라는 뜻의 일명. 수랍과(水蠟果). → 우묵사스레피.

섬쥐손이(鄭, 1949) (쥐손이풀과 *Geranium shikokianum* v. *quelpaertense*) 좀쥐손이의 이명(朴, 1974)으로도 사용. 〔이명〕 한라쥐손이. 〔유래〕 섬(제주도)에 나는 쥐손이라는 뜻의 학명 및 일명. → 좀쥐손이.

섬쥐오줌풀(安, 1982) (마타리과) 넓은잎쥐오줌풀의 이명. → 넓은잎쥐오줌풀.

섬진범(朴, 1974) (미나리아재비과) 한라투구꽃의 이명. → 한라투구꽃.

섬진진(朴, 1974) (쐐기풀과) 제주모시풀의 이명. → 제주모시풀.

섬질경이(鄭, 1937) (질경이과 *Plantago asiatica* v. *yakusimensis*) 〔이명〕 탐라질경이, 한라질경이. 〔유래〕 섬(제주) 질경이라는 뜻의 일명.

ㅅ

섬참이질풀(박 · 김, 2002) (쥐손이풀과 *Geranium koraiense* v. *chejuense*) 〔유래〕 섬(제주)에 나는 참이질풀이라는 뜻의 학명. 꽃잎 정단부가 오목하다.

섬천남성(鄭, 1949) (천남성과 *Arisaema negishii*) 섬남성의 이명(愚, 1996, 중국 옌볜 방언)으로도 사용. 〔유래〕 섬 천남성이라는 뜻의 일명. → 섬남성.

섬초롱꽃(鄭, 1937) (초롱꽃과 *Campanula punctata* v. *takeshimana*) 〔이명〕 흰섬초롱꽃. 〔유래〕 섬(울릉도)에 나는 초롱꽃이라는 뜻의 학명 및 일명. 자반풍령초(紫斑風鈴草).

섬초오(朴, 1949) (미나리아재비과) 한라바꽃의 이명. → 한라바꽃.

섬촛대승마(朴, 1949) (미나리아재비과) 촛대승마의 이명. → 촛대승마.

섬취(朴, 1949) (국화과) 홍도서덜취의 이명. → 홍도서덜취.

섬탑풀(朴, 1949) (꿀풀과) 탑꽃의 이명. 〔유래〕 섬에 나는 탑풀. → 탑꽃.

섬투구꽃(朴, 1974) (미나리아재비과) 한라바꽃의 이명. → 한라바꽃.

섬패랭이꽃(永, 1996) (석죽과 *Dianthus littorosus*) 〔유래〕 섬(울릉도)에 나는 패랭이꽃. 해안에서 잘 자라는 패랭이꽃이라는 뜻의 학명.

섬팽나무(鄭, 1942) (느릅나무과) 팽나무의 이명. 〔유래〕 섬(전남 외나로도)에 나는 팽나무. → 팽나무.

섬포아풀(鄭, 1949) (벼과 *Poa takeshimana*) 〔이명〕 울릉꾸렘이풀, 울릉꿰미풀. 〔유래〕 섬(울릉도)에 나는 포아풀이라는 뜻의 학명 및 일명.

섬피나무(鄭, 1937) (피나무과 *Tilia insularis*) 〔유래〕 섬(울릉도)에 나는 피나무라는 뜻의 학명 및 일명.

섬하늘타리(朴, 1974) (박과) 노랑하늘타리의 이명. → 노랑하늘타리.

섬향나무(鄭, 1937) (측백나무과 *Juniperus chinensis* v. *procumbens*) 〔유래〕 섬(대흑산도)에 나는 향나무. 회엽(檜葉).

섬향수꽃(朴, 1974) (미나리아재비과) 개구리발톱의 이명. → 개구리발톱.

섬향수풀(朴, 1949) (미나리아재비과) 개구리발톱의 이명. → 개구리발톱.

섬현삼(朴, 1949) (현삼과 *Scrophularia takesimensis*) 〔유래〕 섬(울릉도)에 나는 현삼이라는 뜻의 학명 및 일명.

섬현호색(鄭, 1949) (양귀비과 *Corydalis filistipes*) 〔유래〕 섬(울릉도)에 나는 현호색이라는 뜻의 일명.

섬홍지네고사리(朴, 1961) (면마과) 홍지네고사리의 이명. → 홍지네고사리.

섬황경피나무(鄭, 1937) (운향과) 화태황벽나무의 이명. 〔유래〕 섬(울릉도)에 나는 황경피나무라는 뜻의 일명. → 화태황벽나무.

섬황벽(李, 1966) (운향과) 화태황벽나무의 이명. → 화태황벽나무.

섬회나무(鄭, 1942) (노박덩굴과 *Euonymus chibai*) 둥근잎참빗살나무의 이명(朴, 1949)으로도 사용. 〔이명〕 비전회나무, 왜회나무. 〔유래〕 섬(전남 거문도)에 나는 회나무. → 둥근잎참빗살나무.

섬회양(永, 1996) (회양목과) 회양목의 이명. → 회양목.

섬회양나무(朴, 1949) (회양목과) 회양목의 이명. → 회양목, 섬회양목.

섬회양목(鄭, 1942) (회양목과) 회양목의 이명. 〔유래〕 섬에 나는 회양목이라는 뜻의 일명. → 회양목.

섭섬고사리(朴, 1949) (꼬리고사리과) 파초일엽의 이명. 〔유래〕 섭섬(제주 섭섬)에 나는 고사리. → 파초일엽.

섭섬일엽(朴, 1961) (꼬리고사리과) 파초일엽의 이명. 〔유래〕 섭섬(제주 섭섬)에 나는 일엽. → 파초일엽.

성긴좀꿩의다리(安, 1982) (미나리아재비과) 긴꼭지좀꿩의다리의 이명. → 긴꼭지좀꿩의다리.

성긴털제비꽃(鄭, 1949) (제비꽃과) 민둥뫼제비꽃의 이명. 〔유래〕 거친(성긴) 털 제비꽃이라는 뜻의 일명. → 민둥뫼제비꽃.

성널수국(문명옥 등, 2004) (범의귀과 *Hydrangea luteovenosa*) 〔유래〕 제주 남제주 성널오름 지역에 나는 수국. 산수국에 비해 잎이 작고, 꽃잎이 기부 쪽으로 좁아지는 도피침형이며, 화서의 총화경이 불분명하다.

성인봉나리(安, 1982) (백합과) 섬말나리의 이명. 〔유래〕 성인봉(울릉도)에 나는 나리. → 섬말나리.

성인봉사초(安, 1982) (사초과) 산꼬리사초의 이명. 〔유래〕 성인봉(울릉도)에 나는 사초. → 산꼬리사초.

성인봉천남성(安, 1982) (천남성과) 섬남성의 이명. 〔유래〕 성인봉(울릉도)에 나는 천남성. → 섬남성.

성인죽(安, 1982) (벼과) 섬조릿대의 이명. 〔유래〕 성인봉(울릉도)에 나는 죽(조릿대). → 섬조릿대.

ㅅ

성주풀(李, 1980) (현삼과) 나도깨풀의 이명. → 나도깨풀.

성진참대극(李, 1969) (대극과 *Euphorbia lucorum* f. *simplicior*) 〔유래〕 함북 성진에 나는 대극.

세가래사초(朴, 1949) (사초과) 반들사초의 이명. → 반들사초.

세가지털말발도리(安, 1982) (범의귀과) 매화말발도리의 이명. 〔유래〕 삼출성상모가 있는 말발도리. → 매화말발도리.

세갈래단풍나무(愚, 1996) (단풍나무과) 중국단풍의 북한 방언. 〔유래〕 셋으로 갈라지는 단풍. → 중국단풍.

세갈래이질풀(安, 1982) (쥐손이풀과) 좀쥐손이의 이명. 〔유래〕 잎이 3개로 완전히 갈라진다. → 좀쥐손이.

세갈래쥐손이(朴, 1949) (쥐손이풀과) 세잎쥐손이의 이명. 〔유래〕 세잎 쥐손이라는 뜻의 일명. → 세잎쥐손이.

세골등골나물(安, 1982) (국화과) 골등골나물의 이명. 〔유래〕 세잎 골등골나물이라는 뜻의 일명. → 골등골나물.

세기식물(李, 1980) (용설란과) 용설란의 이명. 〔유래〕 세기식물(世紀植物). 꽃이 100년 만에 핀다는 뜻. → 용설란.

세대가리(鄭, 1937) (사초과 *Lipocarpha microcephala*) 〔이명〕 세송이골. 〔유래〕 3개의 소수(小穗)가 줄기 끝에 달린다.

세대억새(永, 1996) (벼과 *Miscanthus oligostachyus*) 〔유래〕 줄기(대)가 2~3개 모여난다.

세레네(愚, 1996) (석죽과) 끈끈이대나물의 중국 옌볜 방언. 〔유래〕 *Silene*라는 속명. → 끈끈이대나물.

세명아주(정 · 이, 1996) (명아주과) 청명아주의 이명. → 청명아주.

세모고랭이(鄭, 1949) (사초과 *Scirpus triqueter*) 〔이명〕 세모골. 〔유래〕 줄기가 세모지는 골풀이라는 뜻의 일명. 표초(藨草).

세모골(鄭, 1937) (사초과) 세모고랭이의 이명. → 세모고랭이.

세모부추(劉 등, 1981) (백합과 *Allium deltoide-fistulosum*) 〔유래〕 줄기가 삼각중공(三角中空)인 부추.

세바람꽃(鄭, 1937) (미나리아재비과 *Anemone stolonifera*) 〔이명〕 세송이바람꽃. 〔유래〕 꽃대가 2~3개인 바람꽃.

세벌등골나물(安, 1982) (국화과) 골등골나물의 이명. → 골등골나물.

세복수초(이상태 등, 2000) (미나리아재비과 *Adonis multiflora*) 〔이명〕 은빛복수초. 〔유래〕 꽃이 여러 개 달린다는 뜻의 학명.

세뿔곰취(鄭, 1937) (국화과) 긴잎곰취의 이명. → 긴잎곰취.

세뿔꽃여뀌(朴, 1974) (여뀌과) 세뿔산여뀌의 이명. → 세뿔산여뀌.

세뿔단풍(鄭, 1970) (단풍나무과) 중국단풍의 이명. → 중국단풍, 세갈래단풍나무.

세뿔두메취(愚, 1996) (국화과) 좀두메취의 중국 옌볜 방언. → 좀두메취.

세뿔산여뀌(鄭, 1937) (여뀌과 *Persicaria debilis*) 〔이명〕 산꽃여뀌, 세뿔여뀌, 세뿔꽃여뀌. 〔유래〕 심산에 나는 산여뀌라는 뜻의 일명.

세뿔석위(鄭, 1937) (고란초과 *Pyrrosia hastata*) 〔유래〕 잎이 3~5개로 창살같이 갈라진다. 석위(石韋).

세뿔여뀌(李, 1969) (여뀌과) 세뿔산여뀌의 이명. → 세뿔산여뀌.

세뿔투구꽃(楊, 1963) (미나리아재비과) 미색바꽃의 이명. 〔유래〕 잎이 5각형 또는 3각형으로 3~5개로 얕게 갈라진다. → 미색바꽃.

세손이(李, 1976) (녹나무과 *Parabenzoin trilobum*) 〔이명〕 세손이나무. 〔유래〕 잎이 3개로 갈라진다.

세손이나무(愚, 1996) (녹나무과) 세손이의 중국 옌볜 방언. → 세손이.

세송이골(愚, 1996) (사초과) 세대가리의 북한 방언. → 세대가리.

세송이바람꽃(朴, 1949) (미나리아재비과) 세바람꽃과 외대바람꽃(1974)의 이명. → 세바람꽃, 외대바람꽃.

세신(鄭, 1937) (쥐방울과) 족도리풀의 이명. 〔유래〕 세신(細辛). → 족도리풀.

세열유럽쥐손이(壽, 1999) (쥐손이풀과 *Erodium cicutarium*) 〔유래〕 잎이 세열하는 유럽(지중해 연안) 원산의 쥐손이풀. 잎이 세열하고 꽃받침 끝에 1~2개의 긴 자모(刺毛)가 있다.

세잎국화(愚, 1996) (국화과) 삼잎국화의 북한 방언. → 삼잎국화.

세잎꿩의비름(李, 1966) (돌나물과 *Sedum verticillatum*) 〔이명〕 제주꿩비름. 〔유래〕 세잎 꿩의비름이라는 뜻의 일명.

세잎돌쩌귀(李, 1980) (미나리아재비과) 투구꽃의 이명. → 투구꽃.

세잎돌쩌기(鄭, 1949) (미나리아재비과) 투구꽃의 이명. 〔유래〕 잎이 셋으로 갈라진다는 뜻의 학명. → 투구꽃.

세잎돼지풀(永, 1996) (국화과) 단풍잎돼지풀의 이명. → 단풍잎돼지풀.

세잎등골나물(安, 1982) (국화과) 향등골나물의 이명. 〔유래〕 세잎 등골나물이라는 뜻의 일명. → 향등골나물.

세잎딱지(朴, 1949) (장미과) 물양지꽃의 이명. 〔유래〕 딱지꽃에 비해 잎이 3소엽이다. → 물양지꽃.

세잎물양지꽃(安, 1982) (장미과) 물양지꽃의 이명. 〔유래〕 3소엽인 물양지꽃. → 물양지꽃.

세잎소나무(愚, 1996) (소나무과) 리기다소나무의 북한 방언. → 리기다소나무, 삼엽송.

세잎손잎풀(愚, 1996) (쥐손이풀과) 세잎쥐손이의 북한 방언. 〔유래〕 잎이 셋으로 갈라지는 손잎풀(쥐손이풀). → 세잎쥐손이.

세잎솜대(李, 1969) (백합과) 세잎솜때의 이명. → 세잎솜때.

세잎솜때(愚, 1996) (백합과 *Smilacina trifolia*) 〔이명〕 세잎솜대, 벌솜죽대, 세잎지장보살. 〔유래〕 3개의 잎이 있는 솜때라는 뜻의 학명.

세잎양지꽃(鄭, 1937) (장미과 *Potentilla freyniana*) 〔이명〕 털양지꽃, 털세잎양지꽃, 우단양지꽃. 〔유래〕 세잎 돌양지꽃이라는 뜻의 일명.

세잎완두(朴, 1974) (콩과) 갯활량나물의 이명. 〔유래〕 잎이 3소엽으로 갈라진다. → 갯활량나물.

세잎종덩굴(鄭, 1942) (미나리아재비과 *Clematis koreana*) 〔이명〕 종덩굴. 〔유래〕 잎이 3소엽이라는 뜻의 일명. 조선철선련(朝鮮鐵線蓮).

세잎쥐손이(鄭, 1956) (쥐손이풀과 *Geranium wilfordi*) 큰세잎쥐손이(朴, 1949)와 선이질풀(愚, 1996, 중국 옌볜 방언)의 이명으로도 사용. 〔이명〕 세갈래쥐손이, 마디쥐소니, 세잎손잎풀. 〔유래〕 세잎 쥐손이라는 뜻의 일명. 노관초(老鸛草). → 큰세잎쥐손이, 선이질풀.

세잎지장보살(永, 1996) (백합과) 세잎솜때의 이명. → 세잎솜때.

세잎참꽃(朴, 1949) (철쭉과) 흰참꽃나무의 이명. → 흰참꽃나무.

세잎풀(朴, 1949) (매자나무과 *Achlys japonica*) 〔유래〕 잎이 3출엽이다.

세잎할미꽃(永, 2002) (미나리아재비과) 중국할미꽃의 이명. → 중국할미꽃.

세잎현호색(鄭, 1949) (양귀비과) 들현호색의 이명. 〔유래〕 소엽이 3매씩 나는 현호색. → 들현호색.

세포송구지(愚, 1996) (여뀌과) 돌소리쟁이의 북한 방언. 〔유래〕 강원 세포에 나는 송구지(소리쟁이). → 돌소리쟁이.

세포큰조롱(李, 1969) (박주가리과 *Cynanchum volubile*) 〔이명〕 큰은조롱. 〔유래〕 강원 세포에 나는 큰조롱(은조롱).

세푸랑나무(鄭, 1942) (차나무과) 사스레피나무의 이명. → 사스레피나무.

센달나무(鄭, 1937) (녹나무과 *Machilus japonica*) 〔유래〕 제주 방언. 취뇨남(臭尿楠).

셋꽃으아리(鄭, 1970) (미나리아재비과) 할미밀망의 이명. 〔유래〕 세꽃 사위질빵이라는 뜻의 일명. → 할미밀망.

소경불알(鄭, 1937) (초롱꽃과 *Codonopsis ussuriensis*) 〔이명〕 소경불알더덕, 알더덕, 알만삼, 만삼아재비. 〔유래〕 만삼에 비해 뿌리가 구형(球形)인 것으로 소경이 더듬듯이 만져보아야 안다는 뜻. 오소리당삼(烏蘇里黨蔘).

소경불알더덕(朴, 1949) (초롱꽃과) 소경불알의 이명. → 소경불알.

소곰쟁이(朴, 1949) (국화과) 솜방망이의 이명. → 솜방망이.

소귀나무(鄭, 1937) (소귀나무과 *Myrica rubra*) 〔이명〕 속나무. 〔유래〕 제주 방언. 양

매(楊梅).

소귀나물(李, 1969) (택사과) 쇠귀나물의 이명. → 쇠귀나물.

소나무(鄭, 1937) (소나무과 *Pinus densiflora*) 〔이명〕 솔, 륙송, 솔나무, 암솔, 육송. 〔유래〕 송(松), 적송(赤松), 육송(陸松), 송절(松節). 〔어원〕 솔〔松〕+나무〔木〕. 솔나무→소나무로 변화(어원사전).

소동나무(鄭, 1942) (운향과) 쉬나무의 이명. 〔유래〕 쉬나무의 경북 방언. → 쉬나무.

소란(이재선, 1984) (난초과 *Cymbidium ensifolium*) 〔유래〕 미상.

소래풀(李, 1969) (십자화과 *Orychophragmus violaceus*) 〔이명〕 제비꽃냉이. 〔유래〕 미상.

소루쟁이(鄭, 1937) (여뀌과) 소리쟁이와 참소리쟁이(朴, 1949)의 이명. 〔어원〕 솔〔細〕+곶〔串〕+쟝이(접사). 所乙串→솔옺→소로쟝이→소루쟁이로 변화(어원사전). → 소리쟁이, 참소리쟁이.

소리나무(鄭, 1937) (참나무과) 물참나무(제주 방언)와 졸참나무(1942, 제주 방언)의 이명. → 물참나무, 졸참나무.

소리딸나무(鄭, 1942) (층층나무과) 산딸나무의 이명. 〔유래〕 제주 방언. 소석조(小石棗). → 산딸나무.

소리쟁이(鄭, 1949) (여뀌과 *Rumex crispus*) 〔이명〕 소루쟁이, 긴잎소루쟁이, 송구지, 긴소루장이지. 〔유래〕 미상. 우이대황(牛耳大黃), 양제근(羊蹄根).

소밥(李, 1980) (두릅나무과) 송악의 이명. 〔유래〕 남부지방에서 소가 잘 먹는다. → 송악.

소방목(鄭, 1942) (콩과) 박태기나무의 이명. 〔유래〕 소방목(蘇方木). → 박태기나무.

소사나무(鄭, 1937) (자작나무과 *Carpinus turczaninowii* v. *coreana*) 〔이명〕 쇠사슬나무, 소서나무. 〔유래〕 황해 방언. 소서목(小西木), 대과천금(大果千金).

소서나무(愚, 1996) (자작나무과) 소사나무의 중국 옌볜 방언. → 소사나무.

소스랑개비(朴, 1949) (장미과) 가락지나물의 이명. → 가락지나물.

소시랑개비(鄭, 1949) (장미과) 양지꽃의 이명. → 양지꽃.

소염새(安, 1982) (벼과) 나도기름새의 이명. → 나도기름새.

소엽(鄭, 1949) (꿀풀과) 차즈기의 이명. 〔유래〕 소엽(蘇葉). → 차즈기.

소엽맥문동(鄭, 1937) (백합과 *Ophiopogon japonicus*) 〔이명〕 겨우사리맥문동, 좁은잎맥문동, 긴잎맥문동. 〔유래〕 소엽맥문동(小葉麥門冬).

소엽풀(朴, 1949) (현삼과 *Limnophila aromatica*) 〔이명〕 소향풀, 참소엽풀. 〔유래〕 소엽 풀이라는 뜻의 일명.

소엽풍란(永, 1996) (난초과) 풍란의 이명. → 풍란.

소엽현호색(오병운, 1986) (양귀비과) 현호색의 이명. → 현호색.

소영도리나무(鄭, 1937) (인동과 *Weigela praecox*) 〔유래〕 미상.

소젖덩굴(愚, 1996) (박주가리과) 나도은조롱의 중국 옌볜 방언. 〔유래〕 줄기에서 유액(소젖)과 같은 즙액이 나오는 덩굴식물. → 나도은조롱.

소철(愚, 1996) (소철과 *Cycas revoluta*) 〔유래〕 소철(蘇鐵), 봉미초엽(鳳尾蕉葉).

소태나무(鄭, 1937) (소태나무과 *Picrasma quassioides*) 〔이명〕 쇠태. 〔유래〕 고목(苦木).

소터래나무(鄭, 1942) (콩과) 다릅나무의 이명. 〔유래〕 다릅나무의 경남 방언. → 다릅나무.

소향풀(安, 1982) (현삼과) 소엽풀의 이명. → 소엽풀.

속나무(鄭, 1937) (소귀나무과) 소귀나무의 이명. 〔유래〕 소귀나무의 제주 방언. → 소귀나무.

속단(鄭, 1937) (꿀풀과 *Phlomis umbrosa*) 큰속단의 이명(1937)으로도 사용. 〔유래〕 속단(續斷), 조소(糙蘇). → 큰속단.

ㅅ

속리기린초(鄭, 1949) (돌나물과 *Sedum kamtschaticum* v. *zokuriense*) 〔이명〕 바위기린초. 〔유래〕 충북 속리산에 나는 기린초라는 뜻의 학명 및 일명.

속리말발도리(李, 1966) (범의귀과 *Deutzia parviflora* v. *obscura*) 〔유래〕 충북 속리산에 나는 말발도리라는 뜻의 일명.

속리산싸리(鄭, 1942) (콩과) 풀싸리의 이명. 〔유래〕 속리산에 나는 싸리라는 뜻의 일명. → 풀싸리.

속리싸리(鄭, 1949) (콩과) 풀싸리의 이명. → 풀싸리, 속리산싸리.

속리참나물(愚, 1996) (산형과 *Tilingia nakaiana*) 〔유래〕 충북 속리산에 나는 참나물.

속새(Mori, 1922) (속새과 *Equisetum hyemale*) 〔이명〕 목적. 〔유래〕 미상. 목적(木賊).

속소리나무(鄭, 1937) (참나무과 *Quercus serrata* v. *donarium*) 졸참나무의 이명(1942, 전남 방언)으로도 사용. 〔유래〕 전남 방언. → 졸참나무.

속속냉이(安, 1982) (십자화과) 속속이풀의 이명. → 속속이풀.

속속이풀(鄭, 1937) (십자화과 *Rorippa islandica*) 〔이명〕 속속냉이. 〔유래〕 미상. 정력(葶藶), 풍화채(風花菜).

속심풀(愚, 1996) (백합과) 쥐꼬리풀의 북한 방언. → 쥐꼬리풀.

속썩은풀(鄭, 1949) (꿀풀과) 황금의 이명. → 황금.

속털개밀(鄭, 1949) (벼과 *Agropyron ciliare*) 〔이명〕 털개밀. 〔유래〕 내영(內穎)과 씨방에 털이 있는 개밀이라는 뜻의 학명.

손고비(鄭, 1949) (고란초과 *Colysis elliptica*) 〔이명〕 가지창고사리. 〔유래〕 미상. 전궐(錢蕨).

손바닥나비난초(愚, 1996) (난초과 *Orchis aristata*) 〔유래〕 나비난초에 비해 뿌리가 손바닥 모양으로 비후한다.

손바닥난(李, 1969) (난초과) 손바닥난초의 이명. → 손바닥난초.

손바닥난초(鄭, 1949) (난초과 *Gymnadenia conopsea*) 〔이명〕 손뿌리난초, 뿌리난초, 손바닥난, 손바닥란. 〔유래〕 뿌리가 손바닥 모양이다.

손바닥란(愚, 1996) (난초과) 손바닥난초의 북한 방언. → 손바닥난초.

손바디나물(李, 1969) (산형과) 처녀바디의 이명. → 처녀바디.

손뿌리난초(鄭, 1937) (난초과) 손바닥난초의 이명. → 손바닥난초.

손잎풀(愚, 1996) (쥐손이풀과) 쥐손이풀의 북한 방언. → 쥐손이풀.

솔(鄭, 1937) (소나무과) 소나무와 부추(백합과, 朴, 1949)의 이명. → 소나무, 부추.

솔나리(鄭, 1937) (백합과 *Lilium cernuum*) 〔이명〕 흰솔나리, 힌솔나리, 솔잎나리, 검솔잎나리, 검은솔나리. 〔유래〕 솔잎 나리라는 뜻의 일명. 수화백합(垂花百合).

솔나무(鄭, 1942) (소나무과) 만주흑송과 소나무(永, 1996)의 이명. 〔유래〕 만주흑송의 평남 방언. → 만주흑송, 소나무.

솔나물(鄭, 1937) (꼭두선이과 *Galium verum* v. *asiaticum*) 〔이명〕 큰솔나물. 〔유래〕 미상. 봉자채(蓬子菜).

솔방울고랭이(鄭, 1949) (사초과 *Scirpus karuizawensis*) 〔이명〕 솔방울골, 나도고랭이, 꽃방울골. 〔유래〕 5~10개의 소수군(小穗群)이 모여 달리는 모습을 솔방울에 비유.

솔방울골(鄭, 1937) (사초과) 솔방울고랭이의 이명. → 솔방울고랭이.

솔붓꽃(鄭, 1949) (붓꽃과 *Iris ruthenica*) 〔이명〕 가는붓꽃, 애기붓꽃. 〔유래〕 뿌리로 베(무명)를 매는 데 사용하는 솔을 만드는 데서 유래.

솔비나무(鄭, 1937) (콩과 *Maackia floribunda*) 〔유래〕 제주 방언.

솔새(鄭, 1937) (벼과 *Themeda triandra* v. *japonica*) 〔이명〕 솔줄, 솔풀. 〔유래〕 뿌리로 솔을 만든다.

솔석송(朴, 1949) (석송과) 비늘석송의 이명. → 비늘석송.

솔속새(朴, 1949) (속새과) 능수쇠뜨기의 이명. → 능수쇠뜨기.

솔송나무(鄭, 1937) (소나무과 *Tsuga sieboldii*) 〔이명〕 좀솔송나무. 〔유래〕 미상.

솔쇠뜨기(朴, 1961) (속새과) 능수쇠뜨기의 이명. → 능수쇠뜨기.

솔엉겅퀴(鄭, 1937) (국화과 *Cirsium lineare*) 〔이명〕 버들잎엉겅퀴, 넓은버들잎엉겅퀴. 〔유래〕 미상.

솔인진(鄭, 1937) (국화과 *Chrysanthemum pallasianum*) 〔이명〕 바위쑥아재비. 〔유래〕 미상.

솔잎가래(朴, 1949) (가래과 *Potamogeton pectinatus*) 〔이명〕 빗쌀말. 〔유래〕 잎이 솔잎과 같이 가는 가래.

솔잎국화(朴, 1949) (국화과) 단양쑥부쟁이의 이명. 〔유래〕 잎이 솔잎같이 가는 국화라는 뜻의 일명. → 단양쑥부쟁이.

솔잎나리(朴, 1949) (백합과) 솔나리의 이명. → 솔나리.

솔잎난(朴, 1949) (솔잎란과) 솔잎란의 이명. → 솔잎란.

솔잎란(朴, 1961) (솔잎란과 *Psilotum nudum*) 〔이명〕 송엽란, 솔잎난. 〔유래〕 솔잎 난이라는 뜻의 일명. 송엽란(松葉蘭).

솔잎말(鄭, 1965) (붕어마름과) 붕어마름의 이명. 〔유래〕 잎이 솔잎같이 잘게 갈라진다. → 붕어마름.

솔잎미나리(육창수 등, 1979) (산형과 *Apium leptophyllum*) 〔유래〕 잎이 솔잎같이 가늘다는 뜻의 학명 및 솔잎 미나리라는 뜻의 일명.

솔잎사초(鄭, 1937) (사초과 *Carex biwensis*) 〔유래〕 솔잎 사초라는 뜻의 일명.

솔잎쑥(朴, 1949) (국화과) 실쑥의 이명. → 실쑥.

솔잎잔대(愚, 1996) (초롱꽃과 *Adenophora gmelini*) 〔유래〕 잎이 솔잎과 같이 가는 잔대.

솔장다리(鄭, 1937) (명아주과 *Salsola collina*) 〔유래〕 미상.

솔장포(朴, 1949) (지채과) 물지채의 이명. → 물지채.

솔줄(鄭, 1949) (벼과) 솔새의 이명. → 솔새.

솔체꽃(鄭, 1937) (산토끼꽃과 *Scabiosa tschiliensis*) 〔이명〕 체꽃. 〔유래〕 미상.

솔풀(安, 1982) (벼과) 솔새의 이명. → 솔새.

솜꼬리까치밥나무(愚, 1996) (범의귀과) 좀꼬리까치밥나무의 중국 옌볜 방언. → 좀꼬리까치밥나무.

솜나물(鄭, 1937) (국화과 *Leibnitzia anandria*) 〔이명〕 까치취, 부시깃나물. 〔유래〕 전주에 솜털이 많다. 대정초(大丁草).

솜다리(鄭, 1937) (국화과 *Leontopodium coreanum*) 왜솜다리의 이명(朴, 1974)으로도 사용. 〔유래〕 미상. 아약(蛾藥). → 왜솜다리.

솜대(鄭, 1937) (벼과 *Phyllostachys nigra* v. *henonis*) 솜때의 이명(백합과, 1949)으로도 사용. 〔이명〕 분죽, 담죽, 분검정대. 〔유래〕 미상. 담죽(淡竹), 감죽(甘竹), 죽엽(竹葉). → 솜때.

솜때(愚, 1996) (백합과 *Smilacina japonica*) 〔이명〕 솜죽대, 솜대, 왕솜대, 큰솜죽대, 풀솜대, 지장보살, 왕지장보살. 〔유래〕 원음을 살려가며 솜대와 구별하기 위함. 녹약(鹿藥).

솜떡쑥(愚, 1996) (국화과) 왜떡쑥의 북한 방언. → 왜떡쑥.

솜방망이(鄭, 1937) (국화과 *Senecio integrifolius* v. *spathulatus*) 〔이명〕 산방망이, 들솜쟁이, 소곰쟁이, 구설초. 〔유래〕 백모가 밀생하여 털이 많은 식물체의 모습을 방망이에 비유. 구설초(狗舌草).

솜버들(朴, 1949) (버드나무과) 꽃버들의 이명. → 꽃버들.

솜분취(鄭, 1937) (국화과 *Saussurea eriophylla*) 〔유래〕 연모가 있는 분취라는 뜻의

학명 및 잎 뒤가 흰 분취라는 뜻의 일명.

솜쑥(安, 1982) (국화과) 떡쑥의 이명. → 떡쑥.

솜쑥방망이(朴, 1974) (국화과 *Senecio pierotii*) 〔이명〕 쑥방맹이, 물솜방망이, 물방망이. 〔유래〕 미상.

솜아마존(鄭, 1949) (박주가리과 *Cynanchum amplexicaule*) 〔이명〕 합장소, 들협두. 〔유래〕 미상. 합장소(合掌消).

솜양지꽃(鄭, 1949) (장미과 *Potentilla discolor*) 〔이명〕 칠양지꽃, 닭의발톱. 〔유래〕 양지꽃에 비해 잎 뒤에 백색 솜털이 밀생한다. 번백초(飜白草).

솜예자풀(朴, 1949) (사초과) 황새고랭이의 이명. → 황새고랭이.

솜제비꽃(安, 1982) (제비꽃과) 흰털제비꽃의 이명. → 흰털제비꽃.

솜죽대(鄭, 1937) (백합과) 솜때의 이명. → 솜때.

솜털가물고사리(朴, 1961) (면마과) 두메우드풀의 이명. → 두메우드풀.

솜털고사리(朴, 1949) (면마과) 두메우드풀의 이명. → 두메우드풀.

솜털고사리아재비(朴, 1949) (면마과) 좀쌀우드풀의 이명. → 좀쌀우드풀.

솜털버들(安, 1982) (버드나무과) 갯버들의 이명. → 갯버들.

솜털팟배나무(朴, 1949) (장미과) 털팥배나무의 이명. 〔유래〕 흰털 팥배나무라는 뜻의 일명. → 털팥배나무.

솜황새풀(愚, 1996) (사초과) 황새고랭이의 중국 옌볜 방언. → 황새고랭이.

솜흰여뀌(李, 1969) (여뀌과 *Persicaria lapathifolia* v. *salicifolia*) 〔유래〕 잎 뒤가 흰 흰여뀌라는 뜻의 일명.

송광꽃나무(朴, 1949) (조록나무과) 히어리의 이명. → 히어리.

송광납판화(鄭, 1956) (조록나무과) 히어리의 이명. → 히어리.

송구지(愚, 1996) (여뀌과) 소리쟁이의 북한 방언. → 소리쟁이.

송금나무(鄭, 1942) (마편초과 *Callicarpa japonica* f. *taquetii*) 작살나무의 이명(1942)으로도 사용. 〔이명〕 좀송금나무, 잔잎작살나무. 〔유래〕 미상. 산자주(山紫珠). → 작살나무.

송악(鄭, 1937) (두릅나무과 *Hedera rhombea*) 〔이명〕 담장나무, 소밥, 큰잎담장나무. 〔유래〕 전남 방언. 상춘등(常春藤).

송양나무(鄭, 1942) (지치과 *Ehretia acuminata* v. *obovata*) 〔유래〕 송양(松楊).

송엽란(Mori, 1922) (솔잎란과) 솔잎란의 이명. 〔유래〕 송엽란(松葉蘭). → 솔잎란.

송이고랭이(鄭, 1949) (사초과 *Scirpus triangulatus*) 〔이명〕 송이골, 타래골. 〔유래〕 4~20개의 소수(小穗)가 두상으로 모여 송이를 이루는 고랭이. 삼수능초(三水棱草).

송이골(鄭, 1937) (사초과) 송이고랭이의 이명. → 송이고랭이.

송이골풀아재비(愚, 1996) (사초과) 붉은골풀아재비의 이명. → 붉은골풀아재비.

송이방동산이(朴, 1949) (사초과) 붉은골풀아재비의 이명. → 붉은골풀아재비.

송이풀(鄭, 1937) (현삼과 *Pedicularis resupinata*) 〔이명〕 마주송이풀, 수송이풀, 도시락나물, 마주잎송이풀, 털송이풀, 그늘송이풀, 잔털송이풀, 칠보송이풀, 명천송이풀. 〔유래〕 꽃이 줄기 끝에 속생하여 송이를 이룬다. 마선호(馬先蒿).

송장나무(朴, 1949) (운향과) 상산의 이명. → 상산.

송장풀(鄭, 1949) (꿀풀과 *Leonurus macranthus*) 〔이명〕 개속단, 개방앳잎, 산익모초. 〔유래〕 미상. 조소(糙蘇), 대화익모초(大花益母草).

쇄무릅풀(愚, 1996) (비름과) 쇠무릅의 이명. → 쇠무릅.

쇄채(安, 1982) (국화과) 쇠채의 이명. → 쇠채.

쇠가시나무(鄭, 1942) (참나무과) 참가시나무(전남 진도 방언)와 넓은참가시나무(朴, 1949)의 이명. → 참가시나무, 넓은참가시나무.

쇠개암나무(朴, 1949) (자작나무과) 개암나무의 이명. → 개암나무.

ㅅ

쇠고비(鄭, 1949) (면마과 *Cyrtomium fortunei*) 〔유래〕 미상. 혼계두(昏鷄頭).

쇠고사리(鄭, 1949) (면마과 *Arachniodes amabilis*) 〔이명〕 개가새고사리, 큰가위고사리. 〔유래〕 미상.

쇠고채목(朴, 1949) (자작나무과) 사스래나무의 이명. → 사스래나무.

쇠곰취(朴, 1949) (국화과) 개담배의 이명. → 개담배.

쇠귀나물(鄭, 1937) (택사과 *Sagittaria trifolia* v. *edulis*) 벗풀의 이명(愚, 1996, 중국 옌볜 방언)으로도 사용. 〔이명〕 자고, 석고나물, 소귀나물, 쇠기나물, 벗풀. 〔유래〕 미상. 자고(慈姑), 곡사(鵠瀉), 급사(及瀉), 망우(芒芋), 수사(水瀉), 야자고(野慈姑). → 벗풀.

쇠기나물(愚, 1996) (택사과) 쇠귀나물의 북한 방언. → 쇠귀나물.

쇠까치수염(朴, 1949) (앵초과 *Lysimachia pentapetala*) 〔이명〕 홍도까치수염, 홍도까치수영. 〔유래〕 미상.

쇠꼭두서니(安, 1982) (꼭두선이과) 민큰꼭두선이의 이명. → 민큰꼭두선이.

쇠꼭두선이(朴, 1949) (꼭두선이과) 민큰꼭두선이의 이명. → 민큰꼭두선이.

쇠꾸렘이풀(朴, 1949) (벼과) 포아풀의 이명. → 포아풀.

쇠나물(愚, 1996) (석죽과) 말뱅이나물의 북한 방언. → 말뱅이나물.

쇠낙시사초(愚, 1996) (사초과) 쇠낚시사초의 중국 옌볜 방언. → 쇠낚시사초.

쇠낚시사초(朴, 1949) (사초과 *Carex papulosa*) 〔이명〕 쇠낙시사초. 〔유래〕 낚시사초와 유사하다는 뜻의 일명.

쇠냉이(朴, 1949) (십자화과) 개갓냉이의 이명. → 개갓냉이.

쇠대나물(朴, 1949) (택사과) 택사의 이명. → 택사.

쇠돌피(鄭, 1937) (벼과 *Polypogon fugax*) 〔이명〕 피아재비, 울릉쇠돌피. 〔유래〕 미상.

쇠동백나무(鄭, 1942) (대극과) 사람주나무(제주 방언)와 쉬나무(1942, 경남 방언)의 이명. → 사람주나무, 쉬나무.

쇠뜨기(鄭, 1937) (속새과 *Equisetum arvense*) 북쇠뜨기의 이명(愚, 1996, 중국 옌볜 방언)으로도 사용. 〔이명〕 뱀밥, 즌솔, 필두채. 〔유래〕 미상. 필두채(筆頭菜), 문형(問荊). → 북쇠뜨기.

쇠뜨기말(朴, 1949) (쇠뜨기말풀과) 쇠뜨기말풀의 이명. 〔유래〕 쇠뜨기 말이라는 뜻의 일명. → 쇠뜨기말풀.

쇠뜨기말풀(愚, 1985) (쇠뜨기말풀과 *Hippuris vulgaris*) 〔이명〕 쇠뜨기말. 〔유래〕 말과는 전혀 다른 식물이므로, 쇠뜨기 말이라는 뜻의 일명에 따르는 것은 불합리하다.

쇠메기사초(朴, 1949) (사초과) 나도별사초의 이명. → 나도별사초.

쇠무릅(鄭, 1937) (비름과 *Achyranthes japonica*) 〔이명〕 우슬, 쇠무릅풀, 쇄무릅풀. 〔유래〕 우슬(牛膝). 마디에 저수조직이 발달하여 부풀어 오른 것을 소의 무릎에 비유.

쇠무릅풀(永, 1996) (비름과) 쇠무릅의 북한 방언. → 쇠무릅.

쇠묵새(朴, 1949) (벼과) 김의털아재비의 이명. → 김의털아재비.

쇠물속새(李, 1980) (속새과) 물속새의 이명. → 물속새.

쇠물푸레(李, 1966) (물푸레나무과) 쇠물푸레나무의 이명. 〔유래〕 쇠물푸레나무의 축소형. → 쇠물푸레나무.

쇠물푸레나무(鄭, 1937) (물푸레나무과 *Fraxinus sieboldiana*) 〔이명〕 좀쇠물푸레나무, 쇠물푸레, 좀쇠물푸레, 계룡쇠물푸레. 〔유래〕 쇠(작은 잎) 물푸레라는 뜻의 일명. 진피(秦皮).

쇠미기풀(朴, 1949) (벼과 *Arrhenatherum elatius*) 〔이명〕 개나래새, 큰잠자리피. 〔유래〕 소의 사료로 좋은 풀.

쇠바눌골(朴, 1949) (사초과) 원산바늘골의 이명. → 원산바늘골.

쇠박달나무(鄭, 1942) (층층나무과) 산딸나무의 이명. 〔유래〕 산딸나무의 경기 광릉 방언. → 산딸나무.

쇠방동사니(李, 1980) (사초과 *Cyperus orthostachyus*) 〔이명〕 쇠방동산이. 〔유래〕 미상.

쇠방동산이(鄭, 1949) (사초과) 쇠방동사니의 이명. → 쇠방동사니.

쇠별꽃(鄭, 1937) (석죽과 *Stellaria aquatica*) 〔이명〕 콩버무리. 〔유래〕 쇠(소) 별꽃이라는 뜻의 일명. 우번루(牛繁縷).

쇠보리(鄭, 1937) (벼과 *Ischaemum aristatum* v. *glaucum*) 〔이명〕 까락쇠보리. 〔유래〕 보리와 유사.

쇠분취(朴, 1949) (국화과) 물골취의 이명. → 물골취.

쇠비름(鄭, 1937) (쇠비름과 *Portulaca oleracea*) 〔이명〕 돼지풀. 〔유래〕 미상. 마치현(馬齒莧), 오행초(五行草), 장명채(長命菜).

쇠사슬나무(李, 2003) (자작나무과) 소사나무의 이명. 〔유래〕 경기 강화도 방언. → 소사나무.

쇠산박하(朴, 1949) (꿀풀과) 긴잎산박하의 이명. 〔유래〕 산박하와 유사하다는 뜻의 일명. → 긴잎산박하.

쇠서나물(鄭, 1956) (국화과 *Picris davurica* v. *koreana*) 〔이명〕 모련채, 쇠세나물, 참모련채, 조선모련채, 털쇠서나물. 〔유래〕 미상.

쇠세나물(鄭, 1949) (국화과) 쇠서나물의 이명. → 쇠서나물.

쇠수리취(朴, 1949) (국화과) 구와취의 이명. → 구와취.

쇠스랑개비(鄭, 1937) (장미과) 가락지나물의 이명. → 가락지나물.

쇠싸리(鄭, 1942) (콩과) 검나무싸리의 이명. 〔유래〕 검나무싸리의 전북 방언. → 검나무싸리.

쇠씀배기(朴, 1949) (국화과) 개씀배의 이명. → 개씀배.

쇠열나무(鄭, 1942) (고추나무과) 고추나무의 이명. 〔유래〕 고추나무의 황해 방언. → 고추나무.

쇠영꽃나무(鄭, 1942) (범의귀과) 고광나무의 이명. 〔유래〕 고광나무의 평북 방언. → 고광나무.

쇠젓다래(鄭, 1942) (다래나무과) 쥐다래나무의 이명. 〔유래〕 쥐다래나무의 함북 방언. → 쥐다래나무.

쇠진들피(朴, 1949) (벼과) 대택광이의 이명. → 대택광이.

쇠채(鄭, 1937) (국화과 *Scorzonera albicaulis*) 〔이명〕 미역꽃, 쇄채. 〔유래〕 미상. 선모삼(仙茅蔘).

쇠채아재비(壽, 1999) (국화과 *Tragopogon dubius*) 〔유래〕 쇠채와 유사. 쇠채에 비해 총포편(總苞片)이 설상화(舌狀花)보다 길고, 두화 바로 밑의 꽃자루는 넓적하게 자란다.

쇠치기풀(鄭, 1937) (벼과 *Hemarthria sibirica*) 〔유래〕 우시(쇠, 소)노싯베이(ウシノシッペイ)라는 일명.

쇠코둘개나무(鄭, 1942) (콩과) 다릅나무의 이명. 〔유래〕 다릅나무의 함북 방언. → 다릅나무.

쇠코뚜레나무(安, 1982) (장미과) 민윤노리나무의 이명. → 민윤노리나무.

쇠코뜨래나무(朴, 1949) (콩과) 다릅나무의 이명. → 다릅나무.

쇠태(鄭, 1942) (소태나무과) 소태나무의 이명. 〔유래〕 소태나무의 전북 어청도 방언. → 소태나무.

쇠태나물(鄭, 1949) (택사과) 택사의 이명. → 택사.

쇠택나물(愚, 1996) (택사과) 택사의 중국 옌볜 방언. → 택사.

쇠털골(鄭, 1937) (사초과 *Eleocharis acicularis* f. *longiseta*) 〔이명〕 긴쇠털골. 〔유

래〕 솔잎(솔잎같이 가는) 골이라는 뜻의 일명.

쇠털이슬(鄭, 1937) (바늘꽃과 *Circaea cordata*) 〔유래〕 우시(쇠)다키소(ウシタキソウ)라는 일명.

쇠털풀(朴, 1949) (벼과) 왕김의털의 이명. → 왕김의털.

쇠풀(鄭, 1937) (벼과 *Andropogon brevifolius*) 〔유래〕 소(쇠) 풀이라는 뜻의 일명.

쇠풍경사초(朴, 1949) (사초과) 가는비늘사초의 이명. → 가는비늘사초.

쇠하늘지기(李, 1980) (사초과 *Fimbristylis ovata*) 〔이명〕 쇠하늘직이. 〔유래〕 미상.

쇠하늘직이(李, 1969) (사초과) 쇠하늘지기의 이명. → 쇠하늘지기.

쉽싸리(鄭, 1937) (꿀풀과) 쉽싸리의 이명. → 쉽싸리.

수감초(朴, 1949) (협죽도과) 정향풀의 이명. 〔유래〕 수감초(水甘草). → 정향풀.

수강아지풀(朴, 1949) (벼과) 가라지조의 이명. 〔유래〕 대형 강아지풀. → 가라지조.

수개미자리(朴, 1974) (석죽과 *Sagina maxima* f. *crassicaulis*) 〔이명〕 섬개미자리, 개개미나물. 〔유래〕 큰(수) 개미자리라는 뜻의 학명.

ㅅ

수개회나무(李, 1966) (물푸레나무과 *Syringa reticulata* v. *mandshurica* f. *bracteata*) 〔이명〕 광릉개회나무. 〔유래〕 미상.

수거머리말(李, 1969) (거머리말과 *Zostera caulescens*) 〔이명〕 선부들말. 〔유래〕 큰(수) 거머리말.

수고양이수염(朴, 1949) (사초과) 골풀아재비의 이명. → 골풀아재비.

수골무꽃(朴, 1974) (꿀풀과) 떡잎골무꽃의 이명. 〔유래〕 골무꽃속 중에서 대형(수)의 꽃이 있는 골무꽃. → 떡잎골무꽃.

수국(鄭, 1937) (범의귀과 *Hydrangea macrophylla* v. *macrophylla*) 〔이명〕 분수국. 〔유래〕 수국(水菊), 분단화(粉團花), 수구화(繡毬花), 자양화(紫陽花), 팔선화(八仙花).

수국백당나무(鄭, 1942) (인동과) 불두화의 이명. 〔유래〕 수국불두화(水菊佛頭花). → 불두화.

수궁초(李, 1980) (협죽도과 *Apocynum sibiricum*) 〔유래〕 미상.

수그린엉겅퀴(安, 1982) (국화과) 도깨비엉겅퀴의 이명. → 도깨비엉겅퀴.

수까치깨(鄭, 1937) (피나무과 *Corchoropsis tomentosa*) 〔이명〕 푸른까치깨, 참까치깨, 민까치깨, 암까치깨. 〔유래〕 미상.

수깔고사리(朴, 1949) (고란초과) 버들일엽의 이명. → 버들일엽.

수꿩밥(安, 1982) (골풀과) 구름꿩의밥의 이명. → 구름꿩의밥.

수넘나물(愚, 1996) (백합과) 왕원추리의 중국 옌볜 방언. 〔유래〕 큰(수) 넘나물(원추리). → 왕원추리.

수돌담고사리(朴, 1961) (꼬리고사리과 *Asplenium prolongtum*) 〔이명〕 편백고사리, 숫돌담고사리, 톱풀고사리. 〔유래〕 미상.

수두루미피(朴, 1949) (벼과) 수염대새풀의 이명. 〔유래〕 수(넓은 잎) 두루미피라는 뜻의 일명. → 수염대새풀.

수레갈퀴아재비(朴, 1949) (꼭두선이과) 선갈퀴와 개갈퀴(安, 1982)의 이명. → 선갈퀴, 개갈퀴.

수레갈키(朴, 1949) (꼭두선이과) 갈퀴덩굴의 이명. → 갈퀴덩굴.

수레갈키아재비(朴, 1949) (꼭두선이과) 선갈퀴의 이명. → 선갈퀴.

수레국화(朴, 1949) (국화과 *Centaurea cyanus*) 〔유래〕 수레 국화라는 뜻의 일명.

수레둥굴레(朴, 1949) (백합과) 층층둥굴레의 이명. 〔유래〕 수레 둥굴레라는 뜻의 일명. → 층층둥굴레.

수레부채(愚, 1996) (범의귀과) 도깨비부채의 북한 방언. → 도깨비부채.

수련(鄭, 1937) (수련과 *Nymphaea tetragona*) 〔유래〕 수련(睡蓮).

수련아재비(安, 1982) (자라풀과) 자라풀의 이명. → 자라풀.

수리딸기(鄭, 1937) (장미과 *Rubus corchorifolius*) 〔이명〕 청수리딸기, 민수리딸. 〔유래〕 전남 방언.

수리딸나무(鄭, 1942) (장미과) 멍석딸기(경남 방언)와 붉은가시딸기(1942, 경남 방언)의 이명. → 멍석딸기, 붉은가시딸기.

수리취(鄭, 1937) (국화과 *Synurus deltoides*) 민국화수리취의 이명(1949)으로도 사용. 〔이명〕 개취, 조선수리취, 다후리아수리취. 〔유래〕 미상. 수리치의 방언으로 되어 있으나 수리치는 표준명이 아님. 구설초(狗舌草). → 민국화수리취.

수모시나물(朴, 1949) (초롱꽃과) 수원잔대의 이명. → 수원잔대.

수박(鄭, 1937) (박과 *Citrullus battich*) 〔유래〕 물이 많은 박. 서과(西瓜). 〔어원〕 수(水)+박〔瓠〕. 슈박→수박으로 변화(어원사전).

수박잎바늘가지(李, 2003) (가지과 *Solanum citrullifolium*) 〔유래〕 잎이 수박과 유사하며 노란색의 가시가 있는 가지.

수박풀(鄭, 1937) (아욱과 *Hibiscus trionum*) 오이풀의 이명(1937)으로도 사용. 〔유래〕 잎의 모양이 수박과 유사. → 오이풀.

수비늘관중(朴, 1949) (면마과) 참나도히초미의 이명. → 참나도히초미.

수삼나무(愚, 1996) (낙우송과) 메타세쿼이아의 북한 방언. → 메타세쿼이아.

수선(安, 1982) (수선화과) 수선화의 이명. → 수선화.

수선화(鄭, 1937) (수선화과 *Narcissus tazetta* v. *chinensis*) 〔이명〕 수선, 겹첩수선화. 〔유래〕 수선(水仙), 수선화(水仙花), 배현(配玄), 수선창(水仙菖).

수세미오이(朴, 1949) (박과 *Luffa cylindrica*) 〔이명〕 수세미외. 〔유래〕 미상. 사과(絲瓜), 사과락(絲瓜絡).

수세미외(鄭, 1937) (박과) 수세미오이의 이명. → 수세미오이.

수소시랑개비(朴, 1949) (장미과) 개소시랑개비의 이명. → 개소시랑개비.

수송(永, 1996) (낙우송과) 메타세쿼이아의 이명. → 메타세쿼이아.

수송나물(鄭, 1949) (명아주과 *Salsola komarovii*) 〔이명〕 가시솔나물. 〔유래〕 미상. 차명과(叉明科).

수송이풀(鄭, 1949) (현삼과) 송이풀의 이명. 〔유래〕 수(큰) 송이풀이라는 뜻의 일명. → 송이풀.

수수(鄭, 1949) (벼과 *Sorghum bicolor*) 〔이명〕 쑤시. 〔유래〕 미상. 고량(高粱), 노제(蘆穄), 촉서(蜀黍), 촉출(蜀秫).

수수고사리(鄭, 1937) (고란초과 *Asplenium wilfordii*) 〔이명〕 다부돌담고사리, 철사고사리. 〔유래〕 미상.

수수꽃다리(鄭, 1937) (물푸레나무과 *Syringa dilatata*) 〔이명〕 개똥나무, 넓은잎정향나무. 〔유래〕 황해 방언. 정향엽(丁香葉).

수수새(李, 1969) (벼과 *Sorghum nitidum*) 흰털새의 이명(愚, 1996, 중국 옌볜 방언)으로도 사용. 〔이명〕 기장새, 좀기장새, 마디털새. 〔유래〕 수수 새라는 뜻의 일명. → 흰털색.

ㅅ

수양버들(鄭, 1937) (버드나무과 *Salix babylonica*) 능수버들의 이명(鄭, 1942)으로도 사용. 〔이명〕 참수양버들. 〔유래〕 수양(垂楊), 수류(垂柳), 유지(柳枝). → 능수버들.

수양벚나무(鄭, 1949) (장미과 *Prunus verecunda* v. *pendula*) 〔이명〕 수양벚, 처진개벚, 처진개벚나무. 〔유래〕 늘어지는 벚나무라는 뜻의 학명.

수양벚(李, 1966) (장미과) 수양벚나무의 이명. → 수양벚나무.

수양장구채(愚, 1996) (석죽과) 가는장구채의 중국 옌볜 방언. → 가는장구채.

수염가래(愚, 1996) (초롱꽃과) 수염가래꽃의 이명. 〔유래〕 수염가래꽃의 축소형. → 수염가래꽃.

수염가래꽃(鄭, 1937) (초롱꽃과 *Lobelia chinensis*) 〔이명〕 수염가래. 〔유래〕 미상. 우변련(牛邊蓮).

수염개밀(朴, 1949) (벼과 *Asperella longe-aristata*) 개밀의 이명(鄭, 1937)으로도 사용. 〔이명〕 수염마양초. 〔유래〕 미상. → 개밀.

수염과남풀(愚, 1996) (용담과) 수염용담의 중국 옌볜 방언. → 수염용담.

수염김의털(朴, 1949) (벼과 *Festuca ovina* v. *chosenica*) 〔유래〕 까락이 긴 것을 수염에 비유.

수염꽃나무(愚, 1996) (매화오리나무과) 매화오리의 북한 방언. → 매화오리.

수염대새풀(李, 1969) (벼과 *Cleistogenes hackelii* v. *nakaii*) 〔이명〕 수두루미피, 넓은잎두루미피, 넓은잎대새풀. 〔유래〕 까락이 긴 대새풀.

수염댕댕이(朴, 1949) (인동과) 개들쭉의 이명. 〔유래〕 포엽이 긴 것을 수염에 비유. → 개들쭉.

수염마름(鄭, 1937) (참깨과 *Trapella sinensis*) 〔유래〕 마름 아재비라는 뜻의 일명. 과

실의 부속체를 수염에 비유.

수염마양초(愚, 1996) (벼과) 수염개밀의 중국 옌볜 방언. → 수염개밀.

수염며느리밥풀(鄭, 1949) (현삼과 *Melampyrum roseum* v. *japonicum*) 〔이명〕 며느리바풀, 새애기풀. 〔유래〕 수염 며느리밥풀이라는 뜻의 일명. 꽃받침에 긴 털이 밀생하는 것을 수염에 비유.

수염뿌리미치광이(鄭, 1937) (석죽과) 큰개별꽃의 이명. → 큰개별꽃.

수염사초(安, 1982) (사초과) 괭이사초의 이명. → 괭이사초.

수염새(朴, 1949) (벼과) 나도기름새의 이명. → 나도기름새.

수염새아재비(朴, 1949) (벼과) 나래새의 이명. → 나래새.

수염용담(鄭, 1937) (용담과 *Gentiana barbata*) 〔이명〕 수염과남풀. 〔유래〕 수염 용담이라는 뜻의 일명.

수염이끼(鄭, 1937) (처녀이끼과 *Hymenophyllum barbatum*) 〔유래〕 미상.

수염종덩굴(鄭, 1937) (미나리아재비과) 종덩굴의 이명. → 종덩굴.

수염치자풀(鄭, 1970) (꼭두선이과) 백령풀의 이명. 〔유래〕 수염 치자풀이라는 뜻의 일명. → 백령풀.

수염패랭이꽃(鄭, 1937) (석죽과 *Dianthus barbatus* v. *asiaticus*) 〔이명〕 가는잎수염패랭이꽃. 〔유래〕 가는 잎 수염 패랭이꽃이라는 뜻의 일명.

수염풀(鄭, 1949) (벼과 *Stipa mongholica*) 〔이명〕 꽁지기름새. 〔유래〕 히게(수염)나가코메스스키(ヒゲナガコメススキ)라는 일명.

수염희미초(愚, 1996) (면마과) 털개관중의 중국 옌볜 방언. → 털개관중.

수영(鄭, 1937) (여뀌과 *Rumex acetosa*) 〔이명〕 괴싱아, 시금초, 괴승애. 〔유래〕 미상. 산모(酸模).

수원고랭이(李, 1969) (사초과 *Scirpus wallichii*) 〔이명〕 푸른고랭이, 남양골, 수원골. 〔유래〕 습지에 나는 고랭이.

수원골(朴, 1949) (사초과) 광능골과 수원고랭이(愚, 1996, 중국 옌볜 방언)의 이명. → 광능골, 수원고랭이.

수원땅귀개(李, 1969) (통발과) 이삭귀개의 이명. 〔유래〕 수원에 나는 땅귀개. → 이삭귀개.

수원땅귀이개(朴, 1949) (통발과) 이삭귀개의 이명. → 이삭귀개, 수원땅귀개.

수원미꾸리낚시(李, 1969) (여뀌과) 실미꾸리낚시의 이명. → 실미꾸리낚시.

수원사시나무(鄭, 1942) (버드나무과 *Populus glandulosa*) 〔유래〕 수원 사시나무라는 뜻의 일명. 수원백양(水原白楊).

수원사초(永, 1996) (사초과 *Carex omina*) 〔유래〕 수원 지역에 나는 사초.

수원잔대(李, 1969) (초롱꽃과 *Adenophora polyantha*) 〔이명〕 좀꽃모시나물, 수모시나물, 개모싯대, 껄큼모싯대, 꽃잔대, 좀꽃잔대, 개잔대, 깔끔잔대, 돌잔대. 〔유래〕

수원에 나는 잔대라는 뜻이나 거의 전(全) 도에 난다.

수유나무(鄭, 1937) (운향과) 쉬나무의 이명. → 쉬나무.

수자해좃(鄭, 1937) (난초과) 천마의 이명. → 천마.

수정나무(愚, 1996) (꼭두선이과) 수정목의 북한 방언. → 수정목.

수정난풀(李, 1980) (노루발과) 나도수정초의 이명. → 나도수정초.

수정란(愚, 1996) (노루발과) 수정란풀의 북한 방언. → 수정란풀.

수정란풀(鄭, 1949) (노루발과 *Monotropa uniflora*) 나도수정초의 이명(李, 1976)으로도 사용. 〔이명〕 수정초, 수정란, 석장초. 〔유래〕 수정란(水晶蘭), 수정초(水晶草). → 나도수정초.

수정목(鄭, 1949) (꼭두선이과 *Damnacanthus indicus* ssp. *major*) 〔이명〕 수정나무. 〔유래〕 수정목(壽庭木).

수정초(朴, 1949) (노루발과) 수정란풀과 구상난풀(1974)의 이명. → 수정란풀, 구상난풀.

수중화(鄭, 1942) (장미과) 황매화의 이명. → 황매화.

수캐꾸렘이풀(朴, 1949) (벼과) 큰새포아풀의 이명. → 큰새포아풀.

수캐여뀌(朴, 1949) (여뀌과) 명아자여뀌의 이명. → 명아자여뀌.

수캐자리(朴, 1949) (석죽과) 개미자리의 이명. → 개미자리.

수캐포아풀(安, 1982) (벼과) 큰새포아풀의 이명. → 큰새포아풀.

수크령(鄭, 1937) (벼과 *Pennisetum alopecuroides*) 〔이명〕 길갱이. 〔유래〕 화수(花穗)가 큰(수) 그령. 낭미초(狼尾草).

수패랭이꽃(朴, 1949) (석죽과) 술패랭이꽃의 이명. → 술패랭이꽃.

수호초(李, 1976) (회양목과 *Pachysandra terminalis*) 〔유래〕 수호초(秀好草).

숙대나무(朴, 1949) (낙우송과) 삼나무의 이명. → 삼나무.

숙은꽃장포(鄭, 1949) (백합과 *Tofieldia coccinea*) 〔이명〕 애기바위장포, 숙은돌창포, 숙은꽃장포풀. 〔유래〕 꽃과 과실이 밑으로 향하는(숙은) 꽃장포라는 뜻의 학명.

숙은꽃창포(安, 1982) (백합과) 검은꽃창포의 이명. → 검은꽃창포.

숙은꽃장포풀(愚, 1996) (백합과) 숙은꽃장포의 중국 옌볜 방언. → 숙은꽃장포.

숙은노루오줌(鄭, 1937) (범의귀과 *Astilbe koreana*) 〔이명〕 이끈노루오줌. 〔유래〕 이삭이 고개를 숙이는(화서의 측지가 밑으로 처짐) 노루오줌이라는 뜻의 일명.

숙은돌창포(李, 1976) (백합과) 숙은꽃장포의 이명. → 숙은꽃장포.

숙은분취(愚, 1996) (국화과) 당분취의 북한 방언. 〔유래〕 두화가 밑을 향한다. → 당분취.

순무(愚, 1996) (십자화과) 숫무의 이명. 〔어원〕 쉬(?)+ㅅ(사잇쇠)+무수〔菁〕. 쉿무수→숫무수→쉿무우→쉰무우/숫무우→순무로 변화(어원사전). → 숫무.

순무우(愚, 1996) (십자화과) 숫무(순무)의 중국 옌볜 방언. → 숫무.

순북꽃나무(朴, 1949) (인동과) 산분꽃나무의 이명. → 산분꽃나무.

순분꽃나무(安, 1982) (인동과) 산분꽃나무의 이명. → 산분꽃나무.

순비기나무(鄭, 1937) (마편초과 *Vitex rotundifolia*) 〔이명〕 만형자, 풍나무, 만형자나무, 만형. 〔유래〕 제주 방언. 만형(蔓荊), 만형자(蔓荊子).

순안억새(永, 1996) (벼과 *Miscanthus sinensis* v. *sunanensis*) 〔유래〕 순안에 나는 억새라는 뜻의 학명.

순애초(李, 2003) (아욱과) 나도공단풀의 이명. 〔유래〕 한국자생식물보존회 회원인 송순애를 기념(그의 집에서 최초로 발견). → 나도공단풀.

순채(鄭, 1937) (수련과 *Brasenia schreberi*) 〔유래〕 순채(蓴菜).

숟가락냉이(永, 1996) (십자화과) 는쟁이냉이의 북한 방언. → 는쟁이냉이.

숟가락황새냉이(愚, 1996) (십자화과) 는쟁이냉이의 북한 방언. 〔유래〕 숟가락 겨자라는 뜻의 일명. → 는쟁이냉이.

숟갈일엽(朴, 1961) (고란초과 *Loxogramme dulouxii*) 〔유래〕 사지(숟가락)란(サジラン)이라는 뜻의 일명.

술밤(李, 1966) (참나무과 *Castanea crenata* v. *kusakuri* f. *sul-bam*) 〔유래〕 술밤이라는 뜻의 학명.

술오이풀(壽, 1998) (장미과 *Sanguisorba minor*) 〔유래〕 두상화서의 아래쪽에는 수꽃, 중간에는 양성화, 위쪽에는 암꽃이 달리며, 양성화의 수술(12개 이상)에는 긴 수술대가 있어 꽃 밖으로 길게 술같이 늘어진다.

술패랭이꽃(鄭, 1937) (석죽과 *Dianthus superbus* v. *longicalycinus*) 〔이명〕 수패랭이꽃. 〔유래〕 꽃잎이 술과 같이 갈라진 패랭이꽃. 구맥(瞿麥).

숨위나물(鄭, 1937) (현삼과) 냉초의 이명. → 냉초.

숫개면마(朴, 1961) (면마과) 왕고사리의 이명. → 왕고사리.

숫곰고사리(朴, 1961) (면마과) 곰비늘고사리의 이명. → 곰비늘고사리.

숫돌담고사리(李, 1980) (꼬리고사리과) 수돌담고사리의 이명. → 수돌담고사리.

숫명다래나무(鄭, 1937) (인동과) 길마가지나무의 이명. 〔유래〕 전남 방언. → 길마가지나무.

숫무(鄭, 1937) (십자화과 *Brassica campestris* ssp. *rapa*) 〔이명〕 순무, 순무우. 〔유래〕 무청(蕪菁), 만청(蔓菁), 제갈채(諸葛菜).

숫송(永, 1996) (소나무과) 해송의 이명. → 해송.

숫잔대(鄭, 1937) (초롱꽃과 *Lobelia sessilifolia*) 〔이명〕 진들도라지, 잔대아재비, 습잔대. 〔유래〕 미상. 산경채(山梗菜).

숭도(李, 1966) (장미과 *Prunus persica* v. *nectalina*) 〔유래〕 미상. 열매에 털이 없다.

숭애(鄭, 1949) (여뀌과) 싱아의 이명. → 싱아.

숲갈퀴나물(朴, 1949) (콩과 *Vicia amurensis* v. *pallida*) 〔이명〕 너른잎갈퀴. 〔유래〕 숲 속에 나는 갈퀴나물이라는 뜻의 학명.

숲개밀(朴, 1949) (벼과 *Brachypodium sylvaticum*) 〔이명〕 산개밀, 민숲개밀. 〔유래〕 숲 속에 나는 개밀이라는 뜻의 학명.

숲개별꽃(朴, 1974) (석죽과) 털개별꽃의 이명. → 털개별꽃.

숲고사리(朴, 1949) (면마과) 뿔왜고사리의 이명. → 뿔왜고사리.

숲골무꽃(朴, 1949) (꿀풀과) 광능골무꽃의 이명. 〔유래〕 그늘(숲) 골무꽃이라는 뜻의 일명. → 광능골무꽃.

숲꽃마리(朴, 1949) (지치과) 왜지치의 이명. 〔유래〕 숲 속에 나는 왜지치라는 뜻의 학명. → 왜지치.

숲꾸렘이풀(朴, 1949) (벼과) 포아풀의 이명. → 포아풀.

숲물망초(朴, 1974) (지치과) 왜지치의 이명. → 왜지치.

숲바람꽃(朴, 1949) (미나리아재비과 *Anemone umbrosa*) 〔이명〕 그늘바람꽃. 〔유래〕 음지(숲)성인 바람꽃이라는 뜻의 학명 및 숲 바람꽃이라는 뜻의 일명. 죽절향부(竹節香附).

숲박달(朴, 1949) (자작나무과) 웅기개박달의 이명. → 웅기개박달.

숲보리뱅이(安, 1982) (국화과) 그늘보리뺑이의 이명. → 그늘보리뺑이.

숲보리뺑풀(愚, 1996) (국화과) 그늘보리뺑이의 북한 방언. → 그늘보리뺑이.

숲비수리(朴, 1949) (콩과) 땅비수리의 이명. 〔유래〕 그늘(숲)에 나는 비수리라는 뜻의 학명 및 숲 비수리라는 뜻의 일명. → 땅비수리.

숲솜나물(朴, 1949) (국화과) 너울취의 이명. → 너울취.

숲안꼭두서니(安, 1982) (꼭두선이과) 덤불꼭두선이의 이명. → 덤불꼭두선이.

숲이삭사초(朴, 1949) (사초과 *Carex drymophila*) 〔이명〕 곱슬사초. 〔유래〕 숲 삿갓사초라는 뜻의 일명.

숲자작나무(安, 1982) (자작나무과) 덤불자작나무의 이명. → 덤불자작나무.

쉬나무(鄭, 1942) (운향과 *Evodia daniellii*) 쉬땅나무의 이명(장미과, 1942, 함남 방언)으로도 사용. 〔이명〕 수유나무, 소동나무, 다지나무, 쇠동백나무, 시유나무. 〔유래〕 전남 방언. 오수유(吳茱萸). → 쉬땅나무.

쉬땅나무(李, 1980) (장미과 *Sorbaria sorbifolia* v. *stellipila*) 〔이명〕 개쉬땅나무, 마가목, 쉬나무, 빕쉬나무, 밥쉬나무. 〔유래〕 화서(花序)가 수수 이삭 같다. 진주매(珍珠梅).

쉬젓가래(安, 1982) (다래나무과) 개다래나무의 이명. → 개다래나무.

쉬청나무(鄭, 1942) (물푸레나무과) 물푸레나무의 이명. 〔유래〕 물푸레나무의 강원 방언. → 물푸레나무.

쉬풀(朴, 1949) (콩과) 된장풀의 이명. → 된장풀.

ㅅ

쉰쪽마늘(永, 1996) (백합과) 마늘의 이명. → 마늘.

쉽사리(李, 1969) (꿀풀과) 쉽싸리의 이명. → 쉽싸리.

쉽싸리(鄭, 1949) (꿀풀과 *Lycopus lucidus*) 〔이명〕 쉽싸리, 택란, 개조박이, 쉽사리. 〔유래〕 미상. 택란(澤蘭).

쉽싸리풀(朴, 1974) (콩과) 된장풀의 이명. → 된장풀.

슈미트사초(朴, 1949) (사초과) 참뚝사초의 이명. 〔유래〕 슈미트(Schmidt)의 사초라는 뜻의 학명. → 참뚝사초.

스도로뿌소나무(鄭, 1942) (소나무과) 스트로브잣나무의 이명. 〔유래〕 스트로부스(*strobus*)라는 학명(소종명). → 스트로브잣나무.

스모크트리(尹, 1989) (옻나무과) 안개나무의 이명. 〔유래〕 Smoke tree. → 안개나무.

스무나무(永, 1996) (느릅나무과) 시무나무의 북한 방언. → 시무나무.

스미쓰키버들(朴, 1949) (버드나무과) 당키버들의 이명. 〔유래〕 스미스(Smith)의 버드나무라는 뜻의 학명. → 당키버들.

스위이트피이(愚, 1996) (콩과) 스위트피의 중국 옌볜 방언. → 스위트피.

스위트피(朴, 1949) (콩과 *Lathyrus odoratus*) 〔이명〕 향나래완두, 꽃콩, 스위이트피이. 〔유래〕 Sweet pea.

스트로브잣나무(李, 1947) (소나무과 *Pinus strobus*) 〔이명〕 스도로뿌소나무, 가는잎소나무. 〔유래〕 스트로브 소나무라는 뜻의 학명. 미국오엽송(美國五葉松).

습잔대(愚, 1996) (초롱꽃과) 숫잔대의 북한 방언. 〔유래〕 습지에 나는 잔대. → 숫잔대.

습지고사리(愚, 1996) (면마과) 암고사리의 중국 옌볜 방언. → 암고사리.

승마(鄭, 1937) (미나리아재비과 *Cimicifuga heracleifolia*) 왜승마의 이명(朴, 1974)으로도 사용. 〔이명〕 끼멸가리, 왜승마. 〔유래〕 승마(升麻). → 왜승마.

승마냉이(安, 1982) (십자화과) 미나리냉이의 이명. → 미나리냉이.

승앵이자리(朴, 1949) (콩과) 잔개자리의 이명. → 잔개자리.

시계꽃(李, 1976) (시계꽃과 *Passiflora caerulea*) 〔이명〕 시계초. 〔유래〕 시계(時計)풀(꽃의 모양이)이라는 뜻의 일명.

시계나무(鄭, 1942) (물푸레나무과) 개회나무의 이명. 〔유래〕 개회나무의 강원 방언. → 개회나무.

시계초(尹, 1989) (시계꽃과) 시계꽃의 이명. → 시계꽃.

시골색시사초(朴, 1949) (사초과) 그늘실사초의 이명. → 그늘실사초.

시금초(鄭, 1937) (여뀌과) 수영과 괭이밥(괭이밥과, 1949)의 이명. → 수영, 괭이밥.

시금추(安, 1982) (명아주과) 시금치의 이명. → 시금치.

시금치(鄭, 1937) (명아주과 *Spinacia oleracea*) 〔이명〕 싱금치, 시금추. 〔유래〕 미상. 파릉채(菠薐菜), 적근채(赤根菜), 파채(菠菜). 〔어원〕 赤根/赤根菜. 적근/적근채→시

근치→시근취→시금치로 변화(어원사전).

시내대(安, 1982) (벼과) 물대의 이명. → 물대.

시내버들(朴, 1949) (버드나무과) 내버들의 이명. → 내버들.

시내봉의꼬리삼(愚, 1996) (고사리과) 큰반쪽고사리의 중국 옌볜 방언. → 큰반쪽고사리.

시내사초(朴, 1949) (사초과) 바랭이사초의 이명. → 바랭이사초.

시닥나무(鄭, 1937) (단풍나무과 *Acer tschonoskii* v. *rubripes*) 신나무(1942, 강원 방언)와 예덕나무(대극과, 朴, 1949)의 이명으로도 사용. 〔이명〕 단풍자래, 시당나무. 〔유래〕 평북 방언. → 신나무, 예덕나무.

시당나무(朴, 1949) (단풍나무과) 시닥나무의 이명. → 시닥나무.

시로미(鄭, 1937) (시로미과 *Empetrum nigrum* v. *japonicum*) 〔유래〕 제주 방언. 암고란(岩高蘭).

시로우마사초(永, 1996) (사초과) 포태사초의 이명. 〔유래〕 시로우마에 나는 사초라는 뜻의 학명. → 포태사초.

시루산돔부(朴, 1949) (콩과 *Oxytropis strobilaea*) 〔이명〕 둥근두메자운, 시루산두메자운. 〔유래〕 함북 증산(甑山)에 나는 두메자운.

시루산두메자운(愚, 1996) (콩과) 시루산돔부의 북한 방언. → 시루산돔부.

시리아수수(李, 2003) (벼과) 시리아수수새의 이명. → 시리아수수새.

시리아수수새(壽, 1993) (벼과 *Sorghum halepense*) 〔이명〕 시리아수수. 〔유래〕 시리아에 나는 수수새.

시무나무(鄭, 1937) (느릅나무과 *Hemiptelea davidii*) 〔이명〕 스무나무. 〔유래〕 경기 방언. 자유(紫楡), 추(樞).

시베리아괭이눈(安, 1982) (범의귀과) 오대산괭이눈의 이명. 〔유래〕 시베리아에 나는 괭이눈이라는 뜻의 학명. → 오대산괭이눈.

시베리아냉초(朴, 1949) (현삼과) 냉초의 이명. 〔유래〕 시베리아에 나는 냉초라는 뜻의 학명 및 일명. → 냉초.

시베리아매발톱꽃(朴, 1949) (미나리아재비과) 산매발톱꽃의 이명. 〔유래〕 시베리아에 나는 매발톱꽃이라는 뜻의 학명. → 산매발톱꽃.

시베리아바위풀(朴, 1949) (백합과) 나도여로의 이명. 〔유래〕 시베리아에 나는 나도여로라는 뜻의 학명. → 나도여로.

시베리아붓꽃(심정기, 1988) (붓꽃과 *Iris sibirica*) 〔유래〕 시베리아에 나는 붓꽃이라는 뜻의 학명.

시베리아살구(李, 1966) (장미과 *Prunus sibirica*) 〔이명〕 개살구, 시베리아살구나무, 북산살구나무, 북살구나무, 북개살구. 〔유래〕 시베리아에 나는 살구나무라는 뜻의 학명 및 일명.

시베리아살구나무(李, 1980) (장미과) 시베리아살구의 이명. → 시베리아살구.

시베리아수염새(朴, 1949) (벼과) 털나래새의 이명. 〔유래〕 시베리아에 나는 나래새라는 뜻의 학명 및 시베리아 털수염새라는 뜻의 일명. → 털나래새.

시베리아쑥(朴, 1949) (국화과 *Artemisia sibirica*) 〔이명〕 실쑥, 누른시베리아쑥. 〔유래〕 시베리아에 나는 쑥이라는 뜻의 학명.

시베리아잠자리피(朴, 1949) (벼과 *Trisetum sibiricum*) 〔유래〕 시베리아에 나는 잠자리피라는 뜻의 학명.

시베리아장대(朴, 1949) (십자화과) 나도냉이의 이명. 〔유래〕 시베리야야마가라시(シベリヤヤマガラシ)라는 일명. → 나도냉이.

시베리아포아풀(永, 1996) (벼과 *Poa sibirica*) 〔유래〕 시베리아에 나는 포아풀이라는 뜻의 학명.

시베리아황기(安, 1982) (콩과) 묏황기의 이명. → 묏황기.

시볼드모시풀(朴, 1949) (쐐기풀과) 긴잎모시풀의 이명. 〔유래〕 시볼드(Siebold)의 모시풀이라는 뜻의 학명. → 긴잎모시풀.

시볼드아그배나무(朴, 1949) (장미과) 아그배나무의 이명. 〔유래〕 시볼드(Siebold)의 사과나무라는 뜻의 학명. → 아그배나무.

시유나무(朴, 1949) (운향과) 쉬나무의 이명. → 쉬나무.

시쿠라멘(朴, 1949) (앵초과) 시클라멘의 이명. → 시클라멘.

시크라멘(愚, 1996) (앵초과) 시클라멘의 이명. → 시클라멘.

시클라멘(尹, 1989) (앵초과 *Cyclamen persicum*) 〔이명〕 시쿠라멘, 시크라멘. 〔유래〕 시클라멘(*Cyclamen*)이라는 속명.

시투리(鄭, 1956) (국화과) 사데풀의 이명. → 사데풀.

시호(鄭, 1937) (산형과 *Bupleurum falcatum*) 참시호의 이명(朴, 1949)으로도 사용. 〔이명〕 큰일시호. 〔유래〕 시호(柴胡). → 참시호.

식나무(鄭, 1937) (층층나무과 *Aucuba japonica*) 참식나무의 이명(녹나무과, 1937)으로도 사용. 〔이명〕 넓적나무, 청목, 넙적나무. 〔유래〕 제주 방언. 청목(靑木). → 참식나무.

신가삼(朴, 1949) (산형과) 신감채의 이명. → 신감채.

신갈나무(鄭, 1937) (참나무과 *Quercus mongolica*) 〔이명〕 물갈나무, 돌참나무, 물가리나무, 재라리나무, 털물갈나무, 물신갈나무, 털물신갈나무, 만주신갈나무. 〔유래〕 강원 방언. 유(楢), 작(柞), 작수피(柞樹皮).

신갈졸참나무(李, 1961) (참나무과 *Quercus* x *alieno-serratoides*) 〔유래〕 신갈나무, 갈참나무, 졸참나무의 삼원잡종(三源雜種).

신감채(鄭, 1937) (산형과 *Ostericum grosseserratum*) 가는바디의 이명(愚, 1996, 중국 옌볜 방언)으로도 사용. 〔이명〕 신가삼, 강활. 〔유래〕 신감채(辛甘菜). → 가는바

디.

신경초(尹, 1989) (콩과) 미모사의 이명. 〔유래〕 신경초(神經草). → 미모사.

신나무(鄭, 1937) (단풍나무과 *Acer ginnala*) 고로쇠나무의 이명(1942, 강원 방언)으로도 사용. 〔이명〕 시닥나무, 사다기나무. 〔유래〕 경기 방언. 다조축(茶條槭). → 고로쇠나무.

신달위(鄭, 1942) (철쭉과) 참꽃나무의 이명. → 참꽃나무.

신떡갈나무(鄭, 1942) (참나무과) 떡신갈나무의 이명. 〔유래〕 신갈나무와 유사한 떡갈나무(잡종)라는 뜻의 학명. → 떡신갈나무.

신리화(鄭, 1942) (물푸레나무과) 개나리의 이명. 〔유래〕 신이화(辛夷花). → 개나리.

신방나무(鄭, 1942) (대극과) 사람주나무의 이명. 〔유래〕 사람주나무의 강원 방언. → 사람주나무.

신방풍(愚, 1996) (산형과) 방풍의 북한 방언. → 방풍.

신벗나무(愚, 1996) (장미과) 큰양벗나무의 중국 옌볜 방언. → 큰양벗나무.

신부채붓꽃(永, 2002) (붓꽃과 *Iris neosetosa*) 〔유래〕 새로운 부채붓꽃이라는 뜻의 학명. 부채붓꽃과 붓꽃의 중간형.

신산들깨(愚, 1996) (꿀풀과) 가는잎산들깨의 중국 옌볜 방언. → 가는잎산들깨.

신선장(朴, 1949) (선인장과) 선인장의 이명. → 선인장.

신선초(李, 2003) (산형과 *Angelica keiskei*) 〔유래〕 미상. 신선초(神仙草), 명일엽(明日葉).

신신무(鄭, 1942) (녹나무과) 생달나무의 이명. → 생달나무.

신양벚(李, 1966) (장미과) 큰양벗나무의 이명. 〔유래〕 신맛이 강한 양벚. → 큰양벗나무.

신우대(朴, 1949) (벼과) 조릿대의 이명. → 조릿대.

신위대(鄭, 1942) (벼과) 이대의 이명. 〔유래〕 이대의 전북 어청도 방언. → 이대.

신의대(鄭, 1942) (벼과) 고려조릿대의 이명. → 고려조릿대.

신의주별꽃(愚, 1996) (석죽과 *Stellaria neo-palustris*) 〔유래〕 평북 신의주에 나는 별꽃.

신진(朴, 1949) (쐐기풀과) 좀깨잎나무의 이명. → 좀깨잎나무.

신창구절초(朴, 1949) (국화과 *Chrysanthemum sinchangense*) 〔이명〕 흰감국. 〔유래〕 평남 순천 신창에 나는 구절초.

신해박(安, 1982) (박주가리과) 산해박의 이명. → 산해박.

신흥골풀(李, 1969) (골풀과) 설령골풀의 이명. 〔유래〕 함남 신흥에 나는 골풀. → 설령골풀.

실가래(朴, 1949) (가래과) 실말과 대가래(愚, 1996, 중국 옌볜 방언)의 이명. → 실말, 대가래.

실갈퀴(李, 1980) (꼭두선이과 *Galium linearifolium*) 〔이명〕 실갈키, 실갈키덩굴. 〔유래〕 잎이 실같이 가는 갈퀴덩굴이라는 뜻의 학명 및 실 갈퀴덩굴이라는 뜻의 일명.

실갈키(朴, 1949) (꼭두선이과) 실갈퀴의 이명. → 실갈퀴.

실갈키덩굴(鄭, 1949) (꼭두선이과) 실갈퀴의 이명. → 실갈퀴.

실개수염(鄭, 1949) (곡정초과) 좀개수염의 이명. 〔유래〕 실 개수염이라는 뜻의 일명. → 좀개수염.

실거리나무(鄭, 1937) (콩과 *Caesalpinia decapetala* v. *japonica*) 〔이명〕 띠거리가시, 띠거리나무. 〔유래〕 제주 방언. 전체에 산생(散生)하는 밑으로 고부라진 가시에 실을 걸 수 있다는 뜻. 야조각(野皁角).

실고사리(鄭, 1937) (실고사리과 *Lygodium japonicum*) 〔유래〕 제주 방언. 해금사(海金砂).

실골(朴, 1949) (골풀과) 청비녀골풀의 이명. → 청비녀골풀.

실골풀(鄭, 1970) (골풀과 *Juncus maximowiczii*) 〔이명〕 실비녀골풀. 〔유래〕 실〔絲〕 골풀이라는 뜻의 일명.

실꽃풀(鄭, 1949) (백합과 *Chionographis japonica*) 〔이명〕 실마리꽃. 〔유래〕 실 꽃풀이라는 뜻의 일명.

실꿰미풀(愚, 1996) (벼과) 실포아풀의 중국 옌볜 방언. 〔유래〕 실 꿰미풀(포아풀). → 실포아풀.

실낚시돌풀(安, 1982) (꼭두선이과) 두잎갈퀴의 이명. → 두잎갈퀴.

실난초(安, 1982) (난초과) 비비추난초의 이명. → 비비추난초.

실달래(安, 1982) (백합과) 실부추의 이명. → 실부추.

실대싸리(安, 1982) (콩과) 좀싸리의 이명. → 좀싸리.

실마리꽃(朴, 1949) (백합과) 실꽃풀의 이명. → 실꽃풀.

실말(鄭, 1949) (가래과 *Potamogeton berchtoldi*) 〔이명〕 실가래. 〔유래〕 실 말이라는 뜻의 일명.

실망초(鄭, 1937) (국화과 *Erigeron bonariensis*) 〔이명〕 망초, 털망초, 실잔꽃풀, 실망풀. 〔유래〕 아마의 잎과 같이 가늘다는 뜻의 학명. 기주일지호(祁州一枝蒿).

실망풀(愚, 1996) (국화과) 실망초의 중국 옌볜 방언. → 실망초.

실맥문동(鄭, 1949) (백합과 *Ophiopogon japonicus* v. *umbrosus*) 〔유래〕 맥문동에 비해 잎이 좁고 길어 실과 같다. 맥문동(麥門冬).

실맨드램이(朴, 1949) (비름과) 줄맨드라미의 이명. → 줄맨드라미.

실미꾸리낚시(朴, 1949) (여뀌과 *Persicaria sieboldii* v. *paludosa*) 〔이명〕 수원미꾸리낚시. 〔유래〕 히메우나기쓰카미(ヒメウナギツカミ)라는 일명.

실바디(朴, 1974) (산형과) 서울개발나물의 이명. → 서울개발나물.

실반디미나리(安, 1982) (산형과) 반디미나리의 이명. → 반디미나리.

실버들분취(朴, 1949) (국화과) 산골취의 이명. → 산골취.

실벚나무(永, 1996) (장미과 *Prunus pendula* f. *pendula*) 〔유래〕 가지가 실같이 밑으로 처지는 관상용 올벚나무.

실별꽃(鄭, 1937) (석죽과 *Stellaria filicaulis*) 〔유래〕 원줄기가 실 같다는 뜻의 학명 및 실 별꽃이라는 뜻의 일명.

실부추(鄭, 1949) (백합과 *Allium anisopodium*) 〔이명〕 쥐달래, 실달래. 〔유래〕 대가 길고 짧다는(실같이 가늘다) 뜻의 학명.

실비녀골풀(李, 1969) (골풀과) 실골풀의 이명. → 실골풀.

실사리(鄭, 1937) (부처손과 *Selaginella sibirica*) 〔이명〕 왜실사리, 북도실사리, 개실사리. 〔유래〕 히모(끈)가즈라(ヒモカズラ)라는 일명. 가늘게 뻗어 얽힌 줄기를 실사리에 비유.

실사초(李, 1969) (사초과 *Carex fernaldiana*) 그늘실사초(鄭, 1949)와 그늘사초(朴, 1949)의 이명으로도 사용. 〔이명〕 새사초. 〔유래〕 실 사초라는 뜻의 일명. → 그늘실사초, 그늘사초.

실새삼(鄭, 1937) (메꽃과 *Cuscuta australis*) 갯실새삼의 이명(愚, 1996, 중국 옌볜 방언)으로도 사용. 〔유래〕 실같이 가는 새삼. 토사자(兎絲子). → 갯실새삼.

실새풀(鄭, 1949) (벼과 *Calamagrostis arundinacea*) 〔이명〕 메뛰기피, 자주메뛰기피, 새풀, 다람쥐꼬리새풀. 〔유래〕 짧은 사상의 새풀이라는 뜻의 학명.

실쇄채나물(安, 1982) (국화과) 께묵의 이명. → 께묵.

실수리취(鄭, 1956) (국화과) 은분취의 이명. → 은분취.

실쑥(鄭, 1949) (국화과 *Filifolium sibiricum*) 시베리아쑥의 이명(1949)으로도 사용. 〔이명〕 솔잎쑥. 〔유래〕 국화잎 실 쑥이라는 뜻의 일명. → 시베리아쑥.

실영신초(朴, 1949) (원지과) 원지의 이명. 〔유래〕 실 영신초라는 뜻의 일명. → 원지.

실유카(尹, 1989) (용설란과 *Yucca filamentosa*) 〔이명〕 실육카, 실육까. 〔유래〕 실 모양의 유카라는 뜻의 학명. → 실육카.

실육까(愚, 1996) (용설란과) 실유카의 중국 옌볜 방언. → 실유카.

실육카(李, 1980) (용설란과) 실유카의 이명. 〔유래〕 잎 가장자리에서 실이 갈라진다. → 실유카.

실이삭사초(朴, 1949) (사초과 *Carex laxa*) 〔유래〕 실 방울사초(이삭사초)라는 뜻의 일명.

실잎나무(愚, 1996) (용설란과) 유카의 북한 방언. → 유카.

실잔꽃풀(愚, 1996) (국화과) 실망초의 북한 방언. 〔유래〕 실 잔꽃풀(망초). → 실망초.

실젓가락나물(朴, 1949) (미나리아재비과) 왜미나리아재비의 이명. → 왜미나리아재비.

실제비쑥(李, 1969) (국화과 *Artemisia japonica* v. *angustissima*) 〔유래〕 잎이 매우 좁은 제비쑥이라는 뜻의 학명 및 실 쑥이라는 뜻의 일명.

실좀풀꽃(愚, 1996) (마전과) 벼룩아재비의 북한 방언.→ 벼룩아재비.

실청사초(李, 1969) (사초과 *Carex sabynensis*) 〔이명〕 부리사초. 〔유래〕 미상.

실층층이꽃(愚, 1996) (골풀과) 애기탑꽃의 중국 옌벤 방언. → 애기탑꽃.

실통발(朴, 1974) (통발과 *Utricularia mutlispinosa*) 〔이명〕 좀통발. 〔유래〕 잎이 실 같이 가는 통발.

실포아풀(鄭, 1949) (벼과 *Poa acroleuca*) 〔이명〕 꾸레미풀, 실꿰미풀. 〔유래〕 미조이치고쓰나기(ミゾイチゴツナギ)라는 일명.

실피사초(李, 1969) (사초과 *Carex longerostrata* v. *pallida*) 〔이명〕 여튼피사초, 여름피사초. 〔유래〕 실 피사초라는 뜻의 일명.

실하눌직이(鄭, 1937) (사초과) 꽃하늘지기의 이명. 〔유래〕 실 하늘지기라는 뜻의 일명. → 꽃하늘지기.

실하늘지기(愚, 1996) (사초과) 꽃하늘지기의 중국 옌벤 방언. → 꽃하늘지기.

실회나무(鄭, 1949) (노박덩굴과) 회목나무의 이명. → 회목나무.

심산갈퀴(安, 1982) (꼭두선이과) 둥근갈퀴의 이명. → 둥근갈퀴.

심산구슬봉이(愚, 1996) (용담과) 흰그늘용담의 중국 옌벤 방언. 〔유래〕 심산에 나는 구슬봉이(구슬붕이). → 흰그늘용담.

심산천궁(永, 1996) (산형과) 궁궁이의 북한 방언. → 궁궁이.

심장병풀(愚, 1996) (현삼과) 디기탈리스의 북한 방언. 〔유래〕 심장병에 약용. → 디기탈리스.

심장풀(安, 1982) (현삼과) 디기탈리스의 이명. → 디기탈리스, 심장병풀.

십자고사리(鄭, 1937) (면마과 *Polystichum tripteron*) 〔유래〕 잎이 십자(十) 모양인 고사리라는 뜻의 일명. 신열이궐(新裂耳蕨).

십자란(愚, 1996) (난초과) 잠자리난초의 북한 방언. → 잠자리난초.

십자참꽃(李, 1966) (철쭉과) 흰참꽃나무의 이명. → 흰참꽃나무.

십자풀(安, 1982) (삼백초과) 약모밀의 이명. → 약모밀.

싱금치(朴, 1949) (명아주과) 시금치의 이명. 〔유래〕 시금치의 방언. → 시금치.

싱아(鄭, 1949) (여뀌과 *Aconogonum polymorphum*) 호장근(1937)과 왜개싱아(李, 1969)의 이명으로도 사용. 〔이명〕 숭애, 넓은잎싱아. 〔유래〕 미상. → 호장근, 왜개싱아.

싸라기사초(李, 1980) (사초과) 싸래기사초의 이명. → 싸래기사초.

싸랑부리(安, 1982) (국화과) 씀바귀의 이명. → 씀바귀.

싸래기사초(朴, 1949) (사초과 *Carex ussuriensis*) 〔이명〕 싸라기사초, 좁쌀사초. 〔유래〕 싸라기 사초라는 뜻의 일명.

싸리(鄭, 1937) (콩과) 싸리나무의 이명. 〔유래〕 싸리나무의 축소형. 〔어원〕 ᄡᆞ리→ᄢᆞᆯ리→ᄡᆞ리→싸리로 변화(어원사전). → 싸리나무.

싸리나무(鄭, 1942) (콩과 *Lespedeza bicolor*) 〔이명〕 싸리, 좀풀싸리, 좀싸리, 애기싸리, 좀산싸리. 〔유래〕 미상.

싸리냉이(鄭, 1937) (십자화과 *Cardamine impatiens*) 〔이명〕 긴잎황새냉이, 싸리황새냉이. 〔유래〕 미상.

싸리버들(鄭, 1942) (물푸레나무과) 쥐똥나무의 이명. 〔유래〕 쥐똥나무의 전북 어청도 방언. → 쥐똥나무.

싸리버들옻(愚, 1996) (대극과) 광대싸리의 북한 방언. 〔유래〕 싸리와 유사한 버들옻(대극). → 광대싸리.

싸리풀(安, 1982) (가지과) 사리풀의 이명. → 사리풀.

싸리황새냉이(愚, 1996) (십자화과) 싸리냉이의 북한 방언. → 싸리냉이.

싸할사초(愚, 1996) (사초과) 대택사초의 중국 옌볜 방언. → 대택사초.

싸할송이풀(愚, 1996) (현삼과) 부전송이풀의 중국 옌볜 방언. → 부전송이풀.

싹고사리(朴, 1961) (면마과) 더부사리고사리의 이명. → 더부사리고사리.

싹눈꿩의비름(朴, 1974) (돌나물과) 새끼꿩의비름의 이명. 〔유래〕 살눈(싹눈)이 있는 꿩의비름. → 새끼꿩의비름.

싹눈돌나물(朴, 1974) (돌나물과) 말똥비름의 이명. 〔유래〕 살눈(싹눈)이 있는 돌나물. → 말똥비름.

싹눈바꽃(鄭, 1957) (미나리아재비과) 투구꽃의 이명. → 투구꽃.

싹눈바위취(朴, 1974) (범의귀과) 씨눈바위취의 이명. 〔유래〕 살눈(싹눈)이 생기는 바위취. → 씨눈바위취.

쌀겨풀(愚, 1996) (벼과) 좀겨풀의 중국 옌볜 방언. → 좀겨풀.

쌀낫사초(朴, 1949) (사초과) 쌀사초의 이명. 〔유래〕 쌀알 사초라는 뜻의 일명. → 쌀사초.

쌀보리(鄭, 1937) (벼과 *Hordeum vulgare* v. *nudum*) 〔이명〕 보리. 〔유래〕 쌀〔裸出〕 보리라는 뜻의 학명 및 일명. 나맥(裸麥).

쌀사초(李, 1969) (사초과 *Carex glaucaeformis*) 〔이명〕 쌀낫사초, 가는사초. 〔유래〕 쌀알 사초라는 뜻의 일명.

쌀새(鄭, 1949) (벼과 *Melica onoei*) 〔이명〕 껍질새. 〔유래〕 과실이 쌀과 유사한 새.

쌀파도풀(鄭, 1949) (현삼과 *Omphalothrix longipes*) 〔이명〕 눈송이풀, 배꼽풀. 〔유래〕 고고메(싸라기)다쓰나미소(골무꽃)(コゴメタツナミソウ)라는 일명.

쌍구슬풀(壽, 2001) (산형과 *Bifora radians*) 〔유래〕 열매가 쌍구슬 모양이다.

쌍꽃대(朴, 1974) (홀아비꽃대과 *Chloranthus serratus*) 〔이명〕 꽃대, 두사람꽃대, 쌍동꽃대, 쌍둥꽃대. 〔유래〕 화수(花穗)가 2개인 것이 많다.

쌍낚시풀(愚, 1996) (꼭두선이과) 두잎갈퀴의 북한 방언. → 두잎갈퀴.

쌍닥나무(愚, 1996) (뽕나무과) 대생꾸지나무의 중국 옌볜 방언. → 대생꾸지나무.

쌍동꽃대(愚, 1996) (홀아비꽃대과) 쌍꽃대의 북한 방언. → 쌍꽃대.

쌍동바람꽃(鄭, 1949) (미나리아재비과 *Anemone rossii*) 〔이명〕 쌍둥이바람꽃, 쌍동이바람꽃, 쌍둥바람꽃. 〔유래〕 꽃대가 2개인 바람꽃.

쌍동이바람꽃(鄭, 1937) (미나리아재비과) 쌍동바람꽃의 이명. → 쌍동바람꽃.

쌍두제비란(愚, 1996) (난초과) 제비난초의 중국 옌볜 방언. → 제비난초.

쌍둥꽃대(愚, 1996) (홀아비꽃대과) 쌍꽃대의 중국 옌볜 방언. → 쌍꽃대.

쌍둥바람꽃(愚, 1996) (미나리아재비과) 쌍동바람꽃의 중국 옌볜 방언. → 쌍동바람꽃.

쌍둥이련꽃(愚, 1996) (수련과) 연꽃의 중국 옌볜 방언. → 연꽃.

쌍둥이바람꽃(朴, 1949) (미나리아재비과) 쌍동바람꽃의 이명. → 쌍동바람꽃.

쌍실버들(鄭, 1937) (버드나무과 *Salix bicarpa*) 〔유래〕 포(苞)에 열매가 2개씩 달린다는 뜻의 학명.

쌍잎난초(鄭, 1956) (난초과 *Listera pinetorum*) 이삭단엽란의 이명(朴, 1949)으로도 사용. 〔이명〕 두잎난초, 두잎란. 〔유래〕 잎이 줄기 중앙에서 2매가 대생(쌍잎)하는 난초. → 이삭단엽란.

쐐기풀(鄭, 1937) (쐐기풀과 *Urtica thunbergiana*) 애기쐐기풀의 이명(愚, 1996, 북한 방언)으로도 사용. 〔유래〕 미상. 담마(蕁麻). → 애기쐐기풀.

쑤시(安, 1982) (벼과) 수수의 이명. → 수수.

쑥(鄭, 1937) (국화과 *Artemisia indica* v. *maximowiczii*) 〔이명〕 사재발쑥, 약쑥, 타래쑥, 바로쑥. 〔유래〕 애(艾), 호(蒿), 애엽(艾葉).

쑥갓(鄭, 1937) (국화과 *Chrysanthemum coronarium* v. *spatiosum*) 〔유래〕 미상. 동호(茼蒿).

쑥구화(鄭, 1949) (국화과) 쑥국화의 이명. → 쑥국화.

쑥국화(朴, 1949) (국화과 *Tanacetum vulgare*) 〔이명〕 쑥구화. 〔유래〕 쑥 국화라는 뜻의 일명.

쑥더부사리(朴, 1949) (열당과) 초종용과 백양더부사리(愚, 1996, 중국 옌볜 방언)의 이명. 〔유래〕 사철쑥 뿌리에 기생(더부사리)한다. → 초종용, 백양더부사리.

쑥방망이(鄭, 1937) (국화과 *Senecio argunensis*) 〔이명〕 가는잎쑥방맹이. 〔유래〕 미상. 참룡초(斬龍草).

쑥방맹이(朴, 1949) (국화과) 솜쑥방망이의 이명. → 솜쑥방망이.

쑥부장이(鄭, 1937) (국화과) 가새쑥부쟁이와 쑥부쟁이(1949)의 이명. → 가새쑥부쟁이, 쑥부쟁이.

쑥부쟁이(朴, 1974) (국화과 *Kalimeris yomena*) 〔이명〕 쑥부장이, 권영초. 〔유래〕 미

상. 산백국(山白菊).

쑥부지깽이(鄭, 1937) (십자화과 *Erysimum cheiranthoides*) 〔이명〕 쑥부지깽이나물, 민부지깽이. 〔유래〕 미상.

쑥부지깽이나물(朴, 1949) (십자화과) 쑥부지깽이의 이명. → 쑥부지깽이.

쑥잎풀(愚, 1996) (국화과) 돼지풀의 북한 방언. → 돼지풀.

쓰레기꽃(李, 2003) (국화과) 별꽃아재비의 이명. 〔유래〕 쓰레기장 주변에 많이 난다. → 별꽃아재비.

쓰레기풀(永, 1996) (국화과) 만수국아재비의 이명. → 만수국아재비.

쓴귀물(安, 1982) (국화과) 씀바귀의 이명. → 씀바귀.

쓴마(安, 1982) (마과) 도고로마의 이명. → 도고로마.

쓴씀바귀(愚, 1996) (국화과) 선씀바귀의 중국 옌볜 방언. → 선씀바귀.

쓴풀(李, 1969) (용담과 *Swertia japonica*) 자주쓴풀의 이명(鄭, 1949)으로도 사용. 〔이명〕 당약. 〔유래〕 뿌리의 맛이 쓰다. → 자주쓴풀.

씀바귀(鄭, 1937) (국화과 *Ixeris dentata*) 〔이명〕 씸배나물, 씀바기, 쓴귀물, 싸랑부리. 〔유래〕 미상. 고채(苦菜).

씀바귀아재비(朴, 1949) (국화과) 왕씀배의 이명. → 왕씀배.

씀바기(朴, 1949) (국화과) 씀바귀의 이명. → 씀바귀.

씀배아재비(愚, 1996) (국화과) 개씀배의 북한 방언. → 개씀배.

씨눈난초(鄭, 1949) (난초과 *Herminium lanceum* v. *longicrure*) 〔이명〕 구슬난초, 혹뿌리난초, 씨눈란. 〔유래〕 살눈(씨눈) 풀이라는 뜻의 일명.

씨눈란(愚, 1996) (난초과) 씨눈난초의 북한 방언. → 씨눈난초.

씨눈바위취(鄭, 1949) (범의귀과 *Saxifraga cernua*) 〔이명〕 싹눈바위취, 씨눈범의귀. 〔유래〕 살눈(씨눈) 바위취라는 뜻의 일명.

씨눈범의귀(安, 1982) (범의귀과) 씨눈바위취의 이명. → 씨눈바위취.

씨름꽃(鄭, 1937) (제비꽃과) 제비꽃의 이명. → 제비꽃.

씨범꼬리(鄭, 1949) (여뀌과 *Bistorta vivipara*) 〔이명〕 산범의꼬리, 갈범의꼬리, 무강범의꼬리, 씨범꼬리풀. 〔유래〕 살눈(씨)이 있는 범꼬리라는 뜻의 학명 및 일명.

씨범꼬리풀(愚, 1996) (여뀌과) 씨범꼬리의 북한 방언. → 씨범꼬리.

씨아똥(鄭, 1949) (양귀비과) 애기똥풀의 이명. → 애기똥풀.

씬나물(鄭, 1949) (국화과) 고들빼기의 이명. 〔유래〕 쓴맛이 있어 고미건위제로 먹는 나물. → 고들빼기.

씸배나물(鄭, 1949) (국화과) 씀바귀의 이명 → 씀바귀.

아가시나무(鄭, 1942) (콩과) 아까시나무의 이명. 〔유래〕 가짜 아카시나무라는 뜻의 학명 및 일명. → 아까시나무.

아가위나무(鄭, 1937) (장미과) 산사나무, 털야광나무와 야광나무(1942)의 이명. → 산사나무, 털야광나무, 야광나무.

아광나무(鄭, 1942) (장미과 *Crataegus maximowiczii*) 〔이명〕 뫼산사나무, 산산사나무, 야광나무, 뫼찔광나무. 〔유래〕 함남 방언.

ㅇ

아구사리(鄭, 1942) (대극과) 사람주나무(전북 방언)와 생강나무(녹나무과, 1937)의 이명. → 사람주나무, 생강나무.

아구장나무(鄭, 1937) (장미과 *Spiraea pubescens*) 〔이명〕 물참대, 아구장조팝나무. 〔유래〕 함북 방언.

아구장조팝나무(愚, 1996) (장미과) 아구장나무의 중국 옌볜 방언. → 아구장나무.

아귀꽃나무(愚, 1996) (인동과) 괴불나무의 북한 방언. → 괴불나무.

아귀나무(鄭, 1942) (녹나무과) 생강나무의 이명. → 생강나무.

아그배나무(鄭, 1937) (장미과 *Malus sieboldii*) 산사나무(1942, 함북 방언)와 야광나무(1942, 강원 방언)의 이명으로도 사용. 〔이명〕 시볼드아그배나무, 삼엽매지나무. 〔유래〕 전남 방언. 해홍(海紅). → 산사나무, 야광나무.

아기겨이삭(永, 1966) (벼과) 애기겨이삭의 이명. → 애기겨이삭.

아기단풍(鄭, 1942) (단풍나무과 *Acer micro-sieboldianum*) 〔이명〕 애기단풍나무, 애기단풍. 〔유래〕 아기(애기) 단풍나무라는 뜻의 일명.

아기도라지(朴, 1974) (초롱꽃과) 애기도라지의 이명. → 애기도라지.

아기며느리밥풀(朴, 1974) (현삼과) 애기며느리밥풀의 이명. → 애기며느리밥풀.

아기사철란(李, 1976) (난초과) 애기사철란의 이명. → 애기사철란.

아기쇠스랑개비(安, 1982) (장미과) 가락지나물의 이명. → 가락지나물.

아기쐐기풀(鄭, 1949) (쐐기풀과) 애기쐐기풀의 이명. → 애기쐐기풀.

아기원지(朴, 1974) (원지과) 원지의 이명. → 원지.

아기자운영(朴, 1974) (콩과) 애기자운의 이명. → 애기자운.

아기좁쌀풀(朴, 1974) (현삼과) 애기좁쌀풀의 이명. → 애기좁쌀풀.

아기풀(鄭, 1937) (원지과) 애기풀의 이명. → 애기풀.

아까시나무(李, 1966) (콩과 *Robinia pseudo-acacia*) 〔이명〕 아가시나무, 개아까시나무, 가시다릅나무, 아카시아나무. 〔유래〕 아카시아가 아니라는 뜻의 학명 및 가짜 아카시아라는 뜻의 일명에서 유래했으나, 꽃의 향기가 좋아 가까이 가보니 가시가 있어 아까시나무라고 했다는 말도 있다. 자괴화(刺槐花).

아까시밤나무(李, 1966) (참나무과 *Castanea bungeana* f. *robiniaerhytidoma*) 〔유래〕 아까시나무의 수피(樹皮)라는 뜻의 학명.

아들메기(永, 1996) (벼과) 큰기름새의 북한 방언. → 큰기름새.

아라사말채나무(李, 1966) (층층나무과) 흰말채나무의 이명. 〔유래〕 시베리아의 흰말채나무라는 뜻의 학명. → 흰말채나무.

아라이도쑥(安, 1982) (국화과) 증산쑥의 이명. 〔유래〕 아라이토 요모기(쑥)(アライトヨモギ)이라는 뜻의 일명. → 증산쑥.

아마(鄭, 1949) (아마과 *Linum usitatissimum*) 〔유래〕 아마(亞麻).

아마냉이(愚, 1996) (십자화과) 양구슬냉이의 중국 옌볜 방언. → 양구슬냉이.

아마릴리스(李, 1969) (수선화과 *Hippeastrum hybridum*) 〔이명〕 진주화. 〔유래〕 Amaryllis라는 영명.

아마존(鄭, 1937) (박주가리과) 백미꽃의 이명. → 백미꽃.

아마풀(鄭, 1949) (팥꽃나무과 *Diarthron linifolium*) 〔이명〕 개아마. 〔유래〕 아마와 유사한 풀.

아메리카수송(愚, 1996) (낙우송과) 낙우송의 중국 옌볜 방언. → 낙우송.

아메리카플라타너스(永, 1996) (버즘나무과) 양버즘나무의 이명. → 양버즘나무.

아무르고사리(朴, 1961) (면마과) 아물고사리의 이명. → 아물고사리.

아무르더부살이(安, 1982) (열당과) 압록더부사리의 이명. 〔유래〕 아무르에 나는 초종용(더부사리 식물)이라는 뜻의 학명. → 압록더부사리.

아무르바늘꽃(朴, 1974) (바늘꽃과) 호바늘꽃의 이명. 〔유래〕 아무르에 나는 바늘꽃이라는 뜻의 학명. → 호바늘꽃.

아물고사리(朴, 1949) (면마과 *Dryopteris amurensis*) 〔이명〕 아무르고사리. 〔유래〕 아무르에 나는 관중(고사리)이라는 뜻의 학명.

아물바늘꽃(朴, 1949) (바늘꽃과) 호바늘꽃의 이명. → 호바늘꽃, 아무르바늘꽃.

아물분취(朴, 1949) (국화과) 바늘분취의 이명. 〔유래〕 아무르에 나는 분취라는 뜻의 학명. → 바늘분취.

아물앵두나무(永, 1996) (범의귀과) 구우즈베리의 북한 방언. → 구우즈베리.

아물천남성(朴, 1949) (천남성과) 둥근잎천남성의 이명. 〔유래〕 아무르에 나는 천남성이라는 뜻의 학명 및 일명. → 둥근잎천남성.

아스파라가스(鄭, 1937) (백합과 *Asparagus officinalis*) 〔이명〕 볏짚두름, 아스파라거

스, 멸대, 열대. 〔유래〕 아스파라거스(*Asparagus*)라는 속명.

아스파라거스(李, 1980) (백합과) 아스파라가스의 이명. → 아스파라가스.

아시아꿩의다리(鄭, 1949) (미나리아재비과) 꿩의다리의 이명. 〔유래〕 아시아에 나는 꿩의다리라는 뜻의 학명. → 꿩의다리.

아옥(朴, 1949) (아욱과) 아욱의 이명. → 아욱.

아왜나무(鄭, 1937) (인동과 *Viburnum odoratissimum*) 〔이명〕 개아왜나무. 〔유래〕 제주 방언. 산호수(珊瑚樹).

아욱(鄭, 1937) (아욱과 *Malva verticillata*) 〔이명〕 아옥, 겨울아욱, 들아욱. 〔어원〕 abuha〔葵〕. abuha→아혹/아옥→아욱으로 변화(어원사전). 동규자(冬葵子).

아욱메꽃(朴, 1974) (메꽃과) 아욱메풀의 이명. → 아욱메풀.

아욱메풀(鄭, 1949) (메꽃과 *Dichondra repens*) 〔이명〕 마제금, 풍장등, 긴아욱메풀, 아욱메꽃. 〔유래〕 미상.

아욱제비꽃(鄭, 1949) (제비꽃과 *Viola hondoensis*) 〔이명〕 덩굴제비꽃, 섬제비꽃, 머위제비꽃. 〔유래〕 아욱 제비꽃이라는 뜻의 일명. 자화지정(紫花地丁).

아자비과줄(李, 1966) (콩과) 아재비과줄나무의 이명. → 아재비과줄나무.

아자비과줄나무(鄭, 1942) (콩과) 아재비과줄나무의 이명. → 아재비과줄나무.

아재비과줄나무(鄭, 1937) (콩과 *Gleditsia japonica* v. *stenocarpa*) 〔이명〕 아자비과줄나무, 아자비과줄, 애기개조각자나무. 〔유래〕 미상.

아주까리(鄭, 1937) (대극과) 피마자의 이명. 〔유래〕 비마(蓖麻). 〔어원〕 아차질가이(阿次叱加伊)→아즛가리→아족가리→아주까리로 변화(어원사전). → 피마자.

아카시아나무(愚, 1996) (콩과) 아까시나무의 북한 방언. → 아까시나무.

아편꽃(鄭, 1937) (양귀비과) 양귀비의 이명. → 양귀비.

아프리카금잔화(永, 1996) (국화과) 천수국의 이명. → 천수국.

아프리카문주란(尹, 1989) (수선화과 *Crinum moorei*) 〔유래〕 아프리카(남아프리카)에 나는 문주란.

아프리칸메리골드(尹, 1989) (국화과) 천수국의 이명. 〔유래〕 African marigold. → 천수국.

안개나무(李, 1976) (옻나무과 *Cotinus coggygria*) 〔이명〕 스모크트리, 개옻나무. 〔유래〕 화서(花序) 전체가 마치 안개 또는 담배연기를 연상케 한다.

안면용둥굴레(장창기, 2002) (백합과) 금강용둥굴레의 이명. → 금강용둥굴레, 안민용둥굴레.

안민용둥굴레(李, 1976) (백합과) 금강용둥굴레의 이명. 〔유래〕 충남 안면도에 나는 용둥굴레. → 금강용둥굴레.

안성바꽃(李, 1969) (미나리아재비과) 민바꽃의 이명. → 민바꽃.

안진부채(朴, 1949) (천남성과) 앉은부채의 이명. → 앉은부채.

안질방이(鄭, 1949) (국화과) 민들레의 이명. → 민들레.

안질풀(愚, 1996) (가지과) 미치광이의 중국 옌볜 방언. → 미치광이.

앉은가래(李, 1969) (가래과 *Potamogeton heterophyllus*) 〔이명〕 좀가래, 왜가래. 〔유래〕 미상.

앉은꽃속속이풀(愚, 1996) (십자화과) 좀개갓냉이의 북한 방언. → 좀개갓냉이.

앉은뱅이꽃(朴, 1974) (제비꽃과) 제비꽃의 이명. → 제비꽃.

앉은부채(鄭, 1937) (천남성과 *Symplocarpus renifolius*) 〔이명〕 안진부채, 삿부채풀, 우엉취, 산부채풀, 삿부채. 〔유래〕 육수화서의 모양이 앉은 부처와 유사. 취숭(臭崧).

앉은잎키버들(愚, 1996) (버드나무과) 개키버들의 중국 옌볜 방언. → 개키버들.

앉은좁쌀풀(李, 1980) (현삼과) 좁쌀풀의 이명. → 좁쌀풀.

앉은향나무(永, 1996) (측백나무과) 뚝향나무의 북한 방언. → 뚝향나무.

알개발나물(朴, 1949) (산형과) 감자개발나물의 이명. → 감자개발나물.

알괭이눈(鄭, 1937) (범의귀과) 금괭이눈의 이명. → 금괭이눈.

알귈장딸기(愚, 1996) (장미과) 제주장딸기의 중국 옌볜 방언. → 제주장딸기.

알꽃맥문동(安, 1982) (백합과) 맥문동의 이명. → 맥문동.

알꽈리(鄭, 1949) (가지과 *Tubocapsicum anomalum*) 〔이명〕 민꼬아리, 민꽈리, 산꽈리. 〔유래〕 알(알몸) 꽈리라는 뜻의 일명.

알나리(安, 1982) (백합과) 참나리의 이명. → 참나리.

알더덕(朴, 1974) (초롱꽃과) 소경불알의 이명. → 소경불알.

알돌나물(愚, 1996) (돌나물과) 민말똥비름(중국 옌볜 방언)과 말똥비름(1996, 북한 방언)의 이명. → 민말똥비름, 말똥비름.

알돌나물아재비(朴, 1949) (돌나물과) 말똥비름의 이명. → 말똥비름.

알락씀바귀(愚, 1996) (국화과) 가새씀바귀의 중국 옌볜 방언. → 가새씀바귀.

알로에(尹, 1989) (백합과 *Aloe arborescens*) 〔이명〕 노회, 검산. 〔유래〕 알로에(*Aloe*)라는 속명. 노회(蘆薈).

알록뫼제비꽃(李, 1969) (제비꽃과) 뫼제비꽃의 이명. 〔유래〕 무늬가 있는 뫼제비꽃이라는 뜻의 학명. → 뫼제비꽃.

알록억새(永, 1996) (벼과) 알룩억새의 이명. → 알룩억새.

알록오랑캐(朴, 1949) (제비꽃과) 알록제비꽃과 왜제비꽃의 이명. → 알록제비꽃, 왜제비꽃.

알록제비꽃(鄭, 1949) (제비꽃과 *Viola variegata*) 〔이명〕 청자오랑캐, 청알록제비꽃, 알록오랑캐, 얼룩오랑캐. 〔유래〕 무늬가 있는 제비꽃이라는 뜻의 학명 및 일명. 반엽근채(斑葉菫菜).

알룩난초(朴, 1949) (난초과) 사철란의 이명. → 사철란.

알룩메제비꽃(安, 1982) (제비꽃과) 뫼제비꽃의 이명. → 뫼제비꽃, 알록뫼제비꽃.

알룩세신(朴, 1974) (쥐방울과) 개족도리풀의 이명. 〔유래〕 잎에 알록무늬가 있는 세신(족도리풀). → 개족도리풀.

알룩억새(永, 1966) (벼과 *Miscanthus sinensis* f. *variegatus*) 〔이명〕 섬억새, 알록억새, 얼룩억새. 〔유래〕 잎에 무늬(알록)가 있는 참억새라는 뜻의 학명.

알룩이천남성(朴, 1949) (천남성과) 점백이천남성의 이명. → 점백이천남성.

알만삼(李, 2003) (초롱꽃과) 소경불알의 이명. 〔유래〕 뿌리가 알과 같은 만삼. → 소경불알.

알며느리바풀(鄭, 1937) (현삼과) 알며느리밥풀의 이명. → 알며느리밥풀.

알며느리밥풀(鄭, 1949) (현삼과 *Melampyrum roseum* v. *ovalifolium*) 〔이명〕 알며느리바풀, 둥군잎바풀, 둥근잎며느리밥풀, 둥근잎새애기풀. 〔유래〕 잎이 둥근 며느리밥풀이라는 뜻의 학명 및 일명.

알물앵도나무(愚, 1996) (범의귀과) 구우즈베리의 북한 방언. → 구우즈베리.

알방동사니(李, 1980) (사초과 *Cyperus difformis*) 〔이명〕 알방동산이. 〔유래〕 알 방동사니라는 뜻의 일명.

알방동산이(鄭, 1937) (사초과) 알방동사니의 이명. → 알방동사니.

알산승애(朴, 1974) (여뀌과) 참개싱아의 이명. → 참개싱아.

알쐐기풀(安, 1982) (쐐기풀과) 혹쐐기풀의 이명. → 혹쐐기풀.

알팔파(李, 1980) (콩과) 자주개자리의 이명. 〔유래〕 Alfalfa라는 목초명. → 자주개자리.

암개회나무(鄭, 1942) (물푸레나무과) 털개회나무의 이명. → 털개회나무.

암고사리(朴, 1949) (면마과 *Diplazium chinense*) 〔이명〕 제주고사리, 그늘암고사리, 습지고사리. 〔유래〕 미상.

암공작고사리(朴, 1949) (고사리과 *Adiantum capillus-junonis*) 〔이명〕 바위공작고사리. 〔유래〕 미상.

암괴불나무(鄭, 1937) (인동과 *Lonicera nigra* v. *barbinervis*) 〔이명〕 좀괴불, 검은아귀꽃나무. 〔유래〕 암 괴불나무라는 뜻의 일명.

암괴불주머니(朴, 1949) (양귀비과) 산괴불주머니의 이명. → 산괴불주머니.

암그령(永, 1996) (벼과) 그령의 이명. → 그령.

암까치깨(鄭, 1937) (피나무과 *Corchoropsis intermedia*) 수까치깨의 이명(李, 1969)으로도 사용. 〔이명〕 청산까치깨. 〔유래〕 암 까치깨라는 뜻의 일명. → 수까치깨.

암꿩고사리(朴, 1961) (꿩고사리과) 섬꿩고사리의 이명. → 섬꿩고사리.

암꿩밥(朴, 1949) (골풀과) 구름꿩의밥의 이명. → 구름꿩의밥.

암대극(鄭, 1937) (대극과 *Euphorbia jolkini*) 〔이명〕 갯대극, 갯바위대극, 바위버들옻, 바위대극. 〔유래〕 미상. 약대극(約大戟).

암매(鄭, 1942) (암매과 *Diapensia lapponica* v. *obovata*) 〔이명〕 돌매화나무. 〔유래〕 암매(岩梅).

암뱀고사리(朴, 1975) (면마과) 넓은잎개고사리의 이명. → 넓은잎개고사리.

암솔(永, 1996) (소나무과) 소나무의 이명. → 소나무.

암수둥굴레(愚, 1996) (백합과 *Polygonatum stenanthum*) 〔유래〕 꽃대가 2개로 갈라지며 그중 1개가 수꽃이다.

암지네고사리(朴, 1961) (면마과) 참지네고사리의 이명. → 참지네고사리.

암채송화(安, 1982) (돌나물과) 돌채송화의 이명. → 돌채송화.

암취(鄭, 1949) (국화과) 참취의 이명. → 참취.

암크령(鄭, 1937) (벼과) 그령의 이명. → 그령.

암풀고사리(朴, 1961) (풀고사리과 *Gleichenia laevissima*) 〔유래〕 미상.

암하늘지기(李, 1980) (사초과 *Fimbristylis squarrosa* v. *esquarrosa*) 〔이명〕 암하늘직이, 구룡지기. 〔유래〕 미상.

암하늘직이(朴, 1949) (사초과) 암하늘지기의 이명. → 암하늘지기.

압녹강부추(李, 1969) (백합과) 노랑부추의 이명. → 노랑부추.

압록더부사리(李, 1969) (열당과 *Orobanche amurensis*) 〔이명〕 조선더부사리, 아무르더부살이, 더부사리. 〔유래〕 압록강 지역에 나는 더부사리.

애광나무(鄭, 1942) (장미과) 산사나무의 이명. 〔유래〕 산사나무의 강원 방언. → 산사나무.

애광이사초(鄭, 1949) (사초과) 애괭이사초의 이명. → 애괭이사초.

애괭이사초(鄭, 1956) (사초과 *Carex laevissima*) 〔이명〕 애광이사초, 좀괭이사초. 〔유래〕 애기 괭이사초라는 뜻의 일명.

애기가래(鄭, 1937) (가래과 *Potamogeton octandrus*) 〔유래〕 애기 가래라는 뜻의 일명.

애기가막사리(愚, 1996) (국화과) 눈가막사리의 중국 옌볜 방언. → 눈가막사리.

애기가막살(安, 1982) (국화과) 눈가막사리의 이명. → 눈가막사리.

애기가물고사리(朴, 1961) (면마과) 애기우드풀의 이명. → 애기우드풀.

애기가새고사리(朴, 1949) (면마과) 가는쇠고사리의 이명. 〔유래〕 애기(가는 잎) 가새고사리라는 뜻의 일명. → 가는쇠고사리.

애기가지별꽃(鄭, 1949) (석죽과 *Stellaria diffusa*) 〔이명〕 가지별꽃, 누은별꽃. 〔유래〕 가지치는 애기 별꽃이라는 뜻의 일명.

애기갈구리풀(愚, 1996) (콩과) 좀도둑놈의갈구리의 중국 옌볜 방언. 〔유래〕 애기(좀) 갈구리풀(도둑놈의갈구리). → 좀도둑놈의갈구리.

애기감둥사초(鄭, 1949) (사초과 *Carex gifuensis* v. *koreana*) 〔이명〕 검정사초, 부산사초. 〔유래〕 미상.

ㅇ

애기개구리연(安, 1982) (수련과) 참개연꽃의 이명. → 참개연꽃.

애기개뫼밀(鄭, 1949) (여뀌과) 산여뀌의 이명. 〔유래〕 애기 산여뀌라는 뜻의 일명. → 산여뀌.

애기개미취(安, 1982) (국화과) 개미취의 이명. 〔유래〕 애기(좀) 개미취라는 뜻의 일명. → 개미취.

애기개밀(鄭, 1949) (벼과) 상원초의 이명. → 상원초.

애기개보리(朴, 1949) (벼과) 갯그령의 이명. → 갯그령.

애기개조각자나무(安, 1982) (콩과) 아재비과줄나무의 이명. → 아재비과줄나무.

애기개현삼(朴, 1949) (현삼과) 일월토현삼의 이명. → 일월토현삼.

애기갯보리(鄭, 1949) (벼과) 갯보리의 이명. 〔유래〕 애기(좀) 갯보리라는 뜻의 일명. → 갯보리.

애기거머리말(鄭, 1949) (거머리말과 *Zostera nana*) 〔이명〕 좀부들말. 〔유래〕 애기(좀) 거머리말이라는 뜻의 학명 및 일명.

애기겨이삭(朴, 1949) (벼과 *Agrostis stolonifera*) 흰겨이삭의 이명(安, 1982)으로도 사용. 〔이명〕 아기겨이삭, 누은겨이삭. 〔유래〕 애기(좀) 겨이삭이라는 뜻의 일명. → 흰겨이삭.

애기고광나무(李, 1966) (범의귀과) 각시고광나무의 이명. 〔유래〕 애기(각시) 고광나무라는 뜻의 일명. → 각시고광나무.

애기고사리삼(愚, 1996) (고사리삼과) 난쟁이고사리삼의 중국 옌볜 방언. → 난쟁이고사리삼.

애기고위까람(愚, 1996) (곡정초과) 애기곡정초의 중국 옌볜 방언. 〔유래〕 애기 고위까람(곡정초). → 애기곡정초.

애기고추나물(鄭, 1937) (물레나물과 *Hypericum japonicum*) 좀고추나물의 이명(朴, 1949)으로도 사용. 〔유래〕 애기 고추나물이라는 뜻의 일명. 지이초(地耳草). → 좀고추나물.

애기곡정초(朴, 1949) (곡정초과 *Eriocaulon sphagnicolum*) 〔이명〕 이끼개수염, 이끼곡정초, 애기고위까람. 〔유래〕 미상.

애기골무꽃(鄭, 1937) (꿀풀과 *Scutellaria dependens*) 〔유래〕 애기 골무꽃이라는 뜻의 일명. 한신초(韓信草).

애기골풀(李, 1969) (골풀과) 애기비녀골풀과 푸른갯골풀(愚, 1996, 중국 옌볜 방언)의 이명. → 애기비녀골풀, 푸른갯골풀.

애기괭이눈(鄭, 1937) (범의귀과 *Cyrysosplenium flagelliferum*) 〔이명〕 덩굴괭이눈, 애기괭이눈풀. 〔유래〕 애기 괭이눈이라는 뜻의 일명.

애기괭이눈풀(愚, 1996) (범의귀과) 애기괭이눈의 북한 방언. → 애기괭이눈.

애기괭이밥(鄭, 1937) (괭이밥과 *Oxalis acetosella*) 〔이명〕 산괭이밥, 애기괭이밥풀.

〔유래〕 애기(좀) 심산 괭이밥이라는 뜻의 일명.

애기괭이밥풀(愚, 1996) (괭이밥과) 애기괭이밥의 북한 방언. → 애기괭이밥.

애기괴싱아(愚, 1996) (여뀌과) 애기수영의 중국 옌볜 방언. → 애기수영.

애기구슬꽃(朴, 1949) (석죽과) 흰장구채의 이명. 〔유래〕 애기 구슬꽃이라는 뜻의 일명. → 흰장구채.

애기구와말(愚, 1996) (현삼과) 민구와말의 중국 옌볜 방언. → 민구와말.

애기국화(愚, 1996) (국화과) 데이지의 북한 방언. → 데이지.

애기굴거리나무(愚, 1996) (대극과) 좀굴거리나무의 중국 옌볜 방언. → 좀굴거리나무.

애기그늘새(朴, 1949) (벼과) 조릿대풀의 이명. 〔유래〕 애기 그늘새라는 뜻의 일명. → 조릿대풀.

애기금강제비꽃(永, 1996) (제비꽃과 *Viola yazawana*) 〔유래〕 금강제비꽃에 비해 소형이다. 잎이 3각형에 가깝고 얕은 심장저이다.

애기금계국(愚, 1996) (국화과) 기생초의 북한 방언. → 기생초.

애기금매화(鄭, 1949) (미나리아재비과 *Trollius japonicus*) 〔이명〕 꽃금매화, 애기꽃금매화, 산금매화. 〔유래〕 금매화에 비해 소형이다.

애기기린초(鄭, 1956) (돌나물과 *Sedum middendorffianum*) 〔이명〕 각시기린초, 버들잎기린초, 버들기린초, 애기꿩의비름. 〔유래〕 가는기린초에 비해 전체가 소형이다. 구경천(狗景天).

애기김의털(朴, 1949) (벼과) 이삭김의털의 이명. → 이삭김의털.

애기꼬리고사리(鄭, 1937) (꼬리고사리과 *Asplenium varians*) 〔이명〕 바위꼬리고사리. 〔유래〕 애기 꼬리고사리라는 뜻의 일명.

애기꽃금매화(安, 1982) (미나리아재비과) 애기금매화의 이명. → 애기금매화.

애기꿩의비름(永, 1996) (돌나물과) 애기기린초의 북한 방언. → 애기기린초.

애기나도바랭이새(永, 1996) (벼과) 나도바랭이새의 이명. → 나도바랭이새.

애기나리(鄭, 1937) (백합과 *Disporum smilacinum*) 〔이명〕 가지애기나리. 〔유래〕 소형의 나리(백합). 보주초(寶珠草).

애기나비나물(鄭, 1956) (콩과 *Vicia unijuga* f. *minor*) 〔이명〕 좀나비나물. 〔유래〕 전체가 소형인 나비나물이라는 뜻의 학명 및 일명.

애기나팔꽃(임 · 전, 1980) (메꽃과 *Ipomoea lacunosa*) 페튜니아의 이명(가지과, 愚, 1996, 북한 방언)으로도 사용. 〔이명〕 좀나팔꽃. 〔유래〕 애기(콩) 나팔꽃이라는 뜻의 일명. 꽃이 작다. → 페튜니아.

애기낚시제비꽃(李, 1969) (제비꽃과) 흰좀낚시제비꽃과 좀낚시제비꽃(1980)의 이명. → 흰좀낚시제비꽃, 좀낚시제비꽃.

애기냉이(李, 1976) (십자화과) 구슬냉이의 이명. → 구슬냉이.

애기넘나물(愚, 1996) (백합과) 애기원추리의 중국 옌볜 방언. 〔유래〕 애기 넘나물(원추리). → 애기원추리.

애기네잎갈퀴(愚, 1996) (꼭두선이과) 네잎갈키덩굴의 중국 옌볜 방언. → 네잎갈키덩굴.

애기노랑붓꽃(安, 1982) (붓꽃과) 금붓꽃의 이명. → 금붓꽃.

애기노랑토끼풀(壽, 1992) (콩과 *Trifolium dubium*) 〔유래〕 잎이 소형이고 황색 꽃이 피는 토끼풀. 소엽 기부에 털이 모여나는 것이 특이하다.

애기노루귀(愚, 1996) (미나리아재비과) 새끼노루귀의 중국 옌볜 방언. → 새끼노루귀.

애기노루발(鄭, 1949) (노루발과) 노루발풀의 이명. 〔유래〕 애기 노루발풀이라는 뜻의 일명. → 노루발풀.

애기노루발풀(安, 1982) (노루발과) 노루발풀의 이명. → 노루발풀, 애기노루발.

애기눈깨풀(安, 1982) (앵초과) 설앵초의 이명. → 설앵초.

애기능쟁이(朴, 1949) (명아주과) 버들명아주의 이명. 〔유래〕 애기 능쟁이(명아주)라는 뜻의 일명. → 버들명아주.

애기다람쥐꼬리(安, 1963) (석송과) 좀다람쥐꼬리의 이명. → 좀다람쥐꼬리.

애기닥나무(李, 1947) (뽕나무과 *Broussonetia kazinoki* v. *humilis*) 〔유래〕 애기(왜소한) 닥나무라는 뜻의 학명 및 일명. 구피마(構皮麻).

애기단풍(安, 1982) (단풍나무과) 아기단풍의 이명. → 아기단풍.

애기단풍나무(鄭, 1949) (단풍나무과) 아기단풍의 이명. → 아기단풍.

애기달개비(朴, 1949) (닭의장풀과) 사마귀풀의 이명. → 사마귀풀.

애기달래(愚, 1996) (백합과) 달래의 북한 방언. 〔유래〕 달래류 중 가장 소형이다. → 달래.

애기달맞이꽃(임 · 전, 1980) (바늘꽃과 *Oenothera laciniata*) 〔이명〕 좀달맞이꽃. 〔유래〕 애기(작은) 달맞이꽃이라는 뜻의 일명. 월견초(月見草).

애기닭의덩굴(鄭, 1949) (여뀌과 *Fallopia pauciflora*) 〔이명〕 참덩굴역귀, 개여뀌덩굴, 애기모밀덩굴, 참덩굴모밀. 〔유래〕 애기(좀) 닭의덩굴이라는 뜻의 일명.

애기닭의밑씻개(鄭, 1949) (닭의장풀과) 사마귀풀의 이명. → 사마귀풀.

애기닭의밑씿개(鄭, 1937) (닭의장풀과) 사마귀풀의 이명. → 사마귀풀.

애기닭의장풀(永, 1996) (닭의장풀과 *Commelina mina*) 〔유래〕 닭의장풀에 비해 꽃이 더 작고 색이 연한 하늘색 또는 분홍빛을 띤 하늘색이며 잎도 작다는 뜻의 학명.

애기담배풀(鄭, 1949) (국화과 *Carpesium rosulatum*) 페튜니아의 이명(가지과, 安, 1982)으로도 사용. 〔유래〕 애기 긴담배풀이라는 뜻의 일명. → 페튜니아.

애기대나물(愚, 1996) (석죽과) 분홍장구채의 중국 옌볜 방언. → 분홍장구채.

애기댕댕이(朴, 1949) (인동과) 둥근잎댕댕이나무의 이명. → 둥근잎댕댕이나무.

애기더덕(鄭, 1949) (초롱꽃과 *Codonopsis minima*) 〔이명〕 섬더덕, 애기소경불알, 애기만삼. 〔유래〕 애기(극히 작은) 더덕이라는 뜻의 학명 및 일명.

애기덕산고랭이(永, 1996) (사초과) 애기덕산풀의 이명. → 애기덕산풀.

애기덕산풀(李, 1969) (사초과 *Scleria pergracilis*) 〔이명〕 애기덕산고랭이, 가는개율무. 〔유래〕 덕산(중국) 지역에 나는 식물(풀).

애기도둑놈의갈고리(永, 1996) (콩과) 애기도둑놈의갈구리의 이명. → 애기도둑놈의갈구리.

애기도둑놈의갈구리(鄭, 1949) (콩과 *Desmodium podocarpum* ssp. *fallax*) 〔이명〕 넓은도둑갈구리, 퍼진도둑놈의갈구리, 애기도둑놈의갈고리, 넓은잎도독놈의갈구리. 〔유래〕 애기 도둑놈의갈구리라는 뜻의 일명.

애기도라지(鄭, 1949) (초롱꽃과 *Wahlenbergia marginata*) 〔이명〕 좀도라지, 아기도라지, 하늘도라지. 〔유래〕 애기 도라지라는 뜻의 일명.

애기동백(李, 1966) (차나무과 *Camellia sasanqua*) 〔이명〕 차매. 〔유래〕 동백나무에 비해 전체적으로 소형이다. 산매화(山梅花).

애기동의나물(李, 1969) (미나리아재비과 *Caltha natans*) 〔이명〕 흰동의나물, 흰꽃동의나물. 〔유래〕 꽃이 작고 백색이다.

애기두릅(李, 1966) (두릅나무과) 애기두릅나무의 이명. 〔유래〕 애기두릅나무의 축소형. → 애기두릅나무.

애기두릅나무(鄭, 1942) (두릅나무과 *Aralia elata* f. *canescens*) 〔이명〕 참두릅나무, 애기두릅. 〔유래〕 두릅나무에 비해 잎이 작고 둥글다.

애기둥굴레(安, 1982) (백합과) 각시둥굴레와 제주둥굴레(愚, 1996, 중국 옌볜 방언)의 이명. → 각시둥굴레, 제주둥굴레.

애기들장미(安, 1982) (장미과) 좀찔레의 이명. → 좀찔레.

애기들쭉나무(安, 1982) (철쭉과) 산들쭉나무의 이명. 〔유래〕 애기 들쭉나무라는 뜻의 일명. → 산들쭉나무.

애기등(李, 1969) (콩과 *Millettia japonica*) 〔이명〕 등, 애기등나무, 등목. 〔유래〕 애기 등나무의 축소형.

애기등나무(安, 1982) (콩과) 애기등의 이명. → 애기등.

애기땅꽈리(鄭, 1949) (가지과) 땅꽈리의 이명. 〔유래〕 애기 땅꽈리라는 뜻의 일명. → 땅꽈리.

애기땅빈대(鄭, 1937) (대극과 *Euphorbia supina*) 큰땅빈대의 이명(愚, 1996, 중국 옌볜 방언)으로도 사용. 〔이명〕 좀땅빈대, 애기점박이풀. 〔유래〕 애기(작은) 땅빈대라는 뜻의 일명. → 큰땅빈대.

애기똥풀(鄭, 1937) (양귀비과 *Chelidonium majus* v. *asiaticum*) 〔이명〕 젓풀, 까치다리, 씨아똥. 〔유래〕 줄기를 자르면 나오는 즙액이 불그죽죽하여 아기가 설사할 때

누는 곱똥과 유사. 백굴채(白屈菜).

애기마(朴, 1949) (마과) 각시마의 이명. → 각시마.

애기마름(鄭, 1937) (마름과 *Trapa incisa*) 전주마름의 이명(鄭, 1956)으로도 사용. 〔이명〕 좀마름. 〔유래〕 애기 마름이라는 뜻의 일명. → 전주마름.

애기만삼(李, 2003) (초롱꽃과) 애기더덕의 이명. → 애기더덕.

애기말발도리(李, 1980) (범의귀과 *Deutzia gracilis*) 〔이명〕 가냘픈말발도리. 〔유래〕 애기(섬세한) 말발도리라는 뜻의 학명 및 일명. 수소(溲疏).

애기망초(壽, 1996) (국화과 *Conyza parva*) 〔유래〕 망초와 유사하나 비교적 작고, 총포편(總苞片) 끝 쪽에 암자색(暗紫色)의 반점이 있다.

애기메꽃(鄭, 1937) (메꽃과 *Calystegia hederacea*) 〔이명〕 좀메꽃. 〔유래〕 애기(좀) 메꽃이라는 뜻의 일명. 구구앙(狗狗秧).

애기며느리바풀(鄭, 1937) (현삼과) 애기며느리밥풀의 이명. → 애기며느리밥풀.

애기며느리밥풀(鄭, 1949) (현삼과 *Melampyrum setaceum*) 〔이명〕 애기며느리바풀, 큰애기며느리밥풀, 구름며느리밥풀, 큰애기바풀, 백두산바풀, 백두산꽃며느리밥풀, 금강산애기며느리밥풀, 아기며느리밥풀, 가는잎며느리밥풀, 맛며누리바풀, 원산바풀, 원산며느리바풀, 작은새애기풀. 〔유래〕 애기(가는 잎) 며느리밥풀이라는 뜻의 일명.

애기면모고사리(朴, 1949) (면마과 *Woodsia polystichoides* f. *sinuata*) 〔유래〕 애기(좀) 면모고사리(우드풀)라는 뜻의 일명.

애기명아주(鄭, 1937) (명아주과) 바늘명아주의 이명. 〔유래〕 애기 명아주라는 뜻의 일명. → 바늘명아주.

애기모람(鄭, 1942) (뽕나무과) 왕모람의 이명. 〔유래〕 애기 모람이라는 뜻의 일명. → 왕모람.

애기모밀덩굴(安, 1982) (여뀌과) 애기닭의덩굴의 이명. → 애기닭의덩굴.

애기무궁화(永, 1992) (아욱과 *Hibiscus syriacus* v. *micranthus*) 〔유래〕 꽃과 잎이 작은 무궁화라는 뜻의 학명.

애기무엽란(李, 1969) (난초과 *Neottia asiatica*) 〔이명〕 무엽난초, 좀무엽란, 무엽란초. 〔유래〕 애기 무엽란이라는 뜻의 일명.

애기물구지(愚, 1996) (백합과) 중의무릇의 북한 방언. → 중의무릇.

애기물꼬아리(朴, 1949) (현삼과) 애기물꽈리아재비의 이명. 〔유래〕 애기 물꼬리아재비(물꽈리아재비)라는 뜻의 일명. → 애기물꽈리아재비.

애기물꽈리아재비(鄭, 1949) (현삼과 *Mimulus tenellus*) 〔이명〕 애기물꼬아리, 좀물꽈리아재비. 〔유래〕 애기 물꽈리아재비라는 뜻의 일명.

애기물네나물(鄭, 1937) (물레나물과) 물레나물의 이명. → 물레나물, 애기물레나물.

애기물레나물(鄭, 1949) (물레나물과) 물레나물의 이명. 〔유래〕 애기 물레나물이라는 뜻의 일명. → 물레나물.

애기물매화(李, 1976) (범의귀과) 애기물매화풀의 이명. → 애기물매화풀.

애기물매화풀(鄭, 1949) (범의귀과 *Parnassia alpocola*) 〔이명〕 애기풀매화, 애기물매화. 〔유래〕 애기 물매화풀이라는 뜻의 일명.

애기물통이(安, 1982) (쐐기풀과) 나도물통이와 개물통이(1982)의 이명. → 나도물통이, 개물통이.

애기미나리아재비(鄭, 1937) (미나리아재비과 *Ranunculus acris*) 〔이명〕 선미나리아재비, 좀미나리아재비, 큰미나리아재비, 산미나리아재비, 애기바구지. 〔유래〕 애기(좀) 미나리아재비라는 뜻의 일명.

애기미역취(李, 1969) (국화과) 산미역취의 이명. → 산미역취.

애기바구지(愚, 1996) (미나리아재비과) 애기미나리아재비의 북한 방언. 〔유래〕 애기 바구지(미나리아재비). → 애기미나리아재비.

애기바눌사초(朴, 1949) (사초과) 애기바늘사초의 이명. → 애기바늘사초.

애기바늘꽃(鄭, 1937) (바늘꽃과 *Epilobium palustre* v. *fischerianum*) 〔이명〕 좀버들바늘꽃. 〔유래〕 애기 바늘꽃이라는 뜻의 일명.

애기바늘사초(李, 1966) (사초과 *Carex hakonensis*) 〔이명〕 애기바눌사초. 〔유래〕 애기(좀) 바늘사초라는 뜻의 일명.

애기바랭이(朴, 1949) (벼과) 좀바랭이의 이명. 〔유래〕 애기(좀) 바랭이라는 뜻의 일명. → 좀바랭이.

애기바위솔(朴, 1949) (돌나물과 *Orostachys filifera*) 좀바위솔의 이명(愚, 1996, 북한 방언)으로도 사용. 〔이명〕 바위솔. 〔유래〕 애기(병아리) 바위솔이라는 뜻의 일명. → 좀바위솔.

애기바위쑥(安, 1982) (국화과) 더위지기의 이명. → 더위지기.

애기바위장포(朴, 1949) (백합과) 숙은꽃장포의 이명. → 숙은꽃장포.

애기바위조팝나무(安, 1982) (장미과) 참조팝나무의 이명. → 참조팝나무.

애기바위창포(安, 1982) (백합과) 검은꽃창포의 이명. → 검은꽃창포.

애기바위틈고사리(朴, 1949) (면마과) 바위틈고사리의 이명. 〔유래〕 애기(좀) 바위틈고사리라는 뜻의 일명. → 바위틈고사리.

애기반들사초(李, 1969) (사초과 *Carex tristachya* v. *pocilliformis*) 〔이명〕 애기세래사초. 〔유래〕 애기 반들사초라는 뜻의 일명.

애기방동사니(愚, 1996) (사초과) 모기방동사니의 중국 옌볜 방언. → 모기방동사니.

애기방울고랭이(愚, 1996) (사초과) 좀솔방울고랭이의 중국 옌볜 방언. → 좀솔방울고랭이.

애기백산차(鄭, 1942) (철쭉과) 가는잎백산차의 이명. 〔유래〕 애기 백산차라는 뜻의 일명. → 가는잎백산차.

애기백지(朴, 1949) (산형과) 처녀바디의 이명. 〔유래〕 애기 바디나물이라는 뜻의 일명. → 처녀바디.

애기버어먼초(永, 1996) (버어먼초과 *Burmannia championii*) 〔유래〕 애기 버어먼초. 버어먼초와 유사.

애기벋줄씀바귀(安, 1982) (국화과) 고들빼기의 이명. → 고들빼기.

애기벌난초(安, 1982) (난초과) 나나니난초의 이명. → 나나니난초.

애기벼룩아재비(安, 1982) (마전과) 벼룩아재비의 이명. → 벼룩아재비.

애기병꽃(李, 1980) (인동과 *Diervilla sessilifolia*) 〔유래〕 미상.

애기보리뱅이(安, 1982) (국화과) 개보리뺑이의 이명. → 개보리뺑이.

애기보리사초(愚, 1996) (사초과 *Carex parciflora* v. *macroglossa*) 〔이명〕 보리사초, 작은구슬사초. 〔유래〕 모종에 비해 약간 소형이다.

애기복수초(永, 1996) (미나리아재비과) 복수초의 이명. 〔유래〕 고산에 나는 왜소형 복수초라는 뜻의 학명. → 복수초.

애기봄마지(朴, 1949) (앵초과) 애기봄맞이의 이명. → 애기봄맞이.

애기봄맞이(鄭, 1937) (앵초과 *Androsace filiformis*) 〔이명〕 애기봄마지, 애기봄맞이꽃. 〔유래〕 미상. 동북점지매(東北點地梅).

애기봄맞이꽃(朴, 1974) (앵초과) 애기봄맞이의 이명. → 애기봄맞이.

애기부들(鄭, 1949) (부들과 *Typha angustifolia*) 〔이명〕 좀부들. 〔유래〕 애기 부들이라는 뜻의 일명. 포황(蒲黃).

애기부들말(朴, 1949) (거머리말과) 거머리말의 이명. → 거머리말.

애기분버들(安, 1982) (버드나무과) 좀분버들의 이명. 〔유래〕 애기(좀) 분버들이라는 뜻의 일명. → 좀분버들.

애기붓꽃(鄭, 1937) (붓꽃과) 각시붓꽃과 솔붓꽃(安, 1982)의 이명. → 각시붓꽃, 솔붓꽃.

애기비녀골(鄭, 1937) (골풀과) 애기비녀골풀의 이명. → 애기비녀골풀.

애기비녀골풀(鄭, 1949) (골풀과 *Juncus bufonius*) 〔이명〕 애기비녀골, 애기골풀, 좀비녀골. 〔유래〕 애기 참비녀골풀이라는 뜻의 일명.

애기비쑥(李, 1969) (국화과 *Artemisia nakaii*) 〔이명〕 나까이쑥, 호리쑥, 인천비쑥, 화우리쑥. 〔유래〕 미상.

애기사철란(鄭, 1949) (난초과 *Goodyera repens*) 〔이명〕 산알룩난초, 아기사철란, 산얼룩난초. 〔유래〕 애기 사철란이라는 뜻의 일명.

애기사초(鄭, 1949) (사초과 *Carex conica*) 〔이명〕 흰사초, 둥글사초, 둥근사초. 〔유래〕 히메(애기)칸스게(ヒメカンスゲ)라는 일명.

애기산딸나무(鄭, 1937) (층층나무과) 산딸나무의 이명. 〔유래〕 애기 산딸나무라는 뜻의 일명. → 산딸나무.

애기삿갓나물(安, 1982) (국화과) 애기우산나물의 이명. → 애기우산나물.

애기새(安, 1982) (벼과) 새의 이명. → 새.

애기석남(李, 1966) (철쭉과) 각시석남의 이명. → 각시석남.

애기석송(鄭, 1949) (석송과) 석송과 좀다람쥐꼬리(朴, 1949)의 이명. → 석송, 좀다람쥐꼬리.

애기석위(鄭, 1937) (고란초과 *Pyrrosia petiolosa*) 〔유래〕 애기 석위라는 뜻의 일명.

애기석창포(安, 1982) (천남성과) 석창포의 이명. → 석창포.

애기세래사초(朴, 1949) (사초과) 애기반들사초의 이명. 〔유래〕 애기 세가래사초(반들사초)라는 뜻의 일명. → 애기반들사초.

애기소경불알(李, 1969) (초롱꽃과) 애기더덕의 이명. → 애기더덕.

애기솔나물(鄭, 1957) (꼭두선이과 *Galium verum* v. *asiaticum* f. *pusillum*) 〔이명〕 바위갈키. 〔유래〕 애기(연약한) 솔나물이라는 뜻의 학명.

애기솔석송(朴, 1961) (석송과) 좀다람쥐꼬리의 이명. → 좀다람쥐꼬리.

애기송이풀(鄭, 1956) (현삼과 *Pedicularis ishidoyana*) 〔이명〕 천마송이풀. 〔유래〕 미상.

애기쇠채(愚, 1996) (국화과) 멱쇠채의 북한 방언. → 멱쇠채.

애기쉽싸리(鄭, 1937) (꿀풀과) 애기쉽싸리의 이명. → 애기쉽싸리.

애기수련(安, 1982) (수련과) 각시수련의 이명. → 각시수련.

애기수염이끼(朴, 1949) (처녀이끼과 *Mecodium coreanum*) 〔유래〕 미상.

애기수영(鄭, 1937) (여뀌과 *Rumex acetosella*) 〔이명〕 애기승애, 애기괴싱아. 〔유래〕 애기 수영이라는 뜻의 일명. 소산모(小酸模).

애기숙갈고사리(朴, 1949) (고란초과) 주걱일엽의 이명. 〔유래〕 애기 숟갈고사리라는 뜻의 일명. → 주걱일엽.

애기숙갈난초(朴, 1949) (난초과) 풍선난초의 이명. 〔유래〕 애기 숟갈난초라는 뜻의 일명. → 풍선난초.

애기순비기나무(愚, 1996) (마편초과) 목형의 이명. → 목형.

애기쉽사리(李, 1969) (꿀풀과) 애기쉽싸리의 이명. → 애기쉽싸리.

애기쉽싸리(鄭, 1949) (꿀풀과 *Lycopus maackianus*) 〔이명〕 애기쉽싸리, 애기택란, 애기쉽사리. 〔유래〕 애기 쉽싸리라는 뜻의 일명.

애기승애(朴, 1949) (여뀌과) 애기수영의 이명. → 애기수영.

애기시호(安, 1982) (산형과) 좀시호의 이명. → 좀시호.

애기싱아(愚, 1996) (여뀌과) 긴개싱아의 북한 방언. → 긴개싱아.

애기싸리(朴, 1949) (콩과) 싸리나무의 이명. → 싸리나무.

애기쐐기풀(鄭, 1956) (쐐기풀과 *Urtica laetevirens*) 〔이명〕 작은잎쐐기풀, 아기쐐기풀, 쐐기풀. 〔유래〕 작은 잎(애기) 쐐기풀이라는 뜻의 일명.

애기씨꽃나무(鄭, 1937) (장미과) 명자나무의 이명. → 명자나무.

애기씨범꼬리(李, 1980) (여뀌과 *Bistorta vivipara* v. *angustifolia*) 〔유래〕 애기(잎이 좁은) 씨범꼬리라는 뜻의 학명 및 일명.

애기아욱(壽, 2001) (아욱과 *Malva parviflora*) 〔유래〕 애기(소형) 아욱. 꽃잎이 꽃받침보다 약간 길고 끝이 V자 모양으로 조금 파인다.

애기아편꽃(愚, 1996) (양귀비과) 개양귀비의 북한 방언. → 개양귀비.

애기안진부채(朴, 1949) (천남성과) 애기앉은부채의 이명. → 애기앉은부채.

애기앉은부채(李, 1969) (천남성과 *Symplocarpus nipponicus*) 〔이명〕 애기안진부채, 애기우엉취, 작은삿부채. 〔유래〕 애기 앉은부채라는 뜻의 일명. 일본취숭(日本臭崧).

애기양배추(愚, 1996) (십자화과) 방울양배추의 중국 옌볜 방언. → 방울양배추.

애기양지꽃(安, 1982) (장미과) 양지꽃의 이명. 〔유래〕 애기 양지꽃이라는 뜻의 일명. → 양지꽃.

애기어리연꽃(鄭, 1937) (조름나물과) 좀어리연꽃의 이명. 〔유래〕 애기 어리연꽃이라는 뜻의 일명. → 좀어리연꽃.

애기역귀(朴, 1949) (여뀌과) 겨여뀌의 이명. → 겨여뀌.

애기염주사초(永, 1996) (사초과 *Carex pauciflora* v. *microglossa*) 〔유래〕 애기(작은) 염주사초라는 뜻의 일명에서 유래했으나 염주사초와는 별종이다.

애기오갈피나무(安, 1982) (두릅나무과) 오가나무의 이명. → 오가나무.

애기오엽딸기(安, 1982) (장미과) 덩굴딸기의 이명. → 덩굴딸기.

애기오이풀(鄭, 1949) (장미과) 가는오이풀의 이명. 〔유래〕 애기 오이풀이라는 뜻의 일명. → 가는오이풀.

애기완두(鄭, 1937) (콩과 *Lathyrus humilis*) 〔이명〕 산완두. 〔유래〕 애기(작은) 완두라는 뜻의 학명 및 일명.

애기우드풀(鄭, 1970) (면마과 *Woodsia hancockii*) 〔이명〕 애기가물고사리. 〔유래〕 미상.

애기우산나물(鄭, 1937) (국화과 *Syneilesis aconitifolia*) 〔이명〕 애기삿갓나물. 〔유래〕 애기(작은) 우산나물이라는 뜻의 일명. 토아산(兎兒傘).

애기우엉취(永, 1996) (천남성과) 애기앉은부채의 이명. → 애기앉은부채.

애기울미(朴, 1949) (벼과) 기장대풀의 이명. → 기장대풀.

애기원추리(鄭, 1937) (백합과 *Hemerocallis minor*) 노랑원추리의 이명(李, 1969)으로도 사용. 〔이명〕 참칼원추리, 애기넘나물. 〔유래〕 애기(보다 작은) 원추리라는 뜻의 학명. 훤초근(萱草根). → 노랑원추리.

애기월귤(鄭, 1942) (철쭉과 *Vaccinium microcarpum*) 〔이명〕 좀월귤. 〔유래〕 애기(작은 열매) 월귤이라는 뜻의 학명.

애기이삭사초(朴, 1949) (사초과 *Carex ochrochlamys*) 〔유래〕 히메(애기)호소스게(ヒメホソスゲ)라는 일명.

애기일엽초(鄭, 1937) (고란초과 *Lepisorus onoei*) 〔유래〕 애기 일엽초라는 뜻의 일명.

애기자운(鄭, 1949) (콩과 *Amblyotropis verna*) 〔이명〕 털새돔부, 아기자운영, 털새동부. 〔유래〕 미상.

애기작란화(愚, 1996) (난초과) 털개불알꽃의 북한 방언. → 털개불알꽃.

애기장구채(朴, 1949) (석죽과 *Melandryum apricum*) 〔이명〕 털장구채, 갯장구채. 〔유래〕 애기 털장구채라는 뜻의 일명.

애기장대(鄭, 1949) (십자화과 *Arabidopsis thaliana*) 〔유래〕 애기 장대나물이라는 뜻의 일명.

애기저가락바구지(永, 1996) (미나리아재비과) 젓가락풀의 북한 방언. → 젓가락풀.

애기전호(安, 1982) (산형과) 털전호의 이명. 〔유래〕 애기(작은) 전호라는 뜻의 일명. → 털전호.

애기점박이풀(愚, 1996) (대극과) 애기땅빈대의 북한 방언. → 애기땅빈대.

애기젓가락바구지(愚, 1996) (미나리아재비과) 젓가락풀의 북한 방언. → 젓가락풀.

애기젓가락풀(安, 1982) (미나리아재비과) 젓가락풀의 이명. → 젓가락풀.

애기제비난(李, 1969) (난초과) 애기제비란의 이명. → 애기제비란.

애기제비란(愚, 1996) (난초과 *Platanthera mandarinorum* v. *maximowicziana*) 〔이명〕 제비난초, 애기제비난, 두메제비난초, 제비란. 〔유래〕 모종에 비해 거(距)가 짧다.

애기족제비고사리(鄭, 1956) (면마과 *Dryopteris varia* v. *sacrosancta*) 가는잎족제비고사리의 이명(愚, 1996, 중국 옌볜 방언)으로도 사용. 〔이명〕 애기쪽제비고사리, 좀족제비고사리. 〔유래〕 애기 족제비고사리라는 뜻의 일명. → 가는잎족제비고사리.

애기좀고사리(鄭, 1949) (꼬리고사리과 *Asplenium sarelii* v. *anogrammoides*) 〔이명〕 바위좀고사리. 〔유래〕 애기 좀고사리라는 뜻의 일명.

애기좀련꽃(永, 1996) (수련과) 참개연꽃의 북한 방언. → 참개연꽃.

애기좁쌀풀(鄭, 1956) (현삼과 *Euphrasia coreanalpina*) 〔이명〕 산좁쌀풀, 고려깨풀, 둥근잎깨풀, 아기좁쌀풀, 조선좁쌀풀. 〔유래〕 애기 좁쌀풀이라는 뜻의 일명.

애기중나리(朴, 1949) (백합과) 땅나리의 이명. → 땅나리.

애기중무릇(朴, 1949) (백합과) 애기중의무릇의 이명. → 애기중의무릇.

애기중의무릇(鄭, 1949) (백합과 *Gagea hiensis*) 〔이명〕 애기중무릇, 작은애기물구지. 〔유래〕 애기 산자고라는 뜻의 일명.

애기쥐똥나무(安, 1982) (물푸레나무과) 좀쥐똥나무의 이명. → 좀쥐똥나무.

애기지네고사리(김철환 등, 2004) (면마과 *Dryopteris decipiens* v. *diplazioides*) 〔유래〕 큰지네고사리와 유사하나 보다 작다. 우축 혹은 소우축 이면에 기부가 팽대해진 인편을 가지는 식물 중 유일하게 1회우상복엽인 것.

애기진고사리(朴, 1949) (면마과) 좀진고사리의 이명. 〔유래〕 애기(좁은 잎) 진고사리라는 뜻의 일명. → 좀진고사리.

애기진달래(朴, 1949) (철쭉과) 각시석남의 이명. → 각시석남.

애기질빵(安, 1982) (미나리아재비과) 작은사위질빵의 이명. → 작은사위질빵.

애기짚신나물(安, 1982) (장미과) 좀낭아초의 이명. → 좀낭아초.

애기쪽제비고사리(鄭, 1949) (면마과) 애기족제비고사리의 이명. → 애기족제비고사리.

애기참바디(朴, 1974) (산형과) 애기참반디의 이명. → 애기참반디.

애기참반디(鄭, 1937) (산형과 *Sanicula tuberculata*) 〔이명〕 애기참바디. 〔유래〕 참반디에 비해 소형이다.

애기천마(李, 1976) (난초과 *Hetaeria sikokiana*) 〔유래〕 애기 천마라는 뜻의 일명.

애기천일사초(永, 1996) (사초과 *Carex subspathacea*) 〔이명〕 긴자루사초. 〔유래〕 애기 천일사초라는 뜻의 일명.

애기카나리새풀(壽, 1998) (벼과 *Phalaris minor*) 〔유래〕 카나리새풀에 비해 원추화서가 소형(애기)이고, 포영(苞穎) 중앙 용골부의 날개에 커다란 톱니가 있다.

애기탑꽃(李, 1969) (꿀풀과 *Clinopodium gracile*) 〔이명〕 탑풀, 탑꽃, 실층층이꽃. 〔유래〕 탑꽃과 유사하나 줄기가 연약하다.

애기택란(鄭, 1937) (꿀풀과) 애기쉽싸리의 이명. → 애기쉽싸리.

애기통발(愚, 1996) (통발과) 개통발의 북한 방언. → 개통발.

애기풀(鄭, 1949) (원지과 *Polygala japonica*) 〔이명〕 영신초, 아기풀, 령신초. 〔유래〕 히메(애기)하기(ヒメハギ)라는 일명. 영신초(靈神草), 세초(細草), 과자금(瓜子金).

애기풀딸(朴, 1949) (장미과) 좀딸기의 이명. 〔유래〕 당(唐) 애기 풀딸이라는 뜻의 일명. → 좀딸기.

애기풀매화(朴, 1974) (범의귀과) 애기물매화풀의 이명. → 애기물매화풀.

애기하늘지기(李, 1980) (사초과 *Fimbristylis autumnalis*) 〔이명〕 애기하늘직이, 한들하늘직이, 각시하늘지기, 좀하늘지기. 〔유래〕 애기 하늘지기라는 뜻의 일명.

애기하늘직이(鄭, 1949) (사초과) 애기하늘지기의 이명. → 애기하늘지기.

애기할미꽃(安, 1982) (미나리아재비과) 산할미꽃의 이명. → 산할미꽃.

애기해바라기(安, 1982) (국화과 *Helianthus debilis*) 〔유래〕 해바라기에 비해 전체가 소형이고 위쪽에서 가지가 많이 친다.

애기향유(鄭, 1949) (꿀풀과 *Elsholtzia serotina*) 가는잎향유(安, 1982)와 각씨향유(安, 1982)의 이명으로도 사용. 〔이명〕 바위향유. 〔유래〕 애기(가는 잎) 향유라는 뜻의 일명. → 가는잎향유, 각씨향유.

애기현호색(鄭, 1937) (양귀비과 *Corydalis turtschaninovii* f. *fumariaefolia*) 〔이명〕 중현호색. 〔유래〕 모종에 비해 소엽이 우상으로 잘게 갈라지며 열편은 선형이다. 현호색(玄胡索).

애기황기(朴, 1949) (콩과) 개황기의 이명. → 개황기.

애기황산참꽃(愚, 1996) (철쭉과) 담자리참꽃의 중국 옌볜 방언. → 담자리참꽃.

애기황새냉이(愚, 1996) (십자화과 *Cardamine manshurica*) 〔이명〕 말냉이, 말황새냉이. 〔유래〕 애기냉이에 비해 전체가 소형이다.

애기황새풀(鄭, 1949) (사초과 *Scirpus hudsonianus*) 참황새풀의 이명(1949)으로도 사용. 〔이명〕 예자풀. 〔유래〕 애기 황새풀이라는 뜻의 일명. → 참황새풀.

애기흰사초(鄭, 1949) (사초과 *Carex molliculata*) 〔이명〕 지리사초, 자리사초. 〔유래〕 애기 흰사초라는 뜻의 일명.

애땅쑥(朴, 1974) (국화과) 사철쑥의 이명. → 사철쑥.

애탕쑥(永, 1996) (국화과) 사철쑥의 이명. → 사철쑥.

앨팰퍼(李, 2003) (콩과) 자주개자리의 이명. → 자주개자리, 알팔파.

앵도(鄭, 1937) (장미과) 앵도나무의 이명. → 앵도나무.

앵도나무(鄭, 1942) (장미과 *Prunus tomentosa*) 〔이명〕 앵도, 앵두나무. 〔유래〕 앵도(櫻桃).

앵두나무(鄭, 1949) (장미과) 앵도나무의 이명. 〔유래〕 표준말. → 앵도나무.

앵란(鄭, 1970) (박주가리과) 호야의 이명. 〔유래〕 앵란(櫻蘭). → 호야.

앵속(鄭, 1937) (양귀비과) 양귀비의 이명. 〔유래〕 앵속(罌粟). → 양귀비.

앵초(鄭, 1937) (앵초과 *Primula sieboldii*) 〔이명〕 취란화, 깨풀, 연앵초. 〔유래〕 앵초(櫻草), 앵초근(櫻草根).

야고(李, 1976) (열당과) 담배대더부살이의 이명. 〔유래〕 야고(野菰). → 담배대더부살이.

야고초(鄭, 1937) (벼과) 새의 이명. 〔유래〕 야고초(野古草). → 새.

야광나무(鄭, 1937) (장미과 *Malus baccata*) 아광나무의 이명(李, 1969)으로도 사용. 〔이명〕 동배나무, 아그배나무, 들배나무, 아가위나무, 당아그배나무, 매지나무. 〔유래〕 평북 방언. 임금(林檎). → 아광나무.

야산고비(安, 1982) (면마과) 야산고사리의 이명. → 야산고사리.

야산고사리(鄭, 1937) (면마과 *Onoclea sensibilis* v. *interrupta*) 〔이명〕 야산고비. 〔유래〕 야산 고사리라는 뜻의 일명. 구자궐(球子蕨).

야생팬지(壽, 2001) (제비꽃과 *Viola arvensis*) 〔유래〕 야생하는 팬지(삼색제비꽃)라는 뜻의 학명.

야자피(朴, 1949) (벼과 *Calamagrostis neglecta* v. *aculeolata*) 〔이명〕 야지피, 북산

새풀, 야지산새풀. 〔유래〕 미상.

야지산새풀(愚, 1996) (벼과) 야자피의 중국 옌볜 방언. → 야자피.

야지피(李, 1969) (벼과) 야자피의 이명. → 야자피.

야합수(永, 1996) (콩과) 자귀나무의 북한 방언. 〔유래〕 야합수(夜合樹). 밤에 소엽이 오므라드는 나무. → 자귀나무.

야회풀(安, 1982) (메꽃과) 밤메꽃의 이명. → 밤메꽃.

약개나리(愚, 1996) (물푸레나무과) 의성개나리의 이명. 〔유래〕 약용 개나리. → 의성개나리.

약난초(鄭, 1949) (난초과 *Cremastra appendiculata*) 〔이명〕 정화난초, 약란. 〔유래〕 미상. 산자고(山慈姑).

약담배(鄭, 1937) (양귀비과) 양귀비의 이명. → 양귀비.

약도라지(朴, 1949) (초롱꽃과) 도라지의 이명. → 도라지.

약란(愚, 1996) (난초과) 약난초의 북한 방언. → 약난초.

약모밀(朴, 1949) (삼백초과 *Houttuynia cordata*) 〔이명〕 삼백초, 집약초, 십자풀, 즙채. 〔유래〕 미상. 어성초(魚腥草).

약밤(李, 1966) (참나무과) 약밤나무의 이명. 〔유래〕 약밤나무의 축소형. → 약밤나무.

약밤나무(鄭, 1937) (참나무과 *Castanea bungeana*) 〔이명〕 함종율, 평양밤나무, 약밤, 밤나무. 〔유래〕 약율목(藥栗木), 함종률(咸從栗), 평양률(平壤栗).

약방동사니(愚, 1996) (사초과) 향부자의 북한 방언. 〔유래〕 약용 방동사니. → 향부자.

약불꽃(愚, 1996) (꿀풀과) 살비야의 북한 방언. → 살비야.

약수유나무(安, 1982) (운향과) 오수유의 이명. → 오수유.

약쑥(鄭, 1949) (국화과) 쑥의 이명. → 쑥.

약용살비아(愚, 1996) (꿀풀과) 살비야의 중국 옌볜 방언. → 살비야.

얇은개싱아(鄭, 1949) (여뀌과 *Aconogonum mollifolium*) 〔이명〕 털산승애, 엷은개승애, 얇은잎싱아. 〔유래〕 얇은 잎 개싱아라는 뜻의 일명.

얇은명아주(鄭, 1949) (명아주과 *Chenopodium hybridum*) 〔이명〕 청명아주, 큰잎명아주, 큰명아주, 얇은잎능쟁이. 〔유래〕 명아주에 비해 잎이 얇다.

얇은잎고광나무(李, 1980) (범의귀과) 엷은잎고광나무의 이명. 〔유래〕 얇은 잎 고광나무라는 뜻의 일명. → 엷은잎고광나무.

얇은잎노박덩굴(李, 1980) (노박덩굴과) 덤불노박덩굴의 이명. → 덤불노박덩굴.

얇은잎능쟁이(愚, 1996) (명아주과) 얇은명아주의 북한 방언. 〔유래〕 얇은 능쟁이(명아주). → 얇은명아주.

얇은잎싱아(愚, 1996) (여뀌과) 얇은개싱아의 북한 방언. → 얇은개싱아.

얇은제비꽃(李, 1969) (제비꽃과) 엷은잎제비꽃의 이명. → 엷은잎제비꽃.

얇은지네고사리(李, 1969) (면마과) 제주지네고사리의 이명. → 제주지네고사리.

양가막까치밥나무(李, 1966) (범의귀과 *Ribes nigrum*) 〔이명〕 양까막까치밥나무, 검은송이물앵도나무, 검은송이수구리. 〔유래〕 서양 가막까치밥나무.

양개오동(鄭, 1937) (능소화과) 꽃개오동의 이명. → 꽃개오동.

양골담초(朴, 1949) (콩과 *Cytisus scoparius*) 〔유래〕 서양(유럽) 원산의 골담초.

양구슬냉이(李, 1969) (십자화과 *Camelina sativa*) 〔이명〕 구실냉이아재비, 기름냉이, 아마냉이. 〔유래〕 서양(유럽) 원산인 구슬냉이.

양국수나무(李, 1966) (장미과 *Physocarpus opulifolius*) 〔유래〕 양(아메리카) 국수나무라는 뜻의 일명.

양귀비(鄭, 1937) (양귀비과 *Papaver somniferum*) 〔이명〕 앵속, 약담배, 아편꽃. 〔유래〕 양귀비(楊貴妃)와 같이 아름답다. 앵속(罌粟), 앵속각(罌粟殼), 미낭화(米囊花). 〔어원〕 양고미(陽古米)→양고미(羊古米)→양구비→양귀비로 변화(어원사전).

양까막까치밥나무(李, 2003) (범의귀과) 양가막까치밥나무의 이명. → 양가막까치밥나무.

양까치밥나무(安, 1982) (범의귀과) 구우즈베리의 이명. 〔유래〕 양(서양) 까치밥나무. → 구우즈베리.

양꽃주머니(鄭, 1965) (양귀비과) 줄꽃주머니의 이명. → 줄꽃주머니.

양노랭이(鄭, ?) (국화과) 삼잎국화의 이명. 〔유래〕 서양에서 들어온 노랑꽃이 피는 식물. → 삼잎국화.

양단풍나무(愚, 1996) (단풍나무과) 은단풍의 중국 옌볜 방언. 〔유래〕 서양에서 들어온 단풍나무. → 은단풍.

양달개비(尹, 1989) (닭의장풀과) 자주닭의장풀의 이명. 〔유래〕 서양(북미)에서 들어온 달개비(닭의장풀). → 자주닭의장풀.

양닭개비(永, 1996) (닭의장풀과) 자주닭의장풀의 이명. → 자주닭의장풀, 양달개비.

양담쟁이(安, 1982) (포도과) 미국담쟁이덩굴의 이명. 〔유래〕 서양(북미)에서 들어온 담쟁이덩굴. → 미국담쟁이덩굴.

양담쟁이덩굴(愚, 1996) (포도과) 미국담쟁이덩굴의 북한 방언. → 미국담쟁이덩굴, 양담쟁이.

양덕고광나무(鄭, 1942) (범의귀과 *Philadelphus koreanus*) 〔유래〕 평남 양덕에 나는 고광나무.

양덕사두초(安, 1982) (천남성과) 점백이천남성의 이명. → 점백이천남성.

양덕사초(李, 1969) (사초과 *Carex stipata*) 〔이명〕 큰개구리사초. 〔유래〕 평남 양덕에 나는 사초.

양덕용둥굴레(李, 1969) (백합과) 금강용둥굴레의 이명. 〔유래〕 평남 양덕에 나는 용둥굴레. → 금강용둥굴레.

양덕천남성(朴, 1949) (천남성과) 점백이천남성의 이명. 〔유래〕 평남 양덕에 나는 천남성이라는 뜻의 일명. → 점백이천남성.

양독말풀(愚, 1996) (가지과) 독말풀의 이명. 〔유래〕 서양(열대아메리카)에서 들어온 독말풀. → 독말풀.

양딸기(鄭, 1937) (장미과) 딸기의 이명. 〔유래〕 서양(중남미)에서 들어온 딸기. → 딸기.

양머리복주머니란(永, 2002) (난초과 *Cypripedium agnicapitatum*) 〔유래〕 꽃을 정면에서 보았을 때 첫인상으로 양의 머리를 연상할 수 있는 난초.

양면고사리(朴, 1949) (면마과) 일색고사리의 이명. 〔유래〕 양면(兩面) 고사리라는 뜻의 일명. → 일색고사리.

양명아주(이 · 임, 1978) (명아주과 *Chenopodium ambrosioides*) 〔유래〕 남아메리카 원산의 명아주. 꽃대에 엽상 포엽이 줄지어 난 것이 특이하다.

양모과(李, 1976) (장미과 *Mespilus germanica*) 〔유래〕 과실이 모과와 같이 딱딱하다는 뜻이나 모과와는 무관하다.

양목란(愚, 1996) (목련과) 태산목의 북한 방언. 〔유래〕 서양(북미)에서 들어온 목란. → 태산목.

양미역취(임 · 전, 1980) (국화과 *Solidago altissima*) 〔유래〕 북미 원산의 미역취. 윗부분 잎에 톱니가 없고, 관모가 수과 길이의 3배이다.

양민들레(朴, 1949) (국화과) 서양민들레의 이명. 〔유래〕 서양(유럽)에서 들어온 민들레라는 뜻의 일명. → 서양민들레.

양반박주가리(朴, 1974) (박주가리과) 왜박주가리의 이명. → 왜박주가리.

양반풀(鄭, 1937) (박주가리과 *Cynanchum sibiricum*) 왜박주가리의 이명(朴, 1949)으로도 사용. 〔이명〕 조자화, 가는잎새박, 긴잎선백미꽃, 버들박주가리. 〔유래〕 미상. 조자화(祖子花). → 왜박주가리.

양방울나무(愚, 1996) (버즘나무과) 양버즘나무의 북한 방언. 〔유래〕 서양(북미)에서 들어온 방울나무(버즘나무). → 양버즘나무.

양배추(鄭, 1937) (십자화과 *Brassica oleracea* v. *capitata*) 〔이명〕 가두배추. 〔유래〕 서양(유럽)에서 들어온 배추. 감람(甘藍).

양버들(鄭, 1942) (버드나무과 *Populus nigra* v. *italica*) 〔이명〕 피라밋드포푸라, 삼각흑양, 대동강뽀뿌라, 니그라포플라나무. 〔유래〕 서양(유럽)에서 들어온 버들.

양버즘나무(李, 1966) (버즘나무과 *Platanus occidentalis*) 〔이명〕 쥐방울나무, 아메리카플라타너스, 서양플라타누스, 양방울나무. 〔유래〕 서양 버즘나무라는 뜻의 학명 및 일명. 미국오동(美國梧桐).

양벚나무(朴, 1949) (장미과 *Prunus avium*) 〔이명〕 양벚, 양벚나무, 단벚나무. 〔유래〕 서양 벚나무라는 뜻의 일명.

양벚(李, 1966) (장미과) 양벚나무의 이명. 〔유래〕 양벚나무의 축소형. → 양벚나무.

양벚나무(永, 1996) (장미과) 양벚나무의 이명. → 양벚나무.

양뿔사초(李, 1969) (사초과 *Carex capricornis*) 〔이명〕 산양사초, 홍등사초. 〔유래〕 과포(果胞)가 끝이 깊게 갈라져 양뿔처럼 된다.

양아욱(朴, 1949) (쥐손이풀과) 제라늄의 이명. 〔유래〕 서양(남아프리카)에서 들어온 아욱. → 제라늄.

양애(朴, 1949) (생강과) 양하의 이명. → 양하.

양옥란(安, 1982) (목련과) 태산목의 이명. 〔유래〕 양옥란(洋玉蘭). → 태산목.

양장구채(壽, 2001) (석죽과 *Silene gallica*) 〔유래〕 유라시아(양) 원산의 장구채. 식물체 전체에 빳빳한 털이 있고 위쪽에 선모(腺毛)도 있다.

양점나도나물(朴, 1974) (석죽과 *Cerastium viscosum*) 〔이명〕 끈끈이점나도나물. 〔유래〕 서양(유럽)에서 들어온 점나도나물.

양주좀개수염(李, 1969) (곡정초과) 좀개수염의 이명. → 좀개수염.

양지고사리(朴, 1949) (고사리과) 잔고사리의 이명. → 잔고사리.

양지꽃(鄭, 1937) (장미과 *Potentilla fragarioides* v. *major*) 〔이명〕 소시랑개비, 큰소시랑개비, 좀양지꽃, 애기양지꽃, 왕양지꽃. 〔유래〕 양지바른 곳에 피는 꽃. 치자연(雉子筵).

양지사초(鄭, 1949) (사초과 *Carex nervata*) 유성사초의 이명(朴, 1949)으로도 사용. 〔이명〕 잔듸사초, 잔디사초. 〔유래〕 양지바른 곳에 나는 사초. → 유성사초.

양지오랑캐(朴, 1949) (제비꽃과) 민둥뫼제비꽃의 이명. → 민둥뫼제비꽃.

양지제비꽃(朴, 1974) (제비꽃과) 민둥뫼제비꽃의 이명. → 민둥뫼제비꽃.

양지흰꼬리사초(朴, 1949) (사초과) 가지청사초의 이명. → 가지청사초.

양질경이(安, 1982) (질경이과) 창질경이의 이명. 〔유래〕 서양(유럽)에서 들어온 질경이. → 창질경이.

양철쭉(愚, 1996) (철쭉과) 영산홍의 중국 옌볜 방언. → 영산홍.

양파(鄭, 1937) (백합과 *Allium cepa*) 〔이명〕 주먹파, 옥파, 둥굴파, 둥글파. 〔유래〕 서양(페르시아)에서 들어온 파. 양총(洋葱), 옥총(玉葱).

양하(鄭, 1937) (생강과 *Zingiber mioga*) 〔이명〕 양애, 양해깐. 〔유래〕 양하(蘘荷).

양해깐(安, 1982) (생강과) 양하의 이명. → 양하.

양행종덩굴(李, 1969) (미나리아재비과 *Clematis chiisanensis* v. *carunculosa*) 〔유래〕 양행(洋行) 종덩굴. 서양(미국)으로 가서 재배된다.

어른지기(李, 1980) (사초과 *Fimbristylis complanata*) 〔이명〕 들하늘직이. 〔유래〕 미상.

어리곤달비(李, 1969) (국화과 *Ligularia intermedia*) 〔이명〕 좁은잎곤달비, 어리곰취. 〔유래〕 곤달비와 유사.

어리곰취(朴, 1949) (국화과) 어리곤달비의 이명. 〔유래〕 곰취와 유사. → 어리곤달비.

어리국화(朴, 1949) (국화과) 키큰산국의 이명. 〔유래〕 국화와 유사. → 키큰산국.

어리목단풀(朴, 1949) (미나리아재비과) 만사조의 이명. → 만사조.

어리병풍(鄭, 1937) (국화과 *Cacalia pseudo-taimingasa*) 〔이명〕 병풍쌈. 〔유래〕 병풍과 유사.

어리솔나물(朴, 1949) (꼭두선이과) 개솔나물의 이명. 〔유래〕 솔나물과 유사. → 개솔나물.

어리연꽃(鄭, 1937) (조름나물과 *Nymphoides indica*) 〔이명〕 금은연. 〔유래〕 연꽃과 유사. 금은련화(金銀蓮花).

어리조희풀(安, 1982) (미나리아재비과) 만사조의 이명. 〔유래〕 조희풀과 유사. → 만사조.

어미갯고들빼기(安, 1982) (국화과) 절영풀의 이명. → 절영풀.

어사리(鄭, 1937) (미나리아재비과) 큰꽃으아리와 개나리(물푸레나무과, 朴, 1949)의 이명. → 큰꽃으아리, 개나리.

어수리(鄭, 1949) (산형과 *Heracleum moellendorffii*) 〔이명〕 개독활, 에누리. 〔유래〕 미상. 독활(獨活).

어우스트레일백합(尹, 1989) (백합과) 당나리의 이명. 〔유래〕 오스트레일(*australe*)이라는 학명. → 당나리.

어저귀(鄭, 1937) (아욱과 *Abutilon theophrasti*) 〔이명〕 모싯대, 오작이, 청마. 〔유래〕 미상. 경마(苘麻), 백마(白麻).

어항마름(鄭, 1937) (어항마름과 *Cabomba caroliniana*) 〔이명〕 솔잎말. 〔유래〕 어항에 넣는 마름.

억새(鄭, 1937) (벼과 *Miscanthus sinensis* f. *purpurascens*) 〔이명〕 자주억새. 〔유래〕 잎이 억세어 몸에 상처를 나게 하는 새. 망경(芒莖), 망근(芒根).

억새아재비(朴, 1949) (벼과) 나도억새의 이명. 〔유래〕 억새와 유사. → 나도억새.

억센털개지치(朴, 1949) (지치과) 반디지치의 이명. → 반디지치.

언덕사초(李, 1976) (사초과 *Carex oxyandra*) 〔유래〕 미상.

언덕좀박달나무(愚, 1996) (자작나무과) 웅기개박달의 중국 옌볜 방언. → 웅기개박달.

얼네지(鄭, 1937) (백합과) 얼레지의 이명. → 얼레지.

얼레지(鄭, 1949) (백합과 *Erythronium japonicum*) 〔이명〕 얼네지, 가재무릇. 〔유래〕 미상. 차전엽산자고(車前葉山慈菇).

얼룩사초(李, 1969) (사초과 *Carex misandra*) 무늬사초의 이명(安, 1982)으로도 사용. 〔유래〕 미상. → 무늬사초.

얼룩산마늘(劉 등, 1981) (백합과 *Allium victorialis* v. *platyphyllum* f. *variegatum*)

〔유래〕 얼룩무늬가 있는 산마늘이라는 뜻의 학명.

얼룩억새(李, 1980) (벼과) 알룩억새의 이명. → 알룩억새.

열룩오랑캐(安, 1982) (제비꽃과) 알록제비꽃의 이명. → 알록제비꽃.

얼룩왜제비꽃(安, 1982) (제비꽃과) 왜제비꽃의 이명. → 왜제비꽃.

얼룩이천남성(安, 1982) (천남성과) 점백이천남성의 이명. → 점백이천남성.

얼룩함박꽃나무(鄭, 1957) (목련과) 함박꽃나무의 이명. 〔유래〕 얼룩무늬가 있는 함박꽃나무라는 뜻의 학명. → 함박꽃나무.

얼이범부채(鄭, 1937) (붓꽃과 *Iris dichotoma*) 〔이명〕 부채붓꽃, 대청부채, 참부채붓꽃, 대청붓꽃. 〔유래〕 범부채 아재비라는 뜻의 일명.

얼치기완두(鄭, 1949) (콩과 *Vicia tetrasperma*) 〔이명〕 새갈퀴. 〔유래〕 새완두와 살갈퀴의 중간형.

엄나무(鄭, 1937) (두릅나무과) 음나무의 이명. → 음나무.

엉개나무(朴, 1949) (두릅나무과) 음나무의 이명. → 음나무.

엉거시(鄭, 1949) (국화과) 지느러미엉겅퀴의 이명. → 지느러미엉겅퀴.

엉겅퀴(鄭, 1937) (국화과 *Cirsium japonicum* v. *maackii*) 한삼덩굴의 이명(뽕나무과, 1937)으로도 사용. 〔이명〕 가시나물, 항가새. 〔유래〕 미상. 대계(大薊), 야홍화(野紅花). 〔어원〕 엉것귀→엉겅퀴로 변화(어원사전). → 한삼덩굴.

엉겅퀴아재비(永, 1996) (국화과) 큰조뱅이의 이명. 〔유래〕 엉겅퀴와 유사. → 큰조뱅이.

엉성겨이삭(永, 1996) (벼과) 버들겨이삭의 이명. → 버들겨이삭.

에게잎(朴, 1949) (양귀비과) 들현호색의 이명. → 들현호색.

에누리(永, 1996) (산형과) 어수리의 북한 방언. → 어수리.

에반스베고니아(尹, 1989) (베고니아과) 베고니아의 이명. 〔유래〕 에반스(Evans)에 나는 베고니아라는 뜻의 학명. → 베고니아.

엘더베리(안덕균, 1998) (인동과 *Sambucus canadensis*) 〔유래〕 American elder. 접골목(接骨木).

여광나무(愚, 1996) (물푸레나무과) 둥근잎광나무의 중국 옌볜 방언. → 둥근잎광나무.

여뀌(鄭, 1949) (여뀌과 *Persicaria hydropiper*) 개여뀌의 이명(安, 1982)으로도 사용. 〔이명〕 버들여뀌, 버들역귀, 버들잎역귀, 해박, 역꾸, 매운여뀌, 역귀. 〔유래〕 미상. 수료(水蓼), 요(蓼). 〔어원〕 엿귀→엿괴→역괴→여뀌로 변화(어원사전). → 개여뀌.

여뀌대(永, 1996) (여뀌과) 미꾸리낚시의 이명. → 미꾸리낚시.

여뀌덩굴(朴, 1974) (여뀌과) 닭의덩굴의 이명. → 닭의덩굴.

여뀌바늘(鄭, 1949) (바늘꽃과 *Ludwigia prostrata*) 〔이명〕 물풀, 개좃방망이, 여뀌바늘꽃. 〔유래〕 미상. 정향료(丁香蓼).

여뀌바늘꽃(愚, 1996) (바늘꽃과) 여뀌바늘의 북한 방언. → 여뀌바늘.

여뀌잎제비꽃(安, 1982) (제비꽃과 *Viola thibaudieri*) 〔이명〕 큰산제비꽃. 〔유래〕 잎이 여뀌와 유사한 제비꽃.

여뀟대(鄭, 1949) (여뀌과) 미꾸리낚시의 이명. → 미꾸리낚시.

여덜잎으름(鄭, 1942) (으름덩굴과 *Akebia quinata* f. *polyphylla*) 〔이명〕 팔손으름덩굴, 개으름, 여덟잎으름, 팔손으름. 〔유래〕 여덟잎 으름덩굴이라는 뜻의 일명. 목통(木通).

여덟잎으름(李, 1966) (으름덩굴과) 여덜잎으름의 이명. → 여덜잎으름.

여로(鄭, 1949) (백합과 *Veratrum maackii* v. *japonicum*) 긴잎여로의 이명(鄭, 1937)으로도 사용. 〔유래〕 여로(藜蘆). → 긴잎여로.

여름고사리삼(鄭, 1937) (고사리삼과) 늦고사리삼의 이명. 〔유래〕 여름 고사리삼이라는 뜻의 일명. → 늦고사리삼.

여름꽃고사리(朴, 1961) (고사리삼과) 늦고사리삼의 이명. → 늦고사리삼.

여름매미꽃(朴, 1949) (양귀비과) 매미꽃의 이명. → 매미꽃.

여름미꾸리낚시(愚, 1996) (여뀌과) 민미꾸리낚시의 중국 옌벤 방언. → 민미꾸리낚시.

여름배암배추(朴, 1949) (꿀풀과) 둥근잎배암차즈기의 이명. → 둥근잎배암차즈기.

여름새우난(李, 1969) (난초과) 여름새우난초의 이명. → 여름새우난초.

여름새우난초(朴, 1949) (난초과 *Calanthe reflexa*) 〔이명〕 여름새우난, 여름새우란. 〔유래〕 여름 새우난초라는 뜻의 일명.

여름새우란(愚, 1996) (난초과) 여름새우난초의 중국 옌벤 방언. → 여름새우난초.

여름피사초(愚, 1996) (사초과) 실피사초의 중국 옌벤 방언. → 실피사초.

여마자(朴, 1949) (초롱꽃과) 영아자의 이명. → 영아자.

여복송(李, 1966) (소나무과 *Pinus densiflora* f. *congesta*) 〔이명〕 다닥방울소나무. 〔유래〕 여복송(女福松).

여섯잎갈키(朴, 1949) (꼭두선이과) 가지꼭두선이의 이명. 〔유래〕 육엽(六葉)의 꼭두선이라는 뜻의 학명. → 가지꼭두선이.

여섯잎꼭두서니(安, 1982) (꼭두선이과) 가지꼭두선이의 이명. → 가지꼭두선이, 여섯잎갈키.

여우구슬(鄭, 1937) (대극과 *Phyllanthus urinaria*) 〔유래〕 미상.

여우꼬리사초(鄭, 1949) (사초과 *Carex blepharicarpa*) 〔이명〕 섬사초. 〔유래〕 미상.

여우꼬리풀(鄭, 1949) (백합과 *Aletris sikkimensis*) 탐나꼬리풀(현삼과, 朴, 1949)과 여호꼬리풀(현삼과, 李, 1969)의 이명으로도 사용. 〔이명〕 산끈끈이난초, 넓은잎속심풀. 〔유래〕 미상. → 탐나꼬리풀, 여호꼬리풀.

여우담배풀(鄭, 1937) (국화과) 좀담배풀의 이명. → 좀담배풀.

여우버들(鄭, 1949) (버드나무과 *Salix xerophila*) 〔이명〕 여호버들, 마른잎버들. 〔유래〕 조선 여우 버들이라는 뜻의 일명.

여우오줌(鄭, 1949) (국화과 *Carpesium macrocephalum*) 〔이명〕 왕담배풀. 〔유래〕 미상. 대화금알이(大花金挖耳).

여우주머니(鄭, 1937) (대극과 *Phyllanthus ussuriensis*) 〔이명〕 좀여우구슬. 〔유래〕 미상.

여우콩(鄭, 1949) (콩과 *Rhynchosia volubilis*) 〔이명〕 녹각, 개녹곽, 덩굴돌콩, 덩굴들콩. 〔유래〕 단키리마메(タンキリマメ)라는 일명.

여우팥(鄭, 1949) (콩과 *Dunbaria villosa*) 〔이명〕 새콩, 새돔부, 여호팥, 돌팥, 덩굴돌팥. 〔유래〕 미상. 야편두(野扁豆).

여자(安, 1982) (박과) 여주의 이명. → 여주.

여자화(安, 1982) (분꽃과) 분꽃의 이명. → 분꽃.

여주(鄭, 1937) (박과 *Momordica charantia*) 〔이명〕 긴여주, 여지, 여자, 유자. 〔이명〕 미상. 고과(苦瓜), 나포도(癩葡萄), 만려지(蔓荔枝), 여지(荔枝), 금려지(錦荔枝).

여지(朴, 1949) (박과) 여주의 이명. → 여주.

여튼피사초(朴, 1949) (사초과) 실피사초의 이명. 〔유래〕 엷은 색 피사초라는 뜻의 일명. → 실피사초.

여호꼬리풀(鄭, 1937) (현삼과 *Veronica kiusiana*) 〔이명〕 큰꼬리풀, 넓은잎꼬리풀, 여우꼬리풀. 〔유래〕 넓은 잎 범의 꼬리라는 뜻의 일명.

여호버들(鄭, 1937) (버드나무과) 여우버들의 이명. → 여우버들.

여호팥(鄭, 1956) (콩과) 여우팥의 이명. → 여우팥.

역귀(鄭, 1937) (여뀌과) 개여뀌와 여뀌(愚, 1996, 중국 옌볜 방언)의 이명. → 개여뀌, 여뀌.

역귀아재비(朴, 1949) (여뀌과) 나도미꾸리의 이명. → 나도미꾸리.

역꾸(安, 1982) (여뀌과) 여뀌의 이명. → 여뀌.

역삼(永, 1996) (삼과) 삼의 북한 방언. → 삼.

연(朴, 1949) (수련과) 연꽃의 이명. → 연꽃.

연꽃(鄭, 1937) (수련과 *Nelumbo nucifera*) 〔이명〕 연, 쌍둥이련꽃, 련꽃, 련. 〔유래〕 연(蓮), 연자육(蓮子肉).

연녀수(鄭, 1949) (장미과) 열려수의 이명. → 열려수.

연노랑복수초(永, 1996) (미나리아재비과) 개복수초의 이명. 〔유래〕 꽃이 연노랑색인 복수초라는 뜻의 학명. → 개복수초.

연령초(愚, 1996) (백합과) 큰연영초의 중국 옌볜 방언. → 큰연영초.

연리갈퀴(朴, 1974) (콩과 *Vicia venosa*) 〔이명〕 연리갈키, 선나래갈퀴, 좁은네잎말굴레풀, 네잎갈퀴. 〔유래〕 미상.

연리갈키(鄭, 1956) (콩과) 연리갈퀴의 이명. → 연리갈퀴.

연리초(鄭, 1937) (콩과 *Lathyrus quinquenervius*) 털연리초의 이명(安, 1982)으로도 사용. 〔이명〕 참연리초, 덩굴연리, 북새완두, 갈퀴완두. 〔유래〕 연리초(連理草). → 털연리초.

연미붓꽃(安, 1982) (붓꽃과 *Iris tectorum*) 〔이명〕 중국붓꽃, 붓꽃난초, 자주붓꽃. 〔유래〕 미상.

연밤갈매나무(永, 1996) (갈매나무과) 연밥갈매나무의 북한 방언. → 연밥갈매나무.

연밥갈매(朴, 1949) (갈매나무과) 연밥갈매나무의 이명. 〔유래〕 연밥갈매나무의 축소형. → 연밥갈매나무.

연밥갈매나무(鄭, 1949) (갈매나무과 *Rhamnus schozoensis*) 짝자래나무의 이명(安, 1982)으로도 사용. 〔이명〕 연밥갈매, 연밤갈매나무. 〔유래〕 열매가 긴 갈매나무라는 뜻의 일명. → 짝자래나무.

연밥매자(李, 1980) (매자나무과) 연밥매자나무의 이명. 〔유래〕 연밥매자나무의 축소형. → 연밥매자나무.

ㅇ

연밥매자나무(鄭, 1942) (매자나무과 *Berberis koreana* v. *ellipsoidea*) 〔이명〕 연밥매자. 〔유래〕 열매가 긴 매자나무라는 뜻의 일명.

연밥피나무(鄭, 1937) (피나무과 *Tilia koreana*) 〔유래〕 피나무에 비해 과실이 장타원형이다.

연보라과남풀(백원기, 1993) (용담과 *Gentiana triflora* f. *alboviolacea*) 〔유래〕 꽃이 연보라색(연한 홍자색)인 과남풀이라는 뜻의 학명.

연복초(鄭, 1937) (연복초과 *Adoxa moschatellina*) 〔이명〕 련복초. 〔유래〕 연복초(連福草).

연앵초(鄭, 1949) (앵초과) 앵초의 이명. → 앵초.

연약사초(朴, 1949) (사초과) 화살사초의 이명. 〔유래〕 줄기가 몹시 총생하여 연약한 사초. → 화살사초.

연영초(鄭, 1949) (백합과 *Trillium camschatcense*) 큰연영초의 이명(1937)으로도 사용. 〔이명〕 왕삿갓나물, 큰꽃삿갓풀, 큰연영초, 큰연령초. 〔유래〕 연령초(延齡草), 우아칠(芋兒七). → 큰연영초.

연잎꿩의다리(鄭, 1937) (미나리아재비과 *Thalictrum coreanum*) 〔이명〕 돈잎꿩의다리, 좀연잎꿩의다리, 련잎가락풀, 련잎꿩의다리. 〔유래〕 잎의 모양이 연잎과 같은(연잎과 같이 잎자루가 안쪽에 붙음) 꿩의다리라는 뜻의 일명.

연줄방동사니(安, 1982) (사초과) 모기방동사니의 이명. → 모기방동사니.

연지골무꽃(김 · 이, 1994) (꿀풀과 *Scutellaria indica* v. *coccinea*) 〔유래〕 줄기와 꽃이 진한 분홍색이며 하순에 짙은 분홍색 반점이 있다.

연초(鄭, 1937) (가지과) 담배의 이명. 〔유래〕 연초(煙草). → 담배.

연필향나무(鄭, 1949) (측백나무과 *Juniperus virginiana*) 〔유래〕 연필 향나무라는 뜻의 일명(연필을 만드는 향나무).

연한붉은참등덩굴(愚, 1996) (콩과) 등나무의 중국 옌볜 방언. → 등나무.

연한빛사초(愚, 1996) (사초과) 경성사초의 중국 옌볜 방언. 〔유래〕 암꽃의 인편이 황갈색 또는 연한 녹색이다. → 경성사초.

연한줄바꽃(愚, 1996) (미나리아재비과) 줄바꽃의 중국 옌볜 방언. → 줄바꽃.

연한털사초(愚, 1996) (사초과) 화산곱슬사초의 중국 옌볜 방언. → 화산곱슬사초.

연화바위솔(永, 1996) (돌나물과 *Orostachys iwarenge*) 〔이명〕 바위연꽃. 〔유래〕 미상.

열녀목(朴, 1949) (장미과) 열려수의 이명. → 열려수.

열당(朴, 1949) (열당과) 초종용의 이명. 〔유래〕 열당초(列當草). → 초종용.

열대(愚, 1996) (백합과) 아스파라가스의 중국 옌볜 방언. → 아스파라가스.

열려수(鄭, 1942) (장미과 *Prunus salicina* v. *columnaris*) 〔이명〕 연녀수, 열녀목, 열여목, 추리나무. 〔유래〕 열녀수(烈女樹). 수형(樹形)이 원주형인 나무라는 뜻의 학명(이 특징을 절개를 꺾지 않는 열녀에 비유).

열여목(李, 1966) (장미과) 열려수의 이명. 〔유래〕 열녀목(烈女木). → 열려수.

엷은갈미사초(永, 1991) (사초과 *Carex eleusinoides*) 〔유래〕 갈미사초에 비해 잎이 연하다.

엷은개승애(安, 1982) (여뀌과) 얇은개싱아의 이명. 〔유래〕 엷은 개승애(개싱아). → 얇은개싱아.

엷은잎고광나무(鄭, 1937) (범의귀과 *Philadelphus tenuifolius*) 〔이명〕 얇은잎고광나무, 넓은잎고광나무. 〔유래〕 엷은 잎 고광나무라는 뜻의 학명 및 일명. 근엽산매화(堇葉山梅花).

엷은잎노박덩굴(李, 1966) (노박덩굴과) 덤불노박덩굴의 이명. 〔유래〕 노박덩굴에 비해 잎이 크고 엷다. → 덤불노박덩굴.

엷은잎명아주(鄭, 1970) (명아주과) 참명아주의 이명. 〔유래〕 잎이 엷은 명아주라는 뜻의 학명. → 참명아주.

엷은잎제비꽃(鄭, 1949) (제비꽃과 *Viola blandaeformis*) 〔이명〕 얇은제비꽃. 〔유래〕 엷은 잎 제비꽃이라는 뜻의 일명. 자화지정(紫花地丁).

엷은지네고사리(朴, 1961) (면마과) 제주지네고사리의 이명. → 제주지네고사리.

엷은털마가목(鄭, 1942) (장미과 *Sorbus commixta* f. *pilosa*) 〔이명〕 털마가목, 잔털마가목. 〔유래〕 연모가 있는 마가목이라는 뜻의 학명 및 일명.

염(朴, 1949) (백합과) 염부추의 이명. → 염부추.

염교(鄭, 1937) (백합과) 염부추의 이명. → 염부추.

염낭사초(朴, 1949) (사초과 *Carex mollissima*) 〔유래〕 염낭(주머니) 사초라는 뜻의

일명.

염마자(朴, 1974) (초롱꽃과) 영아자의 이명. → 영아자.

염부추(鄭, 1937) (백합과 *Allium chinense*) 〔이명〕 염교, 염, 정구지. 〔유래〕 염교의 방언. 해채(薤菜), 채지(菜芝).

염소풀(壽, 1993) (벼과 *Aegilops cylindrica*) 〔유래〕 야기(염소)무기(ヤギムギ)라는 일명.

염아자(鄭, 1937) (초롱꽃과) 영아자의 이명. → 영아자.

염주(鄭, 1937) (벼과 *Coix lacryma-jobi*) 〔이명〕 율무. 〔유래〕 염주(念珠), 의이인(薏苡仁).

염주괴불주머니(鄭, 1956) (양귀비과 *Corydalis heterocarpa*) 산괴불주머니의 이명(朴, 1974)으로도 사용. 〔이명〕 갯괴불주머니, 개괴불주머니, 갯현호색, 줄구슬뻘꽃, 개현호색. 〔유래〕 과실이 염주와 같다. 관과자근(寬果紫菫). → 산괴불주머니.

염주나무(鄭, 1937) (피나무과 *Tilia megaphylla*) 찰피나무(朴, 1949)와 모감주나무(무환자나무과, 鄭, 1942)의 이명으로도 사용. 〔이명〕 둥근잎염주나무, 구슬피나무, 찰피나무. 〔유래〕 경기 방언. 열매로 염주를 제작한다. 자단(紫椴). → 찰피나무, 모감주나무.

염주냉이(愚, 1996) (십자화과 *Torularia humilis*) 〔유래〕 중국 옌볜 방언.

염주보리수(安, 1982) (피나무과 *Tilia mandshurica* f. *depressa*) 〔유래〕 열매가 염주용으로 좋다.

염주사초(鄭, 1949) (사초과 *Carex ishnostachya*) 〔이명〕 울미사초, 율미사초. 〔유래〕 염주 사초라는 뜻의 일명.

염주황기(鄭, 1949) (콩과 *Astragalus membranaceus* v. *mandshuricus*) 〔이명〕 명천황기. 〔유래〕 과실이 염주 모양인 황기.

엽란(朴, 1949) (백합과 *Aspidistra elatior*) 〔이명〕 엽란풀, 잎난초, 잎란, 엽란. 〔유래〕 엽란(葉蘭).

엿앗대(朴, 1949) (여뀌과) 왕호장근의 이명. → 왕호장근.

영구화(愚, 1996) (국화과) 밀짚꽃의 중국 옌볜 방언. → 밀짚꽃.

영국데이지(李, 1980) (국화과) 데이지의 이명. 〔유래〕 English daisy. → 데이지.

영도민들레(李, 1969) (국화과 *Taraxacum formosanum*) 〔이명〕 큰민들레. 〔유래〕 부산 영도에 나는 민들레.

영도산박하(李, 1969) (꿀풀과 *Plectranthus inflexus* v. *microphyllus*) 〔유래〕 잎이 작은 산박하라는 뜻의 학명 및 일명.

영란(安, 1982) (백합과) 은방울꽃의 이명. 〔유래〕 영란(鈴蘭). → 은방울꽃.

영산홍(安, 1982) (철쭉과 *Rhododendron indicum*) 〔이명〕 일본철쭉, 왜철쭉, 오월철쭉, 양철죽. 〔유래〕 영산홍(映山紅).

영신초(鄭, 1937) (원지과) 애기풀의 이명. 〔유래〕 영신초(靈神草). → 애기풀.

영아자(鄭, 1956) (초롱꽃과 *Asyneuma japonicum*) 〔이명〕 염아자, 여마자, 염마자. 〔유래〕 미상.

영주덩굴(安, 1982) (마전과) 영주치자의 이명. → 영주치자.

영주치자(鄭, 1937) (마전과 *Gardneria insularis*) 〔이명〕 영주덩굴. 〔유래〕 영주치자(瀛州梔子).

영주치자아재비(安, 1982) (박주가리과) 나도은조롱의 이명. → 나도은조롱.

영춘화(安, 1982) (물푸레나무과 *Jasminum nudiflorum*) 〔유래〕 영춘화(迎春花), 유두등(忸肚藤).

옆란(愚, 1996) (백합과) 엽란의 북한 방언. → 엽란.

옆란풀(鄭, 1949) (백합과) 엽란의 이명. → 엽란.

예닥나무(鄭, 1942) (대극과) 예덕나무의 이명. 〔유래〕 예덕나무의 경남 방언. → 예덕나무.

예덕나무(鄭, 1937) (대극과 *Mallotus japonicus*) 〔이명〕 비닥나무, 꽤잎나무, 예닥나무, 시닥나무. 〔유래〕 전남 방언. 야동(野桐), 야오동(野梧桐).

예자풀(朴, 1949) (사초과) 참황새풀과 애기황새풀(1949)의 이명. → 참황새풀, 애기황새풀.

오가나무(李, 1976) (두릅나무과 *Acanthopanax sieboldianum*) 〔이명〕 당오갈피나무, 애기오갈피나무. 〔유래〕 오가(五加), 오가피(五加皮).

오갈피(李, 1966) (두릅나무과) 오갈피나무의 이명. 〔유래〕 오갈피나무의 축소형. → 오갈피나무.

오갈피나무(鄭, 1937) (두릅나무과 *Acanthopanax sessiliflorus*) 〔이명〕 오갈피, 참오갈피나무. 〔유래〕 오가피(五加皮).

오골잎버들(永, 1996) (버드나무과) 참오글잎버들의 북한 방언. → 참오글잎버들.

오구나무(安, 1982) (대극과) 조구나무의 이명. → 조구나무.

오구대(鄭, 1942) (벼과) 이대의 이명. 〔유래〕 이대의 강원 방언. → 이대.

오구목(愚, 1996) (대극과) 조구나무의 중국 옌볜 방언. → 조구나무.

오군밤(李, 1966) (참나무과 *Castanea crenata* v. *kusakuri* f. *oo-gun-bam*) 〔유래〕 어궁률(御宮栗)이라는 뜻의 학명.

오글잎버들(朴, 1949) (버드나무과) 참오글잎버들의 이명. → 참오글잎버들.

오대산괭이눈(李, 1969) (범의귀과 *Chrysosplenium alternifolium*) 〔이명〕 육지괭이눈, 노랑괭이눈, 시베리아괭이눈. 〔유래〕 오대산에 나는 괭이눈.

오대산새밥(永, 1996) (골풀과 *Luzula odaesanensis*) 〔유래〕 강원 오대산에 나는 새밥이라는 뜻의 학명.

오대털노랑제비꽃(황성수, 2002) (제비꽃과) 털노랑제비꽃의 이명. 〔유래〕 강원 오대산에 나는 털노랑제비꽃. → 털노랑제비꽃.

오독도기(鄭, 1937) (미나리아재비과) 진범, 흰줄바꽃(朴, 1949)과 낭독(대극과, 愚, 1996, 북한 방언)의 이명. → 진범, 흰줄바꽃, 낭독.

오돌또기(朴, 1974) (미나리아재비과) 노랑투구꽃의 이명. → 노랑투구꽃.

오동(朴, 1949) (현삼과) 오동나무의 이명. 〔유래〕 오동나무의 축소형. → 오동나무.

오동나무(鄭, 1937) (현삼과 *Paulownia coreana*) 〔이명〕 오동. 〔유래〕 오동(梧桐), 동피(桐皮).

오듸나무(鄭, 1942) (뽕나무과) 뽕나무의 이명. 〔유래〕 뽕나무의 경기 방언. → 뽕나무.

오디나무(永, 1996) (뽕나무과) 뽕나무의 이명. → 뽕나무.

오랑캐꽃(鄭, 1937) (제비꽃과) 제비꽃의 이명. → 제비꽃.

오랑캐쑥(朴, 1974) (국화과) 구와쑥의 이명. → 구와쑥.

오랑캐장구채(鄭, 1937) (석죽과 *Silene repens*) 〔이명〕 힌대나물, 북장구채, 가지대나물. 〔유래〕 지시마(千島)만테마(장구채)(チシママンテマ)라는 일명. 왕불류행(王不留行).

오랑캐제비꽃(愚, 1996) (제비꽃과) 자주잎제비꽃의 중국 옌볜 방언. 〔유래〕 일본에 나는 제비꽃. → 자주잎제비꽃.

오른재나무(鄭, 1942) (인동과) 넓은잎딱총나무의 이명. 〔유래〕 넓은잎딱총나무의 황해 방언. → 넓은잎딱총나무.

오리가문비(朴, 1949) (소나무과) 털풍산종비의 이명. → 털풍산종비.

오리나무(鄭, 1937) (자작나무과 *Alnus japonica*) 〔이명〕 붉오리나무. 〔유래〕 오리목(五里木), 적양(赤楊), 유리목(楡理木).

오리나무더부사리(朴, 1949) (열당과) 오리나무더부살이의 이명. → 오리나무더부살이.

오리나무더부살이(朴, 1974) (열당과 *Boschniakia rossica*) 〔이명〕 오리나무더부사리, 육종용. 〔유래〕 오리나무 뿌리에 기생하는 식물.

오리방풀(鄭, 1937) (꿀풀과 *Plectranthus excisus*) 〔이명〕 둥근오리방풀, 지이오리방풀. 〔유래〕 미상.

오리새(鄭, 1949) (벼과 *Dactylis glomerata*) 〔이명〕 부리새, 오오차드그라스. 〔유래〕 오리 새라는 뜻의 일명. 목초가 일출한 귀화식물.

오미자(鄭, 1937) (목련과 *Schisandra chinensis*) 〔이명〕 개오미자. 〔유래〕 오미자(五味子).

오배자나무(鄭, 1942) (옻나무과) 붉나무의 이명. 〔유래〕 오배자수(五倍子樹). → 붉나무.

오성붕어마름(李, 1980) (붕어마름과 *Ceratophyllum demersum* f. *quadrispinum*)

〔유래〕 미상.

오송(安, 1982) (돌나물과) 바위솔의 이명. → 바위솔.

오수유(鄭, 1942) (운향과 *Evodia officinalis*) 〔이명〕 당수유, 약수유나무, 오수유나무. 〔유래〕 오수유(吳茱萸), 약수유(藥茱萸).

오수유나무(愚, 1996) (운향과) 오수유의 북한 방언. → 오수유.

오얏(鄭, 1942) (장미과) 이스라지나무와 자도나무(1949)의 이명. → 이스라지나무, 자도나무.

오얏나무(鄭, 1942) (장미과) 자도나무의 이명. 〔유래〕 자도나무의 경기 방언. → 자도나무.

오열생강나무(朴, 1949) (녹나무과 *Lindera obtusiloba* f. *quinquelobum*) 〔이명〕 고로쇠생강나무. 〔유래〕 잎 끝이 5개로 갈라지는 생강나무.

오엽딸기(李, 1980) (장미과 *Rubus ikenoensis*) 〔유래〕 소엽(小葉)이 5매인 딸기.

오엽멍석딸기(安, 1982) (장미과 *Rubus parvifolius* f. *subpinnatus*) 〔이명〕 깃멍석딸기. 〔유래〕 5소엽이 섞여 나는 멍석딸기.

오오차드그라스(安, 1982) (벼과) 오리새의 이명. 〔유래〕 오처드 그래스(orchard grass). → 오리새.

오월철쭉(永, 1996) (철쭉과) 영산홍의 이명. → 영산홍.

오이(鄭, 1949) (박과 *Cucumis sativus*) 〔이명〕 물외, 외. 〔유래〕 미상. 호과(胡瓜), 황과(黃瓜).

오이순(鄭, 1942) (범의귀과) 고광나무의 이명. 〔유래〕 고광나무의 전남 방언. → 고광나무.

오이풀(鄭, 1937) (장미과 *Sanguisorba officinalis*) 〔이명〕 수박풀, 외순나물, 지유, 지우초. 〔유래〕 잎에서 오이 냄새가 난다. 지유(地楡), 옥시(玉豉).

오작이(朴, 1949) (아욱과) 어저귀의 이명. → 어저귀.

오제왜개연꽃(永, 1996) (수련과 *Nuphar pumilum* v. *ozeense*) 〔이명〕 남개연, 남개연꽃. 〔유래〕 일본 중부 고산인 오제에서 발견된 왜개연꽃이라는 뜻의 학명.

오죽(鄭, 1937) (벼과 *Phyllostachys nigra*) 〔이명〕 검정대, 흑죽. 〔유래〕 오죽(烏竹). 줄기가 검은 대나무라는 뜻의 학명 및 일명. 줄기의 색깔이 까마귀와 같이 검다. 자죽근(紫竹根).

오코쓰범의꼬리(朴, 1949) (여뀌과) 호범꼬리의 이명. 〔유래〕 *ochotensis*라는 학명. → 호범꼬리.

옥녀꽃대(李, 1969) (홀아비꽃대과 *Chloranthus fortunei* v. *koreanus*) 〔이명〕 조선꽃대. 〔유래〕 경남 거제도 옥녀봉에 나는 꽃대.

옥녀제비꽃(李, 1969) (제비꽃과) 제비꽃의 이명. → 제비꽃.

옥매(鄭, 1937) (장미과) 산옥매와 백매(李, 1966)의 이명. → 산옥매, 백매.

옥매듭(鄭, 1937) (여뀌과) 마디풀의 이명. 〔유래〕 외형이 매듭풀과 유사하나 잎이 매듭같이 떨어지지 않는다. → 마디풀.

옥매화(朴, 1949) (장미과) 산옥매의 이명. → 산옥매.

옥수수(鄭, 1937) (벼과 *Zea mays*) 〔이명〕 강냉이, 강낭이. 〔유래〕 옥촉서(玉蜀黍), 옥미수(玉米鬚). 〔어원〕 옥슈슈→옥수수로 변화(어원사전).

옥잠난초(鄭, 1937) (난초과 *Liparis kumokiri*) 〔이명〕 구름나리란. 〔유래〕 꽃의 형태를 옥잠에 비유.

옥잠매(愚, 1996) (박주가리과) 호야의 중국 옌볜 방언. → 호야.

옥잠화(鄭, 1937) (백합과 *Hosta plantaginea*) 〔이명〕 비녀옥잠화, 둥근옥잠화. 〔유래〕 옥잠화(玉簪花).

옥첩매(朴, 1974) (박주가리과) 호야의 이명. → 호야.

옥파(安, 1982) (백합과) 양파의 이명. 〔유래〕 구슬(옥)과 같이 둥글다. → 양파.

올괴불나무(鄭, 1937) (인동과 *Lonicera praeflorens*) 〔이명〕 올아귀꽃나무. 〔유래〕 일찍 꽃이 피는 괴불나무라는 뜻의 학명 및 일명. 금은인동(金銀忍冬).

ㅇ

올메(鄭, 1949) (사초과) 올방개의 이명. → 올방개.

올미(鄭, 1937) (택사과 *Sagittaria pygmaea*) 〔유래〕 미상. 압설두(鴨舌頭).

올미장대(鄭, 1949) (사초과) 올방개의 이명. → 올방개.

올밤(李, 1966) (참나무과 *Castanea crenata* v. *kusakuri* f. *oul-bam*) 〔유래〕 올밤이라는 뜻의 학명. 조율(早栗).

올방개(鄭, 1937) (사초과 *Eleocharis kuroguwai*) 〔이명〕 올메, 올미장대. 〔유래〕 미상. 오우(烏芋).

올방개아재비(鄭, 1949) (사초과) 검바늘골의 이명. → 검바늘골.

올벗나무(鄭, 1937) (장미과 *Prunus pendula* f. *ascendens*) 〔이명〕 발강올벗나무, 화엄벗나무, 올벚나무, 붉은올벗나무, 화엄올벚나무. 〔유래〕 꽃이 일찍 피는 벗나무.

올벚나무(李, 1966) (장미과) 올벗나무의 이명. → 올벗나무.

올송이풀(安, 1982) (현삼과) 구름송이풀의 이명. → 구름송이풀.

올아귀꽃나무(愚, 1996) (인동과) 올괴불나무의 북한 방언. 〔유래〕 올 아귀꽃나무(괴불나무). → 올괴불나무.

올챙고랭이(鄭, 1949) (사초과) 올챙이고랭이의 이명. → 올챙이고랭이.

올챙이고랭이(李, 1969) (사초과 *Scirpus juncoides*) 〔이명〕 올챙고랭이, 올챙이골. 〔유래〕 호타루이(ホタルイ)라는 일명.

올챙이골(鄭, 1937) (사초과) 올챙이고랭이의 이명. → 올챙이고랭이.

올챙이솔(鄭, 1937) (자라풀과 *Blyxa japonica*) 〔이명〕 올챙이풀. 〔유래〕 미상.

올챙이자리(鄭, 1937) (자라풀과 *Blyxa echinosperma*) 큰올챙이자리의 이명(李, 1969)으로도 사용. 〔이명〕 올챙이풀, 물챙이자리. 〔유래〕 미상. → 큰올챙이자리.

올챙이풀(朴, 1949) (자라풀과) 올챙이솔과 올챙이자리(李, 1969)의 이명. → 올챙이솔, 올챙이자리.

옷굿나물(愚, 1996) (국화과) 옹굿나물의 중국 옌볜 방언. → 옹굿나물.

옷나무(鄭, 1937) (옻나무과) 옻나무의 이명. → 옻나무.

옷풀(鄭, 1949) (국화과) 금불초의 이명. → 금불초.

옹굿나물(鄭, 1937) (국화과 *Aster fastigiatus*) 〔이명〕 옷굿나물. 〔유래〕 미상. 여원(女苑).

옹진갈(愚, 1996) (벼과) 물대의 북한 방언. → 물대.

옹진귤나무(永, 1996) (운향과) 귤나무의 북한 방언. → 귤나무.

옹취(鄭, 1956) (국화과) 멸가치의 이명. → 멸가치.

옻나무(李, 1966) (옻나무과 *Rhus verniciflua*) 〔이명〕 옷나무, 참옻나무. 〔유래〕 칠(漆), 칠수(漆樹), 건칠(乾漆).

와송(鄭, 1956) (돌나물과) 바위솔의 이명. 〔유래〕 와송(瓦松). → 바위솔.

왁살고사리(鄭, 1937) (면마과 *Arachniodes miqueliana*) 〔이명〕 큰가새고사리, 큰산고사리. 〔유래〕 미상.

완도땅비싸리(朴, 1949) (콩과) 땅비싸리의 이명. 〔유래〕 전남 완도에 나는 땅비싸리. → 땅비싸리.

완도현호색(永, 1998) (양귀비과 *Corydalis wandoensis*) 〔유래〕 전남 완도에 나는 현호색이라는 뜻의 학명. 잎이 2회 3출복엽이다.

완도호랑가시나무(민 · 김, 2002) (감탕나무과 *Ilex* x *wandoensis*) 〔유래〕 전남 완도에 나는 호랑가시나무. 호랑가시나무와 감탕나무의 자연잡종인 중간형.

완두(鄭, 1937) (콩과 *Pisum sativum*) 〔이명〕 흰꽃완두. 〔유래〕 완두(豌豆).

완솔(永, 1996) (소나무과) 해송의 이명. → 해송.

완초(鄭, 1949) (사초과) 왕골의 이명. 〔유래〕 완초(莞草). → 왕골.

왕가래나무(李, 1966) (가래나무과 *Juglans mandshurica* v. *sieboldiana*) 〔이명〕 털호도나무. 〔유래〕 미상. 열매에 능선이 없다.

왕가새곰취(安, 1982) (국화과) 가새곰취의 이명. 〔유래〕 잎이 손바닥 모양으로 깊이 갈라진다. → 가새곰취.

왕가시나무(鄭, 1942) (장미과 *Rosa maximowicziana* v. *coreana*) 〔이명〕 민용가시나무, 왕용가시, 왕용가시나무. 〔유래〕 왕(큰) 가시나무(찔레나무)라는 뜻의 일명.

왕가시오갈피(鄭, 1949) (두릅나무과) 왕가시오갈피나무의 이명. → 왕가시오갈피나무.

왕가시오갈피나무(鄭, 1942) (두릅나무과 *Acanthopanax senticosus* v. *subinermis*) 〔이명〕 왕가시오갈피, 민가시오갈피. 〔유래〕 왕(큰) 가시오갈피나무라는 뜻의 일명.

왕갈(愚, 1996) (벼과) 큰달의 중국 옌볜 방언. → 큰달.

왕갈대(永, 1996) (벼과) 물대의 이명. → 물대.

왕감제풀(愚, 1996) (여뀌과) 왕호장근의 북한 방언. 〔유래〕 왕 감제풀(호장근). → 왕호장근.

왕강아지풀(鄭, 1937) (벼과) 가라지조의 이명. 〔유래〕 왕(큰) 강아지풀이라는 뜻의 일명. → 가라지조.

왕개서나무(李, 2003) (자작나무과) 왕개서어나무의 이명. → 왕개서어나무.

왕개서어나무(鄭, 1937) (자작나무과 *Carpinus tschonoskii* v. *eximia*) 〔이명〕 큰개서나무, 서어나무, 왕개서나무, 왕좀서어나무. 〔유래〕 왕(큰) 개서어나무라는 뜻의 일명.

왕개여뀌(安, 1982) (여뀌과) 명아자여뀌의 이명. 〔유래〕 왕(큰) 개여뀌라는 뜻의 일명. → 명아자여뀌.

왕갯쑥부장이(永, 1998) (국화과 *Aster magnus*) 〔유래〕 왕(큰) 쑥부쟁이라는 뜻의 학명. 줄기가 가로누워 자라다가 위를 향하고, 털이 없으며, 잎이 두껍고 크며, 꽃이 크다.

왕거머리말(鄭, 1949) (거머리말과 *Zostera asiatica*) 〔이명〕 부들말. 〔유래〕 왕(큰) 거머리말이라는 뜻의 일명.

왕고광나무(鄭, 1949) (범의귀과 *Philadelphus koreanus* v. *robustus*) 꼭지고광나무의 이명(1937)으로도 사용. 〔유래〕 왕(큰) 고광나무라는 뜻의 일명. → 꼭지고광나무.

왕고들빼기(鄭, 1937) (국화과 *Lactuca indica* v. *laciniata*) 〔유래〕 왕 고들빼기. 약사초(藥師草).

왕고란초(安, 1982) (고란초과) 큰고란초의 이명. → 큰고란초.

왕고로쇠(鄭, 1942) (단풍나무과) 왕고로쇠나무의 이명. 〔유래〕 왕고로쇠나무의 축소형. → 왕고로쇠나무.

왕고로쇠나무(鄭, 1937) (단풍나무과 *Acer micro-sieboldianum* v. *savatieri*) 〔이명〕 왕고로쇠. 〔유래〕 미상.

왕고사리(鄭, 1949) (면마과 *Athyrium pterorachis*) 〔이명〕 개면마, 숫개면마. 〔유래〕 오(왕)메시다(ｵｵﾒｼﾀﾞ)라는 일명.

왕골(鄭, 1937) (사초과 *Cyperus exaltatus* v. *iwasakii*) 〔이명〕 완초, 왕굴. 〔유래〕 완초(莞草). 〔어원〕 완(莞)+골(풀)(어원사전).

왕골무꽃(김 · 이, 1995) (꿀풀과 *Scutellaria pekinensis* v. *maxima*) 〔유래〕 식물체의 높이와 잎(6~7cm), 꽃이 대형이라는 뜻의 학명.

왕곰딸기(安, 1982) (장미과) 섬나무딸기의 이명. → 섬나무딸기.

왕곰버들(鄭, 1942) (갈매나무과) 먹넌출의 이명. 〔유래〕 왕(도깨비) 곰 버들이라는 뜻의 일명. → 먹넌출.

왕곰취(鄭, 1949) (국화과) 곰취의 이명. 〔유래〕 대륙 곰취라는 뜻의 일명. → 곰취.

왕과(鄭, 1937) (박과 *Thladiantha dubia*) 〔이명〕 큰새박, 주먹외, 쥐참외. 〔유래〕 왕과(王瓜), 적박(赤瓟).

왕괭이밥(朴, 1974) (괭이밥과) 선괭이밥의 이명. → 선괭이밥.

왕괭이밥풀(愚, 1996) (괭이밥과) 선괭이밥의 북한 방언. → 선괭이밥.

왕괴불나무(鄭, 1937) (인동과 *Lonicera vidalii*) 흰괴불나무의 이명(朴, 1949)으로도 사용. 〔이명〕 지이산괴불나무, 지리괴불나무. 〔유래〕 왕(도깨비) 괴불나무라는 뜻의 일명. 금은인동(金銀忍冬). → 흰괴불나무.

왕굴(安, 1982) (사초과) 왕골의 이명. → 왕골.

왕굴아재비(安, 1982) (사초과) 방울고랭이의 이명. → 방울고랭이.

왕그늘사초(鄭, 1949) (사초과 *Carex pediformis* v. *pedunculata*) 〔이명〕 큰그늘사초. 〔유래〕 왕(큰) 그늘사초라는 뜻의 일명.

왕김의털(鄭, 1937) (벼과 *Festuca rubra*) 〔이명〕 쇠털풀. 〔유래〕 왕(큰) 김의털이라는 뜻의 일명.

왕김의털아재비(鄭, 1949) (벼과 *Festuca extremiorientalis*) 〔이명〕 묵새, 김의털아재비. 〔유래〕 왕(큰) 김의털아재비라는 뜻의 일명.

왕까치수영(安, 1982) (여뀌과) 왕호장근의 이명. 〔유래〕 왕 까치수영(호장근). → 왕호장근.

왕꼬리풀(朴, 1949) (꿀풀과) 물꼬리풀의 이명. → 물꼬리풀.

왕꼭두서니(安, 1982) (꼭두선이과) 가지꼭두선이의 이명. 〔유래〕 왕(큰) 꼭두선이라는 뜻의 일명. → 가지꼭두선이.

왕꽃마리(鄭, 1970) (지치과 *Cynoglossum asperrimum*) 참꽃받이(朴, 1949)와 참꽃마리(朴, 1974)의 이명으로도 사용. 〔이명〕 섬꽃마리, 왕꽃말이, 해남꽃말이, 큰꽃마리. 〔유래〕 오니(큰)루리소(オニルリソウ)라는 일명. → 참꽃받이, 참꽃마리.

왕꽃말이(安, 1982) (지치과) 왕꽃마리의 이명. → 왕꽃마리.

왕꽃받이(鄭, 1937) (지치과) 참꽃받이의 이명. 〔유래〕 왕(큰) 꽃받이라는 뜻의 일명. → 참꽃받이.

왕꿩의비름(安, 1982) (돌나물과) 큰기린초의 이명. → 큰기린초.

왕꿰미풀(愚, 1996) (벼과) 왕포아풀의 북한 방언. 〔유래〕 왕 꿰미풀(포아풀). → 왕포아풀.

왕나리(愚, 1996) (백합과) 백합의 북한 방언. → 백합.

왕노루귀(安, 1982) (미나리아재비과) 큰노루귀의 이명. 〔유래〕 왕(큰) 노루귀라는 뜻의 일명. → 큰노루귀.

왕노루오줌(安, 1982) (범의귀과) 노루오줌의 이명. 〔유래〕 왕(큰) 노루오줌이라는 뜻의 일명. → 노루오줌.

왕노방덩굴(安, 1982) (노박덩굴과) 털노박덩굴의 이명. → 털노박덩굴.

왕느릅(鄭, 1942) (느릅나무과 *Ulmus macrocarpa*) 〔이명〕 느릅나무, 왕느릅나무. 〔유래〕 시과(翅果)가 대형인 느릅나무라는 뜻의 학명. 무이(蕪荑).

왕느릅나무(李, 1966) (느릅나무과) 왕느릅의 이명. → 왕느릅.

왕다람쥐꼬리(鄭, 1949) (석송과 *Lycopodium cryptomerinum*) 〔이명〕 탐라석송, 섬솔석송. 〔유래〕 미상.

왕단풍(李, 1966) (단풍나무과) 당단풍나무의 이명. 〔유래〕 왕(큰 열매) 단풍나무라는 뜻의 일명. → 당단풍나무.

왕단풍나무(安, 1982) (단풍나무과) 당단풍나무의 이명. → 당단풍나무, 왕단풍.

왕달맞이꽃(壽, 1995) (바늘꽃과) 큰달맞이꽃의 이명. → 큰달맞이꽃.

왕담배풀(鄭, 1937) (국화과) 여우오줌과 두메담배풀(朴, 1949)의 이명. → 여우오줌, 두메담배풀.

왕대(鄭, 1942) (벼과 *Phyllostachys bambusoides*) 〔이명〕 참대, 강죽. 〔유래〕 왕죽(王竹), 황죽(篁竹), 고죽(苦竹).

왕대황(鄭, 1937) (여뀌과) 장군풀의 이명. 〔유래〕 조선대황(朝鮮大黃). → 장군풀.

왕둥굴레(鄭, 1949) (백합과 *Polygonatum robustum*) 〔이명〕 큰둥굴레. 〔유래〕 왕(보다 강한) 둥굴레라는 뜻의 학명 및 왕(큰) 둥굴레라는 뜻의 일명. 옥죽(玉竹).

왕등나무(安, 1982) (콩과) 등나무의 이명. → 등나무.

왕딸(安, 1982) (장미과) 겨울딸기의 이명. → 겨울딸기.

왕때죽나무(鄭, 1942) (때죽나무과) 때죽나무(잎이 큰 때죽나무라는 뜻의 학명)와 쪽동백(朴, 1949)의 이명. → 때죽나무, 쪽동백.

왕떡갈(鄭, 1942) (참나무과) 떡갈나무의 이명. 〔유래〕 왕(큰) 떡갈나무라는 뜻의 일명. → 떡갈나무.

왕마(安, 1982) (마과) 도고로마의 이명. → 도고로마.

왕마늘(永, 1996) (백합과) 마늘의 이명. → 마늘.

왕마삭나무(鄭, 1956) (협죽도과) 마삭줄의 이명. → 마삭줄.

왕마삭줄(鄭, 1949) (협죽도과) 마삭줄의 이명. → 마삭줄.

왕매발톱나무(鄭, 1937) (매자나무과 *Berberis amurensis* f. *latifolia*) 〔유래〕 왕(잎이 넓은) 매발톱나무라는 뜻의 학명 및 일명. 소벽(小檗).

왕맥문동(安, 1982) (백합과) 맥문아재비의 이명. → 맥문아재비.

왕머루(鄭, 1937) (포도과 *Vitis amurensis*) 〔이명〕 멀구넝굴, 머래순, 잔털왕머루, 머루, 털새머루, 제주새머루. 〔유래〕 산포도(山葡萄), 야포도(野葡萄).

왕모람(鄭, 1937) (뽕나무과 *Ficus thunbergii*) 〔이명〕 애기모람. 〔유래〕 왕(큰) 모람이라는 뜻의 일명.

왕모밀덩굴(朴, 1974) (여뀌과) 큰닭의덩굴의 이명. → 큰닭의덩굴.

왕모시(朴, 1949) (쐐기풀과) 왕모시풀의 이명. → 왕모시풀.

왕모시풀(鄭, 1949) (쐐기풀과 *Boehmeria pannosa*) 〔이명〕 왕모시, 남신진, 남모시풀, 섬모시풀. 〔유래〕 왕(도깨비) 왜모시풀이라는 뜻의 일명. 저마근(苧麻根).

왕미꾸리꽝기(鄭, 1949) (벼과) 왕미꾸리꽝이의 이명. → 왕미꾸리꽝이.

왕미꾸리꽝이(鄭, 1956) (벼과 *Glyceria leptolepis*) 〔이명〕 왕미꾸리꽝기, 넓은잎진들피, 왕진들피. 〔유래〕 왕(넓은 잎) 미꾸리꽝이라는 뜻의 일명.

왕밀사초(鄭, 1949) (사초과 *Carex matsumurae*) 〔이명〕 섬사초, 타퀘사초. 〔유래〕 왕(넓은 잎) 밀사초라는 뜻의 일명.

왕바꽃(鄭, 1949) (미나리아재비과) 키다리바꽃의 이명. → 키다리바꽃.

왕바랑이(愚, 1996) (벼과) 왕바랭이의 중국 옌볜 방언. → 왕바랭이.

왕바래기(安, 1982) (벼과) 왕바랭이의 이명. → 왕바랭이.

왕바랭이(鄭, 1937) (벼과 *Eleusine indica*) 〔이명〕 왕바래기, 길잡이풀, 왕바랑이. 〔유래〕 왕(큰) 바랭이.

왕배풍등(李, 1969) (가지과 *Solanum megacarpum*) 〔유래〕 왕(열매가 큰) 배풍등이라는 뜻의 학명.

왕백량금(鄭, 1942) (자금우과) 백량금의 이명. 〔유래〕 왕(큰) 백량금이라는 뜻의 일명. → 백량금.

왕백산차(李, 1966) (철쭉과 *Ledum palustre* v. *maximum*) 〔유래〕 왕(잎이 가장 크다) 백산차라는 뜻의 학명 및 일명.

왕버들(鄭, 1937) (버드나무과 *Salix chaenomeloides*) 〔이명〕 버드나무, 살릭스글라우카. 〔유래〕 거목이 되는 버드나무.

왕벚나무(朴, 1949) (장미과 *Prunus yedoensis*) 〔이명〕 사꾸라, 사구라나무, 민벚나무, 제주벚나무, 큰꽃벚나무, 왕벚나무, 큰벚나무, 참벚나무. 〔유래〕 왕(꽃이 큰 또는 아름다운) 벚나무. 야앵화(野櫻花).

왕벚나무(李, 1966) (장미과) 왕벗나무의 이명. → 왕벗나무.

왕별꽃(鄭, 1937) (석죽과 *Stellaria radians*) 〔이명〕 큰산별꽃. 〔유래〕 미상.

왕보리수(李, 1966) (보리수나무과) 왕보리수나무의 이명. 〔유래〕 왕보리수나무의 축소형. → 왕보리수나무.

왕보리수나무(鄭, 1942) (보리수나무과 *Elaeagnus umbellata* v. *coreana*) 왕볼네나무의 이명(朴, 1949)으로도 사용. 〔이명〕 넓은잎보리수, 당보리수나무, 왕보리수, 민보리수, 민보리수나무. 〔유래〕 왕(넓은 잎) 보리수나무라는 뜻의 일명. 만호퇴자(蔓胡頹子). → 왕볼네나무.

왕보리장나무(安, 1982) (보리수나무과) 큰보리장나무의 이명. → 큰보리장나무.

왕볼네나무(鄭, 1942) (보리수나무과 *Elaeagnus nikaii*) 〔이명〕 왕보리수나무, 왕볼레나무. 〔유래〕 오(왕)나와시로구미(オオナワシログミ)라는 일명.

왕볼레나무(鄭, 1937) (보리수나무과) 큰보리장나무와 왕볼네나무(安, 1982)의 이명. → 큰보리장나무, 왕볼네나무.

왕분취(朴, 1949) (국화과) 빗살서덜취의 이명. → 빗살서덜취.

왕비늘사초(鄭, 1949) (사초과 *Carex maximowiczii*) 〔이명〕 풍경사초. 〔유래〕 미상.

왕비수리(安, 1982) (콩과) 호비수리의 이명. 〔유래〕 왕(큰) 비수리라는 뜻의 일명. → 호비수리.

왕뽕나무(鄭, 1942) (뽕나무과) 몽고뽕나무의 이명. 〔유래〕 왕(도깨비) 뽕나무라는 뜻의 일명. → 몽고뽕나무.

왕사두초(安, 1982) (천남성과) 큰천남성의 이명. → 큰천남성.

왕사방오리(李, 1966) (자작나무과 *Alnus firma* v. *hirtella*) 〔유래〕 미상.

왕사스래(鄭, 1942) (자작나무과) 사스래나무의 이명 → 사스래나무, 왕사스래나무.

왕사스래나무(李, 1966) (자작나무과) 사스래나무의 이명. 〔유래〕 왕(큰) 사스래나무라는 뜻의 일명. → 사스래나무.

왕사시나무(朴, 1949) (버드나무과) 사시나무의 이명. → 사시나무.

왕삭갓사초(朴, 1949) (사초과) 왕삿갓사초의 이명. → 왕삿갓사초.

왕산벚나무(安, 1982) (장미과) 산벚나무의 이명. 〔유래〕 왕(큰) 산벚나무라는 뜻의 일명. → 산벚나무.

왕산초나무(鄭, 1937) (운향과) 왕초피나무의 이명. → 왕초피나무.

왕삿갓나물(朴, 1949) (백합과) 연영초의 이명. → 연영초.

왕삿갓사초(鄭, 1949) (사초과 *Carex rhynchophysa*) 〔이명〕 왕삭갓사초. 〔유래〕 왕(큰) 삿갓사초라는 뜻의 일명.

왕서나무(安, 1982) (자작나무과) 왕서어나무의 이명. → 왕서어나무.

왕서어나무(鄭, 1937) (자작나무과 *Carpinus laxiflora* v. *macrophylla*) 〔이명〕 큰서나무, 왕서나무. 〔유래〕 왕(넓은 잎) 서어나무라는 뜻의 학명 및 일명.

왕섬죽대(朴, 1949) (백합과) 왕죽대아재비의 이명. → 왕죽대아재비.

왕섬죽대아재비(愚, 1996) (백합과) 왕죽대아재비의 중국 옌볜 방언. → 왕죽대아재비.

왕세잎종덩굴(李, 1969) (미나리아재비과 *Clematis koreana* v. *biternata*) 〔이명〕 큰세잎종덩굴, 갈래세잎종덩굴, 큰종덩굴. 〔유래〕 왕(큰) 세잎종덩굴이라는 뜻의 일명.

왕소사나무(鄭, 1942) (자작나무과) 산서어나무의 이명. 〔유래〕 왕(큰 잎) 소사나무라는 뜻의 일명. → 산서어나무.

왕솔(鄭, 1942) (소나무과) 해송의 이명. 〔유래〕 해송의 전북 어청도 방언. → 해송.

왕솜대(鄭, 1949) (백합과) 솜때의 이명. 〔유래〕 왕(큰 잎) 솜대라는 뜻의 일명. → 솜때.

왕승마(安, 1982) (미나리아재비과) 개승마의 이명. 〔유래〕 왕(큰 잎) 승마라는 뜻의 일명. → 개승마.

왕시금초(朴, 1949) (괭이밥과) 선괭이밥의 이명. 〔유래〕 왕 시금초(괭이밥). → 선괭이밥.

왕실단풍나무(安, 1982) (단풍나무과) 당단풍나무의 이명. → 당단풍나무, 왕단풍.

왕십자고사리(安, 1982) (면마과) 큰십자고사리의 이명. → 큰십자고사리.

왕싱아(鄭, 1937) (여뀌과) 왕호장근과 왜개싱아(愚, 1996, 북한 방언)의 이명. → 왕호장근, 왜개싱아.

왕쌀새(鄭, 1949) (벼과 *Melica nutans*) 〔이명〕 힌겁질새, 청쌀새, 큰반쪽쌀새, 큰껍질새. 〔유래〕 쌀 새라는 뜻의 일명.

왕쑥(安, 1982) (국화과) 산쑥의 이명. 〔유래〕 왕(큰) 쑥이라는 뜻의 일명. → 산쑥.

왕씀바귀아재비(愚, 1996) (국화과) 왕씀배의 북한 방언. → 왕씀배.

왕씀배(鄭, 1949) (국화과 *Prenanthes blinii*) 〔이명〕 씀바귀아재비, 호랑이씀바귀, 왕씀바귀아재비. 〔유래〕 왕(도깨비) 씀바귀라는 뜻의 일명. 고채(苦菜).

왕양지꽃(安, 1982) (장미과) 양지꽃의 이명. 〔유래〕 왕(큰) 양지꽃이라는 뜻의 일명. → 양지꽃.

왕오랑캐(鄭, 1937) (제비꽃과) 왕제비꽃의 이명. 〔유래〕 왕 오랑캐(제비꽃). → 왕제비꽃.

왕용가시(李, 1966) (장미과) 왕가시나무의 이명. → 왕가시나무.

왕용가시나무(李, 1966) (장미과) 왕가시나무의 이명. → 왕가시나무.

왕우산바디(安, 1982) (산형과) 왜우산풀의 이명. → 왜우산풀.

왕원추리(鄭, 1949) (백합과 *Hemerocallis fulva* f. *kwanso*) 〔이명〕 가지원추리, 겹원추리, 수넘나물. 〔유래〕 미상. 훤초근(萱草根).

왕으아리(鄭, 1942) (미나리아재비과) 참으아리의 이명. 〔유래〕 왕(큰 잎) 참으아리라는 뜻의 일명. → 참으아리.

왕이노리나무(鄭, 1942) (장미과) 이노리나무의 이명. 〔유래〕 이노리나무의 함남 방언. → 이노리나무.

왕이질풀(安, 1982) (쥐손이풀과) 둥근이질풀의 이명. → 둥근이질풀.

왕잎팟배(李, 1966) (장미과) 팥배나무의 이명. 〔유래〕 왕(큰 잎) 팥배나무라는 뜻의 일명. → 팥배나무.

왕잎팥배(李, 1980) (장미과) 팥배나무의 이명. → 팥배나무, 왕잎팟배.

왕잎팥배나무(永, 1996) (장미과) 팥배나무의 이명. → 팥배나무.

왕자귀(李, 1966) (콩과) 왕자귀나무의 이명. 〔유래〕 왕자귀나무의 축소형. → 왕자귀나무.

왕자귀나무(鄭, 1937) (콩과 *Albizzia kalkora*) 〔이명〕 작윗대나무, 왕자귀, 흰자귀나

무. 〔유래〕 왕(큰 잎) 자귀나무라는 뜻의 일명. 합환피(合歡皮).

왕작살(李, 1966) (마편초과) 왕작살나무의 이명. 〔유래〕 왕작살나무의 축소형. → 왕작살나무.

왕작살나무(鄭, 1942) (마편초과 *Callicarpa japonica* v. *luxurians*) 〔이명〕 왕작살. 〔유래〕 왕(큰) 작살나무라는 뜻의 일명. 자주(紫珠).

왕잔대(鄭, 1956) (초롱꽃과 *Adenophora pereskiaefolia*) 〔이명〕 만주모시나물, 잔대, 참잔대, 만주잔대, 짧은잔대. 〔유래〕 잔대에 비해 전체가 대형이다.

왕잔디(永, 1966) (벼과) 큰잔디의 이명. 〔유래〕 왕(도깨비) 잔디라는 뜻의 일명. → 큰잔디.

왕젓가락나물(朴, 1949) (미나리아재비과) 바위미나리아재비의 이명. → 바위미나리아재비.

왕제비꽃(鄭, 1949) (제비꽃과 *Viola websteri*) 〔이명〕 왕오랑캐. 〔유래〕 왕(큰) 제비꽃. 자화지정(紫花地丁).

왕조팝나무(安, 1982) (장미과) 참조팝나무의 이명. 〔유래〕 왕(과실이 큰) 참조팝나무라는 뜻의 일명. → 참조팝나무.

왕졸방나물(安, 1982) (제비꽃과) 큰졸방제비꽃의 이명. 〔유래〕 왕(큰) 졸방제비꽃이라는 뜻의 일명. → 큰졸방제비꽃.

왕졸방제비꽃(愚, 1996) (제비꽃과) 왜졸방제비꽃의 중국 옌볜 방언. → 왜졸방제비꽃.

왕좀서어나무(愚, 1996) (자작나무과) 왕개서어나무의 중국 옌볜 방언. → 왕개서어나무.

왕좀싸리(李, 1966) (콩과) 눈해변싸리의 이명. 〔유래〕 개싸리와 좀싸리의 잡종. → 눈해변싸리.

왕좀피나무(安, 1982) (운향과) 왕초피나무의 이명. → 왕초피나무.

왕죽대아재비(鄭, 1949) (백합과 *Streptopus streptopoides* v. *koreanus*) 〔이명〕 큰죽대, 왕섬죽대, 좀죽대아재비, 큰잎죽대아재비, 왕섬죽대아재비. 〔유래〕 오(왕)다케시마란(オオタケシマラン)이라는 일명.

왕쥐똥나무(鄭, 1937) (물푸레나무과 *Ligustrum ovalifolium*) 〔유래〕 왕(큰 잎) 쥐똥나무라는 뜻의 일명. 수랍과(水蠟果).

왕지네고사리(鄭, 1937) (면마과 *Dryopteris monticola*) 〔이명〕 참왕지네고사리. 〔유래〕 미상.

왕지장보살(永, 1996) (백합과) 솜때의 이명. → 솜때.

왕진달래(李, 1966) (철쭉과 *Rhododendron mucronulatum* v. *latifolium*) 〔유래〕 왕(잎이 큰) 진달래라는 뜻의 학명 및 일명.

왕진들피(愚, 1996) (벼과) 왕미꾸리꽝이의 북한 방언. → 왕미꾸리꽝이.

왕질경이(鄭, 1937) (질경이과 *Plantago major* v. *japonica*) 〔이명〕 큰질경이. 〔유래〕 왕(보다 큰) 질경이라는 뜻의 학명. 차전자(車前子).

왕참쑥(安, 1982) (국화과) 덤불쑥의 이명. 〔유래〕 왕(큰) 참쑥이라는 뜻의 일명. → 덤불쑥.

왕창포(安, 1982) (천남성과) 창포의 이명. → 창포.

왕초피(李, 1980) (운향과) 왕초피나무의 이명. 〔유래〕 왕초피나무의 축소형. → 왕초피나무.

왕초피나무(鄭, 1937) (운향과 *Zanthoxylum coreanum*) 〔이명〕 왕산초나무, 왕초피, 왕좀피나무. 〔유래〕 왕(큰) 초피나무라는 뜻의 일명. 화초(花椒).

왕털마가목(鄭, 1942) (장미과 *Sorbus commixta* f. *rufo-hirtella*) 〔이명〕 녹빛마가목, 녹마가목. 〔유래〕 왕 털(거친 털) 마가목이라는 뜻의 일명.

왕팥배나무(鄭, 1937) (장미과) 팥배나무의 이명. 〔유래〕 왕(큰 잎) 팥배나무라는 뜻의 학명 및 일명. → 팥배나무.

왕팽나무(鄭, 1937) (느릅나무과 *Celtis koraiensis*) 〔이명〕 조선팽나무. 〔유래〕 미상.

왕포아풀(鄭, 1949) (벼과 *Poa pratensis*) 〔이명〕 드렁꾸렘이풀, 드럼꾸레미풀, 왕꿰미풀. 〔유래〕 미상.

왕피나무(安, 1982) (피나무과) 큰피나무의 이명. → 큰피나무.

왕해국(鄭, 1937) (국화과) 해국의 이명. 〔유래〕 왕(큰) 해국이라는 뜻의 일명. → 해국.

왕호장(鄭, 1949) (여뀌과) 왕호장근의 이명. → 왕호장근.

왕호장근(李, 1969) (여뀌과 *Reynoutria sachalinensis*) 〔이명〕 왕호장, 왕싱아, 엿앗대, 개호장, 왕까치수영, 왕감제풀, 큰감제풀. 〔유래〕 왕(큰) 호장근이라는 뜻의 일명. 호장근(虎杖根).

왕홍초(愚, 1996) (홍초과) 홍초의 중국 옌볜 방언. → 홍초.

왕후박(安, 1982) (목련과) 일본목련의 이명. 〔유래〕 잎이 큰 후박나무라는 뜻이나 후박과는 전혀 다른 식물이다. → 일본목련.

왕후박나무(鄭, 1949) (녹나무과) 후박나무의 이명. 〔유래〕 왕(넓은 잎) 후박나무라는 뜻의 일명. → 후박나무.

왜가래(愚, 1996) (가래과) 앉은가래의 중국 옌볜 방언. → 앉은가래.

왜갓냉이(鄭, 1949) (십자화과 *Cardamine yezoensis*) 〔이명〕 깽깽이냉이, 고초냉이, 산고추냉이, 갓황새냉이, 왜갓황새냉이. 〔유래〕 미상.

왜갓황새냉이(愚, 1996) (십자화과) 왜갓냉이의 중국 옌볜 방언. → 왜갓냉이.

왜개련꽃(愚, 1996) (수련과) 왜개연꽃의 중국 옌볜 방언. → 왜개연꽃.

왜개승애(安, 1982) (여뀌과) 왜개싱아의 이명. → 왜개싱아.

왜개싱아(鄭, 1949) (여뀌과 *Aconogonum divaricatum*) 〔이명〕 큰산바위승애, 싱아,

민산승애, 왜개승애, 왕싱아. 〔유래〕 개싱아와 다르다.

왜개연꽃(鄭, 1949) (수련과 *Nuphar pumilum*) 〔이명〕 물개구리연, 북개연, 왜개련꽃. 〔유래〕 개연꽃과 다르다.

왜고위까람(愚, 1996) (곡정초과) 큰개수염의 중국 옌벤 방언. → 큰개수염.

왜골무꽃(鄭, 1956) (꿀풀과 *Scutellaria strigillosa* v. *yezoensis*) 〔이명〕 털왜골무꽃. 〔유래〕 일본 골무꽃이라는 뜻의 일명.

왜골풀아재비(愚, 1996) (사초과) 개수염사초의 중국 옌벤 방언. → 개수염사초.

왜광대수염(鄭, 1949) (꿀풀과 *Lamium album*) 〔이명〕 말광대나물, 광대수염, 긴잎털광대수염. 〔유래〕 광대수염과 다르다.

왜구실사리(鄭, 1949) (부처손과 *Selaginella helvetica*) 〔이명〕 좀비늘이끼. 〔유래〕 일본(왜) 구실사리라는 뜻의 일명.

왜단풍나무(愚, 1996) (단풍나무과) 뜰단풍의 중국 옌벤 방언. → 뜰단풍.

왜당귀(李, 1980) (산형과 *Angelica acutiloba*) 갯강활의 이명(愚, 1996, 중국 옌벤 방언)으로도 사용. 〔이명〕 당귀, 일당귀, 좀당귀, 재배당귀. 〔유래〕 일본(왜) 당귀라는 뜻의 일명. 당귀(當歸). → 갯강활.

왜동자꽃(朴, 1974) (석죽과) 가는동자꽃의 이명. 〔유래〕 일본에 나는 동자꽃. → 가는동자꽃.

왜떡쑥(鄭, 1937) (국화과 *Gnaphalium uliginosum*) 〔이명〕 솜떡쑥. 〔유래〕 일본 떡쑥이라는 뜻의 일명.

왜말나리(愚, 1996) (백합과) 말나리의 중국 옌벤 방언. → 말나리.

왜모시풀(鄭, 1949) (쐐기풀과 *Boehmeria longispica*) 〔이명〕 모시풀, 개모시풀, 개모시. 〔유래〕 일본에 나는 모시풀.

왜무(朴, 1949) (십자화과 *Brassica campestris* v. *akana*) 〔유래〕 일본(일본에서 품종개량된) 무.

왜미나리아재비(鄭, 1949) (미나리아재비과 *Ranunculus franchetii*) 〔이명〕 실젓가락나물. 〔유래〕 미나리아재비와 다르다.

왜박주가리(李, 1969) (박주가리과 *Tylophora floribunda*) 〔이명〕 양반풀, 좀양반풀, 양반박주가리, 나도박주가리. 〔유래〕 박주가리와 다르다.

왜밤나무(李, 1966) (참나무과 *Castanea crenata* v. *kusakuri* f. *gigantea*) 〔유래〕 일본(일본에서 알이 크게 개량된) 밤나무.

왜방풍(鄭, 1949) (산형과 *Aegopodium alpestre*) 산미나리의 이명(愚, 1996, 중국 옌벤 방언)으로도 사용. 〔이명〕 개미나리, 개방풍, 북방풍. 〔유래〕 일본 방풍이라는 뜻의 일명. → 산미나리.

왜백미(愚, 1996) (박주가리과) 참새백미꽃의 중국 옌벤 방언. → 참새백미꽃.

왜사시나무(鄭, 1942) (버드나무과) 사시나무의 이명. 〔유래〕 일본 사시나무라는 뜻의 일명. → 사시나무.

왜선괭이밥(愚, 1996) (괭이밥과) 선괭이밥의 중국 옌볜 방언. → 선괭이밥.

왜솜다리(鄭, 1949) (국화과 *Leontopodium japonicum*) 〔이명〕 솜다리, 북솜다리. 〔유래〕 일본에 나는 솜다리.

왜승마(鄭, 1949) (미나리아재비과 *Cimicifuga japonica*) 승마(朴, 1974)와 나도승마(범의귀과, 朴, 1949)의 이명(朴, 1949)으로도 사용. 〔이명〕 승마, 산승마. 〔유래〕 일본에 나는 승마. → 승마, 나도승마.

왜실골풀(愚, 1996) (골풀과) 백두실골풀의 중국 옌볜 방언. → 백두실골풀.

왜실사리(鄭, 1949) (부처손과) 실사리의 이명. → 실사리.

왜싸리(愚, 1996) (콩과) 족제비싸리의 북한 방언. 〔유래〕 싸리가 아니다. → 족제비싸리.

왜연리초(愚, 1996) (콩과) 털연리초의 중국 옌볜 방언. → 털연리초.

왜오랑캐(朴, 1949) (제비꽃과) 왜제비꽃의 이명. → 왜제비꽃.

왜우드풀(鄭, 1949) (면마과) 우드풀의 이명. 〔유래〕 일본 우드풀이라는 뜻의 일명. → 우드풀.

왜우산나물(朴, 1970) (산형과) 왜우산풀의 이명. → 왜우산풀.

왜우산풀(鄭, 1949) (산형과 *Pleurospermum camtschaticum*) 〔이명〕 개반디, 개우산풀, 누룩치, 왜우산나물, 왕우산바디, 우산풀, 누리대. 〔유래〕 미상.

왜젓가락나물(李, 1969) (미나리아재비과) 왜젓가락풀과 털개구리미나리(安, 1982)의 이명. → 왜젓가락풀, 털개구리미나리.

왜젓가락풀(鄭, 1949) (미나리아재비과 *Ranunculus quelpaertensis*) 〔이명〕 젓가락나물, 제주젓가락나물, 왜젓가락나물, 섬젓가락나물. 〔유래〕 일본에 나는 젓가락풀.

왜제비꽃(鄭, 1949) (제비꽃과 *Viola japonica*) 〔이명〕 왜오랑캐, 알록오랑캐, 주걱오랑캐, 좀제비꽃, 얼룩왜제비꽃, 작은제비꽃. 〔유래〕 일본에 나는 제비꽃이라는 뜻의 학명.

왜졸방제비꽃(鄭, 1949) (제비꽃과 *Viola sacchalinensis*) 〔이명〕 참졸방제비꽃, 사카린오랑캐, 북졸방제비꽃, 참졸방나물, 왕졸방제비꽃. 〔유래〕 일본 졸방제비꽃이라는 뜻의 일명.

왜지치(鄭, 1949) (지치과 *Myosotis sylvatica*) 〔이명〕 숲꽃마리, 숲물망초. 〔유래〕 일본 지치라는 뜻의 일명.

왜참꽃갈퀴(愚, 1996) (꼭두선이과) 흰갈퀴의 중국 옌볜 방언. → 흰갈퀴.

왜천궁(李, 1969) (산형과 *Angelica genuflexa*) 〔이명〕 돼지천궁. 〔유래〕 일본산의 천궁이라는 뜻이나 일본산이 아니다.

왜철쭉(安, 1982) (철쭉과) 영산홍의 이명. 〔유래〕 일본에서 품종개량된 철쭉. → 영산홍.

왜칠엽나무(愚, 1996) (칠엽수과) 칠엽수의 중국 옌볜 방언. 〔유래〕 일본산 칠엽수. → 칠엽수.

왜풀(鄭, 1949) (국화과) 개망초의 이명. → 개망초.

왜현호색(鄭, 1949) (양귀비과 *Corydalis ambigua*) 〔이명〕 산현호색. 〔유래〕 일본 현호색이라는 뜻의 일명.

왜황련(安, 1982) (미나리아재비과) 황련의 이명. 〔유래〕 일본에 나는 황련. → 황련.

왜회나무(安, 1982) (노박덩굴과) 섬회나무의 이명. → 섬회나무.

외(鄭, 1937) (박과) 오이의 이명. → 오이.

외가지창고사리(朴, 1961) (고란초과) 창고사리의 이명. → 창고사리.

외겨이삭(安, 1982) (벼과) 흰겨이삭의 이명. → 흰겨이삭.

외나물(鄭, 1957) (제비꽃과) 제비꽃의 이명. → 제비꽃.

외대고사리(朴, 1961) (꼬리고사리과) 눈섭고사리의 이명. → 눈섭고사리.

외대난초(朴, 1949) (난초과) 비비추난초의 이명. → 비비추난초.

외대바람꽃(李, 1969) (미나리아재비과 *Anemone nikoensis*) 〔이명〕 세송이바람꽃. 〔유래〕 이치린소(イチリンソウ)라는 일명.

외대사초(朴, 1949) (사초과) 별사초의 이명. 〔유래〕 외대 사초라는 뜻의 일명. → 별사초.

외대쇠치기아재비(永, 1996) (벼과 *Eremochloa opiuroides*) 〔유래〕 쇠치기풀과 유사. 줄기 끝에 외줄로 된 수상화서가 있다.

외대승마(安, 1982) (미나리아재비과) 촛대승마의 이명. 〔유래〕 외대 승마라는 뜻의 일명. → 촛대승마.

외대으아리(鄭, 1937) (미나리아재비과 *Clematis brachyura*) 〔이명〕 위령선, 고칫대꽃, 고치댓꽃. 〔유래〕 외대 으아리라는 뜻의 일명.

외대잔대(이 · 이, 1990) (초롱꽃과 *Adenophora racemosa*) 〔유래〕 꽃이 총상화서(외대)인 잔대라는 뜻의 학명.

외물푸레(愚, 1996) (물푸레나무과) 미국물푸레의 중국 옌볜 방언. → 미국물푸레.

외순나물(鄭, 1949) (장미과) 오이풀의 이명. → 오이풀.

외잎물쑥(李, 1969) (국화과 *Artemisia selengensis* f. *subintegra*) 〔이명〕 가는잎물쑥. 〔유래〕 잎이 대체적으로 전연(全緣)인 물쑥이라는 뜻의 학명. 잎 전체가 갈라지지 않는다.

외잎승마(李, 1980) (미나리아재비과 *Astilbe simplicifolia*) 〔유래〕 외잎 승마라는 뜻의 일명에서 유래하나 승마와는 전혀 다른 식물이다.

외잎쑥(鄭, 1937) (국화과 *Artemisia viridissima*) 〔이명〕 큰외잎쑥. 〔유래〕 외잎 쑥이라는 뜻의 일명.

외잎진고사리(朴, 1961) (면마과 *Athyrium lobato-crenatum*) 〔유래〕 잎이 단엽이

다.

외잎현호색(朴, 1949) (양귀비과) 들현호색의 이명. → 들현호색.

외토리미치광이풀(朴, 1949) (석죽과) 산개별꽃의 이명. → 산개별꽃.

외풀(鄭, 1949) (현삼과 *Lindernia crustacea*) 괭이밥의 이명(괭이밥과, 朴, 1949)으로도 사용. 〔이명〕 풀고추, 나도고추풀. 〔유래〕 외(오이) 풀이라는 뜻의 일명. → 괭이밥.

요강꽃(朴, 1949) (난초과) 개불알꽃의 이명. 〔유래〕 꽃의 모양을 요강에 비유. → 개불알꽃.

요강나물(鄭, 1949) (미나리아재비과 *Clematis fusca* v. *coreana*) 〔이명〕 선종덩굴, 용강나물, 선요강나물. 〔유래〕 황해 방언. 갈모위령선(褐毛威靈仙).

용가시나무(鄭, 1937) (장미과 *Rosa maximowicziana*) 〔이명〕 찔이나무, 땅가시나무, 줄들장미, 돌장미, 민줄들장미. 〔유래〕 평북 방언.

용강나물(鄭, 1949) (장미과) 요강나물의 이명. → 요강나물.

용담(鄭, 1937) (용담과 *Gentiana scabra*) 〔이명〕 초룡담, 섬용담, 과남풀, 선용담, 초용담, 룡담. 〔유래〕 용담(龍膽), 용담초(龍膽草), 초용담(草龍膽).

용둥굴레(鄭, 1937) (백합과 *Polygonatum involucratum*) 〔유래〕 미상. 이포황정(二苞黃精).

용머리(鄭, 1937) (꿀풀과 *Dracocephalum argunense*) 〔유래〕 줄기 끝에 모여난 꽃의 형태를 용의 머리에 비유. 광악청란(光萼青蘭).

용버들(鄭, 1952) (버드나무과) 운용버들의 이명. → 운용버들.

용설란(李, 1969) (용설란과 *Agave americana*) 〔이명〕 세기식물, 청용설란, 룡설란. 〔유래〕 용설란(龍舌蘭).

용설채(李, 1969) (국화과 *Lactuca indica* v. *dracoglossa*) 〔유래〕 잎이 용설(龍舌)과 같이 갈라지지 않은 왕고들빼기라는 뜻의 학명. 재배품.

용수염(李, 1969) (벼과) 용수염풀의 이명. → 용수염풀.

용수염풀(朴, 1949) (벼과 *Diarrhena japonica*) 〔이명〕 개율미, 용수염, 나비염풀. 〔유래〕 미상.

용원삽주(李, 1969) (국화과) 당삽주의 이명. → 당삽주.

용인복사(李, 1966) (장미과 *Prunus persica* f. *aganopersica*) 〔유래〕 경기 용인에 나는 복숭아나무. 핵이 잘 떨어지며 밑이 들어가고 끝이 뾰죽하며 둥글다.

우단계요등(朴, 1949) (꼭두선이과) 털계요등의 이명. 〔유래〕 잎 뒤에 융털이 밀생하는 계요등이라는 뜻의 일명. → 털계요등.

우단골무꽃(朴, 1949) (꿀풀과) 좀골무꽃의 이명. 〔유래〕 우단 큰 골무꽃이라는 뜻의 일명. → 좀골무꽃.

우단괴불나무(安, 1982) (인동과) 섬괴불나무의 이명. → 섬괴불나무.

우단꼬리풀(朴, 1949) (현삼과) 털꼬리풀의 이명. 〔유래〕 우단 꼬리풀이라는 뜻의 일명. → 털꼬리풀.

우단꼭두서니(李, 1980) (꼭두선이과) 우단꼭두선이의 이명. → 우단꼭두선이.

우단꼭두선이(李, 1969) (꼭두선이과 *Rubia cordifolia* v. *pubescens*) 〔이명〕 털갈키덩굴, 털갈키꼭두선이, 우단꼭두서니, 털꼭두서리. 〔유래〕 우단 꼭두선이라는 뜻의 일명.

우단난초(이덕봉, 1957) (난초과) 자주사철란의 이명. → 자주사철란.

우단담배풀(전의식, 1992) (현삼과 *Verbascum thapsus*) 〔유래〕 털이 우단처럼 밀생하는 담배풀이라는 뜻이나 담배풀과 전혀 무관하다. 모예화(毛蕊花).

우단석잠꽃(安, 1982) (꿀풀과) 우단석잠풀의 이명. → 우단석잠풀.

우단석잠풀(李, 1969) (꿀풀과 *Stachys oblongifolia*) 〔이명〕 털석잠풀, 우단석잠꽃, 멍울곽향. 〔유래〕 우단 석잠풀이라는 뜻의 일명. 광엽수소(廣葉水蘇).

우단양지꽃(安, 1982) (장미과) 세잎양지꽃의 이명. 〔유래〕 우단 양지꽃이라는 뜻의 일명. → 세잎양지꽃.

ㅇ

우단인동(朴, 1949) (인동과) 인동덩굴의 이명. 〔유래〕 우단 인동덩굴이라는 뜻의 일명. → 인동덩굴.

우단인동덩굴(安, 1982) (인동과) 인동덩굴의 이명. → 인동덩굴, 우단인동.

우단일엽(鄭, 1937) (고란초과 *Pyrrosia linearifolia*) 〔유래〕 우단 고사리라는 뜻의 일명. 와위(瓦韋), 소석위(小石韋).

우단쥐손이(朴, 1949) (쥐손이풀과 *Geranium vlassovianum*) 〔이명〕 쥐털쥐손이. 〔유래〕 우단 쥐손이라는 뜻의 일명.

우단풀(永, 1996) (벼과) 흰털새의 이명. → 흰털새.

우단현삼(朴, 1949) (현삼과) 일월토현삼의 이명. 〔유래〕 우단 현삼이라는 뜻의 일명. → 일월토현삼.

우단황경나무(朴, 1949) (운향과) 털황경피나무의 이명. 〔유래〕 우단 황경피나무라는 뜻의 일명. → 털황경피나무.

우단황벽나무(安, 1982) (운향과) 털황경피나무의 이명. → 털황경피나무, 우단황경나무.

우독초(鄭, 1949) (대극과) 대극의 이명. → 대극.

우드풀(鄭, 1949) (면마과 *Woodsia polystichoides*) 〔이명〕 면모고사리, 왜우드풀, 바위면모고사리, 가물고사리. 〔유래〕 *Woodsia*라는 속명. 오공기근(蜈蚣旗根).

우묵사스레피(李, 1966) (차나무과 *Eurya emarginata*) 〔이명〕 섬쥐똥나무, 갯쥐똥나무, 우묵사스레피나무, 개사스레피나무. 〔유래〕 잎 끝이 우묵하게(凹) 들어가는 사스레피나무라는 뜻의 학명.

우묵사스레피나무(永, 1996) (차나무과) 우묵사스레피의 이명. → 우묵사스레피.

우벙(朴, 1949) (국화과) 우웡의 이명. 〔유래〕 우엉의 전라, 경상, 강원, 함경 방언. → 우웡.

우산고로쇠(李, 1966) (단풍나무과 *Acer okaotoanum*) 〔이명〕 섬고로쇠, 울릉단풍나무. 〔유래〕 미상.

우산나물(鄭, 1937) (국화과 *Syneilesis palmata*) 〔이명〕 삿갓나물. 〔유래〕 잎이 손바닥 모양으로 퍼진 모양을 우산에 비유. 토아산(兎兒傘).

우산대바랭이(鄭, 1970) (벼과 *Cynodon dactylon*) 〔이명〕 우산대잔듸, 우산잔디. 〔유래〕 우산대 잔디라는 뜻의 일명. 철선초(鐵線草).

우산대잔듸(朴, 1949) (벼과) 우산대바랭이의 이명. → 우산대바랭이.

우산말나리(鄭, 1937) (백합과) 하늘말나리의 이명. 〔유래〕 조선 우산 나리라는 뜻의 일명. → 하늘말나리.

우산물통이(李, 1969) (쐐기풀과) 자주몽울풀의 이명. 〔유래〕 엽액에 나는 수꽃(길이 1.5~4cm의 대 끝에 달리는 산형화서)의 모양을 우산에 비유. → 자주몽울풀.

우산방동사니(李, 1980) (사초과 *Cyperus tenuispica*) 〔이명〕 우산방동산이. 〔유래〕 복산형화서(複繖形花序)를 우산에 비유.

우산방동산이(鄭, 1937) (사초과) 우산방동사니의 이명. → 우산방동사니.

우산쇠방동사니(오 · 이, ?) (사초과 *Cyperus orthostachyus* v. *pinnateform*) 〔유래〕 미상.

우산잔디(永, 1966) (벼과) 우산대바랭이의 이명. → 우산대바랭이.

우산제비꽃(永, 2002) (제비꽃과 *Viola woosanensis*) 〔유래〕 울릉도(우산국)에 나는 제비꽃이라는 뜻의 학명. 남산제비꽃과 뫼제비꽃의 교잡종.

우산천남성(李, 1969) (천남성과) 섬남성의 이명. → 섬남성.

우산포아풀(李, 1969) (벼과 *Poa ullungdoensis*) 〔이명〕 울릉포아풀. 〔유래〕 경북 울릉도(우산국)에 나는 포아풀이라는 뜻의 학명.

우산풀(愚, 1996) (산형과) 왜우산풀의 북한 방언. → 왜우산풀.

우선국(鄭, 1970) (국화과 *Aster novi-belgii*) 〔이명〕 뉴욕아스터. 〔유래〕 우선국(友禪菊).

우수리까치밥나무(朴, 1949) (범의귀과) 가막까치밥나무의 이명. 〔유래〕 우수리에 나는 까치밥나무라는 뜻의 학명 및 일명. → 가막까치밥나무.

우수리미꾸리낚시(愚, 1996) (여뀌과 *Persicaria ussuriensis*) 〔유래〕 우수리에 나는 여뀌(미꾸리낚시)라는 뜻의 학명.

우슬(鄭, 1937) (비름과) 쇠무릅의 이명. 〔유래〕 우슬(牛膝). → 쇠무릅.

우엉(朴, 1949) (국화과) 우웡의 이명. 〔유래〕 우웡의 표준말. 우방(牛蒡). → 우웡.

우엉취(永, 1996) (천남성과) 앉은부채의 이명. → 앉은부채.

우웡(鄭, 1937) (국화과 *Arctium lappa*) 〔이명〕 우엉, 우벙. 〔유래〕 미상. 우방(牛蒡),

우방자(牛蒡子).

운난초(愚, 1996) (현삼과) 해란초의 중국 옌볜 방언. → 해란초.

운란초(愚, 1996) (현삼과) 해란초의 북한 방언. → 해란초.

운봉금매화(鄭, 1949) (미나리아재비과) 모데미풀의 이명. 〔유래〕 전북 운봉에 나는 금매화. → 모데미풀.

운용버들(愚, 1996) (버드나무과 *Salix matsudana* f. *tortuosa*) 〔이명〕 용버들, 파마버들, 고수버들. 〔유래〕 운룡류(雲龍柳).

운향나무(鄭, 1942) (장미과) 팥배나무의 이명. 〔유래〕 팥배나무의 평북 방언. → 팥배나무.

울릉강활(朴, 1949) (산형과) 섬바디의 이명. 〔유래〕 울릉도에 나는 강활이라는 뜻의 일명. → 섬바디.

울릉고사리(鄭, 1949) (면마과) 홍지네고사리와 섬고사리(朴, 1949)의 이명. → 홍지네고사리, 섬고사리.

울릉광대수염(愚, 1996) (꿀풀과) 섬광대수염의 중국 옌볜 방언. 〔유래〕 울릉도에 나는 광대수염. → 섬광대수염.

울릉구절초(朴, 1974) (국화과) 울릉국화의 이명. 〔유래〕 울릉도에 나는 구절초. → 울릉국화.

울릉국화(鄭, 1949) (국화과 *Chrysanthemum zawadskii* v. *lucidum*) 〔이명〕 섬들국화, 울릉구절초. 〔유래〕 울릉도에 나는 들국화라는 뜻의 일명.

울릉기린초(愚, 1996) (돌나물과) 섬기린초의 중국 옌볜 방언. 〔유래〕 울릉도에 나는 기린초. → 섬기린초.

울릉꾸렘이풀(朴, 1949) (벼과) 섬포아풀의 이명. 〔유래〕 울릉도에 나는 꾸렘이풀(포아풀)이라는 뜻의 학명 및 일명. → 섬포아풀.

울릉꿰미풀(愚, 1996) (벼과) 섬포아풀의 중국 옌볜 방언. → 섬포아풀, 울릉꾸렘이풀.

울릉단풍나무(愚, 1996) (단풍나무과) 우산고로쇠의 중국 옌볜 방언. → 우산고로쇠.

울릉대나물(朴, 1949) (석죽과) 울릉장구채의 이명. 〔유래〕 울릉도에 나는 끈끈이장구채(대나물)라는 뜻의 학명 및 일명. → 울릉장구채.

울릉딱총나무(愚, 1996) (인동과) 말오줌나무의 중국 옌볜 방언. 〔유래〕 울릉도에 나는 딱총나무. → 말오줌나무.

울릉말오줌대(永, 1996) (인동과) 말오줌나무의 이명. → 말오줌나무, 울릉말오줌때.

울릉말오줌때(鄭, 1965) (인동과) 말오줌나무의 이명. 〔유래〕 울릉도에 나는 말오줌때. → 말오줌나무.

울릉미역취(李, 1969) (국화과) 큰미역취의 이명. 〔유래〕 울릉도에 나는 미역취. → 큰미역취.

울릉버들(朴, 1949) (버드나무과) 섬버들의 이명. 〔유래〕 울릉도에 나는 버드나무라는 뜻의 일명. → 섬버들.

울릉쇠돌피(安, 1982) (벼과) 쇠돌피의 이명. → 쇠돌피.

울릉십자고사리(朴, 1961) (면마과) 큰십자고사리의 이명. 〔유래〕 울릉도에 나는 십자고사리. → 큰십자고사리.

울릉양지꽃(朴, 1949) (장미과) 섬양지꽃의 이명. 〔유래〕 울릉도에 나는 돌양지꽃이라는 뜻의 일명. → 섬양지꽃.

울릉엉겅퀴(愚, 1996) (국화과) 물엉겅퀴의 중국 옌볜 방언. 〔유래〕 울릉도에 나는 엉겅퀴. → 물엉겅퀴.

울릉연화바위솔(永, 2002) (돌나물과 *Orostachys iwarenge* f. *magnus*) 〔유래〕 울릉도에 나는 연화바위솔. 잎이 넓은 타원형이고 수술이 주황색이다.

울릉장구채(李, 1969) (석죽과 *Silene takesimensis*) 〔이명〕 울릉대나물. 〔유래〕 울릉도에 나는 끈끈이대나물(장구채)이라는 뜻의 학명 및 일명.

울릉제비꽃(愚, 1996) (제비꽃과) 섬제비꽃의 중국 옌볜 방언. 〔유래〕 울릉도에 나는 제비꽃. → 섬제비꽃.

울릉포아풀(永, 1996) (벼과) 우산포아풀의 이명. → 우산포아풀.

울미(朴, 1949) (벼과) 율무의 이명. 〔유래〕 율무의 함경 방언. → 율무.

울미사초(朴, 1949) (사초과) 염주사초의 이명. → 염주사초.

울산도깨비바늘(壽, 1992) (국화과 *Bidens pilosa*) 〔유래〕 우리나라에서는 경북 울산 지역에서 최초로 채집되었다. 미국가막사리에 비해 잎이 넓고 하부의 잎도 밑으로 흐르지 않는다.

울타리덩굴(朴, 1949) (포도과) 거지덩굴의 이명. → 거지덩굴.

웅기개박달(李, 1966) (자작나무과 *Betula chinensis* v. *collina*) 〔이명〕 웅기자작나무, 뚝개박달나무, 숲박달, 언덕좀박달나무. 〔유래〕 함북 웅기에 나는 개박달나무.

웅기솜나물(朴, 1949) (국화과 *Senecio pseudo-arnica*) 〔유래〕 함북 웅기에 나는 솜나물.

웅기오리나무(李, 1966) (자작나무과 *Alnus japonica* v. *reginosa*) 〔유래〕 함북 웅기에 나는 오리나무.

웅기자작나무(鄭, 1937) (자작나무과) 웅기개박달의 이명. → 웅기개박달.

웅기피나무(鄭, 1937) (피나무과 *Tilia ovalis*) 〔이명〕 선봉피나무, 선뽕피나무. 〔유래〕 함북 웅기에 나는 피나무.

원산고양이수염(安, 1982) (사초과) 골풀아재비의 이명. 〔유래〕 함남 원산에 나는 고양이수염이라는 뜻의 학명 및 일명. → 골풀아재비.

원산괭이수염(朴, 1949) (사초과) 골풀아재비의 이명. → 골풀아재비, 원산고양이수염.

원산딱지꽃(李, 1969) (장미과) 넓은딱지의 이명. 〔유래〕 함남 원산에 나는 딱지꽃. →

넓은딱지.

원산며느리바풀(安, 1982) (현삼과) 애기며느리밥풀의 이명. 〔유래〕 함남 원산에 나는 며느리밥풀이라는 뜻의 일명. → 애기며느리밥풀.

원산바늘골(李, 1967) (사초과 *Eleocharis congesta* v. *thermalis*) 〔이명〕 쇠바늘골. 〔유래〕 함남 원산에 나는 바늘골이라는 뜻의 일명.

원산바풀(朴, 1949) (현삼과) 애기며느리밥풀의 이명. → 애기며느리밥풀, 원산며느리바풀.

원산부추(朴, 1949) (백합과) 산달래의 이명. 〔유래〕 함남 원산에 나는 부추라는 뜻의 학명. → 산달래.

원산쇠털골(李, 1969) (사초과 *Eleocharis acicularis*) 〔유래〕 함남 원산에 나는 쇠털골.

원숭이동의나물(鄭, 1937) (미나리아재비과) 동의나물의 이명. → 동의나물.

원지(鄭, 1937) (원지과 *Polygala tenuifolia*) 병아리다리의 이명(朴, 1949)으로도 사용. 〔이명〕 실영신초, 아기원지. 〔유래〕 원지(遠志). → 병아리다리.

원추리(鄭, 1937) (백합과 *Hemerocallis dumortieri*) 〔이명〕 넘나물, 들원추리, 큰겹원추리, 겹첩넘나물. 〔유래〕 미상. 망우초(忘憂草), 훤초근(萱草根).

원추천인국(李, 1979) (국화과 *Rudbeckia bicolor*) 삼잎국화의 이명(愚, 1996, 중국 옌벤 방언)으로도 사용. 〔유래〕 미상. → 삼잎국화.

원황정(安, 1982) (백합과) 층층갈고리둥굴레의 이명. → 층층갈고리둥굴레.

월게화(鄭, 1937) (장미과) 월계화의 이명. → 월계화.

월계수(李, 1980) (녹나무과 *Laurus nobilis*) 월계화의 이명(장미과, 永, 1996)으로도 사용. 〔이명〕 계수나무. 〔유래〕 월계수(月桂樹), 월계자(月桂子). Sweet bay, Laurel, Noble laurel, Victor's laurel. → 월계화.

월계화(鄭, 1949) (장미과 *Rosa chinensis*) 〔이명〕 월게화, 월계화나무, 월계수. 〔유래〕 월계화(月季花).

월계화나무(永, 1996) (장미과) 월계화의 이명. → 월계화.

월귤(鄭, 1942) (철쭉과 *Vaccinium vitis-idaea*) 〔이명〕 월귤나무, 땃들죽, 큰잎월귤나무, 땅들쭉나무, 땅들쭉. 〔유래〕 월귤(越橘), 월귤엽(越橘葉).

월귤나무(鄭, 1937) (철쭉과) 월귤의 이명. → 월귤.

위나무(朴, 1949) (산유자나무과) 의나무의 이명. → 의나무.

위도상사화(김무열, 1996) (수선화과 *Lycoris uydoensis*) 〔유래〕 전북 위도에 나는 상사화라는 뜻의 학명. 자연잡종.

위령란(永, 1996) (난초과) 유령란의 북한 방언. → 유령란.

위령선(鄭, 1937) (미나리아재비과 *Clematis florida*) 으아리(1937)와 외대으아리(1937)의 이명으로도 사용. 〔이명〕 꽃으아리. 〔유래〕 위령선(葳靈仙). → 으아리, 외대으아리.

위봉배나무(李, 1966) (장미과 *Pyrus uipongensis*) 〔유래〕 전북 완주 위봉산에 나는 배나무라는 뜻의 학명.

위성류(鄭, 1937) (위성류과 *Tamarix juniperina*) 〔이명〕 평양위성류, 향성류. 〔유래〕 위성류(渭城柳), 정류(檉柳).

유가래(李, 1980) (버드나무과) 유가래나무의 이명. 〔유래〕 유가래나무의 축소형. → 유가래나무.

유가래나무(鄭, 1942) (버드나무과 *Salix xerophila* f. *glabra*) 〔이명〕 산버들, 유가래, 쨍쨍버들. 〔유래〕 강원 방언.

유구양지꽃(朴, 1949) (장미과) 은양지꽃의 이명. → 은양지꽃.

유동(李, 1966) (대극과 *Aleurites fordii*) 일본유동의 이명(愚, 1996)으로도 사용. 〔이명〕 지나기름오동. 〔유래〕 유동(油桐), 유동자(油桐子). → 일본유동.

유드기(愚, 1996) (벼과) 개억새의 북한 방언. → 개억새.

유드기아재비(愚, 1996) (벼과) 좀개억새의 중국 옌볜 방언. → 좀개억새.

유럽개미자리(壽, 1997) (석죽과 *Spergularia rubra*) 〔이명〕 분홍갯개미자리. 〔유래〕 유럽(유라시아) 원산의 개미자리. 마디마다 2매씩의 탁엽이 있어 잎이 모여난 것같이 보인다.

유럽곰솔(李, 2003) (소나무과 *Pinus nigra*) 〔유래〕 유럽 원산의 곰솔(해송). 만주흑송과 유사하나 잔가지에 흰가루가 없으며 겨울눈에 송진이 있다.

유럽나도냉이(壽, 1993) (십자화과 *Barbarea vulgaris*) 〔유래〕 유럽 원산의 나도냉이. 나도냉이에 비해 과체(果體)가 옆으로 벌어지거나 비스듬히 위를 향한다.

유럽미나리아재비(壽, 2001) (미나리아재비과 *Ranunculus muricatus*) 〔유래〕 유럽 원산의 미나리아재비. 수과(瘦果)에 딱딱하고 거친 자상(刺狀) 돌기가 있다.

유럽장대(선병윤 등, 1992) (십자화과 *Sisymbrium officinale*) 〔이명〕 털갓냉이. 〔유래〕 유럽 원산의 장대냉이.

유럽전호(壽, 1999) (산형과 *Anthriscus caucalis*) 〔유래〕 유럽 원산의 전호.

유럽점나도나물(壽, 1994) (석죽과 *Cerastium glomeratum*) 〔유래〕 유럽 원산의 점나도나물. 식물체 전체가 녹색이며, 개출모와 선모가 밀생한다.

유럽쥐손이(壽, 1993) (쥐손이풀과 *Erodium moschatum*) 〔유래〕 유럽(지중해 연안) 원산인 쥐손이풀. 상처를 내면 사향 냄새가 나며 산형화서이다.

유럽큰고추풀(壽, 2001) (현삼과 *Gratiola officinalis*) 〔유래〕 유럽 원산의 큰고추풀. 화관은 흰 바탕에 적자색 줄무늬가 있고, 그 끝이 4열로 되며, 각 열편은 요(凹)두이고, 위쪽 열편 내부에는 긴 털이 밀생한다.

유럽포도(永, 1996) (포도과) 포도의 이명. → 포도.

유령난(李, 1969) (난초과) 유령란의 이명. → 유령란.

유령란(李, 1980) (난초과 *Epipogium aphyllum*) 〔이명〕 개난초, 유령난, 위령란, 호설란, 육란. 〔유래〕 유령란(幽靈蘭).

유성사초(李, 1976) (사초과 *Carex korshinskyi*) 〔이명〕 양지사초. 〔유래〕 미상.

유수라지나무(鄭, 1942) (장미과) 이스라지나무의 이명. 〔유래〕 이스라지나무의 함남 방언. → 이스라지나무.

유자(愚, 1996) (운향과) 유자나무(중국 옌볜 방언)와 여주(박과, 愚, 1996, 북한 방언)의 이명. → 유자나무, 여주.

유자나무(朴, 1949) (운향과 *Citrus junos*) 〔이명〕 산유자나무, 유자. 〔유래〕 유자(柚子).

유전마름(정영호 등, 1987) (마름과 *Trapa bicornis* v. *koreanus*) 〔유래〕 미상. 기본종에 비해 밑으로 처진 뿔 끝에 역자가 있다.

유채(李, 1969) (십자화과 *Brassica campestris* ssp. *napus* v. *nippo-oleifera*) 〔유래〕 유채(油菜), 운대(蕓薹).

유카(尹, 1989) (용설란과 *Yucca gloriosa*) 〔이명〕 실잎나무, 육까. 〔유래〕 유카(*Yucca*)라는 속명.

유카리나무(愚, 1996) (도금양과) 유카립투스의 중국 옌볜 방언. → 유카립투스.

유카립투스(愚, 1996) (도금양과 *Eucalyptus globulus*) 〔이명〕 타스마니아유칼립투스, 유카리나무. 〔유래〕 유칼립투스(*Eucalyptus*)라는 속명.

유홍초(鄭, 1937) (메꽃과 *Quamoclit pennata*) 〔유래〕 유홍초(留紅草), 누홍초(縷紅草).

육계나무(李, 1976) (녹나무과 *Cinnamomum loureirii*) 〔유래〕 미상. 육계(肉桂).

육까(愚, 1996) (용설란과) 유카의 중국 옌볜 방언. → 유카.

육란(愚, 1996) (난초과) 유령란의 북한 방언. → 유령란.

육박나무(鄭, 1942) (녹나무과 *Actinodaphne lancifolia*) 〔유래〕 육박(六駁).

육송(鄭, 1942) (소나무과) 소나무의 이명. 〔유래〕 육송(陸松). → 소나무.

육절보리풀(鄭, 1949) (벼과 *Glyceria acutiflora*) 〔이명〕 개미피. 〔유래〕 미상. 예초(芮草).

육종용(朴, 1974) (열당과) 오리나무더부살이의 이명. 〔유래〕 육종용(肉蓯蓉). → 오리나무더부살이.

육지괭이눈(朴, 1949) (범의귀과) 오대산괭이눈의 이명. 〔유래〕 대륙 괭이눈이라는 뜻의 일명. → 오대산괭이눈.

육지꽃버들(鄭, 1937) (버드나무과 *Salix viminalis*) 〔이명〕 육지버들, 대륙꽃버들, 대륙솜버들, 륙지꽃버들. 〔유래〕 대륙 꽃버들이라는 뜻의 일명.

육지마늘(永, 1996) (백합과) 마늘의 이명. → 마늘.

육지버들(朴, 1949) (버드나무과) 육지꽃버들의 이명. → 육지꽃버들.

윤노리나무(李, 1966) (장미과 *Pourthiaea villosa*) 민윤노리나무의 이명(鄭, 1942, 황해 방언)으로도 사용. 〔이명〕 꼭지윤노리, 꼭지윤노리나무, 참윤여리, 꼭지윤여리, 긴윤노리나무, 꼭지윤여리나무. 〔유래〕 미상. 모엽석남근(毛葉石楠根). → 민윤노리나무.

윤여리나무(朴, 1949) (장미과) 민윤노리나무와 비목나무(녹나무과, 1949)의 이명. → 민윤노리나무, 비목나무.

윤판나물(鄭, 1956) (백합과 *Disporum sessile*) 〔이명〕 대애기나리, 큰가지애기나리, 금윤판나물, 윤판나물아재비. 〔유래〕 미상. 백미순(百尾笋).

윤판나물아재비(永, 1996) (백합과) 윤판나물의 이명. 〔유래〕 윤판나물과 유사. → 윤판나물.

율무(鄭, 1937) (벼과 *Coix lacryma-jobi* v. *ma-yuen*) 염주의 이명(愚, 1996)으로도 사용. 〔이명〕 울미, 율미, 재배율무. 〔유래〕 미상. 의이(薏苡), 의이인(薏苡仁). → 염주.

율무골(永, 1996) (사초과) 너도고랭이의 북한 방언. → 너도고랭이.

율무꽃(愚, 1996) (사초과) 너도고랭이의 북한 방언. → 너도고랭이.

율무쑥(鄭, 1949) (국화과 *Artemisia koidzumii*) 〔이명〕 구실쑥, 백두산쑥. 〔유래〕 염주 쑥이라는 뜻의 일명.

율미(安, 1982) (벼과) 율무의 이명. → 율무.

율미사초(安, 1982) (사초과) 염주사초의 이명. → 염주사초.

융털꼬리풀(朴, 1974) (현삼과) 털꼬리풀의 이명. 〔유래〕 융털이 밀생하는 꼬리풀. → 털꼬리풀.

으름(鄭, 1942) (으름덩굴과) 으름덩굴의 이명. 〔유래〕 으름덩굴의 전북 방언. 으름덩굴의 축소형. → 으름덩굴.

으름난초(鄭, 1949) (난초과 *Galeola septentrionalis*) 〔이명〕 개천마, 으름란. 〔유래〕 땅 으름덩굴이라는 뜻의 일명.

으름덩굴(鄭, 1937) (으름덩굴과 *Akebia quinata*) 〔이명〕 목통, 으름. 〔유래〕 미상. 목통(木通).

으름란(愚, 1996) (난초과) 으름난초의 북한 방언 → 으름난초.

으아리(鄭, 1937) (미나리아재비과 *Clematis mandshurica*) 〔이명〕 위령선, 북참으아리, 응아리. 〔유래〕 미상. 위령선(葳靈仙).

으아리꽃(朴, 1949) (미나리아재비과) 개버무리의 이명. → 개버무리.

은가락풀(永, 1996) (미나리아재비과) 참꿩의다리의 북한 방언. → 참꿩의다리.

은꿩의다리(鄭, 1937) (미나리아재비과) 참꿩의다리의 이명. → 참꿩의다리.

은난초(鄭, 1937) (난초과 *Cephalanthera erecta*) 〔이명〕 은란. 〔유래〕 은 난초라는 뜻의 일명. 은란(銀蘭).

은단풍(李, 1966) (단풍나무과 *Acer saccharinum*) 〔이명〕 사탕단풍나무, 평양단풍나무, 양단풍나무. 〔유래〕 은(잎 뒤가 흰) 단풍나무라는 뜻의 일명.

은대난(鄭, 1937) (난초과) 은대난초의 이명. → 은대난초.

은대난초(鄭, 1949) (난초과 *Cephalanthera longibracteata*) 〔이명〕 은대난, 댓잎은난초, 은대란. 〔유래〕 댓잎 은난초라는 뜻의 일명.

은대란(愚, 1996) (난초과) 은대난초의 북한 방언. → 은대난초.

은댕가리(鄭, 1956) (마타리과) 쥐오줌풀의 이명. → 쥐오줌풀.

은란(愚, 1996) (난초과) 은난초의 북한 방언. → 은난초.

은목서(永, 1996) (물푸레나무과) 목서의 이명. → 목서.

은물싸리(李, 1966) (장미과) 흰물싸리의 이명. 〔유래〕 은 물싸리라는 뜻의 일명. 물싸리에 비해 꽃이 백색이다. → 흰물싸리.

은방울꽃(鄭, 1937) (백합과 *Convallaria keiskei*) 〔이명〕 비비추, 초롱꽃, 영란. 〔유래〕 화서에 흰 꽃이 달리는 모습을 은방울에 비유. 영란(鈴蘭).

은백양(鄭, 1937) (버드나무과 *Populus alba*) 〔이명〕 은버들, 은백양나무. 〔유래〕 은백양(銀白楊). 잎 뒤에 은백색의 털이 밀생한다.

은백양나무(愚, 1996) (버드나무과) 은백양의 북한 방언 → 은백양.

은버들(朴, 1949) (버드나무과) 은백양의 이명. → 은백양.

은분취(鄭, 1937) (국화과 *Saussurea gracilis*) 가야산은분취의 이명(朴, 1949)으로도 사용. 〔이명〕 남분취, 실수리취, 개취, 참서덜취. 〔유래〕 잎 뒤가 흰 분취라는 뜻의 일명. → 가야산은분취.

은빛딱지(安, 1982) (장미과) 은양지꽃의 이명. → 은양지꽃.

은빛마가목(朴, 1949) (장미과) 마가목의 이명. 〔유래〕 잎 뒤가 흰 마가목이라는 뜻의 일명. → 마가목.

은빛바람꽃(愚, 1996) (미나리아재비과) 바이칼바람꽃의 중국 옌볜 방언. → 바이칼바람꽃.

은빛복수초(永, 1996) (미나리아재비과) 세복수초의 이명. 〔유래〕 꽃이 은백색인 복수초라는 뜻의 학명. → 세복수초.

은빛쥐소니(安, 1982) (쥐손이풀과) 흰털쥐손이의 이명. → 흰털쥐손이.

은사시나무(李, 1947) (버드나무과 *Populus tomentiglandulosa*) 〔이명〕 현사시, 은수원사시나무. 〔유래〕 수원은사시나무와 은백양의 자연잡종.

은송(李, 1966) (소나무과 *Pinus densiflora* f. *vittata*) 〔이명〕 색줄잎소나무. 〔유래〕 은송(銀松).

은수원사시나무(永, 1996) (버드나무과) 은사시나무의 이명. → 은사시나무.

은시호(鄭, 1937) (석죽과) 대나물의 이명. 〔유래〕 은시호(銀柴胡). → 대나물.

은쑥(朴, 1949) (국화과) 구와쑥의 이명. → 구와쑥.

은양지꽃(鄭, 1937) (장미과 *Potentilla nivea*) 〔이명〕 유구양지꽃, 은빛딱지. 〔유래〕 잎 뒤가 흰 양지꽃이라는 뜻의 일명.

은조롱(鄭, 1937) (박주가리과 *Cynanchum wilfordii*) 〔이명〕 새박풀, 하수오, 새박, 큰조롱. 〔유래〕 미상. 백하수오(白何首烏), 백수오(白首烏).

은털괴불나무(安, 1982) (인동과) 흰괴불나무의 이명. → 흰괴불나무.

은털새(壽, 2003) (벼과 *Aira caryophylla*) 〔유래〕 펼쳐진 군락의 모습이 은색 긴 털이 지면을 덮은 듯이 보인다.

은테사철(李, 1966) (노박덩굴과 *Euonymus japonicus* f. *albo-marginatus*) 〔유래〕 은테(잎 가장자리가 백색) 사철나무라는 뜻의 학명 및 일명.

은행나무(鄭, 1937) (은행나무과 *Ginkgo biloba*) 〔이명〕 행자목, 백과. 〔유래〕 은행목(銀杏木), 행자목(杏子木), 공손수(公孫樹), 압각수(鴨脚樹), 백과(白果), 백과목(白果木).

은향나무(李, 1966) (측백나무과 *Juniperus chinensis* v. *sargentii* f. *variegata*) 〔유래〕 흰 무늬가 있는 눈향나무라는 뜻의 학명 및 일명.

은화풀(愚, 1996) (벼과) 갯율무의 북한 방언. → 갯율무.

음나무(鄭, 1942) (두릅나무과 *Kalopanax pictus*) 돈나무의 이명(돈나무과, 1942, 전남 방언)으로도 사용. 〔이명〕 엄나무, 개두릅나무, 멍구나무, 당음나무, 털음나무, 엉개나무, 큰엄나무, 당엄나무, 털엄나무. 〔유래〕 경기 방언. 음(명찰)을 만드는 나무. 자추수피(刺楸樹皮). → 돈나무.

음달고사리(朴, 1949) (면마과) 큰산고사리의 이명. → 큰산고사리.

음달바우솔(朴, 1949) (돌나물과) 둥근바위솔의 이명. → 둥근바위솔.

음달종덩굴(鄭, 1942) (미나리아재비과) 응달종덩굴의 이명. → 응달종덩굴.

음달화점초(朴, 1949) (쐐기풀과) 개물통이의 이명. → 개물통이.

음등덩굴(鄭, 1937) (미나리아재비과) 참으아리의 이명. → 참으아리.

음알바늘사초(朴, 1949) (사초과) 바늘사초의 이명. 〔유래〕 응달 바늘사초라는 뜻의 일명. → 바늘사초.

음양각(鄭, 1937) (매자나무과) 삼지구엽초의 이명. 〔유래〕 음양곽(淫羊藿). → 삼지구엽초.

음양고비(鄭, 1949) (고비과 *Osmunda claytoniana*) 〔이명〕 개고비. 〔유래〕 미상.

음양곽(鄭, 1949) (매자나무과) 삼지구엽초의 이명. 〔유래〕 음양곽(淫羊藿). → 삼지구엽초.

음양곽메꽃(安, 1982) (메꽃과) 큰메꽃의 이명. → 큰메꽃.

음지가락풀(愚, 1996) (미나리아재비과) 참꿩의다리의 북한 방언. → 참꿩의다리.

음지꿩의다리(鄭, 1949) (미나리아재비과 *Thalictrum osmorhizoides*) 〔이명〕 그늘꿩의다리. 〔유래〕 응달(음지) 꿩의다리라는 뜻의 일명.

응달물통이(朴, 1974) (쐐기풀과) 개물통이의 이명. → 개물통이.

응달숲고사리(愚, 1996) (면마과) 큰산고사리의 이명. → 큰산고사리.

응달종덩굴(安, 1982) (미나리아재비과 *Clematis koreana* v. *umbrosa*) 〔이명〕 음달종덩굴. 〔유래〕 응달(그늘) 종덩굴이라는 뜻의 학명 및 일명.

응아리(安, 1982) (미나리아재비과) 으아리의 이명. → 으아리.

의나무(鄭, 1942) (산유자나무과 *Idesia polycarpa*) 〔이명〕 위나무, 이나무, 팥피나무. 〔유래〕 의(椅), 작목(柞木), 산동자(山桐子).

의성개나리(정 · 이, 1962) (물푸레나무과 *Forsythia viridissima*) 〔이명〕 약개나리, 방울개나리. 〔유래〕 경북 의성에서 재배(열매를 약용)한 개나리.

이고들빼기(鄭, 1949) (국화과 *Youngia denticulata*) 〔이명〕 니고들빼기, 꼬들빽이, 고들빼기. 〔유래〕 미상. 약사초(藥師草).

이깔나무(安, 1982) (소나무과) 잎갈나무의 이명. → 잎갈나무.

이꽃(朴, 1949) (국화과) 잇꽃의 이명. → 잇꽃.

이끈노루오줌(朴, 1949) (범의귀과) 숙은노루오줌의 이명. → 숙은노루오줌.

이끼개미자리(愚, 1996) (석죽과) 차일봉개미자리의 중국 옌볜 방언. → 차일봉개미자리.

이끼개수염(安, 1982) (곡정초과) 애기곡정초의 이명. → 애기곡정초.

이끼고사리(朴, 1949) (고사리과) 바위고사리의 이명. → 바위고사리.

이끼곡정초(安, 1982) (곡정초과) 애기곡정초의 이명. → 애기곡정초.

이나무(李, 1966) (산유자나무과) 의나무의 이명. → 의나무.

이노리나무(鄭, 1937) (장미과 *Crataegus komarovii*) 〔이명〕 왕이노리나무, 털이노리나무. 〔유래〕 함남 방언.

이대(鄭, 1937) (벼과 *Pseudosasa japonica*) 〔이명〕 산죽, 오구대, 신위대. 〔유래〕 경남 방언. 전죽(箭竹), 죽엽(竹葉).

이들메기(愚, 1996) (벼과) 큰기름새의 북한 방언. → 큰기름새.

이딸리아호밀(愚, 1996) (벼과) 쥐보리의 중국 옌볜 방언. → 쥐보리.

이라리나무(鄭, 1942) (마편초과) 누리장나무의 이명. 〔유래〕 누리장나무의 황해 방언. → 누리장나무.

이란미나리(壽, 1999) (산형과 *Lisaea heterocarpa*) 〔유래〕 이란 원산의 미나리라는 뜻이나 미나리와는 별개이다. 산형화서 주변부의 꽃잎은 V자 모양으로 깊이 갈라지고 크며 중심부의 꽃잎은 작고 모양은 같다.

이른범꼬리(鄭, 1949) (여뀌과 *Bistorta tenuicaulis*) 〔이명〕 봄범의꼬리, 봄범꼬리. 〔유래〕 이른(봄) 범의꼬리라는 뜻의 일명.

이리화(鄭, 1942) (장미과) 병아리꽃나무의 이명. 〔유래〕 병아리꽃나무의 황해 방언. → 병아리꽃나무.

이베리스(尹, 1989) (십자화과) 서양말냉이의 이명. 〔유래〕 이베리스(*Iberis*)라는 속명. → 서양말냉이.

이삭고사리(鄭, 1965) (면마과 *Thelypteris acuminata*) 〔이명〕 별고사리. 〔유래〕 미상.

이삭곰취(愚, 1996) (국화과) 한대리곰취의 중국 옌볜 방언. 〔유래〕 화서가 이삭(수상화서) 모양이다. → 한대리곰취.

이삭귀개(鄭, 1937) (통발과 *Utricularia racemosa*) 〔이명〕 이삭귀이개, 수원땅귀이개, 수원땅귀개. 〔유래〕 이삭 땅귀개라는 뜻의 일명.

이삭귀이개(朴, 1949) (통발과) 이삭귀개의 이명. → 이삭귀개.

이삭김의털(鄭, 1949) (벼과 *Festuca ovina* v. *duriuscula*) 〔이명〕 애기김의털, 서울김의털. 〔유래〕 미상.

이삭까치밥(朴, 1949) (범의귀과) 꼬리까치밥나무의 이명. 〔유래〕 이삭 까치밥나무라는 뜻의 일명. → 꼬리까치밥나무.

이삭난초(朴, 1949) (난초과) 너도제비란의 이명. → 너도제비란.

이삭단엽란(鄭, 1949) (난초과 *Microstylis monophyllos*) 〔이명〕 흩잎난초, 쌍잎난초, 이삭쌍엽란, 이삭흩잎란, 큰이삭란, 이삭두잎란. 〔유래〕 이삭 단엽란이라는 뜻의 일명.

이삭두잎란(永, 1996) (난초과) 이삭단엽란의 북한 방언. → 이삭단엽란.

이삭란초(愚, 1996) (난초과) 나도제비난의 중국 옌볜 방언. → 나도제비난.

이삭마디풀(李, 1969) (여뀌과) 갯마디풀의 이명. → 갯마디풀.

이삭말발도리(朴, 1949) (범의귀과) 꼬리말발도리의 이명. 〔유래〕 긴 이삭 말발도리나무라는 뜻의 일명. → 꼬리말발도리.

이삭물수세미(鄭, 1937) (개미탑과 *Myriophyllum spicatum*) 〔이명〕 붕어마름, 금붕어마름. 〔유래〕 이삭 물수세미라는 뜻의 일명.

이삭바꽃(鄭, 1937) (미나리아재비과 *Aconitum kusnezoffii*) 〔유래〕 이삭 바꽃이라는 뜻의 일명.

이삭봄맞이(李, 1976) (앵초과 *Stimpsonia chamaedrioides*) 〔이명〕 꼬리취란화. 〔유래〕 이삭 봄맞이꽃이라는 뜻의 일명.

이삭비비추(朴, 1949) (백합과 *Hosta ensata*) 〔유래〕 미상.

이삭사초(鄭, 1937) (사초과 *Carex dimorpholepis*) 〔이명〕 방울사초. 〔유래〕 미상.

이삭새(愚, 1996) (벼과) 나도딸기광이의 북한 방언. → 나도딸기광이.

이삭송이풀(鄭, 1949) (현삼과 *Pedicularis spicata*) 〔이명〕 꼭지송이풀. 〔유래〕 이삭 모양의 꽃(화서)이 피는 송이풀이라는 뜻의 학명 및 이삭 송이풀이라는 뜻의 일명.

이삭쌍엽란(鄭, 1949) (난초과) 이삭단엽란의 이명. 〔유래〕 이삭 쌍엽란이라는 뜻의 일명. → 이삭단엽란.

이삭여뀌(鄭, 1956) (여뀌과 *Persicaria filiformis*) 〔이명〕 이삭역귀. 〔유래〕 꽃이 이삭(수상화서)을 이룬다. 금선초(金線草).

이삭역귀(鄭, 1937) (여뀌과) 이삭여뀌의 이명. → 이삭여뀌.

이삭오이풀(安, 1982) (장미과) 긴오이풀의 이명. 〔유래〕 이삭이 긴 오이풀이라는 뜻의 일명. → 긴오이풀.

이삭잠자리피(朴, 1949) (벼과) 산잠자리피의 이명. 〔유래〕 이삭(수상화) 잠자리피라는 뜻의 학명. → 산잠자리피.

이삭조(朴, 1949) (벼과) 나도딸기광이의 이명. → 나도딸기광이.

이삭지우초(朴, 1949) (장미과) 긴오이풀의 이명. 〔유래〕 이삭이 긴 지우초(오이풀)라는 뜻의 일명. → 긴오이풀, 이삭오이풀.

이삭참새귀리(朴, 1949) (벼과) 꼬리새의 이명. → 꼬리새.

이삭포아풀(壽, 2001) (벼과 *Poa bulbosa* v. *vivipara*) 〔이명〕 살눈포아풀. 〔유래〕 미상. 줄기가 구근같이 부푼 기부로부터 자란다.

이삭피(朴, 1949) (벼과) 좀물뚝새의 이명. → 좀물뚝새.

이삭홀잎란(安, 1982) (난초과) 이삭단엽란의 이명. → 이삭단엽란.

이삼사초(鄭, 1937) (사초과) 청사초와 갈사초(安, 1982)의 이명. → 청사초, 갈사초.

이스라지(李, 1966) (장미과) 이스라지나무의 이명. 〔유래〕 이스라지나무의 축소형. → 이스라지나무.

이스라지나무(鄭, 1942) (장미과 *Prunus japonica*) 〔이명〕 산앵도, 산앵도나무, 유수라지나무, 오얏, 물앵두, 이스라지, 산앵두나무 〔유래〕 황해 방언. 욱리인(郁李仁).

이시도야오랑캐(鄭, 1937) (제비꽃과) 털제비꽃의 이명. 〔유래〕 이시도야(Ishidoya)의 오랑캐꽃(제비꽃)이라는 뜻의 학명. → 털제비꽃.

이시도야제비꽃(鄭, 1949) (제비꽃과) 털제비꽃의 이명. → 털제비꽃, 이시도야오랑캐.

이자초(李, 2003) (십자화과) 뽈냉이의 이명. → 뽈냉이.

이질풀(鄭, 1937) (쥐손이풀과 *Geranium thunbergii*) 〔이명〕 쥐손이풀, 개발초, 거십초, 붉은이질풀, 민들이질풀, 분홍이질풀. 〔유래〕 이질(痢疾)에 약용하는 식물. 방우아(牻牛兒), 노관초(老鸛草).

이태리포푸라(李, 1966) (버드나무과 *Populus euramericana*) 〔이명〕 이태리포풀러, 이태리포플러, 평양포플라나무. 〔유래〕 이탈리아에 나는 포푸라라는 뜻의 일명.

이태리포풀러(李, 1980) (버드나무과) 이태리포푸라의 이명. → 이태리포푸라.

이태리포플러(李, 2003) (버드나무과) 이태리포푸라의 이명. → 이태리포푸라.

이팝나무(鄭, 1937) (물푸레나무과 *Chionanthus retusus*) 팥꽃나무의 이명(팥꽃나무과, 朴, 1949)으로도 사용. 〔이명〕 니암나무, 뻣나무. 〔유래〕 전남 방언. 육도목(六道木), 탄율수(炭栗樹). → 팥꽃나무.

이팥나무(永, 1996) (팥꽃나무과) 팥꽃나무의 이명. → 팥꽃나무.

익모초(鄭, 1937) (꿀풀과 *Leonurus japonicus*) 〔이명〕 임모초, 개방아. 〔유래〕 익모초(益母草).

인가목(鄭, 1937) (장미과 *Rosa suavis*) 인가목조팝나무의 이명(1942, 강원 방언)으로도 사용. 〔이명〕 민둥인가목, 제주가시나무, 흰인가목, 민인가목, 둥근민둥인가목, 관모인가목, 흰민둥인가목, 털민둥인가목, 금강찔레, 담자인가목, 붉은인가목, 자주인가목, 갈미봉장미, 제주장미, 제주찔레나무. 〔유래〕 미상. → 인가목조팝나무.

인가목조팝나무(鄭, 1937) (장미과 *Spiraea chamaedryfolia* v. *pilosa*) 〔이명〕 인가목, 조팝나무, 털인가목조팝나무, 기장조팝나무, 철연죽, 털철연죽. 〔유래〕 미상.

인도고무나무(李, 1980) (뽕나무과 *Ficus elastica*) 〔유래〕 인도에 나는 고무나무라는 뜻의 일명.

인도쑥(鄭, 1949) (국화과) 참쑥의 이명. 〔유래〕 인도 쑥이라는 뜻의 일명. → 참쑥.

인동(李, 1969) (인동과) 인동덩굴의 이명. 〔유래〕 인동덩굴의 축소형. → 인동덩굴.

인동덩굴(鄭, 1937) (인동과 *Lonicera japonica*) 〔이명〕 금은화, 능박나무, 털인동덩굴, 우단인동, 섬인동, 인동, 우단인동덩굴. 〔유래〕 인동(忍冬), 금은화(金銀花), 금은등(金銀藤), 금차고(金釵股), 노사등(鷺鷥藤), 노옹수(老翁鬚), 밀보등(密補藤), 수양등(水楊藤), 원앙등(鴛鴦藤), 인동초(忍冬草), 좌전등(左纏藤), 통령초(通靈草).

인삼(鄭, 1937) (두릅나무과 *Panax schin-seng*) 〔이명〕 산삼. 〔유래〕 인삼(人蔘).

인제사초(李, 1969) (사초과 *Carex heterostachya*) 〔이명〕 모개사초, 잔디대사초. 〔유래〕 강원 인제에 나는 사초.

인진고(鄭, 1937) (국화과) 더위지기의 이명. 〔유래〕 인진고(茵蔯蒿). → 더위지기.

인천비쑥(李, 1969) (국화과) 애기비쑥의 이명. → 애기비쑥.

인천잔대(吳, 1981) (초롱꽃과 *Adenophora remotidens*) 〔유래〕 인천 제물포에 나는 잔대.

일년감(鄭, 1937) (가지과) 토마토의 이명. → 토마토.

일당귀(安, 1982) (산형과) 왜당귀의 이명. 〔유래〕 일당귀(日當歸). → 왜당귀.

일목련(永, 1996) (목련과) 일본목련의 이명. → 일본목련.

일본까치밥나무(鄭, 1942) (범의귀과) 명자순의 이명. → 명자순.

일본딱총나무(安, 1982) (인동과) 덧나무의 이명. → 덧나무.

일본말발도리(鄭, 1970) (범의귀과 *Deutzia crenata*) 〔이명〕 빈도리. 〔유래〕 일본에 나는 말발도리나무.

일본매자나무(永, 1996) (매자나무과 *Berberis thunbergii*) 〔유래〕 일본 원산의 매자나무.

일본목련(李, 1966) (목련과 *Magnolia obovata*) 〔이명〕 왕후박, 떡갈후박, 일목련, 황목련. 〔유래〕 일본에 나는 목련. 후박(厚朴).

일본배(李, 1966) (장미과) 배나무의 이명. 〔유래〕 일본에서 개량한 배나무라는 뜻의 일명. → 배나무.

일본배나무(李, 1980) (장미과) 배나무의 이명. → 배나무, 일본배.

일본백리향(安, 1982) (꿀풀과) 백리향의 이명. → 백리향.

일본병꽃나무(李, 2003) (인동과 *Weigela coraensis*) 〔유래〕 일본 원산의 병꽃나무. 골병꽃에 비해 꽃부리 겉에 털이 거의 없다.

일본사시나무(李, 1976) (버드나무과 *Populus sieboldii*) 〔유래〕 일본에서 들어온 사시나무.

일본사초(李, 1969) (사초과 *Carex hondoensis*) 〔유래〕 일본 혼슈(本州)에 나는 사초라는 뜻의 학명.

일본상산(愚, 1996) (운향과) 상산의 중국 옌볜 방언. → 상산.

일본수국(李, 1969) (범의귀과 *Hydrangea paniculata* f. *grandiflora*) 〔이명〕 큰나무수국. 〔유래〕 일본 원산의 수국. 꽃이 중성화뿐이다.

일본유동(李, 1966) (대극과 *Aleurites cordata*) 〔이명〕 기름오동, 기름오동나무, 유동. 〔유래〕 미상.

일본잎갈나무(李, 1966) (소나무과) 낙엽송의 이명. 〔유래〕 일본에 나는 잎갈나무. → 낙엽송.

일본전나무(永, 1996) (소나무과) 일본젓나무의 이명. → 일본젓나무.

일본젓나무(李, 1980) (소나무과 *Abies firma*) 〔이명〕 일본전나무. 〔유래〕 일본 원산의 젓나무(전나무).

일본조팝나무(李, 1976) (장미과 *Spiraea japonica*) 〔유래〕 일본에 나는 조팝나무라는 뜻의 학명.

일본철쭉(朴, 1949) (철쭉과) 영산홍의 이명. → 영산홍.

일본할미꽃(鄭, 1957) (미나리아재비과) 가는할미꽃의 이명. → 가는할미꽃.

일색고사리(鄭, 1949) (면마과 *Arachniodes standishii*) 〔이명〕 양면고사리. 〔유래〕 양면의 색이 같은(일색) 고사리라는 뜻의 일명.

일엽아재비(朴, 1961) (일엽아재비과 *Vittaria flexuosa*) 〔이명〕 사자란. 〔유래〕 일엽초와 유사.

일엽초(鄭, 1937) (고란초과 *Lepisorus thunbergianus*) 〔유래〕 일엽초(一葉草), 와위(瓦韋).

일월비비추(李, 1969) (백합과 *Hosta capitata*) 〔이명〕 산지보, 방울비비추, 비녀비비추. 〔유래〕 경북 일월산에 나는 비비추. 옥잠화(玉簪花).

일월산사나무(愚, 1996) (장미과 *Crataegus pinnatifida* f. *bracteata*) 〔유래〕 경북 일월산에 나는 산사나무.

일월토현삼(李, 1969) (현삼과 *Scrophularia koraiensis* v. *velutina*) 〔이명〕 우단현

삼, 애기개현삼, 털개현삼. 〔유래〕 경북 일월산에 나는 토현삼.

일일초(尹, 1989) (협죽도과 *Vinca rosea*) 〔이명〕 매일초, 일일화. 〔유래〕 일일초(日日草).

일일화(永, 1996) (협죽도과) 일일초의 이명. 〔유래〕 일일화(日日花). → 일일초.

일황련(愚, 1996) (미나리아재비과) 황련의 중국 옌볜 방언. 〔유래〕 일본에 나는 황련. → 황련.

임모초(朴, 1949) (꿀풀과) 익모초의 이명. → 익모초.

입술망초(朴, 1974) (쥐꼬리망초과 *Peristrophe japonica*) 〔유래〕 미상.

잇꽃(鄭, 1937) (국화과 *Carthamus tinctorius*) 〔이명〕 이꽃. 〔유래〕 미상. 홍화(紅花), 홍람화(紅藍花).

잎갈나무(李, 1966) (소나무과 *Larix olgensis* v. *koreana*) 〔이명〕 넓갈나무, 계수나무, 이깔나무. 〔유래〕 잎이 바늘 모양으로 갈라진다. 〔어원〕 잎〔葉〕+갈-〔分〕+나무〔木〕(어원사전).

잎난초(鄭, 1949) (백합과) 엽란의 이명. → 엽란.

잎대나물(愚, 1996) (석죽과) 호산장구채의 중국 옌볜 방언. → 호산장구채.

잎란(永, 1996) (백합과) 엽란의 북한 방언. → 엽란.

잎버레혹나무(安, 1982) (조록나무과) 조록나무의 이명. → 조록나무.

잎새바위솔(吳, 1985) (돌나물과 *Orostachys spinosus*) 〔이명〕 누른꽃바위솔. 〔유래〕 미상.

잎토란(安, 1982) (천남성과) 칼라디움의 이명. → 칼라디움.

잎흑삼능(安, 1982) (흑삼능과) 좁은잎흑삼능의 이명. → 좁은잎흑삼능.

ㅈ

자고(鄭, 1949) (택사과) 쇠귀나물의 이명. 〔유래〕 자고(慈姑). → 쇠귀나물.

자귀나무(鄭, 1937) (콩과 *Albizzia julibrissin*) 〔유래〕 경기 방언. 합환목(合歡木), 합환피(合歡皮), 합혼목(合昏木), 합혼수(合婚樹), 야합수(夜合樹). 〔어원〕 좌귀목(佐歸木)〔合歡〕→자괴나모/작외남우→자귀나무로 변화(어원사전).

자귀풀(鄭, 1937) (콩과 *Aeschynomene indica*) 〔유래〕 미상. 합맹(合萌).

자금우(鄭, 1942) (자금우과 *Ardisia japonica*) 〔유래〕 자금우(紫金牛).

자난초(李, 1980) (꿀풀과) 자란초의 이명. → 자란초.

자도나무(鄭, 1942) (장미과 *Prunus salicina*) 〔이명〕 오얏나무, 오얏, 자두나무, 추리나무. 〔유래〕 경기 방언. 이(李), 이자수(李子樹), 이화(李花).

자두나무(李, 1980) (장미과) 자도나무의 이명. → 자도나무.

자라귀(鄭, 1949) (국화과) 조뱅이의 이명. → 조뱅이.

자라풀(鄭, 1937) (자라풀과 *Hydrocharis dubia*) 〔이명〕 수련아재비. 〔유래〕 미상. 수별(水鼈).

자란(李, 1969) (난초과 *Bletilla striata*) 〔이명〕 대왕풀, 대암풀, 백급. 〔유래〕 자란(紫蘭), 백급(白芨). 꽃이 자색이다.

자란초(鄭, 1937) (꿀풀과 *Ajuga spectabilis*) 〔이명〕 자난초, 큰잎조개나물. 〔유래〕 자란초(紫蘭草).

자래나무(鄭, 1956) (갈매나무과) 짝자래나무의 이명. → 짝자래나무.

자래초(鄭, 1949) (미나리아재비과) 미나리아재비와 백선(운향과, 朴, 1949)의 이명. → 미나리아재비, 백선.

자루가새풀(朴, 1974) (국화과) 산톱풀의 이명. → 산톱풀.

자루나도고사리삼(정 · 임, 2000) (고사리삼과) 줄고사리의 이명. 〔유래〕 잎자루(1cm 정도)가 있는 나도고사리삼. → 줄고사리.

자리공(鄭, 1937) (자리공과 *Phytolacca esculenta*) 〔이명〕 장녹, 상륙. 〔유래〕 미상. 상륙(商陸), 장류(章柳), 축탕(蓫薚).

자리귀(永, 1996) (국화과) 조뱅이의 이명. → 조뱅이.

자리사초(永, 1996) (사초과) 애기흰사초의 이명. → 애기흰사초.

자마꽃(鄭, 1942) (장미과) 병아리꽃나무의 이명. → 병아리꽃나무.

자매곰솔(李, 2003) (소나무과 *Pinus thunbergii* v. *monophylla*) 〔유래〕 2개의 솔잎이 붙어서 하나가 된 곰솔(해송)이라는 뜻의 학명.

자목련(鄭, 1937) (목련과 *Magnolia lilliflora*) 〔이명〕 까지꽃나무. 〔유래〕 자목련(紫木蓮), 목란(木蘭), 자옥란(紫玉蘭), 신이(辛夷).

자반나물(鄭, 1942) (인동과) 넓은잎딱총나무의 이명. → 넓은잎딱총나무.

자반풀(李, 1976) (지치과 *Omphalodes krameri*) 〔이명〕 털개지치. 〔유래〕 미상.

자병취(임형탁 등, 1997) (국화과 *Saussurea chabyoungsanica*) 〔유래〕 강원 자병산에 나는 취라는 뜻의 학명.

자불쑥(鄭, 1949) (국화과) 제비쑥의 이명. → 제비쑥.

자아만아이리스(永, 1996) (붓꽃과 *Iris germanica*) 〔유래〕 게르만(독일) 원산의 아이리스(붓꽃)라는 뜻의 학명. 꽃이 대형이고 화피에 레이스 모양의 무늬가 있다.

자연나무(李, 2003) (옻나무과 *Cotinus coggygria* v. *purpureus*) 〔유래〕 소화경(小花梗)에 자줏빛이 도는 털 같은 것이 밀생하여 마치 연기같이 보이므로 자주색 연기나무라는 뜻.

자운영(鄭, 1937) (콩과 *Astragalus sinicus*) 〔유래〕 자운영(紫雲英), 홍화채(紅花菜).

자운채(朴, 1949) (쥐꼬리망초과) 방울꽃의 이명. 〔유래〕 자운채(紫雲菜). → 방울꽃.

자원(鄭, 1937) (국화과) 개미취의 이명. 〔유래〕 자원(紫菀). → 개미취.

자작나무(鄭, 1937) (자작나무과 *Betula platyphylla* v. *japonica*) 거제수나무(1942, 평북 방언)와 만주자작나무(愚, 1996, 북한 방언)의 이명으로도 사용. 〔이명〕 봇나무. 〔유래〕 백화(白樺), 백단(白椴), 백단목(白檀木), 화목피(樺木皮). 〔어원〕 즈작나모→자장남ㄱ→자작나무로 변화(어원사전). → 거제수나무, 만주자작나무.

자작잎산사(李, 1969) (장미과) 자작잎산사나무의 이명. 〔유래〕 자작잎산사나무의 축소형. → 자작잎산사나무.

자작잎산사나무(鄭, 1942) (장미과 *Crataegus pinnatifida* f. *betulifolia*) 〔이명〕 작살잎산사, 자작잎산사. 〔유래〕 자작나무 잎과 유사한 산사나무라는 뜻의 학명 및 일명.

자주가는오이풀(鄭, 1949) (장미과 *Sanguisorba tenuifolia* v. *parviflora* f. *purpurea*) 〔유래〕 꽃이 자주색(혈적색)인 가는오이풀이라는 뜻의 학명.

자주가락풀(愚, 1996) (미나리아재비과) 자주꿩의다리의 북한 방언. 〔유래〕 자주 가락풀(꿩의다리). → 자주꿩의다리.

자주갈퀴현호색(永, 2003) (양귀비과 *Corydalis grandicalyx* f. *purpurascens*) 〔유래〕 자주색 꽃이 피는 갈퀴현호색이라는 뜻의 학명.

자주강아지풀(鄭, 1949) (벼과) 강아지풀의 이명. 〔유래〕 까락이 자주색인 강아지풀이라는 뜻의 학명 및 일명. → 강아지풀.

자주개머루(李, 1966) (포도과 *Ampelopsis brevipedunculata* v. *heterophylla* f.

ㅈ

elegans) 〔유래〕 잎에 흰색 반점이 있고, 잎자루와 어린 줄기가 자주색이다.

자주개밀(朴, 1949) (벼과 *Agropyron yezoense*) 광능개밀의 이명(鄭, 1949)으로도 사용. 〔유래〕 미상. → 광능개밀.

자주개자리(鄭, 1949) (콩과 *Medicago sativa*) 〔이명〕 자주꽃개자리, 알팔파, 앨팰퍼, 자주꽃자리풀. 〔유래〕 자주 개자리라는 뜻의 일명.

자주개황기(鄭, 1970) (콩과 *Astragalus adsurgens*) 〔이명〕 자주땅비수리, 탐나황기, 탐라황기, 털황기. 〔유래〕 무라사키(자주)모멘즈루(ムラサキモメンズル)라는 일명.

자주고들빼기(朴, 1974) (국화과) 자주방가지똥의 이명. → 자주방가지똥.

자주광대나물(壽, 2001) (꿀풀과 *Lamium purpureum*) 〔이명〕 광대꽃. 〔유래〕 자주색의 광대수염이라는 뜻의 학명.

자주괭이밥(鄭, 1970) (괭이밥과 *Oxalis corymbosa*) 괭이밥의 이명(李, 1969)으로도 사용. 〔이명〕 도라지괭이밥, 넓은잎괭이밥. 〔유래〕 자주(꽃) 괭이밥이라는 뜻의 일명. 초장초(酢漿草). → 괭이밥.

자주괴불주머니(鄭, 1949) (양귀비과 *Corydalis incisa*) 〔이명〕 자지괴불주머니, 자주현호색, 자주뿔꽃. 〔유래〕 자주 괴불주머니라는 뜻의 일명. 자화어등초(紫花魚燈草).

ㅈ

자주구름꽃(愚, 1996) (쥐꼬리망초과) 방울꽃의 중국 옌벤 방언. → 방울꽃.

자주꼬리풀(鄭, 1949) (현삼과) 꼬리풀의 이명. → 꼬리풀.

자주꽃개자리(朴, 1949) (콩과) 자주개자리의 이명. → 자주개자리.

자주꽃방망이(鄭, 1949) (초롱꽃과 *Campanula glomerata* v. *dahurica*) 〔이명〕 자주꽃방맹이, 꽃방맹이, 꽃방망이. 〔유래〕 자주꽃이 모여 방망이 모양을 이룬다는 뜻.

자주꽃방맹이(鄭, 1937) (초롱꽃과) 자주꽃방망이의 이명. → 자주꽃방망이.

자주꽃자리풀(愚, 1996) (콩과) 자주개자리의 북한 방언. → 자주개자리.

자주꽃하눌수박(安, 1982) (박과) 하늘타리의 이명. → 하늘타리.

자주꽃황기(朴, 1949) (콩과) 자주황기의 이명. → 자주황기.

자주꿩의다리(鄭, 1949) (미나리아재비과 *Thalictrum uchiyamai*) 〔이명〕 자지꿩의다리, 자주가락풀. 〔유래〕 자주 꿩의다리라는 뜻의 일명. 마미련(馬尾連).

자주꿩의비름(鄭, 1937) (돌나물과 *Sedum telephium* v. *purpureum*) 〔이명〕 자지꿩의비름. 〔유래〕 자주 꿩의비름이라는 뜻의 학명 및 일명.

자주나도황기(愚, 1996) (콩과) 묏황기의 북한 방언. → 묏황기.

자주나래회나무(安, 1982) (노박덩굴과) 회나무의 이명. 〔유래〕 자주 참회나무라는 뜻의 일명. → 회나무.

자주네군도(朴, 1949) (단풍나무과 *Acer negundo* v. *violaceum*) 〔이명〕 자주네군도단풍. 〔유래〕 가지가 가을철에 자주색(암자색)으로 된다는 뜻의 학명 및 일명.

자주네군도단풍(李, 1966) (단풍나무과) 자주네군도의 이명. → 자주네군도.

자주달개비(朴, 1949) (닭의장풀과) 자주닭의장풀의 이명. → 자주닭의장풀.

자주닭개비(李, 1976) (닭의장풀과) 자주닭의장풀의 이명. → 자주닭의장풀

자주닭의장풀(愚, 1996) (닭의장풀과 *Tradescantia reflexa*) 〔이명〕 자주달개비, 양달개비, 자주닭개비. 〔유래〕 자주 닭의장풀이라는 뜻의 일명.

자주덩굴별꽃(鄭, 1956) (석죽과 *Cucubalus baccifer* v. *japonicus* f. *atropurpureus*) 〔유래〕 줄기와 잎이 암자색인 덩굴별꽃이라는 뜻의 학명.

자주등에풀(朴, 1974) (현삼과) 진땅고추풀의 이명. → 진땅고추풀.

자주등제비꽃(安, 1982) (제비꽃과) 자주잎제비꽃의 이명. 〔유래〕 잎 뒷면이 자주색인 제비꽃. → 자주잎제비꽃.

자주땅귀개(鄭, 1949) (통발과 *Utricularia uliginosa*) 〔이명〕 자주땅귀이개. 〔유래〕 땅귀개에 비해 꽃이 연한 자색이다.

자주땅귀이개(朴, 1974) (통발과) 자주땅귀개의 이명. → 자주땅귀개.

자주땅비수리(朴, 1949) (콩과) 자주개황기의 이명. → 자주개황기.

자주만년청(朴, 1949) (닭의덩굴과 *Rhoeo discolor*) 〔이명〕 만년청아재비, 자주색만년청. 〔유래〕 자주색 만년청.

자주메뛰기피(朴, 1949) (벼과) 실새풀의 이명. 〔유래〕 자주 메뛰기피(실새풀)라는 뜻의 일명. → 실새풀.

자주모란풀(愚, 1996) (미나리아재비과) 조희풀의 북한 방언. → 조희풀.

자주목단풀(朴, 1949) (미나리아재비과) 조희풀의 이명. → 조희풀.

자주목련(李, 1969) (목련과 *Magnolia denudata* v. *purpurascens*) 〔이명〕 백목련. 〔유래〕 꽃잎의 외측이 자색(홍자색)인 백목련이라는 뜻의 학명.

자주몽울풀(朴, 1949) (쐐기풀과 *Elatostema umbellata*) 〔이명〕 우산물통이, 긴멍울풀. 〔유래〕 미상.

자주박주가리(朴, 1949) (박주가리과 *Cynanchum purpureum*) 〔유래〕 꽃이 자주색인 백미꽃(박주가리)이라는 뜻의 학명 및 일명.

자주박쥐(鄭, 1949) (국화과) 귀박쥐나물의 이명. 〔유래〕 자주 박쥐나물이라는 뜻의 일명. → 귀박쥐나물.

자주박쥐나물(鄭, 1956) (국화과) 귀박쥐나물의 이명. → 귀박쥐나물, 자주박쥐.

자주받침꽃(李, 1980) (받침꽃과 *Calycanthus fertilis*) 〔유래〕 자주색 꽃이 피는 받침꽃. 화피열편(花被裂片)이 꽃받침통의 가장자리에 나선상으로 배열한다.

자주방가지(愚, 1996) (국화과) 자주방가지똥의 북한 방언. → 자주방가지똥.

자주방가지똥(鄭, 1949) (국화과 *Lactuca sibirica*) 〔이명〕 자주씀바귀, 자주고들빼기, 자주방가지. 〔유래〕 자주 방가지똥이라는 뜻의 일명.

자주방아풀(鄭, 1949) (꿀풀과 *Plectranthus serra*) 〔이명〕 자지회채화, 자주회채화. 〔유래〕 자주 방아풀이라는 뜻의 일명. 계황초(溪黃草).

자주복주머니란(永, 2002) (난초과 *Cypripedium morinanthum*) 〔유래〕 꽃이 검은 자주색인 복주머니란(개불알꽃).

자주붓꽃(愚, 1996) (붓꽃과) 연미붓꽃의 중국 옌볜 방언. → 연미붓꽃.

자주빛장구채(永, 1996) (석죽과) 갯장구채의 북한 방언. → 갯장구채.

자주뿔꽃(愚, 1996) (양귀비과) 자주괴불주머니의 북한 방언. → 자주괴불주머니.

자주사철란(鄭, 1970) (난초과 *Goodyera velutina*) 〔이명〕 병아리난초, 우단난초, 털사철란, 흰줄사철란. 〔유래〕 줄기가 자갈색인 사철란.

자주삿갓나물(朴, 1949) (백합과) 삿갓풀의 이명. 〔유래〕 자주 중삿갓나물이라는 뜻의 일명. → 삿갓풀.

자주삿갓풀(安, 1982) (백합과) 삿갓풀의 이명. → 삿갓풀, 자주삿갓나물.

자주색만년청(尹, 1989) (닭의장풀과) 자주만년청의 이명. → 자주만년청.

자주솜대(鄭, 1949) (백합과) 자주솜때의 이명. → 자주솜때.

자주솜때(愚, 1996) (백합과 *Smilacina bicolor*) 〔이명〕 자주솜대, 차색솜죽대, 자주지장보살. 〔유래〕 꽃이 자주색(다갈색)인 솜때.

자주쇠스랑개비(朴, 1974) (장미과) 검은꽃낭아초의 이명. → 검은꽃낭아초.

자주싸리(朴, 1949) (콩과) 검나무싸리의 이명. → 검나무싸리.

ㅈ

자주쓴풀(鄭, 1949) (용담과 *Swertia pseudo-chinensis*) 〔이명〕 자지쓴풀, 쓴풀, 털쓴풀. 〔유래〕 자주 쓴풀이라는 뜻의 일명. 당약(當藥).

자주씀바귀(朴, 1949) (국화과) 자주방가지똥과 선씀바귀(1974)의 이명. → 자주방가지똥, 선씀바귀.

자주아물천남성(愚, 1996) (천남성과) 남산둥근잎천남성의 중국 옌볜 방언. 〔유래〕 포(苞)에 자줏빛이 도는 둥근잎천남성. → 남산둥근잎천남성.

자주알록제비꽃(鄭, 1949) (제비꽃과 *Viola variegata* v. *chinensis*) 〔이명〕 자지오랑캐, 좀알록제비꽃, 자주오랑캐. 〔유래〕 표면에는 무늬가 거의 없고 잎 뒤에 자색이 분명한 알록제비꽃.

자주암크령(朴, 1949) (벼과) 각씨그령의 이명. 〔유래〕 자주 암크령(그령). → 각씨그령.

자주양배추(李, 1969) (십자화과 *Brassica oleracea* v. *botrytis*) 〔이명〕 꽃양배추. 〔유래〕 자주색의 양배추.

자주억새(永, 1996) (벼과) 억새의 이명. → 억새.

자주오랑캐(朴, 1949) (제비꽃과) 자주알록제비꽃의 이명. → 자주알록제비꽃.

자주이대(鄭, 1942) (벼과 *Pseudosasa japonica* v. *purpurascens*) 〔유래〕 자색(엽초, 엽병 및 잎)인 이대라는 뜻의 학명 및 일명.

자주인가목(安, 1982) (장미과) 인가목의 이명. → 인가목.

자주잎오랑캐(朴, 1949) (제비꽃과) 자주잎제비꽃의 이명. 〔유래〕 자주잎 오랑캐꽃(제비꽃). → 자주잎제비꽃.

자주잎제비꽃(李, 1969) (제비꽃과 *Viola violacea*) 〔이명〕 자주잎오랑캐, 자주제비꽃, 자주등제비꽃, 오랑캐제비꽃. 〔유래〕 홍자색의 제비꽃이라는 뜻의 학명 및 일명.

자주장대나물(李, 1980) (십자화과 *Arabis coronata*) 〔이명〕 둥근잎장대, 둥근잎장대나물. 〔유래〕 잎 뒤에 자색이 돈다.

자주점박이천남성(李, 1969) (천남성과) 점백이천남성의 이명. 〔유래〕 암자색의 천남성이라는 뜻의 학명. → 점백이천남성.

자주제비꽃(朴, 1974) (제비꽃과) 자주잎제비꽃의 이명. → 자주잎제비꽃.

자주조희풀(李, 1966) (미나리아재비과) 조희풀의 이명. → 조희풀.

자주족도리풀(永, 2002) (쥐방울과 *Asarum sieboldii* f. *koreanum*) 〔유래〕 잎맥이 자줏빛을 띤다.

자주종덩굴(鄭, 1949) (미나리아재비과 *Clematis ochotensis*) 〔이명〕 자지종덩굴. 〔유래〕 꽃이 짙은 자색인 종덩굴.

자주지장보살(永, 1996) (백합과) 자주솜때의 이명. → 자주솜때.

자주참나물(朴, 1949) (산형과) 큰참나물의 이명. 〔유래〕 자주(꽃이 암자색) 참나물이라는 뜻의 일명. → 큰참나물.

자주천남성(鄭, 1949) (천남성과) 점백이천남성의 이명. 〔유래〕 자주 천남성이라는 뜻의 일명. → 점백이천남성.

자주초롱꽃(李, 1969) (초롱꽃과 *Campanula punctata* v. *rubriflora*) 〔유래〕 자주색(홍자색)의 꽃이 피는 초롱꽃이라는 뜻의 학명 및 일명.

자주층꽃(朴, 1949) (꿀풀과) 꽃층층이꽃의 이명. → 꽃층층이꽃.

자주큰천남성(鄭, 1957) (천남성과) 큰천남성의 이명. → 큰천남성.

자주톱풀(鄭, 1956) (국화과) 산톱풀의 이명. → 산톱풀.

자주팥(愚, 1996) (콩과) 덩굴팥의 중국 옌볜 방언. → 덩굴팥.

자주팽나무(鄭, 1942) (느릅나무과) 팽나무와 좀왕팽나무(愚, 1996, 중국 옌볜 방언)의 이명. → 팽나무, 좀왕팽나무.

자주포아풀(鄭, 1949) (벼과 *Poa glauca*) 〔이명〕 주름꾸렘이풀, 구름꿰미풀. 〔유래〕 자주 선포아풀이라는 뜻의 일명. 청포아풀에 비해 화서가 적갈색을 띤다.

자주풀솜나물(壽, 1997) (국화과 *Gnaphalium purpureum*) 〔유래〕 자주색(총포편)의 풀솜나물이라는 뜻의 학명.

자주해당(愚, 1996) (장미과) 산당화의 중국 옌볜 방언. → 산당화.

자주현호색(朴, 1949) (양귀비과) 자주괴불주머니의 이명. → 자주괴불주머니.

자주황기(鄭, 1949) (콩과 *Astragalus davuricus*) 〔이명〕 자지황기, 자주꽃황기. 〔유래〕 자주 황기라는 뜻의 일명.

자주회채화(朴, 1949) (꿀풀과) 자주방아풀의 이명. → 자주방아풀.

자지괴불주머니(鄭, 1937) (양귀비과) 자주괴불주머니의 이명. → 자주괴불주머니.

자지꿩의다리(鄭, 1937) (미나리아재비과) 자주꿩의다리의 이명. → 자주꿩의다리.

자지꿩의비름(鄭, 1937) (돌나물과) 자주꿩의비름의 이명. → 자주꿩의비름.

자지쓴풀(鄭, 1937) (용담과) 자주쓴풀의 이명. → 자주쓴풀.

자지오랑캐(鄭, 1937) (제비꽃과) 자주알록제비꽃의 이명. → 자주알록제비꽃.

자지종덩굴(鄭, 1937) (미나리아재비과) 자주종덩굴의 이명. → 자주종덩굴.

자지황기(鄭, 1937) (콩과) 자주황기의 이명.→ 자주황기.

자지회채화(鄭, 1937) (꿀풀과) 자주방아풀의 이명. → 자주방아풀.

자초(鄭, 1949) (지치과) 지치의 이명. 〔유래〕 자초(紫草). → 지치.

작두(李, 1966) (콩과) 편두의 이명. → 편두.

작두콩(鄭, 1937) (콩과 *Canavalia ensiformis*) 〔이명〕 줄작두콩. 〔유래〕 미상. 도두(刀豆), 협검두(挾劍豆).

작란화(愚, 1996) (난초과) 개불알꽃의 북한 방언. → 개불알꽃.

작살나무(鄭, 1937) (마편초과 *Callicarpa japonica*) 〔이명〕 송금나무, 조팝나무. 〔유래〕 전남 방언. 자주(紫珠).

작살잎산사(李, 1966) (장미과) 자작잎산사나무의 이명. → 자작잎산사나무.

작약(鄭, 1937) (작약과 *Paeonia lactiflora*) 〔이명〕 적작약, 함박꽃. 〔유래〕 작약(芍藥).

작윗대나무(鄭, 1942) (콩과) 왕자귀나무의 이명. 〔유래〕 왕자귀나무의 전북 어청도 방언. → 왕자귀나무.

작은구슬사초(愚, 1996) (사초과) 낚시사초(중국 옌볜 방언)와 애기보리사초(1996, 중국 옌볜 방언)의 이명. → 낚시사초, 애기보리사초.

작은긴잎련꽃(愚, 1996) (수련과) 참개연꽃의 중국 옌볜 방언. → 참개연꽃.

작은매자기(愚, 1996) (사초과) 새섬매자기의 중국 옌볜 방언. → 새섬매자기.

작은비비추(鄭, 1937) (백합과) 좀비비추의 이명. 〔유래〕 작은 비비추라는 뜻의 학명 및 일명. 비비추에 비해 전체가 소형이다. → 좀비비추.

작은사위질빵(鄭, 1942) (미나리아재비과 *Clematis pierottii*) 〔이명〕 애기질빵. 〔유래〕 작은 잎 사위질빵이라는 뜻의 일명.

작은산꿩의다리(李, 1969) (미나리아재비과) 큰산꿩의다리의 이명. → 큰산꿩의다리.

작은삿부채(愚, 1996) (천남성과) 애기앉은부채의 중국 옌볜 방언. 〔유래〕 작은 삿부채(앉은부채). → 애기앉은부채.

작은새애기풀(愚, 1996) (현삼과) 애기며느리밥풀의 중국 옌볜 방언. 〔유래〕 작은 새애기풀(수염며느리밥풀). → 애기며느리밥풀.

작은손잎풀(愚, 1996) (쥐손이풀과) 좀쥐손이의 북한 방언. 〔유래〕 작은 손잎풀(쥐손이풀). → 좀쥐손이.

작은송구지(愚, 1996) (여뀌과) 좀소리쟁이의 중국 옌볜 방언. 〔유래〕 작은 송구지(소리쟁이). → 좀소리쟁이.

작은애기물구지(愚, 1996) (백합과) 애기중의무릇의 북한 방언. 〔유래〕 작은 애기물구지(중의무릇). → 애기중의무릇.

작은잎가락지나물(安, 1982) (장미과) 가락지나물의 이명. 〔유래〕 작은 가락지나물이라는 뜻의 학명. → 가락지나물.

작은잎꽃수염풀(愚, 1996) (꿀풀과) 광대나물의 북한 방언. → 광대나물.

작은잎쐐기풀(鄭, 1937) (쐐기풀과) 애기쐐기풀의 이명. 〔유래〕 작은 잎 쐐기풀이라는 뜻의 일명. → 애기쐐기풀.

작은잎큰현삼(愚, 1996) (현삼과) 좀현삼의 중국 옌볜 방언. → 좀현삼.

작은젓가락나물(鄭, 1937) (미나리아재비과) 젓가락풀의 이명. 〔유래〕 작은 젓가락나물이라는 뜻의 일명. → 젓가락풀.

작은제비꽃(愚, 1996) (제비꽃과) 왜제비꽃의 북한 방언. → 왜제비꽃.

작은중나리(鄭, 1937) (백합과) 땅나리의 이명. → 땅나리.

작은쥐손이(愚, 1996) (쥐손이풀과) 좀쥐손이의 중국 옌볜 방언. → 좀쥐손이.

작은질빵풀(愚, 1996) (미나리아재비과) 좀사위질빵의 북한 방언. 〔유래〕 작은 질빵풀(사위질빵). → 좀사위질빵.

작은참취(愚, 1996) (국화과) 한라참취의 중국 옌볜 방언. → 한라참취.

작은황새풀(李, 1969) (사초과 *Eriophorum gracile*) 〔이명〕 조선예자풀, 조선황새풀. 〔유래〕 작은(섬세한) 황새풀이라는 뜻의 학명.

잔개자리(鄭, 1949) (콩과 *Medicago lupulina*) 〔이명〕 승앵이자리, 잔꽃자리풀. 〔유래〕 잔(쌀알같이) 개자리라는 뜻의 일명.

잔고사리(鄭, 1937) (고사리과 *Dennstaedtia hirsuta*) 쪽잔고사리의 이명(朴, 1949)으로도 사용. 〔이명〕 양지고사리. 〔유래〕 미상. → 쪽잔고사리.

잔꽃자리풀(愚, 1996) (콩과) 잔개자리의 북한 방언. → 잔개자리.

잔꽃풀(愚, 1996) (국화과) 망초의 북한 방언. 〔유래〕 두상화의 크기가 작다. → 망초.

잔나비나물(朴, 1974) (콩과 *Vicia bifolia*) 〔이명〕 두잎갈퀴나물. 〔유래〕 나비나물에 비해 소엽이 작다.

잔눈섭고사리(愚, 1996) (꼬리고사리과 *Asplenium wrightii* v. *shikokianum*) 〔이명〕 잔눈썹고사리, 뿔고사리. 〔유래〕 눈섭고사리와 통일(統一).

잔눈썹고사리(李, 1980) (꼬리고사리과) 잔눈섭고사리의 이명. → 잔눈섭고사리.

잔능쟁이(愚, 1996) (명아주과) 쥐명아주의 북한 방언. → 쥐명아주.

잔대(鄭, 1937) (초롱꽃과 *Adenophora triphylla*) 왕잔대의 이명(李, 1969)으로도 사용. 〔이명〕 층층잔대, 가는잎딱주. 〔유래〕 미상. 사삼(沙蔘). → 왕잔대.

잔대아재비(朴, 1974) (초롱꽃과) 숫잔대의 이명. → 숫잔대.

잔듸(鄭, 1937) (벼과) 잔디의 이명. → 잔디.

잔듸사초(朴, 1949) (사초과) 양지사초의 이명. 〔유래〕 잔디 사초라는 뜻의 일명. → 양지사초.

잔디(鄭, 1949) (벼과 *Zoysia japonica*) 〔이명〕 잔듸, 푸른잔디. 〔유래〕 미상. 결루초(結縷草), 초모(草茅).

잔디갈고리(李, 1980) (콩과 *Desmodium heterocarpon*) 〔이명〕 개섭싸리, 좀도독놈의갈구리, 잔디갈쿠리, 나도갈쿠리풀. 〔유래〕 잔디밭에 자란다.

잔디갈쿠리(李, 1969) (콩과) 잔디갈고리의 이명. → 잔디갈고리.

잔디대사초(愚, 1996) (사초과) 인제사초의 중국 옌볜 방언. → 인제사초.

잔디바랑이(鄭, 1949) (벼과) 잔디바랭이의 이명. → 잔디바랭이.

잔디바랑이새(愚, 1996) (벼과) 잔디바랭이의 중국 옌볜 방언. → 잔디바랭이.

잔디바랭이(李, 1969) (벼과 *Dimeria ornithopoda*) 〔이명〕 가지바랭이, 잔디바랑이, 잔디바랑이새. 〔유래〕 미상.

잔디사초(愚, 1996) (사초과) 양지사초의 중국 옌볜 방언. → 양지사초.

잔디쥐꼬리풀(愚, 1996) (벼과) 나도잔디의 중국 옌볜 방언. → 나도잔디.

잔물푸레나무(鄭, 1942) (물푸레나무과 *Fraxinus rhynchophylla* v. *angusticarpa*) 〔유래〕 잔(열매의 폭이 좁은) 물푸레나무라는 뜻의 학명 및 일명.

잔방울소나무(李, 1966) (소나무과 *Pinus densiflora* f. *parvistrobilis*) 〔유래〕 솔방울이 잔 소나무라는 뜻의 일명.

잔새(愚, 1996) (벼과) 좀새풀의 북한 방언. → 좀새풀.

잔섬꽃마리(李, 1980) (지치과) 큰꽃마리의 이명. → 큰꽃마리.

잔솔잎사초(鄭, 1949) (사초과 *Carex capillacea*) 〔이명〕 끈사초, 곤사초. 〔유래〕 솔잎사초에 비해 소수(小穗)가 짧다.

잔실쑥(박재홍, ?) (국화과 *Filifolium koreanum*) 〔유래〕 미상.

잔잎가막사리(愚, 1996) (국화과) 까치발의 북한 방언. → 까치발.

잔잎미나리(愚, 1996) (산형과) 미나리의 중국 옌볜 방언. → 미나리.

잔잎바디(鄭, 1937) (산형과 *Angelica czernaevia*) 〔이명〕 선바디나물, 가는잎바디. 〔유래〕 잔잎 바디나물이라는 뜻의 일명.

잔잎싸리(朴, 1949) (콩과) 풀싸리의 이명. 〔유래〕 잔잎 싸리라는 뜻의 학명 및 일명. → 풀싸리.

잔잎쑥(愚, 1996) (국화과) 개똥쑥의 북한 방언. → 개똥쑥.

잔잎양지꽃(愚, 1996) (장미과 *Potentilla amurensis*) 〔이명〕 좀개쇠스랑개비. 〔유래〕 소엽이 작은 양지꽃.

잔잎어수리(朴, 1974) (산형과) 좁은어수리의 이명. → 좁은어수리.

잔잎작살나무(安, 1982) (마편초과) 송금나무의 이명. 〔유래〕 잔잎 작살나무라는 뜻의 일명. → 송금나무.

잔자목(朴, 1949) (녹나무과) 뇌성목의 이명. → 뇌성목.

잔털다릅나무(李, 1966) (콩과) 개물푸레나무의 이명. 〔유래〕 잎 뒤에 털이 있고 화서에 털이 밀생한다. → 개물푸레나무.

잔털마가목(李, 1966) (장미과) 엷은털마가목의 이명. 〔유래〕 엷은 털 마가목이라는 뜻의 일명. → 엷은털마가목.

잔털명자나무(安, 1982) (장미과) 산당화의 이명. → 산당화.

잔털벌노랑이(安, 1982) (콩과) 벌노랑이의 이명. → 벌노랑이.

잔털벚나무(李, 1966) (장미과 *Prunus jamasakura* f. *pubescens*) 〔이명〕 잔털벚나무, 사옥, 제주산벚나무. 〔유래〕 잔털(엷은 털) 벚나무라는 뜻의 학명 및 일명.

잔털벚나무(李, 1980) (장미과) 잔털벗나무의 이명. → 잔털벗나무.

잔털송이풀(安, 1982) (현삼과) 송이풀의 이명. 〔유래〕 털(잔털) 송이풀이라는 뜻의 학명 및 일명. → 송이풀.

잔털오랑캐(朴, 1949) (제비꽃과) 잔털제비꽃의 이명. 〔유래〕 잔털 오랑캐꽃(제비꽃). → 잔털제비꽃.

잔털오리나무(李, 1966) (자작나무과 *Alnus mayrii*) 〔유래〕 잔털 털오리나무라는 뜻의 일명.

잔털왕머루(鄭, 1942) (포도과) 왕머루의 이명. 〔유래〕 잔털 왕머루라는 뜻의 일명. → 왕머루.

잔털윤노리(鄭, 1937) (장미과) 민윤노리나무의 이명. 〔유래〕 잔털(엷은 털) 윤노리나무라는 뜻의 일명. → 민윤노리나무.

잔털윤노리나무(李, 1966) (장미과) 민윤노리나무의 이명. → 민윤노리나무, 잔털윤노리.

잔털인동(朴, 1949) (인동과) 잔털인동덩굴의 이명. → 잔털인동덩굴.

잔털인동넝굴(鄭, 1942) (인동과) 잔털인동덩굴의 이명. → 잔털인동덩굴.

잔털인동덩굴(鄭, 1949) (인동과 *Lonicera japonica* v. *repens*) 〔이명〕 잔털인동, 잔털인동넝굴, 섬인동, 털인동, 버들잎인동덩굴. 〔유래〕 잔털(엷은 털) 인동덩굴이라는 뜻의 일명. 금은화(金銀花).

잔털제비꽃(鄭, 1949) (제비꽃과 *Viola keiskei*) 〔이명〕 잔털오랑캐, 둥근잔털제비꽃, 둥근잎제비꽃, 털둥근잎제비꽃. 〔유래〕 게(털)마루바스미레(ケマルバスミレ)라는 일명. 자화지정(紫花地丁).

잔털좀피나무(安, 1982) (운향과) 털초피나무의 이명. → 털초피나무.

잔털좁쌀풀(安, 1982) (현삼과) 큰산좁쌀풀과 털좁쌀풀(1982)의 이명. → 큰산좁쌀풀, 털좁쌀풀.

잔톱비장이(李, 1969) (국화과 *Serratula hayatae*) 〔유래〕 미상.

잘룩꿩의다리(鄭, 1937) (미나리아재비과) 큰산꿩의다리의 이명. → 큰산꿩의다리.

잘먹기나무(鄭, 1942) (피나무과) 장구밤나무의 이명. 〔유래〕 장구밤나무의 황해 방언. → 장구밤나무.

잠두(李, 2003) (콩과 *Vicia faba* f. *anacarpa*) 〔유래〕 잠두(蠶豆).

잠두싸리(愚, 1996) (콩과) 갯활량나물의 북한 방언. → 갯활량나물.

잠자리난초(鄭, 1956) (난초과 *Habenaria linearifolia*) 감자난초(1949)와 나도잠자리란(安, 1982)의 이명으로도 사용. 〔이명〕 해오래비아재비, 큰잠자리난초, 해오래비난초, 십자란. 〔유래〕 미상. → 감자난초, 나도잠자리란.

잠자리란(愚, 1996) (난초과) 넓은잎나도잠자리란(중국 옌볜 방언)과 나도잠자리란(1996, 북한 방언)의 이명. → 넓은잎나도잠자리란, 나도잠자리란.

잠자리란아재비(愚, 1996) (난초과) 두잎감자난초의 중국 옌볜 방언. → 두잎감자난초.

잠자리피(鄭, 1937) (벼과 *Trisetum bifidum*) 〔이명〕 섬잠자리피, 제주잠자리피. 〔유래〕 미상.

잠풀(李, 1980) (콩과) 미모사의 이명. 〔유래〕 잎이 수면운동을 하는 것을 잠자는 것에 비유. → 미모사.

ㅈ

잡골사초(李, 1969) (사초과 *Carex aphanolepis* v. *mixta*) 〔유래〕 측소수(側小穗)는 수꽃과 암꽃이 혼생한다는 뜻의 학명.

잡싸리(李, 1969) (콩과 *Lespedeza schindleri*) 〔유래〕 싸리와 풀싸리의 잡종인 싸리.

잡씀바귀(李, 1969) (국화과) 가새씀바귀의 이명. → 가새씀바귀.

잣나무(鄭, 1937) (소나무과 *Pinus koraiensis*) 섬잣나무의 이명(1942, 경북 울릉도 방언)으로도 사용. 〔이명〕 홍송. 〔유래〕 백(柏), 백자목(柏子木), 과송(果松), 송자송(松子松), 오립송(五粒松), 오엽송(五葉松), 유송(油松), 해송자(海松子). 〔어원〕 잣〔松/柏〕+나모〔木〕. 좌질(佐叱)〔松海子〕→초자남(酢子南)〔松〕→잣나모→잣나무로 변화(어원사전). → 섬잣나무.

잣냉이(鄭, 1937) (지치과) 꽃마리의 이명. 〔유래〕 꽃마리의 방언. → 꽃마리.

장구밤나무(鄭, 1937) (피나무과 *Grewia parviflora*) 〔이명〕 잘먹기나무, 장구밥나무. 〔유래〕 전남 방언. 왜왜권(娃娃拳).

장구밥나무(李, 1966) (피나무과) 장구밤나무의 이명. → 장구밤나무.

장구채(鄭, 1937) (석죽과 *Melandryum firmum*) 〔유래〕 미상. 왕불류행(王不留行), 금궁화(禁宮花), 전금화(剪金花). 〔어원〕 장고초(長鼓草)〔王不留行〕→당고새/당고재→장구채로 변화(어원사전).

장군대사초(愚, 1996) (사초과 *Carex poculisquama*) 〔유래〕 경남 장군대산에 나는 사초.

장군덩이(永, 1996) (꿀풀과) 긴병꽃풀의 이명. → 긴병꽃풀.

장군풀(鄭, 1937) (여뀌과 *Rheum coreanum*) 〔이명〕 왕대황, 토대황, 조선대황. 〔유래〕 미상. 대황(大黃), 화삼(火蔘), 황량(黃良). 〔어원〕 장군(將軍)〔大黃〕→장군풀로 변화(어원사전).

장기아그배나무(朴, 1949) (장미과) 개아그배나무의 이명. → 개아그배나무.

장녹(鄭, 1937) (자리공과) 자리공의 이명. → 자리공.

장다리나물(鄭, 1949) (명아주과 *Corispermum puberulum* f. *lissocarpum*) 〔이명〕 모새댑싸리, 장다리풀, 모새대싸리. 〔유래〕 미상.

장다리풀(朴, 1974) (명아주과) 장다리나물의 이명. → 장다리나물.

장대(朴, 1949) (십자화과) 장대나물의 이명. → 장대나물.

장대나물(鄭, 1937) (십자화과 *Arabis glabra*) 〔이명〕 장대, 깃대나물. 〔유래〕 가지가 없이 직립하는 식물을 장대에 비유.

장대냉이(鄭, 1937) (십자화과 *Berteroella maximowiczii*) 〔이명〕 꽃장대, 꽃대냉이. 〔유래〕 미상.

장대여뀌(鄭, 1949) (여뀌과 *Persicaria yakusaiana* f. *laxiflora*) 〔이명〕 장대역귀, 꽃여뀌, 줄여뀌. 〔유래〕 미상.

장대역귀(鄭, 1937) (여뀌과) 장대여뀌의 이명. → 장대여뀌.

장딸기(鄭, 1937) (장미과 *Rubus hirsutus*) 〔이명〕 땃딸기, 땅딸기. 〔유래〕 제주 방언.

장미(尹, 1989) (장미과 *Rosa hybrida*) 〔이명〕 서양장미. 〔유래〕 장미(薔薇). 장미류의 총칭. 원예교잡종.

장미색아카시아나무(愚, 1996) (콩과) 꽃아까시나무의 북한 방언. → 꽃아까시나무.

장미색칼라(李, 1969) (천남성과 *Zantedeschia rehmannii*) 〔이명〕 붉은칼라. 〔유래〕 미상.

장밋빛복주머니란(永, 2002) (난초과 *Cypripedium roseum*) 〔유래〕 꽃이 장밋빛인 복주머니란(개불알꽃)이라는 뜻의 학명. 자주복주머니란과 흰복주머니란의 교잡에서 유래한 것.

장밧대(安, 1982) (산형과) 선피막이의 이명. → 선피막이.

장백노랑제비꽃(朴, 1974) (제비꽃과) 장백제비꽃의 이명. 〔유래〕 장백산(백두산)에 나는 노랑제비꽃. → 장백제비꽃.

장백오랑캐(鄭, 1937) (제비꽃과) 장백제비꽃의 이명. 〔유래〕 장백산에 나는 오랑캐꽃(제비꽃). → 장백제비꽃.

장백제비꽃(鄭, 1949) (제비꽃과 *Viola biflora*) 〔이명〕 장백오랑캐, 장백노랑제비꽃. 〔유래〕 장백산(백두산)에 나는 제비꽃.

장백패랭이꽃(鄭, 1949) (석죽과 *Dianthus repens*) 〔이명〕 갈미석죽. 〔유래〕 장백산(백두산)에 나는 패랭이꽃.

장산벚나무(鄭, 1949) (장미과) 석도벚나무의 이명. 〔유래〕 황해 장산곶에 나는 벚나무. → 석도벚나무.

장산벚(李, 1966) (장미과) 석도벚나무의 이명. → 석도벚나무.

장상벗나무(愚, 1996) (장미과) 석도벚나무의 중국 옌볜 방언. → 석도벚나무.

장성사초(李, 1980) (사초과 *Carex kujuzana*) 〔이명〕 낙시사초, 가는잎보리사초. 〔유래〕 전남 장성에 나는 사초.

장수개나리(朴, 1949) (물푸레나무과) 장수만리화의 이명. 〔유래〕 황해도 장수산에 나는 개나리. → 장수만리화.

장수꽃(鄭, 1937) (제비꽃과) 제비꽃의 이명. 〔유래〕 꽃의 모양이 장수의 투구와 유사하다는 뜻. → 제비꽃.

장수냉이(壽, 1996) (십자화과 *Myagrum perfoliatum*) 〔유래〕 미상.

장수만리화(鄭, 1942) (물푸레나무과 *Forsythia velutina*) 〔이명〕 장수개나리. 〔유래〕 황해도 장수산에 나는 만리화(개나리). 장수연교(長壽連翹).

장수엉겅퀴(朴, 1949) (국화과) 큰엉겅퀴의 이명. → 큰엉겅퀴.

장수주걱고사리(朴, 1961) (면마과 *Dryopteris panda*) 〔이명〕 제주주걱고사리. 〔유래〕 황해도 장수산에 나는 주걱고사리.

장수팽나무(鄭, 1942) (느릅나무과 *Celtis cordifolia*) 〔유래〕 황해도 장수산에 나는 팽나무.

장억새(永, 1966) (벼과 *Miscanthus changii*) 〔유래〕 장형두(張亨斗)의 억새라는 뜻의 학명.

장이나물(鄭, 1949) (국화과) 단풍취의 이명. 〔유래〕 단풍취의 방언. → 단풍취.

장장포(鄭, 1937) (범의귀과) 돌단풍의 이명. 〔유래〕 돌단풍의 방언. → 돌단풍.

장지딸기(李, 1966) (장미과) 진들딸기의 이명. 〔유래〕 함북 장지에 나는 딸기. → 진들딸기.

장지석남(李, 1966) (철쭉과) 화태석남의 이명. 〔유래〕 함북 장지에 나는 석남. → 화태석남.

장지채(鄭, 1949) (지채과 *Scheuchzeria palustris*) 〔이명〕 진들창포. 〔유래〕 함북 장지에 나는 지채.

장지흑삼릉(愚, 1996) (흑삼능과) 좁은잎흑삼능의 중국 옌볜 방언. 〔유래〕 함북 장지에 나는 흑삼능. → 좁은잎흑삼능.

장진바늘꽃(朴, 1949) (바늘꽃과) 좀바늘꽃의 이명. 〔유래〕 함남 장진에 나는 바늘꽃. → 좀바늘꽃.

장춘화(李, 2003) (협죽도과) 빈카의 이명. → 빈카.

장포(鄭, 1937) (천남성과) 창포의 이명. 〔유래〕 창포(菖蒲). → 창포.

장호원마름(李, 1969) (마름과 *Trapa maximowiczii*) 〔유래〕 경기 장호원에 나는 마름.

ㅈ

장흥곡정초(오 · 허, 2002) (곡정초과 *Eriocaulon buergerianum*) 〔유래〕 경기도 장흥에 나는 곡정초. 검정곡정초에 비해 암꽃 포의 색은 검은초록색이고 포 등쪽 윗부분에 연모가 있다.

재라리나무(鄭, 1942) (참나무과) 신갈나무의 이명. 〔유래〕 신갈나무의 함북 방언. → 신갈나무.

재래면(愚, 1996) (아욱과) 목화의 중국 옌볜 방언. → 목화.

재량나무(鄭, 1942) (참나무과) 졸참나무의 이명. 〔유래〕 졸참나무의 강원 방언. → 졸참나무.

재리알(鄭, 1942) (참나무과) 졸참나무의 이명. 〔유래〕 졸참나무의 황해 방언. → 졸참나무.

재배당귀(愚, 1996) (산형과) 왜당귀의 중국 옌볜 방언. → 왜당귀.

재배율무(愚, 1996) (벼과) 율무의 중국 옌볜 방언. → 율무.

재배종딸기(愚, 1996) (장미과) 딸기의 중국 옌볜 방언. → 딸기.

재배종박하(愚, 1996) (꿀풀과) 박하의 중국 옌볜 방언. → 박하.

재쑥(鄭, 1937) (십자화과 *Descurainia sophia*) 〔이명〕 당근냉이. 〔유래〕 미상.

재잘나무(鄭, 1942) (참나무과) 갈참나무(황해 방언)와 졸참나무(1942, 황해 방언)의 이명. → 갈참나무, 졸참나무.

저녁넘나물(愚, 1996) (백합과) 노랑원추리의 중국 옌볜 방언. 〔유래〕 저녁때(16시경)에 꽃이 피는 넘나물(원추리). → 노랑원추리.

저녁원추리(愚, 1996) (백합과) 노랑원추리의 북한 방언. → 노랑원추리, 저녁넘나물.

저목(鄭, 1942) (주목과) 주목의 이명. → 주목.

저수리(鄭, 1942) (소나무과) 전나무의 이명. 〔유래〕 전나무의 함북 방언. → 전나무.

저역원추리(朴, 1949) (백합과) 노랑원추리의 이명. 〔유래〕 저녁원추리의 오기. → 노랑원추리.

적두(愚, 1996) (콩과) 팥의 중국 옌볜 방언. 〔유래〕 적두(赤豆). → 팥.

적목(鄭, 1942) (주목과) 주목의 이명. 〔유래〕 적목(赤木). → 주목.

적은꽃물통이(愚, 1996) (쐐기풀과) 강계큰물통이의 중국 옌볜 방언. 〔유래〕 적은(소수) 꽃이 달리는 물통이. → 강계큰물통이.

적작약(鄭, 1949) (작약과) 작약과 산작약(朴, 1974)의 이명. → 작약, 산작약.

적하수오(永, 1996) (여뀌과) 하수오의 이명. → 하수오.

전나무(鄭, 1937) (소나무과 *Abies holophylla*) 분비나무의 이명(鄭, 1942)으로도 사용. 〔이명〕 저수리, 젓나무. 〔유래〕 가지가 옆으로 작은 가지와 잎을 내서 퍼져 납작하므로 음식의 전과 같이 착착 포갤 수 있는 나무라는 뜻. 종목(樅木), 삼목(杉木), 회(檜). 〔어원〕 잣나모→전나모→전나무로 변화(어원사전). → 분비나무.

전동싸리(鄭, 1949) (콩과 *Melilotus suaveolens*) 〔이명〕 노랑풀싸리. 〔유래〕 미상.

전의금불초(永, 1996) (국화과 *Inula salicina* v. *minipetala*) 〔유래〕 충남 전의에 나는 금불초. 금불초에 비해 잎이 좁고 설상화의 길이가 1/2이다.

전주마름(愚, 1996) (마름과 *Trapa pseudincisa*) 〔이명〕 물마름, 애기마름. 〔유래〕 전북 전주에 나는 마름.

전주물꼬리풀(李, 1969) (꿀풀과 *Eusteralis yatabeana*) 〔이명〕 꼬리풀, 물꼬리풀. 〔유래〕 전북 전주에 나는 물꼬리풀.

전주산초(李, 1969) (운향과) 민산초나무의 이명. 〔유래〕 전북 전주에 나는 산초나무. → 민산초나무.

전주산초나무(朴, 1949) (운향과) 민산초나무의 이명. → 민산초나무, 전주산초.

전피(鄭, 1942) (운향과) 초피나무의 이명. → 초피나무.

전호(鄭, 1937) (산형과 *Anthriscus sylvestris*) 〔이명〕 동지, 사양채, 반들전호, 큰전호, 생치나물. 〔유래〕 전호(前胡), 아삼(峨蔘).

절구대(鄭, 1949) (국화과) 절굿대와 큰절굿대(愚, 1996)의 이명. → 절굿대, 큰절굿대.

절구때(李, 1969) (국화과) 절굿대의 이명. → 절굿대.

절국대(鄭, 1937) (현삼과 *Siphonostegia chinensis*) 〔이명〕 절국때, 절굿대. 〔유래〕 미상. 귀유마(鬼油麻), 협호(莢蒿), 유기노(劉寄奴). 〔어원〕 벌곡대(伐曲大)〔漏蘆〕→절국대로 변화(어원사전).

절국때(鄭, 1956) (현삼과) 절국대의 이명. → 절국대.

절굿대(朴, 1974) (국화과 *Echinops setifer*) 절국대의 이명(安, 1982)으로도 사용. 〔이명〕 개수리취, 절구대, 둥둥방망이, 분취아재비, 절구때. 〔유래〕 과실의 형태가 절굿공이와 같다는 데서 유래. 누로(漏蘆). → 절국대.

절벽고사리(朴, 1961) (면마과) 만주우드풀의 이명. 〔유래〕 바위 절벽에 착생. → 만주우드풀.

절분초(朴, 1949) (미나리아재비과) 너도바람꽃의 이명. → 너도바람꽃.

절영풀(李, 1969) (국화과 *Crepidiastrum platyphyllum*) 〔이명〕 갯고들빼기, 어미갯고들빼기. 〔유래〕 미상.

절초나무(鄭, 1942) (인동과) 괴불나무와 각시괴불나무(1942, 함북 방언)의 이명. → 괴불나무, 각시괴불나무.

절패모(안덕균, 1998) (백합과) 중국패모의 이명. → 중국패모.

점거북꼬리(朴, 1974) (쐐기풀과) 좀깨잎나무의 이명. → 좀깨잎나무.

점고사리(鄭, 1937) (고사리과 *Hypolepis punctata*) 〔이명〕 산고사리. 〔유래〕 반점이 있는 고사리라는 뜻의 학명.

점나도나물(鄭, 1937) (석죽과 *Cerastium holosteoides* v. *hallaisanense*) 북점나도나물의 이명(朴, 1949)으로도 사용. 〔이명〕 섬좀나도나물, 섬점나도나물. 〔유래〕 미상. → 북점나도나물.

점박이구름병아리난초(永, 1996) (난초과 *Gymnadenia cucullata* v. *variegata*) 〔유래〕 잎에 자줏빛 반점이 있는 구름병아리난초(구름병아리란)라는 뜻의 학명.

점박이미국싸리(安, 1982) (콩과) 족제비싸리의 이명. → 족제비싸리.

점박이별꽃풀(鄭, 1949) (용담과 *Swertia erythrosticta*) 〔이명〕 별쓴풀, 붉은별쓴풀, 키다리쓴풀. 〔유래〕 꽃잎이 녹색이고 적색 반점이 있는 별꽃풀.

점박이사두초(安, 1982) (천남성과) 점백이천남성의 이명. → 점백이천남성.

점박이여뀌(愚, 1996) (여뀌과) 바보여뀌의 북한 방언. 〔유래〕 잎의 중앙에 팔자(八字) 모양의 검은 점이 있다. → 바보여뀌.

점박이천남성(永, 1996) (천남성과) 점백이천남성의 이명. → 점백이천남성.

점박이풀(愚, 1996) (대극과) 땅빈대의 북한 방언. → 땅빈대.

점백이까치수염(朴, 1974) (앵초과) 두메까치수염의 이명. → 두메까치수염.

점백이천남성(鄭, 1937) (천남성과 *Arisaema peninsulae*) 〔이명〕 자주천남성, 알룩이천남성, 양덕천남성, 점박이사두초, 자주점박이천남성, 양덕사두초, 포기점박이천남성, 얼룩이천남성, 무늬점박이천남성, 반잎사두초, 점박이천남성. 〔유래〕 줄기에 자색 반점이 산포한다. 천남성(天南星).

점봉산엉겅퀴(李, 1969) (국화과 *Cirsium zenii*) 〔유래〕 강원 점봉산에 나는 엉겅퀴.

점쉬땅나무(鄭, 1942) (장미과 *Sorbaria sorbifolia* v. *stellipila* f. *glandulosa*) 〔유래〕 잎 뒤에 선점(腺点)이 있는 쉬땅나무라는 뜻의 학명.

점패모(愚, 1996) (백합과) 중국패모의 중국 옌볜 방언. → 중국패모.

점현호색(오병운, 1986) (양귀비과 *Corydalis maculata*) 〔유래〕 잎 표면에 불규칙한 백색 반점이 있다는 뜻의 학명. 현호색(玄胡索).

접란(尹, 1989) (백합과 *Chlorophytum comosum*) 〔이명〕 줄모초, 검잎사철란풀. 〔유래〕 조란(弔蘭).

접시꽃(朴, 1949) (아욱과 *Althaea rosea*) 〔이명〕 촉규화, 떡두화, 접중화. 〔유래〕 꽃잎이 옆으로 퍼진 큰 꽃의 모습을 접시에 비유. 촉규(蜀葵), 촉규화(蜀葵花), 층층화(層層花).

접시꽃나무(愚, 1996) (인동과) 백당나무의 북한 방언. → 백당나무.

접중화(愚, 1996) (아욱과) 접시꽃의 북한 방언. → 접시꽃.

젓가락나물(鄭, 1937) (미나리아재비과) 왜젓가락풀과 젓가락풀(朴, 1974)의 이명. → 왜젓가락풀, 젓가락풀.

젓가락풀(鄭, 1949) (미나리아재비과 *Ranunculus chinensis*) 〔이명〕 작은젓가락나물, 좀젓가락나물, 젓가락나물, 애기젓가락풀, 애기저가락바구지, 애기젓가락바구지. 〔유래〕 미상.

젖꼭지나무(鄭, 1942) (뽕나무과 *Ficus erecta* v. *sieboldii*) 〔이명〕 가는잎천선과, 좁은잎천선과, 좁은잎천선과나무, 가는잎젖꼭지나무. 〔유래〕 과실의 모양이 젖꼭지와 유사. 천선과(千仙果).

젓나무(李, 1966) (소나무과) 전나무의 이명. → 전나무.

젓밤나무(鄭, 1942) (콩과) 땅비싸리의 이명. → 땅비싸리.

젓털복자기(李, 1966) (단풍나무과) 나도박달의 이명. → 나도박달.

젓풀(鄭, 1937) (양귀비과) 애기똥풀의 이명. 〔유래〕 줄기에서 붉은색의 유액이 분비된다. → 애기똥풀.

정가시나무(鄭, 1942) (참나무과) 가시나무의 이명. 〔유래〕 가시나무의 전남 방언. → 가시나무.

정구지(鄭, 1937) (백합과) 부추와 산부추(朴, 1949), 염부추(朴, 1949)의 이명. → 부추, 산부추, 염부추.

정금나무(鄭, 1937) (철쭉과 *Vaccinium oldhamii*) 〔이명〕 조가리나무, 지포나무, 종가리나무. 〔유래〕 전남 방언.

정나무(鄭, 1942) (때죽나무과) 쪽동백의 이명. 〔유래〕 쪽동백의 강원 방언. → 쪽동백.

정능참나무(李, 1966) (참나무과 *Quercus acutissima* x *variabilis*) 〔이명〕 정릉참나무. 〔유래〕 서울 정릉에 나는 참나무. 상수리나무와 굴참나무의 잡종.

정릉참나무(李, 1980) (참나무과) 정능참나무의 이명. → 정능참나무.

정선댕강나무(李, 2003) (인동과 *Abelia dielsii*) 〔유래〕 강원 정선에 나는 댕강나무. 꽃자루와 소화경의 길이가 비슷한 것이 특색.

정선바위솔(永, 2002) (돌나물과 *Orostachys chongsunensis*) 〔유래〕 강원도 정선에 나는 바위솔이라는 뜻의 학명.

정선황기(永, 1981) (콩과 *Astragalus koraiensis*) 〔유래〕 강원 정선에 나는 황기.

정선황새풀(李, 2003) (사초과 *Scirpus caespitosus*) 〔유래〕 미상. 애기황새풀과 유사하나 꽃이 진 다음 화피열편이 밖으로 나오지 않는다.

정영엉겅퀴(李, 1969) (국화과 *Cirsium chanroenicum*) 〔유래〕 경북 정령산에 나는 엉겅퀴라는 뜻의 학명 및 일명.

정일조팝나무(朴, 1949) (장미과) 털긴잎조팝나무의 이명. → 털긴잎조팝나무.

정자나무(永, 1996) (느릅나무과) 느티나무의 북한 방언. → 느티나무.

정향나무(鄭, 1937) (물푸레나무과 *Syringa velutina* v. *kamibayashii*) 들정향나무의 이명(安, 1982)으로도 사용. 〔이명〕 둥근정향나무, 둥근잎정향나무. 〔유래〕 정향(丁香), 산침향(山沈香). → 들정향나무.

정향풀(鄭, 1949) (협죽도과 *Amsonia elliptica*) 〔이명〕 수감초. 〔유래〕 정향(丁香) 풀이라는 뜻의 일명.

정화난초(鄭, 1949) (난초과) 약난초의 이명. → 약난초.

정화조팝나무(朴, 1949) (장미과) 긴잎조팝나무의 이명. → 긴잎조팝나무.

ㅈ

젖빛꽃조뱅이(愚, 1996) (국화과) 흰조뱅이의 중국 옌볜 방언. 〔유래〕 꽃이 젖빛(백색)인 조뱅이라는 뜻의 학명. → 흰조뱅이.

젖털복자기(李, 1980) (단풍나무과) 나도박달의 이명. → 나도박달.

제라늄(李, 1969) (쥐손이풀과 *Pelargonium inquinans*) 〔이명〕 제라니움, 양아욱, 꽃아욱. 〔유래〕 제라늄(*Geranium*)이라는 옛날의 속명.

제라니움(朴, 1949) (쥐손이풀과) 제라늄과 무늬제라늄(愚, 1996, 중국 옌볜 방언)의 이명. → 제라늄, 무늬제라늄.

제비고깔(鄭, 1937) (미나리아재비과 *Delphinium grandiflorum*) 〔유래〕 물찬 제비와 같이 예쁘다는 데서 유래.

제비꼬리고사리(鄭, 1937) (면마과 *Tyelypteris esquirolii*) 〔이명〕 선모고사리. 〔유래〕 미상.

제비꽃(鄭, 1937) (제비꽃과 *Viola mandshurica*) 〔이명〕 오랑캐꽃, 장수꽃, 씨름꽃, 민오랑캐, 병아리꽃, 외나물, 옥녀제비꽃, 앉은뱅이꽃, 가락지꽃, 참제비꽃, 참털제비꽃, 큰제비꽃. 〔유래〕 꽃이 물찬 제비와 같이 예쁘다는 뜻. 근근채(菫菫菜), 자화지정(紫花地丁).

제비꽃냉이(愚, 1996) (십자화과) 소래풀의 중국 옌볜 방언. → 소래풀.

제비꿀(鄭, 1937) (단향과 *Thesium chinense*) 〔이명〕 하고초, 제비꿀풀. 〔유래〕 하고초(夏枯草), 내동(乃東), 철색초(鐵色草), 백예초(百蕊草).

제비꿀풀(朴, 1974) (단향과) 제비꿀의 이명. → 제비꿀.

제비난(李, 1969) (난초과) 제비난초의 이명. → 제비난초.

제비난초(鄭, 1937) (난초과 *Platanthera freynii*) 애기제비란의 이명(朴, 1949)으로도 사용. 〔이명〕 향난초, 제비난, 쌍두제비란. 〔유래〕 예쁜(물찬 제비와 같이) 난초. → 애기제비란.

제비동자꽃(鄭, 1937) (석죽과 *Lychnis wilfordi*) 〔이명〕 북동자꽃. 〔유래〕 예쁜(물찬 제비와 같이) 동자꽃. 전하라(剪夏羅).

제비란(愚, 1996) (난초과) 갈매기난초(중국 옌볜 방언)와 애기제비란(1996, 북한 방언)의 이명. → 갈매기난초, 애기제비란.

제비붓꽃(鄭, 1937) (붓꽃과 *Iris laevigata*) 〔이명〕 푸른붓꽃. 〔유래〕 예쁜(물찬 제비와 같이) 붓꽃.

제비쑥(鄭, 1937) (국화과 *Artemisia japonica*) 〔이명〕 자불쑥, 가는제비쑥, 큰제비쑥. 〔유래〕 미상. 모호(牡蒿).

제비옥잠(鄭, 1937) (백합과) 나도옥잠화의 이명. 〔유래〕 제비 옥잠화라는 뜻의 일명. → 나도옥잠화.

제비옥잠화(永, 1996) (백합과) 나도옥잠화의 이명. → 나도옥잠화, 제비옥잠.

제비잠자리난(李, 1980) (난초과) 나도잠자리란의 이명. 〔유래〕 예쁜(물찬 제비와 같이) 잠자리난이라는 뜻의 일명. → 나도잠자리란.

제비잠자리란(永, 1996) (난초과) 넓은잎나도잠자리란의 이명. → 넓은잎나도잠자리란.

제비콩(朴, 1949) (콩과) 편두의 이명. → 편두.

제주가막사리(朴, 1949) (국화과) 가막사리의 이명. 〔유래〕 제주에 나는 가막사리. → 가막사리.

제주가시나무(鄭, 1942) (장미과) 인가목의 이명. 〔유래〕 제주 가시나무라는 뜻의 일명. → 인가목.

제주개관중(朴, 1961) (면마과 *Polystichum cyrtolepidotum*) 〔유래〕 제주에 나는 개관중.

제주개모시풀(安, 1982) (쐐기풀과) 제주긴잎모시풀의 이명. → 제주긴잎모시풀.

제주개수염(安, 1982) (곡정초과) 제주검정곡정초의 이명. → 제주검정곡정초.

제주개피(朴, 1949) (벼과) 조아재비와 강아지풀(1949)의 이명. → 조아재비, 강아지풀.

제주검정곡정초(李, 1969) (곡정초과 *Eriocaulon glaberrimum* v. *platypetalum*) 〔이명〕 제주곡정초, 제주개수염, 제주고위까람. 〔유래〕 제주에 나는 검정곡정초라는 뜻의 일명.

제주고사리(朴, 1949) (면마과) 암고사리의 이명. → 암고사리.

제주고사리삼(선병윤 등, 2001) (고사리삼과 *Mankyua chejuense*) 〔유래〕 제주에 나는 고사리삼. 한국의 양치식물 연구에 공이 많은 고 박만규 교수를 기념하여 명명한 식물.

제주고위까람(愚, 1996) (곡정초과) 제주검정곡정초의 중국 옌볜 방언. → 제주검정곡정초.

제주곡정초(朴, 1949) (곡정초과) 제주검정곡정초의 이명. → 제주검정곡정초.

제주광나무(李, 1966) (물푸레나무과) 당광나무의 이명. 〔유래〕 제주에 나는 광나무. → 당광나무.

제주괭이눈(李, 1969) (범의귀과 *Chrysosplenium hallaisanense*) 〔이명〕 한라괭이눈. 〔유래〕 제주 한라산에 나는 괭이눈이라는 뜻의 학명 및 일명.

제주국화(朴, 1949) (국화과 *Heteropappus chejuensis*) 〔이명〕 탐라쑥부쟁이. 〔유래〕 제주에 나는 국화(갯쑥부쟁이)라는 뜻의 학명.

제주기린초(朴, 1949) (돌나물과) 땅채송화의 이명. → 땅채송화.

제주긴잎모시풀(李, 1969) (쐐기풀과 *Boehmeria nakaiana*) 〔이명〕 제주신진, 섬모시풀, 제주개모시풀. 〔유래〕 제주에 나는 모시풀(긴잎모시풀).

제주꼬리풀(朴, 1949) (현삼과) 탐나꼬리풀의 이명. 〔유래〕 제주 꼬리풀이라는 뜻의 일명. → 탐나꼬리풀.

제주꽃마리(李, 1969) (지치과 *Cynoglossum asperrimum* v. *tosaense*) 〔이명〕 남왕꽃말이, 제주꽃말이, 민꽃마리. 〔유래〕 제주에 나는 꽃마리(왕꽃마리).

제주꽃말이(安, 1982) (지치과) 제주꽃마리의 이명. → 제주꽃마리.

제주꿩밥(朴, 1949) (골풀과) 별꿩의밥의 이명. 〔유래〕 제주에 나는 꿩의밥이라는 뜻의 일명. → 별꿩의밥.

제주꿩비름(朴, 1949) (돌나물과) 세잎꿩의비름의 이명. → 세잎꿩의비름.

제주나래새(李, 1976) (벼과 *Stipa coreana* v. *japonica*) 〔이명〕 개나래새, 넓은잎수염새, 개나리새. 〔유래〕 제주에 나는 나래새라는 뜻의 일명.

제주나리난초(李, 2003) (난초과) 나리난초의 이명. 〔유래〕 나리난초의 백화품. → 나리난초.

제주달구지풀(鄭, 1949) (콩과 *Trifolium lupinaster* f. *alpinus*) 〔이명〕 산달구지풀. 〔유래〕 고산(제주 한라산 정상 부근)에 나는 달구지풀이라는 뜻의 학명 및 일명. 야화구(野火球).

제주대극(朴, 1949) (대극과) 두메대극의 이명. 〔유래〕 제주에 나는 대극. → 두메대극.

제주대나물(愚, 1996) (석죽과) 한라장구채의 중국 옌볜 방언. → 한라장구채.

제주둥굴레(李, 1969) (백합과 *Polygonatum odoratum* v. *quelpaertense*) 〔이명〕 좀둥굴레, 애기둥굴레. 〔유래〕 제주에 나는 둥굴레라는 뜻의 학명.

제주딸기(李, 1966) (장미과) 제주장딸기의 이명. → 제주장딸기.

제주멍석딸(朴, 1949) (장미과) 멍석딸기의 이명. 〔유래〕 제주 멍석딸이라는 뜻의 일명. → 멍석딸기.

제주모시풀(李, 1969) (쐐기풀과 *Boehmeria quelpaertensis*) 〔이명〕 섬진진, 섬개모시풀, 섬신진. 〔유래〕 제주에 나는 모시풀이라는 뜻의 학명.

제주무엽란(永, 1996) (난초과 *Lecanorchis kiusiana*) 〔유래〕 제주의 상록수림 속에 나는 무엽란.

제주물봉선(朴, 1949) (봉선화과 *Impatiens aphanantha*) 〔이명〕 제주물봉숭아. 〔유래〕 제주에 나는 물봉선이라는 뜻의 일명.

제주물봉숭아(安, 1982) (봉선화과) 제주물봉선의 이명. → 제주물봉선.

제주물풍뎅이(朴, 1949) (쐐기풀과) 펠리온나무의 이명. → 펠리온나무.

제주방울란(永, 1998) (난초과 *Habenaria chejuensis*) 〔유래〕 제주 대청읍에 나는 방울난초라는 뜻의 학명. 방울난초에 비해 입술꽃잎이 거의 같은 크기로 3갈래로 갈라진다.

제주방풍(朴, 1949) (산형과) 털기름나물의 이명. 〔유래〕 제주 방풍이라는 뜻의 일명. → 털기름나물.

제주범의꼬리(朴, 1949) (여뀌과) 눈범꼬리의 이명. 〔유래〕 제주에 나는 범의꼬리. →

ㅈ

눈범꼬리.

제주벚나무(李, 1966) (장미과) 왕벚나무의 이명. 〔유래〕 제주에 나는 벚나무. → 왕벚나무.

제주분홍참꽃나무(安, 1982) (철쭉과) 참꽃나무의 이명. → 참꽃나무.

제주사약채(朴, 1949) (산형과) 개강활의 이명. → 개강활.

제주사초(朴, 1949) (사초과) 한라사초와 청피사초(安, 1982)의 이명. → 한라사초, 청피사초.

제주산들깨(安, 1982) (꿀풀과) 털쥐깨의 이명. → 털쥐깨.

제주산버들(鄭, 1942) (버드나무과 *Salix blinii*) 〔이명〕 할라산버들. 〔유래〕 제주 산버들이라는 뜻의 일명. 유지(柳枝).

제주산벗나무(愚, 1996) (장미과) 잔털벗나무의 북한 방언. → 잔털벗나무.

제주상사화(태 · 고, 1993) (수선화과 *Lycoris chejuensis*) 〔유래〕 제주에 나는 상사화라는 뜻의 학명.

제주새고사리(朴, 1949) (면마과) 검정비늘고사리의 이명. → 검정비늘고사리.

제주새머루(安, 1982) (포도과) 왕머루의 이명 → 왕머루.

제주새발고사리(朴, 1961) (면마과) 산뱀고사리의 이명. → 산뱀고사리.

제주새비나무(정 · 김, 1989) (마편초과 *Callicarpa chejuensis*) 〔유래〕 제주 북제주 조천면 물장오름에 나는 새비나무라는 뜻의 학명. 새비나무에 비해 잎과 소포가 크고 꽃받침이 피침형으로 열매가 성숙하였을 때 완전히 감싼다.

제주새풀(李, 1969) (벼과 *Calamagrostis arundinacea* v. *inaequata*) 〔유래〕 미상. 실새풀에 비해 화경이 가늘고 화서가 연한 녹색이며 첫째 포영의 끝이 꼬리처럼 길어진다.

제주소시랑개비(鄭, 1949) (장미과) 제주양지꽃의 이명. 〔유래〕 제주 소시랑개비(양지꽃)라는 뜻의 일명. → 제주양지꽃.

제주송이풀(愚, 1996) (현삼과) 섬송이풀의 중국 옌볜 방언. → 섬송이풀.

제주쉽싸리(愚, 1996) (꿀풀과) 좀개쉽싸리의 중국 옌볜 방언. → 좀개쉽싸리.

제주시호(鄭, 1937) (산형과) 좀시호의 이명. 〔유래〕 제주 시호라는 뜻의 일명. → 좀시호.

제주신진(朴, 1949) (쐐기풀과) 제주긴잎모시풀의 이명. → 제주긴잎모시풀.

제주싸리냉이(십자화과 *Cardamine impatiens* v. *fumariae*) 〔유래〕 제주에 나는 싸리냉이.

제주쑥부장이(李, 1969) (국화과) 섬갯쑥부쟁이의 이명. 〔유래〕 제주에 나는 쑥부쟁이. → 섬갯쑥부쟁이.

제주아그배(李, 1966) (장미과) 개아그배나무의 이명. 〔유래〕 제주에 나는 아그배나무. → 개아그배나무.

제주암고사리(朴, 1961) (면마과) 섬잔고사리의 이명. → 섬잔고사리.

제주양지꽃(朴, 1949) (장미과 *Potentilla stolonifera* v. *quelpaertensis*) 〔이명〕 제주소시랑개비. 〔유래〕 제주에 나는 양지꽃이라는 뜻의 학명 및 일명.

제주엉겅퀴(李, 1969) (국화과 *Cirsium chinense*) 〔이명〕 가는잎엉겅퀴. 〔유래〕 제주에 나는 엉겅퀴.

제주오랑캐(朴, 1949) (제비꽃과) 긴잎제비꽃의 이명. 〔유래〕 제주에 나는 오랑캐꽃(제비꽃). → 긴잎제비꽃.

제주옥잠난초(李, 2003) (난초과) 구름나리란의 이명. → 구름나리란.

제주올챙이골(永, 1996) (사초과 *Scirpus lineolatus*) 〔유래〕 제주 해변가에 나는 올챙이골(올챙이고랭이).

제주잠자리피(朴, 1949) (벼과) 잠자리피의 이명. 〔유래〕 제주 잠자리피라는 뜻의 일명. → 잠자리피.

제주장딸기(李, 1980) (장미과 *Rubus hirsutus* v. *argyi*) 〔이명〕 제주딸기, 알걸장딸기. 〔유래〕 제주에 나는 장딸기.

제주장미(安, 1982) (장미과) 인가목의 이명. 〔유래〕 제주 장미라는 뜻의 일명. → 인가목.

ㅈ

제주젓가락나물(朴, 1949) (미나리아재비과) 왜젓가락풀의 이명. 〔유래〕 제주에 나는 젓가락나물이라는 뜻의 학명. → 왜젓가락풀.

제주조릿대(鄭, 1942) (벼과 *Sasa palmata*) 〔이명〕 산죽, 탐나산죽. 〔유래〕 제주 조릿대라는 뜻의 일명. 죽엽(竹葉).

제주주걱고사리(朴, 1949) (면마과) 장수주걱고사리의 이명. 〔유래〕 제주에 나는 주걱고사리. → 장수주걱고사리.

제주줄사초(李, 1969) (사초과) 줄사초의 이명. 〔유래〕 제주에 나는 줄사초. → 줄사초.

제주지네고사리(朴, 1961) (면마과 *Dryopteris championii*) 〔이명〕 족제비고사리, 엷은지네고사리, 얇은지네고사리. 〔유래〕 제주 지네고사리라는 뜻이나 지네고사리와는 전혀 다르다.

제주진고사리(愚, 1996) (면마과) 섬잔고사리의 이명. → 섬잔고사리.

제주진득찰(李, 1969) (국화과 *Siegesbeckia orientalis*) 〔이명〕 진득찰, 찐득찰, 동방진득찰. 〔유래〕 제주에 나는 진득찰.

제주찔레(李, 1980) (장미과) 제주찔레나무의 이명. 〔유래〕 제주찔레나무의 축소형. → 제주찔레나무.

제주찔레나무(李, 1966) (장미과 *Rosa luciae*) 인가목의 이명(安, 1982)으로도 사용. 〔이명〕 제주찔레. 〔유래〕 제주에 나는 찔레나무. → 인가목.

제주참꽃나무(朴, 1949) (철쭉과) 참꽃나무의 이명. → 참꽃나무.

제주참나물(李, 1969) (산형과) 큰참나물의 이명. → 큰참나물.

제주큰물통이(李, 1969) (쐐기풀과 *Pilea taquetii*) 〔이명〕 타궤물풍뎅이, 섬물통이, 한라물통이. 〔유래〕 제주(탐라) 큰물통이라는 뜻의 일명.

제주큰옥매듭풀(愚, 1996) (여뀌과 *Polygonum stans*) 〔유래〕 제주에 나는 큰옥매듭풀.

제주피막이(李, 1969) (산형과) 두메피막이풀의 이명. 〔유래〕 제주에 나는 피막이풀. → 두메피막이풀.

제주하늘지기(李, 1980) (사초과 *Fimbristylis schoenoides*) 〔이명〕 해남하늘직이, 제주하늘직이, 각시하늘지기. 〔유래〕 제주에 나는 하늘지기.

제주하늘직이(李, 1976) (사초과) 제주하늘지기의 이명. → 제주하늘지기.

제주현삼(愚, 1996) (현삼과 *Scrophularia buergeriana* v. *quelpartensis*) 〔유래〕 제주에 나는 현삼이라는 뜻의 학명.

제주현호색(朴, 1949) (양귀비과) 좀현호색의 이명. 〔유래〕 제주에 나는 현호색. → 좀현호색.

제주황기(鄭, 1949) (콩과 *Astragalus adsurgens* v. *alpina*) 〔이명〕 한라황기, 멧땅비수리, 두메땅비수리. 〔유래〕 제주 황기라는 뜻의 일명.

ㅈ

제주황새냉이(愚, 1996) (십자화과) 벌깨냉이의 중국 옌볜 방언. 〔유래〕 제주에 나는 황새냉이. → 벌깨냉이.

제충국(鄭, 1937) (국화과 *Chrysanthemum cinerarifolium*) 〔유래〕 제충국(除蟲菊).

제피나무(鄭, 1942) (운향과) 초피나무의 이명. 〔유래〕 초피나무의 경남 방언. → 초피나무.

조(鄭, 1937) (벼과 *Setaria italica*) 〔이명〕 큰조. 〔유래〕 속(粟), 속미(粟米).

조가리나무(鄭, 1937) (철쭉과) 정금나무의 이명. 〔유래〕 정금나무의 방언. → 정금나무.

조각나무(永, 1996) (콩과) 조각자나무의 이명. → 조각자나무.

조각자나무(鄭, 1942) (콩과 *Gleditsia sinensis*) 〔이명〕 참조각자나무, 조각나무, 개주염나무. 〔유래〕 조각자(皂角刺), 조협(皂莢).

조갑지나물(鄭, 1956) (제비꽃과) 콩제비꽃의 이명. → 콩제비꽃.

조개나물(鄭, 1937) (꿀풀과 *Ajuga multiflora*) 콩제비꽃의 이명(제비꽃과, 朴, 1949)으로도 사용. 〔유래〕 미상. 다화근골초(多花筋骨草). → 콩제비꽃.

조개풀(鄭, 1937) (벼과 *Arthraxon hispidus*) 병풀의 이명(산형과, 朴, 1949)으로도 사용. 〔유래〕 미상. → 병풀.

조구나무(李, 1966) (운향과 *Sapium sebiferum*) 〔이명〕 가름나무, 오구나무, 오구목. 〔유래〕 미상. 오구목근피(烏桕木根皮).

조기꽃나무(永, 1996) (팥꽃나무과) 팥꽃나무의 이명. → 팥꽃나무.

조도만두나무(이 · 임, 1994) (대극과 *Glochidion chodoense*) 〔유래〕 전남 조도에 나는 만두나무라는 뜻의 학명. 화경이 긴 꽃이 엽액에 속생하며 소지, 화피편과 자방에 털이 밀생한다.

조령으아리(永, 1996) (미나리아재비과 *Clematis brachyura* v. *hexasepala*) 〔유래〕 흰 꽃받침이 6매인 외대으아리라는 뜻의 학명. 충북 조령에 난다.

조록나무(鄭, 1937) (조록나무과 *Distylium racemosum*) 〔이명〕 잎버레혹나무. 〔유래〕 제주 방언. 산유자(山柚子), 문모수(蚊母樹).

조록싸리(鄭, 1937) (콩과 *Lespedeza maximowiczii*) 〔이명〕 참싸리, 통영싸리. 〔유래〕 경남 방언.

조름나물(鄭, 1937) (조름나물과 *Menyanthes trifoliata*) 〔유래〕 미상. 수채(睡菜).

조리대(鄭, 1937) (벼과) 조릿대의 이명. → 조릿대.

조리대풀(鄭, 1949) (벼과) 조릿대풀의 이명. → 조릿대풀.

조리사초(朴, 1949) (사초과) 골사초의 이명. → 골사초.

조릿대(鄭, 1942) (벼과 *Sasa borealis*) 〔이명〕 산죽, 갓대, 산대, 긔주조릿대, 신우대, 섬대, 기주조릿대, 조리대. 〔유래〕 복조리를 만드는 대나무. 산죽(山竹), 죽엽(竹葉).

조릿대풀(李, 1966) (벼과 *Lophatherum gracile*) 〔이명〕 조리대풀, 그늘새, 애기그늘새. 〔유래〕 조릿대 풀이라는 뜻의 일명.

조바리(鄭, 1949) (국화과) 조뱅이의 이명. → 조뱅이.

조밥나무(李, 1980) (장미과) 조팝나무의 이명. → 조팝나무.

조밥나물(鄭, 1937) (국화과 *Hieracium umbellatum*) 〔이명〕 조팝나물, 버들나물. 〔유래〕 미상. 자채화(刺菜花), 산류국(山柳菊).

조뱅이(鄭, 1937) (국화과 *Breea segeta*) 〔이명〕 자라귀, 조바리, 지칭개, 조병이, 자리귀. 〔유래〕 소계(小薊). 〔어원〕 조방거색(曹方居塞)〔小薊〕→조방가시/조방거싀→조방이→조뱅이로 변화(어원사전).

조병이(安, 1982) (국화과) 조뱅이의 이명. → 조뱅이.

조선가막살나무(朴, 1949) (인동과) 덧잎가막살나무의 이명. 〔유래〕 조선 산가막살나무라는 뜻의 일명. → 덧잎가막살나무.

조선갈퀴아재비(愚, 1996) (꼭두선이과) 갈퀴아재비의 중국 옌볜 방언. 〔유래〕 한국(조선)에 나는 갈퀴아재비. → 갈퀴아재비.

조선갈키(朴, 1949) (꼭두선이과) 개선갈퀴의 이명. 〔유래〕 조선 참갈퀴라는 뜻의 일명. → 개선갈퀴.

조선갈키나물(朴, 1949) (콩과) 노랑갈퀴의 이명. 〔유래〕 한국(조선)에 나는 갈키나물(갈퀴나물)이라는 뜻의 학명 및 일명. → 노랑갈퀴.

조선개보리(朴, 1949) (벼과) 갯그령의 이명. 〔유래〕 한국(조선)에 나는 애기개보리(갯그령)라는 뜻의 학명 및 일명. → 갯그령.

조선갯보리(安, 1982) (벼과) 갯그령의 이명. → 갯그령, 조선개보리.

조선골(朴, 1949) (골풀과) 참골풀의 이명. 〔유래〕 한국(조선) 골풀이라는 뜻의 일명. → 참골풀.

조선골담초(鄭, 1942) (콩과) 참골담초의 이명. 〔유래〕 한국(조선)에 나는 골담초라는 뜻의 학명 및 일명. → 참골담초.

조선곰취(愚, 1996) (국화과) 긴잎곰취의 중국 옌볜 방언. → 긴잎곰취.

조선공작고사리(愚, 1996) (고사리과) 고려공작고사리의 중국 옌볜 방언. 〔유래〕 한국(조선)에 나는 공작고사리라는 뜻의 학명 및 일명. → 고려공작고사리.

조선광대수염(朴, 1949) (꿀풀과) 긴병꽃풀의 이명. 〔유래〕 고라이(한국)가키도시(コウライカキドオシ)라는 일명. → 긴병꽃풀.

조선괴불주머니(朴, 1949) (양귀비과) 산괴불주머니의 이명. → 산괴불주머니.

조선구름사초(朴, 1949) (사초과) 설령사초의 이명. 〔유래〕 한국(조선)에 나는 구름사초라는 뜻의 학명 및 일명. → 설령사초.

조선까치밥나무(鄭, 1937) (범의귀과) 명자순의 이명. 〔유래〕 한국(조선) 까치밥나무라는 뜻의 일명. → 명자순.

ㅈ

조선까치수염(愚, 1996) (앵초과) 참좁쌀풀의 중국 옌볜 방언. → 참좁쌀풀.

조선꼬마리(朴, 1949) (여뀌과) 고마리의 이명. 〔유래〕 한국(조선)에 나는 고마리라는 뜻의 학명. → 고마리.

조선꽃갈키(朴, 1949) (꼭두선이과) 털긴잎갈퀴의 이명 〔유래〕 한국(조선)에 나는 꽃갈퀴(긴잎갈퀴)라는 뜻의 학명. → 털긴잎갈퀴.

조선꽃대(愚, 1996) (홀아비꽃대과) 옥녀꽃대의 중국 옌볜 방언. 〔유래〕 한국(조선)에 나는 꽃대라는 뜻의 학명. → 옥녀꽃대.

조선꽃마리(朴, 1949) (지치과) 참꽃마리의 이명. 〔유래〕 한국(조선)에 나는 꽃마리라는 뜻의 학명 및 일명. → 참꽃마리.

조선난초(朴, 1949) (난초과) 포태제비난의 이명. 〔유래〕 한국(조선)에 나는 난초라는 뜻의 학명 및 일명. → 포태제비난.

조선납판나무(愚, 1996) (조록나무과) 히어리의 중국 옌볜 방언. 〔유래〕 한국(조선)에 나는 납판나무(히어리)라는 뜻의 학명. → 히어리.

조선노가주(朴, 1949) (측백나무과) 해변노간주의 이명. 〔유래〕 한국(조선)에 나는 노가주나무(노간주나무)라는 뜻의 학명. → 해변노간주.

조선노루발(朴, 1949) (노루발과) 호노루발의 이명. → 호노루발.

조선닥나무(朴, 1949) (팥꽃나무과) 두메닥나무의 이명. 〔유래〕 한국(조선)에 나는 닥나무라는 뜻의 학명 및 일명. → 두메닥나무.

조선대극(朴, 1949) (대극과) 참대극의 이명. 〔유래〕 한국(조선) 대극이라는 뜻의 일명. → 참대극.

조선대황(永, 1996) (여뀌과) 장군풀의 북한 방언. → 장군풀.

조선더부사리(朴, 1949) (열당과) 압록더부사리의 이명. 〔유래〕 한국(조선) 열당(더부사리식물)이라는 뜻의 일명. → 압록더부사리.

조선등나무(朴, 1949) (콩과) 등나무의 이명. 〔유래〕 한국(조선)에 나는 등나무라는 뜻의 학명 및 일명. → 등나무.

조선마늘(永, 1996) (백합과) 마늘의 이명. → 마늘.

조선마삭나무(朴, 1949) (협죽도과) 마삭줄의 이명. 〔유래〕 한국(조선) 겨우사리덩굴(마삭줄)이라는 뜻의 일명. → 마삭줄.

조선모련채(朴, 1949) (국화과) 쇠서나물의 이명. 〔유래〕 한국(조선) 모련채(쇠서나물)라는 뜻의 학명 및 일명. → 쇠서나물.

조선몽울란초(愚, 1996) (난초과) 포태제비난의 중국 옌볜 방언. → 포태제비난.

조선물네나물(朴, 1949) (물레나물과) 진주고추나물의 이명. 〔유래〕 한국(조선)에 나는 물네나물(물레나물). → 진주고추나물.

조선미꾸리꿰미(愚, 1996) (벼과) 갯겨이삭의 중국 옌볜 방언. 〔유래〕 한국(조선)에 나는 갯겨이삭이라는 뜻의 학명. → 갯겨이삭.

조선바람꽃(朴, 1949) (미나리아재비과) 바람꽃의 이명. 〔유래〕 조선 바람꽃이라는 뜻의 학명. → 바람꽃.

조선병꽃나무(朴, 1949) (인동과) 붉은병꽃나무의 이명. 〔유래〕 조센(조선)다니우쓰기(テウセンタニウツギ)라는 일명. → 붉은병꽃나무.

조선비비추(朴, 1949) (백합과) 좀비비추의 이명. 〔유래〕 한국(조선)에 나는 비비추. → 좀비비추.

조선빗나무(朴, 1949) (노박덩굴과) 좁은잎참빗살나무의 이명. 〔유래〕 조선 참빗나무(화살나무)라는 뜻의 일명. → 좁은잎참빗살나무.

조선사초(朴, 1949) (사초과 *Carex chosenica*) 〔유래〕 조선(한국)에 나는 사초라는 뜻의 학명 및 일명.

조선산국(愚, 1996) (국화과) 가는잎감국의 중국 옌볜 방언. → 가는잎감국.

조선삽주(愚, 1996) (국화과) 당삽주의 북한 방언. → 당삽주.

조선상사화(愚, 1996) (수선화과) 백양꽃의 중국 옌볜 방언. 〔유래〕 한국(조선)에 나는 상사화라는 뜻의 학명. → 백양꽃.

조선섬야광나무(愚, 1996) (장미과) 개야광나무의 중국 옌볜 방언. → 개야광나무.

조선쇠보리(朴, 1949) (벼과) 참쇠보리의 이명. 〔유래〕 한국(조선)에 나는 갯쇠보리(쇠보리)라는 뜻의 학명 및 일명. → 참쇠보리.

조선수레갈퀴(愚, 1996) (꼭두선이과) 개선갈퀴의 북한 방언. → 개선갈퀴.

조선수리취(朴, 1949) (국화과) 수리취의 이명. 〔유래〕 조선 수리취라는 뜻의 일명. → 수리취.

ㅈ

조선쉽싸리(愚, 1996) (꿀풀과) 개쉽싸리의 중국 옌볜 방언. 〔유래〕 한국(조선)에 나는 쉽싸리라는 뜻의 학명. → 개쉽싸리.

조선씨름꽃(朴, 1949) (제비꽃과) 민둥뫼제비꽃의 이명. 〔유래〕 고라이(한국)아라게스미레(コウライアラゲスミレ)라는 일명. → 민둥뫼제비꽃.

조선야광나무(鄭, 1942) (장미과) 개야광나무의 이명. → 개야광나무.

조선영신초(朴, 1949) (원지과) 두메애기풀의 이명. 〔유래〕 조선(한국) 영신초(애기풀)라는 뜻의 일명. → 두메애기풀.

조선예자풀(朴, 1949) (사초과) 작은황새풀의 이명. 〔유래〕 한국(조선)에 나는 예자풀(참황새풀)이라는 뜻의 학명. → 작은황새풀.

조선요강꽃(朴, 1949) (난초과) 털개불알꽃의 이명. 〔유래〕 조선(한국) 누른요강꽃(큰개불알꽃)이라는 뜻의 일명. → 털개불알꽃.

조선용둥굴레(朴, 1949) (백합과) 금강용둥굴레의 이명. 〔유래〕 조선(한국) 용둥굴레라는 뜻의 일명. → 금강용둥굴레.

조선장대(朴, 1949) (십자화과) 참장대나물의 이명. 〔유래〕 조선(한국) 장대(장대나물)라는 뜻의 일명. → 참장대나물.

조선좁쌀풀(愚, 1996) (현삼과) 애기좁쌀풀의 중국 옌볜 방언. 〔유래〕 한국(조선) 고산에 나는 좁쌀풀이라는 뜻의 학명. → 애기좁쌀풀.

조선중무릇(朴, 1949) (백합과) 중의무릇의 이명. 〔유래〕 한국(조선) 중무릇(중의무릇)이라는 뜻의 일명. → 중의무릇.

조선패모(愚, 1996) (백합과) 패모의 중국 옌볜 방언. → 패모.

조선팽나무(鄭, 1942) (느릅나무과) 왕팽나무의 이명. 〔유래〕 조선(한국) 팽나무라는 뜻의 일명. → 왕팽나무.

조선현호색(朴, 1949) (양귀비과) 현호색의 이명. 〔유래〕 조선(한국) 현호색이라는 뜻의 일명. → 현호색.

조선황새풀(愚, 1996) (사초과) 작은황새풀의 북한 방언. 〔유래〕 한국(조선)에 나는 황새풀이라는 뜻의 학명. → 작은황새풀.

조선회나무(愚, 1996) (노박덩굴과) 좁은잎참빗살나무의 북한 방언. → 좁은잎참빗살나무, 조선빗나무.

조아재비(鄭, 1949) (벼과 *Setaria chondrachne*) 〔이명〕 제주개피, 댕기머리새. 〔유래〕 조와 유사.

조의풀(鄭, 1937) (미나리아재비과) 조희풀의 이명. → 조희풀.

조이삭사초(朴, 1949) (사초과 *Carex phaeothrix*) 〔유래〕 미상.

조자화(朴, 1949) (박주가리과) 양반풀의 이명. 〔유래〕 조자화(祖子花). → 양반풀.

조장나무(愚, 1996) (녹나무과) 털조장나무의 중국 옌볜 방언. → 털조장나무.

조팝나무(鄭, 1937) (장미과 *Spiraea prunifolia* f. *simpliciflora*) 인가목조팝나무

(1942, 함남 방언)와 만첩조팝나무(愚, 1996, 중국 옌볜 방언), 작살나무(마편초과, 鄭, 1942, 황해 방언)의 이명으로도 사용. 〔이명〕 조밥나무, 홑조팝나무. 〔유래〕 목상산(木常山), 압뇨초(鴨尿草), 소엽화(笑靨花). 〔어원〕 조ㅎ〔粟〕+밥〔飯〕+나모〔木〕. 조밥나모→조팝나무로 변화(어원사전). → 인가목조팝나무, 만첩조팝나무, 작살나무.

조팝나무아재비(朴, 1949) (장미과) 나도국수나무의 이명. 〔유래〕 조팝나무와 유사. → 나도국수나무.

조팝나물(朴, 1949) (국화과) 조밥나물의 이명. → 조밥나물.

조풀(愚, 1996) (벼과) 나도겨이삭의 북한 방언. → 나도겨이삭.

조피나무(永, 1996) (운향과) 초피나무의 북한 방언. → 초피나무.

조황련(鄭, 1937) (매자나무과) 깽깽이풀의 이명. 〔유래〕 조황련(朝黃蓮). → 깽깽이풀.

조희풀(鄭, 1942) (미나리아재비과 *Clematis heracleifolia*) 〔이명〕 조의풀, 목단풀, 선목단풀, 병조희풀, 자주목단풀, 동이목단풀, 자주조희풀, 선모란풀, 병모란풀, 자주모란풀, 동이조이풀. 〔유래〕 강원 방언. 철선련(鐵線蓮).

족나무(鄭, 1942) (때죽나무과) 때죽나무의 이명. → 때죽나무.

족도리(李, 1969) (쥐방울과) 족도리풀의 이명. → 족도리풀.

족도리풀(鄭, 1937) (쥐방울과 *Asarum sieboldii*) 〔이명〕 만주족도리풀, 민족도리풀, 서울족도리풀, 세신, 족도리, 족두리풀, 털족도리풀. 〔유래〕 꽃의 모양이 족도리와 유사. 세신(細辛), 만병초(萬病草).

족두리풀(安, 1982) (쥐방울과) 족도리풀의 이명. → 족도리풀.

족제비고사리(鄭, 1956) (면마과 *Dryopteris varia*) 제주지네고사리(朴, 1949)와 산족제비고사리(李, 1969)의 이명으로도 사용. 〔이명〕 쪽제비고사리, 검정털고사리. 〔유래〕 족제비 고사리라는 뜻의 일명. 양색인모궐(兩色鱗毛蕨). → 제주지네고사리, 산족제비고사리.

족제비싸리(李, 1966) (콩과 *Amorpha fruticosa*) 〔이명〕 미국싸리, 점박이미국싸리, 왜싸리. 〔유래〕 족제비 싸리라는 뜻의 일명. 자수괴(紫穗槐).

족제비쑥(朴, 1949) (국화과 *Matricaria matricarioides*) 〔이명〕 개꽃. 〔유래〕 미상.

졸가시나무(李, 1966) (참나무과 *Quercus phillyraeoides*) 〔유래〕 졸참나무와 유사한 가시나무.

졸갈참(李, 1966) (참나무과) 졸갈참나무의 이명. 〔유래〕 졸갈참나무의 축소형. → 졸갈참나무.

졸갈참나무(鄭, 1942) (참나무과 *Quercus aliena* v. *acutiserrata*) 〔이명〕 민갈참나무, 졸갈참. 〔유래〕 졸참나무와 유사한 갈참나무.

졸매재기(安, 1982) (사초과) 새섬매자기의 이명. → 새섬매자기.

졸방나물(鄭, 1949) (제비꽃과) 졸방제비꽃의 이명. → 졸방제비꽃.

졸방동산이(朴, 1949) (사초과) 병아리방동사니의 이명. → 병아리방동사니.

졸방오랑캐(鄭, 1937) (제비꽃과) 졸방제비꽃의 이명. 〔유래〕 졸방 오랑캐꽃(제비꽃). → 졸방제비꽃.

졸방제비꽃(鄭, 1949) (제비꽃과 *Viola acuminata*) 〔이명〕 졸방오랑캐, 졸방나물. 〔유래〕 미상. 주변강(走邊彊).

졸쌀가물고사리(朴, 1961) (면마과) 좀쌀우드풀의 이명. → 좀쌀우드풀.

졸참나무(鄭, 1937) (참나무과 *Quercus serrata*) 떡갈참나무의 이명(1942)으로도 사용. 〔이명〕 굴밤나무, 가둑나무, 섬속소리나무, 당재잘나무, 갈졸참나무, 재리알, 재잘나무, 재량나무, 침도로나무, 속소리나무, 소리나무, 황해속소리나무, 좀참나무. 〔유래〕 졸(열매가 작은) 참나무라는 뜻의 일명. 포(枹). 〔어원〕 조리(?)+참〔眞〕+나모〔木〕. 조리참나모→졸참나무로 변화(어원사전). → 떡갈참나무.

졸팽나무(朴, 1949) (느릅나무과) 좀풍게나무의 이명. → 좀풍게나무.

좀가락풀(愚, 1996) (미나리아재비과) 좀꿩의다리의 북한 방언. 〔유래〕 좀 가락풀(꿩의다리). → 좀꿩의다리.

좀가래(朴, 1949) (가래과) 앉은가래와 가는가래(安, 1982)의 이명. → 앉은가래, 가는가래.

좀가막사리(朴, 1949) (국화과) 눈가막사리의 이명. → 눈가막사리.

좀가물고사리(朴, 1961) (면마과 *Woodsia intermedia*) 〔이명〕 개면모고사리. 〔유래〕 미상.

좀가새풀(朴, 1949) (국화과) 붉은톱풀의 이명. 〔유래〕 좀 가새풀(톱풀). → 붉은톱풀.

좀가시나무(鄭, 1942) (장미과) 좀찔레의 이명. 〔유래〕 좀 가시나무(찔레나무). → 좀찔레.

좀가지꽃(安, 1982) (앵초과) 좀가지풀의 이명. → 좀가지풀.

좀가지뽕나무(朴, 1949) (뽕나무과) 가새뽕나무의 이명. → 가새뽕나무.

좀가지풀(鄭, 1949) (앵초과 *Lysimachia japonica*) 〔이명〕 돌좁쌀풀, 금좁쌀풀, 좀가지꽃. 〔유래〕 좀(작은) 가지라는 뜻의 일명에서 유래했으나 가지와는 전혀 무관하다.

좀각씨둥굴레(李, 1969) (백합과) 각시둥굴레의 이명. → 각시둥굴레.

좀갈매나무(鄭, 1937) (갈매나무과 *Rhamnus taquetii*) 〔이명〕 섬갈매나무. 〔유래〕 돌갈매나무에 비해 잎이 소형이다. 서리(鼠李).

좀감탕나무(鄭, 1937) (감탕나무과) 먼나무의 이명. → 먼나무.

좀갓냉이(朴, 1974) (십자화과) 좀개갓냉이의 이명. → 좀개갓냉이.

좀강아지풀(安, 1982) (벼과) 갯강아지풀의 이명. → 갯강아지풀.

좀개감수(安, 1982) (대극과) 개감수의 이명. 〔유래〕 좀(애기) 개감수라는 뜻의 일명.

→ 개감수.

좀개갓냉이(鄭, 1949) (십자화과 *Rorippa cantoniensis*) 〔이명〕 좀구실냉이, 좀갓냉이, 좀구슬갓냉이, 앉은꽃속속이풀. 〔유래〕 좀(작은) 개갓냉이라는 뜻의 일명.

좀개고사리(愚, 1996) (면마과) 가는잎개고사리의 중국 옌볜 방언. → 가는잎개고사리.

좀개곽향(安, 1982) (꿀풀과) 곽향의 이명. 〔유래〕 좀(애기) 개곽향이라는 뜻의 일명. → 곽향.

좀개구리밥(鄭, 1937) (개구리밥과 *Lemna perpusilla*) 〔이명〕 푸른개구리밥, 청개구리밥, 개구리밥. 〔유래〕 개구리밥에 비해 전체가 소형이다. 부평(浮萍).

좀개구리연(朴, 1949) (수련과) 참개연꽃의 이명. 〔유래〕 좀(애기) 개구리연이라는 뜻의 일명. → 참개연꽃.

좀개미자리(朴, 1974) (석죽과) 큰개미자리의 이명. → 큰개미자리.

좀개미취(鄭, 1949) (국화과 *Aster maackii*) 〔이명〕 괴쑥부쟁이, 굴개미취. 〔유래〕 좀(작은) 개미취라는 뜻의 일명.

좀개비자나무(愚, 1996) (주목과) 개비자나무의 북한 방언. → 개비자나무.

좀개쇠스랑개비(壽, 1992) (장미과) 잔잎양지꽃의 이명. → 잔잎양지꽃.

좀개수염(鄭, 1949) (곡정초과 *Eriocaulon decemflorum*) 〔이명〕 강아지수염, 실개수염, 가는곡정초, 털강아지수염, 섬강아지수염, 양주좀개수염, 강아지별수염풀. 〔유래〕 미상.

좀개쉽싸리(朴, 1974) (꿀풀과 *Lycopus ramosissimus*) 〔이명〕 개쉽싸리, 섬쉽싸리, 개쉽사리, 제주쉽싸리. 〔유래〕 개쉽싸리에 비해 소형이다.

좀개암나무(朴, 1949) (자작나무과) 병물개암나무의 이명. → 병물개암나무.

좀개억새(鄭, 1970) (벼과 *Eulalia quadrinervis*) 〔이명〕 털개억새, 유드기아재비. 〔유래〕 고(좀)가리야스(コカリヤス)라는 일명.

좀개연(朴, 1974) (수련과) 참개연꽃의 이명. → 참개연꽃.

좀개자리(壽, 2001) (콩과) 먹이개자리의 이명. → 먹이개자리.

좀갯보리(朴, 1949) (벼과) 갯보리의 이명. 〔유래〕 좀(애기) 갯보리라는 뜻의 일명. → 갯보리.

좀겨이삭(朴, 1974) (여뀌과) 겨여뀌의 이명. → 겨여뀌.

좀겨풀(李, 1969) (벼과 *Leersia oryzoides*) 〔이명〕 개빕새피, 겨풀, 쌀겨풀. 〔유래〕 미상.

좀고들빼기(永, 1996) (국화과) 고들빼기의 북한 방언. → 고들빼기.

좀고사리(鄭, 1937) (고사리과 *Pleurosoriopsis makinoi*) 〔이명〕 남방고사리. 〔유래〕 소형 고사리.

좀고사리삼(朴, 1961) (고사리삼과) 난쟁이고사리삼의 이명. 〔유래〕 고사리삼에 비해 소형이다. → 난쟁이고사리삼.

좀고양나무(愚, 1996) (회양목과) 좀회양목의 중국 옌벤 방언. 〔유래〕 좀 고양나무(회양목). → 좀회양목.

좀고양이수염(愚, 1996) (사초과 *Rhynchospora fujiana*) 〔이명〕 새캐미수염, 좀괭이수염, 새끼고양이수염, 새골풀아재비. 〔유래〕 좀 고양이수염이라는 뜻의 일명.

좀고채목(鄭, 1942) (자작나무과 *Betula ermanii* v. *subcordata* subv. *saitoana*) 〔이명〕 묏거자수. 〔유래〕 고채목에 비해 왜소하다.

좀고추나물(鄭, 1937) (물레나물과 *Hypericum laxum*) 〔이명〕 동근애기고추나물, 둥근애기고추나물, 애기고추나물. 〔유래〕 좀 고추나물이라는 뜻의 일명.

좀골담초(鄭, 1937) (콩과 *Caragana fruticosa*) 〔유래〕 좀(작은 잎) 골담초라는 뜻의 일명.

좀골무꽃(李, 1969) (꿀풀과 *Scutellaria indica* v. *parvifolia*) 떡잎골무꽃의 이명(朴, 1949)으로도 사용. 〔이명〕 우단골무꽃, 털골무꽃. 〔유래〕 좀(작은 잎) 골무꽃이라는 뜻의 학명 및 일명. → 떡잎골무꽃.

좀곽향(愚, 1996) (꿀풀과) 개곽향의 북한 방언. → 개곽향.

좀괭이사초(朴, 1949) (사초과) 애괭이사초의 이명. → 애괭이사초.

좀괭이수염(李, 1969) (사초과) 좀고양이수염의 이명. → 좀고양이수염.

좀괴불(朴, 1949) (인동과) 암괴불나무의 이명. 〔유래〕 좀 괴불나무라는 뜻의 일명. → 암괴불나무.

좀구슬갓냉이(安, 1982) (십자화과) 좀개갓냉이의 이명. → 좀개갓냉이.

좀구슬봉이(朴, 1974) (용담과) 좀구슬붕이의 이명. → 좀구슬붕이.

좀구슬붕이(鄭, 1949) (용담과 *Gentiana squarrosa* f. *microphylla*) 〔이명〕 좀구슬봉이. 〔유래〕 좀(잎이 작은) 구슬붕이라는 뜻의 학명 및 일명.

좀구실냉이(朴, 1949) (십자화과) 좀개갓냉이의 이명. → 좀개갓냉이.

좀구실봉이(朴, 1949) (용담과) 흰그늘용담의 이명. → 흰그늘용담.

좀굴거리(李, 1966) (대극과) 좀굴거리나무의 이명. 〔유래〕 좀굴거리나무의 축소형. → 좀굴거리나무.

좀굴거리나무(鄭, 1937) (대극과 *Daphniphyllum teijsmanni*) 〔이명〕 좀굴거리, 애기굴거리나무. 〔유래〕 좀(작은) 굴거리나무라는 뜻의 일명. 우이풍(牛耳楓), 교양목(交讓木).

좀귀박쥐나물(朴, 1949) (국화과 *Cacalia auriculata*) 〔이명〕 귀박쥐나물. 〔유래〕 귀박쥐나물에 비해 소형이다.

좀그늘사초(愚, 1996) (사초과) 산거울의 중국 옌벤 방언. → 산거울.

좀기생초(朴, 1974) (앵초과) 기생꽃의 이명.→ 기생꽃.

좀기장새(朴, 1949) (벼과) 수수새의 이명. 〔유래〕 좀 기장새라는 뜻의 일명. → 수수새.

좀까치밥나무(鄭, 1949) (범의귀과) 명자순의 이명. → 명자순.

좀깨묵(永, 1996) (국화과) 좀께묵의 이명. → 좀께묵.

좀깨잎나무(鄭, 1942) (쐐기풀과 *Boehmeria spicata*) 〔이명〕 새끼거북꼬리, 신진, 좀깨잎풀, 점거북꼬리. 〔유래〕 미상. 소담마(小蕁麻), 소홍활마(小紅活麻).

좀깨잎풀(朴, 1949) (쐐기풀과) 좀깨잎나무의 이명. 〔유래〕 좀 거북꼬리라는 뜻의 일명. → 좀깨잎나무.

좀께묵(李, 1976) (국화과 *Hololeion maximowiczii* v. *fauriei*) 〔이명〕 께묵, 쇠채나물, 만주깨묵, 좀깨묵. 〔유래〕 께묵에 비해 포의 길이가 짧다.

좀꼬리까치밥나무(鄭, 1942) (범의귀과 *Ribes komarovi* v. *breviracemum*) 개당주나무의 이명(朴, 1949)으로도 사용. 〔이명〕 솜꼬리까치밥나무. 〔유래〕 좀(작은 小穗) 꼬리까치밥나무라는 뜻의 일명. → 개당주나무.

좀꼬리풀(朴, 1949) (현삼과) 긴산꼬리풀과 봉래꼬리풀(1974)의 이명. → 긴산꼬리풀, 봉래꼬리풀.

좀꼬아리(朴, 1949) (가지과) 땅꽈리의 이명. 〔유래〕 좀(작은) 꽈리라는 뜻의 학명. → 땅꽈리.

좀꽃마리(李, 1980) (지치과) 참꽃마리의 이명. → 참꽃마리.

좀꽃말이(鄭, 1949) (지치과) 참꽃마리의 이명. → 참꽃마리.

좀꽃모시나물(朴, 1949) (초롱꽃과) 수원잔대의 이명. → 수원잔대.

좀꽃버들(鄭, 1949) (버드나무과 *Salix viminalis* v. *abbreviata*) 〔이명〕 좀육지꽃버들, 짧은잎룩지꽃버들. 〔유래〕 좀(작은 잎) 꽃버들이라는 뜻의 일명.

좀꽃잔대(安, 1982) (초롱꽃과) 수원잔대의 이명. → 수원잔대.

좀꽝꽝나무(李, 1976) (감탕나무과) 꽝꽝나무의 이명. 〔유래〕 좀(작은 잎) 꽝꽝나무라는 뜻의 학명 및 일명. → 꽝꽝나무.

좀꾸러미풀(李, 1969) (벼과 *Poa radula*) 〔이명〕 좀꾸렘이풀. 〔유래〕 미상.

좀꾸렘이풀(朴, 1949) (벼과) 좀꾸러미풀의 이명. → 좀꾸러미풀.

좀꿩의다리(鄭, 1937) (미나리아재비과 *Thalictrum kemense* v. *hypoleucum*) 〔이명〕 큰꿩의다리, 틈벨구꿩의다리, 다닥좀꿩의다리, 큰키꿩의다리, 흰좀꿩의다리, 무늬좀꿩의다리, 좀가락풀. 〔유래〕 모종에 비해 잎이 작고 소화경이 아주 짧다. 마미련(馬尾連).

좀꿩의밥(鄭, 1949) (골풀과 *Luzula arcuata* v. *unalaschkensis*) 〔이명〕 구름꿩의밥. 〔유래〕 미상.

좀나도고사리삼(李, 1969) (고사리삼과 *Ophioglossum thermale* v. *nipponicum*) 〔이명〕 줄고사리, 갯줄고사리. 〔유래〕 좀 나도고사리삼이라는 뜻의 일명.

좀나도미꾸리(愚, 1996) (여뀌과) 나도미꾸리의 중국 옌볜 방언. → 나도미꾸리.

좀나도우드풀(鄭, 1949) (고란초과 *Polypodium virginianum*) 〔이명〕 털미역고사리, 좀미역고사리. 〔유래〕 좀(잎이 좁은) 나도우드풀이라는 뜻의 학명.

좀나도히초미(鄭, 1949) (면마과 *Polystichum braunii*) 〔이명〕 개비늘고사리, 가는개관중. 〔유래〕 좀(가는) 나도히초미라는 뜻의 일명.

좀나래회나무(鄭, 1937) (노박덩굴과) 회나무의 이명. → 회나무.

좀나비꽃(愚, 1996) (붓꽃과) 글라디올러스의 중국 옌볜 방언. → 글라디올러스.

좀나비나물(朴, 1974) (콩과) 애기나비나물의 이명. 〔유래〕 좀(잎이 작은) 나비나물이라는 뜻의 학명 및 일명. → 애기나비나물.

좀나팔꽃(永, 1996) (메꽃과) 애기나팔꽃의 이명. → 애기나팔꽃.

좀낚시제비꽃(安, 1982) (제비꽃과 *Viola grypoceras* v. *exilis*) 〔이명〕 애기낚시제비꽃. 〔유래〕 좀〔細小〕 낚시제비꽃이라는 뜻의 학명.

좀난쟁이이끼(朴, 1961) (처녀이끼과) 누운괴불이끼의 이명. → 누운괴불이끼.

좀낭마초(安, 1982) (장미과) 좀낭아초의 이명. → 좀낭아초.

좀낭아초(鄭, 1949) (장미과 *Chamaerhodos erecta*) 〔이명〕 검정풀매화, 애기짚신나물, 좀낭마초. 〔유래〕 미상.

좀네모골(鄭, 1949) (사초과 *Eleocharis wichurai*) 〔이명〕 네모골. 〔유래〕 마시카쿠이(네모골)(マシカクイ)라는 일명.

좀네잎갈퀴(朴, 1974) (꼭두선이과 *Galium gracilens*) 큰네잎갈퀴의 이명(정과, 1949)으로도 사용. 〔이명〕 좀네잎갈키, 좀잎갈키덩굴. 〔유래〕 좀(섬세한) 갈퀴덩굴(네잎갈퀴)이라는 뜻의 학명. → 큰네잎갈퀴.

좀네잎갈키(鄭, 1949) (꼭두선이과) 좀네잎갈퀴의 이명. → 좀네잎갈퀴.

좀네잎말굴레(愚, 1996) (콩과) 큰네잎갈퀴의 중국 옌볜 방언. → 큰네잎갈퀴.

좀노간주(李, 1966) (측백나무과 *Juniperus rigida* v. *longicarpa*) 〔이명〕 긴노가지. 〔유래〕 미상.

좀노루발(朴, 1974) (노루발과) 새끼노루발의 이명. → 새끼노루발.

좀누리장나무(安, 1982) (마편초과) 섬누리장나무의 이명. → 섬누리장나무.

좀능쟁이(朴, 1949) (명아주과) 좀명아주와 청명아주(1949)의 이명. → 좀명아주, 청명아주.

좀다닥냉이(壽, 1998) (십자화과) 미륵냉이(李, 1969)와 콩말냉이(愚, 1996, 중국 옌볜 방언)의 이명. 〔유래〕 좀(잎이 작은) 다닥냉이라는 뜻의 일명. → 미륵냉이, 콩말냉이.

좀다람쥐꼬리(鄭, 1949) (석송과 *Lycopodium selago*) 〔이명〕 애기석송, 좀솔석송, 애기솔석송, 애기다람쥐꼬리. 〔유래〕 좀(작은) 왕다람쥐꼬리라는 뜻의 일명.

좀단풍취(朴, 1949) (국화과) 단풍취의 이명. → 단풍취.

좀달맞이꽃(선병윤 등, 1992) (바늘꽃과) 애기달맞이꽃의 이명. → 애기달맞이꽃.

좀닭의장풀(鄭, 1949) (닭의장풀과 *Commelina communis* v. *angustifolia*) 〔이명〕 가는닭의밑씻개, 가는잎달개비, 산닭개비. 〔유래〕 좀(가는 잎) 닭의장풀이라는 뜻의 학명 및 일명. 압척초(鴨跖草).

좀담배풀(鄭, 1949) (국화과 *Carpesium cernuum*) 〔이명〕 여우담배풀. 〔유래〕 좀(작은) 담배풀이라는 뜻의 일명.

좀당귀(愚, 1996) (산형과) 왜당귀의 북한 방언. → 왜당귀.

좀대청(愚, 1996) (십자화과) 대청의 북한 방언 → 대청.

좀댕강나무(鄭, 1970) (인동과 *Abelia serrata*) 〔유래〕 좀(작은) 댕강나무라는 뜻의 일명.

좀덩굴개곽향(安, 1982) (꿀풀과) 섬곽향의 이명. 〔유래〕 좀 덩굴개곽향이라는 뜻의 일명. → 섬곽향.

좀도개비바늘(朴, 1974) (국화과) 도깨비바늘의 이명. → 도깨비바늘.

좀도깨비사초(鄭, 1949) (사초과 *Carex idzuroei*) 〔유래〕 미상.

좀도독놈갈쿠리(朴, 1949) (콩과) 개도둑놈의갈구리의 이명. → 개도둑놈의갈구리.

좀도독놈의갈구리(朴, 1949) (콩과) 잔디갈고리의 이명. → 잔디갈고리.

좀도둑놈의갈구리(朴, 1974) (콩과 *Desmodium podocarpum* ssp. *oxyphyllum* v. *mandshuricum*) 〔이명〕 애기갈구리풀. 〔유래〕 미상.

좀도라지(朴, 1949) (초롱꽃과) 애기도라지의 이명. 〔유래〕 세엽사삼(細葉沙蔘). → 애기도라지.

좀독개비바늘(朴, 1949) (국화과) 도깨비바늘의 이명. 〔유래〕 좀(작은 잎) 독개비바늘(털도깨비바늘)이라는 뜻의 일명. → 도깨비바늘.

좀돌배나무(鄭, 1937) (장미과) 콩배나무의 이명. → 콩배나무.

좀돌팥(朴, 1974) (콩과 *Vigna nakashimae*) 〔유래〕 미상.

좀동의나물(朴, 1974) (미나리아재비과) 동의나물의 이명. 〔유래〕 좀 동의나물이라는 뜻의 학명. → 동의나물.

좀두메고들빼기(愚, 1996) (국화과) 고들빼기의 북한 방언. → 고들빼기.

좀두메취(李, 1969) (국화과 *Saussurea triangulata* v. *alpina*) 〔이명〕 뾜분취, 높산분취, 세뾜두메취. 〔유래〕 좀(고산형) 두메취라는 뜻의 학명 및 일명.

좀둥굴레(朴, 1949) (백합과) 제주둥굴레의 이명. 〔유래〕 좀(작은 잎) 진황정이라는 뜻의 일명. → 제주둥굴레.

좀딱취(鄭, 1949) (국화과 *Ainsliaea apiculata*) 〔이명〕 털괴발딱지, 털괴발딱취. 〔유래〕 미상.

좀딸기(鄭, 1949) (장미과 *Potentilla centigrana*) 〔이명〕 풀딸, 애기풀딸, 좀풀딸, 풀딸기. 〔유래〕 미상.

좀땅비싸리(鄭, 1949) (콩과) 땅비싸리의 이명. 〔유래〕 좀(작은) 땅비싸리라는 뜻의 일명. → 땅비싸리.

좀땅빈대(朴, 1949) (대극과) 애기땅빈대의 이명. 〔유래〕 좀(작은) 땅빈대라는 뜻의 일명. → 애기땅빈대.

좀마름(朴, 1974) (마름과) 애기마름과 민구와말(현삼과, 1949)의 이명. → 애기마름, 민구와말.

좀매자기(永, 1996) (사초과 *Scirpus maritimus*) 〔유래〕 좀(작은) 매자기라는 뜻의 일명. 옛날에는 매자기에 적용했던 학명임.

좀매자나무(朴, 1949) (매자나무과) 가는잎매자나무의 이명. → 가는잎매자나무.

좀매재기(朴, 1949) (사초과) 새섬매자기의 이명. 〔유래〕 좀(작은) 매재기(매자기)라는 뜻의 일명. → 새섬매자기.

좀맥문동(永, 1996) (백합과) 개맥문동의 북한 방언. → 개맥문동.

좀머귀나무(鄭, 1937) (운향과 *Zanthoxylum fauriei*) 〔유래〕 좀(작은) 머귀나무라는 뜻의 일명.

좀메꽃(朴, 1974) (메꽃과) 애기메꽃의 이명. → 애기메꽃.

좀면모고사리(朴, 1949) (면마과) 산우드풀의 이명. → 산우드풀.

좀명감나무(安, 1982) (백합과) 청미래덩굴의 이명. 〔유래〕 좀(작은 잎) 명감나무(청미래덩굴)라는 뜻의 일명. → 청미래덩굴.

좀명아주(鄭, 1949) (명아주과 *Chenopodium serotinum*) 〔이명〕 좀능쟁이, 청능쟁이. 〔유래〕 좀(작은) 명아주라는 뜻의 일명.

좀모시풀(朴, 1949) (쐐기풀과) 개모시풀의 이명. → 개모시풀.

좀목형(鄭, 1942) (마편초과 *Vitex negundo* v. *incisa*) 〔이명〕 풀목향, 좀순비기나무. 〔유래〕 좀(작은) 목형이라는 뜻의 일명. 모형자(牡荊子).

좀무엽란(安, 1982) (난초과) 애기무엽란의 이명. 〔유래〕 좀(애기) 무엽란이라는 뜻의 일명. → 애기무엽란.

좀물개암나무(鄭, 1937) (자작나무과) 병물개암나무의 이명. 〔유래〕 좀(작은) 참개암나무라는 뜻의 일명. → 병물개암나무.

좀물꽈리아재비(朴, 1974) (현삼과) 애기물꽈리아재비의 이명. → 애기물꽈리아재비.

좀물뚝새(鄭, 1949) (벼과 *Sacciolepis indica*) 〔이명〕 이삭피. 〔유래〕 미상.

좀물레나물(朴, 1974) (물레나물과) 물레나물의 이명. → 물레나물, 애기물레나물.

좀물통이(朴, 1974) (쐐기풀과) 참물통이와 개물통이의 이명. → 참물통이, 개물통이.

좀물풍뎅이(朴, 1949) (쐐기풀과) 참물통이의 이명. → 참물통이.

좀미꾸리꽝이(永, 1966) (벼과 *Torreyochloa pallida*) 〔유래〕 미상.

좀미나리아재비(壽, 2001) (미나리아재비과 *Ranunculus arvensis*) 애기미나리아재비(朴, 1949)와 개구리갓(愚, 1996, 중국 옌볜 방언)의 이명으로도 사용. 〔유래〕 좀(소형) 미나리아재비. 수과(瘦果)는 평편하고 옆면에는 자상돌기(刺狀突起)가 있다.

→ 애기미나리아재비, 개구리갓.

좀미역고사리(李, 1969) (고란초과) 좀나도우드풀의 이명. → 좀나도우드풀.

좀미치광이(朴, 1949) (석죽과) 개별꽃의 이명. 〔유래〕 좀(애기) 미치광이풀(개별꽃)이라는 뜻의 일명. → 개별꽃.

좀민들레(鄭, 1949) (국화과 *Taraxacum hallaisanense*) 〔이명〕 할라산민들레, 한라민들레. 〔유래〕 전체가 소형이다.

좀민하늘지기(오 · 박, 1997) (사초과 *Fimbristylis aestivalis*) 〔이명〕 하늘직이. 〔유래〕 좀(작은) 민하늘지기라는 뜻의 일명.

좀바구니나물(愚, 1996) (마타리과) 좀쥐오줌의 북한 방언. 〔유래〕 좀 바구니나물(쥐오줌풀). → 좀쥐오줌.

좀바꽃(朴, 1949) (미나리아재비과) 놋젓가락나물의 이명. → 놋젓가락나물.

좀바늘꽃(鄭, 1949) (바늘꽃과 *Epilobium tenue*) 〔이명〕 장진바늘꽃. 〔유래〕 좀(가는) 바늘꽃이라는 뜻의 일명.

좀바늘사초(鄭, 1949) (사초과 *Kobresia bellardii*) 바늘사초의 이명(1970)으로도 사용. 〔이명〕 바늘아재비사초. 〔유래〕 좀(북반구의 극지와 고산의 왜소형) 바늘사초. → 바늘사초.

좀바디나물(愚, 1996) (산형과) 처녀바디의 북한 방언. → 처녀바디.

좀바람꽃(朴, 1974) (미나리아재비과) 홀아비바람꽃의 이명. 〔유래〕 쌍동바람꽃에 비해 전체가 비교적 작다. → 홀아비바람꽃.

좀바랭이(李, 1969) (벼과 *Digitaria radicosa*) 〔이명〕 애기바랭이. 〔유래〕 좀(작은) 바랭이라는 뜻의 일명.

좀바위고사리(朴, 1961) (면마과) 가는쇠고사리의 이명. → 가는쇠고사리.

좀바위솔(鄭, 1949) (돌나물과 *Orostachys minutus*) 〔이명〕 애기바위솔. 〔유래〕 좀(미세한) 바위솔이라는 뜻의 학명 및 일명.

좀박달나무(愚, 1996) (자작나무과) 개박달나무의 북한 방언. → 개박달나무.

좀버들바늘꽃(朴, 1949) (바늘꽃과) 애기바늘꽃과 버들바늘꽃(1974)의 이명. → 애기바늘꽃, 버들바늘꽃.

좀벗나무(鄭, 1942) (장미과) 개벚나무의 이명. → 개벚나무.

좀벚나무(永, 1996) (장미과) 개벚나무의 이명. → 개벚나무.

좀벼룩이자리(朴, 1949) (석죽과 *Arenaria capillaris*) 〔이명〕 관모개미자리. 〔유래〕 벼룩이자리에 비해 소형(고산형)이다.

좀별사초(愚, 1996) (사초과) 뚝사초의 중국 옌볜 방언. → 뚝사초.

좀병꽃(李, 1980) (인동과) 붉은병꽃나무의 이명. → 붉은병꽃나무.

좀병꽃나무(鄭, 1942) (인동과) 붉은병꽃나무의 이명. → 붉은병꽃나무.

좀보리사초(鄭, 1949) (사초과 *Carex pumila*) 〔이명〕 모래사초. 〔유래〕 키가 작은 사초라는 뜻의 학명.

좀보리풀(壽, 1997) (벼과 *Hordeum pusillum*) 〔유래〕 좀 보리풀.

좀부들(朴, 1949) (부들과) 애기부들과 부들(안덕균, 1998)의 이명. 〔유래〕 좀(가는 잎) 부들이라는 뜻의 학명 및 일명. → 애기부들, 부들.

좀부들말(朴, 1949) (거머리말과) 애기거머리말의 이명. 〔유래〕 좀(작은) 부들말(왕거머리말)이라는 뜻의 학명 및 일명. → 애기거머리말.

좀부지깽이(朴, 1949) (십자화과) 부지깽이나물의 이명. → 부지깽이나물.

좀부처꽃(朴, 1949) (부처꽃과 *Ammannia multiflora*) 털부처꽃의 이명(鄭, 1949)으로도 사용. 〔이명〕 각시마디꽃. 〔유래〕 좀(애기) 부처꽃이라는 뜻의 일명. → 털부처꽃.

좀부추(劉 등, 1981) (백합과 *Allium senescens* v. *minor*) 〔유래〕 좀(작은) 두메부추라는 뜻의 학명.

좀분개구리밥(愚, 1996) (개구리밥과) 분개구리밥의 중국 옌볜 방언. → 분개구리밥.

좀분버들(鄭, 1937) (버드나무과 *Salix rorida* v. *roridaeformis*) 〔이명〕 애기분버들. 〔유래〕 좀(작은) 분버들이라는 뜻의 일명.

ㅈ

좀분지나무(鄭, 1937) (운향과) 좀산초나무의 이명. 〔유래〕 좀(작은 잎) 분지나무(산초나무)라는 뜻의 학명 및 일명. → 좀산초나무.

좀분취란화(朴, 1974) (앵초과) 설앵초의 이명. 〔유래〕 좀(잎이 작은) 분취란화. → 설앵초.

좀붉은인가목(鄭, 1942) (장미과) 생열귀나무의 이명. → 생열귀나무.

좀비녀골(安, 1982) (골풀과) 애기비녀골풀의 이명. → 애기비녀골풀.

좀비늘이끼(朴, 1949) (부처손과) 왜구실사리의 이명. → 왜구실사리.

좀비비추(鄭, 1949) (백합과 *Hosta minor*) 〔이명〕 작은비비추, 조선비비추. 〔유래〕 좀(작은) 비비추라는 뜻의 학명 및 일명. 옥잠화(玉簪花).

좀비자나무(永, 1996) (주목과) 개비자나무의 북한 방언. → 개비자나무.

좀사다리고사리(朴, 1961) (면마과 *Thelypteris cystopteroides*) 〔이명〕 좀새닥다리고사리. 〔유래〕 사다리고사리에 비해 소형이다.

좀사방오리(李, 1966) (자작나무과 *Alnus pendula*) 〔이명〕 좀사방오리나무, 각시사방오리나무. 〔유래〕 좀(작은) 사방오리라는 뜻의 일명.

좀사방오리나무(永, 1996) (자작나무과) 좀사방오리의 이명. → 좀사방오리.

좀사위질빵(鄭, 1949) (미나리아재비과 *Clematis brevicaudata*) 가는잎사위질빵의 이명(1937)으로도 사용. 〔이명〕 작은질빵풀. 〔유래〕 좀(작은) 사위질빵이라는 뜻의 일명. → 가는잎사위질빵.

좀산갈퀴(朴, 1974) (콩과) 가는살갈퀴의 이명. → 가는살갈퀴.

좀산개미자리(朴, 1974) (석죽과) 삼수개미자리의 이명. → 삼수개미자리.

좀산나리(愚, 1996) (백합과) 당나리의 중국 옌볜 방언. → 당나리.

좀산들깨(朴, 1949) (꿀풀과) 쥐깨의 이명. → 쥐깨.

좀산미나리아재비(愚, 1996) (미나리아재비과 *Ranunculus acris* v. *monticola* f. *oreodoxa*) 〔유래〕 산미나리아재비의 왜소형(고산형).

좀산새밥(李, 1969) (골풀과) 구름꿩의밥의 이명. → 구름꿩의밥.

좀산승애(愚, 1996) (여뀌과) 참개싱아의 이명. → 참개싱아.

좀산싸리(安, 1982) (콩과) 싸리나무의 이명. 〔유래〕 좀(작은 잎) 싸리나무라는 뜻의 학명 및 일명. → 싸리나무.

좀산초(李, 1966) (운향과) 좀산초나무의 이명. 〔유래〕 좀산초나무의 축소형. → 좀산초나무.

좀산초나무(鄭, 1942) (운향과 *Zanthoxylum schinifolium* f. *microphyllum*) 〔이명〕 좀분지나무, 좀산초. 〔유래〕 좀(작은 잎) 산초나무라는 뜻의 학명 및 일명.

좀새고사리(朴, 1949) (면마과) 가는잎개고사리의 이명. → 가는잎개고사리.

좀새그령(鄭, 1949) (벼과 *Eragrostis poaeoides*) 〔이명〕 섬비노리. 〔유래〕 좀(작은) 참새그령이라는 뜻의 일명.

좀새깃고사리(朴, 1961) (고사리과) 비고사리의 이명. → 비고사리.

좀새닥다리고사리(安, 1982) (면마과) 좀사다리고사리의 이명. → 좀사다리고사리.

좀새닥달고사리(朴, 1949) (면마과) 사다리고사리와 좀사다리고사리(安, 1982)의 이명. → 사다리고사리, 좀사다리고사리.

좀새비나무(鄭, 1942) (마편초과 *Callicarpa mollis* f. *ramosissima*) 〔유래〕 좀(작은 잎) 새비나무라는 뜻의 일명.

좀새우나무(李, 1947) (자작나무과) 새우나무의 이명. 〔유래〕 좀(작은) 새우나무라는 뜻의 일명. → 새우나무.

좀새포아풀(永, 1996) (벼과) 뫼꾸러미풀의 이명. → 뫼꾸러미풀.

좀새풀(李, 1969) (벼과 *Deschampsia caespitosa*) 〔이명〕 산우산대잔듸, 잔새, 두메잔새. 〔유래〕 미상.

좀서어나무(愚, 1996) (자작나무과) 개서어나무의 북한 방언. → 개서어나무.

좀설앵초(鄭, 1949) (앵초과 *Primula sachalinensis*) 설앵초의 이명(安, 1982)으로도 사용. 〔이명〕 화태설취란화. 〔유래〕 설앵초에 비해 전체가 소형이다. → 설앵초.

좀소루쟁이(朴, 1974) (여뀌과) 좀소리쟁이의 이명. → 좀소리쟁이.

좀소리쟁이(愚, 1996) (여뀌과 *Rumex nipponicus*) 〔이명〕 좀소루쟁이, 작은송구지. 〔유래〕 좀(작은) 참소리쟁이라는 뜻의 일명.

좀솔방울고랭이(鄭, 1970) (사초과 *Scirpus fuirenoides*) 〔이명〕 드문솔방울, 방울골, 애기방울고랭이. 〔유래〕 좀(작은) 솔방울고랭이라는 뜻의 일명.

좀솔석송(朴, 1961) (석송과) 좀다람쥐꼬리의 이명. → 좀다람쥐꼬리.

좀솔송나무(愚, 1996) (소나무과) 솔송나무의 중국 옌볜 방언. → 솔송나무.

좀솜나물(朴, 1949) (국화과) 큰각시취의 이명. → 큰각시취.

좀송금나무(朴, 1949) (마편초과) 송금나무의 이명. 〔유래〕 좀(작은 잎) 송금나무(작살나무)라는 뜻의 일명. → 송금나무.

좀송이고랭이(李, 1969) (사초과 *Scirpus mucronatus*) 〔이명〕 참송이골. 〔유래〕 좀(애기) 송이고랭이라는 뜻의 일명.

좀쇠고비(朴, 1961) (면마과) 좀쇠고사리의 이명. → 좀쇠고사리.

좀쇠고사리(鄭, 1949) (면마과 *Arachniodes sporadosora*) 〔이명〕 가위고사리, 좀쇠고비. 〔유래〕 좀(작은 잎) 쇠고사리라는 뜻의 일명.

좀쇠물푸레(李, 1966) (물푸레나무과) 쇠물푸레나무의 이명. 〔유래〕 좀쇠물푸레나무의 축소형. → 쇠물푸레나무, 좀쇠물푸레나무.

좀쇠물푸레나무(鄭, 1942) (물푸레나무과) 쇠물푸레나무의 이명. 〔유래〕 좀(좁아진) 쇠물푸레나무라는 뜻의 학명. → 쇠물푸레나무.

좀쇠채(朴, 1949) (국화과) 멱쇠채의 이명. 〔유래〕 좀(작은) 쇠채라는 뜻의 일명. → 멱쇠채.

좀수련(愚, 1996) (수련과) 참개연꽃의 북한 방언. → 참개연꽃.

좀순비기나무(愚, 1996) (마편초과) 좀목형의 중국 옌볜 방언. → 좀목형.

좀시호(鄭, 1949) (산형과 *Bupleurum longeradiatum* f. *leveillei*) 〔이명〕 제주시호, 탐라시호, 애기시호. 〔유래〕 개시호의 왜소형.

좀실다릅나무(安, 1982) (콩과) 다릅나무의 이명. 〔유래〕 좀(나비가 좁은 열매) 다릅나무라는 뜻의 학명. → 다릅나무.

좀싸리(鄭, 1942) (콩과 *Lespedeza virgata*) 싸리나무의 이명(1949)으로도 사용. 〔이명〕 좀풀싸리, 실대싸리. 〔유래〕 좀(세장한 가지) 싸리라는 뜻의 학명. → 싸리나무.

좀쌀올챙이골(愚, 1996) (사초과) 광능골의 중국 옌볜 방언. → 광능골.

좀쓴풀(愚, 1996) (용담과) 개쓴풀의 북한 방언. → 개쓴풀.

좀씀바귀(鄭, 1949) (국화과 *Ixeris stolonifera*) 〔이명〕 동굴잎씀바귀, 둥근잎씀바귀. 〔유래〕 벋음씀바귀에 비해 전체가 소형이다. 고채(苦菜).

좀아가위나무(朴, 1949) (장미과) 좁은잎산사나무의 이명. 〔유래〕 좀(가는 잎) 아가위나무(산사나무)라는 뜻의 일명. → 좁은잎산사나무.

좀아그배나무(愚, 1996) (장미과) 개아그배나무의 북한 방언. 〔유래〕 좀 아그배나무(야광나무). → 개아그배나무.

좀아마냉이(壽, 1992) (십자화과 *Camelina microcarpa*) 〔유래〕 좀(애기) 아마냉이라는 뜻의 일명. 잎 밑이 전형(箭形)으로 줄기를 싼다.

좀알록제비꽃(鄭, 1949) (제비꽃과) 자주알록제비꽃의 이명. 〔유래〕 좀(작은) 자주알록제비꽃이라는 뜻의 일명. → 자주알록제비꽃.

좀양귀비(壽, 1998) (양귀비과 *Papaver dubium*) 〔유래〕 좀(소형) 양귀비.

좀양반풀(朴, 1949) (박주가리과) 왜박주가리의 이명. 〔유래〕 좀(작은) 양반풀(왜박주가리)이라는 뜻의 일명. → 왜박주가리.

좀양지꽃(鄭, 1949) (장미과 *Potentilla matsumurae*) 양지꽃의 이명(朴, 1949)으로도 사용. 〔이명〕 긴양지꽃, 두메양지꽃. 〔유래〕 고산(한라산 정상 부근)에 나는 왜소형. → 양지꽃.

좀어리연꽃(鄭, 1949) (조름나물과 *Nymphoides coreana*) 〔이명〕 애기어리연꽃, 친어리연꽃, 흰어리연꽃. 〔유래〕 어리연꽃에 비해 전체가 소형이다.

좀여우구슬(朴, 1949) (대극과) 여우주머니의 이명. 〔유래〕 좀 여우구슬이라는 뜻의 일명. → 여우주머니.

좀연리초(朴, 1974) (콩과) 털연리초의 이명. → 털연리초.

좀연잎꿩의다리(朴, 1974) (미나리아재비과) 연잎꿩의다리의 이명. → 연잎꿩의다리.

좀영신초(朴, 1949) (원지과) 병아리풀의 이명. 〔유래〕 좀 영신초(애기풀). → 병아리풀.

좀옥잠화(愚, 1996) (백합과) 큰비비추의 북한 방언. → 큰비비추.

좀왕팽나무(鄭, 1942) (느릅나무과 *Celtis biondii*) 〔이명〕 폭나무, 팽나무, 자주팽나무. 〔유래〕 좀(작은 잎) 왕팽나무라는 뜻의 일명.

좀월귤(朴, 1949) (철쭉과) 애기월귤의 이명. 〔유래〕 좀(작은 열매의) 월귤이라는 뜻의 학명. → 애기월귤.

좀육지꽃버들(李, 1966) (버드나무과) 좀꽃버들의 이명. → 좀꽃버들.

좀윤노리(李, 1980) (장미과) 민윤노리나무의 이명. → 민윤노리나무.

좀으아리(鄭, 1942) (미나리아재비과 *Clematis mandshurica* v. *koreana* f. *lancifolia*) 〔이명〕 긴잎으아리. 〔유래〕 경기 방언. 좀(좁은 잎) 으아리라는 뜻의 일명.

좀이깔나무(愚, 1996) (소나무과) 만주잎갈나무의 중국 옌볜 방언. 〔유래〕 잎갈나무에 비해 구과가 소형이다. → 만주잎갈나무.

좀잎갈키덩굴(朴, 1949) (꼭두선이과) 좀네잎갈퀴의 이명. → 좀네잎갈퀴.

좀잎새비나무(朴, 1949) (장미과) 좀찔레의 이명. 〔유래〕 좀잎(작은 잎) 새비나무(찔레나무)라는 뜻의 일명. → 좀찔레.

좀잎쥐똥나무(朴, 1949) (물푸레나무과) 좀쥐똥나무의 이명. 〔유래〕 좀잎(작은 잎) 쥐똥나무라는 뜻의 학명 및 일명. → 좀쥐똥나무.

좀자작나무(鄭, 1937) (자작나무과 *Betula fruticosa*) 〔유래〕 좀(애기) 박달나무라는 뜻의 일명.

좀작살나무(鄭, 1937) (마편초과 *Callicarpa dichotoma*) 〔유래〕 좀(작은) 작살나무라는 뜻의 일명. 자주(紫珠).

좀장구밤나무(鄭, 1942) (피나무과 *Grewia parviflora* f. *angusta*) 〔이명〕 좀장구밥나

무. 〔유래〕 좀(좁은 잎) 장구밤나무라는 뜻의 학명 및 일명.

좀장구밥나무(李, 1966) (피나무과) 좀장구밤나무의 이명. → 좀장구밤나무.

좀전호(安, 1982) (산형과) 털전호의 이명. → 털전호.

좀젓가락나물(朴, 1949) (미나리아재비과) 젓가락풀의 이명. 〔유래〕 좀(작은) 젓가락나물(왜젓가락풀)이라는 뜻의 일명. → 젓가락풀.

좀제비꽃(朴, 1974) (제비꽃과) 왜제비꽃의 이명. → 왜제비꽃.

좀조개풀(永, 2002) (벼과 *Coelachne japonica*) 〔유래〕 조개풀과 유사하나 작다는 뜻이지만 조개풀과 별개의 속이다.

좀조팝나무(鄭, 1937) (장미과) 참조팝나무의 이명. 〔유래〕 좀(작은 씨방) 조팝나무라는 뜻의 학명. → 참조팝나무.

좀족제비고사리(朴, 1961) (면마과) 애기족제비고사리의 이명. → 애기족제비고사리.

좀종덩굴(朴, 1949) (미나리아재비과 *Clematis crassisepala*) 〔유래〕 좀(작은 잎) 자주종덩굴이라는 뜻의 일명.

좀주름조개풀(永, 2003) (벼과 *Oplismenus undulatifolius* v. *microphyllus*) 〔유래〕 좀(잎이 작은) 주름조개풀이라는 뜻의 학명.

좀죽대아재비(安, 1982) (백합과) 왕죽대아재비의 이명. → 왕죽대아재비.

좀줄고사리(安, 1982) (고사리과) 줄고사리의 이명. → 줄고사리.

좀쥐똥나무(鄭, 1942) (물푸레나무과 *Ligustrum ibota* f. *microphyllum*) 〔이명〕 좀잎쥐똥나무, 애기쥐똥나무. 〔유래〕 좀(잎이 작은) 쥐똥나무라는 뜻의 학명 및 일명. 수랍과(水蠟果).

좀쥐손이(李, 1976) (쥐손이풀과 *Geranium tripartitum*) 〔이명〕 섬쥐손이, 세갈래이질풀, 작은손잎풀, 작은쥐손이. 〔유래〕 좀(작은) 쥐손이풀이라는 뜻의 일명. 노관초(老鸛草).

좀쥐오줌(鄭, 1949) (마타리과 *Valeriana fauriei* v. *coreana*) 〔이명〕 좀쥐오줌풀, 좀바구니나물, 북쥐오줌풀. 〔유래〕 넓은잎쥐오줌풀에 비해 전체가 소형이다. 힐초(纈草).

좀쥐오줌풀(永, 1996) (마타리과) 좀쥐오줌의 이명. → 좀쥐오줌.

좀쥐잔디(愚, 1996) (벼과) 갯잠자리피의 중국 옌볜 방언. → 갯잠자리피.

좀진고사리(鄭, 1949) (면마과 *Athyrium conilii*) 〔이명〕 애기진고사리. 〔유래〕 좀(가는 잎) 진고사리라는 뜻의 일명.

좀짚신나물(朴, 1974) (장미과 *Agrimonia pilosa* v. *nipponica*) 〔유래〕 모종에 비해 전체가 약간 섬세하다.

좀쪽동백(鄭, 1942) (때죽나무과 *Styrax shiraiana*) 〔이명〕 흰좀쪽동백, 힌잎쪽동백, 좀쪽동백나무, 흰좀쪽동백나무. 〔유래〕 좀(작은) 쪽동백이라는 뜻의 일명.

좀쪽동백나무(李, 1966) (때죽나무과) 좀쪽동백의 이명. → 좀쪽동백.

좀찔레(李, 1980) (장미과 *Rosa multiflora* v. *quelpaertensis*) 〔이명〕 좀가시나무, 좀잎새비나무, 애기들장미, 좀찔레나무. 〔유래〕 좀(작은 잎) 찔레나무라는 뜻의 일명.

좀찔레나무(愚, 1996) (장미과) 좀찔레의 중국 옌볜 방언. → 좀찔레.

좀참꽃(鄭, 1937) (철쭉과) 좀참꽃나무의 이명. 〔유래〕 좀참꽃나무의 축소형. → 좀참꽃나무.

좀참꽃나무(鄭, 1942) (철쭉과 *Rhododendron redowskianum*) 〔이명〕 좀참꽃, 묏참꽃나무, 멧참꽃나무, 두메참꽃나무. 〔유래〕 미상.

좀참나무(愚, 1996) (참나무과) 졸참나무의 중국 옌볜 방언. → 졸참나무.

좀참느릅(鄭, 1942) (느릅나무과) 참느릅나무의 이명. 〔유래〕 좀(가는 잎) 참느릅나무라는 뜻의 일명. → 참느릅나무.

좀참빗살나무(鄭, 1937) (노박덩굴과 *Euonymus bungeanus*) 〔유래〕 좀(애기) 참빗살나무라는 뜻의 일명. 사면목(絲棉木).

좀참새귀리(壽, 1995) (벼과 *Bromus inermis*) 〔유래〕 좀 참새귀리라는 뜻의 일명.

좀청미래(鄭, 1949) (백합과) 청미래덩굴의 이명. 〔유래〕 좀(작은 잎) 청미래덩굴이라는 뜻의 학명 및 일명. → 청미래덩굴.

좀청미래덩굴(永, 1996) (백합과) 청미래덩굴의 이명. → 청미래덩굴, 좀청미래.

좀치자(朴, 1949) (꼭두선이과) 치자나무의 이명. 〔유래〕 좀치자나무의 축소형. → 치자나무.

좀치자나무(安, 1982) (꼭두선이과) 꽃치자의 이명. 〔유래〕 좀(작은) 치자나무라는 뜻의 일명. → 꽃치자.

좀턱제비꽃(鄭, 1970) (제비꽃과) 콩제비꽃의 이명. → 콩제비꽃.

좀털긴잎조팝나무(李, 1966) (장미과) 털긴잎조팝나무의 이명. → 털긴잎조팝나무.

좀털석잠풀(愚, 1996) (꿀풀과) 털석잠풀의 중국 옌볜 방언. → 털석잠풀.

좀털쥐똥나무(李, 1966) (물푸레나무과 *Ligustrum ibota*) 〔이명〕 청쥐똥나무, 푸른검정알나무. 〔유래〕 미상.

좀톱풀(朴, 1974) (국화과) 붉은톱풀의 이명. → 붉은톱풀.

좀통발(朴, 1949) (통발과) 실통발의 이명. → 실통발.

좀팽나무(安, 1982) (느릅나무과) 좀풍게나무의 이명. → 좀풍게나무.

좀편백고사리(鄭, 1970) (꼬리고사리과) 쪽잔고사리의 이명. → 쪽잔고사리.

좀포아풀(李, 1976) (벼과 *Poa compressa*) 〔이명〕 카나다꿰미풀. 〔유래〕 좀(작은) 포아풀이라는 뜻의 일명.

좀풀딸(安, 1982) (장미과) 좀딸기의 이명. → 좀딸기.

좀풀싸리(鄭, 1937) (콩과) 좀싸리와 싸리나무(1942)의 이명. → 좀싸리, 싸리나무.

좀풍게나무(鄭, 1942) (느릅나무과 *Celtis bungeana*) 〔이명〕 팽나무, 졸팽나무, 보고나무, 좀팽나무. 〔유래〕 좀(작은) 풍게나무라는 뜻의 일명.

좀피나무(安, 1982) (피나무과 *Tilia kiusiana*) 초피나무의 이명(운향과, 朴, 1949)으로도 사용. 〔이명〕 구주피나무, 규슈피나무. 〔유래〕 미상. → 초피나무.

좀피막이(李, 2003) (산형과) 두메피막이풀의 이명. → 두메피막이풀.

좀하늘지기(安, 1982) (사초과) 애기하늘지기의 이명. 〔유래〕 좀(작은 열매) 하늘지기라는 뜻의 학명. → 애기하늘지기.

좀향유(朴, 1949) (꿀풀과) 각씨향유의 이명. 〔유래〕 좀(애기) 향유라는 뜻의 학명 및 일명. → 각씨향유.

좀현삼(朴, 1974) (현삼과 *Scrophularia kakudensis* v. *microphylla*) 〔이명〕 작은잎큰현삼. 〔유래〕 좀(작은 잎) 현삼이라는 뜻의 학명.

좀현호색(鄭, 1949) (양귀비과 *Corydalis decumbens*) 〔이명〕 제주현호색. 〔유래〕 전체적으로 소형이다. 하천무(夏天無).

좀호랑버들(鄭, 1942) (버드나무과 *Salix caprea* f. *elongata*) 〔이명〕 긴잎호랑버들. 〔유래〕 좀(잎이 세장) 호랑버들이라는 뜻의 학명 및 일명.

좀화살나무(鄭, 1942) (노박덩굴과 *Euonymus alatus* f. *microphyllus*) 〔유래〕 화살나무에 비해 잎이 작다. 귀전우(鬼箭羽).

좀환삼덩굴(李, 1969) (뽕나무과) 한삼덩굴의 이명. 〔유래〕 좀 환삼덩굴(한삼덩굴). → 한삼덩굴.

좀활량나물(朴, 1974) (콩과) 산새콩의 이명. → 산새콩.

좀황기(愚, 1996) (콩과) 개황기의 북한 방언. → 개황기.

좀황해쑥(李, 1969) (국화과 *Artemisia argyi* f. *microephala*) 〔유래〕 소두(두상화가 작은)의 황해쑥이라는 뜻의 학명.

좀회양목(鄭, 1942) (회양목과 *Buxus microphylla*) 〔이명〕 구슬회양목, 좀고양나무. 〔유래〕 좀(작은 잎) 회양목이라는 뜻의 학명 및 일명.

좁쌀고사리(朴, 1949) (면마과) 참우드풀의 이명. → 참우드풀.

좁쌀냉이(鄭, 1937) (십자화과 *Cardamine flexuosa* v. *fallax*) 〔이명〕 선황새냉이, 민좁쌀냉이, 선털황새냉이, 좁쌀황새냉이. 〔유래〕 황새냉이에 비해 잎이 소형이다.

좁쌀뱅이(朴, 1949) (석죽과) 벼룩이자리의 이명. → 벼룩이자리.

좁쌀사초(朴, 1949) (사초과 *Carex micrantha*) 구슬사초(1949)와 싸래기사초(安, 1982), 회색사초(安, 1982)의 이명으로도 사용. 〔유래〕 좁쌀(작은 꽃) 사초라는 뜻의 학명. → 구슬사초, 싸래기사초, 회색사초.

좁쌀역귀(朴, 1949) (여뀌과) 가시여뀌의 이명. → 가시여뀌.

좁쌀우드풀(安, 1982) (면마과 *Woodsia saitosana*) 〔이명〕 솜털고사리아재비, 좁쌀가물고사리. 〔유래〕 좁쌀(작은) 우드풀.

좁쌀풀(鄭, 1956) (현삼과 *Euphrasia maximowiczii*) 큰좁쌀풀의 이명(앵초과, 1937)으로도 사용. 〔이명〕 선좁쌀풀, 기생깨풀, 앉은좁쌀풀. 〔유래〕 전체적으로 작은 식물을 좁쌀에 비유. → 큰좁쌀풀.

좁쌀황새냉이(愚, 1996) (십자화과) 좁쌀냉이의 북한 방언. → 좁쌀냉이.

좁은네잎말굴레풀(愚, 1996) (콩과) 연리갈퀴의 북한 방언. 〔유래〕 좁은 네잎말굴레풀(네잎갈퀴). → 연리갈퀴.

좁은단풍(鄭, 1942) (단풍나무과) 당단풍나무의 이명. 〔유래〕 단풍나무에 비해 시과의 선단이 좁다. → 당단풍나무.

좁은모새달(愚, 1996) (벼과) 가는잎모새달의 중국 옌볜 방언. → 가는잎모새달.

좁은백산차(李, 1966) (철쭉과) 가는잎백산차의 이명. → 가는잎백산차.

좁은붉은물푸레(李, 1980) (물푸레나무 *Fraxinus pennsylvanica* v. *lanceolata*) 〔유래〕 잎이 좁은(피침형) 붉은물푸레라는 뜻의 학명.

좁은사시나무(愚, 1996) (버드나무과) 중국황철의 중국 옌볜 방언. → 중국황철.

좁은산사나무(永, 1996) (장미과) 좁은잎산사나무의 이명. → 좁은잎산사나무.

좁은어수리(李, 1969) (산형과 *Heracleum moellendorffii* f. *angustum*) 〔이명〕 만주독활, 잔잎어수리, 만주어수리. 〔유래〕 좁은(잎) 어수리라는 뜻의 학명.

좁은잎가막사리(李, 1969) (국화과) 가는잎가막사리의 이명. → 가는잎가막사리.

좁은잎개별꽃(永, 1996) (석죽과 *Pseudostellaria angustifolia*) 〔유래〕 잎이 좁은 개별꽃이라는 뜻의 학명. 셋째 마디의 잎은 선상피침형이다. 태자삼(太子蔘).

좁은잎갯는쟁이(愚, 1996) (명아주과) 가는갯는쟁이의 이명. → 가는갯는쟁이.

좁은잎계뇨등(安, 1982) (꼭두선이과) 좁은잎계요등의 이명. → 좁은잎계요등.

좁은잎계요등(鄭, 1942) (꼭두선이과 *Paederia scandens* v. *angustifolia*) 〔이명〕 좁은잎계뇨등, 가는잎계뇨등. 〔유래〕 좁은 잎 계요등이라는 뜻의 학명 및 일명.

좁은잎고들빼기(李, 1969) (국화과 *Crepidiastrum lanceolatum* f. *pinnatilobum*) 〔이명〕 깃꼬들빼기. 〔유래〕 갯고들빼기에 비해 잎이 약간 깊게 우열(羽裂)한다.

좁은잎곤달비(李, 1969) (국화과) 어리곤달비의 이명. → 어리곤달비.

좁은잎괴불나무(李, 1969) (인동과) 두메홍괴불나무의 이명. → 두메홍괴불나무.

좁은잎구릿대(愚, 1996) (산형과) 개구릿대의 북한 방언. 〔유래〕 구릿대에 비해 잎의 열편이 좁다. → 개구릿대.

좁은잎금불초(朴, 1974) (국화과) 가는금불초의 이명. → 가는금불초.

좁은잎나비나물(永, 1996) (콩과) 긴잎나비나물의 이명. → 긴잎나비나물.

좁은잎냉초(李, 1969) (현삼과) 냉초의 이명. 〔유래〕 잎이 좁은 냉초라는 뜻의 학명 및 일명. → 냉초.

좁은잎느릅나무(愚, 1996) (느릅나무과) 참느릅나무의 중국 옌볜 방언. → 참느릅나무.

좁은잎댕강목(鄭, 1942) (범의귀과) 매화말발도리의 이명. 〔유래〕 좁은 잎 댕강목(매화말발도리)이라는 뜻의 일명. → 매화말발도리.

ㅈ

좁은잎덩굴용담(李, 1969) (용담과 *Pterygocalyx volubilis*) 〔이명〕 가는잎덩굴용담, 덩굴용담, 가는잎덩굴룡담. 〔유래〕 좁은 잎 덩굴용담이라는 뜻의 일명.

좁은잎돌꽃(李, 1969) (돌나물과 *Rhodiola angusta*) 〔이명〕 가는돌꽃, 가지돌꽃, 각시바위돌꽃, 각시바위돈꽃. 〔유래〕 좁은 돌꽃이라는 뜻의 일명.

좁은잎딱지(安, 1982) (장미과) 만주딱지꽃의 이명. 〔유래〕 잎이 좁은 양지꽃이라는 뜻의 학명. → 만주딱지꽃.

좁은잎딱지꽃(愚, 1996) (장미과) 만주딱지꽃의 중국 옌볜 방언. → 만주딱지꽃, 좁은잎딱지.

좁은잎말발도리(鄭, 1949) (범의귀과) 매화말발도리의 이명. 〔유래〕 좁은 잎 매화말발도리라는 뜻의 일명. → 매화말발도리.

좁은잎매자(李, 1980) (매자나무과) 가는잎매자나무의 이명. → 가는잎매자나무.

좁은잎매자나무(李, 1969) (매자나무과) 가는잎매자나무의 이명. 〔유래〕 좁은 잎 매자나무라는 뜻의 학명 및 일명. → 가는잎매자나무.

좁은잎맥문동(愚, 1996) (백합과) 소엽맥문동의 북한 방언. → 소엽맥문동.

좁은잎메꽃(李, 1969) (메꽃과) 메꽃의 이명. 〔유래〕 좁은 잎 메꽃이라는 뜻의 학명 및 일명. → 메꽃.

ㅈ

좁은잎물까치수염(安, 1982) (앵초과) 물까치수염의 이명. → 물까치수염.

좁은잎미꾸리낚시(李, 1969) (여뀌과 *Persicaria praetermissa*) 〔이명〕 긴미꾸리낚시, 가는미꾸리. 〔유래〕 좁은 잎 미꾸리낚시라는 뜻의 일명.

좁은잎미나리냉이(李, 1969) (십자화과 *Cardamine schulziana*) 〔이명〕 덩이냉이. 〔유래〕 좁은 잎 미나리냉이라는 뜻의 일명.

좁은잎밀나물(李, 1976) (백합과 *Smilax riparia* v. *ussuriensis* f. *stenophylla*) 〔유래〕 좁은 잎 밀나물이라는 뜻의 학명 및 일명.

좁은잎박달나무(李, 1966) (자작나무과 *Betula schmidtii* v. *lancea*) 〔유래〕 좁은 잎 박달나무라는 뜻의 일명.

좁은잎배풍등(李, 1969) (가지과) 산꽈리의 이명. 〔유래〕 좁은 잎 배풍등이라는 뜻의 일명. → 산꽈리.

좁은잎보리장나무(李, 1966) (보리수나무과) 가는잎보리장나무의 이명. → 가는잎보리장나무.

좁은잎뽕(李, 1966) (뽕나무과) 가새뽕나무의 이명. → 가새뽕나무.

좁은잎뽕나무(李, 1966) (뽕나무과) 가새뽕나무의 이명. → 가새뽕나무.

좁은잎사위질빵(李, 1969) (미나리아재비과) 가는잎사위질빵의 이명. 〔유래〕 좁은 잎 사위질빵이라는 뜻의 일명. → 가는잎사위질빵.

좁은잎산사(李, 1966) (장미과) 좁은잎산사나무의 이명. → 좁은잎산사나무.

좁은잎산사나무(鄭, 1937) (장미과 *Crataegus pinnatifida* f. *psilosa*) 〔이명〕 좀아가

위나무, 좁은잎산사, 좁은산사나무. 〔유래〕 좁은 잎 산사나무라는 뜻의 일명. 산사(山楂).

좁은잎엉겅퀴(李, 1969) (국화과 *Cirsium japonicum* v. *ussuriense* f. *nakaianum*) 〔이명〕 참엉겅퀴, 가는엉겅퀴. 〔유래〕 좁은 잎 엉겅퀴라는 뜻의 일명.

좁은잎오이풀(愚, 1996) (장미과) 가는오이풀의 북한 방언. → 가는오이풀.

좁은잎육지꽃버들(李, 1966) (버드나무과) 가는잎꽃버들의 이명. 〔유래〕 좁은 잎 육지꽃버들이라는 뜻의 일명. → 가는잎꽃버들.

좁은잎종덩굴(李, 1969) (미나리아재비과) 고려종덩굴의 이명. → 고려종덩굴.

좁은잎참빗살(李, 1966) (노박덩굴과) 좁은잎참빗살나무의 이명. → 좁은잎참빗살나무.

좁은잎참빗살나무(李, 1969) (노박덩굴과 *Euonymus maackii*) 〔이명〕 회나무, 조선빗나무, 좁은잎참빗살, 두꺼운회나무, 참회나무, 조선회나무. 〔유래〕 미상.

좁은잎천선과(李, 1966) (뽕나무과) 젖꼭지나무의 이명. 〔유래〕 좁은 잎 천선과라는 뜻의 일명. → 젖꼭지나무.

좁은잎천선과나무(李, 1966) (뽕나무과) 젖꼭지나무의 이명. → 젖꼭지나무, 좁은잎천선과.

좁은잎풍게나무(愚, 1996) (느릅나무과) 긴잎풍게나무의 중국 옌볜 방언. 〔유래〕 풍게나무에 비해 잎이 좁고 길다. → 긴잎풍게나무.

좁은잎함북종덩굴(李, 1980) (미나리아재비과) 고려종덩굴의 이명. 〔유래〕 좁은 잎 함북종덩굴이라는 뜻의 일명. → 고려종덩굴.

좁은잎해란초(李, 1969) (현삼과 *Linaria vulgaris*) 〔이명〕 가는잎꽁지초, 가는잎해란초, 풍란초, 가는운란초. 〔유래〕 좁은 잎 해란초라는 뜻의 일명.

좁은잎홍괴불(李, 1980) (인동과) 두메홍괴불나무의 이명. → 두메홍괴불나무, 좁은잎홍괴불나무.

좁은잎홍괴불나무(鄭, 1942) (인동과) 두메홍괴불나무의 이명. 〔유래〕 좁은 잎 홍괴불나무라는 뜻의 학명 및 일명. → 두메홍괴불나무.

좁은잎황철나무(愚, 1996) (버드나무과) 당버들의 북한 방언. → 당버들.

좁은잎흑삼능(李, 1969) (흑삼능과 *Sparganium hyperboreum*) 〔이명〕 물가래, 좁은잎흑삼릉, 북흑삼릉, 잎흑삼능, 장지흑삼릉. 〔유래〕 좁은 잎 흑삼능이라는 뜻의 일명.

좁은잎흑삼릉(李, 1976) (흑삼능과) 좁은잎흑삼능의 이명. → 좁은잎흑삼능.

좁은해홍나물(李, 1969) (명아주과 *Suaeda heteroptera*) 〔이명〕 가는나문재나물, 해홍나물, 가는나문재. 〔유래〕 해홍나물에 비해 위쪽의 잎이 바늘처럼 가늘다.

종가리나무(鄭, 1942) (철쭉과) 정금나무의 이명. 〔유래〕 정금나무의 제주 방언. → 정금나무.

종가시(李, 1966) (참나무과) 종가시나무의 이명. 〔유래〕 종가시나무의 축소형. → 종가시나무.

종가시나무(鄭, 1937) (참나무과 *Quercus glauca*) 청미래덩굴(백합과, 1942)과 청가시나무(백합과, 1942)의 이명으로도 사용. 〔이명〕 석소리, 가시나무, 종가시. 〔유래〕 제주 방언. 상과(橡果). → 청미래덩굴, 청가시나무.

종국조팝나무(朴, 1949) (장미과) 털긴잎조팝나무의 이명. → 털긴잎조팝나무.

종다리꽃(鄭, 1937) (앵초과 *Cortusa matthioli* v. *pekinensis*) 〔이명〕 나도깨풀. 〔유래〕 미상.

종덕이난초(朴, 1949) (난초과) 두잎약난초의 이명. → 두잎약난초.

종덩굴(鄭, 1942) (미나리아재비과 *Clematis fusca* v. *violacea*) 세잎종덩굴의 이명(1937)으로도 사용. 〔이명〕 수염종덩굴. 〔유래〕 경기 방언. → 세잎종덩굴.

종둥굴레(장창기, 2002) (백합과 *Polygonatum acuminatifolium*) 〔유래〕 미상. 퉁둥굴레에 비해 식물체가 왜소하고 포는 미소하며 맥이 없다.

종마늘(永, 1996) (백합과) 마늘의 이명. → 마늘.

종비나무(鄭, 1949) (소나무과 *Picea koraiensis*) 〔이명〕 비늘가문비, 가문비나무, 바늘가문비. 〔유래〕 함남 방언. 종비(樅榧), 사수(沙樹).

ㅈ

종지나물(永, 1996) (제비꽃과 *Viola papilionacea*) 〔이명〕 미국제비꽃. 〔유래〕 잎이 펴져 나오는 모습을 종지에 비유. 측생 꽃잎에만 수염 같은 털이 있다. 자화지정(紫花地丁).

주걱개망초(壽, 1992) (국화과 *Erigeron strigosus*) 〔유래〕 잎이 주걱 모양인 개망초라는 뜻의 일명.

주걱고사리(朴, 1961) (고란초과) 주걱일엽의 이명. → 주걱일엽.

주걱난초(朴, 1949) (난초과) 풍선난초의 이명. → 풍선난초.

주걱냉이(朴, 1949) (십자화과) 는쟁이냉이의 이명. 〔유래〕 두대우상엽(頭大羽狀葉)의 모습을 주걱에 비유. → 는쟁이냉이.

주걱노루발(鄭, 1949) (노루발과 *Pyrola minor*) 〔이명〕 주걱노루발풀. 〔유래〕 잎의 모양을 주걱에 비유.

주걱노루발풀(安, 1982) (노루발과) 주걱노루발의 이명. → 주걱노루발.

주걱담배풀(朴, 1949) (국화과) 천일담배풀의 이명. → 천일담배풀.

주걱댕강나무(李, 1980) (인동과 *Abelia spathulata*) 〔유래〕 주걱 모양의 댕강나무라는 뜻의 학명.

주걱란(이재선, 1984) (난초과) 죽백란의 이명. → 죽백란.

주걱비비추(鄭, 1937) (백합과) 참비비추의 이명. 〔유래〕 주걱 비비추라는 뜻의 일명(잎의 모양을 주걱에 비유). → 참비비추.

주걱쑥부쟁이(정규영, 1991) (국화과) 섬갯쑥부쟁이의 이명. → 섬갯쑥부쟁이.

주걱오랑캐(朴, 1949) (제비꽃과) 왜제비꽃의 이명. 〔유래〕 주걱 오랑캐꽃(제비꽃). → 왜제비꽃.

주걱일엽(鄭, 1956) (고란초과 *Loxogramme grammitoides*) 〔이명〕 두건일엽, 애기숙갈고사리, 주걱고사리. 〔유래〕 잎의 모양이 주걱과 유사한 일엽초. 와위(瓦韋).

주걱잎범의귀(安, 1982) (범의귀과) 범의귀의 이명. 〔유래〕 주걱 범의귀라는 뜻의 일명. → 범의귀.

주걱장대(鄭, 1937) (십자화과 *Arabis ligulifolia*) 〔이명〕 긴잎장대. 〔유래〕 주걱 장대나물이라는 뜻의 일명.

주름고사리(鄭, 1937) (면마과 *Diplazium wichurae*) 〔이명〕 톱날고사리. 〔유래〕 미상.

주름구슬냉이(壽, 1999) (십자화과 *Rapistrum rugosum*) 〔유래〕 종자는 상하의 두 마디로 되어 있고, 아래쪽은 원통형이고 위쪽은 구형으로 8개의 주름이 있다.

주름꾸렘이풀(朴, 1949) (벼과) 자주포아풀의 이명. → 자주포아풀.

주름금강아지풀(永, 1996) (벼과 *Setaria glauca* v. *dura*) 〔유래〕 금강아지풀에 비해 영과가 우글쭈글하여 약간 주름이 진다.

주름사초(朴, 1949) (사초과 *Carex rugulosa* v. *graciliculmis*) 큰천일사초의 이명(愚, 1996)으로도 사용. 〔이명〕 가는줄기주름사초. 〔유래〕 미상. → 큰천일사초.

주름잎(鄭, 1937) (현삼과 *Mazus pumilus*) 〔이명〕 고초풀, 담배깡탱이, 담배풀, 선담배풀, 주름잎풀. 〔유래〕 미상. 녹란화(綠蘭花).

주름잎으아리(安, 1982) (미나리아재비과) 국화으아리의 이명. → 국화으아리.

주름잎풀(愚, 1996) (현삼과) 주름잎의 북한 방언. → 주름잎.

주름제비난(李, 1980) (난초과) 주름제비란의 이명. → 주름제비란.

주름제비란(李, 1969) (난초과 *Gymnadenia camtschatica*) 〔이명〕 노랑난초, 주름제비난. 〔유래〕 잎 가장자리에 주름이 많다.

주름조개풀(鄭, 1937) (벼과 *Oplismenus undulatifolius*) 〔이명〕 명들내, 털주름풀. 〔유래〕 잎에 주름이 있어 파상(波狀)잎을 이루는 조개풀이라는 뜻의 학명 및 일명.

주름풀(朴, 1949) (벼과) 민주름조개풀의 이명. → 민주름조개풀.

주머니꽃(李, 2003) (난초과) 개불알꽃의 이명. → 개불알꽃.

주먹외(愚, 1996) (박과) 왕과의 북한 방언. → 왕과.

주먹파(安, 1982) (백합과) 양파의 이명. 〔유래〕 인경이 주먹과 같이 둥글다. → 양파.

주목(鄭, 1937) (주목과 *Taxus cuspidata*) 〔이명〕 화솔나무, 적목, 경복, 노가리나무, 저목, 회솔나무. 〔유래〕 주목(朱木), 자삼(紫蔘).

주염나무(朴, 1949) (콩과) 주엽나무와 민주엽나무(愚, 1996, 중국 옌볜 방언)의 이명. → 주엽나무, 민주엽나무.

주엽나무(鄭, 1937) (콩과 *Gleditsia japonica* v. *koraiensis*) 〔이명〕 주염나무. 〔유

래〕 조협(皁莢), 조각수(皁角樹). 〔어원〕 주엽목(走葉木)〔白(皀)莢〕→조협〔皀莢〕→주엽나모〔皀角樹〕/주염나모→두협(두창)→주염남우→주염나무로 변화(어원사전).

주저리고사리(鄭, 1937) (면마과 *Dryopteris fragrans*) 〔유래〕 묵은 잎이 말라서 썩지 않고 주저리주저리 달려 있는 고사리.

주홍서나물(전의식, 1991) (국화과 *Crassocephalum crepidioides*) 〔유래〕 주홍 서나물이라는 뜻의 일명. 대룡국화와 유사한데 두화가 하향한다.

죽단화(鄭, 1942) (장미과) 죽도화(충남 방언)와 황매화(1942, 충남 방언)의 이명. → 죽도화, 황매화.

죽대(鄭, 1937) (백합과 *Polygonatum lasianthum*) 〔이명〕 큰댓잎둥굴레. 〔유래〕 미상. 옥죽(玉竹).

죽대둥굴레(愚, 1996) (백합과) 층층갈고리둥굴레의 북한 방언. → 층층갈고리둥굴레.

죽대아재비(鄭, 1949) (백합과 *Streptopus amplexifolius* v. *papillatus*) 〔이명〕 큰잎죽대, 큰섬죽대. 〔유래〕 미상.

죽도오랑캐(朴, 1949) (제비꽃과) 큰졸방제비꽃의 이명. 〔유래〕 죽도(울릉도) 오랑캐(제비꽃)라는 뜻의 일명. → 큰졸방제비꽃.

죽도화(鄭, 1942) (장미과 *Kerria japonica* f. *pleniflora*) 황매화(1937, 전남 방언)와 병아리꽃나무(1942)의 이명으로도 사용. 〔이명〕 죽단화, 겹죽도화, 겹황매화. 〔유래〕 전남 방언. → 황매화, 병아리꽃나무.

죽백나무(鄭, 1970) (나한송과 *Podocarpus nagi*) 〔이명〕 참마티아나무. 〔유래〕 죽백(竹柏).

죽백란(이재선, 1981) (난초과 *Cymbidium lancifolium*) 〔이명〕 돈란, 주걱란. 〔유래〕 죽백란(竹柏蘭).

죽순대(鄭, 1942) (벼과 *Phyllostachys heterocycla*) 〔이명〕 죽신대, 맹종죽, 귀갑죽. 〔유래〕 죽순 채취용 대나무. 맹종죽(孟宗竹), 강남죽(江南竹).

죽신대(朴, 1949) (벼과) 죽순대의 이명. → 죽순대.

죽절나무(愚, 1996) (홀아비꽃대과) 죽절초의 북한 방언. → 죽절초.

죽절초(鄭, 1942) (홀아비꽃대과 *Chloranthus glaber*) 〔이명〕 죽절나무. 〔유래〕 죽절초(竹節草), 구절다(九節茶).

죽토자(朴, 1949) (장미과) 눈개승마의 이명. → 눈개승마.

준딸나무(鄭, 1942) (층층나무과) 산딸나무의 이명. 〔유래〕 산딸나무의 제주 방언. → 산딸나무.

줄(鄭, 1937) (벼과 *Zizania latifolia*) 〔이명〕 줄풀. 〔유래〕 미상. 고(菰), 진고(眞菰), 교백(茭白).

줄검정골(永, 1996) (사초과) 도루박이의 이명. → 도루박이.

줄고만이(鄭, 1956) (여뀌과) 고마리의 이명. 〔유래〕 줄(넌출) 고마리라는 뜻의 학명 및 일명. → 고마리.

줄고사리(朴, 1961) (고사리삼과 *Ophioglossum petiolatum*) 좀나도고사리삼, 나도고사리삼(1949)과 줄넉줄고사리(넉줄고사리과, 李, 1980)의 이명으로도 사용. 〔이명〕 나도고사리삼, 좀줄고사리, 자루나도고사리삼. 〔유래〕 쇠줄 같은 포복지가 사방으로 퍼진다. → 좀나도고사리삼, 나도고사리삼, 줄넉줄고사리.

줄고사리삼(安, 1982) (고사리삼과) 나도고사리삼의 이명. → 나도고사리삼.

줄구슬뿔꽃(永, 1996) (양귀비과) 염주괴불주머니의 북한 방언. → 염주괴불주머니.

줄기말(愚, 1996) (나자스말과) 톱니나자스말의 중국 옌볜 방언. → 톱니나자스말.

줄기잎나물(愚, 1996) (매자나무과) 꿩의다리아재비의 북한 방언. → 꿩의다리아재비.

줄꽃주머니(鄭, 1949) (양귀비과 *Adlumia asiatica*) 〔이명〕 덩굴며느리주머니, 양꽃주머니. 〔유래〕 미상.

줄넉줄고사리(넉줄고사리과 *Nephrolepis cordifolia*) 〔이명〕 줄고사리. 〔유래〕 줄고사리라는 이름이 중복되므로 넉줄고사리과에 속하는 줄고사리라는 뜻으로 변경.

줄댕가리(鄭, 1949) (마타리과) 쥐오줌풀의 이명. → 쥐오줌풀.

줄댕강나무(鄭, 1937) (인동과 *Abelia tyaihyoni*) 〔유래〕 댕강나무에 비해 줄기에 6줄의 홈이 있다.

줄들장미(安, 1982) (장미과) 용가시나무의 이명. 〔유래〕 줄(넌출) 들장미라는 뜻의 일명. → 용가시나무.

줄딸기(鄭, 1942) (장미과) 덩굴딸기의 이명. 〔유래〕 덩굴딸기의 강원 방언. → 덩굴딸기.

줄말(鄭, 1949) (가래과 *Ruppia maritima*) 〔이명〕 바다말, 나도바다말, 바다줄말. 〔유래〕 줄기가 실(줄) 모양인 말.

줄맨드라미(鄭, 1949) (비름과 *Amaranthus caudatus*) 〔이명〕 실맨드램이, 줄맨드래미, 줄비름, 푸른비름. 〔유래〕 줄(끈) 맨드라미라는 뜻의 일명.

줄맨드래미(永, 1996) (비름과) 줄맨드라미의 북한 방언. → 줄맨드라미.

줄모초(愚, 1996) (백합과) 접란의 북한 방언. → 접란.

줄민둥뫼제비꽃(永, 1996) (제비꽃과 *Viola tokubuchiana* v. *takedana* f. *variegata*) 〔유래〕 잎에 흰 줄무늬가 있는 민둥뫼제비꽃이라는 뜻의 학명.

줄바꽃(鄭, 1965) (미나리아재비과 *Aconitum albo-violaceum* f. *purpurascens*) 흰줄바꽃의 이명(1949)으로도 사용. 〔이명〕 연한줄바꽃. 〔유래〕 미상. → 흰줄바꽃.

줄바늘꽃(李, 1976) (바늘꽃과 *Epilobium glandulosum* v. *asiaticum*) 〔이명〕 몽울바늘꽃, 멍울바늘꽃. 〔유래〕 미상.

줄뱀양지꽃(愚, 1996) (장미과) 덩굴뱀딸기의 북한 방언. → 덩굴뱀딸기.

줄비늘석송(鄭, 1949) (석송과 *Lycopodium sieboldii*) 〔이명〕 줄석송. 〔유래〕 잎이

비늘조각 모양으로 줄기에 납작하게 붙어 줄기가 끈 모양으로 드리운다.

줄비름(愚, 1996) (비름과) 줄맨드라미의 북한 방언. → 줄맨드라미.

줄사철(李, 1966) (노박덩굴과) 줄사철나무의 이명. 〔유래〕 줄사철나무의 축소형. → 줄사철나무.

줄사철나무(鄭, 1937) (노박덩굴과 *Euonymus fortunei*) 〔이명〕 덩굴사철나무, 덩굴들축, 줄사철. 〔유래〕 줄(넌출) 사철나무라는 뜻의 일명. 부방등(扶芳藤).

줄사철란(安, 1982) (난초과) 섬사철란의 이명. → 섬사철란.

줄사초(李, 1976) (사초과 *Carex lenta*) 〔이명〕 제주줄사초. 〔유래〕 미상.

줄석송(朴, 1949) (석송과) 줄비늘석송의 이명. → 줄비늘석송.

줄속속이풀(永, 1996) (십자화과) 개갓냉이의 북한 방언. → 개갓냉이.

줄여뀌(永, 1996) (여뀌과) 장대여뀌의 북한 방언. → 장대여뀌.

줄오독도기(鄭, 1949) (미나리아재비과) 진범의 이명. 〔유래〕 줄(넌출) 오독도기(진범)라는 뜻의 일명. → 진범.

줄작두콩(永, 1996) (콩과) 작두콩의 북한 방언. → 작두콩.

줄진범(朴, 1974) (미나리아재비과) 흰줄바꽃의 이명. → 흰줄바꽃.

ㅈ

줄털꽃며느리바풀(安, 1982) (현삼과) 털며느리밥풀의 이명. → 털며느리밥풀.

줄풀(鄭, 1949) (벼과) 줄의 이명. → 줄.

줄현호색(愚, 1996) (양귀비과 *Corydalis bungeana*) 〔유래〕 종자의 등 쪽에 불명확한 몇 개의 줄이 있다.

중개풀(鄭, 1957) (꿀풀과) 배초향의 이명. → 배초향.

중곰솔(李, 2003) (소나무과 *Pinus densi-thunbergii*) 〔유래〕 소나무와 곰솔(해송)의 잡종.

중국고광(李, 1980) (범의귀과 *Philadelphus incanus*) 〔이명〕 고광나무. 〔유래〕 중국 원산의 고광나무.

중국국수나무(李, 1966) (장미과) 중산국수나무의 이명. → 중산국수나무.

중국굴피나무(李, 1966) (가래나무과 *Pterocarya stenoptera*) 〔이명〕 지나굴피나무, 감보풍, 당굴피나무, 풍양나무. 〔유래〕 중국 원산의 굴피나무. 풍류피(楓柳皮).

중국금사매(永, 1996) (물레나물과 *Hypericum chinense*) 〔유래〕 중국 원산의 물레나물〔金絲桃〕이라는 뜻의 학명. 수술은 5뭉치이고 암술대는 끝이 5갈래로 갈라진다. 재앙화(栽秧花).

중국남천(李, 1976) (매자나무과 *Mahonia fortunei*) 〔이명〕 가는잎남천. 〔유래〕 중국 원산의 남천.

중국단풍(李, 1966) (단풍나무과 *Acer buergerianum*) 〔이명〕 당단풍나무, 세뿔단풍, 세갈래단풍나무, 메시닥나무. 〔유래〕 중국 원산의 단풍나무. 계조축(鷄爪槭).

중국매듭풀(愚, 1996) (여뀌과 *Polygonum liaotungense*) 〔유래〕 중국 요동 지방에

서 들어온 매듭풀.

중국방풍(안덕균, 1998) (산형과) 방풍의 이명. 〔유래〕 중국 원산의 방풍. → 방풍.

중국붓꽃(永, 1996) (붓꽃과) 연미붓꽃의 이명. → 연미붓꽃.

중국패모(李, 1976) (백합과 *Fritillaria thunbergii*) 〔이명〕 절패모, 점패모. 〔유래〕 중국 원산의 패모. 패모(貝母).

중국할미꽃(永, 2002) (미나리아재비과 *Pulsatilla chinensis*) 〔이명〕 넓은잎할미꽃, 세잎할미꽃. 〔유래〕 중국에 나는 할미꽃이라는 뜻의 학명.

중국황철(李, 1947) (버드나무과 *Populus cathayana*) 〔이명〕 중국황철나무, 좁은사시나무. 〔유래〕 중국 원산의 황철나무.

중국황철나무(李, 1966) (버드나무과) 중국황철의 이명. → 중국황철.

중나리(鄭, 1937) (백합과 *Lilium leichtlinii* v. *maximowiczii*) 〔이명〕 단나리. 〔유래〕 미상. 동북백합(東北百合).

중느릅나무(김 · 이, 1989) (느릅나무과 *Ulnus* x *mesocarpa*) 〔유래〕 느릅나무와 왕느릅나무의 잡종으로 한국 중부에 분포한다. 왕느릅나무에 비해 눈과 화피 가장자리에 갈색 털이 있다.

중대가리나무(鄭, 1942) (꼭두선이과 *Adina rubella*) 〔이명〕 푸른중대가리나무, 청중대가리나무, 구슬꽃나무, 머리꽃나무. 〔유래〕 제주 방언. 승두목(僧頭木), 사금자(沙金子).

중대가리풀(鄭, 1949) (국화과 *Centipeda minima*) 〔이명〕 땅과리, 토방풀. 〔유래〕 미상.

중도국화(壽, 1995) (국화과) 미국쑥부쟁이의 이명. 〔유래〕 강원도 춘천 중도에서 최초로 귀화식물로 보고. → 미국쑥부쟁이.

중무릇(朴, 1949) (백합과) 중의무릇의 이명. → 중의무릇.

중방동사니(永, 1996) (사초과) 밤송이방동사니의 이명. → 밤송이방동사니.

중산국수나무(李, 1969) (장미과 *Physocarpus intermedius*) 〔이명〕 중국국수나무. 〔유래〕 중국 중산에 나는 국수나무.

중삿갓사초(鄭, 1949) (사초과 *Carex tuminensis*) 〔이명〕 독바늘사초. 〔유래〕 미상.

중애기나리(朴, 1949) (백합과) 큰애기나리의 이명. → 큰애기나리.

중의무릇(鄭, 1937) (백합과 *Gagea lutea*) 〔이명〕 중무릇, 조선중무릇, 참중의무릇, 반도중무릇, 애기물구지. 〔유래〕 미상. 정빙화(頂氷花).

중정억새(永, 1966) (벼과 *Miscanthus sinensis* v. *nakaianus*) 〔유래〕 나카이(中井)의 억새라는 뜻의 학명.

중현호색(朴, 1949) (양귀비과) 애기현호색의 이명. → 애기현호색.

중화밤(李, 1966) (참나무과 *Castanea bungeana* f. *dulcissima*) 〔유래〕 중화율(中和栗).

쥐깨(鄭, 1937) (꿀풀과 *Mosla dianthera*) 〔이명〕 좀산들깨, 쥐깨풀, 참산들깨. 〔유래〕 미상.

쥐깨풀(朴, 1949) (꿀풀과) 간장풀과 쥐깨(李, 1969)의 이명. → 간장풀, 쥐깨.

쥐꼬리뚝새풀(壽, 1994) (벼과 *Alopecurus myosuroides*) 〔유래〕 화서의 모양이 쥐꼬리와 유사한 뚝새풀. 2개의 포영이 기부로부터 중간까지 융합되어 있고 포영의 용골부에 날개와 짧은 털이 있는 것이 특색이다.

쥐꼬리망초(鄭, 1937) (쥐꼬리망초과 *Justicia procumbens*) 〔이명〕 무릎꼬리풀, 쥐꼬리망풀. 〔유래〕 미상. 작상(爵床).

쥐꼬리망풀(愚, 1996) (쥐꼬리망초과) 쥐꼬리망초의 중국 옌볜 방언. → 쥐꼬리망초.

쥐꼬리새(鄭, 1949) (벼과 *Muhlenbergia japonica*) 쥐꼬리새풀의 이명(安, 1982)으로도 사용. 〔이명〕 쥐꼬리풀, 초리새. 〔유래〕 쥐꼬리 새라는 뜻의 일명. → 쥐꼬리새풀.

쥐꼬리새풀(鄭, 1949) (벼과 *Sporobolus elongatus*) 〔이명〕 꼬리새, 쥐꼬리새, 회초리풀, 쥐꼬리풀. 〔유래〕 쥐의 꼬리라는 뜻의 일명.

쥐꼬리풀(鄭, 1949) (백합과 *Aletris spicata*) 쥐꼬리새(벼과, 1949)와 쥐꼬리새풀(벼과, 愚, 1996, 중국 옌볜 방언)의 이명으로도 사용. 〔이명〕 분좌난, 속심풀. 〔유래〕 가는 화서를 쥐꼬리에 비유. → 쥐꼬리새, 쥐꼬리새풀.

쥐능쟁이(愚, 1996) (명아주과) 쥐명아주의 북한 방언. → 쥐명아주.

쥐다래(李, 1966) (다래나무과) 쥐다래나무의 이명. 〔유래〕 쥐다래나무의 축소형. → 쥐다래나무.

쥐다래나무(鄭, 1937) (다래나무과 *Actinidia kolomikta*) 개다래나무의 이명(1942, 평북 방언)으로도 사용. 〔이명〕 쇠젓다래, 쥐다래, 넓은잎다래나무. 〔유래〕 강원 방언. 구조미후도(狗棗獼猴桃). → 개다래나무.

쥐달래(朴, 1949) (백합과) 실부추의 이명. → 실부추.

쥐똥나무(鄭, 1937) (물푸레나무과 *Ligustrum obtusifolium*) 〔이명〕 백당나무, 싸리버들, 개쥐똥나무, 남정실, 검정알나무, 귀똥나무. 〔유래〕 경기 방언. 까만 작은 과실을 쥐똥에 비유. 수랍수(水蠟樹), 수랍목(水蠟木), 수랍과(水蠟果), 백랍목(白蠟木), 유목(楰木). 〔어원〕 쥐〔鼠〕+쫑〔糞〕+나모〔木〕. 쥐쫑나모→쥐쫑남우→쥐똥나무로 변화(어원사전).

쥐명아주(鄭, 1937) (명아주과 *Chenopodium glaucum*) 〔이명〕 취명아주, 분명아주, 잔능쟁이, 쥐능쟁이. 〔유래〕 미상.

쥐방울(鄭, 1937) (쥐방울과 *Aristolochia contorta*) 〔이명〕 마도령, 쥐방울덩굴, 까치오줌요강, 방울풀. 〔유래〕 마두령(馬兜鈴).

쥐방울꽃(朴, 1949) (꼭두선이과) 개꼭두선이의 이명. → 개꼭두선이.

쥐방울나무(朴, 1949) (버즘나무과) 양버즘나무의 이명. 〔유래〕 구형의 과실을 쥐방울에 비유. → 양버즘나무.

쥐방울덩굴(李, 1969) (쥐방울과) 쥐방울의 이명. → 쥐방울.

쥐방울사초(朴, 1949) (사초과) 비늘사초의 이명. → 비늘사초.

쥐방울풀(朴, 1974) (꼭두선이과) 개꼭두선이의 이명. → 개꼭두선이.

쥐보리(鄭, 1970) (벼과 *Lolium multiflorum*) 〔이명〕 이딸리아호밀. 〔유래〕 쥐 보리라는 뜻의 일명.

쥐손이아재비(朴, 1949) (쥐손이풀과) 국화쥐손이의 이명. → 국화쥐손이.

쥐손이풀(鄭, 1937) (쥐손이풀과 *Geranium sibiricum*) 이질풀(1937)과 흰이질풀(朴, 1949)의 이명으로도 사용. 〔이명〕 손잎풀. 〔유래〕 미상. 노관초(老鸛草). → 이질풀, 흰이질풀.

쥐오줌풀(鄭, 1937) (마타리과 *Valeriana fauriei*) 〔이명〕 길초, 긴잎쥐오줌, 줄댕가리, 은댕가리, 바구니나물. 〔유래〕 뿌리에서 나는 악취가 쥐오줌 냄새와 유사. 길초(吉草), 힐초(纈草).

쥐참외(鄭, 1937) (박과) 하늘타리와 노랑하늘타리(1949), 왕과(안덕균, 1998)의 이명. → 하늘타리, 노랑하늘타리, 왕과.

쥐털이슬(鄭, 1937) (바늘꽃과 *Circaea alpina*) 〔이명〕 큰쥐털이슬, 두메털이슬. 〔유래〕 미상.

쥐털쥐손이(愚, 1996) (쥐손이풀과) 우단쥐손이의 중국 옌볜 방언. → 우단쥐손이.

존솔(Mori, 1922) (속새과) 쇠뜨기의 방언. → 쇠뜨기.

즙채(愚, 1996) (삼백초과) 약모밀의 북한 방언. → 약모밀.

증산쑥(朴, 1949) (국화과 *Artemisia borealis* v. *ledebouri*) 〔이명〕 아라이도쑥, 비단쑥. 〔유래〕 함북 증산에 나는 쑥.

지금(朴, 1974) (현삼과) 개불알풀의 이명. → 개불알풀.

지금아재비(安, 1982) (현삼과) 개투구꽃의 이명. → 개투구꽃.

지나굴피나무(朴, 1949) (가래나무과) 중국굴피나무의 이명. 〔유래〕 지나(중국) 굴피나무라는 뜻의 일명. → 중국굴피나무.

지나기름오동(朴, 1949) (대극과) 유동의 이명. 〔유래〕 지나(중국) 원산의 기름오동(유동)이라는 뜻의 일명. → 유동.

지네고사리(鄭, 1937) (면마과 *Thelypteris japonica*) 〔유래〕 미상.

지네난초(朴, 1949) (난초과) 지네발란의 이명. → 지네발란.

지네발란(鄭, 1949) (난초과 *Sarcanthus scolopendrifolius*) 〔이명〕 지네난초. 〔유래〕 지네 난초라는 뜻의 일명.

지네발새(壽, 2003) (벼과 *Dactyloctenium aegyptium*) 〔유래〕 수상화서의 소수(小穗)의 배열이 마치 지네발처럼 보이기 때문이다. 왕바랭이속에 비해 제2포영 중앙맥이 신장하여 까락이 된다.

지느러미고사리(鄭, 1937) (꼬리고사리과 *Asplenium unilaterale*) 〔이명〕 바디고사리, 각시공작고사리. 〔유래〕 잎의 우편(羽片)이 물고기의 지느러미와 유사.

지느러미박쥐나물(安, 1982) (국화과) 귀박쥐나물의 이명. 〔유래〕 지느러미 박쥐나물이라는 뜻의 일명. → 귀박쥐나물.

지느러미엉겅퀴(鄭, 1949) (국화과 *Carduus crispus*) 〔이명〕 지느레미엉겅퀴, 엉거시. 〔유래〕 지느러미 엉겅퀴라는 뜻의 일명. 줄기에 지느러미 같은 날개가 있는 데서 연유. 비렴(飛廉).

지느러미진교(愚, 1996) (미나리아재비과) 날개진범의 중국 옌볜 방언. → 날개진범.

지느레미엉겅퀴(鄭, 1937) (국화과) 지느러미엉겅퀴의 이명. → 지느러미엉겅퀴.

지렁쿠나무(鄭, 1937) (인동과) 딱총나무의 이명. 〔유래〕 딱총나무의 평북 방언. → 딱총나무.

지리강활(鄭, 1956) (산형과 *Angelica purpuraefolia*) 〔유래〕 경남 지리산에서 발견된 강활.

지리개관중(朴, 1961) (면마과) 퍼진고사리의 이명. → 퍼진고사리.

지리개별꽃(永, 1996) (석죽과) 지리산개별꽃의 이명. → 지리산개별꽃.

지리고들빼기(李, 1969) (국화과 *Youngia koidzumiana*) 〔이명〕 지이산꼬들빽이. 〔유래〕 경남 지리산에 나는 고들빼기라는 뜻의 일명.

지리괴불나무(鄭, 1965) (인동과) 왕괴불나무의 이명. 〔유래〕 경남 지리산에 나는 괴불나무. → 왕괴불나무.

지리대극(永, 2002) (대극과 *Euphorbia togakusensis*) 〔유래〕 지리산에서 채집되어 미기록으로 추가된 대극.

지리대사초(李, 1980) (사초과 *Carex okamotoi*) 〔이명〕 지이대사초. 〔유래〕 경남 지리산에 나는 대사초라는 뜻의 일명.

지리말발도리(李, 1980) (범의귀과) 매화말발도리의 이명. → 매화말발도리.

지리모시나물(朴, 1949) (초롱꽃과) 관악잔대의 이명. → 관악잔대.

지리바꽃(李, 1969) (미나리아재비과) 투구꽃의 이명. → 투구꽃.

지리사초(李, 1969) (사초과 *Carex augustinowiczii*) 애기흰사초의 이명(朴, 1949)으로도 사용. 〔이명〕 북사초, 북바위사초. 〔유래〕 미상. → 애기흰사초.

지리산개고사리(朴, 1949) (면마과) 퍼진고사리의 이명. → 퍼진고사리.

지리산개별꽃(李, 1969) (석죽과 *Pseudostellaria okamotoi*) 〔이명〕 지이미치광이풀, 지리개별꽃, 지리산들별꽃. 〔유래〕 경남 지리산에 나는 개별꽃.

지리산고사리(朴, 1961) (면마과 *Athyrium excelsius*) 〔유래〕 경남 지리산에서 최초로 발견된 고사리.

지리산김의털(李, 1980) (벼과) 지이산김의털의 이명. → 지이산김의털.

지리산꼬리풀(李, 1969) (현삼과 *Veronica rotunda* v. *coreana*) 〔이명〕 뫼꼬리풀, 지

이꼬리풀, 넓은잎꼬리풀. 〔유래〕 경남 지리산에서 최초로 기록된 꼬리풀.

지리산들별꽃(愚, 1996) (석죽과) 지리산개별꽃의 중국 옌볜 방언. → 지리산개별꽃.

지리산물푸레나무(安, 1982) (물푸레나무과) 물푸레들메나무의 이명. 〔유래〕 경남 지리산에 나는 물푸레나무. → 물푸레들메나무.

지리산바위떡풀(李, 1969) (범의귀과) 바위떡풀의 이명. 〔유래〕 경남 지리산에 나는 바위떡풀. → 바위떡풀.

지리산숲고사리(朴, 1961) (면마과 *Comopteris christenseniana*) 〔유래〕 미상.

지리산싸리(李, 1966) (콩과 *Lespedeza* x *chiisanensis*) 〔유래〕 경남 지리산에 나는 싸리라는 뜻의 학명. 싸리와 조록싸리의 잡종.

지리산오갈피(鄭, 1942) (두릅나무과) 지리산오갈피나무의 이명. → 지리산오갈피나무.

지리산오갈피나무(愚, 1996) (두릅나무과 *Acanthopanax chiisanense*) 〔이명〕 지리오갈피, 지리산오갈피, 지이산오갈피나무, 지리오갈피나무, 지이오갈피. 〔유래〕 경남 지리산에 나는 오갈피나무라는 뜻의 학명 및 일명. 오가피(五加皮).

지리산잔대(愚, 1996) (초롱꽃과) 관악잔대의 중국 옌볜 방언. → 관악잔대.

지리산터리풀(愚, 1996) (장미과) 지리터리풀의 중국 옌볜 방언. → 지리터리풀.

지리산하늘말나리(李, 1980) (백합과 *Lilium tsingtauense* f. *carneum*) 〔이명〕 지이산하늘말나리, 지리하늘말나리. 〔유래〕 지리산에 나는 하늘말나리. 화피에 자주색 반점이 없다.

지리실청사초(李, 1969) (사초과 *Carex sabynensis* v. *leiosperma*) 〔이명〕 민부리사초. 〔유래〕 지리산에 나는 실청사초.

지리오갈피(鄭, 1949) (두릅나무과) 지리산오갈피나무의 이명. → 지리산오갈피나무.

지리오갈피나무(鄭, 1965) (두릅나무과) 지리산오갈피나무의 이명. → 지리산오갈피나무.

지리터리풀(李, 1969) (장미과 *Filipendula formosa*) 〔이명〕 지이터리풀, 지리산터리풀. 〔유래〕 경남 지리산에 나는 터리풀이라는 뜻의 일명.

지리하늘말나리(永, 1996) (백합과) 지리산하늘말나리의 이명. → 지리산하늘말나리.

지면패랭이꽃(李, 1967) (꽃고비과 *Phlox subulata*) 〔이명〕 땅패랭이꽃, 꽃잔디, 총생종호록. 〔유래〕 꽃이 패랭이꽃과 유사하고 지면으로 퍼진다.

지모(鄭, 1937) (백합과 *Anemarrhena asphodeloides*) 〔이명〕 평양지모. 〔유래〕 지모(知母).

지모시(朴, 1949) (벼과) 큰조아재비의 이명. 〔유래〕 지모시 그래스라는 뜻의 일명. → 큰조아재비.

지붕지기(鄭, 1937) (돌나물과) 바위솔의 이명. 〔유래〕 오래된 집 위에 많이 나므로 얻은 이름. → 바위솔.

ㅈ

지붕초(安, 1982) (국화과) 망초의 이명. → 망초.

지우초(朴, 1949) (장미과) 오이풀의 이명. → 오이풀.

지유(鄭, 1949) (장미과) 오이풀의 이명. 〔유래〕 지유(地楡). → 오이풀.

지이고추나물(朴, 1949) (물레나물과) 다북고추나물의 이명. → 다북고추나물.

지이꼬리풀(朴, 1974) (현삼과) 지리산꼬리풀의 이명. → 지리산꼬리풀.

지이대사초(朴, 1949) (사초과) 지리대사초의 이명. → 지리대사초.

지이말발도리(李, 1966) (범의귀과) 매화말발도리의 이명. 〔유래〕 경남 지리산에 나는 말발도리. → 매화말발도리.

지이미치광이풀(朴, 1949) (석죽과) 지리산개별꽃의 이명. → 지리산개별꽃.

지이바꽃(鄭, 1949) (미나리아재비과) 투구꽃의 이명. 〔유래〕 경남 지리산에 나는 투구꽃이라는 뜻의 학명 및 일명. → 투구꽃.

지이산괴불나무(鄭, 1937) (인동과) 왕괴불나무의 이명. 〔유래〕 경남 지리산에 나는 괴불나무라는 뜻의 일명. → 왕괴불나무.

지이산김의털(朴, 1949) (벼과 *Festuca ovina* v. *chiisanensis*) 〔이명〕 지리산김의털. 〔유래〕 경남 지리산에 나는 김의털이라는 뜻의 학명 및 일명.

지이산꼬들빽이(朴, 1949) (국화과) 지리고들빼기의 이명. → 지리고들빼기.

지이산떡풀(朴, 1949) (범의귀과) 바위떡풀의 이명. 〔유래〕 경남 지리산 바위떡풀이라는 뜻의 일명. → 바위떡풀.

지이산물푸레(朴, 1949) (물푸레나무과) 물푸레들메나무의 이명. → 물푸레들메나무, 지리산물푸레나무.

지이산바위떡풀(鄭, 1949) (범의귀과) 바위떡풀의 이명. → 바위떡풀, 지이산떡풀.

지이산오갈피나무(鄭, 1956) (두릅나무과) 지리산오갈피나무의 이명. → 지리산오갈피나무.

지이산점나도나물(朴, 1949) (석죽과) 북선점나도나물의 이명. 〔유래〕 경남 지리산에 나는 점나도나물이라는 뜻의 학명 및 일명. → 북선점나도나물.

지이산투구꽃(朴, 1949) (미나리아재비과) 투구꽃의 이명. 〔유래〕 경남 지리산에 나는 투구꽃이라는 뜻의 학명 및 일명. → 투구꽃.

지이산하늘말나리(李, 1976) (백합과) 지리산하늘말나리의 이명. → 지리산하늘말나리.

지이오갈피(愚, 1996) (두릅나무과) 지리산오갈피나무의 중국 옌볜 방언. → 지리산오갈피나무.

지이오리방풀(朴, 1949) (꿀풀과) 오리방풀의 이명. 〔유래〕 지리산에 나는 오리방풀이라는 뜻의 학명. → 오리방풀.

지이터리풀(朴, 1949) (장미과) 지리터리풀의 이명. → 지리터리풀.

지이회나무(朴, 1949) (노박덩굴과) 회나무의 이명. → 회나무.

지장보살(愚, 1996) (백합과) 솜때의 이명. 〔유래〕 경남 지리산 지역 방언. → 솜때.

지채(鄭, 1949) (지채과 *Triglochin maritimum*) 〔이명〕 갯장포. 〔유래〕 지채(芝菜).

지초(李, 1980) (지치과) 지치의 이명. → 지치

지촌인삼(鄭, 1970) (산형과) 서울개발나물의 이명. 〔유래〕 시무라(志村, 도쿄 부근)의 인삼이라는 뜻의 일명. → 서울개발나물.

지추(朴, 1949) (지치과) 지치의 이명. 〔유래〕 지치의 방언. → 지치.

지치(鄭, 1937) (지치과 *Lithospermum erythrorhizon*) 〔이명〕 자초, 지추, 지초. 〔유래〕 자초(紫草), 자지(紫芝).

지칭개(鄭, 1937) (국화과 *Hemistepta lyrata*) 조뱅이의 이명(朴, 1949)으로도 사용. 〔이명〕 지칭개나물. 〔유래〕 이호채(泥胡菜). 〔어원〕 즈츰개→지칭개로 변화(어원사전). → 조뱅이.

지칭개나물(安, 1982) (국화과) 지칭개의 이명. → 지칭개.

지포나무(鄭, 1937) (철쭉과 *Vaccinium oldhamii* f. *glaucinum*) 정금나무의 이명(1942, 충남 방언)으로도 사용. 〔유래〕 충남 방언. → 정금나무.

지황(鄭, 1937) (현삼과 *Rehmannia glutinosa*) 〔유래〕 지황(地黃), 숙지황(熟地黃).

진고사리(鄭, 1937) (면마과 *Athyrium japonicum*) 〔이명〕 참진고사리. 〔유래〕 미상.

진교(永, 1996) (미나리아재비과 *Aconitum loczyanum*) 〔유래〕 미상. 한진교(韓秦艽).

진남취(鄭, 1949) (국화과) 남포분취의 이명. → 남포분취, 진남포분취.

진남포꾸렘이풀(朴, 1949) (벼과) 각씨미꾸리꽝이의 이명. → 각씨미꾸리꽝이.

진남포분취(朴, 1949) (국화과) 남포분취의 이명. 〔유래〕 평남 진남포에 나는 분취라는 뜻의 학명. → 남포분취.

진남포사초(愚, 1996) (사초과 *Carex rigescens*) 〔이명〕 들사초. 〔유래〕 평남 진남포에 나는 사초.

진노랑상사화(김 · 이, 1991) (수선화과 *Lycoris chinensis* v. *sinuolata*) 〔유래〕 꽃이 밝은 황색이다.

진달내(鄭, 1937) (철쭉과) 진달래나무의 이명. → 진달래나무.

진달래(鄭, 1942) (철쭉과) 반들진달래나무와 진달래나무(李, 1966)의 이명. → 반들진달래나무, 진달래나무.

진달래나무(鄭, 1942) (철쭉과 *Rhododendron mucronulatum*) 털진달래나무의 이명(1942)으로도 사용. 〔이명〕 진달내, 참꽃나무, 타퀘진달네, 한라산진달래, 진달래. 〔유래〕 두견(杜鵑), 두견화(杜鵑花), 영산홍(迎山紅). 〔어원〕 진(眞)+돌위(달래). 진월배(盡月背)〔羊躑躅〕→진돌위→진돌릐→진달래로 변화(어원사전). → 털진달래나무.

진도딸기(愚, 1996) (장미과) 진들딸기의 중국 옌볜 방언. → 진들딸기.

ㅈ

진도싸리(李, 1966) (콩과 *Lespedeza patentibicolor*) 〔유래〕 진도의 해안에서 최초로 발견. 싸리와 조록싸리의 중간형.

진돌쩌귀(李, 1980) (미나리아재비과) 투구꽃의 이명. → 투구꽃.

진돌쩌기(李, 1969) (미나리아재비과) 투구꽃의 이명. → 투구꽃.

진돌쩌기풀(鄭, 1949) (미나리아재비과) 투구꽃의 이명. → 투구꽃.

진동족도리풀(永, 1996) (쥐방울과) 무늬족도리풀의 이명. → 무늬족도리풀.

진둥찰(鄭, 1956) (국화과) 진득찰의 이명. → 진득찰.

진득미나리(安, 1982) (산형과) 긴사상자의 이명. → 긴사상자.

진득찰(鄭, 1949) (국화과 *Siegesbeckia glabrescens*) 제주진득찰의 이명(1937)으로도 사용. 〔이명〕 진둥찰, 희첨, 찐득찰, 민진득찰. 〔유래〕 미상. 희첨(豨薟). → 제주진득찰.

진득찰아재비(朴, 1974) (국화과 *Adenostemma lavenia*) 〔이명〕 물머위. 〔유래〕 진득찰과 유사.

진들개미나리(安, 1982) (산형과) 사상자의 이명. → 사상자.

진들검정사초(永, 1996) (사초과) 큰검정사초의 이명. → 큰검정사초.

ㅈ

진들껌정사초(朴, 1949) (사초과) 큰검정사초의 이명. → 큰검정사초.

진들난초(朴, 1949) (난초과) 나도씨눈란의 이명. → 나도씨눈란.

진들대황(朴, 1949) (여뀌과) 호대황의 이명. → 호대황.

진들도라지(朴, 1949) (초롱꽃과) 숫잔대의 이명. → 숫잔대.

진들들쭉나무(朴, 1949) (철쭉과) 긴들쭉나무의 이명. → 긴들쭉나무.

진들딸기(朴, 1949) (장미과 *Rubus chamaemorus*) 〔이명〕 장지딸기, 진도딸기. 〔유래〕 미상.

진들방동산이(朴, 1949) (사초과) 물방동사니의 이명. → 물방동사니.

진들버들(安, 1982) (버드나무과) 진퍼리버들의 이명. → 진퍼리버들.

진들사초(朴, 1949) (사초과 *Carex globularis*) 〔이명〕 북녘사초, 방울사초. 〔유래〕 미상.

진들장포(朴, 1949) (지채과) 장지채의 이명. → 장지채.

진들피(朴, 1949) (벼과 *Glyceria ischyroneura*) 〔이명〕 미꾸리꿰미, 미꾸리꽝이. 〔유래〕 진들(시냇가 습지)에 나는 피라는 뜻이나 피와는 전혀 다른 식물.

진땅고추풀(鄭, 1949) (현삼과 *Deinostema violacea*) 〔이명〕 긴잎고추풀, 자주등에풀, 물벼룩알. 〔유래〕 진 땅(저습지) 고추라는 뜻의 일명.

진범(鄭, 1937) (미나리아재비과 *Aconitum pseudo-laeve*) 〔이명〕 오독도기, 덩굴오독도기, 줄오독도기, 덩굴진범, 가지진범. 〔유래〕 진범(秦艽).

진보라붓꽃(심정기, 1988) (붓꽃과 *Iris sanguinea* v. *violacea*) 〔이명〕 부산창포. 〔유래〕 꽃이 보라색(짙은 자색)이라는 뜻의 학명.

진부애기나리(李, 1980) (백합과) 금강애기나리의 이명. → 금강애기나리.

진저리고사리(朴, 1949) (면마과) 한라고사리의 이명. → 한라고사리.

진주고추나물(李, 1969) (물레나물과 *Hypericum oliganthum*) 〔이명〕 조선물네나물, 들고추나물. 〔유래〕 미상.

진주름풀(朴, 1949) (벼과) 참주름조개풀의 이명. → 참주름조개풀.

진주바위솔(永, 2003) (돌나물과 *Orostachys margaritifolius*) 〔유래〕 경남 진주 지리산에 나는 바위솔.

진주화(愚, 1996) (수선화과) 아마릴리스의 북한 방언. → 아마릴리스.

진퍼리고사리(鄭, 1949) (면마과 *Leptogramma mollissima*) 〔이명〕 털개고사리. 〔유래〕 진퍼리(개천가)에 나는 고사리라는 뜻의 일명.

진퍼리까치수염(鄭, 1949) (앵초과 *Lysimachia fortunei*) 〔이명〕 진퍼리까치수영. 〔유래〕 진퍼리(늪)에 나는 까치수염이라는 뜻의 일명.

진퍼리까치수영(李, 1980) (앵초과) 진퍼리까치수염의 이명. → 진퍼리까치수염.

진퍼리꽃나무(鄭, 1942) (철쭉과 *Chamaedaphne calyculata*) 〔이명〕 진퍼리진달래. 〔유래〕 진퍼리(늪의 습지)에 나는 꽃나무라는 뜻의 일명.

진퍼리꿰미풀(愚, 1996) (벼과) 눈포아풀의 중국 옌볜 방언. → 눈포아풀.

진퍼리노루오줌(鄭, 1949) (범의귀과 *Astilbe rubra* v. *divaricata*) 〔이명〕 진퍼리노루풀. 〔유래〕 진퍼리(늪의 습지)에 나는 노루오줌이라는 뜻의 일명.

진퍼리노루풀(愚, 1996) (범의귀과) 진퍼리노루오줌의 북한 방언. → 진퍼리노루오줌.

진퍼리버들(鄭, 1937) (버드나무과 *Salix myrtilloides*) 〔이명〕 진들버들. 〔유래〕 진퍼리(늪)에 나는 버드나무라는 뜻의 일명.

진퍼리사초(鄭, 1949) (사초과 *Carex arenicola*) 〔이명〕 개구리사초. 〔유래〕 미상.

진퍼리새(鄭, 1949) (벼과 *Molinia japonica*) 〔이명〕 물이삭새. 〔유래〕 진퍼리(늪)에 나는 새라는 뜻의 일명.

진퍼리용담(李, 1969) (용담과 *Gentiana scabra* f. *stenophylla*) 〔유래〕 진퍼리(습지)에 나는 용담.

진퍼리잔대(鄭, 1949) (초롱꽃과 *Adenophora palustris*) 〔이명〕 선모시나물. 〔유래〕 진퍼리(늪)에 나는 잔대라는 뜻의 일명.

진퍼리진달래(朴, 1949) (철쭉과) 진퍼리꽃나무의 이명. → 진퍼리꽃나무.

진펄앉은부채(愚, 1996) (천남성과) 산부채의 북한 방언. → 산부채.

진펄이사초(朴, 1949) (사초과) 대택사초의 이명. → 대택사초.

진펄현호색(愚, 1996) (양귀비과 *Corydalis buschii*) 〔유래〕 북한 방언.

진황정(鄭, 1949) (백합과 *Polygonatum falcatum*) 〔이명〕 댓잎둥굴레, 대잎둥굴레. 〔유래〕 황정(黃精).

진흙풀(李, 1969) (현삼과 *Microcarpaea minima*) 〔이명〕 새고추. 〔유래〕 흙탕에서

자라는 풀.

질경이(鄭, 1937) (질경이과 *Plantago asiatica*) 〔이명〕 길장구, 빼부장, 배합조개, 빼부쟁이, 배부장이, 빠뿌쟁이, 톱니질경이. 〔유래〕 차전(車前), 차전초(車前草), 차과로초(車過路草).

질경이택사(鄭, 1949) (택사과 *Alisma plantago-aquatica* v. *orientale*) 〔유래〕 잎이 질경이와 유사한 택사. 택사(澤瀉).

질긴포아풀(安, 1982) (벼과) 큰꾸러미풀의 이명. → 큰꾸러미풀.

질꾸나무(鄭, 1942) (장미과) 찔레나무의 이명. 〔유래〕 찔레나무의 경남 방언. → 찔레나무.

질누나무(鄭, 1942) (장미과) 찔레나무의 이명. 〔유래〕 찔레나무의 강원 방언. → 찔레나무.

질배나무(鄭, 1942) (장미과) 산사나무의 이명. 〔유래〕 산사나무의 강원 방언. → 산사나무.

질빵풀(愚, 1996) (미나리아재비과) 사위질빵의 북한 방언. → 사위질빵.

집께고로쇠(李, 1980) (단풍나무과 *Acer mono* v. *horizontale* f. *connivens*) 〔유래〕 열매가 예각으로 벌어져 집게와 같다.

ㅈ

집사초(朴, 1949) (사초과 *Carex vaginata*) 〔유래〕 긴 엽초(葉鞘)를 화살에 비유한 일명.

집신나물(朴, 1949) (장미과) 짚신나물의 이명. → 짚신나물.

집약초(鄭, 1965) (삼백초과) 약모밀의 이명. → 약모밀.

집웅지기(鄭, 1937) (돌나물과) 바위솔의 이명. → 바위솔, 지붕지기.

집함박꽃(愚, 1996) (작약과) 참작약의 중국 옌볜 방언. → 참작약.

짚신나물(鄭, 1937) (장미과 *Agrimonia pilosa*) 〔이명〕 등골짚신나물, 큰골짚신나물, 집신나물, 산집신나물, 북짚신나물. 〔유래〕 잎의 모양이 짚신과 유사. 낭아(狼牙), 낭아채(狼牙菜), 낭아초(狼牙草), 용아초(龍牙草).

짜른양지꽃(鄭, 1937) (장미과) 참양지꽃의 이명. 〔유래〕 수과(瘦果) 밑의 털이 수과보다 짧다는 뜻의 학명. → 참양지꽃.

짝자래(鄭, 1937) (물푸레나무과) 털꽃개회나무의 이명. → 털꽃개회나무.

짝자래갈매나무(愚, 1996) (갈매나무과) 짝자래나무의 북한 방언. → 짝자래나무.

짝자래나무(鄭, 1937) (갈매나무과 *Rhamnus yoshinoi*) 〔이명〕 자래나무, 갈매나무, 민연밥갈매, 만주갈매나무, 만주짝자래나무, 연밥갈매나무, 짝자래갈매나무. 〔유래〕 강원 방언.

짝작이(鄭, 1942) (자작나무과) 개박달나무의 이명. 〔유래〕 개박달나무의 함북 방언. → 개박달나무.

짝재래(鄭, 1956) (물푸레나무과) 털꽃개회나무의 이명. 〔유래〕 짝자래의 오기. → 털꽃개회나무.

짝짜래나무(愚, 1996) (물푸레나무과) 털꽃개회나무의 북한 방언. → 털꽃개회나무.

짝짝에나무(鄭, 1942) (물푸레나무과) 털꽃개회나무의 이명. 〔유래〕 털꽃개회나무의 함남 방언. → 털꽃개회나무.

짤룩대나물(愚, 1996) (석죽과) 가는다리장구채의 북한 방언. → 가는다리장구채.

짤룩장구채(朴, 1949) (석죽과) 가는다리장구채의 이명. → 가는다리장구채.

짧은개여뀌(李, 1969) (여뀌과 *Persicaria longiseta* f. *breviseta*) 〔유래〕 엽초(葉鞘)에 짧은 자모(刺毛)가 있는 개여뀌라는 뜻의 학명.

짧은사상자(李, 1969) (산형과 *Osmorhiza aristata* v. *montana*) 〔이명〕 긴개사상자. 〔유래〕 잎의 열편이 작다.

짧은산제비난(李, 1969) (난초과) 산제비란의 이명. 〔유래〕 꽃의 중앙 꽃받침조각이 짧은 산제비란이라는 뜻의 학명. → 산제비란.

짧은잎노가지나무(愚, 1996) (측백나무과) 서울노간주나무의 중국 옌볜 방언. → 서울노간주나무.

짧은잎룩지꽃버들(愚, 1996) (버드나무과) 좀꽃버들의 중국 옌볜 방언. → 좀꽃버들.

짧은잎소나무(愚, 1996) (소나무과) 방크스소나무의 북한 방언. 〔유래〕 잎이 짧은 소나무. → 방크스소나무.

ㅈ

짧은잔대(愚, 1996) (초롱꽃과) 왕잔대의 중국 옌볜 방언. → 왕잔대.

짧은털좁쌀풀(愚, 1996) (현삼과) 큰산좁쌀풀의 중국 옌볜 방언. → 큰산좁쌀풀.

째작나무(鄭, 1942) (자작나무과) 물박달나무의 이명. 〔유래〕 물박달나무의 중부 이북 방언. → 물박달나무.

쨍쨍버들(鄭, 1942) (버드나무과) 유가래나무의 이명. 〔유래〕 유가래나무의 함북 방언. → 유가래나무.

쩌른꿩다리(朴, 1949) (미나리아재비과) 참꿩의다리의 이명. 〔유래〕 암술대가 짧은 꿩의다리라는 뜻의 학명. → 참꿩의다리.

쪽(鄭, 1937) (여뀌과 *Persicaria tinctoria*) 〔유래〕 미상. 남(藍), 목람(木藍), 청대(青黛).

쪽나무(鄭, 1942) (장미과) 다정큼나무의 이명. 〔유래〕 다정큼나무의 전남 방언. → 다정큼나무.

쪽동백(鄭, 1937) (때죽나무과 *Styrax obassia*) 〔이명〕 정나무, 때쪽나무, 물박달, 산아즈까리나무, 개동백나무, 쪽동백나무, 왕때죽나무, 물박달나무, 산아주까리나무, 때죽나무. 〔유래〕 미상. 옥령화(玉鈴花).

쪽동백나무(朴, 1949) (때죽나무과) 쪽동백의 이명. → 쪽동백.

쪽마늘(永, 1996) (백합과) 마늘의 이명. → 마늘.

쪽버들(鄭, 1937) (버드나무과 *Salix maximowiczii*) 분버들(1942, 강원 방언)과 키버

들(1942, 강원 방언)의 이명으로도 사용. 〔유래〕 강원 방언. → 분버들, 키버들.

쪽잔고사리(鄭, 1937) (꼬리고사리과 *Asplenium ritoense*) 〔이명〕 잔고사리, 좀편백고사리. 〔유래〕 미상.

쪽제비고사리(鄭, 1949) (면마과) 족제비고사리의 이명. → 족제비고사리.

쭉나무(鄭, 1942) (멀구슬나무과) 참중나무의 이명. 〔유래〕 참중나무의 전남 방언. → 참중나무.

찐득찰(朴, 1949) (국화과) 제주진득찰과 진득찰(安, 1982)의 이명. → 제주진득찰, 진득찰.

찔광나무(愚, 1996) (장미과) 산사나무의 북한 방언. → 산사나무.

찔구배나무(鄭, 1942) (장미과) 산사나무의 이명. 〔유래〕 산사나무의 함남 방언. → 산사나무.

찔네나무(鄭, 1942) (장미과) 찔레나무의 이명. 〔유래〕 찔레나무의 경기 방언. → 찔레나무.

찔레(李, 2003) (장미과) 찔레나무의 이명. → 찔레나무.

찔레꽃(李, 1966) (장미과) 찔레나무의 이명. → 찔레나무.

찔레나무(鄭, 1937) (장미과 *Rosa multiflora*) 〔이명〕 가시나무, 설널네나무, 새비나무, 질누나무, 질꾸나무, 찔네나무, 찔레꽃, 찔레, 들장미. 〔유래〕 경기 방언. 야장미(野薔薇), 영실(營實).

찔이나무(鄭, 1942) (장미과) 용가시나무의 이명. 〔유래〕 용가시나무의 전북 어청도 방언. → 용가시나무.

찝빵나무(鄭, 1942) (측백나무과 *Thuja koraiensis*) 〔이명〕 누운측백, 눈측백, 누운측백나무. 〔유래〕 강원 방언. 줄기가 비스듬히 눕는 데서 기인. 천리송(千里松), 언측백(偃側柏).

차걸이난(李, 2003) (난초과) 나도제비난의 이명. → 나도제비난.

차걸이란(永, 1996) (난초과) 나도제비난의 이명. → 나도제비난.

차꼬리고사리(鄭, 1937) (꼬리고사리과 *Asplenium trichomanes*) 〔유래〕 미상.

차나락(朴, 1949) (벼과) 찰벼의 이명. 〔유래〕 찰벼의 경상, 전라 방언. → 찰벼.

차나무(鄭, 1937) (차나무과 *Thea sinensis*) 〔유래〕 전남 방언. 다(茶)라는 뜻의 일명. 다명(茶茗), 다엽(茶葉).

차맛자락풀(安, 1982) (백합과) 처녀치마의 이명. 〔유래〕 잎들이 사방으로 퍼진 모양을 치마의 자락에 비유. → 처녀치마.

차매(愚, 1996) (차나무과) 애기동백의 중국 옌볜 방언. → 애기동백.

차방동산이(朴, 1949) (사초과) 방동사니의 이명. 〔유래〕 차(茶) 방동산이(방동사니)라는 뜻의 일명. → 방동사니.

차빗당마가목(朴, 1949) (장미과) 차빛마가목의 이명. → 차빛마가목.

차빗마가목(鄭, 1937) (장미과) 차빛마가목의 이명. → 차빛마가목.

차빛귀룽(李, 1966) (장미과) 녹털귀룽나무의 이명. 〔유래〕 잎 뒤에 갈색 미모가 있다. → 녹털귀룽나무.

차빛당마가목(李, 1966) (장미과) 차빛마가목의 이명. → 차빛마가목.

차빛마가목(鄭, 1942) (장미과 *Sorbus amurensis* v. *rufa*) 〔이명〕 차빗마가목, 차빗당마가목, 차빛당마가목. 〔유래〕 초다마아목(燋茶馬牙木), 정공등(丁公藤), 흑수화추(黑水花楸).

차빛오갈피(愚, 1996) (두릅나무과) 털오갈피나무의 중국 옌볜 방언. → 털오갈피나무.

차빛오갈피나무(鄭, 1965) (두릅나무과) 털오갈피나무의 이명. → 털오갈피나무.

차색솜죽대(朴, 1949) (백합과) 자주솜때의 이명. → 자주솜때.

차색오갈피(鄭, 1949) (두릅나무과) 털오갈피나무의 이명. → 털오갈피나무.

차색오갈피나무(安, 1982) (두릅나무과) 털오갈피나무의 이명. → 털오갈피나무.

차일봉개미자리(鄭, 1949) (석죽과 *Minuartia macrocarpa* v. *koreana*) 〔이명〕 누은개미자리, 큰산개미자리, 참솔자리풀, 이끼개미자리. 〔유래〕 함남 차일봉에 나는 개미자리.

차일봉무엽란(李, 1969) (난초과 *Orchis cyclochila*) 〔이명〕 나도제비란, 방울난초, 큰홀잎란. 〔유래〕 고산지역의 능선(차일봉 등)에 나는 무엽란.

차일봉벌딸기(朴, 1949) (장미과) 가새함경딸기의 이명. 〔유래〕 함남 차일봉에 나는 딸기. → 가새함경딸기.

차조기(鄭, 1949) (꿀풀과) 차즈기의 이명. 〔유래〕 차즈기의 방언. → 차즈기.

차즈기(鄭, 1937) (꿀풀과 *Perilla frutescens* v. *acuta*) 〔이명〕 차조기, 소엽. 〔유래〕 자소(紫蘇), 소엽(蘇葉), 계임(桂荏). 〔어원〕 자소(紫蘇)〔蘇〕→ᄎᆞ소기→ᄎᆞ조기→ᄎᆞ죠기→차즈기로 변화(어원사전).

차풀(鄭, 1937) (콩과 *Cassia nomame*) 〔이명〕 며누리감나물, 눈차풀, 며느리감나무. 〔유래〕 전초를 엽차의 재료로 사용. 산편두(山扁豆).

찰벼(鄭, 1949) (벼과 *Oryza sativa* v. *glutinosa*) 〔이명〕 차나락. 〔유래〕 끈기가 있는 찹쌀을 만드는 벼. 나도(糯稻), 출도(秫稻), 곡아(穀芽).

찰조팝나무(朴, 1949) (장미과) 산조팝나무의 이명. → 산조팝나무.

찰피나무(鄭, 1937) (피나무과 *Tilia mandshurica*) 염주나무의 이명(愚, 1996, 중국 옌벤 방언)으로도 사용. 〔이명〕 염주나무. 〔유래〕 강원 방언. 강단(糠椴). → 염주나무.

참가락풀(愚, 1996) (미나리아재비과) 참꿩의다리의 북한 방언. → 참꿩의다리.

참가시나무(鄭, 1937) (참나무과 *Quercus salicina*) 가시나무의 이명(1942, 제주 방언)으로도 사용. 〔이명〕 백가시나무, 쇠가시나무. 〔유래〕 제주 방언. 죽엽청강력(竹葉青岡櫟). → 가시나무.

참가시덩굴여뀌(愚, 1996) (여뀌과) 며느리배꼽의 북한 방언. → 며느리배꼽.

참가시은계목(安, 1982) (물푸레나무과) 구골나무의 이명. → 구골나무.

참갈매나무(鄭, 1942) (갈매나무과) 갈매나무의 이명. → 갈매나무.

참갈퀴(朴, 1949) (꼭두선이과) 검은개선갈퀴와 털긴잎갈퀴(安, 1982), 참갈퀴덩굴(愚, 1996, 북한 방언)의 이명. → 검은개선갈퀴, 털긴잎갈퀴, 참갈퀴덩굴.

참갈퀴덩굴(李, 1980) (꼭두선이과 *Galium koreanum*) 노랑갈퀴의 이명(콩과, 安, 1982)으로도 사용. 〔이명〕 참갈키덩굴, 개갈키, 참갈퀴. 〔유래〕 갈퀴덩굴과 유사하여 구별하기 위함. → 노랑갈퀴.

참갈키(朴, 1949) (콩과) 갈퀴나물의 이명. → 갈퀴나물.

참갈키덩굴(鄭, 1949) (꼭두선이과) 참갈퀴덩굴의 이명. → 참갈퀴덩굴.

참개금(鄭, 1942) (자작나무과) 참개암나무의 이명. 〔유래〕 참개암나무의 전북 방언. → 참개암나무.

참개별꽃(鄭, 1956) (석죽과 *Pseudostellaria coreana*) 〔이명〕 섬개별꽃, 한라들별꽃. 〔유래〕 참(특산) 개별꽃.

참개싱아(鄭, 1949) (여뀌과 *Aconogonum microcarpum*) 〔이명〕 좀산승애, 알산승애, 개승애, 참싱아. 〔유래〕 참(특산) 개싱아.

참개암나무(鄭, 1937) (자작나무과 *Corylus sieboldiana*) 〔이명〕 가는물개암나무, 참개금, 개암나무, 좀물개암나무, 물병개암나무, 뿔개암나무. 〔유래〕 참(진짜) 개암나무. 진자(榛子).

참개연꽃(鄭, 1949) (수련과 *Nuphar subintegerrimum*) 〔이명〕 좀개구리연, 좀개연, 애기개구리연, 애기좀련꽃, 좀수련, 작은긴잎련꽃. 〔유래〕 참(한국의) 개연꽃이라는 뜻의 일명.

참개회나무(愚, 1996) (물푸레나무과) 들정향나무의 중국 옌볜 방언. → 들정향나무.

참겨릅나무(鄭, 1942) (단풍나무과) 산겨릅나무의 이명. → 산겨릅나무.

참겨이삭(安, 1982) (벼과) 갯겨이삭의 이명. 〔유래〕 참(한국의) 겨이삭이라는 뜻의 일명. → 갯겨이삭.

참고리실나무(朴, 1949) (단풍나무과) 고로쇠나무의 이명. → 고로쇠나무.

참고비고사리(愚, 1996) (고사리과) 고비고사리의 중국 옌볜 방언. → 고비고사리.

참고사리(朴, 1949) (고사리과) 고사리의 이명. 〔유래〕 참(진짜 식용) 고사리라는 뜻의 일명. → 고사리.

참고추냉이(鄭, 1949) (십자화과 *Cardamine koreana*) 〔이명〕 개고추냉이. 〔유래〕 참(한국 특산) 고추냉이라는 뜻의 학명 및 일명.

참골담초(鄭, 1949) (콩과 *Caragana koreana*) 〔이명〕 조선골담초. 〔유래〕 참(특산) 골담초라는 뜻의 학명 및 일명.

참골무꽃(鄭, 1949) (꿀풀과 *Scutellaria strigillosa*) 〔이명〕 큰골무꽃, 민골무꽃. 〔유래〕 참(진짜) 골무꽃.

참골풀(鄭, 1949) (골풀과 *Juncus brachyspathus*) 〔이명〕 조선골. 〔유래〕 참(한국의) 골풀이라는 뜻의 일명.

참곰비늘고사리(鄭, 1949) (면마과 *Dryopteris uniformis* f. *coreana*) 〔이명〕 색기곰고사리, 둥근잎곰고사리, 둥근숫곰고사리. 〔유래〕 참(특산) 곰비늘고사리라는 뜻의 학명.

참구슬냉이(鄭, 1949) (십자화과) 구슬개갓냉이의 이명. 〔유래〕 참(한국의) 구슬갓냉이(구슬개갓냉이)라는 뜻의 일명. → 구슬개갓냉이.

참귀사리(鄭, 1949) (국화과) 털도깨비바늘의 이명. → 털도깨비바늘.

참귤나무(安, 1982) (운향과) 귤나무의 이명. 〔유래〕 참(진짜) 귤나무. → 귤나무.

참기름나물(朴, 1949) (산형과) 기름나물의 이명. → 기름나물.

참기름새(朴, 1949) (벼과) 향모의 이명. → 향모.

참기생꽃(鄭, 1949) (앵초과 *Trientalis europaea*) 〔이명〕 큰기생꽃, 기생초, 참꽃, 기생꽃. 〔유래〕 참(아주) 예쁜 꽃. 작고 어여쁜 자태를 예쁜 기생에 비유.

참김의털(鄭, 1949) (벼과 *Festuca ovina* v. *coreana*) 〔이명〕 고려김의털. 〔유래〕 참(한국의) 김의털이라는 뜻의 학명 및 일명.

참까치깨(朴, 1974) (피나무과) 수까치깨의 이명. → 수까치깨.

참까치밥나무(鄭, 1949) (범의귀과) 명자순의 이명. 〔유래〕 참(한국의) 까치밥나무라는 뜻의 일명. → 명자순.

참까치수염(安, 1982) (앵초과) 참좁쌀풀의 이명. → 참좁쌀풀.

참깨(鄭, 1937) (참깨과 *Sesamum indicum*) 〔유래〕 참깨라는 뜻의 일명. 호마(胡麻), 백호마(白胡麻), 진임(眞荏), 백유마(白油麻), 백지마(白芝麻 · 白脂麻), 흑지마(黑芝麻). 〔어원〕 촘〔眞〕+ 깨〔荏〕. 촘깨→촘빼→참깨로 변화(어원사전).

참깨풀(朴, 1949) (현삼과) 금어초의 이명. → 금어초.

참껍질새(安, 1982) (벼과) 참쌀새의 이명. 〔유래〕 참(한국의) 껍질새(쌀새)라는 뜻의 일명. → 참쌀새.

참꼬들빽이(朴, 1949) (국화과) 고들빼기의 이명. → 고들빼기.

참꽃(李, 1969) (국화과) 개꽃과 참기생꽃(앵초과, 愚, 1996, 북한 방언)의 이명. → 개꽃, 참기생꽃.

참꽃나무(鄭, 1937) (철쭉과 *Rhododendron weyrichii*) 진달래나무(1942, 강원 방언)와 털진달래나무(1942, 강원 방언)의 이명으로도 사용. 〔이명〕 신달위, 제주참꽃나무, 털참꽃나무, 섬분홍참꽃나무, 제주분홍참꽃나무. 〔유래〕 참(진짜) 철쭉이라는 뜻의 일명. 진척촉(眞躑躅). → 진달래나무, 털진달래나무.

ㅊ

참꽃나무겨우사리(鄭, 1942) (철쭉과 *Rhododendron micranthum*) 〔이명〕 꼬리진달내, 꼬리진달래, 겨우사리참꽃, 참꽃나무겨우살이, 겨우사리참꽃나무. 〔유래〕 경북 방언. 조산백(照山白).

참꽃나무겨우살이(李, 1980) (철쭉과) 참꽃나무겨우사리의 이명. → 참꽃나무겨우사리.

참꽃마리(李, 1980) (지치과 *Trigonotis radicans* v. *sericea*) 참꽃받이의 이명(朴, 1974)으로도 사용. 〔이명〕 뿌리꽃말이, 좀꽃마리, 조선꽃마리, 털꽃마리, 왕꽃마리, 참꽃말이, 좀꽃말이. 〔유래〕 참(한국의) 꽃마리라는 뜻의 일명. 부지채(附地菜). → 참꽃받이.

참꽃말이(安, 1982) (지치과) 참꽃마리의 이명. → 참꽃마리.

참꽃바지(李, 1980) (지치과) 참꽃받이의 이명. → 참꽃받이.

참꽃받이(鄭, 1949) (지치과 *Bothriospermum secundum*) 〔이명〕 왕꽃받이, 큰꽃마리, 왕꽃마리, 평양꽃받이, 참꽃마리, 참꽃바지, 참꽃받이풀. 〔유래〕 참(한국의) 꽃받이라는 뜻의 일명.

참꽃받이풀(愚, 1996) (지치과) 참꽃받이의 중국 옌볜 방언. → 참꽃받이.

참꿩의다리(鄭, 1949) (미나리아재비과 *Thalictrum actaefolium* v. *brevistylum*) 〔이

명〕 은꿩의다리, 쩌른꿩다리, 은가락풀, 참가락풀, 음지가락풀. 〔유래〕 참(한국 특산) 은꿩의다리라는 뜻의 일명. 마미련(馬尾連).

참나나벌이난초(永, 1996) (난초과) 참나리난초의 이명. → 참나리난초.

참나도히초미(鄭, 1949) (면마과 *Polystichum ovato-paleaceum* v. *coraiense*) 〔이명〕 수비늘관중. 〔유래〕 참(한국의) 나도히초미라는 뜻의 일명.

참나래박쥐(李, 1969) (국화과) 나래박쥐의 이명. 〔유래〕 참(진짜 한국의) 나래박쥐. → 나래박쥐.

참나래박쥐나물(永, 1996) (국화과) 나래박쥐(참나래박쥐)의 북한 방언. → 나래박쥐.

참나래새(鄭, 1949) (벼과 *Stipa coreana*) 〔이명〕 큰수염풀, 참나리새, 큰나래새. 〔유래〕 참(한국의) 나래새라는 뜻의 학명.

참나리(鄭, 1937) (백합과 *Lilium lancifolium*) 〔이명〕 백합, 나리, 알나리. 〔유래〕 참(진짜로 좋은) 나리. 백합(百合).

참나리난초(鄭, 1949) (난초과 *Liparis koreana*) 〔이명〕 참나나벌이난초, 참나리란. 〔유래〕 참(한국 특산) 나리난초라는 뜻의 학명 및 일명.

참나리란(愚, 1996) (난초과) 참나리난초의 중국 옌볜 방언. → 참나리난초.

참나리새(安, 1982) (벼과) 참나래새의 이명. → 참나래새.

참나무(鄭, 1937) (참나무과) 상수리나무의 이명. 〔유래〕 오늘날에는 참나무과 식물의 총칭이나, 생나무도 연기 한 점 나지 않고 잘 타는 좋은 나무라는 뜻. 〔어원〕 춤〔眞〕+나모〔木〕. 춤나모/참나모→춤남우→참나무로 변화(어원사전). → 상수리나무.

참나무겨우사리(鄭, 1937) (겨우사리과 *Taxillus yadoriki*) 〔이명〕 참나무겨우살이. 〔유래〕 참나무류에 기생하는 겨우사리. 마상기생(馬桑寄生).

참나무겨우살이(鄭, 1949) (겨우사리과) 참나무겨우사리의 이명. → 참나무겨우사리.

참나무딸기(安, 1982) (장미과) 나무딸기의 이명. 〔유래〕 참(한국의) 나무딸기라는 뜻의 일명. → 나무딸기.

참나물(鄭, 1937) (산형과 *Pimpinella brachycarpa*) 반디나물의 이명(1949)으로도 사용. 〔이명〕 가는참나물, 산노루참나물, 겹참나물. 〔유래〕 참(좋은) 나물. 지과회근(知果茴芹). 〔어원〕 춤〔眞〕+ᄂᆞ물〔菜〕. 춤ᄂᆞ물→참나물로 변화(어원사전). → 반디나물.

참나비나물(安, 1982) (콩과) 나비나물의 이명. → 나비나물.

참넓은잎제비꽃(安, 1982) (제비꽃과) 넓은잎제비꽃의 이명. → 넓은잎제비꽃.

참느릅나무(鄭, 1937) (느릅나무과 *Ulmus parvifolia*) 〔이명〕 둥근참느릅나무, 좀참느릅, 둥근참느릅, 좁은잎느릅나무. 〔유래〕 참(한국 특산) 느릅나무라는 뜻의 학명에 따른 것이나 현재는 특산이 아니다. 낭유피(榔榆皮).

참능쟁이(愚, 1996) (명아주과) 참명아주의 북한 방언. 〔유래〕 참(한국의) 능쟁이(명아주)라는 뜻의 학명. → 참명아주.

참다래나무(鄭, 1942) (다래나무과) 다래나무의 이명. 〔유래〕 다래나무의 강원 방언. → 다래나무.

참당귀(鄭, 1949) (산형과 *Angelica gigas*) 〔유래〕 참(진짜 효능이 좋은) 당귀. 조선당귀(朝鮮當歸), 토당귀(土當歸).

참대(鄭, 1937) (벼과) 왕대의 이명. 〔유래〕 왕대의 전남 방언. → 왕대.

참대극(鄭, 1949) (대극과 *Euphorbia lucorum*) 개감수의 이명(朴, 1974)으로도 사용. 〔이명〕 조선대극, 참등대풀, 참버들옻. 〔유래〕 참(한국의) 대극이라는 뜻의 일명. → 개감수.

참더덕(유 · 이, 1989) (초롱꽃과) 더덕의 이명. 〔유래〕 참(좋은) 더덕. → 더덕.

참덩굴광대수염(安, 1982) (꿀풀과) 긴병꽃풀의 이명. 〔유래〕 참(한국의) 덩굴광대수염이라는 뜻의 일명. → 긴병꽃풀.

참덩굴모밀(愚, 1996) (여뀌과) 애기닭의덩굴의 중국 옌볜 방언. → 애기닭의덩굴.

참덩굴역귀(朴, 1949) (여뀌과) 애기닭의덩굴의 이명. → 애기닭의덩굴.

참돌꽃(愚, 1996) (돌나물과) 바위돌꽃의 중국 옌볜 방언. → 바위돌꽃.

참동의나물(鄭, 1937) (미나리아재비과) 동의나물의 이명. → 동의나물.

참동자(朴, 1974) (석죽과) 동자꽃의 이명. → 동자꽃.

ㅊ

참두릅(鄭, 1942) (두릅나무과) 두릅나무의 이명. 〔유래〕 두릅나무의 황해 방언. 참(좋은) 두릅나무. → 두릅나무.

참두릅나무(朴, 1949) (두릅나무과) 애기두릅나무의 이명. → 애기두릅나무.

참둑사초(鄭, 1949) (사초과) 참뚝사초의 이명. → 참뚝사초.

참드릅(永, 1996) (두릅나무과) 두릅나무의 이명. → 두릅나무.

참등(鄭, 1942) (콩과) 등나무의 이명. 〔유래〕 참(특산) 등나무라는 뜻의 학명. → 등나무.

참등나무(朴, 1949) (콩과) 등나무의 이명. → 등나무, 참등.

참등대풀(安, 1982) (대극과) 참대극의 이명. 〔유래〕 참(한국의) 등대풀이라는 뜻의 일명. → 참대극.

참딸(鄭, 1942) (장미과) 산딸기나무의 이명. 〔유래〕 산딸기나무의 전북 어청도 방언. → 산딸기나무.

참뚝사초(鄭, 1956) (사초과 *Carex schmidtii*) 〔이명〕 슈미트사초, 참둑사초. 〔유래〕 참(한국의) 뚝사초라는 뜻의 일명.

참마(鄭, 1949) (마과 *Dioscorea japonica*) 마의 이명(鄭, 1937)으로도 사용. 〔이명〕 마. 〔유래〕 산약(山藥), 서여(薯蕷). → 마.

참마디꽃(鄭, 1970) (부처꽃과) 마디꽃의 이명. 〔유래〕 참(한국의) 마디꽃이라는 뜻의 일명. → 마디꽃.

참마티아나무(愚, 1996) (나한송과) 죽백나무의 중국 옌볜 방언. → 죽백나무.

참멀구(鄭, 1942) (포도과) 가마귀머루의 이명. → 가마귀머루.

참명아주(鄭, 1949) (명아주과 *Chenopodium koraiense*) 청명아주의 이명(朴, 1974)으로도 사용. 〔이명〕 고려명아주, 엷은잎명아주, 참능쟁이. 〔유래〕 참(한국의) 명아주라는 뜻의 학명 및 일명. → 청명아주.

참모련채(鄭, 1949) (국화과) 쇠서나물의 이명. 〔유래〕 참(한국의) 모련채(쇠서나물)라는 뜻의 학명 및 일명. → 쇠서나물.

참물레나물(愚, 1996) (물레나물과) 망종화의 중국 옌볜 방언. → 망종화.

참물부추(최홍근, 1985) (물부추과 *Isoetes coreana*) 〔유래〕 참(특산) 물부추라는 뜻의 학명.

참물통이(鄭, 1970) (쐐기풀과 *Pilea hamaoi*) 〔이명〕 좀물풍뎅이, 좀물통이, 큰물통이, 큰물퉁이. 〔유래〕 미상.

참밀구(永, 1996) (포도과) 가마귀머루의 이명. → 가마귀머루.

참바구지(永, 1996) (미나리아재비과) 미나리아재비의 이명. → 미나리아재비.

참바늘골(鄭, 1949) (사초과 *Eleocharis attenuata* f. *laeviseta*) 〔유래〕 참(특산) 바늘골이라는 뜻의 일명.

참바늘꽃(朴, 1949) (바늘꽃과) 돌바늘꽃의 이명. → 돌바늘꽃.

참바디(愚, 1996) (산형과) 참반디의 중국 옌볜 방언. → 참반디.

참바디나물(朴, 1974) (산형과) 참반디의 이명. → 참반디.

참바위취(鄭, 1949) (범의귀과 *Saxifraga oblongifolia*) 〔이명〕 바위취, 바위귀. 〔유래〕 참(한국의) 바위취라는 뜻의 일명.

참박달나무(鄭, 1942) (자작나무과) 개박달나무(황해 방언)와 박달나무(1942, 강원 방언)의 이명. → 개박달나무, 박달나무.

참박쥐나물(李, 1969) (국화과) 귀박쥐나물의 이명. → 귀박쥐나물.

참반듸(鄭, 1957) (산형과) 참반디의 이명. → 참반디.

참반디(鄭, 1937) (산형과 *Sanicula chinensis*) 〔이명〕 참반듸, 참바디나물, 참바디. 〔유래〕 미상. 대폐근초(大肺筋草).

참밤나무(朴, 1949) (참나무과) 밤나무의 이명. 〔유래〕 참(한국의) 밤나무라는 뜻의 일명. → 밤나무.

참방동사니(李, 1980) (사초과 *Cyperus iria*) 〔이명〕 참방동산이. 〔유래〕 참(진짜, 싸라기) 방동사니라는 뜻의 일명.

참방동산이(鄭, 1937) (사초과) 참방동사니의 이명. → 참방동사니.

참배(李, 1966) (장미과 *Pyrus ussuriensis* v. *macrostipes*) 〔이명〕 참배나무. 〔유래〕 진짜로 좋은 배.

참배나무(永, 1996) (장미과) 참배의 북한 방언. → 참배.

ㅊ

참배암차즈기(鄭, 1956) (꿀풀과 *Salvia chanryonica*) 〔이명〕 산뱀배추, 참뱀차조기, 토단삼. 〔유래〕 참(특산) 배암차즈기라는 뜻의 학명.

참뱀차조기(鄭, 1949) (꿀풀과) 참배암차즈기의 이명. → 참배암차즈기.

참버들옻(愚, 1996) (대극과) 참대극의 북한 방언. 〔유래〕 참 버들옻(대극). → 참대극.

참범꼬리(鄭, 1949) (여뀌과 *Bistorta pacifica*) 〔이명〕 묏범의꼬리, 참범의꼬리, 참범꼬리풀. 〔유래〕 참(북한의) 범의꼬리라는 뜻의 일명.

참범꼬리풀(愚, 1996) (여뀌과) 참범꼬리의 북한 방언. → 참범꼬리.

참범의꼬리(朴, 1974) (여뀌과) 참범꼬리의 이명. → 참범꼬리.

참벚나무(安, 1982) (장미과) 벚나무와 왕벚나무(1982)의 이명. → 벚나무, 왕벚나무.

참병꽃나무(安, 1982) (인동과) 붉은병꽃나무의 이명. 〔유래〕 참(한국의) 골병꽃이라는 뜻의 일명. → 붉은병꽃나무.

참보리사초(安, 1982) (사초과) 괭이사초의 이명. → 괭이사초.

참부들(鄭, 1970) (부들과 *Typha latifolia*) 〔이명〕 개부들, 부들, 큰부들, 넓은잎부들. 〔유래〕 참(진짜) 부들. 포황(蒲黃).

참부채붓꽃(愚, 1996) (붓꽃과) 얼이범부채의 북한 방언. 〔유래〕 얼이범부채.

참부처꽃(朴, 1949) (부처꽃과) 털부처꽃의 이명. → 털부처꽃.

참비녀골풀(鄭, 1949) (골풀과 *Juncus leschenaultii*) 〔이명〕 개비녀골, 개비녀골풀. 〔유래〕 미상.

ㅊ

참비름(安, 1982) (비름과) 개비름의 이명. → 개비름.

참비비추(鄭, 1956) (백합과 *Hosta clausa* v. *normalis*) 〔이명〕 주걱비비추, 꽃비비추. 〔유래〕 미상. 옥잠화(玉簪花).

참비수리(朴, 1949) (콩과) 땅비수리의 이명. → 땅비수리.

참빗고사리(朴, 1949) (면마과) 버들참빗의 이명. → 버들참빗.

참빗나무(鄭, 1937) (노박덩굴과) 화살나무의 이명. → 화살나무.

참빗살나무(鄭, 1937) (노박덩굴과 *Euonymus sieboldianus*) 화살나무의 이명(1942, 전북 어청도 방언)으로도 사용. 〔이명〕 물뿌리나무, 화살나무. 〔유래〕 전남 방언. 귀전우(鬼箭羽). → 화살나무.

참빗자루(鄭, 1949) (백합과) 방울비짜루의 이명. → 방울비짜루.

참사다리고사리(鄭, 1949) (면마과) 사다리고사리의 이명. 〔유래〕 참(한국의) 사다리고사리라는 뜻의 학명. → 사다리고사리.

참산들깨(愚, 1996) (꿀풀과) 쥐깨의 중국 옌볜 방언. → 쥐깨.

참산부추(鄭, 1949) (백합과 *Allium sacculiferum*) 산부추의 이명(愚, 1996, 북한 방언)으로도 사용. 〔이명〕 산부추, 산부치. 〔유래〕 참(한국의) 산부추라는 뜻의 일명. 산구(山韮). → 산부추.

참산회나무(愚, 1996) (물푸레나무과) 들정향나무의 북한 방언. → 들정향나무.

참삼잎석송(鄭, 1949) (석송과) 개석송의 이명. → 개석송.

참삽추(安, 1982) (국화과) 당삽주의 이명. → 당삽주.

참삿갓사초(鄭, 1949) (사초과 *Carex jaluensis*) 〔이명〕 꼬리사초. 〔유래〕 참(한국의) 삿갓사초라는 뜻의 일명.

참새귀리(鄭, 1937) (벼과 *Bromus japonicus*) 〔유래〕 참새 메귀리라는 뜻의 일명.

참새그령(鄭, 1949) (벼과 *Eragrostis cilianensis*) 〔이명〕 흰암크령, 참새크령. 〔유래〕 참새 그령이라는 뜻의 일명.

참새발고사리(鄭, 1949) (면마과) 새발고사리의 이명. 〔유래〕 참(한국의) 새발고사리라는 뜻의 일명. → 새발고사리.

참새백미꽃(鄭, 1970) (박주가리과 *Cynanchum japonicum*) 〔이명〕 덩굴백미, 갯덩굴백미, 덩굴민백미꽃, 왜백미, 갯덩굴백미꽃. 〔유래〕 스즈메(참새)노고케(スズメノオゴケ)라는 일명.

참새완두(朴, 1974) (콩과) 털연리초의 이명. → 털연리초.

참새우란(愚, 1996) (난초과) 섬새우난초의 중국 옌볜 방언. → 섬새우난초.

참새크령(愚, 1996) (벼과) 참새그령의 북한 방언. → 참새그령.

참새피(鄭, 1937) (벼과 *Paspalum thunbergii*) 〔이명〕 털피, 납작피, 납작털피. 〔유래〕 참새 피라는 뜻의 일명.

참서덜취(朴, 1949) (국화과) 은분취의 이명. → 은분취.

참소루장이(愚, 1996) (여뀌과) 참소리쟁이의 중국 옌볜 방언. → 참소리쟁이.

참소루쟁이(安, 1982) (여뀌과) 참소리쟁이의 이명. → 참소리쟁이.

참소리쟁이(鄭, 1949) (여뀌과 *Rumex japonicus*) 〔이명〕 섬소루쟁이, 소루쟁이, 초록, 참소루쟁이, 참소루장이. 〔유래〕 참(진짜) 소리쟁이. 우이대황(牛耳大黃).

참소엽풀(愚, 1996) (현삼과) 소엽풀의 중국 옌볜 방언. → 소엽풀.

참속속이풀(愚, 1996) (십자화과) 구슬개갓냉이의 중국 옌볜 방언. → 구슬개갓냉이.

참솔나물(朴, 1949) (꼭두선이과) 털솔나물의 이명. → 털솔나물.

참솔자리풀(愚, 1996) (석죽과) 차일봉개미자리의 북한 방언. → 차일봉개미자리.

참솜나물(朴, 1949) (국화과) 각시취의 이명. → 각시취.

참솜다리(朴, 1949) (국화과) 산솜다리의 이명. 〔유래〕 참(특산) 솜다리. → 산솜다리.

참송이골(愚, 1996) (사초과) 좀송이고랭이의 북한 방언. → 좀송이고랭이.

참쇄고비(愚, 1996) (면마과) 참쇠고비의 중국 옌볜 방언. → 참쇠고비.

참쇠고비(鄭, 1949) (면마과 *Cyrtomium caryotideum* v. *coreanum*) 〔이명〕 고려쇠고비, 섬쇠고비, 참쇄고비. 〔유래〕 참(한국 특산) 쇠고비라는 뜻의 학명 및 일명.

참쇠보리(鄭, 1949) (벼과 *Ischaemum anthephoroides* f. *coreanum*) 〔이명〕 조선쇠보리, 서울갯쇠보리. 〔유래〕 참(한국 특산) 쇠보리라는 뜻의 학명 및 일명.

참수리취(朴, 1949) (국화과) 구와취의 이명. → 구와취.

참수양버들(朴, 1949) (버드나무과) 수양버들의 이명. → 수양버들.

참시호(鄭, 1949) (산형과 *Bupleurum angustissimum*) 〔이명〕 가는시호, 시호. 〔유래〕 참(진짜) 시호. 시호(柴胡).

참식나무(鄭, 1949) (녹나무과 *Neolitsea sericea*) 〔이명〕 식나무. 〔유래〕 제주 방언. 오과남(五瓜楠).

참싱아(愚, 1996) (여뀌과) 참개싱아의 북한 방언. → 참개싱아.

참싸리(鄭, 1937) (콩과 *Lespedeza cyrtobotrya*) 조록싸리의 이명(1942, 강원 방언)으로도 사용. 〔이명〕 긴잎참싸리, 참싸리나무. 〔유래〕 강원 방언. 단서호지자(短序胡枝子). 〔어원〕 춤〔眞〕+ᄉᆞ리〔荊〕. 춤ᄉᆞ리→참싸리로 변화(어원사전). → 조록싸리.

참싸리나무(愚, 1996) (콩과) 참싸리의 중국 옌볜 방언. → 참싸리.

참쌀새(鄭, 1949) (벼과 *Melica scabrosa*) 〔이명〕 개껍질새, 참껍질새. 〔유래〕 참(한국의) 쌀새라는 뜻의 일명.

참쑥(鄭, 1949) (국화과 *Artemisia codonocephala*) 〔이명〕 부엉다리쑥, 몽고쑥, 분쑥, 인도쑥, 산분쑥, 광대쑥. 〔유래〕 미상. 야애호(野艾蒿).

참양지꽃(鄭, 1949) (장미과 *Potentilla dickinsii* v. *breviseta*) 〔이명〕 짜른양지꽃. 〔유래〕 참(한국의) 돌양지꽃이라는 뜻의 일명.

참억새(鄭, 1937) (벼과 *Miscanthus sinensis*) 〔이명〕 참진억새, 고려억새, 흑산억새. 〔유래〕 미상. 망경(芒莖).

참엉겅퀴(朴, 1949) (국화과) 좁은잎엉겅퀴의 이명. → 좁은잎엉겅퀴.

참여로(鄭, 1949) (백합과 *Veratrum nigrum* v. *ussuriense*) 〔이명〕 검정여로, 큰여로. 〔유래〕 참(한국의) 여로라는 뜻의 일명.

참여정실(安, 1982) (물푸레나무과) 당광나무의 이명. → 당광나무.

참연리초(朴, 1949) (콩과) 연리초의 이명. → 연리초.

참예자풀(安, 1982) (사초과) 참황새풀의 이명. → 참황새풀

참오갈피나무(安, 1982) (두릅나무과) 오갈피나무의 이명. → 오갈피나무.

참오골잎버들(愚, 1996) (버드나무과) 참오글잎버들의 중국 옌볜 방언. → 참오글잎버들.

참오굴잎버들(李, 1966) (버드나무과) 참오글잎버들의 이명. → 참오글잎버들.

참오글잎버들(鄭, 1937) (버드나무과 *Salix siuzevii*) 〔이명〕 오글잎버들, 참오굴잎버들, 오골잎버들, 참오골잎버들. 〔유래〕 참(한국의) 오글잎버들이라는 뜻의 일명.

참오동(朴, 1949) (현삼과) 참오동나무의 이명. 〔유래〕 참오동나무의 축소형. → 참오동나무.

참오동나무(鄭, 1942) (현삼과 *Paulownia tomentosa*) 〔이명〕 참오동. 〔유래〕 참(진짜) 오동나무. 자화포동(紫花泡桐).

참오리나무(愚, 1996) (자작나무과) 물오리나무의 중국 옌볜 방언. → 물오리나무.

참옷나무(朴, 1949) (옻나무과) 옻나무의 이명. 〔유래〕 참(진짜) 옷나무(옻나무). → 옻나무.

참왕지네고사리(鄭, 1949) (면마과) 왕지네고사리의 이명. 〔유래〕 참(한국의) 왕지네고사리라는 뜻의 일명. → 왕지네고사리.

참왜고사리(鄭, 1949) (면마과) 큰산고사리의 이명. 〔유래〕 참(한국 특산) 왜고사리라는 뜻의 학명 및 일명. → 큰산고사리.

참외(鄭, 1937) (박과 *Cucumis melo* v. *makuwa*) 〔이명〕 백사과. 〔유래〕 참(진짜) 외라는 뜻의 일명. 감과(甘瓜), 진과(眞瓜), 첨과(甛瓜). 〔어원〕 진과(眞瓜)〔甛瓜〕/진과자(眞瓜子)〔甛瓜子〕. 촘〔眞〕+외〔瓜〕→추미→촘외→참외로 변화(어원사전).

참외고사리(愚, 1996) (면마과) 큰산고사리의 중국 옌볜 방언. → 큰산고사리.

참우드풀(鄭, 1949) (면마과 *Woodsia macrochlaena*) 〔이명〕 좀쌀고사리, 가물고사리아재비, 황금고사리. 〔유래〕 참(한국의) 우드풀이라는 뜻의 일명.

참윤여리(朴, 1949) (장미과) 윤노리나무의 이명. 〔유래〕 참(진짜) 윤여리나무. → 윤노리나무.

참으아리(鄭, 1937) (미나리아재비과 *Clematis terniflora*) 〔이명〕 음등덩굴, 왕으아리. 〔유래〕 전남 방언. 위령선(威靈仙).

참이질풀(鄭, 1949) (쥐손이풀과 *Geranium koraiense*) 〔이명〕 긴이질풀. 〔유래〕 참(특산) 쥐손이풀(이질풀)이라는 뜻의 학명 및 일명.

참작약(鄭, 1949) (작약과 *Paeonia lactiflora* v. *trichocarpa*) 〔이명〕 집함박꽃. 〔유래〕 참(한국의) 작약이라는 뜻의 일명.

참잔대(安, 1982) (초롱꽃과) 왕잔대의 이명. 〔유래〕 참(한국의) 잔대라는 뜻의 일명. → 왕잔대.

참장대(安, 1982) (십자화과) 참장대나물의 이명. → 참장대나물.

참장대나물(鄭, 1949) (십자화과 *Arabis columnalis*) 〔이명〕 조선장대, 참장대. 〔유래〕 참(특산) 장대나물이라는 뜻의 일명.

참점나도나물(愚, 1996) (석죽과) 북선점나도나물의 중국 옌볜 방언. → 북선점나도나물.

참제비고깔(李, 1969) (미나리아재비과 *Delphinium ornatum*) 〔유래〕 참(관상용으로 좋은) 제비고깔이라는 뜻의 학명.

참제비꽃(安, 1982) (제비꽃과) 제비꽃과 비연초(미나리아재비과, 尹, 1989)의 이명. → 제비꽃, 비연초.

참조각자나무(安, 1982) (콩과) 조각자나무의 이명. 〔유래〕 참(진짜) 조각자나무. → 조각자나무.

참조팝나무(鄭, 1937) (장미과 *Spiraea fritschiana*) 〔이명〕 좀조팝나무, 바위좀조팝나

무, 고려조팝나무, 물조팝나무, 왕조팝나무, 애기바위조팝나무. 〔유래〕 참(한국 특산) 조팝나무라는 뜻의 학명 및 일명. 소엽화(笑靨花).

참졸방나물(安, 1982) (제비꽃과) 왜졸방제비꽃의 이명. → 왜졸방제비꽃, 참졸방제비꽃.

참졸방제비꽃(鄭, 1949) (제비꽃과) 왜졸방제비꽃의 이명. 〔유래〕 참(한국 특산) 제비꽃이라는 뜻의 학명 및 일명. → 왜졸방제비꽃.

참좁쌀까치수염(鄭, 1937) (앵초과) 참좁쌀풀의 이명. 〔유래〕 참(한국 특산) 까치수염이라는 뜻의 학명 및 일명. → 참좁쌀풀.

참좁쌀풀(鄭, 1957) (앵초과 *Lysimachia coreana*) 〔이명〕 참좁쌀까치수염, 고려까치수염, 참까치수염, 조선까치수염. 〔유래〕 참(특산) 좁쌀풀이라는 뜻의 학명. 황련화(黃蓮花).

참종덩굴(安, 1982) (미나리아재비과) 고려종덩굴의 이명. 〔유래〕 참(특산) 종덩굴이라는 뜻의 일명. → 고려종덩굴.

참주름조개풀(鄭, 1949) (벼과 *Oplismenus undulatifolius* f. *elongatus*) 〔이명〕 진주름풀. 〔유래〕 참(한국 특산) 주름조개풀이라는 뜻의 일명.

참죽나무(朴, 1949) (멀구슬나무과) 참중나무의 이명. → 참중나무.

참줄바꽃(鄭, 1949) (미나리아재비과) 가는돌쩌기의 이명. 〔유래〕 참(한국의) 줄바꽃이라는 뜻의 일명. → 가는돌쩌기.

ㅊ

참중나무(鄭, 1937) (멀구슬나무과 *Cedrela sinensis*) 〔이명〕 충나무, 쭉나무, 참죽나무. 〔유래〕 사찰에서 스님들이 어린 순을 튀겨 먹는 데서 유래. 춘(椿), 춘백피(椿白皮), 향춘수(香椿樹), 진승목(眞僧木).

참중의무릇(鄭, 1970) (백합과) 중의무릇의 이명. 〔유래〕 참(진짜) 중의무릇. → 중의무릇.

참지네고사리(鄭, 1949) (면마과 *Thelypteris japonica* v. *formosa*) 〔이명〕 암지네고사리, 민지네고사리. 〔유래〕 참(한국의) 지네고사리라는 뜻의 일명.

참진고사리(朴, 1961) (면마과) 진고사리의 이명. → 진고사리.

참진억새(鄭, 1949) (벼과) 참억새의 이명. 〔유래〕 참(한국 특산) 진억새(억새)라는 뜻의 학명 및 일명. → 참억새.

참찔광나무(愚, 1996) (장미과) 넓은잎산사나무의 중국 옌볜 방언. 〔유래〕 참 찔광나무(산사나무). → 넓은잎산사나무.

참천궁(安, 1982) (산형과) 천궁의 이명. 〔유래〕 참(진짜) 천궁. → 천궁.

참철쭉(李, 1966) (철쭉과) 철쭉나무의 이명. 〔유래〕 참(진짜) 철쭉. → 철쭉나무.

참추분쓺바귀(愚, 1996) (국화과) 추분취의 중국 옌볜 방언. → 추분취.

참취(鄭, 1937) (국화과 *Aster scaber*) 〔이명〕 나물취, 암취, 취. 〔유래〕 참(진짜 좋은) 취나물. 동풍채(東風菜), 향소(香蔬).

참칼원추리(朴, 1949) (백합과) 애기원추리의 이명. → 애기원추리.

참털네잎갈퀴(愚, 1996) (꼭두선이과) 털네잎갈퀴의 중국 옌볜 방언. → 털네잎갈퀴.

참털뽕나무(安, 1982) (뽕나무과) 돌뽕나무의 이명. → 돌뽕나무.

참털새(安, 1982) (벼과) 새의 이명. → 새.

참털제비꽃(安, 1982) (제비꽃과) 제비꽃의 이명. 〔유래〕 참(진짜) 털이 있는 제비꽃. → 제비꽃.

참팥배나무(安, 1982) (장미과) 팥배나무의 이명. → 팥배나무.

참풀나무(鄭, 1942) (참나무과) 떡갈나무의 이명. 〔유래〕 떡갈나무의 강원 방언. → 떡갈나무.

참피나무(鄭, 1942) (피나무과) 피나무의 이명. → 피나무.

참향나무(朴, 1949) (측백나무과) 눈향나무의 이명. → 눈향나무.

참황새풀(鄭, 1949) (사초과 *Eriophorum angustifolium*) 〔이명〕 애기황새풀, 예자풀, 가는예자풀, 참예자풀, 두메예자풀. 〔유래〕 참(한국의) 황새풀이라는 뜻의 일명.

참회나무(鄭, 1937) (노박덩굴과 *Euonymus oxyphyllus*) 좁은잎참빗살나무의 이명(安, 1982)으로도 사용. 〔이명〕 회나무, 회뚝나무, 회뚝이나무, 회뚱나무. 〔유래〕 강원 방언. 수사위모(垂絲衛矛). → 좁은잎참빗살나무.

창갯는쟁이(정영재, 1992) (명아주과) 창명아주의 이명. → 창명아주.

창고사리(李, 1969) (고란초과 *Colysis simplicifrons*) 밤잎고사리의 이명(朴, 1949)으로도 사용. 〔이명〕 외가지창고사리. 〔유래〕 미상. → 밤잎고사리.

창끝고사리(安, 1982) (고란초과) 밤잎고사리의 이명. → 밤잎고사리.

창떡쑥(安, 1982) (국화과) 풀솜나물의 이명. → 풀솜나물.

창명아주(임 · 전, 1980) (명아주과 *Atriplex hastata*) 〔이명〕 창갯는쟁이. 〔유래〕 창 모양의 명아주라는 뜻의 일명.

창밤일엽(愚, 1996) (고란초과) 밤잎고사리의 중국 옌볜 방언. → 밤잎고사리.

창밤잎고사리(鄭, 1937) (고란초과) 밤잎고사리의 이명. 〔유래〕 창 밤잎고사리라는 뜻의 일명. → 밤잎고사리.

창성이깔나무(永, 1996) (소나무과) 낙엽송의 북한 방언. → 낙엽송.

창이자(鄭, 1949) (국화과) 도꼬마리의 이명. 〔유래〕 창이자(蒼耳子). → 도꼬마리.

창질경이(鄭, 1937) (질경이과 *Plantago lanceolata*) 〔이명〕 양질경이. 〔유래〕 창(주걱) 질경이라는 뜻의 일명. 잎이 좁고 긴 것을 창에 비유. 차전자(車前子).

창출(鄭, 1937) (국화과) 삽주와 당삽주(朴, 1949)의 이명. 〔유래〕 창출(蒼朮). → 삽주, 당삽주.

창포(鄭, 1949) (천남성과 *Acorus calamus* v. *angustatus*) 석창포의 이명(安, 1982)으로도 사용. 〔이명〕 장포, 향포, 왕창포. 〔유래〕 창포(菖蒲), 석창포(石菖蒲). 〔어원〕 송의마(松衣亇)〔菖蒲〕→숑의맛불휘〔菖蒲〕/숑의맛불휘〔菖蒲, 松衣亇叱根〕→(교체)

창포〔菖蒲〕→창포로 변화(어원사전). → 석창포.

채고추나물(鄭, 1937) (물레나물과 *Hypericum attenuatum*) 〔유래〕 미상.

채송화(鄭, 1937) (쇠비름과 *Portulaca grandiflora*) 〔이명〕 댕명화, 따꽃. 〔유래〕 채송화(菜松花), 반지련(半枝蓮).

채양버들(鄭, 1937) (버드나무과) 새양버들의 이명. 〔유래〕 새양버들의 함북 방언. → 새양버들.

채진목(鄭, 1942) (장미과 *Amelanchier asiatica*) 〔이명〕 독요나무. 〔유래〕 채진목(菜振木), 당체목(糖棣木), 산매자(山梅子), 부이목피(扶移木皮).

챔빗나무(朴, 1949) (노박덩굴과) 화살나무의 이명. → 화살나무.

처녀고사리(鄭, 1937) (면마과 *Thelypteris palustris*) 〔이명〕 새발고사리. 〔유래〕 처녀(애기) 고사리라는 뜻의 일명.

처녀바디(鄭, 1937) (산형과 *Angelica cartilagino-marginata*) 〔이명〕 애기백지, 처녀백지, 손바디나물, 좀바디나물. 〔유래〕 미상.

처녀백지(朴, 1949) (산형과) 처녀바디의 이명. → 처녀바디.

처녀뿔(永, 1996) (팥꽃나무과) 피뿌리꽃의 이명. → 피뿌리꽃.

처녀이끼(鄭, 1937) (처녀이끼과 *Mecodium wrightii*) 〔이명〕 산괴불이끼, 금강산처녀이끼. 〔유래〕 미상.

처녀치마(鄭, 1937) (백합과 *Heloniopsis orientalis*) 〔이명〕 차맛자락풀, 치마풀. 〔유래〕 처녀 하카마(일본식 치마)라는 뜻의 일명. 잎이 4방으로 퍼진 모습을 치마에 비유.

처녀풀(鄭, 1949) (팥꽃나무과) 피뿌리꽃의 이명. → 피뿌리꽃.

처진개벚(李, 1980) (장미과) 수양벚나무의 이명. → 수양벚나무.

처진개벚나무(永, 1996) (장미과) 수양벚나무의 이명. → 수양벚나무.

처진물봉선(朴, 1974) (봉선화과) 털물봉선의 이명. → 털물봉선.

처진뽕나무(李, 1966) (뽕나무과 *Morus alba* f. *pendula*) 〔유래〕 가지가 밑으로 처진 뽕나무라는 뜻의 학명 및 일명.

처진소나무(李, 1966) (소나무과 *Pinus densiflora* f. *pendula*) 〔이명〕 늘어진소나무, 처진솔. 〔유래〕 가지가 밑으로 처지는 소나무라는 뜻의 학명.

처진솔(永, 1996) (소나무과) 처진소나무의 이명. → 처진소나무.

처진팥배(李, 2003) (장미과 *Sorbus alnifolia* f. *pendula*) 〔유래〕 가지가 밑으로 처지는 팥배나무라는 뜻의 학명. 재배품.

척촉(永, 1996) (철쭉과) 철쭉나무의 이명. 〔유래〕 척촉(躑躅). → 철쭉나무.

천궁(鄭, 1949) (산형과 *Cnidium officinale*) 궁궁이의 이명(1937)으로도 사용. 〔이명〕 참천궁, 궁궁이, 천궁재배종. 〔유래〕 천궁(川芎). → 궁궁이.

천궁재배종(愚, 1996) (산형과) 천궁의 중국 옌볜 방언. → 천궁.

천날살이풀(愚, 1996) (비름과) 천일홍의 북한 방언. 〔유래〕 꽃이 오래 피는 풀이라는 뜻. → 천일홍.

천남성(鄭, 1937) (천남성과 *Arisaema amurense* f. *serratum*) 〔이명〕 청사두초, 가새천남성, 톱이아물천남성. 〔유래〕 천남성(天南星).

천대싸리(安, 1982) (콩과) 갯활량나물의 이명. → 갯활량나물.

천도딸기(鄭, 1942) (장미과 *Rubus arcticus*) 〔이명〕 벌딸기, 함경딸기, 두메딸기. 〔유래〕 천도(千島=지시마)에 나는 딸기라는 뜻의 일명.

천도백산차(朴, 1949) (철쭉과) 산백산차의 이명. 〔유래〕 천도(千島=지시마)에 나는 백산차라는 뜻의 일명. → 산백산차.

천리송(朴, 1949) (소나무과) 눈잣나무의 이명. 〔유래〕 천리송(千里松). → 눈잣나무.

천리향(永, 1996) (팥꽃나무과) 서향나무의 이명. → 서향나무.

천마(鄭, 1937) (난초과 *Gastrodia elata*) 〔이명〕 수자해좃. 〔유래〕 천마(天麻), 적전(赤箭), 정풍초(定風草).

천마송이풀(鄭, 1949) (현삼과) 애기송이풀의 이명. 〔유래〕 경기 개성 천마산에서 발견된 송이풀. → 애기송이풀.

천문동(鄭, 1937) (백합과 *Asparagus cochinchinensis*) 〔이명〕 홀아지좃, 부지깽나물. 〔유래〕 천문동(天門冬).

천선과(李, 1966) (뽕나무과) 천선과나무의 이명. 〔유래〕 천선과나무의 축소형. → 천선과나무.

천선과나무(鄭, 1937) (뽕나무과 *Ficus erecta*) 〔이명〕 꼭지천선과, 천선과, 긴꼭지천선과. 〔유래〕 천선과(天仙果).

천수국(李, 1969) (국화과 *Tagetes erecta*) 〔이명〕 만수국, 아프리카금잔화, 아프리칸메리골드. 〔유래〕 천수국(千壽菊).

천식약풀(愚, 1996) (범의귀과) 헐덕이약풀의 북한 방언. → 헐덕이약풀.

천엽치자(李, 1980) (꼭두선이과) 꽃치자의 이명. 〔유래〕 기본종의 꽃잎이 만첩(겹꽃)인 데서 기인. → 꽃치자.

천인국(安, 1982) (국화과 *Gaillardia pulchella*) 〔이명〕 가일라르디아. 〔유래〕 천인국(天人菊).

천인국아재비(壽, 2001) (국화과 *Dracopis amplexicaulis*) 〔유래〕 천인국과 유사. 천인국에 비해 잎이 단엽으로 밑부분이 줄기를 감싼다.

천일담배풀(鄭, 1949) (국화과 *Carpesium glossophyllum*) 〔이명〕 주걱담배풀. 〔유래〕 미상. 연대초(煙袋草).

천일사초(鄭, 1949) (사초과 *Carex scabrifolia*) 폭이사초의 이명(安, 1982)으로도 사용. 〔이명〕 갯갓사초. 〔유래〕 천일사초(千日莎草). → 폭이사초.

천일초(鄭, 1937) (비름과) 천일홍과 긴담배풀(국화과, 愚, 1996, 중국 옌볜 방언)의 이명. 〔유래〕 천일초(千日草). → 천일홍, 긴담배풀.

천일홍(朴, 1949) (비름과 *Gomphrena globosa*) 〔이명〕 천일초, 천날살이풀. 〔유래〕 천일홍(千日紅).

천지백(李, 1966) (측백나무과 *Thuja orientalis* f. *sieboldii*) 〔유래〕 밑으로 가지가 많이 나와 빗자루같이 자란다.

철남성(愚, 1996) (수련과) 가시연꽃의 이명. 〔유래〕 가시연꽃의 강원 강릉 지역 방언. → 가시연꽃.

철사고사리(安, 1982) (꼬리고사리과) 수수고사리의 이명. → 수수고사리.

철연죽(朴, 1949) (장미과) 인가목조팝나무의 이명. → 인가목조팝나무.

철죽(永, 1996) (철쭉과) 철쭉나무의 북한 방언. → 철쭉나무.

철쭉(愚, 1996) (철쭉과) 철쭉나무의 북한 방언이나 일반적으로 널리 쓰인다. 〔유래〕 철쭉나무의 축소형. → 철쭉나무.

철쭉꽃(李, 1966) (철쭉과) 철쭉나무의 이명. → 철쭉나무.

철쭉나무(鄭, 1937) (철쭉과 *Rhododendron schlippenbachii*) 〔이명〕 함박꽃, 개꽃나무, 철쭉꽃, 참철쭉, 척촉, 철죽, 철쭉. 〔유래〕 척촉(躑躅), 양척촉(羊躑躅), 옥지(玉支). 〔어원〕 척촉(躑躅). 躑躅→텩툑→텩튝→텰듁/철듁→철쭉으로 변화(어원사전).

철쭉잎(鄭, 1942) (고추나무과) 고추나무의 이명. 〔유래〕 고추나무의 경남 방언. → 고추나무.

ㅊ

청가마귀머루(鄭, 1949) (포도과 *Vitis ficifolia* v. *sinuata* f. *glabrata*) 〔이명〕 청가마귀멀구, 털개머루, 청까마귀머루. 〔유래〕 청(털이 적은) 가마귀머루라는 뜻의 학명 및 일명. 가마귀머루에 비해 잎 뒤 맥상에만 털이 있는 데서 유래.

청가마귀멀구(鄭, 1942) (포도과) 청가마귀머루의 이명. → 청가마귀머루.

청가시나무(鄭, 1937) (백합과 *Smilax sieboldii*) 〔이명〕 청열매덤불, 청밀개덤불, 청경개, 까시나무, 청가시덤불, 청가시덩굴, 청미래, 종가시나무. 〔유래〕 푸른색의 가시가 있는 나무. 철사영선(鐵絲靈仙).

청가시덤불(李, 1969) (백합과) 청가시나무의 이명. 〔유래〕 푸른색 가시가 있는 넌출성 식물. → 청가시나무.

청가시덩굴(李, 1966) (백합과) 청가시나무의 이명. → 청가시나무.

청갈참(李, 1966) (참나무과) 청갈참나무의 이명. 〔유래〕 청갈참나무의 축소형. → 청갈참나무.

청갈참나무(鄭, 1942) (참나무과 *Quercus aliena* f. *pellucida*) 〔이명〕 청갈참. 〔유래〕 청(잎 뒤에 털이 없는) 갈참나무라는 뜻의 일명.

청개구리밥(永, 1996) (개구리밥과) 좀개구리밥의 북한 방언. → 좀개구리밥.

청개족도리(永, 2002) (쥐방울과 *Asarum maculatum* f. *virida*) 〔유래〕 꽃이 자록색인 개족도리풀이라는 뜻의 학명.

청경개(鄭, 1942) (백합과) 청가시나무의 이명. → 청가시나무.

청괴불나무(鄭, 1937) (인동과 *Lonicera subsessilis*) 〔이명〕 푸른괴불나무, 푸른아귀꽃나무. 〔유래〕 청(녹색) 괴불나무라는 뜻의 일명. 금은인동(金銀忍冬).

청괴불이끼(鄭, 1970) (처녀이끼과) 괴불이끼의 이명. 〔유래〕 청 괴불이끼라는 뜻의 일명. → 괴불이끼.

청구상나무(李, 1976) (소나무과) 푸른구상나무의 이명. → 푸른구상나무.

청금향나무(李, 1966) (측백나무과 *Juniperus chinensis* v. *sargentii* f. *aurea*) 〔이명〕 금정향나무. 〔유래〕 황금색의 눈향나무라는 뜻의 학명 및 일명.

청까마귀머루(愚, 1996) (포도과) 청가마귀머루의 중국 옌볜 방언. → 청가마귀머루.

청나래개면마(愚, 1996) (면마과) 청나래고사리의 중국 옌볜 방언. → 청나래고사리.

청나래고사리(鄭, 1949) (면마과 *Matteuccia struthiopteris*) 〔이명〕 포기고사리, 청나래개면마. 〔유래〕 미상. 협과궐(莢果蕨).

청능쟁이(愚, 1996) (명아주과) 좀명아주의 북한 방언. → 좀명아주.

청다래나무(永, 1996) (다래나무과) 다래나무의 이명. → 다래나무.

청다래넌출(鄭, 1942) (노박덩굴과) 푼지나무의 이명. 〔유래〕 푼지나무의 황해 방언. → 푼지나무.

청닭의난초(李, 1969) (난초과 *Epipactis papillosum*) 〔이명〕 푸른닭의난초, 파란닭의란. 〔유래〕 꽃이 연한 녹색인 닭의난초.

청대동(朴, 1949) (대극과) 굴거리나무의 이명. → 굴거리나무.

청대패집나무(愚, 1966) (감탕나무과) 청대팻집나무의 중국 옌볜 방언. → 청대팻집나무.

청대팻집나무(鄭, 1942) (감탕나무과 *Ilex macropoda* f. *pseudo-macropoda*) 〔이명〕 민대팻집나무, 청대패집나무. 〔유래〕 청(털이 없는) 대팻집나무라는 뜻의 일명. 대병동청(大柄冬青).

청등(鄭, 1942) (새모래덩굴과) 방기의 이명. 〔유래〕 방기의 전남 방언. → 방기.

청떡갈(鄭, 1942) (참나무과 *Quercus dentata* f. *fallax*) 〔이명〕 청떡갈나무. 〔유래〕 청 떡갈나무라는 뜻의 일명.

청떡갈나무(鄭, 1949) (참나무과) 청떡갈의 이명. → 청떡갈.

청마(朴, 1949) (피나무과) 황마와 어저귀(아욱과, 1949)의 이명. → 황마, 어저귀.

청맨드래미(李, 1969) (비름과) 털비름의 이명. → 털비름.

청멍석딸기(鄭, 1942) (장미과 *Rubus parvifolius* f. *concolor*) 〔유래〕 청(잎 뒤에 흰 솜털이 없다) 멍석딸기라는 뜻의 일명.

청명아주(李, 1980) (명아주과 *Chenopodium bryoniaefolium*) 얇은명아주의 이명(朴, 1974)으로도 사용. 〔이명〕 좀능쟁이, 참명아주, 세명아주, 푸른능쟁이. 〔유래〕 청 명아주라는 뜻의 일명. → 얇은명아주.

ㅊ

청목(安, 1982) (층층나무과) 식나무의 이명. 〔유래〕 청목(靑木)은 식나무의 일명. → 식나무.

청미래(鄭, 1942) (백합과) 청가시나무의 이명. 〔유래〕 청가시나무의 황해 방언. → 청가시나무.

청미래덩굴(鄭, 1937) (백합과 *Smilax china*) 〔이명〕 명감, 망개나무, 매발톱가시, 명감나무, 종가시나무, 청열매덤불, 좀청미래, 팟청미래, 좀명감나무, 섬명감나무, 망개, 팥청미래덩굴, 좀청미래덩굴. 〔유래〕 경기 방언. 토복령(土茯苓), 발계(菝葜).

청밀개덤불(鄭, 1942) (백합과) 청가시나무의 이명. 〔유래〕 청가시나무의 강원 방언. → 청가시나무.

청백당나무(鄭, 1942) (인동과) 백당나무의 이명. 〔유래〕 청(털이 없는) 백당나무라는 뜻의 일명. → 백당나무.

청복분자(李, 1966) (장미과) 청복분자딸기의 이명. → 청복분자딸기.

청복분자딸(朴, 1949) (장미과) 청복분자딸기의 이명. → 청복분자딸기.

청복분자딸기(장미과 *Rubus coreanus* f. *concolor*) 〔이명〕 청복분자딸, 청복분자. 〔유래〕 청(잎 뒤에 털이 없다) 복분자딸기라는 뜻의 일명.

청부게꽃나무(鄭, 1942) (단풍나무과 *Acer ukurunduense* f. *pilosum*) 〔유래〕 청(엷은 털) 부게꽃나무라는 뜻의 일명.

청부싯깃고사리(李, 1969) (고사리과 *Cheilanthes argentea* f. *obscura*) 〔이명〕 푸른부싯깃고사리. 〔유래〕 청(잎 뒷면이 녹색) 부싯깃고사리라는 뜻의 일명.

ㅊ

청분비(李, 1966) (소나무과) 청분비나무의 이명. 〔유래〕 청분비나무의 축소형. → 청분비나무.

청분비나무(李, 1947) (소나무과 *Abies nephrolepis* f. *chlorocarpa*) 〔이명〕 청분비, 록실분비나무. 〔유래〕 녹색 구과(毬果)라는 뜻의 학명 및 일명.

청비녀골풀(鄭, 1949) (골풀과 *Juncus papillosus*) 〔이명〕 파란비녀골, 실골. 〔유래〕 청 비녀골풀이라는 뜻의 일명.

청비름(李, 1969) (비름과 *Amaranthus viridis*) 〔이명〕 푸른비름, 비름. 〔유래〕 청(녹색) 비름이라는 뜻의 학명 및 일명.

청비수리(李, 1966) (콩과) 땅비수리의 이명. 〔유래〕 청 비수리라는 뜻의 일명. → 땅비수리.

청사두초(安, 1982) (천남성과) 천남성의 이명. → 천남성.

청사조(鄭, 1942) (갈매나무과 *Berchemia racemosa*) 〔유래〕 청사조(青蛇條).

청사철란(李, 1969) (난초과 *Goodyera schlechtendaliana* f. *similis*) 〔유래〕 청(백색 반점이 없는) 사철란.

청사초(鄭, 1949) (사초과 *Carex breviculmis*) 〔이명〕 이삼사초, 풀사초, 두메사초. 〔유래〕 청 사초라는 뜻의 일명.

청산까치깨(李, 1969) (피나무과) 암까치깨의 이명. 〔유래〕 평북 청산에 나는 까치깨. → 암까치깨.

청성이깔나무(愚, 1996) (소나무과) 낙엽송의 북한 방언. → 낙엽송.

청소엽(李, 1980) (꿀풀과 *Perilla frutescens* v. *acuta* f. *viridis*) 〔유래〕 잎이 청색이고 꽃이 백색이다.

청수리딸기(鄭, 1942) (장미과) 수리딸기의 이명. → 수리딸기.

청수크령(鄭, 1949) (벼과 *Pennisetum alopecuroides* f. *viridescens*) 〔이명〕 푸른수크령. 〔유래〕 총포모(總苞毛)가 연한 녹색인 수크령이라는 뜻의 학명 및 일명.

청쉬땅나무(鄭, 1942) (장미과 *Sorbaria sorbifolia* v. *stellipila* f. *incerta*) 〔이명〕 털쉬땅나무. 〔유래〕 청(잎 뒤에 털이 없다) 쉬땅나무라는 뜻의 일명.

청시닥나무(鄭, 1937) (단풍나무과 *Acer barbinerve*) 〔이명〕 산겨릅나무, 청여장, 털시닥나무, 푸른시닥나무. 〔유래〕 시닥나무에 비해 엽병이 홍색을 띠지 않는다.

청실리(李, 1966) (장미과 *Pyrus ussuriensis* v. *ovoidea*) 〔이명〕 청실배. 〔유래〕 청실리(靑實梨).

청실배(永, 1996) (장미과) 청실리의 이명. → 청실리.

청쌀새(鄭, 1970) (벼과) 왕쌀새의 이명. 〔유래〕 청 쌀새라는 뜻의 일명. → 왕쌀새.

청알록제비꽃(鄭, 1949) (제비꽃과) 알록제비꽃의 이명. 〔유래〕 청 자주알록제비꽃이라는 뜻의 일명. → 알록제비꽃.

청여로(永, 1996) (백합과) 파란여로의 이명. → 파란여로.

청여장(朴, 1949) (단풍나무과) 청시닥나무의 이명. → 청시닥나무.

청열매덤불(鄭, 1942) (백합과) 청미래덩굴(강원 방언)과 청가시나무(1942)의 이명. → 청미래덩굴, 청가시나무.

청오동나무(愚, 1996) (벽오동과) 벽오동의 북한 방언. → 벽오동.

청오미자(永, 2002) (목련과 *Schisandra viridicarpa*) 〔유래〕 과실이 푸른색으로 익는 오미자라는 뜻의 학명. 낙엽이 질 때까지 엽병이 청색이다.

청용설란(安, 1982) (용설란과) 용설란의 이명. 〔유래〕 청 용설란이라는 뜻의 일명. → 용설란.

청위봉배나무(李, 1966) (장미과 *Pyrus pseudo-calleryana*) 〔유래〕 과실이 녹색이다.

청잎갈나무(李, 1966) (소나무과 *Larix olgensis* v. *koreana* f. *viridis*) 〔이명〕 푸른잎갈나무, 록실이깔나무. 〔유래〕 구과(毬果)가 녹색인 잎갈나무라는 뜻의 학명.

청자(鄭, 1942) (장미과) 명자나무의 이명. → 명자나무.

청자오랑캐(鄭, 1937) (제비꽃과) 알록제비꽃의 이명. 〔유래〕 청 자주오랭캐꽃(자주알록제비꽃)이라는 뜻의 일명. → 알록제비꽃.

청졸갈참(李, 1966) (참나무과) 청졸갈참나무의 이명. → 청졸갈참나무.

청졸갈참나무(鄭, 1942) (참나무과 *Quercus aliena* v. *acutiserrata* f. *calvescens*) 〔이명〕 청졸갈참. 〔유래〕 청(잎에 털이 없는) 졸갈참나무라는 뜻의 일명.

청중대가리나무(安, 1982) (꼭두선이과) 중대가리나무의 이명. 〔유래〕 청 중대가리나무라는 뜻의 학명 및 일명. → 중대가리나무.

청쥐똥나무(鄭, 1942) (물푸레나무과) 좀털쥐똥나무의 이명. 〔유래〕 청(털이 없는) 쥐똥나무라는 뜻의 학명. → 좀털쥐똥나무.

청진싸리(朴, 1949) (콩과) 갯활량나물의 이명. 〔유래〕 함북 청진에 나는 싸리. → 갯활량나물.

청진작약(朴, 1949) (작약과) 호작약의 이명. 〔유래〕 청진 작약이라는 뜻의 일명. → 호작약.

청진퍼진고사리(朴, 1975) (면마과) 푸른개고사리의 이명. → 푸른개고사리.

청취(愚, 1996) (국화과) 개담배의 북한 방언. → 개담배.

청포아풀(鄭, 1949) (벼과 *Poa viridula*) 〔이명〕 푸른꾸렘이풀, 푸른꿰미풀. 〔유래〕 청포아풀이라는 뜻의 학명 및 일명.

청피사초(李, 1969) (사초과 *Carex macrandrolepis*) 〔이명〕 할라사초, 제주사초. 〔유래〕 청 피사초라는 뜻의 일명.

청하향초(李, 2003) (국화과) 만수국아재비의 이명. 〔유래〕 청하를 따라 많이 자라고 향기로움을 지니고 있다는 뜻. → 만수국아재비.

ㅊ

체꽃(鄭, 1956) (산토끼꽃과 *Scabiosa tschiliensis* f. *pinnata*) 솔체꽃의 이명(朴, 1949)으로도 사용. 〔이명〕 가는잎체꽃. 〔유래〕 미상. → 솔체꽃.

초결명(愚, 1996) (콩과) 결명차의 중국 옌볜 방언. → 결명차.

초때승마(鄭, 1937) (미나리아재비과) 촛대승마의 이명. → 촛대승마.

초령목(李, 1966) (목련과 *Michelia compressa*) 〔이명〕 귀신나무. 〔유래〕 초령목(招靈木).

초록(朴, 1949) (여뀌과) 참소리쟁이의 이명. → 참소리쟁이.

초롱꽃(鄭, 1937) (초롱꽃과 *Campanula punctata*) 은방울꽃(백합과, 朴, 1949)과 후크시아(바늘꽃과, 尹, 1989)의 이명으로도 사용. 〔유래〕 꽃의 모양이 청사초롱과 유사. 자반풍령초(紫斑風鈴草). → 은방울꽃, 후크시아.

초롱꽃나무(愚, 1996) (바늘꽃과) 후크시아의 북한 방언. → 후크시아.

초롱사초(永, 1996) (사초과) 낚시사초의 이명. → 낚시사초.

초룡담(鄭, 1949) (용담과) 용담과 과남풀(朴, 1949)의 이명. 〔유래〕 초용담(草龍膽). → 용담, 과남풀.

초리새(愚, 1996) (벼과) 쥐꼬리새의 북한 방언. → 쥐꼬리새.

초마황(안덕균, 1998) (마황과 *Ephedra sinica*) 〔유래〕 초본성인 마황. 마황(麻黃).

초오(鄭, 1937) (미나리아재비과) 놋젓가락나물의 이명. 〔유래〕 초오(草烏). → 놋젓가락나물.

초용담(安, 1982) (용담과) 용담의 이명. → 용담, 초룡담.

초우성(安, 1982) (가지과) 미치광이의 이명. → 미치광이.

초종용(鄭, 1949) (열당과 *Orobanche coerulescens*) 〔이명〕 열당, 쑥더부사리, 사철쑥더부살이, 갯더부살이, 갯더부사리, 개더부사리. 〔유래〕 초종용(草蓯蓉), 열당(列當).

초평조팝나무(鄭, 1942) (장미과 *Spiraea pubescens* f. *leiocarpa*) 〔이명〕 개아구장나무. 〔유래〕 충북 진천 초평에 나는 조팝나무라는 뜻의 일명.

초피나무(鄭, 1937) (운향과 *Zanthoxylum piperitum*) 〔이명〕 전피, 제피나무, 상초나무, 산초나무, 좀피나무, 조피나무. 〔유래〕 미상. 산초(山椒), 천초(川椒), 진초(秦椒), 촉초(蜀椒), 화초(花椒).

촉귀(安, 1982) (아욱과) 황촉규의 이명. → 황촉규.

촉규화(鄭, 1937) (아욱과) 접시꽃의 이명. → 접시꽃.

촘촘처녀고사리(鄭, 1937) (면마과 *Thelypteris nipponica*) 〔이명〕 대택고사리, 털대택고사리, 산고사리, 털산고사리, 키다리처녀고사리. 〔유래〕 미상.

촛대노간주(李, 2003) (측백나무과 *Juniperus rigida* v. *columnalis*) 〔유래〕 가지가 위를 향하여 자라 수형이 촛대와 같이 된 노간주나무.

촛대승마(鄭, 1949) (미나리아재비과 *Cimicifuga simplex*) 〔이명〕 초때승마, 섬촛대승마, 산촛대승마, 외대승마, 나물승마, 섬승마, 대승마. 〔유래〕 꽃대가 짧은 긴 총상화서(總狀花序)를 촛대에 비유. 승마(升麻).

촛대초령목(永, 2003) (목련과 *Michelia figo*) 〔유래〕 꽃의 중심에 서 있는 암술의 모습을 촛대에 비유. 초령목에 비해 관목으로 꽃이 황색이다.

총생종호록(愚, 1996) (꽃고비과) 지면패랭이꽃의 중국 옌벤 방언. → 지면패랭이꽃.

총전광이(李, 1976) (벼과 *Glyceria lithuanica*) 〔이명〕 사할진들피. 〔유래〕 미상.

최채나물(朴, 1949) (국화과) 좀께묵의 이명. → 좀께묵.

추리나무(愚, 1996) (장미과) 자도나무(중국 옌벤 방언)와 열려수(1996, 북한 방언)의 이명. → 자도나무, 열려수.

추립(李, 1976) (백합과) 투울립의 이명. → 투울립.

추륌(安, 1982) (백합과) 투울립의 이명. → 투울립.

추명국(愚, 1996) (미나리아재비과) 대상화의 중국 옌벤 방언. → 대상화.

추목단(安, 1982) (미나리아재비과) 대상화의 이명. 〔유래〕 추목단(秋牧丹). → 대상화.

추분씀바귀(朴, 1949) (국화과) 추분취의 이명. → 추분취.

추분취(李, 1969) (국화과 *Rhynchospermum verticillatum*) 〔이명〕 나도담배풀, 추분씀바귀, 참추분씀바귀. 〔유래〕 추분초(秋分草)라는 뜻의 일명.

축자가시나무(鄭, 1942) (장미과 *Rosa multiflora* v. *adenochaeta*) 〔이명〕 털찔레, 샘털들장미, 샘털찔레나무. 〔유래〕 축자장미(筑紫薔薇)라는 뜻의 일명.

축자병꽃(李, 2003) (인동과 *Weigela japonica*) 〔유래〕 미상.

춘란(이재선, 1981) (난초과) 보춘화의 이명. → 보춘화.

춘양목(永, 1996) (소나무과) 금강소나무의 이명. → 금강소나무.

춘차국(尹, 1989) (국화과) 기생초의 이명. 〔유래〕 춘차국(春車菊). → 기생초.

충나무(鄭, 1937) (멀구슬나무과) 참죽나무의 이명. → 참죽나무.

충무오동(李, 2003) (현삼과 *Paulownia* x *intermedia*) 〔유래〕 경남 충무 통영시에 나는 오동나무. 오동나무와 참오동나무의 잡종.

충무채송화(李, 2003) (돌나물과 *Sedum makinoi*) 〔유래〕 경남 충무에 나는 채송화. 돌채송화에 비해 꽃이 핀 가지의 잎이 대생한다.

취(朴, 1974) (국화과) 참취의 이명. 〔유래〕 곰취, 단풍취, 참취 등에 붙이는 취나물의 총칭. → 참취.

취란화(朴, 1949) (앵초과) 앵초의 이명. 〔유래〕 취란화(翠蘭花). → 앵초.

취명아주(鄭, 1957) (명아주과) 쥐명아주의 이명. 〔유래〕 쥐명아주의 오기. → 쥐명아주.

취앙네(李, 1966) (장미과 *Pyrus ussuriensis* v. *acidula*) 〔유래〕 평남 방언.

측금잔화(李, 2003) (미나리아재비과) 복수초의 이명. 〔유래〕 측금잔화(側金盞花). → 복수초.

측백나무(鄭, 1942) (측백나무과 *Thuja orientalis*) 〔유래〕 측백(側柏), 측백엽(側柏葉), 백자인(柏子仁).

츩(鄭, 1937) (콩과) 칡의 이명. → 칡.

층꽃(朴, 1949) (꿀풀과) 층층이꽃의 이명. → 층층이꽃.

층꽃나무(李, 1966) (마편초과) 층꽃풀의 이명. 〔유래〕 꽃이 층층으로 피는 아관목. → 층꽃풀.

층꽃나물(愚, 1996) (꿀풀과) 흰꽃광대나물의 북한 방언. → 흰꽃광대나물.

층꽃풀(鄭, 1949) (마편초과 *Caryopteris incana*) 〔이명〕 난향초, 층꽃나무. 〔유래〕 꽃이 층층으로 피는 풀이라는 뜻이나 실은 아관목이다. 난향초(蘭香草).

층실사초(鄭, 1949) (사초과 *Carex remotiuscula*) 〔이명〕 호랭이사초. 〔유래〕 이토히키스케(실을 뽑는 사초)(イトヒキスゲ)라는 일명.

층층갈고리둥굴레(安, 1982) (백합과 *Polygonatum sibiricum*) 〔이명〕 원황정, 갈구리층층둥굴레, 낚시둥굴레, 죽대둥굴레. 〔유래〕 층층둥굴레에 비해 잎 끝이 갈고리같이 된다.

층층고란초(鄭, 1937) (고란초과 *Crypsinus veichii*) 〔이명〕 두메고란, 산고란초. 〔유래〕 고란초에 비해 잎의 우편(羽片)이 층층으로 난다.

층층고랭이(李, 1969) (사초과 *Cladium chinense*) 〔이명〕 멧돼지새. 〔유래〕 꽃이 층층으로 달린다.

층층고사리(鄭, 1949) (고사리과) 고사리의 이명. 〔유래〕 잎의 우편(羽片)이 계단적으로 배열. → 고사리.

층층꽃(朴, 1974) (꿀풀과) 층층이꽃의 이명. → 층층이꽃.

층층나무(鄭, 1937) (층층나무과 *Cornus controversa*) 〔이명〕 물깨금나무, 말채나무, 꺼그렁나무. 〔유래〕 경기 방언. 가지가 층층으로 나는 데서 유래. 등대수(燈臺樹).

층층대극(李, 1969) (대극과 *Euphorbia lucorum* v. *polyradiatus*) 〔유래〕 미상.

층층대나물(朴, 1949) (석죽과) 층층장구채의 이명. → 층층장구채.

층층둥굴레(鄭, 1949) (백합과 *Polygonatum stenophyllum*) 〔이명〕 수레둥굴레. 〔유래〕 잎이 줄기에 층층으로 윤생하는 둥굴레. 황정(黃精).

층층붓꽃(愚, 1996) (붓꽃과) 글라디올러스의 북한 방언. → 글라디올러스.

층층이꽃(鄭, 1937) (꿀풀과 *Clinopodium chinense* v. *parviflorum*) 꽃층층이꽃의 이명(愚, 1996, 중국 옌볜 방언)으로도 사용. 〔이명〕 층꽃, 층층꽃. 〔유래〕 층층이(수레바퀴와 같이)꽃이라는 뜻의 일명. 대화풍륜채(大花風輪菜). → 꽃층층이꽃.

층층이장구채(鄭, 1937) (석죽과) 층층장구채의 이명. → 층층장구채.

층층잔대(鄭, 1949) (초롱꽃과) 잔대의 이명. 〔유래〕 화서의 가지가 층층으로 난다. → 잔대.

층층장구채(鄭, 1949) (석죽과 *Silene macrostyla*) 〔이명〕 층층이장구채, 층층대나물. 〔유래〕 꽃이 층층이 난다.

치마난초(鄭, 1970) (난초과 *Cypripedium japonicum*) 〔이명〕 광능요강꽃, 광릉요강꽃, 큰복주머니, 광릉복주머니란, 부채잎작란화. 〔유래〕 2개의 잎이 대생하는 것같이 나서 펴져 줄기를 에워싸는 모양을 치마에 비유.

치마풀(愚, 1996) (백합과) 처녀치마의 북한 방언. → 처녀치마.

치자(鄭, 1937) (꼭두선이과) 치자나무의 이명. → 치자나무.

치자나무(鄭, 1942) (꼭두선이과 *Gardenia jasminoides*) 〔이명〕 치자, 좀치자, 겹치자나무. 〔유래〕 경기 방언. 치자(梔子).

치자풀(朴, 1949) (꼭두선이과) 두잎갈퀴의 이명. → 두잎갈퀴.

치커리(永, 1996) (국화과 *Cichorium intybus*) 〔유래〕 Chicory. 국거(菊苣).

칙(朴, 1949) (콩과) 칡의 이명. → 칡.

칙덤불(鄭, 1942) (콩과) 칡의 이명. 〔유래〕 칡의 경기 방언. → 칡.

친어리연꽃(朴, 1974) (조름나물과) 좀어리연꽃의 이명. → 좀어리연꽃.

칠갑나리(李, 2003) (백합과) 광릉털중나리의 이명. → 광릉털중나리.

칠고사리(鄭, 1970) (면마과 *Athyrium mesosorum*) 〔이명〕 큰개고사리. 〔유래〕 칠고사리라는 뜻의 일명.

칠면초(鄭, 1937) (명아주과 *Suaeda japonica*) 〔이명〕 해홍나물. 〔유래〕 칠면초(七面草)라는 뜻의 일명. 염봉(鹽蓬).

칠보개물통이(李, 1969) (쐐기풀과 *Parietaria micrantha* v. *coreana*) 〔이명〕 덩굴화점초웅달, 덩굴좀물통이. 〔유래〕 함북 칠보산에 나는 개물통이.

칠보산바늘꽃(安, 1982) (바늘꽃과) 명천바늘꽃의 이명. 〔유래〕 함북 명천 칠보산에 나는 바늘꽃. → 명천바늘꽃.

칠보송이풀(安, 1982) (현삼과) 송이풀의 이명. 〔유래〕 칠보 송이풀이라는 뜻의 일명. → 송이풀.

칠보치마(李, 1976) (백합과 *Metanarthecium luteo-viride*) 〔유래〕 경기 수원 칠보산에 나는 처녀치마.

칠선주나무(永, 1996) (고추나무과) 말오줌때의 이명. → 말오줌때.

칠양지꽃(鄭, 1937) (장미과) 솜양지꽃의 이명. → 솜양지꽃.

칠엽나무(鄭, 1949) (칠엽수과) 칠엽수의 이명. → 칠엽수.

칠엽수(李, 1966) (칠엽수과 *Aesculus turbinata*) 〔이명〕 칠엽나무, 왜칠엽나무. 〔유래〕 칠엽수(七葉樹).

칡(鄭, 1942) (콩과 *Pueraria lobata*) 〔이명〕 츩, 칙덤불, 칙, 칡덤불. 〔유래〕 갈(葛), 갈근(葛根), 갈등(葛藤). 〔어원〕 질을(叱乙)〔葛〕→츩→칡으로 변화(어원사전).

칡덤불(永, 1996) (콩과) 칡의 이명. → 칡.

침도로나무(鄭, 1942) (참나무과) 졸참나무의 이명. 〔유래〕 졸참나무의 강원 방언. → 졸참나무.

ㅋ

카나다꿰미풀(愚, 1996) (벼과) 좀포아풀의 중국 옌볜 방언. 〔유래〕 캐나다산 꿰미풀(포아풀). → 좀포아풀.

카나리갈풀(李, 2003) (벼과) 카나리새풀의 이명. → 카나리새풀.

카나리새풀(壽, 1993) (벼과 *Phalaris canariensis*) 〔이명〕 카나리갈풀. 〔유래〕 카나리에 나는 새풀(갈풀)이라는 뜻의 학명 및 일명.

카네숀(朴, 1949) (석죽과) 카네이숀의 이명. → 카네이숀.

카네이션(李, 1980) (석죽과) 카네이숀의 이명. → 카네이숀.

카네이숀(李, 1969) (석죽과 *Dianthus caryophyllus*) 〔이명〕 카네숀, 카네이션. 〔유래〕 Carnation.

카라아(安, 1982) (천남성과) 갈라의 이명. → 갈라.

카밀레(李, 1980) (국화과 *Matricaria chamomilla*) 〔이명〕 번대국화. 〔유래〕 Kamille라는 네덜란드명. 모국(母菊).

카이란트(李, 1976) (범의귀과) 커런트의 이명. → 커런트.

칸나(永, 1996) (홍초과) 홍초의 이명. 〔유래〕 칸나(*Canna*)라는 속명. → 홍초.

칼라듐(安, 1982) (천남성과) 칼라디움의 이명. → 칼라디움.

칼라디움(李, 1969) (천남성과 *Caladium bicolor*) 〔이명〕 칼라듐, 잎토란, 금수엽. 〔유래〕 칼라디움(*Caladium*)이라는 속명.

칼송이풀(鄭, 1949) (현삼과 *Pedicularis lunaris*) 〔유래〕 칼(왜장도) 송이풀이라는 뜻의 일명.

칼잎룡담(愚, 1996) (용담과) 큰용담의 북한 방언. → 큰용담, 칼잎용담.

칼잎용담(鄭, 1937) (용담과) 큰용담의 이명. 〔유래〕 잎이 좁고 긴 모양을 칼에 비유. → 큰용담.

캄프리(永, 1996) (지치과) 컴프리의 이명. → 컴프리.

캐나다박태기나무(永, 1996) (콩과 *Cercis canadensis*) 〔유래〕 캐나다 원산의 박태기나무라는 뜻의 학명. 잎이 핀 다음에 꽃이 핀다.

캐나다엉겅퀴(壽, 2001) (국화과 *Cirsium arvense*) 〔유래〕 캐나다 원산의 엉겅퀴.

캘리포니아양귀비(永, 1996) (양귀비과) 금영화의 이명. → 금영화, 캘리포니아포피.

캘리포니아포피(尹, 1989) (양귀비과) 금영화의 이명. 〔유래〕 California poppy. → 금영화.

커런트(李, 2003) (범의귀과 *Ribes sativum*) 〔이명〕 카이란트. 〔유래〕 Garden currant.

컴프리(李, 1980) (지치과 *Symphytum officinale*) 〔이명〕 캄프리, 콤푸레. 〔유래〕 Common comfrey. 감부리(甘富利).

코딱지나물(朴, 1949) (꿀풀과) 광대나물의 이명. → 광대나물.

코딱지풀(鄭, 1949) (꿀풀과) 광대나물의 이명. → 광대나물.

코마로브포아풀(永, 1996) (벼과 *Poa komarovii*) 〔유래〕 코마로브(Komarov)의 포아풀이라는 뜻의 학명.

코스모스(朴, 1949) (국화과 *Cosmos bipinnatus*) 〔유래〕 코스모스(*Cosmos*)라는 속명. 추영(秋英).

콤푸레(愚, 1996) (지치과) 컴프리의 북한 방언. → 컴프리.

콩(鄭, 1937) (콩과 *Glycine max*) 〔이명〕 대두, 푯베기콩. 〔유래〕 대두(大豆), 흑대두(黑大豆).

콩다닥냉이(李, 1969) (십자화과) 콩말냉이의 이명. 〔유래〕 다닥냉이와 유사하나 열매가 콩같이 크다. → 콩말냉이.

콩말냉이(鄭, 1970) (십자화과 *Lepidium virginicum*) 〔이명〕 콩다닥냉이, 좀다닥냉이. 〔유래〕 콩 말냉이라는 뜻의 일명.

콩밤(李, 1966) (참나무과 *Castanea crenata* v. *kusakuri* f. *kong-bam*) 〔유래〕 콩밤이라는 뜻의 학명. 두율(豆栗).

콩배나무(鄭, 1942) (장미과 *Pyrus calleryana*) 〔이명〕 돌배나무, 좀돌배나무, 산돌배, 문배, 황이. 〔유래〕 콩배〔大豆梨〕라는 뜻의 일명. 열매가 1cm 이내로 소형인 데서 유래. 녹리(鹿梨).

콩버들(鄭, 1937) (버드나무과 *Salix rotundifolia*) 〔이명〕 콩잎버들. 〔유래〕 콩 버드나무라는 뜻의 일명.

콩버무리(鄭, 1949) (석죽과) 쇠별꽃의 이명. → 쇠별꽃.

콩오랑캐(鄭, 1937) (제비꽃과) 콩제비꽃의 이명. 〔유래〕 콩 오랑캐꽃(제비꽃). → 콩제비꽃.

콩잎버들(安, 1982) (버드나무과) 콩버들의 이명. → 콩버들.

콩제비꽃(鄭, 1949) (제비꽃과 *Viola verecunda*) 〔이명〕 콩오랑캐, 조개나물, 조갑지나물, 좀턱제비꽃. 〔유래〕 콩(종지같이 작은) 제비꽃이라는 뜻의 일명. 소독약(消毒藥).

콩조각고사리(朴, 1961) (고란초과) 콩짜개덩굴의 이명. → 콩짜개덩굴.

콩짜개고사리(朴, 1949) (고란초과) 콩짜개덩굴의 이명. → 콩짜개덩굴.

콩짜개난(李, 1969) (난초과) 콩짜개란의 이명. → 콩짜개란.

콩짜개덩굴(鄭, 1937) (고란초과 *Lemmaphyllum microphyllum*) 〔이명〕 콩짜개고사리, 콩조각고사리. 〔유래〕 콩짜개라는 뜻의 일명. 잎의 모양이 콩짜개와 유사. 나염초(螺曆草).

콩짜개란(鄭, 1949) (난초과 *Bulbophyllum drymoglossum*) 〔이명〕 덩굴난초, 콩짜개난. 〔유래〕 콩짜개 난초라는 뜻의 일명.

콩팥노루발(鄭, 1937) (노루발과 *Pyrola renifolia*) 〔이명〕 콩팥노루발풀. 〔유래〕 콩팥(신장) 같은 잎의 노루발풀이라는 뜻의 학명 및 일명.

콩팥노루발풀(安, 1982) (노루발과) 콩팥노루발의 이명. → 콩팥노루발.

크로바(朴, 1949) (콩과) 토끼풀의 이명. 〔유래〕 White clover. → 토끼풀.

크로카스(朴, 1949) (붓꽃과) 사프란의 이명. 〔유래〕 크로쿠스(*Crocus*)라는 속명. → 사프란.

크로커스(尹, 1989) (붓꽃과) 사프란의 이명. → 사프란, 크로카스.

크록시니아(李, 1969) (제스네리아과 *Sinningia speciosa*) 〔이명〕 글록시니아, 크록키니시아, 비단꽃. 〔유래〕 Common gloxinia.

크록키니시아(永, 1996) (제스네리아과) 크록시니아의 이명. → 크록시니아.

큰가는잎꼬리풀(愚, 1996) (현삼과) 큰꼬리풀의 이명. → 큰꼬리풀.

큰가래(鄭, 1937) (가래과 *Potamogeton natans*) 선가래의 이명(李, 1969)으로도 사용. 〔이명〕 대동가래. 〔유래〕 큰 가래라는 뜻의 일명. → 선가래.

큰가새고사리(朴, 1949) (면마과) 왁살고사리의 이명. → 왁살고사리.

큰가위고사리(朴, 1961) (면마과) 쇠고사리의 이명. → 쇠고사리.

큰가지애기나리(安, 1982) (백합과) 윤판나물의 이명. → 윤판나물.

큰각시취(鄭, 1949) (국화과 *Saussurea japonica*) 〔이명〕 좀솜나물, 해변취, 각시분취. 〔유래〕 큰 각시취라는 뜻의 일명.

큰갈구리풀(愚, 1996) (콩과) 큰도둑놈의갈구리의 북한 방언. 〔유래〕 큰 갈구리풀(도둑놈의갈구리). → 큰도둑놈의갈구리.

큰갈참나무(朴, 1949) (참나무과) 갈참나무의 이명. 〔유래〕 큰(잎이 큰) 갈참나무라는 뜻의 일명. → 갈참나무.

큰갈퀴(朴, 1974) (콩과) 큰등갈퀴의 이명. → 큰등갈퀴.

큰갈퀴큰등말굴레풀(永, 1996) (콩과) 큰등갈퀴의 북한 방언. → 큰등갈퀴.

큰갈키꼭두선이(朴, 1949) (꼭두선이과) 갈퀴꼭두선이의 이명. 〔유래〕 큰 갈퀴꼭두선이라는 뜻의 일명. → 갈퀴꼭두선이.

큰갈키나물(朴, 1949) (콩과) 갈퀴나물의 이명. → 갈퀴나물.

큰갈키아재비(朴, 1949) (꼭두선이과) 넓은잎개갈퀴의 이명. → 넓은잎개갈퀴.

큰감제풀(愚, 1996) (여뀌과) 왕호장근의 중국 옌볜 방언. 〔유래〕 왕(큰) 감제풀(호장

ㅋ

근). → 왕호장근.

큰개고사리(朴, 1949) (면마과) 칠고사리의 이명. → 칠고사리.

큰개구리사초(愚, 1996) (사초과) 양덕사초의 이명. → 양덕사초.

큰개기장(壽, 2003) (벼과 *Panicum virgatum*) 〔유래〕 키가 곧게 자라면서 크기 때문. 개기장과 미국개기장에 비해 다년생 초본이다.

큰개미자리(鄭, 1937) (석죽과 *Sagina maxima*) 너도개미자리의 이명(朴, 1949)으로도 사용. 〔이명〕 좀개미자리. 〔유래〕 큰 개미자리라는 뜻의 학명. 칠고초(漆姑草). → 너도개미자리.

큰개별꽃(鄭, 1949) (석죽과 *Pseudostellaria palibiniana*) 〔이명〕 수염뿌리미치광이, 선미치광이풀, 민개별꽃, 큰들별꽃. 〔유래〕 줄기 윗부분에 나는 2쌍의 잎이 특별히 크다.

큰개불알꽃(鄭, 1937) (난초과 *Cypripedium calceolus*) 큰개불알풀의 이명(현삼과, 李, 1969)으로도 사용. 〔이명〕 누른요강꽃, 노랑개불알꽃, 노랑요강꽃, 노랑복주머니란, 노랑주머니꽃, 큰작란화. 〔유래〕 큰 개불알꽃이라는 뜻의 일명. → 큰개불알풀.

큰개불알풀(李, 1980) (현삼과 *Veronica persica*) 〔이명〕 큰개불알꽃, 큰지금. 〔유래〕 큰 개불알풀이라는 뜻의 일명.

큰개서나무(朴, 1949) (자작나무과) 왕개서어나무의 이명. → 왕개서어나무.

큰개수염(朴, 1949) (곡정초과 *Eriocaulon hondoense*) 〔이명〕 왜고위까람. 〔유래〕 총포편(總苞片)이 꽃보다 길다.

ㅋ

큰개승마(朴, 1949) (미나리아재비과) 개승마의 이명. 〔유래〕 잎이 큰 개승마라는 뜻의 학명. → 개승마.

큰개여뀌(李, 1969) (여뀌과) 명아자여뀌와 흰여뀌(永, 1996)의 이명. 〔유래〕 큰 개여뀌라는 뜻의 일명. → 명아자여뀌, 흰여뀌.

큰개현삼(鄭, 1949) (현삼과 *Scrophularia kakudensis*) 〔이명〕 큰현삼, 큰돌현삼. 〔유래〕 큰 개현삼이라는 뜻의 일명. 현삼(玄蔘).

큰갯보리(朴, 1949) (벼과) 갯보리의 이명. 〔유래〕 큰 갯보리라는 뜻의 일명. → 갯보리.

큰거북꼬리(鄭, 1937) (쐐기풀과) 거북꼬리의 이명. 〔유래〕 큰 거북꼬리라는 뜻의 일명. → 거북꼬리.

큰검정사초(李, 1969) (사초과 *Carex meyeriana*) 〔이명〕 진들껌정사초, 진들검정사초. 〔유래〕 미상.

큰검정털고사리(朴, 1949) (면마과) 산족제비고사리의 이명. 〔유래〕 큰 검정털고사리(족제비고사리)라는 뜻의 일명. → 산족제비고사리.

큰겹원추리(愚, 1996) (백합과) 원추리의 북한 방언. → 원추리.

큰고란초(朴, 1949) (고란초과 *Crypsinus engleri*) 〔이명〕 큰고사리, 왕고란초. 〔유래〕 엽신이 고란초에 비해 크다.

큰고랭이(鄭, 1949) (사초과 *Scirpus tabernaemontani*) 〔이명〕 큰골, 돗자리골, 고랭이. 〔유래〕 후토이(두꺼운)(フトイ)라는 일명. 줄기가 둥글고 큰 것에서 유래. 수총(水葱).

큰고사리(李, 1969) (고란초과) 큰고란초의 이명. → 큰고란초.

큰고사리삼(鄭, 1970) (고사리삼과 *Botrychium japonicum*) 〔이명〕 산고사리삼, 산꽃고사리, 산꽃고사리삼, 큰산고사리삼. 〔유래〕 큰 고사리삼이라는 뜻의 일명.

큰고양이수염(朴, 1949) (사초과 *Rhynchospora fauriei*) 〔이명〕 큰골풀아재비. 〔유래〕 큰 고양이수염(개수염사초)이라는 뜻의 일명.

큰고추나물(鄭, 1949) (물레나물과 *Hypericum attenuatum* v. *confertissimum*) 〔유래〕 큰 고추나물이라는 뜻의 일명.

큰고추풀(朴, 1949) (현삼과 *Gratiola japonica*) 〔이명〕 큰등에풀, 큰물벼룩알풀, 등에고추풀. 〔유래〕 미상.

큰골(朴, 1949) (사초과) 큰고랭이의 이명. 〔유래〕 큰(퉁퉁한) 골이라는 뜻의 일명. → 큰고랭이.

큰골무꽃(朴, 1949) (골풀과) 참골무꽃의 이명. → 참골무꽃.

큰골짚신나물(鄭, 1949) (장미과) 짚신나물의 이명. 〔유래〕 큰 짚신나물이라는 뜻의 일명. → 짚신나물.

큰골풀아재비(愚, 1996) (사초과) 큰고양이수염의 중국 옌볜 방언. → 큰고양이수염.

큰곰취(朴, 1949) (국화과) 곰취의 이명. → 곰취.

큰공작고사리(朴, 1949) (고사리과) 섬공작고사리의 이명. 〔유래〕 큰 섬공작고사리라는 뜻의 일명. → 섬공작고사리.

큰광대수염(朴, 1974) (꿀풀과) 털향유와 섬광대수염(安, 1982)의 이명. → 털향유, 섬광대수염.

큰괭이눈(朴, 1974) (범의귀과 *Chrysosplenium pilosum* v. *fulvum*) 〔유래〕 큰 괭이눈이라는 뜻의 일명.

큰괭이밥(鄭, 1937) (괭이밥과 *Oxalis obtriangulata*) 〔이명〕 큰괭이밥풀. 〔유래〕 큰 산괭이밥이라는 뜻의 일명. 초장초(酢漿草).

큰괭이밥풀(愚, 1996) (괭이밥과) 큰괭이밥의 북한 방언. → 큰괭이밥.

큰괴불주머니(鄭, 1937) (양귀비과 *Corydalis gigantea*) 〔이명〕 큰뿔꽃. 〔유래〕 큰(거대한) 괴불주머니라는 뜻의 학명 및 큰 자주괴불주머니라는 뜻의 일명.

큰구슬봉이(永, 1996) (용담과) 큰구슬붕이의 이명. → 큰구슬붕이.

큰구슬붕이(鄭, 1949) (용담과 *Gentiana zollingeri*) 〔이명〕 큰구실붕이, 큰구실봉이, 큰구슬봉이. 〔유래〕 큰(잎이) 구슬붕이. 석용담(石龍膽).

큰구실봉이(朴, 1949) (용담과) 큰구슬붕이의 이명. → 큰구슬붕이.

큰구실붕이(鄭, 1937) (용담과) 큰구슬붕이의 이명. → 큰구슬붕이.

큰구와꼬리풀(李, 1969) (현삼과) 가새잎꼬리풀의 이명. 〔유래〕 큰 구와꼬리풀이라는 뜻의 일명. → 가새잎꼬리풀.

큰구절초(朴, 1974) (국화과) 구절초의 이명. 〔유래〕 잎이 큰 구절초라는 뜻의 학명. → 구절초.

큰군자란(愚, 1996) (수선화과) 군자란의 중국 옌벤 방언. → 군자란.

큰그늘사초(朴, 1949) (사초과) 왕그늘사초의 이명. 〔유래〕 큰 그늘사초라는 뜻의 일명. → 왕그늘사초.

큰금계국(李, 1969) (국화과 *Coreopsis lanceolata*) 〔유래〕 큰 금계국이라는 뜻의 일명.

큰금매화(鄭, 1949) (미나리아재비과 *Trollius macropetalus*) 〔이명〕 겹금매화. 〔유래〕 큰(꽃잎이) 금매화라는 뜻의 학명. 장판금련화(長瓣金蓮花).

큰기름나물(朴, 1949) (산형과) 큰참나물의 이명. → 큰참나물.

큰기름새(鄭, 1937) (벼과 *Spodiopogon sibiricus*) 〔이명〕 아들메기, 이들메기. 〔유래〕 큰 기름새라는 뜻의 일명.

큰기린초(鄭, 1949) (돌나물과 *Sedum aizoon* v. *latifolium*) 〔이명〕 만주꿩의비름, 묏꿩의비름, 큰잎기린초, 큰꿩의비름, 왕꿩의비름, 넓은잎가는기린초, 고려꿩의비름, 넓은가는기린초. 〔유래〕 큰(잎이 넓은) 기린초라는 뜻의 학명.

ㅋ

큰기생초(朴, 1949) (앵초과) 참기생꽃의 이명. → 참기생꽃.

큰김의털(壽, 1995) (벼과 *Festuca arundinacea*) 〔유래〕 Tall fescue-grass라는 영명 및 큰(도깨비) 김의털이라는 뜻의 일명.

큰까치수염(鄭, 1937) (앵초과 *Lysimachia chlethroides*) 〔이명〕 민까치수염, 큰까치수영, 홀아빗대, 큰꽃꼬리풀. 〔유래〕 미상. 진주채(珍珠菜).

큰까치수영(李, 1980) (앵초과) 큰까치수염의 이명. 〔유래〕 큰까치수염의 오기. → 큰까치수염.

큰깨풀(朴, 1974) (앵초과) 털큰앵초의 이명. → 털큰앵초.

큰껍질새(朴, 1949) (벼과 *Melica turczaninowiana*) 왕쌀새의 이명(安, 1982)으로도 사용. 〔이명〕 큰쌀새, 큰껍질쌀새. 〔유래〕 큰 껍질새(쌀새). → 왕쌀새.

큰껍질쌀새(愚, 1996) (벼과) 큰껍질새의 북한 방언. → 큰껍질새.

큰꼬리풀(李, 1969) (현삼과 *Veronica linariifolia* v. *dilatata*) 여호꼬리풀의 이명(朴, 1949)으로도 사용. 〔이명〕 큰자주꼬리풀, 큰가는잎꼬리풀. 〔유래〕 큰 가는잎꼬리풀이라는 뜻의 일명. → 여호꼬리풀.

큰꼬마리(朴, 1949) (여뀌과) 고마리의 이명. 〔유래〕 큰 꼬마리(고마리)라는 뜻의 일명. → 고마리.

큰꼭두서니(李, 1980) (꼭두선이과) 큰꼭두선이의 이명. → 큰꼭두선이.

큰꼭두선이(鄭, 1937) (꼭두선이과 *Rubia chinensis*) 민큰꼭두선이의 이명(李, 1969)으로도 사용. 〔이명〕 큰꼭두서니. 〔유래〕 큰 꼭두선이라는 뜻의 일명. → 민큰꼭두선이.

큰꽃긴잎여로(李, 1969) (백합과) 긴잎여로의 이명. 〔유래〕 큰 꽃 긴잎여로라는 뜻의 학명. → 긴잎여로.

큰꽃꼬리풀(愚, 1996) (앵초과) 큰까치수염의 북한 방언. → 큰까치수염.

큰꽃땅비싸리(최병희, ?) (콩과 *Indigofera grandiflora*) 〔유래〕 꽃이 큰 땅비싸리라는 뜻의 학명.

큰꽃마리(鄭, 1970) (지치과 *Cynoglossum zeylanicum*) 참꽃받이(朴, 1949)와 왕꽃마리(愚, 1996, 중국 옌볜 방언)의 이명으로도 사용. 〔이명〕 섬꽃마리, 잔섬꽃마리, 큰꽃말이. 〔유래〕 오(큰)루리소(オオルリソウ)라는 일명. → 참꽃받이, 왕꽃마리.

큰꽃말이(安, 1982) (지치과) 큰꽃마리의 이명. → 큰꽃마리.

큰꽃목련(愚, 1996) (목련과) 태산목의 중국 옌볜 방언. → 태산목.

큰꽃벚나무(鄭, 1965) (장미과) 왕벚나무의 이명. → 왕벚나무.

큰꽃삿갓풀(安, 1982) (백합과) 연영초의 이명. → 연영초.

큰꽃수리취(朴, 1949) (국화과) 당분취의 이명. → 당분취.

큰꽃으아리(鄭, 1937) (미나리아재비과 *Clematis patens*) 〔이명〕 어사리, 개비머리. 〔유래〕 꽃이 큰 으아리. 위령선(威靈仙).

큰꽃장대(朴, 1974) (십자화과 *Dontostemon hispidus*) 〔유래〕 미상.

큰꽃점나도나물(愚, 1996) (석죽과) 큰점나도나물의 북한 방언. → 큰점나도나물.

큰꾸러미풀(李, 1969) (벼과 *Poa nipponica*) 〔이명〕 큰꾸렘이풀, 질긴포아풀, 큰꿰미풀. 〔유래〕 큰 꾸러미풀(포아풀)이라는 뜻의 일명.

큰꾸렘이풀(朴, 1949) (벼과) 큰꾸러미풀의 이명. → 큰꾸러미풀.

큰꿩의다리(鄭, 1937) (미나리아재비과) 긴꼭지좀꿩의다리와 좀꿩의다리(1949)의 이명. → 긴꼭지좀꿩의다리, 좀꿩의다리.

큰꿩의비름(鄭, 1937) (돌나물과 *Sedum spectabile*) 키큰꿩의비름(朴, 1949)과 큰기린초(安, 1982), 꿩의비름(愚, 1996, 중국 옌볜 방언)의 이명으로도 사용. 〔유래〕 큰 꿩의비름이라는 뜻의 일명. 경천(景天), 장약경천(長藥景天). → 키큰꿩의비름, 큰기린초, 꿩의비름.

큰꿰미풀(愚, 1996) (벼과) 큰꾸러미풀의 중국 옌볜 방언. → 큰꾸러미풀.

큰끈끈이여뀌(鄭, 1949) (여뀌과 *Persicaria viscofera* v. *robusta*) 끈끈이여뀌의 이명(朴, 1949)으로도 사용. 〔이명〕 큰애기역귀, 끈끈이역귀. 〔유래〕 큰(대형의) 끈끈이여뀌라는 뜻의 학명 및 일명. → 끈끈이여뀌.

큰끈끈이역귀(朴, 1949) (여뀌과) 끈끈이여뀌의 이명. → 끈끈이여뀌.

큰나도우드풀(鄭, 1949) (고란초과 *Polypodium vulgare*) 〔이명〕 미역고사리. 〔유래〕 큰(넓은 잎) 나도우드풀이라는 뜻의 일명.

큰나래갈퀴(安, 1982) (콩과) 큰네잎갈퀴의 이명. → 큰네잎갈퀴.

큰나래고사리(朴, 1949) (고사리과) 큰반쪽고사리의 이명. → 큰반쪽고사리.

큰나래새(愚, 1996) (벼과) 참나래새의 북한 방언. → 참나래새.

큰나무수국(李, 1980) (범의귀과) 일본수국의 이명. → 일본수국.

큰나비나물(鄭, 1949) (콩과) 나비나물의 이명. 〔유래〕 큰 나비나물이라는 뜻의 일명. → 나비나물.

큰남선괴불(朴, 1949) (인동과) 흰등괴불나무의 이명. 〔유래〕 큰(넓은 잎) 남선괴불(흰등괴불나무)이라는 뜻의 일명. → 흰등괴불나무.

큰냉이(李, 1969) (십자화과) 큰다닥냉이의 이명. → 큰다닥냉이.

큰네잎갈퀴(鄭, 1949) (콩과 *Vicia venosa* v. *albiflora*) 큰잎갈퀴(꼭두선이과, 鄭, 1957)와 둥근갈퀴(꼭두선이과, 安, 1982)의 이명으로도 사용. 〔이명〕 긴네잎갈키, 좀네잎갈퀴, 큰나래갈퀴, 좀네잎말굴레. 〔유래〕 미상. → 큰잎갈퀴, 둥근갈퀴.

큰넷잎갈키덩굴(鄭, 1937) (꼭두선이과) 둥근갈퀴의 이명. 〔유래〕 큰(잎이) 네잎갈퀴라는 뜻의 일명. → 둥근갈퀴.

큰노랑제비꽃(鄭, 1970) (제비꽃과) 털노랑제비꽃의 이명. 〔유래〕 큰(잎이) 노랑제비꽃이라는 뜻의 일명. → 털노랑제비꽃.

큰노루귀(鄭, 1937) (미나리아재비과 *Hepatica maxima*) 〔이명〕 섬노루귀, 왕노루귀. 〔유래〕 큰(잎이) 노루귀라는 뜻의 학명 및 일명. 장이세신(獐耳細辛).

큰노루오줌(鄭, 1949) (범의귀과) 노루오줌의 이명. 〔유래〕 큰 노루오줌이라는 뜻의 일명. → 노루오줌.

큰노방덩굴(朴, 1949) (노박덩굴과) 털노박덩굴의 이명. 〔유래〕 큰 노방덩굴(노박덩굴)이라는 뜻의 일명. → 털노박덩굴.

큰는쟁이냉이(鄭, 1956) (십자화과 *Cardamine komarovi* f. *macrophylla*) 〔이명〕 큰순가락황새냉이. 〔유래〕 잎이 큰 는쟁이냉이라는 뜻의 학명 및 일명.

큰다닥냉이(鄭, 1949) (십자화과 *Lepidium sativum*) 〔이명〕 큰냉이. 〔유래〕 큰(과실) 다닥냉이라는 뜻의 일명.

큰단풍잎곰취(安, 1982) (국화과) 가새곰취의 이명. → 가새곰취.

큰달(朴, 1949) (벼과 *Phragmites karka*) 〔이명〕 큰달뿌리풀, 왕갈. 〔유래〕 갈대(달)에 비해 화서가 크다.

큰달래(李, 1969) (백합과) 산달래의 이명. 〔유래〕 달래에 비해 전체가 대형이다. → 산달래.

큰달맞이꽃(李, 1969) (바늘꽃과 *Oenothera lamarckiana*) 〔이명〕 달맞이꽃, 왕달맞이꽃. 〔유래〕 큰 달맞이꽃이라는 뜻의 일명. 월견초(月見草).

큰달뿌리풀(李, 1969) (벼과) 큰달의 이명. 〔유래〕 큰 달뿌리풀(달). → 큰달.

큰닭의덩굴(鄭, 1949) (여뀌과 *Fallopia dentato-alalta*) 〔이명〕 큰덩굴역귀, 왕모밀덩굴, 큰덩굴메밀. 〔유래〕 큰 닭의덩굴이라는 뜻의 일명.

큰닭의장풀(永, 1996) (닭의장풀과 *Commelina communis* v. *hortensis*) 〔유래〕 닭의장풀의 원예품으로 꽃이 크고 아름답다.

큰대극(鄭, 1937) (대극과) 낭독의 이명. 〔유래〕 큰(넓은 잎) 대극이라는 뜻의 일명. → 낭독.

큰댓잎둥굴레(鄭, 1937) (백합과) 죽대의 이명. → 죽대.

큰덩굴메밀(愚, 1996) (여뀌과) 큰닭의덩굴의 북한 방언. → 큰닭의덩굴.

큰덩굴바꽃(朴, 1949) (미나리아재비과) 키다리바꽃의 이명. → 키다리바꽃.

큰덩굴씀바귀(朴, 1949) (국화과) 벋음씀바귀의 이명. → 벋음씀바귀.

큰덩굴역귀(朴, 1949) (여뀌과) 큰닭의덩굴의 이명. 〔유래〕 큰 산덩굴역귀(닭의덩굴)라는 뜻의 일명. → 큰닭의덩굴.

큰도꼬마리(이 · 임, 1978) (국화과 *Xanthium canadense*) 〔유래〕 도꼬마리에 비해 전체적으로 크다.

큰도둑놈의갈고리(李, 1980) (콩과) 큰도둑놈의갈구리의 이명. → 큰도둑놈의갈구리.

큰도둑놈의갈구리(鄭, 1937) (콩과 *Desmodium oldhamii*) 〔이명〕 큰도둑놈의갈쿠리, 큰도둑놈의갈고리, 큰갈구리풀. 〔유래〕 소엽이 5~7개로 많다.

큰도둑놈의갈쿠리(李, 1969) (콩과) 큰도둑놈의갈구리의 이명. → 큰도둑놈의갈구리.

큰돌꽃(朴, 1949) (돌나물과) 바위돌꽃의 이명. → 바위돌꽃.

큰돌단풍(鄭, 1949) (범의귀과 *Mukdenia rossii* f. *multiloba*) 〔유래〕 잎이 많이(7~13개) 갈라지는 돌단풍이라는 뜻의 학명.

큰돌현삼(愚, 1996) (현삼과) 큰개현삼의 북한 방언. → 큰개현삼.

큰두루미꽃(鄭, 1937) (백합과 *Majanthemum dilatatum*) 〔유래〕 큰 두루미꽃이라는 뜻의 일명. 무학초(舞鶴草).

큰둥굴레(鄭, 1937) (백합과) 왕둥굴레의 이명. 〔유래〕 큰 둥굴레라는 뜻의 일명. → 왕둥굴레.

큰들별꽃(愚, 1996) (석죽과) 큰개별꽃의 북한 방언. 〔유래〕 큰 들별꽃(개별꽃). → 큰개별꽃.

큰들쭉나무(朴, 1949) (철쭉과) 굵은들쭉나무의 이명. → 굵은들쭉나무.

큰듬성이삭새(朴, 1949) (벼과 *Microstegium vimineum* v. *polystacyum*) 〔이명〕 나도바랭이새, 나도바랭이. 〔유래〕 큰(이삭이 많은) 듬성이삭새(나도바랭이새)라는 뜻의 학명.

큰등갈퀴(鄭, 1949) (콩과 *Vicia pseudo-orobus*) 〔이명〕 큰등갈키, 큰갈퀴, 큰갈퀴큰등말굴레풀, 큰등말굴레풀. 〔유래〕 큰(잎이) 등갈퀴나물이라는 뜻의 일명.

큰등갈키(鄭, 1937) (콩과) 큰등갈퀴의 이명. → 큰등갈퀴.

큰등말굴레풀(愚, 1996) (콩과) 큰등갈퀴의 북한 방언. 〔유래〕 큰 등말굴레풀(등갈퀴나물). → 큰등갈퀴.

큰등에풀(朴, 1974) (현삼과) 큰고추풀의 이명. → 큰고추풀.

큰땅비사리(朴, 1949) (콩과) 호비수리의 이명. 〔유래〕 큰 비수리라는 뜻의 일명. → 호비수리.

큰땅비수리(朴, 1974) (콩과) 호비수리의 이명. → 호비수리, 큰땅비사리.

큰땅비싸리(李, 1966) (콩과 *Indigofera kirilowii* v. *coreana*) 〔이명〕 고려땅비싸리. 〔유래〕 큰(화서) 땅비싸리라는 뜻의 일명.

큰땅빈대(李, 1976) (대극과 *Euphorbia maculata*) 〔이명〕 애기땅빈대. 〔유래〕 큰 땅빈대라는 뜻의 일명.

큰뚝사초(朴, 1949) (사초과 *Carex humbertiana*) 〔이명〕 굵실사초. 〔유래〕 미상.

큰뚝새풀(鄭, 1970) (벼과 *Alopecurus pratensis*) 〔유래〕 큰 뚝새풀이라는 뜻의 일명.

큰마(安, 1982) (마과) 도고로마의 이명. → 도고로마.

큰마디말(朴, 1949) (나자스말과) 민나자스말의 이명. → 민나자스말.

큰만병초(愚, 1996) (철쭉과) 만병초의 북한 방언. → 만병초.

큰망초(이 · 임, 1978) (국화과 *Erigeron sumatrensis*) 망초의 이명(朴, 1974)으로도 사용. 〔유래〕 큰 망초라는 뜻의 일명. → 망초.

큰메꽃(鄭, 1937) (메꽃과 *Calystegia sepium*) 〔이명〕 넓은잎메꽃, 음양곽메꽃. 〔유래〕 큰(넓은 잎) 메꽃이라는 뜻의 일명. 구구앙(狗狗秧).

큰면모고사리(朴, 1949) (면마과) 산우드풀의 이명. → 산우드풀.

큰명아주(安, 1982) (명아주과) 얇은명아주의 이명. 〔유래〕 큰(잎이) 명아주라는 뜻의 일명. → 얇은명아주.

큰모시나물(朴, 1949) (초롱꽃과) 넓은잔대의 이명. 〔유래〕 큰(넓은 잎) 모시나물(잔대)이라는 뜻의 일명. → 넓은잔대.

큰몽고뽕나무(朴, 1949) (뽕나무과) 몽고뽕나무의 이명. → 몽고뽕나무.

큰몽고쑥(安, 1982) (국화과) 덤불쑥의 이명. 〔유래〕 큰 몽고쑥(참쑥)이라는 뜻의 일명. → 덤불쑥.

큰몽울란(永, 1996) (난초과) 개제비난의 북한 방언. → 개제비난.

큰묵새(李, 1969) (벼과 *Vulpia myuros* v. *megalura*) 〔유래〕 큰 들묵새라는 뜻의 일명.

큰물개구리밥(李, 1969) (물개구리밥과 *Azolla japonica*) 〔유래〕 큰 물개구리밥이라는 뜻의 일명.

큰물꼬리풀(朴, 1974) (현삼과) 큰물칭개나물의 이명. 〔유래〕 큰 물꼬리풀(물칭개나물). → 큰물칭개나물.

큰물네나물(鄭, 1937) (물레나물과) 물레나물의 이명. → 물레나물, 큰물레나물.

큰물레나물(鄭, 1949) (물레나물과) 물레나물의 이명. 〔유래〕 큰 물레나물이라는 뜻의 일명. → 물레나물.

큰물벼룩알풀(安, 1982) (현삼과) 큰고추풀의 이명. 〔유래〕 큰 물벼룩알(진땅고추풀). → 큰고추풀.

큰물사갓사초(李, 1969) (사초과 *Carex rostrata*) 〔이명〕 물삭갓사초. 〔유래〕 물사갓사초에 비해 전체적으로 크다.

큰물칭개나물(李, 1980) (현삼과 *Veronica anagallis-aquatica*) 〔이명〕 물까지꽃, 큰물꼬리풀, 물냉이아재비, 물칭개꼬리풀, 물칭개나물. 〔유래〕 큰(전체적으로) 물칭개나물이라는 뜻의 일명.

큰물통이(李, 1969) (쐐기풀과) 참물통이의 이명. → 참물통이.

큰물퉁이(愚, 1996) (쐐기풀과) 참물통이의 중국 옌볜 방언. → 참물통이.

큰미나리아재비(朴, 1949) (미나리아재비과) 애기미나리아재비와 북미나리아재비(1974)의 이명. 〔유래〕 큰(키가) 미나리아재비라는 뜻의 일명. → 애기미나리아재비, 북미나리아재비.

큰미역취(朴, 1974) (국화과 *Solidago virgaurea* v. *gigantea*) 〔이명〕 묏미역취, 울릉미역취. 〔유래〕 큰(장대) 미역취라는 뜻의 학명.

큰민들레(朴, 1949) (국화과) 영도민들레의 이명. → 영도민들레.

큰바꽃(朴, 1949) (미나리아재비과) 키다리바꽃의 이명. → 키다리바꽃.

큰바늘골(朴, 1949) (사초과) 물꼬챙이골의 이명. → 물꼬챙이골.

큰바늘꽃(鄭, 1937) (바늘꽃과 *Epilobium hirsutum*) 분홍바늘꽃의 이명(1974)으로도 사용. 〔이명〕 산바늘꽃. 〔유래〕 큰(키) 바늘꽃이라는 뜻의 일명. 수접골단(水接骨丹). → 분홍바늘꽃.

큰박새(朴, 1949) (백합과) 긴잎여로의 이명. → 긴잎여로.

큰박쥐나물(朴, 1949) (국화과) 박쥐나물의 이명. 〔유래〕 큰(잎이) 박쥐나물이라는 뜻의 일명. → 박쥐나물.

큰반디나물(安, 1982) (산형과) 큰참나물의 이명. 〔유래〕 큰 참나물(반디나물). → 큰참나물.

큰반쪽고사리(鄭, 1949) (고사리과 *Pteris excelsa*) 〔이명〕 큰나래고사리, 깃반쪽고사리, 시내봉의꼬리삼. 〔유래〕 큰(잎이) 반쪽고사리라는 뜻의 일명.

큰반쪽쌀새(安, 1982) (벼과) 왕쌀새의 이명. → 왕쌀새.

큰반하(李, 2003) (천남성과) 대반하의 이명. → 대반하.

큰방가지똥(鄭, 1956) (국화과 *Sonchus asper*) 〔이명〕 개방가지똥, 큰방가지풀. 〔유래〕 큰(도깨비) 방가지똥이라는 뜻의 일명. 속단국(續斷菊).

큰방가지풀(愚, 1996) (국화과) 큰방가지똥의 중국 옌볜 방언. → 큰방가지똥.

큰방울비란(愚, 1996) (난초과) 큰방울새란의 중국 옌볜 방언. → 큰방울새란.

큰방울사초(鄭, 1970) (사초과) 새방울사초의 이명. 〔유래〕 큰 방울사초라는 뜻의 일명. → 새방울사초.

큰방울새난(李, 1969) (난초과) 큰방울새란의 이명. → 큰방울새란.

큰방울새난초(鄭, 1937) (난초과) 큰방울새란의 이명. → 큰방울새란.

큰방울새란(鄭, 1949) (난초과 *Pogonia japonica*) 〔이명〕 큰방울새난초, 큰방울새난, 큰방울비란. 〔유래〕 큰(꽃) 방울새란.

큰배암딸기(朴, 1949) (장미과) 뱀딸기의 이명. → 뱀딸기.

큰배암무(鄭, 1937) (장미과) 큰뱀무의 이명. → 큰뱀무.

큰백량금(朴, 1949) (자금우과) 백량금의 이명. → 백량금.

큰백령풀(壽, 2001) (꼭두선이과 *Diodia virginiana*) 〔유래〕 큰(키) 백령풀.

큰뱀무(鄭, 1949) (장미과 *Geum aleppicum*) 〔이명〕 큰배암무. 〔유래〕 큰 뱀무라는 뜻의 일명. 오기조양초(五氣朝陽草).

큰벚나무(安, 1982) (장미과) 왕벚나무의 이명. → 왕벚나무.

큰벼룩아재비(鄭, 1937) (마전과 *Mitrasacme pygmaea*) 〔이명〕 큰실좀꽃풀. 〔유래〕 큰(넓은) 벼룩아재비.

큰별꽃(鄭, 1937) (석죽과 *Stellaria bungeana*) 〔이명〕 산별꽃. 〔유래〕 큰 별꽃이라는 뜻의 일명.

큰별꽃아재비(이 · 유, 1987) (국화과 *Galinsoga ciliata*) 〔이명〕 털별꽃아재비, 털쓰레기꽃. 〔유래〕 별꽃아재비에 비해 크다.

ㅋ

큰별쓴풀(朴, 1949) (용담과) 별꽃풀의 이명. → 별꽃풀.

큰병풍(鄭, 1937) (국화과) 병풍쌈의 이명. → 병풍쌈.

큰보리대가리(鄭, 1937) (사초과) 보리사초의 이명. 〔유래〕 수과(瘦果)의 집합을 큰 머리에 비유. → 보리사초.

큰보리장나무(鄭, 1942) (보리수나무과 *Elaeagnus submacrophylla*) 〔이명〕 왕볼레나무, 왕보리장나무. 〔유래〕 큰(잎이) 보리장나무라는 뜻의 일명. 만호퇴자(蔓胡頹子).

큰복수초(이상태, 1997) (미나리아재비과) 개복수초의 이명. 〔유래〕 꽃이 큰 복수초. → 개복수초.

큰복주머니(永, 1996) (난초과) 치마난초의 이명. 〔유래〕 큰 복주머니(개불알꽃). → 치마난초.

큰봉의꼬리(鄭, 1937) (고사리과 *Pteris cretica*) 〔유래〕 큰(잎이) 봉의꼬리라는 뜻의 일명.

큰부들(愚, 1996) (부들과) 참부들의 북한 방언. 〔유래〕 큰(잎이 넓다) 부들. → 참부들.

큰분취(朴, 1949) (국화과) 두메취의 이명. → 두메취.

큰분취아재비(朴, 1949) (국화과) 큰절굿대의 이명. 〔유래〕 큰 분취아재비(절굿대)라는 뜻의 일명. → 큰절굿대.

큰비노리(鄭, 1949) (벼과 *Eragrostis pilosa*) 〔유래〕 큰 비노리라는 뜻의 일명.

큰비단분취(鄭, 1956) (국화과) 사창분취의 이명. 〔유래〕 큰(잎이) 비단분취라는 뜻의 일명. → 사창분취.

큰비비추(정영철, 1985) (백합과 *Hosta sieboldiana*) 〔이명〕 개옥잠화, 큰옥잠화, 큰잎비비추, 좀옥잠화. 〔유래〕 큰(잎이 넓은) 비비추.

큰비수리(鄭, 1937) (콩과) 호비수리의 이명. 〔유래〕 큰 비수리라는 뜻의 일명. → 호비수리.

큰비쑥(李, 1969) (국화과 *Artemisia fukudo*) 〔이명〕 후구도쑥, 눈쑥, 산쑥, 갯쑥, 바다가쑥. 〔유래〕 미상.

큰비자루국화(壽, 1993) (국화과 *Aster subulatus* v. *sandwicensis*) 〔이명〕 큰색강사리. 〔유래〕 큰(넓은 잎) 비자루국화라는 뜻의 일명.

큰뽈꽃(愚, 1996) (양귀비과) 큰괴불주머니의 북한 방언. → 큰괴불주머니.

큰사스래피나무(朴, 1949) (자작나무과) 사스래나무의 이명. → 사스래나무.

큰산개미자리(朴, 1949) (석죽과) 나도개미자리와 차일봉개미자리(1974)의 이명. → 나도개미자리, 차일봉개미자리.

큰산고사리(鄭, 1949) (면마과 *Cornopteris crenulatoserrulata*) 왁살고사리의 이명(朴, 1961)으로도 사용. 〔이명〕 참왜고사리, 음달고사리, 개음달고사리, 개웅달고사리, 민웅달고사리, 웅달숲고사리, 참외고사리. 〔유래〕 미상. → 왁살고사리.

큰산고사리삼(朴, 1949) (고사리삼과) 산고사리삼과 큰고사리삼(愚, 1996, 중국 옌볜 방언)의 이명. → 산고사리삼, 큰고사리삼.

큰산금잔화(朴, 1974) (국화과) 구름국화의 이명. → 구름국화.

큰산김의털(朴, 1949) (벼과) 두메김의털의 이명. 〔유래〕 큰 산(심산) 김의털이라는 뜻의 일명. → 두메김의털.

큰산꼬리풀(鄭, 1949) (현삼과 *Veronica kiusiana* v. *glabrifolia*) 〔이명〕 만주꼬리풀, 꼬리풀, 민들꼬리풀. 〔유래〕 큰 산꼬리풀이라는 뜻의 일명.

큰산꽃갈퀴(朴, 1974) (꼭두선이과) 둥근갈퀴의 이명. → 둥근갈퀴.

큰산꿩의다리(鄭, 1949) (미나리아재비과 *Thalictrum filamentosum*) 〔이명〕 잘룩꿩의다리, 산꿩의다리, 큰잎산꿩의다리, 작은산꿩의다리. 〔유래〕 큰 산꿩의다리라는 뜻의 일명.

큰산나물(朴, 1949) (국화과) 산비장이의 이명. → 산비장이.

큰산묵새(朴, 1949) (벼과) 개묵새의 이명. → 개묵새.

큰산바위승애(朴, 1949) (여뀌과) 왜개싱아의 이명. → 왜개싱아.

큰산박하(鄭, 1937) (꿀풀과) 깨나물의 이명. 〔유래〕 큰 산박하라는 뜻의 일명. → 깨나물.

큰산버들(鄭, 1937) (버드나무과 *Salix sericeo-cinerea*) 〔유래〕 큰 산버들이라는 뜻의 일명.

큰산벚나무(愚, 1996) (장미과) 산벚나무의 북한 방언. → 산벚나무.

큰산별꽃(朴, 1949) (석죽과) 왕별꽃의 이명. → 왕별꽃.

큰산봄맞이꽃(朴, 1974) (앵초과) 고산봄맞이의 이명. → 고산봄맞이.

큰산부추(安, 1982) (백합과) 산부추의 이명. → 산부추.

큰산분취(朴, 1974) (국화과) 두메취의 이명. → 두메취.

큰산사초(愚, 1996) (사초과) 검정타래사초의 중국 옌볜 방언. → 검정타래사초.

큰산새풀(李, 1969) (벼과) 산새풀의 이명. → 산새풀.

큰산송이풀(朴, 1949) (현삼과 *Pedicularis apodochila*) 〔이명〕 등대꽃송이풀. 〔유래〕 큰 산(심산) 송이풀이라는 뜻의 일명.

큰산수영(安, 1982) (여뀌과) 나도수영의 이명. → 나도수영.

큰산승마(愚, 1996) (미나리아재비과) 개승마의 중국 옌볜 방언. → 개승마.

큰산승애(朴, 1949) (여뀌과) 나도수영과 개싱아(安, 1982)의 이명. → 나도수영, 개싱아.

큰산싱아(愚, 1996) (여뀌과) 나도수영의 북한 방언. → 나도수영.

큰산오랑캐(朴, 1949) (제비꽃과) 털노랑제비꽃의 이명. → 털노랑제비꽃.

ㅋ

큰산오이풀(朴, 1974) (장미과) 큰오이풀과 두메오이풀의 이명. → 큰오이풀, 두메오이풀.

큰산장대(鄭, 1937) (십자화과) 산장대의 이명. 〔유래〕 큰 산(높은 산) 장대나물이라는 뜻의 일명. → 산장대.

큰산제비꽃(朴, 1974) (제비꽃과) 여뀌잎제비꽃의 이명. → 여뀌잎제비꽃.

큰산좁쌀풀(李, 1969) (현삼과 *Euphrasia hirtella*) 〔이명〕 털깨풀, 잔털좁쌀풀, 짧은털좁쌀풀. 〔유래〕 산좁쌀풀에 비해 크다.

큰산피막이풀(朴, 1974) (산형과) 산피막이풀의 이명. → 산피막이풀.

큰살진꽃대(愚, 1996) (천남성과) 갈라의 북한 방언. → 갈라.

큰삼잎석송(朴, 1961) (석송과) 개석송의 이명. → 개석송.

큰삽주(愚, 1996) (국화과) 당삽주의 북한 방언. → 당삽주.

큰새박(朴, 1974) (박과) 왕과의 이명. → 왕과.

큰새발고사리(朴, 1949) (면마과) 큰처녀고사리의 이명. 〔유래〕 오바(큰 잎)쇼리마(オオバショリマ)라는 일명. → 큰처녀고사리.

큰새우난초(김 · 김, 1989) (난초과 *Calanthe discolor* v. *bicolor*) 〔유래〕 새우난초에 비해 꽃이 갈색이고 거가 백색이며 포가 크다(1cm 이상).

큰새포아풀(李, 1969) (벼과 *Poa trivialis*) 〔이명〕 수캐꾸렘이풀, 수캐포아풀, 큰참새궤미풀. 〔유래〕 큰 새포아풀이라는 뜻의 일명.

큰샛강사리(李, 2003) (국화과) 큰비자루국화의 이명. → 큰비자루국화.

큰서나무(朴, 1949) (자작나무과) 왕서어나무의 이명. 〔유래〕 큰(잎이) 서나무(서어나무)라는 뜻의 학명 및 일명. → 왕서어나무.

큰서덜취(鄭, 1949) (국화과) 서덜취의 이명. → 서덜취.

큰석류풀(李, 1969) (석류풀과 *Mollugo verticillata*) 〔유래〕 큰(많은 잎이 윤생) 석류풀이라는 뜻의 일명.

큰섬거북꼬리(朴, 1974) (쐐기풀과) 긴잎모시풀의 이명. → 긴잎모시풀.

큰섬공작고사리(朴, 1975) (고사리과) 섬공작고사리의 이명. → 섬공작고사리.

큰섬죽대(朴, 1949) (백합과) 죽대아재비의 이명. 〔유래〕 큰(잎이) 섬죽대라는 뜻의 일명. → 죽대아재비.

큰세잎양지꽃(朴, 1974) (장미과) 민눈양지꽃의 이명. 〔유래〕 큰(꽃) 세잎양지꽃이라는 뜻의 학명. → 민눈양지꽃.

큰세잎종덩굴(朴, 1949) (미나리아재비과) 왕세잎종덩굴의 이명. 〔유래〕 큰 세잎종덩굴이라는 뜻의 일명. → 왕세잎종덩굴.

큰세잎쥐손이(鄭, 1949) (쥐손이풀과 *Geranium kunthii*) 〔이명〕 세잎쥐손이. 〔유래〕 큰 세잎쥐손이라는 뜻의 일명.

큰소시랑개비(鄭, 1949) (장미과) 양지꽃의 이명. 〔유래〕 큰 소시랑개비(양지꽃)라는 뜻의 일명. → 양지꽃.

큰속단(愚, 1996) (꿀풀과 *Phlomis maximowiczii*) 〔이명〕 속단. 〔유래〕 속단에 비해 잎이 넓다.

큰솔나리(鄭, 1949) (백합과 *Lilium tenuifolium*) 〔이명〕 큰중나리, 큰솔잎나리, 사초나리. 〔유래〕 미상.

큰솔나물(朴, 1949) (꼭두선이과) 솔나물의 이명. 〔유래〕 큰 솔나물이라는 뜻의 일명. → 솔나물.

큰솔잎나리(李, 1969) (백합과) 큰솔나리의 이명. → 큰솔나리.

큰솔자리풀(愚, 1996) (석죽과) 너도개미자리의 북한 방언. → 너도개미자리.

큰솜죽대(朴, 1949) (백합과) 솜때의 이명. 〔유래〕 큰(잎이) 솜죽대(솜때)라는 뜻의 일명. → 솜때.

큰솜털고사리(朴, 1949) (면마과 *Woodsia glabella*) 〔이명〕 미역가물고사리. 〔유래〕 미상.

큰송이방동산이(朴, 1949) (사초과) 파대가리의 이명. 〔유래〕 큰 송이〔소수(小穗)가 줄기 끝에 모여 만든 두상화서(頭狀花序)〕 방동사니. → 파대가리.

큰송이풀(鄭, 1937) (현삼과 *Pedicularis grandiflora*) 〔유래〕 큰(꽃) 송이풀이라는 뜻

의 학명 및 일명.

큰수리취(鄭, 1937) (국화과 *Synurus excelsus*) 〔이명〕 산수리취. 〔유래〕 큰 수리취라는 뜻의 일명.

큰수술괭이눈(安, 1982) (범의귀과) 선괭이눈의 이명. → 선괭이눈.

큰수염풀(朴, 1949) (벼과) 참나래새의 이명. 〔유래〕 오(큰)하네가야(オオハネガヤ)라는 일명. → 참나래새.

큰숟가락황새냉이(愚, 1996) (십자화과) 큰는쟁이냉이의 중국 옌볜 방언. → 큰는쟁이냉이.

큰시호(鄭, 1937) (현삼과) 개시호의 이명. 〔유래〕 오(큰)호타루사이코(オオホタルサイコ)라는 일명. → 개시호.

큰실좀꽃풀(愚, 1996) (마전과) 큰벼룩아재비의 북한 방언. 〔유래〕 큰 실좀꽃풀(벼룩아재비). → 큰벼룩아재비.

큰십자고사리(鄭, 1949) (면마과 *Polystichum tripteron* f. *subbipinnatum*) 〔이명〕 붉은눈고사리, 울릉십자고사리, 왕십자고사리. 〔유래〕 큰 십자고사리라는 뜻의 일명.

큰싸리냉이(李, 1969) (십자화과 *Cardamine prorepens*) 〔이명〕 산냉이, 산황새냉이. 〔유래〕 큰(소엽이 넓은) 싸리냉이.

큰쌀새(安, 1982) (벼과) 큰겹질새의 이명. 〔유래〕 큰 겹질새(쌀새). → 큰겹질새.

큰쐐기풀(朴, 1949) (쐐기풀과 *Girardinia cuspidata*) 〔유래〕 큰(도깨비) 쐐기풀이라는 뜻의 일명.

ㅋ

큰쑥부쟁이(朴, 1949) (국화과) 가새쑥부쟁이의 이명. 〔유래〕 큰 들쑥부쟁이(버드생이나물)라는 뜻의 일명. → 가새쑥부쟁이.

큰쑥왕부지깽이(朴, 1974) (십자화과) 부지깽이나물의 이명. → 부지깽이나물.

큰아가위나무(朴, 1949) (장미과) 넓은잎산사나무의 이명. 〔유래〕 큰(넓은 잎) 아가위나무(산사나무)라는 뜻의 일명. → 넓은잎산사나무.

큰애기나리(鄭, 1937) (백합과 *Disporum viridescens*) 〔이명〕 중애기나리. 〔유래〕 큰 애기나리라는 뜻의 일명. 보주초(寶珠草).

큰애기며느리밥풀(鄭, 1949) (현삼과) 애기며느리밥풀의 이명. 〔유래〕 큰(넓은 잎) 애기며느리밥풀이라는 뜻의 학명 및 일명. → 애기며느리밥풀.

큰애기바풀(朴, 1949) (현삼과) 애기며느리밥풀의 이명. → 애기며느리밥풀, 큰애기며느리밥풀.

큰애기역귀(鄭, 1937) (여뀌과) 큰끈끈이여뀌의 이명. 〔이명〕 큰 애기역귀라는 뜻의 일명. → 큰끈끈이여뀌.

큰앵초(鄭, 1949) (앵초과 *Primula jesoana*) 털큰앵초의 이명(朴, 1974)으로도 사용. 〔유래〕 큰 앵초라는 뜻의 일명. 앵초근(櫻草根). → 털큰앵초.

큰양벚나무(朴, 1949) (장미과 *Prunus cerasus*) 〔이명〕 신양벚, 신벗나무. 〔유래〕 큰 양벚나무.

큰양지꽃(鄭, 1937) (장미과) 개소시랑개비의 이명. 〔유래〕 큰 양지꽃이라는 뜻의 일명. → 개소시랑개비.

큰억새(朴, 1949) (벼과) 물억새의 이명. 〔유래〕 큰〔소수(小穗)의 기모(基毛)〕 억새. → 물억새.

큰엄나무(朴, 1949) (두릅나무과) 음나무의 이명. 〔유래〕 큰 엄나무(음나무)라는 뜻의 학명. → 음나무.

큰엉겅퀴(鄭, 1949) (국화과 *Cirsium pendulum*) 도깨비엉겅퀴의 이명(朴, 1949)으로도 사용. 〔이명〕 장수엉겅퀴. 〔유래〕 엉겅퀴에 비해 식물체가 대형이다. 대계(大薊). → 도깨비엉겅퀴.

큰여로(愚, 1996) (백합과) 참여로의 이명. → 참여로.

큰여우콩(李, 1969) (콩과 *Rhynchosia acuminatifolia*) 〔이명〕 나도여우콩, 뾰족덩굴돌콩, 뾰죽덩굴들콩, 뾰족여우콩. 〔유래〕 큰(잎이) 여우콩.

큰연령초(愚, 1996) (백합과) 연영초의 중국 옌볜 방언. → 연영초.

큰연영초(鄭, 1949) (백합과 *Trillium tschonoskii*) 연영초의 이명(愚, 1996, 북한 방언)으로도 사용. 〔이명〕 연영초, 힌삿갓나물, 흰삿갓풀, 연령초. 〔유래〕 미상. 우아칠(芋兒七). → 연영초.

큰오이순(朴, 1949) (범의귀과) 꼭지고광나무의 이명. 〔유래〕 큰(넓은 잎) 오이순(고광나무)이라는 뜻의 일명. → 꼭지고광나무.

큰오이풀(鄭, 1949) (장미과 *Sanguisorba stipulata* v. *rilshiriensis*) 〔이명〕 구름오이풀, 큰흰지우초, 백두오이풀, 큰산오이풀. 〔유래〕 큰(잎과 화서) 오이풀. 지유(地楡).

큰옥매듭(鄭, 1949) (여뀌과 *Polygonum bellardii* v. *effusum*) 〔이명〕 큰옥매듭풀. 〔유래〕 미상.

큰옥매듭풀(李, 1976) (여뀌과) 큰옥매듭의 이명. → 큰옥매듭.

큰옥잠난초(朴, 1949) (난초과) 키다리난초의 이명. 〔유래〕 큰 나리난초라는 뜻의 일명. → 키다리난초.

큰옥잠화(安, 1982) (백합과) 큰비비추의 이명. → 큰비비추.

큰올챙이자리(朴, 1949) (자라풀과 *Blyxa auberti*) 〔이명〕 올챙이자리. 〔유래〕 큰 올챙이자리라는 뜻의 일명.

큰외잎쑥(朴, 1949) (국화과) 외잎쑥의 이명. → 외잎쑥.

큰용담(鄭, 1949) (용담과 *Gentiana triflora* f. *japonica*) 〔이명〕 칼잎용담, 큰초룡담, 긴잎용담, 북과남풀, 큰잎룡담, 칼잎룡담. 〔유래〕 큰 용담이라는 뜻의 일명. 초용담(草龍膽).

큰용울란(愚, 1996) (난초과) 개제비난의 이명. → 개제비난.

큰웅예괭이눈(朴, 1949) (범의귀과) 선괭이눈의 이명. → 선괭이눈.

큰원추리(鄭, 1937) (백합과 *Hemerocallis middendorffii*) 〔이명〕 겹원추리, 금원추리, 겹넘나물. 〔유래〕 큰 원추리. 훤초근(萱草根).

큰위령선(鄭, 1942) (미나리아재비과 *Clematis mandshurica* v. *koreana*) 〔이명〕 들으아리, 큰으아리. 〔유래〕 큰(전체적으로 대형) 위령선(으아리).

큰으아리(愚, 1996) (미나리아재비과) 큰위령선의 중국 옌볜 방언. → 큰위령선.

큰은조롱(鄭, 1937) (박주가리과) 세포큰조롱의 이명. → 세포큰조롱.

큰이삭란(永, 1996) (난초과) 이삭단엽란의 북한 방언. → 이삭단엽란.

큰이삭피(朴, 1949) (벼과) 물뚝새의 이명. → 물뚝새.

큰일시호(朴, 1949) (산형과) 시호의 이명. 〔유래〕 큰(넓은 잎) 시호라는 뜻의 일명. → 시호.

큰일엽초(鄭, 1970) (고란초과 *Lepisorus annuifrons*) 〔이명〕 금강고사리, 금강일엽초, 다시마일엽초. 〔유래〕 산일엽초에 비해 인편이 크다.

큰잎가락지나물(安, 1982) (장미과) 가락지나물의 이명. → 가락지나물.

큰잎갈퀴(李, 1969) (꼭두선이과 *Galium davuricum*) 〔이명〕 큰잎갈키덩굴, 큰잎갈키, 큰네잎갈퀴, 가시꽃갈퀴, 다후리아갈퀴, 큰잎갈퀴덩굴. 〔유래〕 큰(잎이) 갈퀴덩굴이라는 뜻의 일명.

큰잎갈퀴덩굴(愚, 1996) (꼭두선이과) 큰잎갈퀴의 중국 옌볜 방언. → 큰잎갈퀴.

큰잎갈키(鄭, 1949) (꼭두선이과) 큰잎갈퀴의 이명. → 큰잎갈퀴.

큰잎갈키덩굴(鄭, 1937) (꼭두선이과) 큰잎갈퀴의 이명. → 큰잎갈퀴.

큰잎기린초(李, 1969) (돌나물과) 큰기린초의 이명. → 큰기린초.

큰잎꽃버들(朴, 1949) (버드나무과) 가는잎꽃버들의 이명. → 가는잎꽃버들.

큰잎냉이(壽, 1992) (십자화과 *Erucastrum gallicum*) 〔유래〕 냉이에 비해 잎이 크다는 뜻이나 냉이와는 무관하다.

큰잎느릅나무(鄭, 1942) (느릅나무과 *Ulmus macrocarpa* v. *macrophylla*) 〔유래〕 잎이 큰 느릅나무라는 뜻의 학명 및 일명.

큰잎다닥냉이(壽, 2001) (십자화과 *Cardaria draba*) 〔유래〕 잎이 큰 다닥냉이.

큰잎담장나무(愚, 1996) (두릅나무과) 송악의 북한 방언. → 송악.

큰잎룡담(愚, 1996) (용담과) 큰용담의 북한 방언. → 큰용담.

큰잎명아주(安, 1982) (명아주과) 얇은명아주의 이명. → 얇은명아주.

큰잎비비추(李, 2003) (백합과) 큰비비추의 이명. → 큰비비추.

큰잎산꿩의다리(李, 1969) (미나리아재비과) 큰산꿩의다리의 이명. → 큰산꿩의다리.

큰잎소사나무(朴, 1949) (자작나무과) 산서어나무의 이명. 〔유래〕 큰 잎 소사나무라는 뜻의 일명. → 산서어나무.

큰잎솜나물(朴, 1949) (국화과) 각시취의 이명. 〔유래〕 넓은 잎 각시취라는 뜻의 일명.

→ 각시취.

큰잎쓴풀(鄭, 1957) (용담과 *Swertia wilfordi*) 〔이명〕 산쓴풀, 큰자주쓴풀. 〔유래〕 큰 잎 쓴풀(자주쓴풀)이라는 뜻의 일명.

큰잎월귤나무(安, 1982) (철쭉과) 월귤의 이명. 〔유래〕 큰 잎 월귤이라는 뜻의 일명. → 월귤.

큰잎제비란(愚, 1996) (난초과) 한라잠자리난의 중국 옌볜 방언. → 한라잠자리난.

큰잎조개나물(愚, 1996) (꿀풀과) 자란초의 이명. 〔유래〕 큰 잎(넓은 잎) 조개나물. → 자란초.

큰잎죽대(鄭, 1937) (백합과) 죽대아재비의 이명. → 죽대아재비.

큰잎죽대아재비(愚, 1996) (백합과) 왕죽대아재비의 북한 방언. → 왕죽대아재비.

큰잎질빵(安, 1982) (미나리아재비과) 할미밀망의 이명. → 할미밀망.

큰잎피막이(李, 1969) (산형과) 큰피막이풀의 이명. 〔유래〕 큰 잎 피막이풀이라는 뜻의 일명. → 큰피막이풀.

큰잎피막이풀(愚, 1996) (산형과) 큰피막이풀의 이명. → 큰피막이풀, 큰잎피막이.

큰자주꼬리풀(朴, 1949) (현삼과) 큰꼬리풀의 이명. 〔유래〕 큰 자주꼬리풀(꼬리풀)이라는 뜻의 일명. → 큰꼬리풀.

큰자주쓴풀(安, 1982) (용담과) 큰잎쓴풀의 이명. → 큰잎쓴풀.

큰작란화(愚, 1996) (난초과) 큰개불알꽃의 북한 방언. → 큰개불알꽃.

큰잔대(鄭, 1937) (초롱꽃과) 도라지모시대와 꽃잔대(安, 1982)의 이명. → 도라지모시대, 꽃잔대.

큰잔디(鄭, 1970) (벼과 *Zoysia macrostachya*) 〔이명〕 왕잔디. 〔유래〕 화서가 큰 수상(穗狀)이라는 뜻의 학명 및 큰(도깨비) 잔디라는 뜻의 일명.

큰잠자리난초(鄭, 1949) (난초과) 잠자리난초의 이명. 〔유래〕 오(큰)미즈톤보(オオミズトンボ)라는 일명. → 잠자리난초.

큰잠자리피(安, 1982) (벼과) 쇠미기풀의 이명. 〔유래〕 큰 잠자리피라는 뜻의 일명. → 쇠미기풀.

큰장구채(朴, 1949) (석죽과) 개벼룩의 이명. → 개벼룩.

큰장대(鄭, 1949) (십자화과 *Hesperis trichosepala*) 〔이명〕 향화초. 〔유래〕 큰 가는장대라는 뜻의 일명.

큰장백오랑캐(鄭, 1937) (제비꽃과) 구름제비꽃의 이명. → 구름제비꽃.

큰전호(安, 1982) (산형과) 전호의 이명. → 전호.

큰절굿대(李, 1969) (국화과 *Echinops latifolius*) 〔이명〕 큰분취아재비, 절구대. 〔유래〕 잎이 넓은 절굿대라는 뜻의 학명 및 일명.

큰점나도나물(鄭, 1937) (석죽과 *Cerastium fischerianum*) 〔이명〕 북점나도나물, 큰꽃점나도나물. 〔유래〕 큰(잎) 점나도나물이라는 뜻의 일명.

큰접시꽃나무(愚, 1996) (인동과) 불두화의 북한 방언. → 불두화.

큰제비고깔(鄭, 1937) (미나리아재비과 *Delphinium maackianum*) 〔이명〕 산제비고깔. 〔유래〕 제비고깔에 비해 대형이다.

큰제비꽃(安, 1982) (제비꽃과) 제비꽃의 이명. 〔유래〕 잎이 큰 제비꽃이라는 뜻의 일명. → 제비꽃.

큰제비꿀풀(朴, 1974) (단향과) 긴제비꿀의 이명. → 긴제비꿀.

큰제비난(李, 1969) (난초과) 큰제비란의 이명. → 큰제비란.

큰제비란(鄭, 1949) (난초과 *Platanthera sachalinensis*) 〔이명〕 큰제비난. 〔유래〕 큰 산제비란이라는 뜻의 일명.

큰제비쑥(鄭, 1949) (국화과) 제비쑥의 이명. → 제비쑥.

큰조(朴, 1949) (벼과) 조의 이명. 〔유래〕 큰 조라는 뜻의 일명. → 조.

큰조롱(鄭, 1957) (박주가리과) 은조롱의 이명. 〔유래〕 은조롱의 오기. → 은조롱.

큰조뱅이(朴, 1974) (국화과 *Breea setosa*) 〔이명〕 개지칭개, 엉겅퀴아재비, 풀가시엉경퀴. 〔유래〕 조뱅이에 비해 키가 크다.

큰조아재비(鄭, 1949) (벼과 *Phleum pratense*) 〔이명〕 지모시, 티머디, 티머시, 산조아재비. 〔유래〕 큰 조아재비라는 뜻의 일명.

큰족제비고사리(朴, 1961) (면마과 *Dryopteris varia* v. *hikoensis*) 〔유래〕 큰 족제비고사리라는 뜻의 일명.

큰졸방제비꽃(鄭, 1949) (제비꽃과 *Viola kusanoana*) 〔이명〕 섬오랑캐, 죽도오랑캐, 섬제비꽃, 왕졸방나물. 〔유래〕 큰 졸방제비꽃이라는 뜻의 일명.

ㅋ

큰좁쌀풀(鄭, 1965) (앵초과 *Lysimachia vulgaris* v. *davurica*) 〔이명〕 좁쌀풀, 가는좁쌀풀, 노랑꽃꼬리풀. 〔유래〕 현삼과의 좁쌀풀과 중복되나 그 원 뜻을 살리기 위하여 크다는 뜻에서 큰이라는 접두사를 붙였다. 황련화(黃蓮花).

큰종덩굴(愚, 1996) (미나리아재비과) 왕세잎종덩굴의 중국 옌볜 방언. → 왕세잎종덩굴.

큰죽대(鄭, 1937) (백합과) 왕죽대아재비의 이명. 〔유래〕 오(큰)다케시마란(オオタケシマラン)이라는 일명. → 왕죽대아재비.

큰중나리(鄭, 1937) (백합과) 큰솔나리의 이명. → 큰솔나리.

큰쥐꼬리새(鄭, 1949) (벼과 *Muhlenbergia huegelii*) 〔이명〕 큰쥐꼬리풀. 〔유래〕 큰 쥐꼬리새라는 뜻의 일명.

큰쥐꼬리풀(朴, 1949) (벼과) 큰쥐꼬리새의 이명. → 큰쥐꼬리새.

큰쥐똥나무(朴, 1949) (물푸레나무과) 털쥐똥나무의 이명. 〔유래〕 큰(도깨비) 쥐똥나무라는 뜻의 일명. → 털쥐똥나무.

큰쥐방울(鄭, 1937) (쥐방울과) 등칡의 이명. → 등칡.

큰쥐털이슬(鄭, 1937) (바늘꽃과) 쥐털이슬의 이명. 〔유래〕 큰 쥐털이슬이라는 뜻의 일명. → 쥐털이슬.

큰지금(朴, 1974) (현삼과) 큰개불알풀의 이명. 〔유래〕 큰 지금(개불알풀). → 큰개불알풀.

큰지네고사리(朴, 1961) (면마과 *Dryopteris fuscipes*) 〔이명〕 둥근지네고사리. 〔유래〕 미상.

큰진고사리(朴, 1961) (면마과 *Athyrium japonicum* v. *dimorphophyllum*) 〔유래〕 큰(키가) 진고사리라는 뜻의 일명.

큰질경이(愚, 1996) (질경이과) 왕질경이의 북한 방언. → 왕질경이.

큰질빵풀(愚, 1996) (미나리아재비과) 할미밀망의 북한 방언. → 할미밀망.

큰집신나물(朴, 1949) (장미과) 산짚신나물의 이명. → 산짚신나물.

큰짚신나물(鄭, 1937) (장미과) 산짚신나물의 이명. → 산짚신나물.

큰차방동산이(朴, 1949) (사초과) 방동사니의 이명. 〔유래〕 큰 차방동산이(방동사니)라는 뜻의 일명. → 방동사니.

큰참나물(鄭, 1949) (산형과 *Ligusticum melanotilingia*) 〔이명〕 큰기름나물, 자주참나물, 제주참나물, 큰반디나물. 〔유래〕 큰 참나물이라는 뜻의 일명. 지과회근(知果茴芹).

큰참새귀리(壽, 1995) (벼과 *Bromus secalinus*) 〔유래〕 좀참새귀리에 비해 소수가 크며 긴 까락이 있다.

큰참새꿰미풀(愚, 1996) (벼과) 큰새포아풀의 중국 옌볜 방언. → 큰새포아풀.

큰참새피(壽, 1993) (벼과 *Paspalum dilatatum*) 〔유래〕 Tall paspalum이라는 영명. 참새피에 비해 잎이나 엽초에 털이 없고(구부에만 털이 모여난다), 소수 가장자리에 긴 털이 밀생한다.

큰처녀고사리(鄭, 1949) (면마과 *Thelypteris quelpaertensis*) 〔이명〕 큰새발고사리. 〔유래〕 오바(큰 잎)쇼리마(オオバショリマ)라는 일명.

큰천남성(鄭, 1949) (천남성과 *Arisaema ringens*) 〔이명〕 푸른천남성, 자주큰천남성, 왕사두초. 〔유래〕 큰 천남성. 천남성(天南星).

큰천일사초(李, 1976) (사초과 *Carex rugulosa*) 〔이명〕 주름사초. 〔유래〕 큰 천일사초라는 뜻의 일명.

큰초롱사초(朴, 1949) (사초과) 낚시사초의 이명. → 낚시사초.

큰초룽담(朴, 1949) (용담과) 큰용담의 이명. 〔유래〕 큰 초룽담(용담)이라는 뜻의 일명. → 큰용담.

큰취란화(朴, 1974) (앵초과) 털큰앵초의 이명. → 털큰앵초.

큰키꿩의다리(安, 1982) (미나리아재비과) 좀꿩의다리의 이명. 〔유래〕 큰 키 꿩의다리라는 뜻의 학명 및 일명. → 좀꿩의다리.

큰털쑥부장이(永, 1996) (국화과) 갯쑥부쟁이의 북한 방언. → 갯쑥부쟁이.

큰톱풀(鄭, 1956) (국화과 *Achillea acuminata*) 〔이명〕 당가새풀, 두메가새풀, 홀잎배암새. 〔유래〕 미상.

큰피나무(朴, 1949) (피나무과 *Tilia amurensis* f. *grosserrata*) 〔이명〕 평안피나무, 왕피나무. 〔유래〕 큰(도깨비) 피나무라는 뜻의 일명.

큰피막이(鄭, 1937) (산형과) 큰피막이풀과 산피막이풀(李, 1969), 두메피막이풀(愚, 1996, 중국 옌볜 방언)의 이명. → 큰피막이풀, 산피막이풀, 두메피막이풀.

큰피막이풀(鄭, 1970) (산형과 *Hydrocotyle javanica*) 〔이명〕 큰피막이, 큰잎피막이, 단풍잎피막이풀, 큰잎피막이풀. 〔유래〕 큰(잎) 피막이풀이라는 뜻의 일명.

큰하늘지기(李, 1980) (사초과 *Fimbristylis longispica*) 〔이명〕 큰하늘직이. 〔유래〕 큰(긴 이삭) 하늘지기라는 뜻의 학명 및 일명.

큰하늘직이(鄭, 1937) (사초과) 큰하늘지기의 이명. → 큰하늘지기.

큰현삼(朴, 1974) (현삼과) 큰개현삼의 이명. → 큰개현삼.

큰홀잎란(安, 1982) (난초과) 차일봉무엽란의 이명. → 차일봉무엽란.

큰황경피나무(愚, 1996) (운향과) 화태황벽나무의 중국 옌볜 방언. → 화태황벽나무.

큰황벽나무(朴, 1949) (운향과) 화태황벽나무의 이명. 〔유래〕 큰(넓은 잎) 황벽나무라는 뜻의 일명. → 화태황벽나무.

큰황새냉이(鄭, 1949) (십자화과 *Cardamine scutata*) 〔유래〕 큰(잎) 황새냉이라는 뜻의 일명.

큰황새풀(鄭, 1949) (사초과 *Eriophorum latifolium*) 〔이명〕 가지예자풀, 가는황새풀. 〔유래〕 넓은 잎 황새풀이라는 뜻의 학명 및 일명.

ㅋ

큰흰오이풀(安, 1982) (장미과) 구름오이풀의 이명. → 구름오이풀.

큰흰지우초(朴, 1949) (장미과) 큰오이풀의 이명. → 큰오이풀.

큰흰참꽃나무(安, 1982) (철쭉과) 흰참꽃나무의 이명. → 흰참꽃나무.

키다리구슬봉이(愚, 1996) (용담과) 봄구슬붕이의 북한 방언. → 봄구슬붕이.

키다리국화(朴, 1974) (국화과) 키큰산국의 이명. → 키큰산국.

키다리난초(鄭, 1949) (난초과 *Liparis japonica*) 〔이명〕 큰옥잠난초, 키다리란, 나리란. 〔유래〕 키다리 나리난초라는 뜻의 일명.

키다리노랑꽃(永, 1996) (국화과) 겹삼잎국화의 이명. → 겹삼잎국화.

키다리란(愚, 1996) (난초과) 키다리난초의 북한 방언. → 키다리난초.

키다리바꽃(鄭, 1949) (미나리아재비과 *Aconitum arcuatum*) 〔이명〕 왕바꽃, 흰왕바꽃, 큰바꽃, 큰덩굴바꽃, 흰바꽃. 〔유래〕 세이타카(키다리)부시(セイタカブシ)라는 일명.

키다리분취(朴, 1974) (국화과) 당분취의 이명. → 당분취.

키다리쓴풀(愚, 1996) (용담과) 점박이별꽃풀의 중국 옌볜 방언. → 점박이별꽃풀.

키다리처녀고사리(李, 1980) (면마과) 촘촘처녀고사리의 이명. → 촘촘처녀고사리.

키다리포아풀(愚, 1996) (벼과) 포아풀의 중국 옌벤 방언. → 포아풀.

키버들(朴, 1937) (버드나무과 *Salix koriyanagi*) 붉은키버들의 이명(愚, 1996)으로도 사용. 〔이명〕 고리버들, 쪽버들, 산버들. 〔유래〕 경기 방언. → 붉은키버들.

키큰국화(安, 1982) (국화과) 키큰산국의 이명. → 키큰산국.

키큰꿩의비름(吳, 1985) (돌나물과 *Sedum pallescens*) 〔이명〕 큰꿩의비름, 흰꿩의비름. 〔유래〕 미상.

키큰산국(鄭, 1949) (국화과 *Chrysanthemum lineare*) 〔이명〕 어리국화, 키다리국화, 키큰국화. 〔유래〕 넓은 잎 키 큰 국화라는 뜻의 일명.

타래골(朴, 1949) (사초과) 송이고랭이의 이명. → 송이고랭이.

타래꽃무릇(安, 1982) (수선화과) 백양꽃의 이명. → 백양꽃.

타래난초(鄭, 1937) (난초과 *Spiranthes sinensis*) 구름병아리란의 이명(安, 1982)으로도 사용. 〔이명〕 타래란. 〔유래〕 잎이 타래(나사)와 같이 꼬이는 식물이라는 뜻의 일명. 용포(龍抱). → 구름병아리란.

타래란(愚, 1996) (난초과) 타래난초의 북한 방언. → 타래난초.

타래붓꽃(鄭, 1937) (붓꽃과 *Iris lactea* v. *chinensis*) 〔유래〕 타래 붓꽃이라는 뜻의 일명. 마린자(馬藺子).

타래사초(鄭, 1937) (사초과 *Carex maackii*) 〔유래〕 화서에 소수(小穗)가 타래와 같이 달린다.

타래쑥(安, 1982) (국화과) 쑥의 이명. → 쑥.

타래조팝나무(朴, 1949) (장미과) 산국수나무의 이명. → 산국수나무.

타래피(朴, 1949) (벼과) 방울새풀의 이명. → 방울새풀.

타레예자풀(朴, 1949) (사초과) 황새풀의 이명. → 황새풀.

타스마니아유칼립투스(尹, 1989) (도금양과) 유카립투스의 이명. 〔유래〕 Tasmanian blue gum. → 유카립투스.

타퀘물풍뎅이(朴, 1949) (쐐기풀과) 제주큰물통이의 이명. 〔유래〕 타퀘(Taquet)의 물풍뎅이(물통이)라는 뜻의 학명. → 제주큰물통이.

타퀘사초(安, 1982) (사초과) 왕밀사초의 이명. 〔유래〕 타퀘(Taquet)의 사초라는 뜻의 학명. → 왕밀사초.

타퀘진달네(朴, 1949) (철쭉과) 진달래나무의 이명. 〔유래〕 타퀘(Taquet)의 진달래라는 뜻의 학명. → 진달래나무.

탐나꼬리풀(朴, 1974) (현삼과 *Veronica ovata*) 〔이명〕 여우꼬리풀, 제주꼬리풀, 넓은산꼬리풀, 넓은잎탐나꼬리풀. 〔유래〕 탐나(제주)에 나는 꼬리풀.

탐나산죽(朴, 1949) (벼과) 제주조릿대의 이명. 〔유래〕 탐나(제주) 산죽(조릿대)이라는 뜻의 일명. → 제주조릿대.

탐나풀(李, 1969) (꼭두선이과) 개꼭두선이의 이명. 〔유래〕 탐나(제주)에 나는 풀. →

개꼭두선이.

탐나황기(李, 1969) (콩과) 자주개황기의 이명. 〔유래〕 탐나(제주)에 나는 황기. → 자주개황기.

탐라고사리(朴, 1949) (면마과) 섬잔고사리의 이명. 〔유래〕 탐라(제주)에 나는 고사리. → 섬잔고사리.

탐라란(永, 1996) (난초과 *Saccolabium japonicum*) 〔유래〕 제주(탐라)의 상록활엽수에 기생하는 착생란.

탐라반쪽고사리(朴, 1961) (고사리과 *Pteris excelsa* v. *fauriei*) 〔이명〕 나래고사리, 개깃반쪽고사리, 나래반쪽고사리. 〔유래〕 탐라(제주)에 나는 반쪽고사리.

탐라뱀고사리(朴, 1949) (면마과) 거꾸리개고사리의 이명. 〔유래〕 탐라(제주)에 나는 뱀고사리. → 거꾸리개고사리.

탐라벚나무(李, 2003) (장미과 *Prunus hallasanensis* v. *longistylum*) 〔유래〕 암술대가 긴(17~20mm) 한라벚나무라는 뜻의 학명.

탐라산수국(永, 1996) (범의귀과) 탐라수국의 이명. → 탐라수국.

탐라석송(朴, 1949) (석송과) 왕다람쥐꼬리의 이명. → 왕다람쥐꼬리.

탐라수국(李, 1966) (범의귀과 *Hydrangea macrophylla* v. *acuminata* f. *fertilis*) 〔이명〕 탐라산수국. 〔유래〕 유성화(有性花)가 피는 산수국이라는 뜻의 학명. 토상산(土常山).

탐라시호(朴, 1974) (산형과) 좀시호의 이명. 〔유래〕 탐라(제주)에 나는 시호. → 좀시호.

탐라쑥부쟁이(安, 1982) (국화과) 제주국화의 이명. 〔유래〕 탐라(제주)에 나는 쑥부쟁이라는 뜻의 학명. → 제주국화.

탐라앵초(신) (앵초과 *Primula jesoana* v. *hallaisanensis*) 〔유래〕 제주 한라산에 나는 앵초라는 뜻의 학명.

탐라엉겅퀴(安, 1982) (국화과) 바늘엉겅퀴의 이명. 〔유래〕 탐라(제주)에 나는 엉겅퀴. → 바늘엉겅퀴.

탐라질경이(朴, 1974) (질경이과) 섬질경이의 이명. 〔유래〕 탐라(제주)에 나는 질경이. → 섬질경이.

탐라풀(李, 1980) (꼭두선이과) 개꼭두선이의 이명. → 개꼭두선이, 탐나풀.

탐라현호색(오병운, 1986) (양귀비과) 선현호색의 이명. → 선현호색.

탐라황기(李, 1980) (콩과) 자주개황기의 이명. → 자주개황기, 탐나황기.

탑꽃(鄭, 1949) (꿀풀과 *Clinopodium gracile* v. *multicaule*) 애기탑꽃의 이명(朴, 1974)으로도 사용. 〔이명〕 섬탑풀, 산탑꽃, 산탑풀. 〔유래〕 꽃이 층층으로 피는 것을 탑에 비유. 전도초(剪刀草). → 애기탑꽃.

탑풀(朴, 1949) (꿀풀과) 애기탑꽃의 이명. → 애기탑꽃.

태백기린초(永, 1992) (돌나물과 *Sedum latiovalifolium*) 〔유래〕 강원도 태백산에 나는 기린초. 키가 작고 잎이 넓은 난형이다.

태백말발도리(鄭, 1942) (범의귀과 *Deutzia parviflora* v. *barvinervis*) 〔유래〕 강원 태백산에 나는 말발도리라는 뜻의 일명. 수소(溲疏).

태백바람꽃(永, 2003) (미나리아재비과 *Anemone pendulisepala*) 〔유래〕 강원 태백산에 나는 바람꽃. 잎은 숲바람꽃과 유사하고 화피가 밑으로 처진 것은 회리바람꽃과 유사하나 화피가 대형이다.

태백붓꽃(永, 1996) (붓꽃과) 노랑무늬붓꽃의 이명. → 노랑무늬붓꽃.

태백씨름꽃(朴, 1949) (제비꽃과) 태백제비꽃의 이명. 〔유래〕 태백 씨름꽃(제비꽃). → 태백제비꽃.

태백오랑캐(鄭, 1937) (제비꽃과) 태백제비꽃의 이명. 〔유래〕 태백 오랑캐꽃(제비꽃). → 태백제비꽃.

태백이질풀(박 · 김, 1997) (쥐손이풀과 *Geranium taebaekensis*) 〔유래〕 강원 태백산에 나는 이질풀이라는 뜻의 학명. 꽃잎의 정단부가 W자형으로 심열한다.

태백제비꽃(鄭, 1949) (제비꽃과 *Viola albida*) 〔이명〕 태백씨름꽃, 사향씨름꽃, 태백오랑캐. 〔유래〕 미상. 자화지정(紫花地丁).

태산목(李, 1966) (목련과 *Magnolia grandiflora*) 〔이명〕 양옥란, 양목란, 큰꽃목련. 〔유래〕 태산목(泰山木)이라는 뜻의 일명. 목련에 비해 잎이나 꽃이 큰 데서 유래. 하화옥란(荷花玉蘭).

태안원추리(강 · 정, ?) (백합과 *Hemerocallis taeanensis*) 〔유래〕 충남 태안에 나는 원추리라는 뜻의 학명.

태천찔레나무(愚, 1996) (장미과) 대청가시나무의 중국 옌벤 방언. → 대청가시나무.

택란(鄭, 1937) (꿀풀과) 쉽싸리의 이명. 〔유래〕 택란(澤蘭). → 쉽싸리.

택란아재비(朴, 1949) (꿀풀과) 혹쉽싸리의 이명. 〔유래〕 택란(쉽싸리)과 유사. → 혹쉽싸리.

택사(鄭, 1949) (택사과 *Alisma canaliculatum*) 벗풀의 이명(朴, 1949)으로도 사용. 〔이명〕 쇠태나물, 물택사, 쇠대나물, 쇠택나물. 〔유래〕 택사(澤瀉). → 벗풀.

탱자나무(鄭, 1937) (운향과 *Poncirus trifoliata*) 〔유래〕 지(枳), 지귤(枳橘), 구귤(枸橘), 지각(枳殼), 지실(枳實). 〔어원〕 팅ᄌᆞ나모〔醜橙樹〕→탱자나무로 변화(어원사전).

탱자아재비(朴, 1949) (자금우과) 백량금의 이명. 〔유래〕 꽃잎이 탱자나무와 유사하다는 뜻의 일명에서 유래한 것이나 탱자와는 거리가 멀다. → 백량금.

터리풀(鄭, 1937) (장미과 *Filipendula palmata* v. *glabra*) 〔이명〕 민털이풀, 털이풀. 〔유래〕 미상.

턱잎가막살나무(安, 1982) (인동과) 덧잎가막살나무의 이명. → 덧잎가막살나무.

턱잎버들(安, 1982) (버드나무과) 꽃버들의 이명. 〔유래〕 탁엽이 있는 버드나무라는 뜻의 학명. → 꽃버들.

털가막살나무(李, 1966) (인동과) 가막살나무의 이명. 〔유래〕 털 가막사리라는 뜻의 일명. → 가막살나무.

털가막살이(安, 1982) (국화과) 가막사리의 이명. 〔유래〕 과실에 연모가 있는 가막사리라는 뜻의 학명. → 가막사리.

털가문비(李, 1966) (소나무과) 털풍산종비의 이명. → 털풍산종비.

털가시나무(鄭, 1942) (장미과 *Rosa multiflora* v. *pilosissima*) 〔이명〕 털들장미, 털찔레나무. 〔유래〕 연모가 매우 많은 찔레나무라는 뜻의 학명 및 일명.

털가위고사리(朴, 1961) (면마과) 털쇠고사리의 이명. 〔유래〕 털 가위고사리(좀쇠고사리). → 털쇠고사리.

털가침박달(鄭, 1942) (장미과 *Exochorda serratifolia* v. *oligantha*) 〔이명〕 털까침박달. 〔유래〕 털(잎 뒤) 가침박달이라는 뜻의 일명.

털갈매나무(鄭, 1937) (갈매나무과) 돌갈매나무의 이명. → 돌갈매나무.

털갈퀴덩굴(李, 1980) (콩과) 벳지의 이명. 〔유래〕 전체에 퍼진 털이 밀생한다. → 벳지.

털갈키꼭두선이(朴, 1974) (꼭두선이과) 우단꼭두선이의 이명. 〔유래〕 갈퀴꼭두선이에 비해 잎 양면에 털이 밀생한다. → 우단꼭두선이.

털갈키덩굴(朴, 1949) (꼭두선이과) 우단꼭두선이의 이명. → 우단꼭두선이.

털갓냉이(壽, 1995) (십자화과) 유럽장대의 이명. → 유럽장대.

털강아지수염(朴, 1949) (곡정초과) 좀개수염의 이명. → 좀개수염.

털개고사리(朴, 1949) (면마과) 진퍼리고사리의 이명. → 진퍼리고사리.

털개곽향(朴, 1974) (꿀풀과) 곽향의 이명. 〔유래〕 개곽향에 비해 전체에 긴 퍼진 털이 있다. → 곽향.

털개관중(朴, 1961) (면마과 *Polystichum polyblepharum* v. *fibriloso-paleaceum*) 〔이명〕 수염희미초. 〔유래〕 미상.

털개구리미나리(朴, 1974) (미나리아재비과 *Ranunculus cantoniensis*) 〔이명〕 털젓가락나물, 왜젓가락나물. 〔유래〕 왜젓가락풀에 비해 털이 많다. 자구초(自扣草).

털개금불초(愚, 1996) (국화과) 갯금불초의 중국 옌볜 방언. → 갯금불초.

털개나무(朴, 1949) (마편초과) 털누리장나무의 이명. 〔유래〕 털(융단) 개나무(누리장나무)라는 뜻의 일명. → 털누리장나무.

털개머루(李, 1966) (포도과 *Ampelopsis brevipedunculata* v. *heterophylla* f. *ciliata*) 청가마귀머루의 이명(朴, 1949)으로도 사용. 〔유래〕 햇가지와 잎자루 및 잎뒷면에 짧은 털이 있다. → 청가마귀머루.

털개모시풀(安, 1982) (쐐기풀과) 털긴잎모시풀의 이명. 〔유래〕 잎 뒤와 엽병에 단모가 밀생한다. → 털긴잎모시풀.

털개밀(李, 1969) (벼과 *Agropyron gmelini*) 속털개밀의 이명(鄭, 1937)으로도 사용. 〔이명〕 북개밀. 〔유래〕 잎 양면에 긴 털이 있다. → 속털개밀.

털개백미(安, 1982) (박주가리과) 백미꽃의 이명. 〔유래〕 털 개백미(민백미꽃). 민백미꽃에 비해 털이 밀생한다. → 백미꽃.

털개별꽃(李, 1969) (석죽과 *Pseudostellaria setulosa*) 〔이명〕 털미치광이풀, 숲개별꽃, 털들별꽃. 〔유래〕 산개별꽃에 비해 잎 가장자리와 잎 뒤 맥상에 털이 많다.

털개불알꽃(鄭, 1949) (난초과 *Cypripedium guttatum* v. *koreanum*) 〔이명〕 조선요강꽃, 털복주머니란, 털주머니꽃, 애기작란화. 〔유래〕 미상.

털개살구(鄭, 1942) (장미과 *Prunus mandshurica* f. *barbinervis*) 〔이명〕 털개살구나무. 〔유래〕 털(잎 뒤 맥상) 개살구라는 뜻의 학명 및 일명. 고행인(苦杏仁).

털개살구나무(愚, 1996) (장미과) 털개살구의 중국 옌볜 방언. → 털개살구.

털개승애(安, 1982) (여뀌과) 털싱아의 이명. 〔유래〕 줄기와 잎에 단모가 밀생한다. → 털싱아.

털개억새(李, 1969) (벼과) 좀개억새의 이명. 〔유래〕 개억새에 비해 잎에 털이 있다. → 좀개억새.

털개지치(朴, 1949) (지치과) 들지치와 자반풀(愚, 1996, 중국 옌볜 방언), 거센털꽃마리(愚, 1996, 중국 옌볜 방언)의 이명. → 들지치, 자반풀, 거센털꽃마리.

털개현삼(朴, 1974) (현삼과) 일월토현삼의 이명. 〔유래〕 토현삼에 비해 줄기, 잎, 화서에 털이 밀생한다. → 일월토현삼.

털개회나무(鄭, 1937) (물푸레나무과 *Syringa velutina*) 〔이명〕 암개회나무, 가는잎정향나무. 〔유래〕 비로드상의 털이 있는 수수꽃다리라는 뜻의 학명.

E

털갯완두(李, 1969) (콩과 *Lathyrus japonicus* v. *aleuticus*) 〔유래〕 털(꽃받침) 갯완두라는 뜻의 일명.

털검화(愚, 1996) (운향과) 털백선의 중국 옌볜 방언. → 털백선.

털계뇨등(安, 1982) (꼭두선이과) 털계요등의 이명. → 털계요등.

털계요등(鄭, 1942) (꼭두선이과 *Paederia fortida* v. *velutina*) 〔이명〕 우단계요등, 털계뇨등. 〔유래〕 털(융단) 계요등이라는 뜻의 학명 및 일명.

털고광나무(鄭, 1937) (범의귀과) 흰털고광나무와 고광나무(李, 1966)의 이명. → 흰털고광나무, 고광나무.

털고로쇠(鄭, 1942) (단풍나무과 *Acer mono* v. *ambiguum*) 〔이명〕 털고리실, 털고리실나무. 〔유래〕 고로쇠나무에 비해 잎 뒤에 단모가 밀생한다.

털고리실(朴, 1949) (단풍나무과) 털고로쇠의 이명. → 털고로쇠.

털고리실나무(安, 1982) (단풍나무과) 털고로쇠의 이명. → 털고로쇠.

털고사리(鄭, 1949) (면마과 *Athyrium pycnosorum*) 털쇠고사리의 이명(朴, 1949)으

로도 사용. 〔이명〕 힌털고사리, 흰털개고사리. 〔유래〕 잎에 털이 많다. → 털쇠고사리.

털골무꽃(安, 1982) (꿀풀과) 좀골무꽃의 이명. 〔유래〕 털(우단) 골무꽃이라는 뜻의 일명. → 좀골무꽃.

털광대수염(朴, 1949) (꿀풀과) 털향유의 이명. → 털향유.

털괭이눈(鄭, 1937) (범의귀과 *Chrysosplenium pilosum*) 가지괭이눈의 이명(朴, 1949)으로도 사용. 〔이명〕 털괭이눈풀. 〔유래〕 털이 있는 괭이눈이라는 뜻의 학명 및 일명. → 가지괭이눈.

털괭이눈풀(永, 1996) (범의귀과) 털괭이눈의 북한 방언. → 털괭이눈.

털괴발딱지(朴, 1949) (국화과) 좀딱취의 이명. 〔유래〕 털〔수과(瘦果)〕 괴발딱지(단풍취). → 좀딱취.

털괴발딱취(安, 1982) (국화과) 좀딱취의 이명. → 좀딱취, 털괴발딱지.

털괴불(朴, 1949) (인동과) 물앵도나무의 이명. 〔유래〕 털(융단) 괴불나무라는 뜻의 일명. → 물앵도나무.

털괴불나무(鄭, 1937) (인동과 *Lonicera subhispida*) 물앵도나무의 이명(安, 1982)으로도 사용. 〔이명〕 볼레괴불나무, 볼네괴불, 볼네괴불나무, 불네괴불, 털아귀꽃나무. 〔유래〕 털(다소 딱딱한 털) 괴불나무라는 뜻의 학명 및 일명. → 물앵도나무.

털구골나무(愚, 1996) (물푸레나무과) 구골나무의 중국 옌볜 방언. → 구골나무.

털구와꼬리풀(李, 1969) (현삼과) 구와꼬리풀의 이명. 〔유래〕 털 구와꼬리풀이라는 뜻의 학명. → 구와꼬리풀.

털굴개곽향(愚, 1996) (가지과) 덩굴곽향의 중국 옌볜 방언. → 덩굴곽향.

털굴피(李, 1966) (가래나무과) 털굴피나무의 이명. 〔유래〕 털굴피나무의 축소형. → 털굴피나무.

털굴피나무(鄭, 1942) (가래나무과 *Platycarya strobilacea* f. *coreana*) 〔이명〕 털굴피. 〔유래〕 굴피나무에 비해 어린 가지와 화축에 갈색 털이 밀생한다. 풍류피(楓柳皮).

털귀롱나무(朴, 1949) (장미과) 흰털귀룽나무의 이명. → 흰털귀룽나무.

털귀롱목(安, 1982) (장미과) 흰털귀룽나무의 이명. → 흰털귀룽나무.

털귀룽(李, 1966) (장미과) 흰털귀룽나무의 이명. → 흰털귀룽나무.

털금빛고사리(朴, 1961) (면마과) 금털고사리의 이명. → 금털고사리.

털기름나물(鄭, 1949) (산형과 *Libanotis coreana*) 가는잎방풍의 이명(愚, 1996, 북한 방언)으로도 사용. 〔이명〕 제주방풍. 〔유래〕 가는잎방풍에 비해 전체에 털이 있다. → 가는잎방풍.

털기린초(朴, 1949) (돌나물과 *Sedum selskianum*) 〔유래〕 털(전초에) 기린초라는 뜻의 일명.

털긴잎갈퀴(李, 1969) (꼭두선이과 *Galium boreale* v. *koreanum*) 〔이명〕 조선꽃갈키, 참갈퀴. 〔유래〕 털(잎 뒤 맥상과 과실) 긴잎갈퀴라는 뜻의 일명.

털긴잎개회나무(李, 1966) (물푸레나무과 *Syringa reticulata* v. *mandshurica* f. *koreana*) 〔유래〕 잎 뒤에 털이 있는 개회나무.

털긴잎모시풀(李, 1969) (쐐기풀과 *Boehmeria hirtella*) 〔이명〕 털모시, 털개모시풀, 털모시풀. 〔유래〕 단모가 있는 모시풀이라는 뜻의 학명 및 털 긴잎모시풀이라는 뜻의 일명.

털긴잎제비꽃(李, 1976) (제비꽃과 *Viola ovato-oblonga* f. *pubescens*) 〔유래〕 돌기 같은 짧은 털이 있는 긴잎제비꽃이라는 뜻의 학명 및 일명.

털긴잎조팝나무(李, 1966) (장미과 *Spiraea media* v. *sericea*) 〔이명〕 털조팝나무, 정일조팝나무, 종국조팝나무, 좀털긴잎조팝나무. 〔유래〕 털(견모상의) 긴잎조팝나무라는 뜻의 학명 및 일명.

털깃옷신갈(鄭, 1942) (참나무과) 물참나무의 이명. 〔유래〕 털 깃옷신갈이라는 뜻의 일명. → 물참나무.

털까마중(壽, 1995) (가지과 *Solanum sarachoides*) 〔유래〕 털 까마중이라는 뜻의 일명. 식물체 전체에 선모(腺毛)가 밀생한다.

털까침박달(朴, 1949) (장미과) 털가침박달의 이명. → 털가침박달.

털깨풀(朴, 1949) (현삼과) 큰산좁쌀풀의 이명. 〔유래〕 게(털)고고메구사(ケコゴメグサ)라는 일명. → 큰산좁쌀풀.

털꼬리풀(鄭, 1949) (현삼과 *Veronica linariifolia* v. *villosula*) 〔이명〕 우단꼬리풀, 융털꼬리풀. 〔유래〕 털(가늘고 긴) 꼬리풀이라는 뜻의 학명 및 일명.

털꼭두서리(愚, 1996) (꼭두선이과) 우단꼭두선이의 중국 옌볜 방언. → 우단꼭두선이.

털꽃개회나무(鄭, 1937) (물푸레나무과 *Syringa wolfii* v. *hirsuta*) 〔이명〕 짝자래, 짝짝에나무, 짝재래, 짝짜래나무, 털꽃정향나무. 〔유래〕 많은 털이 있는 꽃개회나무라는 뜻의 학명 및 일명.

털꽃고사리(朴, 1961) (고사리삼과) 산고사리삼의 이명. → 산고사리삼.

털꽃마리(朴, 1974) (지치과) 참꽃마리의 이명. 〔유래〕 전체에 압모(壓毛)가 있다. → 참꽃마리.

털꽃자리풀(愚, 1996) (콩과) 먹이개자리의 북한 방언. → 먹이개자리.

털꽃정향나무(愚, 1996) (물푸레나무과) 털꽃개회나무의 중국 옌볜 방언. → 털꽃개회나무.

털끈끈이여뀌(安, 1982) (여뀌과) 끈끈이여뀌의 이명. → 끈끈이여뀌.

털나도댑사리(愚, 1996) (명아주과 *Axyris koreana*) 〔유래〕 나도댑사리와 유사하나 화서가 옆으로 넓게 퍼지며 가지를 치고 털이 많다.

털나래새(李, 1969) (벼과 *Stipa sibirica*) 털수염새의 이명(1980)으로도 사용. 〔이명〕 시베리아수염새, 가는잎나래새, 가는나래새. 〔유래〕 미상. → 털수염새.

털나무싸리(安, 1982) (콩과) 털조록싸리의 이명. → 털조록싸리.

털냉이(朴, 1949) (십자화과) 꽃황새냉이의 이명. → 꽃황새냉이.

털냉초(鄭, 1949) (현삼과) 냉초의 이명. 〔유래〕 전주에 털이 있다. → 냉초.

털네잎갈퀴(朴, 1974) (꼭두선이과 *Galium trachyspermum* f. *hispidum*) 둥근갈퀴의 이명(愚, 1996, 북한 방언)으로도 사용. 〔이명〕 털네잎갈키, 참털네잎갈퀴. 〔유래〕 털(줄기와 잎) 네잎갈퀴(네잎갈키덩굴)라는 뜻의 학명. → 둥근갈퀴.

털네잎갈키(李, 1969) (꼭두선이과) 털네잎갈퀴의 이명. → 털네잎갈퀴.

털노랑제비꽃(鄭, 1949) (제비꽃과 *Viola brevistipulata* v. *minor*) 〔이명〕 큰산오랑캐, 누른꽃오랑캐, 털누른오랑캐, 큰노랑제비꽃, 털대제비꽃, 한라털노랑제비꽃, 오대털노랑제비꽃. 〔유래〕 미상.

털노박덩굴(鄭, 1942) (노박덩굴과 *Celastrus stephanotiifolius*) 〔이명〕 큰노방덩굴, 털노방덩굴, 왕노방덩굴. 〔유래〕 털 노박덩굴이라는 뜻의 일명.

털노방덩굴(安, 1982) (노박덩굴과) 털노박덩굴의 이명. 〔유래〕 털 노방덩굴(노박덩굴). → 털노박덩굴.

털누른오랑캐(朴, 1949) (제비꽃과) 털노랑제비꽃의 이명. 〔유래〕 긴 연모가 있는 제비꽃이라는 뜻의 학명. → 털노랑제비꽃.

털누리장나무(鄭, 1942) (마편초과 *Clerodendron trichotomum* f. *ferrugineum*) 섬누리장나무의 이명(李, 1966)으로도 사용. 〔이명〕 털개나무, 비로도누리장나무. 〔유래〕 잎에 갈색 털이 밀생하는 다모품의 극단형. → 섬누리장나무.

털눈마가목(愚, 1996) (장미과) 당마가목의 북한 방언. 〔유래〕 겨울눈에 흰 털이 밀생한다. → 당마가목.

털다래(李, 1966) (다래나무과 *Actinidia arguta* v. *platyphylla*) 〔유래〕 털(잎 뒤 맥상) 다래나무라는 뜻의 일명.

털다릅나무(安, 1982) (콩과) 개물푸레나무의 이명. 〔유래〕 다릅나무에 비해 가늘고 긴 털이 있다는 뜻의 학명. → 개물푸레나무.

털단풍(李, 1966) (단풍나무과 *Acer palmatum* v. *pilosum*) 털참단풍의 이명(鄭, 1942)으로도 사용. 〔유래〕 털(꽃대 및 소지) 단풍나무라는 뜻의 학명 및 일명. → 털참단풍.

털단풍나무(朴, 1949) (단풍나무과) 털참단풍의 이명. → 털참단풍, 털단풍.

털단풍잎마(朴, 1949) (마과) 부채마의 이명. 〔유래〕 털 단풍잎마(부채마)라는 뜻의 일명. → 부채마.

털담쟁이이끼(朴, 1949) (처녀이끼과) 누운괴불이끼의 이명. → 누운괴불이끼.

털당마가목(朴, 1949) (장미과) 흰털마가목의 이명. → 흰털마가목.

털대사초(鄭, 1949) (사초과 *Carex ciliato-marginata*) 〔유래〕 털(잎 가장자리에) 대사초라는 뜻의 학명 및 일명.

털대제비꽃(李, 1980) (제비꽃과) 털노랑제비꽃의 이명. 〔유래〕 긴 연모를 가진 대(원줄기)가 있는 제비꽃이라는 뜻의 학명. → 털노랑제비꽃.

털대택고사리(朴, 1949) (면마과) 촘촘처녀고사리의 이명. 〔유래〕 털 대택고사리(촘촘처녀고사리)라는 뜻의 일명. → 촘촘처녀고사리.

털대흰제비꽃(李, 1969) (제비꽃과) 흰제비꽃의 이명. → 흰제비꽃.

털댕강나무(鄭, 1937) (인동과 *Abelia coreana*) 〔유래〕 잎의 맥과 가장자리에 털이 있는 댕강나무. 자형(刺荊).

털덜꿩나무(鄭, 1942) (인동과) 덜꿩나무의 이명. 〔유래〕 강원 방언. 엷은 털이 있는 덜꿩나무라는 뜻의 일명. → 덜꿩나무.

털덤불오리나무(愚, 1996) (자작나무과) 털만주오리나무의 중국 옌볜 방언. → 털만주오리나무.

털덩굴바꽃(朴, 1974) (미나리아재비과) 놋젓가락나물의 이명. → 놋젓가락나물.

털도깨비바늘(李, 1969) (국화과 *Bidens biternata*) 〔이명〕 도깨비바늘, 참귀사리, 독개비바늘, 넓은잎가막사리, 누른도깨비바늘. 〔유래〕 도깨비바늘에 비해 털이 많다.

털도독놈의갈구리(鄭, 1956) (콩과) 개도둑놈의갈구리의 이명. → 개도둑놈의갈구리.

털도둑놈의갈고리(永, 1996) (콩과) 개도둑놈의갈구리의 이명. → 개도둑놈의갈구리.

털도둑놈의갈구리(愚, 1996) (콩과) 된장풀의 중국 옌볜 방언. → 된장풀.

털독말풀(壽, 1995) (가지과 *Datura meteloides*) 〔유래〕 식물체 전체에 잔털이 밀생한다.

털돌잔고사리(鄭, 1970) (고사리과 *Microlepia marginata*) 〔이명〕 기슭고사리, 돌잔고사리. 〔유래〕 뿌리줄기에 갈색 털이 밀생한다.

E

털동자꽃(鄭, 1937) (석죽과 *Lychnis fulgens*) 〔이명〕 호동자꽃. 〔유래〕 동자꽃에 비해 털이 많다.

털두렁꽃(愚, 1996) (부처꽃과) 털부처꽃의 북한 방언. 〔유래〕 털 두렁꽃(부처꽃). → 털부처꽃.

털두메자운(李, 1969) (콩과 *Oxytropis koreana*) 〔이명〕 비단돔부, 털산돔부. 〔유래〕 긴 갈색 털이 밀생한다.

털둥근갈퀴(李, 1980) (꼭두선이과) 둥근갈퀴의 이명. 〔유래〕 잎의 표면과 가장자리에 털이 있다. → 둥근갈퀴.

털둥근이질풀(李, 1969) (쥐손이풀과 *Geranium koreanum* f. *hirsutum*) 〔이명〕 털이질풀, 털둥근쥐손이. 〔유래〕 털(줄기와 소화경) 둥근이질풀이라는 뜻의 학명 및 일명.

털둥근잎제비꽃(愚, 1996) (제비꽃과) 잔털제비꽃의 중국 옌볜 방언. 〔유래〕 털 둥근잎제비꽃(잔털제비꽃). → 잔털제비꽃.

털둥근쥐손이(愚, 1996) (쥐손이풀과) 털둥근이질풀의 중국 옌볜 방언. → 털둥근이질풀.

털들갓(壽, 2001) (십자화과 *Sinapis arvensis* v. *orientalis*) 〔유래〕 열매에 털이 밀생한다.

털들별꽃(愚, 1996) (석죽과) 털개별꽃의 중국 옌볜 방언. 〔유래〕 털 들별꽃(개별꽃). → 털개별꽃.

털들장미(安, 1982) (장미과) 털가시나무의 이명. 〔유래〕 털 들장미(가시나무, 찔레나무). → 털가시나무.

털딱지(鄭, 1937) (장미과) 털딱지꽃의 이명. → 털딱지꽃.

털딱지꽃(鄭, 1949) (장미과 *Potentilla chinensis* v. *concolor*) 〔이명〕 털딱지. 〔유래〕 털(잎 양면에 밀생) 딱지꽃이라는 뜻의 일명.

털딱총나무(李, 1966) (인동과 *Sambucus sieboldiana* v. *miquelii* f. *lasiocarpa*) 〔유래〕 딱총나무에 비해 씨방이나 열매에 털이 있다.

털뚝새풀(壽, 1995) (벼과 *Alopecurus japonica*) 〔유래〕 털(화서에 까락이 긴) 뚝새풀. 뚝새풀에 비해 화수의 폭이 굵고 꽃밥이 백색이다.

털마가목(朴, 1949) (장미과) 왉은털마가목의 이명. → 왉은털마가목.

털마삭나무(鄭, 1942) (협죽도과) 털마삭줄의 이명. 〔유래〕 털 마삭나무(마삭줄). → 털마삭줄.

털마삭줄(鄭, 1949) (협죽도과 *Trachelospermum jasminoides* v. *pubescens*) 〔이명〕 털마삭나무. 〔유래〕 털(잔 연모) 마삭줄이라는 뜻의 학명 및 일명. 낙석등(絡石藤).

털만주고로쇠(鄭, 1942) (단풍나무과 *Acer truncatum* v. *barbinerve*) 〔유래〕 털(맥위) 만주고로쇠라는 뜻의 학명 및 일명.

털만주송이풀(愚, 1996) (현삼과 *Pedicularis mandshurica* v. *coreana*) 〔유래〕 만주송이풀에 비해 꽃받침에 털이 있다.

털만주오리나무(李, 1966) (자작나무과 *Alnus mandshurica* f. *pubescens*) 〔이명〕 붉은털만주오리, 붉은오리나무, 붉은털만주오리나무, 털덤불오리나무. 〔유래〕 털(잎 뒤) 만주오리나무(덤불오리나무)라는 뜻의 학명 및 일명.

털말발도리(鄭, 1942) (범의귀과 *Deutzia parviflora* v. *pilosa*) 〔유래〕 털(잎 뒤) 말발도리나무라는 뜻의 학명 및 일명.

털망초(安, 1982) (국화과) 실망초의 이명. → 실망초.

털머위(鄭, 1949) (국화과 *Farfugium japonicum*) 〔이명〕 말곰취, 갯머위, 넓은잎말곰취. 〔유래〕 수과(瘦果)에 털이 밀생한다. 연봉초(蓮蓬草).

털메꽃(朴, 1949) (메꽃과) 선메꽃의 이명. 〔유래〕 털(전체에) 메꽃이라는 뜻의 일명.

E

→ 선메꽃.

털며느리밥풀(李, 1969) (현삼과 *Melampyrum roseum* v. *hirsutum*) 〔이명〕 줄털꽃며느리바풀, 돌꽃며느리바풀. 〔유래〕 털(꽃받침의 맥상) 꽃며느리밥풀이라는 뜻의 학명 및 일명.

털모래덩굴(朴, 1949) (새모래덩굴과) 털새모래덩굴의 이명. → 털새모래덩굴.

털모시(朴, 1949) (쐐기풀과) 털긴잎모시풀의 이명. → 털긴잎모시풀.

털모시풀(朴, 1974) (쐐기풀과) 털긴잎모시풀의 이명. → 털긴잎모시풀.

털모싯대(朴, 1949) (초롱꽃과) 당잔대의 이명. → 당잔대.

털묏고사리(朴, 1975) (면마과) 두메고사리의 이명. → 두메고사리.

털무강범의꼬리(朴, 1974) (여뀌과) 털씨범꼬리의 이명. 〔유래〕 털 무강범의꼬리(씨범꼬리). → 털씨범꼬리.

털문모초(朴, 1974) (현삼과) 문모초의 이명. → 문모초.

털물갈나무(鄭, 1942) (참나무과) 신갈나무의 이명. 〔유래〕 가는 면모가 밀생한다는 뜻의 학명 및 털 신갈나무라는 뜻의 일명. → 신갈나무.

털물봉선(李, 1969) (봉선화과 *Impatiens hypophylla* v. *koreana*) 〔이명〕 처진물봉선, 밑물봉숭아. 〔유래〕 잎과 꽃에 백색 털이 있다.

털물신갈나무(鄭, 1949) (참나무과) 신갈나무의 이명. → 신갈나무, 털물갈나무.

털물오리나무(鄭, 1937) (자작나무과) 물오리나무의 이명. → 물오리나무.

털물참새피(壽, 1995) (벼과 *Paspalum disticum* v. *indutum*) 〔유래〕 엽초(葉鞘)와 마디에 긴 털이 밀생한다.

털미꾸리낚시(李, 1969) (여뀌과 *Persicaria sieboldii* v. *sericea*) 〔유래〕 털(견모상의) 미꾸리낚시라는 뜻의 학명 및 일명.

털미역고사리(朴, 1949) (고란초과) 좀나도우드풀의 이명. → 좀나도우드풀.

털미치광이풀(朴, 1949) (석죽과) 털개별꽃의 이명. 〔유래〕 털 미치광이풀(개별꽃). → 털개별꽃.

털민둥인가목(李, 1966) (장미과) 인가목의 이명. 〔유래〕 털이 있는 민둥인가목이라는 뜻의 학명. → 인가목.

털민들레(李, 1969) (국화과 *Taraxacum mongolicum*) 〔이명〕 민들레. 〔유래〕 총포편에 검은 털이 밀생한다.

털바꽃(朴, 1974) (미나리아재비과) 투구꽃의 이명. → 투구꽃.

털바랑이(愚, 1996) (벼과) 바랭이의 중국 옌볜 방언. → 바랭이.

털바위떡풀(朴, 1949) (범의귀과) 바위떡풀의 이명. 〔유래〕 털 바위떡풀이라는 뜻의 일명. → 바위떡풀.

털바위여뀌(朴, 1949) (여뀌과) 털싱아의 이명. 〔유래〕 털 바위여뀌라는 뜻의 일명에서 유래했으나 바위여뀌의 실체는 미상이다. → 털싱아.

털박쥐나무(安, 1982) (박쥐나무과) 박쥐나무의 이명. 〔유래〕 털(융단) 박쥐나무라는 뜻의 학명 및 일명. → 박쥐나무.

털박쥐나물(朴, 1949) (국화과 *Cacalia hastata*) 〔유래〕 엷은 털 박쥐나물이라는 뜻의 일명.

털박하(李, 1969) (꿀풀과 *Mentha arvensis* v. *barbata*) 박하의 이명(朴, 1949)으로도 사용. 〔유래〕 털(꽃받침에 까락) 박하라는 뜻의 학명. → 박하.

털밤(李, 1966) (참나무과 *Castanea crenata* v. *kusakuri* f. *tol-bam*) 〔유래〕 털밤이라는 뜻의 학명. 모율(毛栗).

털백당나무(鄭, 1942) (인동과 *Viburnum opulus* v. *calvescens* f. *puberulum*) 〔유래〕 다소 잔털이 있다는 뜻의 학명 및 털 백당나무라는 뜻의 일명.

털백령풀(李, 2003) (꼭두선이과 *Diodia teres* v. *hirsutior*) 〔유래〕 보다 털이 많은 백령풀이라는 뜻의 학명.

털백미(安, 1982) (박주가리과) 백미꽃의 이명. → 백미꽃.

털백산차(鄭, 1942) (철쭉과) 백산차의 이명. 〔유래〕 잎 뒤에 흰 털 및 갈색 털이 밀생한다. → 백산차.

털백선(李, 1969) (운향과 *Dictamnus dasycarpus* f. *velutinus*) 〔이명〕 털검화. 〔유래〕 털(잎 뒤에 융모 밀생) 백선이라는 뜻의 학명 및 일명.

털백작약(李, 1969) (작약과 *Paeonia japonica* f. *pilosa*) 〔이명〕 백작약, 강작약, 흰함박꽃. 〔유래〕 잎 뒤에 털이 있는 작약이라는 뜻의 학명 및 일명.

털뱀배추(朴, 1974) (꿀풀과) 털석잠풀의 이명. 〔유래〕 털 뱀배추(석잠풀). → 털석잠풀.

털벌노랑이(安, 1982) (콩과) 벌노랑이의 이명. 〔유래〕 짧은 털이 있는 벌노랑이라는 뜻의 학명. → 벌노랑이.

털벗나무(鄭, 1937) (장미과) 개벚나무의 이명. 〔유래〕 털(융단) 벗나무라는 뜻의 학명 및 일명. → 개벚나무.

털벚나무(李, 1966) (장미과) 개벚나무의 이명. → 개벚나무, 털벗나무.

털별고사리(鄭, 1937) (면마과) 털이삭고사리의 이명. 〔유래〕 털 별고사리(이삭고사리)라는 뜻의 일명. → 털이삭고사리.

털별꽃아재비(壽, 1995) (국화과) 큰별꽃아재비의 이명. 〔유래〕 별꽃아재비에 비해 총포와 꽃대에 선모(腺毛)가 있다. → 큰별꽃아재비.

털별사초(愚, 1996) (사초과 *Carex lasiocarpa* v. *occultans*) 〔이명〕 벌사초. 〔유래〕 과포(果胞)에 갈색 털이 있다.

털병꽃나무(朴, 1949) (인동과) 산소영도리나무의 이명. → 산소영도리나무.

털복주머니란(永, 1996) (난초과) 털개불알꽃의 이명. → 털개불알꽃.

털부갸근나무(朴, 1949) (단풍나무과) 부게꽃나무의 이명. 〔유래〕 털 부갸근나무(부게꽃나무). → 부게꽃나무.

털부숑이사초(朴, 1949) (사초과) 난사초의 이명. → 난사초.

털부지깽이나물(朴, 1974) (국화과) 섬쑥부쟁이의 이명. → 섬쑥부쟁이.

털부채마(鄭, 1937) (마과) 부채마의 이명. 〔유래〕 털 부채마라는 뜻의 학명 및 일명. → 부채마.

털부처꽃(鄭, 1949) (부처꽃과 *Lythrum salicaria*) 〔이명〕 좀부처꽃, 참부처꽃, 털두렁꽃. 〔유래〕 부처꽃에 비해 전주에 돌기 모양의 털이 있다.

털북산살구나무(愚, 1996) (장미과) 털시베리아살구의 중국 옌볜 방언. → 털시베리아살구.

털분지(安, 1982) (산형과) 서울개발나물의 이명. → 서울개발나물.

털분취(李, 1969) (국화과 *Saussurea rorinsanensis*) 〔이명〕 낭림취, 낭림산분취, 랑림취. 〔유래〕 털(거친 털) 분취라는 뜻의 일명.

털비늘고사리(鄭, 1937) (면마과) 털쇠고사리의 이명. → 털쇠고사리.

털비름(鄭, 1949) (비름과 *Amaranthus retroflexus*) 〔이명〕 푸른맨도램이, 청맨드래미. 〔유래〕 전체가 잔털로 덮여 있다. 반지현(反支莧).

털비쑥(李, 1969) (국화과 *Artemisia scoparia* f. *villosa*) 〔이명〕 갯비쑥. 〔유래〕 털(줄기에 연모) 비쑥이라는 뜻의 학명.

털빕새귀리(李, 1969) (벼과) 말귀리의 이명. 〔유래〕 털〔소수(小穗)와 엽신(葉身)〕 빕새귀리. → 말귀리.

털뽕나무(鄭, 1937) (뽕나무과) 돌뽕나무의 이명. 〔유래〕 털(전체에) 뽕나무라는 뜻의 일명. → 돌뽕나무.

E

털사시나무(鄭, 1942) (버드나무과 *Populus davidiana* f. *tomentella*) 〔유래〕 털이 있는 사시나무라는 뜻의 학명 및 일명.

털사철란(李, 1969) (난초과) 자주사철란의 이명. 〔유래〕 털(융단) 사철란이라는 뜻의 학명. → 자주사철란.

털사초(朴, 1949) (사초과 *Carex pilosa*) 털잎사초의 이명(李, 1969)으로도 사용. 〔유래〕 연모가 있는 사초라는 뜻의 학명. → 털잎사초.

털산개나리(이상태, ?) (물푸레나무과 *Forsythia saxatilis* v. *pilosa*) 〔유래〕 털이 있는 산개나리.

털산개미자리(朴, 1974) (석죽과) 나도개미자리의 이명. → 나도개미자리.

털산고사리(朴, 1961) (면마과) 촘촘처녀고사리의 이명. → 촘촘처녀고사리.

털산돌배(李, 1980) (장미과 *Pyrus ussuriensis* v. *pubescens*) 〔이명〕 털산돌배나무. 〔유래〕 잎 뒤에 미모가 있는 산돌배나무라는 뜻의 학명 및 일명.

털산돌배나무(李, 1966) (장미과) 털산돌배의 이명. → 털산돌배.

털산돔부(朴, 1949) (콩과) 털두메자운의 이명. → 털두메자운.

털산박하(李, 1969) (꿀풀과 *Plectranthus inflexus* v. *canescens*) 〔유래〕 털(회색 연모) 산박하라는 뜻의 학명 및 일명.

털산사(李, 1966) (장미과) 털산사나무의 이명. 〔유래〕 털산사나무의 축소형. → 털산사나무.

털산사나무(鄭, 1942) (장미과 *Crataegus pinnatifida* f. *pilosa*) 〔이명〕 털산사, 털이광나무, 털찔광나무. 〔유래〕 털(화경과 잎 뒤) 산사나무라는 뜻의 학명 및 일명.

털산수국(李, 1966) (범의귀과) 산수국의 이명. → 산수국.

털산승애(朴, 1974) (여뀌과) 얇은개싱아의 이명. → 얇은개싱아.

털산쑥(鄭, 1937) (국화과 *Artemisia freyniana* f. *discolor*) 〔유래〕 잎 뒤에 회백색 털이 밀생한다.

털산초나무(愚, 1996) (운향과) 털초피나무의 중국 옌볜 방언. → 털초피나무.

털상동나무(鄭, 1942) (갈매나무과 *Sageretia theezans* f. *tomentosa*) 〔유래〕 털(잎 뒤에 밀생) 상동나무라는 뜻의 학명 및 일명.

털새(鄭, 1949) (벼과) 새의 이명. 〔유래〕 털 새라는 뜻의 일명. → 새.

털새고사리(朴, 1949) (면마과) 개고사리의 이명. → 개고사리.

털새돔부(朴, 1949) (콩과) 애기자운의 이명. → 애기자운.

털새동부(李, 1969) (콩과) 애기자운의 이명. → 애기자운.

털새머루(李, 1966) (포도과) 왕머루의 이명. 〔유래〕 털 새머루라는 뜻의 일명. → 왕머루.

털새모래덩굴(李, 1969) (새모래덩굴 *Menispermum dauricum* f. *pilosum*) 〔이명〕 털모래덩굴. 〔유래〕 털 새모래덩굴이라는 뜻의 학명 및 일명.

털새발고사리(朴, 1961) (면마과) 두메고사리의 이명. → 두메고사리.

털새완두(安, 1982) (콩과) 새완두의 이명. → 새완두.

털생강나무(鄭, 1949) (녹나무과 *Lindera obtusiloba* f. *villosum*) 〔유래〕 털(잎 뒤) 생강나무라는 뜻의 학명 및 일명.

털석잠풀(鄭, 1949) (꿀풀과 *Stachys japonica* v. *villosa*) 우단석잠풀의 이명(朴, 1974)으로도 사용. 〔이명〕 개배암배추, 거센털석잠풀, 털뱀배추, 좀털석잠풀. 〔유래〕 털(전체에) 석잠풀이라는 뜻의 학명. → 우단석잠풀.

털선이질풀(愚, 1996) (쥐손이풀과 *Geranium krameri* f. *adpressipilosum*) 〔유래〕 선이질풀에 비해 밑으로 향한 털이 밀생한다.

털세잎양지꽃(李, 1969) (장미과) 세잎양지꽃의 이명. 〔유래〕 털 세잎양지꽃이라는 뜻의 학명. → 세잎양지꽃.

털손잎풀(愚, 1996) (쥐손이풀과) 털쥐손이의 북한 방언. 〔유래〕 털 세잎풀(쥐손이풀). → 털쥐손이.

털솔나물(鄭, 1949) (꼭두선이과 *Galium verum* v. *trachycarpum*) 〔이명〕 참솔나물.

〔유래〕 털(자방에) 솔나물이라는 뜻의 일명.

털송이풀(李, 1969) (현삼과) 송이풀의 이명. 〔유래〕 털 송이풀이라는 뜻의 학명. → 송이풀.

털쇠고사리(朴, 1961) (면마과 *Arachniodes mutica*) 〔이명〕 털비늘고사리, 털고사리, 나도쇠고사리, 털가위고사리, 나도넉줄고사리. 〔유래〕 미상.

털쇠보리(朴, 1949) (벼과) 갯쇠보리의 이명. 〔유래〕 마디에 털이 밀생한다. → 갯쇠보리.

털쇠서나물(李, 1980) (국화과) 쇠서나물의 이명. → 쇠서나물.

털수국(朴, 1949) (범의귀과) 산수국의 이명. 〔유래〕 털 수국이라는 뜻의 학명. → 산수국.

털수염새(朴, 1949) (벼과 *Stipa sibirica* v. *pubicalyx*) 〔이명〕 털나래새. 〔유래〕 꽃받침에 잔 연모가 있다는 뜻의 학명.

털순마가목(愚, 1996) (장미과) 당마가목의 중국 옌볜 방언. → 당마가목, 털눈마가목.

털숲고사리(朴, 1961) (면마과 *Cornopteris decurrenti-alata* v. *pilosella*) 〔유래〕 세장한 털이 있는 숲고사리(뿔왜고사리)라는 뜻의 학명.

털쉬땅나무(愚, 1996) (장미과) 청쉬땅나무의 중국 옌볜 방언. → 청쉬땅나무.

털쉽사리(李, 1969) (꿀풀과) 혹쉽싸리의 이명. → 혹쉽싸리.

털쉽싸리(朴, 1974) (꿀풀과 *Lycopus lucidus* f. *hirtus*) 혹쉽싸리의 이명(鄭, 1949)으로도 사용. 〔유래〕 털(짧은 강모) 쉽싸리라는 뜻의 학명. → 혹쉽싸리.

털시닥나무(朴, 1949) (단풍나무과) 청시닥나무의 이명. → 청시닥나무.

털시베리아살구(安, 1982) (장미과 *Prunus sibirica* f. *pubescens*) 〔이명〕 털북산살구나무. 〔유래〕 털(잎 뒤 주맥) 시베리아살구라는 뜻의 학명.

털실부추(愚, 1996) (백합과 *Allium anisopodium* v. *zimmermannianum*) 〔유래〕 실부추에 비해 화경과 화축에 털이 있다.

털싱아(李, 1969) (여뀌과 *Aconogonum brachytricum*) 〔이명〕 털바위여뀌, 털개승애. 〔유래〕 줄기와 잎에 아주 짧은 털이 밀생한다.

털싸리(鄭, 1942) (콩과 *Lespedeza bicolor* v. *sericea*) 〔이명〕 털싸리나무. 〔유래〕 털(잎 뒤) 싸리나무라는 뜻의 일명.

털싸리나무(愚, 1996) (콩과) 털싸리의 북한 방언. → 털싸리.

털싸리냉이(李, 1969) (십자화과 *Cardamine impatiens* v. *eriocarpa*) 〔이명〕 개싸리냉이. 〔유래〕 과실에 연모가 있는 싸리냉이라는 뜻의 학명.

털쌍잎난초(李, 1980) (난초과 *Listera nipponica*) 〔유래〕 쌍잎난초에 비해 선모(腺毛)가 있다.

털쑥(朴, 1949) (국화과) 덤불쑥의 이명. → 덤불쑥.

털쑥방망이(愚, 1996) (국화과 *Senecio argunensis* f. *pilosa*) 〔유래〕 쑥방망이에 비

해 털(과실)이 있다는 뜻의 학명.

털쓰레기꽃(李, 2003) (국화과) 큰별꽃아재비의 이명. 〔유래〕 털 쓰레기꽃(별꽃아재비). → 큰별꽃아재비.

털쓴풀(愚, 1996) (용담과) 자주쓴풀의 중국 옌볜 방언. → 자주쓴풀.

털씨름꽃(朴, 1949) (제비꽃과) 털제비꽃의 이명. 〔유래〕 털 씨름꽃(제비꽃). → 털제비꽃.

털씨범꼬리(鄭, 1949) (여뀌과 *Bistorta vivipara* f. *roessleri*) 〔이명〕 무강범의꼬리, 털무강범의꼬리, 털씨범의꼬리. 〔유래〕 털 씨범꼬리라는 뜻의 일명.

털씨범의꼬리(愚, 1996) (여뀌과) 털씨범꼬리의 중국 옌볜 방언. → 털씨범꼬리.

털아귀꽃나무(愚, 1996) (인동과) 털괴불나무의 북한 방언. 〔유래〕 털 아귀꽃나무(괴불나무). → 털괴불나무.

털아카시아나무(愚, 1996) (콩과) 꽃아까시나무의 중국 옌볜 방언. 〔유래〕 적색의 긴 털이 밀생한다. → 꽃아까시나무.

털암술바꽃(朴, 1949) (미나리아재비과) 투구꽃의 이명. → 투구꽃.

털앵초(李, 1969) (앵초과) 털큰앵초의 이명. → 털큰앵초.

털야고초(朴, 1949) (벼과) 새의 이명. 〔유래〕 털 야고초(새). → 새.

털야광나무(鄭, 1937) (장미과 *Malus baccata* v. *mandshurica*) 〔이명〕 동배나무, 팔배나무, 개귀타리나무, 아가위나무, 만주아그배나무. 〔유래〕 잎 뒤와 엽병의 털이 끝까지 남는다. 산형자(山荊子).

털야자피(愚, 1996) (벼과 *Calamagrostis lapponica*) 〔이명〕 라프랜드새풀, 설령야자피. 〔유래〕 야자피에 비해 호영(護穎)에 털이 있다.

털양지꽃(鄭, 1949) (장미과) 세잎양지꽃의 이명. 〔유래〕 털 세잎양지꽃이라는 뜻의 학명. → 세잎양지꽃.

털억새(朴, 1949) (벼과) 가는잎억새의 이명. → 가는잎억새.

털엄나무(安, 1982) (두릅나무과) 음나무의 이명. 〔유래〕 털 엄나무(음나무). → 음나무.

털여뀌(鄭, 1956) (여뀌과 *Persicaria orientalis*) 〔이명〕 털역귀, 붉은털여뀌, 노인장대, 말여뀌. 〔유래〕 털 여뀌라는 뜻의 학명. 홍초(紅草).

털여로(愚, 1996) (백합과) 긴잎여로의 중국 옌볜 방언. → 긴잎여로.

털역귀(鄭, 1937) (여뀌과) 털여뀌의 이명. → 털여뀌.

털연리초(鄭, 1970) (콩과 *Lathyrus palustris* v. *pilosus*) 〔이명〕 개완두, 좀연리초, 참새완두, 연리초, 북갈퀴완두, 왜연리초. 〔유래〕 연리초에 비해 털(잎 뒷면 맥위)이 있다는 뜻의 학명.

털오갈피(李, 1966) (두릅나무과) 털오갈피나무의 이명. 〔유래〕 털오갈피나무의 축소형. → 털오갈피나무.

털오갈피나무(鄭, 1942) (두릅나무과 *Acanthopanax rufinerve*) 〔이명〕 차색오갈피, 차빛오갈피나무, 털오갈피, 차색오갈피나무, 차빛오갈피. 〔유래〕 소엽병과 잎 뒤 맥상에 갈색 털이 밀생하는 오갈피나무.

털오돌도기(朴, 1949) (미나리아재비과) 투구꽃의 이명. → 투구꽃.

털오랑캐(鄭, 1937) (제비꽃과) 털제비꽃의 이명. 〔유래〕 털 오랑캐꽃(제비꽃). → 털제비꽃.

털오리나무(鄭, 1937) (자작나무과 *Alnus japonica* v. *koreana*) 〔이명〕 너른잎털오리나무, 너른잎잔털오리나무, 넓은잎털오리나무. 〔유래〕 털(소지와 잎 뒤에 갈모 밀생) 오리나무라는 뜻의 일명.

털옷나무(愚, 1996) (옻나무과) 개옻나무의 북한 방언. 〔유래〕 털(과실에 강모 밀생) 옷나무(옻나무). → 개옻나무.

털옻나무(永, 1996) (옻나무과) 개옻나무의 북한 방언. → 개옻나무, 털옷나무.

털왕버들(鄭, 1942) (버드나무과 *Salix chaenomeloides* v. *pilosa*) 〔유래〕 털(가지와 엽병) 왕버들이라는 뜻의 학명 및 일명.

털왜골무꽃(愚, 1996) (꿀풀과) 왜골무꽃의 중국 옌볜 방언. → 왜골무꽃.

털용가시(李, 1966) (장미과) 털용가시나무의 이명. 〔유래〕 털용가시나무의 축소형. → 털용가시나무.

털용가시나무(鄭, 1942) (장미과 *Rosa maximowicziana* v. *pilosa*) 〔이명〕 가시찔레, 털용가시, 털중장미. 〔유래〕 털〔선모(腺毛)가 밀생〕 용가시나무라는 뜻의 학명 및 일명.

털윤노리(李, 1980) (장미과) 털윤노리나무의 이명. → 털윤노리나무.

털윤노리나무(鄭, 1942) (장미과 *Pourthiaea villosa* v. *zollingeri*) 〔이명〕 민윤노리나무, 털윤여리, 털윤노리, 털윤여리나무. 〔유래〕 털(잎 표면) 윤노리나무라는 뜻의 일명.

털윤여리(朴, 1949) (장미과) 털윤노리나무의 이명. → 털윤노리나무.

털윤여리나무(李, 1966) (장미과) 떡잎윤노리나무와 털윤노리나무(安, 1982)의 이명. → 떡잎윤노리나무, 털윤노리나무.

털음나무(鄭, 1942) (두릅나무과) 음나무의 이명. 〔유래〕 털(잎 뒤) 음나무라는 뜻의 일명. → 음나무.

털이광나무(安, 1982) (장미과) 털산사나무의 이명. → 털산사나무.

털이노리나무(鄭, 1942) (장미과) 이노리나무의 이명. 〔유래〕 털 이노리나무라는 뜻의 일명. → 이노리나무.

털이삭고사리(鄭, 1956) (면마과 *Thelypteris parasitica*) 〔이명〕 털별고사리. 〔유래〕 털 이삭고사리라는 뜻의 일명. 이삭고사리에 비해 털이 많다.

털이스라지(李, 1966) (장미과) 털이스라지나무의 이명. → 털이스라지나무.

털이스라지나무(愚, 1996) (장미과 *Prunus japonica* v. *nakaii* f. *rufinervis*) 〔이명〕 털이스라지. 〔유래〕 이스라지나무에 비해 엽맥에 털이 많다.

털이슬(鄭, 1937) (바늘꽃과 *Circaea mollis*) 개털이슬(朴, 1949)과 말털이슬(愚, 1996, 중국 옌볜 방언)의 이명으로도 사용. 〔이명〕 말털이슬. 〔유래〕 말털이슬에 비해 잎에 잔털, 화서 축에 선모가 있다. 분조근(粉條根). → 개털이슬, 말털이슬.

털이질풀(鄭, 1949) (쥐손이풀과) 털둥근이질풀의 이명. → 털둥근이질풀.

털이풀(安, 1982) (장미과) 터리풀의 이명. → 터리풀.

털인가목조팝나무(鄭, 1942) (장미과) 인가목조팝나무의 이명. 〔유래〕 털(잎에) 인가목조팝나무라는 뜻의 일명. → 인가목조팝나무.

털인동(李, 1980) (인동과) 잔털인동덩굴의 이명. → 잔털인동덩굴.

털인동덩굴(鄭, 1942) (인동과) 인동덩굴의 이명. 〔유래〕 털(융단) 인동덩굴이라는 뜻의 일명. → 인동덩굴.

털잎나팔꽃(愚, 1996) (메꽃과) 나팔꽃의 중국 옌볜 방언. → 나팔꽃.

털잎사초(李, 1976) (사초과 *Carex latisquamea*) 모래사초의 이명(安, 1982)으로도 사용. 〔이명〕 넓은잎사초, 털사초, 넓적잎사초. 〔유래〕 줄기와 잎에 털이 있다. → 모래사초.

털잎솔나물(李, 1969) (꼭두선이과 *Galium verum* v. *trachyphyllum*) 〔유래〕 잎에 털이 많은 솔나물.

털잎제비고깔(鄭, 1949) (미나리아재비과) 털제비고깔의 이명. → 털제비고깔.

털잎하늘지기(李, 1980) (사초과) 털하늘지기의 이명. → 털하늘지기.

털잎하늘직이(李, 1976) (사초과) 털하늘지기의 이명. → 털하늘지기.

털자금우(安, 1982) (자금우과) 산호수의 이명. 〔유래〕 털(갈색 털) 자금우라는 뜻의 학명. → 산호수.

털작살나무(愚, 1996) (마편초과) 새비나무의 북한 방언. 〔유래〕 작살나무에 비해 전체에 성상모가 밀생한다. → 새비나무.

털잔대(鄭, 1949) (초롱꽃과 *Adenophora triphylla* f. *hirsuta*) 〔유래〕 털 잔대라는 뜻의 학명 및 일명. 사삼(沙參).

털잔디(朴, 1949) (벼과) 나도잔디의 이명. 〔유래〕 털(수염) 잔디라는 뜻의 일명. → 나도잔디.

털잡이제비꽃(李, 1980) (통발과 *Pinguicula villosa*) 〔이명〕 벌레오랑캐. 〔유래〕 털(腺毛) 벌레잡이제비꽃이라는 뜻의 학명 및 일명.

털장구채(鄭, 1949) (석죽과 *Melandryum firmum* f. *pubescens*) 애기장구채의 이명(1937)으로도 사용. 〔유래〕 털(전체에) 장구채라는 뜻의 학명 및 일명. 왕불류행(王不留行). → 애기장구채.

털장대(鄭, 1937) (십자화과 *Arabis hirsuta*) 〔유래〕 털(전체에) 장대나물이라는 뜻의 학명.

털전호(鄭, 1949) (산형과 *Anthriscus sylvestris* v. *hirtifructus*) 〔이명〕 좀전호, 애기전호. 〔유래〕 털(과실, 전체) 전호라는 뜻의 학명 및 일명. 전호(前胡), 아삼(峨蔘).

털점나도나물(朴, 1949) (석죽과) 각시통점나도나물의 이명. → 각시통점나도나물.

털젓가락나물(朴, 1949) (미나리아재비과) 털개구리미나리의 이명. 〔유래〕 털이 많다. → 털개구리미나리.

털제비고깔(鄭, 1949) (미나리아재비과 *Delphinium maackianum* f. *lasiocarpum*) 〔이명〕 색기제비고깔, 부전제비고깔, 털잎제비고깔. 〔유래〕 털(열매, 전체) 큰제비고깔이라는 뜻의 학명 및 일명.

털제비꽃(鄭, 1949) (제비꽃과 *Viola phalacrocarpa*) 민둥제비꽃의 이명(朴, 1974)으로도 사용. 〔이명〕 털오랑캐, 이시도야오랑캐, 이시도야제비꽃, 털씨름꽃, 민둥제비꽃. 〔유래〕 전체에 짧고 퍼진 털이 있다. 자화지정(紫花地丁). → 민둥제비꽃.

털조록싸리(朴, 1949) (콩과 *Lespedeza maximowiczii* v. *tomentella*) 〔이명〕 털나무싸리. 〔유래〕 털(면모 밀생) 조록싸리라는 뜻의 학명.

털조릿대풀(李, 1969) (벼과 *Lophatherum sinense*) 〔이명〕 개그늘새, 개조릿대풀. 〔유래〕 포영(苞穎)의 뒷면 윗부분과 가장자리 안쪽에 털이 있다.

털조장나무(鄭, 1949) (녹나무과 *Lindera sericea*) 〔이명〕 조장나무. 〔유래〕 털 조장나무라는 뜻의 일명.

털조팝나무(鄭, 1942) (장미과) 털긴잎조팝나무의 이명. 〔유래〕 잎에 털이 밀생한다. → 털긴잎조팝나무.

털족도리풀(愚, 1996) (쥐방울과) 족도리풀의 중국 옌볜 방언. → 족도리풀.

E

털족제비싸리(李, 1966) (콩과 *Amorpha canescens*) 〔유래〕 족제비싸리에 비해 과실에 털이 밀생한다.

털좁쌀풀(鄭, 1949) (현삼과 *Euphrasia retrotricha*) 〔이명〕 흰털좁쌀풀, 잔털좁쌀풀. 〔유래〕 털(젖혀진) 좁쌀풀이라는 뜻의 학명. 좁살풀에 비해 전체에 털이 많다.

털종나리(愚, 1996) (백합과) 털중나리의 중국 옌볜 방언. → 털중나리.

털종비(鄭, 1949) (소나무과 *Picea koraiensis* v. *tonaiensis*) 〔이명〕 도내가문비, 털종비나무. 〔유래〕 종비나무에 비해 어린 가지에 털이 밀생한다.

털종비나무(李, 1947) (소나무과) 털종비의 이명. → 털종비.

털주름풀(朴, 1949) (벼과) 주름조개풀의 이명. 〔유래〕 털 주름풀(민주름조개풀). → 주름조개풀.

털주머니꽃(李, 2003) (난초과) 털개불알꽃의 이명. → 털개불알꽃.

털중나리(鄭, 1937) (백합과 *Lilium amabile*) 〔이명〕 털종나리. 〔유래〕 참나리와 중나리에 비해 잔털이 밀생한다.

털중장미(安, 1982) (장미과) 털용가시나무의 이명. → 털용가시나무.

털쥐깨(朴, 1974) (꿀풀과 *Mosla dianthera* v. *nana*) 〔이명〕 섬들깨, 털쥐깨풀, 제주산들깨. 〔유래〕 쥐깨에 비해 줄기와 꽃받침에 긴 백색 털이 있다.

털쥐깨풀(李, 1969) (꿀풀과) 털쥐깨의 이명. → 털쥐깨.

털쥐똥나무(鄭, 1942) (물푸레나무과 *Ligustrum obtusifolium* v. *regelianum*) 〔이명〕 큰쥐똥나무. 〔유래〕 쥐똥나무에 비해 전체, 특히 가지에 털이 많다.

털쥐손이(朴, 1949) (쥐손이풀과 *Geranium eriostemon*) 〔이명〕 낭림쥐소니, 털손잎풀. 〔유래〕 수술에 연모가 있는 쥐손이풀이라는 뜻의 학명. 노관초(老鸛草).

털쥐오줌(鄭, 1949) (마타리과) 설령쥐오줌풀의 이명. 〔유래〕 털 쥐오줌풀이라는 뜻의 일명.

털쥐오줌풀(朴, 1949) (마타리과) 설령쥐오줌풀의 이명. → 설령쥐오줌풀, 털쥐오줌.

털지네고사리(朴, 1949) (면마과) 바위족제비고사리의 이명. → 바위족제비고사리.

털지렁쿠나무(李, 1966) (인동과 *Sambucus sieboldiana* v. *miquelii* f. *velutina*) 〔유래〕 털딱총나무에 비해 잎 뒤에 융모가 있다. 접골목(接骨木).

털진달내(鄭, 1937) (철쭉과) 털진달래나무의 이명. → 털진달래나무.

털진달래(李, 1966) (철쭉과) 털진달래나무의 이명. → 털진달래나무.

털진달래나무(鄭, 1942) (철쭉과 *Rhododendron mucronulatum* f. *ciliatum*) 〔이명〕 털진달내, 진달래나무, 참꽃나무, 털진달래. 〔유래〕 털(연모) 진달래나무라는 뜻의 학명 및 일명.

털진득찰(鄭, 1937) (국화과 *Siegesbeckia pubescens*) 〔유래〕 털이 있는 진득찰이라는 뜻의 학명 및 일명. 희첨(豨薟).

털질경이(鄭, 1937) (질경이과 *Plantago depressa*) 〔이명〕 긴질경이, 누운털질경이, 긴잎질경이. 〔유래〕 잎에 거센 털이 있다. 차전자(車前子).

털찔광나무(愚, 1996) (장미과) 털산사나무의 중국 옌볜 방언. 〔유래〕 털 찔광나무(산사나무). → 털산사나무.

털찔레(李, 1980) (장미과) 축자가시나무의 이명. → 축자가시나무.

털찔레나무(愚, 1996) (장미과) 털가시나무의 중국 옌볜 방언. → 털가시나무.

털참꽃나무(李, 1966) (철쭉과) 참꽃나무의 이명. 〔유래〕 털 참꽃나무라는 뜻의 일명. → 참꽃나무.

털참단풍(李, 1966) (단풍나무과 *Acer pseudo-sieboldianum* v. *languinosum*) 〔이명〕 털단풍, 털단풍나무. 〔유래〕 털(면모) 당단풍나무라는 뜻의 학명 및 일명. 오각풍근(五角楓根).

털참범꼬리(愚, 1996) (여뀌과 *Bistorta pacifica* v. *velutina*) 〔유래〕 털(융단 모양) 참범꼬리라는 뜻의 학명.

털참뽕나무(安, 1982) (뽕나무과) 돌뽕나무의 이명. → 돌뽕나무.

털참새귀리(壽, 1999) (벼과 *Bromus mollis*) 〔유래〕 털 참새귀리라는 뜻이나 참새귀리도 전체에 털이 밀생한다.

털철연죽(朴, 1949) (장미과) 인가목조팝나무의 이명. 〔유래〕 털 철연죽(인가목조팝나무)이라는 뜻의 학명 및 일명. → 인가목조팝나무.

털초피(李, 1980) (운향과) 털초피나무의 이명. 〔유래〕 털초피나무의 축소형. → 털초피나무.

털초피나무(李, 1966) (운향과 *Zanthoxylum piperitum* f. *pubescens*) 〔이명〕 털초피, 잔털좀피나무, 털산초나무. 〔유래〕 털(잔털) 초피나무라는 뜻의 학명 및 일명.

털코뜨래나무(朴, 1949) (콩과) 개물푸레나무의 이명. → 개물푸레나무.

털큰산버들(鄭, 1942) (버드나무과 *Salix sericeo-cinerea* f. *lanata*) 〔유래〕 털(연모) 큰산버들이라는 뜻의 학명 및 일명.

털큰앵초(李, 1980) (앵초과 *Primula jesoana* v. *pubescens*) 〔이명〕 넓은잎깨풀, 한라깨풀, 털앵초, 큰취란화, 큰앵초, 큰깨풀, 한라취란화, 넓은잎앵초. 〔유래〕 털(오글오글한 긴 털) 큰앵초라는 뜻의 학명.

털파리채(李, 1969) (콩과) 땅비수리의 이명. → 땅비수리.

털팟배(李, 1966) (장미과) 털팥배나무의 이명. → 털팥배나무.

털팥배(李, 1980) (장미과) 털팥배나무의 이명. 〔유래〕 털팥배나무의 축소형. → 털팥배나무.

털팥배나무(鄭, 1937) (장미과 *Sorbus alnifolia* f. *hirtella*) 〔이명〕 솜털팟배나무, 털팟배, 털팥배. 〔유래〕 털(단모) 팥배나무라는 뜻의 학명 및 일명. 수유(水楡).

털풀싸리(朴, 1949) (콩과) 괭이싸리의 이명. 〔유래〕 털이 있는 싸리나무라는 뜻의 학명. → 괭이싸리.

E

털풍산종비(鄭, 1942) (소나무과 *Picea pungsanensis* v. *intercedens*) 〔이명〕 털가문비, 오리가문비, 별종비. 〔유래〕 가지에 털이 밀생하는 풍산종비.

털피(朴, 1949) (벼과) 참새피의 이명. → 참새피.

털피나무(鄭, 1937) (피나무과 *Tilia rufa*) 피나무의 이명(李, 1966)으로도 사용. 〔유래〕 잎 뒤 전체에 갈색 털이 있는 피나무라는 뜻의 학명. → 피나무.

털하늘지기(愚, 1996) (사초과 *Fimbristylis sericea*) 〔이명〕 털하늘직이, 털잎하늘직이, 털잎하늘지기, 남하늘지기. 〔유래〕 융모상의 털이 있는 하늘지기라는 뜻의 학명 및 일명.

털하늘직이(朴, 1949) (사초과) 털하늘지기와 하늘지기(李, 1969)의 이명. → 털하늘지기, 하늘지기.

털향모(愚, 1996) (벼과) 향모의 중국 옌볜 방언. 〔유래〕 털이 있는 향모라는 뜻의 학명. → 향모.

털향유(鄭, 1949) (꿀풀과 *Galeopsis bifida*) 〔이명〕 털광대수염, 큰광대수염. 〔유래〕 굳센 털이 밀생한다.

털호도나무(安, 1982) (가래나무과) 왕가래나무의 이명. → 왕가래나무.

털홋잎나무(朴, 1949) (노박덩굴과) 털화살나무의 이명. → 털화살나무.

털화살나무(鄭, 1942) (노박덩굴과 *Euonymus alatus* f. *pilosus*) 〔이명〕 털홋잎나무, 털회잎나무. 〔유래〕 털(잎에) 화살나무라는 뜻의 학명 및 일명.

털황경피나무(鄭, 1937) (운향과 *Phellodendron amurense* f. *molle*) 〔이명〕 우단황경나무, 털황벽, 우단황벽나무. 〔유래〕 털(융단) 황경피나무(황벽나무)라는 뜻의 일명. 황백(黃柏).

털황기(朴, 1974) (콩과) 자주개황기의 이명. → 자주개황기.

털황벽(李, 1966) (운향과) 털황경피나무의 이명. → 털황경피나무.

털황철(鄭, 1942) (버드나무과 *Populus maximowiczii* v. *barbinervis*) 〔이명〕 털황털나무, 털황철나무. 〔유래〕 털(맥상에만 남는다) 황철나무라는 뜻의 학명 및 일명.

털황철나무(李, 1966) (버드나무과) 털황철의 이명. → 털황철.

털황털나무(朴, 1949) (버드나무과) 털황철의 이명. 〔유래〕 털 황털나무(황철나무). → 털황철.

털회잎나무(李, 1966) (노박덩굴과) 털화살나무의 이명. → 털화살나무.

털흰제비꽃(安, 1982) (제비꽃과) 흰제비꽃의 이명. → 흰제비꽃.

털힌씨름꽃(朴, 1949) (제비꽃과) 흰제비꽃의 이명. 〔유래〕 털 힌씨름꽃(흰제비꽃). → 흰제비꽃.

테에다소나무(李, 1969) (소나무과 *Pinus taeda*) 〔유래〕 테에다 소나무라는 뜻의 학명 및 일명.

토끼고사리(鄭, 1937) (면마과 *Gymnocarpium dryopteris*) 각시고사리의 이명(朴, 1949)으로도 사용. 〔유래〕 토끼 고사리라는 뜻의 일명. → 각시고사리.

토끼풀(鄭, 1937) (콩과 *Trifolium repens*) 〔이명〕 크로바. 〔유래〕 토끼가 잘 먹는 풀. 삼소초(三消草).

토단삼(朴, 1974) (꿀풀과) 참배암차즈기의 이명. → 참배암차즈기.

토당귀(鄭, 1937) (두릅나무과) 독활과 삼수구릿대(산형과, 朴, 1949)의 이명. → 독활, 삼수구릿대.

토대황(鄭, 1937) (여뀌과 *Rumex aquaticus*) 장군풀의 이명(朴, 1974)으로도 사용. 〔이명〕 묵개대황, 물송구지. 〔유래〕 토대황(土大黃), 대황(大黃). → 장군풀.

토란(鄭, 1937) (천남성과 *Colocasia esculenta*) 〔이명〕 토련. 〔유래〕 토란(土卵), 이우(里芋), 우자(芋子), 토련(土蓮), 토지(土芝), 야우(野芋).

토련(安, 1982) (천남성과) 토란의 이명. → 토란.

토마토(李, 1980) (가지과 *Lycopersicon esculentum*) 〔이명〕 일년감, 도마도, 땅감. 〔유래〕 Tomato. 번가(番茄).

토방풀(愚, 1996) (국화과) 중대가리풀의 북한 방언. → 중대가리풀.

토송(愚, 1996) (나한송과) 나한송의 중국 옌볜 방언. → 나한송.

토천궁(安, 1982) (산형과) 궁궁이의 이명. 〔유래〕 토천궁(土川芎). → 궁궁이.

토현삼(鄭, 1937) (현삼과 *Scrophularia koraiensis*) 〔유래〕 토현삼(土玄蔘), 현삼(玄蔘).

톱날갈참나무(朴, 1949) (참나무과) 갈참나무의 이명. 〔유래〕 톱날 갈참나무라는 뜻의 학명 및 일명. → 갈참나무.

톱날고사리(朴, 1949) (면마과) 주름고사리의 이명. 〔유래〕 톱날 고사리라는 뜻의 일명. → 주름고사리.

톱날고사리아재비(朴, 1949) (면마과) 개톱날고사리의 이명. → 개톱날고사리.

톱날분취(朴, 1949) (국화과) 각시서덜취와 톱분취(安, 1982)의 이명. → 각시서덜취, 톱분취.

톱날잔대(朴, 1974) (초롱꽃과) 톱잔대의 이명. → 톱잔대.

톱니개분취(朴, 1974) (국화과) 톱분취의 이명. → 톱분취.

톱니나자스말(李, 1969) (나자스말과 *Najas minor*) 〔이명〕 마디말, 줄기말. 〔유래〕 나자스말에 비해 잎에 가시 같은 톱니가 있다.

톱니질경이(李, 1969) (질경이과) 질경이의 이명. 〔유래〕 잎이 작게 천열한(톱니같이) 질경이라는 뜻의 학명. → 질경이.

톱바위취(鄭, 1937) (범의귀과 *Saxifraga punctata*) 〔이명〕 바위취, 멧바위취. 〔유래〕 잎에 치아 모양의 톱니가 있다.

톱분취(鄭, 1937) (국화과 *Saussurea maximowiczii* f. *serrata*) 〔이명〕 톱니개분취, 톱날분취. 〔유래〕 잎의 가장자리가 톱니 모양인 분취라는 뜻의 학명 및 일명.

톱이아물천남성(愚, 1996) (천남성과) 천남성의 중국 옌볜 방언. 〔유래〕 잎 가장자리가 톱니 모양인 아무르 천남성(둥근잎천남성)이라는 뜻의 학명. → 천남성.

톱잔대(鄭, 1937) (초롱꽃과 *Adenophora pereskiaefolia* v. *curvidens*) 〔이명〕 북모시나물, 톱날잔대. 〔유래〕 굽은 톱니가 있는 왕잔대라는 뜻의 학명 및 톱 잔대라는 뜻의 일명.

톱지네고사리(李, 1969) (면마과 *Dryopteris atrata*) 〔이명〕 바위고사리, 바위틈고사리. 〔유래〕 잎 가장자리의 톱니가 톱과 유사.

톱풀(鄭, 1937) (국화과 *Achillea alpina*) 〔이명〕 가새풀, 배암세, 배암채, 배얌세. 〔유래〕 톱 풀이라는 뜻의 일명. 잎의 톱니의 모양을 톱에 비유. 일지호(一枝蒿).

톱풀고사리(愚, 1996) (꼬리고사리과) 수돌담고사리의 중국 옌볜 방언. → 수돌담고사리.

통둥굴레(朴, 1949) (백합과) 퉁둥굴레의 이명. → 퉁둥굴레.

통발(鄭, 1937) (통발과 *Utricularia japonica*) 〔유래〕 포충대(捕虫袋)가 달린 식물체가 물 위에 퍼진 모습이 통발과 유사.

통보리사초(朴, 1949) (사초과) 보리사초의 이명. → 보리사초.

통영미나리냉이(李, 1969) (십자화과 *Cardamine leucantha* v. *toensis*) 〔유래〕 경남 통영 미륵산에 나는 미나리냉이.

통영병꽃나무(鄭, 1942) (인동과) 붉은병꽃나무의 이명. 〔유래〕 경남 통영에 나는 병꽃나무라는 뜻의 일명. → 붉은병꽃나무.

통영싸리(朴, 1949) (콩과) 조록싸리의 이명. 〔유래〕 경남 통영에 나는 싸리라는 뜻의 일명. → 조록싸리.

통영현삼(李, 2003) (현삼과) 몽울토현삼의 이명. → 몽울토현삼.

통점나도나물(鄭, 1949) (석죽과) 각시통점나도나물의 이명. → 각시통점나도나물.

통초(安, 1982) (두릅나무과) 통탈목의 이명. → 통탈목.

통탈목(李, 1976) (두릅나무과 *Tetrapanax papyriferus*) 〔이명〕 통초, 등칡. 〔유래〕 통탈목(通脫木), 통초(通草).

투구꼬리풀(愚, 1996) (현삼과) 개투구꽃의 북한 방언. → 개투구꽃.

투구꽃(鄭, 1937) (미나리아재비과 *Aconitum jaluense*) 민바꽃(朴, 1974)과 개투구꽃(현삼과, 鄭, 1956)의 이명으로도 사용. 〔이명〕 지이바꽃, 진돌쩌기풀, 세잎돌쩌기, 그늘돌쩌기, 싹눈바꽃, 개싹눈바꽃, 지이산투구꽃, 털암술바꽃, 민암술바꽃, 무강바꽃, 털오돌도기, 북한산바꽃, 돌쩌귀풀, 만주돌쩌기풀, 세잎돌쩌귀, 지리바꽃, 진돌쩌기, 진돌쩌귀, 그늘돌쩌기풀, 선투구꽃, 털바꽃, 서울투구꽃, 개무강바꽃, 북돌쩌귀, 그늘돌쩌귀, 흰그늘돌쩌귀. 〔유래〕 꽃의 모양이 투구와 유사. 초오(草烏). → 민바꽃, 개투구꽃.

투구풀(鄭, 1949) (현삼과) 개투구꽃의 이명. → 개투구꽃.

투륖(愚, 1996) (백합과) 투울립의 북한 방언. → 투울립.

투륖나무(愚, 1996) (목련과) 튜울립나무의 중국 옌볜 방언. → 튜울립나무.

투울립(李, 1980) (백합과 *Tulipa gesneriana*) 〔이명〕 튜립, 추립, 추륖, 튤립, 투륖. 〔유래〕 Tulip.

퉁둥굴레(鄭, 1937) (백합과 *Polygonatum inflatum*) 〔이명〕 통둥굴레, 퉁퉁굴레. 〔유래〕 둥굴레에 비해 줄기가 퉁퉁한 원주형이다. 옥죽(玉竹).

퉁퉁굴레(愚, 1996) (백합과) 퉁둥굴레의 중국 옌볜 방언. → 퉁둥굴레.

퉁퉁마디(鄭, 1937) (명아주과 *Salicornia europaea*) 〔유래〕 잎이 퇴화하고 줄기의 마디에 저수조직이 발달하여 퉁퉁하다.

튜립(朴, 1949) (백합과) 투울립의 이명. → 투울립.

튜립나무(永, 1996) (목련과) 튜울립나무의 북한 방언. → 튜울립나무.

튜울립나무(李, 1980) (목련과 *Liriodendron tulipifera*) 〔이명〕 목백합, 튤립나무, 튜립나무, 백합나무, 투륖나무. 〔유래〕 튜울립꽃이 달리는 나무라는 뜻의 학명. 미국아장추(美國鵝掌楸).

튤립(李, 2003) (백합과) 투울립의 이명. → 투울립.

튤립나무(永, 1996) (목련과) 튜울립나무의 이명. → 튜울립나무.

틈벌구조팝나무(朴, 1949) (장미과) 가는잎조팝나무의 이명. 〔유래〕 툰베리(*Thunberg*)의 조팝나무라는 뜻의 학명. → 가는잎조팝나무.

틈벨구꿩의다리(朴, 1949) (미나리아재비과) 좀꿩의다리의 이명. 〔유래〕 툰베리(*Thunberg*)의 꿩의다리라는 뜻의 학명. → 좀꿩의다리.

틈벨구뱀톱(朴, 1949) (석송과) 뱀톱의 이명. 〔유래〕 툰베리(*Thunberg*)의 뱀톱이라는 뜻의 학명. → 뱀톱.

티머디(李, 1980) (벼과) 큰조아재비의 이명. 〔유래〕 티머시(timothy)라는 목초명. → 큰조아재비.

티머시(李, 2003) (벼과) 큰조아재비의 이명. → 큰조아재비, 티머디.

ㅍ

파(鄭, 1937) (백합과 *Allium fistulosum*) 〔이명〕 굵은파. 〔유래〕 총(葱), 총백(葱白).

파대가리(鄭, 1937) (사초과 *Cyperus brevifolius*) 〔이명〕 큰송이방동산이, 파송이골. 〔유래〕 소수(小穗)가 줄기 끝에 모여 두상화서(頭狀花序)를 만든 모습을 파의 대가리(꽃봉우리)에 비유.

파드득나무(鄭, 1937) (버드나무과) 사시나무의 이명. 〔유래〕 사시나무의 방언. → 사시나무.

파드득나물(鄭, 1937) (산형과) 반디나물의 이명. → 반디나물.

파란닭의란(愚, 1996) (난초과) 청닭의난초의 북한 방언. → 청닭의난초.

파란비녀골(鄭, 1937) (골풀과) 청비녀골풀의 이명. → 청비녀골풀.

파란여로(鄭, 1937) (백합과 *Veratrum maackii* v. *parviflorum*) 흰여로의 이명(永, 1996)으로도 사용. 〔이명〕 한라여로, 푸른여로, 섬여로, 청여로. 〔유래〕 꽃이 녹색 또는 황록색이다. 여로(藜蘆). → 흰여로.

파리채(李, 1969) (콩과) 땅비수리의 이명. 〔유래〕 옛날 강변에서 일하다 파리가 몸에 붙으면 이 풀을 꺾어 파리를 쫓았던 데서 유래. → 땅비수리.

파리풀(鄭, 1937) (파리풀과 *Phryma leptostachya* v. *oblongifolia*) 〔이명〕 꼬리창풀. 〔유래〕 파리 잡는 풀이라는 뜻의 일명. 수상화서(穗狀花序)에 붙은 열매의 모습이 파리가 거꾸로 붙은 것같이 보일 뿐 아니라, 이 풀을 밥과 같이 찧어 놓아두면 파리가 먹고 죽는 독초인 데서 유래. 승독초(蠅毒草), 노파자침전(老婆子針錢).

파마버들(李, 1980) (버드나무과) 운용버들의 이명. 〔유래〕 작은 가지는 밑으로 처지며 파마머리와 같이 구불구불하기 때문. → 운용버들.

파방망이(鄭, 1949) (국화과) 국화방망이의 이명. → 국화방망이.

파삭다리(朴, 1949) (범의귀과) 바위말발도리의 이명. → 바위말발도리.

파송이골(愚, 1996) (사초과) 파대가리의 북한 방언. → 파대가리.

파이나풀(愚, 1996) (파인애플과) 파인애플의 중국 옌볜 방언. → 파인애플.

파이내풀(愚, 1996) (파인애플과) 파인애플의 북한 방언. → 파인애플.

파인애플(安, 1982) (파인애플과 *Ananas comosus*) 〔이명〕 파이내풀, 파이나풀. 〔유래〕 Pineapple.

파초(鄭, 1937) (파초과 *Musa basjoo*) 〔유래〕 파초(芭蕉).

파초일엽(鄭, 1949) (꼬리고사리과 *Asplenium antiquum*) 〔이명〕 섭섭고사리, 섭섭일엽, 삼도일엽. 〔유래〕 잎의 모양이 파초와 유사한 일엽초. 와위(瓦韋).

팍시사초(朴, 1949) (사초과) 대구사초의 이명. 〔유래〕 팍스(*Pax*)의 사초라는 뜻의 학명. → 대구사초.

팔각금반(鄭, 1942) (두릅나무과) 팔손이나무의 이명. 〔유래〕 팔각금반(八角金盤), 팔금반(八金盤). → 팔손이나무.

팔라시대극(朴, 1949) (대극과) 낭독의 이명. 〔유래〕 팔래스(Pallas)의 대극이라는 뜻의 학명. → 낭독.

팔배나무(鄭, 1942) (장미과) 털야광나무의 이명. 〔유래〕 털야광나무의 강원 방언. → 털야광나무.

팔손으름(安, 1982) (으름덩굴과) 여덜잎으름의 이명. → 여덜잎으름.

팔손으름덩굴(鄭, 1949) (으름덩굴과) 여덜잎으름의 이명. → 여덜잎으름.

팔손이(李, 1966) (두릅나무과) 팔손이나무의 이명. 〔유래〕 팔손이나무의 단축형. → 팔손이나무.

팔손이나무(鄭, 1942) (두릅나무과 *Fatsia japonica*) 〔이명〕 팔각금반, 팔손이. 〔유래〕 팔손이라는 뜻의 일명. 잎이 장상(掌狀)으로 8~9개로 갈라지는 데서 유래. 팔각금반(八角金盤).

팔장도딸기(愚, 1996) (장미과) 섬딸기의 중국 옌볜 방언. → 섬딸기.

팔편바위귀(朴, 1949) (범의귀과) 구실바위취의 이명. → 구실바위취.

팟꽃나무(鄭, 1942) (팥꽃나무과) 팥꽃나무와 붉은병꽃나무(인동과, 1942, 강원 방언)의 이명. → 팥꽃나무, 붉은병꽃나무.

팟밤(李, 1966) (참나무과 *Castanea crenata* v. *kusakuri* f. *pak-bam*) 〔유래〕 팥밤이라는 뜻의 학명.

팟배(李, 1966) (장미과) 팥배나무의 이명. → 팥배나무.

팟배나무(朴, 1949) (장미과) 팥배나무의 이명. → 팥배나무.

팟청미래(鄭, 1942) (백합과) 청미래덩굴의 이명. 〔유래〕 청미래덩굴에 비해 잎이 소형이다. → 청미래덩굴.

팥(鄭, 1937) (콩과 *Vigna angularis*) 〔이명〕 적두. 〔유래〕 소두(小豆), 적소두(赤小豆). 〔어원〕 퐃〔小豆〕→퐃ㄱ/퐃→팥으로 변화(어원사전).

팥꽃나무(鄭, 1937) (팥꽃나무과 *Daphne genkwa*) 〔이명〕 팟꽃나무, 넓은이팝나무, 니팝나무, 이팝나무, 넓은잎이팝나무, 넓은잎팟꽃나무, 넓은잎팥꽃나무, 이팥나무, 조기꽃나무. 〔유래〕 미상. 원화(芫花).

팥배나무(鄭, 1937) (장미과 *Sorbus alnifolia*) 〔이명〕 왕팥배나무, 산매자나무, 물앵도나무, 운향나무, 벌배나무, 물방치나무, 팟배나무, 둥근팟배나무, 팟배, 왕잎팟배,

왕잎팥배, 긴팟배, 긴팥배, 참팥배나무, 둥근잎팥배나무, 달피팥배나무, 왕잎팥배나무. 〔유래〕 과실이 작은(팥같이) 배나무. 수유과(水楡果).

팥애기자운(鄭, 1956) (콩과 *Amblyotropis verna* v. *longicarpa*) 〔유래〕 협과(莢果)가 세장한 애기자운이라는 뜻의 학명.

팥청미래덩굴(永, 1996) (백합과) 청미래덩굴의 북한 방언. → 청미래덩굴.

팥피나무(永, 1996) (산유자나무과) 의나무의 북한 방언. → 의나무.

패랭이(愚, 1996) (석죽과) 패랭이꽃의 중국 옌볜 방언. → 패랭이꽃.

패랭이꽃(鄭, 1937) (석죽과 *Dianthus chinensis*) 〔이명〕 석죽, 꽃패랭이꽃, 패랭이. 〔유래〕 석죽(石竹), 구맥(瞿麥).

패모(鄭, 1949) (백합과 *Fritillaria ussuriensis*) 〔이명〕 검정나리, 검나리, 조선패모. 〔유래〕 패모(貝母).

팬지(朴, 1949) (제비꽃과) 삼색제비꽃의 이명. 〔유래〕 Pansy. → 삼색제비꽃.

팽나무(鄭, 1937) (느릅나무과 *Celtis sinensis*) 푸조나무(1942), 좀풍게나무(1942, 경기 방언), 풍게나무(1942, 북부 방언)와 좀왕팽나무(朴, 1949)의 이명으로도 사용. 〔이명〕 달주나무, 자주팽나무, 동글팽나무, 매태나무, 폭나무, 평나무, 섬팽나무, 둥근팽나무, 게팽나무. 〔유래〕 팽목(彭木), 박수(朴樹), 박수피(朴樹皮). → 푸조나무, 좀풍게나무, 풍게나무, 좀왕팽나무.

퍼진고사리(鄭, 1949) (면마과 *Dryopteris expansa*) 〔이명〕 긴퍼진고사리, 지리산개고사리, 지리개관중. 〔유래〕 미상.

퍼진고추풀(愚, 1996) (현삼과) 누운주름잎의 중국 옌볜 방언. 〔유래〕 줄기가 누워서 퍼지는 고초풀(주름잎). → 누운주름잎.

퍼진도둑놈의갈구리(安, 1982) (콩과) 애기도둑놈의갈구리의 이명. → 애기도둑놈의갈구리.

퍼진소나무(李, 1966) (소나무과 *Pinus densiflora* f. *plana*) 〔유래〕 평린적송(平鱗赤松).

페루꽈리(李, 1980) (가지과 *Nicandra physaloides*) 〔이명〕 나도수국꽈리. 〔유래〕 페루에 나는 꽈리. 꽃받침조각의 밑이 화살 모양이다.

페츄니아(安, 1982) (가지과) 페튜니아의 이명. → 페튜니아.

페튜니아(李, 1969) (가지과 *Petunia hybrida*) 〔이명〕 피튜니아, 페츄니아, 애기담배풀, 애기나팔꽃. 〔유래〕 페투니아(*Petunia*)라는 속명.

펠리온나무(李, 1969) (쐐기풀과 *Pellionia scabra*) 〔이명〕 제주물풍뎅이, 산초풀. 〔유래〕 펠리오니아(*Pellionia*)라는 속명.

편두(李, 1980) (콩과 *Dolichos lablab*) 〔이명〕 까치콩, 제비콩, 작두, 나물콩, 편두콩. 〔유래〕 편두(扁豆).

편두콩(永, 1996) (콩과) 편두의 북한 방언. → 편두.

편백(李, 1947) (측백나무과 *Chamaecyparis obtusa*) 〔이명〕 편백나무. 〔유래〕 편백(扁柏), 일본편백(日本扁柏).

편백고사리(鄭, 1970) (꼬리고사리과) 수돌담고사리의 이명. → 수돌담고사리.

편백나무(愚, 1996) (측백나무과) 편백의 북한 방언. → 편백.

편백석송(安, 1963) (석송과) 비늘석송의 이명. → 비늘석송.

편축(朴, 1949) (여뀌과) 마디풀의 이명. 〔유래〕 편축(萹蓄). → 마디풀.

평강노가주(朴, 1949) (측백나무과) 평강노간주의 이명. → 평강노간주.

평강노가지나무(愚, 1996) (측백나무과) 평강노간주의 중국 옌볜 방언. 〔유래〕 평강노가지나무(노간주나무). → 평강노간주.

평강노간주(鄭, 1942) (측백나무과 *Juniperus rigida* v. *modesta*) 〔이명〕 평강노가주, 평강노가지나무. 〔유래〕 강원 평강에 나는 노간주나무.

평나무(鄭, 1937) (느릅나무과) 푸조나무와 팽나무(1942, 전북 어청도 방언)의 이명. → 푸조나무, 팽나무.

평안피나무(李, 1966) (피나무과) 큰피나무의 이명. → 큰피나무.

평양꽃받이(李, 1969) (지치과) 참꽃받이의 이명. 〔유래〕 평남 평양에 나는 꽃받이. → 참꽃받이.

평양단풍나무(愚, 1996) (단풍나무과) 은단풍의 북한 방언. → 은단풍.

평양대극(朴, 1949) (대극과 *Euphorbia barbellata*) 〔유래〕 평남 평양에 나는 대극.

평양밤나무(鄭, 1942) (참나무과) 약밤나무의 이명. 〔유래〕 약밤나무의 경기 방언. → 약밤나무.

평양위성류(朴, 1949) (위성류과) 위성류의 이명. → 위성류.

평양지모(朴, 1949) (백합과) 지모의 이명. 〔유래〕 평남 평양에 나는 지모. → 지모.

평양포플라나무(愚, 1996) (버드나무과) 이태리포푸라의 중국 옌볜 방언. → 이태리포푸라.

포공영(愚, 1996) (국화과) 서양민들레의 중국 옌볜 방언. 〔유래〕 포공영(蒲公英). → 서양민들레.

포기거머리말(李, 1969) (거머리말과 *Zostera caespitosa*) 〔이명〕 가는부들말, 가는거머리말. 〔유래〕 줄기가 총생하여 포기를 형성하는 거머리말이라는 뜻의 학명.

포기고사리(朴, 1949) (면마과) 청나래고사리의 이명. → 청나래고사리.

포기사초(李, 1969) (사초과 *Carex caespitosa*) 〔이명〕 붉은포기사초. 〔유래〕 줄기가 총생하여 포기를 형성하는 사초라는 뜻의 학명.

포기점박이천남성(李, 1969) (천남성과) 점백이천남성의 이명. 〔유래〕 포기를 형성하는 점백이천남성이라는 뜻의 학명. → 점백이천남성.

포대사초(永, 1996) (사초과) 포태사초의 이명. 〔유래〕 포태사초의 오기. → 포태사초.

포대작란화(愚, 1996) (난초과) 개불알꽃의 중국 옌볜 방언. → 개불알꽃.

포도(鄭, 1937) (포도과 *Vitis vinifera*) 〔이명〕 유럽포도, 포도나무. 〔유래〕 포도(葡萄).

포도나무(李, 2003) (포도과) 포도의 이명. → 포도.

포아풀(鄭, 1949) (벼과 *Poa sphondylodes*) 〔이명〕 숲꾸렘이풀, 쇠꾸렘이풀, 선꾸렘이풀, 꿰미풀, 키다리포아풀. 〔유래〕 포아(*Poa*)라는 속명.

포인세티아(李, 1980) (대극과 *Euphorbia pulcherrima*) 〔이명〕 멕시코불꽃풀. 〔유래〕 *Poinsettia*라는 속명에서 취한 것.

포천가는잎구절초(永, 1996) (국화과) 가는잎구절초의 이명. → 가는잎구절초.

포천구절초(李, 1969) (국화과) 가는잎구절초의 이명. 〔유래〕 경기 포천에 나는 구절초. → 가는잎구절초.

포천바위솔(永, 2002) (돌나물과 *Orostachys latielliptic us*) 〔유래〕 경기 포천에 나는 바위솔.

포태면마(朴, 1961) (면마과) 북관중의 이명. → 북관중.

포태사초(李, 1980) (사초과 *Carex siroumensis*) 〔이명〕 시로우마사초, 포대사초, 포태산사초. 〔유래〕 함북 포태산에 나는 사초.

포태산사초(朴, 1949) (사초과) 포태사초의 이명. → 포태사초.

포태제비난(李, 1969) (난초과 *Coeloglossum coreanum*) 〔이명〕 조선난초, 포태제비란, 조선몽울란초. 〔유래〕 함북 포태산에 나는 개제비난.

포태제비란(永, 1996) (난초과) 포태제비난의 이명. → 포태제비난.

포태향기풀(李, 1969) (벼과 *Anthoxanthum odoratum* v. *furumii*) 〔이명〕 후루미향기풀, 민향기풀, 선향기풀. 〔유래〕 함북 포태산에 나는 향기풀.

포평마름(정영호 등, 1987) (마름과 *Trapa natans* v. *japonica*) 〔유래〕 미상. 네마름에 비해 뿔은 피침상이며 하부의 뿔은 아래로 뻗는다.

포포나무(李, 2003) (포포나무과 *Asimina triloba*) 〔유래〕 Pawpaw라는 영명.

폭나무(鄭, 1942) (느릅나무과) 좀왕팽나무(경남 남해 방언)와 팽나무(1942, 전남 방언)의 이명. → 좀왕팽나무, 팽나무.

폭이사초(李, 1976) (사초과 *Carex teinogyna*) 〔이명〕 폭이줄사초, 천일사초. 〔유래〕 줄기가 총생하여 포기를 형성하는 사초.

폭이줄사초(朴, 1949) (사초과) 폭이사초의 이명. → 폭이사초.

표주박(朴, 1949) (박과 *Lagonaria siceraria* v. *gourda*) 〔유래〕 미상. 고호로(苦壺盧).

푸대추나무(鄭, 1937) (갈매나무과) 가마귀베개의 이명. → 가마귀베개.

푸라타나스(朴, 1949) (버즘나무과) 버즘나무의 이명. 〔유래〕 플라타누스(*Platanus*)라는 속명. → 버즘나무.

푸른가막살(홍 · 임, 2003) (인동과 *Viburnum japonicum*) 〔유래〕 잎이 상록성이고

털이 없으며 광택이 있는 가막살나무.

푸른각시고사리(朴, 1975) (면마과 *Thelypteris viridifrons*) 〔이명〕 푸른무새발고사리. 〔유래〕 녹색 엽신이 있는 각시고사리라는 뜻의 학명 및 일명.

푸른개고사리(朴, 1949) (면마과 *Athyrium henryi* v. *viridifrons*) 〔이명〕 산풀고사리, 청진퍼리고사리. 〔유래〕 녹색 엽신이 있는 개고사리라는 뜻의 학명 및 일명.

푸른개구리밥(朴, 1949) (개구리밥과) 좀개구리밥의 이명. 〔유래〕 푸른 개구리밥이라는 뜻의 일명. → 좀개구리밥.

푸른갯골풀(李, 1976) (골풀과 *Juncus setchueensis* v. *effusoides*) 〔이명〕 애기골풀. 〔유래〕 줄기가 분록색(粉綠色)이고 삭과(蒴果)가 엷은 황록색이다.

푸른검정알나무(愚, 1996) (물푸레나무과) 좀털쥐똥나무의 북한 방언. → 좀털쥐똥나무.

푸른고랭이(鄭, 1970) (사초과) 수원고랭이의 이명. 〔유래〕 소수(小穗)는 성숙하여도 엷은 녹색이다. → 수원고랭이.

푸른괴불나무(朴, 1949) (인동과) 청괴불나무의 이명. → 청괴불나무.

푸른구상(李, 1980) (소나무과) 푸른구상나무의 이명. 〔유래〕 푸른구상나무의 축소형. → 푸른구상나무.

푸른구상나무(愚, 1996) (소나무과 *Abies koreana* f. *chlorocarpa*) 〔이명〕 청구상나무, 푸른구상. 〔유래〕 구과(毬果)가 녹색인 구상나무라는 뜻의 학명.

푸른까치깨(朴, 1949) (피나무과) 수까치깨의 이명. 〔유래〕 푸른 까치깨라는 뜻의 일명. → 수까치깨.

푸른꽃루피너스(尹, 1989) (콩과) 푸른루우핀의 이명. → 푸른루우핀.

푸른꾸렘이풀(朴, 1949) (벼과) 청포아풀의 이명. 〔유래〕 푸른(청) 꾸렘이풀(포아풀). → 청포아풀.

푸른꿰미풀(愚, 1996) (벼과) 청포아풀의 중국 옌볜 방언. → 청포아풀, 푸른꾸렘이풀.

푸른나무(愚, 1996) (노박덩굴과) 사철나무의 북한 방언. → 사철나무.

푸른능쟁이(愚, 1996) (명아주과) 청명아주의 중국 옌볜 방언. 〔유래〕 푸른(청) 능쟁이(명아주). → 청명아주.

푸른닭의난초(朴, 1949) (난초과) 청닭의난초의 이명. → 청닭의난초.

푸른대싸리(愚, 1996) (명아주과) 호모초의 이명. 〔유래〕 줄기가 푸르다. → 호모초.

푸른댑싸리(朴, 1949) (명아주과) 호모초의 이명. 〔유래〕 줄기가 푸른 댑싸리라는 뜻이나 댑싸리와는 다르다. → 호모초.

푸른더덕(李, 1980) (초롱꽃과 *Codonopsis lanceolata* f. *emaculata*) 〔이명〕 민더덕. 〔유래〕 푸른 더덕이라는 뜻의 일명.

푸른떡쑥(朴, 1974) (국화과) 금떡쑥의 이명. → 금떡쑥.

푸른루우핀(李, 1964) (콩과 *Lupinus hirsutus*) 〔이명〕 푸른꽃루피너스. 〔유래〕 blue lupine.

푸른말털이슬(朴, 1949) (바늘꽃과 *Circaea quadrisulcata* f. *viridicalyx*) 〔이명〕 광능말털이슬, 광릉말털이슬, 푸른털이슬. 〔유래〕 꽃받침이 녹색인 말털이슬이라는 뜻의 학명 및 일명.

푸른맨도램이(朴, 1949) (비름과) 털비름의 이명. 〔유래〕 화서가 녹색이다. → 털비름.

푸른무새발고사리(朴, 1961) (면마과) 푸른각시고사리의 이명. → 푸른각시고사리.

푸른물통이(朴, 1974) (쐐기풀과) 모시물통이의 이명. → 모시물통이, 푸른물풍뎅이.

푸른물풍뎅이(朴, 1949) (쐐기풀과) 모시물통이의 이명. 〔유래〕 푸른 물풍뎅이(물통이). → 모시물통이.

푸른미선(李, 1980) (물푸레나무과) 미선나무의 이명. → 미선나무.

푸른미선나무(李, 1976) (물푸레나무과) 미선나무의 이명. → 미선나무.

푸른박새(李, 1969) (백합과 *Veratrum dolichopetalum*) 〔유래〕 화피편(花被片)이 짙은 녹색인 박새라는 뜻의 일명.

푸른방동산이(朴, 1949) (사초과) 나도방동사니의 이명. 〔유래〕 푸른(인편이 연한 녹색) 방동산이(방동사니)라는 뜻의 일명. → 나도방동사니.

푸른백미꽃(李, 1980) (박주가리과 *Cynanchum atratum* f. *viridescens*) 〔유래〕 연한 녹색의 백미꽃이라는 뜻의 학명 및 일명.

푸른부싯깃고사리(朴, 1949) (고사리과) 청부싯깃고사리의 이명. → 청부싯깃고사리.

푸른붓꽃(朴, 1949) (붓꽃과) 제비붓꽃의 이명. → 제비붓꽃.

푸른비름(朴, 1949) (비름과) 청비름과 줄맨드라미(愚, 1996, 중국 옌벤 방언)의 이명. → 청비름, 줄맨드라미.

푸른산들깨(李, 1980) (꿀풀과 *Mosla japonica* v. *robusta*) 〔유래〕 줄기가 크고 푸른 산들깨.

푸른산층층이(李, 1969) (꿀풀과 *Clinopodium chinense* v. *glabrescens*) 〔이명〕 푸른층꽃, 푸른층층이꽃. 〔유래〕 모종에 비해 전체가 녹색이다.

푸른수크령(朴, 1949) (벼과) 청수크령의 이명. → 청수크령.

푸른시닥나무(愚, 1996) (단풍나무과) 청시닥나무의 북한 방언. → 청시닥나무.

푸른아귀꽃나무(愚, 1996) (인동과) 청괴불나무의 북한 방언. 〔유래〕 푸른(청) 아귀꽃나무(괴불나무). → 청괴불나무.

푸른여로(李, 1969) (백합과 *Veratrum versicolor* f. *viride*) 파란여로의 이명(朴, 1949)으로도 사용. 〔유래〕 푸른색의 꽃이 피는 여로라는 뜻의 학명. → 파란여로.

푸른잎갈나무(李, 2003) (소나무과) 청잎갈나무의 이명. → 청잎갈나무.

푸른잔디(朴, 1949) (벼과) 잔디의 이명. 〔유래〕 푸른 잔디라는 뜻의 일명. → 잔디.

푸른장다리풀(朴, 1974) (명아주과) 호모초의 이명. → 호모초.

푸른중대가리나무(朴, 1949) (꼭두선이과) 중대가리나무의 이명. 〔유래〕 푸른 중대가리나무라는 뜻의 학명 및 일명. → 중대가리나무.

푸른천남성(朴, 1949) (천남성과) 큰천남성의 이명. → 큰천남성.

푸른천마(朴, 1949) (난초과 *Gastrodia elata* f. *viridis*) 〔유래〕 푸른 천마라는 뜻의 학명 및 일명.

푸른층꽃(朴, 1949) (꿀풀과) 푸른산층층이의 이명. → 푸른산층층이.

푸른층층이꽃(安, 1982) (꿀풀과) 푸른산층층이의 이명. → 푸른산층층이.

푸른털이슬(愚, 1996) (바늘꽃과) 푸른말털이슬의 중국 옌볜 방언. → 푸른말털이슬.

푸른하늘지기(李, 1980) (사초과 *Fimbristylis verrucifera*) 〔이명〕 푸른하늘직이. 〔유래〕 푸른 하늘지기라는 뜻의 일명.

푸른하늘직이(朴, 1949) (사초과) 푸른하늘지기의 이명. → 푸른하늘지기.

푸리물라(尹, 1989) (앵초과 *Primula obconica*) 〔이명〕 사철앵초. 〔유래〕 프리물라(*Primula*)라는 속명.

푸솜나물(朴, 1949) (국화과) 풀솜나물의 이명. → 풀솜나물.

푸조나무(鄭, 1937) (느릅나무과 *Aphananthe aspera*) 〔이명〕 평나무, 팽나무, 곰병나무. 〔유래〕 남부 방언.

푼겐스소나무(鄭, 1942) (소나무과) 풍겐스소나무의 이명. → 풍겐스소나무.

푼지나무(鄭, 1937) (노박덩굴과 *Celastrus flagellaris*) 〔이명〕 청다래넌출, 분지나무. 〔유래〕 전남 방언.

풀가시엉겅퀴(愚, 1996) (국화과) 큰조뱅이의 중국 옌볜 방언. → 큰조뱅이.

풀거북꼬리(鄭, 1949) (쐐기풀과 *Boehmeria tricuspis* v. *unicuspis*) 〔이명〕 풀모시, 홀거북꼬리. 〔유래〕 풀 거북꼬리라는 뜻의 일명.

풀고비(朴, 1949) (면마과) 뱀고사리의 이명. → 뱀고사리.

풀고사리(鄭, 1937) (풀고사리과 *Gleichenia japonica*) 〔유래〕 제주 방언.

풀고추(朴, 1974) (현삼과) 외풀의 이명. → 외풀.

풀골(鄭, 1970) (골풀과 *Juncus tenuis*) 〔이명〕 길골풀. 〔유래〕 풀 골풀이라는 뜻의 일명.

풀덩굴(朴, 1949) (포도과) 거지덩굴의 이명. → 거지덩굴.

풀딸(朴, 1949) (장미과) 좀딸기의 이명. → 좀딸기.

풀딸기(愚, 1996) (장미과) 좀딸기의 이명. → 좀딸기.

풀또기(鄭, 1937) (장미과 *Prunus triloba* v. *truncata*) 〔유래〕 북부 방언. 대이인(大李仁).

풀라탄나스(鄭, 1937) (버즘나무과) 버즘나무의 이명. → 버즘나무, 푸라타나스.

풀매화(朴, 1974) (범의귀과) 물매화풀과 물싸리풀(장미과, 1949)의 이명. → 물매화풀, 물싸리풀.

풀머루덩굴(愚, 1996) (포도과) 거지덩굴의 북한 방언. → 거지덩굴.

풀명자(李, 1969) (장미과) 명자나무의 이명. → 명자나무, 풀명자나무.

풀명자나무(鄭, 1942) (장미과) 명자나무의 이명. 〔유래〕 풀 명자나무라는 뜻의 일명. → 명자나무.

풀모시(朴, 1949) (쐐기풀과) 풀거북꼬리의 이명. → 풀거북꼬리.

풀목향(朴, 1949) (마편초과) 좀목형의 이명. 〔유래〕 풀 목향(목형). → 좀목형.

풀물싸리(愚, 1996) (장미과) 물싸리풀의 북한 방언. → 물싸리풀.

풀사초(朴, 1949) (사초과) 청사초와 겨사초(愚, 1996, 중국 옌볜 방언)의 이명. → 청사초, 겨사초.

풀산딸(朴, 1974) (층층나무과) 풀산딸나무의 이명. 〔유래〕 풀산딸나무의 축소형. → 풀산딸나무.

풀산딸나무(鄭, 1942) (층층나무과 *Cornus canadensis*) 〔이명〕 풀산딸. 〔유래〕 초사조화(草四照花).

풀상추(安, 1982) (국화과) 꽃상치의 이명. → 꽃상치.

풀상치(安, 1982) (국화과) 꽃상치의 이명. → 꽃상치.

풀솜나물(鄭, 1937) (국화과 *Gnaphalium japonicum*) 〔이명〕 푸솜나물, 창떡쑥. 〔유래〕 전초에 풀솜 같은 백색 털이 밀생한다.

풀솜대(李, 1980) (백합과) 솜때의 이명. 〔유래〕 줄기에 흰 털이 많다. → 솜때.

풀수국(愚, 1996) (범의귀과) 나무수국의 중국 옌볜 방언. → 나무수국.

풀싸리(鄭, 1937) (콩과 *Lespedeza thunbergii* f. *angustifolia*) 〔이명〕 밀대싸리, 속리싸리, 속리산싸리, 늦싸리, 잔잎싸리, 긴잎풀싸리, 능수싸리. 〔유래〕 싸리나무에 비해 지상부가 대부분 겨울에 마른다.

풀차(朴, 1949) (노루발과) 매화노루발의 이명. → 매화노루발.

풀협죽도(李, 1969) (꽃고비과 *Phlox paniculata*) 〔이명〕 협죽초, 하늘호록수. 〔유래〕 초본성인 협죽도.

풋베기콩(永, 1996) (콩과) 콩의 이명. → 콩.

풍게나무(鄭, 1937) (느릅나무과 *Celtis jessoensis*) 〔이명〕 단감주나무, 팽나무, 단감나무. 〔유래〕 경북 울릉도 방언. 봉봉목(棒棒木).

풍겐스소나무(李, 1947) (소나무과 *Pinus pungens*) 〔이명〕 푼겐스소나무, 거센잎소나무. 〔유래〕 풍겐스(*pungens*) 소나무라는 뜻의 학명 및 일명.

풍경덩굴(朴, 1949) (무환자나무과) 풍선덩굴의 이명. → 풍선덩굴.

풍경벌레난초(安, 1982) (난초과) 나리난초의 이명. → 나리난초.

풍경사초(朴, 1949) (사초과) 왕비늘사초와 무산사초(愚, 1996, 중국 옌볜 방언)의 이명. → 왕비늘사초, 무산사초.

풍나무(鄭, 1937) (마편초과) 순비기나무의 이명. → 순비기나무.

풍년화(李, 1966) (조록나무과 *Hamamelis japonica*) 〔이명〕 만작. 〔유래〕 풍년화(豐

年花).

풍도대극(朴, 1949) (대극과 *Euphorbia ebracteolata*) 〔이명〕 붉은대극, 민대극, 풍도버들옻. 〔유래〕 경기 풍도(豊島)에 나는 대극.

풍도둥굴레(장창기, 2002) (백합과 *Polygonatum odoratum*) 〔유래〕 경기도 안산 풍도에 나는 둥굴레. 둥굴레에 비해 줄기에 능각이 미약하고 수술대에 털이 없으며 꽃이 1~2개이다.

풍도버들옻(愚, 1996) (대극과) 풍도대극의 이명. 〔유래〕 풍도 버들옻(대극). → 풍도대극.

풍등덩굴(朴, 1949) (후추과) 바람등칡의 이명. → 바람등칡.

풍란(鄭, 1949) (난초과 *Neofinetia falcata*) 〔이명〕 꼬리난초, 소엽풍란. 〔유래〕 풍란(風蘭).

풍란초(愚, 1996) (현삼과) 좁은잎해란초의 북한 방언. → 좁은잎해란초.

풍산가문비(鄭, 1949) (소나무과) 풍산종비의 이명. → 풍산종비, 풍산가문비나무.

풍산가문비나무(愚, 1996) (소나무과) 풍산종비의 이명. 〔유래〕 풍산 가문비나무(종비나무). → 풍산종비.

풍산종비(鄭, 1942) (소나무과 *Picea pungsanensis*) 〔이명〕 풍산가문비, 가문비나무, 풍산가문비나무. 〔유래〕 함남 풍산에 나는 종비나무(가문비나무)라는 뜻의 학명 및 일명.

풍선난초(鄭, 1949) (난초과 *Calypso bulbosa*) 〔이명〕 주걱난초, 애기숙갈난초, 풍선란. 〔유래〕 꽃의 순판(脣瓣)의 뒷면이 주머니(풍선)처럼 부푼다.

풍선덩굴(李, 1980) (무환자나무과 *Cardiospermum halicacabum*) 〔이명〕 풍경덩굴, 풍선초, 방울초롱아재비. 〔유래〕 과실이 꽈리(풍선)와 같은 덩굴성 식물이라는 뜻의 학명 및 일명.

ㅍ

풍선란(愚, 1996) (난초과) 풍선난초의 이명. → 풍선난초.

풍선초(尹, 1989) (무환자나무과) 풍선덩굴의 이명. → 풍선덩굴.

풍양나무(愚, 1996) (가래나무과) 중국굴피나무의 북한 방언. → 중국굴피나무.

풍옥란(愚, 1996) (물옥잠과) 부레옥잠의 북한 방언. → 부레옥잠.

풍장등(朴, 1949) (메꽃과) 아욱메풀의 이명. → 아욱메풀.

풍접초(朴, 1949) (풍접초과 *Cleome spinosa*) 〔이명〕 백화채. 〔유래〕 풍접초(風蝶草), 취접화(醉蝶花).

플라타너스(永, 1996) (버즘나무과) 버즘나무의 이명. → 버즘나무, 푸라타나스.

플라타누스(永, 1996) (버즘나무과) 버즘나무의 북한 방언. → 버즘나무.

피(鄭, 1937) (벼과 *Echinochloa crus-galli* v. *frumentacea*) 〔이명〕 남돌피. 〔유래〕 패(稗), 삼자(穇子).

피나무(鄭, 1942) (피나무과 *Tilia amurensis*) 〔이명〕 달피나무, 참피나무, 털피나무,

달피. 〔유래〕 단목(椴木), 보제수(菩堤樹), 자단(紫椴). 〔어원〕 피〔假〕+나모〔木〕. 피나모→피남우→피나무로 변화(어원사전).

피나무풀(朴, 1949) (피나무과) 고슴도치풀의 이명. → 고슴도치풀.

피나물(鄭, 1949) (양귀비과 *Hylomecon vernalis*) 〔이명〕 노랑매미꽃, 선매미꽃, 매미꽃, 봄매미꽃. 〔유래〕 줄기를 자르면 불그스레한 피와 같은 유액이 분비된다. 하청화근(荷靑花根).

피라밋드포푸라(鄭, 1937) (버드나무과) 양버들의 이명. 〔유래〕 피라미드 포푸라라는 뜻의 일명. → 양버들.

피라칸다(李, 1980) (장미과 *Pyracantha angustifolia*) 〔유래〕 피라칸다(*Pyracantha*)라는 속명. 적양자(赤陽子).

피마기풀(朴, 1949) (산형과) 피막이풀의 이명. → 피막이풀.

피마자(鄭, 1937) (대극과 *Ricinus communis*) 〔이명〕 아주까리, 피마주. 〔유래〕 피마자(蓖麻子).

피마주(永, 1996) (대극과) 피마자의 북한 방언. → 피마자.

피막이(李, 2003) (산형과) 피막이풀의 이명. → 피막이풀.

피막이풀(鄭, 1937) (산형과 *Hydrocotyle sibthorpioides*) 두메피막이풀(鄭, 1970)의 이명으로도 사용. 〔이명〕 피마기풀, 피막이. 〔유래〕 전초를 지혈제(止血劑)로 약용하므로 피를 막는 풀이라는 뜻. 천호유(天胡荽). → 두메피막이풀.

피뿌리꽃(鄭, 1937) (팥꽃나무과 *Stellera chamaejasme*) 〔이명〕 서홍닥나무, 처녀풀, 피뿌리풀, 처녀뿔. 〔유래〕 뿌리의 색이 피와 같이 적색이다.

피뿌리풀(李, 1969) (팥꽃나무과) 피뿌리꽃의 이명. → 피뿌리꽃.

피사초(鄭, 1949) (사초과 *Carex longerostrata*) 〔유래〕 피 사초라는 뜻의 일명.

피아재비(朴, 1949) (벼과) 쇠돌피의 이명. 〔유래〕 피와 유사하다는 뜻의 일명. → 쇠돌피.

피튜니아(李, 2003) (지치과) 페튜니아의 이명. → 페튜니아.

피파나무(朴, 1949) (장미과) 비파나무의 이명. → 비파나무.

필두채(Mori, 1922) (속새과) 쇠뜨기의 이명. 〔유래〕 필두채(筆頭菜). 쇠뜨기의 자실체가 마치 붓의 머리와 같이 생긴 데서 유래. → 쇠뜨기.

하고초(鄭, 1937) (단향과) 제비꿀의 이명. 〔유래〕 하고초(夏枯草). → 제비꿀.

하국(鄭, 1949) (국화과) 금불초의 이명. 〔유래〕 하국(夏菊). → 금불초.

하년초(鄭, 1937) (국화과) 한련초의 이명. → 한련초.

하눌나리(鄭, 1937) (백합과) 하늘나리의 이명. → 하늘나리.

하눌수박(朴, 1949) (박과) 하늘타리의 이명. → 하늘타리.

하눌직이(鄭, 1937) (사초과) 하늘지기의 이명. → 하늘지기.

하눌타리(鄭, 1937) (박과) 하늘타리의 이명. → 하늘타리.

하늘나리(鄭, 1949) (백합과 *Lilium concolor*) 〔이명〕 하눌나리. 〔유래〕 꽃이 곧추서서 하늘을 향해 핀다.

하늘도라지(愚, 1996) (초롱꽃과) 애기도라지의 중국 옌볜 방언. → 애기도라지.

하늘말나리(鄭, 1949) (백합과 *Lilium tsingtauense*) 〔이명〕 우산말나리. 〔유래〕 꽃이 직립하여 하늘을 향하여 피는 말나리. 동북백합(東北百合).

하늘매발톱(鄭, 1949) (미나리아재비과) 산매발톱꽃의 이명. 〔유래〕 꽃받침조각이 벽자색(碧紫色)이다. → 산매발톱꽃.

하늘매발톱꽃(愚, 1996) (미나리아재비과) 산매발톱꽃의 이명. → 산매발톱꽃, 하늘매발톱.

하늘바라기(李, 1980) (국화과 *Heliopsis helianthoides*) 〔유래〕 해바라기의 꽃이 옆을 향하는 데 비해 하늘을 향한다는 속명 뜻에 따랐다.

하늘수박(朴, 1974) (박과) 하늘타리의 이명. → 하늘타리.

하늘지기(李, 1980) (사초과 *Fimbristylis dichotoma*) 〔이명〕 하눌직이, 하늘직이, 고려하늘직이, 털하늘직이. 〔유래〕 미상.

하늘직이(鄭, 1949) (사초과) 하늘지기와 좀민하늘지기(朴, 1949)의 이명. → 하늘지기, 좀민하늘지기.

하늘타리(李, 1969) (박과 *Trichosanthes kirilowii*) 〔이명〕 쥐참외, 하눌타리, 하눌수박, 하늘수박, 자주꽃하눌수박. 〔유래〕 천과(天瓜), 괄루(栝樓), 천화분(天花粉).

하늘호록수(愚, 1996) (꽃고비과) 풀협죽도의 중국 옌볜 방언. → 풀협죽도.

하련초(鄭, 1949) (국화과) 한련초의 이명. → 한련초.

하수오(李, 1969) (박주가리과 *Pleuropterus multilorus*) 은조롱(鄭, 1949)과 나도하수오(여뀌과, 朴, 1974)의 이명으로도 사용. 〔이명〕 적하수오. 〔유래〕 하수오(何首烏). → 은조롱, 나도하수오.

하지감자(朴, 1949) (가지과) 감자의 이명. → 감자.

학슬(鄭, 1937) (국화과) 담배풀의 이명. 〔유래〕 학슬(鶴蝨). → 담배풀.

한계령풀(李, 1969) (매자나무과 *Leontice microrrhincha*) 〔이명〕 메감자. 〔유래〕 강원 한계령에 나는 식물이라는 뜻이나 북에도 난다.

한대리곰취(李, 1969) (국화과 *Ligularia fischeri* v. *spiciformis*) 〔이명〕 부전곰취, 이삭곰취. 〔유래〕 함남 부전고원 한대리에 나는 곰취.

한들고사리(鄭, 1937) (면마과 *Cystopteris fragilis*) 〔이명〕 흔들고사리. 〔유래〕 미상.

한들하늘직이(朴, 1949) (사초과) 애기하늘지기의 이명. → 애기하늘지기.

한라각시둥굴레(李, 1980) (백합과) 각시둥굴레의 이명. 〔유래〕 한라(탐라) 각시둥굴레라는 뜻의 일명. → 각시둥굴레.

한라감자난초(永, 1996) (난초과) 두잎감자난초의 이명. 〔유래〕 제주 한라산에 나는 감자난초. → 두잎감자난초.

한라개승마(鄭, 1949) (장미과 *Aruncus dioicus* v. *aethusifolius*) 〔이명〕 한라산승마아재비. 〔유래〕 한라(제주)에 나는 승마라는 뜻의 일명.

한라고들빼기(永, 1996) (국화과) 가새씀바귀의 이명. 〔유래〕 고들빼기의 축소형처럼 생겼다. → 가새씀바귀.

한라고사리(鄭, 1956) (면마과 *Arachniodes maximowiczii*) 〔이명〕 진저리고사리. 〔유래〕 제주 한라산에 나는 고사리.

한라골풀아재비(李, 1969) (사초과 *Rhynchospora malasica*) 〔이명〕 물밤송이, 개골풀아재비. 〔유래〕 제주 한라산에 나는 골풀아재비.

한라괭이눈(鄭, 1937) (범의귀과) 제주괭이눈의 이명. 〔유래〕 제주 한라산에 나는 괭이눈이라는 뜻의 학명 및 일명. → 제주괭이눈.

한라구절초(李, 1969) (국화과) 산구절초와 구절초(愚, 1996, 중국 옌볜 방언)의 이명. → 산구절초, 구절초.

한라깨풀(朴, 1949) (앵초과) 털큰앵초의 이명. 〔유래〕 제주 한라산(탐라)에 나는 큰앵초라는 뜻의 학명 및 일명. → 털큰앵초.

한라꽃장포(鄭, 1949) (백합과 *Tofieldia coccinea* v. *kondoi*) 〔이명〕 한라돌창포, 한라꽃창포. 〔유래〕 한라 돌창포(꽃장포)라는 뜻의 일명.

한라꽃창포(愚, 1996) (백합과) 한라꽃장포의 중국 옌볜 방언. → 한라꽃장포.

한라꽃향유(永, 2002) (꿀풀과) 각씨향유의 이명. 〔유래〕 제주 한라산에 나는 꽃향유. → 각씨향유.

한라꿩의다리(鄭, 1949) (미나리아재비과) 꿩의다리의 이명. → 꿩의다리.

ㅎ

한라노루오줌(鄭, 1949) (범의귀과 *Astilbe rubra* v. *taquetii*) 〔이명〕 섬노루오줌. 〔유래〕 제주 한라산에 나는 노루오줌.

한라돌쩌귀(李, 1976) (미나리아재비과) 한라바꽃의 이명. → 한라바꽃.

한라돌창포(李, 1976) (백합과) 한라꽃장포의 이명. → 한라꽃장포.

한라들별꽃(愚, 1996) (석죽과) 참개별꽃의 중국 옌벤 방언. → 참개별꽃.

한라떡쑥(安, 1982) (국화과) 구름떡쑥의 이명. 〔유래〕 제주 한라산에 나는 떡쑥. → 구름떡쑥.

한라물통이(愚, 1996) (쐐기풀과) 제주큰물통이의 중국 옌벤 방언. → 제주큰물통이.

한라민들레(朴, 1974) (국화과) 좀민들레의 이명. 〔유래〕 제주 한라산에 나는 민들레라는 뜻의 학명. → 좀민들레.

한라바꽃(鄭, 1949) (미나리아재비과 *Aconitum napiforme*) 〔이명〕 섬초오, 섬투구꽃, 섬바꽃, 한라돌쩌귀. 〔유래〕 한라 바꽃(투구꽃)이라는 뜻의 일명. 초오(草烏).

한라바늘꽃(李, 1969) (바늘꽃과 *Epilobium pyrricholophum* v. *curvatopilosum*) 〔유래〕 제주 한라산에 나는 바늘꽃. 침통선(針筒線).

한라벚나무(李, 2003) (장미과 *Prunus hallasanensis*) 〔유래〕 한라산 중턱 숲 속에 나는 벚나무. 왕벚나무와 유사하나 잎이 필 때 잔가지와 잎에 털이 많고 소화경이 가늘며 연약하다.

한라부추(李, 1969) (백합과 *Allium taquetii*) 〔이명〕 섬산파. 〔유래〕 한라(제주) 산부추라는 뜻의 일명. 구자(韭子).

한라분취(李, 1969) (국화과 *Saussurea maximowiczii* v. *triceps*) 〔이명〕 각시버들분취. 〔유래〕 제주 한라산에 나는 분취.

한라비비추(정영철, 1985) (백합과 *Hosta venusta*) 〔유래〕 제주도 한라산에 나는 비비추.

한라사초(鄭, 1949) (사초과 *Carex erythrobasis*) 〔이명〕 제주사초. 〔유래〕 제주 한라산에 나는 사초라는 뜻.

ㅎ

한라산들깨(愚, 1996) (꿀풀과) 섬쥐깨풀의 중국 옌벤 방언. 〔유래〕 제주 한라산에 나는 산들깨. → 섬쥐깨풀.

한라산비장이(鄭, 1956) (국화과 *Serratula coronata* ssp. *insularis* f. *alpina*) 〔이명〕 만주산비장이. 〔유래〕 한라(제주) 산비장이라는 뜻의 일명.

한라산승마아재비(安, 1982) (장미과) 한라개승마의 이명. → 한라개승마.

한라산쑥(愚, 1996) (국화과) 섬쑥의 중국 옌벤 방언. → 섬쑥, 할라산쑥.

한라산진달래(李, 1966) (철쭉과) 진달래나무의 이명. → 진달래나무.

한라산참꽃나무(愚, 1996) (철쭉과 *Rhododendron saisiuense*) 〔이명〕 할라산참꽃나무, 한라참꽃나무. 〔유래〕 제주(한라산)에 나는 참꽃나무라는 뜻의 학명.

한라새둥지란(永, 2002) (난초과 *Neottia hypocastanoptica*) 〔유래〕 제주 한라산의

메밀잣밤나무 숲 밑에 나는 애기무엽란이라는 뜻의 학명.

한라세모부추(劉 등, 1981) (백합과 *Allium thunberii* v. *deltoides*) 〔유래〕 한라부추에 비해 잎의 횡단면이 삼각형이라는 뜻의 학명.

한라솜다리(李, 1980) (국화과 *Leontopodium hallaisanense*) 〔유래〕 제주 한라산에 나는 솜다리라는 뜻의 학명.

한라송이풀(永, 1996) (현삼과) 섬송이풀의 이명. 〔유래〕 한라산에 나는 송이풀이라는 뜻의 학명. 줄기에 털이 많다. → 섬송이풀.

한라쑥(安, 1982) (국화과) 섬쑥의 이명. → 섬쑥.

한라여로(鄭, 1949) (백합과) 파란여로의 이명. 〔유래〕 한라(탐라) 파란여로라는 뜻의 일명. → 파란여로.

한라잠자리난(李, 1969) (난초과 *Platanthera minor*) 〔이명〕 한라제비란, 큰잎제비란. 〔유래〕 제주 한라산에 나는 잠자리난.

한라장구채(鄭, 1949) (석죽과 *Silene fasciculata*) 〔이명〕 섬장구채, 섬산장구채, 제주대나물. 〔유래〕 제주 한라산에 나는 장구채.

한라제비란(永, 1996) (난초과) 한라잠자리난의 이명. → 한라잠자리난.

한라쥐손이(朴, 1974) (쥐손이풀과) 섬쥐손이의 이명. 〔유래〕 제주 한라산에 나는 쥐손이풀. → 섬쥐손이.

한라질경이(愚, 1996) (질경이과) 섬질경이의 중국 옌볜 방언. → 섬질경이.

한라참꽃나무(愚, 1996) (철쭉과) 한라산참꽃나무의 중국 옌볜 방언. → 한라산참꽃나무.

한라참나물(장근정 등, 1995) (산형과 *Pimpinella brachycarpa* v. *hallaisanensis*) 〔유래〕 제주 한라산에 나는 참나물이라는 뜻의 학명. 근엽이 개화 시에도 남고 털이 다세포이며 마디 부분이 잘록하다.

한라참취(鄭, 1969) (국화과 *Aster scaber* v. *minor*) 〔이명〕 작은참취. 〔유래〕 제주 한라산에 나는 참취.

한라천마(永, 1996) (난초과 *Gastrodia verrucosa*) 〔유래〕 제주 한라산에 나는 천마. 꽃에 네모진 기둥 모양의 돌기가 있다.

한라취란화(安, 1982) (앵초과) 털큰앵초의 이명. 〔유래〕 제주 한라산에 나는 취란화(앵초). → 털큰앵초.

한라털노랑제비꽃(황성수, 2002) (제비꽃과) 털노랑제비꽃의 이명. 〔유래〕 한라산에 나는 털노랑제비꽃. → 털노랑제비꽃.

한라투구꽃(鄭, 1949) (미나리아재비과 *Aconitum quelpaertense*) 〔이명〕 섬오돌도기, 섬진범. 〔유래〕 제주 한라산에 나는 투구꽃이라는 뜻의 학명.

한라황기(李, 1969) (콩과) 제주황기의 이명. → 제주황기.

한란(부종휴, 1964) (난초과 *Cymbidium kanran*) 〔유래〕 한란(寒蘭).

한련(鄭, 1949) (할련과) 할련의 이명. 〔유래〕 한련(旱蓮). → 할련.

한련초(鄭, 1956) (국화과 *Eclipta prostrata*) 〔이명〕 하년초, 하련초, 할년초, 한련풀. 〔유래〕 한련초(旱蓮草).

한련풀(愚, 1996) (국화과) 한련초의 중국 옌볜 방언. → 한련초.

한련화(永, 1996) (할련과) 할련의 이명. → 할련.

한삼덤불(鄭, 1942) (노박덩굴과) 메역순나무의 이명. 〔유래〕 메역순나무의 강원 방언. → 메역순나무.

한삼덩굴(鄭, 1937) (뽕나무과 *Humulus scandens*) 〔이명〕 범상덩굴, 엉겅퀴, 환삼덩굴, 좀환삼덩굴. 〔유래〕 미상. 율초(葎草).

한코기야사초(朴, 1949) (사초과) 해산사초의 이명. 〔유래〕 한코키아(Hancockia)의 사초라는 뜻의 학명. → 해산사초.

한코키아사초(永, 1996) (사초과) 해산사초의 이명. → 해산사초, 한코기야사초.

한호사초(安, 1982) (사초과) 북사초의 이명. → 북사초.

할년초(朴, 1949) (국화과) 한련초의 이명. → 한련초.

할라사초(朴, 1949) (사초과) 청피사초의 이명. → 청피사초.

할라산민들레(朴, 1949) (국화과) 좀민들레의 이명. → 좀민들레.

할라산버들(朴, 1949) (버드나무과) 제주산버들의 이명. → 제주산버들.

할라산쑥(朴, 1949) (국화과) 섬쑥의 이명. 〔유래〕 제주 한라산에 나는 쑥이라는 뜻의 학명. → 섬쑥.

할라산장대(朴, 1949) (십자화과) 바위장대의 이명. 〔유래〕 제주 한라산에 나는 장대나물이라는 뜻의 학명 및 일명. → 바위장대.

할라산참꽃나무(朴, 1949) (철쭉과) 한라산참꽃나무의 이명. → 한라산참꽃나무.

할련(鄭, 1937) (할련과 *Tropaeolum majus*) 〔이명〕 한련, 금련화, 금연화, 한련화. 〔유래〕 한련(旱蓮), 금련화(金蓮花), 한금련(旱金蓮).

할미꽃(鄭, 1937) (미나리아재비과 *Pulsatilla koreana*) 〔이명〕 노고초, 가는할미꽃. 〔유래〕 백두옹(白頭翁), 노고초(老姑草). 〔어원〕 할미〔白頭〕+곶〔花〕. 주지화(注之花)〔白頭翁〕→주지곳/할미십가빗불휘→할미십갑이/할미십갑→할미밋〔白頭翁〕→할미꽃으로 변화(어원사전).

할미밀망(鄭, 1942) (미나리아재비과 *Clematis trichotoma*) 〔이명〕 할미질빵, 셋꽃으아리, 큰잎질빵, 큰질빵풀. 〔유래〕 강원 방언.

할미질빵(鄭, 1937) (미나리아재비과) 할미밀망의 이명. → 할미밀망.

함경나비나물(朴, 1949) (콩과 *Vicia unijuga* v. *ohwiana*) 〔유래〕 함경도에 나는 나비나물.

함경딸기(李, 1966) (장미과) 천도딸기의 이명. → 천도딸기.

함바기(鄭, 1937) (새모래덩굴과) 함박이의 이명. → 함박이.

함박꽃(鄭, 1937) (작약과) 작약과 철쭉나무(철쭉과, 1937)의 이명. 〔어원〕 하+ㄴ+박+곶→함박곳→함박꽃으로 변화(어원사전). → 작약, 철쭉나무.

함박꽃나무(鄭, 1937) (목련과 *Magnolia sieboldii*) 〔이명〕 함백이꽃, 힌뛰함박꽃, 얼룩함박꽃나무, 산목련, 산목란, 목란. 〔유래〕 미상. 천녀화(天女花), 천녀목란(天女木蘭).

함박딸(鄭, 1942) (장미과) 산딸기나무의 이명. 〔유래〕 산딸기나무의 경남 방언. → 산딸기나무.

함박이(鄭, 1942) (새모래덩굴과 *Stephania japonica*) 〔이명〕 함바기, 함박이덩굴, 함백이. 〔유래〕 제주 방언. 천금등(千金藤).

함박이덩굴(鄭, 1949) (새모래덩굴과) 함박이의 이명. → 함박이.

함백이(朴, 1949) (새모래덩굴과) 함박이의 이명. → 함박이.

함백이꽃(朴, 1949) (목련과) 함박꽃나무의 이명. → 함박꽃나무.

함북사초(李, 1980) (사초과 *Carex echinata*) 〔이명〕 겹개구리사초, 북선시내사초, 북개구리사초. 〔유래〕 함경북도에 나는 사초.

함북오리나무(李, 1966) (자작나무과 *Alnus mandshurica* f. *barbinervis*) 〔이명〕 북선오리나무, 붉은털오리나무. 〔유래〕 함경북도에 나는 오리나무.

함북종덩굴(李, 1969) (미나리아재비과) 고려종덩굴의 이명. 〔유래〕 함경북도에 나는 종덩굴. → 고려종덩굴.

함수초(安, 1982) (콩과) 미모사의 이명. 〔유래〕 함수초(含羞草). → 미모사.

함양원추리(李, 1969) (백합과) 백운원추리의 이명. 〔유래〕 경남 함양에 나는 원추리. → 백운원추리.

함영꽃고비(朴, 1949) (꽃고비과) 꽃고비의 이명. → 꽃고비.

함종율(鄭, 1937) (참나무과) 약밤나무의 이명. 〔유래〕 함종률(咸從栗). → 약밤나무.

함흥씀바귀(朴, 1949) (국화과 *Ixeris chinodebilis*) 〔유래〕 함남 함흥에 나는 씀바귀.

합다리나무(鄭, 1937) (나도밤나무과 *Meliosma oldhamii*) 〔이명〕 합대나무. 〔유래〕 전남 방언.

합대나무(鄭, 1942) (나도밤나무과) 합다리나무의 이명. 〔유래〕 합다리나무의 황해 방언. → 합다리나무.

합실리(李, 1966) (장미과 *Pyrus ussuriensis* v. *viridis*) 〔유래〕 미상. 열매가 갈색으로 익는다.

합자초(安, 1982) (박과) 뚜껑덩굴의 이명. 〔유래〕 합자초(合子草). → 뚜껑덩굴.

합장소(朴, 1949) (박주가리과) 솜아마존의 이명. 〔유래〕 합장소(合掌消). → 솜아마존.

항가새(鄭, 1949) (국화과) 엉겅퀴의 이명. → 엉겅퀴.

해국(鄭, 1937) (국화과 *Aster spathulifolius*) 〔이명〕 왕해국. 〔유래〕 해국(海菊).

해남꽃말이(安, 1982) (지치과) 왕꽃마리의 이명. 〔유래〕 전남 해남에 나는 꽃말이(꽃마리). → 왕꽃마리.

해남말발도리(鄭, 1942) (범의귀과) 매화말발도리의 이명. 〔유래〕 해남 말발도리라는 뜻의 일명. → 매화말발도리.

해남하늘직이(李, 1969) (사초과) 들하늘지기와 제주하늘지기(1969)의 이명. → 들하늘지기, 제주하늘지기.

해녀콩(李, 1969) (콩과 *Canavalia lineata*) 〔유래〕 해변에 나는 콩.

해당화(鄭, 1937) (장미과 *Rosa rugosa*) 생열귀나무의 이명(1942)으로도 사용. 〔유래〕 해당화(海棠花), 매괴화(玫瑰花). → 생열귀나무.

해동(安, 1982) (돈나무과) 돈나무의 이명. → 돈나무.

해란초(鄭, 1949) (현삼과 *Linaria japonica*) 〔이명〕 꽁지꽃, 꼬리풀, 운란초, 운난초. 〔유래〕 해란초(海蘭草).

해바라기(鄭, 1937) (국화과 *Helianthus annuus*) 〔이명〕 해바래기. 〔유래〕 해를 따라 돈다는 뜻의 일명. 향일화(向日花), 규곽(葵藿), 규화(葵花), 향일규자(向日葵子). 〔어원〕 해〔日〕+ᄇᆞ라-〔向〕+기(접사). 해ᄇᆞ라기→해바라기로 변화(어원사전). 해바라기는 아침에는 동쪽으로, 저녁에는 서쪽으로 '목운동'을 한다. 그런데 이 '목운동'은 꼭 햇빛이 비치는 방향을 따라 진행되므로 해를 항상 바라보는 꽃이라고 하여 해바라기라고 한다.

해바래기(鄭, 1937) (국화과) 해바라기의 이명. → 해바라기.

해박(鄭, 1949) (여뀌과) 여뀌의 이명. → 여뀌.

해변노간주(鄭, 1942) (측백나무과 *Juniperus rigida* v. *koreana*) 〔이명〕 갯노가지, 조선노가주, 긴잎해변노간주, 긴잎갯노가지, 긴잎노가주, 해변노간주나무, 갯노가지나무. 〔유래〕 해변 노간주나무라는 뜻의 일명.

해변노간주나무(永, 1996) (측백나무과) 해변노간주의 이명. → 해변노간주.

해변노박덩굴(鄭, 1942) (노박덩굴과 *Celastrus orbiculatus* v. *punctatus*) 〔이명〕 해변노방덩굴. 〔유래〕 해변에 나는 노박덩굴.

ㅎ

해변노방덩굴(朴, 1949) (노박덩굴과) 해변노박덩굴의 이명. 〔유래〕 해변 노방덩굴(노박덩굴). → 해변노박덩굴.

해변사초(愚, 1996) (사초과) 햇사초의 중국 옌볜 방언. → 햇사초.

해변싸리(鄭, 1942) (콩과 *Lespedeza maritima*) 〔이명〕 해안싸리, 섬싸리, 갯싸리, 갯산싸리, 개싸리. 〔유래〕 해변에 나는 싸리라는 뜻의 학명 및 일명.

해변취(朴, 1974) (국화과) 큰각시취의 이명. → 큰각시취.

해산사초(李, 1980) (사초과 *Carex hancockiana*) 〔이명〕 한코기야사초, 무산사초, 검피사초, 한코키아사초, 헤산사초, 검은깃사초. 〔유래〕 미상.

해송(鄭, 1937) (소나무과 *Pinus thunbergii*) 〔이명〕 곰솔, 왕솔, 곰반송, 가지해송, 숫

송, 완솔, 흑송. 〔유래〕 경남 방언. 해송(海松), 흑송(黑松), 송절(松節).

해안메꽃(鄭, 1937) (메꽃과) 갯메꽃의 이명. 〔유래〕 해안 메꽃이라는 뜻의 일명. → 갯메꽃.

해안싸리(鄭, 1942) (콩과) 해변싸리의 이명. → 해변싸리.

해안장구채(朴, 1949) (석죽과) 갯장구채의 이명. 〔유래〕 해안에 나는 장구채라는 뜻의 일명. → 갯장구채.

해오라기란(愚, 1996) (난초과) 해오라비난초의 중국 옌볜 방언. → 해오라비난초.

해오라비난초(李, 1969) (난초과 *Habenaria radiata*) 〔이명〕 해오래비난초, 해오리란, 해오라기란. 〔유래〕 꽃의 모양이 해오라비(해오라기)와 같이 아름답다.

해오래비난초(鄭, 1937) (난초과) 해오라비난초와 잠자리난초(朴, 1949)의 이명. → 해오라비난초, 잠자리난초.

해오래비아재비(鄭, 1937) (난초과) 잠자리난초의 이명. → 잠자리난초.

해오리란(愚, 1996) (난초과) 해오라비난초의 북한 방언. → 해오라비난초.

해인비비추(정영철, 1985) (백합과 *Hosta tardiva*) 〔유래〕 미상.

해장죽(鄭, 1937) (벼과 *Arundinaria simonii*) 〔유래〕 경남 방언. 해장죽(海藏竹).

해홍나물(鄭, 1937) (명아주과 *Suaeda maritima*) 칠면초(1965)와 좁은해홍나물(朴, 1949)의 이명으로도 사용. 〔이명〕 방석나물, 남은재나물, 갯나문재. 〔유래〕 바다(갯벌)를 붉게 물들이는 나물. → 칠면초, 좁은해홍나물.

햇사초(朴, 1949) (사초과 *Carex pseudo-sinensis*) 〔이명〕 해변사초. 〔유래〕 미상.

행자목(鄭, 1942) (은행나무과) 은행나무의 이명. 〔유래〕 행자목(杏子木). → 은행나무.

향괴나무(李, 2003) (콩과 *Cladrastis platycarpa*) 〔유래〕 미상. 겨울눈이 잎자루 기부로 싸여 있다.

향기름새(安, 1982) (벼과) 향모의 이명. → 향모.

향기풀(朴, 1949) (벼과 *Anthoxanthum odoratum*) 〔이명〕 봄쇠미기풀, 버어날그라스. 〔유래〕 식물체가 마르면 향기가 있다는 뜻의 학명.

향꽃무(鄭, 1970) (십자화과) 꽃무의 이명. → 꽃무.

향나래완두(鄭, 1970) (콩과) 스위트피의 이명. 〔유래〕 향기가 있는 연리초라는 뜻의 학명. → 스위트피.

향나무(鄭, 1937) (측백나무과 *Juniperus chinensis*) 〔이명〕 노송나무. 〔유래〕 향목(香木), 회엽(檜葉). 〔어원〕 향(香)+나모〔木〕. 香+나모→향나모→향나무로 변화(어원사전).

향난초(朴, 1949) (난초과) 제비난초의 이명. → 제비난초.

향등골나물(李, 1969) (국화과 *Eupatorium chinense* v. *simplicifolium* f. *tripartitum*) 민등골나물(鄭, 1949)과 벌등골나물(愚, 1996, 중국 옌볜 방언)의 이명으로도

사용. 〔이명〕 벌등골나물, 세잎등골나물, 골등골나물. 〔유래〕 잎에 향기가 있다. 패란(佩蘭). → 민등골나물, 벌등골나물.

향마타리(朴, 1949) (마타리과) 금마타리의 이명. → 금마타리.

향모(鄭, 1949) (벼과 *Hierochloe odorata* v. *pubescens*) 〔이명〕 참기름새, 향기름새, 털향모. 〔유래〕 뿌리에서 향기가 난다는 뜻의 학명.

향부자(鄭, 1937) (사초과 *Cyperus rotundus*) 〔이명〕 갯뿌리방동사니, 약방동사니. 〔유래〕 향부자(香附子).

향선나무(李, 1976) (물푸레나무과) 향쥐똥나무의 이명. → 향쥐똥나무.

향성류(李, 1966) (위성류과) 위성류의 이명. → 위성류.

향솔새(愚, 1996) (벼과) 개솔새의 북한 방언. → 개솔새.

향수꽃(朴, 1949) (미나리아재비과) 나도바람꽃의 이명. → 나도바람꽃.

향여뀌(愚, 1996) (여뀌과) 기생여뀌의 북한 방언. 〔유래〕 식물체에 향기가 있다. → 기생여뀌.

향오동(愚, 1996) (능소화과) 개오동나무의 북한 방언. → 개오동나무.

향유(鄭, 1937) (꿀풀과 *Elsholtzia ciliata*) 〔이명〕 노야기. 〔유래〕 향유(香薷).

향이삭난초(朴, 1949) (난초과) 너도제비란의 이명. → 너도제비란.

향쥐똥나무(鄭, 1970) (물푸레나무과 *Fontanesia phyllyreoides*) 〔이명〕 향선나무, 봄맞이꽃나무. 〔유래〕 미상.

향털나무(安, 1982) (버드나무과) 물황철의 이명. → 물황철.

향포(安, 1982) (천남성과) 창포의 이명. → 창포.

향화초(朴, 1949) (십자화과) 노란장대와 큰장대(愚, 1996, 중국 옌볜 방언)의 이명. → 노란장대, 큰장대.

향황털나무(朴, 1949) (버드나무과) 물황철의 이명. → 물황철.

헐덕이약풀(鄭, 1949) (범위귀과 *Tiarella polyphylla*) 〔이명〕 산바위귀, 헐떡이풀, 헐떡이약풀, 천식약풀. 〔유래〕 헐떡이병(천식)에 약으로 사용하는 풀.

ㅎ

헐떡이약풀(永, 1996) (범의귀과) 헐덕이약풀의 이명. → 헐덕이약풀.

헐떡이풀(朴, 1974) (범의귀과) 헐덕이약풀의 이명. → 헐덕이약풀.

헛갈매나무(愚, 1996) (갈매나무과) 가마귀베개의 북한 방언. → 가마귀베개.

헛개나무(鄭, 1942) (갈매나무과 *Hovenia dulcis*) 〔이명〕 호깨나무, 호리깨나무, 볼게나무, 고려호리깨나무, 민헛개나무. 〔유래〕 강원 방언. 지구자(枳椇子).

헤산사초(李, 2003) (사초과) 해산사초의 이명. → 해산사초.

헤아리벳치(愚, 1996) (콩과) 벳지의 중국 옌볜 방언. 〔유래〕 Hairy vetch. → 벳지.

헤어리베치(永, 1996) (콩과) 벳지의 이명. → 벳지, 헤아리벳치.

현사시(愚, 1996) (버드나무과) 은사시나무의 이명. 〔유래〕 임업 육종의 대가인 현재선을 기념한 이름. → 은사시나무.

현삼(鄭, 1937) (현삼과 *Scrophularia buergeriana*) 〔유래〕 현삼(玄蔘), 원삼(元蔘).

현호색(鄭, 1937) (양귀비과 *Corydalis turtschaninovii*) 〔이명〕 조선현호색, 소엽현호색. 〔유래〕 현호색(玄胡索), 연호색(延胡索).

협죽도(朴, 1949) (협죽도과 *Nerium indicum*) 〔이명〕 류선화. 〔유래〕 협죽도(夾竹桃).

협죽초(愚, 1996) (꽃고비과) 풀협죽도의 북한 방언. → 풀협죽도.

형개(李, 1969) (꿀풀과 *Schizonepeta tenuifolia* v. *japonica*) 〔유래〕 형개(荊芥).

호가마귀밥여름나무(鄭, 1949) (범의귀과) 가마귀밥여름나무의 이명. 〔유래〕 호(중국)에 나는 가마귀밥여름나무라는 뜻의 학명. → 가마귀밥여름나무.

호개대황(朴, 1974) (여뀌과) 호대황의 이명. → 호대황.

호골무꽃(鄭, 1949) (꿀풀과 *Scutellaria pekinensis* v. *ussuriensis*) 〔이명〕 산골무꽃, 개골무꽃, 북해골무꽃. 〔유래〕 미상.

호광대수염(鄭, 1949) (꿀풀과 *Lamium album* v. *cuspidatum*) 〔이명〕 긴잎광대수염. 〔유래〕 미상.

호노루발(鄭, 1949) (노루발과 *Pyrola dahurica*) 〔이명〕 조선노루발, 북노루발, 호노루발풀, 북노루발풀. 〔유래〕 미상.

호노루발풀(安, 1982) (노루발과) 호노루발의 이명. → 호노루발.

호대선(永, 1996) (백합과) 마늘의 이명. → 마늘.

호대황(鄭, 1949) (여뀌과 *Rumex gmelini*) 〔이명〕 진들대황, 호개대황, 넓은잎송구지. 〔유래〕 호대황(胡大黃).

호도(李, 1969) (가래나무과) 호도나무의 이명. 〔유래〕 호도나무의 축소형. → 호도나무.

호도나무(鄭, 1937) (가래나무과 *Juglans regia* v. *orientalis*) 〔이명〕 호도, 호두나무. 〔유래〕 호도(胡桃), 호도수(胡桃樹).

호동자꽃(朴, 1974) (석죽과) 털동자꽃의 이명. → 털동자꽃.

호두나무(李, 1980) (가래나무과) 호도나무의 이명. → 호도나무.

호랑가시나무(鄭, 1942) (감탕나무과 *Ilex cornuta*) 〔이명〕 묘아자나무, 묘아자, 둥근잎호랑가시, 호랑이가시나무, 범의발나무. 〔유래〕 전남 방언. 잎의 각점(角點)에 생기는 톱니가 예리한 가시로 된 데서 유래. 묘아자(猫兒刺), 구골엽(枸骨葉).

호랑고비(朴, 1949) (면마과) 관중의 이명. → 관중.

호랑버들(鄭, 1937) (버드나무과 *Salix caprea*) 〔이명〕 호랑이버들, 노랑버들. 〔유래〕 호랑류(虎狼柳), 유지(柳枝).

호랑이가시나무(安, 1982) (감탕나무과) 호랑가시나무의 이명. → 호랑가시나무.

호랑이버들(安, 1982) (버드나무과) 호랑버들의 이명. → 호랑버들.

호랑이씀바귀(安, 1982) (국화과) 왕씀배의 이명. → 왕씀배.

호래비꽃대(朴, 1949) (홀아비꽃대과) 홀아비꽃대의 이명. → 홀아비꽃대.

호래비바람꽃(朴, 1949) (미나리아재비과) 홀아비바람꽃의 이명. → 홀아비바람꽃.

호랭이사초(朴, 1949) (사초과) 층실사초의 이명. → 층실사초.

호리깨나무(鄭, 1942) (갈매나무과) 헛개나무의 이명. 〔유래〕 헛개나무의 전북 방언. → 헛개나무.

호리쑥(朴, 1949) (국화과) 애기비쑥의 이명. → 애기비쑥.

호마늘(永, 1996) (백합과) 마늘의 이명. → 마늘.

호모초(鄭, 1949) (명아주과 *Corispermum stauntonii*) 〔이명〕 푸른댑싸리, 푸른장다리풀, 푸른대싸리. 〔유래〕 호모초(護謨草).

호밀(鄭, 1937) (벼과 *Secale cereale*) 〔이명〕 라이맥, 라이보리. 〔어원〕 호(胡)+밀〔麥〕(어원사전). 맥각(麥角).

호밀사초(永, 1996) (사초과) 북사초의 이명. → 북사초.

호밀풀(李, 1980) (벼과 *Polium perenne*) 가는보리풀의 이명(1976)으로도 사용. 〔유래〕 미상. → 가는보리풀.

호바늘꽃(鄭, 1949) (바늘꽃과 *Epilobium amurense*) 〔이명〕 아물바늘꽃, 북바늘꽃, 두메바늘꽃, 아무르바늘꽃. 〔유래〕 미상.

호박(鄭, 1937) (박과 *Cucurbita moschata*) 〔이명〕 당호박. 〔유래〕 남과(南瓜), 남과자(南瓜子). 〔어원〕 호(胡)+박〔瓠〕(어원사전).

호범꼬리(鄭, 1949) (여뀌과 *Bistorta ochotensis*) 〔이명〕 오코쓰범의꼬리, 북범의꼬리. 〔유래〕 미상. 권삼(拳蔘).

호비수리(鄭, 1949) (콩과 *Lespedeza davurica*) 〔이명〕 왕비수리, 다후리비수리, 큰비수리, 큰땅비사리, 큰땅비수리. 〔유래〕 비수리에 비해 잎이 길다. 야관문(夜關門).

호산장구채(朴, 1974) (석죽과 *Silene foliosa*) 〔이명〕 잎대나물. 〔유래〕 미상.

호상치(鄭, 1970) (국화과) 꽃상치의 이명. → 꽃상치.

호설란(永, 2002) (난초과) 유령란의 이명. → 유령란.

ㅎ

호야(尹, 1989) (박주가리과 *Hoya carnosa*) 〔이명〕 옥첩매, 앵란, 옥잠매. 〔유래〕 호야(*Hoya*)라는 속명.

호오리새(朴, 1949) (벼과 *Schizachne purpurascens*) 〔이명〕 휘오리새, 각씨귀리. 〔유래〕 호오리(Faurie)의 새라는 뜻의 일명.

호자나무(鄭, 1937) (꼭두선이과 *Damnacanthus indicus*) 〔이명〕 화자나무. 〔유래〕 호자(虎刺), 복우화(伏牛花).

호자덩굴(鄭, 1949) (꼭두선이과 *Mitchella undulata*) 〔이명〕 덩굴호자나무. 〔유래〕 덩굴 호자나무라는 뜻의 일명.

호작약(鄭, 1949) (작약과 *Paeonia lactiflora* v. *trichocarpa* f. *pilosella*) 〔이명〕 백작약, 청진작약. 〔유래〕 호작약(胡芍藥).

호장근(鄭, 1937) (여뀌과 *Reynoutria japonica*) 〔이명〕 싱아, 까치수영, 감절대, 감제풀. 〔유래〕 호장근(虎杖根), 고장(苦杖).

호접국수나무(朴, 1949) (장미과) 개국수나무의 이명. → 개국수나무.

호접란(愚, 1996) (난초과) 너도제비란의 북한 방언. → 너도제비란.

호접제비꽃(安, 1982) (제비꽃과) 삼색제비꽃의 이명. → 삼색제비꽃.

호제비꽃(鄭, 1949) (제비꽃과 *Viola yedoensis*) 〔이명〕 들오랑캐, 들제비꽃. 〔유래〕 미상. 자화지정(紫花地丁).

호주명아주(永, 1996) (명아주과 *Chenopodium carinatum*) 냄새명아주의 이명(壽, 1995)으로도 사용. 〔유래〕 호주(오스트레일리아) 원산의 명아주. → 냄새명아주.

호초등(鄭, 1949) (후추과) 바람등칡의 이명. → 바람등칡.

호콩(鄭, 1937) (콩과) 땅콩의 이명. → 땅콩.

호프(李, 1969) (뽕나무과 *Humulus lupulus*) 〔이명〕 홉. 〔유래〕 Hop. 비주화(啤酒花).

호흑삼능(朴, 1949) (흑삼능과) 흑삼능의 이명. 〔유래〕 수과(瘦果)가 큰 흑삼능이라는 뜻의 학명. → 흑삼능.

혹난초(鄭, 1949) (난초과 *Bulbophyllum inconspicum*) 〔이명〕 보리난초, 보리란초, 혹란. 〔유래〕 난형의 위경(僞莖)을 혹에 비유.

혹느릅나무(鄭, 1942) (느릅나무과 *Ulmus davidiana* v. *japonica* f. *suberosa*) 〔유래〕 혹 느릅나무라는 뜻의 일명. 흑유(黑楡).

혹란(愚, 1996) (난초과) 혹난초의 북한 방언. → 혹난초.

혹뿌리난초(安, 1982) (난초과) 씨눈난초의 이명. → 씨눈난초.

혹쉽싸리(朴, 1974) (꿀풀과 *Lycopus uniflorus*) 〔이명〕 털쉽싸리, 택란아재비, 털쉽사리, 뭉치쉽싸리. 〔유래〕 지하경의 끝이 비대한 것을 혹에 비유.

혹쐐기풀(鄭, 1937) (쐐기풀과 *Laportea bulbifera*) 〔이명〕 알쐐기풀. 〔유래〕 혹(살눈) 쐐기풀이라는 뜻의 학명 및 일명. 잎짬에 생기는 살눈을 혹에 비유. 주아애마(珠芽艾麻).

혹옥잠(尹, 1989) (물옥잠과) 부레옥잠의 이명. 〔유래〕 잎자루에 생기는 부레를 혹에 비유. → 부레옥잠.

홀개별꽃(安, 1982) (석죽과) 산개별꽃의 이명. → 산개벼꽃.

홀거북꼬리(朴, 1974) (쐐기풀과) 풀거북꼬리의 이명. → 풀거북꼬리.

홀꽃노루발(鄭, 1949) (노루발과 *Moneses uniflora*) 〔이명〕 백두산노루발, 멧노루발, 홀꽃노루발풀. 〔유래〕 꽃대 끝에 1개의 꽃이 달리는 노루발이라는 뜻의 학명.

홀꽃노루발풀(安, 1982) (노루발과) 홀꽃노루발의 이명. → 홀꽃노루발.

홀꽃대(愚, 1996) (홀아비꽃대과) 홀아비꽃대의 북한 방언. → 홀아비꽃대.

홀들별꽃(愚, 1996) (석죽과) 산개별꽃의 중국 옌볜 방언. → 산개별꽃.

홀바람꽃(愚, 1996) (미나리아재비과) 홀아비바람꽃의 북한 방언. → 홀아비바람꽃.

홀별꽃(愚, 1996) (석죽과) 개벼룩의 북한 방언. → 개벼룩.

홀세잎현호색(愚, 1996) (양귀비과) 들현호색의 북한 방언. → 들현호색.

홀아비꽃대(鄭, 1949) (홀아비꽃대과 *Chloranthus japonicus*) 〔이명〕 홀애비꽃대, 호래비꽃대, 홀꽃대. 〔유래〕 줄기 끝에 하나의 수상화서(꽃대)가 달린다. 은선초(銀線草).

홀아비바람꽃(鄭, 1949) (미나리아재비과 *Anemone koraiensis*) 〔이명〕 홀애비바람꽃, 호래비바람꽃, 좀바람꽃, 홀바람꽃. 〔유래〕 꽃대가 보통 1개인 바람꽃.

홀아빗대(永, 1996) (앵초과) 큰까치수염의 이명. → 큰까치수염.

홀아지좃(鄭, 1937) (백합과) 천문동의 이명. → 천문동.

홀애비꽃대(鄭, 1937) (홀아비꽃대과) 홀아비꽃대의 이명. → 홀아비꽃대.

홀애비바람꽃(鄭, 1937) (미나리아재비과) 홀아비바람꽃의 이명. → 홀아비바람꽃.

홀잎난초(朴, 1949) (난초과) 이삭단엽란의 이명. 〔유래〕 1엽의 이삭단엽란이라는 뜻의 학명. → 이삭단엽란.

홀잎배암새(愚, 1996) (국화과) 큰톱풀의 중국 옌볜 방언. → 큰톱풀.

홉(永, 1996) (뽕나무과) 호프의 이명. → 호프.

홋개나무(鄭, 1937) (갈매나무과) 헛개나무의 이명. → 헛개나무.

홋잎나무(鄭, 1937) (노박덩굴과) 화살나무의 이명. → 화살나무.

홍가시(李, 1966) (장미과) 홍가시나무의 이명. 〔유래〕 홍가시나무의 축소형. → 홍가시나무.

홍가시나무(鄭, 1942) (장미과 *Photinia glabra*) 〔이명〕 홍가시, 붉은순나무. 〔유래〕 잎이 새로 나올 때와 단풍이 들 때 붉은색을 띤다. 초림자(醋林子).

홍갈참나무(朴, 1949) (참나무과) 갈참나무의 이명. 〔유래〕 적색의 자루가 있는 갈참나무라는 뜻의 학명 및 일명. → 갈참나무.

홍괴불나무(鄭, 1937) (인동과 *Lonicera maximowiczii* v. *sachalinensis*) 〔이명〕 붉은아귀꽃나무. 〔유래〕 꽃잎이 붉은 괴불나무라는 뜻의 일명.

홍교두초(安, 1982) (꿀풀과) 깨꽃의 이명. → 깨꽃.

홍노도라지(李, 1969) (초롱꽃과 *Peracarpa carnosa*) 〔이명〕 골좀도라지, 골도라지. 〔유래〕 제주 홍노에 나는 도라지.

홍노줄사초(李, 1969) (사초과 *Carex lenta* v. *sendaica*) 〔유래〕 제주 홍노에 나는 줄사초.

홍당무(愚, 1996) (산형과) 당근의 이명. 〔유래〕 붉은색 무. → 당근.

홍도고들빼기(李, 1969) (국화과 *Crepidiastrixeris denticulato-platyphylla*) 〔이명〕 매가꼬들백이, 갯고들빼기, 꽃고들빼기. 〔유래〕 전남 홍도(매가도)에 나는 고들빼기.

홍도까치수염(李, 1969) (앵초과) 쇠까치수염의 이명. 〔유래〕 전남 홍도(매가도)에 나는 까치수염. → 쇠까치수염.

홍도까치수영(李, 1980) (앵초과) 쇠까치수염의 이명. → 쇠까치수염, 홍도까치수염.

홍도서덜취(李, 1969) (국화과 *Saussurea polylepis*) 〔이명〕 매가도취, 섬취, 매가도분취. 〔유래〕 전남 홍도(매가도)에 나는 서덜취.

홍도원추리(李, 1969) (백합과 *Hemerocallis littorea*) 〔유래〕 전남 홍도(매가도)에 나는 원추리.

홍돌가시나무(鄭, 1942) (장미과) 반들가시나무의 이명. 〔유래〕 꽃이 홍색인 돌가시나무(반들가시나무)라는 뜻의 학명 및 일명. → 반들가시나무.

홍돌장미(安, 1982) (장미과) 반들가시나무의 이명. → 반들가시나무.

홍등사초(安, 1982) (사초과) 양뿔사초의 이명. → 양뿔사초.

홍뚜깔나무(愚, 1996) (철쭉과) 만병초의 북한 방언. 〔유래〕 홍 뚝갈나무(만병초). → 만병초.

홍륜화(安, 1982) (국화과) 민산솜방망이의 이명. → 민산솜방망이.

홍만병초(鄭, 1942) (철쭉과) 만병초의 이명. 〔유래〕 홍만병초(紅萬病草). 꽃이 농홍색이다. → 만병초.

홍매(鄭, 1942) (장미과 *Prunus glandulosa* f. *sinensis*) 〔이명〕 홍옥매, 겹홍옥매, 겹홍매화. 〔유래〕 산옥매에 비해 꽃이 겹꽃이고 홍색이다.

홍산무엽란(李, 1969) (난초과 *Neottia nidus-avis* v. *manshurica*) 〔이명〕 새둥지란. 〔유래〕 평북 대홍산에 나는 무엽란.

홍산벚나무(安, 1982) (장미과) 산벗나무의 이명. → 산벗나무.

홍송(李, 1980) (소나무과) 잣나무의 이명. 〔유래〕 심재(心材)가 연한 홍색이다. 홍송(紅松). → 잣나무.

홍실뱀딸기(安, 1982) (장미과) 뱀딸기의 이명. → 뱀딸기.

홍싸리(朴, 1949) (콩과) 검나무싸리의 이명. 〔유래〕 싸리나무에 비해 꽃이 암적자색이다. → 검나무싸리.

홍옥매(朴, 1949) (장미과) 홍매의 이명. → 홍매.

홍월귤(鄭, 1942) (철쭉과 *Arctous ruber*) 〔유래〕 홍실월귤(紅實越橘). 장과가 붉게 익는다.

홍이삭여뀌(安, 1982) (여뀌과) 새이삭여뀌의 이명. → 새이삭여뀌.

홍지네고사리(鄭, 1937) (면마과 *Dryopteris erythrosora*) 〔이명〕 울릉고사리, 반들고사리, 섬홍지네고사리. 〔유래〕 어린 잎과 포막에 홍자색이 돈다.

홍초(李, 1976) (홍초과 *Canna generalis*) 〔이명〕 뜰홍초, 칸나, 꽃칸나, 꽃홍초, 왕홍초. 〔유래〕 식물체가 홍자색 또는 녹색이다. 미인초근(美人蕉根).

홍취(鄭, 1949) (국화과) 멸가치의 이명. → 멸가치.

홍학꽃(李, 1969) (천남성과 *Anthurium andraeanum*) 〔유래〕 꽃의 모양을 붉은 학에 비유.

홍황초(李, 1980) (국화과) 만수국의 이명. 〔유래〕 꽃의 색이 홍황색이다. 홍황초(紅黃草). → 만수국.

홑각시취(安, 1982) (국화과) 각시취의 이명. 〔유래〕 홑 각시취라는 뜻의 일명. → 각시취.

홑꽃잎나도나물(安, 1982) (석죽과) 각시통점나도나물의 이명. → 각시통점나도나물.

홑왕원추리(永, 1996) (백합과 *Hemerocallis fulva* v. *longituba*) 〔유래〕 왕원추리에 비해 화피가 겹이 아니다.

홑잎나무(永, 1996) (노박덩굴과) 화살나무의 이명. → 화살나무.

홑잎노루발풀(安, 1982) (노루발과 *Pyrola japonica* v. *subaphylla*) 〔유래〕 홑잎 노루발풀이라는 뜻의 일명.

홑조팝나무(安, 1982) (장미과) 조팝나무의 이명. 〔유래〕 모종에 비해 꽃이 겹꽃이 아니다. → 조팝나무.

화란상치(鄭, 1970) (국화과) 꽃상치의 이명. → 꽃상치.

화릉초(愚, 1996) (양귀비과) 금영화의 중국 옌볜 방언. → 금영화.

화방초(鄭, 1937) (초롱꽃과) 금강초롱꽃의 이명. → 금강초롱꽃.

화백(李, 1947) (측백나무과 *Chamaecyparis pisifera*) 〔이명〕 화백나무. 〔유래〕 화백(花柏).

화백나무(愚, 1996) (측백나무과) 화백의 북한 방언. → 화백.

화산곱슬사초(李, 1969) (사초과 *Carex raddei*) 〔이명〕 라떼사초, 녹모사초, 연한털사초. 〔유래〕 경기 수원 화산에 나는 곱슬사초.

화산사초(李, 1969) (사초과 *Carex nakasimae*) 〔유래〕 경기 수원 화산에 나는 사초.

화살곰취(鄭, 1949) (국화과 *Ligularia jamesii*) 〔유래〕 잎이 화살 모양인 곰취.

화살나무(鄭, 1937) (노박덩굴과 *Euonymus alatus*) 참빗살나무의 이명(朴, 1949)으로도 사용. 〔이명〕 홋잎나무, 참빗나무, 참빗살나무, 챔빗나무. 〔유래〕 줄기에 나래(화살)가 있다. 귀전우(鬼箭羽), 위모(衛矛), 혼전우(魂箭羽). → 참빗살나무.

화살낙시역귀(朴, 1949) (여뀌과) 민미꾸리낚시의 이명. 〔유래〕 잎이 화살 모양이다. → 민미꾸리낚시.

화살미꾸리낚시(安, 1982) (여뀌과) 넓은잎미꾸리낚시의 이명. → 넓은잎미꾸리낚시.

화살사초(鄭, 1949) (사초과 *Carex transversa*) 〔이명〕 연약사초. 〔유래〕 미상.

화살서덜취(愚, 1996) (국화과) 각시서덜취의 중국 옌볜 방언. → 각시서덜취.

화살여뀌(朴, 1949) (여뀌과) 넓은잎미꾸리낚시의 이명. → 넓은잎미꾸리낚시.

화솔나무(鄭, 1942) (주목과) 주목의 이명. 〔유래〕 주목의 울릉도 방언. → 주목.

화엄개박달나무(朴, 1949) (자작나무과 *Betula chinensis* f. *linearisquama*) 〔유래〕

ㅎ

지리산 화엄사 지역에 나는 개박달나무라는 뜻의 일명.

화엄고사리(朴, 1949) (면마과) 가는잎족제비고사리의 이명. → 가는잎족제비고사리.

화엄벚나무(朴, 1949) (장미과) 올벚나무의 이명. → 올벚나무.

화엄오랑캐(朴, 1949) (제비꽃과) 화엄제비꽃의 이명. 〔유래〕 화엄 오랑캐꽃(제비꽃). → 화엄제비꽃.

화엄올벚나무(永, 1996) (장미과) 올벚나무의 이명. 〔유래〕 지리산 화엄사 지역에 나는 올벚나무. → 올벚나무.

화엄제비꽃(李, 1969) (제비꽃과 *Viola ibukiana*) 〔이명〕 화엄오랑캐. 〔유래〕 지리산 화엄사 지역에 나는 제비꽃.

화연초(安, 1982) (양귀비과) 금영화의 이명. → 금영화.

화우리쑥(朴, 1974) (국화과) 애기비쑥의 이명. 〔유래〕 호오리(*Faurie*)의 쑥이라는 뜻의 학명. → 애기비쑥, 호리쑥.

화자나무(朴, 1949) (꼭두선이과) 호자나무의 이명. → 호자나무.

화점초(朴, 1949) (쐐기풀과) 나도물통이의 이명. 〔유래〕 화점초(花點草). → 나도물통이.

화태나무딸기(愚, 1996) (장미과) 멍덕딸기의 중국 옌볜 방언. → 멍덕딸기.

화태닥나무(鄭, 1937) (팥꽃나무과) 두메닥나무의 이명. 〔유래〕 화태(사할린)에 나는 닥나무. → 두메닥나무.

화태떡쑥(鄭, 1949) (국화과) 백두산떡쑥의 이명. → 백두산떡쑥.

화태석남(鄭, 1942) (철쭉과 *Andromeda polifolia* f. *acerosa*) 〔이명〕 선애기진달래, 장지석남, 대택석남, 사할석남. 〔유래〕 화태석남(樺太石南).

화태설취란화(安, 1982) (앵초과) 좀설앵초의 이명. → 좀설앵초.

화태황경피나무(鄭, 1949) (운향과) 화태황벽나무의 이명. → 화태황벽나무.

화태황벽나무(鄭, 1942) (운향과 *Phellodendron amurense* v. *sachalinense*) 〔이명〕 섬황경피나무, 넓은황벽나무, 화태황경피나무, 큰황벽나무, 넓은잎황경피나무, 넓은잎황벽나무, 섬황벽, 넓은잎황벽, 큰황경피나무. 〔유래〕 화태(사할린) 황벽나무라는 뜻의 학명 및 일명. 황백(黃柏).

환삼덩굴(鄭, 1949) (뽕나무과) 한삼덩굴의 이명. → 한삼덩굴.

활나물(鄭, 1947) (콩과 *Crotalaria sessiliflora*) 〔유래〕 미상. 농길리(農吉利).

활량나물(鄭, 1937) (콩과 *Lathyrus davidii*) 〔이명〕 활양나물. 〔유래〕 애기완두에 비해 식물체가 대형(활량=閑良)인 나물. 대산여두(大山黧豆).

활뽕나무(鄭, 1942) (뽕나무과) 구지뽕나무의 이명. 〔유래〕 구지뽕나무의 황해 방언. → 구지뽕나무.

활양나물(朴, 1949) (콩과) 활량나물의 이명. → 활량나물.

황경나무(鄭, 1942) (운향과) 황벽나무의 이명. 〔유래〕 황벽나무의 강원 방언. → 황벽나무.

황경피나무(鄭, 1937) (운향과) 황벽나무의 이명. → 황벽나무.

황고사리(鄭, 1937) (고사리과 *Dennstaedtia wilfordii*) 〔이명〕 황련고사리. 〔유래〕 잎이 대개 연한 황색이며 열편이 황련과 유사하다.

황국(安, 1982) (국화과) 감국의 이명. 〔유래〕 꽃이 황색인 국화. → 감국.

황근(鄭, 1942) (아욱과 *Hibiscus hamabo*) 〔이명〕 갯아욱, 갯부용. 〔유래〕 황근(黃槿).

황금(鄭, 1937) (꿀풀과 *Scutellaria baicalensis*) 〔이명〕 속썩은풀, 골무꽃. 〔유래〕 황금(黃芩).

황금고사리(愚, 1996) (면마과) 참우드풀의 중국 옌벤 방언. → 참우드풀.

황금빈대꽃(尹, 1989) (국화과) 기생초의 이명. → 기생초.

황금잎소나무(李, 1966) (소나무과 *Pinus densiflora* f. *aurescens*) 〔이명〕 금송. 〔유래〕 중국 옌벤 방언. 잎이 황금색이라는 뜻의 학명. 낙우송과의 금송과 중복되어 조정했음.

황금지장보살(永, 1993) (백합과 *Smilacina japonica* v. *lutecarpa*) 〔유래〕 열매가 황금색인 지장보살(솜때)이라는 뜻의 학명.

황기(鄭, 1937) (콩과 *Astragalus membranaceus*) 〔이명〕 단너삼, 노랑황기, 도미황기. 〔유래〕 황기(黃芪 · 黃耆).

황녹사철나무(李, 1966) (노박덩굴과 *Euonymus japonicus* f. *viridi-variegata*) 〔이명〕 황록사철. 〔유래〕 잎에 황색 및 녹색의 반점이 있다는 뜻의 학명.

황련(鄭, 1970) (미나리아재비과 *Coptis japonica*) 깽깽이풀의 이명(1949)으로도 사용. 〔이명〕 왜황련, 일황련. 〔유래〕 황련(黃連). → 깽깽이풀.

황련고사리(愚, 1996) (고사리과) 황고사리의 중국 옌벤 방언. → 황고사리.

황련목(李, 2003) (옻나무과) 부자나무의 이명. 〔유래〕 부자나무의 중국명. → 부자나무.

황록사철(李, 1966) (노박덩굴과) 황녹사철나무의 이명. → 황녹사철나무.

황마(李, 1969) (피나무과 *Corchorus capsularis*) 〔이명〕 청마. 〔유래〕 황마(黃麻).

황매화(鄭, 1937) (장미과 *Kerria japonica*) 〔이명〕 죽도화, 죽단화, 수중화. 〔유래〕 남부 방언. 황매화(黃梅花), 체당화(棣棠花).

황목련(愚, 1996) (목련과) 일본목련의 북한 방언. → 일본목련.

황벽나무(鄭, 1942) (운향과 *Phellodendron amurense*) 〔이명〕 황경피나무, 황경나무, 황병피나무. 〔유래〕 황벽(黃蘗), 황백(黃柏). 〔어원〕 황벽(黃蘗)+나모〔木〕. 黃蘗〔蘗木〕→황벽피〔蘗暖木〕/황벽피나모〔黃蘗木〕→황벽나모→황빅/황빅나모→황빅피→황벽나무로 변화(어원사전).

황병피나무(鄭, 1942) (운향과) 황벽나무의 이명. 〔유래〕 황벽나무의 경북 방언. → 황벽나무.

황산차(鄭, 1942) (철쭉과 *Rhododendron parviflorum*) 〔이명〕 황산참꽃. 〔유래〕 함북 방언. 황산차(黃山茶).

황산참꽃(鄭, 1937) (철쭉과) 황산차의 이명. → 황산차.

황새고랭이(李, 1969) (사초과 *Scirpus maximowiczii*) 〔이명〕 솜예자풀, 개조리골, 두메황새풀, 솜황새풀. 〔유래〕 미상.

황새냉이(鄭, 1937) (십자화과 *Cardamine flexuosa*) 〔유래〕 미상. 쇄미제(碎米薺).

황새승마(鄭, 1937) (미나리아재비과 *Cimicifuga foetida*) 개승마의 이명(朴, 1974)으로도 사용. 〔유래〕 미상. → 개승마.

황새풀(鄭, 1949) (사초과 *Eriophorum vaginatum*) 〔이명〕 타레예자풀. 〔유래〕 미상.

황새피(朴, 1949) (벼과) 산기장의 이명. → 산기장.

황색철쭉(安, 1982) (철쭉과) 황철쭉의 이명. → 황철쭉.

황서향나무(安, 1982) (팥꽃나무과) 삼지닥나무의 이명. 〔유래〕 황서향(黃瑞香). → 삼지닥나무.

황용둥굴레(安, 1982) (백합과) 목포용둥굴레의 이명. 〔유래〕 황(엷은) 용둥굴레라는 뜻의 일명. → 목포용둥굴레.

황이(安, 1982) (장미과) 콩배나무의 이명. 〔유래〕 황리(黃梨). → 콩배나무.

황종용(鄭, 1949) (열당과 *Orobanche pycnostachya*) 〔이명〕 노랑쑥더부사리, 노랑쑥더부살이, 노랑개더부사리. 〔유래〕 미상. 꽃이 연한 황색 또는 백색이다.

황철나무(鄭, 1937) (버드나무과 *Populus maximowiczii*) 물황철의 이명(1942, 평북 방언)으로도 사용. 〔이명〕 물황철, 백양, 황털나무. 〔유래〕 평북 방언. 황철목(黃鐵木). → 물황철.

황철쭉(尹, 1989) (철쭉과 *Rhododendron japonicum* f. *flavum*) 〔이명〕 황색철쭉. 〔유래〕 연한 황색의 꽃이 피는 철쭉이라는 뜻의 학명.

황촉규(鄭, 1937) (아욱과 *Hibiscus manihot*) 〔이명〕 닥풀, 당촉규화, 촉귀. 〔유래〕 황촉규(黃蜀葵), 황촉규화(黃蜀葵花).

황칠나무(鄭, 1937) (두릅나무과 *Dendropanax morbiferum*) 〔이명〕 노란옻나무. 〔유래〕 제주 방언. 황칠목(黃漆木), 풍하이(楓荷梨).

황털나무(朴, 1949) (버드나무과) 황철나무의 이명. → 황철나무.

황통화(安, 1982) (열당과) 가지더부살이의 이명. → 가지더부살이.

황해속소리나무(朴, 1949) (참나무과) 졸참나무의 이명. → 졸참나무.

황해쑥(鄭, 1949) (국화과 *Artemisia argyi*) 〔이명〕 모기쑥, 흰황새쑥. 〔유래〕 중부의 황해 쪽에 나는 쑥. 애엽(艾葉).

홰화등(朴, 1949) (협죽도과) 백화등의 이명. → 백화등.

회나무(鄭, 1942) (노박덩굴과 *Euonymus planipes*) 좁은잎참빗살나무(1937)와 나래

회나무(1942), 참회나무(1942, 평북 방언), 회화나무(콩과, 朴, 1949)의 이명으로도 사용. 〔이명〕 좀나래회나무, 지이회나무, 나래회나무, 자주나래회나무. 〔유래〕 북한 방언. 〔어원〕 회(?)+나모〔木〕. 회나모→회나무로 변화(어원사전). → 좁은잎참빗살나무, 나래회나무, 참회나무, 회화나무.

회둑나무(永, 1996) (노박덩굴과) 참회나무의 이명. → 참회나무.

회똥나무(安, 1982) (노박덩굴과) 참회나무의 이명. → 참회나무.

회뚝이나무(鄭, 1942) (노박덩굴과) 참회나무(전북 어청도 방언)와 나래회나무(朴, 1949)의 이명. → 참회나무, 나래회나무.

회령바늘꽃(李, 1980) (바늘꽃과 *Epilobium fastigiato-ramosum*) 〔이명〕 가지바늘꽃, 버들잎바늘꽃. 〔유래〕 함북 회령에 나는 바늘꽃.

회령백살구나무(永, 1996) (장미과) 살구나무의 이명. → 살구나무.

회령사초(朴, 1949) (사초과 *Carex gotoi*) 〔유래〕 함북 회령에 나는 사초.

회리바람꽃(鄭, 1937) (미나리아재비과 *Anemone reflexa*) 〔유래〕 회리 바람꽃이라는 뜻의 일명. 반악은련화근(反萼銀蓮花根).

회목나무(鄭, 1942) (노박덩굴과 *Euonymus pauciflorus*) 〔이명〕 개회나무, 개개회나무, 실회나무. 〔유래〕 함북 방언.

회색사초(朴, 1949) (사초과 *Carex cinerascens*) 산사초의 이명(1949)으로도 사용. 〔이명〕 좁쌀사초. 〔유래〕 다소 잿빛(회색)이 도는 사초라는 뜻의 학명. → 산사초.

회색솔(李, 1966) (소나무과 *Pinus densiflora* f. *glauca*) 〔유래〕 회색송(灰色松).

회솔나무(李, 1966) (주목과) 주목의 이명. → 주목, 화솔나무.

회양나무(朴, 1949) (회양목과) 회양목의 이명. → 회양목.

회양목(鄭, 1937) (회양목과 *Buxus microphylla* v. *insularis*) 〔이명〕 섬회양목, 회양나무, 섬회양나무, 도장나무, 섬회양, 고양나무. 〔유래〕 미상. 황양목(黃楊木).

회잎나무(鄭, 1949) (노박덩굴과) 횟잎나무의 이명. → 횟잎나무.

회채화(鄭, 1937) (꿀풀과) 방아풀의 이명. 〔유래〕 회채화(回菜花). → 방아풀.

회초리잔디(永, 2002) (벼과) 뿔이삭풀의 이명. → 뿔이삭풀.

회초리풀(愚, 1996) (벼과) 쥐꼬리새풀의 북한 방언. → 쥐꼬리새풀.

회향(鄭, 1937) (산형과 *Foeniculum vulgare*) 〔유래〕 회향(茴香). 〔어원〕 회향자(蘹香子). 회향자〔蘹香子卽茴香/蘹香子朱書加音草〕→회향〔茴, 蘹〕→회향으로 변화(어원사전).

회화나무(鄭, 1937) (콩과 *Sophora japonica*) 〔이명〕 회나무, 괴나무. 〔유래〕 회화목(櫰花木), 괴화(槐花), 괴화수(槐花樹).

횟잎나무(鄭, 1937) (노박덩굴과 *Euonymus alatus* f. *striatus*) 〔이명〕 회잎나무. 〔유래〕 미상. 귀전우(鬼箭羽).

후구도쑥(鄭, 1949) (국화과) 큰비쑥의 이명. 〔유래〕 후쿠도(*Fukudo*)의 쑥이라는 뜻의 학명. → 큰비쑥.

후라벨라타사초(永, 1996) (사초과 *Carex flabellata*) 〔유래〕 플라벨라타 사초라는 뜻의 학명.

후랜치메리골드(尹, 1989) (국화과) 만수국의 이명. 〔유래〕 French marigold. → 만수국.

후루미향기풀(永, 1996) (벼과) 포태향기풀의 이명. 〔유래〕 후루미(Furumi)의 향기풀이라는 뜻의 학명. → 포태향기풀.

후린송(李, 1966) (소나무과 *Pinus densiflora* f. *gibba*) 〔유래〕 후린적송(厚鱗赤松).

후박나무(鄭, 1937) (녹나무과 *Machilus thunbergii*) 〔이명〕 왕후박나무. 〔유래〕 후박(厚朴), 토후박(土厚朴).

후추등(李, 1969) (후추과) 바람등칡의 이명. → 바람등칡.

후크샤(愚, 1996) (바늘꽃과) 후크시아의 중국 옌벤 방언. → 후크시아.

후크시아(李, 1969) (바늘꽃과 *Fuchsia hybrida*) 〔이명〕 초롱꽃, 초롱꽃나무, 후크샤. 〔유래〕 푸크시아(*Fuchsia*)라는 속명.

후피향나무(鄭, 1942) (차나무과 *Ternstroemia gymnanthera*) 〔유래〕 후피향(厚皮香), 백화과(白花果).

휘오리새(安, 1982) (벼과) 호오리새의 이명. → 호오리새.

흐리방동사니(安, 1982) (사초과) 물방동사니의 이명. → 물방동사니.

흑난초(永, 1996) (난초과 *Liparis nervosa*) 〔유래〕 흑란이라는 뜻의 일명.

흑맥풀(愚, 1996) (벼과) 가는보리풀의 이명. → 가는보리풀.

흑박주가리(鄭, 1949) (박주가리과 *Cynanchum nipponicum* v. *glabrum*) 〔이명〕 검정박주가리. 〔유래〕 흑(검은 잎) 박주가리라는 뜻의 일명.

흑반송(永, 1996) (소나무과 *Pinus thunbergii* f. *multicaulis*) 〔이명〕 곰반송. 〔유래〕 줄기가 많이 나오는(반송) 흑송(해송)이라는 뜻의 학명.

흑산가시(李, 1966) (장미과) 흑산가시나무의 이명. 〔유래〕 흑산가시나무의 축소형. → 흑산가시나무.

흑산가시나무(鄭, 1942) (장미과 *Rosa kokusanensis*) 〔이명〕 흑산가시, 흑산들장미. 〔유래〕 전남 흑산도에 나는 가시나무(찔레나무)라는 뜻의 학명 및 일명.

흑산들장미(安, 1982) (장미과) 흑산가시나무의 이명. 〔유래〕 흑산 들장미(찔레나무). → 흑산가시나무.

흑산억새(朴, 1949) (벼과) 참억새의 이명. 〔유래〕 전남 흑산도에 나는 억새라는 뜻의 학명 및 일명. → 참억새.

흑삼능(鄭, 1937) (흑삼능과 *Sparganium stoloniferum*) 〔이명〕 호흑삼능, 흑삼릉. 〔유래〕 흑삼릉(黑三稜), 삼릉(三稜).

흑삼릉(李, 1980) (흑삼능과) 흑삼능의 이명. → 흑삼능.

흑송(永, 1996) (소나무과) 해송의 이명. → 해송.

흑수마름(愚, 1996) (마름과 *Trapa amurensis*) 〔유래〕 중국 옌볜 방언.

흑십자란(愚, 1996) (난초과) 방울난초의 중국 옌볜 방언. → 방울난초.

흑싸리(永, 1996) (콩과) 검나무싸리의 이명. → 검나무싸리.

흑양(李, 1980) (버드나무과 *Populus nigra*) 〔유래〕 미상.

흑오미자(鄭, 1937) (목련과 *Schisandra repanda*) 〔이명〕 북오미자, 검오미자, 검은오미자. 〔유래〕 과실이 검게 익는 오미자라는 뜻의 학명. 흑오미자(黑五味子), 오미자(五味子).

흑죽(愚, 1996) (벼과) 오죽의 중국 옌볜 방언. 〔유래〕 흑죽(黑竹). → 오죽.

흔들고사리(朴, 1949) (면마과) 한들고사리의 이명. → 한들고사리.

희망봉괭이밥(安, 1982) (괭이밥과) 꽃괭이밥의 이명. → 꽃괭이밥.

희망새그령(李, 2003) (벼과) 능수참새그령의 이명. → 능수참새그령.

희첨(鄭, 1956) (국화과) 진득찰의 이명. 〔유래〕 희첨(豨薟). → 진득찰.

희초미(鄭, 1937) (면마과) 관중의 이명. 〔유래〕 관중(면마)의 방언. → 관중.

흰가는오이풀(愚, 1996) (장미과) 흰오이풀의 북한 방언. → 흰오이풀.

흰가는잎잔대(李, 1969) (초롱꽃과 *Adenophora liliifolia* f. *alba*) 〔유래〕 꽃이 백색인 가는잎잔대(나리잔대)라는 뜻의 학명.

흰가솔송(李, 1966) (철쭉과 *Phyllodoce caerulea* f. *albida*) 〔이명〕 힌가솔송. 〔유래〕 꽃이 백색인 가솔송이라는 뜻의 학명 및 일명.

흰가시엉겅퀴(李, 1969) (국화과 *Cirsium japonicum* v. *spinosissimum* f. *album*) 〔유래〕 흰 꽃이 피는 가시엉겅퀴라는 뜻의 학명.

흰가지나비나물(李, 1969) (콩과) 흰꽃나비나물의 이명. → 흰꽃나비나물.

흰각시붓꽃(李, 1976) (붓꽃과 *Iris rossii* f. *alba*) 〔이명〕 흰각씨붓꽃. 〔유래〕 꽃이 백색인 각시붓꽃이라는 뜻의 학명.

흰각시취(李, 1969) (국화과 *Saussurea pulchella* f. *albiflora*) 〔유래〕 꽃이 백색인 각시취라는 뜻의 학명 및 일명.

흰각씨붓꽃(李, 1974) (붓꽃과) 흰각시붓꽃의 이명. → 흰각시붓꽃.

흰갈쿠리(李, 1976) (콩과) 흰큰도둑놈의갈구리의 이명. → 흰큰도둑놈의갈구리.

흰갈퀴(李, 1969) (꼭두선이과 *Galium davuricum* v. *tokyoense*) 〔이명〕 꽃갈퀴, 왜참꽃갈퀴. 〔유래〕 미상.

흰갈퀴현호색(永, 2002) (양귀비과 *Corydalis gigantea* f. *albifloris*) 〔유래〕 백색 꽃이 피는 갈퀴현호색이라는 뜻의 학명.

흰갈풀(李, 1969) (벼과) 흰줄갈풀의 이명. → 흰줄갈풀.

흰감국(李, 1969) (국화과 *Chrysanthemum indicum* f. *albescens*) 신창구절초의 이명(愚, 1996, 중국 옌볜 방언)으로도 사용. 〔유래〕 꽃에 다소 흰빛이 도는 감국이라는 뜻의 학명. → 신창구절초.

흰갑산제비꽃(李, 1969) (제비꽃과 *Viola kapsanensis* f. *albiflora*) 〔이명〕 흰뫼제비꽃. 〔유래〕 갑산제비꽃의 백화품이라는 뜻의 학명 및 일명.

흰강남콩(李, 1980) (콩과 *Phaseolus multiflorus* f. *albus*) 〔유래〕 백색 꽃이 피는 붉은강남콩이라는 뜻의 학명.

흰개고위까람(愚, 1996) (곡정초과) 흰개수염의 중국 옌볜 방언. → 흰개수염.

흰개모시풀(朴, 1974) (쐐기풀과) 개모시풀의 이명. → 개모시풀.

흰개수염(鄭, 1949) (곡정초과 *Eriocaulon sikokianum*) 〔이명〕 힌개수염, 흰고위까람, 흰별수염풀, 흰개고위까람. 〔유래〕 흰 개수염이라는 뜻의 일명.

흰개쑥(愚, 1996) (국화과) 산흰쑥의 중국 옌볜 방언. → 산흰쑥.

흰개쑥부장이(永, 1996) (국화과 *Heteropappus hispidus* f. *albiflora*) 〔유래〕 백색 꽃이 피는 개쑥부장이(갯쑥부쟁이)라는 뜻의 학명.

흰개양귀비(朴, 1974) (양귀비과) 흰양귀비의 이명. 〔유래〕 흰 꽃이 피는 개양귀비라는 뜻의 일명. → 흰양귀비.

흰개장구채(愚, 1996) (석죽과) 흰갯장구채의 중국 옌볜 방언. → 흰갯장구채.

흰갯장구채(鄭, 1949) (석죽과 *Melandryum oldhamianum* f. *album*) 갯장구채의 이명(朴, 1974)으로도 사용. 〔이명〕 섬장구채, 흰개장구채. 〔유래〕 흰(꽃이) 갯장구채라는 뜻의 학명 및 일명. → 갯장구채.

흰겨이삭(鄭, 1949) (벼과 *Agrostis alba*) 〔이명〕 고려겨이삭, 외겨이삭, 애기겨이삭. 〔유래〕 백색의 겨이삭이라는 뜻의 학명.

흰겹도라지(李, 1969) (초롱꽃과 *Platycodon grandiflorum* v. *duplex* f. *leucanthum*) 〔유래〕 백색의 꽃이 피는 겹도라지라는 뜻의 학명 및 일명.

흰고려엉겅퀴(李, 1969) (국화과 *Cirsium setidens* f. *alba*) 〔유래〕 꽃이 백색인 고려엉겅퀴라는 뜻의 학명.

흰고양이수염(李, 1969) (사초과 *Rhynchospora alba*) 〔이명〕 힌고양이수염, 흰골풀아재비. 〔유래〕 백색의 고양이수염이라는 뜻의 학명.

흰고위까람(永, 1996) (벼과) 흰개수염의 북한 방언. 〔유래〕 흰 고위까람(곡정초). → 흰개수염

흰골무꽃(永, 1996) (꿀풀과 *Scutellaria indica* f. *albiflora*) 〔유래〕 꽃이 백색인 골무꽃이라는 뜻의 학명. 한신초(韓信草).

흰골병꽃(李, 1980) (인동과 *Weigela hortensis* f. *nivea*) 〔이명〕 흰골병꽃나무. 〔유래〕 눈같이 흰 꽃이 피는 골병꽃나무라는 뜻의 학명 및 일명.

흰골병꽃나무(永, 1996) (인동과) 흰골병꽃의 이명. → 흰골병꽃.

흰골풀아재비(愚, 1996) (사초과) 흰고양이수염의 중국 옌볜 방언. → 흰고양이수염.

흰곰딸기(李, 1966) (장미과 *Rubus phoenicolasius* f. *albiflorus*) 〔유래〕 백색의 꽃

이 피는 곰딸기(붉은가시딸기)라는 뜻의 학명 및 일명.

흰괭이눈(鄭, 1956) (범의귀과 *Chrysosplenium barbatum*) 〔이명〕 힌괭이눈, 흰털괭이눈. 〔유래〕 흰(털이) 괭이눈이라는 뜻의 일명.

흰괴불나무(鄭, 1942) (인동과 *Lonicera tatarinowii*) 〔이명〕 힌괴불나무, 왕괴불나무, 힌왕괴불나무, 은털괴불나무, 흰아귀꽃나무, 괴불나무. 〔유래〕 흰(잎 뒤) 괴불나무라는 뜻의 일명.

흰구슬봉이(朴, 1974) (용담과) 흰그늘용담의 이명. → 흰그늘용담.

흰귀롱목(安, 1982) (장미과) 흰귀룽나무의 이명. → 흰귀룽나무.

흰귀룽(李, 1966) (장미과) 흰귀룽나무의 이명. → 흰귀룽나무.

흰귀룽나무(鄭, 1942) (장미과 *Prunus padus* f. *glauca*) 〔이명〕 흰귀룽, 힌귀룽나무, 힌귀롱나무, 흰귀롱목. 〔유래〕 흰(잎 뒤) 귀룽나무라는 뜻의 일명.

흰그늘돌쩌귀(永, 1996) (미나리아재비과) 투구꽃의 이명. → 투구꽃.

흰그늘용담(鄭, 1949) (용담과 *Gentiana pseudo-aquatica*) 〔이명〕 힌구실봉이, 좀구실봉이, 흰구슬봉이, 산구슬봉이, 심산구슬봉이. 〔유래〕 유백색의 용담이라는 뜻의 학명.

흰금강초롱(李, 2003) (초롱꽃과) 흰금강초롱꽃의 이명. → 흰금강초롱꽃.

흰금강초롱꽃(李, 1980) (초롱꽃과 *Hanabusaya asiatica* f. *alba*) 〔이명〕 흰금강초롱. 〔유래〕 백색의 꽃이 피는 금강초롱꽃이라는 뜻의 학명.

흰까실쑥부장이(永, 1996) (국화과 *Aster ageratoides* ssp. *amplexifolius*) 〔유래〕 백색 꽃이 피는 까실쑥부장이(까실쑥부쟁이).

흰꼬리사초(李, 1969) (사초과 *Carex brownii*) 〔이명〕 힌꼬리사초. 〔유래〕 미상.

흰꼬리청사초(永, 1996) (사초과) 가지청사초의 이명. → 가지청사초.

흰꼬리풀(李, 1976) (현삼과 *Veronica linariifolia* f. *alba*) 〔유래〕 백색의 꽃이 피는 꼬리풀이라는 뜻의 학명 및 일명.

흰꽃고비(永, 2002) (꽃고비과 *Polenonium kiushianum* f. *albiflorum*) 〔유래〕 백색 꽃이 피는 꽃고비라는 뜻의 학명.

흰꽃광대나물(鄭, 1949) (꿀풀과 *Lagopsis supina*) 〔이명〕 힌꽃광대나물, 힌광대나물, 층꽃나물, 나도광대나물. 〔유래〕 흰 꽃이 피는 광대수염이라는 뜻의 일명.

흰꽃나도사프란(李, 1969) (수선화과 *Zephyranthes candida*) 〔이명〕 개상사화, 달래꽃무릇, 구슬수선, 구슬수선화, 산자고, 사프란아재비. 〔유래〕 백색의 꽃이 피는 나도사프란이라는 뜻이나 때로 연한 홍색을 띠기도 한다.

흰꽃나비나물(安, 1982) (콩과 *Vicia unijuga* f. *albiflora*) 〔이명〕 힌꽃나비나물, 흰나비나물, 흰가지나비나물. 〔유래〕 백색 꽃이 피는 나비나물이라는 뜻의 학명 및 일명.

흰꽃다닥냉이(愚, 1996) (십자화과) 도랭이냉이의 중국 옌볜 방언. → 도랭이냉이.

흰꽃독말풀(愚, 1996) (가지과) 흰독말풀의 중국 옌볜 방언. 〔유래〕 독말풀에 비해 꽃이 백색이다. → 흰독말풀.

흰꽃동의나물(愚, 1996) (미나리아재비과) 애기동의나물의 중국 옌볜 방언. → 애기동의나물.

흰꽃마주송이풀(安, 1982) (현삼과) 흰송이풀의 이명. → 흰송이풀.

흰꽃말굴레(愚, 1996) (콩과) 노루목등갈퀴의 중국 옌볜 방언. 〔유래〕 흰 꽃이 피는 등말굴레(등갈퀴나물)라는 뜻의 학명. → 노루목등갈퀴.

흰꽃며느리밥풀(李, 1969) (현삼과) 흰알며느리밥풀의 이명. → 흰알며느리밥풀.

흰꽃바디나물(李, 1980) (산형과 *Angelica decursiva* f. *albiflora*) 〔이명〕 힌사약채. 〔유래〕 백색 꽃이 피는 바디나물이라는 뜻의 학명 및 일명.

흰꽃바위취(鄭, 1956) (범의귀과) 흰바위취의 이명. → 흰바위취.

흰꽃방망이(鄭, 1956) (초롱꽃과) 흰자주꽃방망이의 이명. → 흰자주꽃방망이.

흰꽃여뀌(鄭, 1949) (여뀌과 *Persicaria japonica*) 〔이명〕 버들잎꽃역귀, 가는꽃여뀌. 〔유래〕 백색의 꽃이 피는 꽃여뀌라는 뜻의 일명.

흰꽃오리방풀(愚, 1996) (꿀풀과) 흰오리방풀의 중국 옌볜 방언. → 흰오리방풀.

흰꽃완두(安, 1982) (콩과) 완두의 이명. → 완두.

흰꽃이질풀(安, 1982) (쥐손이풀과) 흰이질풀의 이명. → 흰이질풀.

흰꽃잎엉겅퀴(李, 1969) (국화과 *Cirsium vlassovianum* f. *leucanthum*) 민흰잎엉겅퀴의 이명(愚, 1996, 북한 방언)으로도 사용. 〔유래〕 백색 꽃이 피는 흰잎엉겅퀴라는 뜻의 학명. → 민흰잎엉겅퀴.

흰꽃좀닭의장풀(李, 1969) (닭의장풀과 *Commelina communis* v. *angustifolia* f. *leucantha*) 〔이명〕 가는잎흰달개비. 〔유래〕 백색 꽃이 피는 좀닭의장풀이라는 뜻의 학명 및 일명.

흰꽃좀비비추(李, 1969) (백합과) 흰좀비비추의 이명. → 흰좀비비추.

흰꽃창포(永, 1996) (붓꽃과 *Iris ensata* v. *spontanea* f. *alba*) 〔유래〕 백색 꽃이 피는 꽃창포라는 뜻의 학명.

흰꽃큰등갈퀴(愚, 1996) (콩과) 흰큰등갈퀴의 중국 옌볜 방언. → 흰큰등갈퀴.

흰꽃하눌수박(安, 1982) (박과) 노랑하늘타리의 이명. 〔유래〕 흰 꽃 하늘수박(하늘타리). → 노랑하늘타리.

흰꽃향유(永, 1998) (꿀풀과 *Elsholtzia splendens* f. *albiflora*) 〔유래〕 백색 꽃이 피는 꽃향유라는 뜻의 학명.

흰꿀풀(李, 1969) (꿀풀과 *Prunella vulgaris* v. *lilacina* f. *albiflora*) 〔이명〕 힌꿀풀. 〔유래〕 백색 꽃이 피는 꿀풀이라는 뜻의 학명 및 일명. 하고초(夏枯草).

흰꿩의비름(安, 1982) (돌나물과) 키큰꿩의비름의 이명. 〔유래〕 꽃이 분백 또는 녹백색이다. → 키큰꿩의비름.

흰나도제비란(永, 1996) (난초과 *Orchis cyclochila* f. *leucantha*) 〔유래〕 백색 꽃이

피는 나도제비란(차일봉무엽란)이라는 뜻의 학명.

흰나비나물(李, 1969) (콩과) 흰꽃나비나물의 이명. → 흰꽃나비나물.

흰낚시제비꽃(李, 1969) (제비꽃과) 흰좀낚시제비꽃의 이명. → 흰좀낚시제비꽃.

흰넓은잎갈퀴(李, 2003) (콩과 *Vicia japonica* f. *alba*) 〔유래〕 백색 꽃이 피는 넓은잎갈퀴라는 뜻의 학명.

흰노랑무늬붓꽃(李, 2003) (붓꽃과 *Iris koreana* f. *albisepala*) 노랑무늬붓꽃의 이명(永, 1996)으로도 사용. 〔유래〕 꽃잎이 흰 노랑붓꽃이라는 뜻의 학명. → 노랑무늬붓꽃.

흰노랑민들레(永, 1996) (국화과 *Taraxacum coreanum* v. *flavescens*) 〔유래〕 노란빛을 띤 흰 꽃이 피는 흰민들레라는 뜻의 학명.

흰노랑붓꽃(이 · 이, 1964) (붓꽃과) 노랑무늬붓꽃의 이명. → 노랑무늬붓꽃.

흰노린재(李, 1966) (노린재나무과) 흰노린재나무의 이명. 〔유래〕 흰노린재나무의 축소형. → 흰노린재나무.

흰노린재나무(鄭, 1942) (노린재나무과 *Symplocos chinensis* v. *leucocarpa*) 〔이명〕 흰노린재, 백설노린재나무, 흰열매노린재나무. 〔유래〕 백색의 열매가 달리는 노린재나무라는 뜻의 학명 및 일명.

흰닭의난초(鄭, 1965) (난초과 *Epipactis albiflora*) 〔이명〕 흰닭의란초. 〔유래〕 흰 닭의난초라는 뜻의 학명.

흰닭의란초(鄭, 1956) (난초과) 흰닭의난초의 이명. → 흰닭의난초.

흰당개지치(이 · 심, 1991) (지치과 *Brachybotrys paridiformis* f. *albiflora*) 〔유래〕 백색 꽃이 피는 당개지치라는 뜻의 학명.

흰대극(鄭, 1937) (대극과 *Euphorbia esula*) 〔이명〕 힌대극, 흰버들옻. 〔유래〕 미상. 대극(大戟).

흰대나물(愚, 1996) (석죽과) 흰장구채의 북한 방언. → 흰장구채.

흰댓잎현호색(永, 1996) (양귀비과 *Corydalis turtschaninovii* f. *albifloris*) 〔유래〕 흰 꽃이 피는 댓잎현호색이라는 뜻이나 학명은 흰 꽃이 피는 현호색이라는 것을 의미한다.

흰더위지기(李, 1980) (국화과) 더위지기의 이명. 〔유래〕 잎 뒤에 백모가 밀생하는 더위지기. → 더위지기.

흰도깨비바늘(朴, 1974) (국화과 *Bidens pilosa* v. *minor*) 〔유래〕 모종에 비해 백색 설상화가 있다.

흰도깨비엉겅퀴(永, 1996) (국화과 *Cirsium schantarense* f. *albiflorum*) 〔유래〕 백색 꽃이 피는 도깨비엉겅퀴라는 뜻의 학명.

흰도라지모시대(李, 1986) (초롱꽃과 *Adenophora grandiflora* f. *alba*) 〔이명〕 흰도라지모싯대. 〔유래〕 백색 꽃이 피는 도라지모시대라는 뜻의 학명.

흰도라지모싯대(永, 1996) (초롱꽃과) 흰도라지모시대의 이명. → 흰도라지모시대.

흰독말풀(鄭, 1949) (가지과 *Datura metel*) 독말풀의 이명(朴, 1974)으로도 사용. 〔이명〕 힌독말풀, 가시독말풀, 흰꽃독말풀. 〔유래〕 독말풀에 비해 꽃이 백색이다. 양금화(洋金花). → 독말풀.

흰동백(張, 1938) (차나무과 *Camellia japonica* f. *albipetala*) 〔유래〕 백색 꽃이 피는 동백나무라는 뜻의 학명.

흰동백나무(愚, 1996) (녹나무과) 백동백나무의 북한 방언. → 백동백나무.

흰동의나물(朴, 1974) (미나리아재비과) 애기동의나물의 이명. 〔유래〕 꽃이 작고 백색이다. → 애기동의나물.

흰동자꽃(愚, 1996) (석죽과 *Lychins cognata* f. *albiflora*) 〔유래〕 백색 꽃이 피는 동자꽃이라는 뜻의 학명.

흰두메양귀비(永, 1996) (양귀비과 *Papaver radicatum* v. *pseudo-radicatum* f. *albiflorum*) 〔유래〕 백색 꽃이 피는 두메양귀비라는 뜻의 학명.

흰두메자운(永, 1996) (콩과 *Oxytropis arnertii* f. *alba*) 〔유래〕 흰 꽃이 피는 두메자운이라는 뜻의 학명.

흰둥근이질풀(永, 1996) (쥐손이풀과 *Geranium koreanum* f. *albidum*) 〔유래〕 백색 꽃이 피는 둥근이질풀이라는 뜻의 학명.

흰등(李, 1969) (콩과 *Wisteria floribunda* f. *alba*) 〔유래〕 백색 꽃이 피는 등나무라는 뜻의 학명 및 일명.

흰등괴불(李, 1980) (인동과) 흰등괴불나무의 이명. 〔유래〕 흰등괴불나무의 축소형. → 흰등괴불나무.

흰등괴불나무(李, 1966) (인동과 *Lonicera maximowiczii* v. *latifolia*) 〔이명〕 남선괴불, 큰남선괴불, 흰등괴불, 남선괴불나무, 넓적잎괴불나무, 남괴불나무. 〔유래〕 잎 뒷면이 백색이고 중륵 양쪽에만 백색 털이 밀생한다.

흰등심붓꽃(심정기, 1988) (붓꽃과 *Sisyrinchium angustifolium* f. *album*) 〔유래〕 백색 꽃이 피는 등심붓꽃이라는 뜻의 학명.

흰따딸기(愚, 1996) (장미과) 흰땃딸기의 북한 방언. → 흰땃딸기.

흰딸(鄭, 1942) (장미과) 산딸기나무의 이명. 〔유래〕 산딸기나무의 제주 방언. → 산딸기나무.

흰땃딸기(鄭, 1956) (장미과 *Fragaria nipponica*) 〔이명〕 딸기, 힌땃딸기, 산땃딸기, 흰뱀딸기, 흰땅딸기, 흰따딸기. 〔유래〕 땃딸기에 비해 꽃이 백색이라는 뜻이나 양 종이 모두 백색이다.

흰땅딸기(安, 1982) (장미과) 흰땃딸기의 이명. → 흰땃딸기.

흰땅비싸리(李, 1966) (콩과 *Indigofera kirilowii* f. *albiflora*) 〔유래〕 백색 꽃이 피는 땅비싸리라는 뜻의 학명.

흰떡쑥(愚, 1996) (국화과) 떡쑥의 북한 방언. 〔유래〕 잎 양면에 백색 솜털이 밀생한다. → 떡쑥.

흰마주송이풀(李, 1969) (현삼과) 흰송이풀의 이명. → 흰송이풀.

흰만병초(安, 1982) (철쭉과) 만병초의 이명. 〔유래〕 꽃이 백색 또는 연한 홍색이다. → 만병초.

흰말채나무(鄭, 1937) (층층나무과 *Cornus alba*) 〔이명〕 붉은말채, 아라사말채나무. 〔유래〕 곰의말채나무에 비해 과실이 백색 또는 벽백색이다. 홍서목(紅瑞木).

흰매실(李, 1966) (장미과 *Prunus mume* f. *alba*) 〔유래〕 백색 꽃이 피는 매실나무라는 뜻의 학명 및 일명.

흰메꽃(愚, 1996) (메꽃과 *Calystegia sepium* f. *albiflora*) 〔유래〕 꽃이 백색인 메꽃이라는 뜻의 학명.

흰메제비꽃(安, 1982) (제비꽃과) 흰뫼제비꽃의 이명. 〔유래〕 흰 메제비꽃(뫼제비꽃). → 흰뫼제비꽃.

흰명아주(鄭, 1949) (명아주과 *Chenopodium album*) 〔이명〕 힌능쟁이. 〔유래〕 흰 명아주라는 뜻의 학명.

흰모시대(李, 1969) (초롱꽃과 *Adenophora remotiflora* f. *leucantha*) 〔이명〕 흰모싯대. 〔유래〕 백색 꽃이 피는 모시대라는 뜻의 학명 및 일명.

흰모싯대(永, 1996) (초롱꽃과) 흰모시대의 이명. → 흰모시대.

흰뫼제비꽃(李, 1969) (제비꽃과 *Viola selkirkii* f. *albiflora*) 흰갑산제비꽃의 이명(愚, 1996, 중국 옌볜 방언)으로도 사용. 〔이명〕 흰메제비꽃. 〔유래〕 백색 꽃이 피는 뫼제비꽃이라는 뜻의 학명. → 흰갑산제비꽃.

흰무궁화(李, 1980) (아욱과) 무궁화의 이명. 〔유래〕 무궁화 중 흰 꽃이 피는 품종. → 무궁화.

흰무릇(李, 1969) (백합과 *Scilla sinensis* f. *albiflora*) 〔유래〕 백색 꽃이 피는 무릇이라는 뜻의 학명 및 일명.

ㅎ

흰물봉선(鄭, 1949) (봉선화과 *Impatiens textori* f. *pallescens*) 〔이명〕 힌물봉선, 흰물봉숭. 〔유래〕 연한 백색 꽃이 피는 물봉선이라는 뜻의 학명. 야봉선화(野鳳仙花).

흰물봉숭(安, 1982) (봉선화과) 흰물봉선의 이명. → 흰물봉선.

흰물싸리(鄭, 1942) (장미과 *Potentilla fruticosa* v. *rigida* f. *mansdhurica*) 〔이명〕 은물싸리. 〔유래〕 물싸리에 비해 꽃이 백색이라는 뜻의 일명.

흰미나리아재비(永, 1996) (미나리아재비과 *Ranunculus japonicus* f. *albiflorus*) 〔유래〕 백색 꽃이 피는 미나리아재비라는 뜻의 학명.

흰미역취(安, 1982) (마타리과) 뚝갈의 이명. → 뚝갈.

흰민둥인가목(李, 1966) (장미과) 인가목의 이명. 〔유래〕 백색 꽃이 피는 인가목이라는 뜻의 학명. → 인가목.

흰민들레(鄭, 1949) (국화과 *Taraxacum coreanum*) 〔이명〕 힌민들레. 〔유래〕 화관이 백색인 민들레. 포공영(蒲公英).

흰민종가시(李, 1980) (참나무과) 민종가시나무의 이명. 〔유래〕 잎 뒷면이 청백색이다. → 민종가시나무.

흰바꽃(李, 1969) (미나리아재비과) 키다리바꽃의 이명. 〔유래〕 백색 꽃이 피는 바꽃. → 키다리바꽃.

흰바늘골(永, 1996) (사초과 *Eleocharis margaritacea*) 〔유래〕 과실이 흰 바늘골이라는 뜻의 일명.

흰바늘엉겅퀴(李, 1969) (국화과 *Cirsium rhinoceros* f. *albiflorum*) 〔유래〕 백색 꽃이 피는 바늘엉겅퀴라는 뜻의 학명 및 일명.

흰바디(朴, 1974) (산형과) 삼수구릿대의 이명. → 삼수구릿대.

흰바디나물(鄭, 1937) (산형과 *Angelica cartilagino-marginata* v. *distans*) 〔이명〕 힌바디나물, 힌바디, 흰사약채. 〔유래〕 미상.

흰바위취(鄭, 1949) (범의귀과 *Saxifraga manchuriensis*) 〔이명〕 힌바위취, 힌범의귀, 흰꽃바위취. 〔유래〕 꽃이 백색이다.

흰방동사니(愚, 1996) (사초과) 서울방동사니의 중국 옌볜 방언. → 서울방동사니.

흰배롱나무(李, 1966) (부처꽃과 *Lagerstroemia indica* f. *alba*) 〔이명〕 힌배롱나무. 〔유래〕 백색 꽃이 피는 배롱나무라는 뜻의 학명 및 일명.

흰백리향(永, 1996) (꿀풀과 *Thymus quinquecostatus* f. *albus*) 〔유래〕 백색 꽃이 피는 백리향이라는 뜻의 학명.

흰백미꽃(永, 1996) (박주가리과) 민백미꽃의 북한 방언. 〔유래〕 꽃이 백색인 백미꽃. → 민백미꽃.

흰뱀딸기(朴, 1974) (장미과) 흰땃딸기의 이명. 〔유래〕 흰 뱀딸기라는 뜻의 일명. → 흰땃딸기.

흰버들옻(愚, 1996) (대극과) 흰대극의 북한 방언. 〔유래〕 흰 버들옻(대극). → 흰대극.

흰벌깨덩굴(李, 1969) (꿀풀과 *Meehania urticifolia* f. *leucantha*) 〔유래〕 백색 꽃이 피는 벌깨덩굴이라는 뜻의 학명 및 일명.

흰범꼬리(鄭, 1949) (여뀌과 *Bistorta incana*) 〔이명〕 흰범의꼬리, 힌범의꼬리, 범꼬리. 〔유래〕 흰(잎 뒷면에 백색 털이 밀생) 범꼬리라는 뜻의 일명.

흰범의꼬리(朴, 1974) (여뀌과) 흰범꼬리의 이명. → 흰범꼬리.

흰별수염풀(愚, 1996) (곡정초과) 흰개수염의 북한 방언. → 흰개수염.

흰병꽃(李, 1980) (인동과) 흰병꽃나무의 이명. 〔유래〕 흰병꽃나무의 축소형. → 흰병꽃나무.

흰병꽃나무(李, 1966) (인동과 *Weigela florida* f. *candida*) 〔이명〕 흰병꽃. 〔유래〕 흰 꽃이 피는 붉은병꽃나무라는 뜻의 학명.

흰보리수(愚, 1996) (피나무과) 보리자나무의 중국 옌볜 방언. → 보리자나무.

흰복숭아나무(永, 1996) (장미과) 백도의 이명. → 백도.

흰분홍두메투구꽃(永, 1996) (현삼과 *Veronica stelleri* v. *longistyla* f. *rufescens*) 〔이명〕 흰분홍투구꽃. 〔유래〕 분홍빛이 도는 흰색 꽃이 피는 두메투구꽃이라는 뜻의 학명.

흰분홍투구꽃(李, 2003) (현삼과) 흰분홍두메투구꽃의 이명. → 흰분홍두메투구꽃.

흰붓꽃(永, 1996) (붓꽃과 *Iris sanguinea* f. *albiflora*) 〔유래〕 백색 꽃이 피는 붓꽃이라는 뜻의 학명.

흰비늘고사리(김철환 등, 2004) (면마과 *Ctenitis maximowicziana*) 〔유래〕 백색의 인편이 엽병과 엽축에 밀생한다.

흰비로과남풀(愚, 1996) (용담과) 흰비로용담의 중국 옌볜 방언. → 흰비로용담.

흰비로용담(鄭, 1957) (용담과 *Gentiana jamesii* f. *albiflora*) 〔이명〕 흰비로과남풀. 〔유래〕 백색 꽃이 피는 비로용담이라는 뜻의 학명 및 일명.

흰비비추(鄭, 1949) (백합과 *Hosta longipes* f. *alba*) 〔이명〕 힌비비추. 〔유래〕 백색 꽃이 피는 비비추라는 뜻의 학명 및 일명.

흰사약채(安, 1982) (산형과) 흰바디나물의 이명. → 흰바디나물.

흰사초(鄭, 1949) (사초과) 애기사초의 이명. → 애기사초.

흰산쑥(李, 1969) (국화과) 흰털산쑥의 이명. → 흰털산쑥.

흰산철쭉(李, 1966) (철쭉과 *Rhododendron yedoense* v. *poukhanense* f. *albiflora*) 〔유래〕 백색 꽃이 피는 산철쭉이라는 뜻의 학명 및 일명.

흰삿갓풀(安, 1982) (백합과) 큰연영초의 이명. → 큰연영초.

흰상사화(李, 1969) (수선화과 *Lycoris albiflora*) 〔이명〕 힌가재무릇. 〔유래〕 흰 꽃이 피는 상사화라는 뜻의 학명 및 일명.

흰새덕이(鄭, 1942) (녹나무과 *Neolitsea aciculata*) 〔이명〕 힌새덕이, 힌생덕이, 새덕이, 흰새덕이나무. 〔유래〕 제주 방언. 화육계(花肉桂).

흰새덕이나무(永, 1996) (녹나무과) 흰새덕이의 이명. → 흰새덕이.

흰생열귀(李, 1966) (장미과) 흰생열귀나무의 이명. 〔유래〕 흰생열귀나무의 축소형. → 흰생열귀나무.

흰생열귀나무(鄭, 1942) (장미과 *Rosa davurica* f. *alba*) 〔이명〕 힌해당화, 흰생열귀, 흰생열귀장미. 〔유래〕 백색 꽃이 피는 생열귀나무라는 뜻의 학명 및 일명.

흰생열귀장미(安, 1982) (장미과) 흰생열귀나무의 이명. 〔유래〕 흰 생열귀장미(생열귀나무). → 흰생열귀나무.

흰서향나무(愚, 1996) (팥꽃나무과) 백서향나무의 북한 방언. → 백서향나무.

흰선모시나물(安, 1982) (초롱꽃과) 흰진퍼리잔대의 이명. → 흰진퍼리잔대.

흰선잔대(愚, 1996) (초롱꽃과) 흰진퍼리잔대의 중국 옌볜 방언. → 흰진퍼리잔대.

흰섬개회나무(李, 1966) (물푸레나무과 *Syringa velutina* v. *venosa* f. *lactea*) 〔유래〕 유백색의 꽃이 피는 섬개회나무라는 뜻의 학명.

흰섬잔대(安, 1982) (초롱꽃과) 흰진퍼리잔대의 이명. → 흰진퍼리잔대.

흰섬쥐손이(永, 1996) (쥐손이풀과 *Geranium shikokianum* v. *quelpaertense* f. *albiflorum*) 〔유래〕 백색 꽃이 피는 섬쥐손이라는 뜻의 학명.

흰섬초롱꽃(李, 1969) (초롱꽃과) 섬초롱꽃의 이명. → 섬초롱꽃.

흰소나무(愚, 1996) (소나무과) 백송의 북한 방언. → 백송.

흰소영도리나무(李, 2003) (인동과 *Weigela praecox* v. *pilosa* f. *alba*) 〔유래〕 백색 꽃이 피는 소영도리나무라는 뜻의 학명.

흰속단(永, 2002) (꿀풀과 *Phlomis umbrosa* f. *albiflora*) 〔유래〕 백색 꽃이 피는 속단이라는 뜻의 학명.

흰손바닥난초(永, 2002) (난초과 *Gymnadenia conopsea* f. *albiflora*) 〔유래〕 백색 꽃이 피는 손바닥난초라는 뜻의 학명.

흰솔나리(李, 1969) (백합과) 솔나리의 이명. → 솔나리.

흰솔나물(李, 1980) (꼭두선이과 *Galium verum* v. *asiaticum* f. *nikkoense*) 〔이명〕 민솔나물, 꼬리솔나물. 〔유래〕 솔나물에 비해 꽃이 백색이다.

흰솜여뀌(李, 1969) (여뀌과 *Persicaria lapathifolia* v. *incana*) 〔유래〕 미상.

흰송이풀(愚, 1996) (현삼과 *Pedicularis resupinata* f. *albiflora*) 〔이명〕 흰마주송이풀, 흰수송이풀, 흰꽃마주송이풀. 〔유래〕 백색 꽃이 피는 송이풀이라는 뜻의 학명. 마선호(馬先蒿).

흰수송이풀(李, 1969) (현삼과) 흰송이풀의 이명. → 흰송이풀.

흰수염며느리밥풀(李, 1969) (현삼과 *Melampyrum roseum* v. *japonicum leucanthum*) 〔유래〕 백색 꽃이 피는 수염며느리밥풀이라는 뜻의 학명 및 일명.

흰수크령(永, 2002) (벼과 *Pennisetum alopecuroides* f. *albiflorum*) 〔유래〕 화수가 흰 수크령이라는 뜻의 학명.

흰숙은노루오줌(永, 1996) (범의귀과 *Astilbe koreana* f. *albiflora*) 〔유래〕 백색 꽃이 피는 숙은노루오줌이라는 뜻의 학명.

흰술패랭이꽃(永, 1996) (석죽과 *Dianthus superbus* v. *longicalycinus* f. *albiflorus*) 〔유래〕 백색 꽃이 피는 술패랭이꽃이라는 뜻의 학명.

흰싸리(李, 1966) (콩과 *Lespedeza bicolor* f. *alba*) 〔유래〕 백색 꽃이 피는 싸리나무라는 뜻의 학명 및 일명.

흰쑥(李, 1976) (국화과 *Artemisia stelleriana*) 산흰쑥(鄭, 1949)과 금쑥(安, 1982)의 이명으로도 사용. 〔이명〕 산흰쑥, 눈빛쑥. 〔유래〕 백모가 밀생한다. → 산흰쑥, 금쑥.

흰씀바귀(李, 1969) (국화과 *Ixeris dentata* f. *albiflora*) 〔유래〕 소화(小花)가 백색인 씀바귀라는 뜻의 학명 및 일명.

흰아귀꽃나무(愚, 1996) (인동과) 흰괴불나무의 북한 방언. 〔유래〕 흰 아귀꽃나무(괴불나무). → 흰괴불나무.

흰아편꽃(愚, 1996) (양귀비과) 흰양귀비의 이명. 〔유래〕 흰 아편꽃(양귀비). → 흰양귀비.

흰알며느리밥풀(李, 1976) (현삼과 *Melampyrum roseum* v. *ovalifolium* f. *albiflorum*) 〔이명〕 힌바꽃, 흰꽃며느리밥풀. 〔유래〕 백색 꽃이 피는 알며느리밥풀이라는 뜻의 학명.

흰애기낚시제비꽃(李, 1980) (제비꽃과) 흰좀낚시제비꽃의 이명. → 흰좀낚시제비꽃.

흰애기제비꽃(安, 1982) (제비꽃과) 흰젖제비꽃의 이명. → 흰젖제비꽃.

흰애기풀(安, 1982) (원지과 *Polygala japonica* f. *leucantha*) 〔이명〕 힌애기풀, 흰영신초. 〔유래〕 백색 꽃이 피는 애기풀이라는 뜻의 학명 및 일명.

흰앵초(永, 1996) (앵초과 *Primula sieboldii* f. *albiflora*) 〔유래〕 백색 꽃이 피는 앵초라는 뜻의 학명.

흰양귀비(鄭, 1949) (양귀비과 *Papaver amurense*) 〔이명〕 힌개양귀비, 흰개양귀비, 흰아편꽃. 〔유래〕 꽃이 백색인 양귀비.

흰어리연꽃(安, 1982) (조름나물과) 좀어리연꽃의 이명. → 좀어리연꽃.

흰억새(永, 2002) (벼과 *Miscanthus sinensis* v. *albiflorus*) 〔유래〕 억새에 비해 화수가 희고 처진다.

흰얼레지(류시철, 1990) (백합과 *Erythronium japonicum* f. *albiflorum*) 〔유래〕 백색 꽃이 피는 얼레지라는 뜻의 학명.

흰여뀌(鄭, 1949) (여뀌과 *Persicaria lapathifolia*) 〔이명〕 명아주여뀌, 큰개여뀌, 보태기. 〔유래〕 꽃이 백색 또는 연한 홍색이다.

흰여로(李, 1976) (백합과 *Veratrum versicolor* f. *albidum*) 〔이명〕 백여로, 파란여로. 〔유래〕 꽃이 백색인 여로라는 뜻의 학명. 여로(藜蘆).

흰열매노린재나무(愚, 1996) (노린재나무과) 흰노린재나무의 중국 옌볜 방언. → 흰노린재나무.

ㅎ

흰영신초(安, 1982) (원지과) 흰애기풀의 이명. → 흰애기풀.

흰오독도기(安, 1982) (미나리아재비과) 흰줄바꽃의 이명. → 흰줄바꽃.

흰오리방풀(李, 1969) (꿀풀과 *Plectranthus excisus* f. *albiflorus*) 〔이명〕 힌오리방풀, 흰꽃오리방풀. 〔유래〕 백색 꽃이 피는 오리방풀이라는 뜻의 학명 및 일명.

흰오이풀(朴, 1974) (장미과 *Sanguisorba tenuifolia* v. *parviflora* f. *alba*) 〔이명〕 힌오이풀, 가는오이풀, 흰가는오이풀. 〔유래〕 백색 꽃이 피는 가는오이풀이라는 뜻의 학명.

흰왕갯쑥부장이(永, 1998) (국화과 *Aster magnus* f. *albiflorus*) 〔유래〕 흰 꽃이 피는 왕갯쑥부장이라는 뜻의 학명.

흰왕바꽃(鄭, 1949) (미나리아재비과) 키다리바꽃의 이명. → 키다리바꽃.

흰왜젓가락나물(永, 1996) (미나리아재비과 *Ranunculus quelpaertensis* v. *albiflorus*) 〔유래〕 백색 꽃이 피는 왜젓가락나물(왜젓가락풀)이라는 뜻의 학명.

흰왜현호색(永, 1996) (양귀비과 *Corydalis ambigua* f. *lacticolora*) 〔유래〕 백색 꽃이 피는 왜현호색이라는 뜻의 학명.

흰용머리(李, 1969) (꿀풀과 *Dracocephalum argunense* f. *alba*) 〔유래〕 백색 꽃이 피는 용머리라는 뜻의 학명 및 일명.

흰이삭사초(李, 1969) (사초과 *Carex metallica*) 〔이명〕 힌이삭사초. 〔유래〕 흰 이삭 사초라는 뜻의 일명.

흰이질풀(李, 1969) (쥐손이풀과 *Geranium thunbergii* f. *pallidum*) 〔이명〕 쥐손이풀, 흰꽃이질풀. 〔유래〕 연한 백색의 꽃이 피는 이질풀이라는 뜻의 학명.

흰인가목(鄭, 1942) (장미과 *Rosa koreana*) 인가목의 이명(1942)으로도 사용. 〔이명〕 힌인가목. 〔유래〕 꽃이 백색이다. → 인가목.

흰일월비비추(永, 1996) (백합과 *Hosta capitata* f. *albiflora*) 〔유래〕 백색 꽃이 피는 일월비비추라는 뜻의 학명.

흰잎고려엉겅퀴(李, 1969) (국화과 *Cirsium setidens* v. *niveo-araneum*) 〔유래〕 잎 뒤가 모시풀같이 희다.

흰잎엉겅퀴(鄭, 1949) (국화과 *Cirsium vlassovianum*) 〔이명〕 힌잎엉겅퀴, 깃잎엉겅퀴. 〔유래〕 잎 뒤에 백색 면모가 밀생하여 희다는 뜻의 일명.

흰자귀나무(愚, 1996) (콩과) 왕자귀나무의 중국 옌볜 방언. → 왕자귀나무.

흰자주괴불주머니(永, 1996) (양귀비과 *Corydalis incisa* f. *albiflora*) 〔유래〕 백색 꽃이 피는 자주괴불주머니라는 뜻의 학명.

흰자주꽃방망이(李, 1969) (초롱꽃과 *Campanula glomerata* v. *dahurica* f. *alba*) 〔이명〕 힌꽃방맹이, 흰꽃방망이. 〔유래〕 백색 꽃이 피는 자주꽃방망이라는 뜻의 학명 및 일명.

흰자주쓴풀(永, 1996) (용담과 *Swertia pseudo-chinensis* f. *alba*) 〔유래〕 백색 꽃이 피는 자주쓴풀이라는 뜻의 학명.

흰작살(李, 1966) (마편초과 *Callicarpa japonica* v. *leucocarpa*) 〔유래〕 과실이 백색이라는 뜻의 학명 및 일명. 착엽자주(窄葉紫珠).

흰장구채(鄭, 1949) (석죽과 *Silene oliganthella*) 〔이명〕 힌장구채, 애기구슬꽃, 흰대나물. 〔유래〕 미상.

흰장대(安, 1982) (십자화과) 흰장대나물의 이명. → 흰장대나물.

흰장대나물(鄭, 1949) (십자화과 *Arabis coronata* f. *leucantha*) 〔이명〕 흰장대. 〔유래〕 백색 꽃이 피는 자주장대나물이라는 뜻의 학명 및 일명.

흰전동싸리(李, 1969) (콩과 *Melilotus alba*) 〔이명〕 꿀풀싸리. 〔유래〕 백색 꽃이 피는

전동싸리라는 뜻의 학명 및 일명.

흰점사철(李, 1966) (노박덩굴과) 흰점사철나무의 이명. → 흰점사철나무.

흰점사철나무(李, 1969) (노박덩굴과 *Euonymus japonicus* f. *argenteo-variegatus*) 〔이명〕 흰점사철. 〔유래〕 잎에 은백색 반점이 있다는 뜻의 학명.

흰젓제비꽃(鄭, 1949) (제비꽃과) 흰젖제비꽃의 이명. → 흰젖제비꽃.

흰정향나무(鄭, 1942) (물푸레나무과 *Syringa velutina* v. *kamibayashii* f. *lactea*) 〔이명〕 힌정향나무. 〔유래〕 백색 꽃이 피는 정향나무라는 뜻의 학명 및 일명.

흰젖제비꽃(李, 1969) (제비꽃과 *Viola lactiflora*) 〔이명〕 흰젓제비꽃, 힌젓오랑캐, 힌꽃오랑캐, 흰애기제비꽃. 〔유래〕 유백색의 꽃이 피는 제비꽃이라는 뜻의 학명. 자화지정(紫花地丁).

흰제비고깔(愚, 1996) (미나리아재비과 *Delphinium maackianum* f. *album*) 〔이명〕 힌제비고깔, 산제비고깔. 〔유래〕 백색 꽃이 피는 큰제비고깔이라는 뜻의 학명.

흰제비꽃(鄭, 1949) (제비꽃과 *Viola patrinii*) 〔이명〕 힌오랑캐, 털힌씨름꽃, 힌씨름꽃, 민흰제비꽃, 털대흰제비꽃, 털흰제비꽃. 〔유래〕 흰 제비꽃이라는 뜻의 일명. 화두초(鏵頭草).

흰제비난(李, 1969) (난초과) 흰제비란의 이명. → 흰제비란.

흰제비란(鄭, 1949) (난초과 *Platanthera hologlottis*) 〔이명〕 힌난초, 흰제비난. 〔유래〕 꽃이 백색이다.

흰조개나물(鄭, 1949) (꿀풀과 *Ajuga multiflora* f. *leucantha*) 〔유래〕 백색 꽃이 피는 조개나물이라는 뜻의 학명 및 일명.

흰조록싸리(李, 1966) (콩과 *Lespedeza maximowiczii* f. *albiflora*) 〔유래〕 백색 꽃이 피는 조록싸리라는 뜻의 학명 및 일명.

흰조뱅이(李, 1969) (국화과 *Breea segeta* f. *lactiflora*) 〔이명〕 젖빛꽃조뱅이. 〔유래〕 유백색의 꽃이 피는 조뱅이라는 뜻의 학명 및 일명.

흰조희풀(永, 1996) (미나리아재비과 *Clematis heracleifolia* f. *albiflora*) 〔유래〕 백색 꽃이 피는 조희풀이라는 뜻의 학명.

ㅎ

흰좀꿩의다리(安, 1982) (미나리아재비과) 좀꿩의다리의 이명. 〔유래〕 백색 꽃이 피는 좀꿩의다리라는 뜻의 학명. → 좀꿩의다리.

흰좀낚시제비꽃(愚, 1996) (제비꽃과 *Viola grypoceras* v. *exilis* f. *chionantha*) 〔이명〕 흰낚시제비꽃, 애기낚시제비꽃, 흰애기낚시제비꽃. 〔유래〕 백색 꽃이 피는 좀낚시제비꽃.

흰좀바위솔(永, 1996) (돌나물과 *Orostachys minutus* f. *albus*) 〔유래〕 백색 꽃이 피는 좀바위솔이라는 뜻의 학명.

흰좀비비추(李, 1980) (백합과 *Hosta minor* f. *alba*) 〔이명〕 힌진보, 흰꽃좀비비추. 〔유래〕 백색 꽃이 피는 좀비비추라는 뜻의 학명 및 일명.

흰좀설앵초(永, 1996) (앵초과 *Primula sachalinensis* f. *albida*) 〔유래〕 백색 꽃이 피는 좀설앵초라는 뜻의 학명.

흰좀양지꽃(永, 1996) (장미과 *Potentilla matsumurae* f. *alba*) 〔유래〕 백색 꽃이 피는 좀양지꽃이라는 뜻의 학명.

흰좀작살(李, 2003) (마편초과 *Callicarpa dichotoma* f. *leucocarpa*) 〔유래〕 열매가 백색인 좀작살나무라는 뜻의 학명.

흰좀쪽동백(鄭, 1942) (때죽나무과) 좀쪽동백의 이명. 〔유래〕 잎 뒤가 백색인 좀쪽동백이라는 뜻의 일명. → 좀쪽동백.

흰좀쪽동백나무(李, 1966) (대죽나무과) 좀쪽동백의 이명. → 좀쪽동백, 흰좀쪽동백.

흰좀현호색(永, 1996) (양귀비과 *Corydalis decumbens* f. *albiflorus*) 〔유래〕 백색 꽃이 피는 좀현호색이라는 뜻의 학명.

흰종덩굴(鄭, 1942) (미나리아재비과) 검은종덩굴의 이명. 〔유래〕 흰(악편 표면에 백모 밀생) 종덩굴이라는 뜻의 일명. → 검은종덩굴.

흰줄갈풀(鄭, 1949) (벼과 *Phalaris arundinacea* v. *picta*) 〔이명〕 흰갈풀, 뱀풀. 〔유래〕 잎에 흰 줄이 있는 갈풀.

흰줄바꽃(鄭, 1949) (미나리아재비과 *Aconitum albo-violaceum*) 〔이명〕 줄바꽃, 오독도기, 줄진범, 흰오독도기. 〔유래〕 흰빛이 도는 홍자색 꽃이 피는 투구꽃이라는 뜻의 학명.

흰줄사철란(태경환 등, 1997) (난초과) 자주사철란의 이명. 〔유래〕 잎의 중륵에 일직선의 흰 무늬가 있다. → 자주사철란.

흰지느러미엉겅퀴(李, 1969) (국화과 *Carduus crispus* f. *albus*) 〔유래〕 백색 꽃이 피는 지느러미엉겅퀴라는 뜻의 학명.

흰지리터리풀(永, 1996) (장미과 *Filipendula formosa* f. *albiflora*) 〔유래〕 백색 꽃이 피는 지리터리풀이라는 뜻의 학명.

흰지칭개(李, 2003) (국화과 *Hemistepta lyrata* f. *alba*) 〔유래〕 백색 꽃이 피는 지칭개라는 뜻의 학명.

흰진교(愚, 1996) (미나리아재비과) 흰진범의 이명. → 흰진범.

흰진달래(李, 1966) (철쭉과) 흰진달래나무와 반들진달래나무(愚, 1996, 중국 옌볜 방언)의 이명. → 흰진달래나무, 반들진달래나무.

흰진달래나무(鄭, 1942) (철쭉과 *Rhododendron mucronulatum* f. *albiflorum*) 〔이명〕 힌진달내, 흰진달래. 〔유래〕 순백색 꽃이 피는 진달래나무라는 뜻의 학명 및 일명. 영산홍(迎山紅).

흰진범(鄭, 1949) (미나리아재비과 *Aconitum longecassidatum*) 〔이명〕 힌진범, 흰진교. 〔유래〕 흰 헬멧 같은 꽃의 투구꽃이라는 뜻의 학명. 한진교(韓秦艽).

흰진퍼리잔대(李, 1969) (초롱꽃과 *Adenophora palustris* f. *leucantha*) 〔이명〕 힌꽃

모시나물, 흰선모시나물, 흰섬잔대, 흰선잔대. 〔유래〕 백색 꽃이 피는 진퍼리잔대라는 뜻의 학명.

흰참골무꽃(永, 1996) (꿀풀과 *Scutellaria strigillosa* f. *albiflora*) 〔유래〕 백색 꽃이 피는 참골무꽃이라는 뜻의 학명.

흰참꽃(鄭, 1949) (철쭉과) 흰참꽃나무의 이명. 〔유래〕 흰참꽃나무의 축소형. → 흰참꽃나무.

흰참꽃나무(鄭, 1942) (철쭉과 *Rhododendron tschonoskii*) 〔이명〕 힌참꽃, 흰참꽃, 산힌참꽃나무, 세잎참꽃, 십자참꽃, 큰흰참꽃나무. 〔유래〕 꽃이 백색이다.

흰참꽃말이(安, 1982) (지치과) 흰참꽃받이의 이명. → 흰참꽃받이.

흰참꽃받이(李, 1969) (지치과 *Bothriospermum secundum* f. *albiflorum*) 〔이명〕 흰참꽃말이. 〔유래〕 백색 꽃이 피는 참꽃받이라는 뜻의 학명.

흰참싸리(李, 1966) (콩과 *Lespedeza cyrtobotrya* f. *semialba*) 〔유래〕 기판과 익판이 백색이고 용골판은 홍색을 띤다.

흰처녀치마(永, 1996) (백합과 *Heloniopsis orientalis* v. *flavida*) 〔유래〕 꽃이 백색인 처녀치마라는 뜻의 일명.

흰철쭉(李, 1966) (철쭉과 *Rhododendron schlippenbachii* f. *albiflorum*) 〔이명〕 흰철쭉나무. 〔유래〕 백색 꽃이 피는 철쭉나무라는 뜻의 학명 및 일명.

흰철쭉나무(永, 1996) (철쭉과) 흰철쭉의 이명. → 흰철쭉.

흰층꽃나무(李, 1966) (마편초과 *Caryopteris incana* f. *candida*) 〔이명〕 흰층꽃풀. 〔유래〕 백색 꽃이 피는 층꽃나무(층꽃풀).

흰층꽃풀(永, 1996) (마편초과) 흰층꽃나무의 이명. → 흰층꽃나무.

흰큰구슬붕이(백원기, 1993) (용담과 *Gentiana zollingeri* f. *albiflora*) 〔유래〕 백색 꽃이 피는 큰구슬붕이라는 뜻의 학명 및 일명.

흰큰도둑놈의갈고리(李, 2003) (콩과) 흰큰도둑놈의갈구리의 이명. → 흰큰도둑놈의갈구리.

흰큰도둑놈의갈구리(愚, 1966) (콩과 *Desmodium oldhamii* f. *alba*) 〔이명〕 흰갈쿠리, 흰큰도둑놈의갈고리. 〔유래〕 백색 꽃이 피는 큰도둑놈의갈구리라는 뜻의 학명 및 일명.

흰큰등갈퀴(李, 1969) (콩과 *Vicia pseudo-orobus* f. *albiflora*) 〔이명〕 흰꽃큰등갈퀴. 〔유래〕 백색 꽃이 피는 큰등갈퀴라는 뜻의 학명.

흰큰메꽃(永, 1996) (메꽃과 *Calystegia sepium* f. *album*) 〔유래〕 백색 꽃이 피는 큰메꽃이라는 뜻의 학명.

흰큰방울새란(永, 1996) (난초과 *Pogonia japonica* f. *albiflora*) 〔유래〕 백색 꽃이 피는 큰방울새란이라는 뜻의 학명.

흰타래난초(李, 1980) (난초과 *Spiranthes sinensis* f. *albiflora*) 〔유래〕 백색의 꽃이

피는 타래난초라는 뜻의 학명 및 일명.

흰터리(鄭, 1949) (장미과) 흰터리풀의 이명. → 흰터리풀.

흰터리풀(李, 1969) (장미과 *Filipendula purpurea* f. *alba*) 〔이명〕 힌터리, 흰터리. 〔유래〕 백색 꽃이 피는 붉은터리풀이라는 뜻의 학명 및 일명.

흰털개고사리(朴, 1961) (면마과) 털고사리의 이명. → 털고사리.

흰털개회나무(李, 1966) (물푸레나무과 *Syringa velutina* f. *lactea*) 〔유래〕 백색 꽃이 피는 개회나무라는 뜻의 학명 및 일명.

흰털고광나무(鄭, 1942) (범의귀과 *Philadelphus schrenkii* v. *lasiogynus*) 〔이명〕 털고광나무. 〔유래〕 흰 털 고광나무라는 뜻의 일명.

흰털괭이눈(李, 1969) (범의귀과) 흰괭이눈의 이명. → 흰괭이눈.

흰털구름나무(愚, 1996) (장미과) 흰털귀룽나무의 중국 옌볜 방언. → 흰털귀룽나무.

흰털귀룽(李, 1966) (장미과) 흰털귀룽나무의 이명. 〔유래〕 흰털귀룽나무의 축소형. → 흰털귀룽나무.

흰털귀룽나무(鄭, 1942) (장미과 *Prunus padus* f. *pubescens*) 〔이명〕 힌털귀룽나무, 털귀롱나무, 흰털귀룽, 털귀룽, 털귀롱목, 흰털구름나무. 〔유래〕 잔털이 있는 귀룽나무라는 뜻의 학명 및 흰 털 귀룽나무라는 뜻의 일명.

흰털냉초(永, 1996) (현삼과 *Veronicastrum sibiricum* f. *albiflorum*) 〔유래〕 백색 꽃이 피는 털냉초라는 뜻의 학명.

흰털당마가목(李, 1966) (장미과) 흰털마가목의 이명. → 흰털마가목.

흰털동자꽃(安, 1982) (석죽과 *Lychnis fulgens* f. *glabra*) 〔이명〕 힌털동자꽃, 민동자꽃. 〔유래〕 흰(털이 없는) 털동자꽃이라는 뜻의 학명.

흰털마가목(鄭, 1942) (장미과 *Sorbus amurensis* v. *lanata*) 〔이명〕 힌털마가목, 털당마가목, 흰털당마가목. 〔유래〕 흰 털 마가목이라는 뜻의 일명.

흰털민들레(李, 1969) (국화과 *Taraxacum platypecidum*) 〔이명〕 북방민들레, 북녁민들레, 사칼린민들레. 〔유래〕 미상.

흰털바늘꽃(朴, 1974) (바늘꽃과) 돌바늘꽃의 이명. → 돌바늘꽃.

흰털병꽃(李, 1980) (인동과) 흰털병꽃나무의 이명. 〔유래〕 흰털병꽃나무의 축소형. → 흰털병꽃나무.

흰털병꽃나무(李, 1966) (인동과 *Weigela subsessilis* v. *mollis*) 〔이명〕 힌털병꽃나무, 흰털병꽃. 〔유래〕 흰 털 병꽃나무라는 뜻의 일명.

흰털산쑥(愚, 1996) (국화과 *Artemisia freyniana* f. *vestita*) 〔이명〕 힌산쑥, 흰산쑥. 〔유래〕 털산쑥에 비해 전체에 백색 털이 밀생한다.

흰털새(愚, 1996) (벼과 *Holcus lanatus*) 〔이명〕 우단풀, 수수새. 〔유래〕 식물체 전체에 연모가 융단같이 밀생한다.

흰털솔나물(李, 1969) (꼭두선이과 *Galium verum* v. *trachycarpum* f. *album*) 〔이

명〕 힌솔나물. 〔유래〕 백색 꽃이 피는 털솔나물이라는 뜻의 학명.

흰털이풀(朴, 1974) (장미과) 단풍터리풀의 이명. → 단풍터리풀.

흰털제비꽃(鄭, 1949) (제비꽃과 *Viola hirtipes*) 〔이명〕 힌털오랑캐, 광릉제비꽃, 광능오랑캐, 솜제비꽃. 〔유래〕 잎자루와 꽃대에 백색의 퍼진 털이 있다는 뜻의 학명. 장병근채(長柄菫菜).

흰털좁쌀풀(安, 1982) (현삼과) 털좁쌀풀의 이명. → 털좁쌀풀.

흰털쥐소니(安, 1982) (쥐손이풀과) 흰털쥐손이의 이명. → 흰털쥐손이.

흰털쥐손이(李, 1969) (쥐손이풀과 *Geranium eriostemon* v. *hypoleucum*) 〔이명〕 힌털쥐손이, 은빛쥐소니, 흰털쥐소니. 〔유래〕 흰 털(잎 뒤) 쥐손이풀이라는 뜻의 학명 및 일명.

흰패랭이꽃(李, 1966) (석죽과 *Dianthus chinensis* f. *albiflora*) 〔유래〕 백색 꽃이 피는 패랭이꽃이라는 뜻의 학명.

흰한라돌쩌귀(永, 1996) (미나리아재비과 *Aconitum napiforme* f. *albiflorum*) 〔유래〕 백색 꽃이 피는 한라돌쩌귀(한라바꽃)라는 뜻의 학명.

흰한라부추(永, 1996) (백합과 *Allium taquetii* f. *albiflorum*) 〔유래〕 백색 꽃이 피는 한라부추라는 뜻의 학명.

흰함박꽃(愚, 1996) (작약과) 털백작약의 북한 방언. → 털백작약.

흰해국(永, 2002) (국화과 *Aster spathulifolius* f. *alba*) 〔유래〕 백색 꽃이 피는 해국이라는 뜻의 학명.

흰향유(李, 1969) (꿀풀과 *Elsholtzia ciliata* f. *leucantha*) 〔유래〕 백색 꽃이 피는 향유라는 뜻의 학명 및 일명.

흰현호색(오병운, 1986) (양귀비과 *Corydalis albipetala*) 〔유래〕 꽃잎이 백색인 현호색이라는 뜻의 학명. 꽃이 백색이고 열매가 다소 구부러진다. 현호색(玄胡索).

흰협죽도(李, 2003) (협죽도과 *Nerium indicum* f. *leucanthum*) 〔유래〕 백색 꽃이 피는 협죽도라는 뜻의 학명.

흰황산차(李, 1966) (철쭉과 *Rhododendron parviflorum* f. *albiflorum*) 〔이명〕 힌황산철쭉, 흰황산참꽃. 〔유래〕 백색 꽃이 피는 황산차라는 뜻의 학명 및 일명.

흰황산참꽃(安, 1982) (철쭉과) 흰황산차의 이명. → 흰황산차.

흰황새쑥(愚, 1996) (국화과) 황해쑥의 중국 옌볜 방언. → 황해쑥.

히마라야시다(安, 1982) (소나무과) 개잎갈나무의 이명. 〔유래〕 Himalayan cedar. → 개잎갈나무.

히말라야시다(永, 1996) (소나무과) 개잎갈나무의 이명. → 개잎갈나무, 히마라야시다.

히말라야잣나무(李, 2003) (소나무과 *Pinus griffithii*) 〔유래〕 히말라야 원산의 잣나무. 스트로브잣나무에 비해 잎이 길고 밑으로 처지며 잔가지에 흰빛이 돈다.

히사우지풀(永, 1996) (벼과) 구내풀의 이명. → 구내풀, 히사우찌포아풀.

히사우찌포아풀(安, 1982) (벼과) 구내풀의 이명. 〔유래〕 히사우치(*Hisauchii*)의 포아풀이라는 뜻의 학명. → 구내풀.

히아신스(朴, 1949) (백합과 *Hyacinthus orientalis*) 〔이명〕 히야신스, 금수란, 복수선화, 히야신쓰. 〔유래〕 Hyacinth.

히야신스(李, 1980) (백합과) 히아신스의 이명. → 히아신스.

히야신쓰(愚, 1996) (백합과) 히아신스의 중국 옌볜 방언. → 히아신스.

히어리(李, 1966) (조록나무과 *Corylopsis coreana*) 〔이명〕 송광납판화, 납판나무, 송광꽃나무, 납판화, 조선납판나무. 〔유래〕 지리산 지역 방언.

힌가솔송(朴, 1949) (철쭉과) 흰가솔송의 이명. → 흰가솔송.

힌가시나무(朴, 1949) (참나무과) 돌가시나무의 이명. → 돌가시나무.

힌가재무릇(朴, 1949) (수선화과) 흰상사화의 이명. → 흰상사화.

힌가지꽃나무(朴, 1949) (목련과) 백목련의 이명. → 백목련.

힌개수염(鄭, 1937) (곡정초과) 흰개수염의 이명. → 흰개수염.

힌개양귀비(朴, 1949) (양귀비과) 흰양귀비의 이명. → 흰양귀비.

힌개역귀(朴, 1949) (여뀌과) 명아자여뀌의 이명. → 명아자여뀌.

힌고양이수염(朴, 1949) (사초과) 흰고양이수염의 이명. → 흰고양이수염.

힌광대나물(朴, 1949) (꿀풀과) 흰꽃광대나물의 이명. → 흰꽃광대나물.

힌괭이눈(鄭, 1937) (범의귀과) 흰괭이눈의 이명. → 흰괭이눈.

힌괴불나무(鄭, 1937) (인동과) 흰괴불나무의 이명. → 흰괴불나무.

힌구실봉이(朴, 1949) (용담과) 흰그늘용담의 이명. → 흰그늘용담.

힌귀룽나무(朴, 1949) (장미과) 흰귀룽나무의 이명. → 흰귀룽나무.

힌귀룽나무(鄭, 1937) (장미과) 흰귀룽나무의 이명. → 흰귀룽나무.

힌껍질새(朴, 1949) (벼과) 왕쌀새의 이명. → 왕쌀새.

힌꼬리사초(朴, 1949) (사초과) 흰꼬리사초의 이명. → 흰꼬리사초.

힌꽃광대나물(鄭, 1937) (꿀풀과) 흰꽃광대나물의 이명. → 흰꽃광대나물.

힌꽃나비나물(朴, 1949) (콩과) 흰꽃나비나물의 이명. → 흰꽃나비나물.

힌꽃모시나물(朴, 1949) (초롱꽃과) 흰진퍼리잔대의 이명. → 흰진퍼리잔대.

힌꽃방맹이(朴, 1949) (초롱꽃과) 흰자주꽃방망이의 이명. → 흰자주꽃방망이.

힌꽃오랑캐(朴, 1949) (제비꽃과) 흰젖제비꽃의 이명. → 흰젖제비꽃.

힌꿀풀(朴, 1949) (꿀풀과) 흰꿀풀의 이명. → 흰꿀풀.

힌난초(朴, 1949) (난초과) 흰제비란의 이명. → 흰제비란.

힌능쟁이(朴, 1949) (명아주과) 흰명아주의 이명. → 흰명아주.

힌대극(鄭, 1937) (대극과) 흰대극의 이명. → 흰대극.

힌대나물(朴, 1949) (석죽과) 오랑캐장구채의 이명. → 오랑캐장구채.

힌독말풀(鄭, 1937) (가지과) 흰독말풀과 독말풀(朴, 1949)의 이명. → 흰독말풀, 독말풀.
힌땃딸기(鄭, 1937) (장미과) 흰땃딸기의 이명. → 흰땃딸기.
힌뛰함박꽃(朴, 1949) (목련과) 함박꽃나무의 이명. → 함박꽃나무.
힌물봉선(朴, 1949) (봉선화과) 흰물봉선의 이명. → 흰물봉선.
힌민들레(鄭, 1937) (국화과) 흰민들레의 이명. → 흰민들레.
힌바꽃(朴, 1949) (현삼과) 흰알며느리밥풀의 이명. → 흰알며느리밥풀.
힌바디(朴, 1949) (산형과) 흰바디나물의 이명. → 흰바디나물.
힌바디나물(鄭, 1937) (산형과) 흰바디나물의 이명. → 흰바디나물.
힌바위취(鄭, 1937) (범의귀과) 흰바위취의 이명. → 흰바위취.
힌배롱나무(朴, 1949) (부처꽃과) 흰배롱나무의 이명. → 흰배롱나무.
힌백미(鄭, 1937) (박주가리과) 민백미꽃의 이명. → 민백미꽃.
힌범의귀(朴, 1949) (범의귀과) 흰바위취의 이명. → 흰바위취.
힌범의꼬리(朴, 1949) (여뀌과) 흰범꼬리의 이명. → 흰범꼬리.
힌비비추(鄭, 1937) (백합과) 흰비비추의 이명. → 흰비비추.
힌사약채(朴, 1949) (산형과) 흰꽃바디나물의 이명. → 흰꽃바디나물.
힌산쑥(鄭, 1937) (국화과) 흰털산쑥의 이명. → 흰털산쑥.
힌삿갓나물(朴, 1949) (백합과) 큰연영초의 이명. → 큰연영초.
힌새덕이(鄭, 1937) (녹나무과) 흰새덕이의 이명. → 흰새덕이.
힌생덕이(朴, 1949) (녹나무과) 흰새덕이의 이명. → 흰새덕이.
힌솔나리(鄭, 1937) (백합과) 솔나리의 이명. → 솔나리.
힌솔나물(朴, 1949) (꼭두선이과) 흰털솔나물의 이명. → 흰털솔나물.
힌쑥(鄭, 1937) (국화과) 산흰쑥과 금쑥(朴, 1949)의 이명. → 산흰쑥, 금쑥.
힌씨름꽃(朴, 1949) (제비꽃과) 흰제비꽃의 이명. → 흰제비꽃.
힌암크령(朴, 1949) (벼과) 참새그령의 이명. → 참새그령.
힌애기풀(朴, 1949) (원지과) 흰애기풀의 이명. → 흰애기풀.
힌오랑캐(鄭, 1937) (제비꽃과) 흰제비꽃의 이명. → 흰제비꽃.
힌오리방풀(朴, 1949) (꿀풀과) 흰오리방풀의 이명. → 흰오리방풀.
힌오이풀(朴, 1949) (장미과) 흰오이풀의 이명. → 흰오이풀.
힌옥매(朴, 1949) (장미과) 백매의 이명. → 백매.
힌왕괴불나무(朴, 1949) (인동과) 흰괴불나무의 이명. → 흰괴불나무.
힌이삭사초(朴, 1949) (사초과) 흰이삭사초의 이명. → 흰이삭사초.
힌인가목(鄭, 1937) (장미과) 흰인가목의 이명. → 흰인가목.
힌잎엉겅퀴(鄭, 1937) (국화과) 흰잎엉겅퀴의 이명. → 흰잎엉겅퀴.
힌잎쪽동백(朴, 1949) (때죽나무과) 좀쪽동백의 이명. → 좀쪽동백.

흰장구채(鄭, 1937) (석죽과) 흰장구채의 이명. → 흰장구채.

흰젓오랑캐(鄭, 1937) (제비꽃과) 흰젖제비꽃의 이명. → 흰젖제비꽃.

흰정향나무(鄭, 1937) (물푸레나무과) 흰정향나무의 이명. → 흰정향나무.

흰제비고깔(朴, 1949) (미나리아재비과) 흰제비고깔의 이명. → 흰제비고깔.

흰진달내(鄭, 1937) (철쭉과) 흰진달래나무의 이명. → 흰진달래나무.

흰진범(鄭, 1937) (미나리아재비과) 흰진범의 이명. → 흰진범.

흰진보(朴, 1949) (백합과) 흰좀비비추의 이명. → 흰좀비비추.

흰참꽃(鄭, 1937) (철쭉과) 흰참꽃나무의 이명. → 흰참꽃나무.

흰터리(鄭, 1937) (장미과) 흰터리풀의 이명. → 흰터리풀.

흰털고사리(朴, 1949) (면마과) 털고사리의 이명. → 털고사리.

흰털귀룽나무(鄭, 1937) (장미과) 흰털귀룽나무의 이명. → 흰털귀룽나무.

흰털동자꽃(朴, 1949) (석죽과) 흰털동자꽃의 이명. → 흰털동자꽃.

흰털마가목(鄭, 1937) (장미과) 흰털마가목의 이명. → 흰털마가목.

흰털병꽃나무(朴, 1949) (인동과) 흰털병꽃나무의 이명. → 흰털병꽃나무.

흰털오랑캐(鄭, 1937) (제비꽃과) 흰털제비꽃의 이명. 〔유래〕 흰 털 오랑캐꽃(제비꽃). → 흰털제비꽃.

흰털종덩굴(朴, 1949) (미나리아재비과) 검은종덩굴의 이명. → 검은종덩굴.

흰털쥐손이(朴, 1949) (쥐손이풀과) 흰털쥐손이의 이명. → 흰털쥐손이.

흰해당화(朴, 1949) (장미과) 흰생열귀나무의 이명. → 흰생열귀나무.

흰황산철쭉(朴, 1949) (철쭉과) 흰황산차의 이명. → 흰황산차.

찾아보기

1. 학명

A

B

C

D

E

F

G

H

I

J

K

L

M

N

O

P

Q

R

S

T

U

V

W

X

Y

Z

2. 한자명

ㄱ

ㄴ

ㄷ

ㅁ

ㅅ

ㅇ

ㅊ

ㅌ

ㅍ

ㅎ

이우철

약력

1957 성균관대학교 생물학과 졸업(이학사)
1961 성균관대학교 대학원 졸업(이학석사)
1975 강원대학교 교수
1979 동국대학교 대학원 졸업(이학박사)
1984 도쿄 대학 객원교수
1989 한국식물분류학회 회장
1993 강원대학교 자연과학대학 학장
2001 강원대학교 명예교수

저서

『江原의 自然』植物編 (공저 및 감수, 강원도교육청, 1991)
『白頭山의 꽃』(공저, 한길사, 1991)
『韓國植物名考』(아카데미서적, 1996)
『原色韓國基準植物圖鑑』(아카데미서적, 1996)
『야책을 메고 50년』(정년퇴임기념집 출판위원회, 2001)
『식물지리』(공저, 강원대학교 출판부, 2002)

논문

「韓半島 菅束植物의 分布에 關한 연구」 외에 130여 편

한국 식물명의 유래

1판 1쇄 펴낸날 2005년 12월 30일

지은이 | 이우철
펴낸이 | 김시연

펴낸곳 | (주)일조각
등록 | 1953년 9월 14일 제300-1953-1호(구 : 제1-298호)
주소 | 110-062 서울시 종로구 신문로 2가 1-335번지
전화 | 734-3545 / 733-8811(편집부)
733-5430 / 733-5431(영업부)
팩스 | 735-9994(편집부) / 738-5857(영업부)
이메일 | ilchokak@hanmail.net
홈페이지 | www.ilchokak.co.kr

ISBN 89-337-0486-8 93480
값 35,000원

* 저자와 협의하여 인지를 생략합니다.

* 이 도서의 국립중앙도서관 출판시도서목록(CIP)은 e-CIP 홈페이지 (http://www.nl.go.kr/cip.php)에서 이용하실 수 있습니다. (CIP제어번호 : CIP2005002641)